教育部高等学校电工电子基础课程教学指导分委会推荐教材

电路

主编　吉培荣

中国教育出版传媒集团
高等教育出版社·北京

内容简介

本书内容符合教育部高等学校电子电气基础课程教学指导分委员会制定的“电路理论基础”课程教学基本要求和“电路分析基础”课程教学基本要求。

全书共 19 章，分别为：电路的基本概念和两类约束、等效变换和对偶原理、电路分析的一般方法、含受控电源的电路、电路的基本定理、含运算放大器的电路、正弦稳态电路的相量分析法基础、正弦稳态电路的分析、含耦合电感和理想变压器的电路、三相电路、非正弦周期稳态电路、网络函数与谐振电路、一阶电路的时域分析、二阶电路的时域分析和电路的状态方程、动态电路的复频域分析、二端口网络、电路的计算机辅助分析基础、非线性电阻电路、均匀传输线。书中给出了习题参考答案，并给出了用 96 课时、80 课时、64 课时、48 课时使用本书开展电路理论课程教学的教学安排建议。本书有配套教学课件。

本书可作为高等院校电子信息与电气类各专业学生电路课程教材或学习参考书，也可供相关科技人员参考。

图书在版编目（C I P）数据

电路/吉培荣主编. --北京：高等教育出版社，2023.6（2024.2重印）

ISBN 978-7-04-060018-6

Ⅰ. ①电… Ⅱ. ①吉… Ⅲ. ①电路 Ⅳ. ①TM13

中国国家版本馆 CIP 数据核字（2023）第 036641 号

Dianlu

策划编辑 王 楠　　责任编辑 王 楠　　封面设计 马天驰　　版式设计 徐艳妮
责任绘图 于 博　　责任校对 吕红颖　　责任印制 存 怡

出版发行 高等教育出版社
社 址 北京市西城区德外大街 4 号
邮政编码 100120
印 刷 肥城新华印刷有限公司
开 本 787mm×1092mm 1/16
印 张 28.75
字 数 630 千字
购书热线 010-58581118
咨询电话 400-810-0598

网 址 http://www.hep.edu.cn
http://www.hep.com.cn
网上订购 http://www.hepmall.com.cn
http://www.hepmall.com
http://www.hepmall.cn

版 次 2023 年 6 月第 1 版
印 次 2024 年 2 月第 2 次印刷
定 价 57.00 元

本书如有缺页、倒页、脱页等质量问题，请到所购图书销售部门联系调换

物 料 号 60018-00

计算机访问

1 计算机访问https://abooks.hep.com.cn/60018。

2 注册并登录，点击页面右上角的个人头像展开子菜单，进入“个人中心”，点击“绑定防伪码”按钮，输入图书封底防伪码（20位密码，刮开涂层可见），完成课程绑定。

3 在“个人中心”→“我的图书”中选择本书，开始学习。

手机访问：

1 手机微信扫描下方二维码。

2 注册并登录后，点击“扫码”按钮，使用“扫码绑图书”功能或者输入图书封底防伪码（20位密码，刮开涂层可见），完成课程绑定。

3 在“个人中心”→“我的图书”中选择本书，开始学习。

课程绑定后一年为数字课程使用有效期。受硬件限制，部分内容无法在手机端显示，请按提示通过计算机访问学习。如有使用问题，请直接在页面点击答疑图标进行问题咨询。

http://abooks.hep.com.cn/60018

前言

电路(含实验)课程是高等学校电子信息与电气类专业学生第一门重要的专业基础课。它具有理论严密、逻辑性强、工程背景广阔等特点,对培养学生的科学思维与归纳能力、分析计算能力、实验研究能力都有着非常重要的作用。

本书为首批国家级一流本科课程建设的重要组成部分,按照教育部高等学校电子电气基础课程教学指导分委员会制定的“电路理论基础”课程教学基本要求和“电路分析基础”课程教学基本要求编写而成,包括了要求中的全部基本内容和大部分可选内容。编写本书时,作者遵循的基本原则是:力求使本书具有科学性、系统性和便于学习,并注重培养学生的科学思维能力和提高学生理论联系实际的水平。科学性体现在本书对电路理论的相关概念、原理、定义等内容的表述尽可能清晰、准确、全面;系统性体现在本书对内容的组织注重知识的模块化及各部分知识之间的逻辑关系和内在联系;便于学习体现在本书对内容的组织和表述充分考虑学生的认知规律和特点,将难点合理分散,并适当介绍了一些技巧性方法。

本书充分吸收先进电路教材的优点,在整体体系和内容上与现有流行电路教材基本保持一致,但又有鲜明的特色。特色内容包括给出了狭义电路理论和广义电路理论的分类,注重阐明理想电路与实际电路的联系与区别,强调 $2b$ 法作为电路基础性分析方法的重要性,单独设立了含受控电源的电路一章,提出了用“零电压、零电流”或“双零”描述理想运算放大器的特性,分析了理想变压器传直流问题并开展了相关讨论等。由参考文献中作者署名的文献可知,书中的大部分特色内容在作者以前的论著中出现过,但狭义电路理论和广义电路理论的分类等内容是首现于本书的。

本书的结构特色主要体现为在第 3 章电路分析的一般方法中不涉及受控电源,但另设了第 4 章含受控电源的电路,这样的处理便于在第 3 章中通过 $2b$ 法及其变形方法(支路电压法、支路电流法、支路混合变量法、节点法、回路法)将电路分析方法的实质介绍清楚,同时降低了学习难度。在明确了电路分析方法实质的前提下,基于分析方法看问题,第 4 章含受控电源的电路、第 6 章含运算放大器的电路、第 9 章含耦合电感和理想变压器的电路、第 16 章二端口网络等章节中只不过是引入了不同的元件。不同元件出现在电路中时,处理思路没有区别,差别只体现在元件约束的具体形式不同。注意不同情况时的特殊性,是对不同电路进行有效分析的关键。这样的处理,能够使学生更好地理解和掌握电路分析方法。

本书的细节特色体现在许多具体内容中,下面对一些内容进行说明。

本书在第 1 章中构建了实际电路、理想电路、电路模型三者间的新型关系,给出了狭义电路理论和广义电路理论的分类。这种做法能够清楚地界定具体问题是归属于实际电路范畴还是归属于理想电路范畴,从而为电路问题的分析带来方便。

本书在第 1 章中指出理想电路为虚拟存在,其中不存在物理量;理想电路中存在与实际物理量相对应的虚拟物理量,为理想电路中的变量。这样的论述,有诸多方面的意义,在此不作进一步展开。

本书在第 1 章中有论述:理想电阻元件是为了反映实际电路中消耗电能量这一现象而定义的,电容元件是为了描述电场效应(储存电场能量)而提出的,理想电感元件是为了描述磁场效应(储存磁场能量)而提出的,随后在该章中讨论了输电线(信号传输线)的分布参数电路模型和三种集中参数电路模型。这种基于物理性质引出理想元件并通过一个典型实际电路的多个模型加以体现的处理方式,对学生深入理解实际电路中的物理现象并提高对实际电路的建模能力意义重大,对学生理解和处理实际问题有莫大益处。

本书在第 1 章中指出,基尔霍夫定律对理想电路而言是公理,应用是无条件的;基尔霍夫定律对实际电路而言是定律,应用时有静态电磁场(恒稳电磁场)的条件限制,但可放宽到准静态电磁场的场合;另外,本书在介绍基尔霍夫定律时,没有加上集中参数电路的前提要求,因为基尔霍夫定律也被应用于均匀传输线的分布参数电路模型中;还有,本书用数学语言表征基尔霍夫定律时,采用了完备的数学形式。这样的处理,概念清晰,内容准确,有利于相关概念和内容的应用,并可减少学生在学习过程中出现的困惑。

从性质上来看,任何一个实际电路都具有非线性、时变、分布参数的特点。本书在第 1 章中讨论了实际电路与各类电路模型间的关系问题,将实际电路模型化过程归纳为四种方式:①线性化、时不变化、集中化;②线性化、集中化;③时不变化、集中化;④线性化、时不变化。由此说明了线性时不变、线性时变、非线性时不变这三类集中参数电路模型和线性时不变分布参数电路模型的来历。另外,这一归纳也表明集中化可认为是实际电路模型化过程中的一种具体做法。

本书在第 2 章中给出了一种在简单推导基础上就能方便地写出星形联结与三角形联结等效变换公式的方法,可解决星形联结与三角形联结等效变换公式记忆不易的问题。在第 2 章中还讨论了实际电源的建模问题。

本书将对偶原理提前至第 2 章介绍,可使学生更早地利用电路的对偶性学习和理解相关内容;还在第 3 章中论证了对偶原理的正确性,可加深学生对对偶原理的理解和掌握。

本书在第 3 章中对节点法涉及纯电压源(无伴电压源)支路的处理介绍了添加法、超节点法、直接法、移源法四种方法,对回路法涉及纯电流源(无伴电流源)支路的处理介绍了添加法、直接法、移源法三种方法,这使得学生对无伴源支路问题的处理有了更多的选择。

本书在第 4 章中既介绍了输入电阻,又介绍了输出电阻,并结合实际进行了一些讨论,这有利于学生对后续电子技术课程的学习。在第 4 章中有论述:结合实际,可以认为理想电源是源而受控电源不是源;在纯理论意义上,可以认为理想电源和受控电源都是源。这一论述给出了在应用叠加定理分析电路问题时,可将受控电源置为零的理论依据。

本书在第5章中推出了根据互易定理中隐含规律方便写出互易定理三种形式具体内容的方法,可解决互易定理记忆不易的问题。

本书在第6章中用"零电压、零电流"或"双零"描述理想运算放大器特性,这一描述直接对应于理想运放输入端特性的数学表达式,既便于使用,在科学意义上也完全成立。在第6章中还讨论了实际运算放大器应用和建模问题以及有源电路和无源电路的概念与判断问题。

电路理论教科书的编写体系大致可分为两种类型:类型1为直流→暂态(时域)→稳态→暂态(复频域)方式,类型2为直流→稳态→暂态(时域、复频域)方式。类型1的优点是符合实际电路的工作过程,物理概念清晰,但在教学安排上没有类型2方便;类型2的优点是在教学安排上比较方便,但在引入相关物理概念上存在跳跃情况。本书按类型2编写,但在第7章中按照动态电路的概念→动态电路在正弦激励下的解→正弦稳态电路的概念这样的方式将正弦稳态电路引出,并通过电风扇的启动和工作过程给出了正弦稳态电路的实例。这一做法,兼顾了两类体系的优点。

本书在第8章中,将正弦稳态电路的相量分析法明确为一般分析方法和借助相量图的分析方法两类,凸显了相量分析法中的特殊性,有助于增强学生对相量图的应用能力。

耦合线圈是实际器件,有尺寸和结构,其特性遵循现实的物理规律;耦合电感为理想元件,有专用符号,没有尺寸和结构,其特性来自定义。本书在第9章中首先通过耦合线圈这一实际器件对磁耦合现象和同名端进行介绍,然后说明耦合电感是描述磁耦合现象的一种理想元件并对其特性进行介绍,接下来介绍实际变压器的耦合电感模型,最后推出理想变压器并开展相关讨论。这样的处理,分清了实际器件和理想元件,做到了物理问题在实际电路背景中讨论,理想特性在理想电路背景中讨论,可避免在耦合电感这一理想元件条件下讨论实际物理问题和在耦合线圈这一实际器件条件下讨论理想元件特性所带来的概念不清问题。此外,这种做法还强化了实际电路模型化的概念。

本书在第12章、第15章、第16章中论述网络函数采用的分节名称和顺序是:网络函数的概念→频域形式的网络函数→复频域形式的网络函数→二端口网络的网络函数。这样的安排,便于学生对网络函数建立清晰而全面的认识。

以往的换路定理不涉及电容电压跳变、电感电流跳变的内容,但相关情况在理想电路分析中却经常出现。本书在第13章中将以往的换路定理扩充为不变定理和跳变定理,包含了电容电压跳变、电感电流跳变的内容,给理解和处理相关问题带来了方便。另外,换路定理通常被称为换路定律或换路定则,而本书基于其内容是依据元件约束经数学推导得到的这一客观情况,采用换路定理的说法。

本书在第14章中基于支路混合变量法引出元件混合变量法并应用该方法于状态方程的列写中,使状态方程的列写有明显规律可循,降低了手工列写状态方程的难度。

本书在第15章中将拉普拉斯变换性质按线性性质→微分性质→积分性质→频域平移定理→时域平移定理的顺序展开,然后精心安排常见函数拉普拉斯变换对表中的内容并辅之以说明,使常见函数拉普拉斯变换对的记忆变得容易;另外,还通过例题介绍了一些部分分式展开式中系数求解的技巧,给拉普拉斯反变换带来了便利。

本书在第 16 章中给出了一种可方便记住(导出)二端口网络参数方程及子参数定义式的方法,可解决相关内容记忆不易的问题。

作者认为在电路(含实验)课程的教学中,实际电路的模型化概念和理想电路分析方法是核心内容,对思维能力和实践动手能力的培养是重要内容。实际电路的模型化,是理论与实际结合的桥梁,而理想电路分析方法则是电路理论特有的价值所在。

电路理论是科学理论课程,其强大的生命力在于能够解决实际问题,而解决实际问题首先要建立电路模型。建立电路模型不仅需要电路理论方面的知识,还需要后续的电磁场和工程类课程如电子技术基础、高频电子线路(通信电子电路)、电机学、电力电子技术、电力系统分析等方面的知识。在电路课程的教学中,应辩证把握理论与实际应用的关系。

对电路理论的掌握可分为两个层次,第一个层次为学会,第二个层次为学懂。所谓学会,是指掌握了具体方法,能够对相关问题进行分析和计算;所谓学懂,是指掌握了理论的精髓,不会犯概念性错误。学会相对容易,而学懂不易,非经深入思考则无以达成。书中的有些内容,若仅从教学生学会的角度看是可以删去的,但若从教学生学懂和培养学生思维能力的角度看,则非常有必要。

北京邮电大学俎云霄教授仔细审阅了本书,提出了许多宝贵的意见和建议,使本书质量得以提高,在此对俎云霄教授致以诚挚谢意!

编写本书时,作者参考了书后列出的参考文献和其他一些相关文献,从中得到了许多收益,在此,对这些文献作者表示衷心的感谢!

吉培荣担任本书主编,参加本书编写和讨论的还有程杉、佘小莉、粟世玮、张红、李海军、贲彤、张赟宁、魏业文、陈江艳、郑业爽、吉博文等。

本书可供"电路理论基础""电路分析基础"课程教学使用。表 1 中给出了使用本书的四种授课方案的分章课时安排建议,供相关教师参考。其中,96 课时、80 课时的方案对应于"电路理论基础"课程,64 课时、48 课时的方案对应于"电路分析基础"课程。

表 1　四种授课方案的分章课时安排建议

章	名称	96 课时	80 课时	64 课时	48 课时
第 1 章	电路的基本概念和两类约束	6	4	4	4
第 2 章	等效变换和对偶原理	4	4	4	4
第 3 章	电路分析的一般方法	6	6	6	6
第 4 章	含受控电源的电路	4	4	4	2
第 5 章	电路的基本定理	6	4	4	4
第 6 章	含运算放大器的电路	4	4	4	2
第 7 章	正弦稳态电路的相量分析法基础	4	3	3	2

续表

章	名称	96 课时	80 课时	64 课时	48 课时
第 8 章	正弦稳态电路的分析	6	5	5	4
第 9 章	含耦合电感和理想变压器的电路	4	4	4	2
第 10 章	三相电路	4	4	4	2
第 11 章	非正弦周期稳态电路	4	2	4	2
第 12 章	网络函数与谐振电路	4	4	4	2
第 13 章	一阶电路的时域分析	6	6	6	6
第 14 章	二阶电路的时域分析和电路的状态方程	6	4	2	2
第 15 章	动态电路的复频域分析	6	6		
第 16 章	二端口网络	4	4	4	2
第 17 章	电路的计算机辅助分析基础	6	4		
第 18 章	非线性电阻电路	4	4	2	2
第 19 章	均匀传输线	8	4		

限于作者水平，书中难免存在不足和错误之处，欢迎读者批评指正。意见请发至邮箱：jipeirong@163.com。需要电子课件等相关资料者也可与作者联系。

吉培荣

2022 年 10 月于三峡大学

目录

第14章 二阶电路的时域分析和电路的状态方程 \ 290

第15章 动态电路的复频域分析 \ 308

第16章 二端口网络 \ 342

第17章 电路的计算机辅助分析基础 \ 371

第1章 电路的基本概念和两类约束

内容提要 本章介绍电路理论中的一些基本概念和基础知识,具体内容包括:实际电路与理想电路,电路的基本物理量和变量,电压、电流的参考方向,电磁能量与电功率,元件约束,拓扑约束与应用条件,元件约束和拓扑约束的简单应用,实际电路的模型化。

1.1 实际电路与理想电路

1.1.1 实际电路和理想电路的概念

电路一词有两重含义,其一是指实际电路,其二是指理想电路。

实际电路是指由各种实际电器件用实际导线按一定方式连接而成、具有特定功能的电流的通路。

理想电路是指由定义出来的各种理想元件用理想导线遵循确定的规律连接而成的虚拟电路。这里,“确定的规律”就是后面要讨论的基尔霍夫定律。

实际电路的种类和功能很多,但总体来看,大致可概括为两类:一类进行电能量的传输、分配,如电力系统;另一类进行电信号的传输、处理,如通信系统和各种信息(信号)处理系统。

实际电路通常可看成由三个部分组成,如传输或分配电能量的电路可看成由电源、输配电环节、负载三部分组成;而传输或处理信号的电路可看成由信号源、传输或处理信号的环节、信号接收器三部分组成。

实际电路的各个组成部分可以是单个器件,也可以是多个器件通过导线(体)连接构成的局部电路。实际器件的类型很多,发出能量或信号的有旋转发电机、电池、热电偶、信号发生器、感应元件、天线等,中间环节有变压器、频率转换器、放大器、输电线、信号馈线等,消耗电能或接收信号的有电炉、电动机、照明灯具、音箱、显示器、投影仪等。

理想电路有两个来源:一是直接构造(想象),二是根据实际电路抽象。理想电路的元件称为理想元件,包括线性电阻、线性电容、线性电感、理想电压源、理想电流源等。理想电路和理想元件均非现实存在的。

电路也称为电网络或电系统,简称为网络或系统。它们是人们从不同的角度提出的术语,在本书中,对这三者视为等同。

1.1.2 实际电路与理想电路的关系

以某一实际电路为对象，抽象（构造）出用以反映其主要特性的理想电路，其过程称为模型化（详细的讨论见 1.8 节）。图 1-1(a)所示为手电筒电路，模型化后如图 1-1(b)所示，S 为理想开关，U_S 为理想电压源，R_S 和 R_L 为理想电阻。

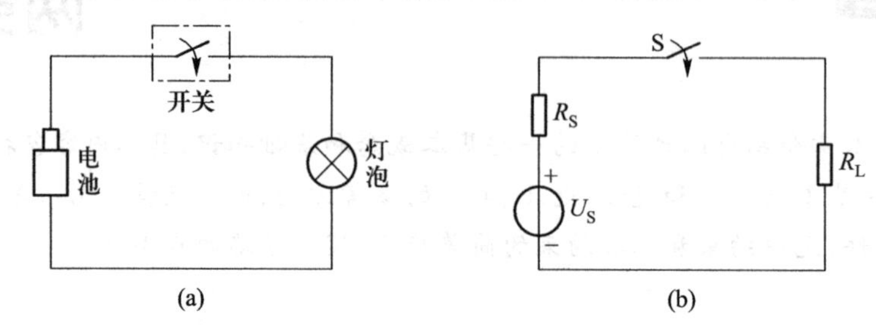

图 1-1　实际电路模型化示例

(a) 实际电路　(b) 理想电路

通过模型化，得到与实际电路相对应的理想电路后，对其进行理论分析和计算，并将结果应用于实际电路中，即为实际电路的一般分析过程。“与实际电路相对应的理想电路”可称为“电路模型”，简称为“模型”。

另一方面，也可先构造（设计）出理想电路，然后依照理想电路实现相对应的实际电路，这一过程称为电路综合。这样的理想电路，也称为“电路模型”。

本书约定，“电路模型”专指“与实际有对应关系的理想电路”，与实际没有对应关系的理想电路不能称为电路模型。

全部实际电器件和实际电路的集合构成实际电路空间，全部理想电路元件和理想电路的集合构成理想电路空间。理想电路空间中包含电路模型子空间，为全部电路模型的集合。实际电路、理想电路、电路模型三者的关系如图 1-2 所示。从图中可以看到，某些理想电路不存在对应的实际电路，但由实际电路总可以构造出对应的理想电路。

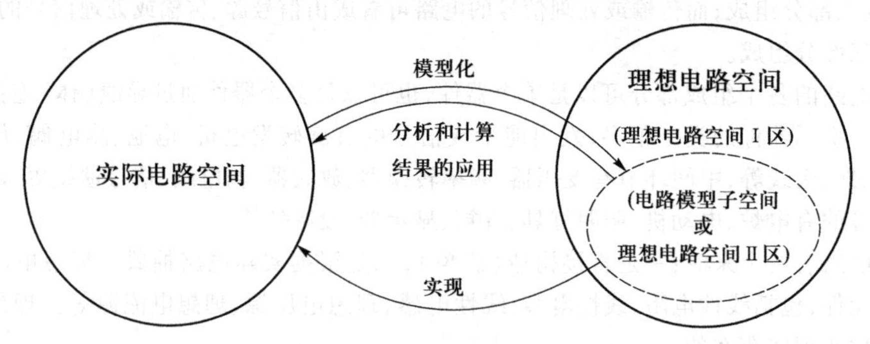

图 1-2　实际电路、理想电路与电路模型三者的关系

图 1-2 中，上面的两个箭头反映了实际电路的分析过程，下面的一个箭头反映了由电路

模型得到实际电路的综合过程。

为方便起见,可把图 1-2 中理想电路空间分为Ⅰ区和Ⅱ区。与实际没有对应关系的部分称为理想电路空间Ⅰ区,与实际有对应关系的部分称为理想电路空间Ⅱ区。理想电阻、理想电压源等所有理想元件均定义于理想电路空间Ⅰ区中,它们均不存在电压、电流或功率的限制;如果理想元件出现在理想电路空间Ⅱ区中,它们就存在电压、电流或功率的限制。

图 1-2 中电路模型子空间的边界线之所以用虚线表示,是因为某些内容原本处于Ⅰ区,但在一定条件下会在Ⅱ区出现;或某些内容原本处于Ⅱ区,但可能移入Ⅰ区。如理想电压源与线性电阻串联闭合构成的理想电路对应于某些实际电路时,应处于理想电路空间Ⅱ区,但在分析这一理想电路中的电流随电阻阻值变化的规律时,若假定电阻阻值趋于无限小,就应将这一理想电路从Ⅱ区移入Ⅰ区,因为此时的理想电路无法与任何实际电路相对应。

本书讨论的理想电路,有许多是电路模型,对它们进行分析和计算得到的结果可应用于实际。处于理想电路空间Ⅰ区的理想电路,对其分析得到的结果通常只有理论意义。

1.1.3 狭义电路理论和广义电路理论

为清楚界定相关概念及论述问题的方便,可把直接分析理想电路的理论称为狭义电路理论,而把直接分析实际电路的理论称为广义电路理论。狭义电路理论是一个严密的逻辑体系,遵循定义和规则;广义电路理论属于物理,遵循客观规律。

狭义电路理论的研究对象处于理想电路空间(包括Ⅰ区、Ⅱ区),其核心处于Ⅰ区;广义电路理论的研究对象处于实际电路空间和理想电路空间Ⅱ区,也包含模型化的内容。广义电路理论实际包含了电子工程和电气工程领域的主要内容。本书前言中所说的电路理论,更多是指狭义电路理论。

狭义电路理论和广义电路理论的交集是理想电路空间Ⅱ区。

电路理论还可分为电路分析理论和电路综合理论两部分,电路分析理论是电路综合理论的基础。

本书论述电路分析理论,主体内容为狭义电路理论,但也包含一些密切联系实际的内容,这些内容属于广义电路理论范畴。

1.2 电路的基本物理量和变量

1.2.1 实际电路中的基本物理量

实际电路涉及大量的物理量,基本的物理量是电压、电流、电荷和磁通(或磁链)。在国际单位制(SI)中,电压的单位为伏特,符号为 V;电流的单位为安培,符号为 A;电荷的单位为库仑,符号为 C;磁通(或磁链)的单位为韦伯,符号为 Wb。

工程上常用的电压单位还有千伏(kV)、毫伏(mV)和微伏(μV)等;常用的电流单位还有千安(kA)、毫安(mA)、微安(μA)等。表1-1列出了国际单位制(SI)中规定的用来构成十进倍数或分数的部分词头。例如:2 kV(千伏)= 2×10^3 V(伏),1 μA(微安)= 10^{-6} A(安)。

表1-1 部分SI倍数与分数词头

倍率	词头名称		词头符号	倍率	词头名称		词头符号
10^{15}	拍[它]	peta	P	10^{-3}	毫	milli	m
10^{12}	太[拉]	tera	T	10^{-6}	微	micro	μ
10^{9}	吉[咖]	giga	G	10^{-9}	纳[诺]	nano	n
10^{6}	兆	mega	M	10^{-12}	皮[可]	pico	p
10^{3}	千	kilo	k	10^{-15}	飞[母托]	femto	f

随时间变化的电压、电流、电荷通常用小写字母 $u(t)$、$i(t)$、$q(t)$ 表示,简写为 u、i、q,不随时间变化的电压、电流、电荷通常用大写字母 U、I、Q 表示;磁通(或磁链)用 $\Phi(t)$[或 $\psi(t)$]表示,简写为 Φ(或 ψ)。

对于电压、电流、电荷和磁通(或磁链)这些基本物理量,人们可以感知,测量是感知这些物理量的一种基本手段。

1.2.2 理想电路中的基本变量

理想电路是虚拟存在,并非物理存在,因此其中不存在物理量。但构建理想电路的根本目的是解决实际电路中的问题,故需设定与实际物理量相对应的虚拟物理量,包括虚拟电压、虚拟电流、虚拟电荷和虚拟磁通(或虚拟磁链),简称为电压、电流、电荷和磁通(或磁链),它们是理想电路中的基本变量,其单位、符号与对应的实际物理量相同。

1.3 电压、电流的参考方向

物理学中已说明,电荷在电场中的移动是电场力做功的结果。将无穷远处选为参考点,空间中某点的电位定义为将单位正电荷从该点移至无穷远处电场力所做的功。两点之间的电位差称为电压,并规定高电位点趋向低电位点的方向为电压的实际方向。

物理学中,电荷有规律的定向移动称为电流,并规定正电荷移动的方向(电子移动的反方向)为电流的实际方向。

在电路模型即理想电路空间Ⅱ区中,把与实际方向一致的方向称为规定正方向,简称正方向。电流的规定正方向是虚拟正电荷移动的方向,电压的规定正方向是虚拟高电位点趋向低电位点的方向。将相关概念扩展到理想电路空间Ⅰ区中,即得到了整个理想电路中规定正方向的定义。

由于电路模型中的规定正方向与对应实际电路中的实际方向一致,为方便起见,通常将规定正方向称为实际方向;进一步地,将整个理想电路空间中的规定正方向都称为了实际方向。须注意这一做法本质上存在问题,因为实际方向是对应于实际电路的,并非对应于理想电路,这一做法的负面影响之一是容易产生将理想电路与实际电路混为一谈的问题。电路理论的初学者对此尤其要保持高度警惕。

在对电路进行分析时,由于电压、电流的实际方向(规定正方向)往往事先未知,或者随时间变化,因此,必须预先假设电压和电流的方向,预先假设的方向称为参考方向,称其为假设方向也可行。

电压 u 的参考方向(或假设方向)常用"+""-"号或箭头表示,如图 1-3(a)所示;电流 i 的参考方向(或假设方向)常用箭头表示,如图 1-3(b)所示。参考方向也可用双下标表示,如 u_{AB} 表示电压的参考方向由 A 点指向 B 点,i_{AB} 表示电流的参考方向由 A 点指向 B 点。

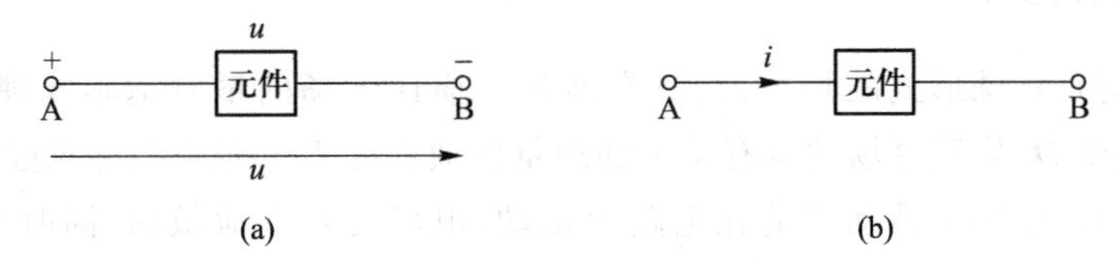

图 1-3　电压和电流参考方向的表示
(a) 电压参考方向的表示　(b) 电流参考方向的表示

有了参考方向,结合求出或给定的电压或电流的具体符号和数值,就可确定实际方向(规定正方向)。例如在图 1-3(a)中,假定已得到 $u=1$ V,则表明电压的大小是 1 V,实际方向如图中箭头所示;若得到的是 $u=-1$ V,则表明电压的大小是 1 V,实际方向与图中箭头方向相反。同理,在图 1-3(b)中,假定已得到 $i=1$ A,则表明电流的大小是 1 A,实际方向如图中箭头所示;若得到的是 $i=-1$ A,则表明电流的大小是 1 A,实际方向与图中箭头方向相反。

电路中的电压和电流是两个不同的物理量(或变量),它们的参考方向是分别设定的。如果对某一元件(或局部电路)设定的电压与电流参考方向一致,这时的参考方向就称为关联参考方向,简称为关联方向,如图 1-4(a)中 u 与 i 就为关联方向。当电压与电流的参考方向不一致时,称为非关联参考方向,简称为非关联方向,如图 1-4(b)中 u 与 i 就为非关联方向。图 1-4 中的 N 表示某个局部电路,它可由多个元件构成,也可仅由一个元件构成,该电路有两个引出端,因而称其为二端电路。

需要强调的是:① 电压、电流的参考方向可独立设定,一旦设定,分析和计算过程中一般不再改变;② 在本书电路图中标定的所有电压、电流的方向均是参考方向,而不是实际方向,即不是规定正方向。

另外还需说明,图 1-4 所示电路有时是整体电路中的局部,这时 $i\neq0$,有时为独立存在,这时 $i=0$。具体情况为何,须结合具体场景加以判断。

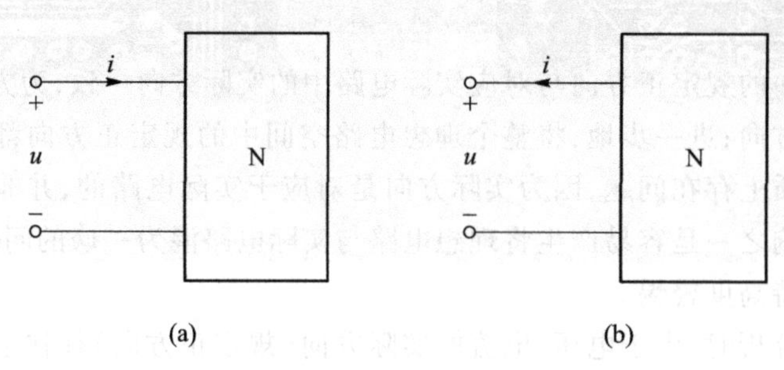

图 1-4　电压和电流的关联参考方向和非关联参考方向
(a) 关联参考方向　(b) 非关联参考方向

1.4 电磁能量与电功率

电场、磁场均是特殊形式的物质，均具有能量。描述电场的量有基本物理量电场强度 $\boldsymbol{E}$ 和辅助量电通密度 $\boldsymbol{D}$，描述磁场的量有基本物理量磁通密度 $\boldsymbol{B}$ 和辅助量磁场强度 $\boldsymbol{H}$。

当电路工作时，电场力推动电荷在电路中运动，电场力对电荷做功，同时电路吸收能量。电场力将单位正电荷由电场中 a 点移动到 b 点所作的功即为 a、b 两点间的电压。

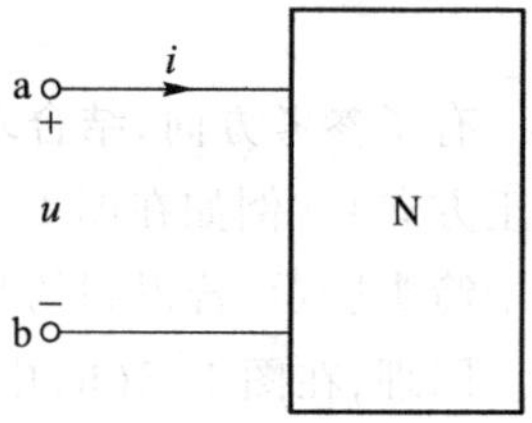

图 1-5 所示电路中，电压 u 和电流 i 的参考方向一致，为关联方向。在 $\mathrm{d}t$ 时间内通过该电路的电荷量为 $\mathrm{d}q=i\cdot\mathrm{d}t$，它由 a 端移到 b 端，电场力对其做的功为 $\mathrm{d}A=u\cdot\mathrm{d}q$，因此电路吸收的能量为

$$\mathrm{d}W=\mathrm{d}A=u\cdot\mathrm{d}q \tag{1-1}$$

即

$$\mathrm{d}W=u\cdot i\cdot\mathrm{d}t \tag{1-2}$$

图 1-5　电路的功率计算

功率为能量对时间的变化率，则图 1-5 所示电路的功率为

$$p=\frac{\mathrm{d}W}{\mathrm{d}t}=u\cdot i \tag{1-3}$$

式(1-3)表明，电压和电流取关联参考方向时，乘积“ui”表示电路吸收能量的速率。如果 $p=ui>0$，则表示该电路吸收能量；如果 $p=ui<0$，则表示该电路吸收负能量，即发出能量。若将图 1-5 所示电路中的电压或电流的参考方向加以改变，使得电压和电流为非关联方向，此时如果仍用公式 $p=ui$ 计算电路的功率，则 $p=ui>0$ 表示电路发出能量，$p=ui<0$ 表示电路吸收能量。

为了从计算结果上直接得出电路吸收或发出能量的统一结论，可以规定：电压和电流为关联方向时，功率的计算式为 $p=ui$；电压和电流为非关联方向时，功率的计算式为 $p=-ui$。在此规定下，$p>0$ 表示电路吸收能量，$p<0$ 表示电路发出能量。

实际中，经常有吸收功率和发出功率的说法，不可直接按字面理解其含义，应理解为吸收能量和发出能量，因为功率虽有正负，但没有吸收和发出的概念。

在国际单位制(SI)中，功率的单位是瓦特，符号为 W。工程上常用的功率单位还有千瓦(kW)、毫瓦(mW)等。

电路中的能量通过对功率的时间积分得到。从 t_0 到 t 时间内电路(或元件)吸收的能量由下式表示：

$$W=\int_{t_0}^{t} p\mathrm{d}\xi=\int_{t_0}^{t} ui\mathrm{d}\xi \tag{1-4}$$

在国际单位制(SI)中，能量的单位为焦耳，符号为 J。工程和生活中还采用千瓦时(kWh)作为电能的单位，1 kWh 也称为 1 度(电)。两者的换算关系为：$1\ \text{kWh}=10^3\ \text{W}\times 3\,600\ \text{s}=3.6\times 10^6\ \text{J}$。

电路分析的过程中，功率和能量的计算十分重要，这是因为实际电路在工作时总伴有电能与其他形式能量的相互转换；此外，电气设备、实际器件本身还存在功率大小的限制。在使用电气设备和实际器件时，应注意其电压或电流是否超过额定值(即正常工作时所要求的数值)。如果过载(即电压或电流超过额定值)，容易造成设备或器件的损坏，或降低设备的使用寿命，或使设备不能正常工作。

1.5 元件约束

1.5.1 电阻元件与电导元件

线性电阻是一种理想二端元件，其特性定义为：当电压和电流取关联方向时，在任何时刻，其两端的电压 u 和流过的电流 i 服从线性函数关系：

$$u=Ri \tag{1-5}$$

将式(1-5)改写，有

$$i=Gu \tag{1-6}$$

式(1-5)就是物理中的欧姆定律。式(1-5)中的系数 R 称为电阻元件的电阻参数，简称电阻，符号如图 1-6(a)所示；式(1-6)中的系数 G 称为电阻元件(或称电导元件)的电导参数，简称电导，R 与 G 互为倒数关系，即 $G=1/R$。在国际单位制(SI)中，R 的单位为欧姆，简称欧，符号为 Ω；G 的单位为西门子，简称西，符号为 S。在多数情况下，电阻元件和电导元件可视为是同一种元件，但在涉及理想电路的对偶性质时(对偶性质在 2.6 节中介绍)，电阻元件和电导元件应视为两个不同的元件。工程上，电阻常用的单位还有千欧(kΩ)和兆欧(MΩ)。

式(1-5)定义的线性电阻元件其电压电流关系(伏安特性)可用 u-i 平面中过原点的一条直线表示，如图 1-6(b)所示。常用 VCR 表示电压电流关系，VCR 为英文 voltage and current relationship 的缩写。

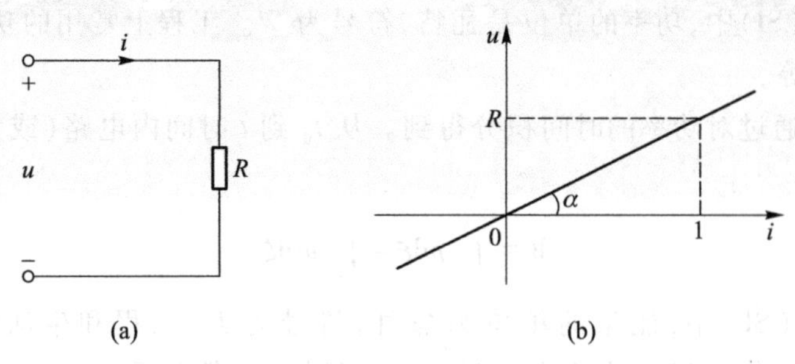

图 1-6 线性电阻元件及其伏安特性
(a) 线性电阻元件的符号 (b) 伏安特性曲线

线性电阻元件的电压 u 和电流 i 为关联方向时,其功率的计算式为

$$p=ui=Ri^2=u^2/R \tag{1-7}$$

或

$$p=ui=Gu^2=i^2/G \tag{1-8}$$

可知 t_0 到 t 时间内,该电阻元件吸收(消耗)的电能为

$$W_R=\int_{t_0}^{t} Ri^2(\xi)\,\mathrm{d}\xi \tag{1-9}$$

当 $R\to\infty$ 时,电阻两端的电压无论为何值,流过它的电流恒为零,此种情况称为“开路”,也常称为“断路”;当 $R=0$ 时,流过电阻的电流无论为何值,其两端的电压始终为零,此种情况称为“短路”。

实际电阻器件与理想电阻元件的特性是不同的,如反映理想电阻元件特性的式(1-5)中,电压和电流可为无穷大,而实际电阻器件上的电压和电流是受限制的。当实际电阻器件上的电压或电流过大时,该器件就会被烧毁。在实际电阻器件能够正常工作的电压和电流范围内,若其上的电压电流关系近似符合式(1-5)所示关系时,就可把实际电阻模型化为线性电阻,以便进行理论上的分析和计算,但这时对应有电压、电流或功率的限制。

理想电阻是为反映实际电路中消耗电能量这一现象而定义的,结合这一情况,线性电阻元件的定义式 $u=Ri$ 中,R 值应大于零。但在狭义电路理论中,R 值并不限定大于零,可以是零值,也可以是负值。为零值时就是理想导线,为负值时表明该元件发出能量。实际电阻器件均是消耗能量的,实际电源的用途是发出能量。在某些情况下,可以把一个发出能量的实际二端电路用负电阻表示,即模型化为负电阻。

1.5.2 独立电源

独立电源是为了描述实际电路中某些器件对外提供电能这一现象而定义的,这里的“独立”二字是相对后面要讨论的受控电源而言的。独立电源也称为理想电源,包括理想电压源和理想电流源两种。

1. 理想电压源

理想电压源的定义：端电压为一个确定的时间函数或常量，该电压与端子上流过的电流无关。

理想电压源常简称为电压源，其电路符号如图 1-7(a)所示，伏安特性为

$$\begin{cases}u(t)=u_S(t)\\ i(t)\text{由外接电路决定,值域为}(-\infty,+\infty)\end{cases} \tag{1-10}$$

式中，$u_S(t)$ 为给定的时间函数，与流过的电流 $i(t)$ 无关；$i(t)$ 由外电路确定，值域为 $(-\infty,+\infty)$。当 $u_S(t)=U_S$ 为恒定值时，电压源称为直流电压源，此时电压源往往用图 1-7(b)所示符号表示，其中长划线对应于"+"，短划线对应于"-"。

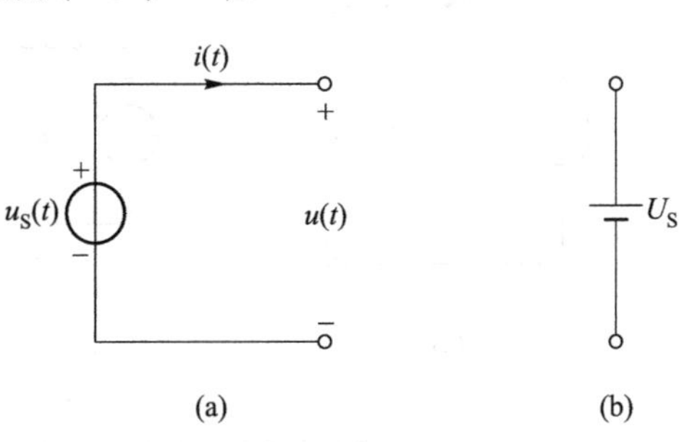

图 1-7　理想电压源的两种符号

(a) 理想电压源的符号

(b) 直流时常用的理想电压源的符号

图 1-8(a)给出的是电压源与外电路相连接的情况，其端子 1、2 之间的电压 $u(t)$ 等于 $u_S(t)$，它不受外电路的影响。图 1-8(b)给出的是 $u_S(t)=U_S$ 的直流电压源的伏安特性曲线，它是一条平行于电流轴的固定直线，这表明该电压源的电压始终为 U_S，电流可以在 $(-\infty,+\infty)$ 范围内取值。若 $u_S(t)$ 随时间变化，针对每一个时刻，都可得到一个与图 1-8(b)类似的伏安特性图，不同时间平行于横轴的直线处于图中不同的位置。

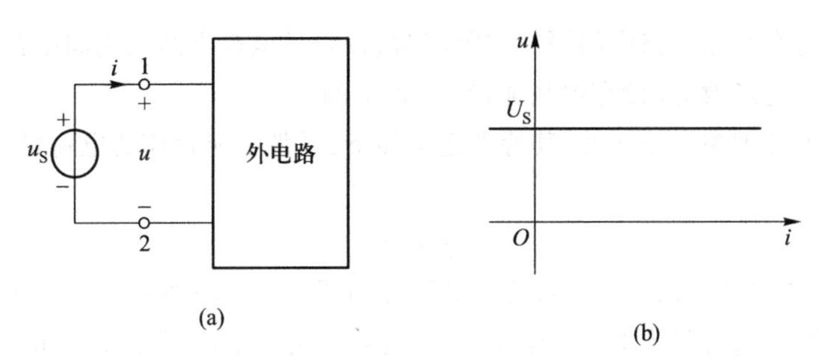

图 1-8　接外电路的理想电压源和理想电压源的特性

(a) 接外电路的理想电压源　(b) 理想电压源的特性曲线

2. 理想电流源

理想电流源的定义：端子上的电流为一个确定的时间函数或常量，该电流与两个端子间的电压无关。

理想电流源常简称为电流源，其电路符号如图 1-9(a)所示，伏安特性可用公式表述为

$$\begin{cases}i(t)=i_S(t)\\ u(t)\text{由外接电路决定,值域为}(-\infty,+\infty)\end{cases} \tag{1-11}$$

式中，$i_S(t)$ 为给定的时间函数，与两个端子间的电压 $u(t)$ 无关；$u(t)$ 由外接电路决定，值域为 $(-\infty,+\infty)$。图 1-9(b)给出了电流源与外电路相连接的情况。

当 $i_S(t)=I_S$ 为恒定值时，电流源称为直流电流源，其伏安特性如图 1-9(c)所示，为一条平行于电压轴的固定直线。这表明该电流源的电流始终为 I_S，电压可以在$(-\infty,+\infty)$范围内取值。若 $i_S(t)$ 随时间变化，则针对每一个时刻，都可得到一个与图 1-9(c)类似的伏安特性图，不同时刻平行于纵轴的直线处于图中不同的位置。

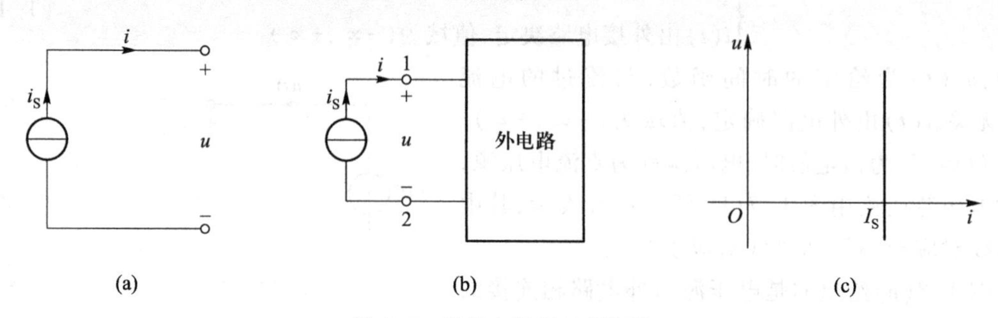

图 1-9　理想电流源及其特性

(a) 理想电流源的符号　(b) 接外电路的理想电流源　(c) 理想电流源的特性曲线

理想电压源、理想电流源在电路中经常被称为激励或输入，由它们产生的电压和电流相应地被称为响应或输出。

1.5.3　电容元件

等量异号电荷在实际电路中间隔一定距离时，在异号电荷之间的空间中存在电场，电容元件是为了描述这种电场效应(储存电场能量)而提出的。

线性电容是一种理想电路元件，其特性定义如下：元件上所存储的电荷量 q 与其两端间的电压 u 成正比，即

$$q=Cu \tag{1-12}$$

式中，C 为电容元件的参数，简称电容，其图形符号如图 1-10(a)所示。在国际单位制中，电容的单位是法拉，简称法，符号为 F。工程技术中，电容常用的单位还有微法(μF)和皮法(pF)。

式(1-12)所定义的线性电容元件的库伏特性可用 q-u 平面中一条过原点的直线来表示，如图 1-10(b)所示。

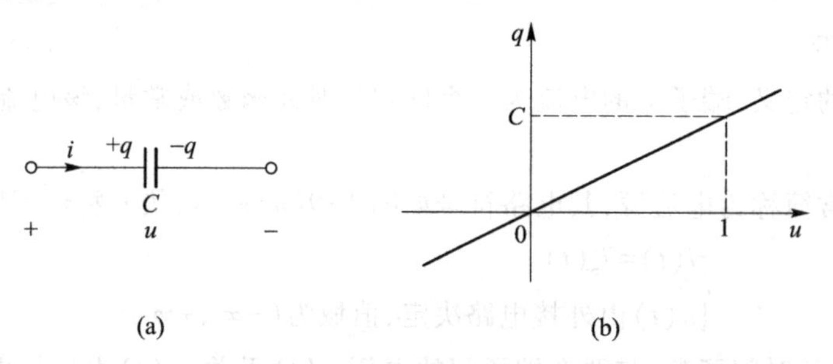

图 1-10　线性电容元件的符号及其库伏特性曲线

(a) 图形符号　(b) 特性曲线

理想电容元件的特性是定义出来的，实际的电容器并不满足理想电容元件的特性。针对理想电容元件的式(1-12)中，电压可为无穷大，而电容器上的电压是受限制的，当电压过大时，电容器就会被击穿。在电容器能够正常工作的电压范围内，若电压与电荷之间的关系近似符合线性关系时，就可把电容器模型化为图1-10(a)所示的线性电容，由此得到供理论分析和计算所用的电路模型。

当电容元件上的电压 u 随时间发生变化时，存储在电容元件上的电荷随之变化，这样便出现了充电或放电现象，就有电流在连接电容元件的导线上流过。如果电压 u 和电流 i 取关联参考方向，由式(1-12)可得

$$i=\frac{\mathrm{d}q}{\mathrm{d}t}=\frac{\mathrm{d}(Cu)}{\mathrm{d}t}=C\frac{\mathrm{d}u}{\mathrm{d}t} \tag{1-13}$$

对式(1-13)进行积分可得

$$u(t)=\frac{1}{C}\int_{-\infty}^{t}i(\xi)\mathrm{d}\xi=\frac{1}{C}\int_{-\infty}^{0_-}i(\xi)\mathrm{d}\xi+\frac{1}{C}\int_{0_-}^{t}i(\xi)\mathrm{d}\xi=u(0_-)+\frac{1}{C}\int_{0_-}^{t}i(\xi)\mathrm{d}\xi \tag{1-14}$$

式中，$u(0_-)$是 $t=0_-$时刻电容元件上已有的电压，此电压描述了电容元件过去的状态，称为初始电压，而$\frac{1}{C}\int_{0_-}^{t}i(\xi)\mathrm{d}\xi$是 $t=0_-$以后在电容元件上新增的电压。式(1-14)说明：电容在时刻 t 时的电压，取决于$(-\infty,t)$时间范围内所有时刻的电流值，即与电流过去的全部历史状况有关。由此可见，电容元件有记忆电流的作用，所以该元件被称为记忆元件。

如果电容电压 u 和电流 i 的参考方向相反，即两者为非关联参考方向，则有

$$i=-C\frac{\mathrm{d}u}{\mathrm{d}t} \tag{1-15}$$

对式(1-15)进行积分，可得积分形式的电容电压 u 与电流 i 的关系为

$$u(t)=-\frac{1}{C}\int_{-\infty}^{t}i(\xi)\mathrm{d}\xi=-\frac{1}{C}\int_{-\infty}^{0_-}i(\xi)\mathrm{d}\xi-\frac{1}{C}\int_{0_-}^{t}i(\xi)\mathrm{d}\xi=u(0_-)-\frac{1}{C}\int_{0_-}^{t}i(\xi)\mathrm{d}\xi \tag{1-16}$$

当电压、电流取关联参考方向时，电容元件的瞬时功率为

$$p=ui=Cu\frac{\mathrm{d}u}{\mathrm{d}t} \tag{1-17}$$

若 $p>0$，说明电容元件在吸收能量，即处于被充电状态；若 $p<0$，说明电容元件在释放能量，处于放电状态。如果电容元件从时间 t_0 到 t 被充电，则此阶段它所吸收的能量 ΔW_C 为

$$\Delta W_C=\int_{t_0}^{t}p(\xi)\mathrm{d}\xi=\int_{t_0}^{t}u(\xi)i(\xi)\mathrm{d}t=\int_{t_0}^{t}Cu\frac{\mathrm{d}u}{\mathrm{d}\xi}\mathrm{d}\xi=\frac{1}{2}Cu^2(t)-\frac{1}{2}Cu^2(t_0) \tag{1-18}$$

电容元件吸收的能量以电场能量的形式存储，t 时刻电容元件储存的电场能量 $W_C(t)$ 为

$$W_C(t)=\frac{1}{2}Cu^2(t) \tag{1-19}$$

电容元件被充电时，$|u(t)|$增加，$W_C(t)$增加，元件吸收能量；电容元件放电时，$|u(t)|$减少，$W_C(t)$减少，元件释放能量。一个电容元件若原来没有被充电，则在充电时它所吸收并存

储起来的能量会在放电时释放出来。理想电容充放电过程不消耗能量，吸收的能量会全部释放出来，但实际电容即电容器在充放电过程中会消耗一部分能量，所以实际电容释放的能量小于它所吸收的能量。

电容电压保持不变时，电容上的电荷不变，流过的电流为零，此时，电容相当于断路。

1.5.4 电感元件

当电流流过实际电路时在周边会产生磁场，电感元件是为了描述这种磁场效应（储存磁场能量）而提出的。

线性电感是一种理想电路元件，常被称为理想电感，其特性定义如下：元件中的磁链 ψ 与流过的电流 i 成正比，即

$$\psi = Li \tag{1-20}$$

式中，L 为电感元件的参数，简称电感，其图形符号如图 1-11(a)所示。在国际单位制中，电感的单位是亨利(H)。亨利是比较大的单位，工程中常用的电感单位还有毫亨(mH)和微亨(μH)。

式(1-20)所定义的线性电感元件上的磁链 ψ 与电流 i 之间的关系（韦安特性）可用 $\psi-i$ 平面中一条过原点的直线表示，如图 1-11(b)所示。

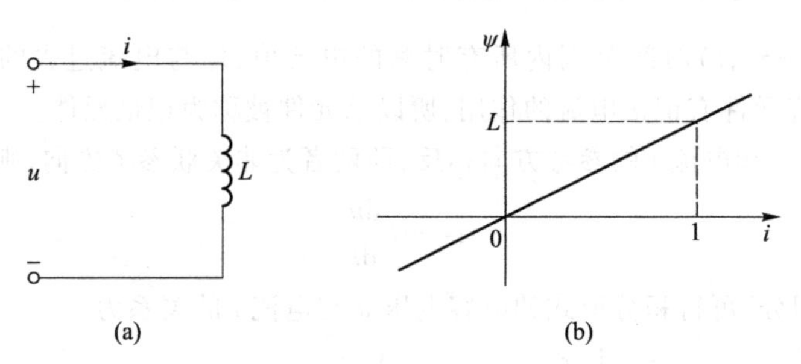

图 1-11　线性电感元件的符号及其韦安特性曲线
(a) 图形符号　(b) 特性曲线

理想电感元件的特性是定义出来的，实际电感元件并不满足理想电感元件的特性。针对理想电感元件的式(1-20)中，电流可为无穷大，而实际电感元件上的电流是受限制的。当电流过大时，实际电感元件会因过热而烧毁。在实际电感元件能够正常工作的电压电流范围内，若电感上的电流与其上磁链间的关系近似符合线性关系时，可把实际电感模型化为图 1-11(a)所示的线性电感，由此得到供理论分析和计算所用的电路模型。

当变化的电流 i 通过如图 1-12 所示的实际电感线圈时，在线圈中会产生变化的磁通 Φ 或磁链 ψ，变化的磁链在线圈两端必然引起感应电压 u。

由式(1-20)可得

$$u = \frac{d\psi}{dt} = L\frac{di}{dt} \tag{1-21}$$

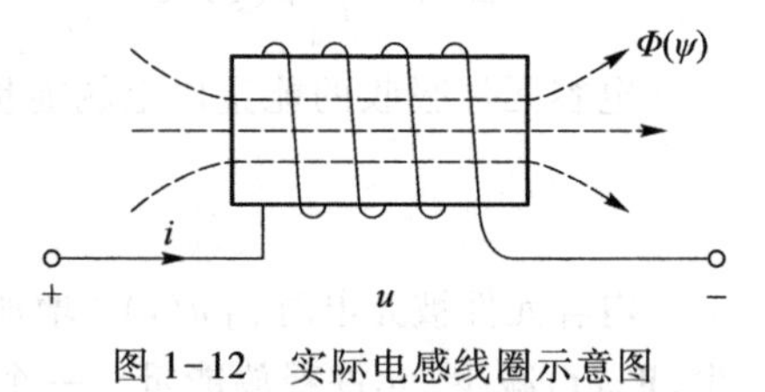

图 1-12　实际电感线圈示意图

对式(1-21)进行积分可得

$$i(t)=\frac{1}{L}\int_{-\infty}^{t}u(\xi)\,\mathrm{d}\xi=\frac{1}{L}\int_{-\infty}^{0_-}u(\xi)\,\mathrm{d}\xi+\frac{1}{L}\int_{0_-}^{t}u(\xi)\,\mathrm{d}\xi=i(0_-)+\frac{1}{L}\int_{0_-}^{t}u(\xi)\,\mathrm{d}\xi \tag{1-22}$$

式中,$i(0_-)$是$t=0_-$时刻电感元件中存在的电流,它总结了电感元件过去的历史状况,称为初始电流。$\frac{1}{L}\int_{0_-}^{t}u(\xi)\,\mathrm{d}\xi$是$t=0_-$以后在电感元件中增加的电流。式(1-22)说明:$t$时刻电感元件上的电流取决于$(-\infty,t)$时间范围内所有时刻上的电压值,即与电感电压过去全部的历史有关。电感电压在$t=0_-$以前的全部历史可用$i(0_-)$表示。可见,电感元件有记忆电压的功能,它是一种记忆元件。

当电感的电压u与电流i为非关联参考方向时,有

$$u=-L\frac{\mathrm{d}i}{\mathrm{d}t} \tag{1-23}$$

则电感电压u与电流i积分形式的关系为

$$i(t)=-\frac{1}{L}\int_{-\infty}^{t}u(\xi)\,\mathrm{d}\xi=-\frac{1}{L}\int_{-\infty}^{0_-}u(\xi)\,\mathrm{d}\xi-\frac{1}{L}\int_{0_-}^{t}u(\xi)\,\mathrm{d}\xi=i(0_-)-\frac{1}{L}\int_{0_-}^{t}u(\xi)\,\mathrm{d}\xi \tag{1-24}$$

当电压与电流为关联参考方向时,电感元件的瞬时功率为

$$p=ui=Li\frac{\mathrm{d}i}{\mathrm{d}t} \tag{1-25}$$

若$p>0$,说明电感元件在吸收能量;若$p<0$,说明电感元件在释放能量。从时间t_0到t期间内,电感元件的能量变化ΔW_L为

$$\Delta W_L=\int_{t_0}^{t}p\,\mathrm{d}\xi=L\int_{t_0}^{t}i\,\mathrm{d}i=\frac{1}{2}Li^2(t)-\frac{1}{2}Li^2(t_0) \tag{1-26}$$

电感元件在任意时刻t存储的磁场能量$W_L(t)$为

$$W_L(t)=\frac{1}{2}Li^2(t) \tag{1-27}$$

由此可知,当$|i|$增加时,W_L增加,电感元件吸收能量;当$|i|$减小时,W_L减少,电感元件释放能量。理想电感元件不会把吸收的能量消耗掉,而是以磁场能的形式储存在磁场中,所以电感元件是一种储能元件。但实际电感元件工作时会消耗一部分能量。

电感元件的电压、电流关系满足微分或积分形式,在电感电流不变时,电感上的磁链不变,电压为零,此时,电感相当于短路。

1.5.5 忆阻元件

前面介绍了一些物理量(变量)和元件,它们之间存在如图1-13所示的关系。

由图1-13可以看出,四个基本物理量(变量)u、i、q、ψ中,u和i可通过电阻R建立联系,

代数通式 $f(u,i)=0$ 定义的是电阻类元件；q 和 u 可通过电容 C 建立联系，代数通式 $f(q,u)=0$ 定义的是电容类元件；ψ 和 i 可通过电感 L 建立联系，代数通式 $f(\psi,i)=0$ 定义的是电感类元件；只有 ψ 和 q 之间没有元件能将其联系起来。1971 年，美国加州大学蔡少棠教授（美籍华人）提出在 ψ 和 q 之间存在第四种（类）基本理想电路元件 $M(q)$，并将其称为忆阻元件，定义为

$$M(q)=\frac{\mathrm{d}\psi(q)}{\mathrm{d}q} \tag{1-28}$$

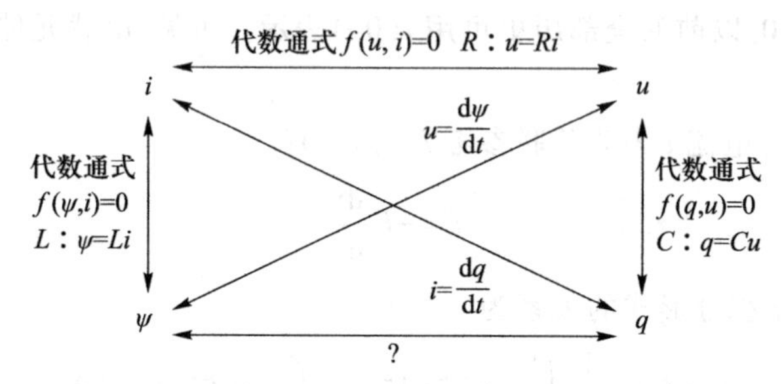

图 1-13　电路基本变量之间关系结构图

其图形符号如图 1-14 所示。

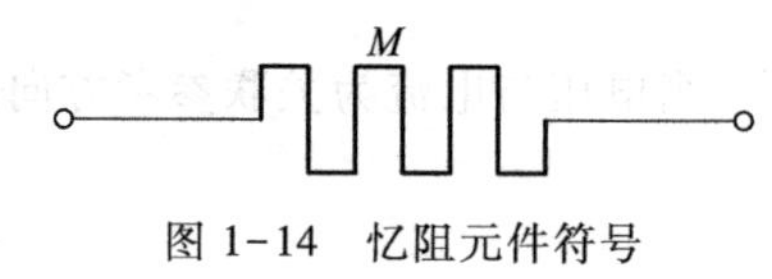

图 1-14　忆阻元件符号

因为

$$M(q)=\frac{\mathrm{d}\psi(q)}{\mathrm{d}q}=\frac{\mathrm{d}\psi(q)/\mathrm{d}t}{\mathrm{d}q/\mathrm{d}t}=\frac{u}{i}=R \tag{1-29}$$

可知忆阻元件与电阻元件的量纲一致。

忆阻元件是在没有实物背景下被定义出来的理想元件，最初只能处于图 1-2 所示的模型电路空间Ⅰ区中。2007 年，惠普实验室研制出了纳米尺度的实际忆阻器件（忆阻器），这样，与实际对应的忆阻元件就能进入模型电路空间Ⅱ区了。

实际忆阻器可以在纳米尺度上实现开关，用这种器件制造的计算机能够记住它在关机前的状态。这些性能，可能对数字计算机的发展有深远意义。

由图 1-13 可知，全部电路元件可分为四类：电阻类、电容类、电感类、忆阻类。据此分类方法可知，电压源和电流源属于电阻类元件。由于电压源和电流源的伏安特性不是过原点的直线，所以它们是非线性电阻元件。

1.6 拓扑约束与应用条件

1.6.1 几个相关概念

这里介绍几个重要的电路术语。① 支路：通过相同电流的一段电路。支路可仅由一个元

件构成，也可规定某种结构为一条支路。② 节点：三条或三条以上支路的连接点。有些情况下，也将两条支路的连接点称为节点。③ 回路和网孔：由支路构成的闭合路径称为回路。当闭合路径呈现为一个自然的孔时，这样的回路就称为网孔。

图 1-15 所示电路有两个节点，即 a、b；有三条支路，即 acb、ab、adb。有时，c、d 也称为节点，这样电路就有四个节点、五条支路。该电路的回路为三个，即 abca、abda、adbca，其中的二个为网孔，即 abca、abda。

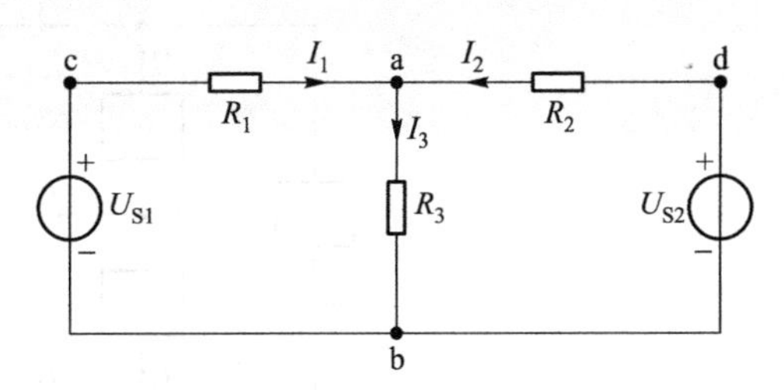

图 1-15　用于介绍电路术语的电路

元件（支路）的相互连接构成电路，电路须遵循两类约束，一类是元件（支路）约束，另一类是拓扑约束。元件（支路）约束用元件（支路）的 VCR 表示，拓扑约束由基尔霍夫电流定律和基尔霍夫电压定律描述。

1.6.2　基尔霍夫电流定律

基尔霍夫电流定律（Kirchhoff's current law，简记为 KCL）的内容是：对电路中的任一节点，在任何时刻，与其相连的所有支路电流的代数和等于零。

由于数学上没有“代数和”专用符号，基于数学上“和”专用符号 $\sum$，可得 KCL 的数学通式为

$$\sum_{k} \pm i_k = 0 \tag{1-30}$$

式中，i_k 为 k 号支路上的电流。应用式（1-30）时，去掉展开式中的运算符号“+”和第 1 项前的数值符号“+”，所得即为代数和形式。

列写式（1-30）时常用的规则是：当 i_k 的参考方向背离节点时，i_k 前面用“+”号；当 i_k 的参考方向指向节点时，i_k 前面用“-”号；当然，做相反的规定也可行。

对图 1-16 所示的电路，规定流出节点的电流前面用“+”号，流入节点的电流前面用“-”号，按式（1-30）针对节点①、②、③列写 KCL 方程有

$$\begin{cases} +i_1+(+i_4)+(-i_6)=0 \\ -i_2+(-i_4)+(+i_5)=0 \\ +i_3+(-i_5)+(+i_6)=0 \end{cases} \tag{1-31}$$

其代数和形式为

$$\begin{cases} i_1+i_4-i_6=0 \\ -i_2-i_4+i_5=0 \\ i_3-i_5+i_6=0 \end{cases} \tag{1-32}$$

KCL 不仅适用于电路中的任何节点，也适用于电路中的任何闭合面，即广义节点。图 1-16 中，虚线包围的封闭区域就是一广义节点，对其应用 KCL 有

$$+i_1+(-i_2)+(+i_3)=0 \quad 或 \quad i_1-i_2+i_3=0 \tag{1-33}$$

式(1-33)也可由式(1-32)中的三个方程相加得到。所以,式(1-32)和式(1-33)所包含的四个方程不是相互独立的。

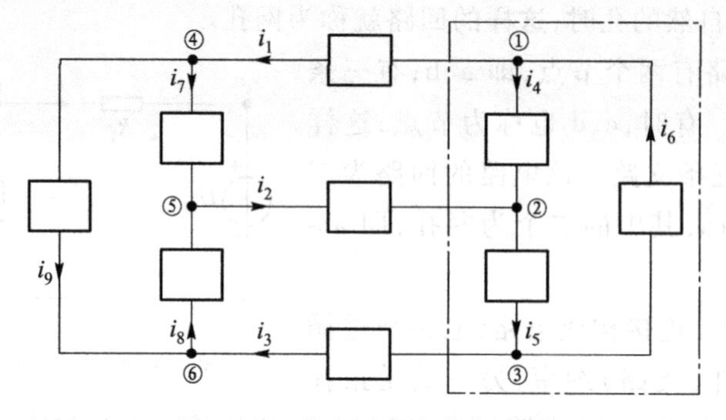

图 1-16　节点及广义节点示例

KCL 还可表述为:对电路中的任一节点(或广义节点),在任何时刻,流入的电流之和等于流出的电流之和,写成数学公式有

$$\sum_{m} i_{\text{流入}m} = \sum_{n} i_{\text{流出}n} \tag{1-34}$$

由式(1-33)可得

$$i_1+i_3=i_2 \tag{1-35}$$

式(1-35)正是式(1-34)这一通式的具体体现。

1.6.3　基尔霍夫电压定律

基尔霍夫电压定律(Kirchhoff's voltage law,简记为 KVL)的内容是:对电路中的任一闭合回路,在任何时刻,组成回路的所有支路电压的代数和等于零。

KVL 的数学通式为

$$\sum_{k} \pm u_k = 0 \tag{1-36}$$

式中,u_k 为 k 号支路上的电压。应用式(1-36)时,去掉展开式中的运算符号"+"和第 1 项前的数值符号"+",所得即为代数和形式。

按式(1-36)列写 KVL 方程时,须确定对应回路的绕行方向。通常将顺时针方向确定为回路绕行方向。当支路电压 u_k 的参考方向与回路绕行方向一致时,u_k 前面取"+"号,反之取"-"号;或按相反方式处理。

图 1-17 所示电路中,支路 1、2、3、4 构成了一个回路,设回路绕行方向为顺时针,如虚线上的箭头所示,对该回路列 KVL 方程有

$$-u_1+(+u_2)+(+u_3)+(-u_4)=0 \quad \text{或} \quad -u_1+u_2+u_3-u_4=0 \tag{1-37}$$

式(1-37)可改写为

$$u_1+u_4=u_2+u_3 \tag{1-38}$$

式(1-38)说明,节点①与节点③之间的电压 u_1+u_4 是与路径无关的,无论是沿支路 1、4 或沿支路 2、3 构成的路径,节点①与节点③之间的电压数值相等。

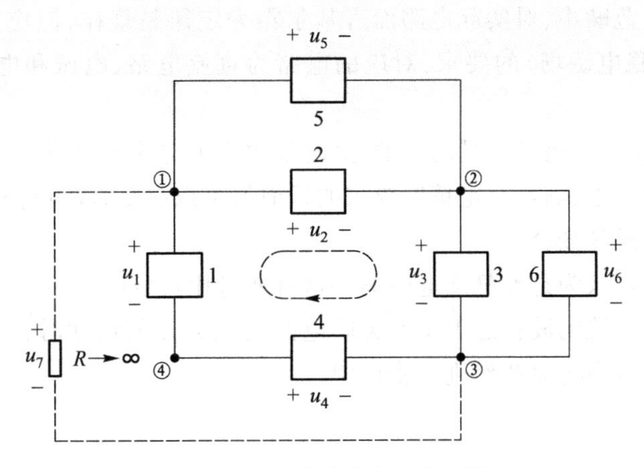

图 1-17 回路及广义回路示例

支路构成的闭合路径称为回路,非闭合路径通过在断开处添加一个电阻为无穷大的支路后可构成闭合路径,称为广义回路。广义回路也满足 KVL。如图 1-17 所示电路中,节点①与节点③之间无直接相连支路,添加一个电阻为无穷大的支路后(如图中虚线所示支路),该支路与支路 1、4 一起构成广义回路,该广义回路的 KVL 方程为

$$-u_7+(+u_1)+(+u_4)=0 \quad 或 \quad -u_7+u_1+u_4=0 \tag{1-39}$$

式中,u_7 是添加支路的电压,实际是节点①与节点③之间的电压。

KVL 还可表述为:对电路中的任一回路(或广义回路),在任何时刻,与回路绕行方向一致的所有支路电压之和等于与回路绕行方向相反的所有支路电压之和,或表述为电位降(与绕行方向一致)等于电位升(与绕行方向相反)。这一表述的数学通式为

$$\sum_m u_{一致m}=\sum_n u_{相反n} \quad 或 \quad \sum_m u_{降m}=\sum_n u_{升n} \tag{1-40}$$

由式(1-39)可得

$$u_1+u_4=u_7 \tag{1-41}$$

式(1-41)正是式(1-40)这一通式的具体体现。

1.6.4 应用基尔霍夫定律的前提条件

在狭义电路理论范畴中,对理想电路而言基尔霍夫定律是公理,应用是无条件的。理想电压源能否短路?答案是不能,这里的不能是不可能,因为短路违背 KVL。同理,理想电流源不能断路,因为短路违背 KCL。

实际电压源能否短路?答案是不能,这里的不能是不允许而非不可能,不允许是因为实际电压源短路没有益处但有坏处,非不可能是因为实际电路中经常出现电压源短路现象,电力系

统中的继电保护技术正是为了解决实际电压源（电力线）可能发生的短路问题而发展起来的。实际电流源能否断路？读者可进行思考。

在广义电路理论范畴中，对实际电路而言基尔霍夫定律是规律，但应用存在前提条件，须满足静态电磁场（恒稳电磁场）的要求，对应的电路为直流电路，电压和电流均保持恒定而不随时间发生变化。

现实中，多数情况下电磁场都是动态的，这时基尔霍夫定律不再成立。但由于实际中并不一定需要完全准确的结果，满足一定精度要求的近似值可以接受，故可将基尔霍夫定律的应用条件放宽到准静态电磁场场合。

什么样的电磁场可认为是准静态电磁场？这可通过比较电磁波的波长与实际电路的最大几何尺寸确定。当电磁波的波长远大于所关联电路的最大几何尺寸时，就可认为电磁场为准静态电磁场。在 1.8 节中将对此作进一步说明。

1.7 元件约束与拓扑约束结合的意义

任何理想电路的分析都基于元件约束和拓扑约束，只有将元件约束与拓扑约束相结合才能得到电路的解。下面通过例题对此加以展示。

例 1-1 电路如图 1-18 所示，求各电压 U_1、U_2、U_3 和电流 I_1、I_2、I_3。

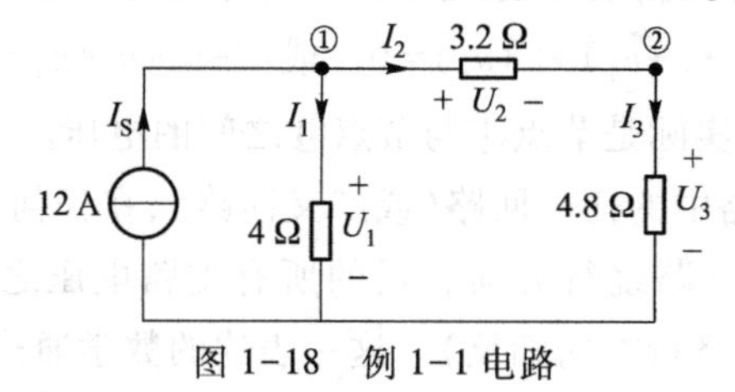

图 1-18　例 1-1 电路

解 根据电路的元件约束和拓扑约束，可得

$U_1=4I_1$　（说明：该式为 4 Ω 电阻的 VCR）

$U_2=3.2I_2$　（说明：该式为 3.2 Ω 电阻的 VCR）

$U_3=4.8I_3$　（说明：该式为 4.8 Ω 电阻的 VCR）

$-I_S+I_1+I_2=0$　（说明：该式为节点①的 KCL）

$-I_2+I_3=0$　（说明：该式为节点②的 KCL）

$-U_1+U_2+U_3=0$　（说明：该式为右边回路的 KVL）

求解以上方程可得

$$U_1=32\ \text{V},\ U_2=12.8\ \text{V},\ U_3=19.2\ \text{V},\ I_1=8\ \text{A},\ I_2=2.4\ \text{A},\ I_3=2.4\ \text{A}$$

例 1-2 电路如图 1-19 所示，元件参数在图中已标明，求电阻 R 的值。

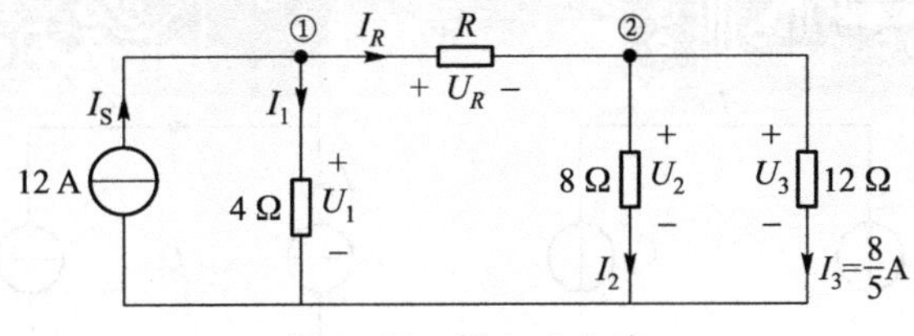

图 1-19　例 1-2 电路

解　根据电路的元件约束和拓扑约束，可得

$U_3=12\times I_3=12\times\frac{8}{5}=19.2\ \text{V}$　　(说明：该式为 12 Ω 电阻的 VCR)

$U_2=U_3=19.2\ \text{V}$　　(说明：该式是 8 Ω 和 12 Ω 电阻构成回路的 KVL)

$I_2=\frac{U_2}{8}=\frac{19.2}{8}=2.4\ \text{A}$　　(说明：该式为 8 Ω 电阻的 VCR)

$I_R=I_2+I_3=4\ \text{A}$　　(说明：该式为节点②的 KCL)

$I_1=I_S-I_R=12-4=8\ \text{A}$　　(说明：该式为节点①的 KCL)

$U_1=4\times I_1=4\times 8=32\ \text{V}$　　(说明：该式为 4 Ω 电阻的 VCR)

$U_R=U_1-U_2=32-19.2=12.8\ \text{V}$　　(说明：该式为中间回路的 KVL)

$R=\frac{U_R}{I_R}=\frac{12.8}{4}=3.2\ \Omega$　　(说明：该式为电阻 R 的 VCR)

由理想元件连接构成的图形一般情况下就是理想电路，但若图形中出现了基尔霍夫定律无法满足的情况，对应的图形就不是理想电路，不可能存在于理想电路空间中。

如图 1-20 所示的两个图形，仅当 $U_S=0$、$I_S=0$ 时才能存在于理想电路空间中；当 $U_S\neq 0$、$I_S\neq 0$ 时，这两个图形违背了 KCL 和 KVL，不是理想电路，不可能存在于理想电路空间中。

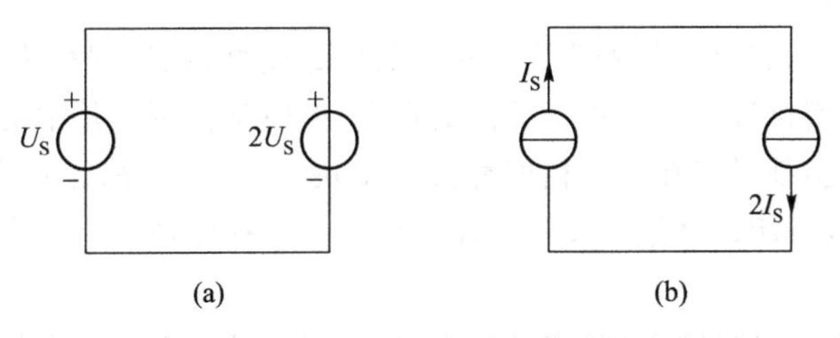

图 1-20　理想电路空间中不存在的内容

(a) 理想电路空间中不存在的内容一　(b) 理想电路空间中不存在的内容二

另外，还应指出，任何一个实际电路，其中的电压和电流都是可以确定的，但在理想电路中，存在电压或电流无法确定的情况。图 1-21 所示为理想电路空间 Ⅰ 区中的两个电路，对图 1-21(a)所示的电路，其中的电流 I 是无法确定的，可为任意值，$I=0$ 只是一种可能的结果；对图 1-21(b)所示电路，其中的电压 U 也是无法确定的，$U=0$ 只是一种可能的结果。这些结

论可依据理想元件的定义得出。

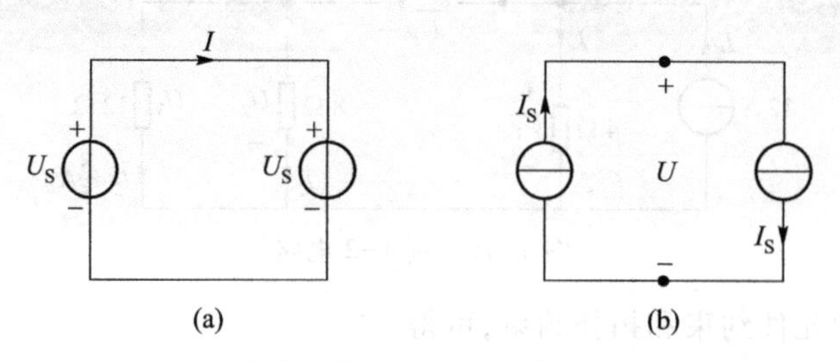

图 1-21 电流 I 或电压 U 无法确定的理想电路
(a) 电流 I 无法确定的理想电路 (b) 电压 U 无法确定的理想电路

1.8 实际电路的模型化

1.8.1 电路模型的生成

实际电路的具体形式很多,用途各异,可按多种方式对其进行分类。如按工作频率,实际电路可分为直流电路、低频电路、中频电路、高频电路等;如按处理的信号类型,实际电路可分为模拟电路、数字电路、模拟数字混合电路;如按用途,实际电路可分为通信电路、电力电路等。还可按其他方式对实际电路进行分类。

从性质上来看,任何一个实际电路都具有非线性、时变、分布参数的特点。以实际电阻器件为例,非线性是指电阻上的电压和电流关系不是线性函数形式,时变是指电阻上的电压和电流关系随时间发生变化,分布参数是指具有一定几何尺寸的实际电阻中处处存在能量损耗、电场储能和磁场储能三种效应。

对实际电路进行理论分析,首先要建立对应的电路模型,该过程称为模型化,图 1-1 中已反映了这一情况。模型化过程不是本书关注的重点,但模型化概念是本书应该强调的内容。

任何一个电路模型都只能在一定精度意义上反映实际电路,都是对实际电路的近似。建立电路模型后,理论分析所得结果与实际相比其误差在工程允许的范围内,这样的电路模型就是一个适用的模型。

线性电阻、线性电容、线性电感是三种基本电路元件,是分别针对实际电路中的能量损耗、电场储能和磁场储能三种效应而定义出来,很多实际元件的模型均可用基本电路元件或它们的组合表示。

实验室中的线绕电阻工作在较低频率时可建模为如图 1-6(a)所示的线性电阻;在高频工作条件下,实际线绕电阻可模型化为如图 1-22 所示的电路模型,图中的线性电阻 R 反映了线绕电阻消耗能量的属性,线性电感 L 反映了线绕电阻产生磁场的属性,线性电容 C 反映了线绕电阻产生电场的属性。

对一个实际的电容器，建模时若无需考虑其耗能效应和磁场效应，且其上的电荷与电压近似满足线性关系时，则可用图 1-10(a)所示的线性电容对其建模；若必须考虑其工作时的能量损耗，则其电路模型如图 1-23 所示。

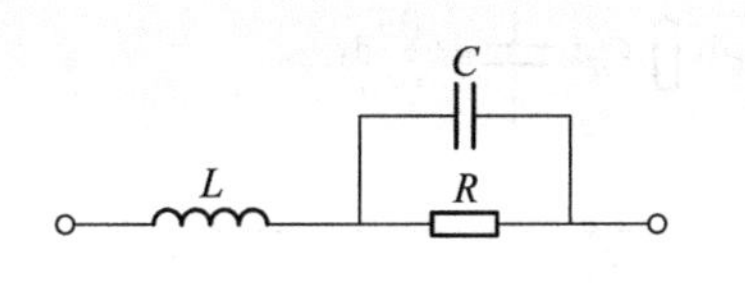

图 1-22　实际线绕电阻的一种模型

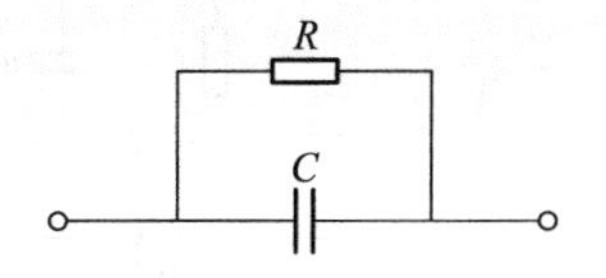

图 1-23　实际电容器的一种模型

对一个实际的电感线圈，建模时若无需考虑其耗能效应和电场效应，且其上的磁链与电流近似满足线性关系，则可用图 1-11(a)所示的线性电感对其建模；若必须考虑其工作时的能量损耗，则其电路模型如图 1-24(a)所示；若还必须考虑工作时的电场效应，则实际电感可用图 1-22 或图 1-24(b)所示电路模型表示。还可以构造更复杂的电路模型。

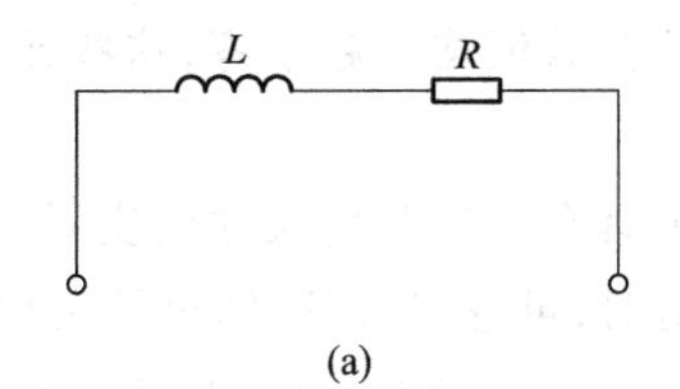

(a)

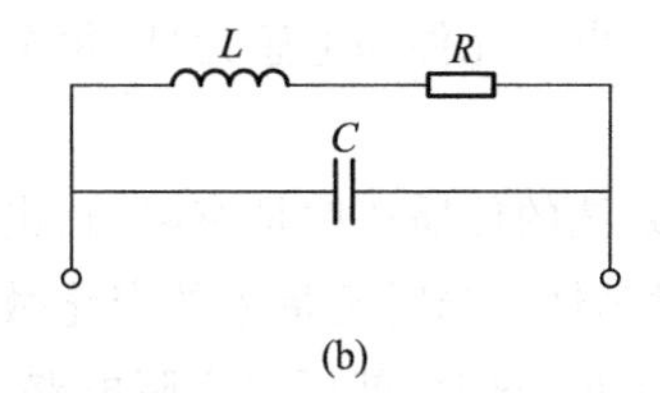

(b)

图 1-24　实际电感的二种模型

(a) 实际电感的模型一　(b) 实际电感的模型二

一般而言，实际电路的模型构建得越复杂，则模型精度越高，理论分析的结果就与实际越接近，但相应的计算量也越大。实际工作中，在满足计算精度要求的前提下，模型越简单愈好。

1.8.2　分布参数电路和集中参数电路的概念

实际电路具有几何尺寸，工作时处处存在相互交织的能量损耗、电场储能和磁场储能效应。模型化时，可将其分割成无穷多个局部，并对每个局部都给予一维空间位置坐标；然后，将每一个局部电路的能量损耗效应、电场储能效应和磁场储能效应分别用电阻参数、电容参数和电感参数加以表示，这时，意味着将三种交织的效应相互分离。由此方法得到的电路模型称为分布参数电路模型，简称分布参数电路。分布参数电路中包含无限多个电阻元件、电容元件和电感元件，每个元件的参数值均趋于零，这些元件称为分布参数元件。

两根平行放置的实际导线，其分布参数电路模型如图 1-26 所示，其中，x 为实际导线的某点距离始端的距离，dx 为 x 的微小增量，R_0 为单位长度的两根导线上具有的电阻，L_0 为单位长度的两根导线上具有的电感，G_0 为单位长度的两根导线间具有的电导，C_0 为单位长度的两根导线间具有的电容。图 1-25 所示电路模型不仅是电力工程中针对 300 km 以上架空输电线采用的模型，也是通信工程中针对高频微波传输线所采用的模型。

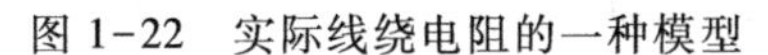

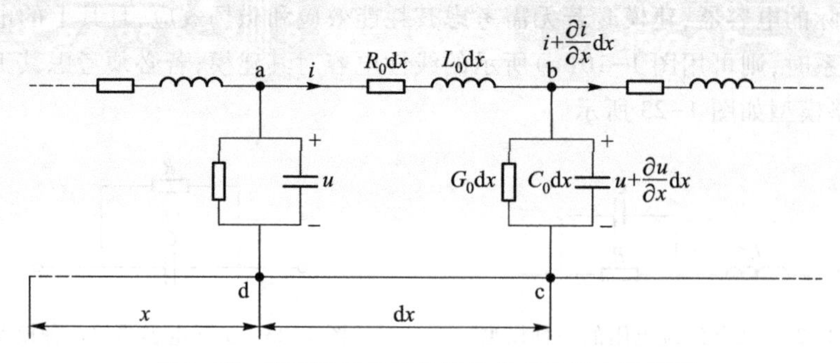

图 1-25　两根平行放置导线的分布参数电路模型

生产实践中，对实际电路进行过于精确地描述往往没有必要，有时也难以进行。为了分析方便，在一定条件下，把连续分布于实际电路中各处的三种效应用有限数量的理想元件集中地加以反映，这样，就得到了集中参数电路模型，简称集中参数电路。集中参数电路中包含数量有限的电阻元件、电容元件和电感元件，每个元件的参数值均不趋于零，这些元件称为集中参数元件。

现实中，电磁波的传播速度是有限的，也即对于具有一定几何尺寸的实际电路，其上电磁波的传播具有时延性。当时延带来的变化微不足道时，可忽略时延，即可认为电磁过程（电磁波传播）在瞬间完成，这时，就可将实际电路模型化为集中参数电路。时延可以忽略的电磁场就是准静态电磁场。

实际电路模型化为集中参数电路的一般标准是

$$l<0.1\lambda \tag{1-42}$$

这里，l 是实际电路的最大几何尺寸，λ 是电路中电磁波的波长。下面，以电力线路为例进行进一步说明。

架空输电线中电磁波的传播速度通常可近似为真空中的光速，即认为 $c=3\times10^5$ km/s；但电力电缆中电磁波的传播速度要小许多。我国工频正弦交流电的频率 $f=50$ Hz，架空输电线中电磁波的波长 $\lambda=c/f=6000$ km，而 $0.1\lambda=600$ km。所以，电力工程中，对一般的电气设备和长度不超过 300 km 的架空输电线（以及长度不超过 100 km 的电力电缆），通常将其模型化为集中参数电路；对几何尺寸超过 300 km 的架空输电线（以及长度超过 100 km 的电力电缆），通常将其模型化为分布参数电路，如图 1-25 所示。

交流输电线路的三种集中参数电路模型如图 1-26 所示。图 1-26(a) 所示的模型适用于长度不超过 100 km 的架空输电线和不长的电力电缆；图 1-26(b) 和 (c) 所示的两种模型适用于长度为 100~300 km 的架空输电线和长度不超过 100 km 的电力电缆。图中，$R=R_0l$，$L=L_0l$，$G=G_0l$，$C=C_0l$，这里的 R_0、L_0、G_0、C_0 与图 1-25 中相同，l 为输电线长度。

工作在高频条件下的实际微波电路，其几何尺寸通常并不大，但因这类电路的工作频率高，电磁波的波长短，通常也需借助分布参数电路模型对其加以分析。

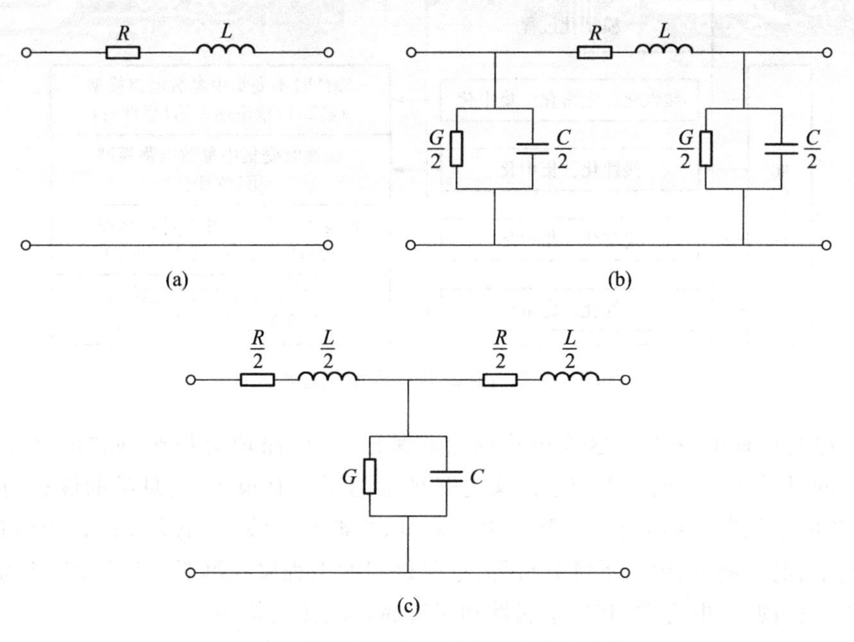

图 1-26　输电线路的三种集中参数电路模型

（a）模型一　（b）模型二　（c）模型三

1.8.3　实际电路与各类电路模型的关系

集中参数电路与分布参数电路是电路模型分类的一种方式，还可按其他方式对电路模型进行分类，如线性电路与非线性电路、时变电路与非时变电路等。

由电源和其他元件构成的理想电路，如果除电源以外的其他元件都是线性元件，则称为线性电路；如果其他元件中有一个或多个为非线性元件，则称之为非线性电路；如果所包含的其他元件的特性均不随时间发生变化，则称之为非时变电路；如果所包含的其他元件中有一个或多个特性随时间发生变化，则称之为时变电路。

由关系式 $u=Ri$ 定义的是线性非时变电阻；由 $u=R(t)i=(a+bt^2)i$ 定义的是线性时变电阻；由 $u=Ki^2$ 定义的是非线性非时变电阻；由 $u=(a+bt^2)i^2$ 定义的是非线性时变电阻。需要说明，这里的 a、b、K 均为常数。

实际工作中，若能忽略电磁波传播的时延效应（即时延带来的变化），就可将实际电路模型化为集中参数电路；若能忽略非线性效应，就可将实际电路模型化为线性电路；若能忽略时间因素带来的电路特性（参数）的变化，就可将实际电路模型化为非时变电路。

按不同的方式对实际电路模型化，可得到不同类型的电路模型。图 1-1 已给出了实际电路与理想电路的关系，其中包含了实际电路与电路模型的关系，这一局部关系可进一步细化为图 1-27。由此可见，实际电路的模型化过程包含了线性化、定常化（时不变化）、集中化这三个方面。

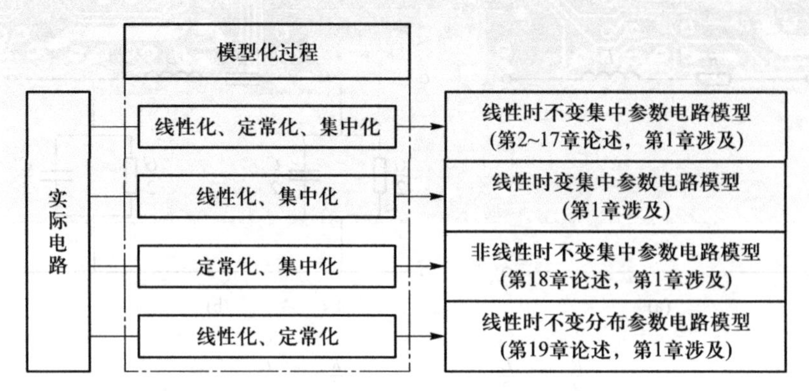

图 1-27　实际电路的几种模型化过程及结果

在大学电类课程中，对应于狭义电路理论的课程是“电路理论基础”或“电路分析基础”，这两门课程的科学属性鲜明。对应于广义电路理论的课程有很多，信息类的课程包括电子技术基础、高频电子线路(通信电子电路)、电子测量、微波与天线等，电力类的课程包括电机学、电力电子技术、电工测量、电力系统分析等，这些课程的工程属性鲜明。另外，电磁场课程既可归于信息类，也可归于电力类，其科学属性和工程属性均比较鲜明。

习题

1-1　各个元件的电压、电流数值如题 1-1 图所示，试问：

(1) 若元件 a 吸收的功率为 10 W，则 u_a 为多少？

(2) 若元件 b 发出的功率为 10 W，则 i_b 为多少？

(3) 若元件 c 吸收的功率为-10 W，则 i_c 为多少？

(4) 若元件 d 发出的功率为-10 W，则 i_d 为多少？

第 1 章
习题答案

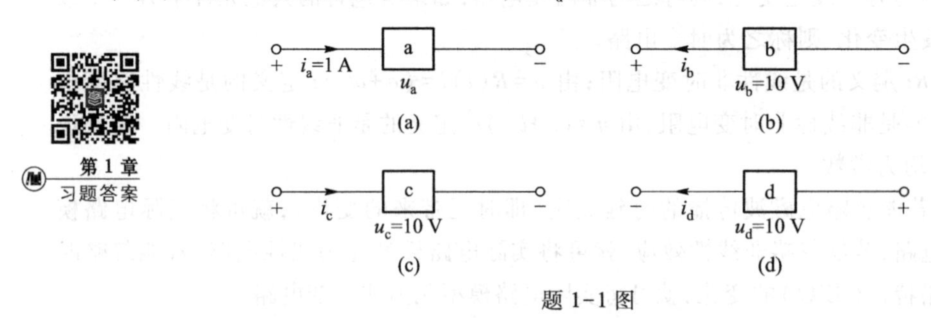

题 1-1 图

1-2　(1) 电路如题 1-2 图(a)所示，若已知元件吸收功率为-20 W，电压 U=5 V，求电流 I。(2) 电路如题 1-2 图(b)所示，若已知元件中通过的电流 I=-100 A，元件两端电压 U=10 V，求电功率 P，并说明该元件是吸收功率还是发出功率。

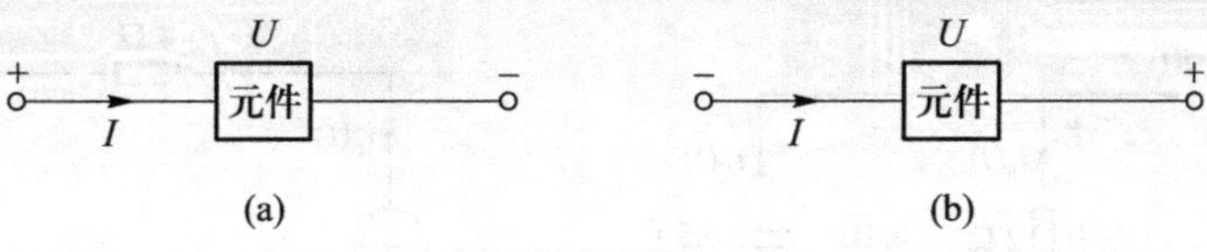

题 1-2 图

1-3　电路如题 1-3 图所示，试写出各元件的 VCR 方程。

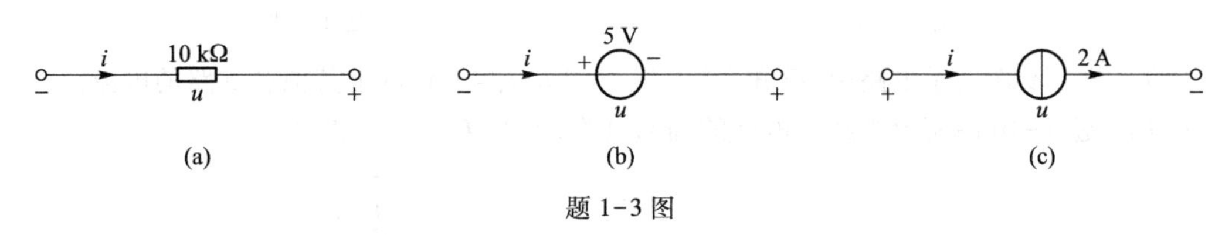

题 1-3 图

1-4　求题 1-4 图所示各电路中的 u 或 i。

1-5　电路如题 1-5 图所示，$i=i_S$，$u=u_S$。已知电流源的电流为 $i_S=2$ A，电压源的电压为 $u_S=10$ V，分析各元件的功率。

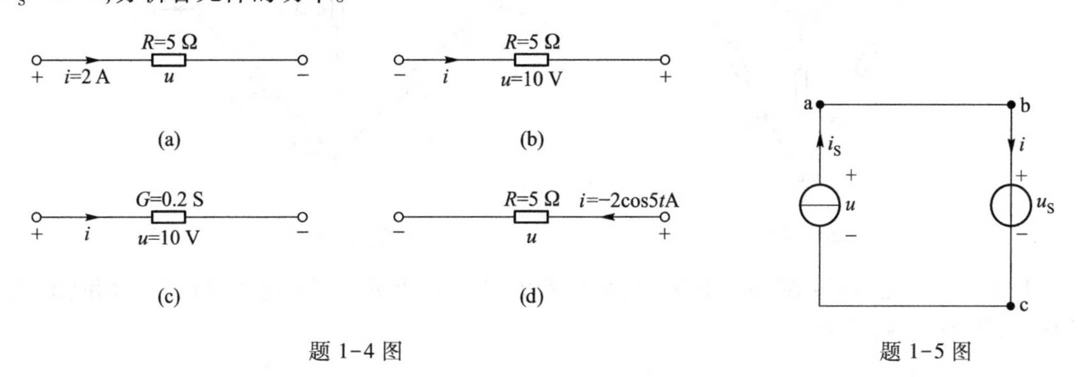

题 1-4 图　　　　题 1-5 图

1-6　题 1-6 图(a)所示电路中，$i_C(t)=i_S(t)$。已知 $i_S(t)$ 波形如题 1-6 图(b)所示，且电容电压初始值为 0，求 $u_C(t)$，并绘出其波形。

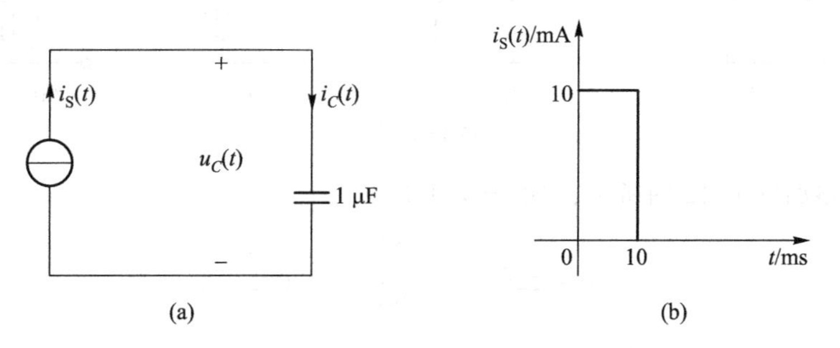

题 1-6 图

1-7　题 1-7 图所示电路中，$u_S(t)=u_R(t)=u_C(t)$。已知 $u_S(t)=4te^{-2t}$ V，求电流 $i_R(t)$、$i_C(t)$。

1-8　题 1-8 图所示电路中，$i_L(t)=i_S(t)$。已知 $i_S(t)=0.5e^{-2t}$ A，求电感电压 $u_L(t)$。

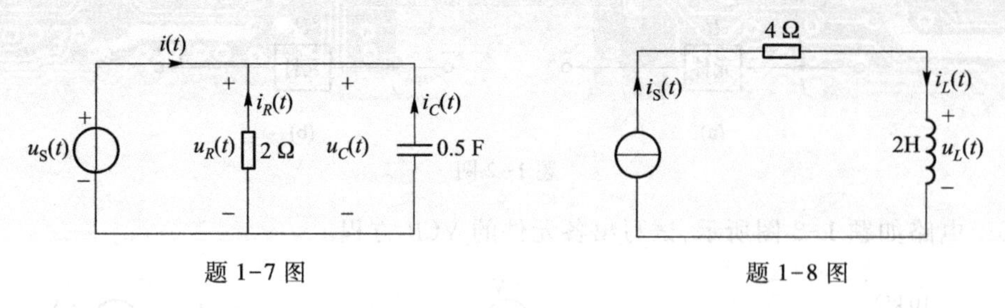

题 1-7 图　　　　题 1-8 图

1-9　题 1-9 图所示电路中，已知 $i_1=1$ A、$i_4=2$ A、$i_5=3$ A，试求其他各支路的电流。

1-10　题 1-10 图所示为某一电路的局部电路，求 I_1、I_2、U、U_R 和 R。

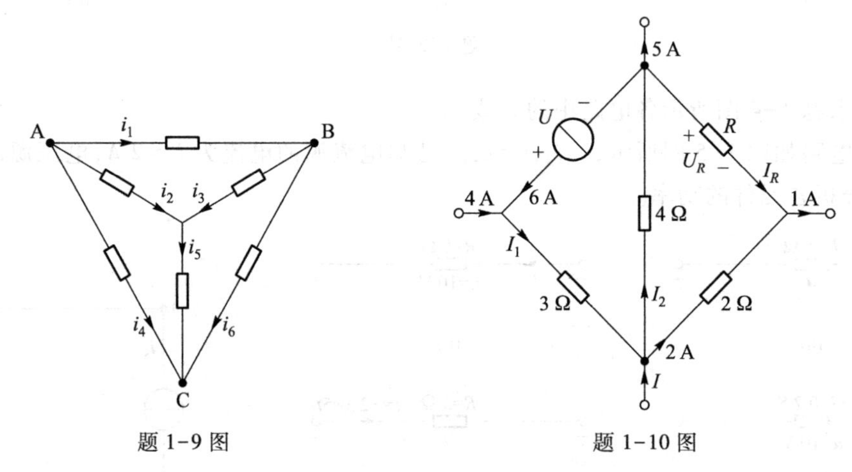

题 1-9 图　　　　题 1-10 图

1-11　(1) 题 1-11 图(a)和(b)电路中，若 $I=0.6$ A，求 R。(2) 题 1-11 图(c)和(d)电路中，若 $U=0.6$ V，求 R。

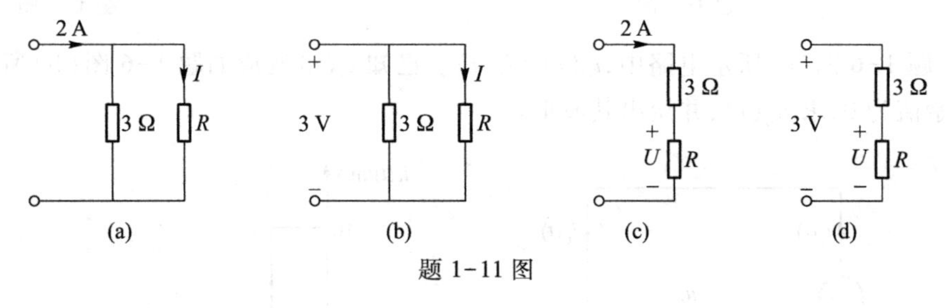

题 1-11 图

1-12　电路如题 1-12 图所示，求电流 I 和电压 U。

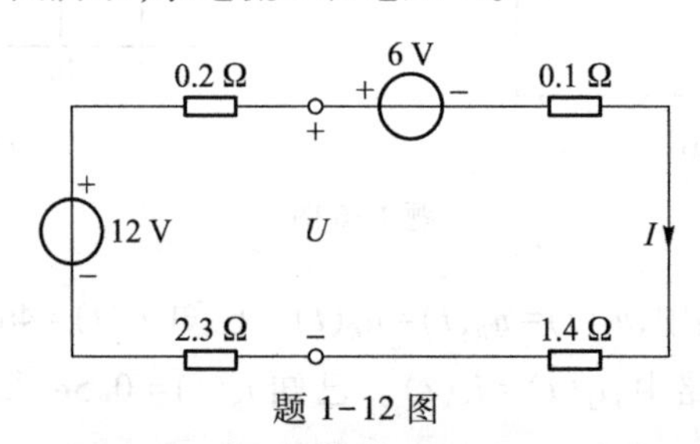

题 1-12 图

1-13　利用元件约束和拓扑约束求出题 1-13 图所示电路中的电压 u。

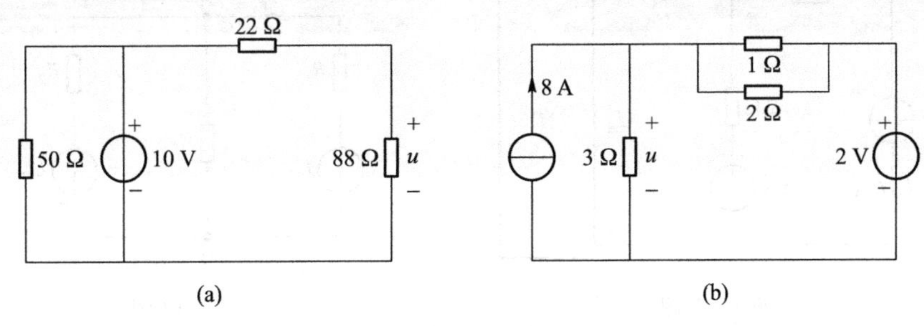

题 1-13 图

1-14　题 1-14 图所示为某一电路的局部电路，求电流 I_1、I_2 和 I_3。

1-15　电路如题 1-15 图所示，求电流 I 和电压 U。

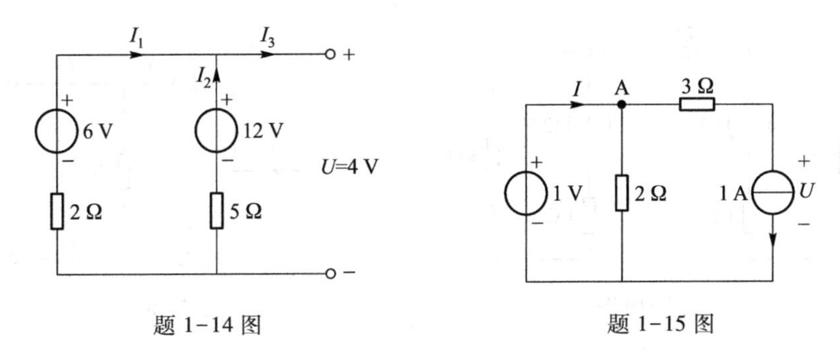

题 1-14 图　　题 1-15 图

1-16　电路如题 1-16 图所示，试计算 U。

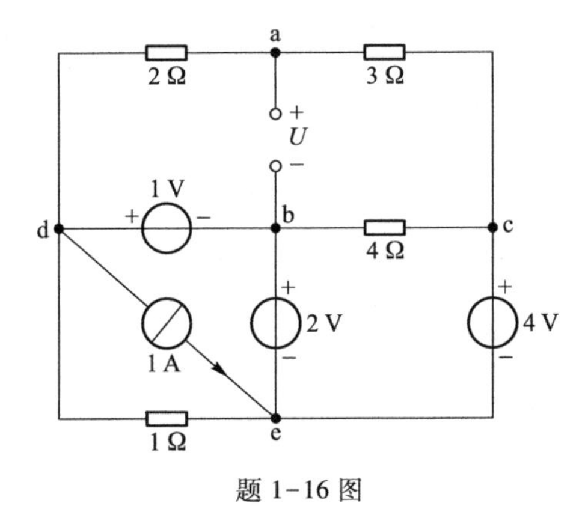

题 1-16 图

1-17　电路如题 1-17 图所示，已知图中电流 $I=1$ A，求电压 U_{ab}、U 及电流源 I_S 的功率。

1-18　电路如题 1-18 图所示，已知其中电流 $I_1=-1$ A，$U_{S1}=20$ V，$U_{S2}=40$ V，电阻 $R_1=4$ Ω，$R_2=10$ Ω，求电阻 R_3 的值。

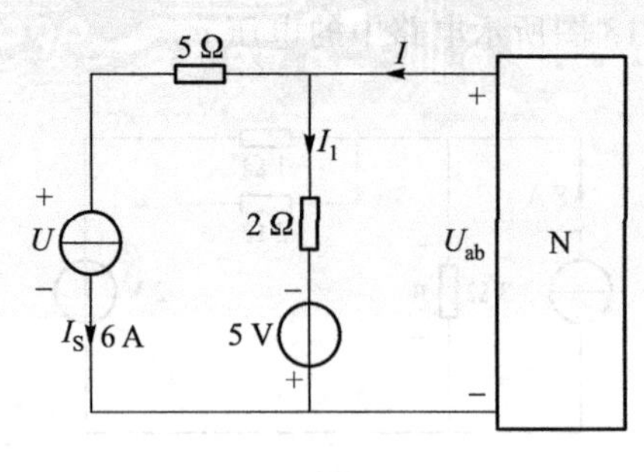

题 1-17 图

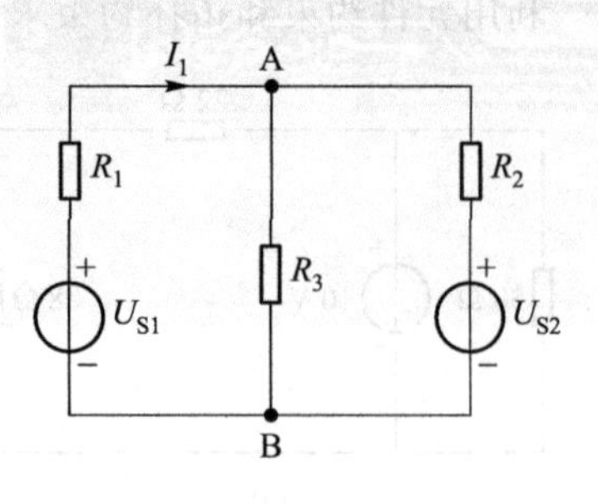

题 1-18 图

1-19　电路如题 1-19 图所示，U_{ab} 和 I 各等于多少？

1-20　题 1-20 图所示为某一电路的局部电路，已知 $I=10\ \mathrm{mA}$，$I_1=6\ \mathrm{mA}$，$R_1=3\ \mathrm{k\Omega}$，$R_2=1\ \mathrm{k\Omega}$，$R_3=2\ \mathrm{k\Omega}$，求 I_4、I_5 的值。

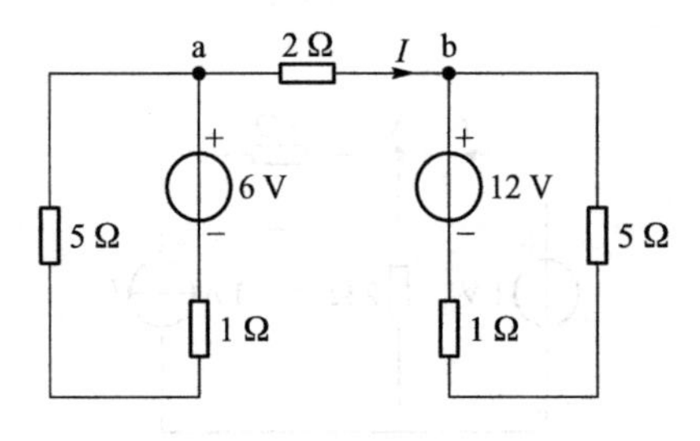

题 1-19 图

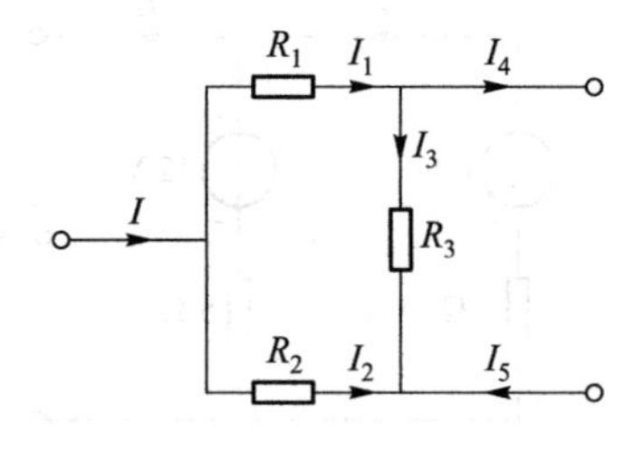

题 1-20 图

第2章

等效变换和对偶原理

内容提要 本章介绍电路等效变换的概念和方法以及对偶原理，具体内容包括：端口和等效变换的概念，电阻元件的连接及其等效变换，电容元件、电感元件的连接及其等效变换，实际电源的建模及两种模型的等效变换，电源的不同连接方式及其等效变换，对偶原理。

2.1 端口和等效变换的概念

2.1.1 端口

一个电路中的两个端子，若其中一个端子上流入的电流始终等于另一个端子上流出的电流，则这两个端子构成端口。端口上的电压电流关系称为端口特性。

由 KCL 可知，二端电路的两个端子自然满足端口的定义，所以二端电路就是一端口电路，二端电路和一端口电路含义相同。

有两个端口的电路称为二端口电路，类似地，可以定义 n 端口电路。

有四个端子的电路称为四端电路，四端电路不一定是二端口电路，但二端口电路一定是四端电路，二端口电路是四端电路的一种特定类型。

2.1.2 等效变换和等效电路

不同的电路具有不同的结构，结构不同但端口特性相同的电路互称为等效电路。对于图 2-1(a)和(b)所示的两个具有不同结构的二端电路 N_1 和 N_2，若它们在端口处的电压电流约束关系 $u=f(i)$ 相同，则两者互为等效。

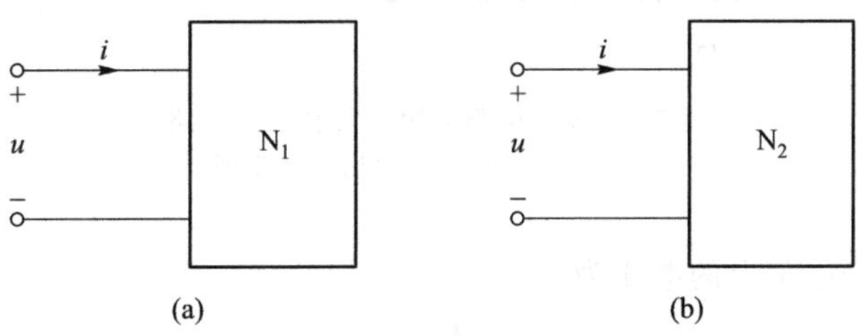

图 2-1 两个不同结构的二端电路

(a) 二端电路一 (b) 二端电路二

把电路 N_1 变换为电路 N_2，或把电路 N_2 变换为电路 N_1，称为等效变换。N_1 和 N_2 互为等效电路。

各种场合下的等效变换通常是将一个结构复杂的电路转换为一个结构简单的电路，因此等效变换的方法也常被称为电路化简的方法。

2.2 电阻元件的连接及其等效变换

2.2.1 等效电阻

假设图 2-1 中电路 N_1 由多个电阻连接构成，电路 N_2 仅由一个电阻 R 构成，当电路 N_1 与电路 N_2 具有相同端口特性时，R 就被称为 N_1 的等效电阻。

2.2.2 串联

若各元件流过的是同一电流，则它们被称为串联连接，简称串联。串联的根本特征是通过同一电流。图 2-2(a)所示为由 n 个电阻 R_1、R_2、…、R_n 串联而成的电路，根据 KVL 有

$$u=u_1+u_2+\cdots+u_n \tag{2-1}$$

根据电阻的元件约束有 $u_1=R_1i, u_2=R_2i, \cdots, u_n=R_ni$。将这些元件约束代入式(2-1)中可得

$$u=R_1i+R_2i+\cdots R_ni=(R_1+R_2+\cdots+R_n)i \tag{2-2}$$

可构造图 2-2(b)所示电路，并令其中的电阻 $R=R_1+R_2+\cdots+R_n=\sum_{k=1}^{n}R_k$，此种情况下，图 2-2(b)中的 R 便是图 2-2(a)中 n 个电阻串联时的等效电阻。

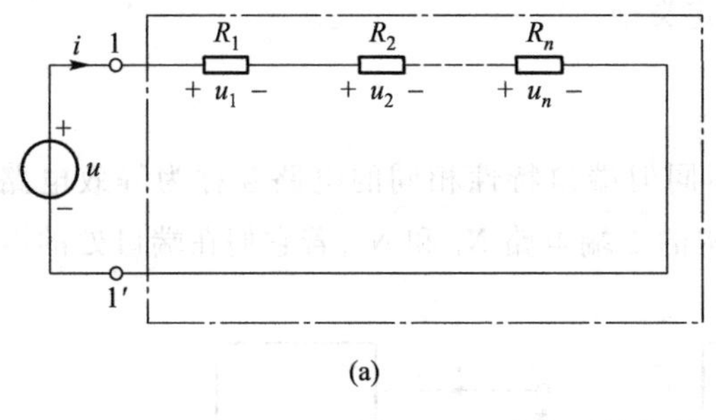

(a)

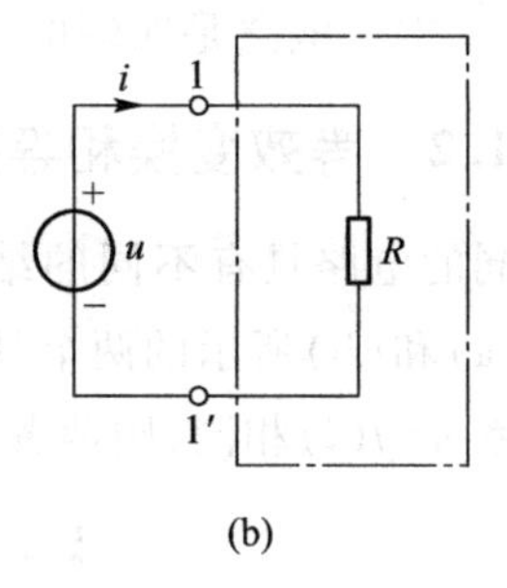

(b)

图 2-2　n 个电阻的串联及其等效电路

(a) n 个电阻的串联　(b) 等效电路

电阻串联时，各个电阻上的电压为

$$u_k=R_ki=R_k\cdot\frac{u}{R}=\frac{R_k}{R_1+R_2+\cdots+R_n}u \quad (k=1,2,\cdots,n) \tag{2-3}$$

可见，串联电阻的电压与其电阻值成正比，式(2-3)称为分压公式。

2.2.3 并联

若各二端元件两端所加的是同一电压，则称它们为并联连接，简称并联。并联的根本特征是所加电压为同一电压。图 2-3(a)所示为由 n 个电阻 R_1、R_2、…、R_n 并联而成的电路。根据 KCL 和电阻的元件约束可得

$$i=i_1+i_2+\cdots i_n=G_1u+G_2u+\cdots+G_nu=(G_1+G_2+\cdots+G_n)u \tag{2-4}$$

可构造图 2-3(b)所示电路，其中的电导 $G=G_1+G_2+\cdots+G_n=\sum\limits_{k=1}^{n}G_k$，这时，图 2-3(b)中的 G 就是图 2-3(a)中 n 个电导并联时的等效电导。

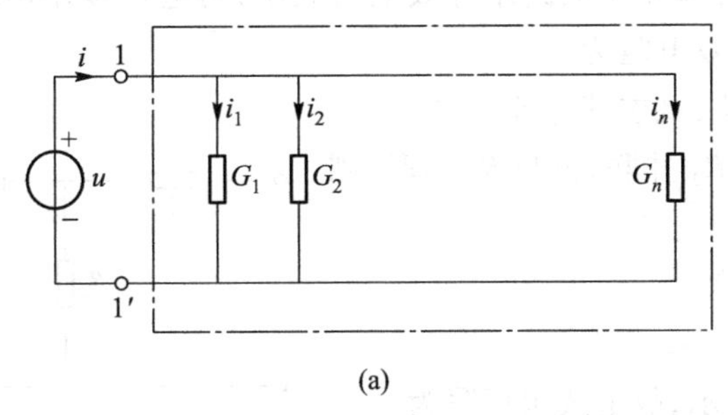

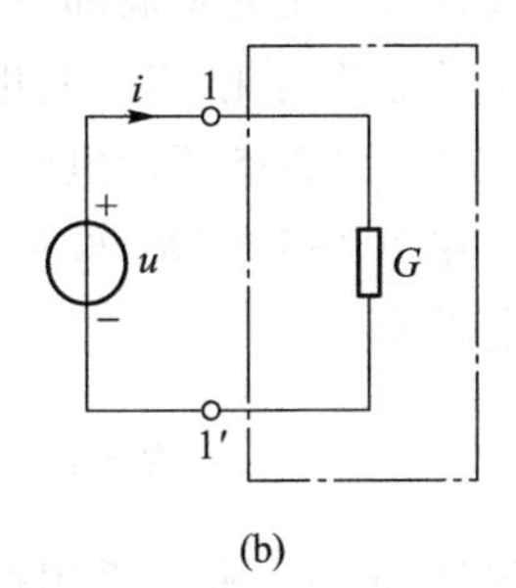

图 2-3　n 个电阻的并联及其等效电路

(a) n 个电阻的并联　(b) 等效电路

电导并联时，各电导中的电流为

$$i_k=G_ku=G_k\cdot\frac{i}{G}=\frac{G_k}{G_1+G_2+\cdots+G_n}i\quad(k=1,2,\cdots,n) \tag{2-5}$$

可见，并联电导中的电流与各自的电导成正比，式(2-5)是并联电导的分流公式。

例 2-1　图 2-4 所示电路中，$I_S=33$ mA，$R_1=40$ kΩ，$R_2=10$ kΩ，$R_3=25$ kΩ，求 I_1、I_2 和 I_3。

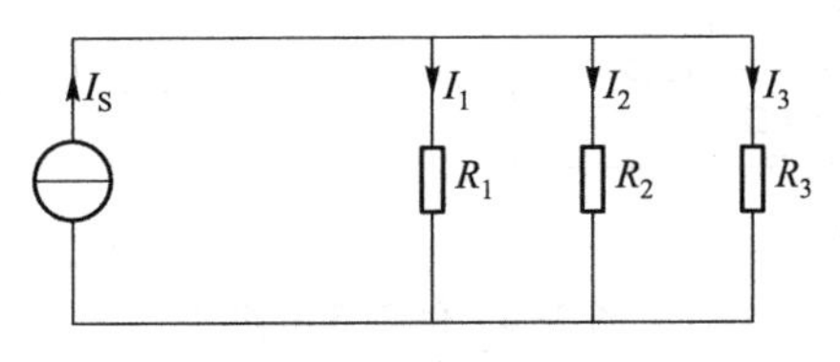

图 2-4　例 2-1 电路

解　因为 $G_1=\dfrac{1}{R_1}=\dfrac{1}{40\times10^3}$ S $=2.5\times10^{-5}$ S，$G_2=\dfrac{1}{R_2}=\dfrac{1}{10\times10^3}$ S $=1.0\times10^{-4}$ S，$G_3=\dfrac{1}{R_3}=\dfrac{1}{25\times10^3}$ S $=4.0\times10^{-5}$ S，根据分流公式，可得

$$I_1=\frac{G_1}{G_1+G_2+G_3}\times I_S=\frac{2.5\times10^{-5}\times33}{2.5\times10^{-5}+1.0\times10^{-4}+4.0\times10^{-5}}\text{ mA}=5\text{ mA}$$

$$I_2=\frac{G_2}{G_1+G_2+G_3}\times I_S=\frac{1.0\times10^{-4}\times33}{2.5\times10^{-5}+1.0\times10^{-4}+4.0\times10^{-5}}\text{ mA}=20\text{ mA}$$

$$I_3=\frac{G_3}{G_1+G_2+G_3}\times I_S=\frac{4.0\times10^{-5}\times33}{2.5\times10^{-5}+1.0\times10^{-4}+4.0\times10^{-5}}\text{ mA}=8\text{ mA}$$

2.2.4 混联

当二端电路中的电阻既有串联又有并联时，称为混合联结，简称混联，可用一个电阻来等效。等效的过程是先将局部串联电路和局部并联电路用等效电阻表示，再进一步用串联和并联的规律做等效简化，直到简化为一个等效电阻为止。

例 2-2 图 2-5 所示电路为混联电路，试求其等效电阻。

解 在图 2-5 中，R_3 与 R_4 串联后与 R_2 并联，再与 R_1 串联，则其等效电阻为

$$R=R_1+\frac{R_2(R_3+R_4)}{R_2+(R_3+R_4)}$$

为简化起见，可将并联关系用符号“//”表示，故上式也可写为

$$R=R_1+R_2//(R_3+R_4)$$

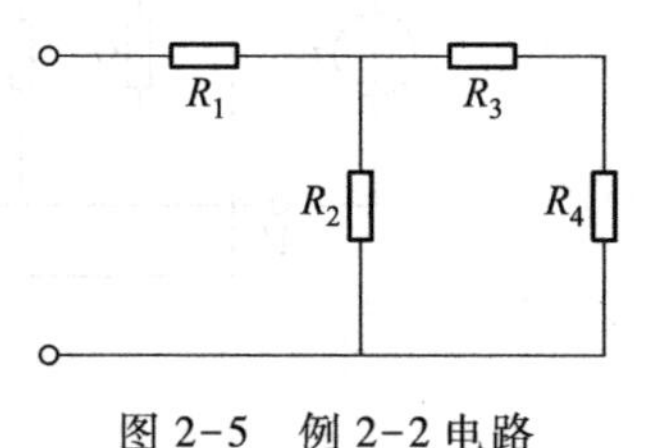

图 2-5　例 2-2 电路

例 2-3 图 2-6(a)所示电路中，各电阻值均已给出，求该电路 a、b 两端的等效电阻。

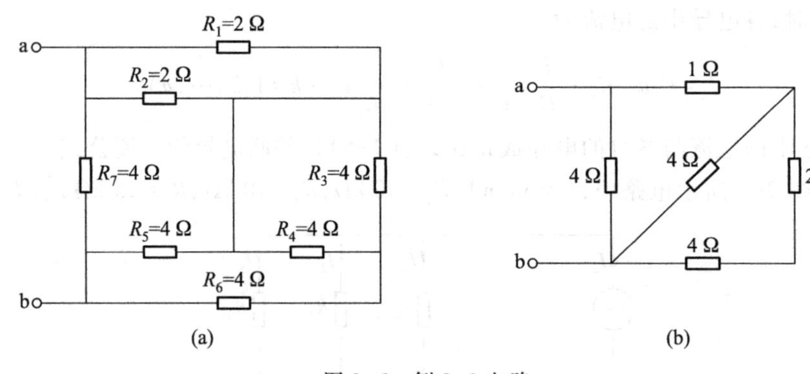

图 2-6　例 2-3 电路

(a) 原电路　(b) 局部等效变换后的电路

解 表面上看该电路的连接关系似乎难以把握，但根据串联连接和并联连接的根本特征，不难判断出真实的连接情况。

R_1 和 R_2 上所加为同一电压，故 R_1 与 R_2 为并联连接，等效电阻为 1 Ω；R_3 与 R_4 也为并联连接，等效电阻为 2 Ω。进一步分析可以发现，R_3 与 R_4 并联后与 R_6 通过相同的电流，故 $R_3//R_4$ 与 R_6 是串联关系。接下来，可判断出该串联支路与 R_5 两端具有相同的电压，故为并联连接关系。

基于以上分析,可做出如图 2-6(b)所示电路,由此可方便地求出 a、b 两端的等效电阻为

$$R_{eq}=\{[(2+4)//4+1]//4\}\ \Omega=1.84\ \Omega$$

R_{eq} 中的下标 eq 来自英文 equivalent,为等效的含义。

2.2.5 星形联结与三角形联结

电路中,若三个电阻元件连接成图 2-7(a)所示的形式,就称为电阻的星形联结(或 Y 联结),该电路也称为 Y 形电路;若三个电阻元件连接成图 2-7(b)所示的形式,则称为电阻的三角形联结(或△联结),该电路也称为△形电路。

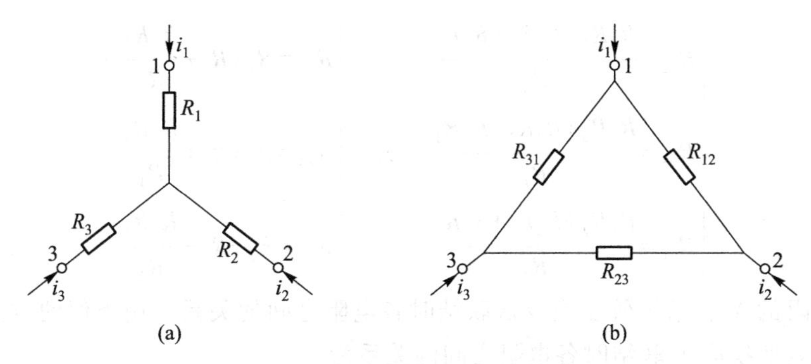

图 2-7 电阻的星形联结和三角形联结
(a) 电阻的星形联结 (b) 电阻的三角形联结

电路分析时,往往需要将 Y 形电路和△形电路相互做等效变换。这里,电路等效的含义是:两电路的三个端子之间的电压 u_{12}、u_{23}、u_{31} 分别对应相等时,两电路三个端子上的电流 i_1、i_2、i_3 也分别对应相等。下面推导两电路互为等效电路的条件。

对图 2-7(a)所示 Y 形电路,根据拓扑约束和元件约束,可得以下方程:

$$\begin{cases}i_1+i_2+i_3=0\\R_1i_1-R_2i_2=u_{12}\\R_2i_2-R_3i_3=u_{23}\end{cases}\tag{2-6}$$

设 u_{12}、u_{23} 为已知量,i_1、i_2、i_3 为未知量,通过一定的数学运算,并利用 $u_{12}+u_{23}+u_{31}=0$ 的关系,可以得到

$$\begin{cases}i_1=\dfrac{R_3u_{12}}{R_1R_2+R_2R_3+R_3R_1}-\dfrac{R_2u_{31}}{R_1R_2+R_2R_3+R_3R_1}\\[2ex]i_2=\dfrac{R_1u_{23}}{R_1R_2+R_2R_3+R_3R_1}-\dfrac{R_3u_{12}}{R_1R_2+R_2R_3+R_3R_1}\\[2ex]i_3=\dfrac{R_2u_{31}}{R_1R_2+R_2R_3+R_3R_1}-\dfrac{R_1u_{23}}{R_1R_2+R_2R_3+R_3R_1}\end{cases}\tag{2-7}$$

对图 2-7(b)所示△形电路,根据拓扑约束和元件约束,可得出以下方程:

$$\begin{cases} i_1 = \dfrac{u_{12}}{R_{12}} - \dfrac{u_{31}}{R_{31}} \\ i_2 = \dfrac{u_{23}}{R_{23}} - \dfrac{u_{12}}{R_{12}} \\ i_3 = \dfrac{u_{31}}{R_{31}} - \dfrac{u_{23}}{R_{23}} \end{cases} \tag{2-8}$$

若 Y 形电路和△形电路是等效电路，根据等效电路的定义可知，式(2-7)与式(2-8)相同，由此可得

$$\begin{cases} R_{12} = \dfrac{R_1R_2+R_2R_3+R_3R_1}{R_3} \\ R_{23} = \dfrac{R_1R_2+R_2R_3+R_3R_1}{R_1} \\ R_{31} = \dfrac{R_1R_2+R_2R_3+R_3R_1}{R_2} \end{cases} \text{或} \begin{cases} R_{12} = R_1+R_2+\dfrac{R_1R_2}{R_3} \\ R_{23} = R_2+R_3+\dfrac{R_2R_3}{R_1} \\ R_{31} = R_3+R_1+\dfrac{R_3R_1}{R_2} \end{cases} \tag{2-9}$$

上式即为由电阻的 Y 联结等效变换成△联结时各电阻之间的关系。用类似的方法，可推出电阻的△联结等效变换成 Y 联结时各电阻之间的关系为

$$\begin{cases} R_1 = \dfrac{R_{12}R_{31}}{R_{12}+R_{23}+R_{31}} \\ R_2 = \dfrac{R_{23}R_{12}}{R_{12}+R_{23}+R_{31}} \\ R_3 = \dfrac{R_{31}R_{23}}{R_{12}+R_{23}+R_{31}} \end{cases} \tag{2-10}$$

例 2-4 图 2-8(a)所示为一桥式电路，已知 $R_1 = 50\ \Omega$，$R_2 = 40\ \Omega$，$R_3 = 15\ \Omega$，$R_4 = 26\ \Omega$，$R_5 = 10\ \Omega$，试求此桥式电路的等效电阻。

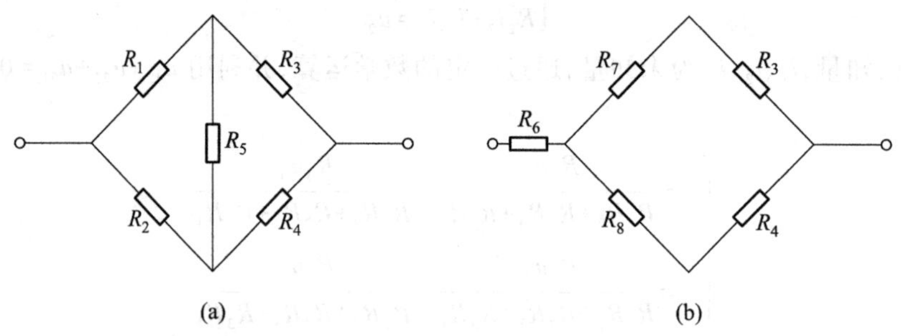

图 2-8 例 2-4 电路

(a) 原电路 (b) 等效变换后的电路

解 将 R_1、R_2、R_5 组成的△联结变换成由 R_6、R_7、R_8 组成的 Y 联结，如图 2-8(b)所示。

由电阻△-Y之间的变换公式，可得

$$R_6=\frac{R_1R_2}{R_1+R_5+R_2}=\frac{50\times40}{50+10+40}\ \Omega=20\ \Omega$$

$$R_7=\frac{R_5R_1}{R_1+R_5+R_2}=\frac{10\times50}{50+10+40}\ \Omega=5\ \Omega$$

$$R_8=\frac{R_2R_5}{R_1+R_5+R_2}=\frac{40\times10}{50+10+40}\ \Omega=4\ \Omega$$

应用电阻串、并联公式，可求得整个电路的等效电阻为

$$R=R_6+(R_7+R_3)//(R_8+R_4)=[20+(5+15)//(4+26)]\ \Omega=32\ \Omega$$

如果电路对称，即 $R_1=R_2=R_3=R_Y$，$R_{12}=R_{23}=R_{31}=R_\triangle$，此时图 2-7 如图 2-9 所示，则由式(2-9)和式(2-10)可推出对称 Y 形电路和△形电路之间的等效变换关系为

$$R_\triangle=3R_Y \tag{2-11}$$

$$R_Y=\frac{1}{3}R_\triangle \tag{2-12}$$

这样，就得到了对称电路的 Y-△变换公式。

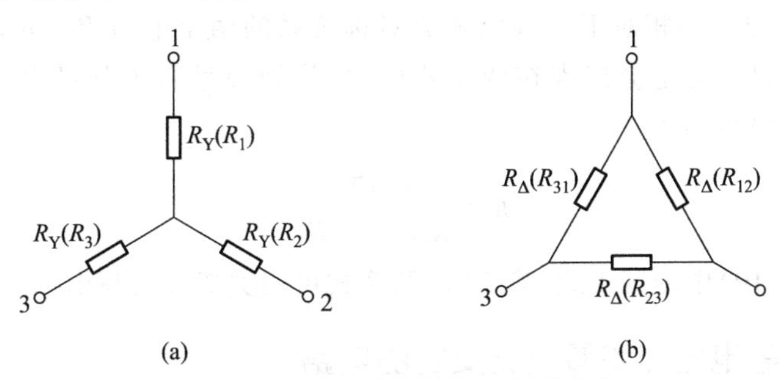

图 2-9　对称星形联结和三角形联结

(a) 星形联结　(b) 三角形联结

电路的 Y-△变换公式在实际中经常会用到，这里介绍一种不必死记硬背而基于简单推导便能方便写出的方法。

设图 2-9 中的两电路互为等效电路，令两电路从 1 端流入的电流均为 I，并且该电流均分后分别从 2、3 端流出。因两电路互为等效电路，两电路 1、2 端子间的电压相等，故有

$$R_Y\cdot I+R_Y\cdot\frac{1}{2}I=R_\triangle\cdot\frac{1}{2}I$$

由此得

$$R_\triangle=3R_Y$$

和

$$R_Y=\frac{1}{3}R_\triangle$$

这样即可得式(2-11)和式(2-12)。

将式(2-11)变形为

$$R_{\triangle}=\frac{3R_{Y}\cdot R_{Y}}{R_{Y}}=\frac{R_{Y}\cdot R_{Y}+R_{Y}\cdot R_{Y}+R_{Y}\cdot R_{Y}}{R_{Y}} \tag{2-13}$$

设式(2-13)中 $R_{\triangle}$ 为三角形电路中 1、2 两端之间所接电阻 R_{12}，因星形电路中的三个电阻 R_1、R_2、R_3 必定会出现在变换公式中，推断式(2-13)等号右边分子上的三项应为星形电路中三个电阻 R_1、R_2、R_3 的两两相乘；而分母应为星形电路中相对于 1、2 端处于对称位置上的电阻 R_3。从式(2-13)可直接写出

$$R_{12}=\frac{R_1R_2+R_2R_3+R_3R_1}{R_3} \quad 或 \quad R_{12}=R_1+R_2+\frac{R_1R_2}{R_3}$$

这样就得到了式(2-9)中的第 1 式，第 2 式、第 3 式可用类似方法写出。

将式(2-12)变形为

$$R_{Y}=\frac{1}{3}R_{\triangle}=\frac{R_{\triangle}\cdot R_{\triangle}}{3R_{\triangle}}=\frac{R_{\triangle}\cdot R_{\triangle}}{R_{\triangle}+R_{\triangle}+R_{\triangle}} \tag{2-14}$$

设式(2-14)中 R_{Y} 为星形电路 1 端所接电阻 R_1，推断式(2-14)中等号右边分子上的两个电阻 $R_{\triangle}$ 应为三角形电路中相对于 1 端位置成对称关系的两个电阻 R_{12}、R_{31}，而三角形电路中的三个电阻 R_{12}、R_{23}、R_{31} 必定会出现在变换式中，可推知等号右边分母中的三个电阻为 R_{12}、R_{23}、R_{31}。由式(2-14)可写出

$$R_1=\frac{R_{12}R_{31}}{R_{12}+R_{23}+R_{31}}$$

这样就得到了式(2-10)中的第 1 式，第 2 式、第 3 式可用类似方法写出。

2.2.6 具有等电位点和零电流支路的电路

电路中某点的电位是指该点对参考点的电压。参考点的电位也就是参考点对自身的电压，必然是为零的。

对电路进行等效变换时，若预先可判断出电路中有两点电位相等，可将这两点短路；若预先可判断出某一支路的电流为零，可将该支路断开。这种处理方式有时会给电路分析带来极大的便利，但不会改变分析结果，因为这种处理不会改变依据拓扑约束和元件约束列出来的任何方程。

另外，应进行说明，本书的电路图中出现十字交叉线时，相交处加点意味着连在一起，没有加点意味着没有连在一起。

例 2-5 图 2-10 所示电路中所有电阻阻值均为 1 Ω，求输入端的等效电阻 R_{eq}。

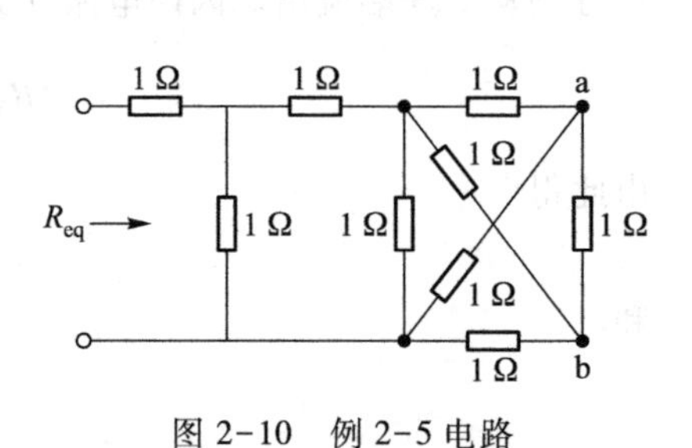

图 2-10 例 2-5 电路

解 从电路的结构和参数可看到电路具有对称性。据此可以判断出 a、b 两点等电位，所以 a、b 两点间电压为

零，因此可将 a、b 两点间做短路处理，如图 2-11(a)所示。因为 a、b 两点间电压为零，所以 a、b 两点间支路电流为零，因此也可将 a、b 两点间支路断开，如图 2-11(b)所示。由两种处理方法得到的电路均可求出原电路的等效电阻为 $R_{eq}=1.6\ \Omega$。

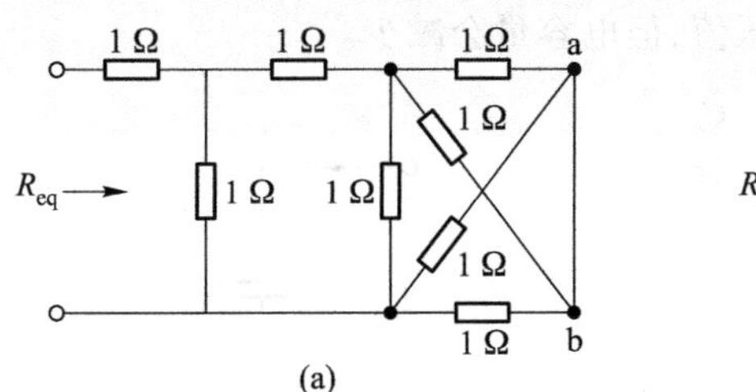

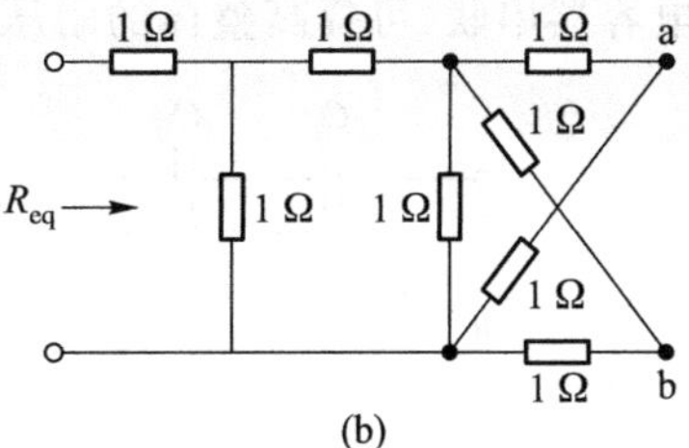

图 2-11　例 2-5 电路的变化

(a) a、b 两点短路时的电路　(b) a、b 两点断开时的电路

2.3 电容元件、电感元件的连接及其等效变换

2.3.1　电容元件的连接及其等效变换

若干个电容并联，如图 2-12(a)所示，其储存的总电荷量等于各电容储存的电荷量之和，即

$$q=q_1+q_2+\cdots+q_n=(C_1+C_2+\cdots+C_n)u=C_{eq}u \tag{2-15}$$

n 个电容并联的等效电容 C_{eq} 如图 2-12(b)所示，它等于并联电容之和，即

$$C_{eq}=C_1+C_2+\cdots+C_n \tag{2-16}$$

将实际电容器并联，整体电容量会增加。

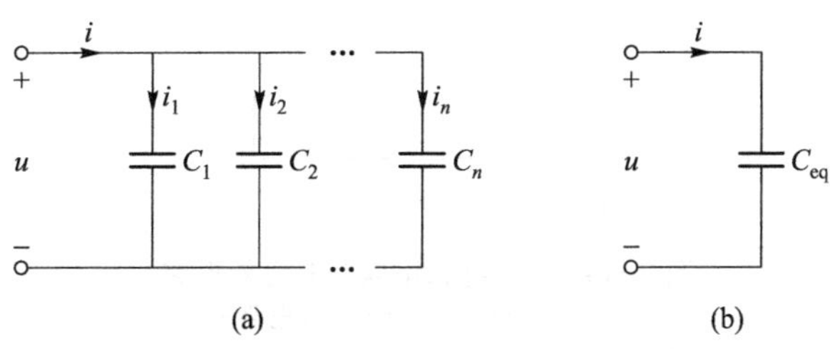

图 2-12　n 个电容并联及其等效电路

(a) 电容并联　(b) 等效电路

若干个电容串联，如图 2-13(a)所示。根据 KVL 和电容元件的电压电流关系可以得到

$$\begin{aligned}u&=u_1+u_2+\cdots+u_n=\frac{1}{C_1}\int_{-\infty}^{t}i(\tau)\,\mathrm{d}\tau+\frac{1}{C_2}\int_{-\infty}^{t}i(\tau)\,\mathrm{d}\tau+\cdots+\frac{1}{C_n}\int_{-\infty}^{t}i(\tau)\,\mathrm{d}\tau\\&=\left(\frac{1}{C_1}+\frac{1}{C_2}+\cdots+\frac{1}{C_n}\right)\int_{-\infty}^{t}i(\tau)\,\mathrm{d}\tau=\frac{1}{C_{eq}}\int_{-\infty}^{t}i(\tau)\,\mathrm{d}\tau\end{aligned} \tag{2-17}$$

n 个电容串联的等效电容 C_{eq} 如图 2-13(b)所示，它与各电容的关系为

$$\frac{1}{C_{eq}}=\frac{1}{C_1}+\frac{1}{C_2}+\cdots+\frac{1}{C_n} \tag{2-18}$$

将实际电容器串联，可提高整体的耐压值，但电容量会减少。

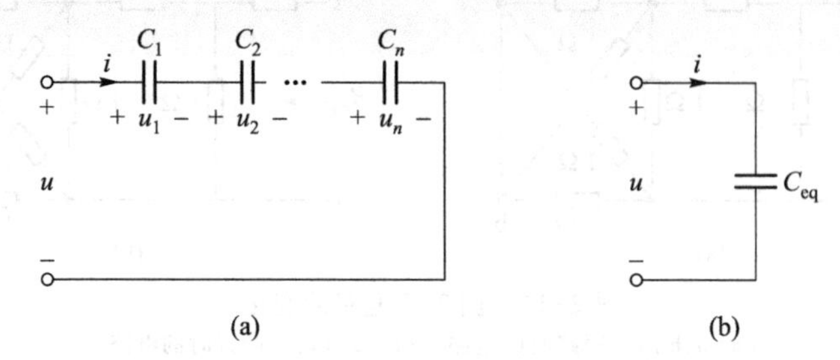

图 2-13 n 个电容串联及其等效电路
(a) 电容串联 (b) 等效电路

2.3.2 电感元件的连接及其等效变换

为了得到较大的电感，可以将若干个电感串联后使用，如图 2-14(a)所示。串联电感的总磁链等于各个电感磁链之和，即

$$\psi=\psi_1+\psi_2+\cdots+\psi_n=(L_1+L_2+\cdots+L_n)i=L_{eq}i \tag{2-19}$$

串联等效电感 L_{eq} 如图 2-14(b)所示，它等于串联电感之和，即

$$L_{eq}=L_1+L_2+\cdots+L_n \tag{2-20}$$

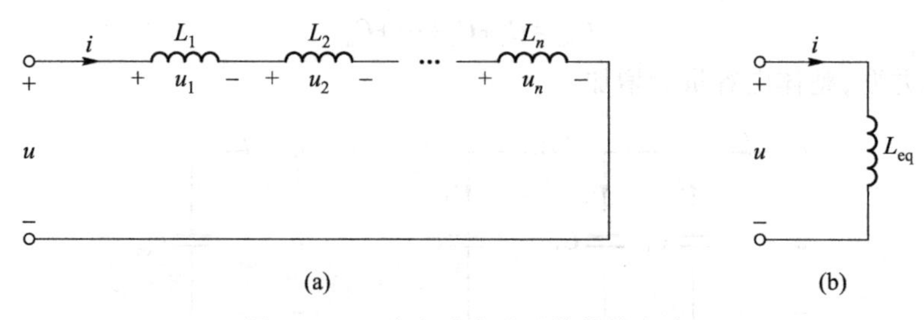

图 2-14 n 个电感串联及其等效电路
(a) 电感串联 (b) 等效电路

若干个电感并联，如图 2-15(a)所示。根据 KCL 和电感元件的电压电流关系，可得

$$\begin{aligned} i &= i_1+i_2+\cdots+i_n=\frac{1}{L_1}\int_{-\infty}^{t}u(\tau)\,\mathrm{d}\tau+\frac{1}{L_2}\int_{-\infty}^{t}u(\tau)\,\mathrm{d}\tau+\cdots+\frac{1}{L_n}\int_{-\infty}^{t}u(\tau)\,\mathrm{d}\tau \\ &=\left(\frac{1}{L_1}+\frac{1}{L_2}+\cdots+\frac{1}{L_n}\right)\int_{-\infty}^{t}u(\tau)\,\mathrm{d}\tau=\frac{1}{L_{eq}}\int_{-\infty}^{t}u(\tau)\,\mathrm{d}\tau \end{aligned} \tag{2-21}$$

n 个电感并联的等效电感 L_{eq} 如图 2-15(b)所示，它与各电感的关系为

$$\frac{1}{L_{eq}}=\frac{1}{L_1}+\frac{1}{L_2}+\cdots+\frac{1}{L_n} \tag{2-22}$$

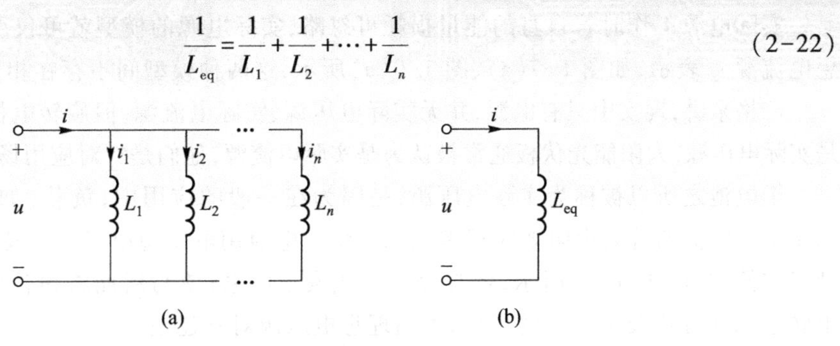

图 2-15　n 个电感并联及其等效电路

(a) 电感并联　(b) 等效电路

2.4 实际电源的建模及两种模型的等效变换

实际电源的功能是对外提供电能,这一属性可用理想电压源或理想电流源表征,实际电源工作时自身还消耗能量,这一属性可用电阻或电导表征,由此就可得到实际电源的两种常用电路模型,如图 2-16(a)和(b)所示,分别是电压源电阻串联模型和电流源电导并联模型,其中的 R(或 G)称为电源的等效内电阻(或等效内电导),简称为内阻(或内导)。当这两个电路端口处的电压电流关系相同时,就互为等效电路。下面推导这两个电路等效的条件。

图 2-16(a)所示电路端口 1-1′处电压 u 与电流 i 的关系为

$$u=u_S-Ri \quad 或 \quad i=\frac{1}{R}u_S-\frac{1}{R}u \tag{2-23}$$

图 2-16(b)所示电路端口 1-1′处电压 u 与电流 i 的关系为

$$u=\frac{1}{G}i_S-\frac{1}{G}i \quad 或 \quad i=i_S-Gu \tag{2-24}$$

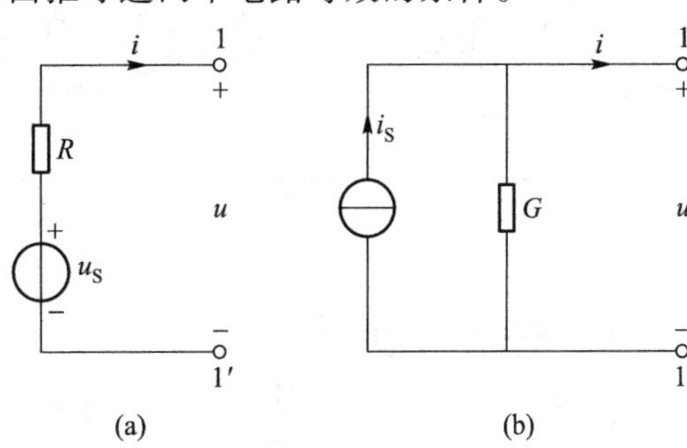

图 2-16　实际电源的两种常用电路模型

(a) 电压源电阻串联模型　(b) 电流源电导并联模型

比较以上两式可知,若两电路互为等效电路,须满足下列条件

$$\begin{cases} u_S=\dfrac{1}{G}i_S \\ R=\dfrac{1}{G} \end{cases} \quad 或 \quad \begin{cases} i_S=\dfrac{1}{R}u_S \\ G=\dfrac{1}{R} \end{cases} \tag{2-25}$$

式(2-25)中,左边的式子给出了将电流源电导并联模型转化为电压源电阻串联模型的方法,右边的式子给出了将电压源电阻串联模型转化为电流源电导并联模型的方法。

实际电源工作时若自身的能量损耗可忽略,实际电源的模型就可仅用理想电压源 u_S 或理想电流源 i_S 表示,如图 1-7(a)、图 1-9(a)所示,这两种模型间不存在相互转换的关系。

严格来讲,现实中只有电源,并无实际电压源、实际电流源,但旋转电机、干电池通常被认为是实际电压源,太阳能光伏板通常被认为是实际电流源,他们是针对应用场景而给出的名称。

干电池之所以被称为实际电压源,是因为在一般的应用中,负载(如小电珠)的等效电阻相比于干电池的等效内阻要大很多,这时,将干电池用电压源电阻串联模型建模会给后续分析带来方便[如图 1-1(b)所示,可与分压公式发生联系;或与后面将讨论的电压源串联情况发生联系];在分析要求不高的场合,可用理想电压源对其建模。

太阳能光伏板之所以被认为是实际电流源,是因为其内阻非常大,在实际应用中用电流源电导并联模型建模会给后续分析带来方便(可与分流公式发生联系,或与后面将讨论的电流源并联情况发生联系);在分析要求不高的场合,可用理想电流源对其建模。

如果干电池所接负载的等效电阻相比于干电池的内阻要小得多,就可用电流源电导并联模型对其建模,或用理想电流源建模,这时的干电池就可称为实际电流源。不过现实中干电池很少会有这种应用情况出现。

例 2-6 电路如图 2-17(a)所示,应用等效变换的方法求电流 i。

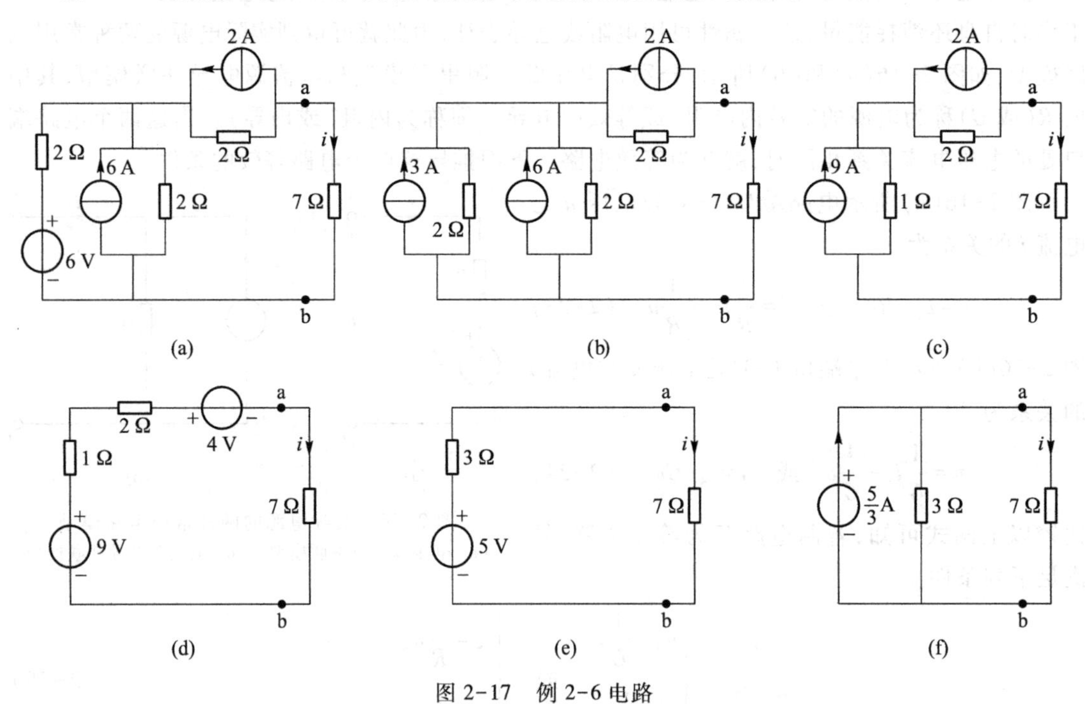

图 2-17 例 2-6 电路

(a) 原电路 (b) 等效变换后电路一 (c) 等效变换后电路二
(d) 等效变换后电路三 (e) 等效变换后电路四 (f) 等效变换后电路五

解 不断对电路做等效变换,过程为:图 2-17(a)→图(b)→图(c)→图(d)→图(e)或

(f)。由图(e)得

$$i=\frac{5}{3+7}\ \mathrm{A}=0.5\ \mathrm{A}$$

或由图(f)根据分流公式得

$$i=\frac{5}{3}\times\frac{3}{3+7}\ \mathrm{A}=0.5\ \mathrm{A}$$

对比图 2-17(a)和(e)可知,含有多个线性电阻元件和独立电源的二端局部电路,最终可用电压源和电阻的串联组合表示,这就是 5.3 节中将要论述的戴维南定理的内容。对比图 2-17(a)和(f)可知,含有多个线性电阻元件和独立电源的二端局部电路,最终可用电流源和电阻的并联组合表示,这就是 5.3 节中将要论述的诺顿定理的内容。

2.5 电源的不同连接方式及其等效变换

2.5.1 电压源的不同连接方式及其等效变换

图 2-18(a)所示电路为 n 个电压源的串联,根据 KVL 很容易证明这一电压源的串联组合可以用一个电压源来等效,如图 2-18(b)所示,该等效电压源的电压为

$$u_{\mathrm{S}}=u_{\mathrm{S1}}+u_{\mathrm{S2}}+\cdots+u_{\mathrm{S}n}=\sum_{k=1}^{n}u_{\mathrm{S}k} \tag{2-26}$$

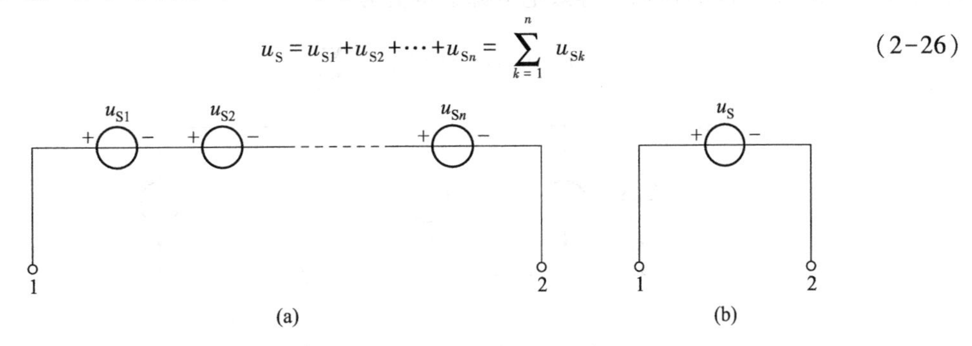

图 2-18 电压源串联及其等效电路
(a) 电压源串联 (b) 等效电路

由 KVL 可知,只有电压相等且极性一致的理想电压源才可以并联,电压不相等的理想电压源不可以并联。多个理想电压源并联,其等效电路为一个理想电压源。图 2-19(a)所示为两个理想电压源的并联,其等效电路如图 2-19(b)所示,且一定存在 $u_{\mathrm{S}}=u_{\mathrm{S1}}=u_{\mathrm{S2}}$ 的关系(据 KVL 和等效变换的概念推出)。

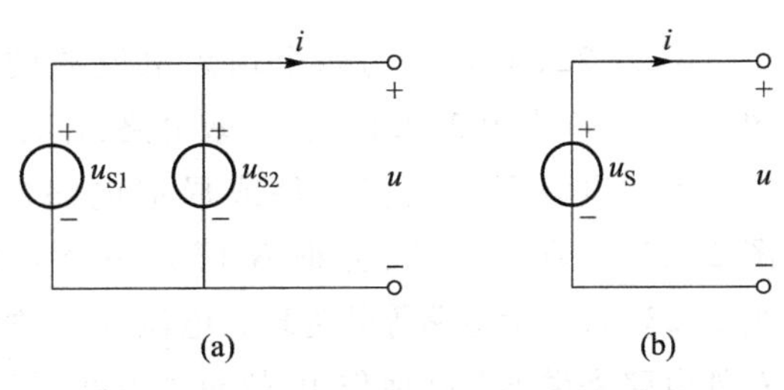

图 2-19 电压源并联及其等效电路
(a) 电压源并联 (b) 等效电路

理想电压源 u_S 与任何元件或局部电路并联，对外电路来说等效为该理想电压源。如图 2-20(a)所示电路，方框 N 所示可为一个元件，如电阻、电流源，也可以是某一局部电路，该电路的等效电路为理想电压源 u_S，如图 2-20(b)所示。由于方框 N 对应的局部电路对外电路来说不起任何作用，故针对外电路而言，该局部电路可称为虚电路；若方框 N 仅是一个元件，该元件可称为虚元件。注意，这里的“虚”仅是对针对外电路而言的；对内电路，虚不成立。

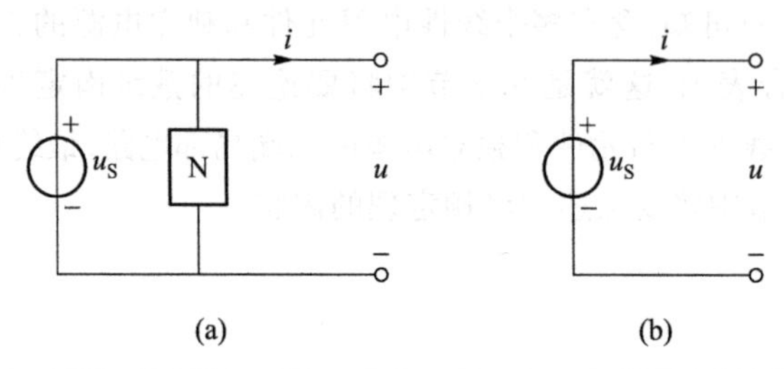

图 2-20　电压源与其他元件或局部电路并联及其等效电路
(a) 电压源与其他元件或局部电路并联　(b) 等效电路

2.5.2　电流源的不同连接方式及其等效变换

图 2-21(a)所示为 n 个电流源的并联，根据 KCL，这一电流源的并联组合可以用一个电流源来等效，如图 2-21(b)所示。等效电流源的电流为

$$i_S = i_{S1} + i_{S2} + \cdots + i_{Sn} = \sum_{k=1}^{n} i_{Sk} \tag{2-27}$$

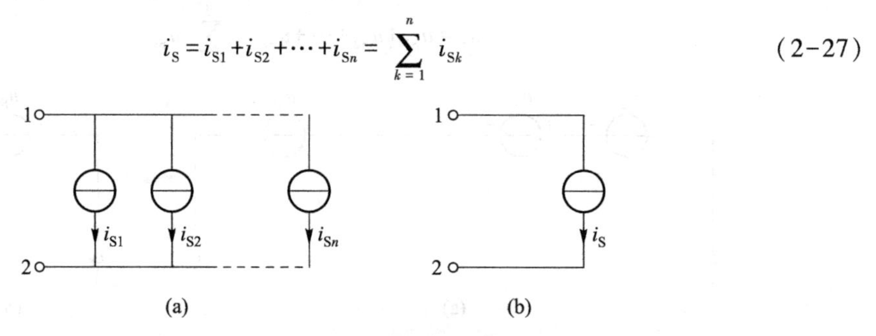

图 2-21　电流源并联及其等效电路
(a) 电流源并联　(b) 等效电路

图 2-22(a)所示为两个理想电流源的串联，由 KCL 可知，一定存在 $i_{S1} = i_{S2}$ 的关系，图 2-22(b)为图 2-22(a)的等效电路，并有 $i_S = i_{S1} = i_{S2}$。

理想电流源与任何元件或局部电路串联，对外电路来说等效为该理想电流源。如图 2-23(a)所示电路，方框 N 可为一个元件，如电阻、电压源，也可以是某一局部电路，图 2-23(a)所示电路等效为理想电流源 i_S，如图 2-23(b)所示。由于方框 N 表示的局部电路对外电路来说不起任何作用，故对外电路而言，该局部电路可称为虚电路；若方框 N 仅是一个元件，该元件可称为虚元件。

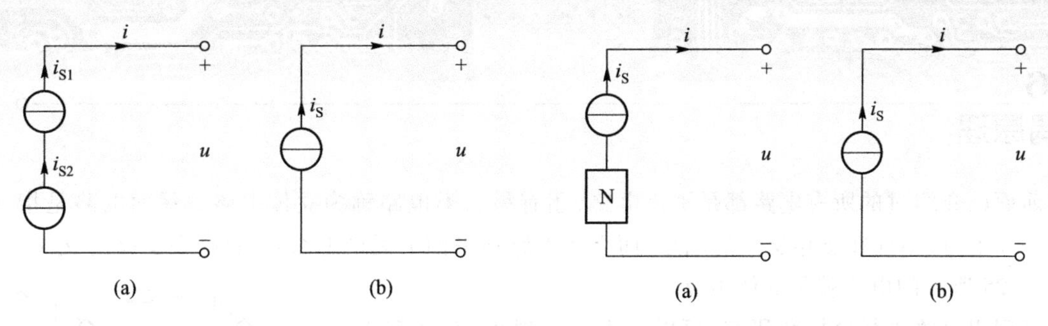

图 2-22 电流源串联及其等效电路
(a) 电流源串联 (b) 等效电路

图 2-23 电流源与其他元件或局部电路串联及等效电路
(a) 电流源与其他元件或局部电路串联 (b) 等效电路

由 KCL 可知,只有电流相等且方向一致的理想电流源才可以串联,电流不相等的理想电流源不允许串联。多个理想电流源串联可等效为一个理想电流源。

例 2-7 电路如图 2-24(a)所示,试给出该电路最简单的等效电路。

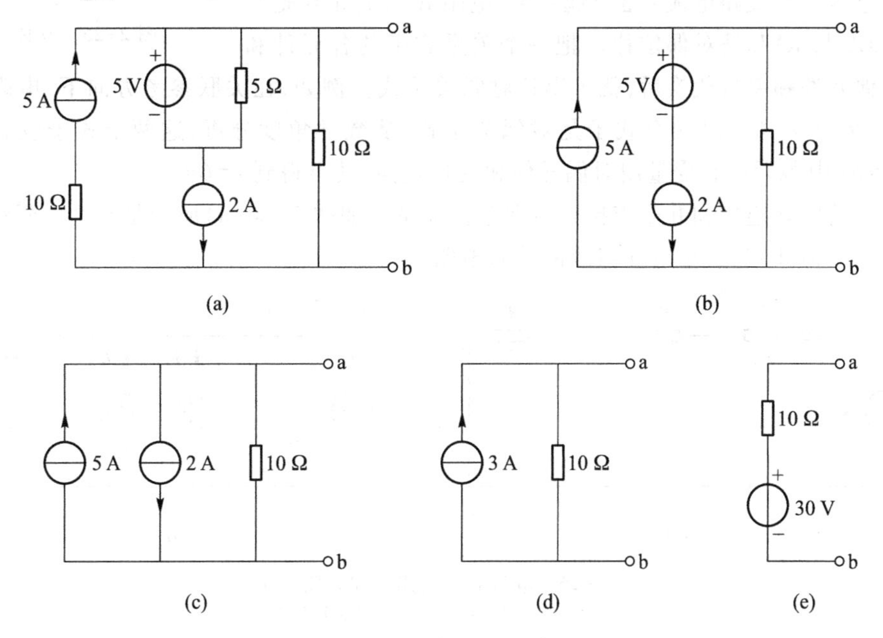

图 2-24 例 2-7 电路
(a) 原电路 (b) 等效变换电路一 (c) 等效变换电路二 (d) 最简等效电路一 (e) 最简等效电路二

解 对端口而言,电路中与 5 A 电流源串联的 10 Ω 电阻、与 5 V 电压源并联的 5 Ω 电阻均为虚元件。进行等效变换的过程为:图 2-24(a)→图(b)→图(c)→图(d)→图(e)。图 2-24(d)和(e)所示电路即为最简等效电路。

2.6 对偶原理

前面已介绍过的所有电路都是平面电路，还有另一类电路称为立体电路。平面电路是指画在平面上时，不存在支路交叉的电路；而立体电路在平面上无论怎么画，总存在支路的交叉。如图 2-25 所示的电路就是立体电路。

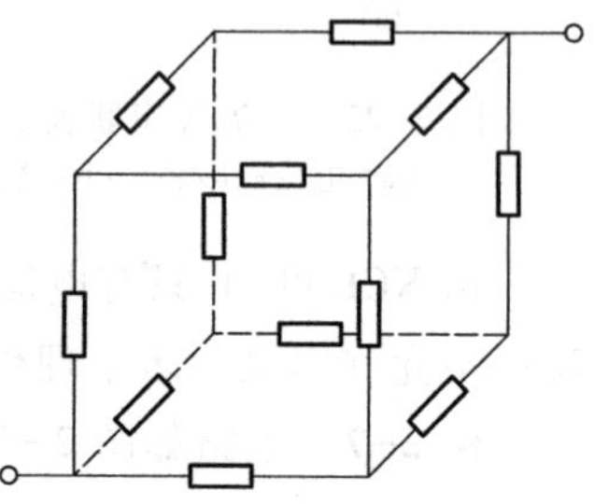

图 2-25 立体电路

对理想电路进行分析和研究，可以发现一个现象：有许多成对出现的相似内容。对偶原理集中描述了这一现象。

对偶原理可表述为：平面电路中的任一内容一定存在其对偶内容。这里的任一内容包括元件、变量、定律、定理、结构、关系式等。

支路电压 u 与支路电流 i 是对偶变量，电阻 R 与电导 G 是对偶元件，KCL 与 KVL 是对偶定律。把一个关系式中的各元件和变量用对偶元件和变量代换后，就可得到对偶关系式。例如，在关联参考方向下，电阻的约束关系为 $u=Ri$ 或 $i=Gu$，这两个式子是对偶关系式，从数学角度分析，这两个式子没有任何区别。把 $u=Ri$ 中各元件和变量用对偶元件和变量代换，就可得到 $i=Gu$。

电路中的串联连接和并联连接是对偶连接关系。如图 2-26(a)所示是 n 个电阻组成的串联电路，图 2-26(b)为 n 个电导组成的并联电路。

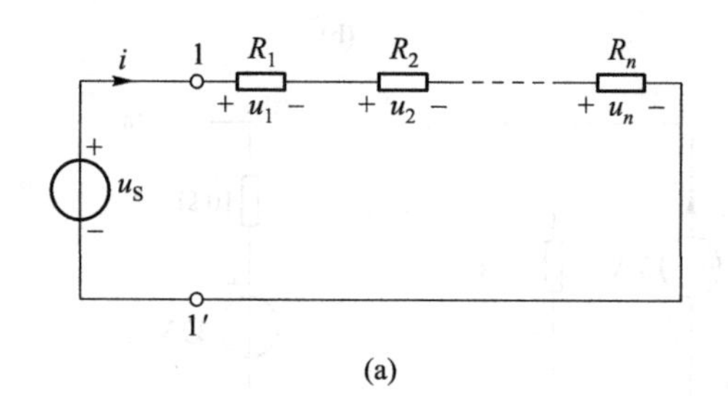

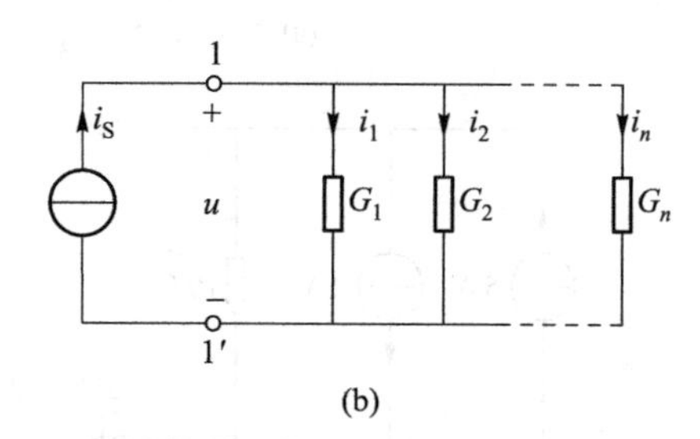

图 2-26 电阻的串联连接和并联连接

(a) 电阻的串联连接 (b) 电阻的并联连接

对图 2-26(a)所示电路有

$$
\begin{cases}
R=\sum_{k=1}^{n} R_k \\
i=\dfrac{u_S}{R} \\
u_k=\dfrac{R_k}{R}u_S
\end{cases}
\tag{2-28}
$$

把式(2-28)中各元件和变量用对偶元件和变量代换,可得

$$\begin{cases} G=\sum_{k=1}^{n} G_k \\ u=\dfrac{i_S}{G} \\ i_k=\dfrac{G_k}{G}i_S \end{cases} \tag{2-29}$$

式(2-29)就是图 2-26(b)所示电路具有的关系式,所以图 2-26(a)和(b)是对偶电路。

电路对偶的内容十分丰富,表现形式多种多样,表 2-1 给出了一些对偶内容。

表 2-1　电路中的对偶内容

前面已出现的对偶内容		后面将出现的对偶内容	
电压	电流	节点(电压)	网孔(电流)
电荷	磁通	割集	回路
电阻	电导	自电阻	自电导
开路(断路)	短路	互电阻	互电导
电压源	电流源	戴维南定理	诺顿定理
电容	电感	互易定理形式 1	互易定理形式 2
KCL	KVL	复阻抗(阻抗)	复导纳(导纳)
串联	并联	*RLC* 串联谐振电路	*GLC* 并联谐振电路
分压(公式)	分流(公式)	电压源电阻电容串联一阶电路	电流源电导电感并联一阶电路
星形电路	三角形电路	电压源电阻电容电感串联二阶电路	电流源电导电感电容并联二阶电路
电压源与电阻串联	电流源与电导并联	***Z*** 参数矩阵	***Y*** 参数矩阵

对偶原理仅适用于平面电路,不适用于非平面电路。对偶原理的正确性和普遍性将在 3.6 节中进行论证。

对偶原理反映了电路中存在的对偶性质,其意义十分重大。掌握了对偶原理,便可举一反二,对平面电路中的全部问题,只需研究一半就可以了。此外,还可利用对偶原理记忆和理解很多数学公式以及物理现象。

习题

2-1　如题 2-1 图所示电路中，已知 $R_1=10\ \text{k}\Omega$、$R_2=5\ \text{k}\Omega$、$R_3=2\ \text{k}\Omega$、$R_4=1\ \text{k}\Omega$、$U=6\ \text{V}$，求通过 R_3 的电流 I。

2-2　求题 2-2 图所示电路中的开路电压 U_{AB}。

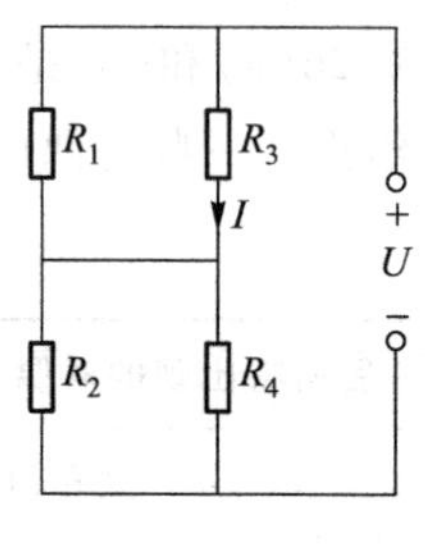

题 2-1 图

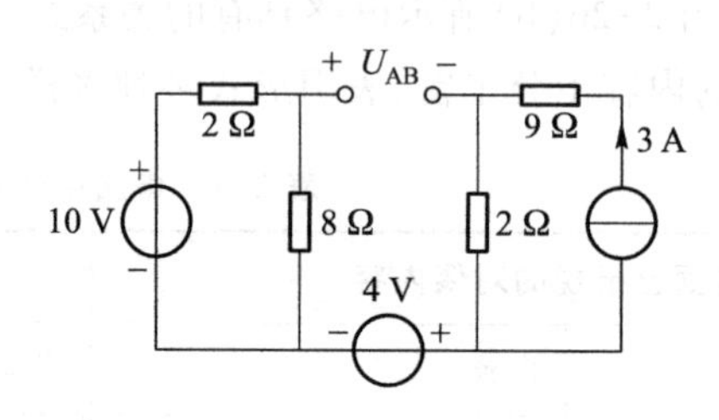

题 2-2 图

2-3　(1) 题 2-3 图(a)所示电路中，$G_1=G_2=1\ \text{S}$、$R_3=R_4=2\ \Omega$，求等效电阻 R_{ab}。(2) 题 2-3 图(b)所示电路中，$R_1=R_2=1\ \Omega$、$R_3=R_4=2\ \Omega$、$R_5=4\ \Omega$，分别求开关 S 闭合和断开时的等效电阻 R_{ab}。

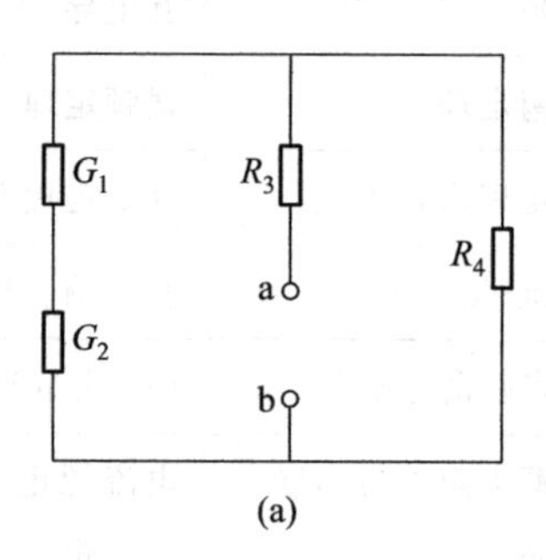

题 2-3 图

2-4　求题 2-4 图所示二端网络的等效电阻 R_{ab}。

2-5　题 2-5 图所示电路中全部十个电阻阻值均为 1 Ω，求该电路 a、b 两端的等效电阻。

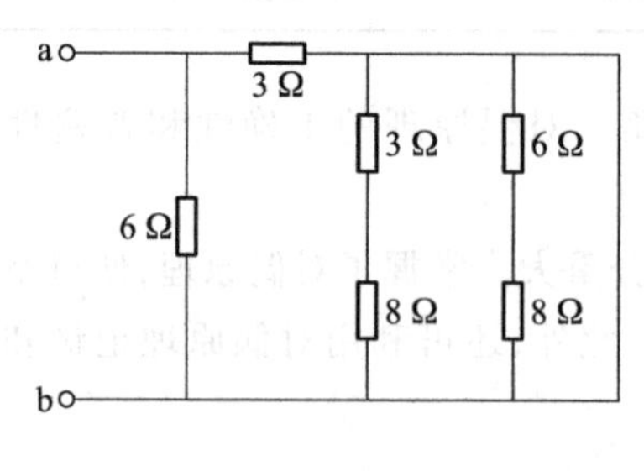

题 2-4 图

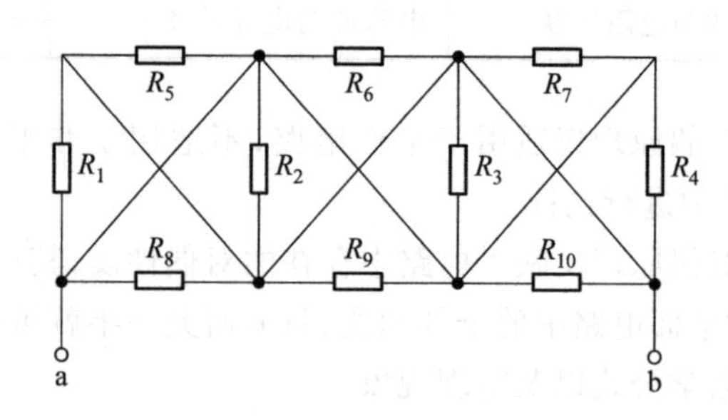

题 2-5 图

2-6　题 2-6 图所示为一无限延伸的电阻网络，网络中各电阻的大小相同，均为 R，试求 A、B 两端的等效电阻。

2-7　求题 2-7 图所示电路中的电流 i。

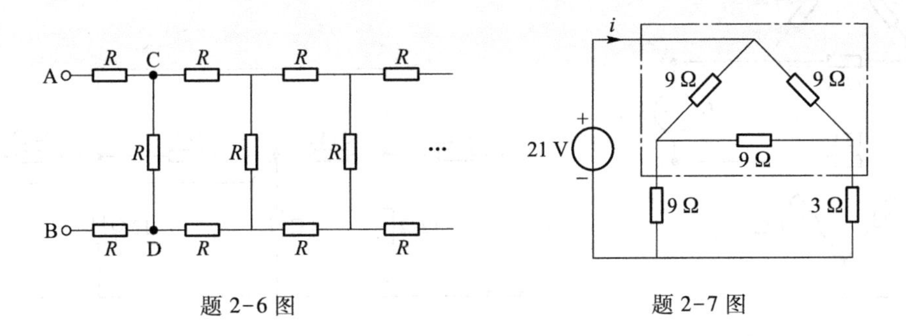

题 2-6 图　　　　题 2-7 图

2-8　求题 2-8 图所示各电路的等效电阻 R_{ab}。

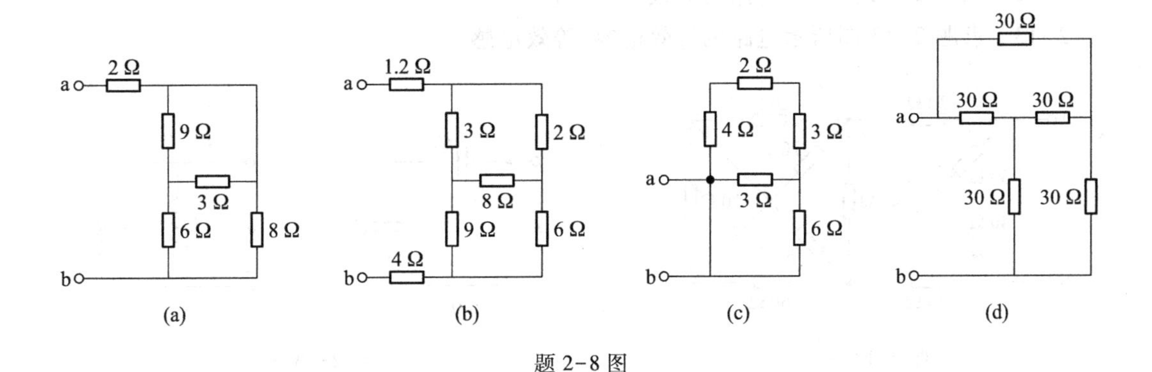

题 2-8 图

2-9　求题 2-9 图所示各电路的等效电阻 R_{ab}，其中 $R=2\ \Omega$。

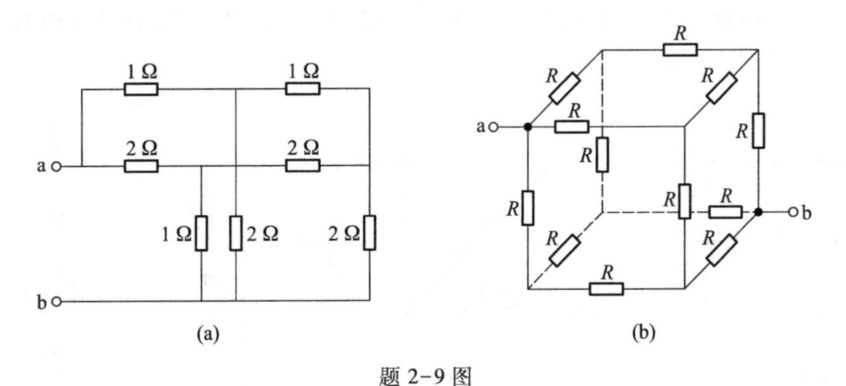

题 2-9 图

2-10　求题 2-10 图所示电路中的电压 U。

2-11　计算题 2-11 图所示电路 a、b 端的等效电阻。

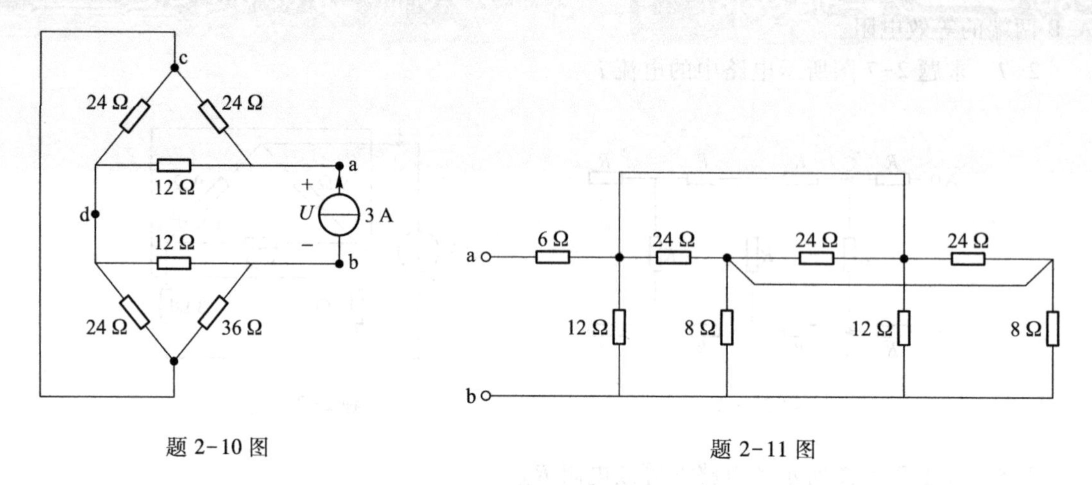

题 2-10 图　　　　题 2-11 图

2-12　求题 2-12 图所示电路的等效电阻 R_{ab}。

2-13　求题 2-13 图所示电路的等效电容、等效电感。

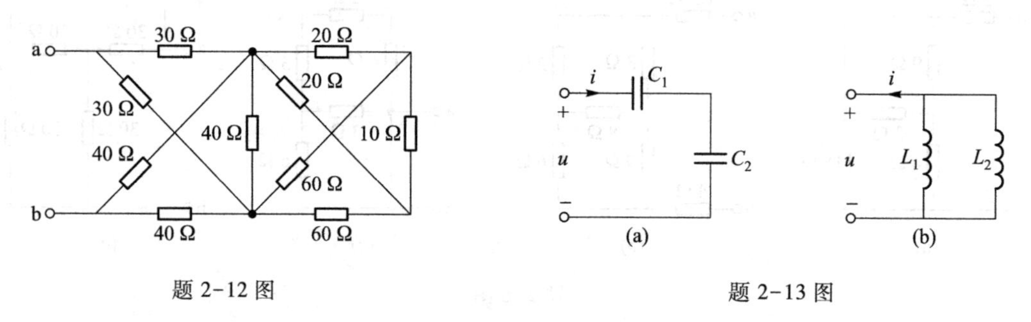

题 2-12 图　　　　题 2-13 图

2-14　求题 2-14 图所示电路的等效电容、等效电感。

2-15　题 2-15 图所示电路中，$U_{S1}=12\ \text{V}$，$U_{S2}=24\ \text{V}$，$R_{U1}=R_{U2}=20\ \Omega$，$R=50\ \Omega$，利用等效变换方法，求流过电阻 R 的电流 I。

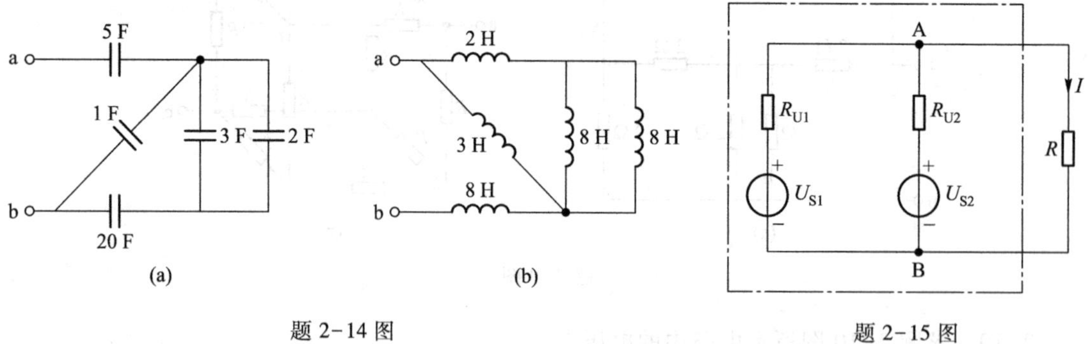

题 2-14 图　　　　题 2-15 图

2-16　题 2-16 图所示电路中，下面各点为接地点，实际是相连的。已知 $I_{S1}=I_{S2}=I_{S3}=\cdots=I_{Sn}=I_S$，求负载中的电流 I_L。

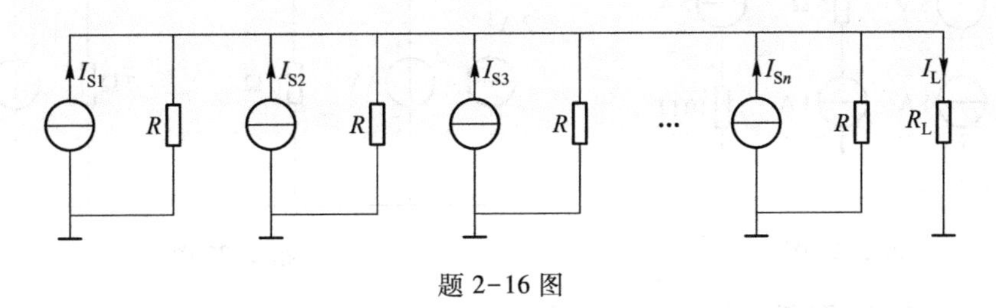

题 2-16 图

2-17　用含电源支路等效变换的方法，求题 2-17 图所示电路中的电流 I。

2-18　利用含源支路的等效变换方法，求题 2-18 图所示电路中的电流 i。

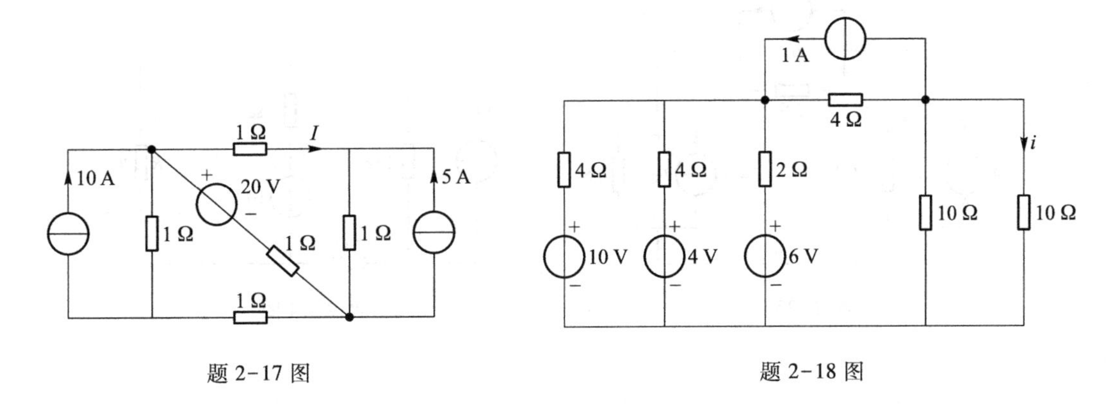

题 2-17 图　　　　题 2-18 图

2-19　求出题 2-19 图所示电路的最简等效电路。

2-20　求出题 2-20 图所示电路的最简等效电路。

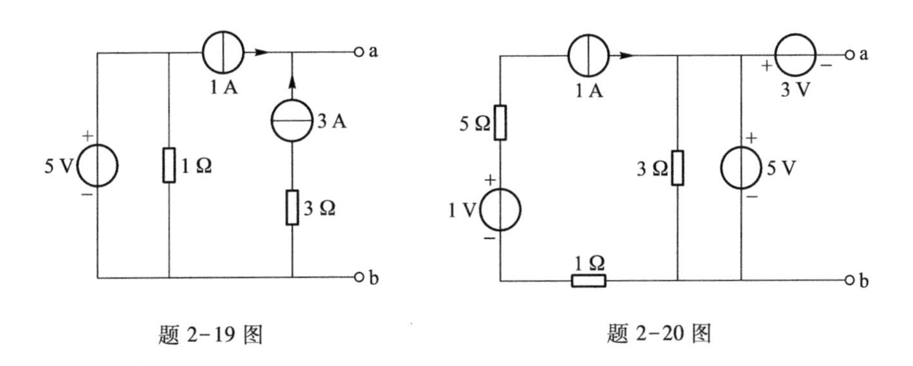

题 2-19 图　　　　题 2-20 图

2-21　求出题 2-21 图所示电路的最简等效电路。

2-22　题 2-22 图所示电路中，已知 1 A 电流源发出的功率为 1 W，试求电阻 R 的值。

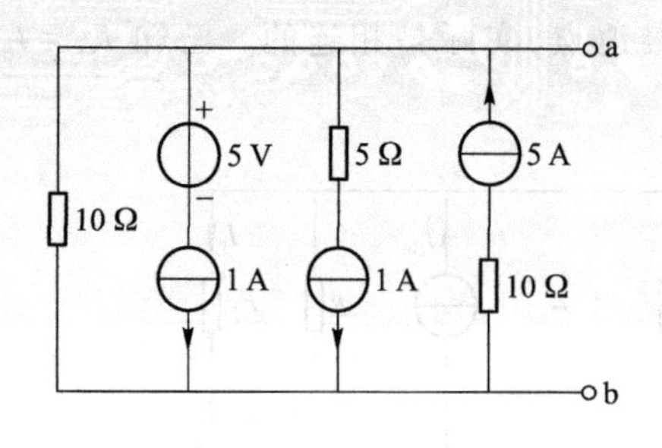

题 2-21 图

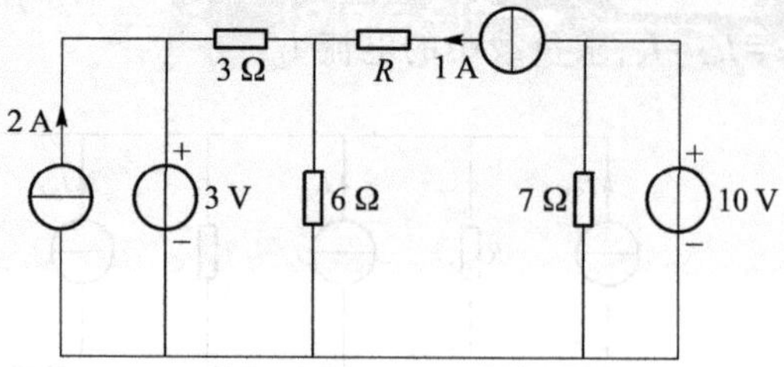

题 2-22 图

2-23　求题 2-23 图所示电路中的电压 u_A、u_B、u_C。

2-24　题 2-24 图所示电路中，已知 $u=3$ V，求电阻 R。

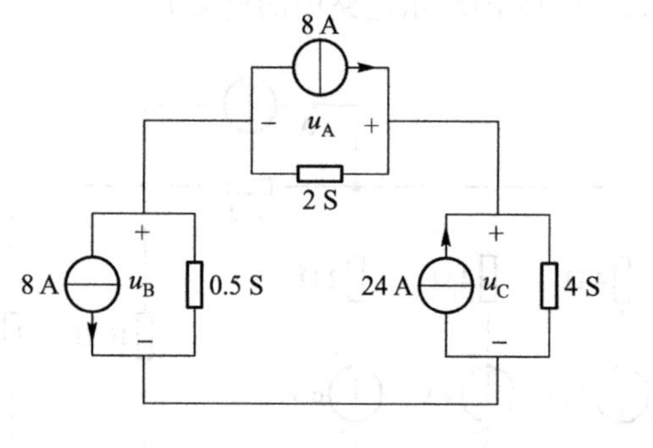

题 2-23 图

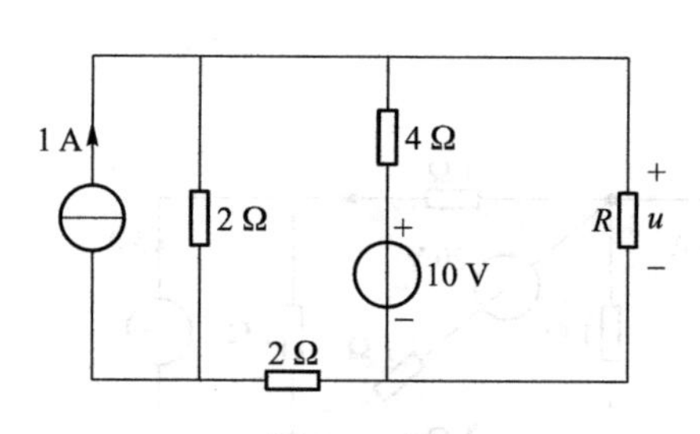

题 2-24 图

第 3 章
电路分析的一般方法

内容提要 本章介绍电路分析的通用方法，具体内容包括：支路约束和独立拓扑约束、支路法、节点法、回路（网孔）法、各种方法的比较、对偶原理的正确性论证。

3.1 支路约束和独立拓扑约束

3.1.1 常见的五种支路形式及其约束

电路分析的主要内容是：对已知（即给定）结构和元件参数的电路，求解出其中各元件（支路）的电流、电压或功率。

求解电路需建立描述电路的数学方程，方程建立的依据是拓扑约束和支路（或元件）约束。图 3-1 所示为常用的五种支路形式。

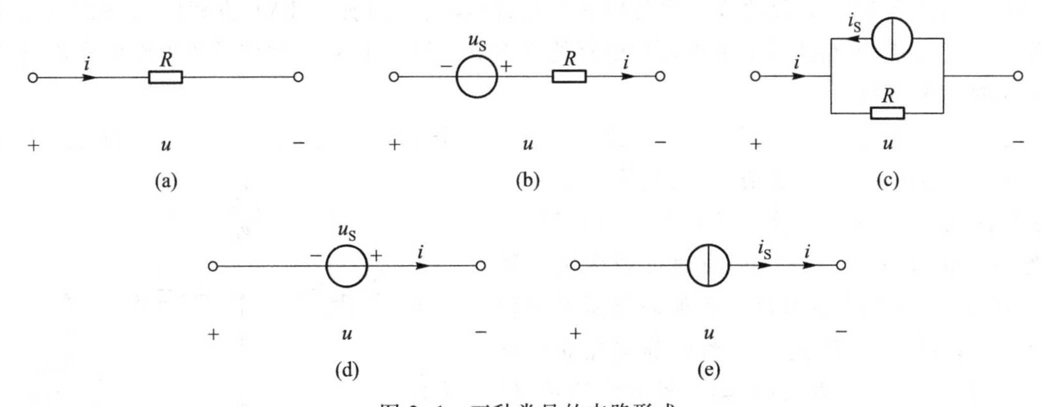

图 3-1 五种常见的支路形式

(a) 纯电阻支路 (b) 电压源与电阻串联支路 (c) 电流源与电阻并联支路 (d) 纯电压源支路 (e) 纯电流源支路

对图 3-1(a)所示的纯电阻支路，其 VCR 为

$$u = Ri \quad 或 \quad i = u/R \tag{3-1}$$

对图(b)所示的电压源与电阻串联支路，其 VCR 为

$$u=-u_S+Ri \quad 或 \quad i=(u+u_S)/R \tag{3-2}$$

对图(c)所示的电流源与电阻并联支路，其 VCR 为

$$u=R(i+i_S) \quad 或 \quad i=u/R-i_S \tag{3-3}$$

对图(d)所示的纯电压源支路（无伴电压源支路），其 VCR 为

$$\begin{cases} u(t)=u_S(t) \\ i(t)\text{由外接电路决定,值域为}(-\infty,+\infty) \end{cases} \tag{3-4}$$

对图(e)所示的纯电流源支路（无伴电流源支路），其 VCR 为

$$\begin{cases} i(t)=i_S(t) \\ u(t)\text{由外接电路决定,值域为}(-\infty,+\infty) \end{cases} \tag{3-5}$$

以上五种支路中，图(a)(b)和(c)所示的三种支路其电压和电流可相互表达；但图(d)和(e)所示的两种支路无此特点。

常称图(d)所示支路为无伴电压源支路，图(e)所示支路为无伴电流源支路。

3.1.2 独立拓扑约束

求解电路所需的方程是依据支路（或元件）约束和拓扑约束写出的，但并非每一个节点的 KCL 方程和每一个回路的 KVL 方程均需给出，应给出的是独立方程。

独立 KCL 方程中一定存在其他方程所不包含的电流，独立 KVL 方程中一定存在其他方程所不包含的电压。独立方程不可能由其他同类方程组合得到。可以证明，对于具有 n 个节点，b 条支路的电路，独立 KCL 方程数为 $n-1$，独立 KVL 方程数为 $b-(n-1)$（证明见 17.2 节）。能够列写出独立 KCL 方程的节点称为独立节点，能够列写出独立 KVL 方程的回路称为独立回路。由此可知，电路的独立节点数比电路的全部节点数少 1，独立回路数为电路的全部支路数减去独立节点数。

独立节点的确定比较容易，去掉电路中的任意一个节点，剩下的 $n-1$ 个节点即为独立节点。独立回路的确定要复杂一些，具体方法有三种：① 网孔法，网孔是电路中的自然孔，即以自然孔作为独立回路；② 观察法，即通过观察选定回路，须保证每个回路中均含有其他回路所不包含的支路；③ 系统法，即先选树然后确定独立回路（见 17.2 节）。三种方法中，第一种方法简单，但只能用于平面电路，后两种方法则无此限制。

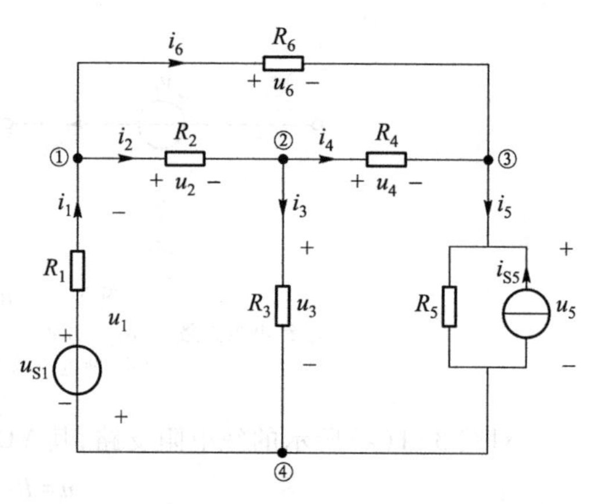

图 3-2 说明独立节点和独立回路的电路

图 3-2 所示为一平面电路，该电路节点数 $n=4$，支路数 $b=6$，故电路的独立节点数为 $n-1=3$，独立回路数为 $b-(n-1)=3$。

对图 3-2 所示电路，去掉节点④，剩余的节点

①、②、③为一组独立节点;去掉节点①,剩余的节点②、③、④也为一组独立节点。该电路的独立节点组合总共有 4 种。

图 3-2 所示电路共有 7 个回路,分别是:回路 l_1,包含支路 1、2、3(支路按顺时针绕行方向从左到右或从上到下排列,下同),记为 $l_1(1,2,3)$,回路 $l_2(3,4,5)$,回路 $l_3(6,4,2)$,回路 $l_4(1,6,5)$,回路 $l_5(1,6,4,3)$,回路 $l_6(6,5,3,2)$,回路 $l_7(1,2,4,5)$。回路 $l_1(1,2,3)$、$l_2(3,4,5)$、$l_3(6,4,2)$是网孔,三个网孔两两组合构成三个回路,三个网孔组合在一起构成一个回路,故回路总数为 3+3+1=7。

图 3-2 所示电路有很多独立回路组,例如,三个回路 l_1、l_2、l_3 是独立回路组,回路 l_1、l_2、l_4 是独立回路组,还有其他的独立回路组。但是,回路 l_1、l_2、l_7 不是独立回路组,这是因为回路 l_1、l_2 的 KVL 方程分别为 $u_1+u_2+u_3=0$ 和 $-u_3+u_4+u_5=0$,将这两者相加,就得到了回路 l_7 的 KVL 方程 $u_1+u_2+u_4+u_5=0$。

电路独立回路组的数量可由其树的数量决定,相关内容在 17.2 节、17.3 节中介绍。

3.2 支路法

3.2.1 2*b* 法

对于一个具有 b 条支路、n 个节点的电路,当支路电流和支路电压均为待求量时,未知量总计 $2b$ 个,求解需要建立 $2b$ 个方程,这就是 $2b$ 法名称的由来。

根据前面的论述可知,对于一个具有 b 条支路、n 个节点的电路,可列出的独立方程有:$n-1$ 个独立的 KCL 方程、$b-(n-1)$ 个独立的 KVL 方程、b 个支路的电压电流约束方程,由此即给出了 $2b$ 法方程。

第 1 章中的例 1-1 其实就是 $2b$ 法应用的一个例子。现结合图 3-2 所示电路,对 $2b$ 法做进一步说明。

对图 3-2 所示电路,设节点④为参考节点,对节点①、②、③建立 KCL 方程有

$$\begin{cases}-i_1+i_2+i_6=0\\-i_2+i_3+i_4=0\\-i_4+i_5-i_6=0\end{cases}\tag{3-6}$$

由图 3-2 可见,各支路电压的参考方向与各支路电流一致,为关联方向。以网孔为回路并令回路绕行方向为顺时针,列 KVL 方程,有

$$\begin{cases}u_1+u_2+u_3=0\\-u_3+u_4+u_5=0\\-u_2-u_4+u_6=0\end{cases}\tag{3-7}$$

各支路的电压电流约束关系为

$$\begin{cases}u_1=-u_{S1}+R_1i_1\\u_2=R_2i_2\\u_3=R_3i_3\\u_4=R_4i_4\\u_5=R_5i_5+R_5i_{S5}\\u_6=R_6i_6\end{cases}\quad 或 \quad\begin{cases}-R_1i_1+u_1=-u_{S1}\\-R_2i_2+u_2=0\\-R_3i_3+u_3=0\\-R_4i_4+u_4=0\\-R_5i_5+u_5=R_5i_{S5}\\-R_6i_6+u_6=0\end{cases}\quad 或 \quad\begin{cases}i_1=(u_1+u_{S1})/R_1\\i_2=u_2/R_2\\i_3=u_3/R_3\\i_4=u_4/R_4\\i_5=u_5/R_5-i_{S5}\\i_6=u_6/R_6\end{cases}\tag{3-8}$$

将式(3-6)、式(3-7)与式(3-8)的第二种形式合并,共 12 个方程,此即 $2b$ 法方程。将方程整理成式(3-9)所示的矩阵形式,求解即可得各支路电压和支路电流。

$$\begin{bmatrix}-1&1&0&0&0&1&0&0&0&0&0&0\\0&-1&1&1&0&0&0&0&0&0&0&0\\0&0&0&-1&1&-1&0&0&0&0&0&0\\0&0&0&0&0&0&1&1&1&0&0&0\\0&0&0&0&0&0&0&0&-1&1&1&0\\0&0&0&0&0&0&0&-1&0&-1&0&1\\-R_1&0&0&0&0&0&1&0&0&0&0&0\\0&-R_2&0&0&0&0&0&1&0&0&0&0\\0&0&-R_3&0&0&0&0&0&1&0&0&0\\0&0&0&-R_4&0&0&0&0&0&1&0&0\\0&0&0&0&-R_5&0&0&0&0&0&1&0\\0&0&0&0&0&-R_6&0&0&0&0&0&1\end{bmatrix}\begin{bmatrix}i_1\\i_2\\i_3\\i_4\\i_5\\i_6\\u_1\\u_2\\u_3\\u_4\\u_5\\u_6\end{bmatrix}=\begin{bmatrix}0\\0\\0\\0\\0\\0\\-u_{S1}\\0\\0\\0\\R_5i_{S5}\\0\end{bmatrix}\tag{3-9}$$

$2b$ 法的突出优点是方程列写简单,并直观地给出了这样一个道理:电路分析方法本质上是建立在全部独立拓扑约束和全部元件约束(可不包括虚元件)基础上的,并且各约束式只用一次。

列写电路方程时,一定要将全部独立拓扑约束和全部元件约束(可不包括虚元件)反映出来,如果有约束关系(虚元件除外)未能反映出来,便不可能得到电路的解。从信息论的角度看问题,方程若能解,所列方程一定反映了电路的全部信息。电路的信息未能全部反映出来,就不可能得到电路的解。

图 3-2 所示电路中不存在无伴源支路,当支路电压和支路电流均为未知量时,未知量数目为 $2b$,求解方程的数目必须为 $2b$。当电路中存在无伴源支路时,由于无伴源支路的电压或电流为已知,故 $2b$ 法方程数量可相应减少。通常是有几个无伴源,$2b$ 法方程的数量就可减少几个。

$2b$ 法因方程数量多,求解比较麻烦,故在手工运算中很少采用。但 $2b$ 法最有价值,因为后续的所有分析方法本质上都是由 $2b$ 法演化而来的,都是 $2b$ 法的变形方法。

3.2.2 支路电压法

支路电压法是以支路电压作为待求量建立方程求解电路的方法。方程数量为 b，方程由 $n-1$ 个独立的 KCL 方程和 $b-(n-1)$ 个独立的 KVL 方程构成，b 个支路（元件）约束在 KCL 方程中体现。下面仍以图 3-2 所示电路为例加以说明。

把式(3-8)的第三种形式代入式(3-6)所示的 KCL 方程中，可得

$$\begin{cases}-\dfrac{u_1+u_{S1}}{R_1}+\dfrac{u_2}{R_2}+\dfrac{u_6}{R_6}=0\\ -\dfrac{u_2}{R_2}+\dfrac{u_3}{R_3}+\dfrac{u_4}{R_4}=0\\ -\dfrac{u_4}{R_4}+\dfrac{u_5}{R_5}-\left(\dfrac{u_6}{R_6}+i_{S5}\right)=0\end{cases} \tag{3-10}$$

整理式(3-10)，然后与式(3-7)结合，所得即为支路电压法方程，方程数量为 6，求解即可得到各支路电压。再通过式(3-8)中的第三种形式，就可得到各支路电流。

用支路电压法列方程时，为简化列写步骤，可直接写出式(3-10)。

3.2.3 支路电流法

支路电流法是以支路电流作为待求量建立方程求解电路的方法。方程数量为 b，方程由 $n-1$ 个独立的 KCL 方程和 $b-(n-1)$ 个独立的 KVL 方程构成，b 个支路（元件）约束在 KVL 方程中体现。下面仍以图 3-2 所示电路为例进行说明。

把式(3-8)的第一种形式代入式(3-7)所示的 KVL 方程中，可得

$$\begin{cases}-u_{S1}+R_1i_1+R_2i_2+R_3i_3=0\\ -R_3i_3+R_4i_4+R_5i_5+R_5i_{S5}=0\\ -R_2i_2-R_4i_4+R_6i_6=0\end{cases} \tag{3-11}$$

整理式(3-11)，然后与式(3-6)结合，所得即为支路电流法方程，方程数量为 6，求解即可得到各支路电流。再通过式(3-8)的第一种形式，就可得到各支路电压。

用支路电流法列方程时，为简化列写步骤，式(3-11)可直接写出。

例 3-1 列出图 3-3 所示电路的支路电流法方程。

解 图 3-3 所示电路共有 2 个节点，独立节点数为 2-1=1。按流出节点的支路电流前面取“+”、流入节点的支路电流前面取“-”的方法对节点①列 KCL 方程，可得

$$-i_1+i_2+i_3=0$$

图 3-3 所示电路有两个网孔，按顺时针方向对两个网孔

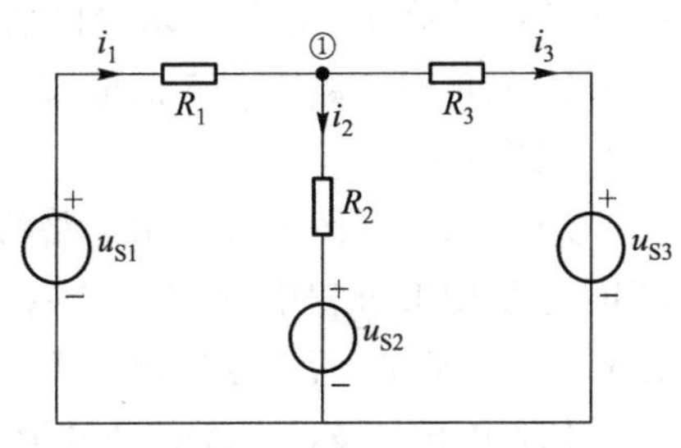

图 3-3 例 3-1 电路

列 KVL 方程（列方程时将元件约束代入），可得

$$(-u_{S1}+R_1i_1)+(R_2i_2+u_{S2})=0$$
$$(-u_{S2}-R_2i_2)+(R_3i_3+u_{S3})=0$$

整理后有

$$R_1i_1+R_2i_2=u_{S1}-u_{S2}$$
$$-R_2i_2+R_3i_3=u_{S2}-u_{S3}$$

将 KCL 方程与整理后的 KVL 方程结合，即为支路电流法方程。

3.2.4　支路混合变量法

仍以图 3-2 所示电路为例说明支路混合变量法。

图 3-2 所示电路中，支路 1、3、5 的电压电流约束关系为

$$\begin{cases} u_1=-u_{S1}+R_1i_1 \\ u_3=R_3i_3 \\ u_5=R_5i_5+R_5i_{S5} \end{cases} \tag{3-12}$$

支路 2、4、6 的电压电流约束关系为

$$\begin{cases} i_2=u_2/R_2 \\ i_4=u_4/R_4 \\ i_6=u_6/R_6 \end{cases} \tag{3-13}$$

将式(3-12)代入式(3-7)所示的 KVL 方程中，将式(3-13)代入式(3-6)所示的 KCL 方程中，整理变形后的式(3-6)和式(3-7)并写成矩阵形式，有

$$\begin{bmatrix} R_1 & 1 & R_3 & 0 & 0 & 0 \\ 0 & 0 & -R_3 & 1 & R_5 & 0 \\ 0 & -1 & 0 & -1 & 0 & 1 \\ -1 & 1/R_2 & 0 & 0 & 0 & 1/R_6 \\ 0 & -1/R_2 & 1 & 1/R_4 & 0 & 0 \\ 0 & 0 & 0 & -1/R_4 & 1 & -1/R_6 \end{bmatrix} \begin{bmatrix} i_1 \\ u_2 \\ i_3 \\ u_4 \\ i_5 \\ u_6 \end{bmatrix} = \begin{bmatrix} u_{S1} \\ -R_5i_{S5} \\ 0 \\ 0 \\ 0 \\ 0 \end{bmatrix} \tag{3-14}$$

式(3-14)所示方程中的待求量既有支路电压，又有支路电流，故称为支路混合变量法方程。求解方程，可得支路 1、3、5 的电流和支路 2、4、6 的电压，利用式(3-8)，可求出全部的支路电流和支路电压。

实际上，针对图 3-2 所示电路的支路混合变量法方程可有多种形式。例如，可将支路 1 的 VCR 代入 KVL 方程中，将支路 2~6 的 VCR 代入 KCL 方程中，则支路 1 的电流和支路 2~6 的电压就为待求量，所得方程就与式(3-14)不同。

支路电压法、支路电流法、支路混合变量法的方程数均为 b，故也合称为 b 法。b 法的未知量为 $2b$ 法的一半，后面将要介绍的节点电压法和回路（网孔）电流法，是未知量更少的电路分析方法。

3.3 节点法

3.3.1 节点电压法的概念

对具有 n 个节点的电路，选一个节点为参考节点，其余的 $n-1$ 个节点即为独立节点，独立节点对参考节点的电压称为节点电压。由于参考节点的电位往往设为零，此时节点电压就等于节点电位，故节点电压往往也称为节点电位。

全部节点电压是一组独立完备的电路变量。所谓独立，是指这些变量之间不能相互表示；所谓完备，是指这些变量能提供解决问题的充分信息。

节点电压法简称为节点法，是以节点电压为待求量建立方程求解电路的方法。方程的直接形式是 $n-1$ 个独立节点的 KCL 方程。

节点法由支路电压法演变而来。

3.3.2 不含无伴电压源支路时的节点电压法

为叙述方便起见，重画图 3-2 如图 3-4 所示。设节点④为参考节点，节点①、②、③的电压分别为 u_{n1}、u_{n2}、u_{n3}。

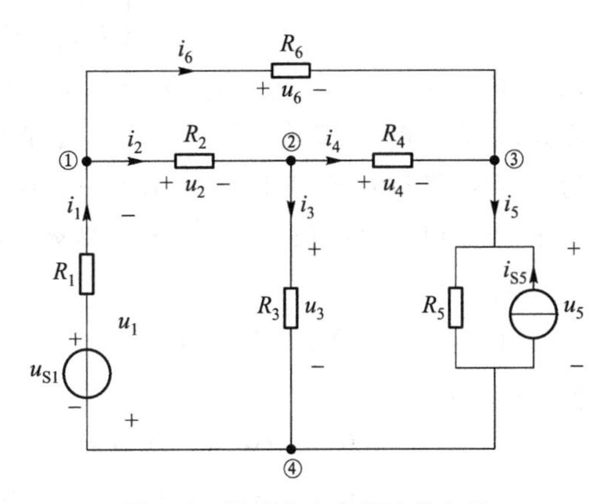

图 3-4 说明节点电压法的电路

由图 3-4 可见，支路 1、3、5 的电压与节点电压的关系为 $u_1=-u_{n1}$、$u_3=u_{n2}$、$u_5=u_{n3}$，根据三个网孔的 KVL 方程，可知支路 2、4、6 的电压与节点电压的关系为 $u_2=-u_1-u_3=u_{n1}-u_{n2}$、$u_4=u_3-u_5=u_{n2}-u_{n3}$、$u_6=-u_1-u_5=u_{n1}-u_{n3}$。可见，支路电压与节点电压的关系中隐含体现了 KVL。

对节点①、②、③建立 KCL 方程并用节点电压表示支路电压，有

$$\begin{cases}-i_1+i_2+i_6=-\dfrac{u_1+u_{S1}}{R_1}+\dfrac{u_2}{R_2}+\dfrac{u_6}{R_6}=-\dfrac{-u_{n1}+u_{S1}}{R_1}+\dfrac{u_{n1}-u_{n2}}{R_2}+\dfrac{u_{n1}-u_{n3}}{R_6}=0\\-i_2+i_3+i_4=-\dfrac{u_2}{R_2}+\dfrac{u_3}{R_3}+\dfrac{u_4}{R_4}=-\dfrac{u_{n1}-u_{n2}}{R_2}+\dfrac{u_{n2}}{R_3}+\dfrac{u_{n2}-u_{n3}}{R_4}=0\\-i_4+i_5-i_6=-\dfrac{u_4}{R_4}+\left(\dfrac{u_5}{R_5}-i_{S5}\right)-\dfrac{u_6}{R_6}=-\dfrac{u_{n2}-u_{n3}}{R_4}+\left(\dfrac{u_{n3}}{R_5}-i_{S5}\right)-\dfrac{u_{n1}-u_{n3}}{R_6}=0\end{cases}\tag{3-15}$$

整理式(3-15)中包含节点电压内容的等式，可得

$$
\begin{cases}
\left(\dfrac{1}{R_1}+\dfrac{1}{R_2}+\dfrac{1}{R_6}\right)u_{n1}-\dfrac{1}{R_2}u_{n2}-\dfrac{1}{R_6}u_{n3}=\dfrac{u_{S1}}{R_1} \\
-\dfrac{1}{R_2}u_{n1}+\left(\dfrac{1}{R_2}+\dfrac{1}{R_3}+\dfrac{1}{R_4}\right)u_{n2}-\dfrac{1}{R_4}u_{n3}=0 \\
-\dfrac{1}{R_6}u_{n1}-\dfrac{1}{R_4}u_{n2}+\left(\dfrac{1}{R_4}+\dfrac{1}{R_5}+\dfrac{1}{R_6}\right)u_{n3}=i_{S5}
\end{cases} \tag{3-16}
$$

此即标准形式的节点电压法方程。

式(3-16)所示的节点电压法方程,方程数量为3,比支路电压法的方程数少。若将式中所有电阻的倒数用电导表示,则方程变为

$$
\begin{cases}
(G_1+G_2+G_6)u_{n1}-G_2u_{n2}-G_6U_{n3}=G_1u_{S1} \\
-G_2u_{n1}+(G_2+G_3+G_4)u_{n2}-G_4u_{n2}=0 \\
-G_6u_{n1}-G_4u_{n2}+(G_4+G_5+G_6)u_{n3}=i_{S5}
\end{cases} \tag{3-17}
$$

可将式(3-17)写成如下形式:

$$
\begin{cases}
G_{11}u_{n1}+G_{12}u_{n2}+G_{13}u_{n3}=i_{S11} \\
G_{21}u_{n1}+G_{22}u_{n2}+G_{23}u_{n3}=i_{S22} \\
G_{31}u_{n1}+G_{32}u_{n2}+G_{33}u_{n3}=i_{S33}
\end{cases} \tag{3-18}
$$

式中,$G_{11}=G_1+G_2+G_6$、$G_{22}=G_2+G_3+G_4$、$G_{33}=G_4+G_5+G_6$ 分别是与节点①、②、③相连的所有电导之和,称为自电导,简称自导;$G_{ij}(i\neq j)$是节点 i 与节点 j 之间相连的所有电导之和的负值,称为互电导,简称互导,并且 $G_{12}=G_{21}=-G_2$、$G_{13}=G_{31}=-G_6$、$G_{23}=G_{32}=-G_4$;i_{S11}、i_{S22}、i_{S33} 分别是与节点①、②、③所连的所有电流源(包含等效变换得到的电流源)电流的代数和,并有 $i_{S11}=G_1u_{S1}$、$i_{S22}=0$、$i_{S33}=i_{S5}$。

可将式(3-15)推广到一般情况。即对于一般的具有 k 个节点的电路,节点电压法方程的标准形式为

$$
\begin{cases}
G_{11}u_{n1}+G_{12}u_{n2}+G_{13}u_{n3}+\cdots+G_{1(k-1)}u_{n(k-1)}=i_{S11} \\
G_{21}u_{n1}+G_{22}u_{n2}+G_{23}u_{n3}+\cdots+G_{2(k-1)}u_{n(k-1)}=i_{S22} \\
\cdots \\
G_{(k-1)1}u_{n1}+G_{(k-1)2}u_{n2}+G_{(k-1)3}u_{n3}+\cdots+G_{(k-1)(k-1)}u_{n(k-1)}=i_{S(k-1)(k-1)}
\end{cases} \tag{3-19}
$$

式(3-19)中,$G_{ii}(i=1,2,\cdots,k-1)$为自电导,由与节点 i 相连的所有电导相加构成,总为正;$G_{ij}(i\neq j)$为互电导,由节点 i 与节点 j 之间相连的所有电导相加并取负构成,总为负;i_{Sii} 为与节点 i 相连的所有电流源(包括等效变换得到的电流源)电流的代数和,求和时,若某一电流源电流的参考方向指向节点,则该电流源前面取“+”,否则取“-”。

记住以上规律,可直接写出式(3-19)所示的标准形式;不记以上规律,对独立节点按 KCL 形式列方程,整理后也可得式(3-19)。

式(3-19)写成矩阵形式时,$(k-1)\times(k-1)$阶系数矩阵的主对角线元素为自导,非主对角

线元素为互导，对一般的电路有 $G_{ij}=G_{ji}$，故此时系数矩阵为对称矩阵。但在特殊情况下，如电路中包含无伴电压源支路或受控源（将在4.1节中讨论）时，会出现 $G_{ij}\neq G_{ji}$ 的情况，此时系数矩阵不再对称。

例 3-2 列出图3-5所示电路的节点电压法方程。

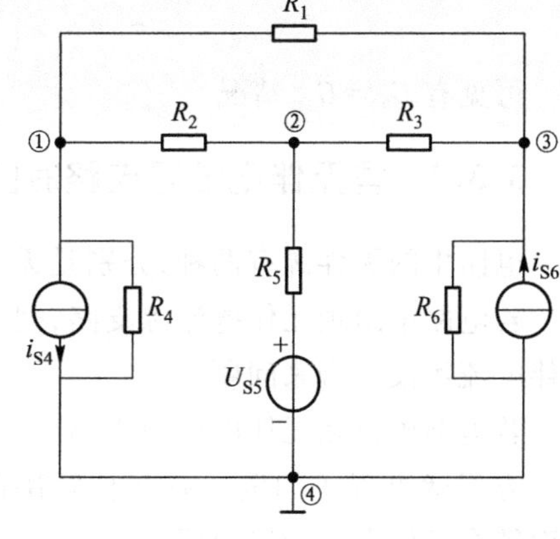

图3-5 例3-2电路

解 取节点④为参考节点，电流流出节点为正。依据支路电流与节点电压的关系，对各节点按KCL形式列方程，有

$$\left(I_{S4}+\frac{U_{n1}}{R_4}\right)+\frac{U_{n1}-U_{n2}}{R_2}+\frac{U_{n1}-U_{n3}}{R_1}=0$$

$$-\frac{U_{n1}-U_{n2}}{R_2}+\frac{U_{n2}-U_{S5}}{R_5}+\frac{U_{n2}-U_{n3}}{R_3}=0$$

$$-\frac{U_{n1}-U_{n3}}{R_1}-\frac{U_{n2}-U_{n3}}{R_3}+\left(\frac{U_{n3}}{R_6}-I_{S6}\right)=0$$

整理以上方程，或对节点直接按标准形式列方程，可得

$$\left(\frac{1}{R_1}+\frac{1}{R_2}+\frac{1}{R_4}\right)U_{n1}-\frac{1}{R_2}\times U_{n2}-\frac{1}{R_1}\times U_{n3}=-I_{S4}$$

$$-\frac{1}{R_2}\times U_{n1}+\left(\frac{1}{R_2}+\frac{1}{R_3}+\frac{1}{R_5}\right)U_{n2}-\frac{1}{R_3}\times U_{n3}=\frac{U_{S5}}{R_5}$$

$$-\frac{1}{R_1}\times U_{n1}-\frac{1}{R_3}\times U_{n2}+\left(\frac{1}{R_1}+\frac{1}{R_3}+\frac{1}{R_6}\right)U_{n3}=I_{S6}$$

先按KCL形式列方程然后整理得标准形式方程，这样做便于检查且不易出错，值得初学者采纳。

例 3-3 列出图3-6所示电路的节点电压法方程。

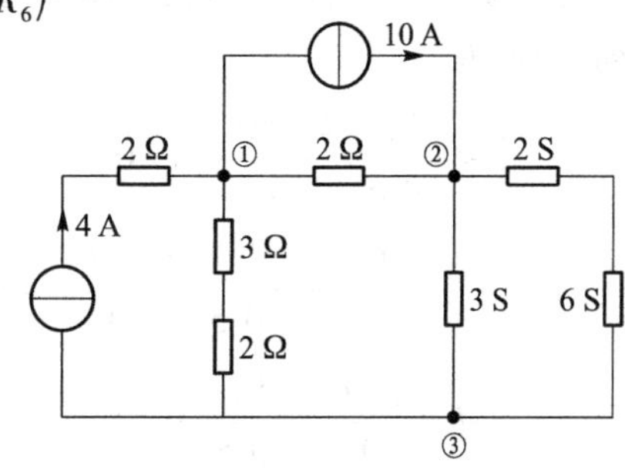

图3-6 例3-3电路

解 设节点③为参考节点。对节点电压而言，与4 A电流源串联的2 Ω电阻为虚元件。注意元件单位，对节点①、②按KCL形式或标准形式列方程，有

$$\begin{cases}-4+\dfrac{U_{n1}}{2+3}+\dfrac{U_{n1}-U_{n2}}{2}+10=0\\[2ex]-10+\dfrac{U_{n2}-U_{n1}}{2}+3U_{n2}+\dfrac{U_{n2}}{\dfrac{1}{\frac{1}{2}+\frac{1}{6}}}=0\end{cases}$$

或

$$\begin{cases}\left(\dfrac{1}{2+3}+\dfrac{1}{2}\right)U_{n1}-\dfrac{1}{2}U_{n2}=4-10\\[2ex]-\dfrac{1}{2}U_{n1}+\left(\dfrac{1}{2}+3+\dfrac{1}{\dfrac{1}{\frac{1}{2}+\frac{1}{6}}}\right)U_{n2}=10\end{cases}$$

整理方程后有

$$\begin{cases}\frac{7}{10}U_{n1}-\frac{1}{2}U_{n2}=-6\\ -\frac{1}{2}U_{n1}+5U_{n2}=10\end{cases}$$

可见有 $G_{12}=G_{21}$ 情况。

3.3.3 含无伴电压源支路时的节点电压法

电路中的无伴源有两种,分别是无伴电压源和无伴电流源。

若电路中出现无伴电流源支路,列节点电压法方程时可将电流源的电流直接代入方程中,无伴电流源没有带来问题。

若电路中存在无伴电压源支路,因支路电流无法通过支路电压与节点电压建立联系,此时列写方程就出现了问题。有多种解决问题的方法,下面结合具体电路加以说明。

1. 添加法

将无伴电压源支路的电流添加为待求量,并视其为电流源列方程,然后补充节点电压与无伴电压源关系的方程。该方法可称为添加待求量法,简称添加法。

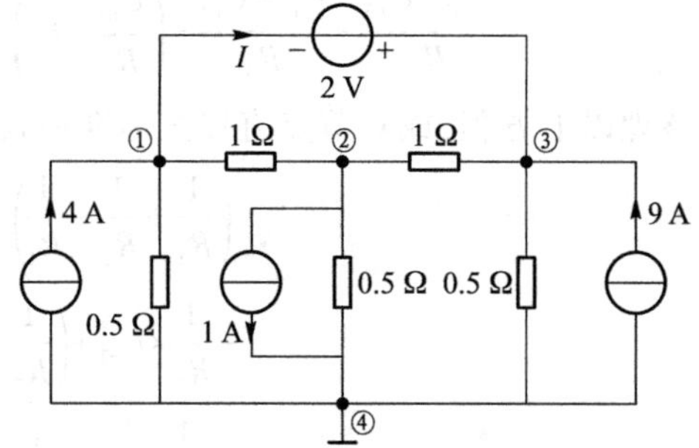

图 3-7 存在无伴电压源支路的电路

如图 3-7 所示电路,设节点④为参考节点,并设无伴电压源支路电流为 I,按 KCL 形式或标准形式列方程,有

$$\begin{cases}-4+\frac{U_{n1}}{0.5}+\frac{U_{n1}-U_{n2}}{1}+I=0\\ -\frac{U_{n1}-U_{n2}}{1}+1+\frac{U_{n2}}{0.5}+\frac{U_{n2}-U_{n3}}{1}=0\\ -I-\frac{U_{n2}-U_{n3}}{1}+\frac{U_{n3}}{0.5}-9=0\end{cases}\quad 或\quad \begin{cases}\left(\frac{1}{1}+\frac{1}{0.5}\right)U_{n1}-\frac{1}{1}\times U_{n2}+I=4\\ -\frac{1}{1}\times U_{n1}+\left(\frac{1}{1}+\frac{1}{0.5}+\frac{1}{1}\right)U_{n2}-\frac{1}{1}\times U_{n3}=-1\\ -\frac{1}{1}\times U_{n2}+\left(\frac{1}{1}+\frac{1}{0.5}\right)U_{n3}-I=9\end{cases}\quad (3-20)$$

观察式(3-20)可以发现两个问题:① 三个方程中有四个未知量;② 方程中没有无伴电压源的电压信息。通过补充节点电压与无伴电压源关系的方程可解决这两个问题,补充的方程为

$$U_{n3}-U_{n1}=2 \qquad (3-21)$$

联立求解式(3-20)和式(3-21),可得 $U_{n1}=1.5\ V$, $U_{n2}=1\ V$, $U_{n3}=3.5\ V$。

2. 超节点法

将无伴电压源两端的节点合并为一个广义节点,称为超节点。针对超节点和其他独立节点列方程,然后补充节点电压与无伴电压源关系的方程。该方法称为超节点法。

将图 3-7 中的节点②、③合起来形成超节点,如图 3-8 中虚线所示。

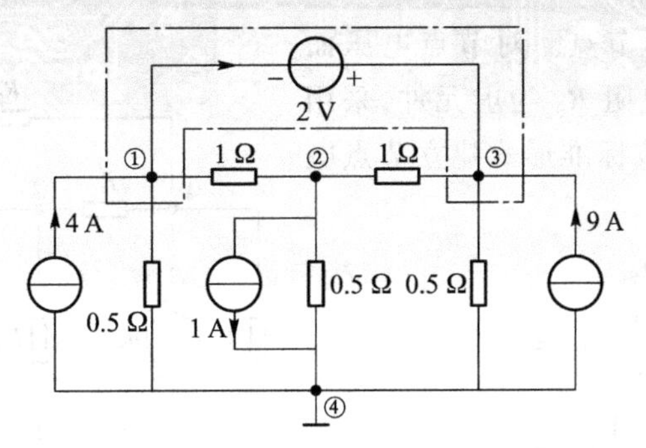

图 3-8　电路的超节点示意图

对超节点和其他节点按 KCL 形式列方程，并补充无伴电压源与节点电压关系的方程，可得

$$\begin{cases}-4+\dfrac{U_{n1}}{0.5}+\dfrac{U_{n1}-U_{n2}}{1}+\dfrac{U_{n3}-U_{n2}}{1}+\dfrac{U_{n3}}{0.5}-9=0\\ \dfrac{U_{n2}-U_{n1}}{1}+1+\dfrac{U_{n2}}{0.5}+\dfrac{U_{n2}-U_{n3}}{1}=0\\ U_{n3}-U_{n1}=2\end{cases} \tag{3-22}$$

整理方程为标准形式，并写成矩阵形式，可得

$$\begin{bmatrix}3 & -2 & 3\\ -1 & 4 & -1\\ -1 & 0 & 1\end{bmatrix}\begin{bmatrix}U_{n1}\\ U_{n2}\\ U_{n3}\end{bmatrix}=\begin{bmatrix}13\\ -1\\ 2\end{bmatrix} \tag{3-23}$$

可见此时方程的系数矩阵不再是对称矩阵。

添加法、超节点法之间的关系非常密切。将添加法得到的第 1 式、第 3 式直接相加消去 I，即为超节点法的第 1 式。

3. 直接法

当无伴电压源的一端连在参考节点上时，另一端的节点电压可直接用无伴电压源表示。该方法称为直接法。

对图 3-7 所示电路，将无伴电压源支路一端的节点①设为参考节点，可直接得到节点③的电压为

$$U_{n3}=2 \tag{3-24}$$

对节点②、④按标准形式建立方程，可得

$$\begin{cases}\left(\dfrac{1}{1}+\dfrac{1}{0.5}+\dfrac{1}{1}\right)U_{n2}-\dfrac{1}{1}\times U_{n3}-\dfrac{1}{0.5}\times U_{n4}=-1\\ -\dfrac{1}{0.5}\times U_{n2}-\dfrac{1}{0.5}\times U_{n3}+\left(\dfrac{1}{0.5}+\dfrac{1}{0.5}+\dfrac{1}{0.5}\right)U_{n4}=-4+1-9\end{cases} \tag{3-25}$$

由此可解出各个节点电压。

例 3-4　列出图 3-9 所示电路的用节点电压法方程。

解 设节点⑤为参考节点。对节点电压而言,与电压源 u_{S1} 并联的电阻 R_S 为虚元件,采用直接法处理无伴源问题,按标准形式建立节点电压法方程,可得

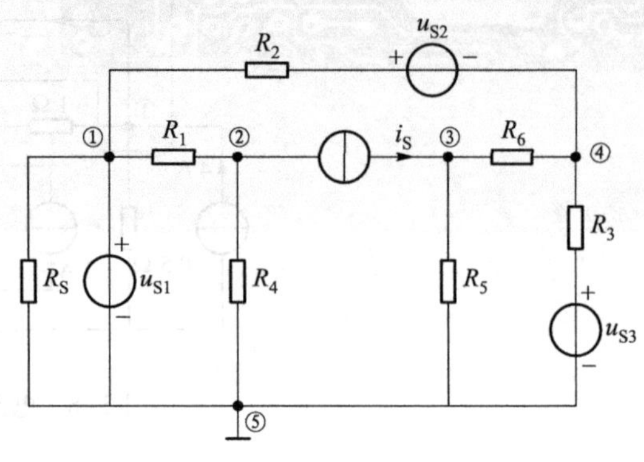

图 3-9 例 3-4 电路

$$u_{n1}=u_{S1}$$

$$-\frac{1}{R_1}u_{n1}+\left(\frac{1}{R_1}+\frac{1}{R_4}\right)u_{n2}=-i_S$$

$$\left(\frac{1}{R_5}+\frac{1}{R_6}\right)u_{n3}-\frac{1}{R_6}u_{n4}=i_S$$

$$-\frac{1}{R_2}u_{n1}-\frac{1}{R_6}u_{n3}+\left(\frac{1}{R_2}+\frac{1}{R_3}+\frac{1}{R_6}\right)u_{n4}=-\frac{1}{R_2}u_{S2}+\frac{1}{R_3}u_{S3}$$

当电路中存在多个无伴电压源时,至少可对一个无伴电压源采用直接法处理,对其他的无伴电压源一般还需要采用添加法或超节点法加以处理。

4. 移源法

通过等效变换转移无伴电压源从而消除无伴电压源,该方法称为移源法。

图 3-10(a)所示电路中,a、b 两点间有无伴电压源支路,通过等效变换可将原电路变为图(b)所示形式。从图(b)可见,a、c、d 三点为等电位点,将三点用理想导线短接,可得图(c)所示电路,可见无伴电压源支路已消除。将无伴电压源向另一方向转移,可得图(d)所示电路。该方法使电路中的节点数少了一个,故求解问题的方程数量可相应减少。

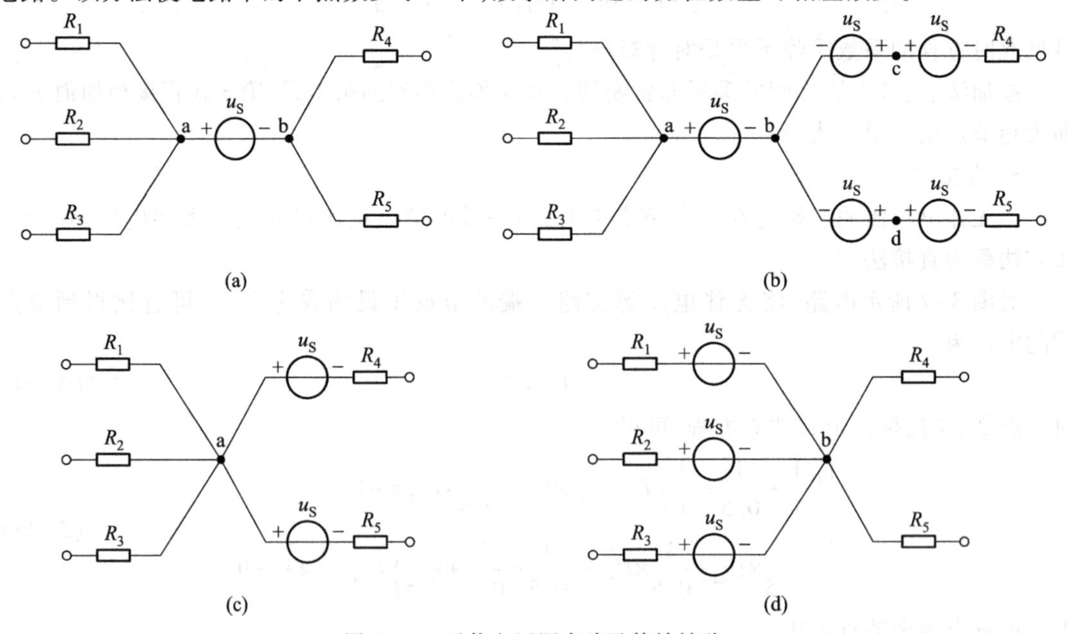

图 3-10 无伴电压源支路及等效转移

(a) 原电路 (b) 等效变换后电路 (c) 等效转移电路一 (d) 等效转移电路二

例 3-5 试用节点法求解图 3-11(a)所示电路中的电流 i。

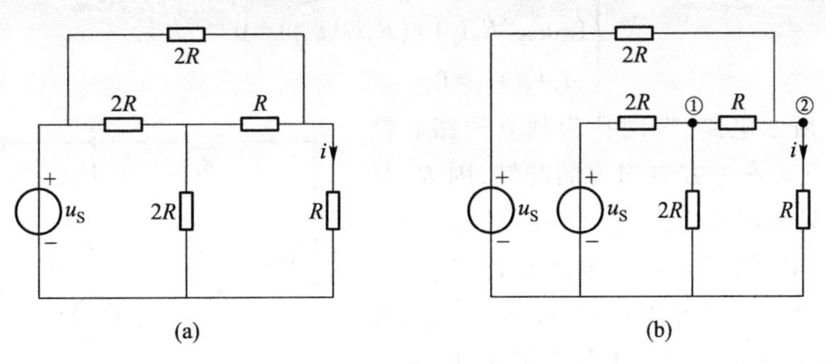

图 3-11 例 3-5 电路

(a) 原电路 (b) 等效转移后电路

解 对无伴电压源作等效转移,消除无伴电压源,电路如图 3-11(b)所示,可见原电路的 3 个独立节点变为了现在的 2 个独立节点。设最下面的节点为参考节点,对节点按标准形式列方程有

$$\left(\frac{1}{2R}+\frac{1}{2R}+\frac{1}{R}\right)u_{n1}-\frac{1}{R}u_{n2}=\frac{1}{2R}u_S$$

$$-\frac{1}{R}u_{n1}+\left(\frac{1}{2R}+\frac{1}{R}+\frac{1}{R}\right)u_{n2}=\frac{1}{2R}u_S$$

求解可得 $u_{n1}=\frac{7}{16}u_S$、$u_{n2}=\frac{3}{8}u_S$,所以 $i=\frac{u_{n2}}{R}=\frac{3u_S}{8R}$。

3.4 回路(网孔)法

3.4.1 回路(网孔)电流法的概念

回路电流是一种假想的沿着回路流动的电流。全部独立回路电流是一组独立完备的电路变量。

以独立回路电流作为待求量建立方程求解电路的方法,称为回路电流法,简称为回路法。方程的直接形式是 $b-(n-1)$ 个独立回路的 KVL 方程。

网孔是回路的一种特殊类型,当选网孔作为独立回路时,回路电流法就可称为网孔电流法,简称为网孔法。

回路(网孔)法由支路电流法演化而来。

3.4.2 不含无伴电流源支路时的网孔电流法

对图 3-12 所示电路,可列出如下支路电流法方程:

$$\begin{cases}(-u_{S1}+R_1i_1)+(R_2i_2+u_{S2})=0\\(-u_{S2}-R_2i_2)+(R_3i_3+u_{S3})=0\\-i_1+i_2+i_3=0\end{cases} \tag{3-26}$$

对图 3-12 所示电路，选网孔为独立回路。设网孔电流为 i_{m1}、i_{m2}，参考方向均为顺时针，因 R_1 与 u_{S1} 串联支路中只有网孔电流 i_{m1} 流过，且 i_{m1} 与支路电流 i_1 方向一致，故有 $i_1=i_{m1}$，同理有 $i_3=i_{m2}$。由式(3-26)中的 KCL 方程可知 $i_2=i_1-i_3=i_{m1}-i_{m2}$，可见支路电流与网孔电流的关系中包含了 KCL。

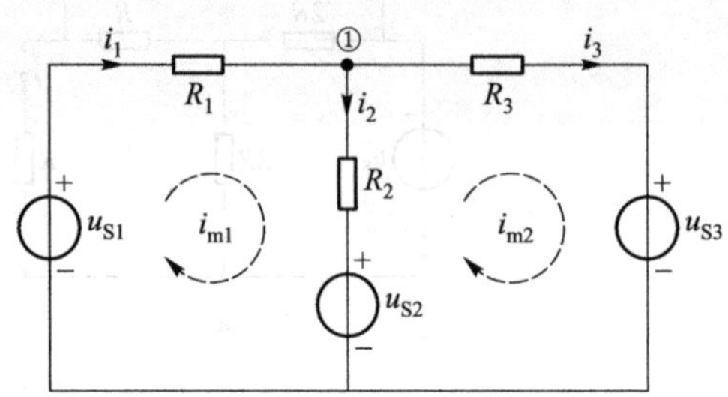

图 3-12　说明网孔电流法的电路

将支路电流与网孔电流的关系式代入式(3-26)中的前两式，可得

$$\begin{cases}-u_{S1}+R_1i_{m1}+R_2(i_{m1}-i_{m2})+u_{S2}=0\\-u_{S2}-R_2(i_{m1}-i_{m2})+R_3i_{m2}+u_{S3}=0\end{cases} \tag{3-27}$$

整理以上方程有

$$\begin{cases}(R_1+R_2)i_{m1}-R_2i_{m2}=u_{S1}-u_{S2}\\-R_2i_{m1}+(R_2+R_3)i_{m2}=u_{S2}-u_{S3}\end{cases} \tag{3-28}$$

式(3-28)即为图 3-11 所示电路的网孔电流法方程。

式(3-28)可写为一般形式

$$\begin{cases}R_{11}i_{m1}+R_{12}i_{m2}=u_{S11}\\R_{21}i_{m1}+R_{22}i_{m2}=u_{S22}\end{cases} \tag{3-29}$$

式(3-29)中，R_{11} 和 R_{22} 称为网孔的自电阻，简称自阻，分别是网孔 1 和网孔 2 中所有电阻之和，即 $R_{11}=R_1+R_2$，$R_{22}=R_2+R_3$；R_{12} 和 R_{21} 称为互电阻，简称互阻，表示网孔 1 和网孔 2 共有的电阻，有 $R_{12}=R_{21}=-R_2$，这里 R_2 前的负号是因为两个网孔电流流过该电阻时参考方向相反造成的，若相同，则为正号；u_{S11}、u_{S22} 分别是网孔 1 和网孔 2 中所有电压源电压的代数和，电压源方向与网孔绕行方向一致时前面加“-”号，否则加“+”号，故有 $u_{S11}=u_{S1}-u_{S2}$，$u_{S22}=u_{S2}-u_{S3}$。

对一般的具有 k 个网孔的平面电路，网孔电流法方程的标准形式可由式(3-29)推广而得，即

$$\begin{cases}R_{11}i_{m1}+R_{12}i_{m2}+R_{13}i_{m3}+\cdots+R_{1k}i_{mk}=u_{S11}\\R_{21}i_{m1}+R_{22}i_{m2}+R_{23}i_{m3}+\cdots+R_{2k}i_{mk}=u_{S22}\\\cdots\cdots\cdots\cdots\\R_{k1}i_{m1}+R_{k2}i_{m2}+R_{k3}i_{m3}+\cdots+R_{kk}i_{mk}=u_{Skk}\end{cases} \tag{3-30}$$

式中，下标相同的自电阻 $R_{ii}(i=1,2,\cdots,k)$ 由网孔 i 中存在的全部电阻直接相加得到；下标不同的互电阻 $R_{ij}(i\neq j)$ 由网孔 i 与网孔 j 共有的电阻组成，其值可以是负值（两网孔电流流过共有电阻时参考方向相反），也可以是正值（两网孔电流流过共有电阻时参考方向相同）或零（两网孔之间没有共有电阻）；u_{Sii} 是网孔 i 内所有电压源（包括等效变换得到的电压源）电压的代

数和,求和时,参考方向与网孔方向一致的电压源前面加“-”号,否则加“+”号。

按以上的规律可直接写出式(3-30)所示的标准形式;或对网孔按 KVL 形式列方程,整理后也可得式(3-30)所示的标准形式。

式(3-30)写成矩阵形式时,$k\times k$ 阶系数矩阵的主对角线元素为自阻,非主对角线元素为互阻,对一般的电路有 $R_{ij}=R_{ji}$,此时系数矩阵为对称矩阵。但出现特殊情况,如电路中包含无伴电流源支路或受控源时,会有 $R_{ij}\neq R_{ji}$ 的情况,此时系数矩阵不再是对称矩阵。

例 3-6 电路如图 3-13(a)所示,试找出支路电流与网孔电流的关系,并列写网孔法方程。

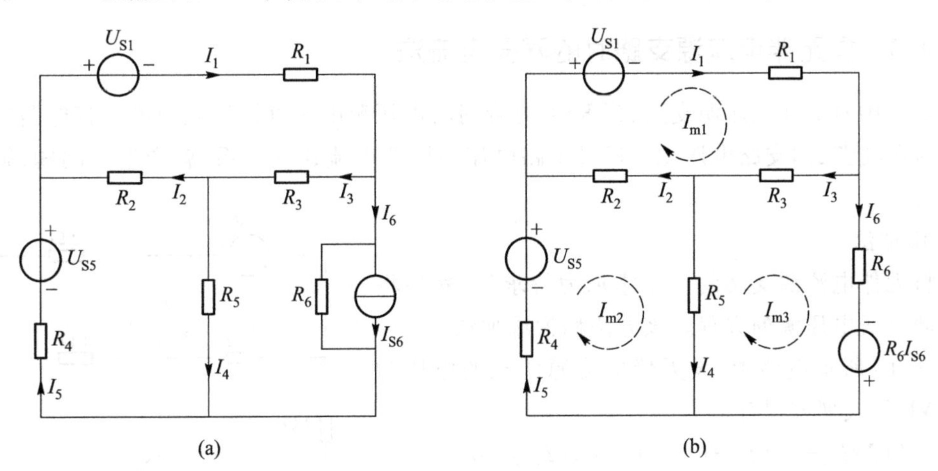

图 3-13 例 3-6 电路

(a) 原电路 (b) 等效变换后的电路

解 通过等效变换将图 3-13(a)所示电路转化为图 3-13(b)所示电路。设网孔电流的参考方向均为顺时针,如图 3-13(b)所示。由图可见支路 1、5、6 仅有一个网孔电流流过,且支路电流与网孔电流参考方向相同,可得 $I_1=I_{m1}$、$I_5=I_{m2}$、$I_6=I_{m3}$;支路 2、3、4 各有两个网孔电流流过,根据 KCL 可得 $I_2=I_1-I_5=I_{m1}-I_{m2}$、$I_3=I_1-I_6=I_{m1}-I_{m3}$、$I_4=I_5-I_6=I_{m2}-I_{m3}$。

对网孔按 KVL 形式列方程,可得

$$U_{S1}+R_1I_{m1}+R_3\times(I_{m1}-I_{m3})+R_2\times(I_{m1}-I_{m2})=0$$

$$R_2\times(I_{m2}-I_{m1})+R_5\times(I_{m2}-I_{m3})+R_4I_{m2}-U_{S5}=0$$

$$R_3\times(I_{m3}-I_{m1})+R_6I_{m3}-R_6I_{S6}+R_5\times(I_{m3}-I_{m2})=0$$

整理以上方程,或对网孔直接按标准形式列方程,可得

$$(R_1+R_3+R_2)I_{m1}-R_2I_{m2}-R_3I_{m3}=-U_{S1}$$

$$-R_2I_{m1}+(R_2+R_5+R_4)I_{m2}-R_5I_{m3}=U_{S5}$$

$$-R_3I_{m1}-R_5I_{m2}+(R_3+R_6+R_5)I_{m3}=R_6I_{S6}$$

若将网孔电流 I_{m3} 的参考方向改为逆时针,对网孔按 KVL 形式列方程,有

$$U_{S1}+R_1I_{m1}+R_3\times(I_{m1}+I_{m3})+R_2\times(I_{m1}-I_{m2})=0$$

$$R_2\times(I_{m2}-I_{m1})+R_5\times(I_{m2}+I_{m3})+R_4I_{m2}-U_{S5}=0$$

$$R_3\times(I_{m3}+I_{m1})+R_5\times(I_{m3}+I_{m2})+R_6I_{m3}+R_6I_{S6}=0$$

整理以上方程,或对网孔直接按标准形式列方程,可得

$$(R_1+R_3+R_2)I_{m1}-R_2I_{m2}+R_3I_{m3}=-U_{S1}$$
$$-R_2I_{m1}+(R_2+R_5+R_4)I_{m2}+R_5I_{m3}=U_{S5}$$
$$R_3I_{m1}+R_5I_{m2}+(R_3+R_6+R_5)I_{m3}=-R_6I_{S6}$$

可见互阻 $R_{13}(R_{31})$、$R_{23}(R_{32})$ 变为正值,原因是流过电阻 R_3、R_5 上的两网孔电流方向一致。

先按 KVL 形式列方程然后整理得到标准形式方程,这是适合初学者的方法。

3.4.3 含无伴电流源支路时的网孔电流法

若电路中有无伴电压源支路,列 KVL 方程时将电压源电压直接代入即可。若电路中出现无伴电流源支路,因支路电压无法通过支路电流与网孔电流建立关系,就产生了问题,解决办法有多种。

1. 添加法

先将无伴电流源支路的电压添加为待求量,然后将该电流源看成电压源列方程。该方法称为添加法。

图 3-14 所示电路中,设无伴电流源两端的电压为 U,按 KVL 形式列方程有

$$\begin{cases}1+2\times I_{m1}+1\times(I_{m1}-I_{m3})+1\times(I_{m1}-I_{m2})=0\\-4+2\times I_{m2}+1\times(I_{m2}-I_{m1})+U=0\\-U+1\times(I_{m3}-I_{m1})+2\times I_{m3}+9=0\end{cases}\qquad(3-31)$$

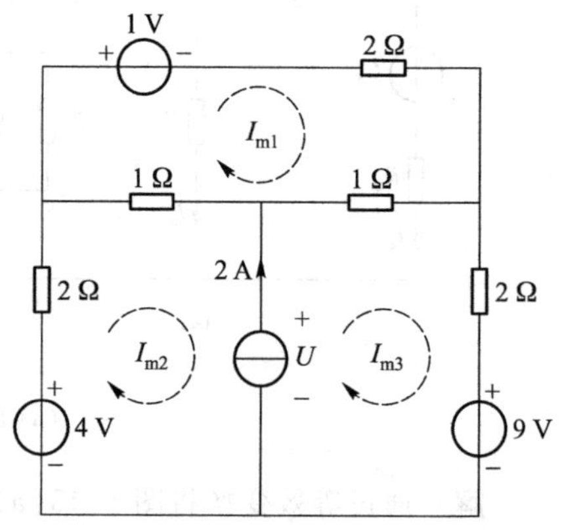

图 3-14 含无伴电流源电路

式(3-31)中,未知量的个数多于方程的个数,且无伴电流源的电流信息未出现。解决此问题的方法是补充方程,如下所示:

$$I_{m3}-I_{m2}=2\qquad(3-32)$$

结合式(3-32)和式(3-31),可解得 $I_{m1}=1\text{ A}$、$I_{m2}=1.5\text{ A}$、$I_{m3}=3.5\text{ A}$。

2. 超网孔法

超网孔是无伴电流源支路断开后形成的新网孔,实际就是回路。因超网孔法在实际中意义不大,故在此不作进一步讨论。

3. 直接法

当无伴电流源支路处于电路边界时,该无伴电流源只属于唯一的一个网孔,用该无伴电流源的电流表示对应网孔的网孔电流,该方法称为直接法。

例 3-7 在图 3-15 所示的电路中,各元件参数均为已知,网孔电流已标出。试用网孔电流法求 U。

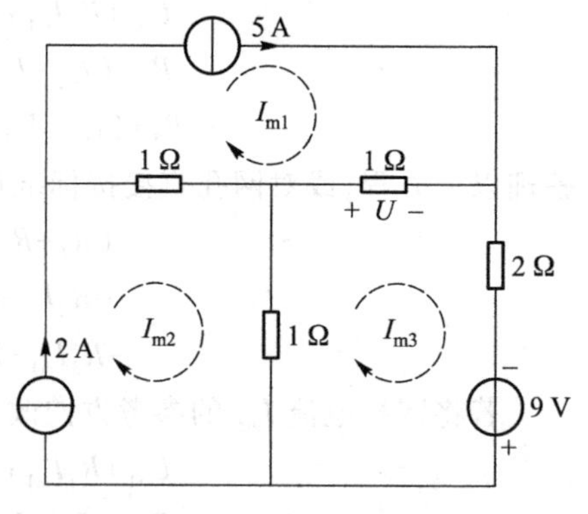

图 3-15 例 3-7 电路

解　图 3-15 中的两个无伴电流源均处于电路的边缘，无伴电流源支路只有一个网孔电流流过。采用直接法处理无伴源问题，按 KVL 形式或标准形式列方程有

$$\begin{cases}I_{m1}=5\\I_{m2}=2\\1\times(I_{m3}-I_{m2})+1\times(I_{m3}-I_{m1})+2\times I_{m3}-9=0\end{cases}\quad 或 \quad \begin{cases}I_{m1}=5\\I_{m2}=2\\-I_{m1}-I_{m2}+(1+2+1)I_{m3}=9\end{cases}$$

求解方程可得 $I_{m1}=5\ \text{A}$、$I_{m2}=2\ \text{A}$、$I_{m3}=4\ \text{A}$，所以 $U=1\ \Omega\times(I_{m3}-I_{m2})=[1\times(4-5)]\ \text{V}=-1\ \text{V}$。

4. 移源法

通过等效变换转移无伴电流源从而消除无伴电流源，该方法称为移源法。

图 3-16(a)所示电路中，a、b 两点之间为无伴电流源支路，可将原电路等效变换为图(b)或图(c)所示形式，这样，就消除了无伴电流源支路。这种变换的结果是电路中少了一个网孔。

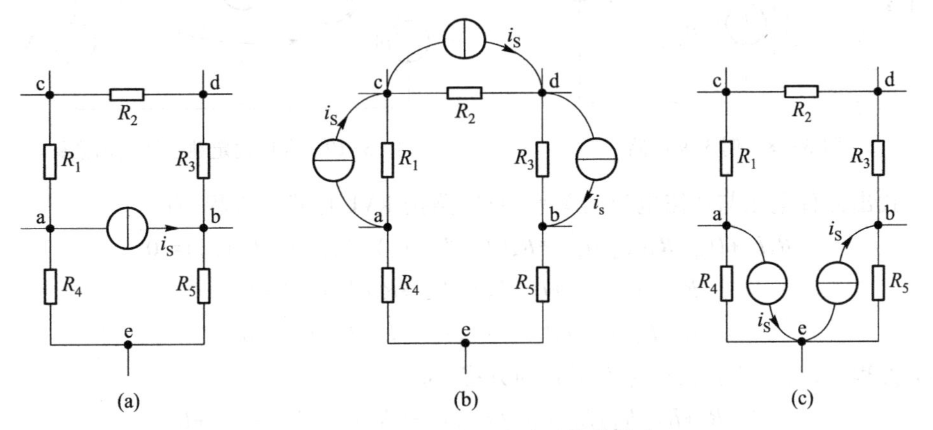

图 3-16　无伴电流源支路及等效转移

(a) 原电路　(b) 变化后电路一　(c) 变化后电路二

例 3-8　试用移源法求出图 3-15 所示电路中的 U。

解　电路中网孔有 3 个，无伴电流源有两个。将两个无伴电流源进行等效转移，电路如图 3-17 所示，可见电路只剩下一个网孔。对网孔列方程有

$$1\times(I_m-2)+1\times(I_m-5)+2\times I_m-9=0$$

或

$$(1+1+3)I_m=1\times2+1\times5+9$$

解得 $I_m=4\ \text{A}$，所以 $U=1\ \Omega\times(I_m-5\ \text{A})=[1\times(4-5)]\ \text{V}=-1\ \text{V}$。

提醒初学者，本例中垂直方向 1 Ω 电阻流过的电流为 $I_m-2\text{A}$，是由节点①的 KCL 导出的；水平方向右边 1 Ω 电阻流过的电流为 $I_m-5\text{A}$，是由节点②的 KCL 导出的。

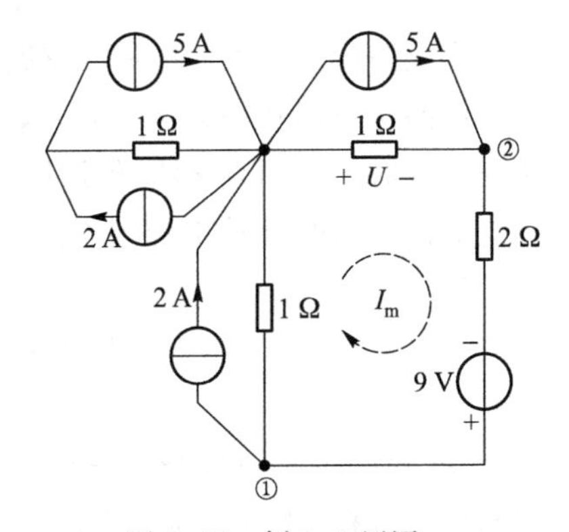

图 3-17　例 3-8 用图

3.4.4　回路电流法

当选定的独立回路不都是网孔时，即为回路法。回路法既适用于平面电路，又适用于

立体电路。

由于网孔也是回路，所以前面对网孔法中各种情况的讨论，都能适用于回路法。

例 3-9 对图 3-18 所示电路，独立回路已标出，列出对应的回路电流法方程。

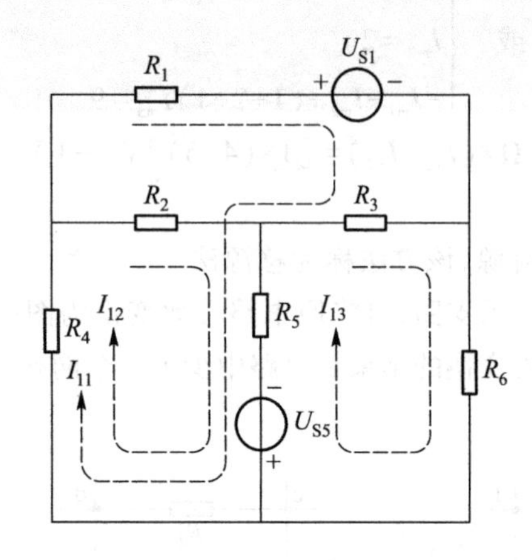

图 3-18 例 3-9 电路

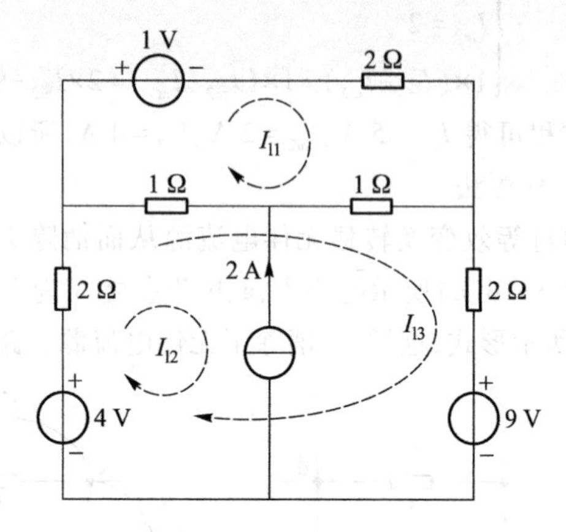

图 3-19 合理选定独立回路示意图

解 找出元件电压与回路电流的关系，对回路按 KVL 形式列方程，有

$$R_1I_{l1}+U_{S1}+R_3(I_{l1}-I_{l3})+R_5(I_{l1}+I_{l2}-I_{l3})-U_{S5}+R_4(I_{l1}+I_{l2})=0$$

$$R_2I_{l2}+R_5(I_{l1}+I_{l2}-I_{l3})-U_{S5}+R_4(I_{l1}+I_{l2})=0$$

$$R_3(I_{l3}-I_{l1})+R_6I_{l3}+U_{S5}+R_5(I_{l3}-I_{l1}-I_{l2})=0$$

整理以上方程，或对回路直接按标准形式列方程，可得

$$(R_1+R_3+R_5+R_4)I_{l1}+(R_5+R_4)I_{l2}-(R_3+R_5)I_{l3}=-U_{S1}+U_{S5}$$

$$(R_5+R_4)I_{l1}+(R_2+R_5+R_4)I_{l2}-R_5I_{l3}=U_{S5}$$

$$-(R_3+R_5)I_{l1}-R_5I_{l2}+(R_3+R_6+R_5)I_{l3}=-U_{S5}$$

当电路中出现无伴电流源支路时，处理问题的方法有三种：添加法、直接法、移源法。

回路法较网孔法灵活性大。如对图 3-14 所示电路，因无伴电流源处于电路内部，用网孔法列方程时无法用直接法，但用回路法列方程无此限制。

对图 3-14 所示电路选定独立回路如图 3-19 所示，用直接法处理问题，列 KVL 方程，有

$$1+2\times I_{l1}+1\times(I_{l1}-I_{l3})+1\times(I_{l1}-I_{l2}-I_{l3})=0$$

$$I_{l2}=-2$$

$$-4+2\times(I_{l3}+I_{l2})+1\times(I_{l3}+I_{l2}+-I_{l1})+1\times(I_{l3}-I_{l1})+2\times I_{l3}+9=0$$

整理以上方程，或按标准形式列方程，有

$$(2+1+1)I_{l1}-I_{l2}-(1+1)I_{l3}=-1$$

$$I_{l2}=-2$$

$$-(1+1)I_{l1}+(2+1)I_{l2}+(2+1+1+2)I_{l3}=4-9$$

3.5 各种方法的比较

前面讨论了电路求解的各种方法，不同的方法有不同的特点。

$2b$ 法的优点是方程列写思路直接，建立方程容易；缺点是方程数量多，求解麻烦。

b 法方程数量为 $2b$ 法的一半，方程列写难度也不大，对简单电路比较实用。

节点电压法、回路（网孔）电流法的优点是方程数量少，缺点是方程列写难度大，但因计算量小，故实际中应用最广。

节点法、回路法是在结合拓扑约束和元件约束方面较 $2b$ 法效率更高的方法，这种高效率使得方程数量少，从而计算量少，计算速度快。在这种意义上，可认为节点法、回路法是 $2b$ 法的快速算法，这是从另一方面对事物本质进行的概括。

$2b$ 法是电路分析中最重要的方法，这不仅因为所有分析方法本质均由 $2b$ 法导出，还因为 $2b$ 法说明了电路分析的实质：$n-1$ 个独立 KCL 方程、$b-(n-1)$ 个独立 KVL 方程和 b 条支路的 VCR 在分析中一个都不能少，并且各约束式只用一次。

对电路而言，列写的方程中只要反映了 $n-1$ 个独立 KCL、$b-(n-1)$ 个独立 KVL 和 b 条支路的 VCR，就可得到电路的解。下面给出仅用一个方程就可得到复杂电路解的例子。

对图 3-20 所示电路，为求出电流 I_1，可列出如下方程：

$$[-30+5\times I_1]+[19+2\times(I_1-4)]+[4\times(I_1-4-18)-25]=0$$

求解可得 $I_1=12\ \text{A}$。

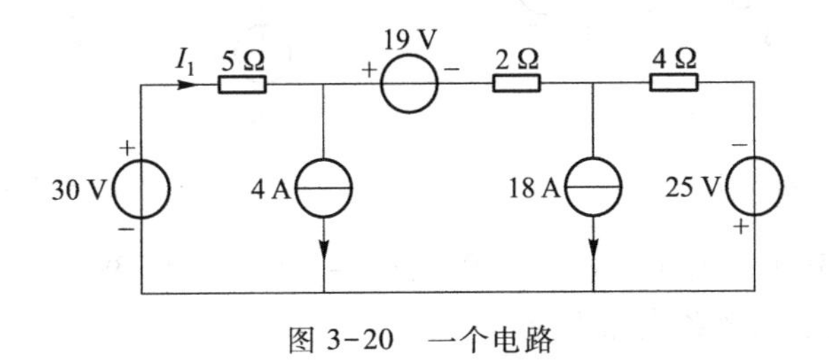

图 3-20 一个电路

为何这里仅列出一个方程就可得到电路的解？读者对此问题可进行思考。

3.6 对偶原理的正确性论证

对偶原理在第 2 章中已进行了介绍，该原理是平面电路具有的普遍规律和重要特性。其物理背景是“电”和“磁”为成对概念。

从理论上看，理想电路为概念系统，满足拓扑约束和元件约束。拓扑约束是 KCL 与 KVL，为对偶关系；与拓扑约束关联的节点与网孔、回路与割集（割集的概念将在第 17 章中介绍）为对偶结构;电阻与电导、电容与电感、电压源与电流源等为对偶元件;(虚拟)电压与(虚拟)电流、(虚拟)电荷与(虚拟)磁通为对偶变量。

电路分析的根本性方法是 $2b$ 法,其他的所有方法都是 $2b$ 法的变形。$2b$ 法方程由拓扑约束和元件约束构成,当拓扑约束和元件约束都成对出现时,得出的所有关系和结论也必成对出现。这一推论是符合逻辑的,因此我们应相信对偶原理的正确性。

为何立体电路中对偶原理不成立?因为不存在反立体电路,即立体电路不存在对偶体。因此,对偶原理仅限定于平面电路中。

习题

第 3 章
习题答案

3-1 用 $2b$ 法列写题 3-1 图所示电路的方程,并求各支路电流 I_1、I_2、I_3。

3-2 用支路电流法列写题 3-1 图所示电路的方程。

3-3 题 3-3 图所示电路中,已知 $R_1=10\ \Omega$、$R_2=3\ \Omega$、$R_3=12\ \Omega$、$R_S=2\ \Omega$、$u_{S1}=12\ V$、$u_{S2}=5\ V$,用支路电流法求解各支路电流 i_1、i_2、i_3,并通过功率平衡法检验计算结果的正确性。

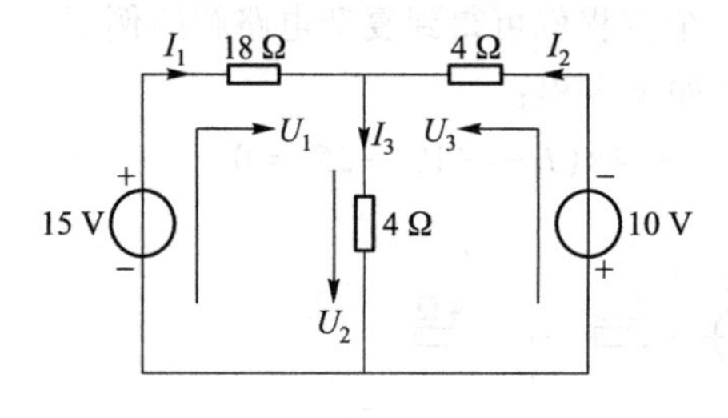

题 3-1 图

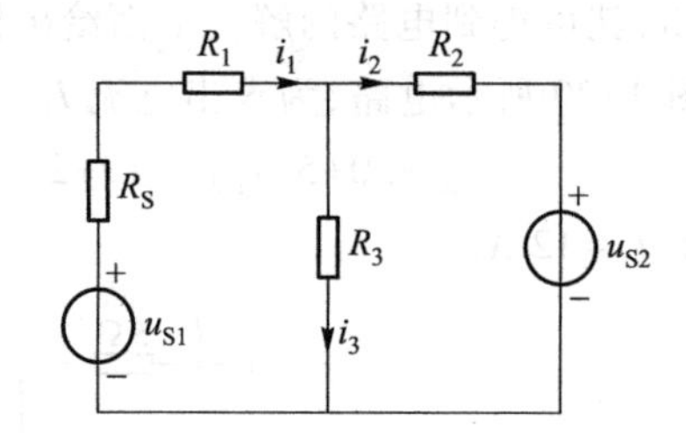

题 3-3 图

3-4 电路如题 3-4 图所示。$U_{S1}=250\ V$,$R_{S1}=1\ \Omega$,$U_{S2}=239\ V$,$R_{S2}=0.5\ \Omega$,负载电阻 $R_L=30\ \Omega$,用支路电流法求解各支路电流。

3-5 用节点法求题 3-5 图所示电路中的电流 I。

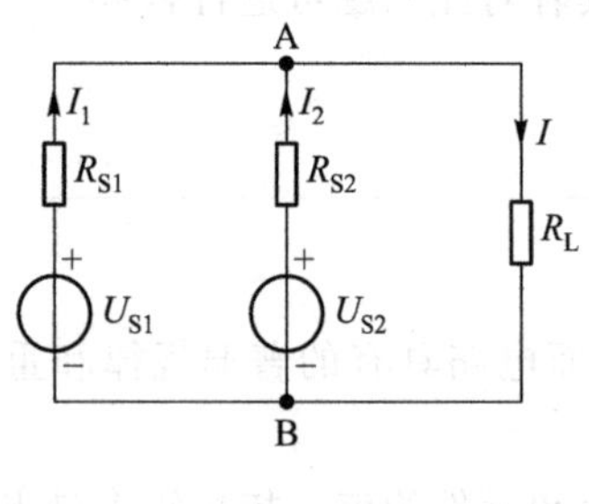

题 3-4 图

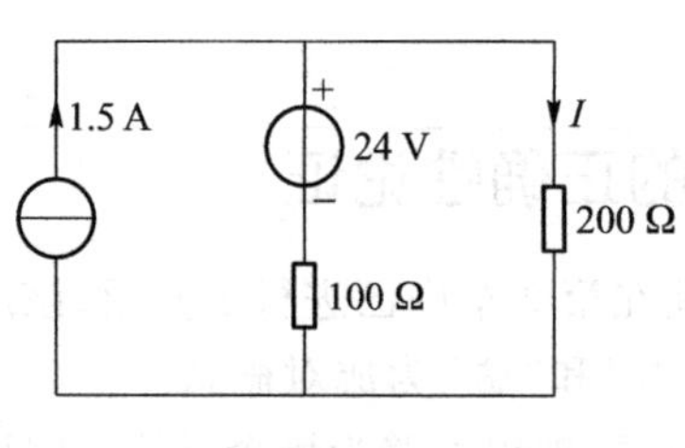

题 3-5 图

3-6　电路如题 3-6 图所示，用节点法求解电路中 A 点的电位值。

3-7　用节点法求题 3-7 图所示电路中的 U_1、U_2、U_3。

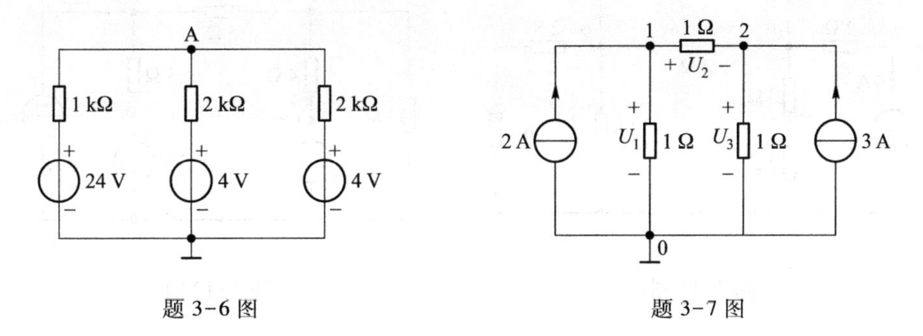

题 3-6 图　　　　　　　　题 3-7 图

3-8　列出题 3-8 图所示电路的节点电压法方程。

3-9　列出题 3-9 图所示电路的节点电压法方程，给出各支路电流与节点电压关系的方程。

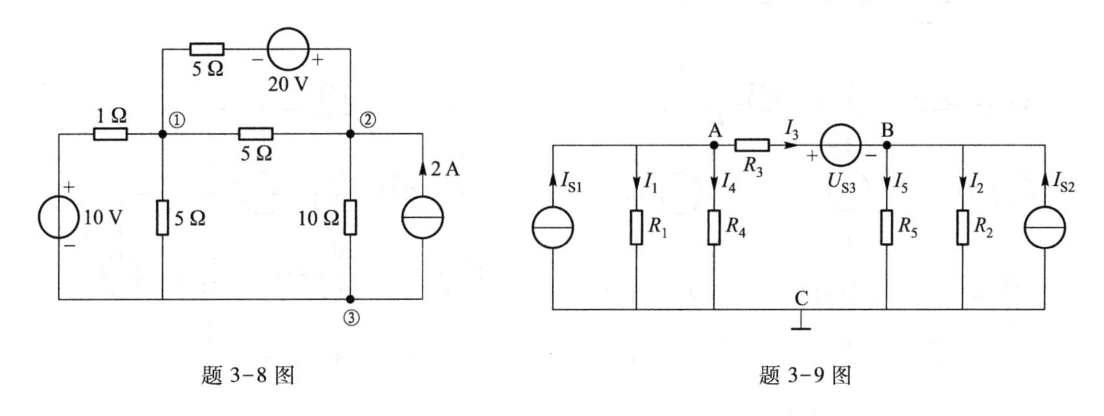

题 3-8 图　　　　　　　　题 3-9 图

3-10　题 3-10 图所示电路中，当电流源 I_S 为多大时，电压 U_0 为零？

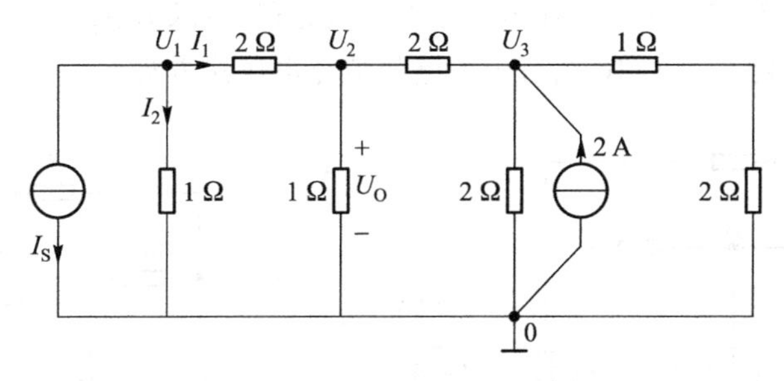

题 3-10 图

3-11　列出题 3-11 图所示电路的节点电压法方程。

3-12　用节点法求出题 3-12 图所示电路 A、B 两点间的电压 U_{AB}。

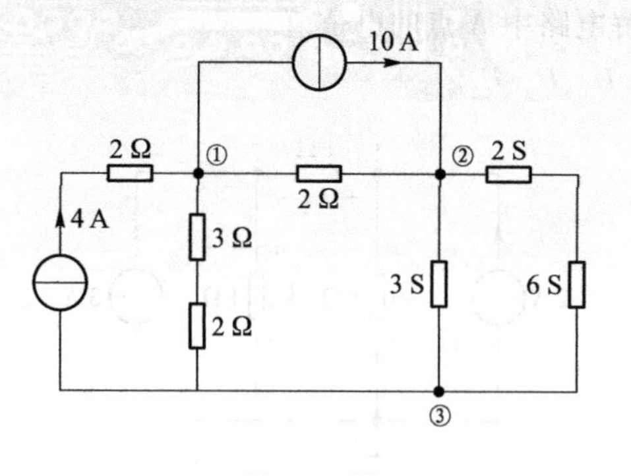

题 3-11 图

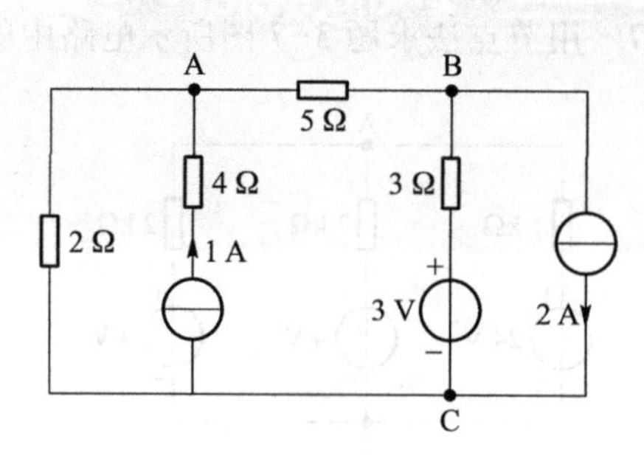

题 3-12 图

3-13 用节点法求题 3-13 图所示电路的各支路电流。

3-14 用添加法或超节点法列出题 3-14 图所示电路的节点电压法方程，并求出各节点电压。

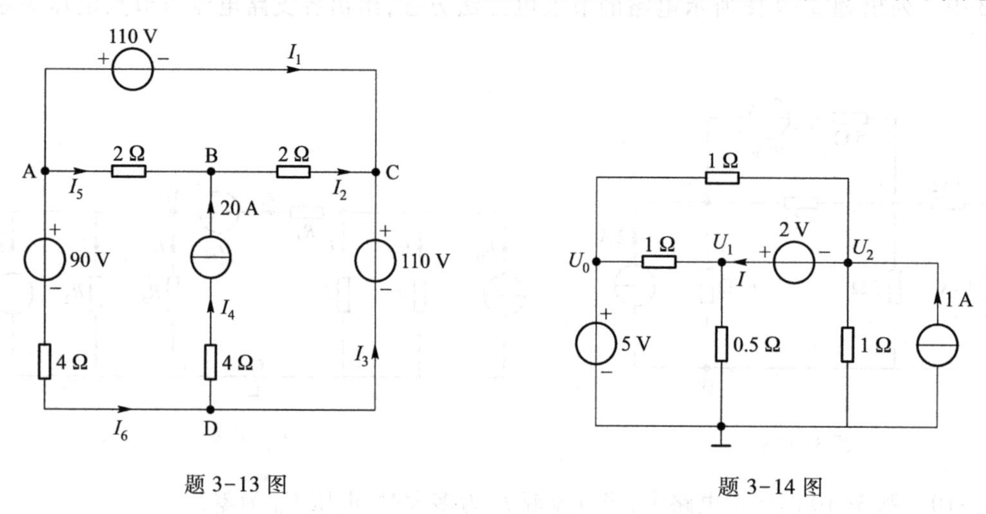

题 3-13 图

题 3-14 图

3-15 电路如题 3-15 图所示，列出节点电压法方程，并求 i_1、i_2。

3-16 用直接法列出题 3-16 图所示电路的节点电压法方程。

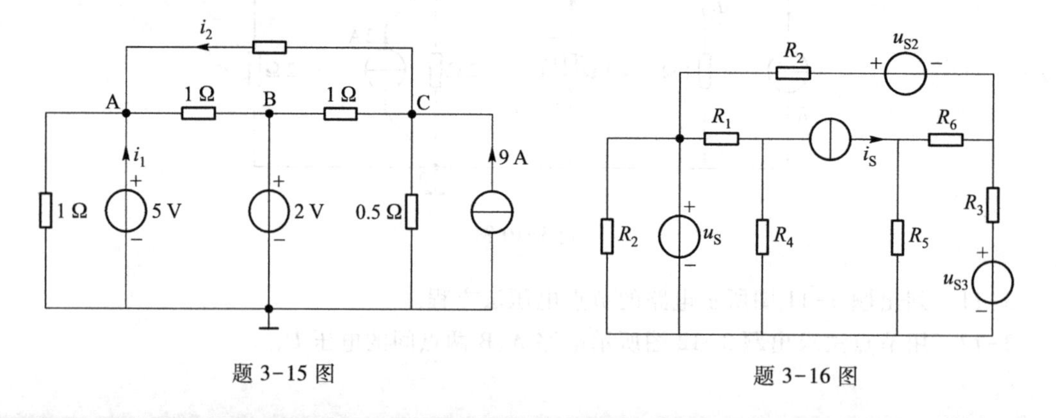

题 3-15 图

题 3-16 图

3-17　电路如题 3-17 图所示。$U_{S1}=250\ \text{V}$，$U_{S2}=239\ \text{V}$，$R_{S1}=1\ \Omega$，$R_{S2}=0.5\ \Omega$，负载电阻 $R_L=30\ \Omega$。用网孔法求出各支路电流、负载两端的电压和负载功率。

3-18　列出题 3-18 图所示电路的网孔电流法方程。

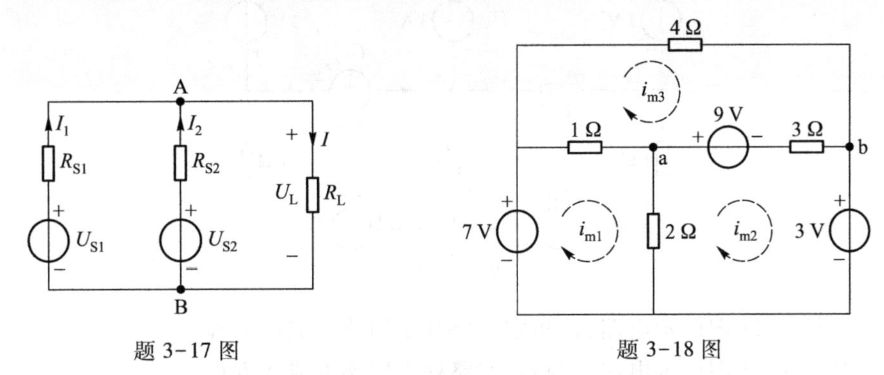

题 3-17 图　　　　题 3-18 图

3-19　列出题 3-19 图所示电路的网孔电流法方程，并求电流 i_1 和 i_2。

3-20　列出题 3-20 图所示电路的网孔电流法方程，并求开路电压 u_{oc}。

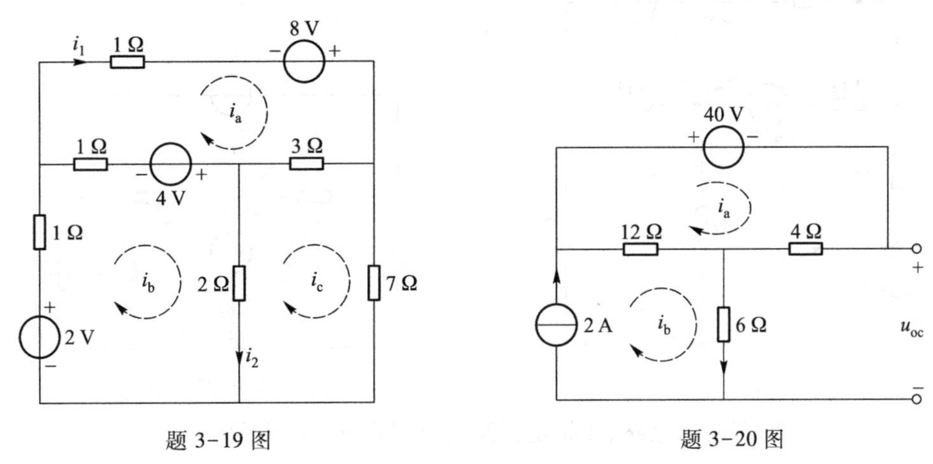

题 3-19 图　　　　题 3-20 图

3-21　用添加法列出题 3-21 图所示电路的网孔电流法方程。

3-22　列出题 3-22 图所示电路的网孔电流法方程。

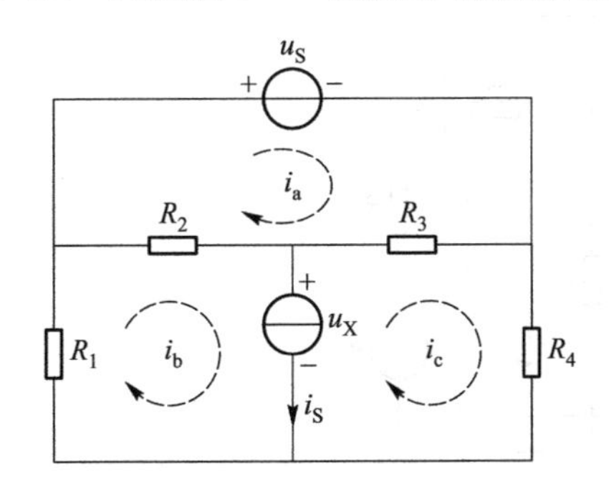

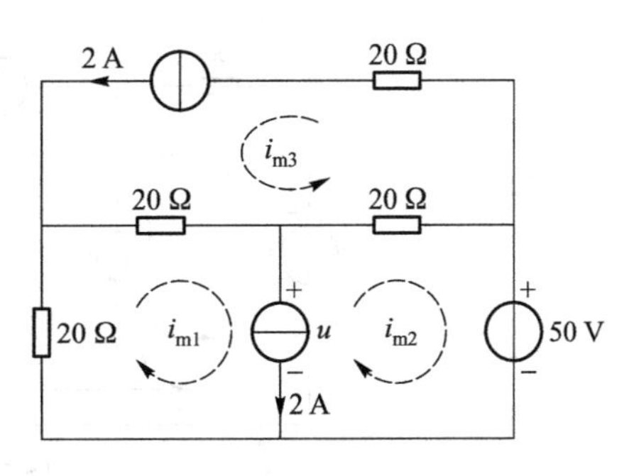

题 3-21 图　　　　题 3-22 图

3-23　设网孔电流方向为顺时针，列出题 3-23 图所示电路的网孔电流法方程。

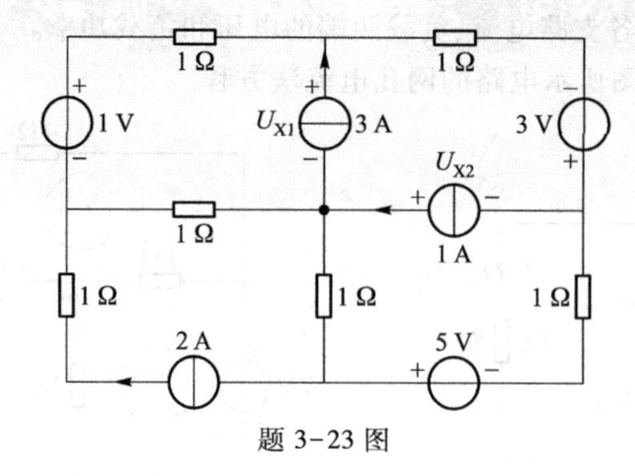

题 3-23 图

3-24　对题 3-24 图所示电路，按指定回路列出回路电流法方程。

3-25　对题 3-25 图所示电路，按指定回路列出回路电流法方程。

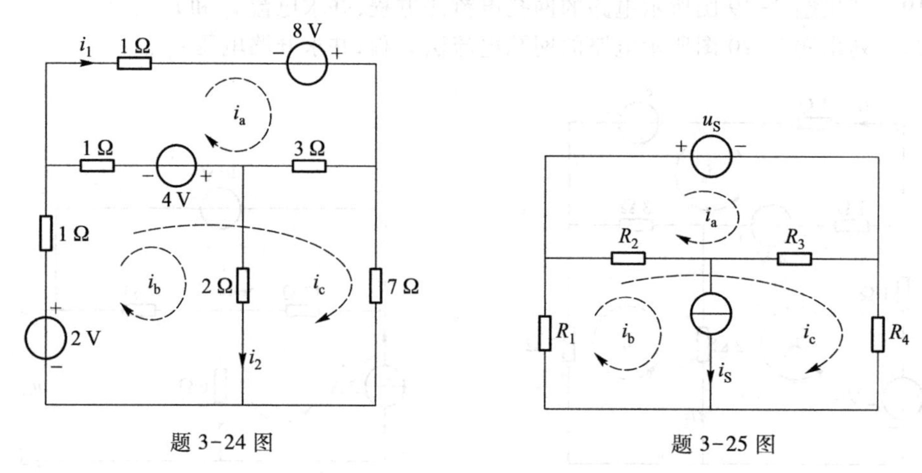

题 3-24 图　　　　题 3-25 图

3-26　对题 3-26 图所示电路，按指定回路列出回路电流法方程。

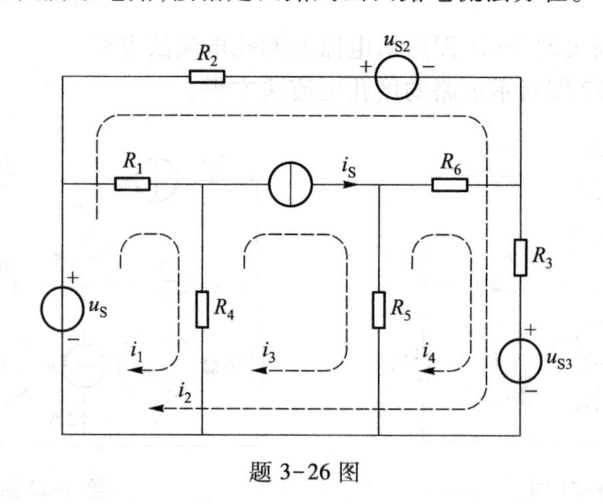

题 3-26 图

第 4 章 含受控电源的电路

内容提要 本章介绍受控电源元件和含受控电源电路的分析方法,具体内容包括:受控电源、含受控电源电路的节点法、含受控电源电路的回路(网孔)法、输入电阻与输出电阻。

4.1 受控电源

受控电源简称为受控源,是为了描述实际电路中的某些物理量(电压或电流)之间存在的控制关系(现象)而定义的元件。受控源在实际电路模型化的过程中起重要作用。

受控源有四个引出端子,形成两个端口,分别为输入端口和输出端口,所以受控源是二端口元件,但有时也可将受控源看成二端元件。

受控源分为受控电压源和受控电流源两类,共四种,分别是电压控制电压源(voltage controlled voltage source,简写为 VCVS)、电流控制电压源(current controlled voltage source,简写为 CCVS)、电压控制电流源(voltage controlled current source,简写为 VCCS)、电流控制电流源(current controlled current source,简写为 CCCS)。受控源的图形符号如图 4-1 所示,图 4-1(a)~(d)分别表示 VCVS、CCVS、VCCS、CCCS。

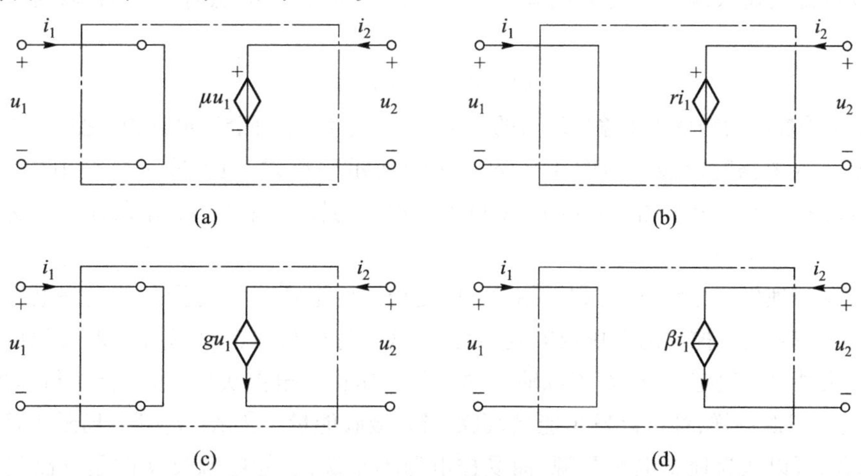

图 4-1 受控源图形符号
(a) 电压控制电压源 (b) 电流控制电压源 (c) 电压控制电流源 (d) 电流控制电流源

图 4-1 各输出端口中的 μ、r、g、β 分别是相关的控制系数。其中，μ、β 无量纲，r 具有电阻的量纲，g 具有电导的量纲。如果控制系数为常数，那么这种受控源为线性受控源，否则为非线性受控源。本书只讨论线性受控源，简称为受控源。

电压控制电压源(VCVS)的特性定义为

$$\begin{cases} i_1 = 0 \\ u_2 = \mu u_1 \\ i_2 \text{ 由外电路决定，值域为}(-\infty, +\infty) \end{cases} \tag{4-1}$$

电流控制电压源(CCVS)的特性定义为

$$\begin{cases} u_1 = 0 \\ u_2 = r i_1 \\ i_2 \text{ 由外电路决定，值域为}(-\infty, +\infty) \end{cases} \tag{4-2}$$

电压控制电流源(VCCS)的特性定义为

$$\begin{cases} i_1 = 0 \\ i_2 = g u_1 \\ u_2 \text{ 由外电路决定，值域为}(-\infty, +\infty) \end{cases} \tag{4-3}$$

电流控制电流源(CCCS)的特性定义为

$$\begin{cases} u_1 = 0 \\ i_2 = \beta i_1 \\ u_2 \text{ 由外电路决定，值域为}(-\infty, +\infty) \end{cases} \tag{4-4}$$

在端口电压、电流为关联方向的情况下，四种受控源的功率均可表示为

$$p(t) = u_1(t) i_1(t) + u_2(t) i_2(t) \tag{4-5}$$

由于受控源的输入端口不是开路就是短路，$u_1(t)$ 和 $i_1(t)$ 中总有一个为零，所以式(4-5)变为

$$p(t) = u_2(t) i_2(t) \tag{4-6}$$

上式表明整个受控源的功率等于输出端口的功率。从功率角度看问题，可认为受控源是二端元件。

受控源接入电路时应表示为图 4-2(a)和(b)所示的形式，但实际上往往用图 4-2(c)和(d)所示形式来表示。由于图 4-2(c)和(d)中受控源的输入端口已不存在，此时，受控源在形式上就是一个二端元件。

将受控源与理想源比较，可有如下结论：① 受控源的电压或电流受其他支路电压或电流控制，若控制量为零，则受控源的电压或电流亦为零，这一特性与理想源不同。② 受控电压源输出端口的电流由外电路决定，受控电流源输出端口的电压由外电路决定，这一特性与理想源相同。③ 受控源与理想源一样，都可以发出能量，也都可以吸收能量。④ 结合实际，局限于理想电路空间Ⅱ区看问题，可以认为理想电源是源，而受控电源不是源，受控电源反映的是支路间的耦合关系；在纯理论意义上，局限于理想电路空间Ⅰ区看问题，可以认为理想电源和受控电源都是源。

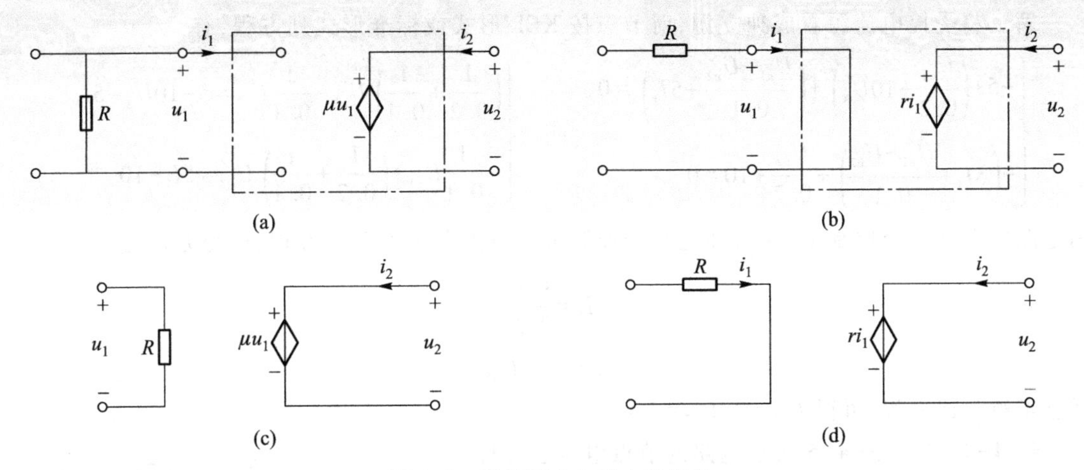

图 4-2　受控源在电路中的情景

(a) 含电压控制电压源的电路　(b) 含电流控制电压源的电路

(c) 电路中电压控制电压源的表示　(d) 电路中电流控制电压源的表示

例 4-1　电路如图 4-3 所示，其中 VCVS 的输出电压为 $u_2=0.5u_1$，电流源的电流为 $i_S=2$ A，求电流 i。

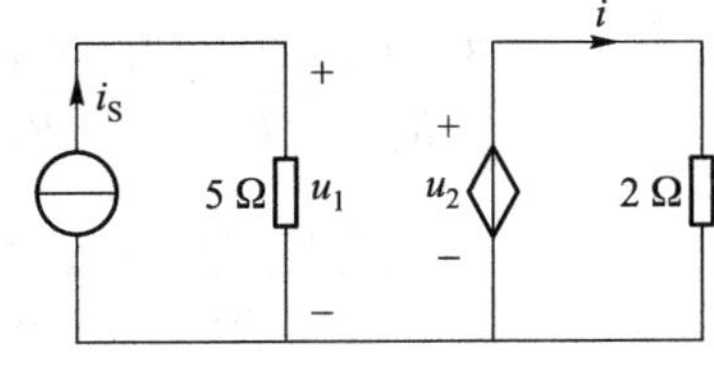

图 4-3　例 4-1 电路

解　从图中可知控制电压 u_1 为

$$u_1=i_S\times 5\ \Omega=(2\times 5)\ \text{V}=10\ \text{V}$$

则

$$i=\frac{u_2}{2\ \Omega}=\frac{0.5u_1}{2\ \Omega}=\frac{0.5\times 10}{2}\ \text{A}=2.5\ \text{A}$$

4.2 含受控电源电路的节点法

电路中存在受控源时，建立方程的过程是先把受控源视为独立源列方程，然后补充控制量与待求量（节点电压）关系的方程。

补充控制量与待求量关系方程的原因是：当电路中含有受控源时，所列方程中必然包含受控源的控制量，而控制量是未知的，这样未知量的数量就大于方程数量。

含有受控源的电路，标准形式节点电压法方程的系数矩阵通常不是对称矩阵。

例 4-2　对图 4-4 所示电路，列写出节点电压法方程并求出节点电压。

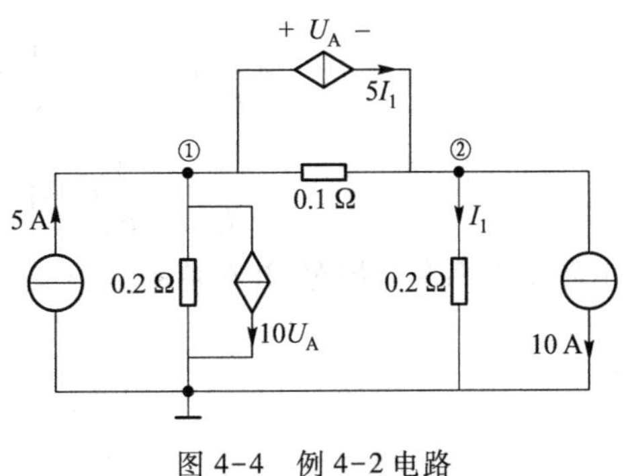

图 4-4　例 4-2 电路

解 将受控电流源看成独立源,对节点按 KCL 形式或标准形式列方程,有

$$\begin{cases}-5+\left(\dfrac{U_{n1}}{0.2}+10U_A\right)+\left(\dfrac{U_{n1}-U_{n2}}{0.1}+5I_1\right)=0\\-\left(5I_1+\dfrac{U_{n1}-U_{n2}}{0.1}\right)+\dfrac{U_{n2}}{0.2}+10=0\end{cases}\quad 或\quad \begin{cases}\left(\dfrac{1}{0.2}+\dfrac{1}{0.1}\right)U_{n1}-\dfrac{1}{0.1}U_{n2}=5-10U_A-5I_1\\-\dfrac{1}{0.1}U_{n1}+\left(\dfrac{1}{0.2}+\dfrac{1}{0.1}\right)U_{n2}=5I_1-10\end{cases}$$

因电路中存在两个控制量,故需补充两个控制量与节点电压关系的方程,所得方程为

$$I_1=\frac{U_{n2}}{0.2}$$

$$U_A=U_{n1}-U_{n2}$$

联立求解上述方程,可得 $U_{n1}=0$,$U_{n2}=1\ \text{V}$。

例 4-3 列出图 4-5 所示电路的节点电压法方程。

解 电路中 R_8 为虚元件,视受控源为理想源,对节点按 KCL 形式列方程,或按标准形式列方程,有

$$-i_{S1}+\frac{u_{n1}-u_{n4}}{R_4}-2i_1+\frac{u_{n1}-u_{n2}}{R_1}+i_{S2}=0$$

$$\frac{u_{n2}-u_{n1}}{R_1}+\frac{u_{n2}}{R_5}+\frac{u_{n2}-u_{n3}-5u_1}{R_2}=0$$

$$-i_{S2}+\frac{u_{n3}+5u_1-u_{n2}}{R_2}+\frac{u_{n3}}{R_6}+\frac{u_{n3}+u_{S1}-u_{n4}}{R_3}=0$$

$$i_{S1}+\frac{u_{n4}-u_{n1}}{R_4}+\frac{u_{n4}-u_{S2}}{R_7}+\frac{u_{n4}-u_{S1}-u_{n3}}{R_7}=0$$

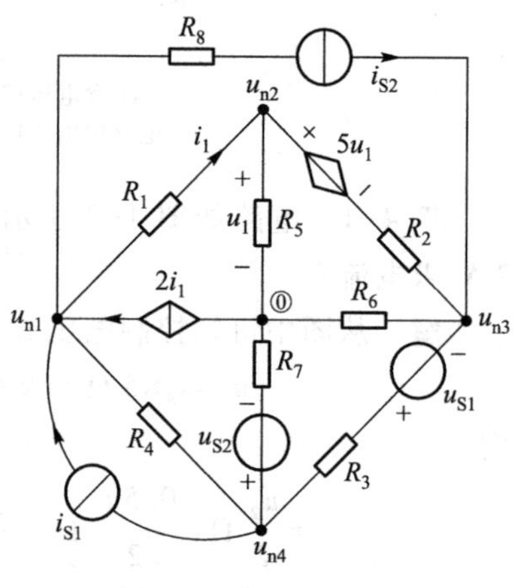

图 4-5 例 4-3 电路

或

$$\left(\frac{1}{R_1}+\frac{1}{R_4}\right)u_{n1}-\frac{1}{R_1}u_{n2}-\frac{1}{R_4}u_{n4}=i_{S1}-i_{S2}+2i_1$$

$$-\frac{1}{R_1}u_{n1}+\left(\frac{1}{R_1}+\frac{1}{R_2}+\frac{1}{R_5}\right)u_{n2}-\frac{1}{R_2}u_{n3}=\frac{5u_1}{R_2}$$

$$-\frac{1}{R_2}u_{n2}+\left(\frac{1}{R_2}+\frac{1}{R_3}+\frac{1}{R_6}\right)u_{n3}-\frac{1}{R_3}u_{n4}=-\frac{5u_1}{R_2}-\frac{u_{S1}}{R_3}+i_{S2}$$

$$-\frac{1}{R_4}u_{n1}-\frac{1}{R_3}u_{n3}+\left(\frac{1}{R_3}+\frac{1}{R_4}+\frac{1}{R_7}\right)u_{n4}=-i_{S1}+\frac{u_{S1}}{R_3}+\frac{u_{S2}}{R_7}$$

电路中有两个受控源,补充控制量与节点电压关系方程,有

$$u_1=u_{n2}$$

$$i_1=\frac{u_{n1}-u_{n2}}{R_1}$$

用节点法列方程时，若存在无伴受控电压源，可先视受控源为独立源，用添加法、超节点法、直接法或移源法处理，然后再补充控制量与节点电压关系的方程。

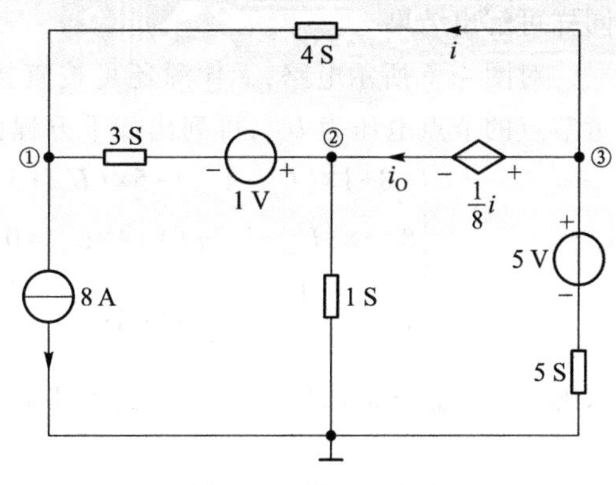

图 4-6 例 4-4 电路

例 4-4 图 4-6 所示电路中，各元件参数均已给出，试列写节点电压法方程并求出各节点电压。

解 电路中存在一个无伴受控电压源支路，按添加法处理问题。设流过该受控电压源的电流为 i_O，方向如图中所示，对节点按 KVL 形式或标准形式列方程，有

$$\begin{cases}4\times(U_{n1}-U_{n3})+3\times(U_{n1}+1-U_{n2})+8=0\\3\times(U_{n2}-U_{n1}-1)+1\times U_{n2}-i_O=0\\4\times(U_{n3}-U_{n1})+5\times(U_{n3}-5)+i_O=0\end{cases} \quad 或 \quad \begin{cases}(3+4)U_{n1}-3U_{n2}-4U_{n3}=-8-3\times1\\-3U_{n1}+(3+1)U_{n2}=3\times1+i_O\\-4U_{n1}+(5+4)U_{n3}=5\times5-i_O\end{cases}$$

为反映受控电压源的元件约束（电压信息），应补充如下方程：

$$U_{n3}-U_{n2}=\frac{1}{8}i$$

由于补充方程中出现了新的未知量 i，故还须补充以下方程：

$$i=4\times(U_{n3}-U_{n1})$$

由以上 5 个方程消去非节点电压，整理方程成标准形式，写成矩阵有

$$\begin{bmatrix}7 & -3 & -4\\-7 & 4 & 9\\-\frac{1}{2} & 1 & -\frac{1}{2}\end{bmatrix}\begin{bmatrix}U_{n1}\\U_{n2}\\U_{n3}\end{bmatrix}=\begin{bmatrix}-11\\28\\0\end{bmatrix}$$

可见系数矩阵不对称。由以上方程可以解出 $U_{n1}=1\ \text{V}$，$U_{n2}=2\ \text{V}$，$U_{n3}=3\ \text{V}$。

也可按超节点法对图 4-6 所示电路列方程。对节点①和由节点②、③合起来的超节点，按 KCL 形式列方程，有

$$8+3\times(U_{n1}-U_{n2}+1)+4\times(U_{n1}-U_{n3})=0$$

$$3\times(U_{n2}-U_{n1}-1)+U_{n2}+5\times(U_{n3}-5)+4\times(U_{n3}-U_{n1})=0$$

整理以上方程，或直接按标准形式列方程，有

$$(3+4)U_{n1}-3U_{n2}-4U_{n3}=-8-3\times1$$

$$-3U_{n1}+(3+1)U_{n2}-4U_{n1}+(5+4)U_{n3}=3\times1+5\times5$$

然后补充方程

$$U_{n3}-U_{n2}=\frac{i}{8}=\frac{4\times(U_{n3}-U_{n1})}{8}$$

同样可解出结果。

对图4-6所示电路，无伴源还可按直接法列方程处理。设节点③为参考节点，并设原参考节点的节点电压为U_{n0}，可列出如下方程：

$$\begin{cases}-8+1\times(U_{n0}-U_{n2})+5\times(U_{n0}+5)=0\\8+3\times(U_{n1}-U_{n2}+1)+4\times U_{n1}=0\\U_{n2}=-\dfrac{1}{8}i=-\dfrac{1}{8}\times(-4U_{n1})\end{cases}\quad 或\quad\begin{cases}(1+5)U_{n0}-U_{n2}=8-5\times5\\(3+4)U_{n1}-3U_{n2}=-8-3\times1\\U_{n2}=-\dfrac{1}{8}i=-\dfrac{1}{8}\times(-4U_{n1})\end{cases}$$

求解可得$U_{n0}=-3\text{ V}$，$U_{n1}=-2\text{ V}$，$U_{n2}=-1\text{ V}$，$i=8\text{ A}$。

4.3 含受控电源电路的回路(网孔)法

4.3.1 含受控电源电路的网孔电流法

电路中含受控电压源时，可先把受控电压源视为独立源列方程，然后补充控制量与待求量(网孔电流)关系的方程。

例4-5 列写图4-7所示电路的网孔电流法方程。

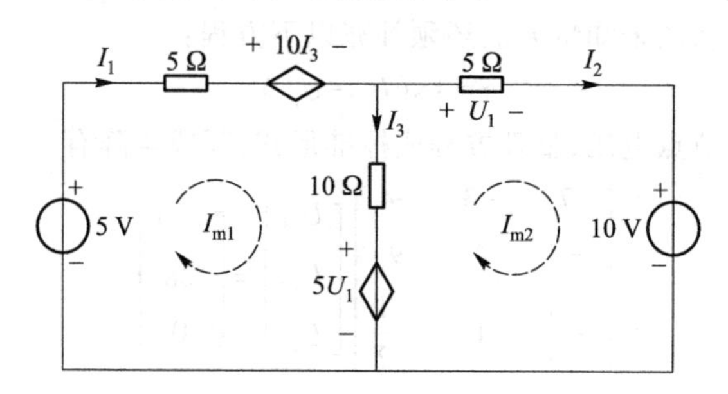

图4-7 例4-5电路

解 设网孔电流I_{m1}、I_{m2}如图所示，将受控源看成独立源，列网孔电流法方程有

$$\begin{cases}-5+5I_{m1}+10I_3+10(I_{m1}-I_{m2})+5U_1=0\\-5U_1+10(I_{m2}-I_{m1})+5I_{m2}+10=0\end{cases}\quad 或\quad\begin{cases}(5+10)I_{m1}-10I_{m2}=5-5U_1-10I_3\\-10I_{m1}+(10+5)I_{m2}=5U_1-10\end{cases}$$

补充控制量与网孔电流关系的方程有

$$I_3=I_{m1}-I_{m2}$$

$$U_1=5I_2=5I_{m2}$$

消去控制量，整理方程可得

$$5I_{m1}+I_{m2}=1$$

$$2I_{m1}+2I_{m2}=2$$

写成矩阵形式有

$$\begin{bmatrix}5 & 1\\2 & 2\end{bmatrix}\begin{bmatrix}I_{m1}\\I_{m2}\end{bmatrix}=\begin{bmatrix}1\\2\end{bmatrix}$$

可见 $R_{12} \neq R_{21}$，说明网孔电流法方程系数矩阵不是对称矩阵。

电路中若存在无伴受控电流源，可先视受控源为独立源然后采用添加法、直接法或移源法处理，最后补充控制量与网孔电流关系的方程。

例 4-6 试写出图 4-8 所示电路的网孔电流法方程。

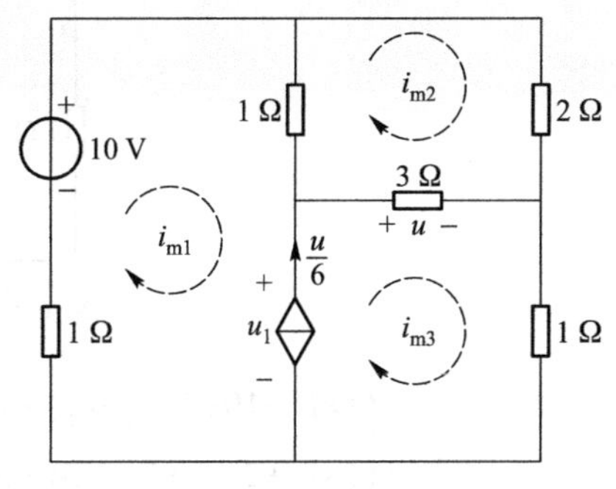

图 4-8 例 4-6 电路

解 图 4-8 中已给出了网孔电流及其参考方向，电路中存在无伴受控电流源，用添加法处理。设受控电流源的端电压为 u_1，如图中所示，对网孔列方程，有

$$\begin{cases}1\times i_{m1}-10+1\times(i_{m1}-i_{m2})+u_1=0\\1\times(i_{m2}-i_{m1})+2\times i_{m2}+3\times(i_{m2}-i_{m3})=0\\-u_1+3\times(i_{m3}-i_{m2})+1\times i_{m3}=0\end{cases} \quad 或 \quad \begin{cases}(1+1)i_{m1}-i_{m2}+u_1=10\\-i_{m1}+(2+3+1)i_{m2}-3i_{m3}=0\\-3i_{m2}+(3+1)i_{m3}-u_1=0\end{cases}$$

补充受控电流源电流与网孔电流关系的方程

$$\frac{u}{6}=i_{m3}-i_{m1}$$

补充控制量与网孔电流关系的方程

$$u=3(i_{m3}-i_{m2})$$

由以上五个方程可解出 i_{m1}、i_{m2}、i_{m3}、u、u_1。

也可将以上五个方程中的 u 和 u_1 消去，整理方程为标准形式并用矩阵表示，有

$$\begin{bmatrix}2 & -4 & 4\\-1 & 6 & -3\\-2 & 1 & 1\end{bmatrix}\begin{bmatrix}i_{m1}\\i_{m2}\\i_{m3}\end{bmatrix}=\begin{bmatrix}10\\0\\0\end{bmatrix}$$

可见方程的系数矩阵不是对称矩阵。

由于图 4-8 所示电路中的无伴受控电流源不处于电路边缘，故用网孔法列方程时无法采用直接法。但若用回路法列方程，则直接法可用，后面会展示这一情况。

4.3.2 含受控电源电路的回路电流法

对图 4-8 所示电路，按仅有一个回路电流通过无伴电流源支路的方法选回路，可得如图 4-9 所示结果。

用直接法处理无伴源问题，对回路列方程，有

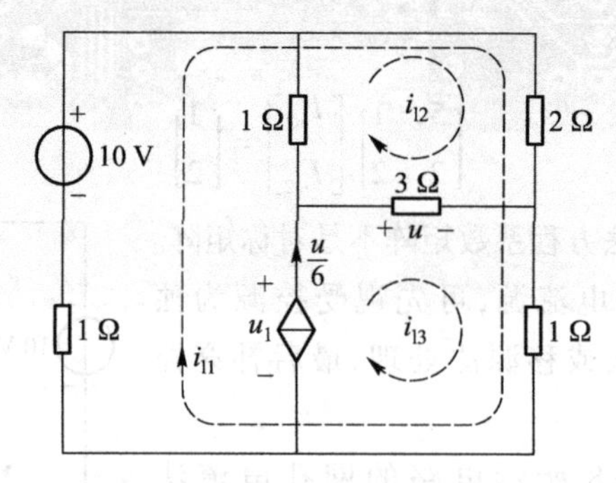

图 4-9 列写回路电流法方程所用电路

$$\begin{cases}1\times i_{11}-10+2(i_{11}+i_{12})+1\times(i_{11}+i_{13})=0\\1\times i_{12}+2(i_{12}+i_{11})+3(i_{12}-i_{13})=0\\i_{13}=\dfrac{u}{6}\end{cases}\quad 或\quad \begin{cases}(1+2+1)i_{11}+2i_{12}+i_{13}=10\\2i_{11}+(1+2+3)i_{12}-3i_{13}=0\\i_{13}=\dfrac{u}{6}\end{cases}$$

补充控制量与回路电流关系的方程，有

$$u=3(i_{13}-i_{12})$$

例 4-7 图 4-10 所示电路中回路已选定，已知 $i_C=\beta i_2$、$u_C=\alpha u_2$，试列出回路电流法方程。

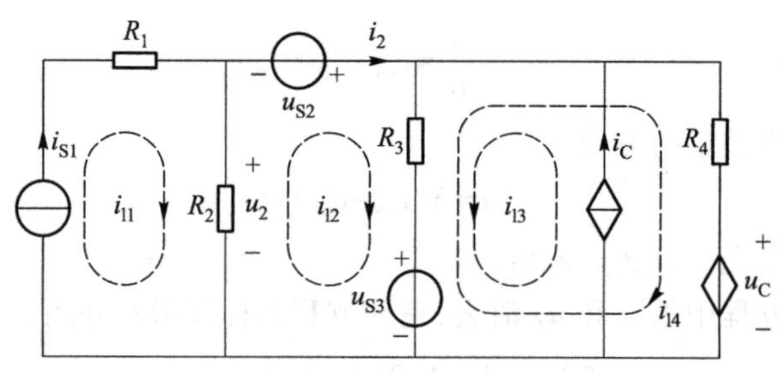

图 4-10 例 4-7 电路

解 图 4-10 中的两个无伴电流源均只有一个回路电流流过，用直接法处理，按 KVL 形式列方程，并注意到 R_1 为虚元件，可有

$$i_{11}=i_{S1}$$

$$R_2(i_{12}-i_{11})-u_{S2}+R_3(i_{12}+i_{13}-i_{14})+u_{S3}=0$$

$$i_{13}=i_C$$

$$-u_{S3}+R_3(i_{14}-i_{12}-i_{13})+R_4i_{14}+u_C=0$$

电路中有两个受控源，需补充两个控制量与回路电流关系的方程，故有

$$i_C=\beta i_2=\beta i_{12}$$

$$u_C=\alpha u_2=\alpha R_2(i_{11}-i_{12})$$

若电路中各元件参数已给出，就可由以上六个方程解出 i_{11}、i_{12}、i_{13}、i_{14}、i_C、u_C。

4.4 输入电阻与输出电阻

4.4.1 输入电阻与输出电阻的概念

在传送或处理信号的电路中,输入电阻与输出电阻是两个经常要用到的概念。当两个电路前后相连时,前一级电路作为信号的输出电路,涉及输出电阻的概念;后一级电路作为信号的接收(输入)电路,涉及输入电阻的概念。输出电阻和输入电阻可用来反映电路的性能。

对一个不含独立源(可以含受控源)的二端电路 N_0,设端口电压 u 和端口电流 i 为关联方向,如图 4-11(a)所示,则该二端电路的输入电阻定义为

$$R_i=\frac{u}{i} \tag{4-7}$$

对于一个含有独立电源的二端电路 N_S,设端口开路时电压为 u_{oc},端口短路时电流为 i_{sc},如图 4-11(b)所示,则该二端网络的输出电阻定义为

$$R_o=\frac{u_{oc}}{i_{sc}} \tag{4-8}$$

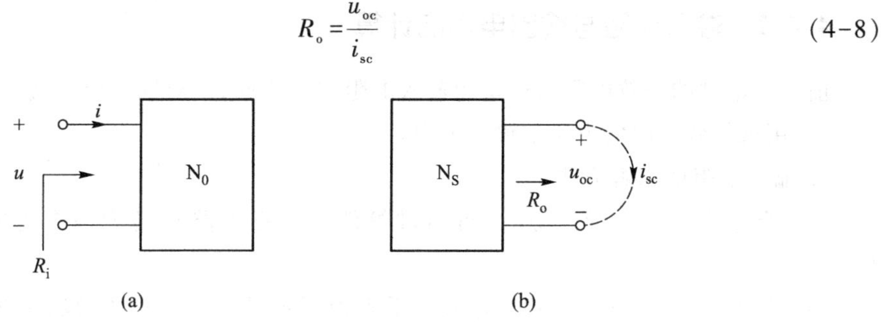

图 4-11 二端电路的输入电阻和输出电阻
(a) 输入电阻 (b) 输出电阻

设前级电路适合视为电压源性质的,表示为理想电压源 u_{oc} 与电阻 R_o 的串联,即有伴电压源,后级电路可表示为电阻 R_i,前后级电路互联的情况如图 4-12(a)所示,则 R_i 上的电压为 $u=\frac{R_i}{R_i+R_o}u_{oc}$。由此可见,在 u_{oc} 与 R_i 一定的情况下,R_o 越小,R_i 上获得的电压越大;在 u_{oc} 与 R_o 一定的情况下,R_i 越大,R_i 上获得的电压越大。故电压源性质的电路,输出电阻越小越好。

设前级电路适合视为电流源性质的,表示为理想电流源 i_{sc} 与电阻 R_o 的并联,即有伴电流源,后级电路可表示为电阻 R_i,前后级电路互联的情况如图 4-12(b)所示,则 R_i 上的电流为

$i=\dfrac{R_o}{R_i+R_o}i_{sc}$。由此可见，在 i_{sc} 和 R_i 一定的情况下，R_o 越大，R_i 上获得的电流越大；在 i_{sc} 和 R_o 一定的情况下，R_i 越小，R_i 上获得的电流越大。故电流源性质的电路，输出电阻越大越好。

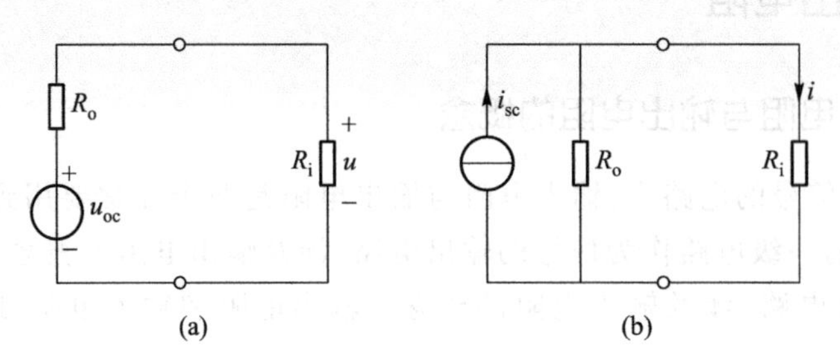

图 4-12　前级电路与后级电路的互联示意图

（a）前后级电路互联示意图一　（b）前后级电路互联示意图二

实际信号源多数可视为电压源性质的，在这种情况下，前级电路的越出电阻越小越好，后级电路的输入电阻越大越好。

实际电路中还大量存在前接信号源后接负载的中间环节电路，对这样的电路，通常要求其输入端口有较大的输入电阻，而输出端口有较小的输出电阻。

4.4.2　输入电阻与输出电阻的计算

前面讨论过的等效电阻与这里的输入电阻定义不同，但对同一个二端电路，两者的数值相同，故可用求等效电阻的方法求输入电阻。

1. 输入电阻的求解方法

（1）当电路中不含受控源时，可通过等效变换把电路化简为一个电阻，从而求得输入电阻。

（2）当电路中存在受控源时，输入电阻需根据定义求得。具体做法是在端口加电压求得相应电流，或在端口加电流求得相应电压，然后用电压除以电流得结果。

2. 输出电阻的求解方法

（1）电路中不含受控源时，可通过等效变换把电路化简为电压源与电阻的串联或电流源与电阻的并联，其中的电阻就是输出电阻。

（2）电路中存在受控源时，输出电阻需根据定义求得，做法是求得端口的开路电压、短路电流，然后用开路电压比短路电流得到结果。

（3）也可将电路中的独立电源置零，从而得到一个不含独立电源的二端电路，求该电路的输入电阻，从而得到输出电阻。

将电压源置零，即令 $u_S=0$，做法是将其短路；将电流源置零，即令 $i_S=0$，做法是将其断路。

例 4-8　如图 4-13(a)所示的二端电路，求其输入电阻。

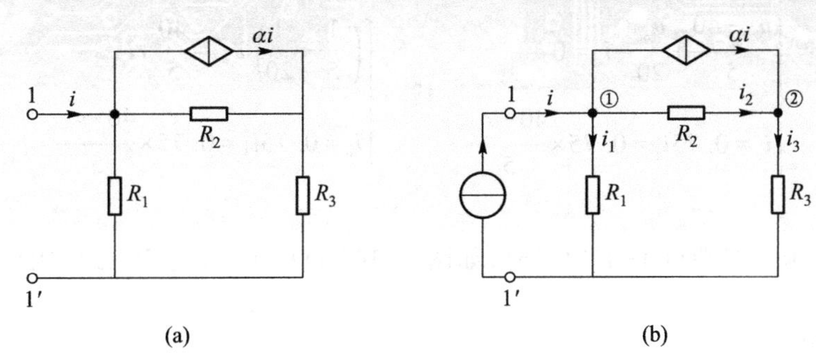

图 4-13　例 4-8 电路

(a) 原电路　(b) 输入端口加电流源

解　在端口 1-1′处接电流源，如图 4-13(b)所示，因受控源的控制量 i 即为电流源电流，为已知量，故可少列一个方程。用节点法建立方程有

$$\begin{cases}-i+\dfrac{u_{n1}}{R_1}+\dfrac{u_{n1}-u_{n2}}{R_2}+\alpha i=0\\ -\alpha i+\dfrac{u_{n2}-u_{n1}}{R_2}+\dfrac{u_{n2}}{R_3}=0\end{cases}\quad \text{或}\quad \begin{cases}\left(\dfrac{1}{R_1}+\dfrac{1}{R_2}\right)u_{n1}-\dfrac{1}{R_2}u_{n2}=i-\alpha i\\ -\dfrac{1}{R_2}u_{n1}+\left(\dfrac{1}{R_2}+\dfrac{1}{R_3}\right)u_{n2}=\alpha i\end{cases}$$

解得

$$u_{n1}=\frac{R_1R_3+(1-\alpha)R_1R_2}{R_1+R_2+R_3}\times i$$

所以，该二端电路的输入电阻为 $R_i=\dfrac{u_{n1}}{i}=\dfrac{R_1R_3+(1-\alpha)R_1R_2}{R_1+R_2+R_3}$。

由本题求出的 R_i 的表达式可见，在一定的参数条件下，R_i 的值有可能大于零、等于零或者小于零。例如，当 $R_1=R_2=1\ \Omega$、$R_3=2\ \Omega$、$\alpha=5$ 时，$R_i=-0.5\ \Omega$。此种情况下，该二端电路对外提供能量，这一能量来源于二端电路中的受控源。受控源提供的总能量应该比该二端电路对外提供的能量大，因为有一部分能量被电阻 R_1、R_2、R_3 消耗掉了。

例 4-9　求图 4-14(a)所示电路的输出电阻，其中 $i_c=0.75i_1$。

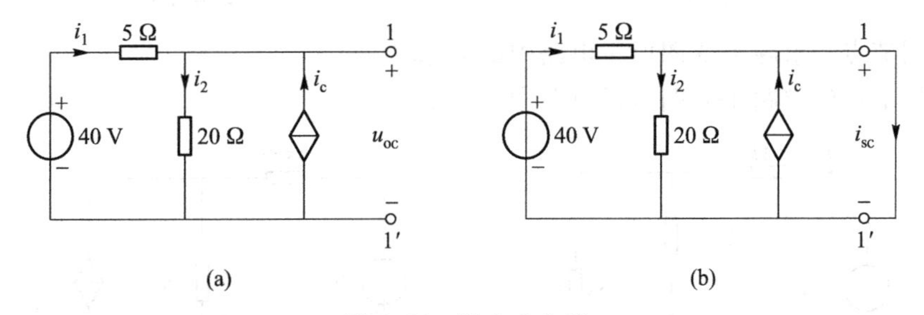

图 4-14　例 4-9 电路

(a) 原电路　(b) 输出端口短路时的电路

解　先求开路电压 u_{oc}。用节点法有

$$\begin{cases}\dfrac{u_{oc}-40}{5}+\dfrac{u_{oc}}{20}-i_c=0\\ i_c=0.75i_1=0.75\times\dfrac{40-u_{oc}}{5}\end{cases}\quad \text{或} \quad \begin{cases}\left(\dfrac{1}{5}+\dfrac{1}{20}\right)u_{oc}=\dfrac{40}{5}+i_c\\ i_c=0.75i_1=0.75\times\dfrac{40-u_{oc}}{5}\end{cases}$$

解得 $u_{oc}=35$ V。

再求短路电流。当端口 1-1′短路时，如图 4-14(b)所示，此时 20 Ω 电阻两端电压为零，故有 $i_2=0$。

由 KCL 可得

$$i_{sc}=i_1+i_c=i_1+0.75i_1=1.75i_1=\left(1.75\times\frac{40}{5}\right)\text{ A}=14\text{ A}$$

则电路的输出电阻为

$$R_o=\frac{u_{oc}}{i_{sc}}=\frac{35}{14}\ \Omega=2.5\ \Omega$$

习题

4-1　题 4-1 图所示电路中，已知电流源发出的功率是 12 W，求 r 的值。

4-2　求题 4-2 图所示电路中两个受控源各自发出的功率。

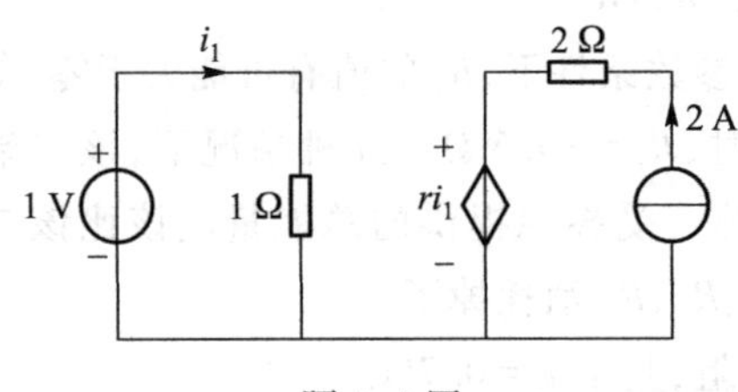

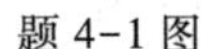

题 4-1 图

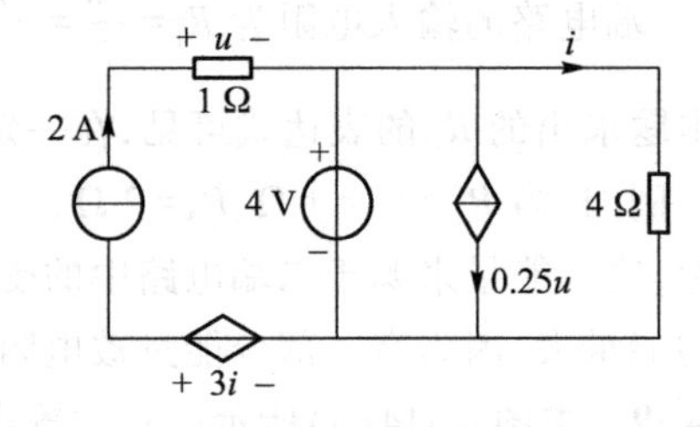

题 4-2 图

4-3　用节点法求题 4-3 图所示电路中的 I_1 和 U_0。

4-4　用节点法求题 4-4 图所示电路中的 I 和 U。

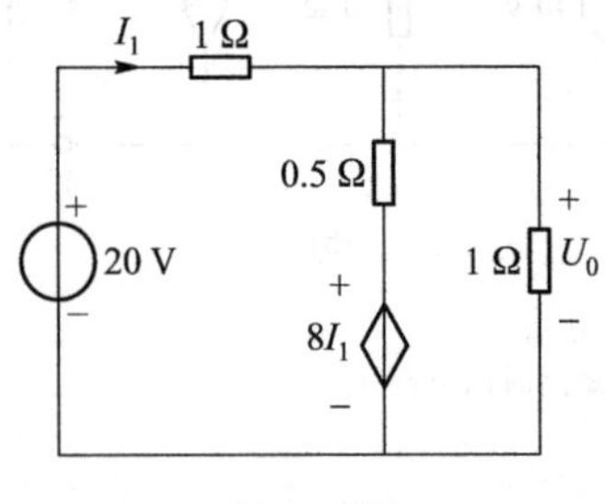

题 4-3 图

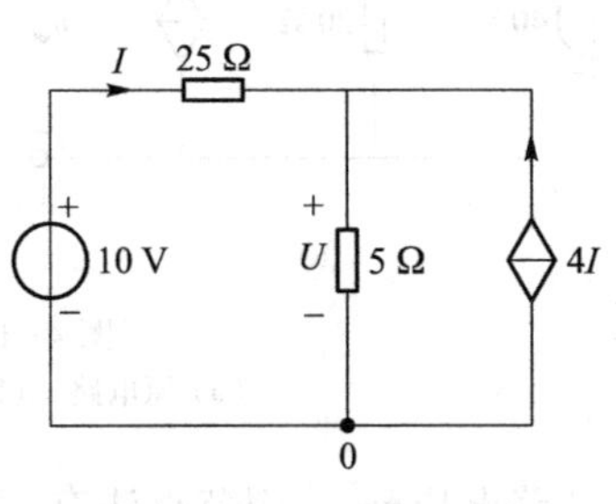

题 4-4 图

4-5　题 4-5 图(a)所示是画电路图的一种简便方法,也可画为题 4-5 图(b)所示电路图,列出电路的节点电压法方程。

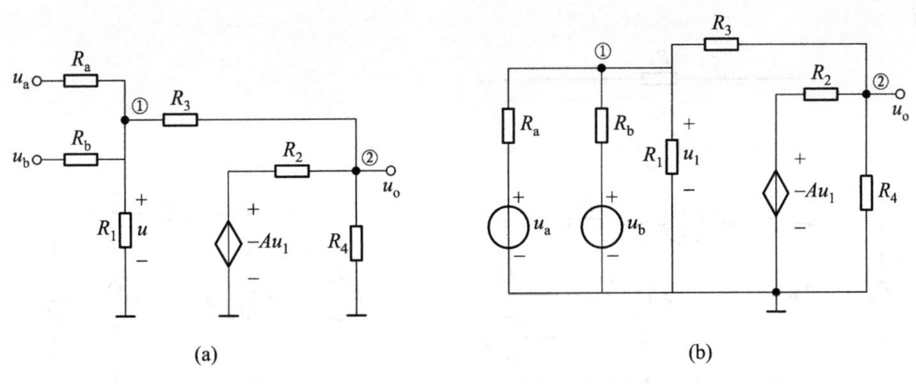

题 4-5 图

4-6　电路如题 4-6 图所示,试用节点法求电流 I_1。

4-7　用节点法求题 4-7 图所示电路中流过电阻 R 的电流 I_R。

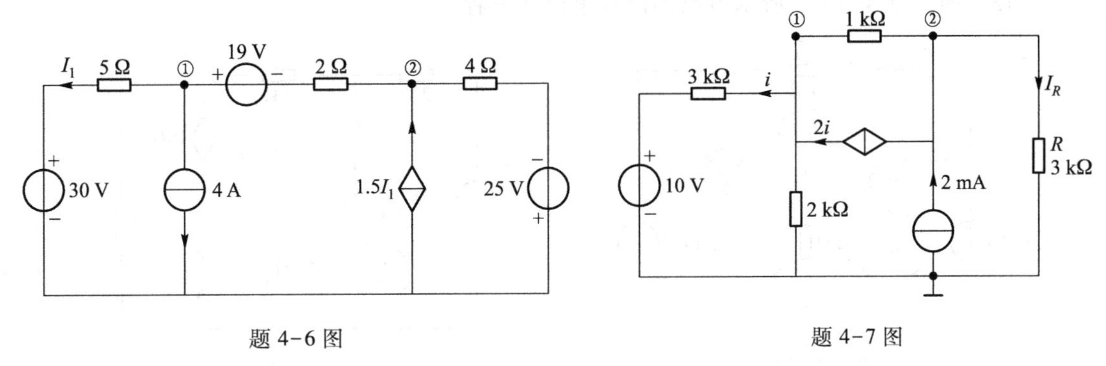

题 4-6 图　　　　题 4-7 图

4-8　用节点法求题 4-8 图所示电路中的电压 U。

4-9　对题 4-9 图所示电路,以节点④为参考节点,列出节点电压法方程。

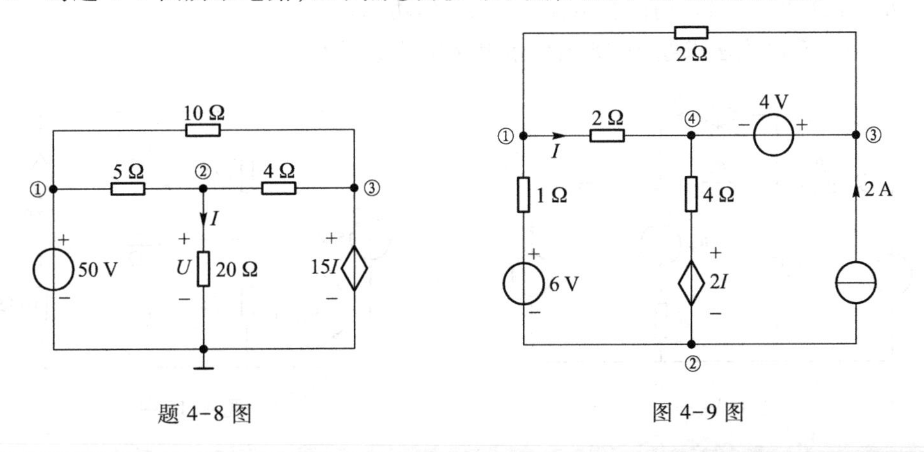

题 4-8 图　　　　图 4-9 图

4-10　列出题 4-10 图所示电路的节点电压法方程。

4-11　列出题 4-11 图所示电路的节点电压法方程。可否求出节点电压？由此可得出什么结论？

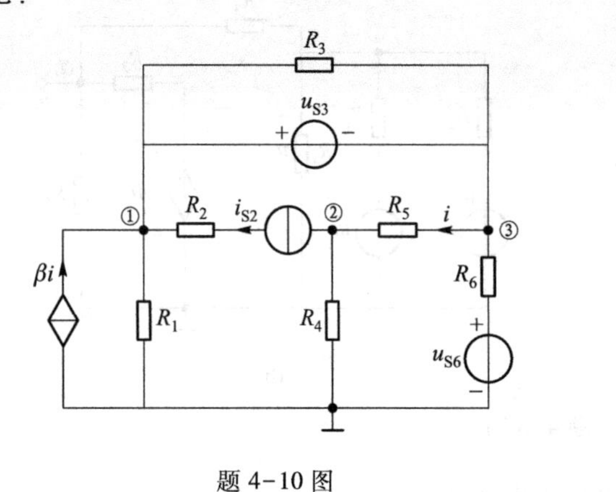

题 4-10 图

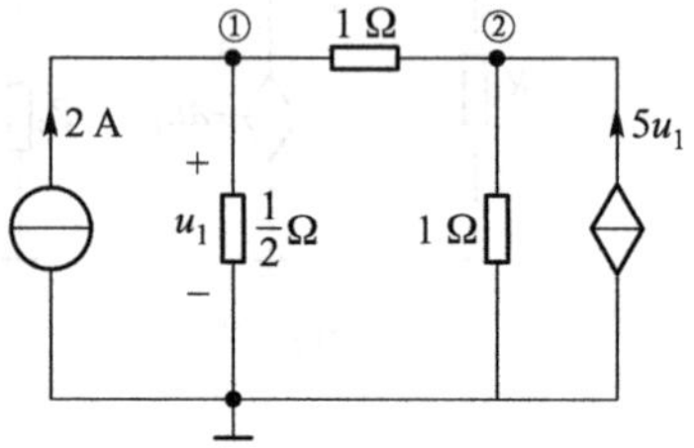

题 4-11 图

4-12　列出题 4-12 图所示电路的网孔电流法方程。

4-13　列出题 4-13 图所示电路的网孔电流法方程。

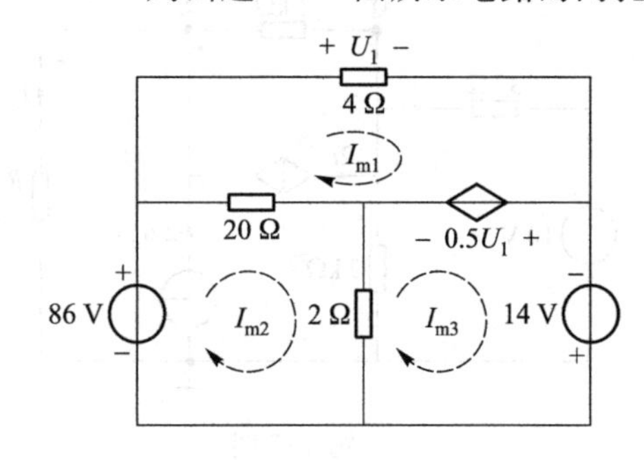

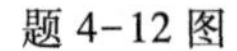
题 4-12 图

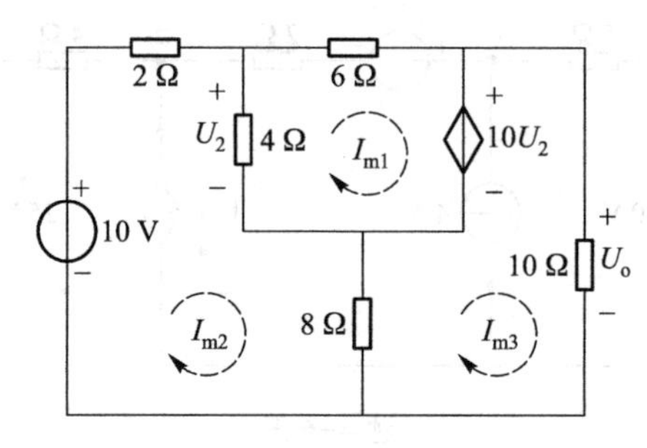

题 4-13 图

4-14　题 4-14 图所示电路中，已知 $u_{S1}=3\ \text{V}, R_1=1\ \Omega, i_{S2}=1\ \text{A}, \alpha=2, R_2=2\ \Omega, R_3=3\ \Omega, u_{S3}=2\ \text{V}, R_4=4\ \Omega, R_5=5\ \Omega$。用网孔电流法求 u_{S1} 的功率。

4-15　用网孔电流法求题 4-15 图所示电路中的电压 U。

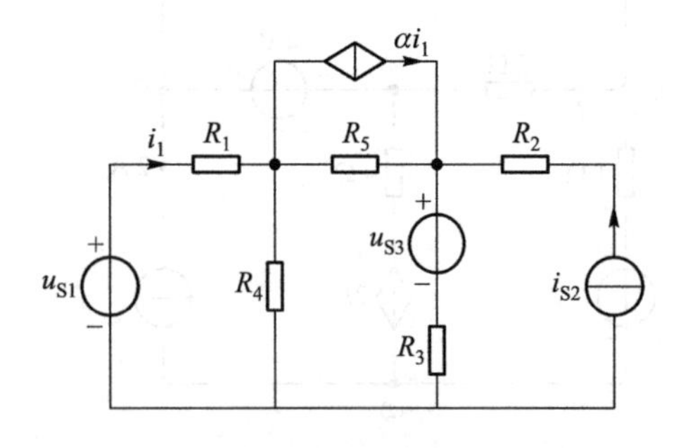

题 4-14 图

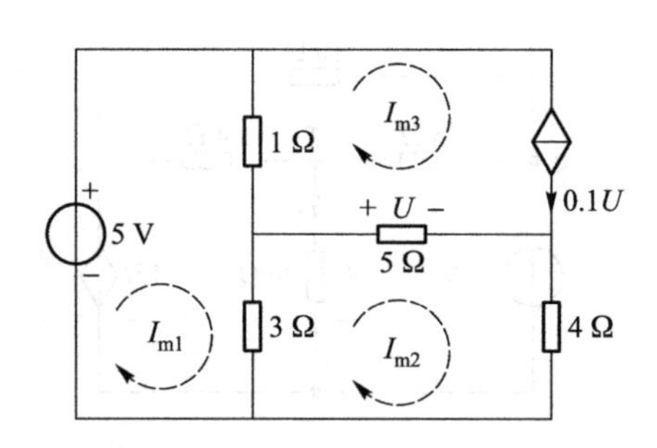

题 4-15 图

4-16　用网孔法或回路法求题 4-16 图所示电路中各支路的电流。

4-17　题 4-17 图所示的直流电路中，已知 $R_1=R_2=R_3=2\ \Omega$，$R_4=1\ \Omega$，$U_{S1}=10\ V$，$U_{S2}=20\ V$，受控电流源 $I_{CS}=2.5U_X$。用网孔电流法或回路电流法求各独立源发出的功率。

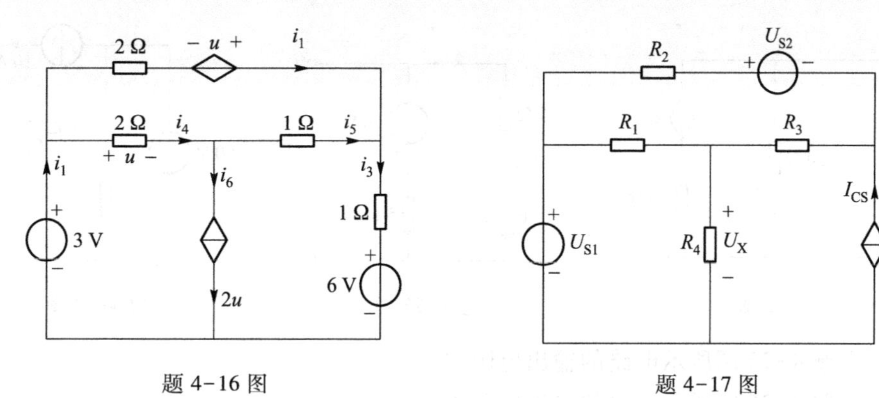

题 4-16 图　　　　题 4-17 图

4-18　题 4-18 图所示电路中，已知 $R_1=2\ \Omega$，$R_2=3\ \Omega$，$R_3=R_4=4\ \Omega$，$U_S=15\ V$，$I_S=2\ A$，控制系数 $r=3\ \Omega$，$g=4\ S$。试用网孔电流法或回路电流法求各独立电源提供的功率。

4-19　求题 4-19 图所示电路的输入电阻 R_i。

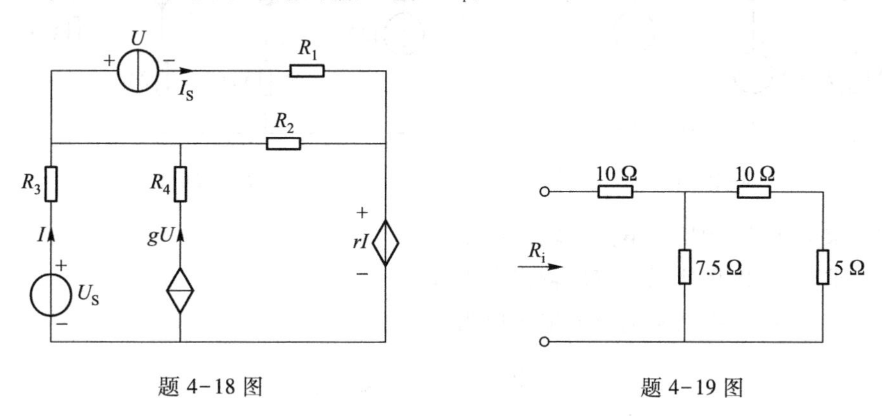

题 4-18 图　　　　题 4-19 图

4-20　求题 4-20 图所示电路的输入电阻 R_i。

4-21　计算题 4-21 图所示电路的输入电阻 R_{ab}。

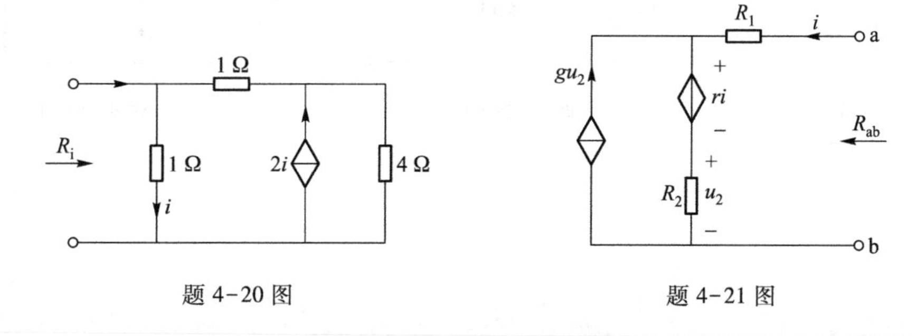

题 4-20 图　　　　题 4-21 图

4-22　求题 4-22 图所示电路的输入电阻 R_i。

4-23　求题 4-23 图所示电路的输出电阻 R_o。

4-24　求题 4-24 图所示电路的输出电阻 R_o。

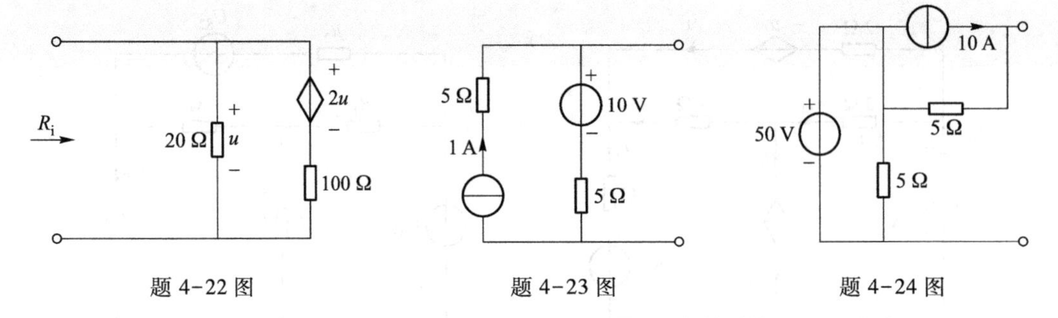

题 4-22 图　　题 4-23 图　　题 4-24 图

4-25　求题 4-25 图所示电路的输出电阻 R_o。

4-26　求题 4-26 图所示电路的输出电阻 R_o。

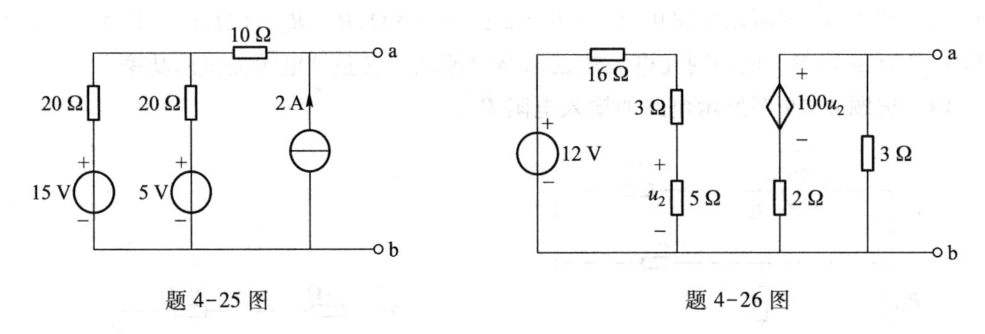

题 4-25 图　　题 4-26 图

4-27　求题 4-27 图所示电路的输出电阻 R_o。

4-28　求题 4-28 图所示电路的输出电阻 R_o。

4-29　求题 4-29 图所示电路的输出电阻 R_o。

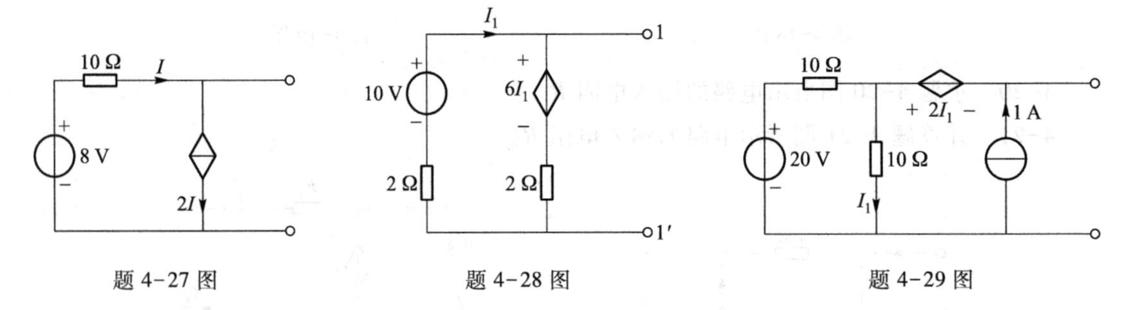

题 4-27 图　　题 4-28 图　　题 4-29 图

第5章 电路的基本定理

内容提要　本章介绍电路理论中的一些重要定理，具体内容包括：叠加定理与齐性定理、替代定理、戴维南定理和诺顿定理、最大功率传输定理、特勒根定理、互易定理。

5.1 叠加定理与齐性定理

5.1.1 叠加定理

线性电路最基本的性质是叠加性，叠加定理是这一性质的概括与体现。该定理的内容为：任何一个具有唯一解的线性电路，在含有多个独立源的情况下，电路中任何支路上的电压或电流等于各个独立源单独作用时在该支路中产生的电压或电流的代数和。

叠加定理证明如下。

对一个具有 b 条支路、$n+1$ 个节点的电路，独立节点数为 n。记 n 个独立节点电压为 $u_{nk}(k=1,2,\cdots,n)$，用节点法建立的方程为

$$\begin{cases} G_{11}u_{n1}+G_{12}u_{n2}+\cdots+G_{1k}u_{nk}+\cdots+G_{1n}u_{nn}=i_{S11} \\ G_{21}u_{n1}+G_{22}u_{n2}+\cdots+G_{2k}u_{nk}+\cdots+G_{2n}u_{nn}=i_{S22} \\ \qquad\vdots \\ G_{k1}u_{n1}+G_{k2}u_{n2}+\cdots+G_{kk}u_{nk}+\cdots+G_{kn}u_{nn}=i_{Skk} \\ \qquad\vdots \\ G_{n1}u_{n1}+G_{n2}u_{n2}+\cdots+G_{nk}u_{nk}+\cdots+G_{nn}u_{nn}=i_{Snn} \end{cases} \tag{5-1}$$

用线性代数的方法，可解出各节点的电压为

$$u_{nk}=\frac{\Delta_{1k}}{\Delta}i_{S11}+\frac{\Delta_{2k}}{\Delta}i_{S22}+\cdots+\frac{\Delta_{kk}}{\Delta}i_{Skk}+\cdots+\frac{\Delta_{nk}}{\Delta}i_{Snn}\quad(k=1,2,\cdots,n) \tag{5-2}$$

其中，Δ 为节点电压法方程的系数行列式，$\Delta_{jk}(j=1,2,\cdots,n;k=1,2,\cdots,n)$ 为 Δ 的第 j 行、第 k 列的余子式，对于线性电路，它们均为常数。由于 i_{S11}、i_{S22}、…、i_{Skk}、…、i_{Snn} 都是电路中独立源的线性组合，故任何一个节点电压都是电路中独立源的线性组合。由于节点电压是一组独立电路变量，电路中任何支路的电压、电流均可由节点电压的组合求出，即当电路中有 g 个电压源

和 h 个电流源时，任一支路的电压 $u_f(f=1,2,\cdots,b)$ 和支路的电流 $i_f(f=1,2,\cdots,b)$ 都可写为

$$
\begin{aligned}
u_f &= K_{f1}u_{S1}+K_{f2}u_{S2}+\cdots+K_{fg}u_{Sg}+k_{f1}i_{S1}+k_{f2}i_{S2}+\cdots+k_{fh}i_{Sh} \\
&= \sum_{m=1}^{g} K_{fm}u_{Sm}+\sum_{m=1}^{h} k_{fm}i_{Sm} \quad (f=1,2,\cdots,b)
\end{aligned} \tag{5-3}
$$

$$
\begin{aligned}
i_f &= K'_{f1}u_{S1}+K'_{f2}u_{S2}+\cdots+K'_{fg}u_{Sg}+k'_{f1}i_{S1}+k'_{f2}i_{S2}+\cdots+k'_{fh}i_{Sh} \\
&= \sum_{m=1}^{g} K'_{fm}u_{Sm}+\sum_{m=1}^{h} k'_{fm}i_{Sm} \quad (f=1,2,\cdots,b)
\end{aligned} \tag{5-4}
$$

可见，任何支路上的电压、电流均是独立源的线性组合，等于电路中各个独立源单独作用时在该支路中产生的电压或电流的代数和。

以上证明过程是在式(5-1)所示方程的系数行列式 $\Delta\neq 0$ 的条件下得到的，这时方程的解(节点电压)存在且唯一，说明叠加定理须在电路具有唯一解的条件下应用。如图 5-1 所示电路，容易求得 $i_1+i_2=1$ A，但 i_1 和 i_2 的具体数值不具有唯一性，故对该电路不可应用叠加定理。后面涉及叠加定理时，讨论的线性电路均指具有唯一解的线性电路。

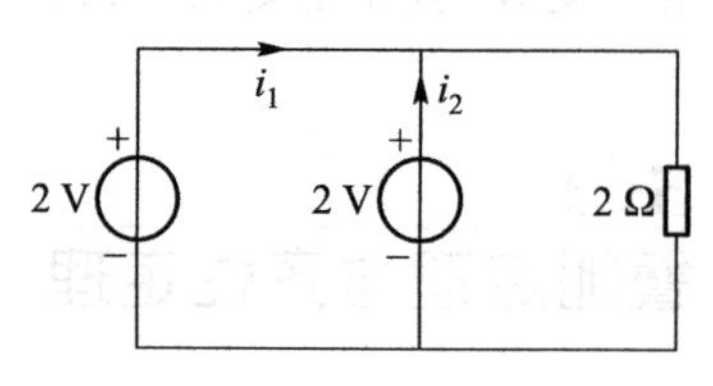

图 5-1　不具有唯一解的电路

应用叠加定理时涉及独立源单独作用，须将不作用的独立源置零。前面已讨论过，电压源置零是将其短路；电流源置零是将其断路。这可通过图 5-2 进一步加以说明。

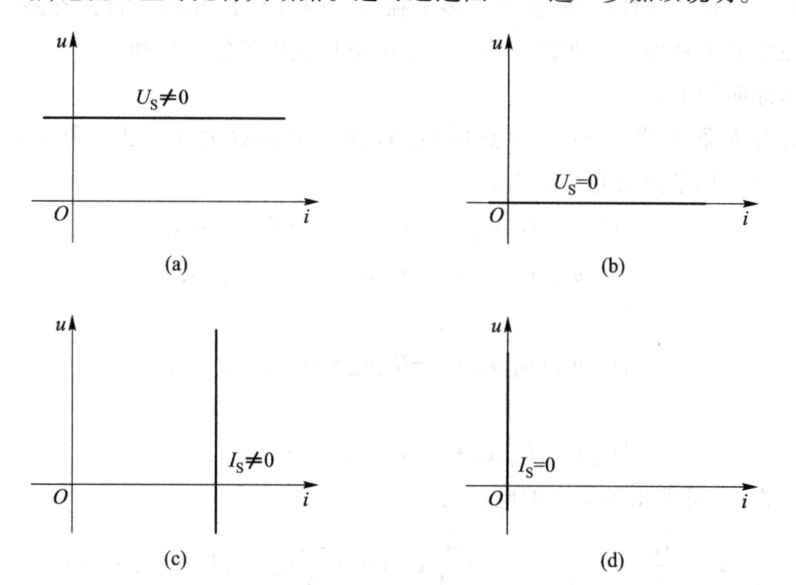

图 5-2　独立电源置零对应的情况

(a) 直流电压源特性　(b) $U_S=0$ 时的直流电压源　(c) 直流电流源特性　(d) $I_S=0$ 时的直流电压源

图 5-2(a)所示是直流电压源的特性，令 $U_S=0$，可得图 5-2(b)，与短路一致。图 5-2(c)所示是直流电流源的特性，令 $I_S=0$，可得图 5-2(d)，与断路一致。

下面，以图 5-3(a)所示电路为例来验证叠加定理。

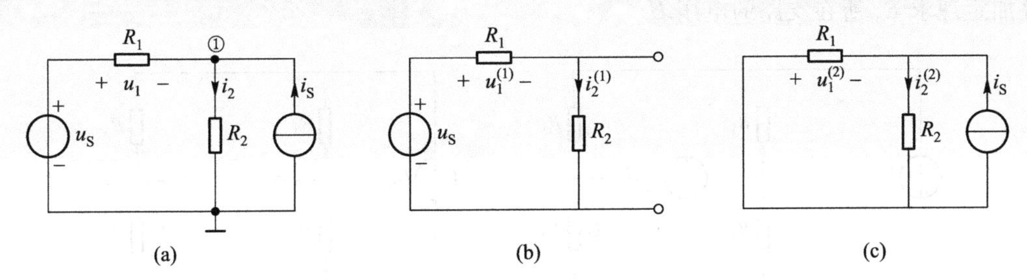

图 5-3 验证叠加定理的电路

(a) 原电路 (b) 电压源单独作用电路 (c) 电流源单独作用电路

欲求图 5-3(a)所示电路中的 u_1 及 i_2，用节点法列方程有

$$\left(\frac{1}{R_1}+\frac{1}{R_2}\right)u_{n1}=\frac{1}{R_1}u_S+i_S$$

解得

$$u_{n1}=\frac{R_2}{R_1+R_2}u_S+\frac{R_1R_2}{R_1+R_2}i_S$$

所以有

$$u_1=u_S-u_{n1}=\frac{R_1}{R_1+R_2}u_S-\frac{R_1R_2}{R_1+R_2}i_S$$

$$i_2=\frac{u_{n1}}{R_2}=\frac{1}{R_1+R_2}u_S+\frac{R_1}{R_1+R_2}i_S$$

可见，u_1 和 i_2 均为 u_S 和 i_S 的线性组合。设

$$\begin{cases}u_1^{(1)}=\dfrac{R_1}{R_1+R_2}u_S\\[2mm] i_2^{(1)}=\dfrac{1}{R_1+R_2}u_S\end{cases},\quad\begin{cases}u_1^{(2)}=-\dfrac{R_1R_2}{R_1+R_2}i_S\\[2mm] i_2^{(2)}=\dfrac{R_1}{R_1+R_2}i_S\end{cases}$$

有

$$u_1=u_1^{(1)}+u_1^{(2)},\quad i_2=i_2^{(1)}+i_2^{(2)}$$

显然，$u_1^{(1)}$、$u_1^{(2)}$ 分别是电压源 u_S 和电流源 i_S 单独作用时在 R_1 支路产生的电压，如图 5-3(b)和(c)所示。同样，$i_2^{(1)}$、$i_2^{(2)}$ 分别是电压源 u_S 和电流源 i_S 单独作用时在 R_2 支路产生的电流。这样，就验证了叠加定理。

叠加定理可分组应用。若电路中存在多个独立源，可将独立源分组，分别计算每一组独立源产生的电压和电流，然后将各组结果叠加，可得最终结果。

由叠加定理和其证明过程可知，叠加定理只适用于线性电路，不适用于非线性电路，并且不能用于功率的计算。另外，独立源单独作用时，受控源应保留不变。

例 5-1 在图 5-4(a)所示电路中,$U_S=5\ \mathrm{V}$、$I_S=6\ \mathrm{A}$、$R_1=2\ \Omega$、$R_2=3\ \Omega$、$R_3=1\ \Omega$、$R_4=4\ \Omega$,用叠加定理求 R_4 所在支路的电压 U。

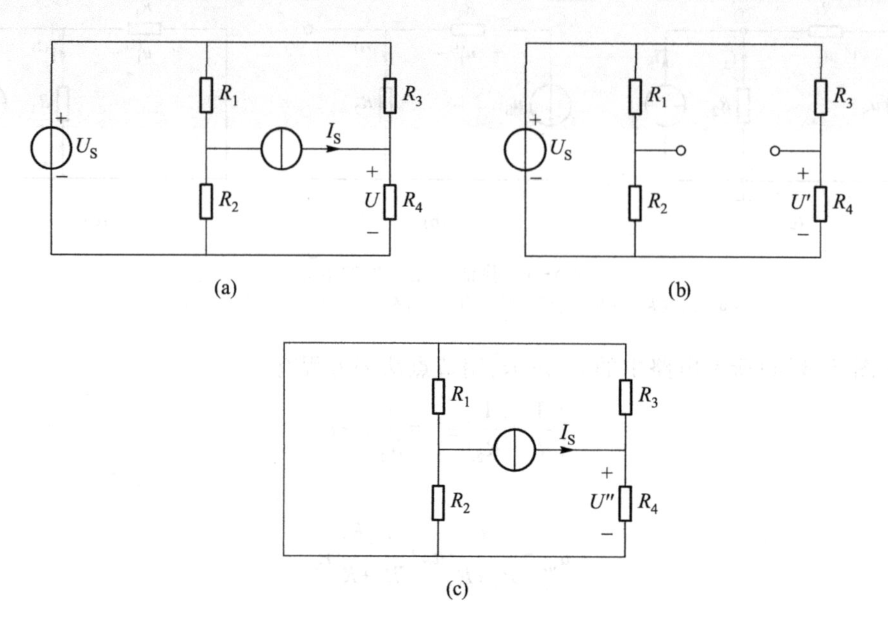

图 5-4 例 5-1 电路

(a) 原电路 (b) 电压源单独作用电路 (c) 电流源单独作用电路

解 (1) 当 5 V 电压源单独作用时,将电流源开路,见图 5-4(b),应用分压公式,可求得此时 4 Ω 电阻上的电压为

$$U'=\frac{R_4}{R_3+R_4}\times U_S=\left(\frac{4}{1+4}\times 5\right)\ \mathrm{V}=4\ \mathrm{V}$$

(2) 当 6 A 电流源单独作用时,将电压源短路,见图 5-4(c),应用分流公式,可求得此时 4 Ω 电阻上的电压为

$$U''=\frac{R_3}{R_3+R_4}\times I_S\times R_4=\left(\frac{1}{1+4}\times 6\times 4\right)\ \mathrm{V}=4.8\ \mathrm{V}$$

(3) 当 5 V 电压源与 6 A 电流源共同作用时,4 Ω 电阻上的电压为

$$U=U'+U''=(4+4.8)\ \mathrm{V}=8.8\ \mathrm{V}$$

可见,应用叠加定理,可把复杂电路转换成相对简单的电路进行处理。

例 5-2 图 5-5(a)所示电路中,$U_S=20\ \mathrm{V}$、$I_S=3\ \mathrm{A}$、$r=2\ \Omega$、$R_1=2\ \Omega$、$R_2=1\ \Omega$,试用叠加定理求电路中的电流 I。

解 电源单独作用时,受控源应保留在电路中。当 20 V 电压源单独作用时,将 3 A 电流源开路,如图 5-5(b)所示。由 KVL 可得

$$R_1I'-U_S+rI'+R_2I'=0,\quad 即\ 2I'-20+2I'+I'=0$$

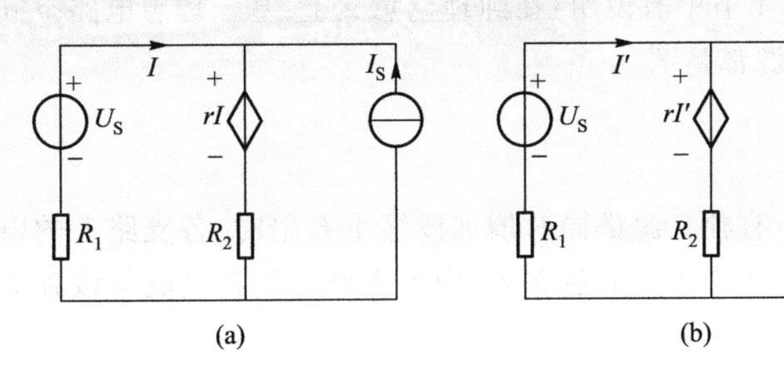

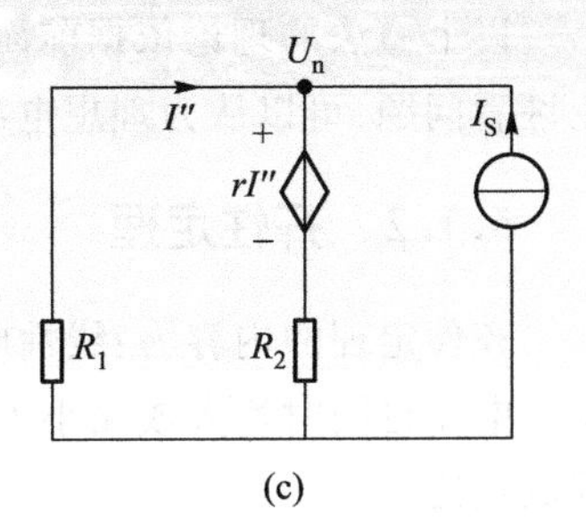

图 5-5 例 5-2 电路

(a) 原电路 (b) 电压源单独作用的电路 (c) 电流源单独作用的电路

解得 $I'=4$ A。

3 A 电流源单独作用时，将 20 V 电压源短路，如图 5-5(c)所示。设下面的节点为参考节点，上面节点的电压为 U_n，由节点法可得

$$\begin{cases}\left(\dfrac{1}{R_1}+\dfrac{1}{R_2}\right)U_n=I_S+\dfrac{rI''}{R_2}\\ I''=-\dfrac{U_n}{R_1}\end{cases},\quad 即\begin{cases}\left(\dfrac{1}{2}+\dfrac{1}{1}\right)U_n=3+\dfrac{2I''}{1}\\ I''=-\dfrac{U_n}{2}\end{cases}$$

解得 $I''=-0.6$ A。

电压源和电流源共同作用时，电流 I 为

$$I=I'+I''=(4-0.6)\ \text{A}=3.4\ \text{A}$$

前面已说明，应用叠加定理的过程中，独立电源单独作用时，受控电源应保留不变，这其实是基于物理背景给出的一个处理原则。站在狭义电路理论的立场，从计算方法的角度看问题，独立电源单独作用时，受控电源可以置零，但这时要考虑由于受控源的存在而带来的变化。这种处理方式是有意义的，因为当电路中无受控源时，相关的处理要简单许多。下面结合例 5-2 所示电路给出一个示例。

对图 5-5(a)所示电路，应用叠加定理时受控电源不保留在电路中，当 20 V 电压源单独作用时，将图 5-5(b)所示电路中受控源短路，可得 $I'=\dfrac{U_S}{R_1+R_2}=\dfrac{20}{2+1}\ \text{A}=6\dfrac{2}{3}\ \text{A}$；当 3 A 电流源单独作用时，将图 5-5(c)所示电路中受控源短路，可得 $I''=-\dfrac{R_2}{R_1+R_2}\times I_S=-\left(\dfrac{1}{2+1}\times 3\right)\ \text{A}=-1\ \text{A}$；求受控源的存在带来的变化时，将图 5-5(a)所示电路中的独立电源置零，这时 R_1 支路上的电流 I 变为 I'''，而受控源的控制量为 $I=I'+I''+I'''=5\dfrac{2}{3}\ \text{A}+I'''$，列 KVL 方程有 $(R_1+R_2)I'''+rI=(2+1)I'''+2\times\left(5\dfrac{2}{3}+I'''\right)=0$，解得 $I'''=-2\dfrac{4}{15}$ A；最终结果为 $I=I'+I''+I'''=\left[6\dfrac{2}{3}+(-1)+\left(-2\dfrac{4}{15}\right)\right]\ \text{A}=3.4\ \text{A}$。可见结果与例 5-2 一致。

以上做法的理论依据前面曾给出。4.1节中有说明：在纯理论意义上，基于理想电路空间Ⅰ区看问题，可以认为理想电源和受控电源都是源。

5.1.2 齐性定理

齐性定理的内容为：线性电路中，当所有独立源都同时增加或缩小K倍时，各支路上的电压和电流也同时增大或缩小K倍；若电路中只有一个独立源，则各支路电压和电流与该独立源成正比。

齐性定理的证明过程类似于叠加定理，此处略。

例5-3 求图5-6所示链式电路中各支路电流。

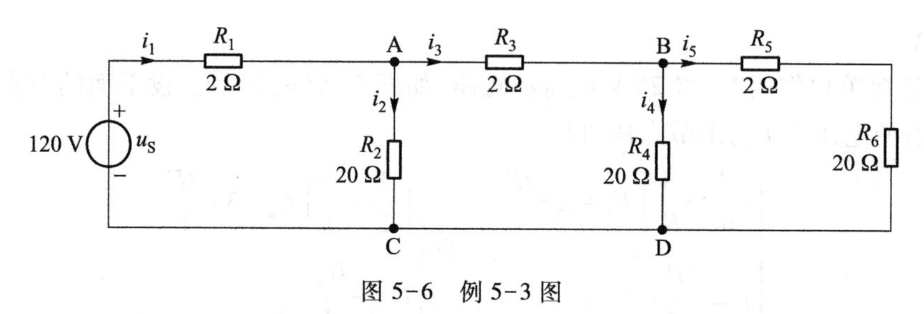

图5-6 例5-3图

解 设R_5电阻支路电流$i_5'=1$ A，则

$$u_{BC}'=(R_5+R_6)i_5'=[(2+20)\times1]\text{ V}=22\text{ V}$$

$$i_4'=\frac{u_{BC}'}{R_4}=\frac{22}{20}\text{ A}=1.1\text{ A}$$

$$i_3'=i_4'+i_5'=(1.1+1)\text{ A}=2.1\text{ A}$$

$$u_{AD}'=R_3i_3'+u_{BC}'=(2\times2.1+22)\text{ V}=26.2\text{ V}$$

$$i_2'=\frac{u_{AD}'}{R_2}=\frac{26.2}{20}\text{ A}=1.31\text{ A}$$

$$i_1'=i_2'+i_3'=(1.31+2.1)\text{ A}=3.41\text{ A}$$

$$u_S'=R_1i_1'+u_{AD}'=(2\times3.41+26.2)\text{ V}=33.02\text{ V}$$

以上结果说明，当R_5上的电流$i_5'=1$ A时，电压源为$u_S'=33.02$ V。现给定的电压源$u_S=120$ V，两者比例关系为$K=\frac{u_S}{u_S'}=\frac{120}{33.02}=3.63$。根据齐性定理，当$u_S=120$ V时，应有$i_1=Ki_1'=12.38$ A，$i_2=Ki_2'=4.76$ A，$i_3=Ki_3'=7.62$ A，$i_4=Ki_4'=3.99$ A，$i_5=Ki_5'=3.63$ A。

本例的计算是先从链式电路远离电源的一端开始，对该处的电压或电流假设一个便于计算的值，再依次倒推至电源处，最后利用齐性定理修正结果，从而求得正确的解。这种计算方法通常称为“倒推法”。

5.2 替代定理

替代定理也称为置换定理，对线性电路和非线性电路都适用。其内容为：一个具有唯一解的电路，若某支路的电压和电流分别为 u_k 和 i_k，无论该支路的组成如何，只要此支路与其他支路无耦合关系，则此支路可以用一个端电压为 u_k 的电压源或者电流为 i_k 的电流源替代，替代后电路的工作状态不变。

替代定理可证明如下。

设图 5-7(a)所示电路中局部电路 N_1 对应支路的端电压为 u_k，在该支路中串入电压为 u_k 但极性相反的两个独立电压源，如图 5-7(b)所示。这时，A、B 间的电压不变，仍为 u_k，局部电路 N_1 两端的电压不变，也为 u_k。可见 A、C 两点电位相等，可以短接，由此就得到了图 5-7(c)所示电路，定理中用电压源替代的内容得证。同理可证明定理中用电流源替代的内容。

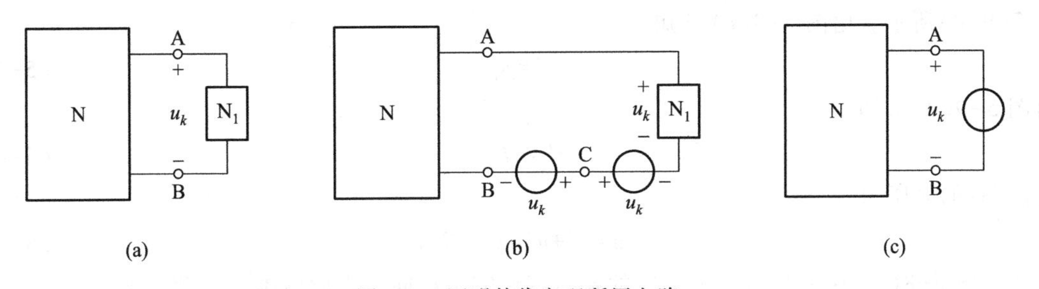

图 5-7　证明替代定理所用电路

(a) 原电路　(b) 串联两个电压源后的电路　(c) 替代后的电路

5.3 戴维南定理和诺顿定理

5.3.1 戴维南定理

戴维南定理的内容是：一个含有独立源的线性二端电阻性电路 N_S[见图 5-8(a)]，对外部电路而言，通常可以用一个理想电压源和电阻的串联组合来等效替代[见图 5-8(b)]。该串联组合中理想电压源的电压等于原二端电路的开路电压 u_{oc}[见图 5-8(c)]，电阻等于原二端电路的输出电阻 $R_o\left[\text{见图 4-11(b)}, R_o=\dfrac{u_{oc}}{i_{sc}}\right]$，也等于将原二端电路内所有独立源置零后得到的无独立源二端电路 N_0 的等效电阻 R_{eq}[见图 5-8(d)]。

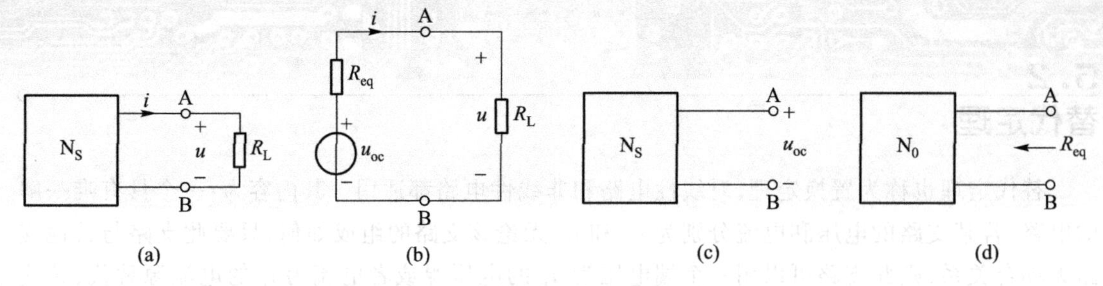

图 5-8　说明戴维南定理的电路

(a) 原电路　(b) N_S 被等效替代后的电路　(c) 求开路电压的电路　(d) 求等效电阻的电路

戴维南定理可证明如下。

图 5-9(a)所示电路中，N_S 与图 5-8(a)中 A、B 左端电路一样，为线性含有独立源的二端电阻性电路，M 为任意的二端电阻性电路。根据替代定理，将 M 用电流为 i 的电流源替代，可得图 5-9(b)所示电路。根据叠加定理，可知图 5-9(b)中的电压 u 由两部分构成，一部分由 N_S 电路中的独立源产生，记为 u'，如图 5-9(c)所示；另一部分由电流源 i 产生，记为 u''，如图 5-9(d)所示。由图 5-9(c)可知

$$u' = u_{oc} \tag{5-5}$$

由图 5-9(d)可知

$$u'' = -R_{eq} i \tag{5-6}$$

所以，总的电压为

$$u = u' + u'' = u_{oc} - R_{eq} i \tag{5-7}$$

此式与图 5-8(b)中 A、B 端左侧电路的端口特性完全相同。由此戴维南定理得证。

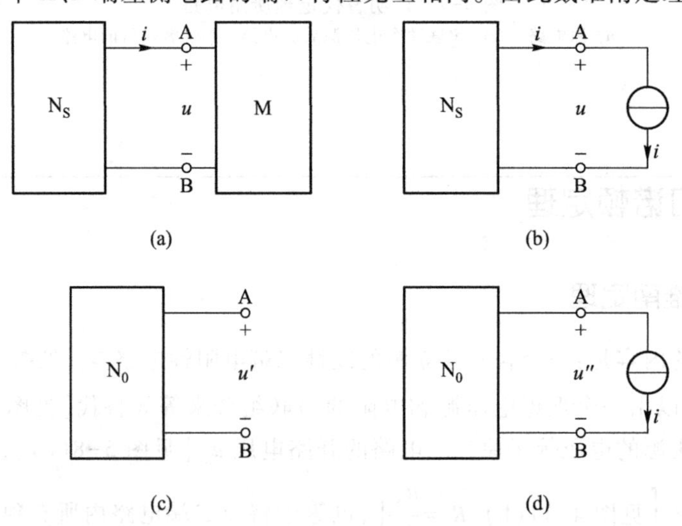

图 5-9　证明戴维南定理的电路

(a) 原电路　(b) 应用替代定理后的电路　(c) 求分量 u' 的电路　(d) 求分量 u'' 的电路

5.3.2 诺顿定理

诺顿定理的内容是：一个含有独立源的线性二端电阻电路 N_S[见图 5-10(a)]，对外部电路而言，通常可以用一个理想电流源和电导的并联组合来等效代替[见图 5-10(b)]。该并联组合中理想电流源的电流等于原二端电路的短路电流 i_{sc}[见图 5-10(c)]，电导等于原二端电路的输出电导 G_o $\left[见图 4-11(b), G_o=\dfrac{i_{sc}}{u_{oc}}\right]$，也等于原二端电路内所有独立源置零后得到的无独立源二端电路 N_0 的等效电导 G_{eq}[见图 5-10(d)]。

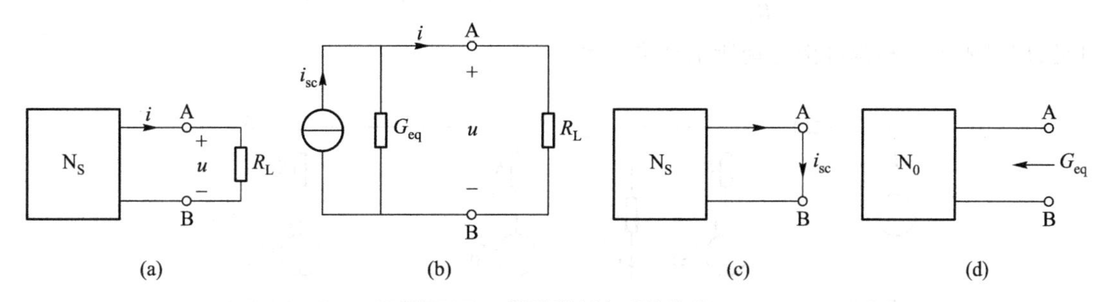

图 5-10　说明诺顿定理的电路

(a) 原电路　(b) N_S 被等效替代后的电路　(c) 求短路电流的电路　(d) 求等效电导的电路

诺顿定理可用类似戴维南定理的证明方法加以证明，此处略。

前面已讨论过电压源和电阻的串联组合与电流源和电导的并联组合之间的等效变换关系。应用该关系，可将戴维南等效电路与诺顿等效电路进行相互转换。由于戴维南等效电路和诺顿等效电路与实际电源考虑自身耗能时的两种模型相同，因此，戴维南定理和诺顿定理也被合称为等效电源定理。等效电源定理只能应用于线性电路。

例 5-4　在图 5-11(a) 所示电路中，电流源 $I_{S1}=1\ \text{A}$，电压源 $U_{S2}=10\ \text{V}$，$R_1=R_2=2\ \Omega$，负载电阻 $R_L=20\ \Omega$。(1) 用戴维南定理求负载电流 I_L。(2) 用诺顿定理求负载电流 I_L。

解　(1) 用戴维南定理求负载电流 I_L。

令负载 R_L 断开，可得图 5-11(b) 所示电路。注意电路中 R_1 与电流源串联，对外部不起作用，是虚元件。由此可求得开路电压为

$$U_{oc}=U_{S2}+I_{S1}R_2=(10+1\times2)\ \text{V}=12\ \text{V}$$

将图 5-11(b) 电路中的独立源置零，得图 5-11(c) 所示电路，可得等效电阻为

$$R_{eq}=R_2=2\ \Omega$$

根据戴维南等效电路可求得负载电流为

$$I_L=\frac{U_{oc}}{R_{eq}+R_L}=\frac{12}{2+20}\ \text{A}=0.545\ \text{A}$$

(2) 用诺顿定理求负载电流 I_L。

令负载 R_L 短路，可得图 5-11(d)，由此可求得短路电流为

$$I_{sc}=I_{S1}+\frac{U_{S2}}{R_2}=\left(1+\frac{10}{2}\right)\text{ A}=6\text{ A}$$

可得输出电导也即等效电导为 $G_{eq}=\frac{I_{sc}}{U_{oc}}=\frac{6}{12}\text{S}=0.5\text{ S}$。利用分流公式，由诺顿等效电路可求得负载电流为

$$I_L=\frac{\frac{1}{R_L}}{G_{eq}+\frac{1}{R_L}}I_{sc}=\frac{1}{R_LG_{eq}+1}I_{sc}=\left(\frac{1}{20\times\frac{1}{2}+1}\times 6\right)\text{ A}=0.545\text{ A}$$

可见，用诺顿定理和戴维南定理所求结果一致。

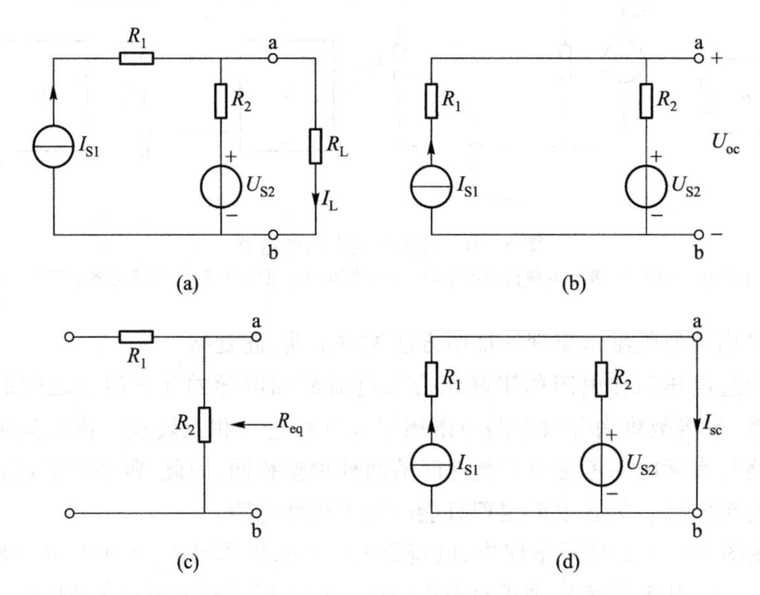

图 5-11　例 5-4 电路

(a) 原电路　(b) 负载断开后的电路　(c) 独立源置零、负载断开后的电路　(d) 负载处短路后的电路

例 5-5　求图 5-12(a)所示电路的最简等效电路。

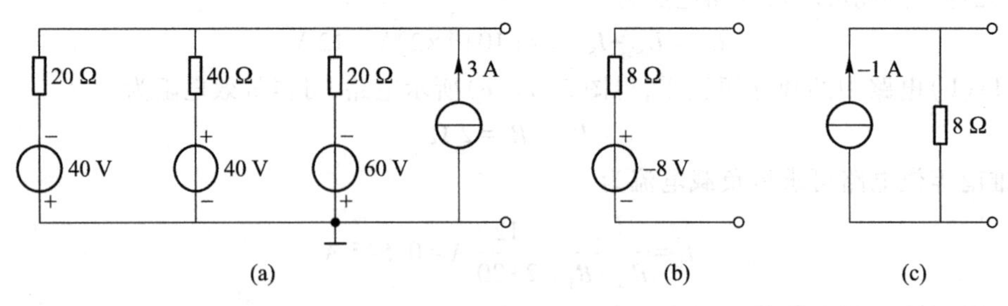

图 5-12　例 5-5 电路

(a) 原电路　(b) 戴维南等效电路　(c) 诺顿等效电路

解 戴维南电路或诺顿电路就是含独立源线性二端电路的最简等效电路。对图 5-12(a)所示电路建立节点电压法方程有

$$\left(\frac{1}{20}+\frac{1}{40}+\frac{1}{20}\right)U_{n1}=-\frac{40}{20}+\frac{40}{40}-\frac{60}{20}+3$$

解得 $U_{n1}=-8$ V,所以开路电压为 $U_{oc}=U_{n1}=-8$ V。

将电路内部所有独立源置零,所得电路为三个电阻并联,可求得等效电阻为 $R_{eq}=\frac{1}{20//40//20}\ \Omega=8\ \Omega$。于是,可得戴维南等效电路如图 5-12(b)所示。

也可求得短路电流为

$$I_{sc}=\frac{U_{oc}}{R_{eq}}=\frac{-8}{8}\text{A}=-1\ \text{A}$$

所以,诺顿等效电路如图 5-12(c)所示。

例 5-6 求图 5-13(a)所示电路的最简等效电路,其中 $i_c=0.75i_1$。

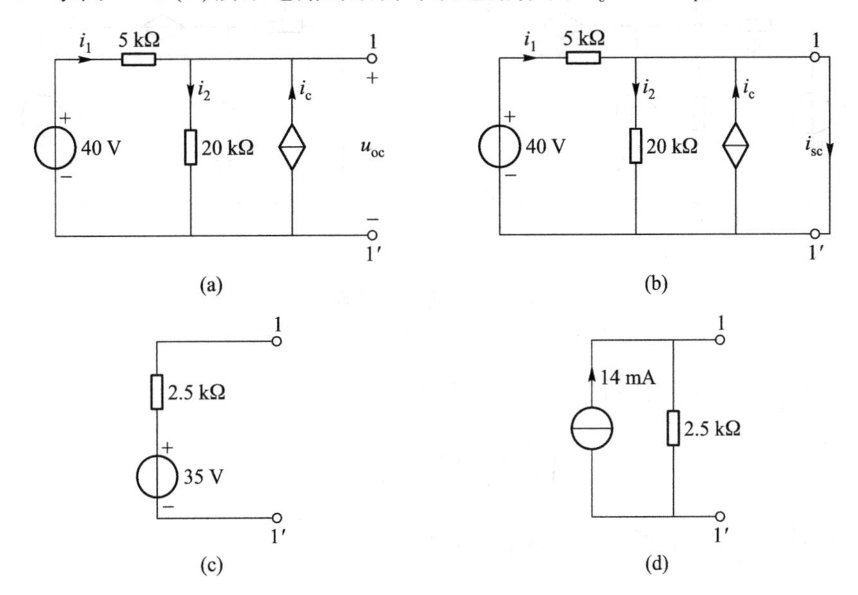

图 5-13 例 5-6 电路

(a) 原电路 (b) 输出端短路后的电路 (c) 戴维南等效电路 (d) 诺顿等效电路

解 对图 5-13(a)所示电路可列出如下节点电压法方程:

$$\left(\frac{1}{5\times1000}+\frac{1}{20\times1000}\right)u_{oc}=\frac{40}{5\times1000}+i_c$$

$$i_c=0.75i_1=0.75\times\frac{40-u_{oc}}{5\times1000}$$

解得 $u_{oc}=35$ V。当端口 1-1′短路时,电路如图 5-13(b)所示,此时 $i_2=0$,可有

$$i_{sc}=i_1+i_c$$

$$i_c=0.75i_1$$

$$i_1=\frac{40}{5\times1000}\text{ A}$$

解得 $i_{sc}=14\times10^{-3}$ A。输出电阻也即等效电阻为

$$R_{eq}=\frac{u_{oc}}{i_{sc}}=\frac{35}{14\times10^{-3}}\ \Omega=2.5\times10^3\ \Omega=2.5\text{ k}\Omega$$

可得戴维南等效电路和诺顿等效电路分别如图 5-13(c)和(d)所示。

前面介绍戴维南定理和诺顿定理时，给出的内容中有"通常"二字，原因是某些理想电路只能等效为纯电压源、纯电流源或单独的电阻。

例 5-7 求图 5-14(a)所示电路的戴维南等效电路和诺顿等效电路，并讨论该电路参数间的关系对结果的影响。

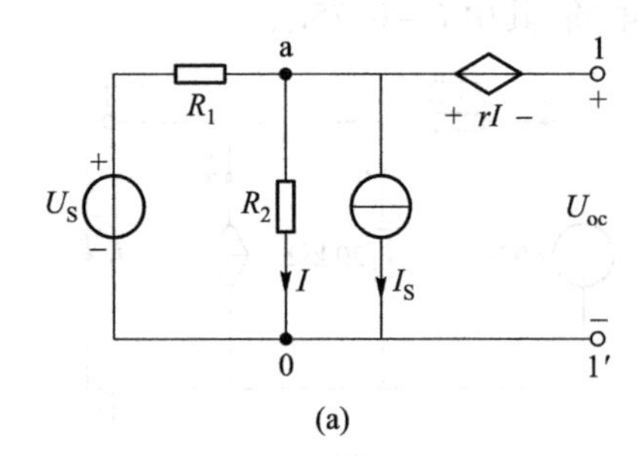

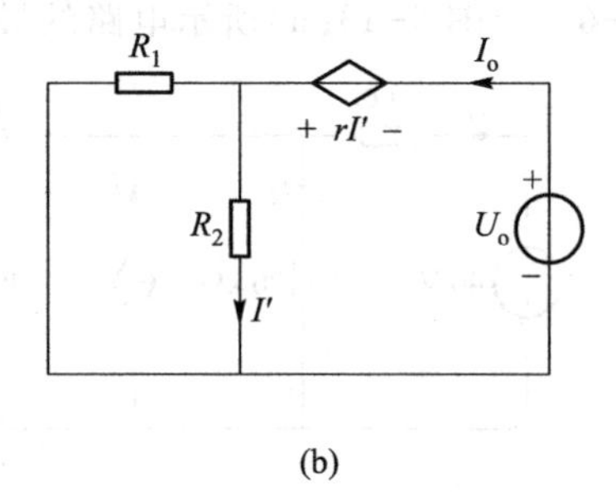

图 5-14 例 5-7 电路

(a) 原电路 (b) 求戴维南等效电阻电路

解 由图 5-14(a)可知，1-1′开路时，节点法方程为

$$\left(\frac{1}{R_1}+\frac{1}{R_2}\right)U_{a0}=\frac{U_S}{R_1}-I_S$$

而 $U_{oc}=U_{a0}-rI=\left(1-\frac{r}{R_2}\right)U_{a0}$，可求得开路电压为

$$U_{oc}=\frac{\left(1-\frac{r}{R_2}\right)\left(\frac{U_S}{R_1}-I_S\right)}{\frac{1}{R_1}+\frac{1}{R_2}}$$

用外加电源法求戴维南等效电阻，电路如图 5-14(b)所示。由图可得

$$U_o=R_2I'-rI'$$

$$R_1\times(I_o-I')=R_2I'$$

可解得戴维南等效电阻为

$$R_{eq}=\frac{U_o}{I_o}=\frac{1-\frac{r}{R_2}}{\frac{1}{R_1}+\frac{1}{R_2}}$$

所以,1-1′短路时的短路电流为

$$I_{sc}=\frac{U_{oc}}{R_{eq}}=\frac{U_S}{R_1}-I_S$$

这样,戴维南等效电路和诺顿等效电路的参数均已求得。

下面讨论五种参数关系下的结果。① $\frac{U_S}{R_1}\neq I_S$、$r\neq R_2$,此时戴维南等效电路和诺顿等效电路均存在(U_{oc}、R_{eq}、I_{sc} 前面已给出);② $\frac{U_S}{R_1}=I_S$、$r\neq R_2$,此时 $U_{oc}=0$、$I_{sc}=0$,$R_{eq}=\frac{1-\frac{r}{R_2}}{\frac{1}{R_1}+\frac{1}{R_2}}\neq 0$,电路等效为一个电阻,戴维南等效电路和诺顿等效电路均存在;③ $\frac{U_S}{R_1}\neq I_S$、$r=R_2$,此时 $U_{oc}=0$、$I_{sc}=\frac{U_S}{R_1}-I_S\neq 0$,$R_{eq}=\frac{U_{oc}}{I_{sc}}=0$,电路等效为一条短路线,其上电流不为零,诺顿等效电路不存在;④ $\frac{U_S}{R_1}=I_S$、$r=R_2$,此时 $U_{oc}=0$、$I_{sc}=0$,$R_{eq}=0$,电路等效为一条短路线,其上电流为零,诺顿等效电路不存在。⑤ $\frac{1}{R_1}+\frac{1}{R_2}=0$,即 R_1 和 R_2 中有一个为负值,则 $G_{eq}=\frac{1}{R_{eq}}=\frac{\frac{1}{R_1}+\frac{1}{R_2}}{1-\frac{r}{R_2}}=0$,$I_{sc}=\frac{U_S}{R_1}-I_S$,戴维南等效电路不存在。

可见,不同参数的组合会导致多种结果。另外,还可以看到,尽管③、④两种条件下的等效电路皆为短路线,但还可能存在不同。如何解释这一现象?读者可深入思考。提醒读者,应在理想电路空间Ⅰ区中思考问题并寻求答案。

5.4 最大功率传输定理

工程中经常要讨论一个可变负载接入电路时,在什么条件下负载能够获得最大功率的问题。

设负载 R_L 接入后的电路如图 5-15 所示,则负载功率为

$$P_L = i^2 R_L = \left(\frac{u_S}{R_S+R_L}\right)^2 R_L \tag{5-8}$$

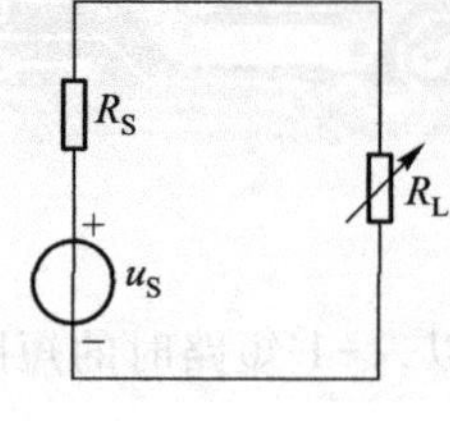

R_L 变化则 P_L 随之变化。为求 P_L 的最大值,可令$\frac{dP_L}{dR_L}=0$,即

$$\frac{dP_L}{dR_L}=\frac{(R_S+R_L)^2-2(R_S+R_L)R_L}{(R_S+R_L)^4}u_S^2=\frac{R_S-R_L}{(R_S+R_L)^3}u_S^2=0 \tag{5-9}$$

图 5-15　负载接入电路

可得 $R_L=R_S$。可见,负载获得最大功率的条件是满足 $R_L=R_S$,此时,由式(5-8)可知,负载获得的最大功率为

$$P_{Lmax}=\frac{u_S^2}{4R_S} \tag{5-10}$$

总结以上内容,可得最大功率传输定理:含独立源的线性二端电阻电路,若其开路电压为 u_{oc},戴维南等效电阻为 R_{eq},当负载电阻 R_L 与戴维南等效电阻 R_{eq} 相等时,负载可获得最大功率,且最大功率为 $P_{Lmax}=\frac{u_{oc}^2}{4R_{eq}}$。

例 5-8　电路如图 5-16 所示,问 R_L 为何值时可获得最大功率? 求此最大功率。

解　很容易求得 R_L 移走后电路的开路电压为 $u_{oc}=3$ V,戴维南等效电阻为 $R_{eq}=12\ \Omega$,所以,当 $R_L=12\ \Omega$ 时可获得最大功率,该最大功率为

$$P_{Lmax}=\frac{u_{oc}^2}{4R_{eq}}=\frac{3^2}{4\times12}\ \text{W}=0.1875\ \text{W}$$

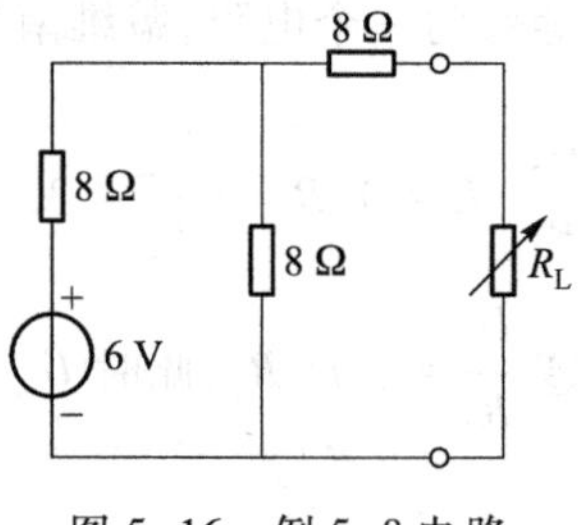

图 5-16　例 5-8 电路

5.5 特勒根定理

特勒根定理有两种具体表现形式,相关证明将在 17.4 节中给出。由于定理的证明不涉及支路的具体内容,也就是说与元件无关,而电路的类型是由元件决定的,因此,该定理对线性电路、非线性电路、时变电路、时不变电路都适用。

特勒根定理 1:一个具有 n 个节点和 b 条支路的电路,设全部支路电压、支路电流均取关联参考方向,则全部支路的电压与电流乘积之和为零,即

$$\sum_{k=1}^{b} u_k i_k = 0 \tag{5-11}$$

特勒根定理 2:两个具有相同拓扑结构(把支路用线段表示后得到的图形称为拓扑图,拓扑图相同的电路具有相同的拓扑结构)的不同电路,当对应支路具有相同编号并具有相同参考方向时,将两电路的支路电压、支路电流分别记为$(i_1,i_2,\cdots,i_b)(u_1,u_2,\cdots,u_b)$和$(\hat{i}_1,\hat{i}_2,\cdots,$

$\hat{i}_b$)($\hat{u}_1,\hat{u}_2,\cdots,\hat{u}_b$),并设两个电路中全部支路的电压、电流均取关联参考方向,将一个电路的支路电压(电流)与另一个电路相应支路的电流(电压)相乘,则全部乘积之和为零,即

$$\begin{cases}\sum_{k=1}^{b} u_k\hat{i}_k=0 \\ \sum_{k=1}^{b} \hat{u}_k i_k=0\end{cases} \tag{5-12}$$

特勒根定理 1 是电路功率守恒的具体体现,说明任何一个电路中全部支路的功率之和恒等于零,所以,特勒根定理 1 也称为功率守恒定理。

特勒根定理 2 中的各项为电压和电流的乘积,具有功率的量纲。但因相乘的电压和电流来自不同的电路,并无实际功率的含义,所以,特勒根定理 2 也称为拟功率守恒定理。

特勒根定理 2 可把两个具有相同拓扑结构的不同电路联系在一起,也可把同一个电路在不同时刻的状况联系在一起。

例 5-9 图 5-17(a)和(b)两电路中,N 仅含电阻,并且完全相同。已知图 5-16(a)中 $I_1=1$ A,$I_2=2$ A;图 5-16(b)中 $\hat{U}_1=4$ V,求 $\hat{I}_2$ 的值。

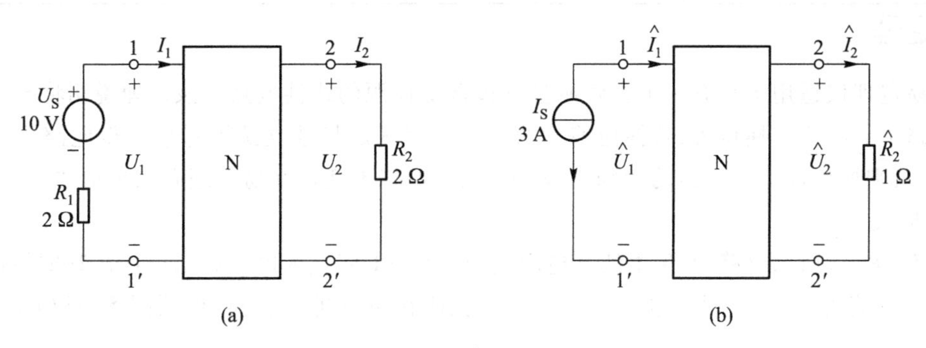

图 5-17 例 5-9 图

(a) 电路一 (b) 电路二

解 图 5-17(a)和(b)是两个不同的电路,但两者的拓扑结构相同,因此可利用拟功率守恒定理求解。

对图 5-17(a)电路,将 U_S、R_1 的串联视为一条支路,其端电压为 $U_1=U_S-R_1I_1=(10-2\times 1)\text{V}=8$ V。根据拟功率守恒定理,可写出下面的两个式子:

$$U_1(-\hat{I}_1)+U_2\hat{I}_2+\sum_{k=3}^{b} U_k\hat{I}_k=0$$

$$\hat{U}_1(-I_1)+\hat{U}_2I_2+\sum_{k=3}^{b} \hat{U}_kI_k=0$$

以上式子中的负号,是因为电压与对应电流为非关联方向所致。因 N 仅含电阻,在图 5-17(a)所示电路中,N 内第 k 条支路上的电压为 $U_k=R_kI_k$;在图 5-17(b)所示电路中,N 内第 k 条支路上的电压为 $\hat{U}_k=R_k\hat{I}_k$,因此有

$$\sum_{k=3}^{b} U_k \hat{I}_k = \sum_{k=3}^{b} R_k I_k \hat{I}_k = \sum_{k=3}^{b} R_k \hat{I}_k I_k = \sum_{k=3}^{b} \hat{U}_k I_k$$

将该式代入前面的两式，可得

$$-U_1 \hat{I}_1 + U_2 \hat{I}_2 = -\hat{U}_1 I_1 + \hat{U}_2 I_2$$

因为 $\hat{I}_1 = -I_S$、$U_2 = R_2 I_2$、$\hat{U}_2 = \hat{R}_2 \hat{I}_2$，所以有

$$U_1 I_S + R_2 I_2 \hat{I}_2 = -\hat{U}_1 I_1 + \hat{R}_2 \hat{I}_2 I_2$$

于是有

$$\hat{I}_2 = \frac{U_1 I_S + \hat{U}_1 I_1}{\hat{R}_2 I_2 - R_2 I_2} = \frac{8\times3+4\times1}{1\times2-2\times2}\ \text{A} = -14\ \text{A}$$

在此例中，N 仅含电阻是重要的前提条件。若非如此，式子 $\sum_{k=3}^{b} U_k \hat{I}_k = \sum_{k=3}^{b} \hat{U}_k I_k$ 不成立，就无法得出结果。

5.6 互易定理

互易定理仅适用于只有一个激励源且不包含受控源的线性电路。该定理说明将激励源与另一支路中的响应交换位置，若换位前后的两个电路满足将独立源置零后所得电路完全相同这一条件，则换位前后两电路的激励与响应的比值保持不变。互易定理有三种形式。

1. 形式 1

图 5-18(a)所示电路中，N 由线性电阻构成，当 1-1′间接入电压源 $u_S(t)$ 时，2-2′间短路线上的响应电流为 $i_2(t)$。现将电压源与响应电流所在位置进行交换，得到图 5-18(b)所示电路，则有 $\dfrac{i_2(t)}{u_S(t)} = \dfrac{\hat{i}_1(t)}{\hat{u}_S(t)}$；当 $\hat{u}_S(t) = u_S(t)$ 时，有 $\hat{i}_1(t) = i_2(t)$。

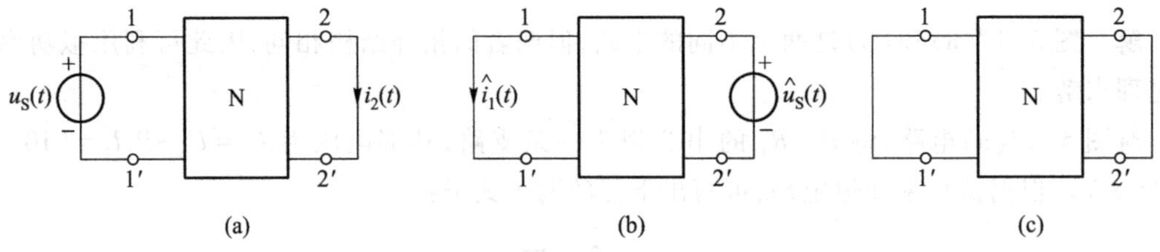

图 5-18　说明互易定理形式 1 的电路

(a) 电路一　(b) 电路二　(c) 独立源置零后的电路

从图 5-18(a)和(b)所示的两个电路中可以看出，将电压源置零后两电路完全相同，如图 5-18(c)所示。这是互易定理中隐含的规律。下面证明互易定理形式 1。

设图 5-18(a)和(b)所示两电路中共有 b 条支路，并设支路电压与支路电流为关联参考方向，由特勒根定理 2 可得

$$\hat{u}_1 i_1+\hat{u}_2 i_2+\sum_{k=3}^{b} \hat{u}_k i_k=0 \tag{5-13}$$

$$u_1 \hat{i}_1+u_2 \hat{i}_2+\sum_{k=3}^{b} u_k \hat{i}_k=0 \tag{5-14}$$

由于 N 由线性电阻构成,所以 $u_k=R_k i_k, \hat{u}_k=R_k \hat{i}_k, k=3,4,\cdots,b$。将它们代入以上两式有

$$\hat{u}_1 i_1+\hat{u}_2 i_2+\sum_{k=3}^{b} R_k \hat{i}_k i_k=0 \tag{5-15}$$

$$u_1 \hat{i}_1+u_2 \hat{i}_2+\sum_{k=3}^{b} R_k i_k \hat{i}_k=0 \tag{5-16}$$

比较两式得

$$\hat{u}_1 i_1+\hat{u}_2 i_2=u_1 \hat{i}_1+u_2 \hat{i}_2 \tag{5-17}$$

对图 5-18(a)而言,有 $u_1=u_S, u_2=0$;对图 5-18(b)而言,有 $\hat{u}_1=0, \hat{u}_2=\hat{u}_S$,把它们代入上式,有

$$\hat{u}_S i_2=u_S \hat{i}_1 \tag{5-18}$$

所以

$$\frac{i_2(t)}{u_S(t)}=\frac{\hat{i}_1(t)}{\hat{u}_S(t)} \tag{5-19}$$

当 $\hat{u}_S(t)=u_S(t)$ 时,有 $\hat{i}_1(t)=i_2(t)$,定理得证。

2. 形式 2

图 5-19(a)所示电路中,N 由线性电阻构成,当 1-1′间接入电流源 $i_S(t)$ 时,2-2′间开路响应电压为 $u_2(t)$。现将电流源与响应电压所在位置进行交换,得到图 5-19(b)所示电路,则有 $\frac{u_2(t)}{i_S(t)}=\frac{\hat{u}_1(t)}{\hat{i}_S(t)}$;当 $\hat{i}_S(t)=i_S(t)$ 时,有 $\hat{u}_1(t)=u_2(t)$。

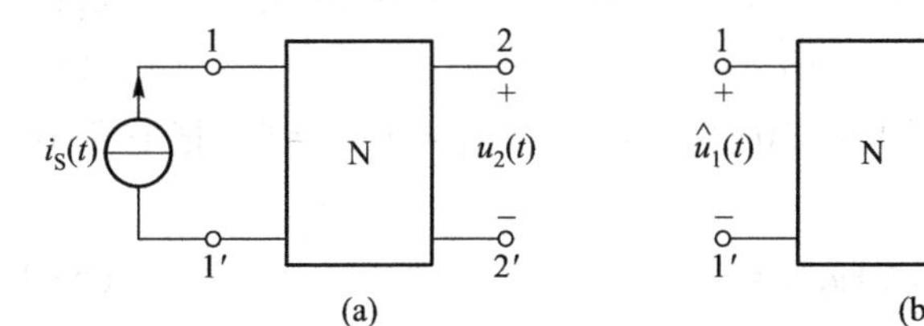

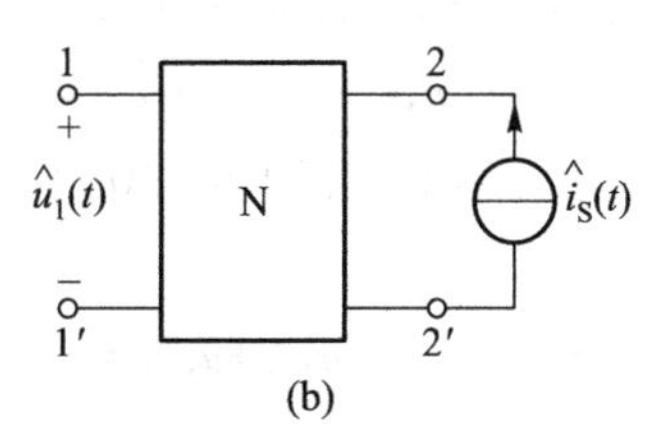

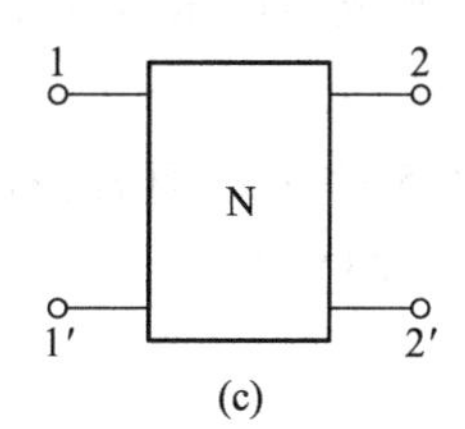

图 5-19　说明互易定理形式 2 的电路

(a) 电路一　(b) 电路二　(c) 独立源置零后的电路

从图 5-19(a)和(b)所示两电路可以看出,将电流源置零后,两电路完全相同,如图 5-19(c)所示。这是互易定理中隐含的规律。下面证明互易定理形式 2。

设支路电压与电流为关联参考方向,针对图 5-19(a)和(b)所示两个电路,由特勒根定理可得以下关系:

$$\hat{u}_1 i_1+\hat{u}_2 i_2=u_1 \hat{i}_1+u_2 \hat{i}_2 \tag{5-20}$$

对图 5-19(a)而言,有 $i_1=-i_S, i_2=0$;对图 5-19(b)而言,有 $\hat{i}_1=0, \hat{i}_2=-\hat{i}_S$,把它们代入

式(5-20),有

$$-\hat{u}_1 i_S = -u_2 \hat{i}_S \tag{5-21}$$

所以

$$\frac{u_2(t)}{i_S(t)} = \frac{\hat{u}_1(t)}{\hat{i}_S(t)} \tag{5-22}$$

当 $\hat{i}_S(t) = i_S(t)$ 时,有 $\hat{u}_1(t) = u_2(t)$,定理得证。

3. 形式 3

图 5-20(a)所示电路中,N 由线性电阻构成,当 1-1′间接入电流源 $i_S(t)$ 时,2-2′间短路响应电流为 $i_2(t)$。将激励与响应所在位置进行交换,并将电流源换为电压源,响应电流换为响应电压,得到图 5-20(b)所示电路,则有 $\frac{i_2(t)}{i_S(t)} = \frac{\hat{u}_1(t)}{\hat{u}_S(t)}$。当数值上有 $\hat{u}_S(t) = i_S(t)$ 时,则数值上有 $\hat{u}_1(t) = i_2(t)$。

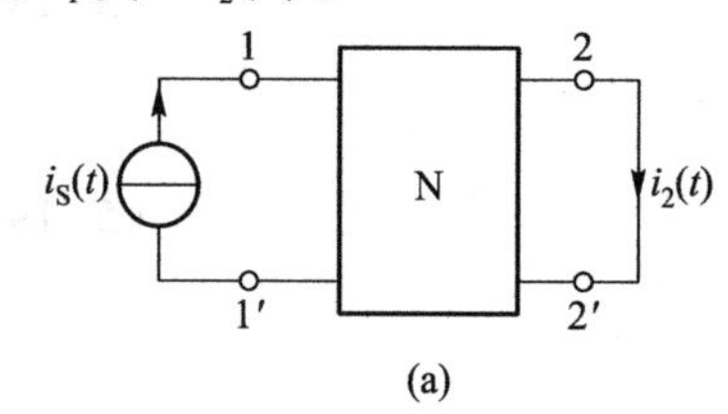

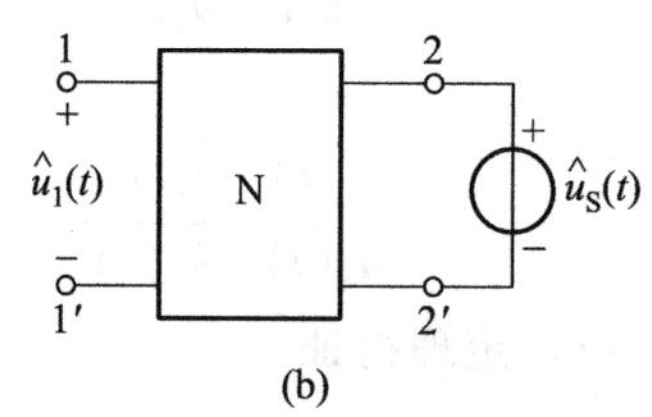

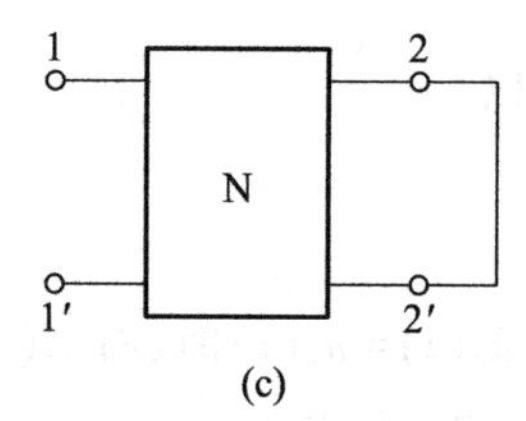

图 5-20　说明互易定理形式 3 的电路

(a) 电路一　(b) 电路二　(c) 独立源置零后的电路

从图 5-20(a)和(b)所示两电路中可以看出,将独立源置为零后两电路完全相同,如图 5-20(c)所示。这是互易定理中隐含的规律。下面证明互易定理形式 3。

设支路电压与电流为关联参考方向,针对图 5-20(a)和(b)所示两电路,有以下关系:

$$\hat{u}_1 i_1 + \hat{u}_2 i_2 = u_1 \hat{i}_1 + u_2 \hat{i}_2 \tag{5-23}$$

对图 5-20(a)而言,有 $i_1 = -i_S$, $u_2 = 0$;对图 5-20(b)而言,有 $\hat{i}_1 = 0$, $\hat{u}_2 = \hat{u}_S$,把它们代入式(5-23),有

$$-\hat{u}_1 i_S + \hat{u}_S i_2 = 0 \tag{5-24}$$

所以

$$\frac{i_2(t)}{i_S(t)} = \frac{\hat{u}_1(t)}{\hat{u}_S(t)} \tag{5-25}$$

当数值上有 $\hat{u}_S(t) = i_S(t)$ 时,则数值上有 $\hat{u}_1(t) = i_2(t)$,定理得证。

互易定理反映了不包含独立源的线性二端口电路传输信号的双向性或可逆性,即可从电路的 A 端口向 B 端口传输信号,也可从 B 端口向 A 端口传输信号。

满足互易定理的电路称为互易电路。由于互易定理通过特勒根定理证明,而证明过程中要用到电路仅由线性电阻构成的条件,故互易电路中不包含受控源。

互易定理中隐含的规律是换位前后的两个电路中的独立源置零后所得电路完全相同。反向

应用这一规律，在开路处加上电流源或标上电压，在短路处加上电压源或标上电流，就可推出（回忆出）互易定理三种形式的具体内容。现以形式 3 为例进行说明。将两个图 5-20(c)左右排列，在左图左边开路处加电流源 $i_{S1}(t)$（方向从下向上），右边短路处标上电流$i_2(t)$（方向从上向下）；在右图左边开路处标上电压 $u_1'(t)$（方向从上向下），右边短路处加上电压源 $u_{S2}'(t)$（方向从上向下），若数值上有 $i_{S1}(t)=u_{S2}'(t)$，则数值上有 $i_2(t)=u_1'(t)$。对形式 1、形式 2 的具体内容，推出（回忆出）的方法是一样的。

例 5-10 试求图 5-21(a)所示电路中的支路电流 I。

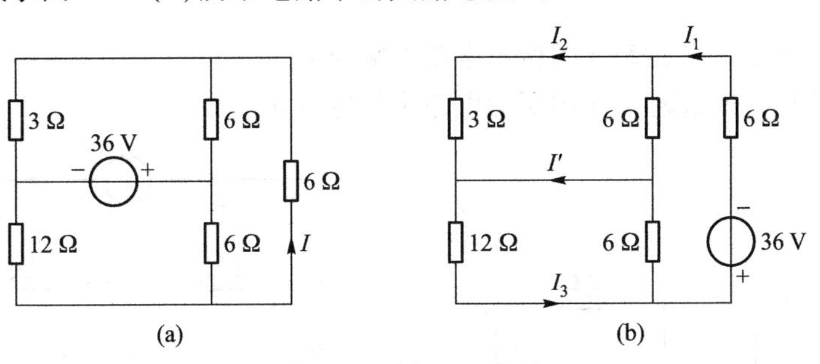

图 5-21 例 5-10 电路

(a) 原电路 (b) 应用互易定理后的电路

解 将激励与响应所在位置交换，得图 5-21(b)所示电路。由互易定理形式 1 可知，应有 $I=I'$。

现在对图 5-21(b)所示电路求电流 I'。应用电阻串、并联关系和电流分流关系可求得

$$I_1=-\frac{36}{6+3//6+12//6}\ \text{A}=-3\ \text{A}$$

$$I_2=-3\times\frac{6}{3+6}\ \text{A}=-2\ \text{A}$$

$$I_3=-3\times\frac{6}{6+12}\ \text{A}=-1\ \text{A}$$

由 KCL 可知

$$I'=I_3-I_2=[-1-(-2)]\ \text{A}=1\ \text{A}$$

所以

$$I=I'=1\ \text{A}$$

习题

5-1 试用叠加定理求题 5-1 图所示电路中的电流 I。

5-2 试用叠加定理求题 5-2 图所示电路的响应 u。

第 5 章
习题答案

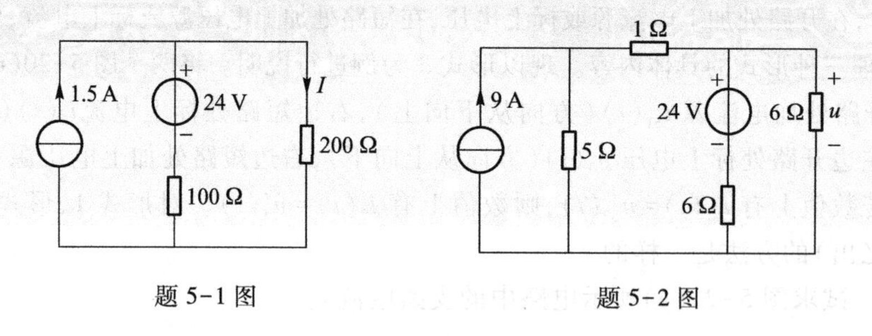

题 5-1 图　　题 5-2 图

5-3　试用叠加定理求题 5-3 图所示电路的响应 U_o。

5-4　利用叠加定理求题 5-4 图所示电路中的电压 u。

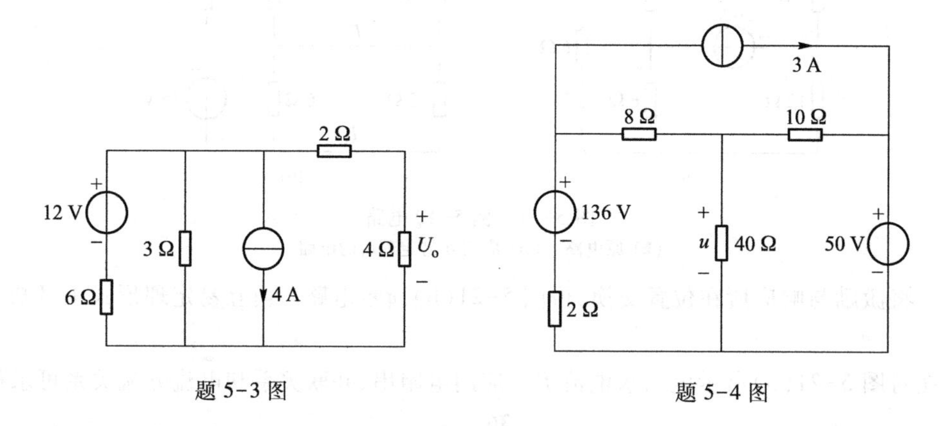

题 5-3 图　　题 5-4 图

5-5　如题 5-5 图所示电路，试用叠加定理求响应 i 和 u。

5-6　利用叠加定理求题 5-6 图所示电路的响应 u_o。

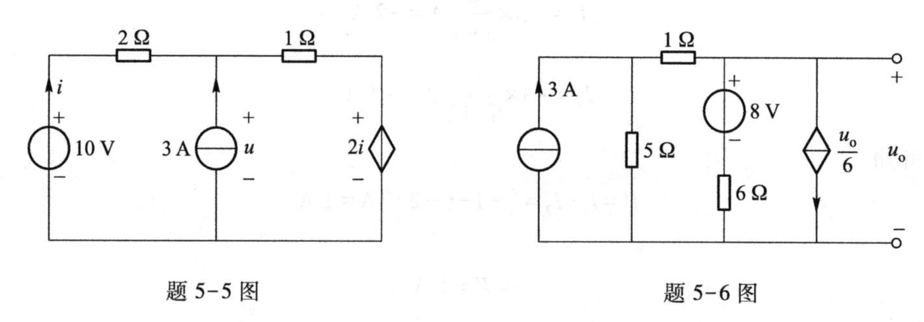

题 5-5 图　　题 5-6 图

5-7　题 5-7 图所示电路，当 $U_S=0$ 时，$I=40$ mA；当 $U_S=4$ V 时，$I=-60$ mA。求当 $U_S=6$ V 时的电流 I。

5-8　题 5-8 图所示为一无穷大电阻网络，各正方形网孔每一边的电阻（图中未直接画出）均为 R，求 A、B 两点之间的等效电阻。须说明，与书中其他部分不同，此图中线的十字交叉处虽未加点，但表示连在一起。

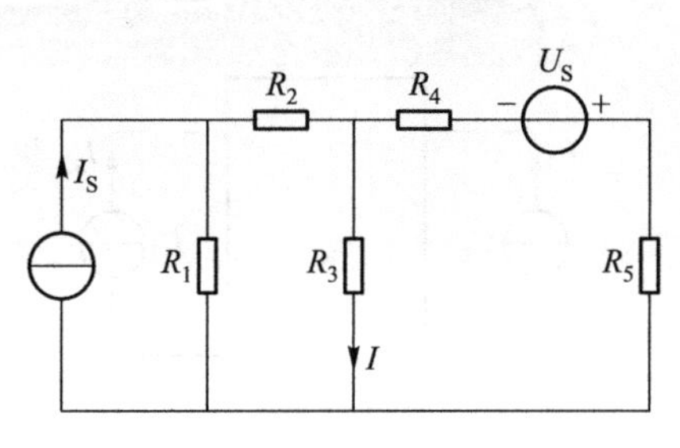

题 5-7 图

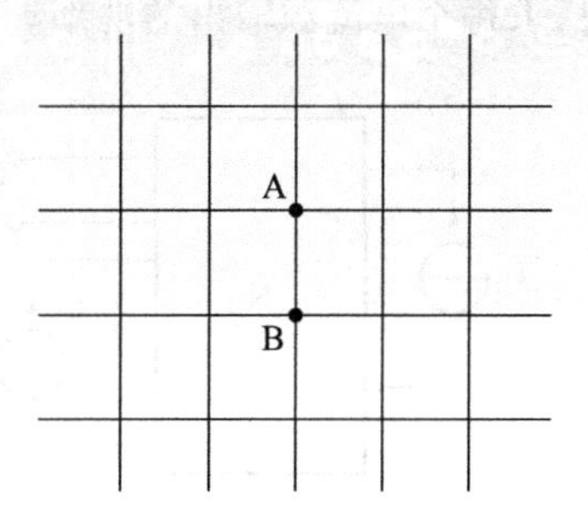

题 5-8 图

5-9　对线性电路，试证明以下结论：(1) 当只有一个激励源时，任意两个响应之间存在比例关系。(2) 当存在多个激励源时，若只有一个激励源发生变化，其他激励源均不发生变化，则任意两个响应之间均存在线性关系。

5-10　在题 5-10 图所示的电路中，N 为一含有独立电源的线性电路，N 中含有的独立电源保持不变。已知当 $u_S = u_{S1}$ 时，$i = 10$ A，$u = 2$ V；当 $u_S = u_{S2}$ 时，$i = 14$ A，$u = 3$ V。若调节 u_S，使得 $u = 5$ V，求 i。

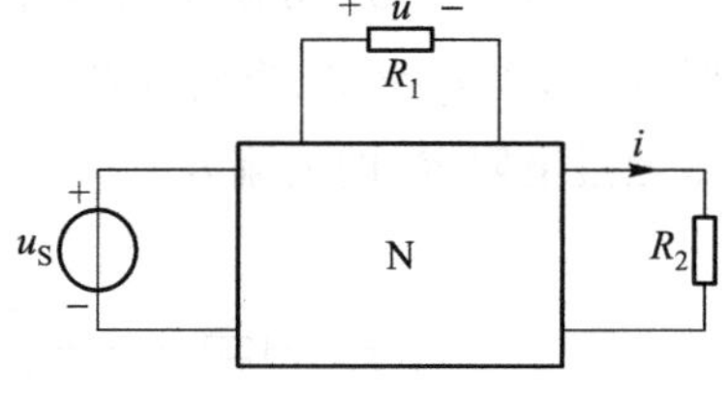

题 5-10 图

5-11　电路如题 5-11 图所示，点划线框内的网络各元件参数未知，当改变电阻 R 时，电路中各处电压和电流都将随之改变。已知 $i = 1$ A 时，$u = 20$ V；$i = 2$ A 时，$u = 30$ V；当 $i = 3$ A 时，求 u。

5-12　题 5-12 图所示电路中，N 为线性无源二端网络。当 $U_S = 10$ V 和 $I_S = 2$ A 时，$I_A = 4$ A；当 $U_S = 5$ V 和 $I_S = 4$ A 时，$I_A = 6$ A；当 $U_S = 15$ V 和 $I_S = 3$ A 时，求电流 I_A。

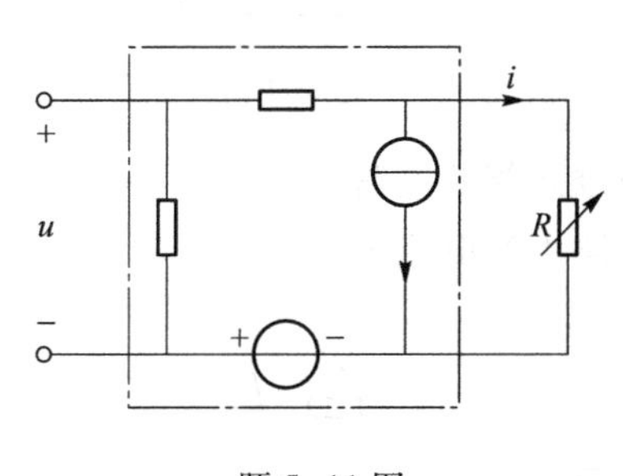

题 5-11 图

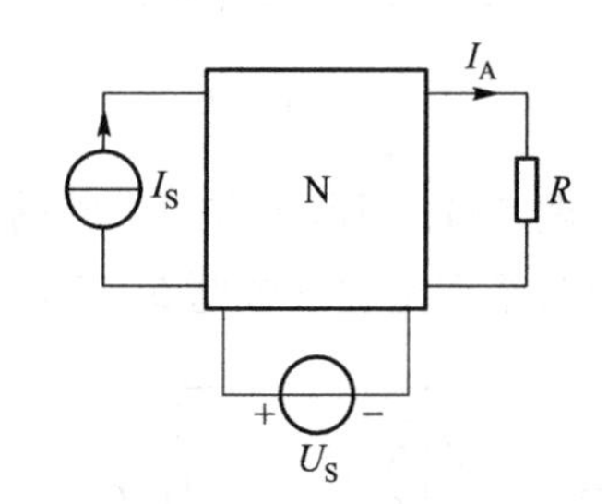

题 5-12 图

5-13　电路如题 5-13 图所示，(1) 若网络 N 为线性无独立源网络，当 $i_{S1} = 8$ A、$i_{S2} = 12$ A 时，$u_X = 80$ V；当 $i_{S1} = -8$ A、$i_{S2} = 4$ A 时，$u_X = 0$ V；当 $i_{S1} = i_{S2} = 20$ A 时，求 u_X。(2) 若网络 N 中含有独立源，(1) 的数据均有效，并有 $i_{S1} = i_{S2} = 0$ 时，$u_X = -40$ V；当 $i_{S1} = i_{S2} = 20$ A 时，求 u_X。

5-14　题 5-14 图所示电路中，N 为线性无独立源网络。当 $I_{S1} = 2$ A、$I_{S2} = 0$ 时，I_{S1} 输出功率为 28 W，且 $U_2 = 8$ V；当 $I_{S1} = 0$、$I_{S2} = 3$ A 时，I_{S2} 输出功率为 54W，且 $U_1 = 12$ V。当 $I_{S1} = 2$ A、

$I_{S2}=3$ A 时，求每个电流源输出的功率。

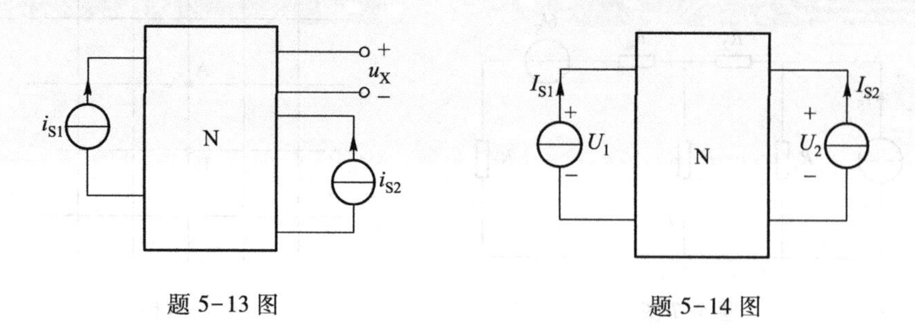

题 5-13 图　　　　题 5-14 图

5-15　题 5-15 图所示电路中，$U_S=16$ V，在 U_S、I_{S1}、I_{S2} 共同作用下 $U=20$ V。欲在 I_{S1}、I_{S2} 保持不变时使 $U=0$ V 时，求 U_S。

5-16　题 5-16 图所示的含有独立源的线性电路中，R_3 为可调电阻。当 R_3 所在支路断开时，$i_1=2$ A，$i_2=6$ A；当调节 R_3 到某一数值上时，$i_1=3$ A，$i_2=7$ A。当调节电阻 R_3 使 $i_2=5$ A 时，求通过电阻 R_1 的电流 i_1。

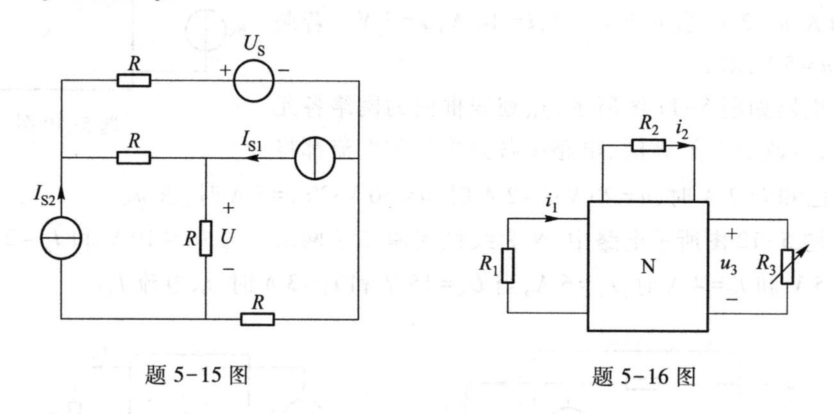

题 5-15 图　　　　题 5-16 图

5-17　求题 5-17 图所示有源二端网络的戴维南等效电路。

5-18　用戴维南定理求解题 5-18 图所示电路中的电流 I。

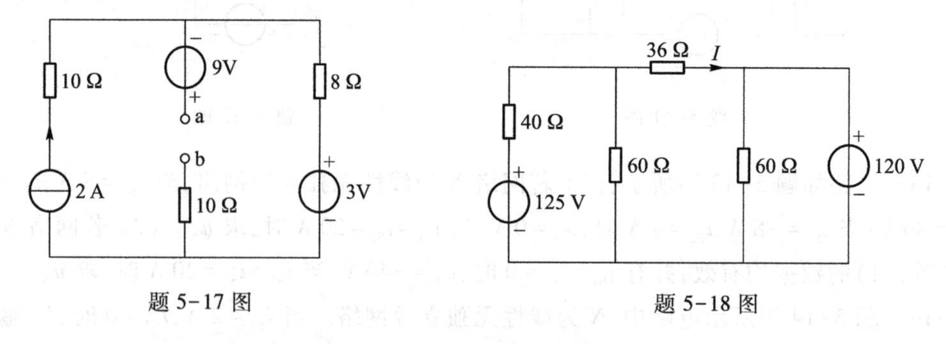

题 5-17 图　　　　题 5-18 图

5-19　求题 5-19 图所示电路的戴维南和诺顿等效电路。

5-20　一个线性有源二端网络，其开路电压为 18 V，当输出端接有一个 9 Ω 电阻时，流过的电流为 1.8 A。求该网络的戴维南等效电路。

5-21　求题 5-21 图所示电路中电阻负载吸收的功率。

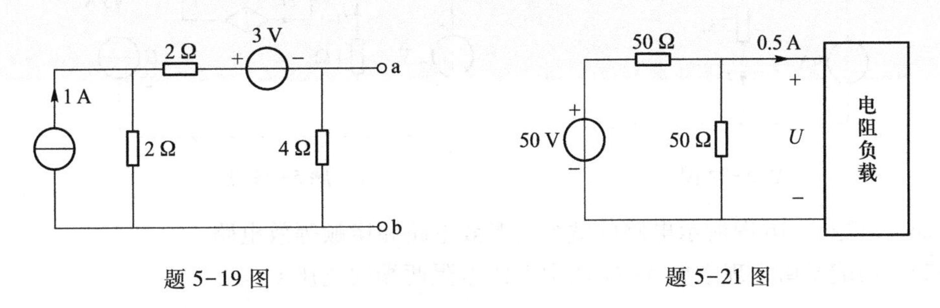

题 5-19 图　　　　题 5-21 图

5-22　题 5-22 图(a)所示电路端口的伏安特性如题 5-22 图(b)所示，试求其开路电压 U_{oc}、短路电流 I_{sc} 和等效电阻 R_{eq}。

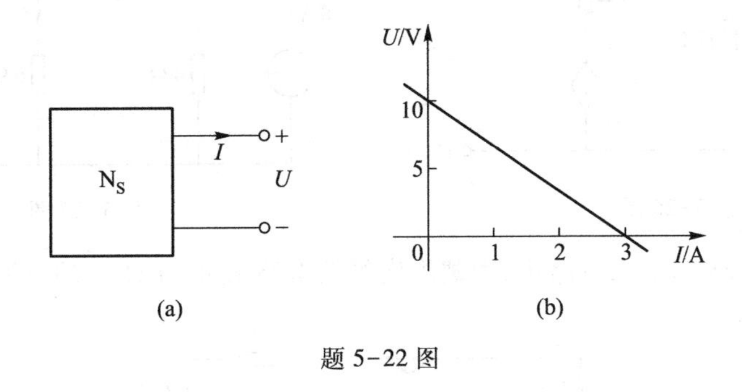

(a)　　(b)

题 5-22 图

5-23　题 5-23(a)图所示电路端口 1-1′的伏安特性如题 5-23(b)图所示，求局部电路 N 的戴维南等效电路。

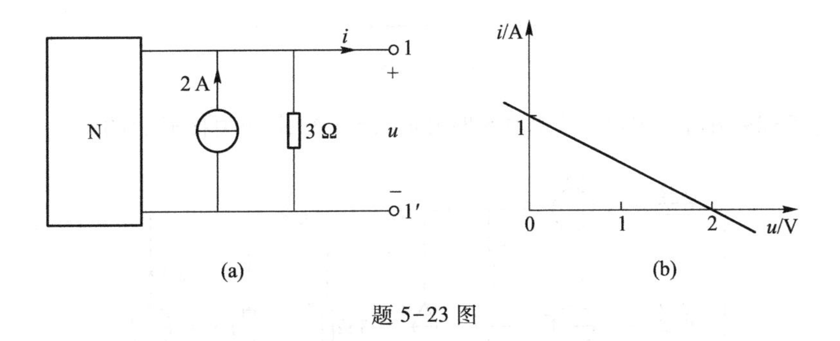

(a)　　(b)

题 5-23 图

5-24　求题 5-24 图所示有源二端网络的戴维南等效电路。

5-25　用戴维南定理求题 5-25 图所示电路中的电压 U。

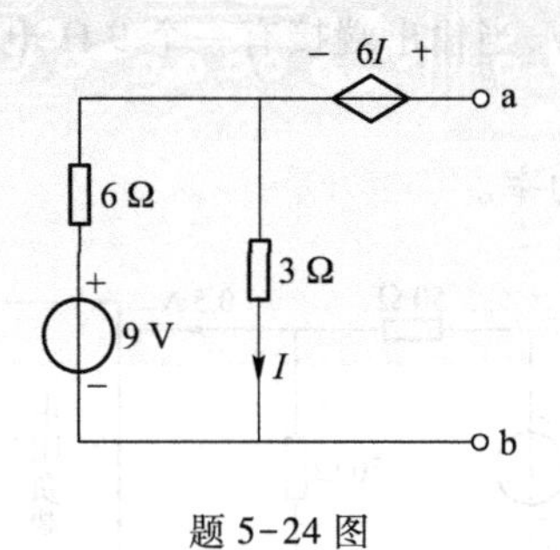

题 5-24 图

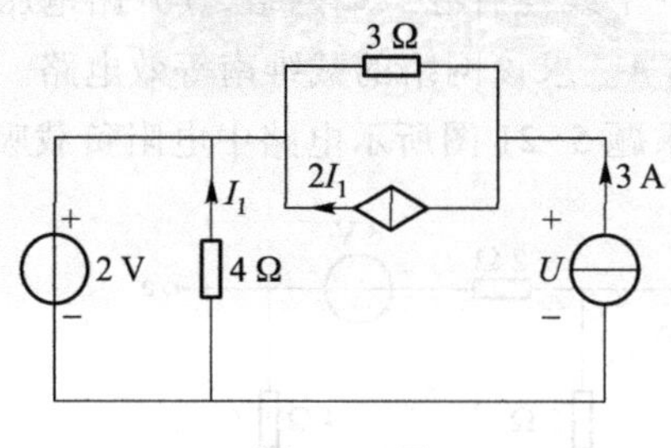

题 5-25 图

5-26　求题 5-26 图所示电路的戴维南等效电路和诺顿等效电路。

5-27　用戴维南定理求题 5-27 图中 5 Ω 电阻两端的电压 u_{ab}。

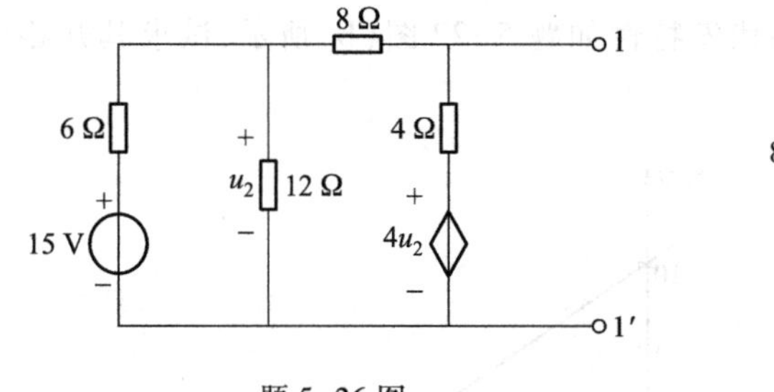

题 5-26 图

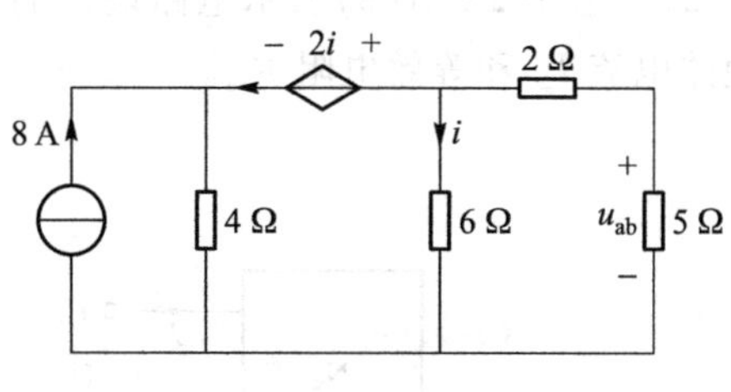

题 5-27 图

5-28　在题 5-28 图所示电路中，用戴维南等效电路求 $R=1\ \Omega$ 时的电流 I。

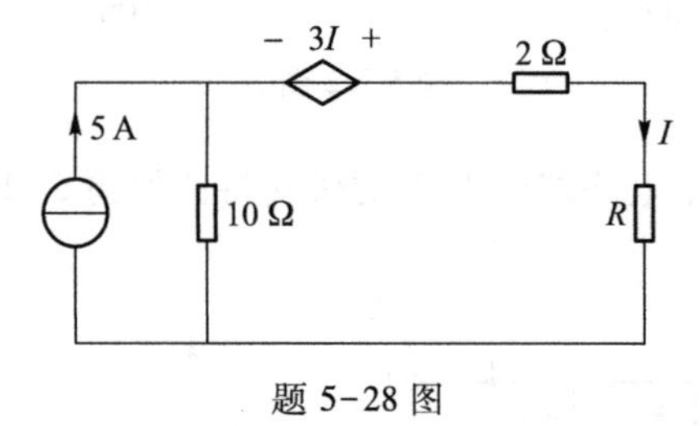

题 5-28 图

5-29　题 5-29 图所示电路，当开关 S 断开时，$I=5$ A，求开关接通后的 I。

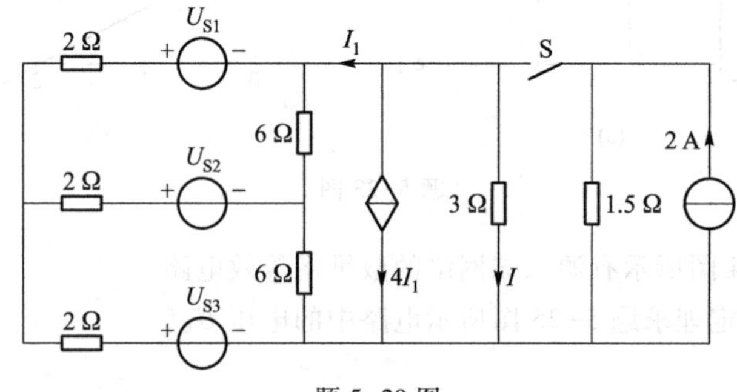

题 5-29 图

5-30　电路如题 5-30 图所示，通过戴维南定理计算 4 Ω 电阻两端的电压 U。

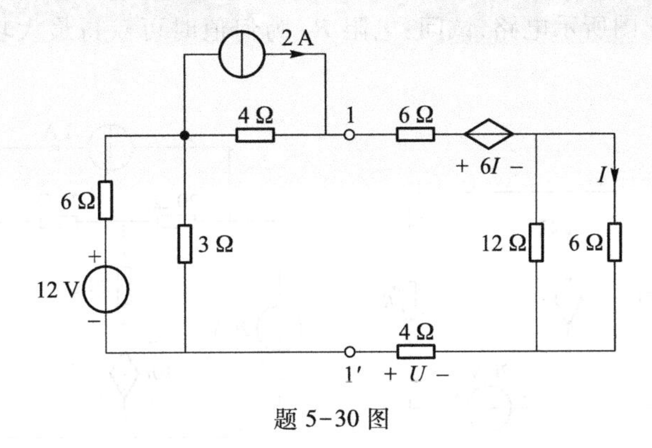

题 5-30 图

5-31　电路如题 5-31 图所示，试求该电路 a、b 左方的戴维南等效电路，并在此基础上求出电流 I。

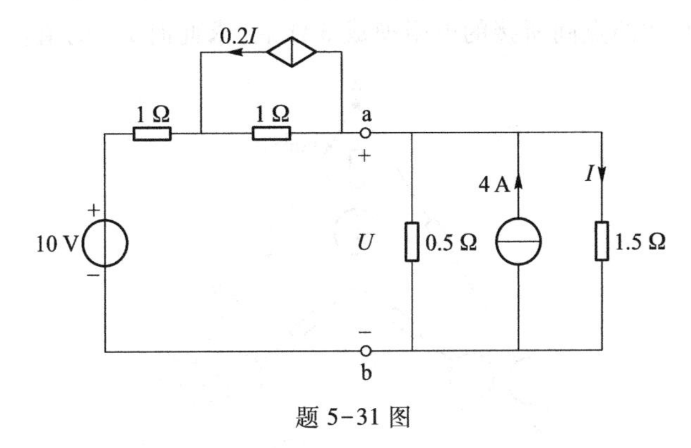

题 5-31 图

5-32　电路如题 5-32 图所示，其中电阻 R_L 可调，试问：R_L 为何值时能获得最大功率？最大功率 P_{Lmax} 为多少？

5-33　题 5-33 图所示电路中，R_L 为可变电阻，试问：R_L 为何值时才能从电路中吸收最大功率？最大功率 P_{Lmax} 为多少？

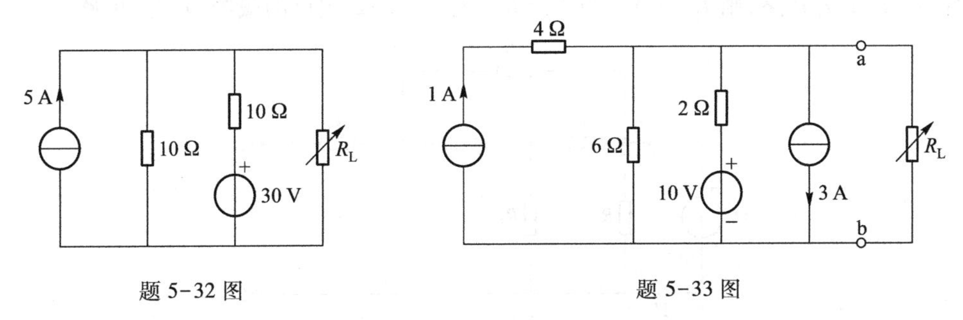

题 5-32 图　　　　题 5-33 图

5-34　题 5-34 图所示电路中，R 为可变电阻，试问：R 为何值时才能获得最大功率？最大功率为多少？

5-35　对题 5-35 图所示电路，试问：电阻 R_L 为何值时可获得最大功率？最大功率 P_{Lmax} 为多少？

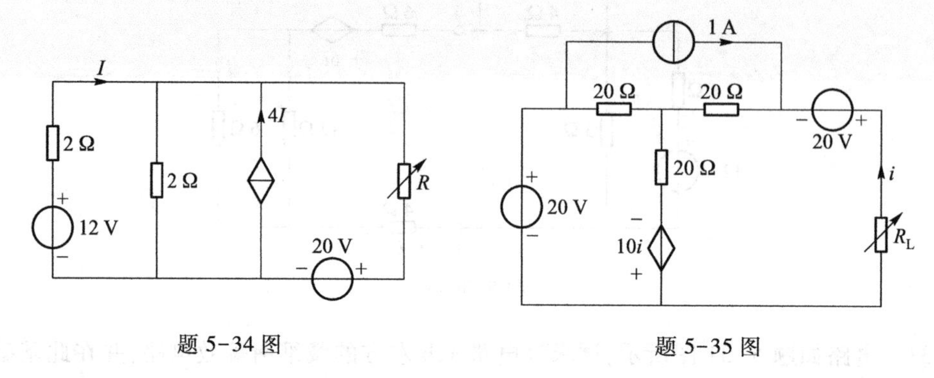

题 5-34 图　　　　题 5-35 图

5-36　题 5-36 图所示电路中，6 条支路上的电阻均为 1 Ω，但电压源的大小、方向不明。若已知 $I_{AB}=1$ A，将 A、B 两点间所接的电阻换成 3 Ω 后，求此时 I_{AB} 的值。

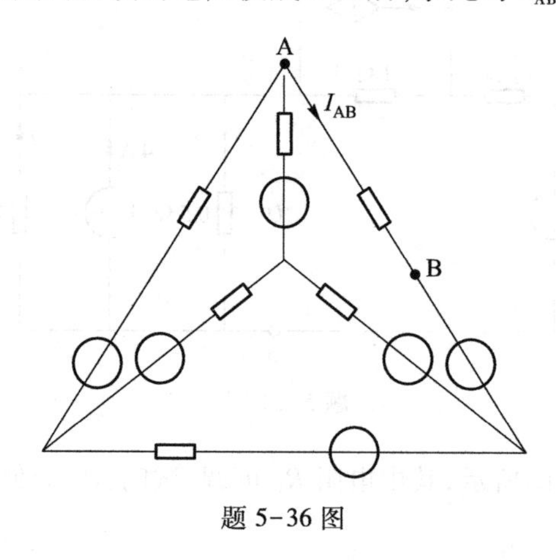

题 5-36 图

5-37　题 5-37 图所示电路，当 $U_S=3$ V、2-2′端口接 3 Ω 电阻时，$I_1=5$ A、$I_2=1$ A；若保持 U_S 不变，而 2-2′为开路，则 $I_1=2$ A。当 $U_S=6$ V 时，求 2-2′端口的戴维南等效电路。

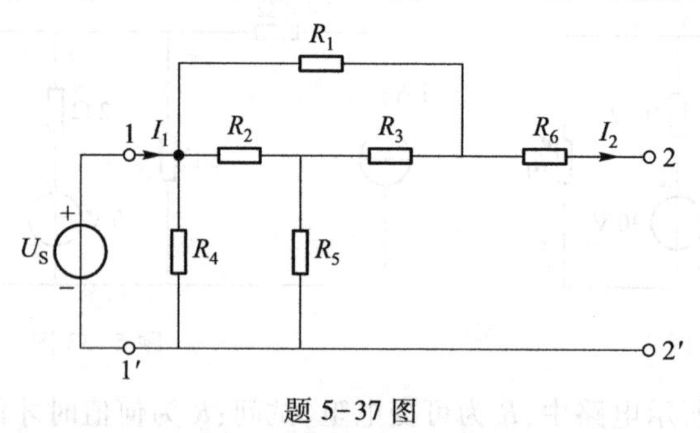

题 5-37 图

5-38　题 5-38 图(a)所示电路中,线性无独立源二端网络 N_0 仅由电阻组成,当 $u_S=100\ V$ 时,$u_2=20\ V$。当电路改为题 5-38 图(b)所示时,求电流 i。

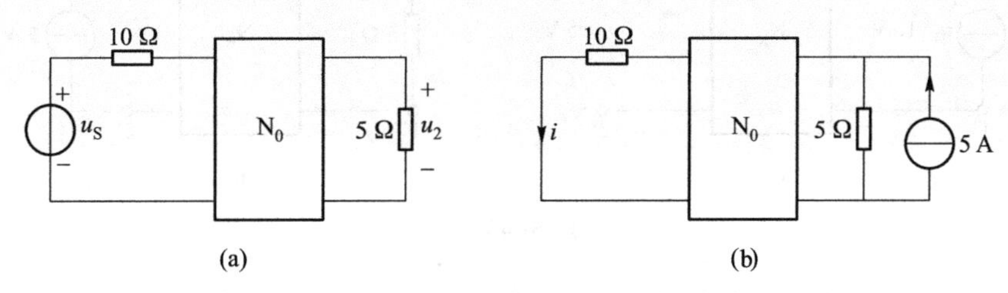

题 5-38 图

5-39　题 5-39 图所示电路中,N_0 仅由线性电阻组成。当 $R_2=2\ \Omega$、$u_1=6\ V$ 时,有 $i_1=2\ A$、$u_2=2\ V$;当 R_2 为 $4\ \Omega$、$u_1=10\ V$ 时,有 $i_1=3\ A$,求 u_2。

5-40　题 5-40 图中,$U_S=12\ V$,$I_S=2\ A$,N 是无独立源线性电阻网络。当 1-1′端口开路时,网络 N 获得 15 W 功率;当 2-2′端口短路时,网络 N 获得 15 W 功率且 $I_2=-\dfrac{2}{3}\ A$。试问:当 U_S 和 I_S 共同作用时,它们各自发出多少功率?

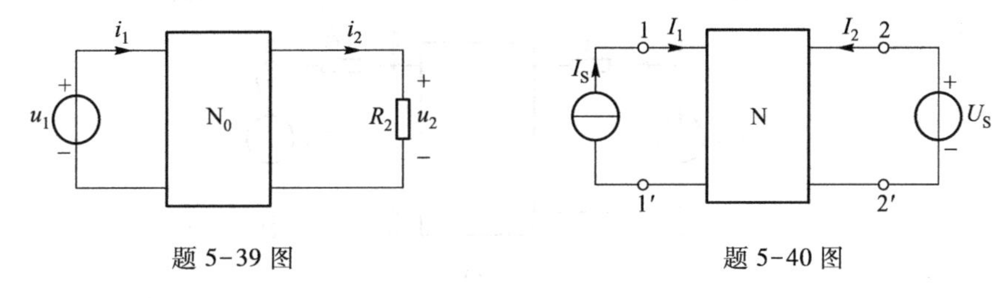

题 5-39 图　　　　题 5-40 图

5-41　题 5-41 图所示电路中,已知 $i_1=2\ A$,$i_2=1\ A$。若把电路中的 R_2 支路断开,此时电流 i_1 为多少?

5-42　电路如题 5-42 图所示,求电流 I。

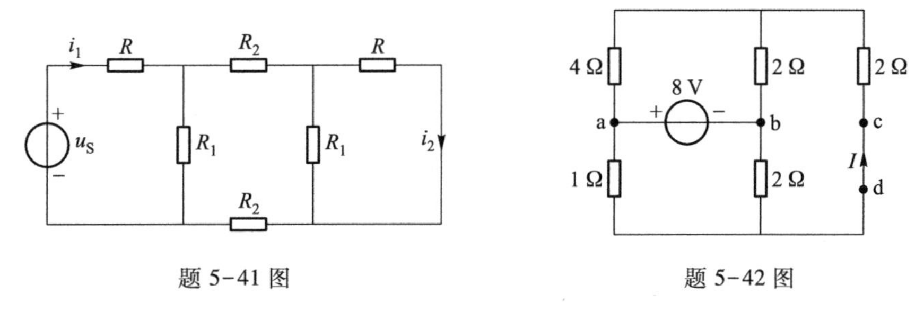

题 5-41 图　　　　题 5-42 图

5-43　电路如题 5-43 图(a)所示,其中 N_R 为无独立源线性电阻网络。当输入端 1-1′接 2 A 电流源时,$u_1=10\ V$,输出端开路电压为 $u_2=5\ V$;若把电流源接在输出端,同时输入端跨接一个 5 Ω 电阻,如题 5-43 图(b)所示,求流过 5 Ω 电阻的电流 i。

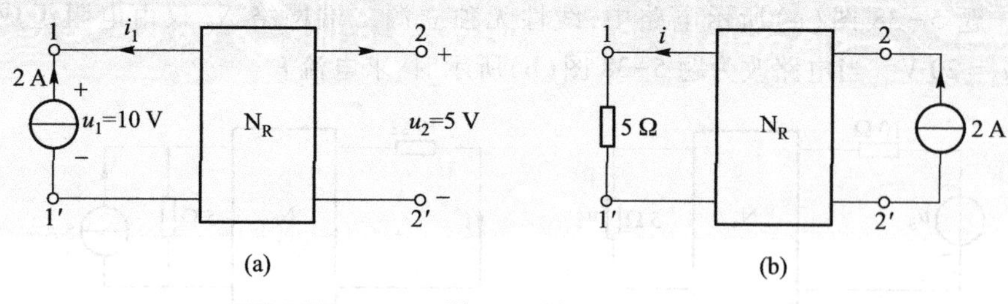

题 5-43 图

5-44　题 5-44 图所示电路中,网络 N 仅由线性电阻组成。根据题 5-44 图(a)和(b)中给出的情况,求题 5-44 图(c)中的电流 I_1 和 I_2。

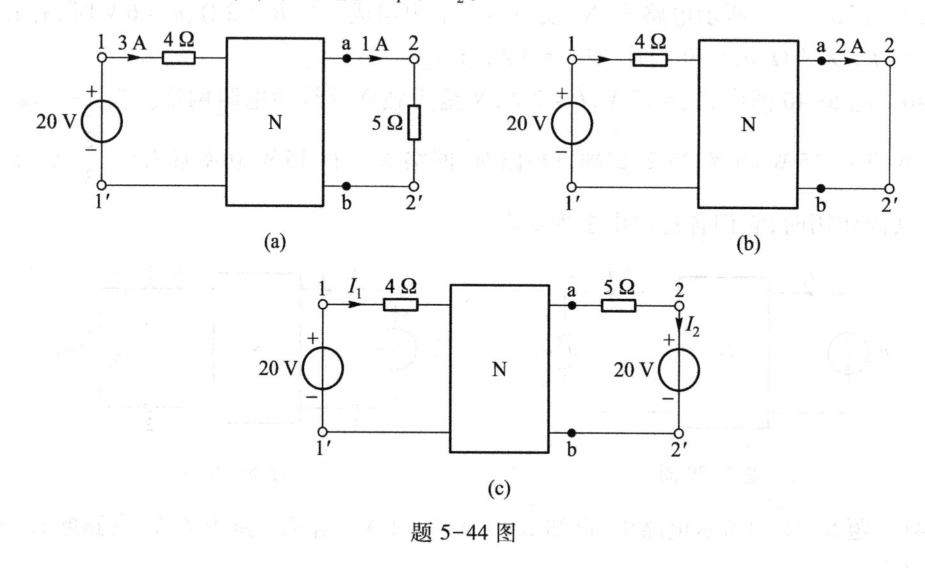

题 5-44 图

第6章 含运算放大器的电路

内容提要 本章介绍运算放大器和含运算放大器电路的分析方法，并对有源电路、无源电路进行讨论，具体内容包括：实际运算放大器概述、实际运算放大器的一种常用电路模型、理想运算放大器、与实际运算放大器应用和建模有关的讨论、有源电路和无源电路的概念与判断。

6.1 实际运算放大器概述

实际运算放大器简称为实际运放，是用集成电路技术制作出的一种电子器件，型号很多，是现代电子电路中的一种基本器件。

不同型号的实际运放内部结构也不同。但考虑外部连接电源的情况，实际运放均可用图 6-1(a)所示的通用符号表示。

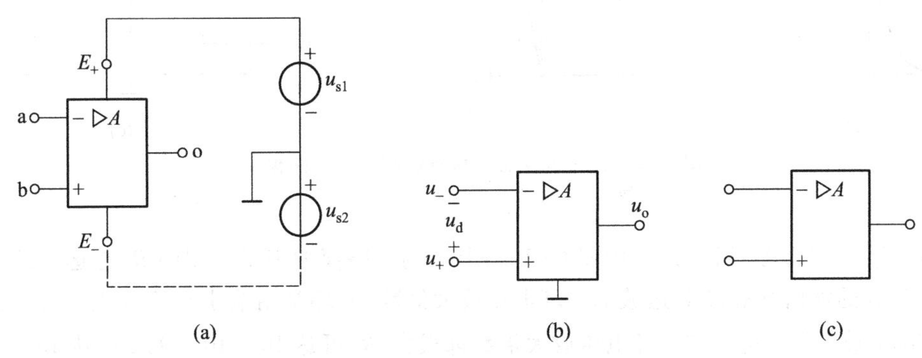

图 6-1 实际运算放大器的电路符号
(a) 通用符号 (b) 常用符号 (c) 简化符号

图 6-1(a)中，标有"E_+"和"E_-"字样的两个端子分别接正、负直流电源；端子 a 与"-"号相连，称为反相输入端；端子 b 与"+"号相连，称为同相输入端；端子 o 为输出端。须注意图 6-1(a)中左边的"+""-"号是用来说明端子特性的，不表示电压的参考极性。当输入电压 u_{in} 加在左边的"+"端与公共端(即接地端)之间时，输出电压为 $u_o=Au_{in}$；当输入电压 u_{in} 加在左边的"-"端与公共端之间时，输出电压为 $u_o=-Au_{in}$。实际运放具有单向传输的特点，图 6-1(a)中用三角形符号▷反映这一特点。

实际运放工作时需外接直流电源。基于传输信号的角度考虑问题,可将接电源的两个端子合并为一个接地端,如图 6-1(b)所示,这是实际运放的常用符号,图中的 $u_d=u_+-u_-$ 为差动输入电压。也可把图 6-1(b)中的接地端省略掉,如图 6-1(c)所示,这是实际运放的简化符号。须注意,简化符号中接地端未反映,但分析问题时必须考虑接地端的存在。

6.2 实际运算放大器的一种常用电路模型

实际运放的输出电压 u_o 与输入差动电压 u_d 之间的转移特性如图 6-2(a)所示,对其进行分段线性化处理可得如图 6-2(b)所示特性。从图 6-2(b)中可以看出,当差动电压满足 $-\varepsilon<u_d<\varepsilon$ 关系时,运放工作于线性区,输出电压 $u_o=Au_d$,并且 $-U_{sat}<u_o<U_{sat}$;当差动电压满足 $u_d<-\varepsilon$ 或 $u_d>\varepsilon$ 关系时,运放工作于饱和区(U_{sat} 是饱和电压值,大小取决于运放外接直流电源 E_+ 和 E_-),为非线性工作状态,输出电压 $u_o=U_{sat}$。

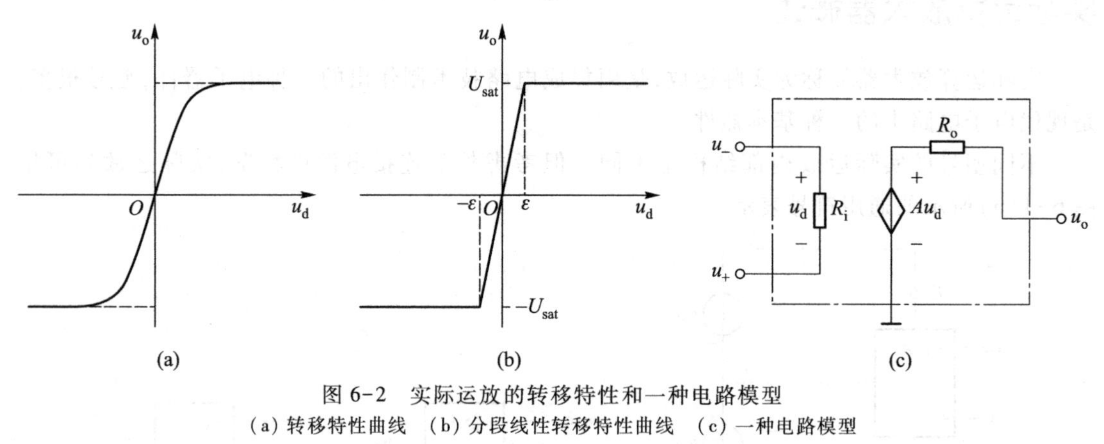

图 6-2 实际运放的转移特性和一种电路模型
(a) 转移特性曲线 (b) 分段线性转移特性曲线 (c) 一种电路模型

实际运放工作于线性区时,常用图 6-2(c)所示的电路模型表示。图中 R_i 是运放的输入电阻,R_o 是运放的输出电阻,A 是运放的开环电压放大倍数(开环是指输出与输入之间没有直接连接)。实际运放的输入电阻和开环电压放大倍数都很大,R_i 可达 $10^6\sim10^{13}\ \Omega$,A 可达 $10^4\sim10^8$,而输出电阻 R_o 很小,一般为 $10\sim100\ \Omega$。

图 6-3(a)所示为含有实际运算放大器的电路,将运放用图 6-2(c)所示模型表示后得到图 6-3(b)所示电路。设输入电压为 u_i,对图 6-3(b)电路列节点电压法方程,并注意到 $u_{n1}=u_-$,$u_{n2}=u_o$,有

$$\begin{cases}\left(\dfrac{1}{R_1}+\dfrac{1}{R_i}+\dfrac{1}{R_2}\right)u_- -\dfrac{1}{R_2}u_o=\dfrac{u_i}{R_1}\\[2ex] -\dfrac{1}{R_2}u_- +\left(\dfrac{1}{R_o}+\dfrac{1}{R_2}\right)u_o=-\dfrac{Au_-}{R_o}\end{cases}\tag{6-1}$$

求解可得

$$\frac{u_o}{u_i}=-\frac{R_2}{R_1}\frac{1}{1+\dfrac{\left(1+\dfrac{R_o}{R_2}\right)\left(1+\dfrac{R_2}{R_1}+\dfrac{R_2}{R_i}\right)}{A-\dfrac{R_o}{R_2}}} \tag{6-2}$$

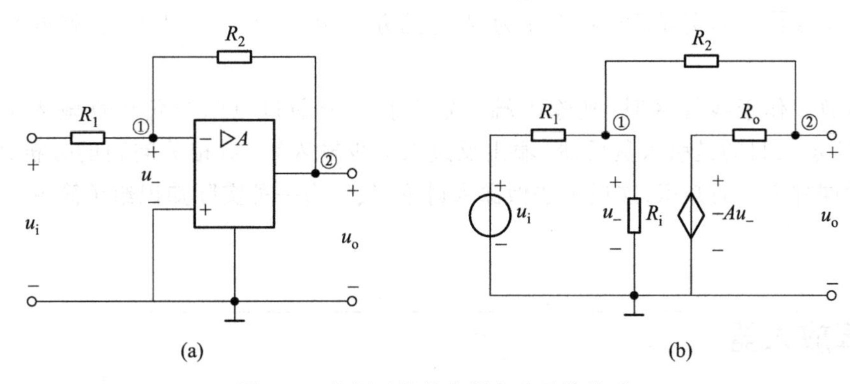

图 6-3　实际运算放大器电路及其模型

(a) 含有实际运算放大器的电路　(b) 电路模型

设图 6-3 所示电路中运放的实际参数为 $A=50000$、$R_i=1\ \text{M}\Omega$、$R_o=100\ \Omega$，外围电路参数为 $R_1=10\ \text{k}\Omega$、$R_2=100\ \text{k}\Omega$，则

$$\frac{u_o}{u_i}=-\frac{R_2}{R_1}\times\frac{1}{1.00022} \tag{6-3}$$

下面对图 6-3 所示电路做一些讨论。

(1) 外围电路中最大电阻 $R_2=100\ \text{k}\Omega$，输入电阻 R_i 与之相比要大很多，可近似认为 R_i 为无穷大。将 $R_i\to\infty$ 代入式(6-2)有

$$\frac{u_o}{u_i}=-\frac{R_2}{R_1}\times\frac{1}{1.00022} \tag{6-4}$$

(2) 外围电路中最小电阻 $R_1=10\ \text{k}\Omega$，输出电阻 R_o 与之相比小很多，可近似认为 R_o 为零。将 $R_o=0$ 代入式(6-2)有

$$\frac{u_o}{u_i}=-\frac{R_2}{R_1}\times\frac{1}{1.00022} \tag{6-5}$$

(3) 开环电压放大倍数 $A=50000$，式(6-2)分母中的$\left(1+\dfrac{R_o}{R_2}\right)\left(1+\dfrac{R_2}{R_1}+\dfrac{R_2}{R_i}\right)=11.111$。将两者进行比较，可知 A 大很多，可近似认为 A 是无穷大。将 $A\to\infty$ 代入式(6-2)有

$$\frac{u_o}{u_i}=-\frac{R_2}{R_1} \tag{6-6}$$

从以上结果可以看出:① 当把 R_i 视为无穷大或把 R_o 视为零时,相关的计算结果式(6-4)、式(6-5)与式(6-3)一样(这是因为计算结果小数点后位数取得不够所致,若位数足够多,还是会有差别的),所以视 R_i 为无穷大以及视 R_o 为零完全可行;② 当把 A 视为无穷大时,计算结果为式(6-6),与式(6-3)相比,仅有 0.022%的误差。工程上这一误差完全可以忽略,所以视 A 为无穷大也可行。

上述结论虽然是结合一个具体的实际电路给出的,但具有普遍的意义。

将工作于线性区的实际运放模型化为 R_i 为无穷大、R_o 为零、A 为无穷大,就得到了理想运算放大器。

实际运放工作于线性区时,其输出端一定会直接或通过电阻与负极性输入端相连[如图 6-3(a)所示],目的是引入负反馈(输出反过来减少输入)。对相关问题的分析,需具备后续电子技术课程方面的知识,这里无法做深入讨论,仅作为一种实际知识给予简单介绍。

6.3 理想运算放大器

6.3.1 理想运算放大器的定义与特性

理想运算放大器是定义出来的理想电路元件,简称理想运放,是图 6-2(c)所示模型中当 $R_i \to \infty$、$R_o = 0$、$A \to \infty$ 时得到的结果。R_i 为无穷大、R_o 为零、A 为无穷大,是理想运放的原始定义。

理想运放的电路符号如图 6-4(a)所示,与实际运放的电路符号图 6-1(b)相比,开环电压放大倍数从 A 换成了 ∞;若将 6-4(a)中接地端省略,可得图 6-4(b)所示的电路符号。对图 6-4(b)所示的电路符号,要注意的是接地端只是没有画出而已,分析时必须考虑接地端的存在。

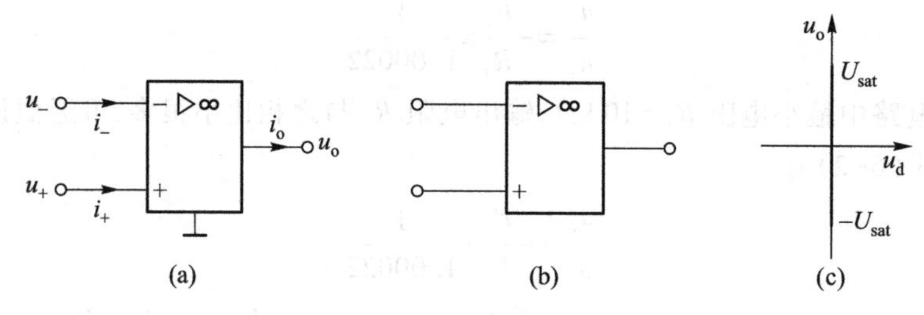

图 6-4 理想运算放大器的电路符号和转移特性
(a) 电路符号 (b) 最简电路符号 (c) 转移特性曲线

根据理想运放的原始定义 $R_i \to \infty$,有 $i_+ = i_- = 0$。根据理想运放的原始定义 $R_o = 0$、$A \to \infty$,有 $u_o = A \cdot u_d \to \infty \cdot (u_+ - u_-)$;由于输出电压 u_o 必须为有限值,否则该元件将失去意义,故应有

$u_+-u_-\to 0$ 或 $u_+\to u_-$。应用时写为 $u_+-u_-=0$ 或 $u_+=u_-$。可见，$i_+=i_-=0$ 和 $u_+-u_-=0$ 是理想运算放大器的从属定义。理想运放完整的特性（即输入端和输出端特性）定义为

$$\begin{cases} u_+=u_- \quad \text{或} \quad u_d=u_+-u_-=0 \\ i_+=i_-=0 \\ u_o\ \text{为有限值，由外接电路决定} \\ i_o\ \text{在}-\infty\ \text{至}\ \infty\ \text{间取值，由外接电路决定} \end{cases} \tag{6-7}$$

理想运放输出电压 u_o 与输入差动电压 u_d 之间的转移特性可用图 6-4(c)表示。

为方便起见，可把理想运放输入端特性的数学表达式 $u_d=u_+-u_-=0$、$i_+=i_-=0$ 用文字“电压为零、电流为零”表示，简称为“零电压、零电流”或“双零”，故可称理想运放具有“双零”特性。也可将 $u_d=u_+-u_-=0$ 称为“虚短”，因为 $u_d=0$ 并非对应短路，但与短路时的表现一致，但短路并不存在。

可用图 6-5 所示电路反映理想运放元件的特性，其中，正向输入端和反向输入端之间的虚线用来说明两个端子间既有电压为零的关系，又有电流为零的关系。由图 6-5 可见，由于输出端与无伴受控电压源相连，故不必对输出端相连的节点列 KCL 方程或节点电压法方程，因为只有将端子上的电流设为待求量后才可列出方程，但这样的处理没有意义。须注意：图 6-5 中，$\infty\cdot 0=u_o$ 为不定值，该值由与 u_o 所在端子连接的外电路决定。

将实际运放模型化为理想运放，会给电路分析带来很大便利。如将图 6-3(a)所示电路中的运放看作理想运放，即将图 6-3(a)中的 A 换成 ∞，可得图 6-6 所示电路。利用理想运放的“双零”特性可得

$$u_{n1}=u_-=0 \quad \text{（利用“电压为零”列出）} \tag{6-8}$$

$$\frac{u_i-u_{n1}}{R_1}=\frac{u_{n1}-u_o}{R_2} \quad \text{（利用“电流为零”列出）} \tag{6-9}$$

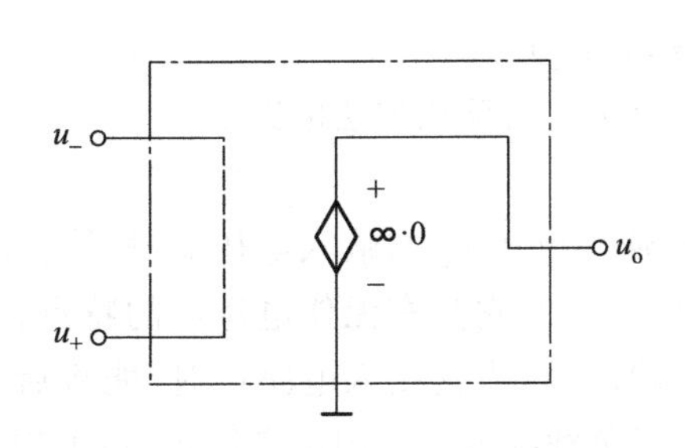

图 6-5　反映理想运算放大器特性的电路

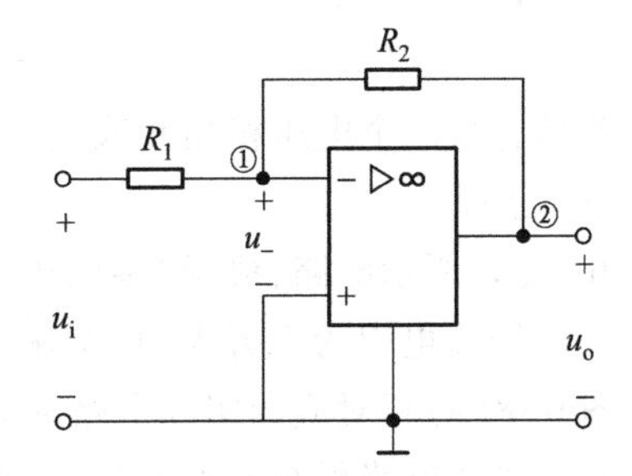

图 6-6　反向放大电路

由此可解出

$$\frac{u_o}{u_i}=-\frac{R_2}{R_1} \quad \text{或} \quad u_o=-\frac{R_2}{R_1}u_i \tag{6-10}$$

以上分析过程与 6.2 节中给出的过程相比大为简化，所以，对工作于线性区的实际运放做

分析时,一般均将其模型化为理想运放。

对图 6-6 所示电路,改变 R_2 与 R_1 的比值,就可改变输出电压与输入电压的关系。若 $R_2>R_1$,由 $u_o=-\frac{R_2}{R_1}u_i$ 可见,电路为反向放大器;若 $R_2=R_1$,则 $u_o=-u_i$,电路为反向器。

6.3.2 含理想运算放大器电路的分析

对含理想运放的电路做分析时,运放输入端的“双零”特性一定要在方程中体现出来,不过,与其他元件不一样的地方是:理想运放的“双零”特性是以隐含方式体现的。

对相关电路做分析时,应将运放输出端的电压设为待求量,并使其出现在电路方程中。但应注意,不必对输出端相连的节点列写 KCL 方程或节点电压法方程,原因前面已作了分析。

下面对几种电路进行分析,这些电路均是电路模型,所以,也相当于间接展示了对应实际电路的功能。

1. 反相加法电路

图 6-7 所示电路中,有三个输入电压 u_{i1}、u_{i2}、u_{i3} 和一个输出电压 u_o。根据“零电流”可得

$$i_1+i_2+i_3=i_f \quad \text{(隐含体现了“零电流”)} \tag{6-11}$$

根据“零电压”可得

$$i_1=\frac{u_{i1}}{R_1}, i_2=\frac{u_{i2}}{R_2}, i_3=\frac{u_{i3}}{R_3}, i_f=-\frac{u_o}{R_f} \quad \text{(隐含体现了“零电压”)} \tag{6-12}$$

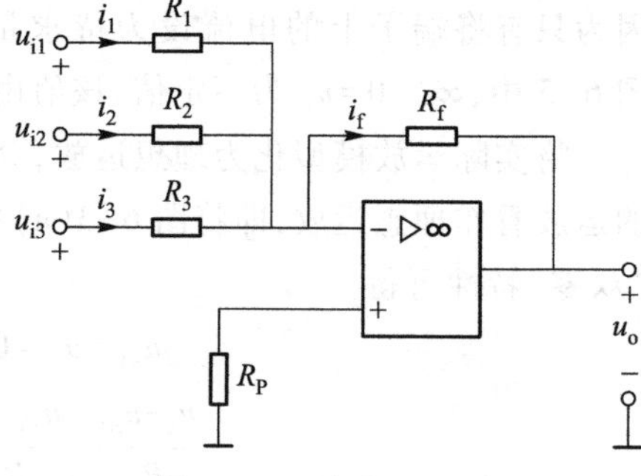

图 6-7 反相加法电路

将式(6-12)代入式(6-11),整理后可得

$$u_o=-R_f\left(\frac{u_{i1}}{R_1}+\frac{u_{i2}}{R_2}+\frac{u_{i3}}{R_3}\right) \tag{6-13}$$

若有 $R_1=R_2=R_3=R_f$,则有

$$u_o=-(u_{i1}+u_{i2}+u_{i3}) \tag{6-14}$$

可见该电路具有将三个电压相加并取反的功能,故称其为反相加法电路。

2. 电压跟随器

对图 6-8(a)所示电路,根据“零电压”可知,输出电压 u_2 与输入电压 u_1 相等;根据“零电流”可知,它的输入电阻为无穷大;根据输出端特性可知,它具有无伴电压源的特点,输出电阻为零。与图 6-8(a)相对应的实际电路称为电压跟随器,当其接入电路中时,能将后面所接的负载与前面所接的电路很好地隔离开,消除了由于负载接入造成的不良影响,在工程中获得了广泛应用。下面对此做些讨论。

图 6-8(b)所示为一分压电路,输出电压为 $u_2=\frac{R_2}{R_1+R_2}u_1$;当负载电阻 R_L 接入时,如图 6-8(c)所示,输出电压 u_2 会变为 $u_2=\frac{R_2//R_L}{R_1+R_2//R_L}u_1$;若负载 R_L 可变,则负载上的电压会随之变化。若采

用图 6-8(d)所示电路,无论 R_L 如何变化,输出电压始终保持为 $u_2=\frac{R_2}{R_1+R_2}u_1$。故在要求负载 R_L 可调而其上电压 u_2 不变的场合,就需采用图 6-8(d)所示电路。

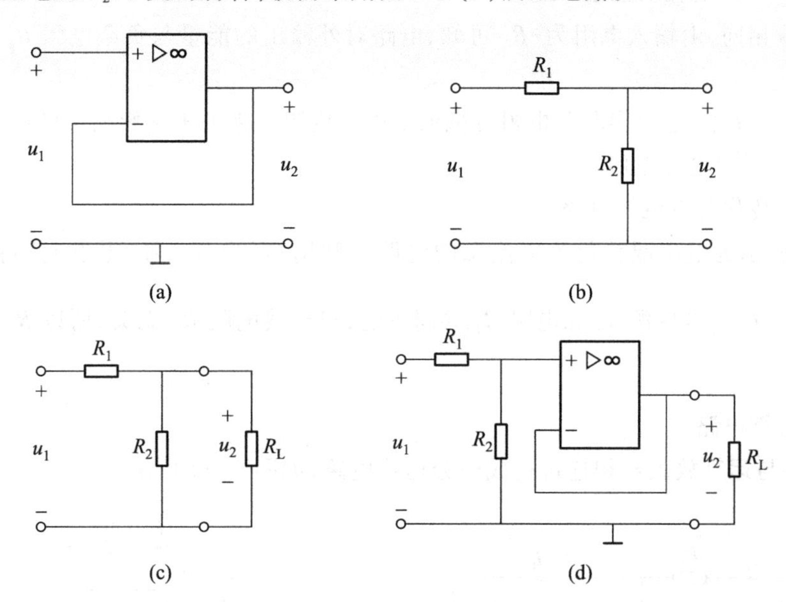

图 6-8 电压跟随器及其应用

(a) 电压跟随器 (b) 分压电路 (c) 分压电路直接接负载 (d) 分压电路通过电压跟随器接负载

3. 负电阻实现电路

图 6-9 所示电路可实现负电阻,分析如下。

由“零电压”可知

$$u_{n2}=u_{n1}=u_i \tag{6-15}$$

由“零电流”可知

$$\frac{u_{n3}-u_{n2}}{R}=\frac{u_{n2}}{R_L} \tag{6-16}$$

将式(6-15)代入式(6-16),解得

$$u_{n3}=\frac{R+R_L}{R_L}u_i \tag{6-17}$$

所以,可得输入端电流为

$$i_i=\frac{u_i-u_{n3}}{R}=-\frac{1}{R_L}u_i \tag{6-18}$$

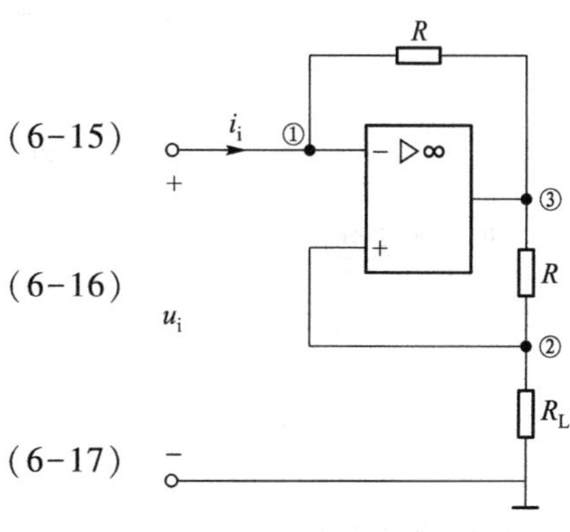

图 6-9 负电阻实现电路

输入电阻为

$$R_i=\frac{u_i}{i_i}=-R_L \tag{6-19}$$

负电阻之所以能够出现，是因为电路工作时对外发出了能量。该模型对应的实际电路中，能量来自运放所接的正、负直流电源。直流电源提供的总能量除了包含运放和两个外围电阻 R 及负载电阻 R_L 所消耗的能量，还要加上对外输出的能量。由于输入端电流与流过负载电阻 R_L 的电流数值相同，由输入电阻为 $-R_L$ 可知，电路对外输出的能量与负载电阻 R_L 消耗的能量相等。

某些实际电路中，通过串联负电阻可抵消由电源内阻带来的不利影响。可见，负电阻不仅可以实现，在实际中也有作用。

4. 电压源转化为电流源电路

图 6-10 所示为电压源转化为电流源的电路。利用"零电压"和"零电流"特性可得 $i_L=\frac{u_S}{R_1}$。可见，电流 i_L 由电压源 u_S 和电阻 R_1 共同决定，与负载电阻 R_L 无关，所以 R_L 所接相当于是一个电流源。

5. 微分运算电路

电容元件与运算放大器相连可构成微分运算电路，如图 6-11 所示。

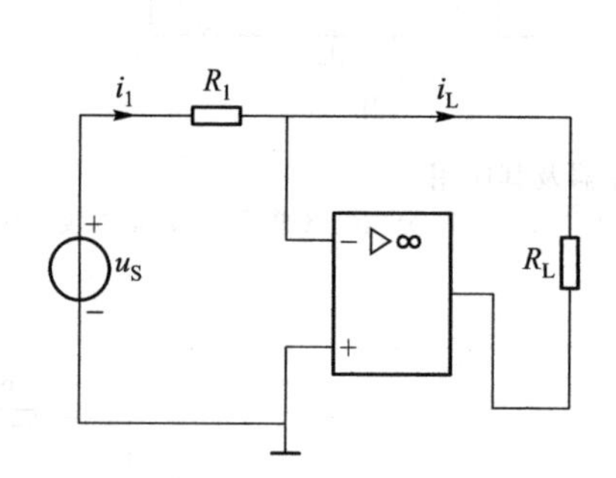

图 6-10　电压源转化为电流源电路

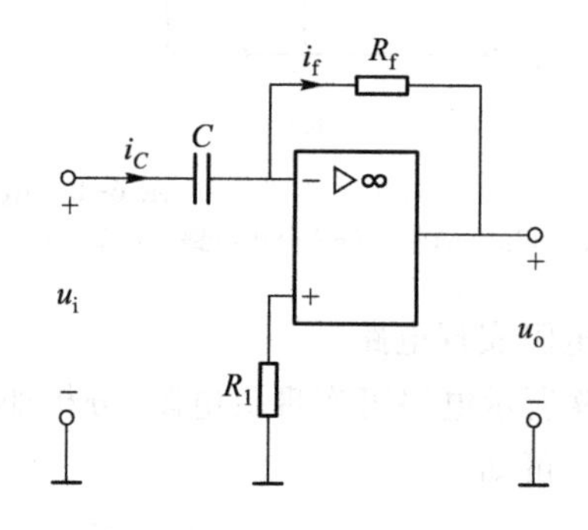

图 6-11　微分运算电路

根据"零电压"可得

$$\begin{cases} i_C=C\dfrac{\mathrm{d}u_i}{\mathrm{d}t} \\ i_f=-\dfrac{u_o}{R_f} \end{cases} \tag{6-20}$$

根据"零电流"可得

$$i_C=i_f \tag{6-21}$$

将式(6-21)代入式(6-20)，可得

$$u_o=-R_fC\frac{\mathrm{d}u_i}{\mathrm{d}t} \tag{6-22}$$

可见该电路的输入电压与输出电压间存在微分关系，故称其为微分运算电路。

6. 两个运算放大器组成的反向放大电路

对含多个运放电路的分析，与含单个运放电路的分析并无明显不同。分析的要点是在列方程时，要反映出每个运放的“双零”特性。还要注意将每个运放输出端所在节点的电压设定为待求量并使其出现在电路方程中，但不必对输出端所在节点列 KCL 方程或节点电压法方程。

图 6-12 所示为含两个运放的电路，输出电压与输入电压的关系可通过如下过程得到。

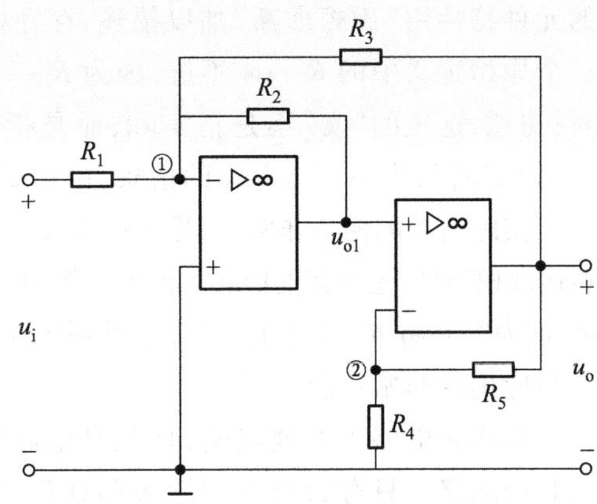

图 6-12　由两个运算放大器组成的电路

对节点①，利用第一个运放的“双零”特性，可列出如下 KCL 方程：

$$\frac{u_i}{R_1}+\frac{u_{o1}}{R_2}+\frac{u_o}{R_3}=0 \tag{6-23}$$

对节点②，利用第二个运放的“双零”特性，可列出如下 KCL 方程：

$$\frac{u_{o1}}{R_4}+\frac{u_{o1}-u_o}{R_5}=0 \tag{6-24}$$

将式(6-23)与式(6-24)结合，消去 u_{o1}，解得

$$\frac{u_o}{u_i}=-\frac{R_2R_3(R_4+R_5)}{R_1(R_2R_4+R_2R_5+R_3R_4)} \tag{6-25}$$

适当选择电阻参数，该电路就具有反向放大的功能。

6.4 与实际运算放大器应用和建模有关的讨论

实际运算放大器因具有输入电阻高、输出电阻低、开环电压放大倍数高等优越的性能，在实际工作中得到了广泛的应用，它已与电阻(器)、电容(器)、电感(器)一样，成为实际电路中的基本器件，具有十分强大的功能。

对实际电路进行理论分析的一般过程是：首先根据实际电路的具体工作情况建立合适的电路模型，然后针对电路模型写出电路方程，最后求解方程。如果所建模型比较准确，求解结果必然就与实际电路的工作情况接近。如果差异较大，说明所建模型不准确。

将实际运放模型化为理想运放是有前提条件的，具体条件是：① 实际运放工作在低频或直流条件下；② 实际运放外部电路的器件参数处在合适范围内，过大或过小均不行；③ 通过外部电路引入了深度负反馈(电子技术课程中会详细讨论)。当满足这三个前提条件时，实际电路中的运放器件上就会出现一种现象：两输入端上的电流极小，两输入端间的电压极小。对此现象，人们常用“虚短虚断”加以描述。不过应注意，“虚短虚断”只是针对特定实际电路中

表现在运放器件两个输入端子上的“极小电压、极小电流”的一种表象用语，没有概念属性。

“虚短虚断”在实际电路中可用，但不适用于理想电路。在理想电路空间，若将理想运放的元件特性用“虚短虚断”加以描述，存在概念性问题。问题之一是“虚断”与理想运放元件的三个原始定义中的 $R_i\to\infty$ 不符，因为 $R_i\to\infty$ 是断路的定义式，所以 $R_i\to\infty$ 只能称为实断或真断；注意，这里的“实”不是指实际，而是指符合定义。问题之二是“虚短虚断”的对偶说法为“实短实断”，为不可能存在的情景，由对偶原理也可知“虚短虚断”不能成立。

实际运放的模型非常多，除了图 6-2(c)所示的模型和理想运放模型外，还有其他形式的模型。例如，将图 6-2(c)中的 R_o 置为零并将 R_i 置为无穷大，可得到图 6-13 所示模型，该模型应用也非常广泛。

对实际电路正确地建模，是狭义电路理论应用于实际的必经之路。只有通过对后续多门课程的进一步学习，才能拥有对实际电路建模的能力。

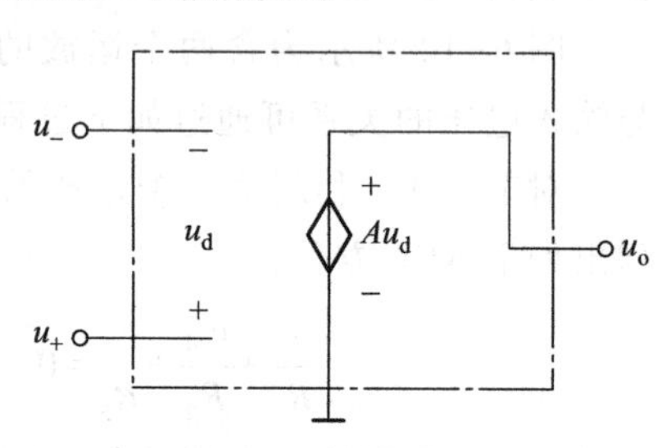

图 6-13　实际运算放大器的模型五

6.5 有源电路和无源电路的概念与判断

前面已讨论过电路的几种分类方法，还可按有源和无源对电路(或元件)进行分类。

正如电路一词有两重含义一样，有源电路(元件)和无源电路(元件)也有两重含义，其一是指实际有源电路(元件)和实际无源电路(元件)，其二是指理想有源电路(元件)和理想无源电路(元件)。

实际中，把运算放大器、晶体管等需外接直流电源才能正常发挥作用的器件称为有源器件，而把实际电阻、实际电容、实际电感等称为无源器件。实际中，不考虑电源，把含有有源器件的电路称为有源电路，把仅含无源器件的电路称为无源电路。故针对实际电路而言，根据其组成的元件类型即可明确其有源或无源属性。

对理想电路(元件)而言，明确其有源或无源类型须依照定义。下面，以二端电路(元件)为例进行讨论。

二端有源电路(元件)的定义：设一个二端电路(元件)其端口电压 u 和端口电流 i 取关联参考方向，假定有 $u(-\infty)=0$ 和 $i(-\infty)=0$，如果对于任意的瞬时 t，输入的能量

$$w(t)=\int_{-\infty}^{t} u(\tau)i(\tau)\mathrm{d}\tau\geqslant 0 \tag{6-26}$$

则该电路(元件)称为无源电路(元件)，否则称其为有源电路(元件)。

根据相关定义可知：独立源、受控源、理想运算放大器均为有源元件；电容、电感为无源元件；电阻元件参数为负值时为有源元件，参数为正值时为无源元件；不含独立源的二端电路，输入电阻为正值时为无源电路，为负值时为有源电路。

含有有源元件的理想电路不一定是有源电路。如对图 6-14 所示电路，含有受控源这一有源元件，其端口输入电阻为 0.5R，当 $R>0$ 时该电路是无源电路。再如对图 4-13(a)所示电路，输入电阻 $R_i=\dfrac{R_1R_3+(1-a)R_1R_2}{R_1+R_2+R_3}$，当参数有不同组合时，对应的 R_i 可以大于零、小于零或等于零，分别对应无源电路、有源电路或短路线。可见，对理想电路而言，无法直接依据电路中元件的类型对电路的属性做出判断，须通过进一步分析才能明确其属性。

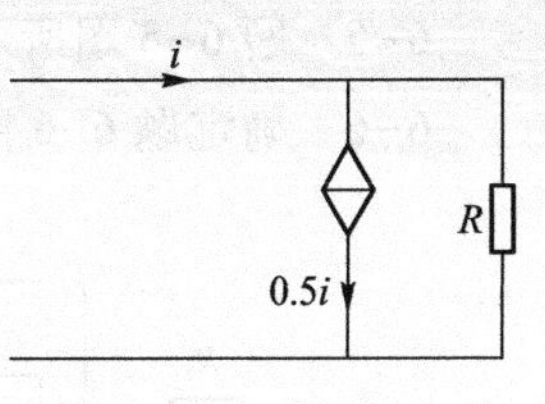

图 6-14　含受控源电路

习题

6-1　电路如题 6-1 图所示，求输出电压 u_o 与输入电压 u_i 之间的关系式。

6-2　题 6-2 图所示为用运算放大器构成的测量电阻的原理电路，试写出被测电阻 R_X 与电压表读数 U_o 的关系式。

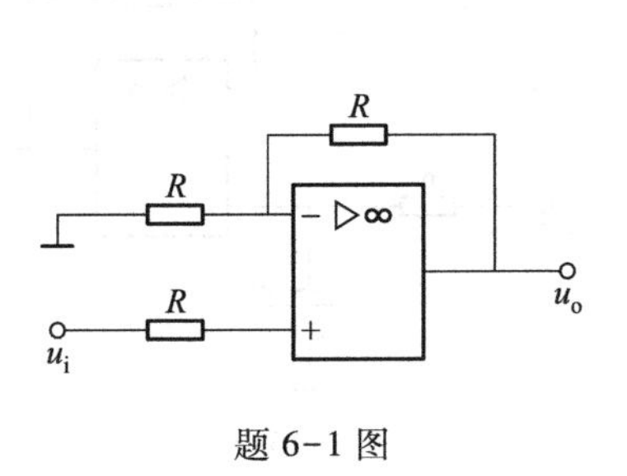

题 6-1 图

题 6-2 图

6-3　电路如题 6-3 图所示，求 u_o 与 u_i 之间的关系式。

6-4　求题 6-4 图所示电路中的电流 I。

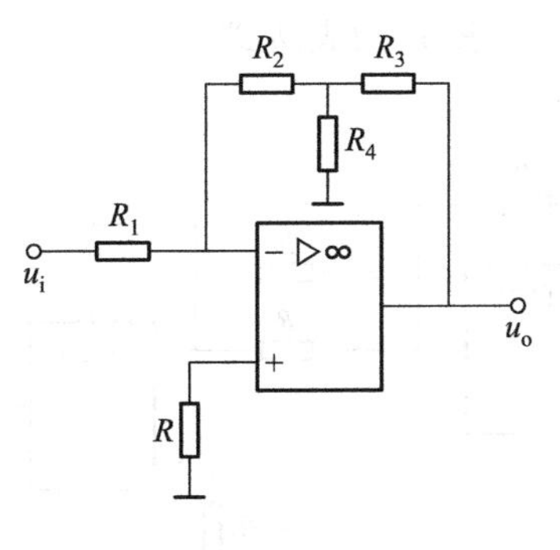

题 6-3 图

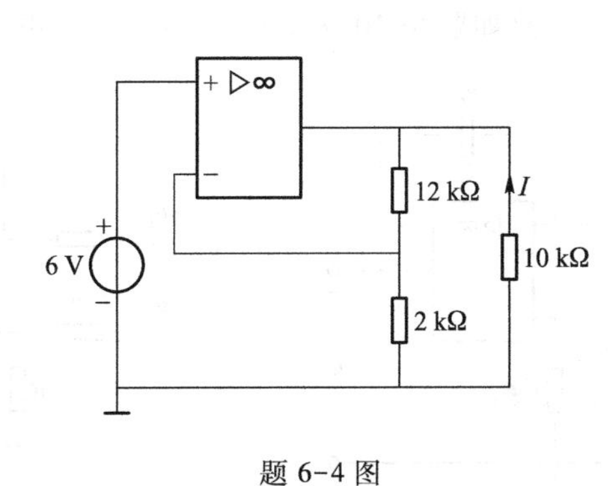

题 6-4 图

6-5　题 6-5 图所示电路中，$u_{i1}=6\ \text{V}$，$u_{i2}=4\ \text{V}$，$R_1=4\ \text{k}\Omega$，$R_2=10\ \text{k}\Omega$。求输出电压 u_o。

6-6　确定题 6-6 图所示电路的输出电压 u_o。

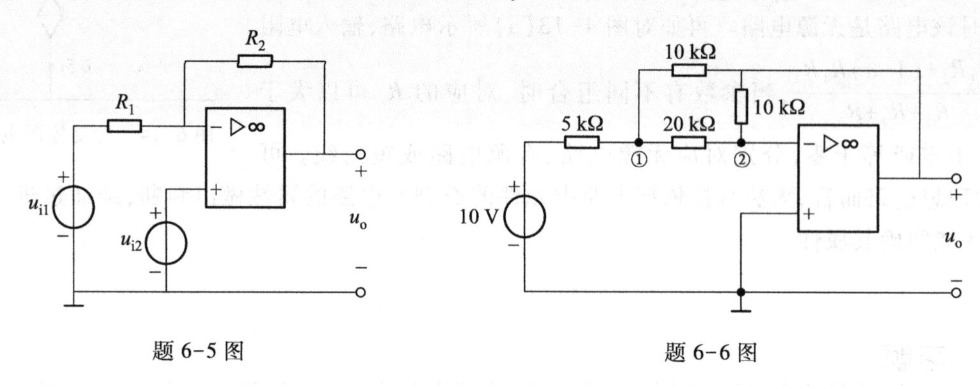

题 6-5 图　　　　题 6-6 图

6-7　计算题 6-7 图所示电路的 u_o 和 i_o。

6-8　给出题 6-8 图所示电路输出电压 u_o 与输入电压 u_i 之间的关系式。

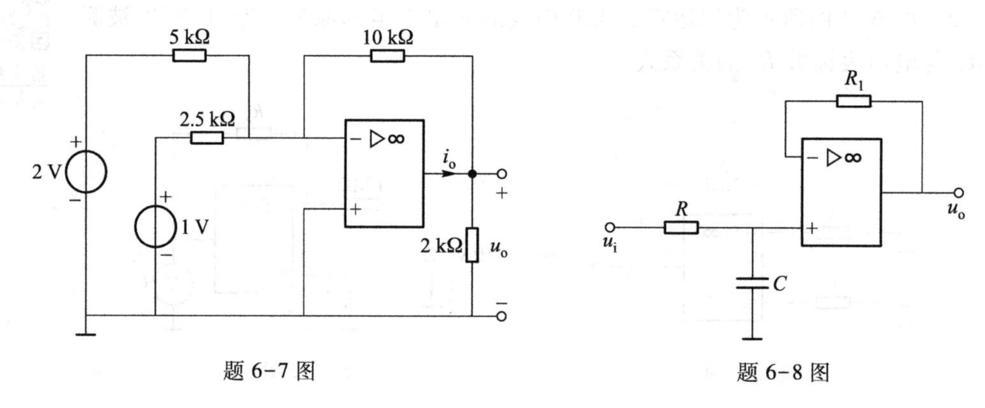

题 6-7 图　　　　题 6-8 图

6-9　题 6-9 图所示电路中，电容电压初始值 $u_C(0_-)$ 为零，给出输出电压 u_o 与输入电压 u_i 之间的关系式。

6-10　电路如题 6-10 图所示，$t=0$ 时电容电压为零，求 u_o 的表达式。

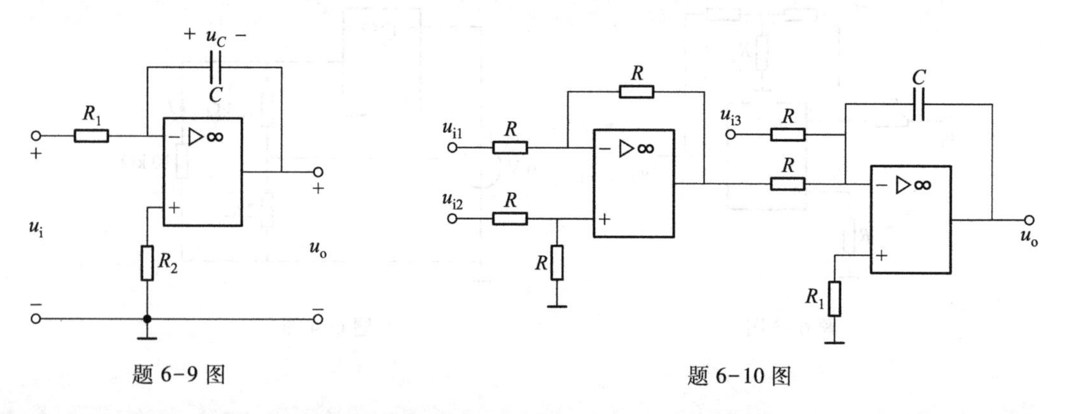

题 6-9 图　　　　题 6-10 图

6-11　求题 6-11 图所示电路中的 u_{o1}、u_{o2} 和 u_o。

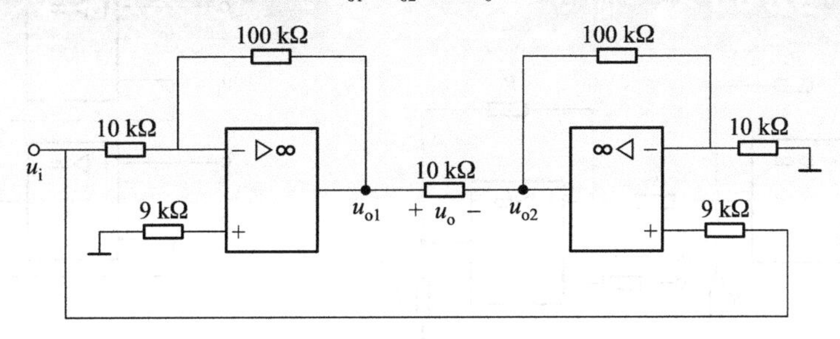

题 6-11 图

6-12　电路如题 6-12 图所示，已知 $u_{i1}=0.6$ V、$u_{i2}=0.8$ V，求 u_o 的值。

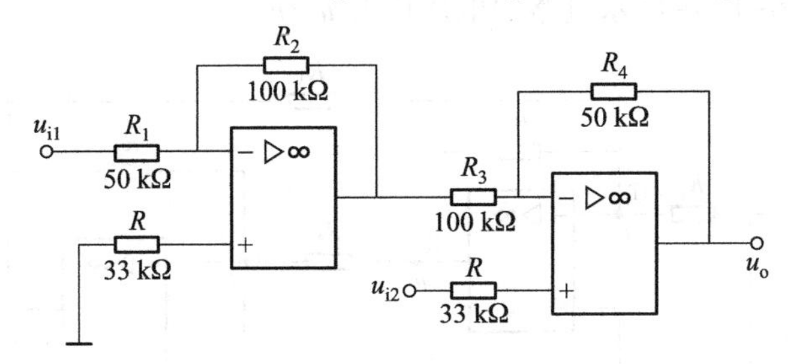

题 6-12 图

6-13　电路如题 6-13 图所示，已知 $R_1=5$ kΩ、$R_2=4$ kΩ、$R_3=10$ kΩ、$R_4=R_5=3$ kΩ、$R_L=$ 2 kΩ，计算电流增益 i_o/i_S。

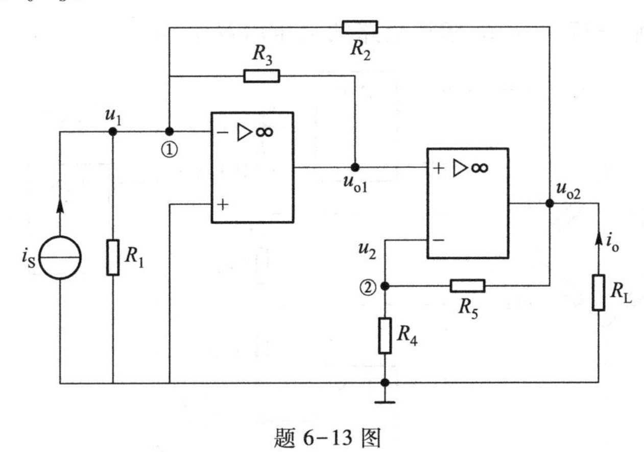

题 6-13 图

6-14　电路如题 6-14 图所示，找出输出电压 u_o 与输入电压 u_{i1}、u_{i2} 的关系。

6-15　电路如题 6-15 图所示，当 $\frac{R_1}{R_2}=\frac{R_4}{R_3}$ 时，求 u_o 与 u_i 的关系式。

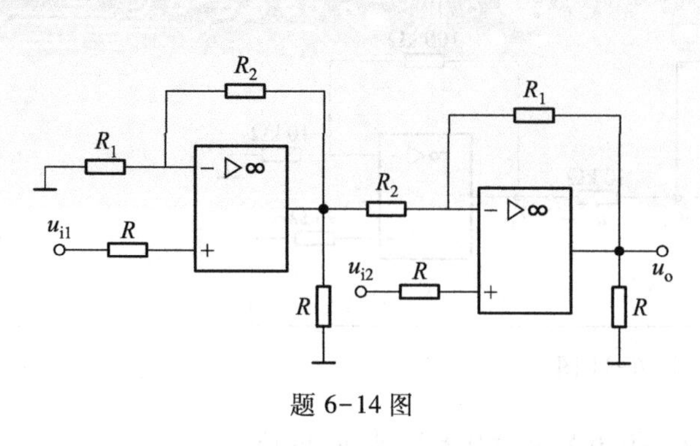

题 6-14 图

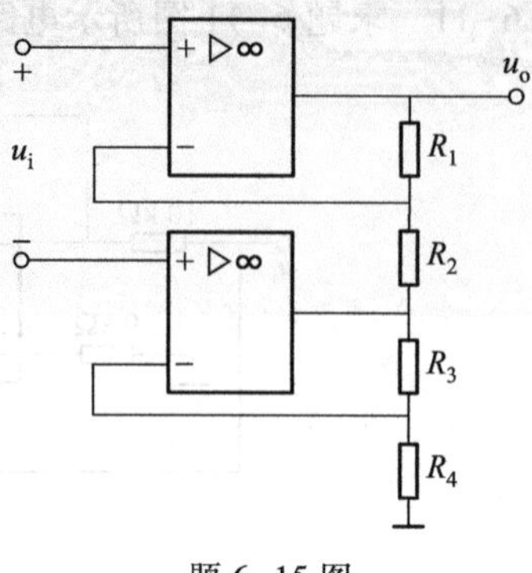

题 6-15 图

6-16　试确定题 6-16 图所示电路的电压增益 u_o/u_i。

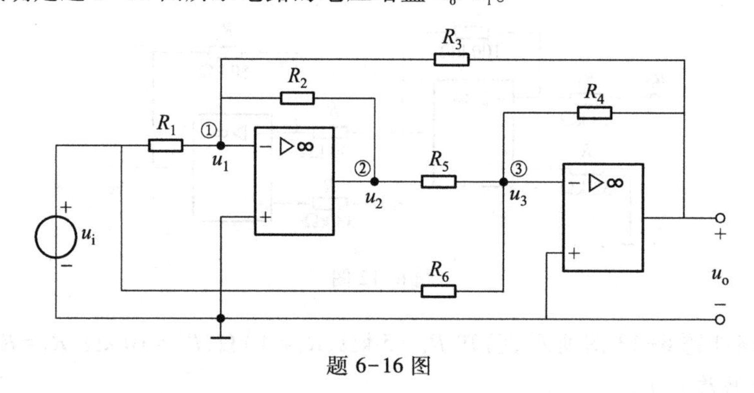

题 6-16 图

6-17　电路如题 6-17 图所示，求该电路的电压增益 u_o/u_i。

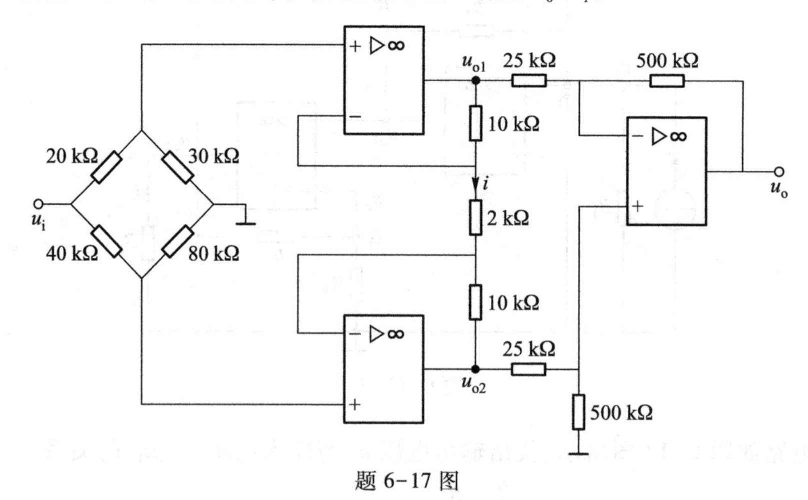

题 6-17 图

第7章 正弦稳态电路的相量分析法基础

内容提要 本章介绍正弦稳态电路相量分析法的基础知识,具体内容包括:正弦量、动态电路与正弦稳态电路的概念、复数与正弦量的相量、元件约束和拓扑约束的相量形式。

7.1 正弦量

7.1.1 正弦量的三要素

电力系统中,电能主要以正弦波形式传输;电子系统中,正弦波也是一种常见的信号形式。因此,研究工作于正弦电压、电流条件下的电路有重要意义。

在指定的参考方向下,正弦电流可表示为

$$i=I_{m}\cos(\omega t+\varphi_{i}) \tag{7-1}$$

式中,I_m 称为正弦量的振幅或幅值(最大值),$\omega t+\varphi_i$ 称为正弦量的相位或相角,ω 称为正弦量的角频率,它是正弦量的相位随时间变化的角速度,即

$$\omega=\frac{\mathrm{d}}{\mathrm{d}t}(\omega t+\varphi_{i}) \tag{7-2}$$

ω 的单位为 rad/s。

φ_i 称为正弦量的初相位(角),它是正弦量在 $t=0$ 时刻的相位,简称初相,即

$$(\omega t+\varphi_{i})\big|_{t=0}=\varphi_{i} \tag{7-3}$$

初相的单位用弧度或度表示,一般应在主值范围内取值,即 $|\varphi_i|\leqslant 180°$。

正弦量的瞬时值由其幅值、角频率和初相位决定,所以这三者称为正弦量的三要素。它们是正弦量之间进行比较和区分的依据。

正弦量的角频率 ω、周期 T、频率 f 三者间存在确定的关系。设正弦量的周期为 T(单位为秒),则

$$\omega=\frac{2\pi}{T} \tag{7-4}$$

且有

$$f=\frac{1}{T} \tag{7-5}$$

显然，f与ω的关系为

$$\omega=2\pi f \tag{7-6}$$

频率f的单位为赫兹(Hz)。我国工业和居民用电电源的频率为50 Hz，有些国家(如美国等)为60 Hz。

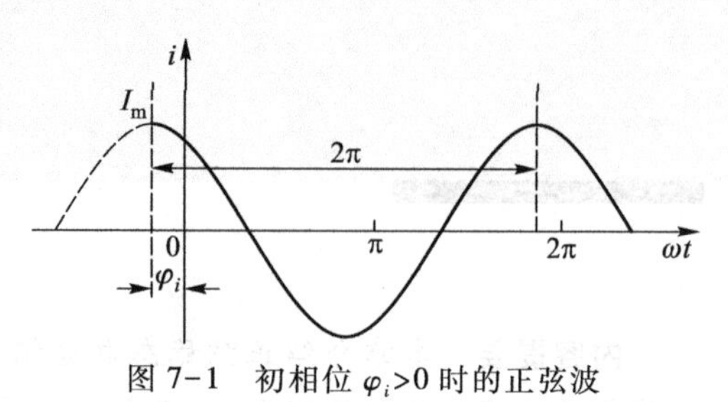

图 7-1　初相位 $\varphi_i>0$ 时的正弦波

图7-1是正弦电流i的波形图($\varphi_i>0$)。图中的横轴可用ωt(单位为rad)表示，也可用时间t表示。

7.1.2　正弦量的有效值

正弦量(电压或电流)的瞬时值随时间不断发生变化，直接应用很不方便，因此引入了有效值的概念。有效值是指与正弦电压(或电流)具有相同做功能力的直流电压(或电流)的数值。

假设有一个正弦电流$i(t)=I_m\cos(\omega t+\varphi_i)$通过某一电阻$R$，该电流在一个周期$T$内所做的功为$\int_0^T i^2R\mathrm{d}t$，而在同样长的时间$T$内，直流电流$I$通过电阻$R$所做的功为$I^2RT$，若两者相等，即

$$I^2RT=\int_0^T i^2\ R\mathrm{d}t \tag{7-7}$$

则有

$$I=\sqrt{\frac{1}{T}\int_0^T i^2\mathrm{d}t} \tag{7-8}$$

此时，直流电流I就是正弦电流i的有效值，也称为方均根值。

同理可得正弦电压u有效值的定义为

$$U=\sqrt{\frac{1}{T}\int_0^T u^2\mathrm{d}t} \tag{7-9}$$

将$i(t)=I_m\cos(\omega t+\varphi_i)$代入式(7-8)得

$$I=\sqrt{\frac{1}{T}\int_0^T I_m^2\cos^2(\omega t+\varphi_i)\mathrm{d}t}=\frac{1}{\sqrt{2}}I_m=0.707I_m \tag{7-10}$$

同理，若正弦电压为$u(t)=U_m\cos(\omega t+\varphi_u)$，则有效值为

$$U=\frac{1}{\sqrt{2}}U_m=0.707U_m \tag{7-11}$$

可见正弦信号的振幅与有效值之间存在$\sqrt{2}$倍的关系，因此可将正弦信号改写成如下形式：

$$i=\sqrt{2}I\cos(\omega t+\varphi_i) \tag{7-12}$$

$$u=\sqrt{2}U\cos(\omega t+\varphi_u) \tag{7-13}$$

所以，有效值、角频率和初相位也称为正弦量的三要素。

实际中所说的正弦电压和电流，其大小一般指有效值，例如，生活中的220 V电压指的就

是有效值为 220 V 的正弦电压。各种交流电气设备的额定电压、额定电流(即电气设备按设计要求正常工作时对应的电压、电流)也是指有效值。

7.1.3 同频率正弦量的相位差

在电路中,常常需要比较两个同频率正弦量之间的相位关系。例如,同频率正弦电流 i_1 和正弦电压 u_2 分别为

$$i_1=\sqrt{2}I_1\cos(\omega t+\varphi_{i1}) \tag{7-14}$$

$$u_2=\sqrt{2}U_2\cos(\omega t+\varphi_{u2}) \tag{7-15}$$

它们的相位之差称为相位差。如果用 φ_{12} 表示电流 i_1 与电压 u_2 之间的相位差,则

$$\varphi_{12}=(\omega t+\varphi_{i1})-(\omega t+\varphi_{u2})=\varphi_{i1}-\varphi_{u2} \tag{7-16}$$

上述结果表明,同频率正弦量的相位差等于它们的初相位之差,是一个与时间无关的常数。电路中常用“超前”和“滞后”来描述两个同频率正弦量相位比较的结果。当 $\varphi_{12}>0$ 时,称 i_1 超前 u_2;当 $\varphi_{12}<0$ 时,称 i_1 滞后 u_2;当 $\varphi_{12}=0$ 时,称 i_1 与 u_2 同相;当 $|\varphi_{12}|=\dfrac{\pi}{2}$时,称 i_1 与 u_2 正交;当 $|\varphi_{12}|=\pi$ 时,称 i_1 与 u_2 反相。

应注意,只有同频率的正弦量才能进行相位比较,不同频率的正弦量只能就频率或幅值进行比较。

例 7-1 已知 $u=310\cos(314t)$ V,$i=10\sqrt{2}\cos\left(314t+\dfrac{\pi}{2}\right)$ A。求电压 u 的有效值,并比较电压与电流之间的相位差。

解 电压 u 的有效值为 $U=\dfrac{U_m}{\sqrt{2}}=\dfrac{310}{\sqrt{2}}$ V$=220$ V,初相位为 $\varphi_u=0$。

电流 i 的初相位为 $\varphi_i=\dfrac{\pi}{2}$,故电压超前电流的角度为

$$\varphi=\varphi_u-\varphi_i=0-\frac{\pi}{2}=-\frac{\pi}{2}$$

即实际是电流超前电压$\dfrac{\pi}{2}$,或电压滞后电流$\dfrac{\pi}{2}$。

7.2 动态电路与正弦稳态电路的概念

7.2.1 动态电路的概念

仅含电阻和电源的电路中,由于元件的 VCR 是代数方程,而 KCL 和 KVL 也是代数方程,

故根据拓扑约束和元件约束列出的方程为代数方程。

当电路中含有电容、电感这类储能元件(又称动态元件)时,除电容电压和电感电流为恒定值的情况外,一般情况下动态元件的 VCR 表现为微分或积分的形式。利用拓扑约束和元件约束建立的将是微分方程,此时的电路称为动态电路。

对图 7-2(a)所示电路,设 $t=0$ 时开关动作,并规定 $t=0_-$ 时开关还没有动作,$t=0_+$ 时开关已动作完毕,则 $t>0$(或 $t\geqslant 0_+$)时的电路如图 7-2(b)所示。用 $2b$ 法列方程,得到的拓扑约束和元件约束为

$$\begin{cases}-U_S+u_R+u_C=0\\ -i_R+i_C=0\\ u_R=Ri_R\\ i_C=C\dfrac{\mathrm{d}u_C}{\mathrm{d}t}\end{cases} \tag{7-17}$$

消去 u_R、i_R、i_C 并整理方程,有

$$RC\frac{\mathrm{d}u_C}{\mathrm{d}t}+u_C=U_S \quad (t>0 \text{ 或 } t\geqslant 0_+) \tag{7-18}$$

式(7-18)所示的方程为一阶微分方程,求解需要知道初始条件 $u_C(0_+)$。

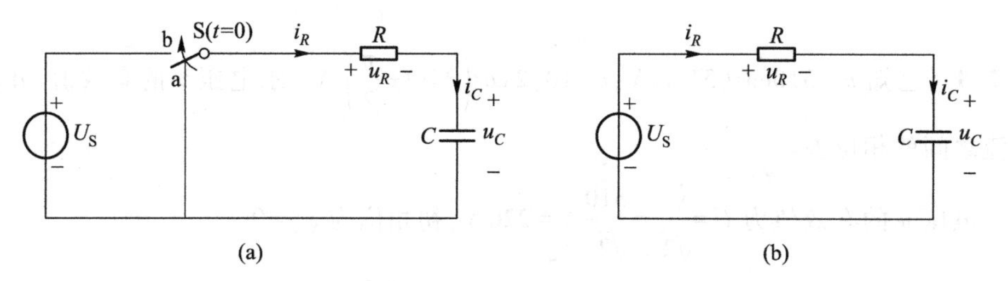

图 7-2 一阶动态电路
(a) 原电路 (b) 开关动作后电路

对含有多个动态元件的电路,描述电路的方程为高阶微分方程,求解方程需要多个初始条件。

7.2.2 动态电路在正弦激励下的解

图 7-3 所示的 RC 电路中,电源 $i_S(t)=I_m\cos(\omega t+\theta_i)$,$t=0$ 时开关 S 断开,如何求得 $t>0$ 时 u_C 的变化规律?下面给以介绍。

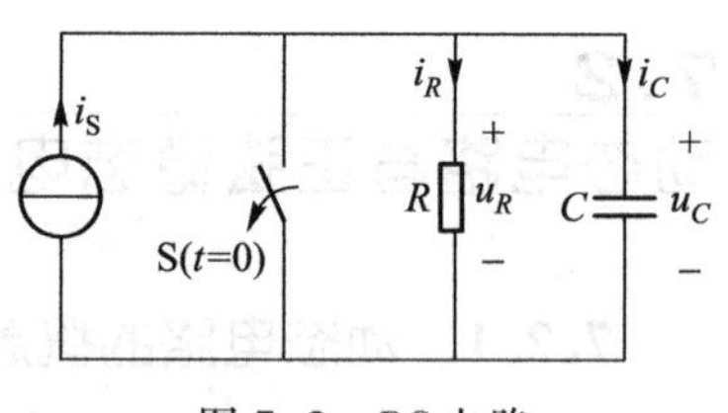

图 7-3 RC 电路

图 7-3 所示电路 $t>0$ 时开关 S 已断开,用 $2b$ 法可列出如下方程:

$$\begin{cases} -i_S + i_R + i_C = 0 \\ -u_R + u_C = 0 \\ u_R = Ri_R \\ i_C = C\dfrac{\mathrm{d}u_C}{\mathrm{d}t} \end{cases} \tag{7-19}$$

消去 u_R、i_R 和 i_C，整理方程可得

$$C\frac{\mathrm{d}u_C}{\mathrm{d}t} + \frac{1}{R}u_C = I_\mathrm{m}\cos(\omega t + \theta_i) \tag{7-20}$$

解出 u_C 需知道 $u_C(0_+)$。

由图 7-3 可知 $u_C(0_-) = 0$，且 0_- 至 0_+ 时间内电容电流不会为无穷大。根据电容的元件约束，可得 $u_C(0_+) = u_C(0_-) + \dfrac{1}{C}\displaystyle\int_{0_-}^{0_+} i(\xi)\,\mathrm{d}\xi = 0$。

方程的解 u_C 由特解 u_p 和齐次微分方程通解 u_h 两部分组成，即

$$u_C = u_\mathrm{p} + u_\mathrm{h} \tag{7-21}$$

其中的 u_p、u_h 分别满足以下方程：

$$\begin{cases} C\dfrac{\mathrm{d}u_\mathrm{p}}{\mathrm{d}t} + \dfrac{1}{R}u_\mathrm{p} = I_\mathrm{m}\cos(\omega t + \theta_i) \\ C\dfrac{\mathrm{d}u_\mathrm{h}}{\mathrm{d}t} + \dfrac{1}{R}u_\mathrm{h} = 0 \end{cases} \tag{7-22}$$

由式(7-22)的第 2 式可得齐次微分方程通解 $u_\mathrm{h} = A\mathrm{e}^{-\frac{t}{RC}}$，因此

$$u_C(t) = u_\mathrm{p}(t) + u_\mathrm{h}(t) = u_\mathrm{p}(t) + A\mathrm{e}^{-\frac{t}{RC}} \tag{7-23}$$

特解 $u_\mathrm{p}(t)$ 可用待定系数法求解。令 $u_\mathrm{p}(t) = U_\mathrm{m}\cos(\omega t + \varphi_u)$，将其代入式(7-22)中的第 1 式，可得

$$-\omega CU_\mathrm{m}\sin(\omega t + \varphi_u) + \frac{1}{R}\times U_\mathrm{m}\cos(\omega t + \varphi_u) = I_\mathrm{m}\cos(\omega t + \theta_i) \tag{7-24}$$

令 $|Y| = \sqrt{(\omega C)^2 + (1/R)^2}$，于是有

$$U_\mathrm{m}|Y|\left[\frac{1/R}{|Y|}\cos(\omega t + \varphi_u) - \frac{\omega C}{|Y|}\sin(\omega t + \varphi_u)\right] = I_\mathrm{m}\cos(\omega t + \theta_i) \tag{7-25}$$

令 $\varphi' = \arctan\dfrac{\omega C}{1/R}$，则 $\sin\varphi' = \dfrac{\omega C}{|Y|}$，$\cos\varphi' = \dfrac{1/R}{|Y|}$。根据三角恒等变换关系，式(7-25)可变为

$$U_\mathrm{m}|Y|\cos(\omega t + \varphi_u + \varphi') = I_\mathrm{m}\cos(\omega t + \theta_i) \tag{7-26}$$

比较式(7-26)的两边，可知有 $U_\mathrm{m}|Y| = I_\mathrm{m}$，$\varphi_u + \varphi' = \theta_i$。由此可得 $U_\mathrm{m} = \dfrac{I_\mathrm{m}}{|Y|}$，$\varphi_u = \theta_i - \varphi'$，这样，特解 $u_\mathrm{p}(t) = U_\mathrm{m}\cos(\omega t + \varphi_u)$ 就被求出。

将 $u_C(0_+)=0$ 代入式(7-23),可求得 $A=-u_p(0)=-U_m\cos\varphi_u$,故图 7-3 所示电路在 $t>0$(或 $t\geqslant 0_+$)时的响应为

$$u_C(t)=U_m\cos(\omega t+\varphi_u)-U_m\cos\varphi_u e^{-\frac{t}{RC}} \tag{7-27}$$

7.2.3 正弦稳态电路的概念

前面已经看到,图 7-3 所示电路在 $t>0$ 时电容电压为 $u_C(t)=U_m\cos(\omega t+\varphi_u)-U_m\cos\varphi_u e^{-\frac{t}{RC}}$,式中前面一项按正弦规律变化,后面一项 $U_m\cos\varphi_u e^{-\frac{t}{RC}}$ 按指数规律衰减。经过一段时间后,$U_m\cos\varphi_u e^{-\frac{t}{RC}}$ 变得很小,可忽略,此时 $u_C(t)\approx U_m\cos(\omega t+\varphi_u)$,这时的电路就称为正弦稳态电路。

正弦稳态电路也称为正弦交流电路,是指所有的电压、电流都按正弦规律变化的电路。动态电路在正弦电源的作用下经过一段时间就可转变为正弦稳态电路。如生活中可见的电风扇,接通电源后,叶片旋转会经历加速过程然后进入匀速状态,叶片进入匀速状态后,电风扇电路就处于正弦稳态的工作状态,这时的电路就为正弦稳态电路。

很多时候人们只需关心正弦稳态电路的工作情况,以图 7-3 所示电路为例,相当于只需解出特解 $u_p(t)$。从前面给出的求解过程可知,$u_p(t)$ 的求解很不容易。

为了简化正弦稳态电路的求解问题,美国电气工程师施泰因梅茨在 1893 年提出了相量法,该法的核心是用复数表示正弦电压和正弦电流。

7.3 复数与正弦量的相量

7.3.1 复数的表示及运算

1. 复数的表示

复数的表示形式有多种,总体来说,可归纳为下列 5 种形式。

(1) 代数形式

代数形式是复数常用的表示形式之一,其形式为

$$F=a+jb \tag{7-28}$$

式中,$j=\sqrt{-1}$ 为单位虚数,有 $j^2=-1$,$j^3=-j$,$j^4=1$。a 为复数 F 的实部,b 为复数 F 的虚部。取复数 F 的实部和虚部分别用下列符号表示:

$$\mathrm{Re}[F]=a,\quad \mathrm{Im}[F]=b$$

(2) 图形形式

任何复数都可用复平面上的点来表示,复平面的横轴为实轴,纵轴为虚轴。例如,复数 $F=a+jb$ 可用图 7-4 所示复平面上的点 F 来表示。

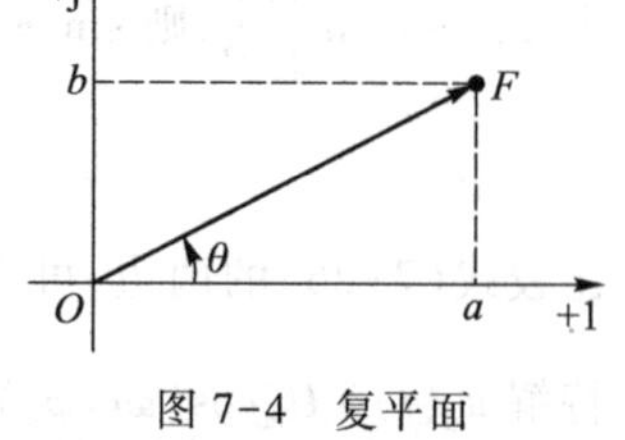

图 7-4 复平面

如果从坐标原点 O 向点 F 画一带箭头的有向线段，即形成一个矢量 OF，简写为 $\boldsymbol{F}$，这样复数 F 就与矢量 $\boldsymbol{F}$ 对应了。设矢量 $\boldsymbol{F}$ 的长度(模)为 $|\boldsymbol{F}|$，矢量与实轴的夹角(或称为辐角)为 θ，则矢量 $\boldsymbol{F}$ 与复数 F 的对应关系为

$$F=\boldsymbol{F} \tag{7-29}$$

矢量或复数的模为

$$|\boldsymbol{F}|=\sqrt{a^2+b^2} \tag{7-30}$$

矢量或复数的辐角为

$$\theta=\arctan\left(\frac{b}{a}\right) \tag{7-31}$$

(3) 三角函数形式

根据图 7-4 可得复数 F 的三角函数形式为

$$F=|\boldsymbol{F}|(\cos\theta+\mathrm{j}\sin\theta) \tag{7-32}$$

(4) 指数形式

根据欧拉公式

$$\mathrm{e}^{\mathrm{j}\theta}=\cos\theta+\mathrm{j}\sin\theta \tag{7-33}$$

复数 F 的三角函数形式可写成指数形式，即

$$F=|\boldsymbol{F}|\mathrm{e}^{\mathrm{j}\theta} \tag{7-34}$$

所以，可认为复数 F 是其模 $|\boldsymbol{F}|$ 与 $\mathrm{e}^{\mathrm{j}\theta}$ 相乘的结果。

(5) 极坐标形式

复数的极坐标形式为

$$F=|\boldsymbol{F}|\angle\theta \tag{7-35}$$

由以上复数的各种表示形式可知：

$$F=a+\mathrm{j}b=|\boldsymbol{F}|(\cos\theta+\mathrm{j}\sin\theta)=|\boldsymbol{F}|\mathrm{e}^{\mathrm{j}\theta}=|\boldsymbol{F}|\angle\theta \tag{7-36}$$

复数的辐角应在主值区间范围内取值，即 $-\pi\leqslant\theta\leqslant\pi$。

2. 旋转因子

由前面的讨论可知，$\mathrm{e}^{\mathrm{j}\theta}=1\angle\theta$ 是模为 1、辐角为 θ 的复数。复数 F 乘以 $\mathrm{e}^{\mathrm{j}\theta}$，相当于把复数 F 对应的矢量 $\boldsymbol{F}$ 逆时针旋转一个角度 θ，所以，$\mathrm{e}^{\mathrm{j}\theta}$ 称为旋转因子。

由欧拉公式可知 $\mathrm{e}^{\mathrm{j}\frac{\pi}{2}}=\mathrm{j}$，$\mathrm{e}^{-\mathrm{j}\frac{\pi}{2}}=-\mathrm{j}$，$\mathrm{e}^{\mathrm{j}\pi}=-1$。因此"$\pm\mathrm{j}$"和"$-1$"都可看成是旋转因子。例如，复数 F 乘以 j，等于把该复数对应的矢量 $\boldsymbol{F}$ 逆时针旋转 $\frac{\pi}{2}$；复数 F 除以 j，相当于乘以"$-\mathrm{j}$"，即等于把复数 F 对应的矢量 $\boldsymbol{F}$ 顺时针旋转 $\frac{\pi}{2}$。

3. 复数的运算

复数可进行加、减、乘、除四则运算。通常，加、减采用代数形式或图形形式，乘、除采用极坐标形式。

例 7-2 设 $F_1=3-\mathrm{j}4$，$F_2=10\angle 135°$。试求 F_1+F_2 和$\dfrac{F_1}{F_2}$。

解 复数的求和适合用代数形式，故把 F_2 从极坐标形式转化为代数形式，有

$$F_2=10\angle 135°=10(\cos 135°+\mathrm{j}\sin 135°)=-7.07+\mathrm{j}7.07$$

则

$$F_1+F_2=(3-\mathrm{j}4)+(-7.07+\mathrm{j}7.07)=-4.07+\mathrm{j}3.07$$

把结果用极坐标形式表示，则有

$$\arg(F_1+F_2)=\arctan\left(\frac{3.07}{-4.07}\right)=143°$$

$$|F_1+F_2|=\sqrt{(4.07)^2+(3.07)^2}=5.1$$

也即

$$F_1+F_2=5.1\angle 143°$$

复数相除适合采用极坐标形式，故把 F_1 从代数形式转化为极坐标形式，有

$$F_1=3-\mathrm{j}4=5\angle -53.1°$$

所以

$$\frac{F_1}{F_2}=\frac{3-\mathrm{j}4}{10\angle 135°}=\frac{5\angle -53.1°}{10\angle 135°}=0.5\angle -188.1°=0.5\angle 171.9°$$

以上对复数的辐角进行变化，是为了满足主值区间的要求。

7.3.2 正弦量的相量表示

如果有一个复数 $F=|\boldsymbol{F}|\mathrm{e}^{\mathrm{j}\theta}$，它的辐角 $\theta=\omega t+\varphi$ 随时间变化，则称该复数为复指数函数。根据欧拉公式，可将 $F=|\boldsymbol{F}|\mathrm{e}^{\mathrm{j}\theta}$ 表示为

$$F=|\boldsymbol{F}|\mathrm{e}^{\mathrm{j}(\omega t+\varphi)}=|\boldsymbol{F}|\cos(\omega t+\varphi)+\mathrm{j}|\boldsymbol{F}|\sin(\omega t+\varphi) \tag{7-37}$$

取其实部有

$$\mathrm{Re}[F]=|\boldsymbol{F}|\cos(\omega t+\varphi)$$

因此，如果将正弦量取为复指数函数的实部，则正弦量可以与复指数函数对应。例如，以正弦电流为例，设 i 为

$$i=\sqrt{2}I\cos(\omega t+\varphi_i)$$

则有

$$i=\mathrm{Re}[\sqrt{2}I\mathrm{e}^{\mathrm{j}(\omega t+\varphi_i)}]=\mathrm{Re}[\sqrt{2}I\mathrm{e}^{\mathrm{j}\varphi_i}\mathrm{e}^{\mathrm{j}\omega t}]$$

由上式可以看出，复指数函数中的 $I\mathrm{e}^{\mathrm{j}\varphi_i}$ 就是以正弦量的有效值为模、以初相角为辐角的一个复常数。将这个复常数定义为正弦量的相量，用符号 $\dot{I}$ 表示，有

$$\dot{I}=I\mathrm{e}^{\mathrm{j}\varphi_i}=I\angle\varphi_i \tag{7-38}$$

同理，对正弦电压 $u=\sqrt{2}U\cos(\omega t+\varphi_u)$，其对应的相量为

$$\dot{U}=U\mathrm{e}^{\mathrm{j}\varphi_u}=U\angle\varphi_u \tag{7-39}$$

以上为按正弦量有效值定义的相量，称为有效值相量，也可以按正弦量的最大值来定义相量，称为最大值相量，记为 $\dot{I}_{\mathrm{m}}$ 或 $\dot{U}_{\mathrm{m}}$。本书采用有效值相量。

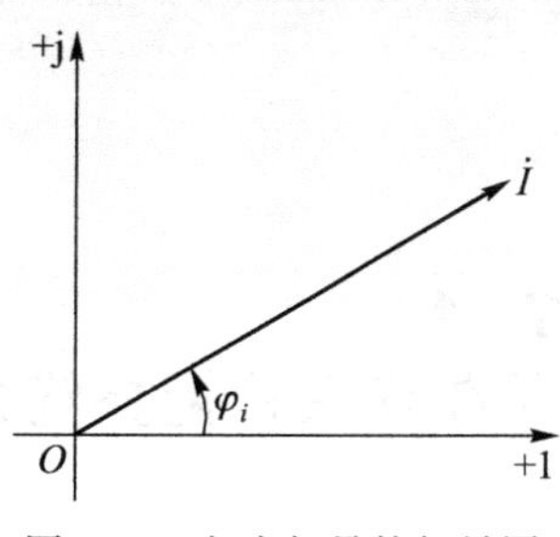

图 7-5 电流相量的相量图

相量具有复数的表现形式，与一般复数不同的是它与正弦函数有对应关系。在相量的极坐标形式中，相量的模为正弦量的有效值（或幅值），相量的辐角为正弦量的初相位。相量在复平面上的几何表示称为相量图，如图 7-5 所示即是电流相量的相量图。

若正弦量 $i=\sqrt{2}I\cos(\omega t+\varphi_i)$ 对应的相量为 $\dot{I}=I\angle\varphi$，则$\dfrac{\mathrm{d}i}{\mathrm{d}t}$对应的相量为 $\mathrm{j}\omega\dot{I}$，这一结论可证明如下：因为 $i=\sqrt{2}I\cos(\omega t+\varphi_i)$，所以$\dfrac{\mathrm{d}i}{\mathrm{d}t}=-\sqrt{2}\omega I\sin(\omega t+\varphi_i)=\sqrt{2}\omega I\cos(\omega t+\varphi_i+90°)$。根据正弦量与相量的对应关系可知，$\sqrt{2}\omega I\cos(\omega t+\varphi_i+90°)$对应的相量为 $\omega I\angle\varphi_i+90°=\mathrm{j}\omega I\angle\varphi_i=\mathrm{j}\omega\dot{I}$，由此可知$\dfrac{\mathrm{d}i}{\mathrm{d}t}$对应的相量为 $\mathrm{j}\omega\dot{I}$。

若正弦量 $i=\sqrt{2}I\cos(\omega t+\varphi_i)$ 对应的相量为 $\dot{I}$，则 $\int i\mathrm{d}t$ 对应的相量为$\dfrac{1}{\mathrm{j}\omega}\dot{I}$。相关证明从略，感兴趣的读者可参阅其他文献。

把正弦量表示为相量后，时域中同频率正弦量的加、减运算就可转化为对应相量（复数）的加、减运算，时域中正弦量的微分、积分运算就可转化为对应相量（复数）的乘、除运算，这样就给正弦量的运算带来了极大的方便。

正弦量表示为相量后，相关的所有运算均不涉及时间，但会涉及频率，故把借助相量的分析方法称为频域分析方法或相量分析方法，简称为相量法。

例 7-3 已知两个同频率正弦电流分别为 $i_1=10\sqrt{2}\cos(314t+60°)\,\mathrm{A}$，$i_2=22\sqrt{2}\cos(314t-150°)\,\mathrm{A}$，试用相量法求：(1) $i=i_1+i_2$。(2) $\dfrac{\mathrm{d}i_1}{\mathrm{d}t}$。

解 (1) 把电流表示为相量，有 $\dot{I}_1=10\angle60°\ \mathrm{A}$，$\dot{I}_2=22\angle-150°\ \mathrm{A}$，$\dot{I}=I\angle\varphi_i\ \mathrm{A}$，可有

$$\begin{aligned}\dot{I}&=\dot{I}_1+\dot{I}_2=(10\angle60°+22\angle-150°)\,\mathrm{A}\\&=[(5+\mathrm{j}8.66)+(-19.05-\mathrm{j}11)]\,\mathrm{A}\\&=(-14.05-\mathrm{j}2.34)\,\mathrm{A}=14.24\angle-170.54°\ \mathrm{A}\end{aligned}$$

则

$$i=14.24\sqrt{2}\cos(314t-170.54°)\,\mathrm{A}$$

(2) i_1 对应的相量为 $\dot{I}_1=I_1\angle60°\ \mathrm{A}$，则$\dfrac{\mathrm{d}i_1}{\mathrm{d}t}$对应的相量为 $\mathrm{j}\omega\dot{I}_1=\omega I_1\angle60°+90°\ \mathrm{A}=\omega I_1\angle150°\ \mathrm{A}$，所以

$$\frac{di_1}{dt}=[314\times10\sqrt{2}\cos(314t+150°)]\text{ A}$$

$$=3140\sqrt{2}\cos(314t+150°)\text{ A}$$

7.4 元件约束和拓扑约束的相量形式

7.4.1 电阻元件、电感元件和电容元件 VCR 的相量形式

1. 电阻元件 VCR 的相量形式

图 7-6(a)所示是电阻元件 R 的时域模型，其上的电压 u 与电流 i 取关联参考方向，则有 $u=Ri$。当有电流 $i=\sqrt{2}I_R\cos(\omega t+\varphi_i)$ 通过电阻 R 时，在其两端将产生电压 $u=\sqrt{2}U_R\cos(\omega t+\varphi_u)$。由 $u=Ri$ 可得

$$\sqrt{2}U_R\cos(\omega t+\varphi_u)=\sqrt{2}I_RR\cos(\omega t+\varphi_i) \tag{7-40}$$

对应的相量形式为

$$U_R\angle\varphi_u=I_RR\angle\varphi_i \tag{7-41}$$

也即

$$\dot{U}_R=R\dot{I}_R \tag{7-42}$$

可见，电阻元件上电压与电流的有效值满足 $U_R=RI_R$ 或 $I_R=\frac{1}{R}U_R$，相位满足 $\varphi_u=\varphi_i$，即相位相同。图 7-6(b)所示是电阻 R 的频域相量形式电路模型，简称频域模型或相量模型；图 7-6(c)是电阻 R 上的正弦电压与正弦电流的相量图。

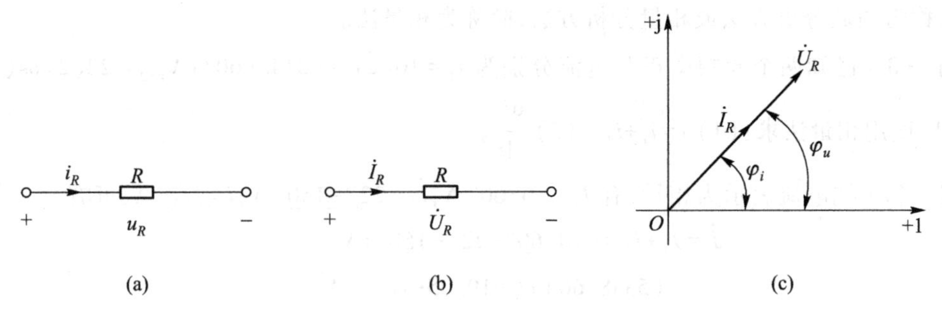

图 7-6 电阻元件的模型和相量图
(a) 时域模型 (b) 频域模型 (c) 正弦电压和正弦电流相量图

2. 电感元件 VCR 的相量形式

图 7-7(a)所示是电感元件 L 的时域模型，其上电压 u_L 与电流 i_L 取关联参考方向，则 $u_L=$

$L\dfrac{\mathrm{d}i_L}{\mathrm{d}t}$。设 $i_L=\sqrt{2}I_L\cos(\omega t+\varphi_i)$，$u_L=\sqrt{2}U_L\cos(\omega t+\varphi_u)$，对应相量分别用 $\dot{I}_L$ 和 $\dot{U}_L$ 表示。由 $u_L=L\dfrac{\mathrm{d}i_L}{\mathrm{d}t}$的关系，根据前面已经给出的结果，应有

$$\dot{U}_L=\mathrm{j}\omega L\dot{I}_L \tag{7-43}$$

或

$$\dot{I}_L=\frac{\dot{U}_L}{\mathrm{j}\omega L} \tag{7-44}$$

可见，电感元件电压和电流有效值的关系为 $U_L=\omega LI_L$ 或 $I_L=\dfrac{U_L}{\omega L}$，而电压和电流相位的关系为

$$\varphi_u=\varphi_i+\frac{\pi}{2} \tag{7-45}$$

或

$$\varphi_u-\varphi_i=\frac{\pi}{2} \tag{7-46}$$

即电感上的电压在相位上超前其电流$\dfrac{\pi}{2}$。

图 7-7(b)是电感 L 的频域模型(相量模型)，图 7-7(c)是电感 L 的正弦电压和正弦电流的相量图。

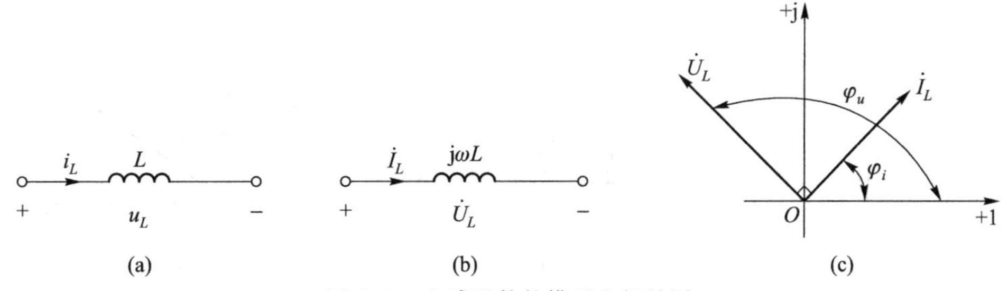

图 7-7　电感元件的模型和相量图

(a) 时域模型　(b) 频域模型　(c) 正弦电压和正弦电流相量图

下面讨论 ωL 的含义。由 $I_L=\dfrac{U_L}{\omega L}$可知，当 U_L 一定时，ωL 越大，I_L 就越小。可见 ωL 反映了电感对正弦电流的阻碍作用，因此称之为电感电抗，简称感抗。用 X_L 表示，即

$$X_L=\omega L=2\pi fL \tag{7-47}$$

感抗 X_L 的单位是欧姆(Ω)。感抗的倒数称为感纳，用 B_L 表示，即

$$B_L=\frac{1}{X_L} \tag{7-48}$$

感纳的单位为西门子(S)。有了感抗和感纳，电感电压和电流的相量关系可以表示为

$$\dot{U}_L = \mathrm{j}X_L\dot{I}_L \tag{7-49}$$

或

$$\dot{I}_L = -\mathrm{j}B_L\dot{U}_L \tag{7-50}$$

3. 电容元件 VCR 的相量形式

如图 7-8(a)所示,电容电压 u_C 和电流 i_C 取关联方向,则 $i_C = C\dfrac{\mathrm{d}u_C}{\mathrm{d}t}$。设 $u_C = \sqrt{2}U\cos(\omega t+\varphi_u)$,$i_C = \sqrt{2}I\cos(\omega t+\varphi_i)$,对应的相量分别为 $\dot{U}_C$ 和 $\dot{I}_C$。根据 $i_C = C\dfrac{\mathrm{d}u_C}{\mathrm{d}t}$和前面的结果,可知有 $\dot{I}_C = \mathrm{j}\omega C\dot{U}_C$,所以 $\dot{U}_C = \dfrac{\dot{I}_C}{\mathrm{j}\omega C}$。可见,电容元件电压和电流有效值的关系为

$$U_C = \frac{1}{\omega C}I_C \tag{7-51}$$

而两者的相位关系为

$$\varphi_i = \varphi_u + \frac{\pi}{2} \quad 或 \quad \varphi_u - \varphi_i = -\frac{\pi}{2} \tag{7-52}$$

即电容上的电压在相位上滞后其电流$\dfrac{\pi}{2}$。

图 7-8(b)是电容 C 的频域模型(相量模型),图 7-8(c)是电容 C 的正弦电压和正弦电流的相量图。

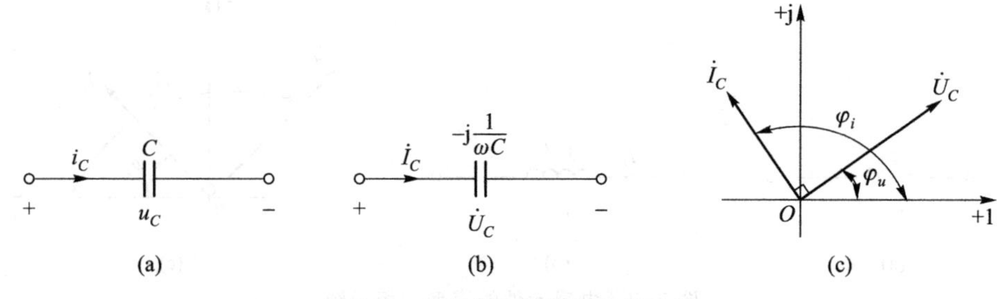

图 7-8 电容元件的模型和相量图

(a) 时域模型 (b) 频域模型 (c) 正弦电压和正弦电流相量图

下面来讨论$\dfrac{1}{\omega C}$的含义。由 $U_C = \dfrac{1}{\omega C}I_C$ 可知,当 U_C 一定时,$\dfrac{1}{\omega C}$越大,I_C 就越小。可见$\dfrac{1}{\omega C}$反映了电容对正弦电流的阻碍作用,因此将其称为电容的电抗,简称容抗,用 X_C 表示,即

$$X_C = \frac{1}{\omega C} = \frac{1}{2\pi fC} \tag{7-53}$$

容抗 X_C 的单位是欧姆(Ω)。容抗的倒数称为容纳,用 B_C 表示,即

$$B_C = \frac{1}{X_C} \tag{7-54}$$

容纳的单位是西门子(S)。显然,容纳表示电容对正弦电流的导通能力。

有了容抗和容纳的概念,电容电压和电流的相量关系可表示为

$$\dot{U}_C=-\mathrm{j}X_C\dot{I}_C \tag{7-55}$$

或

$$\dot{I}_C=\mathrm{j}B_C\dot{U}_C \tag{7-56}$$

7.4.2 拓扑约束的相量形式

在正弦交流电路中,各支路的电流和电压都是同频率的正弦量,所以可以用相量形式表示KCL和KVL。

电路时域KCL、KVL方程为

$$\sum_k \pm i_k=0,\qquad \sum_k \pm u_k=0$$

由于所有支路电流、支路电压都是同频率的正弦量,所以通过正弦量与相量的对应关系,可以导出KCL、KVL方程的相量形式为

$$\sum_k \pm \dot{I}_k=0,\qquad \sum_k \pm \dot{U}_k=0$$

从以上介绍的R、L、C元件VCR的相量形式以及KCL和KVL的相量形式可以看出,它们与直流电路的有关公式在形式上完全相似。

例 7-4 图7-9(a)所示的RLC串联电路中,已知$R=3\ \Omega$、$L=1\ \mathrm{H}$、$C=1\ \mu\mathrm{F}$,正弦电流源的电流为i_S,其有效值为$I_\mathrm{S}=5\ \mathrm{A}$,角频率为$\omega=10^3\ \mathrm{rad/s}$,试用相量法求电压$u_\mathrm{ad}$和$u_\mathrm{bd}$。

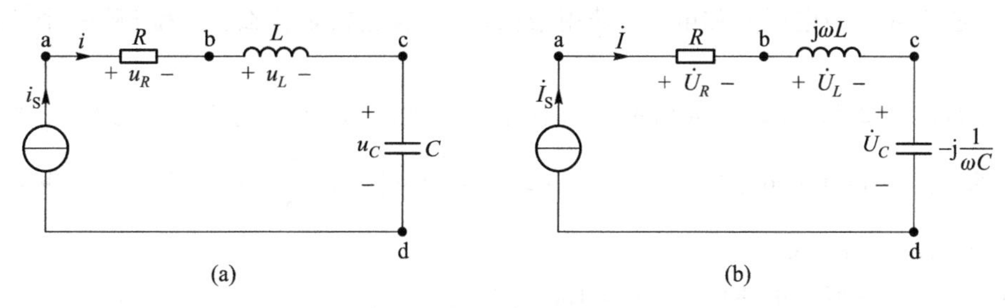

图7-9 例7-4图

(a) 时域电路 (b) 频域电路

解 先画出图7-9(a)所示电路对应的频域电路图,如图7-9(b)所示。因为在串联电路中,通过各元件的电流i_S是共同的,故设电流相量为参考相量,即令$\dot{I}=\dot{I}_\mathrm{S}=5\underline{/0^\circ}\ \mathrm{A}$。根据各元件的VCR有

$$\dot{U}_R=R\dot{I}=(3\times5\underline{/0^\circ})\ \mathrm{V}=15\underline{/0^\circ}\ \mathrm{V}$$

$$\dot{U}_L=\mathrm{j}\omega L\dot{I}=5000\underline{/90^\circ}\ \mathrm{V}$$

$$\dot{U}_C=-\mathrm{j}\frac{1}{\omega C}\dot{I}=5000\underline{/-90^\circ}\ \mathrm{V}$$

根据相量形式的 KVL 和以上结果有

$$\dot{U}_{\mathrm{bd}}=\dot{U}_L+\dot{U}_C=0$$

$$\dot{U}_{\mathrm{ad}}=\dot{U}_R+\dot{U}_{\mathrm{bd}}=15\angle 0^\circ\ \mathrm{V}$$

所以

$$u_{\mathrm{bd}}=0$$

$$u_{\mathrm{ad}}=15\sqrt{2}\cos 10^3 t\ \mathrm{V}$$

习题

第 7 章
习题答案

7-1 求正弦量 $120\cos(4\pi t+30^\circ)$ 的角频率、周期、频率、初相、振幅、有效值。

7-2 按题 7-2 图给出的参考方向，电流 i 的表达式为 $i=20\cos\left(314t+\dfrac{2}{3}\pi\right)$ A，如果把参考方向选成相反的方向，则 i 的表达式应如何改写？

题 7-2 图

7-3 已知 $u_{\mathrm{A}}=220\sqrt{2}\cos 314t$ V，$u_{\mathrm{B}}=220\sqrt{2}\cos(314t-120^\circ)$ V。（1）求两者之间的相位差。（2）画出 u_{A}、u_{B} 的波形。

7-4 题 7-4 图中电压 u 和电流 i 若用余弦表示，表达式是什么？u 和 i 哪一个超前？超前多少？

7-5 如果 $i=2.5\cos(2\pi t-30^\circ)$ A，当 u 为下列表达式时，求 u 与 i 的相位差、二者超前或滞后的关系。（1）$u=120\cos(2\pi t+10^\circ)$ V。（2）$u=40\sin\left(2\pi t-\dfrac{\pi}{3}\right)$ V。（3）$u=-10\cos 2\pi t$ V。（4）$u=-33.8\sin(2\pi t-28.6^\circ)$ V。

7-6 题 7-6 图所示电路中，$u_{\mathrm{S}}(t)=10\cos(4t+\varphi)$ V，电感无初始储能，$t=0$ 时开关 S 闭合，（1）求电流 i_L。（2）i_L 中应有两项，若只有一项，则电源的初相位 φ 应为多少？

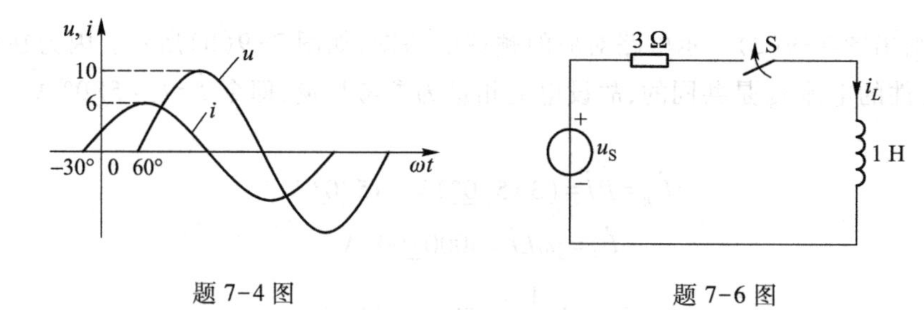

题 7-4 图　　题 7-6 图

7-7　题 7-7 图所示电路中，已知 $u_S(t)=10\cos(314t-45°)$ V，电容无初始能，开关 S 在 $t=0$ 时闭合，以 $u_C(t)$ 为待求量列出描述电路的方程，并求 $t>0$ 后的电流 $i(t)$。

7-8　以 $u_C(t)$ 为待求量列写题 7-8 图所示电路的微分方程。

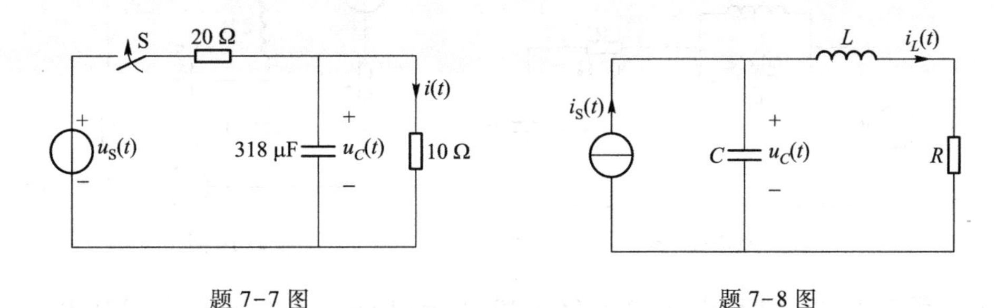

题 7-7 图　　　　题 7-8 图

7-9　角频率为 ω，写出下列电压、电流相量所对应的正弦电压和电流。

(1) $\dot{U}_m=10\angle -10°$ V。　(2) $\dot{U}=(-6-j8)$ V。

(3) $\dot{I}_m=(1-j1)$ A。　(4) $\dot{I}=-30$ A。

7-10　题 7-10 图所示电路中 $u=100\cos(\omega t+10°)$ V，$i_1=2\cos(\omega t+100°)$ A，$i_2=-4\cos(\omega t+190°)$ A，$i_3=5\sin(\omega t+10°)$ A。试写出各电压和各电流的有效值、初相位，并求各支路电压超前电流的角度。

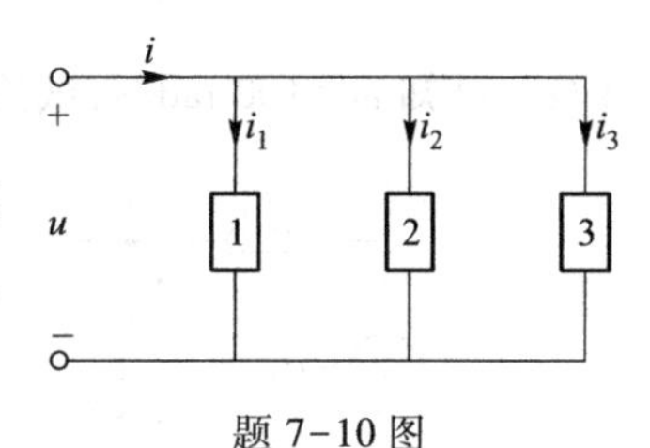

题 7-10 图

7-11　写出下列每一个正弦量的相量，并画出相量图。(1) $u_1=50\cos(600t-110°)$ V。(2) $u_2=30\sin(600t+30°)$ V。(3) $u=u_1+u_2$。

7-12　设 $\omega=200$ rad/s，给出下列电流相量对应的瞬时值表达式。(1) $\dot{I}_1=j10$ A。(2) $\dot{I}_2=(4+j2)$ A。(3) $\dot{I}=\dot{I}_1+\dot{I}_2$。

7-13　已知方程式 $Ri+L\dfrac{di}{dt}=u$ 中，电压、电流均为同频率的正弦量，设正弦量的角频率为 ω，试给出该式对应的相量形式。

7-14　已知方程式 $LC\dfrac{d^2i_L}{d^2t}+GL\dfrac{di_L}{dt}+i_L=i_S$ 中，电压、电流均为同频率的正弦量，设正弦量的角频率为 ω，试给出该式对应的相量形式。

7-15　题 7-15 图示电路中，已知 $u_S=480\sqrt{2}\cos(800t-30°)$ V，试给出该电路的频域模型（相量模型）。

7-16　题 7-16 图所示电路中，已知 $u_{S1}=18.3\sqrt{2}\cos 4t$ V，$i_S=2.1\sqrt{2}\cos(4t-35°)$ A，$u_{S2}=25.2\sqrt{2}\cos(4t+10°)$ V，试给出该电路的相量模型。

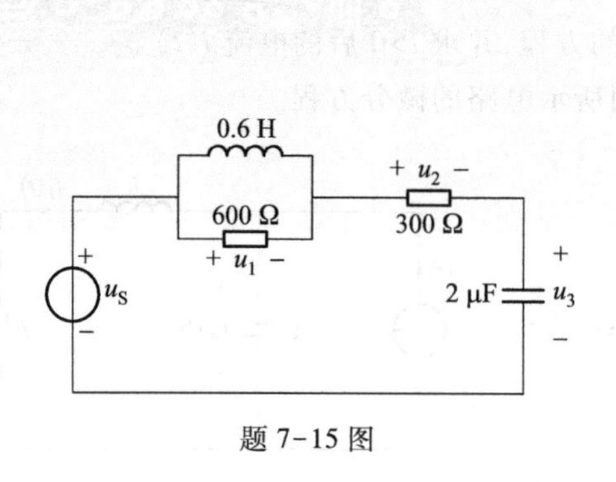

题 7-15 图

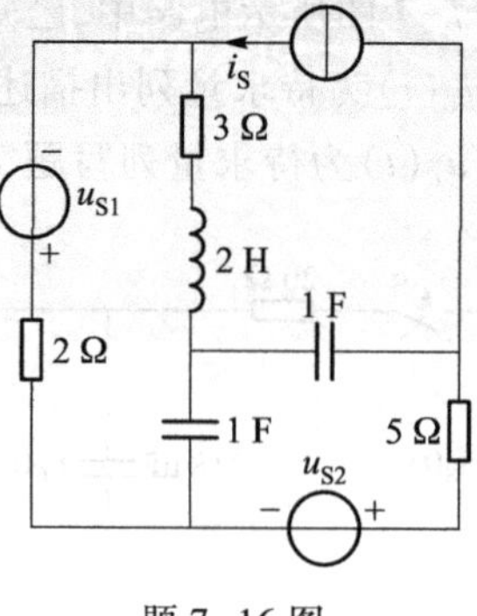

题 7-16 图

7-17　题 7-17 图示电路中，已知 $u_S(t)=100\sqrt{2}\cos 100t$ V，$C=10^{-5}$ F，$L=2$ H，$R_1=200\ \Omega$，$R_2=100\ \Omega$，试给出该电路的相量模型。

7-18　题 7-18 图所示电路中，$\dot{I}_S=10\angle 30^\circ$ A，$\dot{U}_S=100\angle -60^\circ$ V，$\omega L=20\ \Omega$，$\dfrac{1}{\omega C}=20\ \Omega$，$R=4\ \Omega$。已知 $\omega=100$ rad/s，试给出该相量模型对应的时域模型。

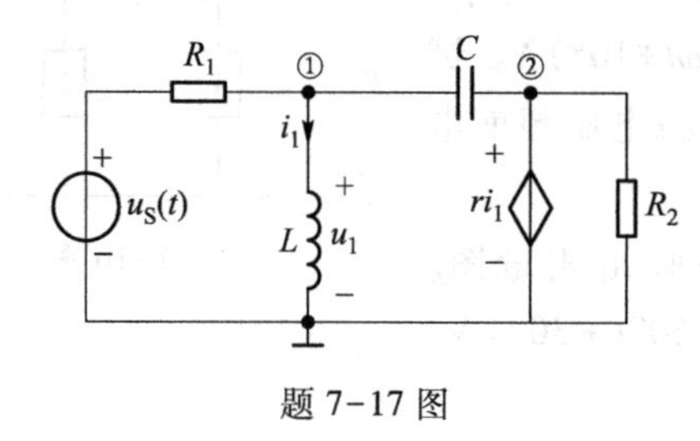

题 7-17 图

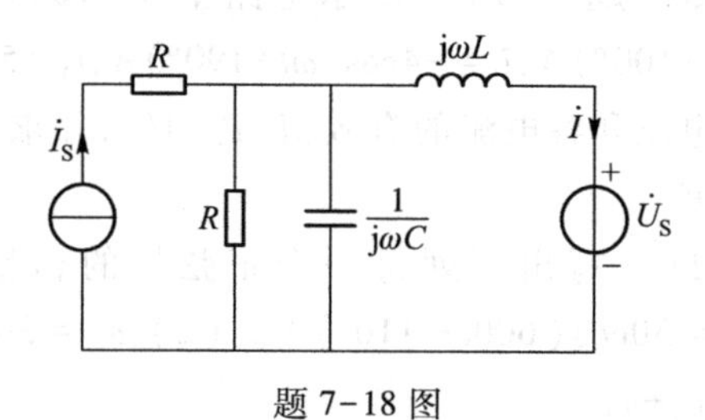

题 7-18 图

第8章 正弦稳态电路的分析

内容提要 本章介绍正弦稳态电路的分析方法和各种功率的概念和意义,具体内容包括:阻抗和导纳及其串联与并联、正弦稳态电路的相量分析法、正弦稳态电路的功率。

8.1 阻抗和导纳及其串联与并联

8.1.1 阻抗和导纳

在正弦稳态电路的分析中,广泛采用阻抗和导纳的概念。图 8-1(a)所示为一个不包含独立源的线性网络 N_0,当它在频率为 ω 的正弦信号激励下处于稳态时,其端口的电压(或电流)也是同频率的正弦量。

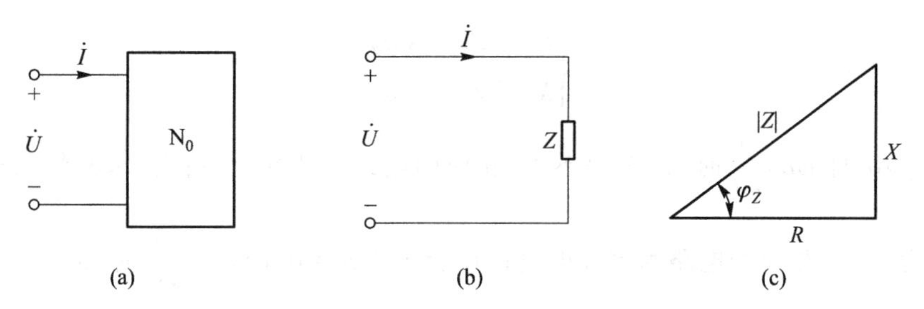

图 8-1 一端口网络的阻抗
(a) 一端口网络 (b) 复阻抗 (c) 阻抗三角形

阻抗 Z 定义为一端口的电压相量 $\dot{U}=U\underline{/\varphi_u}$ 与电流相量 $\dot{I}=I\underline{/\varphi_i}$ 之比,即

$$Z=\frac{\dot{U}}{\dot{I}}=\frac{U}{I}\underline{/\varphi_u-\varphi_i}=|Z|\underline{/\varphi_Z} \tag{8-1}$$

阻抗 Z 的单位为欧姆(Ω)。由于 Z 是复数,所以又称为复数阻抗或复阻抗,其图形符号如图 8-1(b)所示。Z 的模 $|Z|$ 称为阻抗模,其辐角 φ_Z 称为阻抗角。

阻抗 Z 也可以用代数形式表示,即

$$Z=R+\mathrm{j}X \tag{8-2}$$

阻抗的实部 R、虚部 X 和模 $|Z|$ 构成阻抗三角形,如图 8-1(c)所示。阻抗的实部 $\mathrm{Re}[Z]=$

$|Z|\cos\varphi_Z = R$ 称为阻抗的电阻部分，简称电阻；阻抗的虚部 $\mathrm{Im}[Z] = |Z|\sin\varphi_Z = X$ 称为阻抗的电抗部分，简称电抗。电阻和电抗的单位都是欧姆(Ω)。

如果一端口网络内部仅含单个元件 R、L 或 C，则对应的阻抗分别为

$$\begin{cases} Z_R = R \\ Z_L = \mathrm{j}\omega L = \mathrm{j}X_L \\ Z_C = -\mathrm{j}\dfrac{1}{\omega C} = -\mathrm{j}X_C \end{cases} \tag{8-3}$$

如果一端口网络由 RLC 串联构成，由 KVL 可得其阻抗 Z 为

$$Z = \frac{\dot{U}}{\dot{I}} = R + \mathrm{j}\omega L + \left(-\mathrm{j}\frac{1}{\omega C}\right) = R + \mathrm{j}\left(\omega L - \frac{1}{\omega C}\right) = R + \mathrm{j}X = |Z|\underline{/\varphi_Z} \tag{8-4}$$

显然，Z 的实部就是电阻 R，而虚部（即电抗 X）为

$$X = X_L - X_C = \omega L - \frac{1}{\omega C} \tag{8-5}$$

此时 Z 的模和辐角分别为

$$\begin{cases} |Z| = \sqrt{R^2 + X^2} \\ \varphi_Z = \arctan\left(\dfrac{X}{R}\right) \end{cases} \tag{8-6}$$

而

$$\begin{cases} R = |Z|\cos\varphi_Z \\ X = |Z|\sin\varphi_Z \end{cases} \tag{8-7}$$

当 $X>0$ 或 $\varphi_Z>0$，即 $\omega L>\dfrac{1}{\omega C}$ 时，称 Z 呈感性，相应的电路为感性电路；当 $X<0$ 或 $\varphi_Z<0$，即 $\omega L<\dfrac{1}{\omega C}$ 时，称 Z 呈容性，相应的电路为容性电路；当 $X=0$ 或 $\varphi_Z=0$，即 $\omega L=\dfrac{1}{\omega C}$ 时，称 Z 呈电阻性，相应的电路为电阻性电路或谐振电路（见第 12 章）。

因阻抗的实部和虚部都是 ω 的函数，所以可将 Z 写为

$$Z(\mathrm{j}\omega) = R(\omega) + \mathrm{j}X(\omega) \tag{8-8}$$

阻抗 Z 的倒数定义为导纳，用 Y 表示，即

$$Y = \frac{1}{Z} = \frac{\dot{I}}{\dot{U}} \tag{8-9}$$

导纳的单位是西门子(S)。由导纳的定义式不难得出 Y 的极坐标形式为

$$Y = |Y|\underline{/\varphi_Y} = \frac{\dot{I}}{\dot{U}} = \frac{I}{U}\underline{/\varphi_i - \varphi_u} \tag{8-10}$$

即

$$|Y|\underline{/\varphi_Y}=\frac{I}{U}\underline{/\varphi_i-\varphi_u} \tag{8-11}$$

Y 的模 $|Y|$ 称为导纳模,其辐角称为导纳角。显然有 $|Y|=\frac{I}{U}$,$\underline{/\varphi_Y}=\underline{/\varphi_i-\varphi_u}$。导纳 Y 也可以用代数形式表示,即

$$Y=G+\mathrm{j}B \tag{8-12}$$

Y 的实部 $\mathrm{Re}[Y]=|Y|\cos\varphi_Y=G$ 称为电导;虚部 $\mathrm{Im}[Y]=|Y|\sin\varphi_Y=B$ 称为电纳。它们的单位都是西门子(S)。导纳的实部 G、虚部 B 和模 $|Y|$ 构成导纳三角形。

因导纳的实部和虚部都是 ω 的函数,所以可将 Y 写为

$$Y(\mathrm{j}\omega)=G(\omega)+\mathrm{j}B(\omega) \tag{8-13}$$

阻抗和导纳可以等效互换,其等效条件为

$$Y=\frac{1}{Z} \tag{8-14}$$

用代数形式表示有

$$G(\omega)+\mathrm{j}B(\omega)=\frac{1}{R(\omega)+\mathrm{j}X(\omega)}=\frac{R(\omega)}{|Z|^2}-\mathrm{j}\frac{X(\omega)}{|Z|^2} \tag{8-15}$$

即有 $G(\omega)=\frac{R(\omega)}{|Z|^2}$,$B(\omega)=-\frac{X(\omega)}{|Z|^2}$;或者 $R(\omega)=\frac{G(\omega)}{|Y|^2}$,$X(\omega)=-\frac{B(\omega)}{|Y|^2}$。

以 RLC 串联电路为例,其阻抗为

$$Z=R+\mathrm{j}\left(\omega L-\frac{1}{\omega C}\right)=R+\mathrm{j}X \tag{8-16}$$

其等效导纳为

$$Y=\frac{R}{R^2+X^2}-\mathrm{j}\frac{X}{R^2+X^2} \tag{8-17}$$

对于 RLC 并联电路,其导纳为

$$Y=\frac{1}{R}+\mathrm{j}\left(\omega C-\frac{1}{\omega L}\right)=G+\mathrm{j}B \tag{8-18}$$

其等效阻抗为

$$Z=\frac{G}{G^2+B^2}-\mathrm{j}\frac{B}{G^2+B^2} \tag{8-19}$$

当一端口网络 N_0 含有受控源时,可能会出现 $\mathrm{Re}[Z]<0$ 或 $|\varphi_Z|>\frac{\pi}{2}$ 的情况。但如果仅限于 R、L、C 元件的组合且各元件参数均为正值,则一定有 $\mathrm{Re}[Z]\geqslant 0$ 或 $|\varphi_Z|\leqslant\frac{\pi}{2}$。

8.1.2 阻抗和导纳的串联与并联

阻抗的串联和并联计算,与电阻的串联和并联计算相似。对于 n 个阻抗串联而成的电路,

其等效阻抗为

$$Z=Z_1+Z_2+\cdots+Z_n \tag{8-20}$$

各个阻抗上的电压为

$$\dot{U}_k=\frac{Z_k}{Z}\dot{U}\quad (k=1,2,\cdots,n) \tag{8-21}$$

式中,$\dot{U}$ 为总电压,$\dot{U}_k$ 为第 k 个阻抗上的电压。同理,对于 n 个导纳并联而成的电路,其等效导纳为

$$Y=Y_1+Y_2+\cdots+Y_n \tag{8-22}$$

各个导纳的电流分配为

$$\dot{I}_k=\frac{Y_k}{Y}\dot{I}\quad (k=1,2,\cdots,n) \tag{8-23}$$

式中,$\dot{I}$ 为总电流,$\dot{I}_k$ 为导纳 Y_k 上的电流。

8.2 正弦稳态电路的相量分析法

8.2.1 一般分析方法

由前面的讨论可知,对于电阻电路,其拓扑约束和元件约束为

$$\begin{cases}\sum \pm i=0\\ \sum \pm u=0\\ u=\pm Ri \text{ 或 } i=\pm Gu\end{cases} \tag{8-24}$$

对于正弦交流电路,其频域相量形式的拓扑约束和元件约束为

$$\begin{cases}\sum \pm \dot{I}=0\\ \sum \pm \dot{U}=0\\ \dot{U}=\pm Z\dot{I} \text{ 或 } \dot{I}=\pm Y\dot{U}\end{cases} \tag{8-25}$$

比较上述两组式子,它们在形式上是完全相同的。因此,线性电阻电路中的各种分析方法和电路定理都可以频域相量形式直接用于正弦稳态电路中。所不同的是线性电阻电路的方程为实系数方程,而正弦稳态电路的方程为复系数方程。

例 8-1 在图 8-2 所示电路中,各独立电源都是同频率的正弦量。试列写该电路的节点电压法方程和回路电流法方程。

解 针对节点电压,Z_5 为虚元件。可写出该电路的节点电压法方程为

$$\left(\frac{1}{Z_1}+\frac{1}{Z_2}+\frac{1}{Z_3}\right)\dot{U}_{n1}-\frac{1}{Z_3}\dot{U}_{n2}=\frac{1}{Z_1}\dot{U}_{S1}+\frac{1}{Z_3}\dot{U}_{S3}$$

$$-\frac{1}{Z_3}\dot{U}_{n1}+\left(\frac{1}{Z_3}+\frac{1}{Z_4}\right)\dot{U}_{n2}=-\frac{1}{Z_3}\dot{U}_{S3}+\dot{I}_{S5}$$

利用直接法,可列出如下回路电流法方程:

$$(Z_1+Z_2)\dot{I}_{l1}-Z_2\dot{I}_{l2}=\dot{U}_{S1}$$

$$-Z_2\dot{I}_{l1}+(Z_2+Z_3+Z_4)\dot{I}_{l2}-Z_4\dot{I}_{l3}=-\dot{U}_{S3}$$

$$\dot{I}_{l3}=-\dot{I}_{S5}$$

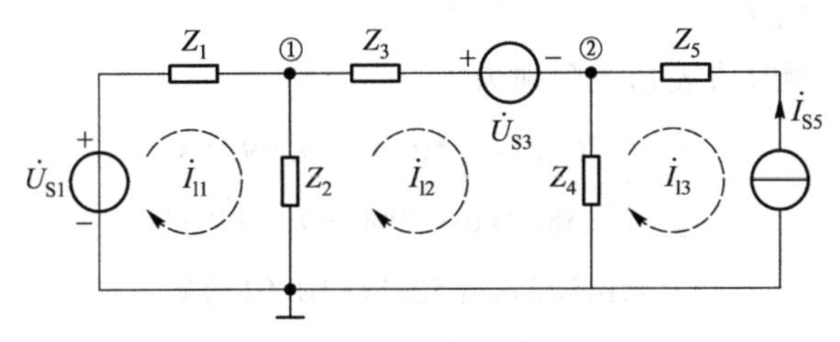

图 8-2 例 8-1 图

例 8-2 *RLC* 串联电路的相量模型如图 8-3(a)所示。已知:电阻 $R=15\ \Omega$,电感 $L=25\ \mathrm{mH}$,电容 $C=5\ \mu\mathrm{F}$,端电压 $u=100\sqrt{2}\cos 5000t\ \mathrm{V}$。试求电流和各元件电压的瞬时值表达式,判断电路的性质,并画出电路的相量图。

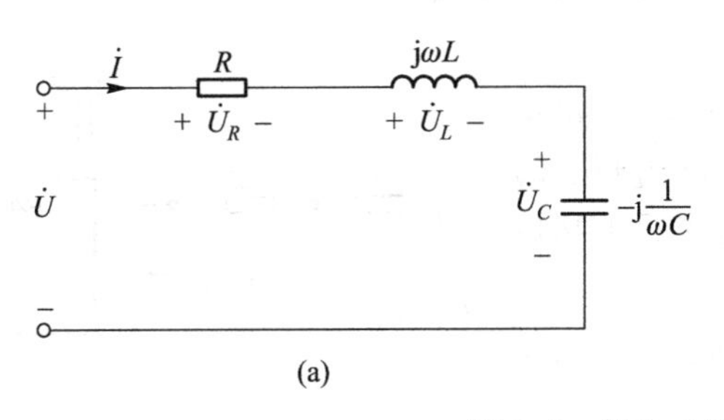

(a)

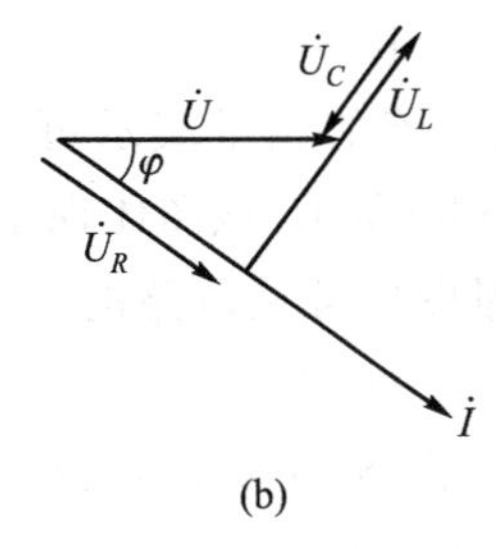

(b)

图 8-3 例 8-2 图

(a) 电路 (b) 相量图

解 用相量法分析,有

$$Z_R=15\ \Omega$$

$$Z_L=\mathrm{j}\omega L=(\mathrm{j}5000\times25\times10^{-3})\ \Omega=\mathrm{j}125\ \Omega$$

$$Z_C=-\mathrm{j}\frac{1}{\omega C}=\left(-\mathrm{j}\frac{1}{5000\times5\times10^{-6}}\right)\ \Omega=-\mathrm{j}40\ \Omega$$

所以

$$Z=Z_R+Z_L+Z_C=(15+\mathrm{j}85)\ \Omega=86.31\underline{/79.99^\circ}\ \Omega$$

输入端的电压相量为

$$\dot{U}=100\underline{/0^\circ}\ \mathrm{V}$$

输入端的电流相量为

$$\dot{I}=\frac{\dot{U}}{Z}=\frac{100\angle 0^\circ}{86.31\angle 79.99^\circ}\ \text{A}=1.16\angle -79.99^\circ\ \text{A}$$

各元件上的电压相量分别为

$$\dot{U}_R=R\dot{I}=(15\times 1.16\angle -79.99^\circ)\ \text{V}=17.38\angle -79.99^\circ\ \text{V}$$

$$\dot{U}_L=\text{j}\omega L\dot{I}=(\text{j}125\times 1.16\angle -79.99^\circ)\ \text{V}=145\angle 10.01^\circ\ \text{V}$$

$$\dot{U}_C=-\text{j}\frac{1}{\omega C}\dot{I}=(-\text{j}40\times 1.16\angle -79.99^\circ)\ \text{V}=46.4\angle -169.99^\circ\ \text{V}$$

电流和各元件上电压的瞬时值表达式分别为

$$i=1.16\sqrt{2}\cos(5000t-79.99^\circ)\ \text{A}$$

$$u_R=17.38\sqrt{2}\cos(5000t-79.99^\circ)\ \text{V}$$

$$u_L=145\sqrt{2}\cos(5000t+10.01^\circ)\ \text{V}$$

$$u_C=46.4\sqrt{2}\cos(5000t-169.99^\circ)\ \text{V}$$

以上结果表明,本例中电感两端的电压高于电路的端口电压。

电路的性质可根据阻抗角 φ 来加以判断,也可根据阻抗的虚部 X(电抗)来加以判断,还可用电路端口电压与端口电流的相位差 $\varphi_u-\varphi_i$ 来加以判断。在本例中,阻抗角 $\varphi=79.99^\circ>0$,阻抗的虚部 $X=\text{Im}[Z]=85\ \Omega>0$,端口电压与端口电流的相位差 $\varphi_u-\varphi_i=0^\circ-(-79.99^\circ)=79.99^\circ>0$,都说明该电路为感性电路。

由电压、电流的相量表示可画出该电路的相量图,如图 8-3(b)所示,该图体现了 $\dot{U}=\dot{U}_R+\dot{U}_L+\dot{U}_C$ 的关系。从相量图中可见电路的端口电流滞后于端口电压,说明电路呈感性。

例 8-3 图 8-4 所示电路中,电压源 $u_S(t)=4\cos 2t$ V,求输出电压 u_o。

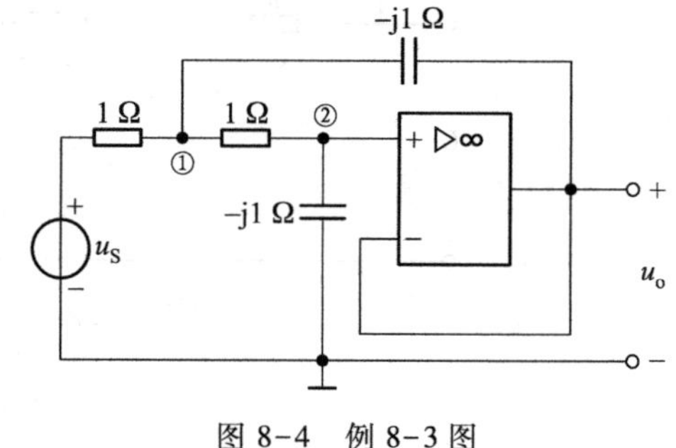

图 8-4 例 8-3 图

解 电压源的相量表示为 $\dot{U}_S=2\sqrt{2}\angle 0^\circ$ V。由电路可得

$$\frac{\dot{U}_{n1}-\dot{U}_S}{1}+\frac{\dot{U}_{n1}-\dot{U}_{n2}}{1}+\frac{\dot{U}_{n1}-\dot{U}_o}{-\text{j}1}=0\text{(说明:此式为节点① 的 KCL 方程)}$$

$$\frac{\dot{U}_{n2}-\dot{U}_{n1}}{1}+\frac{\dot{U}_{n2}}{-\text{j}1}=0\quad\text{(说明:此式为节点② 的 KCL 方程,利用“零电流”列出)}$$

$$\dot{U}_{n2}=\dot{U}_o\quad\text{(说明:利用“零电压”列出)}$$

求解可得

$$\dot{U}_o=\left(\frac{1}{2}+\text{j}\frac{1}{2}\right)\dot{U}_S=\left(\frac{\sqrt{2}}{2}\angle 45^\circ\times 2\sqrt{2}\angle 0^\circ\right)\ \text{V}=2\angle 45^\circ\ \text{V}$$

所以

$$u_o(t)=2\sqrt{2}\cos(2t+45°)\ \text{V}$$

例 8-4 在图 8-5(a)所示的电路中,已知 $R_1=10\ \Omega$,$R_2=5\ \Omega$,$R_3=10\ \Omega$,$R_4=7\ \Omega$,$L_1=2\ \text{H}$,$C_2=0.025\text{F}$,$u_S=100\sqrt{2}\cos 10t\ \text{V}$,$i_S=2\sqrt{2}\cos\left(10t+\dfrac{\pi}{2}\right)\ \text{A}$。求流过电阻 R_4 的电流 i。

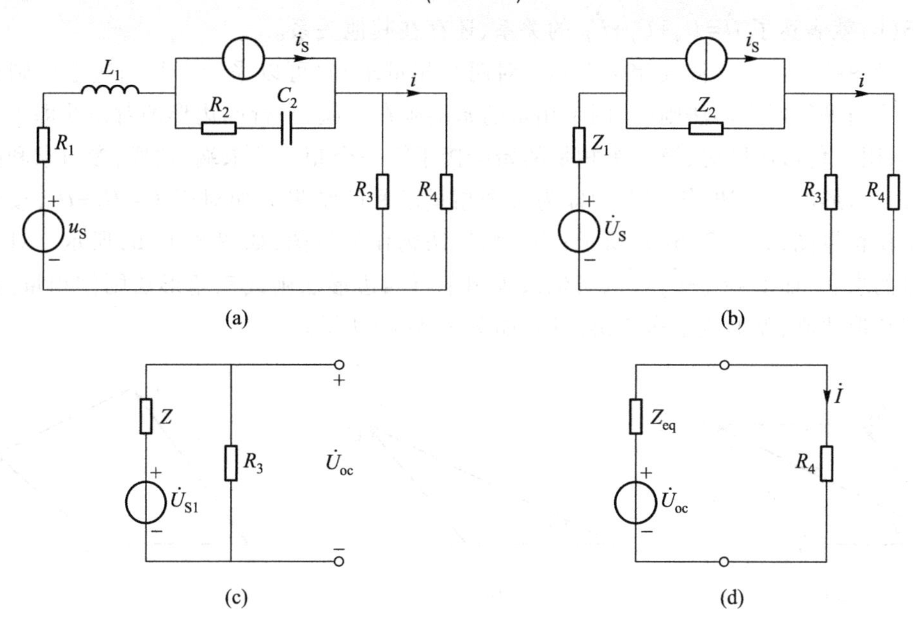

图 8-5 例 8-4 图

(a) 原电路 (b) 相量模型

(c) 求开路电压的等效电路 (d) 计算电流的等效电路

解 电路相量模型如图 8-5(b)所示,其中 $Z_1=R_1+\text{j}\omega L_1=(10+\text{j}10\times2)\ \Omega=(10+\text{j}20)\ \Omega$,$Z_2=R_2-\text{j}\dfrac{1}{\omega C}=\left(5-\text{j}\dfrac{1}{10\times0.025}\right)\ \Omega=(5-\text{j}4)\ \Omega$。将图 8-5(b)的 R_4 支路断开,可得图 8-4(c)所示的等效电路,其中 $\dot{U}_{S1}=\dot{U}_S+Z_2\dot{I}_S$,$Z=Z_1+Z_2$。因为 $\dot{U}_S=100\angle0°\ \text{V}$,$\dot{I}_S=2\angle0.5\pi\ \text{A}$,所以 $\dot{U}_{S1}=(108+\text{j}10)\ \text{V}$,$Z=(15+\text{j}16)\ \Omega$。图 8-5(c)所示电路的戴维南等效电路参数为

$$\dot{U}_{oc}=\frac{R_3}{R_3+Z}\dot{U}_{S1}=\left[\frac{10}{10+15+\text{j}16}\times(108+\text{j}10)\right]\ \text{V}=36.54\angle-27.33°\ \text{V}$$

$$Z_{eq}=\frac{R_3Z}{R_3+Z}=\frac{10(15+\text{j}16)}{10+15+\text{j}16}\ \Omega=7.39\angle14.23°\ \Omega=(7.16+\text{j}1.82)\ \Omega$$

由图 8-5(d)可得

$$\dot{I}=\frac{\dot{U}_{oc}}{Z_{eq}+R_4}=\frac{36.54\angle-27.33°}{7.16+\text{j}1.82+7}\ \text{A}=2.56\angle-34.65°\ \text{A}$$

$$i=2.56\sqrt{2}\cos(10t-34.65°)\ \text{A}$$

8.2.2 借助相量图的分析方法

前面已经谈到,相量在复平面上的几何表示称为相量图。针对一个电路,可依据其相量形式的拓扑约束和元件约束画出对应的相量图,该图形可以直观地表达各个物理量之间的关系,如图 8-3(b)就表达了 $\dot{U}=\dot{U}_R+\dot{U}_L+\dot{U}_C$ 的关系,还存在其他关系。

画相量图的过程中会涉及相量求和。对两个相量求和,可以采用平行四边形法则或三角形法则。采用平行四边形法则时,两个相量的始端画在一起,平行四边形的对角线即为两个相量之和;采用三角形法则时,第二个相量的始端接于第一个相量的末端,这样,参与求和的两个相量构成三角形的两条边,第三条边即为两个相量求和的结果。如对于 $\dot{U}=\dot{U}_1+\dot{U}_2$,按平行四边形法则作相量图,如图 8-6(a)所示;按三角形法则作相量图,如图 8-6(b)所示。对于多于两个相量的求和,如 $\dot{U}=\dot{U}_1+\dot{U}_2+\dot{U}_3$,可依次采用平行四边形法则或三角形法则作相量图,若依次采用三角形法则,就形成了多边形法则,如图 8-5(c)所示。

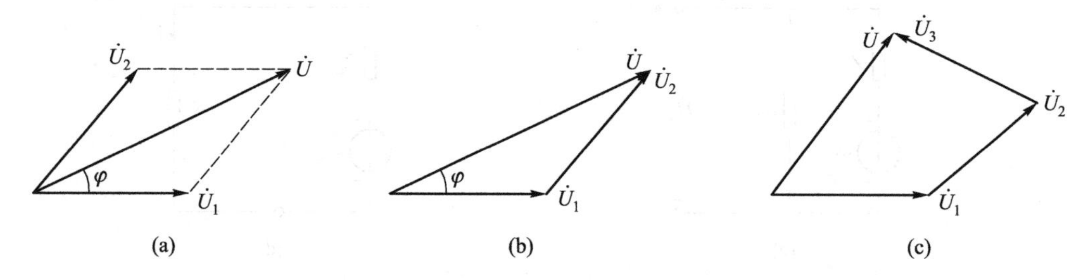

图 8-6 说明相量求和方法的相量图

(a) 平行四边形法则求和 (b) 三角形法则求和 (c) 多边形法则求和

相量图除可用于直观表达各个物理量之间的关系外,还可用来帮助分析电路。

线性电路在其结构、参数完全已知的情况下,可直接对其列方程求解分析结果。如果有元件参数未知,元件约束不完整,那么直接列方程的方法失效。但如果知道了一些附加条件并能示意性地画出相量图,往往可通过相量图发现一些关系,得到一些方程,从而使电路可解。这时,相量图就起到了帮助分析电路的作用。

用相量图帮助分析电路的过程中,因许多量未知,故无法精确地画出相量图,只能画出一个大致的示意图。合理选择参考相量是顺利画出该示意图的关键。

参考相量是指画相量图时的基准相量,初相位为零。选取参考相量的一般原则是:串联电路选电流为参考相量,并联电路选电压为参考相量,复杂电路从远离电源端处选参考相量。例如,图 8-7(a)所示电路,应选 $\dot{U}_1$ 为参考相量,由此画出的示意性相量图如图 8-7(b)所示,图中的 φ 为端口电压 $\dot{U}$ 与端口电流 $\dot{I}$ 的相位差,也是该电路的阻抗角。

下面对图 8-7(b)的画出过程加以说明。

选 $\dot{U}_1$ 为参考相量,即令 $\dot{U}_1=U_1\underline{/0^\circ}$。显然 $\dot{I}_1$ 滞后 $\dot{U}_1 90^\circ$,而 $\dot{I}_2$ 与 $\dot{U}_1$ 同相,由此可画出 $\dot{I}_1$ 和 $\dot{I}_2$,用平行四边形法则可得相量 $\dot{I}$,这样就得到了各电流的相量。因 $\dot{U}_{R_1}$ 和 $\dot{I}$ 同相位,$\dot{U}_L$

超前于 $\dot{I}$ 90°,故又可以 $\dot{I}$ 为基础做出相量 $\dot{U}_{R_1}$ 和 $\dot{U}_L$,应用平行四边形法则可得到相量 $\dot{U}_{RL}$。再应用平行四边形法则由 $\dot{U}_{RL}$ 和 $\dot{U}_1$ 得出端口电压相量 $\dot{U}$,这样就得到了最终的相量图。

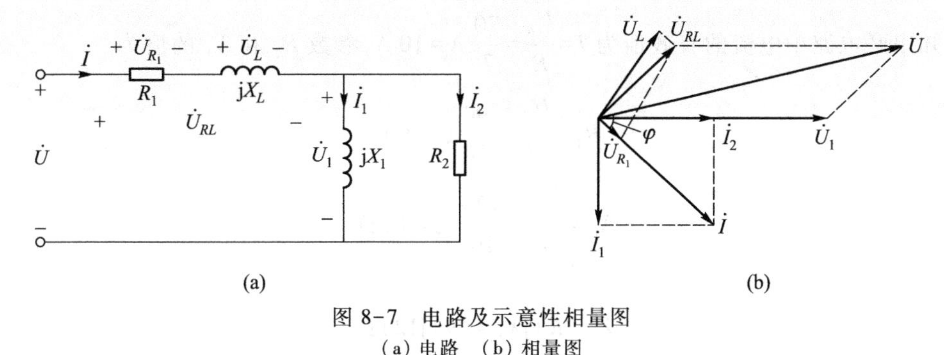

图 8-7　电路及示意性相量图

(a) 电路　(b) 相量图

下面给出若干例题,说明借助相量图对电路进行分析的过程。

例 8-5　图 8-8(a)所示电路中,已知 $R=7\ \Omega$,端口电压 $U=200$ V,R 和 Z_1 上电压的大小分别为 70 V 和 150 V,求复阻抗 Z_1。

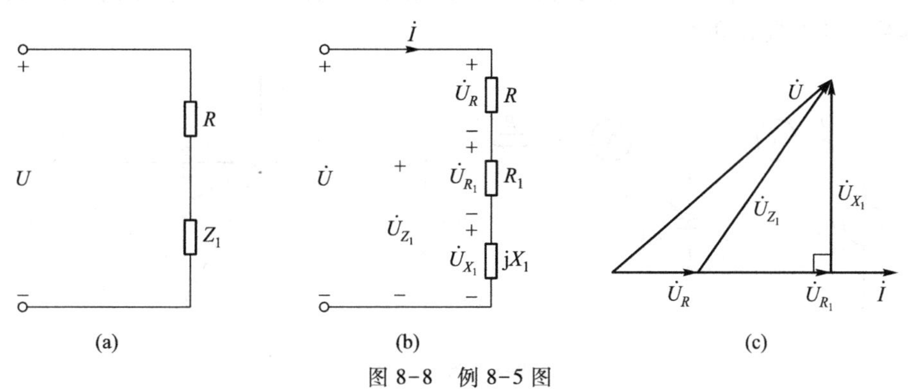

图 8-8　例 8-5 图

(a) 原电路　(b) 用于画相量图的电路　(c) 相量图

解　本题电路结构已知而部分参数未知,但知道一些其他条件,适合用相量图来帮助分析。题中阻抗 Z_1 的性质未指明,可先设其为感性,表示为 $Z_1=R_1+jX_1$。

各电流、电压参考方向如图 8-8(b)所示。电路为串联,选电流为参考相量,即 $\dot{I}=I\angle 0°$ A,可画出图 8-8(c)所示的相量图。由图 8-8(c)中的两个直角三角形,可列出下述方程组:

$$(U_R+U_{R_1})^2+U_{X_1}^2=U^2$$

$$U_{R_1}^2+U_{X_1}^2=U_{Z_1}^2$$

将已知条件代入后可得

$$(70+U_{R_1})^2+U_{X_1}^2=200^2$$

$$U_{R_1}^2+U_{X_1}^2=150^2$$

解得

$$U_{R_1}=90\ \text{V}$$

$$U_{X_1}=120\ \text{V}$$

由题可知串联电路中电流的有效值为 $I=\dfrac{U_R}{R}=\dfrac{70}{7}\ \text{A}=10\ \text{A}$，参数 R_1 和 X_1 的值为

$$R_1=\frac{U_{R_1}}{I}=\frac{90}{10}\ \Omega=9\ \Omega$$

$$X_1=\frac{U_{X_1}}{I}=\frac{120}{10}\ \Omega=12\ \Omega$$

因此

$$Z_1=R+\text{j}X_1=(9+\text{j}12)\ \Omega$$

若设 Z_1 为容性，按以上过程求解可得

$$Z_1=R-\text{j}X_1=(9-\text{j}12)\ \Omega$$

例 8-6 在图 8-9(a)所示的电路中，正弦电压有效值 $U_S=380\ \text{V}$，频率 $f=50\ \text{Hz}$。电容为可调电容，当 $C=80.95\ \mu\text{F}$ 时，交流电流表Ⓐ的读数最小，其值为 2.59 A。试求图中交流电流表A_1的读数以及参数 R 和 L。

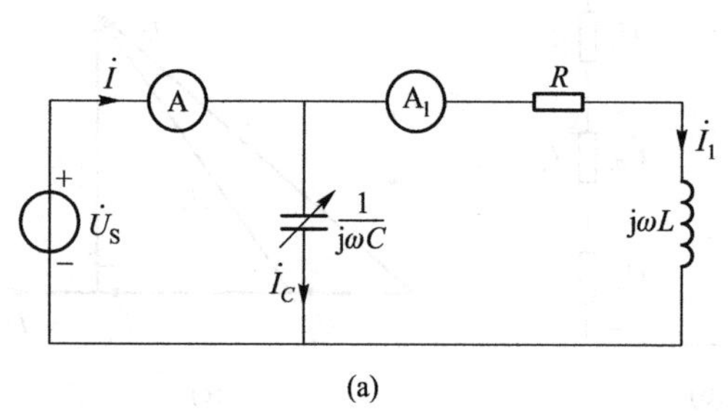

(a)

(b)

图 8-9 例 8-6 图

(a) 电路 (b) 相量图

解 本题部分参数未知，但知道一些其他条件。电路结构为并联，选电压为参考相量，令 $\dot{U}_S=380\underline{/0^\circ}\ \text{V}$。电感电流 $\dot{I}_1=\dfrac{\dot{U}_S}{R+\text{j}\omega L}$滞后于电压 $\dot{U}_S$，电容电流 $\dot{I}_C=\text{j}\omega C\dot{U}_S$ 超前于电压 $\dot{U}_S$ 的角度为$\dfrac{\pi}{2}$，可画出相量图如图 8-9(b)所示。从图中可见，当电容 C 变化时，$\dot{I}_C$ 的顶端将沿图中所示的虚线（垂线）变化，只有当 $\dot{I}_C$ 的顶端到达 a 点时，I 为最小，即交流电流表Ⓐ的读数最小，此时，$\dot{I}$、$\dot{I}_1$ 和 $\dot{I}_C$ 三者构成直角三角形。

因 $I_C=\omega CU_S=9.66\ \text{A}$，$I=2.59\ \text{A}$，由此可求得电流表$\text{A}_1$的读数为

$$I_1=\sqrt{(9.66)^2+(2.59)^2}\ \text{A}=10\ \text{A}$$

由 $\dot{I}$、$\dot{I}_1$ 和 $\dot{I}_C$ 构成的直角三角形可得 $|\varphi|=\arctan\dfrac{I_C}{I}=74.99^\circ$，所以 $R+\text{j}\omega L=\dfrac{\dot{U}_S}{\dot{I}_1}=$

$\frac{U_s}{I_1}(\cos|\varphi|+j\sin|\varphi|)=\left[\frac{380}{10}(0.259+j0.966)\right]\Omega=(9.84+j36.7)\Omega$，由此可得 $R=9.84\ \Omega$，$L=\frac{36.7}{2\pi f}=\frac{36.7}{2\times3.14\times50}\ H=0.117\ H$。

8.3 正弦稳态电路的功率

8.3.1 瞬时功率

假定图 8-10(a)所示网络 N_0 为无源网络。在正弦稳态情况下，设 u、i 分别为

$$u=\sqrt{2}U\cos(\omega t+\varphi_u) \tag{8-26}$$

$$i=\sqrt{2}I\cos(\omega t+\varphi_i) \tag{8-27}$$

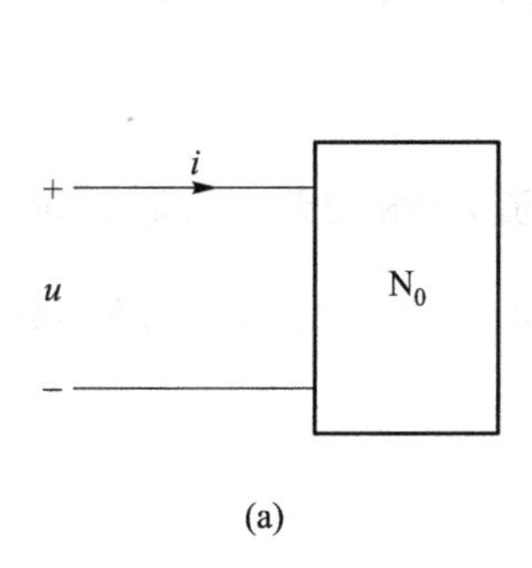

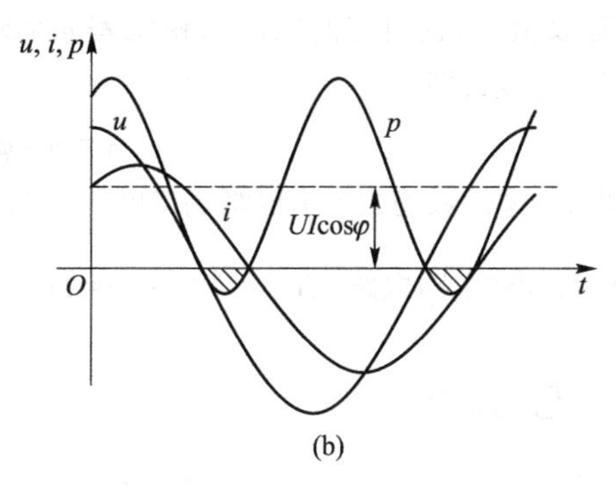

图 8-10　无源单口网络的功率

(a) 无源电路　(b) 瞬时功率的变化规律

则该网络吸收的瞬时功率为

$$p=ui=2UI\cos(\omega t+\varphi_u)\cos(\omega t+\varphi_i) \tag{8-28}$$

令 $\varphi=\varphi_u-\varphi_i$，$\varphi$ 为正弦电压与正弦电流的相位差，则

$$p=UI\cos\varphi+UI\cos(2\omega t+\varphi_u+\varphi_i) \tag{8-29}$$

从式(8-29)可以看出，瞬时功率由两部分组成，一部分为 $UI\cos\varphi$，是与时间无关的恒定分量；另一部分为 $UI\cos(2\omega t+\varphi_u+\varphi_i)$，是随时间按角频率 2ω 变化的正弦量。瞬时功率的变化规律见图 8-10(b)，瞬时功率的单位为瓦特(W)。

由式(8-28)，还可将瞬时功率写为

$$\begin{aligned}p&=UI\cos\varphi+UI\cos(2\omega t+2\varphi_u-\varphi)\\&=UI\cos\varphi+UI\cos\varphi\cos(2\omega t+2\varphi_u)+UI\sin\varphi\sin(2\omega t+2\varphi_u)\\&=UI\cos\varphi\{1+\cos[2(\omega t+\varphi_u)]\}+UI\sin\varphi\sin[2(\omega t+\varphi_u)]\end{aligned} \tag{8-30}$$

由于已假定 N_0 为无源网络，因此网络等效阻抗的阻抗角 $|\varphi| \leqslant \frac{\pi}{2}$，所以 $\cos\varphi \geqslant 0$。由此可知，式(8-31)中的第一项始终大于或等于零，它是瞬时功率中的不可逆部分；第二项是瞬时功率中的可逆部分，以 2ω 的频率按正弦规律变化，反映了外接电路与单口网络之间能量交换的情况。

瞬时功率物理意义清晰，但由于每时每刻发生变化，应用很不方便。实际工作中经常用平均功率、无功功率和视在功率反映相关情况。

8.3.2 平均功率

平均功率是瞬时功率在一个周期内的平均值，用大写字母 P 表示，即

$$P=\frac{1}{T}\int_0^T p\mathrm{d}t=\frac{1}{T}\int_0^T UI[\cos\varphi+\cos(2\omega t+\varphi_u+\varphi_i)]\mathrm{d}t=UI\cos\varphi \tag{8-31}$$

平均功率也称为有功功率，表示的是单口网络实际消耗(或发出)的功率，即式(8-29)中的恒定分量，单位为瓦特(W)。由式(8-31)可以看出，平均功率不仅取决于网络端口电压 u 与端口电流 i 的有效值，而且与它们之间的相位差 $\varphi=\varphi_u-\varphi_i$ 有关。式(8-31)中的 $\cos\varphi$ 称为功率因数，用符号 λ 表示，即

$$\lambda=\cos\varphi \tag{8-32}$$

式(8-32)表明，功率因数的大小由网络端口电压 u 与端口电流 i 的相位差 φ 决定，φ 越小，$\cos\varphi$ 越大。当 $\varphi=0$ 时，为纯电阻电路，功率因数 $\cos\varphi=1$；当 $\varphi=\pm\frac{\pi}{2}$ 时，为纯电抗电路，功率因数 $\cos\varphi=0$。

8.3.3 无功功率

无功功率用大写字母 Q 表示，其定义为

$$Q=UI\sin\varphi \tag{8-33}$$

由式(8-30)可知它是瞬时功率中可逆部分的最大值，表明了电源与单口网络之间能量交换的最大速率。无功功率的单位用乏(var)表示。

对于电感元件，因为 $Q_L=UI\sin\varphi=UI\sin 90°>0$，故通常说电感"吸收"无功功率；对于电容元件，因为 $Q_C=UI\sin\varphi=UI\sin(-90°)<0$，故通常说电容"发出"无功功率。

8.3.4 视在功率

电气设备正常工作时的电压和电流分别称为额定电压、额定电流，额定电压 U 与额定电流 I 的乘积称为额定视在功率，用大写字母 S 表示，即

$$S=UI \tag{8-34}$$

为简便起见，额定视在功率在工程上往往简称为视在功率，用以反映电气设备的额定容量。设备正常工作时的功率为视在功率与功率因数的乘积，即 $P=S\cos\varphi=UI\cos\varphi$。视在功率的单位用伏安(VA)表示。

可以证明,正弦交流电路中有功功率和无功功率均守恒,即电路中各部分发出的有功功率之和等于电路中其他部分吸收的有功功率之和,电路中各部分"发出"的无功功率之和等于电路中其他部分"吸收"的无功功率之和,但电路的视在功率一般不守恒。

例 8-7 图 8-11 所示是工程中测电感线圈参数电路的模型。已知电压表读数为 50 V,电流表读数为 1 A,功率表读数为 30 W,频率为 $f=50$ Hz,求电感线圈的等效参数 R、L。

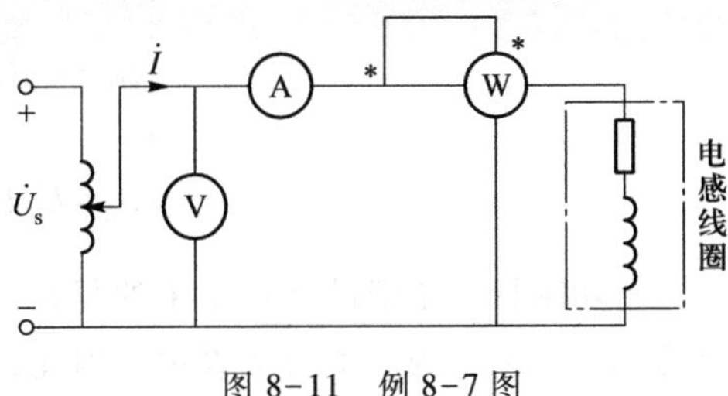

图 8-11 例 8-7 图

解 电感线圈阻抗为 $Z=|Z|\angle\varphi=R+\mathrm{j}\omega L$,根据电压表和电流表的读数,可以求得阻抗的模为 $|Z|=\dfrac{U}{I}=\dfrac{50}{1}\ \Omega=50\ \Omega$。功率表的读数为线圈吸收的功率,因此有

$$UI\cos\varphi=30$$

则 $\varphi=\arccos\left(\dfrac{30}{UI}\right)=\arccos\left(\dfrac{30}{50\times1}\right)=53.13^\circ$,由此得线圈的阻抗为

$$Z=R+\mathrm{j}\omega L=|Z|\angle\varphi=50\angle 53.13^\circ\ \Omega=(30+\mathrm{j}40)\ \Omega$$

所以 $R=30\ \Omega$,$\omega L=40\ \Omega$。可得

$$L=\frac{40}{\omega}=\frac{40}{2\pi f}=\frac{40}{2\pi\times50}\ \mathrm{H}=127\ \mathrm{mH}$$

该题也可利用 $P=I^2R$ 求出 R,然后利用$\sqrt{|Z|^2-R^2}=\omega L$ 求出 ωL,再求得 L。

8.3.5 复功率

为了将相量法引入功率的计算,必须引入复功率的概念。复功率定义为具有关联方向的端口电压相量与端口电流相量共轭复数的乘积,用符号 $\overline{S}$ 表示,即

$$\overline{S}=\dot{U}\dot{I}^* \tag{8-35}$$

复功率的单位与视在功率相同,也是伏安(VA)。

设某一单口电路端口电压相量为 $\dot{U}=U\angle\varphi_u$,与端口电压具有关联方向的端口电流相量为 $\dot{I}=I\angle\varphi_i$,其共轭复数为 $\dot{I}^*=I\angle-\varphi_i$,则

$$\overline{S}=\dot{U}\dot{I}^*=U\angle\varphi_u\cdot I\angle-\varphi_i=UI\angle\varphi_u-\varphi_i=UI\angle\varphi=UI\cos\varphi+\mathrm{j}UI\sin\varphi=P+\mathrm{j}Q \tag{8-36}$$

由式(8-36)可知,复功率可以将所有功率联系起来,其实部和虚部分别为有功功率 P 和无功功率 Q;在极坐标下,复功率的模是视在功率,辐角是功率因数角。

对于不含独立源的单口网络,有 $\dot{U}=Z\dot{I}$,代入式(8-35),可得

$$\overline{S}=Z\dot{I}\dot{I}^*=ZI^2 \tag{8-37}$$

或者将 $\dot{I}^*=(Y\dot{U})^*$ 代入式(8-35),可得

$$\overline{S}=\dot{U}(Y\dot{U})^*=Y^*U^2 \tag{8-38}$$

R、L、C 元件的复功率分别为

$$\begin{cases}\overline{S}_R=\dot{U}_R\dot{I}_R^*=RI_R^2=\dfrac{U_R^2}{R}\\ \overline{S}_L=\dot{U}_L\dot{I}_L^*=\mathrm{j}\omega LI_L^2=\mathrm{j}\dfrac{U_L^2}{\omega L}\\ \overline{S}_C=\dot{U}_C\dot{I}_C^*=-\mathrm{j}\dfrac{1}{\omega C}I_C^2=-\mathrm{j}\omega CU_C^2\end{cases} \tag{8-39}$$

复功率是一个辅助计算功率的复数,它将正弦稳态电路的有功功率、无功功率、视在功率及功率因数统一为一个公式表示。因此,只要计算出电路中的电压相量和电流相量,通过计算复功率,就可将各种功率方便地求出。

应指出,复功率 $\overline{S}$ 不代表正弦量,它只表示 $\dot{U}\dot{I}^*$,本身没有物理意义。可以证明,电路中的复功率是守恒的,即电路中各部分发出的复功率的总和等于电路中其余部分吸收的复功率的总和。

例 8-8 将 $\dot{U}=200\angle -30^\circ$ V 的正弦交流电压加在阻抗为 $Z=100\angle 30^\circ\ \Omega$ 的负载上,试求该阻抗的视在功率、有功功率和无功功率。

解 由阻抗的 VCR 可知,电路中的电流为

$$\dot{I}=\frac{\dot{U}}{Z}=\frac{200\angle -30^\circ}{100\angle 30^\circ}\ \mathrm{A}=2\angle -60^\circ\ \mathrm{A}$$

所以

$$\begin{aligned}\overline{S}&=\dot{U}\dot{I}^*=(200\angle -30^\circ\times 2\angle 60^\circ)\ \mathrm{VA}=400\angle 30^\circ\ \mathrm{VA}\\&=(400\cos 30^\circ+\mathrm{j}400\sin 30^\circ)\ \mathrm{VA}=(346+\mathrm{j}200)\ \mathrm{VA}\end{aligned}$$

由此可知,视在功率、有功功率和无功功率分别为 $S=|\overline{S}|=400$ VA、$P=346$ W、$Q=200$ var。

8.3.6 功率因数的提高

正弦交流电路中,电源向负载传送的电能不会被负载全部消耗掉,有一部分会从负载反送回电源,并再次发送出来,不断循环[可参阅图 8-10(b)],也即电源在输出有功功率的同时也在"输出"无功功率。当负载要求的有功功率 P 一定时,$\cos\varphi$ 越小(φ 越大),则无功功率 Q 越大,较大的无功功率使得较大的电能在电力系统的输电线路上来回输送,一方面会在输电线路起始端之间形成较大的电压降落,使得负载端电压降低,影响设备正常工作;另一方面,也会使输电线路产生较大的能量损耗,造成浪费。因此必须尽可能提高负载的功率因数。

实际负载一般都是感性的,故常用在负载两端并联电容器的方法提高功率因数。下面举例加以说明。

例 8-9 在图 8-12(a)所示的电路中,已知 $U=380$ V,工作频率为 50 Hz。感性负载吸收的功率为 $P=20$ kW,功率因数 $\cos\varphi_1=0.6$。如需将电路的功率因数提高到 $\cos\varphi=0.9$,试求并

联在负载两端电容的大小。

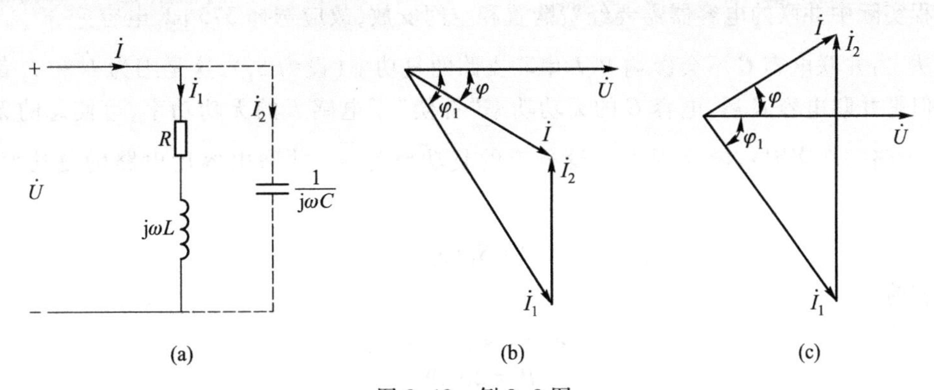

图 8-12　例 8-9 图

(a) 电路　(b) 相量图一　(c) 相量图二

解　方法一：本题具有部分参数未知但补充了附加条件的特点，适合用相量图帮助分析电路。令 $\dot{U}=380\angle 0^\circ$ V，可画出并联电容后电路的相量图，如图 8-12(b)和(c)所示。

(1) 图 8-12(b)中，因 $\varphi_1<0,\varphi<0$，所以有

$$I_2=I_1\sin|\varphi_1|-I\sin|\varphi|$$

因为 $U=380$ V，$\cos\varphi_1=0.6$，$P=UI_1\cos\varphi_1=20$ kW，由此可求得

$$I_1=\frac{P}{U\cos\varphi_1}=\frac{20\times10^3}{380\times0.6}\text{ A}=87.72\text{ A}$$

若将功率因数提高到 $\cos\varphi=0.9$，因为负载的工作状态没有发生变化，故负载吸收的有功功率不变，由此可求得线路电流 I 为

$$I=\frac{P}{U\cos\varphi}=\frac{20\times10^3}{380\times0.9}\text{ A}=58.48\text{ A}$$

由 $\cos\varphi_1=0.6$ 可得 $\sin|\varphi_1|=\sqrt{1-(\cos\varphi_1)^2}=\sqrt{1-0.6^2}=0.8$，由 $\cos\varphi=0.9$ 可得 $\sin|\varphi|=\sqrt{1-(\cos\varphi)^2}=\sqrt{1-0.9^2}=0.436$，所以有

$$I_2=I_1\sin|\varphi_1|-I\sin|\varphi|=(87.72\times0.8-58.48\times0.436)\text{ A}=44.69\text{ A}$$

故有

$$C=\frac{I_2}{\omega U}=\frac{44.69}{2\pi\times50\times380}\text{ F}=3.75\times10^{-4}\text{ F}=375\ \mu\text{F}$$

(2) 图 8-2(c)中，因 $\varphi_1<0,\varphi>0$，所以有

$$I_2=I_1\sin|\varphi_1|+I\sin\varphi=(87.72\times0.8+58.48\times0.436)\text{ A}=95.67\text{ A}$$

故有

$$C=\frac{I_2}{\omega U}=\frac{95.67}{2\pi\times50\times380}\text{ F}=8.02\times10^{-4}\text{F}=802\ \mu\text{F}$$

电容取 375 μF 或 802 μF 均是满足题目要求的解。

工程实际中并联的电容器需要经费购置和空间安放，故应选择 375 μF 电容。

方法二：并联电容 C 不会影响 R、L 串联支路的复功率（设为 $\overline{S}_1$），这是因为 $\dot{U}$ 和 $\dot{I}_1$ 都没有改变。但是并联电容 C 后，电容 C 的无功功率“补偿”了电感 L 的无功功率，可使总的无功功率减少，电路的功率因数随之提高。设电容的复功率为 $\overline{S}_C$，并联电容后电路的复功率为 $\overline{S}$，则有

$$\overline{S}=\overline{S}_1+\overline{S}_C$$

并联电容前

$$\lambda_1=\cos\varphi_1=0.6$$
$$P_1=20\ \text{kW}$$
$$Q_1=P_1\tan\varphi_1=26.67\ \text{kvar}$$
$$\overline{S}_1=P_1+\text{j}Q_1=(20+\text{j}26.67)\ \text{kVA}$$

并联电容后，要使 $\lambda=\cos\varphi=0.9$，有 $\varphi=\pm25.84°$，电路的无功功率应为 $Q=P_1\tan\varphi=\pm9.69$ kvar，而有功功率并没有改变，所以

$$\overline{S}=P_1+\text{j}Q=(20\pm\text{j}9.69)\ \text{kVA}$$

可知电容的复功率为

$$\overline{S}_C=\overline{S}-\overline{S}_1=-\text{j}16.98\ \text{kVA}\ (\text{或}-\text{j}36.36\ \text{kVA})$$

结合工程背景要求，应选择并联较小的电容，故取 $\overline{S}_C=-\text{j}16.98$ kVA。因为

$$\overline{S}_C=U^2Y_C^*=-\text{j}\omega CU^2$$

所以

$$-\text{j}16.98\times10^3=-\text{j}\omega C\times380^2$$

因此

$$C=\frac{16.98\times10^3}{\omega\times380^2}=\frac{16.98\times10^3}{2\pi\times50\times380^2}\ \text{F}=375\ \mu\text{F}$$

通过上述例子可以看出提高功率因数的经济意义。并联电容后，线路电流从 $I_1=87.72$ A 减小为 $I=58.48$ A，使得输电线路上的损耗减少；或者在保持线路原有电流的情况下，使该条线路带更多的负荷，提高了设备的利用率。

以上例子中的计算是工程实践中经常碰到的，总结为公式有

$$C=\frac{P}{\omega U^2}(\tan|\varphi_1|-\tan|\varphi|) \tag{8-40}$$

其推导过程为

$$C=\frac{I_2}{\omega U}=\frac{I_1\sin|\varphi_1|-I\sin|\varphi|}{\omega U}=\frac{\dfrac{P}{U\cos\varphi_1}\times\sin|\varphi_1|-\dfrac{P}{U\cos\varphi}\sin|\varphi|}{\omega U}=\frac{P}{\omega U^2}(\tan|\varphi_1|-\tan|\varphi|)$$

8.3.7 最大功率传输

在第 6 章中已讨论过电阻电路中的最大功率传输问题,此处讨论含有电容和电感的电路在正弦稳态情况下的最大功率传输问题。在通信系统、电子电路等传输和处理信号的电路中,经常需要考虑这一问题。

图 8-13(a)所示为含有独立电源的一端口网络 N_S 向负载 Z 传输功率的情况。根据戴维南定理,该问题可以用图 8-13(b)所示的等效电路进行研究。

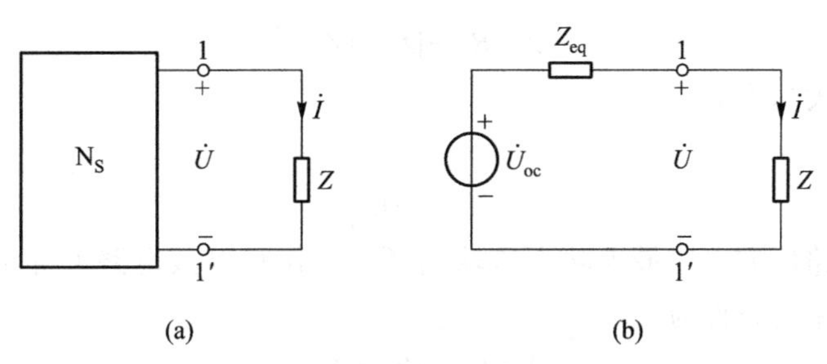

图 8-13　分析最大功率传输问题用图

(a) 原电路　(b) 等效电路

设图 8-13(b)中戴维南等效阻抗为 $Z_{eq}=R_{eq}+jX_{eq}=|Z_{eq}|\angle\varphi_{eq}$,设负载的阻抗为 $Z=R+jX$,则负载吸收的有功功率为 $P=RI^2$。因 $\dot{I}=\dfrac{1}{Z_{eq}+Z}\dot{U}_{oc}$,所以

$$I=\frac{U_{oc}}{|Z_{eq}+Z|}=\frac{U_{oc}}{|R_{eq}+jX_{eq}+R+jX|}=\frac{U_{oc}}{\sqrt{(R_{eq}+R)^2+(X_{eq}+X)^2}} \tag{8-41}$$

将上式代入 $P=RI^2$ 中,可得

$$P=\frac{RU_{oc}^2}{(R_{eq}+R)^2+(X_{eq}+X)^2} \tag{8-42}$$

如果 R 和 X 均可变,当其他参数不变时,负载 Z 获得的最大功率可由下式求出:

$$\begin{cases}\dfrac{\partial P}{\partial R}=0\\[2ex]\dfrac{\partial P}{\partial X}=0\end{cases} \tag{8-43}$$

式(8-42)的运算较麻烦。但因 X 只在式(8-42)的分母位置出现,具有特殊性,故求 P 的最大值可有简便方法。

由式(8-42)可知,当 $X_{eq}+X=0$ 时,针对 X 的变化,P 达到最大,此时

$$P=\frac{RU_{oc}^2}{(R_{eq}+R)^2} \tag{8-44}$$

接下来,可通过 $dP/dR=0$ 求式(8-44)的最大值。因此,负载 Z 获得最大功率的约束条件变为

$$
\begin{cases} X_{eq}+X=0 \\ \dfrac{d}{dR}\left[\dfrac{RU_{oc}^2}{(R_{eq}+R)^2}\right]=0 \end{cases} \tag{8-45}
$$

解得

$$
\begin{cases} R=R_{eq} \\ X=-X_{eq} \end{cases} \tag{8-46}
$$

即

$$
Z=R_{eq}-jX_{eq}=Z_{eq}^* \tag{8-47}
$$

此时负载获得的最大功率为

$$
P_{max}=\frac{U_{oc}^2}{4R_{eq}} \tag{8-48}
$$

也可用诺顿等效电路研究上述最大功率传输问题。令诺顿等效电路的导纳为 $Y_{eq}=G_{eq}+jB_{eq}$，则负载获得最大功率的条件为

$$
Y=G_{eq}-jB_{eq}=Y_{eq}^* \tag{8-49}
$$

式中，Y 为负载的导纳。

负载满足 $Z=Z_{eq}^*$ 或 $Y=Y_{eq}^*$ 时可获得最大功率，这种情况在工程上称为最佳匹配或共轭匹配。

最佳匹配是在负载的实部和虚部均可调整的情况下得到的结果。实际工作中还会出现负载受到限制条件下的最大功率传输问题。当负载为纯电阻时，负载获得最大功率的条件是该电阻与戴维南等效阻抗的模相等，即 $R_L=|Z_{eq}|$，此时负载获得的最大功率为

$$
P_{max}=\frac{U_{oc}^2}{2|Z_{eq}|(1+\cos\varphi_{eq})} \tag{8-50}
$$

式(8-50)的推导从略。

例 8-10 图 8-14(a)所示电路中，已知电流源的电流 $\dot{I}_S=2\angle 0°$ A，求：(1) 最佳匹配时负载获得的最大功率。(2) 负载是纯电阻时获得的最大功率。

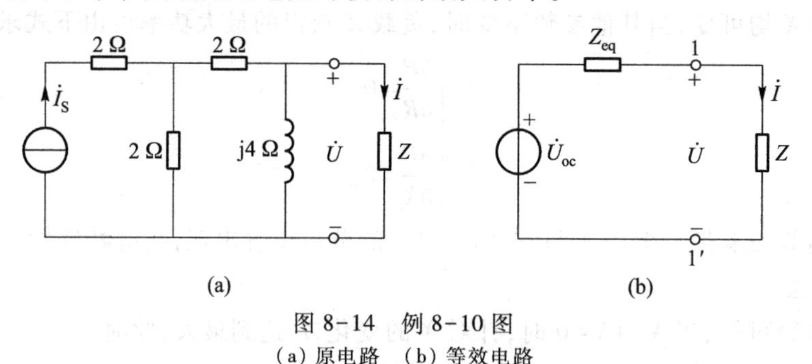

图 8-14 例 8-10 图
(a) 原电路 (b) 等效电路

解 针对负载而言，与电流源串联的电阻为虚元件。可以求出负载左侧网络的戴维南等效电路如图 8-13(b)所示，其中等效电压源的电压为

$$\dot{U}_{oc}=\frac{2}{2+2+j4}\times\dot{I}_S\times j4=\left(\frac{2}{2+2+j4}\times 2\underline{/0^\circ}\times j4\right)\text{ A}=\sqrt{8}\underline{/45^\circ}\text{ A}$$

戴维南等效阻抗为

$$Z_{eq}=\frac{(2+2)\times j4}{2+2+j4}=(2+j2)\ \Omega=2\sqrt{2}\underline{/45^\circ}\ \Omega$$

（1）最佳匹配时负载 $Z=Z_{eq}^*=(2-j2)\ \Omega$，负载获得的最大功率为

$$P_{max}=\frac{U_{oc}^2}{4R_{eq}}=\frac{(\sqrt{8})^2}{4\times 2}\text{ W}=1\text{ W}$$

（2）当 $R=|Z_{eq}|=2\sqrt{2}\ \Omega$ 时，负载获得的最大功率为

$$P_{max}=\frac{U_{oc}^2}{2|Z_{eq}|(1+\cos\varphi_{eq})}=\frac{(\sqrt{8})^2\times 1}{2\times 2\sqrt{2}\times(1+\cos 45^\circ)}\text{ W}=0.828\text{ W}$$

可见，负载为纯电阻时获得的最大功率小于最佳匹配时负载获得的最大功率，最佳匹配时负载获得的功率最大。

习题

8-1　二端网络如题 8-1 图所示，求其输入阻抗 Z_{in} 及输入导纳 Y_{in}。

8-2　已知 RLC 串联电路的参数为 $R=20\ \Omega$，$L=0.1$ H，$C=30\ \mu$F，当信号频率分别为 50 Hz、1000 Hz 时，电路的复阻抗各为多少？两个频率下电路的性质如何？

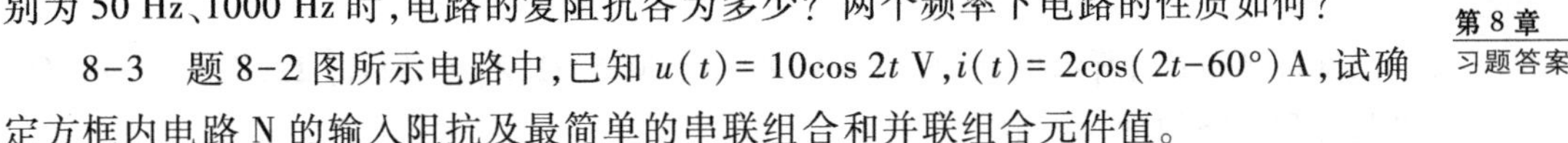

8-3　题 8-2 图所示电路中，已知 $u(t)=10\cos 2t$ V，$i(t)=2\cos(2t-60^\circ)$ A，试确定方框内电路 N 的输入阻抗及最简单的串联组合和并联组合元件值。

题 8-1 图

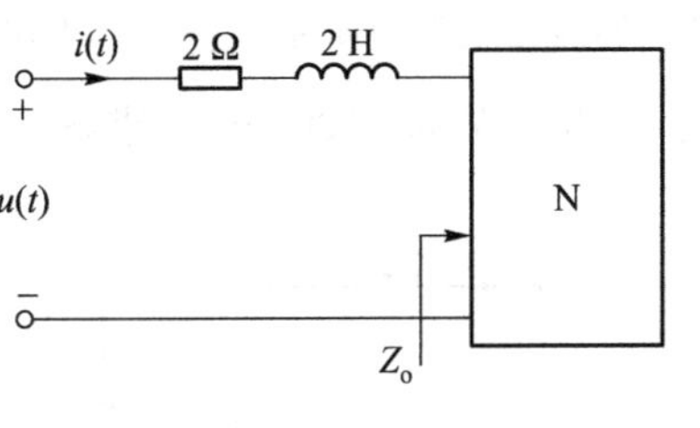

题 8-2 图

8-4　已知 RL 串联电路的端电压 $u=220\sqrt{2}\sin(314t+30^\circ)$ V，通过它的电流 $I=5$ A 且滞后电压 45°，求电路的参数 R 和 L。

8-5　线圈的电路模型为电阻 R 与电感 L 的串联，在 50 Hz、50 V 情况下测得通过它的电流为 1 A，在 100 Hz、50 V 情况下测得通过它的电流为 0.8 A，求线圈的参数 R 和 L。

8-6　电阻和电容串联后接到 $u=100\sqrt{2}\sin 500t$ V 的电源上，已知 $R=40\ \Omega$，$C=25\ \mu$F，试

求电路中的电流 $\dot{I}$ 并画出相量图。

8-7　电路如题 8-7 图所示。已知电容 $C=0.1\ \mu F$,输入电压 $U_1=5\ V$,$f=50\ Hz$,若使输出电压 U_2 滞后输入电压 60°,问电路中电阻应为多大?

8-8　求题 8-8 图所示电路中的电压 $\dot{U}_{ab}$。

8-9　已知题 8-9 图所示电路中 $\dot{I}=2\angle 0°\ A$,求电压 $\dot{U}_S$,并作相量图。

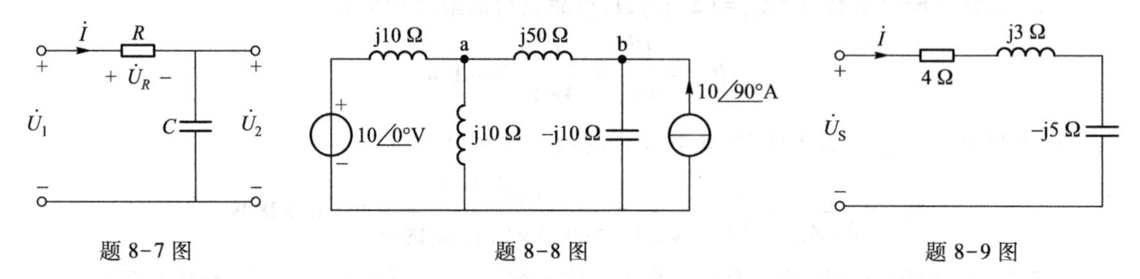

题 8-7 图　　题 8-8 图　　题 8-9 图

8-10　求题 8-10 图(a)和(b)所示电路中的电压 $\dot{U}$,并画出电路的相量图。

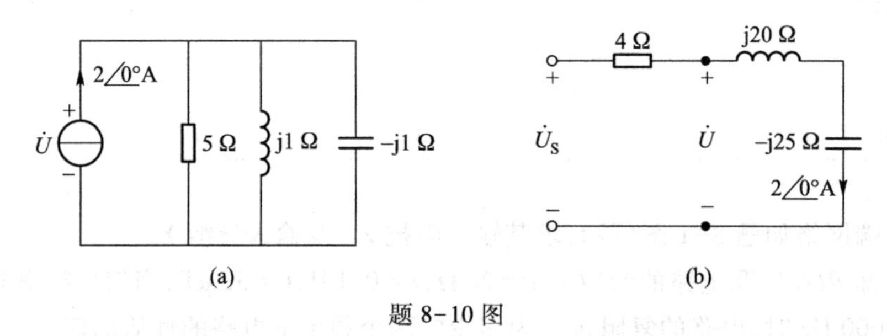

题 8-10 图

8-11　已知题 8-11 图所示电路中 $U=8\ V$,$Z=(1-j0.5)\ \Omega$,$Z_1=(1+j1)\ \Omega$,$Z_2=(3-j1)\ \Omega$。求各支路的电流和电路的输入导纳。

8-12　如题 8-12 图所示电路中,已知 $R_1=100\ \Omega$,$L_1=1\ H$,$R_2=200\ \Omega$,$L_2=1\ H$,电流 $I_2=0$,电压 $U_S=100\sqrt{2}\ V$,$\omega=100\ rad/s$,求各支路电流。

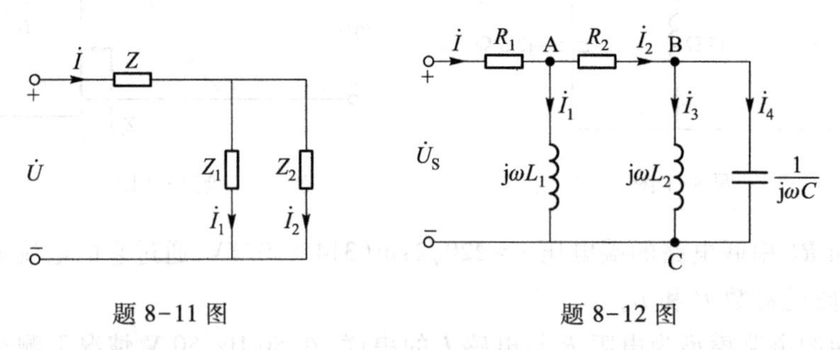

题 8-11 图　　题 8-12 图

8-13　题 8-13 图所示电路中,已知 $\dot{I}_L=4\angle 28°\ A$,$\dot{I}_C=1.2\angle 53°\ A$。求 $\dot{I}_S$、$\dot{U}_S$ 及 $\dot{U}_R$。

8-14　题 8-14 图所示电路中,已知 $u=220\sqrt{2}\cos(250t+20°)\ V$,$R=110\ \Omega$,$C_1=20\ \mu F$,$C_2=80\ \mu F$,$L=1\ H$。求电路中各电流表的读数和电路的输入阻抗。

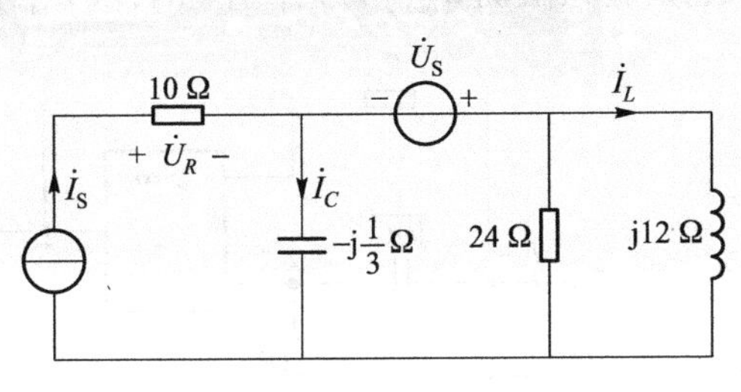

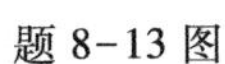

题 8-13 图

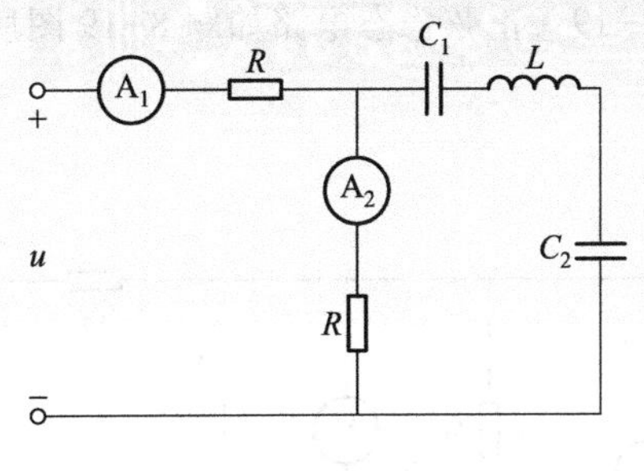

题 8-14 图

8-15 已知 $u_{S1}=18.3\sqrt{2}\cos 4t$ V，$i_S=2.1\sqrt{2}\cos(4t-35°)$ A，$u_{S2}=25.2\sqrt{2}\cos(4t+10°)$ V。列写题 8-15 图所示电路的节点电压法方程。

8-16 求题 8-16 图所示电路中 R_2 的端电压 $\dot{U}_o$。

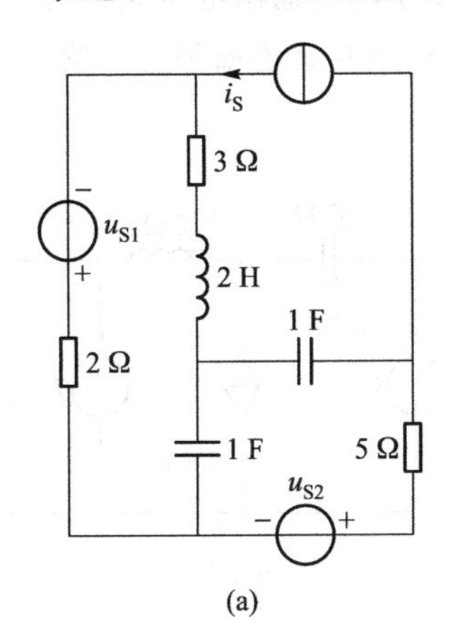

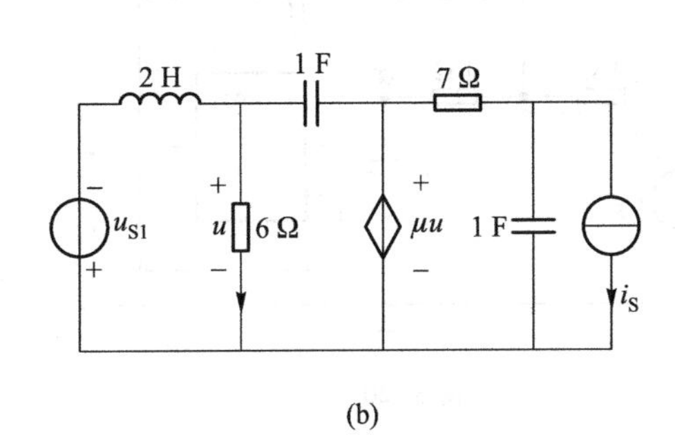

题 8-15 图

8-17 求题 8-17 图所示电路的戴维南等效电路和诺顿等效电路。

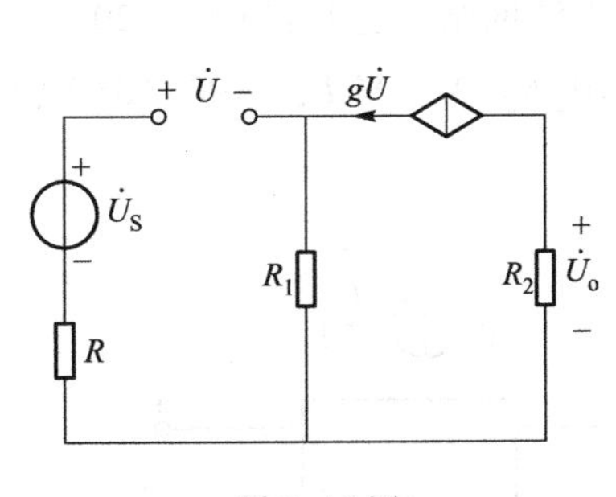

题 8-16 图

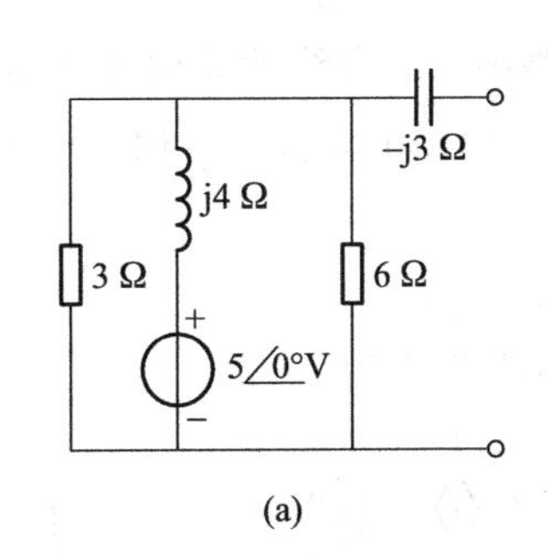

$\dot{I}$ 2 Ω j4 Ω

−j2 Ω

12/0°V

$2\dot{I}$

(b)

题 8-17 图

8-18 题 8-18 图所示电路中，$Z_1=(6+j12)$ Ω，$Z_2=2Z_1$，独立电源为同频率的正弦量。当开关 S 打开时，电压表的读数为 25 V，求开关闭合后电压表的读数。

8-19　正弦稳态电路如题 8-19 图所示，求它的输入阻抗 $Z_{in}(j\omega)$；若 $R_1=R_2$，求 $Z_{in}(j\omega)$。

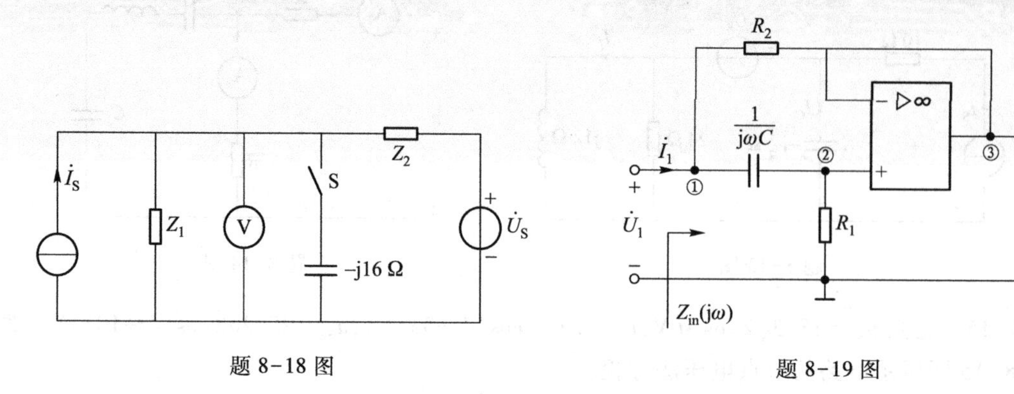

题 8-18 图　　　　题 8-19 图

8-20　题 8-20 图所示电路的输入电压 $u_S(t)=4\cos(2t)$ V，求输出电压 $u_o(t)$。

8-21　题 8-21 图所示电路中，$\dot{U}_S=2\angle 0°$ V，$\dot{I}_S=2\angle 0°$ A，求其戴维南等效电路。

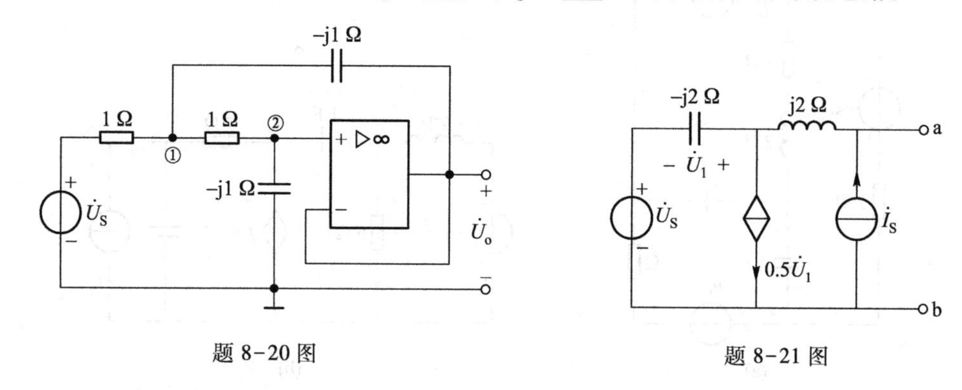

题 8-20 图　　　　题 8-21 图

8-22　题 8-22 图所示电路中，已知 $u_S(t)=100\sqrt{2}\cos 100t$ V，$C=10^{-5}$ F，$L=2$ H，$R_1=200\ \Omega$，$R_2=100\ \Omega$，若要求 $\dot{U}_1$ 与 $\dot{U}_S$ 在相位上相差 $\frac{\pi}{2}$，试求 r 和 $\dot{U}_1$。

8-23　题 8-23 图所示电路中，N_0 为线性非时变无独立源网络。已知：当 $\dot{U}_S=20\angle 0°$ V，$\dot{I}_S=2\angle -90°$ A 时，$\dot{U}_{ab}=0$；当 $\dot{U}_S=40\angle 30°$ V，$\dot{I}_S=0$ 时，$\dot{U}_{ab}=10\angle 60°$ V。当 $\dot{U}_S=100\angle 60°$ V，$\dot{I}_S=10\angle 60°$ A 时，求 $\dot{U}_{ab}$。

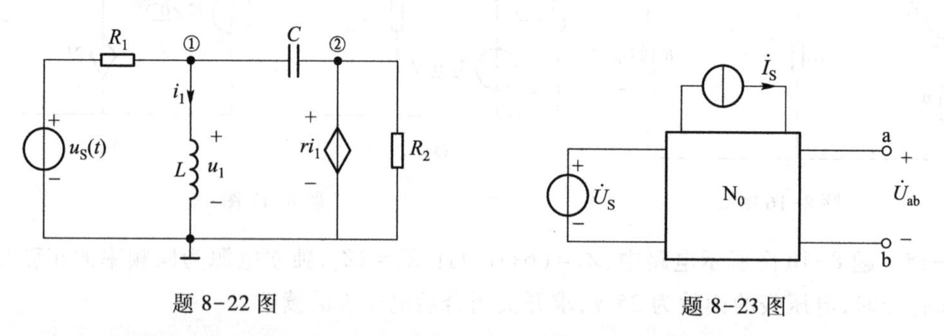

题 8-22 图　　　　题 8-23 图

8-24 已知题 8-24 图所示电路中 $Z_1=\mathrm{j}60\ \Omega$，交流电压表Ⓥ的读数为 100 V，交流电压表V_1的读数为 171 V，交流电压表V_2的读数为 240 V，求阻抗 Z_2。

8-25 题 8-25 图所示电路中，已知 $U=100\ \text{V}$，$U_1=130\ \text{V}$，$U_2=40\ \text{V}$，$\dfrac{1}{\omega C}=160\ \Omega$，求 Z。

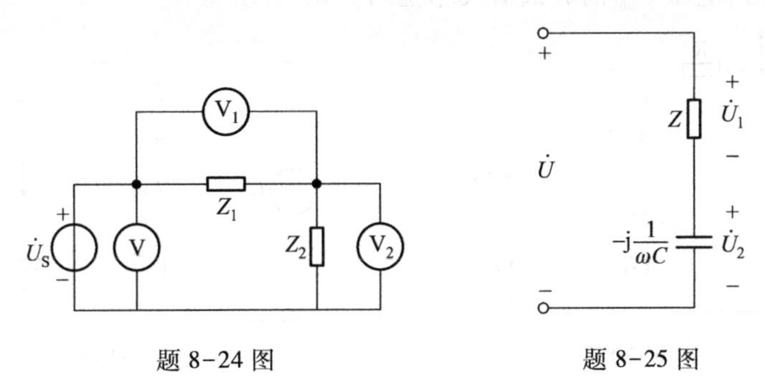

题 8-24 图　　　　题 8-25 图

8-26 题 8-26 图所示电路中，$U=20\ \text{V}$，$Z_1=3+\mathrm{j}4\ \Omega$，开关 S 合上前、后 $\dot{I}$ 的有效值相等，开关合上后的 $\dot{I}$ 与 $\dot{U}$ 同相。试求 Z_2，并作相量图。

8-27 在题 8-27 图所示电路中，电压表为理想电压表。(1) 以 $\dot{U}_S$ 为参考相量，画出电路的相量图。(2) 欲使电压表读数最小，求可变电阻比值 R_1/R_2。

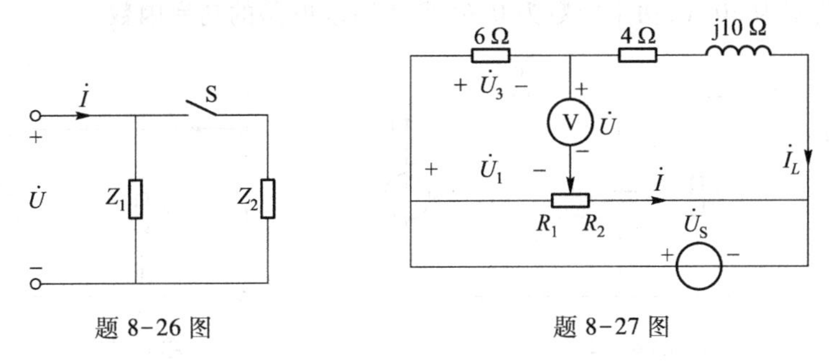

题 8-26 图　　　　题 8-27 图

8-28 题 8-28 图所示电路中，$R_1=5\ \Omega$，$R_2=X_L$，端口电压为 100 V，X_C 的电流为 10 A，R_2 的电流为 $10\sqrt{2}$ A。试求 X_C、R_2、X_L。

8-29 题 8-29 图所示电路中，已知 $U=380\ \text{V}$、$f=50\ \text{Hz}$，若 C 的参数值使开关 S 闭合与断开时电流表的读数均为 0.5 A，求 L 的参数值。

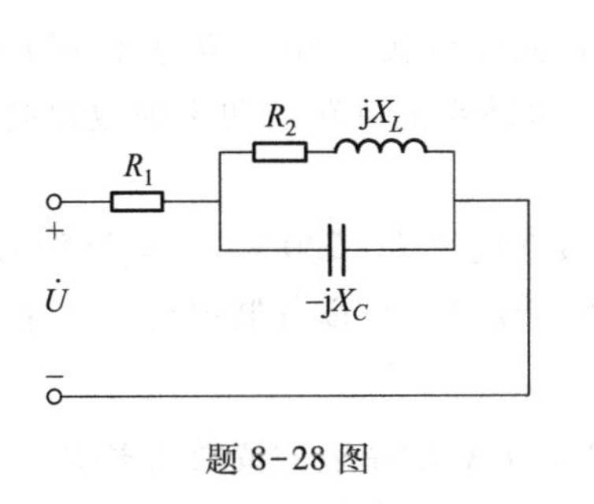

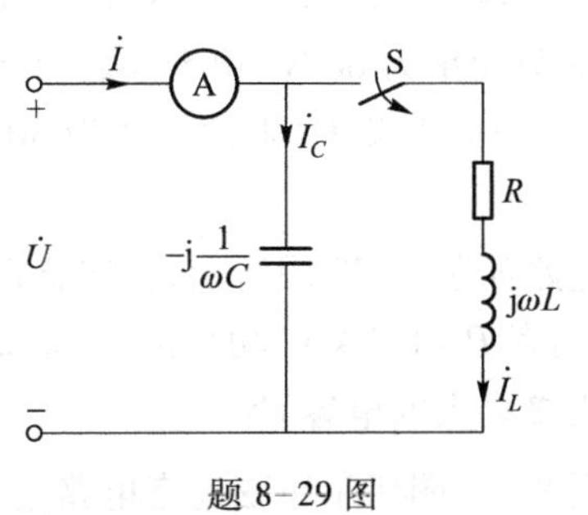

题 8-28 图　　　　题 8-29 图

8-30　题 8-30 图所示电路中，$\frac{1}{\omega L_1}>\omega C, I_1=4\ \mathrm{A}, I_2=5\ \mathrm{A}$，求 I。

8-31　题 8-31 图所示正弦稳态电路中，$\dot{U}_S=U_S\angle 0°\ \mathrm{V}$，$\omega$、$R_1$、$C$ 均已知，R_2 可变。试指出当 R_2 从 0 变到 ∞ 时，电压 $\dot{U}_{ab}$ 的有效值及相位的变化情况。

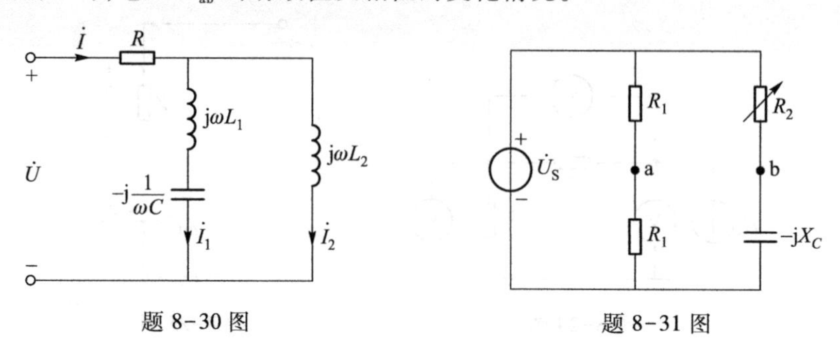

题 8-30 图　　　　题 8-31 图

8-32　题 8-32 图所示正弦稳态电路中，$\dot{I}_S=10\angle 30°\ \mathrm{A}$，$\dot{U}_S=100\angle -60°\ \mathrm{V}$，$\omega L=20\ \Omega$，$\frac{1}{\omega C}=20\ \Omega$，$R=4\ \Omega$。试求出各个电源供给电路的有功功率和无功功率。

8-33　题 8-33 图所示电路中，已知 Z_1 消耗的平均功率为 80 W，功率因数为 0.8(感性)；Z_2 消耗的平均功率为 30 W，功率因数为 0.6(容性)；求电路的功率因数。

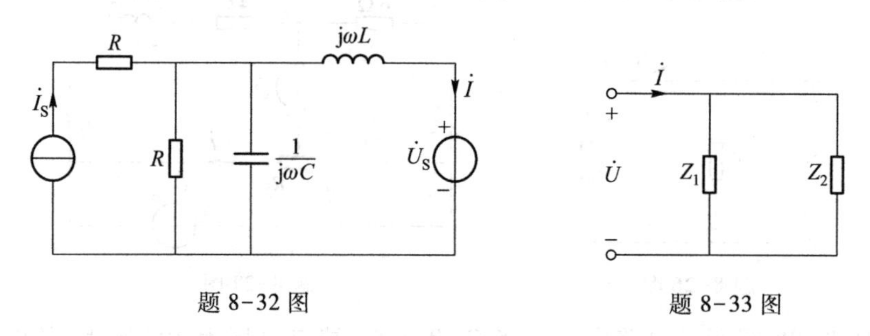

题 8-32 图　　　　题 8-33 图

8-34　已知 RLC 串联电路中，电阻 $R=16\ \Omega$，感抗 $X_L=30\ \Omega$，容抗 $X_C=18\ \Omega$，电路端电压为 220 V，试求电路中的有功功率 P、无功功率 Q、视在功率 S 及功率因数 $\cos\varphi$。

8-35　有一个 $U=220\ \mathrm{V}$、$P=40\ \mathrm{W}$、$\cos\varphi=0.443$ 的日光灯，为了提高功率因数，并联一个 $C=4.75\ \mu\mathrm{F}$ 的电容器，试求并联电容后电路的电流和功率因数(电源频率为 50 Hz)。

8-36　50 只功率为 60 W、功率因数为 0.5 的日光灯负载与 50 只功率为 100 W 的白炽灯并联在 220 V 的正弦电源上(电源频率为 50 Hz)。如果要把电路的功率因数提高到 0.92，应并联多大的电容？

8-37　电路如题 8-37 图所示，已知感性负载接在电压 $U=220\ \mathrm{V}$、频率 $f=50\ \mathrm{Hz}$ 的交流电源上，其平均功率 $P=1.1\ \mathrm{kW}$，功率因数 $\cos\varphi=0.5$(滞后)。现欲并联电容使功率因数提高到 0.8(滞后)，需接多大的电容 C？

8-38　题 8-38 图所示正弦稳态电路中，$i=\sqrt{2}\cos t\ \mathrm{A}$，功率表的读数为多少？

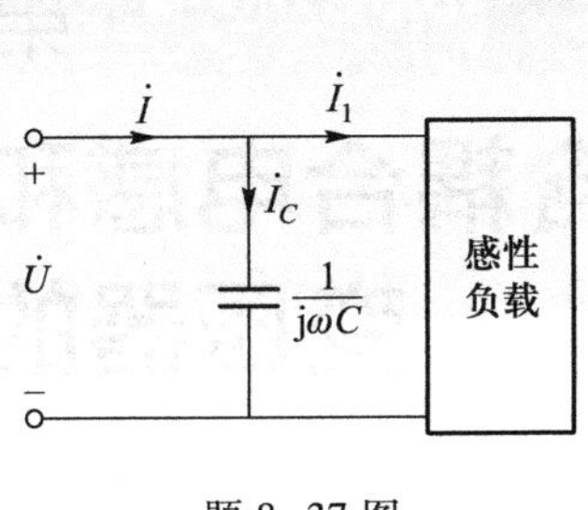

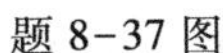
题 8-37 图

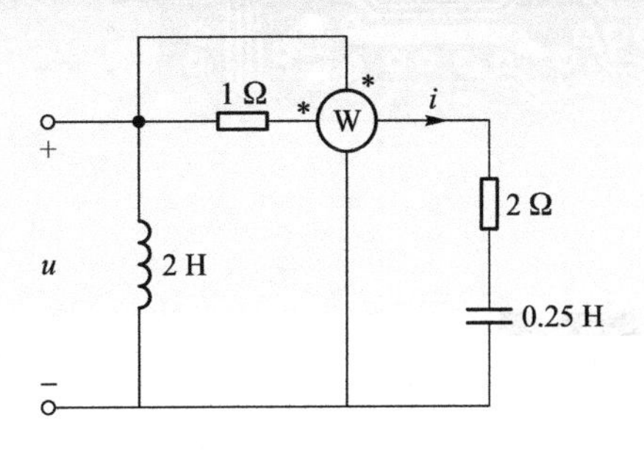

题 8-38 图

8-39　如题 8-39 图所示正弦稳态电路中，电源电压的有效值 $U=100$ V，频率 $f=50$ Hz，电流有效值 $I=I_1=I_2$，平均功率 $P=866$ W，求电流 I。如果 f 改为 25 Hz，保持 U 不变，求此时的 I_1、I_2、I 以及 P。

8-40　电路如题 8-40 图所示，电源 $U_S=220$ V、$f=50$ Hz，测得 $I_1=4$ A、$I_C=5$ A、$I=3$ A，求阻抗 Z 消耗的有功功率。

8-41　题 8-41 图所示电路中，已知 $I=I_1=I_L=5$ A，电路消耗的功率 $P=150$ W，试求 R、X_L、X_C 和 I_2。

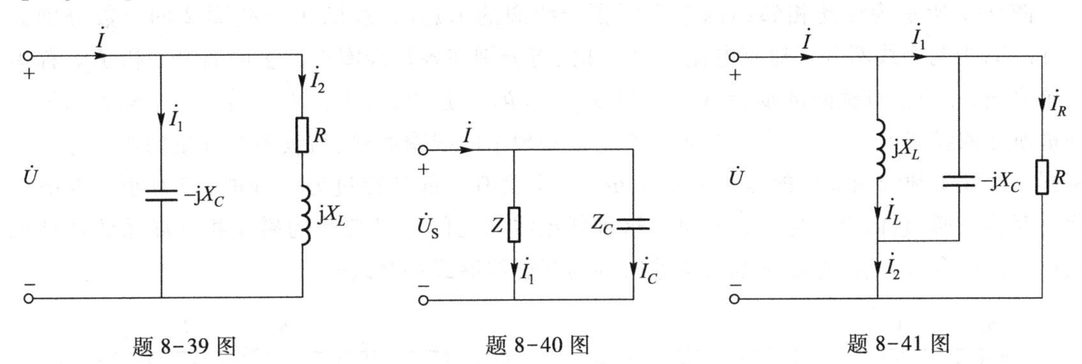

题 8-39 图　　题 8-40 图　　题 8-41 图

8-42　电路如题 8-42 图所示。(1) 求 Z_L 断开时的戴维南等效电路。(2) 为使负载获得最大功率，负载阻抗 Z_L 应为多少？求最大功率。

8-43　题 8-43 图所示电路中，$R_1=1\ \Omega$，$C_1=10^3\ \mu F$，$L_1=0.4$ mH，$R_2=2\ \Omega$，$\dot{U}_S=10\angle{-45^\circ}$ V，$\omega=10^3$ rad/s。(1) 求 Z_L 断开时的戴维南等效电路。(2) Z_L 为何值时能获得最大功率？求此最大功率。

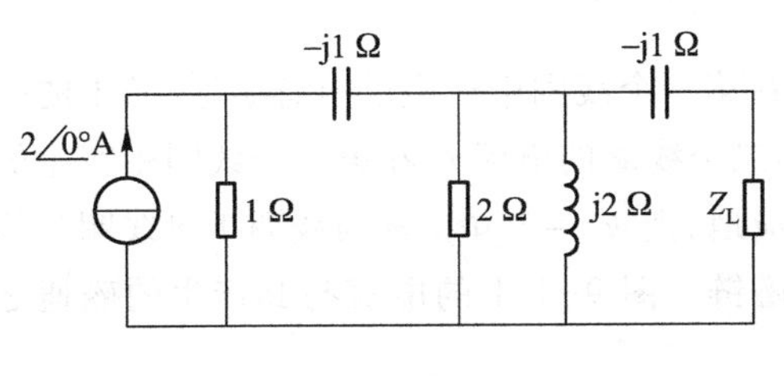

题 8-42 图

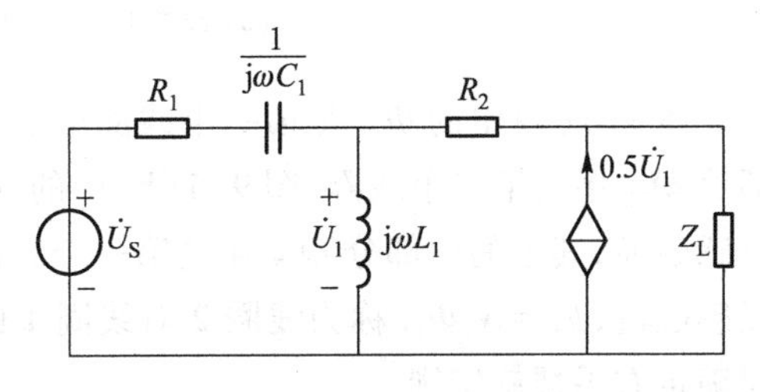

题 8-43 图

第 9 章

含耦合电感和理想变压器的电路

内容提要 本章介绍耦合电感元件和理想变压器元件，并介绍对相关电路的分析方法。具体内容为：耦合线圈的磁耦合、耦合线圈的同名端、耦合电感、实际变压器的耦合电感模型、耦合电感的去耦合等效、理想变压器、与理想变压器传输直流特性相关的讨论。

9.1 耦合线圈的磁耦合

图 9-1 所示为彼此相邻的两个实际耦合线圈的示意图，线圈 1 和线圈 2 的匝数分别为 N_1 和 N_2，当两个线圈各自通有电流 i_1 和 i_2 时，将分别在各自线圈中产生磁通 Φ_{11} 和 Φ_{22}，称为自感磁通，并产生自感磁链 $\psi_{11}=N_1\Phi_{11}$ 和 $\psi_{22}=N_2\Phi_{22}$。这里，双下标中的前一个下标表示该物理量所在的线圈编号，后一个下标表示产生该物理量的线圈编号，后续各物理量的双下标含义相同。线圈 1 和线圈 2 中的磁通 Φ_{11} 和 Φ_{22} 分别会有一部分穿过另一线圈，记为 Φ_{21} 和 Φ_{12}，称为互感磁通，它们会产生互感磁链。这种载流线圈之间通过彼此的磁场相互联系的物理现象称为磁耦合，两线圈存在磁耦合关系时称为互感线圈或耦合线圈。

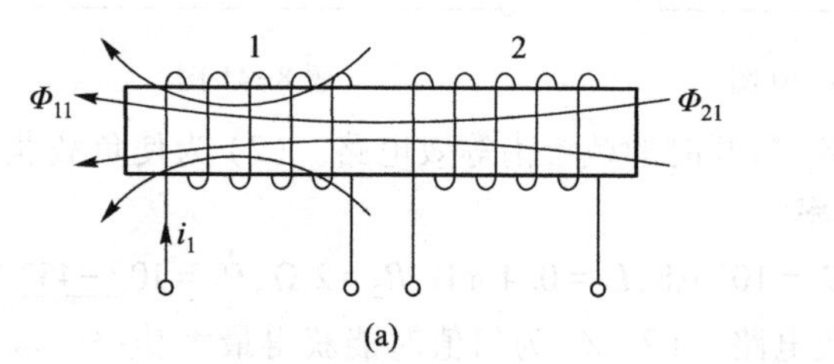

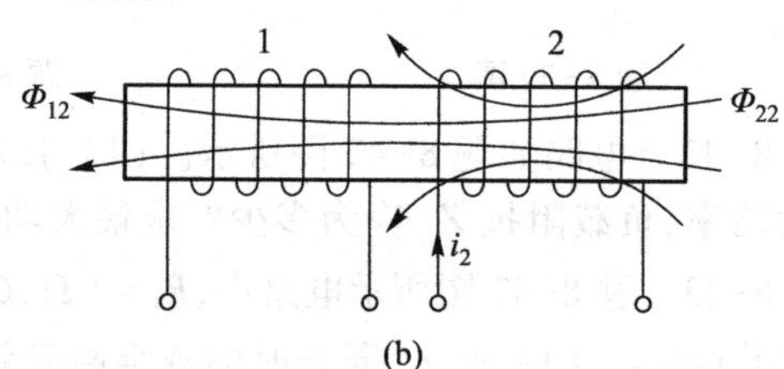

图 9-1 耦合线圈
(a) 线圈 1 产生的磁通 (b) 线圈 2 产生的磁通

图 9-1(a) 中的 Φ_{11} 是第一个线圈中的电流 i_1 在第一个线圈中产生的自感磁通，其中的一部分 Φ_{21} 穿越第二个线圈；图 9-1(b) 中的 Φ_{22} 是第二个线圈的电流 i_2 在第二个线圈中产生的自感磁通，其中的一部分 Φ_{12} 穿越第一个线圈。相应地，把 $\psi_{21}=N_2\Phi_{21}$ 称为线圈 1 对线圈 2 的互感磁链，$\psi_{12}=N_1\Phi_{12}$ 称为线圈 2 对线圈 1 的互感磁链。图 9-1 中的电流与其产生的磁通之间满足右手螺旋定则。

两线圈中的总磁链可看成由自感磁链和互感磁链叠加而成。若线圈 1 和线圈 2 中的总磁链分别记为 ψ_1 和 ψ_2，并设每个线圈中的总磁链与其自感磁链参考方向一致，即 ψ_1 与 ψ_{11} 参考方向一致，ψ_2 与 ψ_{22} 参考方向一致，则

$$\begin{cases}\psi_1=\psi_{11}\pm\psi_{12}\\ \psi_2=\psi_{22}\pm\psi_{21}\end{cases} \tag{9-1}$$

假设自感磁链与产生该磁链的电流为关联参考方向（即电流的参考方向与磁通的参考方向满足右手螺旋定则），则自感磁链为

$$\begin{cases}\psi_{11}=L_1 i_1\\ \psi_{22}=L_2 i_2\end{cases} \tag{9-2}$$

式(9-2)中，L_1、L_2 分别表示线圈 1、线圈 2 的电感参数或电感系数，也称为自感。

设互感磁链与产生该磁链的电流为关联参考方向，则互感磁链为

$$\begin{cases}\psi_{12}=M_{12} i_2\\ \psi_{21}=M_{21} i_1\end{cases} \tag{9-3}$$

互感磁链公式中的 M_{12} 和 M_{21} 称为互感参数或互感系数，亦称互感，单位为亨利(H)。当线圈具有线性特性时，可以证明 $M_{12}=M_{21}$，二者统一表示为 M，且数值取正。这样，互感线圈的两个线圈中的磁链可分别表述为

$$\begin{cases}\psi_1=L_1 i_1\pm M i_2\\ \psi_2=L_2 i_2\pm M i_1\end{cases} \tag{9-4}$$

互感 M 的量值反映了一个线圈中的电流在另一线圈中产生磁通（磁链）的能力。通常，某一线圈的电流在本线圈中产生的磁通只有一部分穿越另一线圈，这部分称为互感磁通，没有穿越的那部分称为漏磁通。为了定量地描述两个线圈耦合的紧密程度，把两线圈中互感磁链与自感磁链比值的几何平均值定义为耦合系数，用 k 表示，即

$$k=\sqrt{\frac{\psi_{12}}{\psi_{11}}\cdot\frac{\psi_{21}}{\psi_{22}}} \tag{9-5}$$

将 $\psi_{11}=L_1 i_1$，$\psi_{12}=M i_2$，$\psi_{22}=L_2 i_2$，$\psi_{21}=M i_1$ 代入式(9-5)可得

$$k=\frac{M}{\sqrt{L_1 L_2}} \tag{9-6}$$

由于 $\Phi_{12}\leqslant\Phi_{22}$，$\Phi_{21}\leqslant\Phi_{11}$，所以有

$$k=\sqrt{\frac{\psi_{12}}{\psi_{11}}\cdot\frac{\psi_{21}}{\psi_{22}}}=\sqrt{\frac{N_1\Phi_{12}}{N_1\Phi_{11}}\cdot\frac{N_2\Phi_{21}}{N_2\Phi_{22}}}=\sqrt{\frac{\Phi_{12}}{\Phi_{11}}\cdot\frac{\Phi_{21}}{\Phi_{22}}}\leqslant 1 \tag{9-7}$$

k 的取值范围为 $0\leqslant k\leqslant 1$，当 $k=1$ 时，说明无漏磁通，此时两线圈称为全耦合。实际耦合线圈互感系数的大小与线圈的结构、相对位置以及磁介质有关。

9.2 耦合线圈的同名端

由前面的分析可知,相互耦合的两个线圈中同时通以电流 i_1、i_2 时,这两个电流分别会在另一线圈中产生互感磁通(磁链)。互感磁通可能会增强另一线圈中的自感磁通(自感磁链),也可能会减弱另一线圈中的自感磁通(自感磁链)。式(9-4)中互感磁通前的“±”号可表示磁耦合中互感作用的两种可能性。“+”表示互感磁链与自感磁链参考方向一致,互感磁链加强自感磁链;“-”表示互感磁链与自感磁链参考方向相反,互感磁链削弱自感磁链。

耦合线圈的导线通常相互缠绕并被封装,此种情况下,难以得出互感磁链与自感磁链的关系,为解决此问题,引入了同名端的概念。同名端的定义是:当两线圈的电流 i_1 和 i_2 同时存在,且按参考方向分别从各自线圈的某一个端子流入时,两电流所产生的磁通互为增强,这样的一对端子就为同名端。同名端通常用小圆点“·”或星号“*”等符号标记。例如图 9-2(a)中,端子 1 与端子 2 为同名端(端子 1′与端子 2′也为同名端),用“·”标记;而在图 9-2(b)中,端子 1 与端子 2′为同名端(端子 1′与端子 2 也为同名端),用“·”标记。

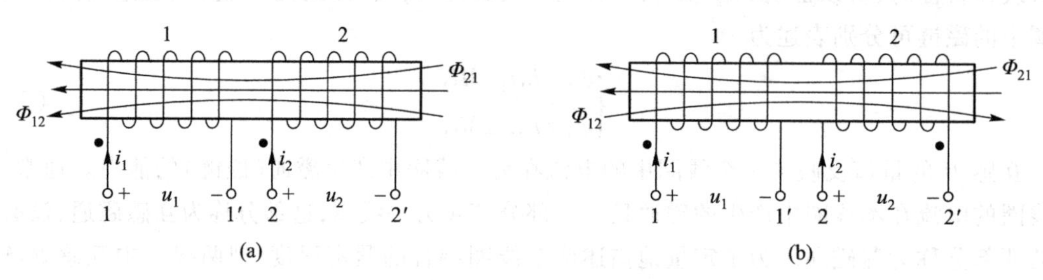

图 9-2 耦合线圈的同名端
(a) 相对同名端两电流流向一致 (b) 相对同名端两电流流向相反

9.3 耦合电感

9.3.1 时域形式约束

耦合电感是为了描述实际耦合线圈中的磁耦合现象而定义的一种理想电路元件,简称为互感,其电路符号如图 9-3 所示。图中,L_1、L_2 为自感,M 为互感;“·”为同名端,表示当 L_1、L_2 上的电流均从“·”端流入时两电流的作用相互加强。

图 9-3(a)所示耦合电感的元件约束定义为

$$\begin{cases} u_1 = L_1 \dfrac{\mathrm{d}i_1}{\mathrm{d}t} + M \dfrac{\mathrm{d}i_2}{\mathrm{d}t} \\ u_2 = L_2 \dfrac{\mathrm{d}i_2}{\mathrm{d}t} + M \dfrac{\mathrm{d}i_1}{\mathrm{d}t} \end{cases} \tag{9-8}$$

注意,图 9-3(a)中,i_1 与 u_1 的参考方向相同,i_2 与 u_2 的参考方向相同;i_1 与 i_2 均从同名端“·”流入,两电流的作用相互加强。

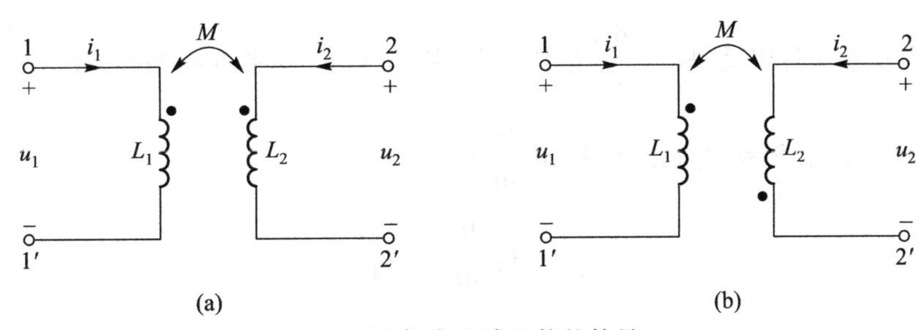

图 9-3　耦合电感元件的符号

(a) 两电流相对同名端流向一致　(b) 两电流相对同名端流向相反

由式(9-8)可见,互感元件每个端口的电压均由两个分量叠加构成,分别为自感电压分量和互感电压分量。视图 9-3(a)所示的耦合电感是图 9-2(a)所示耦合线圈的模型,可知自感电压分量和互感电压分量分别对应于自感磁链和互感磁链。设自感电压分量和互感电压分量的参考方向均与端口电压一致,则有

$$\begin{cases} u_1 = u_{11} + u_{12} \\ u_2 = u_{22} + u_{21} \end{cases}$$

式中,$u_{11} = L_1 \dfrac{\mathrm{d}i_1}{\mathrm{d}t}$为 i_1 在 L_1 上产生的自感电压;$u_{12} = M \dfrac{\mathrm{d}i_2}{\mathrm{d}t}$为 i_2 在 L_1 上产生的互感电压,$u_{22} = L_2 \dfrac{\mathrm{d}i_2}{\mathrm{d}t}$为 i_2 在 L_2 上产生的自感电压,$u_{21} = M \dfrac{\mathrm{d}i_1}{\mathrm{d}t}$为 i_1 在 L_2 上产生的互感电压。这里的四个等式后都无“-”号,是因为电压与产生该电压的电流为关联方向(自感电压与产生该电压的电流参考方向相同,互感电压与产生该电压的电流参考方向相对于同名端指向一致)。

在任意电压、电流参考方向以及同名端情况下,耦合电感的约束通式为

$$\begin{cases} u_1 = \pm L_1 \dfrac{\mathrm{d}i_1}{\mathrm{d}t} \pm M \dfrac{\mathrm{d}i_2}{\mathrm{d}t} \\ u_2 = \pm L_2 \dfrac{\mathrm{d}i_2}{\mathrm{d}t} \pm M \dfrac{\mathrm{d}i_1}{\mathrm{d}t} \end{cases} \tag{9-9}$$

式中,各分量前“+”“-”号的确定方法为:对第 1 式,当 i_1 与 u_1 参考方向相同时,$L_1 \dfrac{\mathrm{d}i_1}{\mathrm{d}t}$前取“+”,反之取“-”;当 i_2 与 u_1 的参考方向相对于同名端指向一致时,$M \dfrac{\mathrm{d}i_2}{\mathrm{d}t}$前取“+”,反之取

"-";第 2 式的处理方法与第 1 式相同。

也可通过与图 9-3(a)和式(9-8)进行比对的方式确定式(9-9)中的"+""-"号。

例 9-1 互感元件如图 9-3(b)所示。(1) 试写出元件的电压电流关系式。(2) 若互感系数 $M=18\ \mathrm{mH}$,$i_1=2\sqrt{2}\sin 2000t$ A,求 2—2′断开时的电压 u_2。

解 (1) 依据式(9-9)写约束式。因 i_1 与 u_1 参考方向相同,故 $L_1\dfrac{\mathrm{d}i_1}{\mathrm{d}t}$前取"+";因 i_2 与 u_1 相对同名端参考方向相反,故 $M\dfrac{\mathrm{d}i_2}{\mathrm{d}t}$前取"-"。因 i_2 与 u_2 参考方向相同,故 $L_2\dfrac{\mathrm{d}i_2}{\mathrm{d}t}$前取"+";因 i_1 与 u_2 相对同名端参考方向相反,故 $M\dfrac{\mathrm{d}i_1}{\mathrm{d}t}$前取"-",所以

$$\begin{cases} u_1=L_1\dfrac{\mathrm{d}i_1}{\mathrm{d}t}-M\dfrac{\mathrm{d}i_2}{\mathrm{d}t} \\ u_2=L_2\dfrac{\mathrm{d}i_2}{\mathrm{d}t}-M\dfrac{\mathrm{d}i_1}{\mathrm{d}t} \end{cases}$$

用比对方式写约束式。将图 9-3(b)中的输出端口上下颠倒,电路如图 9-4 所示。与图 9-3(a)相比,图 9-4 中的 u_2、i_2 方向相反,因此,将对应于图 9-3(a)的式(9-8)中的 i_2、u_2 前加"-"号,有

$$\begin{cases} u_1=L_1\dfrac{\mathrm{d}i_1}{\mathrm{d}t}+M\dfrac{\mathrm{d}(-i_2)}{\mathrm{d}t} \\ -u_2=L_2\dfrac{\mathrm{d}(-i_2)}{\mathrm{d}t}+M\dfrac{\mathrm{d}i_1}{\mathrm{d}t} \end{cases}$$

图 9-4 例 9-1 用图

整理后所得结果与前面的一致。

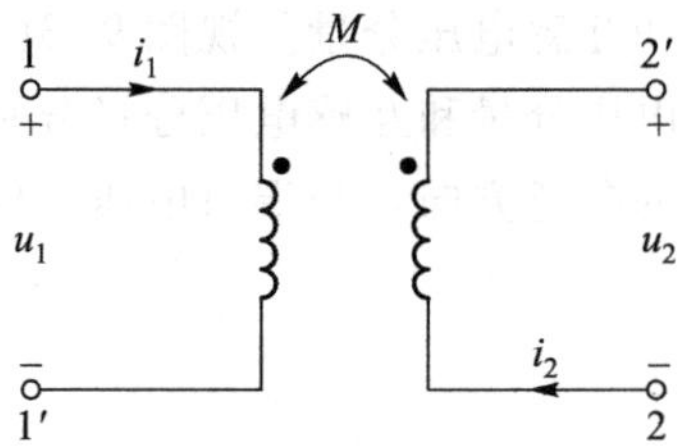

(2) 2—2′断开时,$i_2=0$。若 $M=18\ \mathrm{mH}$,$i_1=2\sqrt{2}\sin 2000t$ A,则有

$$\begin{aligned} u_2&=L_2\frac{\mathrm{d}i_2}{\mathrm{d}t}-M\frac{\mathrm{d}i_1}{\mathrm{d}t}=L_2\times 0-18\times 10^{-3}\frac{\mathrm{d}}{\mathrm{d}t}[2\sqrt{2}\sin 2000t] \\ &=(-18\times 10^{-3}\times 2\times 10^{3}\times 2\sqrt{2}\cos 2000t)\ \mathrm{V}=72\sqrt{2}\cos(2000t+\pi)\ \mathrm{V} \end{aligned}$$

9.3.2 相量形式约束

如果耦合电感的电流 i_1、i_2 为同频率的正弦量,在正弦稳态情况下,其端口电压与电流的关系可用相量形式表示,即

$$\begin{cases} \dot{U}_1=\pm\mathrm{j}\omega L_1\dot{I}_1\pm\mathrm{j}\omega M\dot{I}_2=\pm\mathrm{j}\omega L_1\dot{I}_1\pm Z_M\dot{I}_2 \\ \dot{U}_2=\pm\mathrm{j}\omega L_2\dot{I}_2\pm\mathrm{j}\omega M\dot{I}_1=\pm\mathrm{j}\omega L_2\dot{I}_2\pm Z_M\dot{I}_1 \end{cases} \tag{9-10}$$

式中,$Z_M=\mathrm{j}\omega M$,称为互感抗。

根据相量形式的电压与电流约束关系,可得耦合电感频域模型(相量模型)。与图 9-3 电

路对应的频域模型如图 9-5 所示。

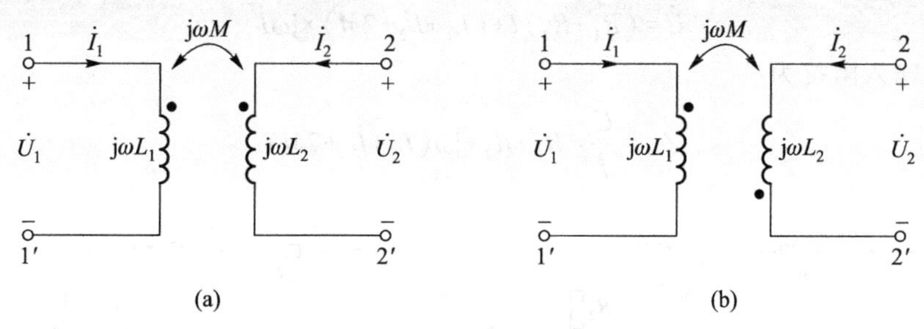

图 9-5 耦合电感的频域模型

(a) 图 9-3(a)电路的频域模型 (b) 图 9-3(b)电路的频域模型

另外,还可用电流控制电压源(CCVS)表示互感电压的作用。例如,对图 9-5(a)所示的电路,可列出相量形式的电压电流方程为

$$\begin{cases}\dot{U}_1=\mathrm{j}\omega L_1\dot{I}_1+\mathrm{j}\omega M\dot{I}_2=\mathrm{j}\omega L_1\dot{I}_1+Z_M\dot{I}_2\\ \dot{U}_2=\mathrm{j}\omega L_2\dot{I}_2+\mathrm{j}\omega M\dot{I}_1=\mathrm{j}\omega L_2\dot{I}_2+Z_M\dot{I}_1\end{cases}\tag{9-11}$$

对图 9-5(b)所示的电路,可列出相量形式的电压电流方程为

$$\begin{cases}\dot{U}_1=\mathrm{j}\omega L_1\dot{I}_1-\mathrm{j}\omega M\dot{I}_2=\mathrm{j}\omega L_1\dot{I}_1-Z_M\dot{I}_2\\ \dot{U}_2=\mathrm{j}\omega L_2\dot{I}_2-\mathrm{j}\omega M\dot{I}_1=\mathrm{j}\omega L_2\dot{I}_2-Z_M\dot{I}_1\end{cases}\tag{9-12}$$

由此可画出图 9-5 所示电路的等效电路如图 9-6 所示,图中的受控源反映了互感的作用。含受控源的等效电路可用于研究能量传输的规律。

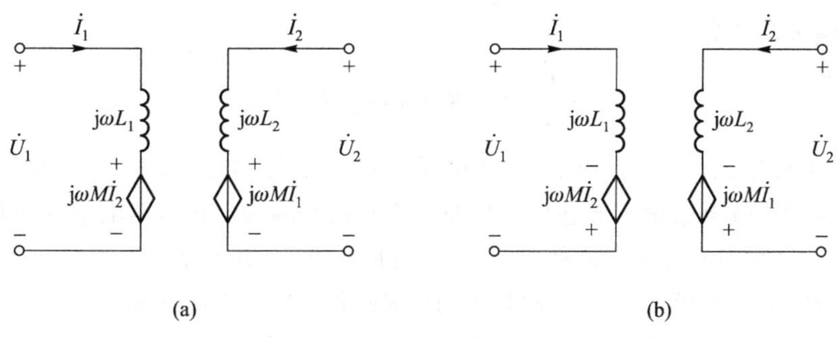

图 9-6 耦合电感的受控源等效模型

(a) 图 9-5(a)电路的受控源等效模型 (b) 图 9-5(b)电路的受控源等效模型

例 9-2 耦合线圈的串联方式分为两种,一种是顺向连接,其电路模型如图 9-7(a)所示,简称顺接;另一种是反向连接,其电路模型如图 9-7(b)所示,简称反接。求两种情况下电路的输入阻抗。

解 对图 9-7(a)所示电路,可列出如下方程:

$$u=u_1+u_2=R_1i+L_1\frac{\mathrm{d}i}{\mathrm{d}t}+M\frac{\mathrm{d}i}{\mathrm{d}t}+R_2i+L_2\frac{\mathrm{d}i}{\mathrm{d}t}+M\frac{\mathrm{d}i}{\mathrm{d}t}=(R_1+R_2)i+(L_1+L_2+2M)\frac{\mathrm{d}i}{\mathrm{d}t}$$

将该方程转变为相量形式有

$$\dot{U}=(R_1+R_2)\dot{I}+(L_1+L_2+2M)\times \mathrm{j}\omega\dot{I}$$

所以，顺接时输入阻抗为

$$Z_{\text{in}}=\frac{\dot{U}}{\dot{I}}=R_1+R_2+\mathrm{j}\omega(L_1+L_2+2M)$$

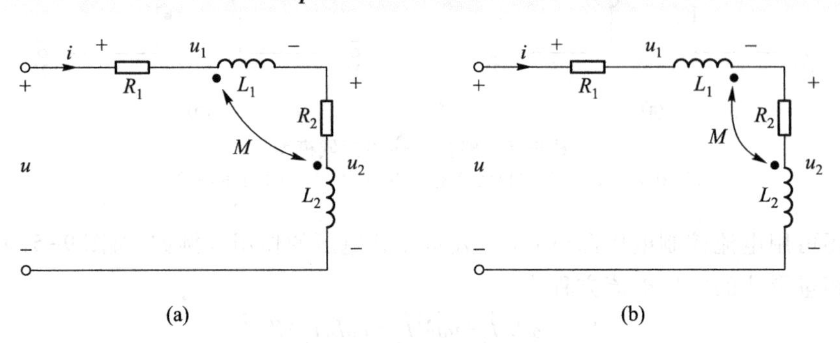

图 9-7　耦合电感的串联

（a）顺向连接　（b）反向连接

对图 9-7(b)所示电路，可列出如下方程：

$$u=u_1+u_2=R_1i+L_1\frac{\mathrm{d}i}{\mathrm{d}t}-M\frac{\mathrm{d}i}{\mathrm{d}t}+R_2i+L_2\frac{\mathrm{d}i}{\mathrm{d}t}-M\frac{\mathrm{d}i}{\mathrm{d}t}=(R_1+R_2)i+(L_1+L_2-2M)\frac{\mathrm{d}i}{\mathrm{d}t}$$

将该方程转变为相量形式有

$$\dot{U}=(R_1+R_2)\dot{I}+(L_1+L_2-2M)\times \mathrm{j}\omega\dot{I}$$

所以，反接时输入阻抗为

$$Z_{\text{in}}=\frac{\dot{U}}{\dot{I}}=R_1+R_2+\mathrm{j}\omega(L_1+L_2-2M)$$

由以上结果可见，顺接时等效电感比两电感直接相加大 $2M$，这是因为顺接时两电感磁通互相加强；反接时等效电感比两电感直接相加小 $2M$，这是因为反接时两电感磁通互相削弱。

例 9-3　耦合线圈的并联有两种情况，一种是同侧并联，其电路模型如图 9-8(a)所示，另一种是异侧并联，其电路模型如图 9-8(b)所示，求两种情况下电路的输入阻抗。

解　按图 9-8(a)所示的电压电流参考方向，对同侧并联情况，可列写出以下方程：

$$\begin{cases}\dot{U}=(R_1+\mathrm{j}\omega L_1)\dot{I}_1+\mathrm{j}\omega M\dot{I}_2=Z_1\dot{I}_1+Z_M\dot{I}_2\\ \dot{U}=(R_2+\mathrm{j}\omega L_2)\dot{I}_2+\mathrm{j}\omega M\dot{I}_1=Z_2\dot{I}_2+Z_M\dot{I}_1\end{cases}$$

式中，$Z_1=R_1+\mathrm{j}\omega L_1$，$Z_2=R_2+\mathrm{j}\omega L_2$，$Z_M=\mathrm{j}\omega M$。求解可得

$$\begin{cases}\dot{I}_1=\dfrac{Z_2-Z_M}{Z_1Z_2-Z_M^2}\dot{U}\\[2ex] \dot{I}_2=\dfrac{Z_1-Z_M}{Z_1Z_2-Z_M^2}\dot{U}\end{cases}$$

由 KCL 可求得

$$\dot{I}_3=\dot{I}_1+\dot{I}_2=\frac{Z_1+Z_2-2Z_M}{Z_1Z_2-Z_M^2}\dot{U}$$

由此可求出此电路从端口看进去的输入阻抗为

$$Z_{\text{in}}=\frac{\dot{U}}{\dot{I}_3}=\frac{Z_1Z_2-Z_M^2}{Z_1+Z_2-2Z_M}$$

若 $R_1=R_2=0$,即忽略耦合线圈的能量损耗,则 $Z_1=\text{j}\omega L_1$,$Z_2=\text{j}\omega L_2$,代入上式可得

$$Z_{\text{in}}=\frac{\dot{U}}{\dot{I}_3}=\frac{Z_1Z_2-Z_M^2}{Z_1+Z_2-2Z_M}=\text{j}\omega\frac{L_1L_2-M^2}{L_1+L_2-2M}=\text{j}\omega L_{\text{in}}=\text{j}\omega L_{\text{eq}}$$

此时电路的等效电感为 $L_{\text{eq}}=\dfrac{L_1L_2-M^2}{L_1+L_2-2M}$。

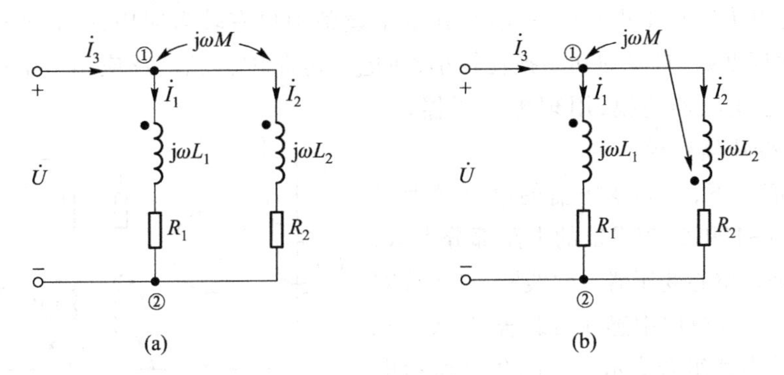

图 9-8 耦合电感的并联

(a) 同侧并联 (b) 异侧并联

对图 9-8(b)所示的异侧并联电路,按图中所示电压电流参考方向,可列写出以下方程:

$$\begin{cases}\dot{U}=(R_1+\text{j}\omega L_1)\dot{I}_1-\text{j}\omega M\dot{I}_2=Z_1\dot{I}_1-Z_M\dot{I}_2\\ \dot{U}=(R_2+\text{j}\omega L_2)\dot{I}_2-\text{j}\omega M\dot{I}_1=Z_2\dot{I}_2-Z_M\dot{I}_1\end{cases}$$

用与以上相同的分析步骤,可得从端口看进去的输入阻抗为

$$Z_{\text{in}}=\frac{\dot{U}}{\dot{I}_3}=\frac{Z_1Z_2-Z_M^2}{Z_1+Z_2+2Z_M}$$

若 $R_1=R_2=0$,则 $Z_1=\text{j}\omega L_1$,$Z_2=\text{j}\omega L_2$,代入上式可得

$$Z_{\text{in}}=\frac{\dot{U}}{\dot{I}_3}=\frac{Z_1Z_2-Z_M^2}{Z_1+Z_2-2Z_M}=\text{j}\omega\frac{L_1L_2-M^2}{L_1+L_2+2M}=\text{j}\omega L_{\text{in}}=\text{j}\omega L_{\text{eq}}$$

此时电路的等效电感为 $L_{\text{eq}}=\dfrac{L_1L_2-M^2}{L_1+L_2+2M}$。

由以上结果可见,同侧并联的等效电感要大于异侧并联的等效电感,原因是同侧并联时两

线圈中的磁通互相加强，因此等效电感加大；而异侧并联时两线圈中的磁通互相削弱，故等效电感减小。

9.4 实际变压器的耦合电感模型

变压器是利用互感现象来实现电能和信号传输以及用于变换电压和电流的一种实际电气设备，双绕组变压器由绕制在同一个芯子上的两个耦合线圈构成，接电源的线圈称为一次线圈，与电源连接后构成一次回路；接负载的线圈称为二次线圈，与负载连接后构成二次回路。变压器的芯子如果由铁磁材料构成，称为铁心变压器；如果由非铁磁材料构成，称为空心变压器。铁心变压器的耦合系数接近 1，属于紧耦合，但非线性程度较空心变压器大，自身的功率损耗也较大，在电力工程中得到广泛应用，在电子设备中也有较多应用；空心变压器的耦合系数较小，但线性程度好，自身的功率损耗较小，在电子电路中得到广泛应用。工程中往往借助耦合电感对空心变压器建模，用理想变压器（见 9.6 节）对铁心变压器建模。

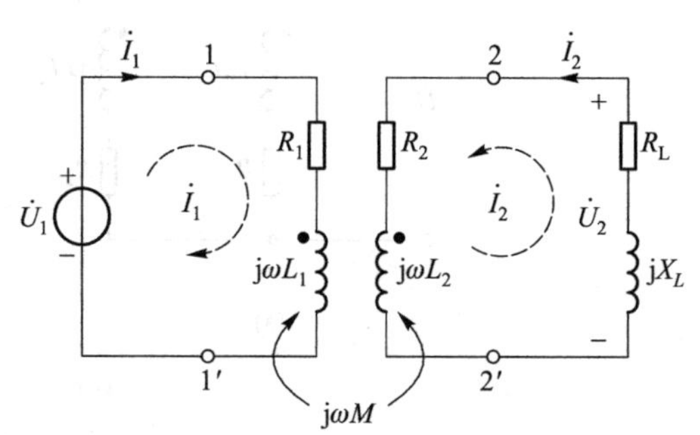

图 9-9　含变压器电路的模型

正弦稳态情况下，空心变压器的电路模型可用图 9-8 中由 1-1′和 2-2′界定的电路部分表示，图中的 R_1、R_2 来自空心变压器一次线圈、二次线圈的耗能效应。因实际电路中感性负载居多，故负载用电阻和电感的串联组合表示。对图 9-9 所示电路，用回路法列方程有

$$\begin{cases}(R_1+j\omega L_1)\dot{I}_1+j\omega M\dot{I}_2=\dot{U}_1\\(R_2+j\omega L_2+R_L+jX_L)\dot{I}_2+j\omega M\dot{I}_1=0\end{cases}\tag{9-13}$$

令一次回路阻抗为 $Z_{11}=R_1+j\omega L_1$，二次回路阻抗为 $Z_{22}=R_2+j\omega L_2+R_L+jX_L$，互感感抗 $Z_M=j\omega M$，并令 $Y_{11}=\dfrac{1}{Z_{11}}$，$Y_{22}=\dfrac{1}{Z_{22}}$，由式(9-13)可以求得

$$\begin{cases}\dot{I}_1=\dfrac{Z_{22}\dot{U}_1}{Z_{11}Z_{22}-Z_M^2}=\dfrac{\dot{U}_1}{Z_{11}-Z_M^2Y_{22}}=\dfrac{\dot{U}_1}{Z_{11}+(\omega M)^2Y_{22}}\\\dot{I}_2=\dfrac{-Z_M\dot{U}_1}{Z_{11}Z_{22}-Z_M^2}=\dfrac{-Z_MY_{11}\dot{U}_1}{Z_{22}-Z_M^2Y_{11}}=\dfrac{-j\omega MY_{11}\dot{U}_1}{R_2+j\omega L_2+R_L+jX_L+(\omega M)^2Y_{11}}\end{cases}\tag{9-14}$$

式中，第 1 式的分母 $Z_{11}+(\omega M)^2Y_{22}$ 是一次侧从电源侧看过去的输入阻抗，其中$(\omega M)^2Y_{22}$ 称为引入阻抗（或反映阻抗），它是二次回路阻抗通过互感耦合的作用反映到一次侧的等效阻抗。引入阻抗的性质与 Z_{22} 相反，即感性（容性）变为容性（感性）。由式(9-14)中的第 1 式可构造图 9-10(a)所示电路，该电路是变压器一次回路的等效电路；由式(9-14)中的第 2 式可构造

图 9-10(b)所示电路，该电路是变压器二次回路的等效电路，图中的 $\mathrm{j}\omega MY_{11}\dot{U}_1$ 和 $Z_{eq}=R_2+\mathrm{j}\omega L_2+(\omega M)^2Y_{11}$ 是负载移开后形成的一端口电路的戴维南等效电路的参数。实际工作中，可借助这两个等效电路对含变压器电路进行分析。

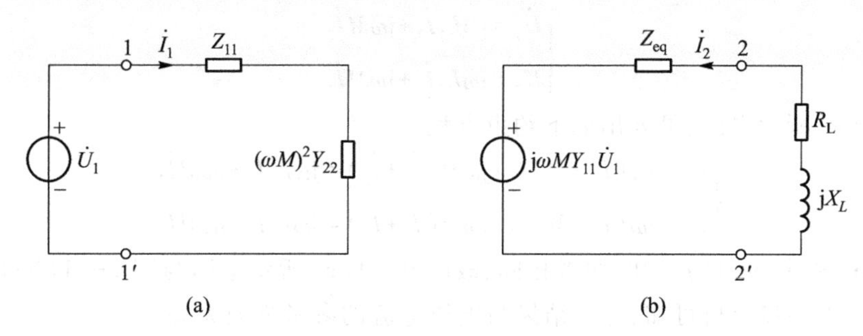

图 9-10 变压器的一次和二次等效电路
(a) 一次等效电路 (b) 二次等效电路

例 9-4 某一实际电路的模型如图 9-9 所示，其中 $R_1=R_2=0$，$L_1=5\ \mathrm{H}$，$L_2=1.2\ \mathrm{H}$，$M=2\ \mathrm{H}$，已知 $\dot{U}_1=100\cos(10t)\ \mathrm{V}$，负载阻抗 $Z_L=R_L+\mathrm{j}X_L=3\ \Omega$，试求电流 i_1 和 i_2。

解 对图 9-9 所示电路可列出如下回路电流法方程：

$$\begin{cases}\mathrm{j}\omega L_1\dot{I}_1+\mathrm{j}\omega M\dot{I}_2=\dot{U}_1\\(R_L+\mathrm{j}\omega L_2)\dot{I}_2+\mathrm{j}\omega M\dot{I}_1=0\end{cases}$$

解出上式，或直接套用式(9-14)，可得

$$\dot{I}_1=\frac{\dot{U}_1}{Z_{11}-Z_M^2Y_{22}}=\frac{\dot{U}_1}{\mathrm{j}\omega L_1+\dfrac{(\omega M)^2}{R_L+\mathrm{j}\omega L_2}}=\frac{\dfrac{100}{\sqrt{2}}\angle 0^\circ}{\mathrm{j}50+\dfrac{20^2}{3+\mathrm{j}12}}\ \mathrm{A}=3.5\angle -67.2^\circ\ \mathrm{A}$$

$$\dot{I}_2=\frac{-Z_MY_{11}\dot{U}_1}{Z_{22}-Z_M^2Y_{11}}=\frac{-\dfrac{M}{L_1}\times\dot{U}_1}{R_L+\mathrm{j}\omega L_2+\dfrac{(\omega M)^2}{\mathrm{j}\omega L_1}}=\frac{-\dfrac{2}{5}\times\dfrac{100}{\sqrt{2}}\angle 0^\circ}{3+\mathrm{j}12+\dfrac{20^2}{\mathrm{j}50}}\ \mathrm{A}=5.7\angle 126.9^\circ\ \mathrm{A}$$

因此，电流 i_1 和 i_2 分别为

$$i_1=3.5\sqrt{2}\cos(10t-67.2^\circ)\ \mathrm{A}$$

$$i_2=5.7\sqrt{2}\cos(10t+126.9^\circ)\ \mathrm{A}$$

9.5 耦合电感的去耦合等效

耦合电感的两个电感间存在直接连接关系时，可用等效变换的方法消去互感，称为去耦

合，简称去耦，所得电路称为去耦等效电路或消互感等效电路。采用去耦等效电路往往可简化含互感电路的分析。

图 9-11(a)所示电路中，互感的同名端连在一起，可列出如下约束方程：

$$\begin{cases}\dot{U}_1 = \mathrm{j}\omega L_1\dot{I}_1+\mathrm{j}\omega M\dot{I}_2\\ \dot{U}_2 = \mathrm{j}\omega L_2\dot{I}_2+\mathrm{j}\omega M\dot{I}_1\end{cases} \tag{9-15}$$

对如图 9-11(b)所示电路，可列出如下约束方程：

$$\begin{cases}\dot{U}_1 = \mathrm{j}\omega(L_1-M)\dot{I}_1+\mathrm{j}\omega M(\dot{I}_1+\dot{I}_2) = \mathrm{j}\omega L_1\dot{I}_1+\mathrm{j}\omega M\dot{I}_2\\ \dot{U}_2 = \mathrm{j}\omega(L_2-M)\dot{I}_2+\mathrm{j}\omega M(\dot{I}_1+\dot{I}_2) = \mathrm{j}\omega L_2\dot{I}_2+\mathrm{j}\omega M\dot{I}_1\end{cases} \tag{9-16}$$

比较式(9-15)和式(9-16)可知，两者相同，故图 9-11(a)所示电路与图 9-11(b)所示电路互为等效电路。进一步分析可知，这一结果与电压电流的参考方向无关。

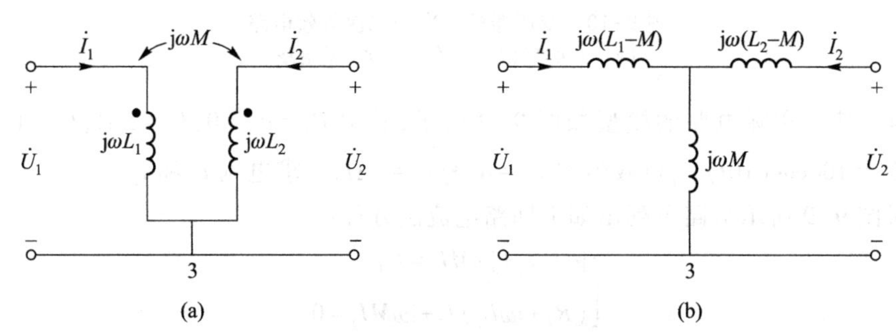

图 9-11　同名端相连耦合电感与去耦等效电路

(a) 同名端相连耦合电感　(b) 去耦等效电路

图 9-11 中给出的是互感同名端相连在一起的情况。对图 9-12(a)所示互感异名端相连的情况，其去耦等效电路如图 9-12(b)所示。

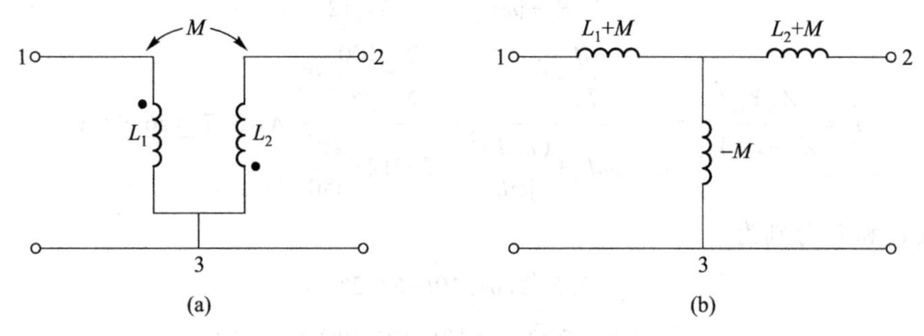

图 9-12　异名端相连耦合电感与去耦等效电路

(a) 异名端相连耦合电感　(b) 去耦等效电路

耦合电感只有同名端相连或异名端相连两种情况，因此只存在两种消互感等效电路。对比写互感约束方程的情况，消互感的方法变化少，并且消去互感后，往往可用串、并联等效的方法处理电路，因此消互感方法有优越性。但应注意的是，消互感后电路中增加了一个原先并不存在的节点，是等效变换的结果，该节点与其他节点间的电压无法与原电路中的任何电压对应。

例 9-5 在例 9-3 中，已给出了耦合线圈并联电路的模型如图 9-8 所示，试用消互感的方法求出图 9-8 所示电路的输入阻抗。

解 图 9-8(a)和(b)所示电路消互感后如图 9-13 所示，对图 9-13(a)所示电路，由串、并联关系可得输入阻抗为

$$Z=[\mathrm{j}\omega(L_1-M)+R_1]//[\mathrm{j}\omega(L_2-M)+R_2]+\mathrm{j}\omega M$$

对图 9-13(b)所示电路，由串、并联关系可得输入阻抗为

$$Z=[\mathrm{j}\omega(L_1+M)+R_1]//[\mathrm{j}\omega(L_2+M)+R_2]-\mathrm{j}\omega M$$

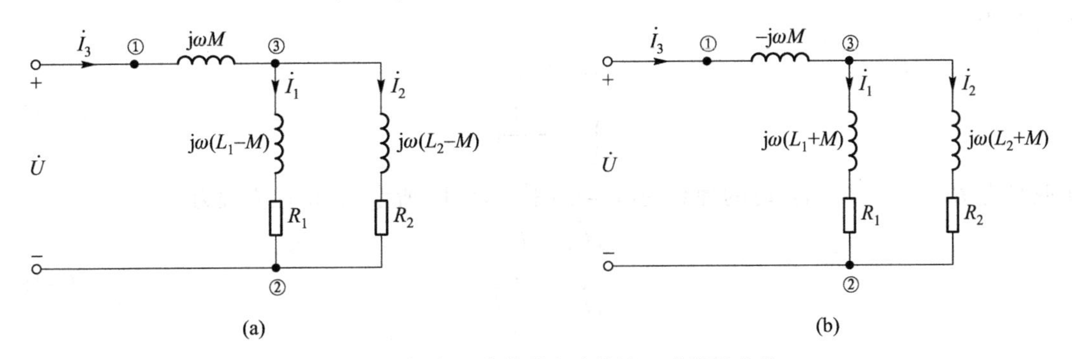

图 9-13 耦合电感并联电路的消互感等效电路

(a) 同侧并联消互感后电路 (b) 异侧并联消互感后电路

例 9-6 求前面已给出的图 9-9 所示电路 1-1′端的输入阻抗。

解 将图 9-9 所示变压器模型两侧电感的下端用理想导线相连，如图 9-14(a)所示，这样做是为方便进行消互感。由 KCL 可知，添加的连线中电流为零，是等效变换，不会对求解结果有影响。

消互感后的电路如图 9-14(b)所示，由此可得 1-1′端的输入阻抗为

$$Z=[R_1+\mathrm{j}\omega(L_1-M)]+\mathrm{j}\omega M//[\mathrm{j}\omega(L_2-M)+R_2+R_\mathrm{L}+\mathrm{j}X_L]$$

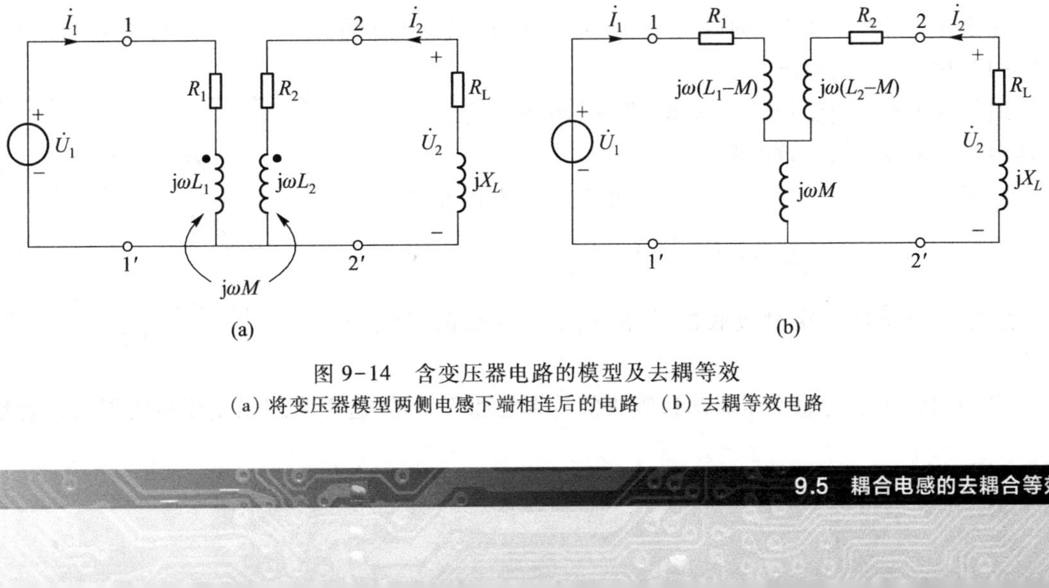

图 9-14 含变压器电路的模型及去耦等效

(a) 将变压器模型两侧电感下端相连后的电路 (b) 去耦等效电路

本题中为何能将两侧电感的下端用理想导线相连后作消互感处理？能否将一侧电感的下端与另一侧电感的同名端(即标记端或打点端)相连后作消互感处理？结果是否会发生变化？如果现实中这样做会出现什么现象？对这些问题，读者可进行思考。

9.6 理想变压器

理想变压器是一种理想元件，用于对实际变压器建模，其电路符号如图 9-15(a)所示，特性方程为

$$\begin{cases} u_1 = nu_2 \\ i_1 = -\dfrac{1}{n}i_2 \end{cases} \tag{9-17}$$

正弦稳态情况下，采用相量时的理想变压器如图 9-15(b)所示，其特性方程为

$$\begin{cases} \dot{U}_1 = n\dot{U}_2 \\ \dot{I}_1 = -\dfrac{1}{n}\dot{I}_2 \end{cases} \tag{9-18}$$

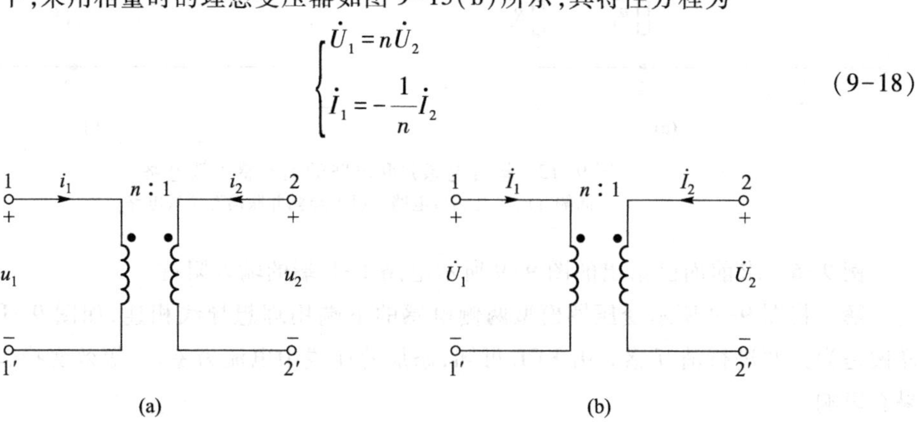

图 9-15 理想变压器

(a) 理想变压器的电路符号 (b) 采用相量时的理想变压器

在任意电压电流参考方向以及同名端情况下，理想变压器的约束式可通过与图 9-15(a)和式(9-17)比对的方式写出。

理想变压器可用受控源来等效，图 9-16 所示即为理想变压器用受控源表示的等效电路。

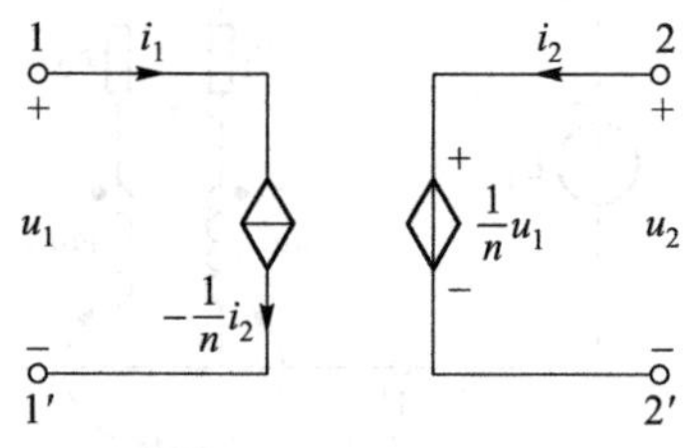

图 9-16 理想变压器的受控源等效电路

对图 9-15(a)所示的理想变压器，由其特性方程可得

$$u_1i_1+u_2i_2=nu_2\left(-\frac{1}{n}i_2\right)+u_2i_2=0 \tag{9-19}$$

u_1i_1 是理想变压器一次侧吸收的功率，u_2i_2 是二次侧吸收的功率。

式(9-19)表明理想变压器两边吸收的功率之和等于零，这说明理想变压器既不消耗能量

也不存储能量，它将一次侧吸收的能量全部传输到二次侧输出，在传输过程中，仅仅将电压、电流按变比 n 作了数值变换。

理想变压器除了具有变换电压、电流的作用外，还具有变换阻抗的作用。在正弦稳态的情况下，当理想变压器二次侧接有负载 Z_L 时，如图 9-17(a)所示，在理想变压器一次侧 1—1′得到的输入阻抗为

$$Z_{11'}=\frac{\dot{U}_1}{\dot{I}_1}=\frac{n\dot{U}_2}{-\frac{1}{n}\dot{I}_2}=n^2 Z_L \tag{9-20}$$

一次等效电路如图 9-17(b)所示，其中的 n^2Z_L 为从二次侧折算到一次侧的等效阻抗。

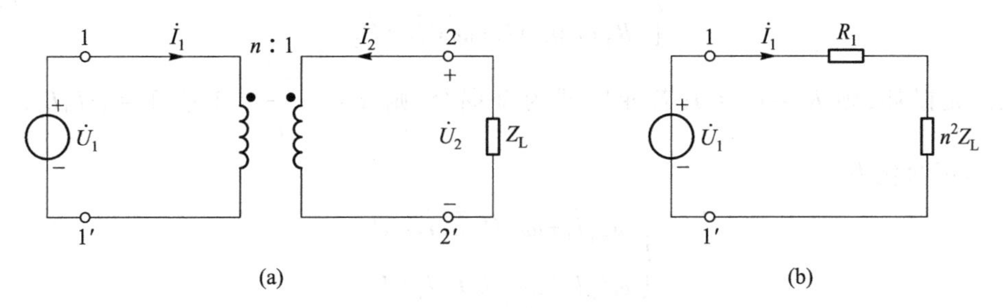

图 9-17 理想变压器的阻抗变换

(a) 原电路 (b) 一次侧等效电路

例 9-7 电路如图 9-18(a)所示。已知 $R_0=8\ \Omega$，$R_1=4\ \Omega$，$i_S(t)=\sqrt{2}\times3\cos\omega t$ A，$n=2$，问：R_L 为何值时能获得最大功率？最大功率为多少？

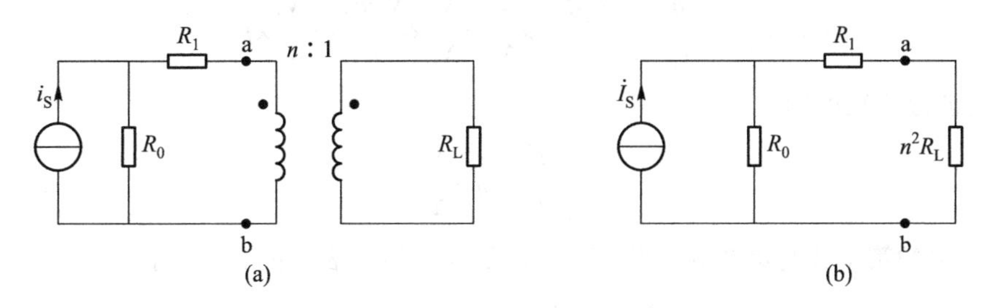

图 9-18 例 9-7 电路

(a) 原电路 (b) 阻抗变换后电路

解 利用理想变压器的阻抗变换作用，可将原电路转化为图 9-19(b)形式。图 9-19(b)所示电路 ab 左边部分的戴维南等效电阻和开路电压为

$$R_{eq}=R_1+R_0=(8+4)\ \Omega=12\ \Omega$$

$$\dot{U}_{oc}=\dot{I}_S R_0=(3\underline{/0^\circ}\times8)\ \text{V}=24\underline{/0^\circ}\ \text{V}$$

当 $n^2R_L=2^2R_L=R_{eq}=12\ \Omega$，即 $R_L=3\ \Omega$ 时，R_L 获得最大功率，最大功率为

$$P_{\text{Lmax}}=\frac{U_{\text{oc}}^2}{4R_{\text{eq}}}=\frac{24^2}{4\times12}\ \text{W}=12\ \text{W}$$

理想元件的特性通常都是由定义给出的,但理想变压器的特性却有所不同,可以在实际磁耦合变压器模型的基础上通过一定假设条件导出。假设条件是:① 变压器无损耗;② 变压器无漏磁通,为全耦合,耦合系数 $k=1$;③ 变压器自感 L_1、L_2 和互感 M 都为无穷大。下面给出推导过程。

图 9-9 是包含实际磁耦合变压器模型的一个电路,按照图中所示的同名端和各电压电流的参考方向,可以列出如下方程:

$$\begin{cases}(R_1+\text{j}\omega L_1)\dot{I}_1+\text{j}\omega M\dot{I}_2=\dot{U}_1\\(R_2+\text{j}\omega L_2)I_2+\text{j}\omega M\dot{I}_2=\dot{U}_2\end{cases}\tag{9-21}$$

若变压器无损耗,则 $R_1=R_2=0$;若变压器为全耦合,则 $k=\dfrac{M}{\sqrt{L_1L_2}}=1$ 或 $M=\sqrt{L_1L_2}$。因此,式(9-21)可简化为

$$\begin{cases}\text{j}\omega L_1\dot{I}_1+\text{j}\omega\sqrt{L_1L_2}\,\dot{I}_2=\dot{U}_1\\\text{j}\omega L_2\dot{I}_2+\text{j}\omega\sqrt{L_1L_2}\,\dot{I}_1=\dot{U}_2\end{cases}\tag{9-22}$$

因变压器为全耦合,所以有 $\Phi_{21}=\Phi_{11}$,$\Phi_{12}=\Phi_{22}$,由此得

$$M=M_{12}=\frac{N_1\Phi_{12}}{i_2}=\frac{N_1\Phi_{22}}{i_2}\times\frac{N_2}{N_2}=\frac{N_1}{N_2}\times\frac{N_2\Phi_{22}}{i_2}=\frac{N_1}{N_2}\times L_2=nL_2\tag{9-23}$$

同理

$$M=M_{21}=\frac{N_2\Phi_{21}}{i_1}=\frac{N_2\Phi_{11}}{i_1}\times\frac{N_1}{N_1}=\frac{N_2}{N_1}\times\frac{N_1\Phi_{11}}{i_1}=\frac{N_2}{N_1}\times L_1=\frac{L_1}{n}\tag{9-24}$$

将以上两式进行比较可知

$$\sqrt{\frac{L_1}{L_2}}=n=\frac{N_1}{N_2}\tag{9-25}$$

把式(9-22)中的第 1 式与第 2 式相除,并利用式(9-25)所表达的关系,可得

$$\frac{\dot{U}_1}{\dot{U}_2}=\frac{L_1\dot{I}_1+\sqrt{L_1L_2}\,\dot{I}_2}{L_2\dot{I}_2+\sqrt{L_1L_2}\,\dot{I}_1}=\sqrt{\frac{L_1}{L_2}}=\frac{N_1}{N_2}=n\tag{9-26}$$

即

$$\dot{U}_1=n\dot{U}_2\tag{9-27}$$

由图 9-9 可知 $\dot{U}_2=-Z_\text{L}\dot{I}_2$,将它代入式(9-22)中的第 2 式,有

$$\text{j}\omega\sqrt{L_1L_2}\,\dot{I}_1+(\text{j}\omega L_2+Z_\text{L})\dot{I}_2=0\tag{9-28}$$

若变压器的自感 L_1、L_2 和互感 M 都为无穷,则 $|\text{j}\omega L_2|$ 远大于 $|Z_\text{L}|$,故将 Z_L 略去,由此得到

$$\text{j}\omega\sqrt{L_1L_2}\,\dot{I}_1+\text{j}\omega L_2\dot{I}_2=0\tag{9-29}$$

即

$$\frac{\dot{I}_1}{\dot{I}_2}=-\sqrt{\frac{L_2}{L_1}}=-\frac{N_2}{N_1}=-\frac{1}{n} \tag{9-30}$$

因此有

$$\dot{I}_1=-\frac{1}{n}\dot{I}_2 \tag{9-31}$$

式(9-27)和式(9-31)合起来即为式(9-18)。式(9-18)对应的时域形式即如式(9-17)所示。

实际铁心变压器漏磁通很小,可近似为全耦合,自感和互感很大,可近似为无穷大,忽略耗能效应,在接通交流电源且频率满足一定要求的条件下(通常要求频率在十几赫兹以上),可将其建模为理想变压器。不过要注意,频率过低时就不适合将其建模为理想变压器,更不用说在直流的条件下了。

9.7 理想变压器传输直流的特性及相关讨论

由理想变压器的定义式(9-17)结合图 1-13,可知理想变压器是一种电阻性元件。由于理想变压器的定义式与频率无关,频率为零时依然成立,故理想变压器可以传输直流。还可通过反证法证明这一结论。

设理想变压器的一次电流为 $i_1=i_1^{(1)}+i_1^{(2)}$,其中 $i_1^{(1)}$ 为不随时间变化的直流成分,$i_1^{(2)}$ 为时变的成分。如果认为理想变压器不能传输直流,则 $i_2=-ni_1^{(2)}$,将导致 $i_1\neq-\frac{1}{n}i_2$ 的结果出现,与理想变压器的定义式矛盾,这样就证明了理想变压器可以传输直流。

理想变压器传输直流的特性可以与实际结合。

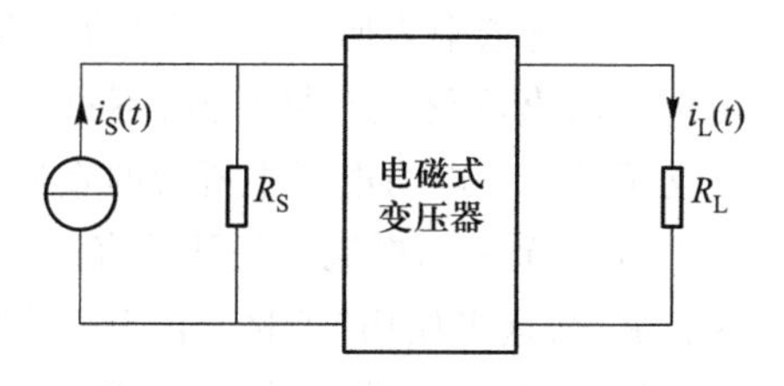

图 9-19　含有实际变压器的电路

图 9-19 所示为含有电磁式实际变压器电路(已将电源和负载用模型表示),其中 $i_S(t)=1\text{ A}+\cos\omega t$。为简单起见,建模时忽略实际变压器的能量损耗,针对电流源中的直流分量,可建立如图 9-20(a)所示的模型(若考虑能量损耗,则一次、二次线圈应建模为两个电阻);针对电流源中的交流分量,可建立如图 9-20(b)所示的模型。

对图 9-20(a)所示的模型,很明显 $i_L^{(1)}(t)=0$;对图 9-20(b)所示的模型,虽然其中的理想变压器能够传输直流,但因激励为交流,所以 R_L 中也只有交流,可以算出 $i_L^{(2)}(t)=\frac{R_S\cos\omega t}{R_S+n^2R_L}$。

利用叠加定理,将图 9-20(a)和(b)两模型得到的结果相加,可得 $i_L(t)=i_L^{(1)}(t)+i_L^{(2)}(t)=\dfrac{R_S\cos\omega t}{R_S+n^2R_L}$,可见 R_L 中没有直流成分,分析结果与实际一致。

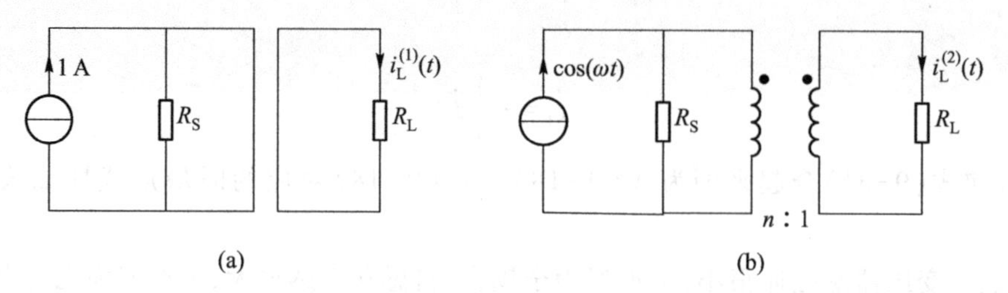

图 9-20　电流源不同分量对应的电路模型

(a) 直流分量对应的模型　(b) 交流分量对应的模型

工程上存在一种做法,不考虑电路中是否存在直流,首先把实际变压器模型化为理想变压器,然后采用理想变压器不能传输直流的观点分析问题,这样,若一次侧有直流,就无法传输到二次侧,结果正确。这种做法存在两个问题。问题之一是违背电路建模的基本原则,未考虑实际电路的工作状态就对电路建模,对无耦合的情况用有耦合模型建模,建立的模型对直流不适用;问题之二是错误地认为理想变压器不能传输直流。可见,上述工程方法之所以能得到正确结果,缘于两个连续的错误通过否定之否定形成,对此情况,应有正确认识。

通过实际运算放大器很容易制造出传输严格直流的电子式变压器(见 16.7 节)。不过,这种变压器没有实际意义。何故?这一问题可从两方面回答。信息论告诉我们直流信号的信息量为零,故传输严格直流的电子式变压器在信息处理系统中无用;另一方面,传输严格直流的电子式变压器能够传送的功率很小,并且效率也不高,故在传输电能的系统中也不会使用。

以上讨论中为何要用"严格直流"一词来描述直流?看似画蛇添足,其实不然。狭义电路理论中的直流就是严格直流,不过,广义电路理论包含的一个分支领域——电力电子中所指的直流往往是脉动直流,如图 9-21 所示的单方向电流就是脉动直流,但在电力电子中常简称其为直流,故这里使用"严格直流"一词与脉动直流相区别。传脉动直流的变压器[电力电子中称为直流-直流(DC-DC)变换器]在实际中大量存在。

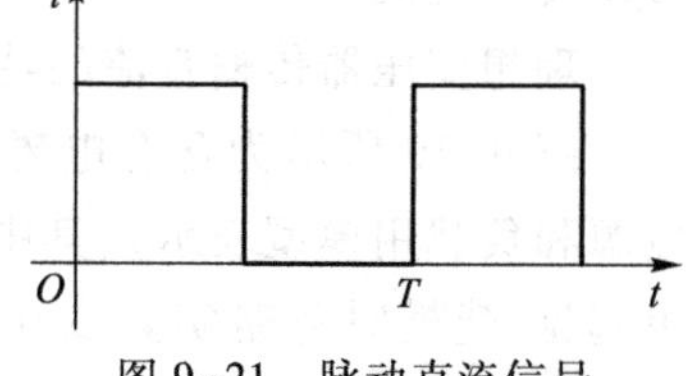

图 9-21　脉动直流信号

另外,机械运动可用数学方程加以描述;通过数学方程,可构造出与机械系统相对应的电路方程;研究与方程对应的电路,就可知道机械系统运动的一些情况,这种做法称为机电类比。例如,一对机械齿轮可用理想变压器类比,在这种情况下,理想变压器传递严格直流对应于一对齿轮的匀速转动,此时,传递严格直流的理想变压器有了实际意义。

习题

9-1　含互感的电路如题 9-1 图所示。已知 $L_1=4$ H、$L_2=5$ H、$M=2$ H、$R=10\ \Omega$、$i(t)=2e^{-4t}$ A、$i_1(t)=0$，试求 $u_2(t)$。

第 9 章
习题答案

9-2　含空心变压器的电路其模型如题 9-2 图(a)所示，已知周期性电流源 $i_S(t)$ 一个周期的波形如题 9-2 图(b)所示，二次侧电压表读数(有效值)为 25 V。试画出二次电压的波形，并计算互感 M。

9-3　两个完全相同的线圈，忽略其耗能，顺接时总电感为 0.6 H，反接时总电感为 0.2 H，求线圈的电感和互感。

9-4　题 9-4 图所示耦合电感电路，已知 $L_1=0.1$ H、$L_2=0.4$ H、$M=0.12$ H，求等效电感 L_{ab}。

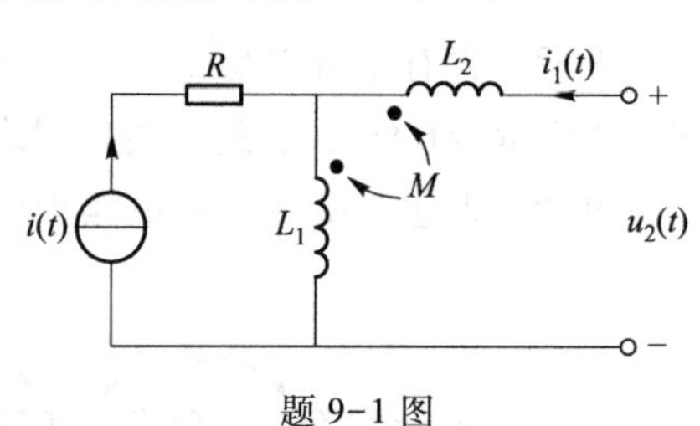

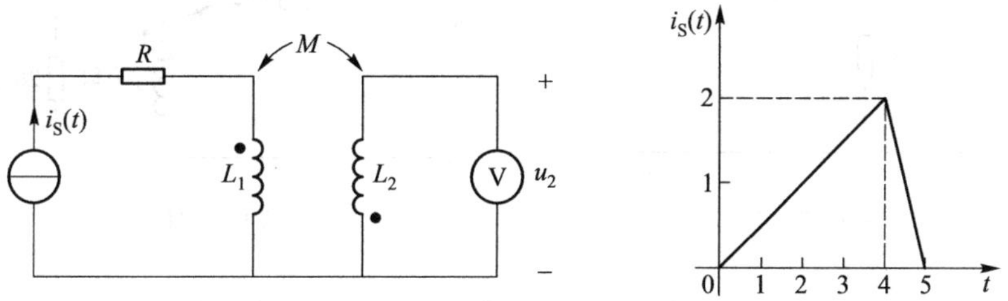

题 9-1 图

(a)

(b)

题 9-2 图

9-5　题 9-5 图示电路中，$R_1=50\ \Omega$，$L_1=70$ mH，$L_2=25$ mH，$M=25$ mH，$C=1\ \mu$F，正弦电源 $\dot{U}=500\underline{/0^\circ}$ V，$\omega=10^4$ rad/s，求各支路电流 $\dot{I}$、$\dot{I}_1$、$\dot{I}_2$。

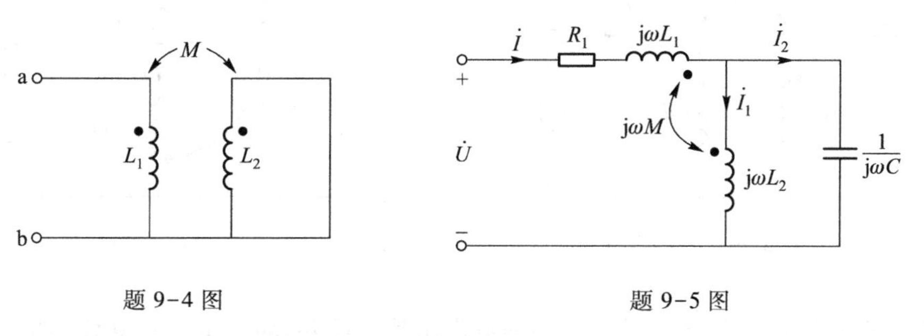

题 9-4 图　　　题 9-5 图

9-6　求题 9-6 图所示电路的输入阻抗 $Z(\omega=1$ rad/s)。

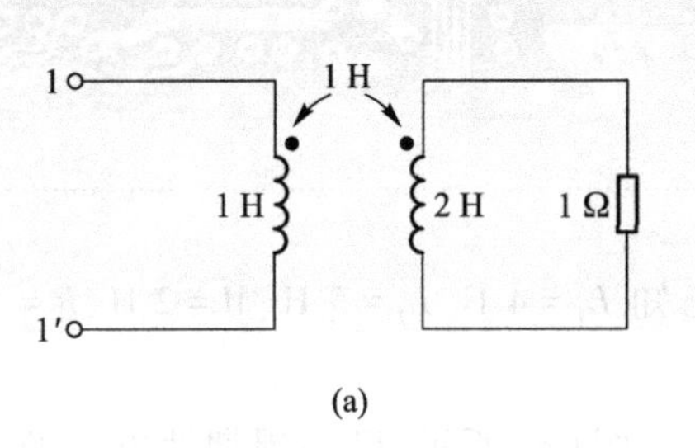

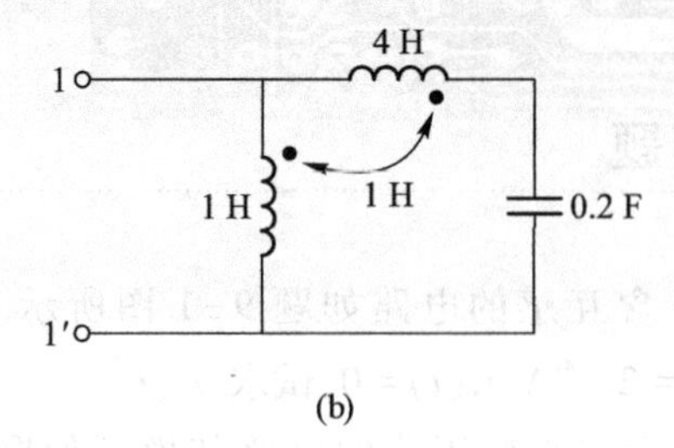

题 9-6 图

9-7　含有耦合电感的一端口网络如题 9-7 图所示，若 $\omega L_1=6\ \Omega$、$\omega L_2=3\ \Omega$、$\omega M=3\ \Omega$、$R_1=3\ \Omega$、$R_2=6\ \Omega$，试求此一端口网络的输入阻抗。

9-8　求题 9-8 图所示电路中的电流。

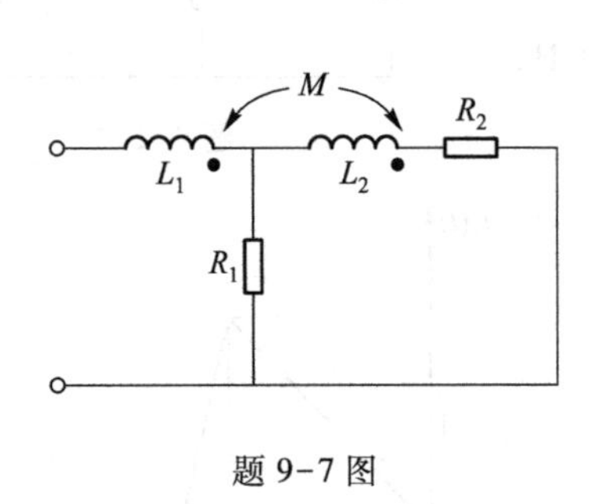

题 9-7 图

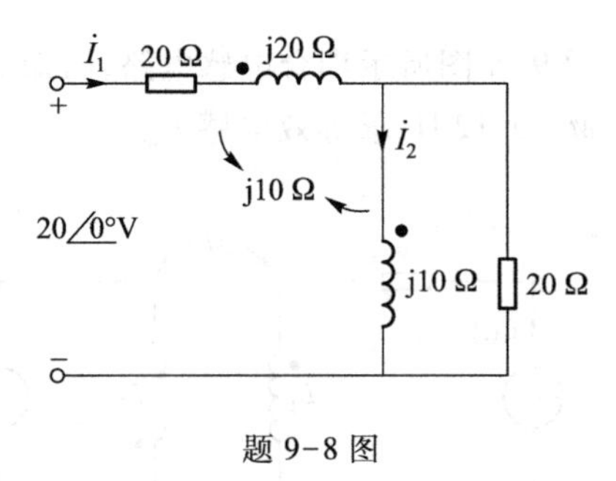

题 9-8 图

9-9　题 9-9 图所示相量模型中，$R_1=8\ \Omega$，$R_2=2\ \Omega$，$R=10\ \Omega$，$\omega L_2=12\ \Omega$，$\omega L_1=48\ \Omega$，$\omega M=24\ \Omega$。若 $\dot{U}_S=1\angle 0°$ V，求 $\dot{U}$。

9-10　求题 9-10 图所示电路的输入阻抗。

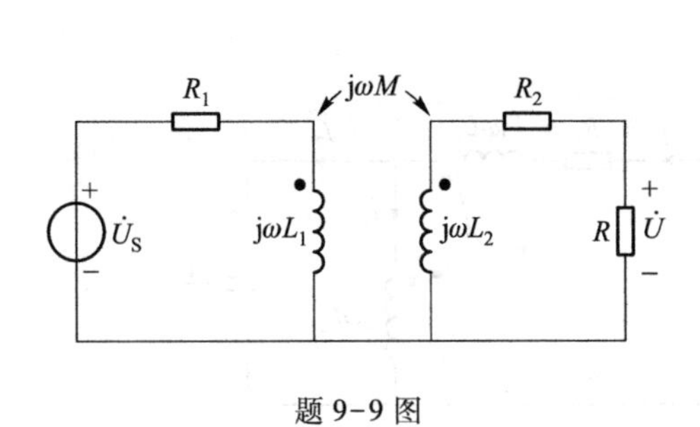

题 9-9 图

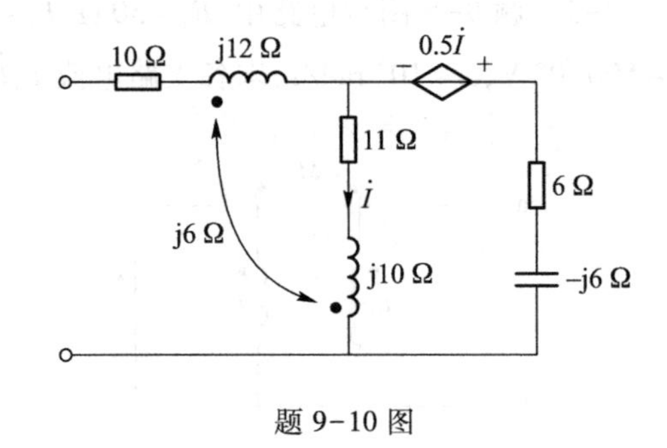

题 9-10 图

9-11　求题 9-11 图所示一端口电路的输出阻抗。已知：$\omega L_1=\omega L_2=10\ \Omega$，$\omega M=5\ \Omega$，$R_1=R_2=6\ \Omega$，$\dot{U}_1=60\angle 0°$ V。

9-12　电路如题 9-12 图所示，列写电路的网孔电流法方程。

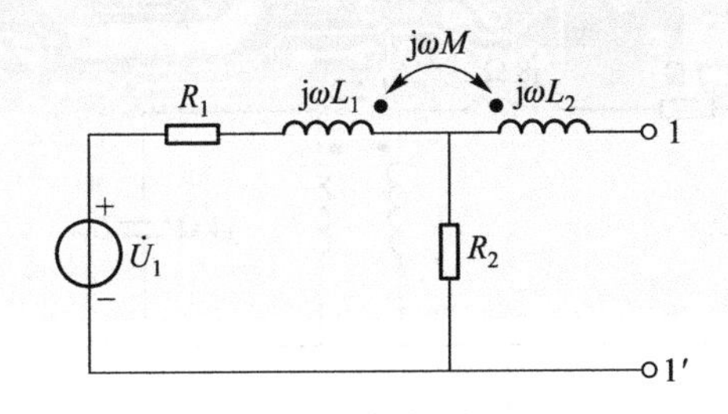

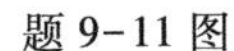
题 9-11 图

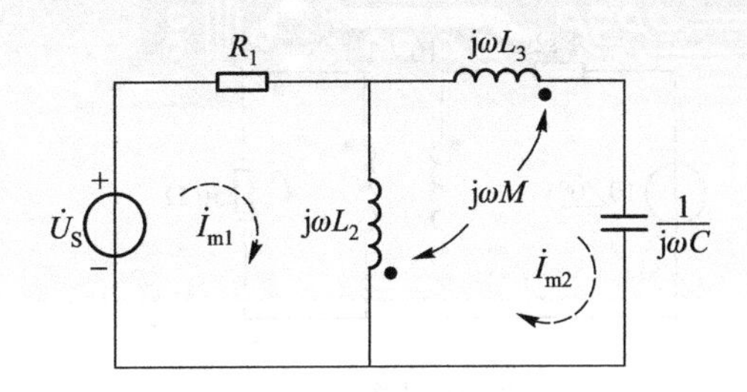

题 9-12 图

9-13　题 9-13 图所示电路，已知 $\dot{U}_S = 120\angle 0°$ V，$\omega = 2$ rad/s，$L_1 = 8$ H，$L_2 = 6$ H，$L_3 = 10$ H，$M_{12} = 4$ H，$M_{23} = 5$ H。求该电路的戴维南等效电路。

9-14　题 9-14 图所示正弦电路中，$u_S(t)$ 与电流 $i(t)$ 同相，且 $u_S(t) = 100\cos 1000t$ V，试求电容 C 和电流 $i(t)$。

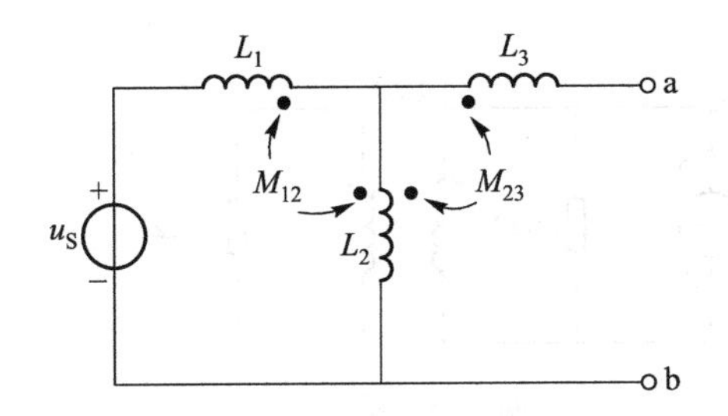

题 9-13 图

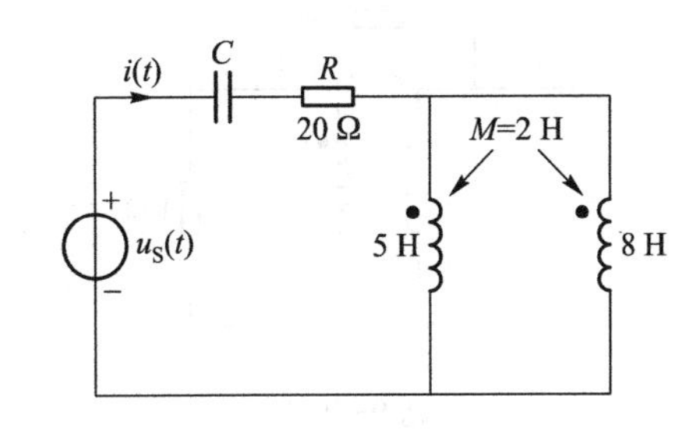

题 9-14 图

9-15　题 9-15 图所示电路中，$R = 200$ Ω，$L_1 = 25$ mH，$L_2 = 11$ mH，$M = 8$ mH，$C = 50$ μF，$u_S(t) = 10\sqrt{2}\cos 1000t$ V。求两个电流表的读数。

9-16　如题 9-16 图所示电路中，已知：$u(t) = 200\sqrt{2}\cos \omega t$ V，$R_0 = 50$ Ω，$R_1 = 50$ Ω，$L_0 = 0.2$ H，$L_1 = 0.1$ H，$C_1 = 10$ μF，$C_2 = 5$ μF，$M = 0.05$ H，电流表读数为零，求 $u_o(t)$。

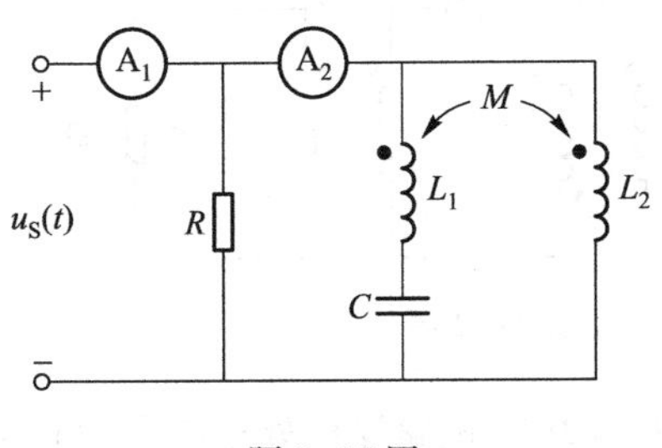

题 9-15 图

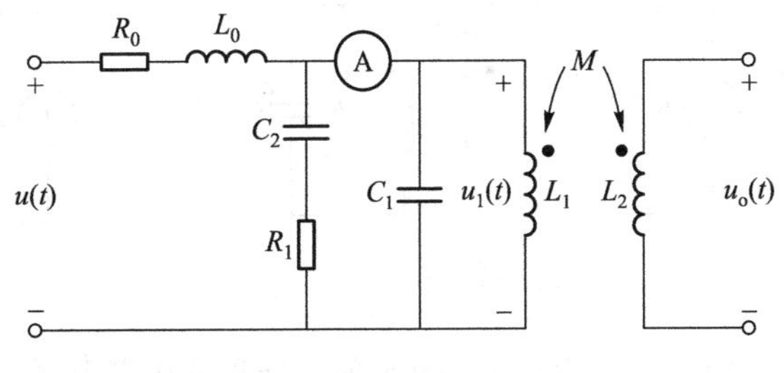

题 9-16 图

9-17　题 9-17 图所示电路中的理想变压器的变比为 10∶1，求电压 $\dot{U}_2$。

9-18　在题 9-18 图所示电路中，$\dot{U}_S = 10\angle 0°$ V，求电压 $\dot{U}_C$。

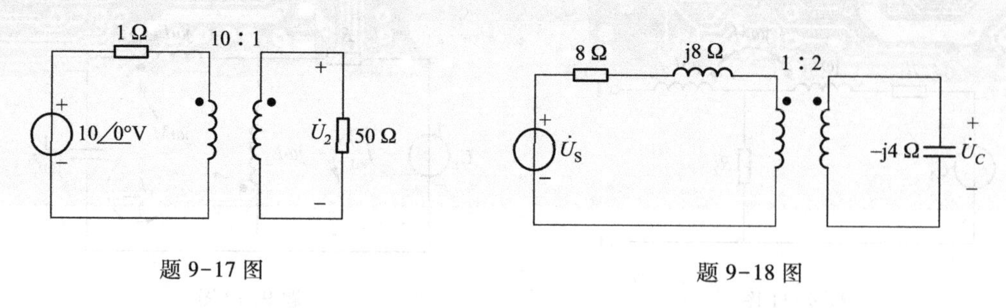

题 9-17 图　　　　题 9-18 图

9-19　求题 9-19 图所示电路的输入阻抗。若将一次侧、二次侧下端相连，输入阻抗为何？

9-20　电路如题 9-20 图所示，欲使 10 Ω 电阻获得最大功率，试确定理想变压器的变比 n。

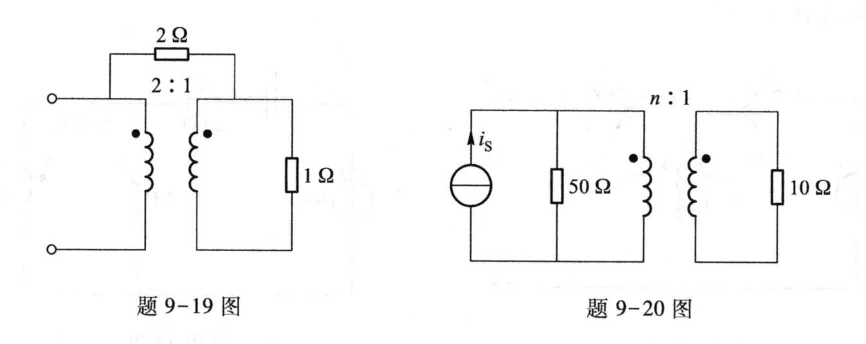

题 9-19 图　　　　题 9-20 图

9-21　题 9-21 图所示电路中，已知 $R=10\ \Omega, L=0.01\ \text{H}, n=5, u_S=20\sqrt{2}\cos 1000t\ \text{V}$。电容 C 为何值时电流 i 的有效值最大？求此时的电压 u_2。

9-22　由理想变压器组成的电路如题 9-22 图所示，已知 $\dot{U}_S=16\angle 0°\ \text{V}$，求 $\dot{I}_1$、$\dot{U}_2$ 和 R_L 吸收的功率。

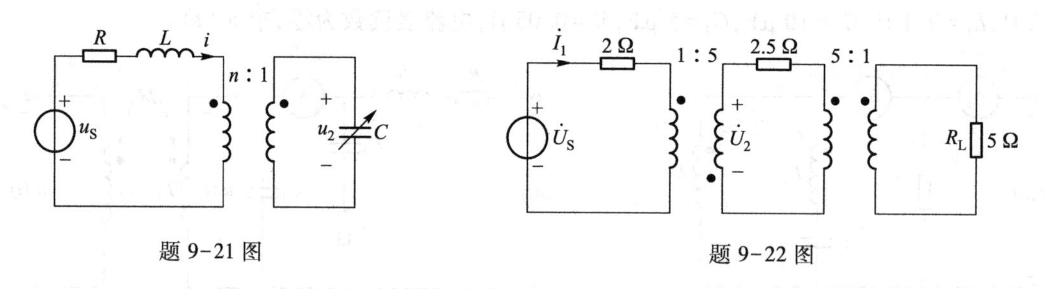

题 9-21 图　　　　题 9-22 图

9-23　题 9-23 图所示为含理想变压器电路，$u_S(t)=12\cos 2t\ \text{V}$，电路原已处于稳态，当 $t=0$ 时开关 S 闭合。求当 $t>0$ 时电容上的电压 $u_C(t)$。

9-24　求题 9-24 图所示电路的输入阻抗。若将一次侧、二次侧下端相连，输入阻抗为何？

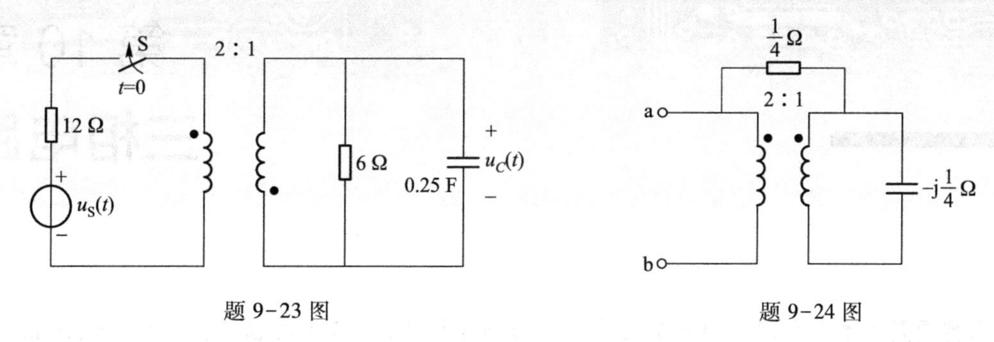

题 9-23 图　　　　题 9-24 图

9-25　在题 9-25 图所示电路中，为使 R 获得最大功率，求 n 及此最大功率。

9-26　求出题 9-26 图所示电路中的 $\dot{I}_1$、$\dot{I}_2$、$\dot{I}_3$，并求 4 Ω 电阻的功率。

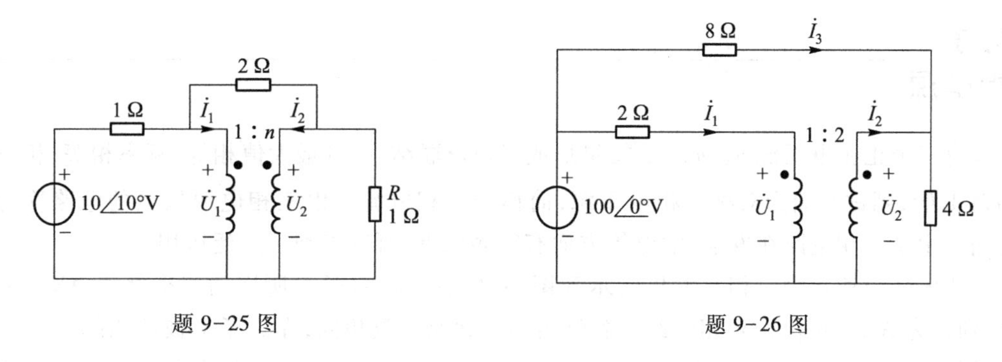

题 9-25 图　　　　题 9-26 图

第 10 章 三相电路

内容提要 本章介绍三相电路的基本概念和分析方法，具体内容为：三相电源、三相电路的连接与结构、对称三相电路的计算、不对称三相电路、三相电路的功率及其测量。

10.1 三相电源

设有三个正弦电压源 u_A、u_B、u_C 按星形或三角形联结，三者最大值相等、频率相等、相位依次相差 120°，则称它们为对称三相电压源，简称为三相电源。由三相电源供电的电路称为三相电路。由于三相电路在发电、输电等方面有很多优点，所以得到了广泛应用。

图 10-1(a)所示为三相发电机的示意图，其中发电机定子上所嵌的三个绕组 AX、BY 和 CZ 分别称为 A 相、B 相和 C 相绕组。各绕组的形状及匝数相同，在定子上彼此相隔 120°。发电机的转子是一对磁极，当它按图示顺时针方向以角速度 ω 旋转时，能在各个绕组中感应出正弦电压 u_A、u_B、u_C，形成对称三相电源，图 10-1(b)是这三个电源的电路符号，每一个电源依次称为 A 相、B 相、C 相。

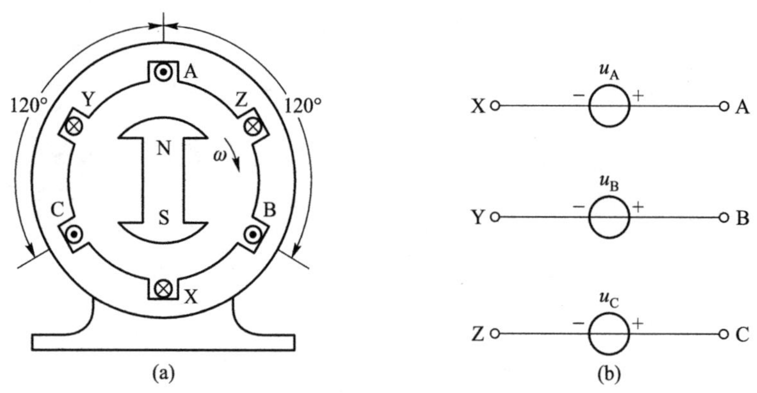

图 10-1 三相发电机与三相电源示意图
(a) 三相发电机 (b) 三相电源

若选 u_A 为参考正弦量，其初相为零，则对称三相电源瞬时值的表达式为

$$\begin{cases} u_A=\sqrt{2}U\cos(\omega t) \\ u_B=\sqrt{2}U\cos(\omega t-120°) \\ u_C=\sqrt{2}U\cos(\omega t+120°) \end{cases} \tag{10-1}$$

其对应的相量表达式为

$$\begin{cases} \dot{U}_A=U\angle 0° \\ \dot{U}_B=U\angle -120°=a^2\dot{U}_A \\ \dot{U}_C=U\angle +120°=a\dot{U}_A \end{cases} \tag{10-2}$$

式中，$a=1\angle 120°=-\frac{1}{2}+\text{j}\frac{\sqrt{3}}{2}$，它是工程上为了表示方便而引入的单位相量算子。对称三相电源各相的电压波形和相量图如图 10-2(a)和(b)所示。

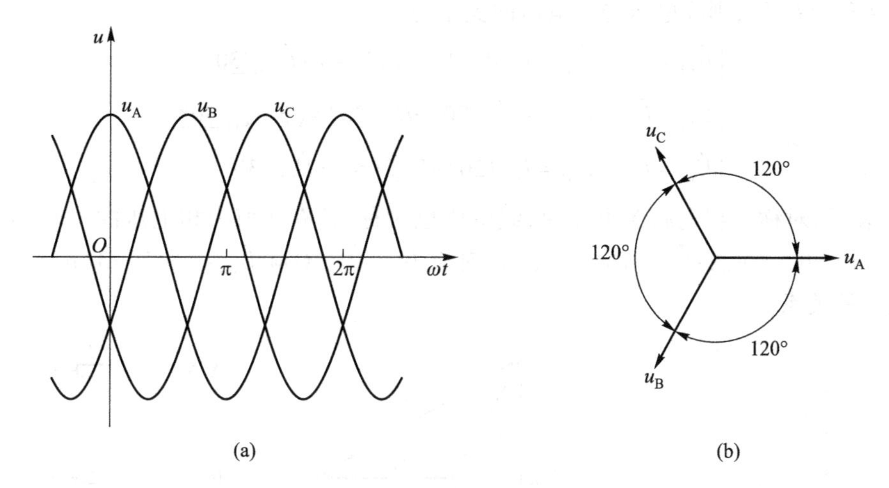

图 10-2　对称三相电源各相的电压波形和相量图

(a) 对称三相电源各相的电压波形　(b) 对称三相电源的相量图

由式(10-1)和式(10-2)，并注意到 $1+a+a^2=0$，可以证明对称三相电压满足

$$u_A+u_B+u_C=0 \tag{10-3}$$

或

$$\dot{U}_A+\dot{U}_B+\dot{U}_C=0 \tag{10-4}$$

三相电压源相位的次序称为相序。u_A 超前 u_B 120°、u_B 超前 u_C 120°，这样的相序称为正序或顺序。u_B 超前 u_A 120°、u_C 超前 u_B 120°，这样的相序称为负序或反序。u_A、u_B、u_C 三者相位相同称为零序。电力系统中一般采用正序，本章主要讨论这种情况。

10.2 三相电路的连接与结构

10.2.1 星形联结的三相电源和三相负载

星形联结的三相电源如图 10-3(a)所示。三个电压源的负极性端子 X、Y、Z 连接在一起形成的一个节点称为中性点,用 N 表示;从三个电压源的正极性端子 A、B、C 向外引出的三条输电线,称为端线(俗称火线)。

图 10-3(a)所示星形联结的三相电源中,端线 A、B、C 与中性点之间的电压 $\dot{U}_{AN}$、$\dot{U}_{BN}$、$\dot{U}_{CN}$ 称为相电压;端线 A、B、C 之间的电压 $\dot{U}_{AB}$、$\dot{U}_{BC}$、$\dot{U}_{CA}$ 称为线电压。当三相电源对称且为正序时,设 $\dot{U}_{AN}=\dot{U}_{A}=U\underline{/0^\circ}$,则线电压与相电压的关系为

$$\begin{cases}\dot{U}_{AB}=\dot{U}_{AN}-\dot{U}_{BN}=U\underline{/0^\circ}-U\underline{/-120^\circ}=\sqrt{3}\,\dot{U}_{AN}\underline{/30^\circ}\\ \dot{U}_{BC}=\dot{U}_{BN}-\dot{U}_{CN}=U\underline{/-120^\circ}-U\underline{/120^\circ}=\sqrt{3}\,\dot{U}_{BN}\underline{/30^\circ}\\ \dot{U}_{CA}=\dot{U}_{CN}-\dot{U}_{AN}=U\underline{/120^\circ}-U\underline{/0^\circ}=\sqrt{3}\,\dot{U}_{CN}\underline{/30^\circ}\end{cases}\tag{10-5}$$

式(10-5)表明,对称三相电源 Y 联结时,线电压也对称,其有效值为相电压的$\sqrt{3}$倍,且相位超前对应相电压 30°。注意:$\dot{U}_{AB}$ 对应 $\dot{U}_{AN}$,$\dot{U}_{BC}$ 对应 $\dot{U}_{BN}$,$\dot{U}_{CA}$ 对应 $\dot{U}_{CN}$。图 10-3(b)反映了线电压与相电压的关系。

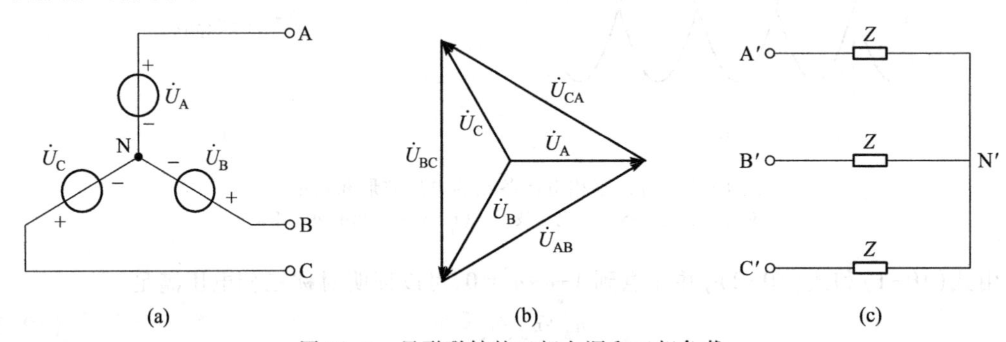

图 10-3 星形联结的三相电源和三相负载

(a) 星形联结的三相电源 (b) 星形联结线电压与相电压的关系 (c) 星形联结的三相负载

阻抗相等的三相负载称为对称三相负载,星形联结时如图 10-3(c)所示。由图可知 $\dot{U}_{A'B'}$、$\dot{U}_{B'C'}$、$\dot{U}_{C'A'}$为负载端线电压,$\dot{U}_{A'N'}$、$\dot{U}_{B'N'}$、$\dot{U}_{C'N'}$为相电压(即负载电压)。设相电压对称,则有

$$\begin{cases}\dot{U}_{A'B'}=\dot{U}_{A'N'}-\dot{U}_{B'N'}=\sqrt{3}\,\dot{U}_{A'N'}\underline{/30^\circ}\\ \dot{U}_{B'C'}=\dot{U}_{B'N'}-\dot{U}_{C'N'}=\sqrt{3}\,\dot{U}_{B'N'}\underline{/30^\circ}\\ \dot{U}_{C'A'}=\dot{U}_{C'N'}-\dot{U}_{A'N'}=\sqrt{3}\,\dot{U}_{C'N'}\underline{/30^\circ}\end{cases}\tag{10-6}$$

可见线电压也对称，其有效值为相电压的$\sqrt{3}$倍，且相位超前对应相电压 30°。

电源或负载 Y 联结时，线电流与相电流相等。

10.2.2　三角形联结的三相电源和三相负载

三相电压源依次首尾相连接成一个回路，再从端子 A、B、C 引出三条端线，即构成三角形联结的三相电源，如图 10-4(a)所示。由图可见 $\dot{I}_A$、$\dot{I}_B$、$\dot{I}_C$ 为线电流，$\dot{I}_{BA}$、$\dot{I}_{CB}$、$\dot{I}_{AC}$ 为电源电流(即相电流)。如果相电流对称且为正序，设 $\dot{I}_{BA}=I_P\underline{/0°}$，则

$$\begin{cases}\dot{I}_A=\dot{I}_{BA}-\dot{I}_{AC}=I_P\underline{/0°}-I_P\underline{/120°}=\sqrt{3}\dot{I}_{BA}\underline{/-30°}\\ \dot{I}_B=\dot{I}_{CB}-\dot{I}_{BA}=I_P\underline{/-120°}-I_P\underline{/0°}=\sqrt{3}\dot{I}_{CB}\underline{/-30°}\\ \dot{I}_C=\dot{I}_{AC}-\dot{I}_{CB}=I_P\underline{/120°}-I_P\underline{/-120°}=\sqrt{3}\dot{I}_{AC}\underline{/-30°}\end{cases} \tag{10-7}$$

可见线电流也对称，其有效值为相电流的$\sqrt{3}$倍，且相位滞后对应相电流 30°。

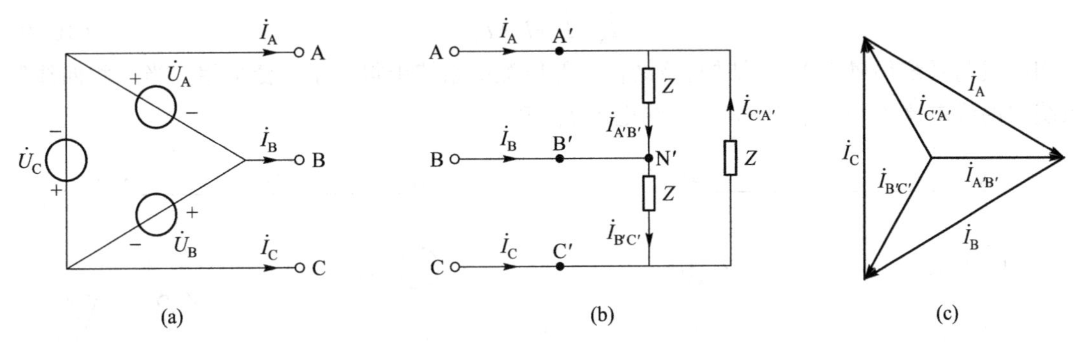

图 10-4　三角形联结的三相电源和三相负载

(a) 三角形联结的三相电源　(b) 三角形联结的三相负载　(c) 三角形联结线电流与相电流的关系

实际的三相电源按三角形方式正确连接时，有 $\dot{U}_A+\dot{U}_B+\dot{U}_C=0$，故三相电源构成的回路不会产生环路电流；但如果连接错误，将实际三相电源中的某一相电源接反，回路中三个电源的电压之和将不为零；由于实际电源回路中的阻抗很小，所以回路中会形成很大的环流产生高温而烧毁电源。因此，实际的大容量三相交流发电机中很少采用三角形联结。不过，在狭义电路理论中，不可能有此情况出现，因为针对理想电路而言，当对称三相电源按三角形方式连接时，若某一相电源接反，KVL 无法成立，这样的电路不可能出现在理想电路空间中。

图 10-4(b)所示为三角形联结负载，$\dot{I}_A$、$\dot{I}_B$、$\dot{I}_C$ 为线电流，$\dot{I}_{A'B'}$、$\dot{I}_{B'C'}$、$\dot{I}_{C'A'}$为负载电流(即相电流)。设相电流对称，则有

$$\begin{cases}\dot{I}_A=\dot{I}_{A'B'}-\dot{I}_{C'A'}=\sqrt{3}\dot{I}_{A'B'}\underline{/-30°}\\ \dot{I}_B=\dot{I}_{B'C'}-\dot{I}_{A'B'}=\sqrt{3}\dot{I}_{B'C'}\underline{/-30°}\\ \dot{I}_C=\dot{I}_{C'A'}-\dot{I}_{B'C'}=\sqrt{3}\dot{I}_{C'A'}\underline{/-30°}\end{cases} \tag{10-8}$$

可见线电流也对称，其有效值为相电流的$\sqrt{3}$倍，且相位滞后对应相电流 30°。图 10-4(c)反映了线电流与相电流的关系。

电源或负载△联结时，线电压与相电压相等。

10.2.3 三相电路的结构

三相电路由三相电源通过连接线与三相负载连接构成。三相电源和三相负载均有星形(Y)和三角形(△)联结两种结构，两者的组合共有四种，所以三相电路的结构为四种。如果不考虑连接线的阻抗，四种结构分别是图 10-5(a)所示的 Y-Y 结构、图 10-5(b)所示的 Y-△结构、图 10-5(c)所示的△-△结构和图 10-5(d)所示的△-Y 结构。考虑连接线阻抗 Z_1 的 Y-Y 结构如图 10-5(e)所示，在该结构下可派生出三相四线制系统，如图 10-5(f)所示。图 10-5(f)中，星形电源的中性点 N 与负载的中性点 N′之间的连接线称为中性线，简称中线或零线，Z_N 为中线上的阻抗。由 KCL 可知，中线上的电流为

$$\dot{I}_N = \dot{I}_A + \dot{I}_B + \dot{I}_C \tag{10-9}$$

三相四线制系统仍属于 Y-Y 结构，该结构在低压配电系统中得到了广泛应用。当三相四线制系统中的线电流 $\dot{I}_A$、$\dot{I}_B$、$\dot{I}_C$ 对称时，中线电流 $\dot{I}_N = 0$。

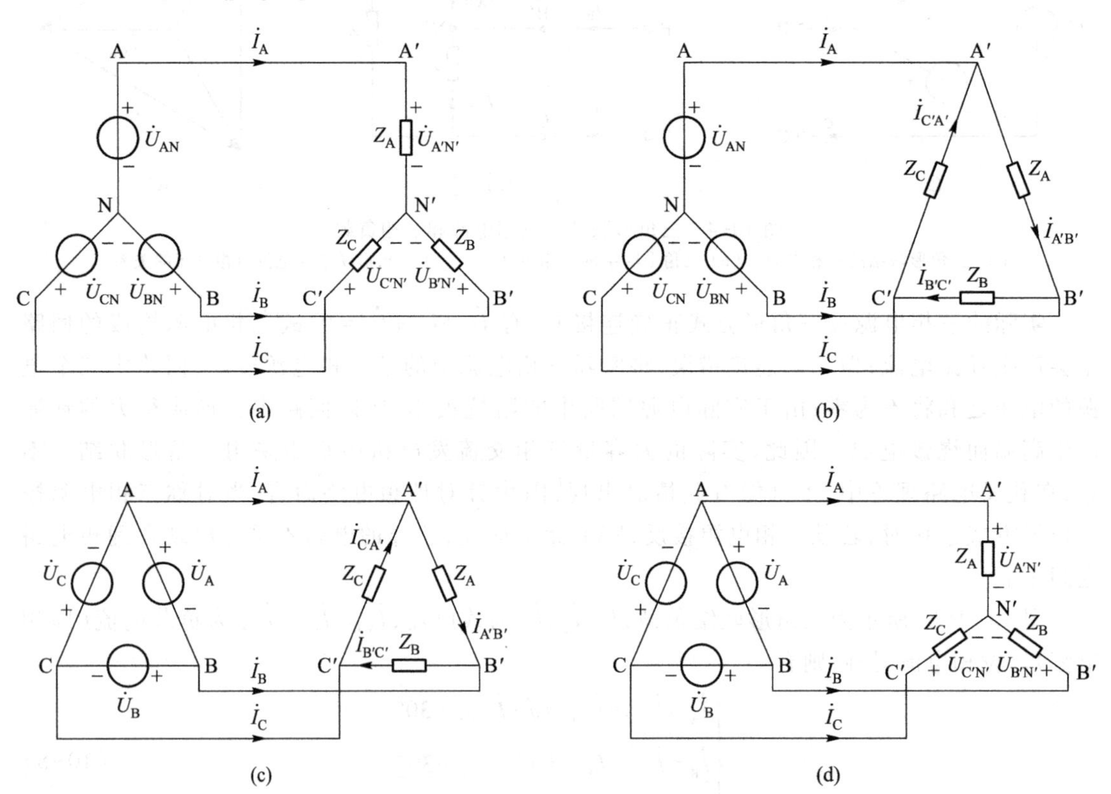

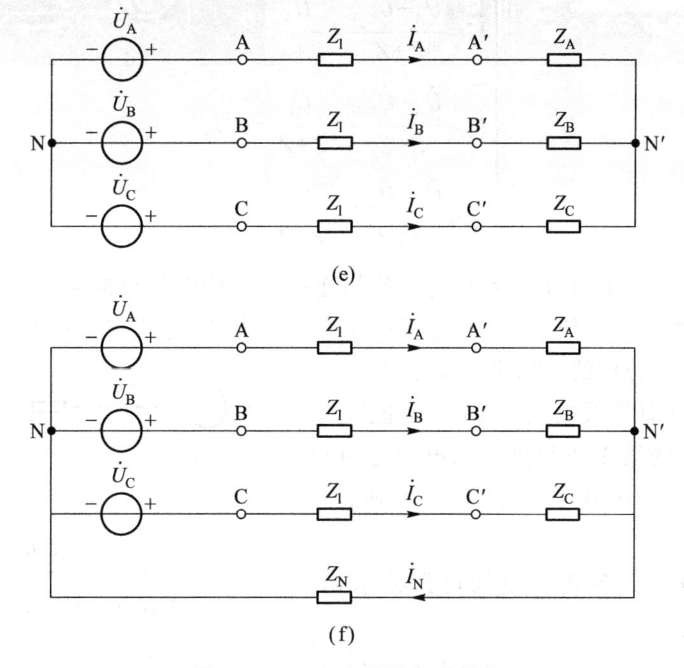

图 10-5　三相电路的各种结构

(a) Y-Y 联结结构　(b) Y-△联结结构　(c) △-△联结结构
(d) △-Y 联结结构　(e) 连接线有阻抗 Z_1 的 Y-Y 联结结构　(f) 三相四线制结构

10.3 对称三相电路的计算

三相电路属于正弦交流电路,因此正弦交流电路中的各种分析方法对三相电路都适用。

对称三相电路(电源对称、负载及连接线阻抗均相等)是一种特殊类型的正弦交流电路,相电压、相电流、线电压、线电流都具有对称性,利用这一特点可导出一种简便的分析方法,称为三相化一相方法,下面对此进行介绍。

对图 10-5(e)所示电路,设 N 为参考节点,由节点法可得

$$\left(\frac{1}{Z_A+Z_1}+\frac{1}{Z_B+Z_1}+\frac{1}{Z_C+Z_1}\right)\dot{U}_{N'N}=\frac{\dot{U}_A}{Z_A+Z_1}+\frac{\dot{U}_B}{Z_B+Z_1}+\frac{\dot{U}_C}{Z_C+Z_1} \tag{10-10}$$

设电路对称,即电源对称、负载相同(即 $Z_A=Z_B=Z_C=Z$),有

$$\left(\frac{3}{Z+Z_1}\right)\dot{U}_{N'N}=\frac{1}{Z+Z_1}(\dot{U}_A+\dot{U}_B+\dot{U}_C)=0 \tag{10-11}$$

可得 $\dot{U}_{N'N}=0$,说明 N′点与 N 点等电位,所以各相连接线上的电流(也为电源与负载的相电流)分别为

$$\begin{cases}\dot{I}_A=\dfrac{\dot{U}_A-\dot{U}_{N'N}}{Z+Z_1}=\dfrac{\dot{U}_A}{Z+Z_1}\\ \dot{I}_B=\dfrac{\dot{U}_B-\dot{U}_{N'N}}{Z+Z_1}=\dfrac{\dot{U}_B}{Z+Z_1}=a^2\dot{I}_A\\ \dot{I}_C=\dfrac{\dot{U}_C-\dot{U}_{N'N}}{Z+Z_1}=\dfrac{\dot{U}_C}{Z+Z_1}=a\dot{I}_A\end{cases}\tag{10-12}$$

由式(10-12)可以看出,由于 $\dot{U}_{N'N}=0$,使得各相连接线上的电流彼此独立且构成对称组。因此,只要分析三相电路中的任一相,其他两相的线(相)电压、电流就可按对称关系直接写出,这就是对称三相电路分析的三相化一相方法

图 10-6 所示为计算线电流 $\dot{I}_A$ 的等效电路,它可由式(10-12)中的第 1 式得到。该电路也可根据 $\dot{U}_{N'N}=0$,将图 10-5(e)中的 N′、N 两点用理想导线短接后得到。

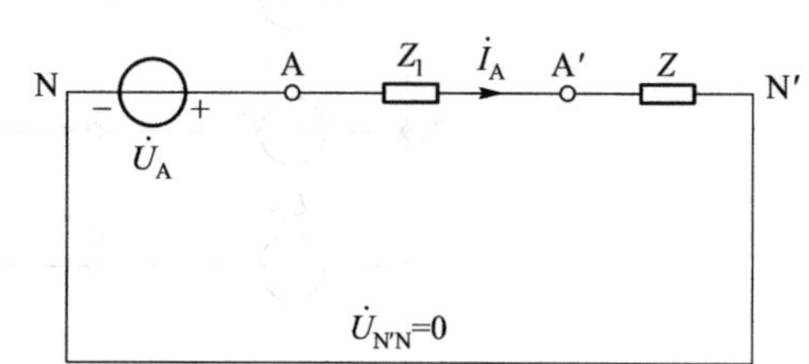

图 10-6　A 相计算等效电路

得到线电流 $\dot{I}_A$ 后,各物理量均可据此求出。负载端的相电压为

$$\begin{cases}\dot{U}_{A'N'}=Z\dot{I}_A\\ \dot{U}_{B'N'}=Z\dot{I}_B=a^2\dot{U}_{A'N'}\\ \dot{U}_{C'N'}=Z\dot{I}_C=a\dot{U}_{A'N'}\end{cases}\tag{10-13}$$

负载端的线电压为

$$\begin{cases}\dot{U}_{A'B'}=\dot{U}_{A'N'}-\dot{U}_{B'N'}=\sqrt{3}\,\dot{U}_{A'N'}\angle 30^\circ\\ \dot{U}_{B'C'}=\dot{U}_{B'N'}-\dot{U}_{C'N'}=\sqrt{3}\,\dot{U}_{B'N'}\angle 30^\circ\\ \dot{U}_{C'A'}=\dot{U}_{C'N'}-\dot{U}_{A'N'}=\sqrt{3}\,\dot{U}_{C'N'}\angle 30^\circ\end{cases}\tag{10-14}$$

它们也构成对称组。

对如图 10-5(a)(b)(c)(d)所示电源与负载之间连接线上的阻抗为零的电路,不必对电路做任何变化,可直接得到负载上的电压。

若电源与负载的连接线上的阻抗不为零时,对非 Y-Y 联结方式,可先将电路转化为 Y-Y 联结方式,在此基础上再将电路归结为一相电路进行计算。

例 10-1　对称三相 Y-Y 联结电路中,已知连接线的阻抗为 $Z_1=(1+\text{j}2)\ \Omega$,负载阻抗为 $Z=(5+\text{j}6)\ \Omega$,线电压 $u_{AB}=380\sqrt{2}\cos(\omega t+30^\circ)$ V,试求各负载中的电流相量。

解　计算 $\dot{I}_A$ 的电路如图 10-6 所示,利用星形联结时线电压与相电压的关系,可知

$$\dot{U}_A=\frac{\dot{U}_{AB}}{\sqrt{3}\angle 30^\circ}=\frac{380\angle 30^\circ}{\sqrt{3}\angle 30^\circ}\ \text{V}=220\angle 0^\circ\ \text{V}$$

因此

$$\dot{I}_A=\frac{\dot{U}_A}{Z+Z_1}=\frac{220\angle 0^\circ}{6+j8}\text{ A}=\frac{220\angle 0^\circ}{10\angle 53.1^\circ}\text{ A}=22\angle -53.1^\circ\text{ A}$$

根据对称性可知

$$\dot{I}_B=a^2\dot{I}_A=22\angle -173.1^\circ\text{ A}$$

$$\dot{I}_C=a\dot{I}_A=22\angle 66.9^\circ\text{ A}$$

例 10-2 已知对称三相△-△联结电路中，每一相负载的阻抗为 $Z=(19.2+j14.4)\ \Omega$，电源与负载之间连接线上的阻抗为 $Z_1=(3+j4)\ \Omega$，对称线电压 $U_{AB}=380$ V。试求负载端的线电压和线电流。

解 将电路变换为对称 Y-Y 联结电路，如图 10-7 所示。由阻抗的 Δ-Y 等效变换关系可得图 10-7 中的 Z' 为

$$Z'=\frac{Z}{3}=\frac{19.2+j14.4}{3}\ \Omega=(6.4+j4.8)\ \Omega=8\angle 36.9\ \Omega$$

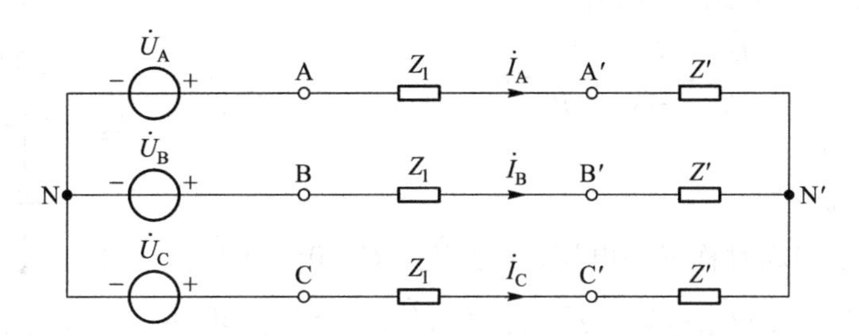

图 10-7 例 10-2 用图

由线电压 $U_{AB}=380$ V，可知图 10-7 中相电压 $U_A=\frac{U_{AB}}{\sqrt{3}}=\frac{380}{\sqrt{3}}$ V $=220$ V。令 $\dot{U}_A=220\angle 0^\circ$ V，根据图 10-6 所示的单相计算电路有

$$\dot{I}_A=\frac{\dot{U}_A}{Z'+Z_1}=\frac{220\angle 0^\circ}{9.4+j8.8}\text{ A}=17.1\angle -43.2^\circ\text{ A}$$

由对称性可知

$$\dot{I}_B=a^2\dot{I}_A=17.1\angle -163.2^\circ\text{ A}$$

$$\dot{I}_C=a\dot{I}_A=17.1\angle 76.8^\circ\text{ A}$$

以上电流是连接线上的线电流。利用三角形联结时线电流与相电流的关系，可得原电路负载的相电流为

$$\dot{I}_{A'B'}=\frac{\dot{I}_A}{\sqrt{3}}\angle 30^\circ=\left(\frac{17.1\angle -43.2^\circ}{\sqrt{3}}\angle 30^\circ\right)\text{ A}=9.9\angle -13.2^\circ\text{ A}$$

$$\dot{I}_{B'C'}=a^2\dot{I}_{A'B'}=9.9\angle -133.2^\circ\text{ A}$$

$$\dot{I}_{C'A'}=a\dot{I}_{A'B'}=9.9\angle -106.8^\circ\text{ A}$$

也可换一种方法求负载的相电流。求出图 10-7 中 A 相负载的相电压 $\dot{U}_{A'N'}$为

$$\dot{U}_{A'N'}=\dot{I}_A Z'=(17.1\angle -43.2^\circ\times 8\angle 36.9^\circ)\ \text{V}=136.8\angle -6.3^\circ\ \text{V}$$

利用星形联结时线电压与相电压的关系可求出负载端线电压为

$$\dot{U}_{A'B'}=\sqrt{3}\,\dot{U}_{A'N'}\angle 30^\circ=236.9\angle 23.7^\circ\ \text{V}$$

该电压也是原电路中三角形负载上的电压,可求得原电路中三角形负载上的相电流为

$$\dot{I}_{A'B'}=\frac{\dot{U}_{A'B'}}{Z}=\frac{236.9\angle 23.7^\circ}{19.2+\text{j}14.4}\ \text{A}=\frac{236.9\angle 23.7^\circ}{24\angle 36.9^\circ}\ \text{A}=9.9\angle -13.2^\circ\ \text{A}$$

$$\dot{I}_{B'C'}=a^2\dot{I}_{A'B'}=9.9\angle -133.2^\circ\ \text{A}$$

$$\dot{I}_{C'A'}=a\dot{I}_{A'B'}=9.9\angle -106.8^\circ\ \text{A}$$

例 10-3 图 10-8 所示电路中的 $\dot{U}_S$ 是角频率为 ω 的正弦电压源。若要使 $\dot{U}_{ao}$、$\dot{U}_{bo}$、$\dot{U}_{co}$ 构成对称三相电压,R、L、C 之间应满足什么关系。

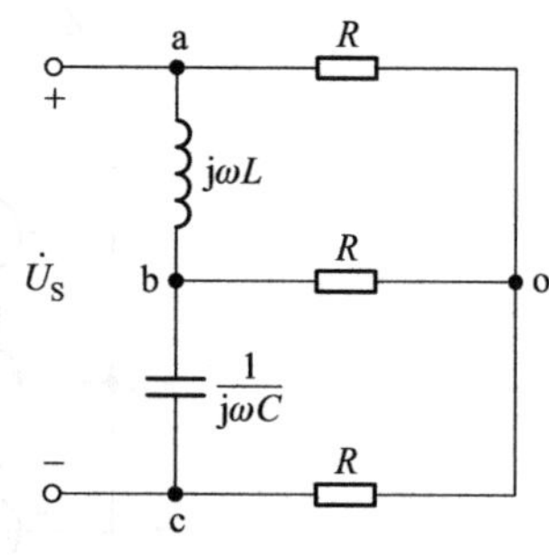

图 10-8 例 10-3 电路

解 对节点 b 列出 KCL 方程,有

$$-\frac{\dot{U}_{ab}}{\text{j}X_L}+\frac{\dot{U}_{bc}}{-\text{j}X_C}+\frac{\dot{U}_{bo}}{R}=0$$

其中,$X_L=\omega L$、$X_C=\dfrac{1}{\omega C}$。

设 $\dot{U}_{ao}$、$\dot{U}_{bo}$、$\dot{U}_{co}$ 构成对称三相电压,并令 $\dot{U}_{ao}=U_P\angle 0^\circ$,则 $\dot{U}_{bo}=U_P\angle -120^\circ$。可得 $\dot{U}_{ab}=\sqrt{3}\,\dot{U}_{ao}\angle 30^\circ=\sqrt{3}\,U_P\angle 30^\circ$,$\dot{U}_{bc}=\sqrt{3}\,\dot{U}_{bo}\angle 30^\circ=\sqrt{3}\,U_P\angle -90^\circ$。代入以上 KCL 方程,有

$$-\frac{\sqrt{3}\,U_P\angle 30^\circ}{\text{j}X_L}+\frac{\sqrt{3}\,U_P\angle -90^\circ}{-\text{j}X_C}+\frac{U_P\angle -120^\circ}{R}=0$$

将上述方程左边的实部和虚部展开,有

$$-\frac{\sqrt{3}}{2X_L}+\frac{\sqrt{3}}{X_C}-\frac{1}{2R}=0$$

$$\frac{3}{2X_L}-\frac{\sqrt{3}}{2R}=0$$

解得 $R=X_L/3$、$X_L=X_C$,即 $R=\omega L/3$、$L=\dfrac{1}{\omega^2 C}$。

本例给出了用单相交流电源形成对称三相电源给对称三相负载供电的方法。

10.4 不对称三相电路

三相电路的三相电源、三相负载和三条连接线的阻抗中有任何一部分不对称,该电路就是

不对称三相电路。实际的低压配电系统中的三相电路大多数是不对称的，通常是三相负载不对称，因此不对称三相电路的计算有重要的实际意义。

下面以图 10-5(a)所示的不对称三相 Y-Y 联结电路为例来讨论不对称三相电路的特点及分析方法。

假设电路中三相电源对称但负载不对称，即 $Z_A \neq Z_B \neq Z_C$。根据节点法可求得两个中性点间的电压为

$$\dot{U}_{N'N}=\frac{\dot{U}_A Y_A+\dot{U}_B Y_B+\dot{U}_C Y_C}{Y_A+Y_B+Y_C} \tag{10-15}$$

由于负载不对称，则 $\dot{U}_{N'N}\neq 0$，这种现象称为中性点位移。此时，各相负载电压为

$$\begin{cases}\dot{U}_{AN'}=\dot{U}_A-\dot{U}_{N'N}\\ \dot{U}_{BN'}=\dot{U}_B-\dot{U}_{N'N}\\ \dot{U}_{CN'}=\dot{U}_C-\dot{U}_{N'N}\end{cases} \tag{10-16}$$

假设 $\dot{U}_{N'N}$ 超前 $\dot{U}_{AN}$，可定性画出该电路的电压相量图如图 10-9(a)所示。从相量图中可以看出，在电源对称的情况下，中性点位移越大，负载相电压的不对称情况越严重，从而造成负载不能正常工作，甚至损坏电气设备。

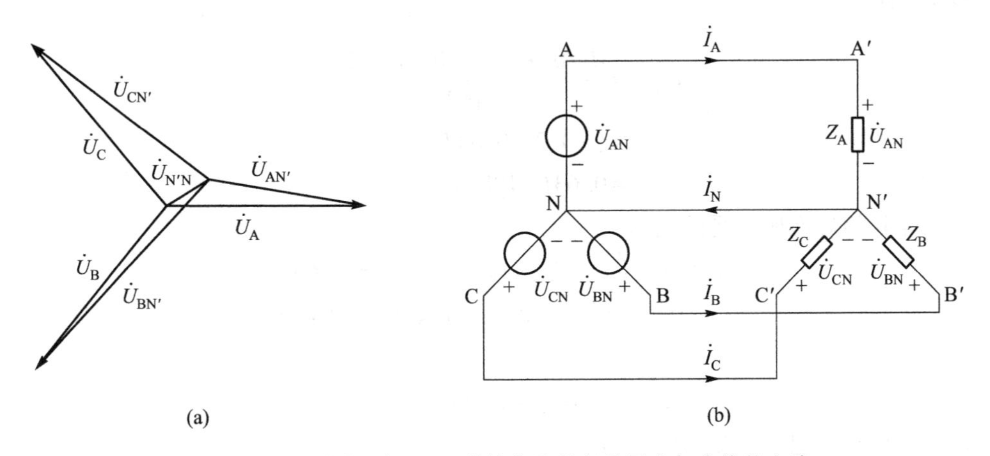

图 10-9　不对称三相 Y-Y 联结电路的相量图和加中线的电路

(a) 不对称电路的相量图　(b) 加中线的不对称电路

为了使负载上的电压对称，须使 $\dot{U}_{N'N}=0$，用导线将 N 与 N′点相连，这样就构成了三相四线制系统，如图 10-9(b)所示。这样能使各相电路的工作相互独立，各相可以分别独立计算，如果某一相负载发生变化，不会对其他两相产生影响。应注意，由于负载不对称，各相电流也不对称，所以中线电流不为零，即

$$\dot{I}_N=\dot{I}_A+\dot{I}_B+\dot{I}_C\neq 0$$

实际三相四线制系统中的中线非常重要，不允许断开，断开容易产生不良后果。

不对称三相电路是一种复杂的交流电路，三相化为一相的计算方法不能用于这种电路。可用节点法、回路法等方法对其进行分析计算。

例 10-4 相序指示器是用于测量三相电路相序的装置，由一个电容和两个相同的灯泡(用电阻 R 表示)组成，如图 10-10 中的三相负载所示，其中电容的容抗等于灯泡的电阻，即$\dfrac{1}{\omega C}=R$。试说明在电源电压对称的情况下，根据两个灯泡的亮度来确定电源相序的方法。

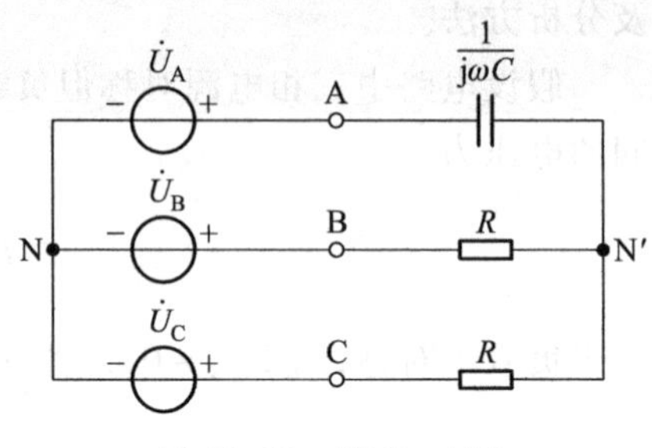

图 10-10 例 10-4 图

解 设电容所接电源为 A 相电源，并设 $\dot{U}_A=U\underline{/0^\circ}$ V，则 $\dot{U}_B=U\underline{/-120^\circ}$ V，$\dot{U}_C=U\underline{/120^\circ}$ V。令 N 点为参考节点，由节点法可得负载与电源中点间的电压为

$$\dot{U}_{N'N}=\frac{j\omega C\dot{U}_A+\dfrac{1}{R}(\dot{U}_B+\dot{U}_C)}{j\omega C+\dfrac{1}{R}+\dfrac{1}{R}}$$

因$\dfrac{1}{\omega C}=R$，故有

$$\begin{aligned}\dot{U}_{N'N}&=\frac{jU\underline{/0^\circ}+U\underline{/-120^\circ}+U\underline{/120^\circ}}{j+2}\\&=(-0.2+j0.6)U\\&=0.63U\underline{/108.4^\circ}\end{aligned}$$

由 KVL 可得 B 相灯泡所承受的电压为

$$\begin{aligned}\dot{U}_{BN'}&=\dot{U}_B-\dot{U}_{N'N}=U\underline{/-120^\circ}-(-0.2+j0.6)U\\&=(-0.3-j1.466)U=1.496U\underline{/-101.6^\circ}\end{aligned}$$

即

$$U_{BN'}=1.496U$$

由 KVL 可得 C 相灯泡所承受的电压为

$$\begin{aligned}\dot{U}_{CN'}&=\dot{U}_C-\dot{U}_{N'N}=U\underline{/-120^\circ}-(-0.2+j0.6)U\\&=(-0.3-j0.266)U=0.401U\underline{/138.4^\circ}\end{aligned}$$

即

$$U_{CN'}=0.401U$$

可见 $U_{BN'}>U_{CN'}$。若电容所在的那一相设为 A 相，则灯泡较亮的那一相就为 B 相，灯泡较暗的那一相就为 C 相，这样就把三相电源的相序测量出来了。

10.5 三相电路的功率及其测量

10.5.1 三相电路的功率

1. 瞬时功率

三相电路负载的瞬时功率为各相负载瞬时功率之和，对图 10-11 所示电路，三相电路负载的瞬时功率为

$$p=p_A+p_B+p_C=u_{AN'}i_A+u_{BN'}i_B+u_{CN'}i_C \quad (10-17)$$

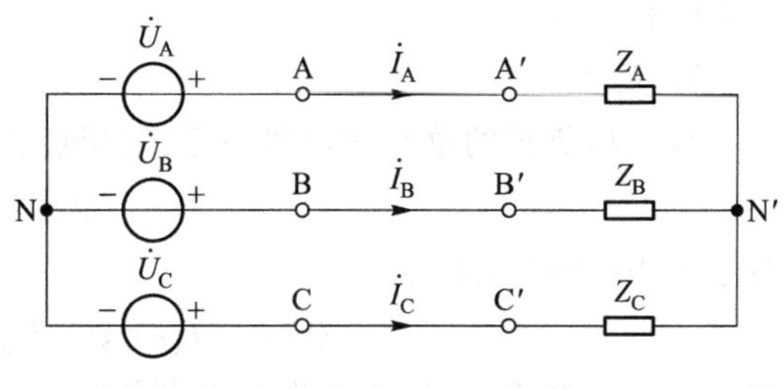

图 10-11 Y-Y 联结电路

设

$$\begin{cases} u_{AN'}=\sqrt{2}U_{AN'}\cos\omega t \\ i_A=\sqrt{2}I_A\cos(\omega t-\varphi) \end{cases} \quad (10-18)$$

当电路对称时，有

$$\begin{cases} u_{BN'}=\sqrt{2}U_{AN'}\cos(\omega t-120°) \\ i_B=\sqrt{2}I_A\cos(\omega t-\varphi-120°) \\ u_{CN'}=\sqrt{2}U_{AN'}\cos(\omega t+120°) \\ i_C=\sqrt{2}I_A\cos(\omega t-\varphi+120°) \end{cases} \quad (10-19)$$

经过推导可得

$$p=p_A+p_B+p_C=3U_{AN'}I_A\cos\varphi=3U_PI_P\cos\varphi \quad (10-20)$$

式(10-20)表明，对称三相电路中，三相负载的总瞬时功率不随时间变化，为一恒定值。瞬时功率恒定，可使三相旋转电动机受到恒定的转矩驱动，从而运行平稳，这是三相电路的一个突出优点。

2. 有功功率

三相负载吸收的总有功功率等于各相有功功率之和，即

$$P=P_A+P_B+P_C \quad (10-21)$$

对于图 10-10 所示的三相电路，负载吸收的总有功功率为

$$P=U_{AN'}I_A\cos\varphi_A+U_{BN'}I_B\cos\varphi_B+U_{CN'}I_C\cos\varphi_C \quad (10-22)$$

式中，φ_A、φ_B、φ_C 分别为 A、B、C 三相负载的阻抗角。

在对称三相电路中，因 $P_A=P_B=P_C=P_P$，所以三相负载吸收的总有功功率为

$$P=3P_A=3P_P \quad (10-23)$$

即

$$P=3U_{\mathrm{P}}I_{\mathrm{P}}\cos\varphi_{\mathrm{P}} \tag{10-24}$$

式中，U_{P} 为相电压，φ_{P} 为相电压与相电流的相位差，即负载的阻抗角。

在对称三相电路中，无论负载为星形联结还是三角形联结，总有以下关系成立，即

$$3U_{\mathrm{P}}I_{\mathrm{P}}=\sqrt{3}\,U_{1}I_{1} \tag{10-25}$$

故三相负载吸收的总有功功率也可表示为

$$P=\sqrt{3}\,U_{1}I_{1}\cos\varphi \tag{10-26}$$

注意式中 $\varphi=\varphi_{\mathrm{P}}$ 为负载的阻抗角，该角度也是负载相电压与相电流的相位差，不是线电压与线电流的相位差。

3. 无功功率

与三相负载的总有功功率一样，三相负载的总无功功率为各相负载无功功率之和，即

$$Q=Q_{\mathrm{A}}+Q_{\mathrm{B}}+Q_{\mathrm{C}} \tag{10-27}$$

对于图 10-10 所示电路，有

$$Q=U_{\mathrm{AN'}}I_{\mathrm{A}}\sin\varphi_{\mathrm{A}}+U_{\mathrm{BN'}}I_{\mathrm{B}}\sin\varphi_{\mathrm{B}}+U_{\mathrm{CN'}}I_{\mathrm{C}}\sin\varphi_{\mathrm{C}} \tag{10-28}$$

在对称三相电路中，负载的总无功功率为

$$Q=3Q_{\mathrm{P}}=3U_{\mathrm{P}}I_{\mathrm{P}}\sin\varphi_{\mathrm{P}}=\sqrt{3}\,U_{1}I_{1}\sin\varphi \tag{10-29}$$

式中，$\varphi=\varphi_{\mathrm{P}}$。

4. 视在功率

三相负载的总视在功率为

$$S=\sqrt{P^{2}+Q^{2}} \tag{10-30}$$

在对称三相电路中

$$S=3U_{\mathrm{P}}I_{\mathrm{P}}=\sqrt{3}\,U_{1}I_{1} \tag{10-31}$$

三相负载总的功率因数定义为

$$\lambda=\frac{P}{S}$$

在对称三相电路中，三相负载的总功率因数与每一相负载的功率因数相等，即 $\lambda=\cos\varphi$，其中 φ 为每一相负载的阻抗角。

10.5.2 三相电路的功率测量

在三相三线制电路中，不论电路采用何种连接方式，是否对称，都可以用两个功率表来测量负载的总功率，称为二瓦计法。二瓦计法测功率的电路如图 10-12 所示，两个功率表的电流线圈分别串入两连接线（图示为 A、B 两连接线）中，两功率表电压线圈的非电源端（无 * 号端）共同接到非

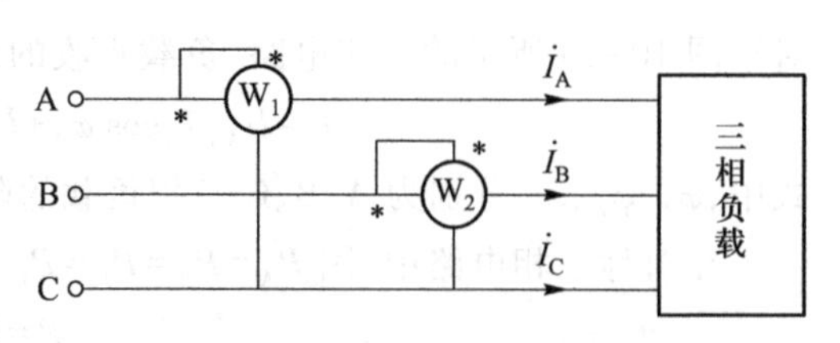

图 10-12 两功率表测三相电路功率示意图

电流线圈所在的第 3 条连接线上(图示为 C 连接线)。可以看出,这种测量方法中功率表的接线只触及电源与负载的连接线,与负载和电源的连接方式无关。

根据功率表的工作原理,可知两功率表的读数分别为

$$\begin{cases} P_1 = \mathrm{Re}[\dot{U}_{AC} I_A^*] = U_{AC} I_A \cos(\varphi_{u_{AC}} - \varphi_{i_A}) \\ P_2 = \mathrm{Re}[\dot{U}_{BC} I_B^*] = U_{BC} I_B \cos(\varphi_{u_{bC}} - \varphi_{i_B}) \end{cases} \tag{10-32}$$

两功率表的读数之和为

$$P_1 + P_2 = \mathrm{Re}[\dot{U}_{AC} I_A^*] + \mathrm{Re}[\dot{U}_{BC} I_B^*] = \mathrm{Re}[\dot{U}_{AC} I_A^* + \dot{U}_{BC} I_B^*] \tag{10-33}$$

因为 $\dot{U}_{AC} = \dot{U}_A - \dot{U}_C$, $\dot{U}_{BC} = \dot{U}_B - \dot{U}_C$, $I_A^* + I_B^* = -I_C^*$,代入上式有

$$P_1 + P_2 = \mathrm{Re}[\dot{U}_A I_A^* + \dot{U}_B I_B^* + \dot{U}_C I_C^*] = \mathrm{Re}[\bar{S}_A + \bar{S}_B + \bar{S}_C] = \mathrm{Re}[\bar{S}] \tag{10-34}$$

可见,两个功率表读数之和为三相三线制电路中负载吸收的平均功率。

若电路对称,令 $\dot{U}_A = U_P \angle 0°$, $\dot{I}_A = I_P \angle -\varphi$,则 $\dot{U}_{AC} = \sqrt{3}\, U_P \angle -30°$, $\dot{U}_{BC} = \sqrt{3}\, U_P \angle -90°$, $\dot{I}_B = I_P \angle -120° - \varphi$,则有

$$\begin{cases} P_1 = \mathrm{Re}[\dot{U}_{AC} I_A^*] = U_{AC} I_A \cos(-30° + \varphi) = U_l I_l \cos(\varphi - 30°) \\ P_2 = \mathrm{Re}[\dot{U}_{BC} I_B^*] = U_{BC} I_B \cos(-90° + 120° + \varphi) = U_l I_l \cos(\varphi + 30°) \end{cases} \tag{10-35}$$

式(10-35)中,U_l 为线电压,I_l 为线电流,φ 为负载的阻抗角。

应该指出的是,在某些情况下,如 $\varphi > 60°$ 时,一个功率表的读数会为负值,这种情况下用两个表读数之和求负载总功率时,一个功率表的读数要用负值代入。用二瓦计法测功率,单独一个功率表的读数没有意义。

例 10-5 在图 10-13 所示的电路中,已知 $R = \omega L = 1/\omega C = 200\ \Omega$,不对称三相负载接于线电压为 380 V 的对称三相电源,试求功率表Ⓦ₁和Ⓦ₂的读数。

解 设 $\dot{U}_{AB} = 380\angle 0°$ V,则 $\dot{U}_{BC} = 380\angle -120°$ V、$\dot{U}_{CA} = 380\angle 120°$ V,所以 $\dot{U}_{CB} = 380\angle 60°$ V、$\dot{U}_{AC} = 380\angle -60°$ V。由图 10-13 可知

$$\dot{I}_A = \frac{\dot{U}_{AB}}{R} + \frac{\dot{U}_{AC}}{j\omega L} = \left[\frac{380}{200}(1 + 1\angle -60° - 90°)\right] \text{A} = 0.9835\angle -75° \text{ A}$$

$$\dot{I}_C = \frac{\dot{U}_{CA}}{j\omega L} + j\omega C \dot{U}_{CB} = \left[\frac{380}{200}(1\angle 120° - 90° + 1\angle 60° + 90°)\right] \text{A} = 1.9\angle 90° \text{ A}$$

则功率表Ⓦ₁和Ⓦ₂的读数分别为

$$P_1 = \mathrm{Re}[\dot{U}_{AB} \dot{I}_A^*] = \mathrm{Re}(380 \times 0.9835\angle 75°) \text{ W} = 97 \text{ W}$$

$$P_2 = \mathrm{Re}[\dot{U}_{CB} \dot{I}_C^*] = \mathrm{Re}(380\angle 60° \times 1.9\angle -90°) \text{ W} = 625 \text{ W}$$

三相四线制电路三相总功率的测量要用三瓦计法,具体测量电路如图 10-14 所示,每一个功率表的读数即为对应相负载的功率,三个功率表的读数之和为三相负载的总功率。但对称情况下三相四线制电路也可用一个功率表测出一相功率,然后将结果乘以 3 得到总功率。

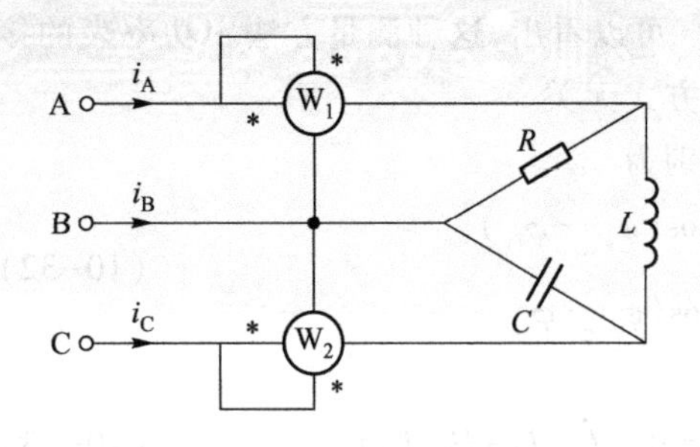

图 10-13　例 10-5 图

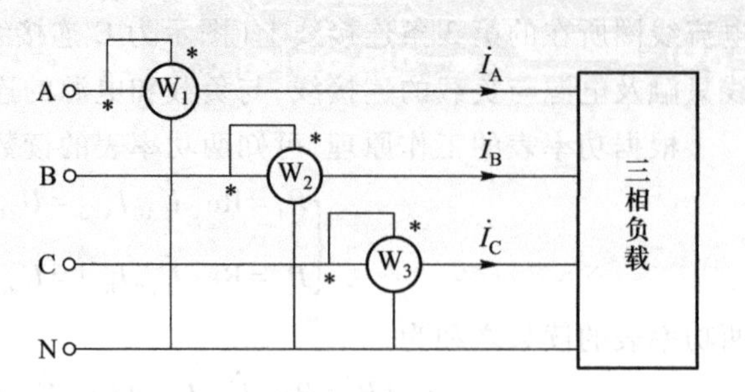

图 10-14　三相四线制电路功率的测量电路

习题

10-1　已知某星形联结的三相电源的 B 相电压为 $u_{BN}=240\cos(\omega t-165^\circ)$ V，求其他两相的电压及线电压的瞬时值表达式，并作相量图。

10-2　已知对称三相电路的星形负载阻抗 $Z_L=(165+j84)\ \Omega$，端线阻抗 $Z_1=(2+j1)\ \Omega$，线电压 $U_1=380$ V。求负载端的电流和线电压，并作电路的相量图。

10-3　已知三角形联结的对称三相负载 $Z=(10+j10)\ \Omega$，其对称线电压 $\dot{U}_{A'B'}=450\angle 30^\circ$ V，求相电流、线电流，并作相量图。

10-4　已知电源端对称三相线电压 $U_1=380$ V，三角形负载阻抗 $Z=(4.5+j14)\ \Omega$，端线阻抗 $Z_1=(1.5+j2)\ \Omega$。求线电流和负载的相电流，并作相量图。

10-5　题 10-5 图所示电路，三相电源对称，$U_{AB}=380$ V，$Z=(6-j8)\ \Omega$，$Z_1=38\angle -83.1^\circ\ \Omega$，求 $\dot{I}_A$。

10-6　题 10-6 图所示对称三相电路中，当开关 S 闭合时，各电流表的读数均为 10 A。开关断开后，各电流表的读数会发生变化，求各电流表读数。

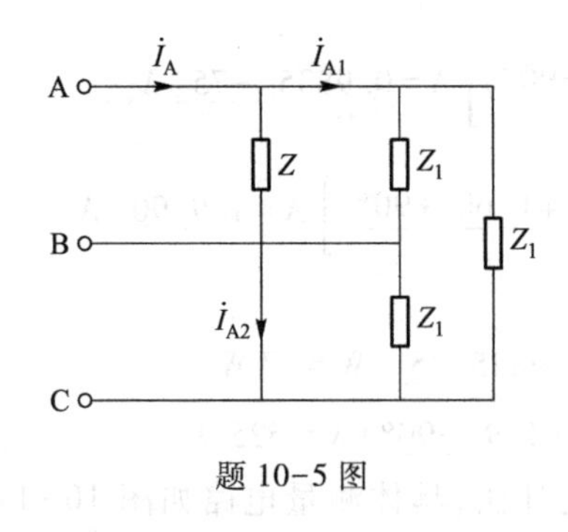

题 10-5 图

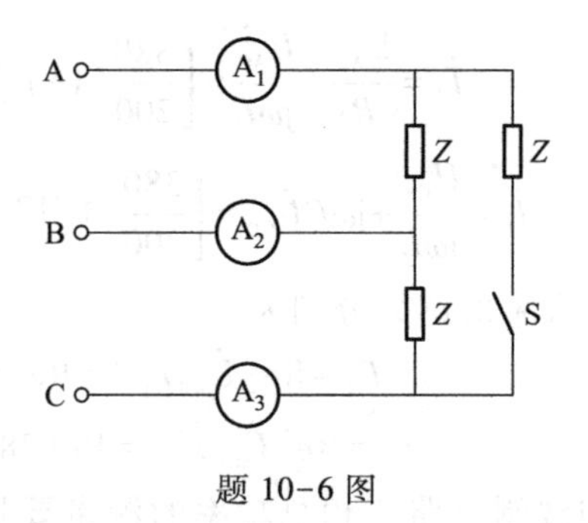

题 10-6 图

10-7　题 10-7 图所示对称三相电路中，负载阻抗 $Z=(150+j150)\ \Omega$，端线阻抗 $Z_1=(2+j2)\ \Omega$，负载端线电压为 380 V，求电源端线电压。

10-8　对称三相感性负载接在对称线电压 380 V 上，测得输入线电流为 12.1 A，输入功率为 5.5 kW，求功率因数和无功功率。

10-9　题 10-9 图所示为对称三相电路，线电压为 380 V，$R=200\ \Omega$，电容吸收的无功功率为 $-1520\sqrt{3}$ var。试求：(1) 各线电流。(2) 电源发出的复功率。

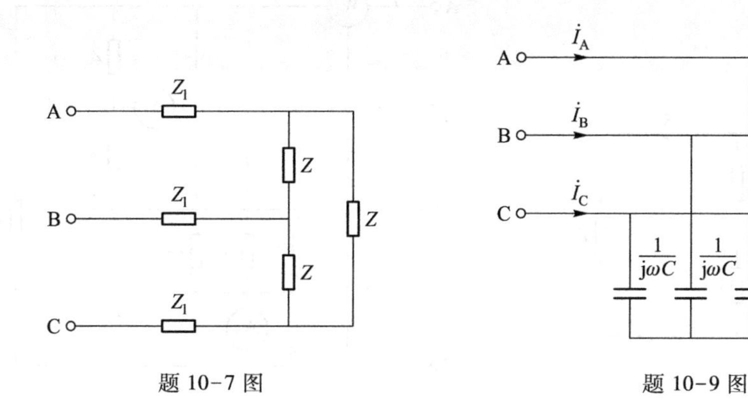

题 10-7 图　　　题 10-9 图

10-10　对称三相电路的线电压 $U_1=230$V，负载阻抗 $Z=(12+j16)\ \Omega$。(1) 求负载星形联结时的线电流和吸收的总功率。(2) 求负载三角形联结时的线电流、相电流和吸收的总功率。(3) 比较(1) 和(2) 的结果能得到什么结论？

10-11　题 10-11 图所示电路中的 $\dot{U}_S$ 是频率 $f=50$ Hz 的正弦电压源。若要使 $\dot{U}_{ao}$、$\dot{U}_{bo}$、$\dot{U}_{co}$ 构成对称三相电压，R、L、C 之间应当满足什么关系？设 $R=20\ \Omega$，求 L 和 C 的值。

10-12　对称三相电路如题 10-12 图所示，已知线电压 $U_1=380$ V，负载阻抗 $Z_1=-j12\ \Omega$，$Z_2=3+j4\ \Omega$，求图示两个电流表的读数及全部三相负载吸收的平均功率和无功功率。

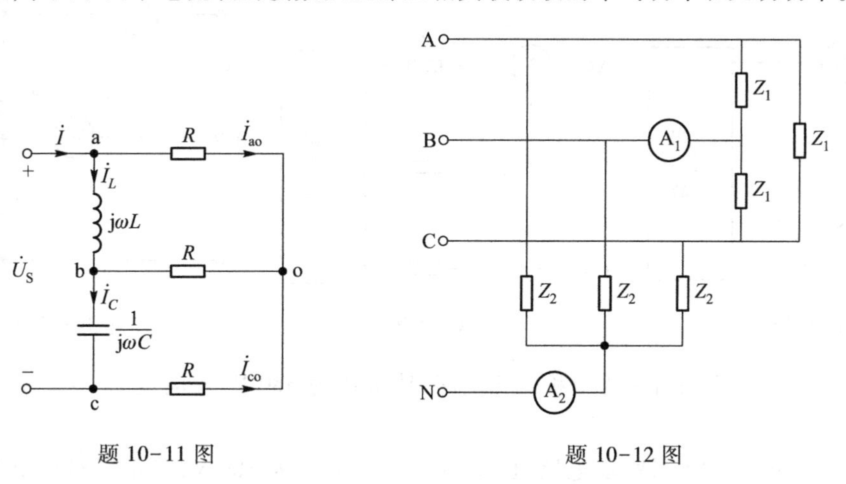

题 10-11 图　　　题 10-12 图

10-13　题 10-13 图所示为对称三相 Y-△ 联结电路，$U_{AB}=380$ V，$Z=(27.5+j47.64)\ \Omega$，(1) 求图中功率表Ⓦ₁和Ⓦ₂的读数及其代数和。(2) 若开关 S 打开，再求(1)。

10-14　题 10-14 图所示三相电路中，$Z_1=-j10\ \Omega$，$Z_2=(5+j12)\ \Omega$，对称三相电源的线电压

为 380 V,S 闭合时电阻 R 吸收的功率为 24200 W,(1) 求开关 S 闭合时电路中各表的读数和全部负载的功率。(2) 求开关 S 打开时电路中各表的读数,并说明功率表读数的意义。

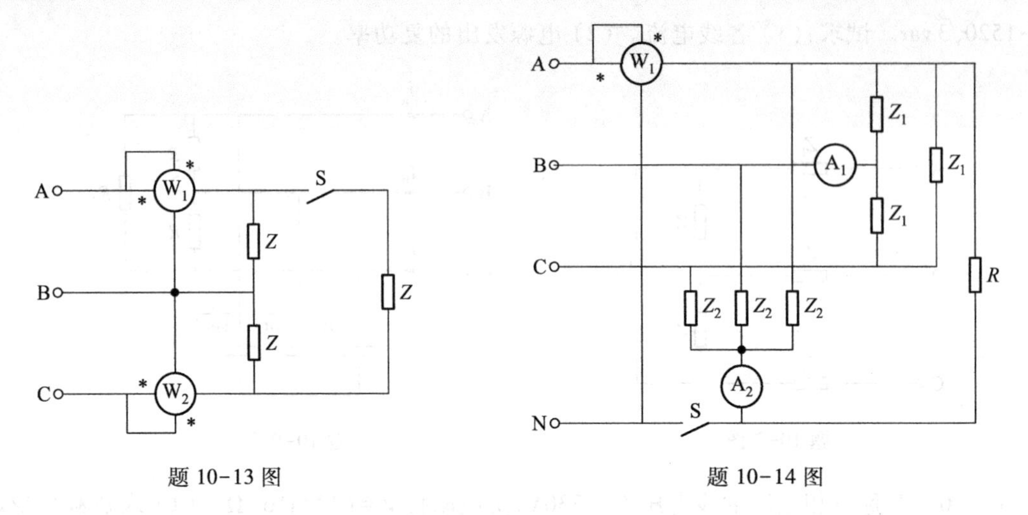

题 10-13 图　　　　题 10-14 图

10-15　对称三相电路如题 10-15 图所示,开关 S 置 1 和 2 时功率表读数分别为 W_1 和 W_2。试证明三相负载的平均功率为 $P=W_1+W_2$;无功功率为 $Q=\sqrt{3}(W_2-W_1)$。

10-16　题 10-16 图所示电路中,三相对称感性负载的功率为 $P=1500$ W,功率因数 $\cos\varphi=0.8$。负载端线电压为 380 V,连接线阻抗 $Z_1=(1+\mathrm{j}1)\,\Omega$,求(1) 图中功率表的读数。(2) 可否根据该功率表的读数得到整个电路的无功功率?给出计算结果。

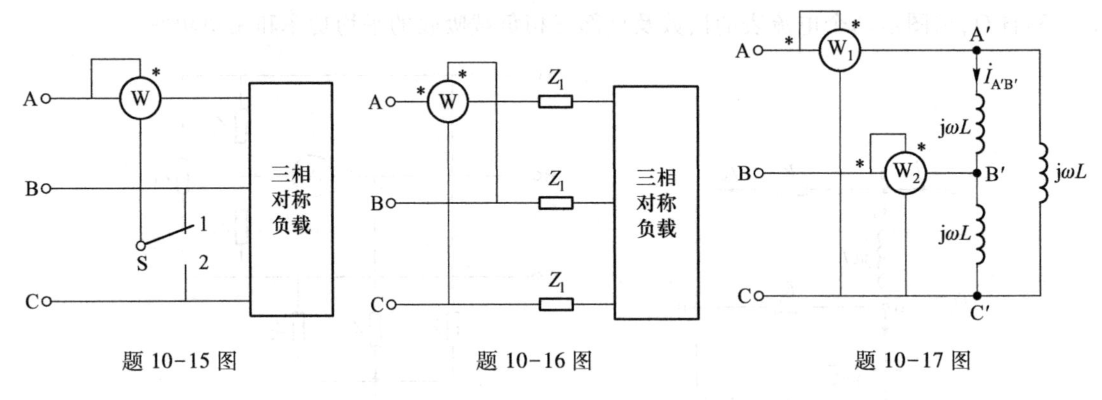

题 10-15 图　　　　题 10-16 图　　　　题 10-17 图

10-17　题 10-17 图所示为对称三相电路,线电压为 380 V,相电流 $I_{A'B'}=2$ A。求图中功率表的读数。

10-18　如题 10-18 图所示电路,已知电源端线电压为 380 V,三角形对称负载 $Z=(6+\mathrm{j}6)\,\Omega$,用三瓦计法测量电路的功率。(1) 求功率表Ⓦ₁、Ⓦ₂、Ⓦ₃的读数。(2) 求三相电路总功率 P。

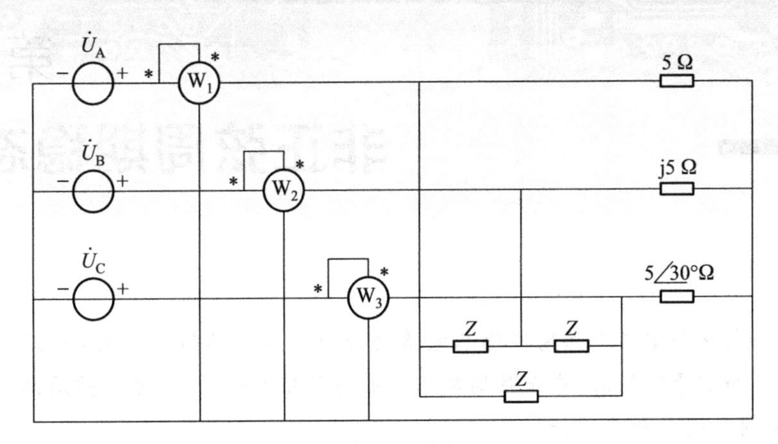

题 10-18 图

10-19　在题 10-19 图所示对称三相电路中，相电压 $\dot{U}_A=220\angle 0°$ V、$\dot{U}_B=220\angle -120°$ V、$\dot{U}_C=220\angle 120°$ V，功率表Ⓦ₁的读数为 4 kW，功率表Ⓦ₂的读数为 2 kW，试求电流 $\dot{I}_B$。

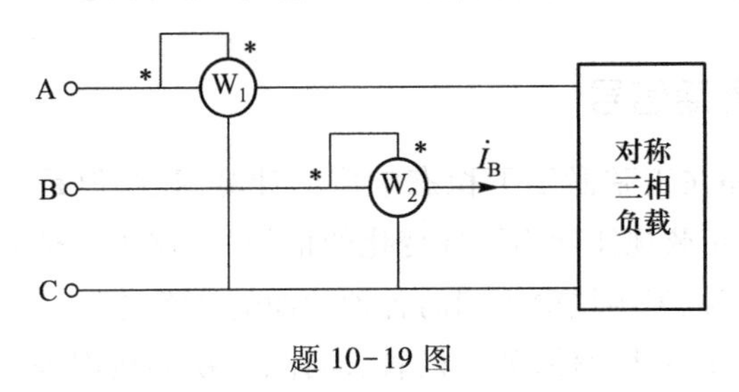

题 10-19 图

第 11 章
非正弦周期稳态电路

内容提要 本章介绍非正弦周期稳态电路的分析方法。具体内容为:非正弦周期信号的傅里叶级数展开和信号的频谱、非正弦周期信号的有效值和平均值、非正弦周期稳态电路的平均功率、非正弦周期稳态电路的分析。

11.1 非正弦周期信号的傅里叶级数展开和信号的频谱

11.1.1 非正弦周期信号

前面几章讨论了电路在正弦激励下稳态响应的计算问题,但是,在科学研究和生产实践中,人们经常会遇到按非正弦规律做周期性变化的信号(电路中的信号就是电压或电流)。例如,在自动控制、电子计算机等领域中用到的各种脉冲信号都是非正弦周期信号。在正弦电源激励下,如果电路中含有非线性元件,如二极管、晶体管、铁心线圈等,电路中也会出现按非正弦周期规律变化的电压和电流。图 11-1 为常见的几种非正弦周期信号。

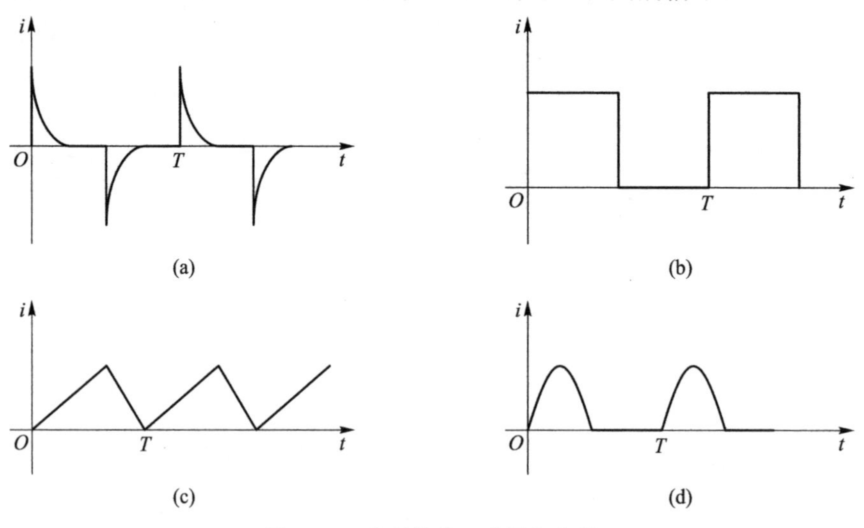

图 11-1 常见的非正弦周期信号

(a) 尖脉冲 (b) 矩形脉冲 (c) 锯齿波 (d) 半波整流波

本章讨论在非正弦周期信号作用下，线性电路的稳态分析和计算方法。

11.1.2 傅里叶级数展开

周期信号可以用一个周期为 T 的函数 $f(t)$ 表示。如果周期函数 $f(t)$ 满足狄里赫利条件（即函数在一个周期内只有有限数量的第一类间断点及有限数量的极大值和极小值，且在一个周期内绝对可积），那么它就能展开成一个收敛的傅里叶级数，即

$$f(t)=a_0+\sum_{k=1}^{\infty}\left[a_k\cos(k\omega t)+b_k\sin(k\omega t)\right] \tag{11-1}$$

式中，$w=\frac{2\pi}{T}$称为基波频率，各项系数 a_0、a_k、b_k 的计算公式如下：

$$\begin{cases} a_0=\frac{1}{T}\int_0^T f(t)\,\mathrm{d}t=\frac{1}{T}\int_{-\frac{T}{2}}^{\frac{T}{2}} f(t)\,\mathrm{d}t \\ a_k=\frac{2}{T}\int_0^T f(t)\cos(k\omega t)\,\mathrm{d}t=\frac{2}{T}\int_{-\frac{T}{2}}^{\frac{T}{2}} f(t)\cos(k\omega t)\,\mathrm{d}t \\ \quad=\frac{1}{\pi}\int_0^{2\pi} f(t)\cos(k\omega t)\,\mathrm{d}(\omega t)=\frac{1}{\pi}\int_{-\pi}^{\pi} f(t)\cos(k\omega t)\,\mathrm{d}(\omega t),\quad k=1,2,\cdots \\ b_k=\frac{2}{T}\int_0^T f(t)\sin(k\omega t)\,\mathrm{d}t=\frac{2}{T}\int_{-\frac{T}{2}}^{\frac{T}{2}} f(t)\sin(k\omega t)\,\mathrm{d}t \\ \quad=\frac{1}{\pi}\int_0^{2\pi} f(t)\sin(k\omega t)\,\mathrm{d}(\omega t)=\frac{1}{\pi}\int_{-\pi}^{\pi} f(t)\sin(k\omega t)\,\mathrm{d}(\omega t),\quad k=1,2,\cdots \end{cases} \tag{11-2}$$

利用三角函数的知识，把式（11－1）中同频率的正弦项和余弦项合并，可得到周期函数 $f(t)$ 傅里叶级数的另一种表达式，即

$$f(t)=A_0+\sum_{k=1}^{\infty}A_{km}\cos(k\omega t+\varphi_k) \tag{11-3}$$

式中，A_0 和 $A_{km}(k=1,2,\cdots)$ 为傅里叶系数，第一项 A_0 为非正弦周期函数 $f(t)$ 的直流分量，它是 $f(t)$ 在一个周期内的平均值；$A_{km}\cos(k\omega t+\varphi_k)\ (k=1,2,\cdots)$ 为谐波项，$A_{1m}\cos(\omega t+\varphi_1)$ 称为 1 次谐波（或基波分量），其周期或频率与非正弦周期函数 $f(t)$ 的周期或频率相同，$k>1$ 的其他各项统称为高次谐波，例如，2 次谐波、3 次谐波等；A_{km} 及 φ_k 为 k 次谐波分量的振幅及初相位。

式（11-2）和式（11-3）中各项系数之间有如下关系：

$$\begin{cases} A_0=a_0 \\ A_{km}=\sqrt{a_k^2+b_k^2} \\ a_k=A_{km}\cos\varphi_k \\ b_k=-A_{km}\sin\varphi_k \\ \varphi_k=\arctan\left(-\frac{b_k}{a_k}\right) \end{cases} \tag{11-4}$$

工程上通常用查表的方法解决常见信号的傅里叶级数展开问题。表 11-1 中给出了几种常见信号的傅里叶级数展开式(表中 A_{av} 将在 11.2 节中讨论),更多信号的傅里叶级数展开式可在相关手册中查到。

表 11-1 几种常见信号的傅里叶级数展开式

名称	$f(t)$的波形图	$f(t)$的傅里叶级数	有效值 A	平均值 A_{av}
正弦波	$f(t)$ A_m O T t	$f(t)=A_m\cos(\omega t)$	$\frac{A_m}{\sqrt{2}}$	$\frac{2A_m}{\pi}$
锯齿波	$f(t)$ A_m O T $2T$ t	$f(t)=\frac{A_m}{2}-\frac{A_m}{\pi}\sum_{k=1}^{\infty}\frac{\sin(k\omega t)}{k}$	$\frac{A_m}{\sqrt{3}}$	$\frac{A_m}{2}$
三角波	$f(t)$ A_m O T t	$f(t)=\frac{8A_m}{\pi^2}\frac{(-1)^{0.5(k-1)}}{k^2}\sin(k\omega t)$ $(k=1,3,5,7,\cdots)$	$\frac{A_m}{\sqrt{3}}$	$\frac{A_m}{2}$
矩形波	$f(t)$ A_m O T t	$f(t)=\frac{4A_m}{\pi}\sum_{k=1}^{\infty}\frac{1}{2k-1}\sin[(2k-1)\omega t]$	A_m	A_m
全波整流波	$f(t)$ A_m O T t	$f(t)=\frac{2A_m}{\pi}-\frac{4A_m}{\pi}\sum_{k=1}^{\infty}\frac{1}{4k^2-1}\cos(2k\omega t)$	$\frac{A_m}{\sqrt{2}}$	$\frac{2A_m}{\pi}$

把一个非正弦周期函数 $f(t)$ 展开成傅里叶级数后,得到的是一个无穷级数。但各次谐波的振幅具有收敛性,总体随频率的增高而下降,故通常截取展开式中前面的若干项就可近似表达函数 $f(t)$。具体问题中,应根据计算精度的要求决定傅里叶级数截取的项数。一般而言,函数$f(t)$的波形越光滑和越接近于正弦波,其傅里叶级数就收敛得越快,需要截取的项数就越少。

11.1.3 非正弦周期信号的频谱和频谱图

非正弦周期信号 $f(t)$ 展开为傅里叶级数后,所包含的直流成分和各谐波成分直观地反映了信号的组成情况,所有成分组合在一起形成了信号的频谱。频谱可用图形表示,称为频谱图,具体又分为幅度频谱图和相位频谱图两种。

将各次谐波的振幅用不同长度的线段(称为谱线)表示,并将这些线段按对应频率的变化依次排列起来,就构成了信号的幅度频谱图,简称为幅度频谱;将各次谐波的初相位 φ_k 用不同长度的线段表示,将这些线段按对应频率的高低依次排列起来,就构成了相位频谱图,简称为相位频谱。

如对由两个正弦波构成的非正弦周期信号 $x(t)=3\cos(5t+0.25\pi)+\cos(10t+0.5\pi)$,可得 $A_{1m}=3$、$A_{2m}=1$、$\varphi_1=0.25\pi$、$\varphi_2=0.5\pi$,分别画出其幅度频谱和相位频谱如图 11-2(a)和(b)所示。

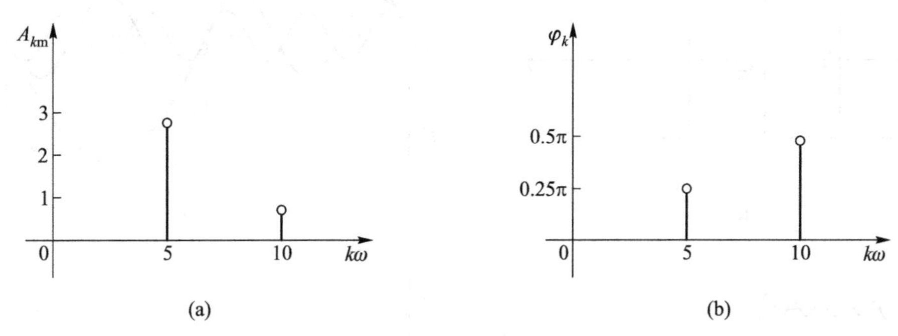

图 11-2　非正弦周期信号的幅度频谱和相位频谱
(a) 幅度频谱　(b) 相位频谱

实际工作中使用幅度频谱的情况更多一些,相位频谱的使用相对较少,如无特别说明,人们所说的频谱往往是指幅度频谱。由于周期信号由各次谐波组成,而每次谐波的频率对应于一条谱线,因此,周期信号的频谱是离散的。

例 11-1　求图 11-3(a)所示周期性矩形信号 $f(t)$ 的傅里叶级数展开式及其幅度频谱。

解　由图可知,$f(t)$ 在第一个周期内的表达式为

$$f(t)=\begin{cases} E_m, & 0<t<\dfrac{T}{2} \\ -E_m, & \dfrac{T}{2}<t<T \end{cases}$$

根据式(11-2)可求得 $f(t)$ 的傅里叶系数为

$$a_0=\frac{1}{T}\int_0^T f(t)\,\mathrm{d}t=0$$

$$a_k=\frac{1}{\pi}\int_0^{2\pi} f(t)\cos(k\omega t)\,\mathrm{d}(\omega t)=\frac{1}{\pi}\left[\int_0^{\pi} E_m\cos(k\omega t)\,\mathrm{d}(\omega t)-\int_{\pi}^{2\pi} E_m\cos(k\omega t)\,\mathrm{d}(\omega t)\right]$$

$$=\frac{2E_m}{\pi}\int_0^{\pi}\cos(k\omega t)\,\mathrm{d}(\omega t)=0$$

$$b_k=\frac{1}{\pi}\int_0^{2\pi}f(t)\sin(k\omega t)\mathrm{d}(\omega t)$$

$$=\frac{1}{\pi}\left[\int_0^{\pi}E_{\mathrm{m}}\sin(k\omega t)\mathrm{d}(\omega t)-\int_{\pi}^{2\pi}E_{\mathrm{m}}\sin(k\omega t)\mathrm{d}(\omega t)\right]$$

$$=\frac{2E_{\mathrm{m}}}{\pi}\int_0^{\pi}\sin(k\omega t)\mathrm{d}(\omega t)=\frac{2E_{\mathrm{m}}}{k\pi}[1-\cos(k\pi)]$$

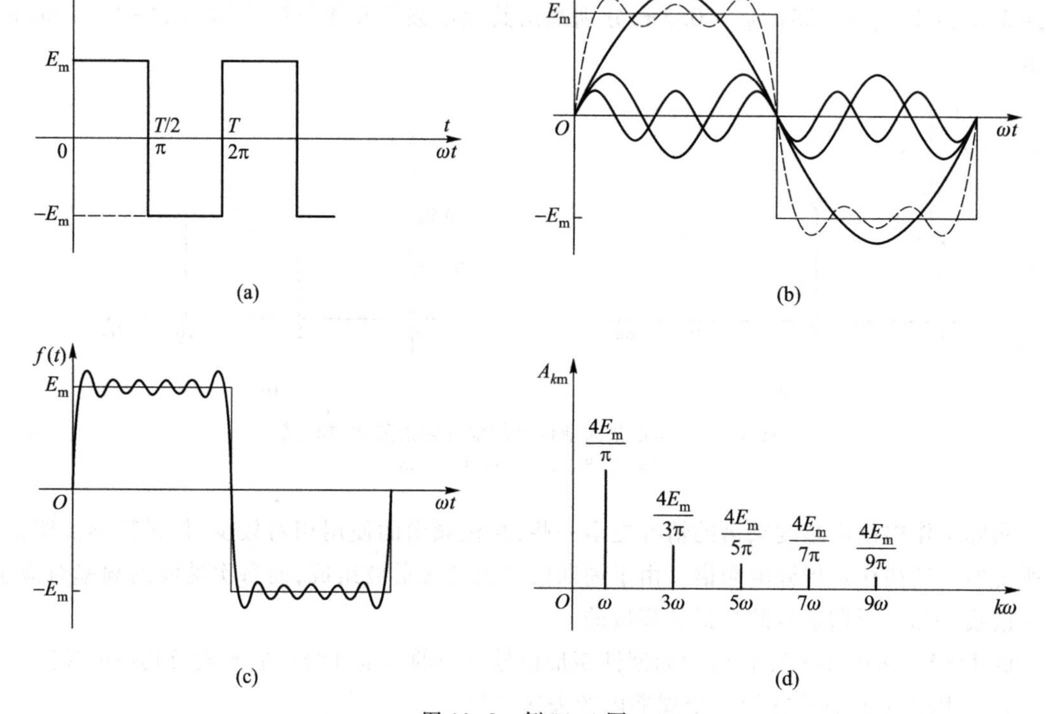

图 11-3　例 11-1 图

(a) 方波　(b) 取到 5 次谐波时的合成曲线　(c) 取到 11 次谐波时的合成曲线　(d) 幅度频谱

当 $k=2,4,6,\cdots$时,有 $\cos(k\pi)=1$,所以 $b_k=0$;当 $k=1,3,5,\cdots$时,$\cos(k\pi)=-1$,所以 $b_k=\frac{4E_{\mathrm{m}}}{k\pi}$。由此可得

$$f(t)=\frac{4E_{\mathrm{m}}}{\pi}\left[\sin(\omega t)+\frac{1}{3}\sin(3\omega t)+\frac{1}{5}\sin(5\omega t)+\cdots\right]$$

图 11-3(b)中,虚线所示曲线是上述 $f(t)$ 展开式中取前三项(即取到 5 次谐波时)合成的曲线。图 11-3(c)中,虚线所示曲线是 $f(t)$ 展开式中取到 11 次谐波时的合成曲线。比较这两个图可以看出,非正弦周期函数 $f(t)$ 的傅里叶级数展开式中谐波项数越多,合成波曲线越接近原来的波形。图 11-3(d)所示为 $f(t)$ 的幅度频谱。

本例可以根据表 11-1 直接查表求解。

例 11-2　求图 11-4(a)所示的三角波 $f_1(t)$ 的傅里叶级数展开式。

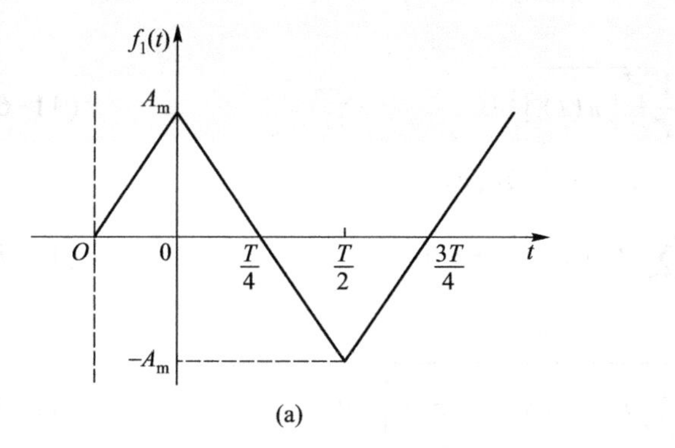

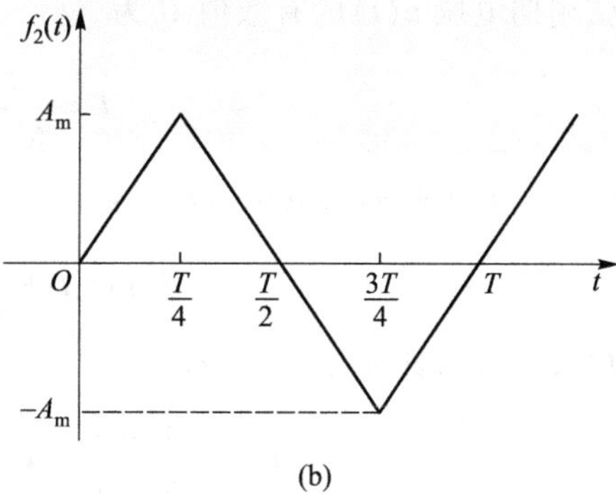

图 11-4　例 11-2 图

(a) 三角波　(b) 移动后的三角波

解　此题可借助查表法求解。$f_1(t)$ 移动四分之一周期后所得函数为 $f_2(t)$，波形如图 11-4(b)所示。直接查表 11-1 可知，$f_2(t)$ 的傅里叶级数展开式为

$$f_2(t)=\frac{8A_m}{\pi^2}\left[\sin(\omega t)-\frac{1}{9}\sin(3\omega t)+\frac{1}{25}\sin(5\omega t)-\cdots\right]$$

比较 $f_2(t)$ 和 $f_1(t)$ 的波形可以看出，$f_1\left(t-\frac{T}{4}\right)=f_2(t)$。所以

$$f_1\left(t-\frac{T}{4}\right)=\frac{8A_m}{\pi^2}\left[\sin(\omega t)-\frac{1}{9}\sin(3\omega t)+\frac{1}{25}\sin(5\omega t)-\cdots\right]$$

令 $t-\frac{T}{4}=t'$，有 $t=t'+\frac{T}{4}$，代入上式，有

$$\begin{aligned}f_1(t')&=\frac{8A_m}{\pi^2}\left[\sin\omega\left(t'+\frac{T}{4}\right)-\frac{1}{9}\sin 3\omega\left(t'+\frac{T}{4}\right)+\frac{1}{25}\sin 5\omega\left(t'+\frac{T}{4}\right)-\cdots\right]\\&=\frac{8A_m}{\pi^2}\left[\cos(\omega t')-\frac{1}{9}\cos(3\omega t')+\frac{1}{25}\cos(5\omega t')+\cdots\right]\end{aligned}$$

将 t' 用 t 带回，就可得到 $f_1(t)$ 的傅里叶级数展开式。

11.2 非正弦周期信号的有效值和平均值

11.2.1　有效值

非正弦周期电流 $i(t)$ 的有效值 I 为它的方均根值，即

$$I=\sqrt{\frac{1}{T}\int_0^T[i(t)]^2\mathrm{d}t} \tag{11-5}$$

非正弦周期电压 $u(t)$ 的有效值 U 为

$$U=\sqrt{\frac{1}{T}\int_0^T[u(t)]^2\mathrm{d}t} \tag{11-6}$$

设某一非正弦周期电流 $i(t)$ 可以展开为傅里叶级数,即

$$i(t)=I_0+\sum_{k=1}^{\infty}I_{km}\cos(k\omega t+\varphi_k) \tag{11-7}$$

将其代入有效值计算公式,可得

$$I=\sqrt{\frac{1}{T}\int_0^T\left[I_0+\sum_{k=1}^{\infty}I_{km}\cos(k\omega t+\varphi_k)\right]^2\mathrm{d}t} \tag{11-8}$$

以上算式运算过程中出现的各项内容对应有以下结果,即

(1) $\dfrac{1}{T}\displaystyle\int_0^T I_0^2\mathrm{d}t=I_0^2$

(2) $\dfrac{1}{T}\displaystyle\int_0^T I_{km}^2\cos^2(k\omega t+\varphi_k)\mathrm{d}t=\dfrac{I_{km}^2}{2}=I_k^2$

(3) $\dfrac{1}{T}\displaystyle\int_0^T 2I_0I_{km}\cos(k\omega t+\varphi_k)\mathrm{d}t=0$

(4) $\dfrac{1}{T}\displaystyle\int_0^T 2I_{km}\cos(k\omega t+\varphi_k)I_{qm}\cos(q\omega t+\varphi_q)\mathrm{d}t=0(k\neq q)$

其中(3)和(4)两项的结果是三角函数的正交性所致。因此可以求得电流 i 的有效值为

$$I=\sqrt{I_0^2+I_1^2+I_2^2+I_3^2+\cdots}=\sqrt{I_0^2+\sum_{k=1}^{\infty}I_k^2} \tag{11-9}$$

若非正弦周期电压 $u(t)=U_0+\sum\limits_{k=1}^{\infty}U_{km}\cos(k\omega t+\varphi_k)$,同理可得 $u(t)$ 的有效值为

$$U=\sqrt{U_0^2+U_1^2+U_2^2+U_3^2+\cdots}=\sqrt{U_0^2+\sum_{k=1}^{\infty}U_k^2} \tag{11-10}$$

以上结果表明,非正弦周期电流(电压)的有效值等于其直流分量的平方及各次谐波分量有效值平方之和的平方根。

例 11-3 有一非正弦周期电压 $u(t)$,其傅里叶级数展开式为 $u(t)=[10+141.4\cos(\omega t+30°)+70.7\cos(3\omega t-90°)]$ V,求此电压的有效值。

解 由式(11-10)可得

$$U=\sqrt{U_0^2+U_1^2+U_3^2}=\sqrt{10^2+\left(\frac{141.4}{\sqrt{2}}\right)^2+\left(\frac{70.7}{\sqrt{2}}\right)^2}\ \mathrm{V}$$

$$=\sqrt{10^2+100^2+50^2}\ \mathrm{V}=112.2\ \mathrm{V}$$

11.2.2 平均值

傅里叶级数展开式的系数计算式有 $a_0=\frac{1}{T}\int_0^T f(t)\,\mathrm{d}t=\frac{1}{T}\int_{-\frac{T}{2}}^{\frac{T}{2}} f(t)\,\mathrm{d}t$，$a_0$ 是 $f(t)$ 在数学意义上的平均值，该值在电气工程中称为直流分量。电气工程中信号平均值的定义与数学上的定义不同。以电流为例，电气工程中 $i(t)$ 的平均值定义为

$$I_{\mathrm{av}}=\frac{1}{T}\int_0^T |i|\,\mathrm{d}t \tag{11-11}$$

可见 I_{av} 是数学上的绝对值的平均值。设正弦电流 $i=I_{\mathrm{m}}\cos(\omega t)$，按电气工程中的定义可求得正弦电流的平均值为

$$\begin{aligned} I_{\mathrm{av}} &=\frac{1}{T}\int_0^T |I_{\mathrm{m}}\cos(\omega t)|\,\mathrm{d}t=\frac{4I_{\mathrm{m}}}{T}\int_0^{\frac{T}{4}}\cos(\omega t)\,\mathrm{d}t \\ &=\frac{4I_{\mathrm{m}}}{\omega T}\left[\sin(\omega t)\right]_0^{\frac{T}{4}}=\frac{2I_{\mathrm{m}}}{\pi}=0.637I_{\mathrm{m}}=0.898I \end{aligned} \tag{11-12}$$

根据相关定义可知，正弦信号经全波整流后取平均，就是工程意义上的平均值。表 11-1 中最后一行给出了正弦信号经全波整流后的波形。

对同一个非正弦周期信号，用不同类型的仪表进行测量时，得到的测量结果是不同的。具体情况为：① 用磁电系仪表（直流仪表）测量电流，仪表的偏转角 α 正比于$\frac{1}{T}\int_0^T i\mathrm{d}t$，测得的是电流的直流分量（数学上的平均值），且仪表的刻度值是均匀分布的；② 用电磁系或电动系仪表进行测量，仪表的偏转角 α 正比于$\frac{1}{T}\int_0^T i^2\mathrm{d}t$，测得的是有效值，且仪表的刻度值是非均匀分布的；③ 用全波整流磁电系仪表测量电流，仪表的偏转角 α 正比于$\frac{1}{T}\int_0^T |i|\,\mathrm{d}t$，测得的是平均值（数学上绝对值的平均值），且仪表的刻度值是均匀分布的。因此，在测量电流（或电压）时，应注意选择合适的仪表，并注意不同类型仪表读数所表示的含义。关于仪表的知识，可参阅电工测量的相关文献。

为了反映具有不同波形的非正弦周期信号的特征，通常将其有效值与平均值的比值定义为波形因数，用符号 k_{f} 表示，即

$$k_{\mathrm{f}}=\frac{I}{I_{\mathrm{av}}} \tag{11-13}$$

对于正弦波，其波形因数为

$$k_{\mathrm{f}}=\frac{\frac{I_{\mathrm{m}}}{\sqrt{2}}}{\frac{2I_{\mathrm{m}}}{\pi}}=1.11 \tag{11-14}$$

对于 $k_f>1.11$ 的非正弦波，一般都是比正弦波更尖锐的波形，反之就是比正弦波更平坦的波形。借助波形因数，可以用全波整流磁电系仪表测正弦量的有效值，如模拟式万用表的交流挡位就是利用这一原理测正弦量有效值的。万用表测正弦量时，实际测出的是工程意义上的平均值，结果乘上 1.11 以后就得到有效值，模拟式万用表上的刻度示值就是按有效值标的。还可用万用表测其他类型周期信号的有效值和平均值，方法是把万用表读数除以 1.11 得到对应信号的平均值，再将平均值乘上对应信号的波形系数，就可得到所测信号的有效值。

11.3 非正弦周期稳态电路的平均功率

非正弦周期稳态电路的平均功率可用瞬时功率取平均求出。现假定一个负载或一个不含独立源的二端网络的电压、电流分别为

$$\begin{cases} u(t)=U_0+\sum_{k=1}^{\infty}U_{km}\cos(k\omega t+\varphi_{uk}) \\ i(t)=I_0+\sum_{k=1}^{\infty}I_{km}\cos(k\omega t+\varphi_{ik}) \end{cases} \tag{11-15}$$

u、i 为关联参考方向，则负载或二端网络吸收的瞬时功率为

$$p=ui=\left[U_0+\sum_{k=1}^{\infty}U_{km}\cos(k\omega t+\varphi_{uk})\right]\times\left[I_0+\sum_{k=1}^{\infty}I_{km}\cos(k\omega t+\varphi_{ik})\right] \tag{11-16}$$

按平均功率的计算式 $P=\frac{1}{T}\int_0^T p\mathrm{d}t=\frac{1}{T}\int_0^T ui\mathrm{d}t$，可以求得

$$P=U_0I_0+U_1I_1\cos\varphi_1+U_2I_2\cos\varphi_2+\cdots+U_kI_k\cos\varphi_k+\cdots \tag{11-17}$$

式中，$U_k=\frac{U_{km}}{\sqrt{2}}$、$I_k=\frac{I_{km}}{\sqrt{2}}$、$\varphi_k=\varphi_{uk}-\varphi_{ik}(k=1,2,\cdots)$。$U_0I_0$ 为直流分量的功率，$U_kI_k\cos\varphi_k$ 为 k 次谐波分量的平均功率。可见，非正弦周期稳态电路的平均功率为直流分量的功率与各次谐波分量平均功率的和。

如果非正弦周期电流流过电阻 R，由式(11-17)可导出电阻消耗的平均功率为

$$P=I_0^2R+I_1^2R+I_2^2R+\cdots+I_k^2R+\cdots=I^2R \tag{11-18}$$

第 5 章中介绍叠加定理时专门提到叠加定理不能用于功率的计算，这里的功率却是通过叠加得到的，原因是各分量满足正交的关系，各分量不相互影响。关于正交的概念，感兴趣的读者可查阅信号分析方面的资料。

例 11-4　一不含独立源的二端电路，其端口电压、电流分别为

$$u=[50+84.6\cos(\omega t+30°)+56.6\cos(2\omega t+10°)]\text{V}$$

$$i=[1+0.707\cos(\omega t-30°)+0.424\cos(2\omega t+70°)]\text{A}$$

u、i 为关联参考方向，求此二端电路吸收的功率。

解 根据式(11-17)可得

$$P=\left[50\times1+\frac{84.2}{\sqrt{2}}\times\frac{0.707}{\sqrt{2}}\cos(30^\circ+30^\circ)+\frac{56.6}{\sqrt{2}}\times\frac{0.424}{\sqrt{2}}\cos(10^\circ-70^\circ)\right]\text{ W}$$
$$=[50\times1+30\cos60^\circ+12\cos(-60^\circ)]\text{ W}=71\text{ W}$$

11.4 非正弦周期稳态电路的分析

对非正弦周期信号(电压、电流)作用下线性电路的分析，其理论基础是傅里叶级数理论和叠加定理，计算过程是：

(1) 将非正弦周期信号分解成直流分量和一系列不同频率的正弦量之和，截取若干项；

(2) 分别求出各项在电路中产生的响应；

(3) 将所得各个分量的响应在时域中进行叠加。

注意，以上过程中，求直流分量响应时，电容视为开路，电感视为短路；求各次谐波分量响应时用相量法，ωL、$\dfrac{1}{\omega C}$分别为电感、电容对基波的感抗、容抗，$X_{Lk}=k\omega L$、$X_{Ck}=\dfrac{1}{k\omega C}$分别为电感、电容对 k 次谐波的感抗、容抗；叠加应在时域中进行。最终结果是一个含有直流分量和各次谐波分量的非正弦瞬时值表达式。

以上方法称为谐波分析法。

例 11-5 图 11-5(a)所示电路中，已知 $R_1=5\ \Omega$，$R_2=10\ \Omega$，基波感抗 $X_{L(1)}=\omega L=2\ \Omega$，基波容抗 $X_{C(1)}=\dfrac{1}{\omega C}=15\ \Omega$，电源电压 $u=[10+141.14\cos\omega t+70.7\cos(3\omega t+30^\circ)]$ V，试求各支路电流 i、i_1、i_2 及电源输出的平均功率。

解 由于电源电压已展开为傅里叶级数的形式，所以可以直接求各分量的响应。

(1) 直流分量单独作用时的电路如图 11-5(b)所示，各支路电流分别为

$$I_{1(0)}=\frac{U_{(0)}}{R_1}=\frac{10}{5}\text{ A}=2\text{ A}$$
$$I_{2(0)}=0$$
$$I_{(0)}=I_{1(0)}+I_{2(0)}=2\text{ A}$$

(2) 基波分量单独作用时的电路如图 11-5(c)所示，各支路电流为

$$\dot{I}_{1(1)}=\frac{\dot{U}_{(1)}}{R_1+\text{j}\omega L}=\frac{\left(\dfrac{141.4}{\sqrt{2}}\right)\angle0^\circ}{5+\text{j}2}\text{ A}=18.61\angle-21.8^\circ\text{ A}$$

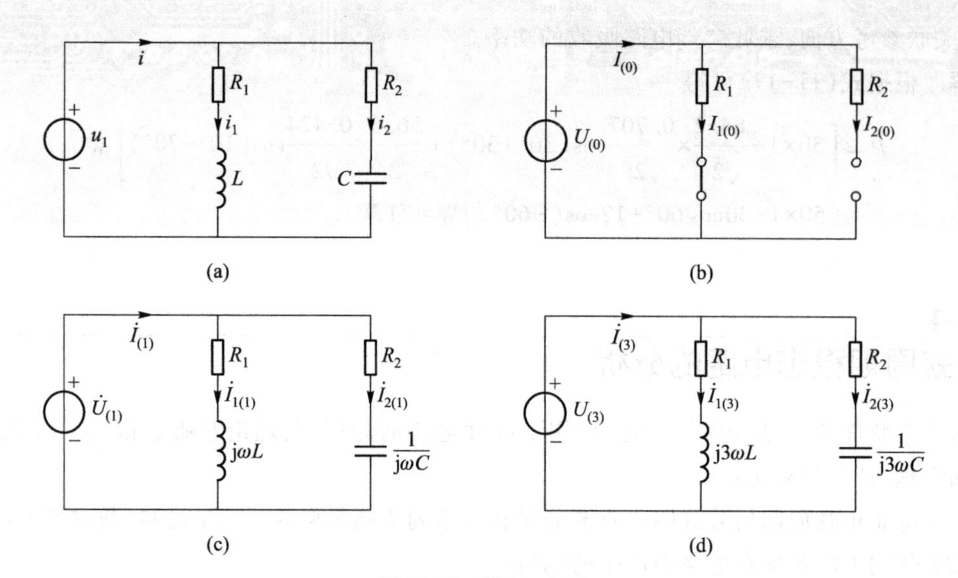

图 11-5　例 11-5 图

(a) 原电路　(b) 直流分量等效电路　(c) 基波分量等效电路　(d) 3 次谐波分量等效电路

$$\dot{I}_{2(1)}=\frac{\dot{U}_{(1)}}{R_2-\mathrm{j}\dfrac{1}{\omega C}}=\frac{\left(\dfrac{141.4}{\sqrt{2}}\right)\angle 0^\circ}{10-\mathrm{j}15}\ \mathrm{A}=5.55\angle 56.3^\circ\ \mathrm{A}$$

$$\dot{I}_{(1)}=\dot{I}_{1(1)}+\dot{I}_{2(1)}=(18.61\angle -21.8^\circ+5.55\angle 56.3^\circ)\ \mathrm{A}=20.5\angle -6.4^\circ\ \mathrm{A}$$

(3) 3 次谐波单独作用时的电路如图 11-5(d)所示，各支路电流为

$$\dot{I}_{1(3)}=\frac{\dot{U}_{(3)}}{R_1+\mathrm{j}3\omega L}=\frac{\left(\dfrac{70.7}{\sqrt{2}}\right)\angle 30^\circ}{5+\mathrm{j}3\times 2}\ \mathrm{A}=6.4\angle -20.2^\circ\ \mathrm{A}$$

$$\dot{I}_{2(3)}=\frac{\dot{U}_{(3)}}{R_2-\mathrm{j}\dfrac{1}{3\omega C}}=\frac{\left(\dfrac{70.7}{\sqrt{2}}\right)\angle 30^\circ}{10-\mathrm{j}\dfrac{1}{3}\times 15}\ \mathrm{A}=4.47\angle 56.6^\circ\ \mathrm{A}$$

$$\dot{I}_{(3)}=\dot{I}_{1(3)}+\dot{I}_{2(3)}=(6.4\angle -20.2^\circ+4.47\angle 56.6^\circ)\ \mathrm{A}=8.62\angle 10.17^\circ\ \mathrm{A}$$

(4) 在时域中将直流分量及各次谐波分量的响应叠加，结果为

$$i=i_{1(0)}+i_{1(1)}+i_{1(3)}=[2+18.6\sqrt{2}\cos(\omega t-21.8^\circ)+6.4\sqrt{2}\cos(3\omega t-20.2^\circ)]\ \mathrm{A}$$

$$i_2=i_{2(0)}+i_{2(1)}+i_{2(3)}=[5.55\sqrt{2}\cos(\omega t+56.3^\circ)+4.47\sqrt{2}\cos(3\omega t+56.6^\circ)]\ \mathrm{A}$$

$$i=i_{(0)}+i_{(1)}+i_{(3)}=[2+20.5\sqrt{2}\cos(\omega t-6.4^\circ)+8.62\sqrt{2}\cos(3\omega t+10.17^\circ)]\ \mathrm{A}$$

电源输出的平均功率为

$$P = U_{(0)}I_{(0)} + U_{(1)}I_{(1)}\cos\varphi_{(1)} + U_{(3)}I_{(3)}\cos\varphi_{(3)}$$

$$= \left[10\times2+\frac{141.4}{\sqrt{2}}\times20.5\cos6.4°+\frac{70.7}{\sqrt{2}}\times8.62\cos(30°-10.17°)\right]\text{ W}=2462.84\text{ W}$$

例 11-6 图 11-6(a)所示电路中，电感 $L=5$ H，电容 $C=10$ uF，负载电阻 $R=2000\ \Omega$，已知端口电压 u 为正弦全波整流波形，如图 11-6(b)所示，$\omega=314$ rad/s，$U_m=157$ V，求负载电阻 R 上的电压。

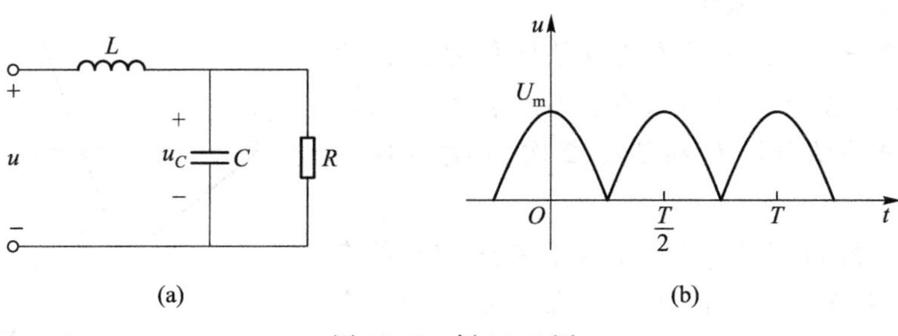

图 11-6 例 11-6 图

(a) 电路 (b) 电压波形

解 查表 11-1 可知电路激励信号为

$$u = \frac{4}{\pi}U_m\left(\frac{1}{2}+\frac{1}{3}\cos2\omega t-\frac{1}{15}\cos4\omega t+\cdots\right)$$

$$=100+66.7\cos2\omega t-13.33\cos4\omega t+\cdots$$

设负载两端电压的第 k 次谐波为 $\dot{U}_{Cm(k)}$（采用最大值相量），由节点电压法，可列写出如下节点电压法方程：

$$\left(\frac{1}{jk\omega L}+\frac{1}{R}+jk\omega C\right)\dot{U}_{Cm(k)}=\frac{1}{jk\omega L}\dot{U}_{m(k)}$$

即

$$\dot{U}_{Cm(k)}=\frac{\dot{U}_{m(k)}}{\left(\frac{1}{R}+jk\omega C\right)jk\omega L+1}$$

因所给激励电压 u 的傅里叶级数展开式中无奇数项，令 $k=0,2,4,\cdots$，代入数据，可分别求得负载两端电压中的直流分量和各次谐波分量最大值为

$$U_{Cm(0)}=100\text{ V}$$

$$U_{Cm(2)}=3.53\text{ V}$$

$$U_{Cm(4)}=0.171\text{ V}$$

由计算结果可以看出，负载两端的 2 次谐波电压幅度仅为直流电压的 3.5%，4 次谐波电压仅为直流电压的 0.17%。与输入电压相比，负载电压中的谐波分量被大大压缩了，这是由串联电感 L 对高频电压的分压作用和并联电容 C 对高频电流的分流作用造成的。

图 11-6(a)实际是低通滤波电路，对滤波电路的讨论，可参见 12.1 节的内容。

习题

第 11 章 习题答案

11-1　求题 11-1 图所示波形的傅里叶级数的系数，并画出频谱图。

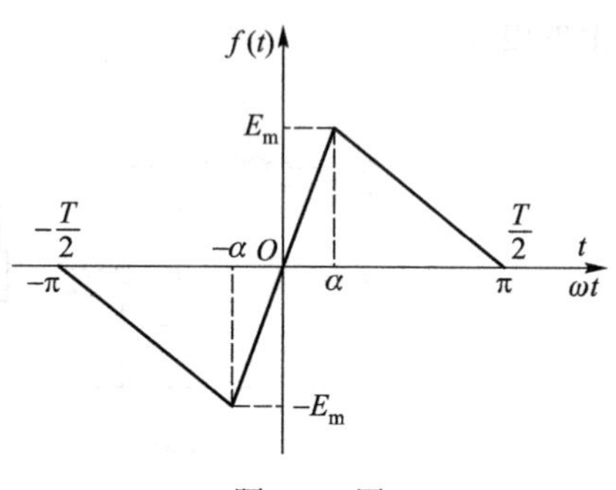

题 11-1 图

11-2　已知正弦全波整流信号的幅值 $I_m=1$ A，要求：(1) 通过查表得出信号表达式。(2) 求直流分量 I_0 和基波、2 次、3 次、4 次谐波的幅值。

11-3　已知题 11-3 图(a)所示的正弦波 $i_1(t)$ 的有效值是 I，则题 11-3 图(b)所示的半波整流波 $i_2(t)$ 的有效值是多少？

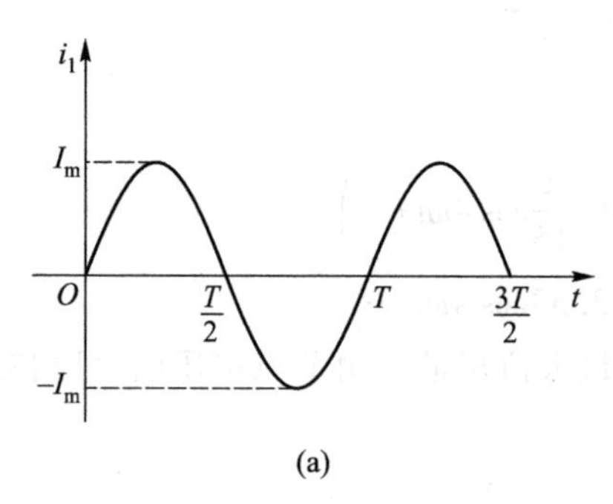

题 11-3 图

11-4　非正弦周期电压如题 11-4 图所示，求其有效值 U。

11-5　一个实际线圈的模型为电阻和电感的串联，将该线圈接在非正弦周期电压上，电压瞬时值为 $u=[10+10\sqrt{2}\cos\omega t+5\sqrt{2}\cos(3\omega t+30°)]$ V，已知线圈模型的电阻为 10 Ω，电感对基波的感抗为 10 Ω，则线圈中电流的瞬时值应为多少？

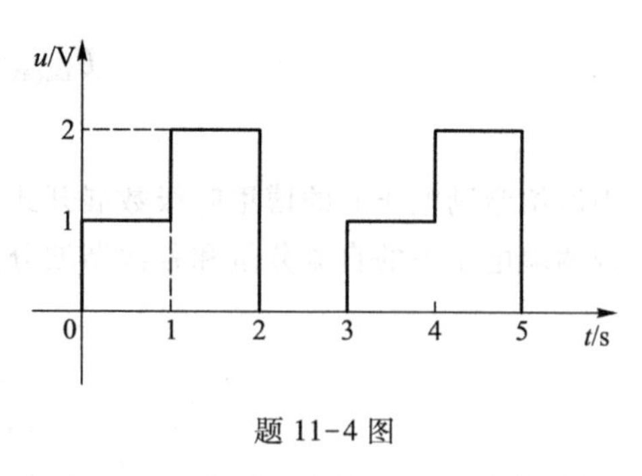

题 11-4 图

11-6　题 11-6 图所示稳态电路，已知 $R=50\ \Omega$，$L=100$ mH，$C=10\ \mu$F，$i_S=0.3$ A，$u_S=20\sqrt{2}\cos\omega t$ V，电流表的读数为 0.5 A，两表均为理想电表，其读数都是有效值。求电压源的角频率 ω 及电压表的读数。

11-7　RLC 串联电路如题 11-7 图所示，输入电压为 $u(t)=[10+20\sin(31.4t-90°)]$ V，电

感对基波的阻抗为 9 Ω,电容对基波的阻抗为 6 Ω,求 $i(t)$ 和 $u_C(t)$。

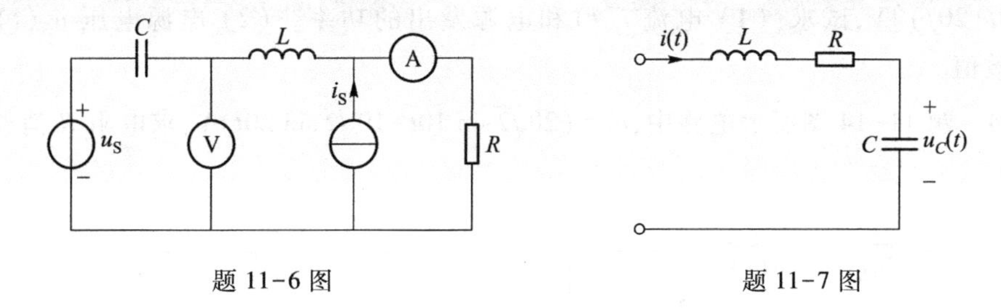

题 11-6 图　　　　题 11-7 图

11-8　在 RLC 串联电路中,外加电压 $u=(100+60\cos\omega t+40\cos 2\omega t)$ V,已知 $R=30\ \Omega$,$\omega L=40\ \Omega$,$\frac{1}{\omega C}=80\ \Omega$,试写出电路中电流 i 的瞬时表达式。

11-9　题 11-9 图所示电路中,已知负载 $R=1000\ \Omega$,$C=30\ \mu\text{F}$,$L=10$ H,外加非正弦周期信号电压 $u=(160+250\sin 314t)$ V,试求通过电阻 R 中的电流。

11-10　题 11-10 图所示电路中,已知 $u=(200+100\cos3\omega t)$ V,$R=50\ \Omega$,$\omega L=5\ \Omega$,$\frac{1}{\omega C}=45\ \Omega$,试求电压表和电流表的读数。

11-11　题 11-11 图中 N 为无独立源一端口电路,已知:$u=(100+400\sqrt{2}\cos 314t+200\sqrt{2}\cos 942t)$ V,$i=[0.5+2.5\sqrt{2}\cos(314t-30°)]$ A。(1) 画出电压、电流的幅度频谱。(2) 求端口电压、电流的有效值。(3) 求该电路消耗的功率。

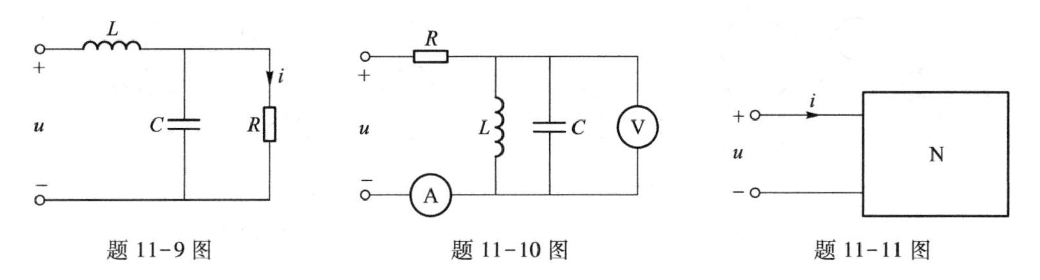

题 11-9 图　　题 11-10 图　　题 11-11 图

11-12　题 11-12 图所示电路中,已知 $u_{S1}=30\sqrt{2}\sin\omega t$ V,$u_{S2}=24$ V,$R=6\ \Omega$,$\omega L=\frac{1}{\omega C}=8\ \Omega$。求:(1) 电磁系(测有效值)电流表读数。(2) 功率表读数。

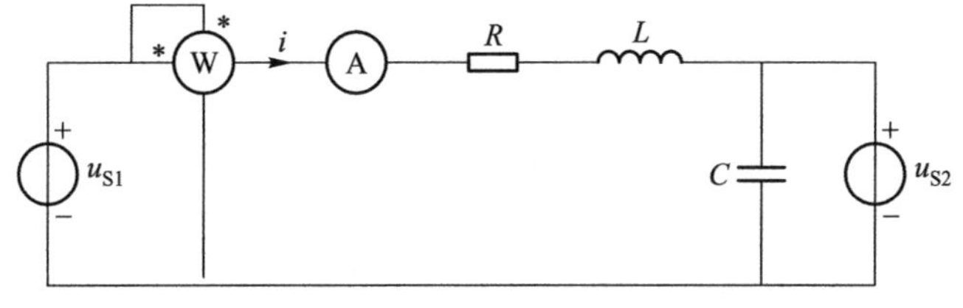

题 11-12 图

11-13　电路如题 11-13 图所示，电源电压为 $u_S(t)=[50+100\sin 314t-40\cos 628t+10\sin(942t+20°)]$ V，试求：(1) 电流 $i(t)$ 和电源发出的功率。(2) 电源电压 $u_S(t)$ 和电流 $i(t)$ 的有效值。

11-14　题 11-14 图所示电路中，$u_S=(20\sqrt{2}\sin 10t+10\sqrt{2}\sin 20t)$ V，求电阻 R 消耗的平均功率 P。

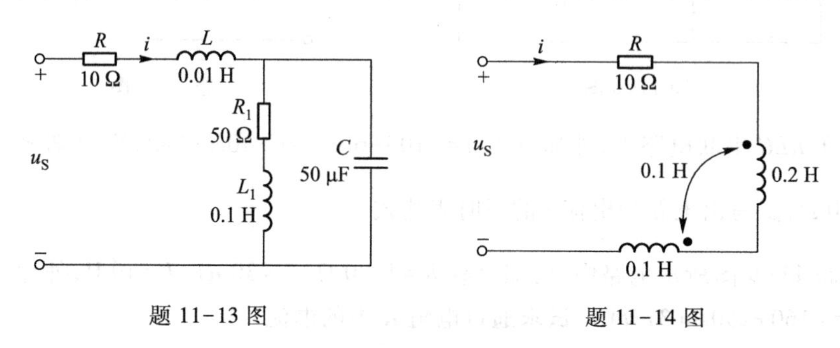

题 11-13 图　　　　题 11-14 图

11-15　题 11-15 图所示电路中 $i_S=[5+10\cos(10t-20°)-5\sin(30t+60°)]$ A，$L_1=L_2=2$ H，$M=0.5$ H。求图中交流电表的读数和 u_2。

11-16　题 11-16 图所示电路中，$u_S=[1.5+5\sqrt{2}\sin(2t+90°)]$ V，$i_S=2\sin 1.5t$ A。求 u_R 及 u_S 发出的功率。

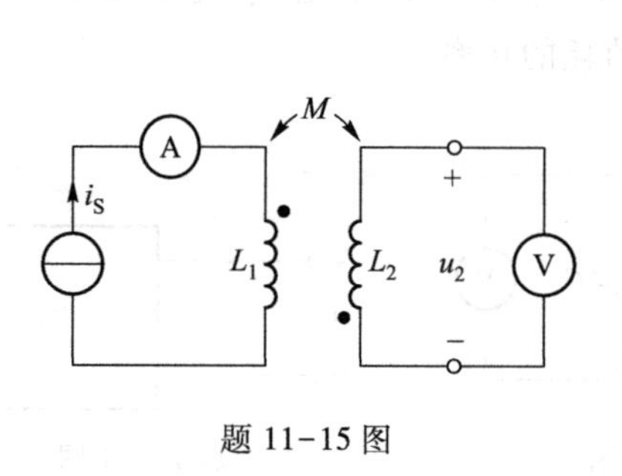

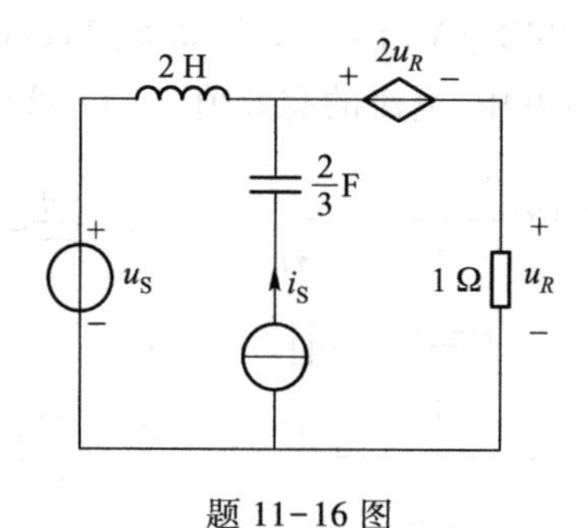

题 11-15 图　　　　题 11-16 图

第 12 章 网络函数与谐振电路

内容提要　本章介绍网络函数与谐振电路，具体内容为：网络函数及相关概念、谐振及相关概念、*RLC* 串联谐振电路、*RLC* 串联谐振电路的频率特性、*RLC* 并联谐振电路、对数频率特性曲线与波特图。

12.1 网络函数及相关概念

12.1.1 网络函数的概念

网络函数是单一激励线性电路中指定响应对激励之比。在正弦稳态条件下，网络函数定义为响应（输出）的相量与激励（输入）的相量之比，即

$$\text{网络函数}=\frac{\text{响应(输出)的相量}}{\text{激励(输入)的相量}} \tag{12-1}$$

网络函数通常用 H 表示，H 可以有单位，也可以没有单位。例如，某一电路激励为电压，响应为电流，则 H 的单位为欧姆；若响应也为电压，则 H 无单位。

若响应与激励在同一端口，H 称为策动点函数；若响应与激励不在同一端口，H 称为转移函数。由于响应和激励都可以是电压或电流，因而策动点函数和转移函数又可进一步细分，表 12-1 给出了在正弦稳态条件下 H 的各种情况。

表 12-1　正弦稳态条件下网络函数 H 的各种情况

总体名称和符号	类型名称	具体名称和符号（单位）	响应（单位）	激励（单位）
网络函数 H	策动点函数	策动点阻抗 $Z_i(\Omega)$	电压（V）	电流（A）
		策动点导纳 $Y_i(S)$	电流（A）	电压（V）
网络函数 H	转移函数	转移阻抗 $Z_T(\Omega)$	电压（V）	电流（A）
		转移导纳 $Y_T(S)$	电流（A）	电压（V）
		转移电压比 H_u（无）	电压（V）	电压（V）
		转移电流比 H_i（无）	电流（A）	电流（A）

12.1.2 频域形式的网络函数

当电路中激励为正弦且频率可变时，响应也会随频率发生变化。设激励为 $\dot{U}_S(j\omega)$，响应为 $\dot{I}(j\omega)$，则网络函数为 $H(j\omega)=\dfrac{\dot{I}(j\omega)}{\dot{U}_S(j\omega)}$，这是一个随频率发生变化的复函数，称为频域形式的网络函数。这一函数能够反映电路的频率特性，故也称其为电路（或网络）的频率特性，或称其为电路（或网络）的频率响应。

$H(j\omega)$具有复数形式，因此有 $H(j\omega)=|H(j\omega)|\underline{/\varphi(j\omega)}$，其中 $|H(j\omega)|$ 称为电路的幅频特性，$\varphi(j\omega)$称为电路的相频特性。当幅频特性和相频特性分别用图形表示出来时，相应的图形就称为幅频特性曲线和相频特性曲线。

图 12-1(a)所示是由电阻和电容组成的简单电路，激励为 $u_1(t)$，响应为 $u_2(t)$，电路的相量模型如图 12-1(b)所示。

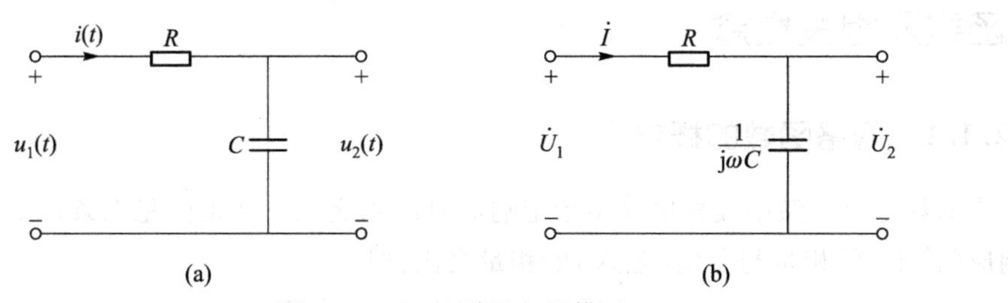

图 12-1 *RC* 电路及相量模型
(a) 原电路 (b) 相量模型

由图 12-1(b)可得转移电压比为

$$H(j\omega)=\frac{\dot{U}_2}{\dot{U}_1}=\frac{\frac{1}{j\omega C}\dot{I}}{\left(R+\frac{1}{j\omega C}\right)\dot{I}}=\frac{1}{1+j\omega RC}=\frac{1}{\sqrt{1+(\omega RC)^2}}\underline{/-\arctan(\omega RC)} \tag{12-2}$$

设 $\omega_0=\dfrac{1}{RC}$，则图 12-1 所示电路的幅频特性为

$$|H(j\omega)|=\frac{1}{\sqrt{1+(\omega RC)^2}}=\frac{1}{\sqrt{1+(\omega/\omega_0)^2}} \tag{12-3}$$

图 12-1 所示电路的相频特性为

$$\varphi(j\omega)=-\arctan(\omega RC)=-\arctan(\omega/\omega_0) \tag{12-4}$$

幅频特性曲线和相频特性曲线分别如图 12-2(a)和(b)所示。

知道了频域形式的网络函数（电路的频率特性）后，便可方便地求出正弦激励下的稳态响应。这是因为存在如下关系：

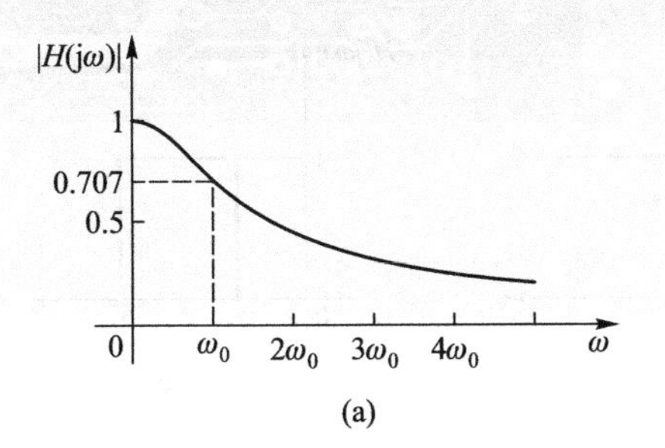

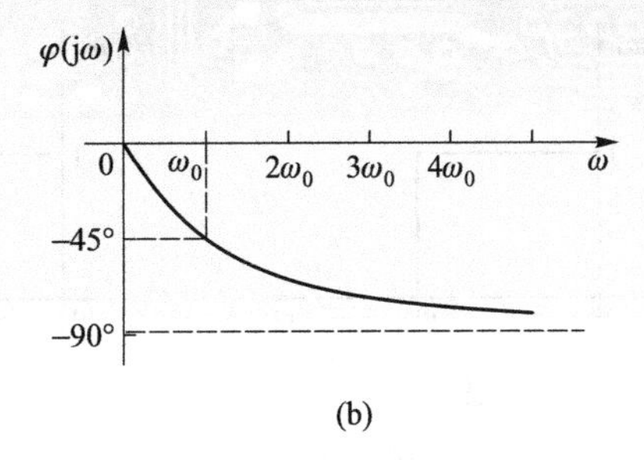

图 12-2　电路的频率特性

(a) 幅频特性　(b) 相频特性

$$\text{响应的相量}=\text{网络函数}\times\text{激励的相量} \tag{12-5}$$

式(12-5)由式(12-1)导出。

例如，对图 12-1(a)所示电路，当激励为 $u_1(t)=\sqrt{2}U_1\cos(\omega_0 t+\varphi_0)$ V 时，对应相量为 $\dot{U}_1=U_1\angle\varphi_0$ V。由式(12-5)可得

$$\dot{U}_2=H(\mathrm{j}\omega)\big|_{\omega=\omega_0}\times\dot{U}_1=(|H(\mathrm{j}\omega_0)|\angle\varphi(\mathrm{j}\omega_0)\times U_1\angle\varphi_0)\text{ V}$$

由图 12-2 可知 $|H(\mathrm{j}\omega_0)|=0.707$，$\varphi(\mathrm{j}\omega_0)=-45°$，所以

$$\dot{U}_2=(0.707\angle-45°\times U_1\angle\varphi_0)\text{ V}=0.707U_1\angle\varphi_0-45°\text{ V}$$

写成时域形式，可得输出电压为

$$u_2(t)=[\sqrt{2}\times0.707U_1\cos(\omega_0 t+\varphi_0-45°)]\text{ V}=U_1\cos(\omega_0 t+\varphi_0-45°)\text{ V}$$

12.1.3　滤波器

滤波器是一种二端口网络，具有一个输入端口和一个输出端口，其功能是滤除(抑制)输入端口信号中的某些频率成分，而使另外一些频率成分顺利通过并到达输出端口，这种具有选频功能的电路在工程中有广泛的应用。

根据滤波器的幅频特性，可将滤波器分为低通、高通、带通、带阻和全通五种类型。理论上有五种理想滤波器，它们的幅频特性分别如图 12-3(a)~(e)所示，其中的 ω_c、ω_{c1}、ω_{c2} 称为截止频率。

低通滤波器的幅频特性如图 12-3(a)所示，角频率范围 $(0,\omega_c)$ 为通带，(ω_c,∞) 为阻带；高通滤波器的幅频特性如图 12-3(b)所示，角频率范围 (ω_c,∞) 为通带，$(0,\omega_c)$ 为阻带；带通滤波器幅频特性如图 12-3(c)所示，角频率范围 $(\omega_{c1},\omega_{c2})$ 为通带，$(0,\omega_{c1})$ 和 (ω_{c2},∞) 为阻带；带阻滤波器幅频特性如图 12-3(d)所示，角频率范围 $(\omega_{c1},\omega_{c2})$ 为阻带，$(0,\omega_{c1})$ 和 (ω_{c2},∞) 为通带；全通滤波器的幅频特性如图 12-3(e)所示，这种滤波器允许所有频率信号通过，但对不同的信号在相位上会产生不同的影响。

理想滤波器的幅频特性具有平坦和跳变的特点，通带范围内信号可以原样通过，阻带范围内信号完全被滤除，但这种功能在现实中无法实现。工程上可以实现的滤波器其幅频特性具

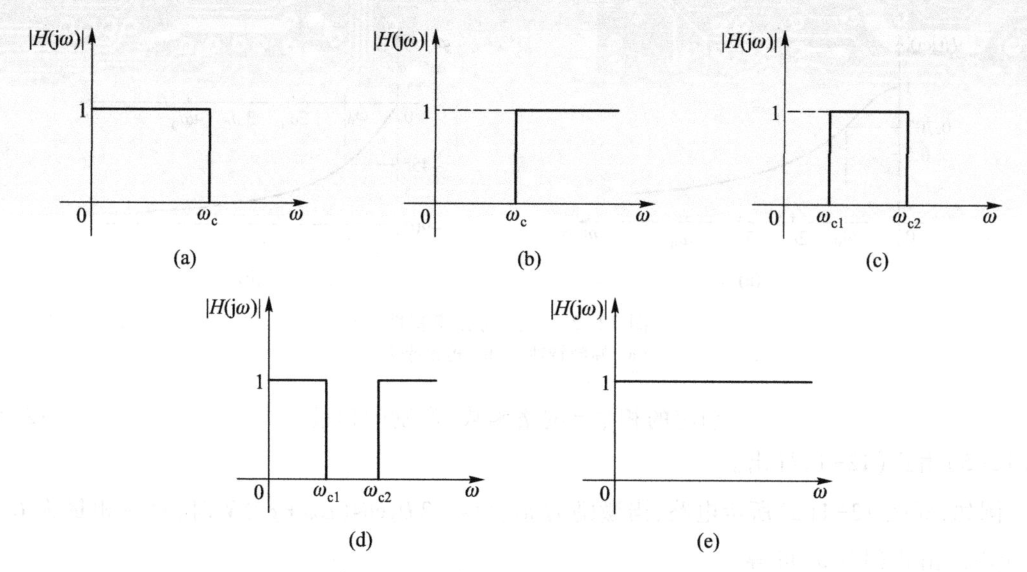

图 12-3　五种理想滤波器的幅频特性

(a) 低通滤波器　(b) 高通滤波器　(c) 带通滤波器　(d) 带阻滤波器　(e) 全通滤波器

有非平坦(全通滤波器除外)和渐变的特点,图 12-2(a)所示就展示了这一特点。

从图 12-2(a)所示的幅频特性可以看出,当 $\omega=0$ 时,$|H(\mathrm{j}\omega)|=1$,这说明信号中的直流分量可以完全通过;当 $\omega=1/(RC)$ 时,$|H(\mathrm{j}\omega)|=0.707$,说明频率为 $\omega=1/(RC)$ 的分量通过滤波器后幅度变为原来的 0.707,其功率变为原来的一半,因此 $\omega=1/(RC)$ 为半功率点频率,用 ω_c 表示,称为截止频率。由于 $(0,\omega_c)$ 频率范围内的信号通过电路后的衰减不到一半,工程上认为信号通过,故 $(0,\omega_c)$ 这段频率范围称为通频带;而 (ω_c,∞) 频率范围内的信号通过电路后的衰减超过一半,工程上认为信号没有通过,所以 (ω_c,∞) 的频率范围称为阻带。

由于图 12-1(a)所示电路的截止频率 ω_c 只与电路参数 R、C 有关,所以改变 R、C 就可以改变电路的低通特性。在实际滤波器的设计过程中,要根据截止频率的具体要求确定电路参数。

如果将图 12-1(a)电路中电阻两端的电压作为输出,该电路就是高通滤波电路,其相量模型如图 12-4(a)所示,网络函数为

$$H(\mathrm{j}\omega)=\frac{\dot{U}_2}{\dot{U}_1}=\frac{R\dot{I}}{\left(R+\frac{1}{\mathrm{j}\omega C}\right)\dot{I}}=\frac{\mathrm{j}\omega RC}{1+\mathrm{j}\omega RC}=\frac{\omega RC}{\sqrt{1+(\omega RC)^2}}\angle 90^\circ-\arctan(\omega RC) \tag{12-6}$$

幅频特性为

$$|H(\mathrm{j}\omega)|=\frac{\omega RC}{\sqrt{1+(\omega RC)^2}} \tag{12-7}$$

相频特性为

$$\varphi(j\omega)=90°-\arctan(\omega RC) \tag{12-8}$$

幅频特性曲线和相频特性曲线如图 12-4(b)和(c)所示。

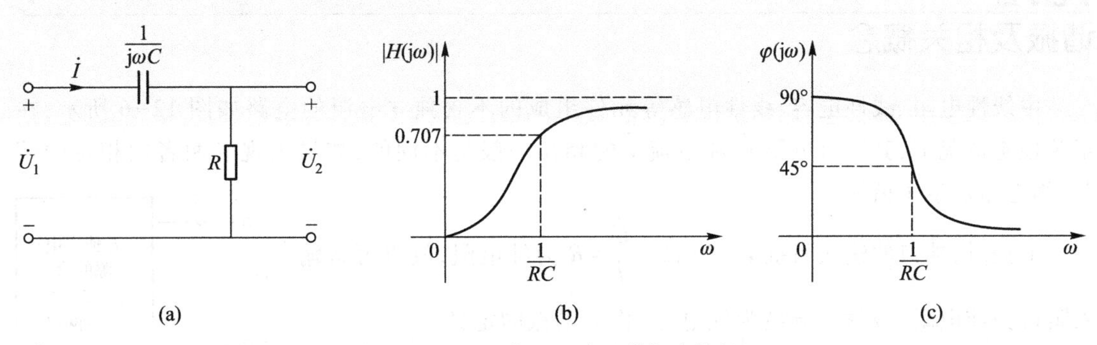

图 12-4　*RC* 高通电路及其频率特性

(a) 电路的相量模型　(b) 幅频特性曲线　(c) 相频特性曲线

可仅用电感和电容构成滤波器,如图 12-5(a)所示为一个低通滤波器,图中电感 L 对高频电流有抑制作用,电容 C 对高频电流起分流作用,这样,输出端中的高频电流分量就被大大削弱了,而低频电流则能顺利通过。图 12-4(b)所示是一个高通滤波器,图 12-4(c)所示是一个带通滤波器,而图 12-4(d)所示则是一个带阻滤波器。

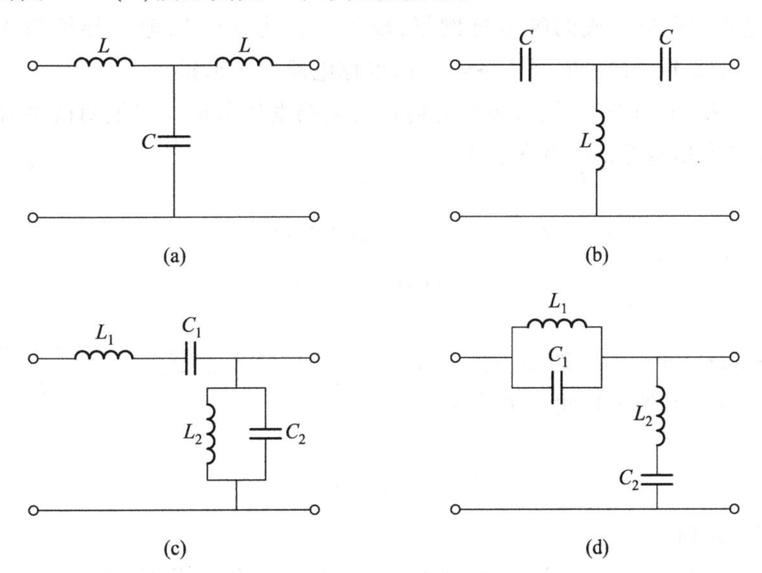

图 12-5　*LC* 元件构成的滤波电路

(a) 低通滤波器　(b) 高通滤波器　(c) 带通滤波器　(d) 带阻滤波器

本书 11.4 节中的例 11-6 中给出了另一种结构的 *LC* 低通滤波电路,并通过计算结果,说明了滤波效果。

12.2 谐振及相关概念

由线性电阻、线性电容、线性电感等元件组成的不含独立电源的电路如图 12-6 所示，在正弦稳态情况下，其端口电压 $\dot{U}$ 和电流 $\dot{I}$ 的相位一般是不同的，如果出现了两者同相位的情况，称电路发生了谐振。

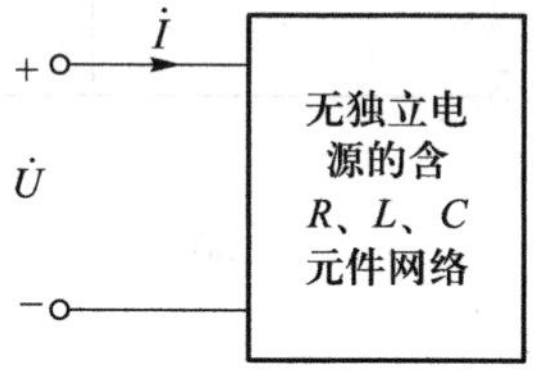

谐振时，端口的输入阻抗 $Z=R+\mathrm{j}X=\dfrac{\dot{U}}{\dot{I}}=R$ 为纯电阻，故也可将输入阻抗为纯电阻（或输入导纳为纯电导）作为谐振的定义。

$\dot{I}$

$+$

$\dot{U}$

$-$

无独立电源的含 R、L、C 元件网络

图 12-6　不含独立电源的一端口网络

谐振时，电路的输入阻抗呈纯电阻性，无功功率 $Q=UI\sin\varphi=0$。这说明电路与电源间仅存在能量的单向传输关系，不存在双向交换关系，电源输出的能量全部被电路内的电阻所消耗。

谐振是正弦稳态电路存在的一种特殊现象。发生谐振时，电路中某些支路（元件）上的电压或电流的幅值可能大于端口电压或电流的幅值，即出现"过电压"或"过电流"的情况。在工程实际中，需要根据不同的目的来利用或者避开谐振现象。

对于仅由电容和电感组成的纯电抗网络，输入阻抗为 $Z=\mathrm{j}X$，输入导纳为 $Y=\mathrm{j}B$。当 $Z=0$（对应 $|Y|\to\infty$）或 $Y=0$（对应 $|Z|\to\infty$）时，也称电路发生谐振。

例 12-1　电路如图 12-7 所示，频率为何值时电路发生谐振？并说明谐振时电路的表现。

解　图 12-7 所示电路的输入阻抗为

$$Z=-\mathrm{j}\frac{1}{\omega C_1}+\frac{\mathrm{j}\omega L\left(-\mathrm{j}\dfrac{1}{\omega C_2}\right)}{\mathrm{j}\omega L-\mathrm{j}\dfrac{1}{\omega C_2}}=-\mathrm{j}\frac{\omega^2LC_2+\omega^2LC_1-1}{\omega C_1(\omega^2LC_2-1)}$$

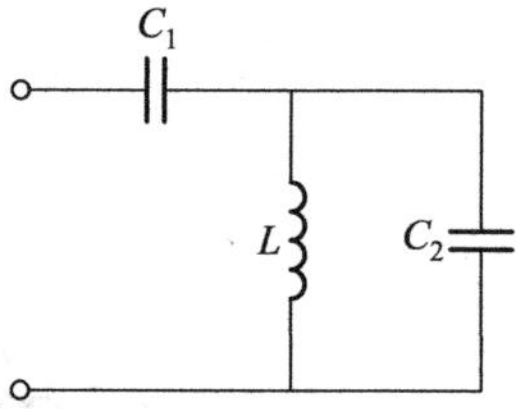

C_1

L

C_2

图 12-7　例 12-1 电路

当 $\omega^2LC_2+\omega^2LC_1-1=0$ 时，$Z=0$（对应 $|Y|\to\infty$），电路发生谐振，可得电路工作频率与元件参数间的关系为

$$\omega_1=\sqrt{\frac{1}{LC_1+LC_2}}$$

此时，电路相当于短路。

当 $\omega C_1(\omega^2LC_2-1)=0$ 时，$|Z|\to\infty$（对应 $Y=0$），电路发生谐振，可得电路工作频率与元件参数间的关系为

$$\omega_2=\frac{1}{\sqrt{LC_2}}$$

此时，电路相当于开路。

12.3 RLC 串联谐振电路

RLC 串联谐振电路是一种典型的谐振电路，其结构如图 12-8 所示。该电路的输入阻抗为

$$Z=\frac{\dot{U}}{\dot{I}}=R+\mathrm{j}\left(\omega L-\frac{1}{\omega C}\right)=|Z|\angle\varphi \tag{12-9}$$

当 $\omega L=\frac{1}{\omega C}$ 时，电感和电容串联部分相当于短路，阻抗角 $\varphi=0$，电压 $\dot{U}$ 和电流 $\dot{I}$ 同相，电路发生谐振。因 *RLC* 串联电路各元件为串联连接，故该类谐振称为串联谐振。谐振时电路的输入阻抗 $Z=R$ 为最小，电流 $\dot{I}_0=\frac{\dot{U}}{R}$ 达到最大。

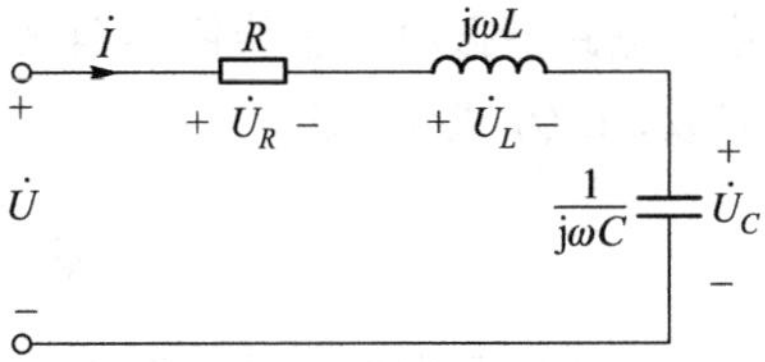

图 12-8　*RLC* 串联电路

RLC 串联电路发生谐振的充要条件是 $\omega L=\frac{1}{\omega C}$，可以通过改变电路参数 L 或 C，或调节外加电源的角频率 ω 来满足这一条件。对于 L 和 C 已经固定的电路，发生谐振时端口电源的角频率 ω_0 为

$$\omega_0=\frac{1}{\sqrt{LC}} \tag{12-10}$$

当电路参数 L 或 C 发生变化时，电路的谐振频率也随之改变。

RLC 串联电路达到谐振时，电路的感抗与容抗相等，即 $X_L=X_C$，其值为

$$\omega_0 L=\frac{1}{\omega_0 C}=\sqrt{\frac{L}{C}}=\rho \tag{12-11}$$

式中，ρ 是一个仅与电路参数有关而与频率无关的量，称为电路的特性阻抗。

RLC 串联电路的特征阻抗 ρ 与 R 之比定义为电路的品质因数，用 Q 表示，即

$$Q=\frac{\rho}{R}=\frac{1}{R}\sqrt{\frac{L}{C}}=\frac{\omega_0 L}{R}=\frac{1}{\omega_0 CR} \tag{12-12}$$

Q 是一个无量纲的纯数，能够反映谐振电路的性能。需要注意的是，字母 Q 也被用来表示无功功率，应根据 Q 出现的场合判断 Q 的具体含义。

图 12-8 所示电路发生串联谐振时，电阻电压 $\dot{U}_R=\dot{U}$，电感电压 $\dot{U}_L=\mathrm{j}\omega_0 L\dot{I}_0=\mathrm{j}\omega_0 L\frac{\dot{U}}{R}=\mathrm{j}Q\dot{U}$，电容电压 $\dot{U}_C=-\mathrm{j}\frac{1}{\omega_0 C}\dot{I}_0=-\mathrm{j}\frac{1}{\omega_0 C}\frac{\dot{U}}{R}=-\mathrm{j}Q\dot{U}$。可见，谐振时电阻电压与端口电压相同，电感电压和电容电压的大小均为端口电压的 Q 倍。由于电感电压和电容电压的大小相等，方向相反，

则 $\dot{U}_L+\dot{U}_C=0$,两者相互抵消,所以,串联谐振又称为电压谐振。图 12-9 所示为谐振时电路的相量图。

若电路的 Q 值较大,谐振时电容和电感上会得到远大于端口电压的电压。在电子技术和无线电工程等弱电系统中,常利用串联谐振的方法得到比激励电压高若干倍的响应电压。然而在电力工程等强电系统中,串联谐振产生的高压会造成设备损坏,因此在强电系统中要尽量避免谐振或接近谐振的情况出现。

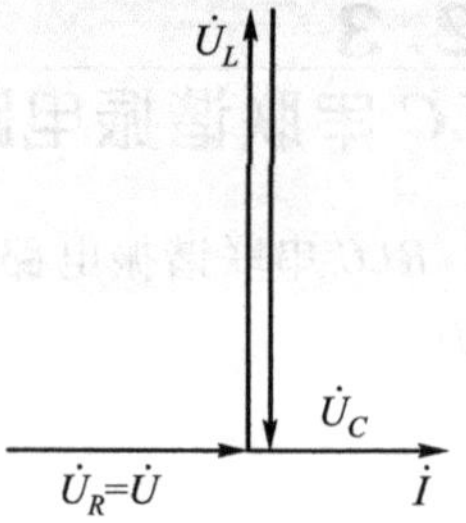

$\dot{U}_L$ $\dot{U}_C$ $\dot{U}_R=\dot{U}$ $\dot{I}$

图 12-9　*RLC* 串联电路谐振时的相量图

在实际工作中,通常用电感线圈和电容器串联组成串联谐振电路。电路谐振时电感线圈本身的电抗与电阻之比称为线圈的品质因数,用 Q_L 表示,即

$$Q_L=\frac{\omega_0 L}{R_L} \tag{12-13}$$

由于实际电容元件的损耗较小,其电阻效应可忽略不计,所以可认为实际谐振电路的电阻即是电感线圈的等效电阻,因此谐振电路的品质因数 Q 与谐振频率下电感线圈的品质因数 Q_L 一致。收音机中的电感线圈,其品质因数可达 200~300。

谐振状态下,电感和电容之间相互交换能量,电感和电容作为一个整体与电路中的其他部分没有能量交换关系,电感中储存的磁场能与电容中储存的电场能总和为一定值,下面给出证明。

设图 12-8 所示电路中端口电压 $\dot{U}=U\angle 0°$,则谐振时有 $\dot{I}=\frac{\dot{U}}{R}=\frac{U}{R}\angle 0°$,$\dot{U}_L=\mathrm{j}\omega L\dot{I}=\frac{\omega LU}{R}\angle 90°$,$\dot{U}_C=-\mathrm{j}\frac{1}{\omega C}\dot{I}=\frac{U}{\omega CR}\angle -90°$。设 $u=\sqrt{2}U\cos(\omega t)$,则 $i_L=i=\frac{u}{R}=\frac{1}{R}\sqrt{2}U\cos(\omega t)$,$u_C=\frac{1}{\omega CR}\sqrt{2}U\sin(\omega t)$,可得电容和电感储存的能量之和为

$$\begin{aligned}\frac{1}{2}C[u_C(t)]^2+\frac{1}{2}L[i_L(t)]^2&=\frac{1}{2}C\left[\frac{1}{\omega CR}\sqrt{2}U\sin(\omega t)\right]^2+\frac{1}{2}L\left[\frac{1}{R}\sqrt{2}U\cos(\omega t)\right]^2\\&=\frac{U^2}{\omega^2 CR^2}\sin^2(\omega t)+\frac{LU^2}{R^2}\cos^2(\omega t)=L\left(\frac{U}{R}\right)^2[\sin^2(\omega t)+\cos^2(\omega t)]=LI^2\end{aligned} \tag{12-14}$$

谐振时电阻在一个周期内消耗的能量为

$$PT=I^2RT=I^2R\frac{1}{f}=I^2R\frac{2\pi}{\omega}=I^2RL\frac{2\pi}{\omega L}=I^2L\frac{2\pi}{\omega L/R}=\frac{2\pi}{Q}LI^2 \tag{12-15}$$

该能量与谐振时电容和电感储存的总能量之间有 $\frac{2\pi}{Q}$ 倍的关系,可见 Q 是谐振电路一个很重要的参数。

12.4 RLC 串联谐振电路的频率特性

12.4.1 RLC 串联电路的电流谐振曲线

容易求得图 12-8 所示的 RLC 串联谐振电路的电流有效值为

$$I(\omega)=\frac{U}{\sqrt{R^2+\left(\omega L-\frac{1}{\omega C}\right)^2}} \tag{12-16}$$

把谐振频率 $\omega_0=\frac{1}{\sqrt{LC}}$和品质因数 $Q=\frac{\rho}{R}=\frac{\omega_0 L}{R}=\frac{1}{\omega_0 CR}$代入上式中，有

$$\begin{aligned} I(\omega)&=\frac{U}{\sqrt{R^2+\left(\omega L-\frac{1}{\omega C}\right)^2}}=\frac{U}{\sqrt{R^2+\left(\frac{\omega\omega_0 L}{\omega_0}-\frac{\omega_0}{\omega\omega_0 C}\right)^2}}\\ &=\frac{U}{\sqrt{R^2+\rho^2\left(\frac{\omega}{\omega_0}-\frac{\omega_0}{\omega}\right)^2}}=\frac{U}{R\sqrt{1+Q^2\left(\frac{\omega}{\omega_0}-\frac{\omega_0}{\omega}\right)^2}}\\ &=\frac{I_0}{\sqrt{1+Q^2\left(\frac{\omega}{\omega_0}-\frac{\omega_0}{\omega}\right)^2}} \end{aligned} \tag{12-17}$$

式中，$I_0=\frac{U}{R}$为谐振电流，从而可得

$$\frac{I}{I_0}=\frac{1}{\sqrt{1+Q^2\left(\frac{\omega}{\omega_0}-\frac{\omega_0}{\omega}\right)^2}}=\frac{1}{\sqrt{1+Q^2\left(\eta-\frac{1}{\eta}\right)^2}} \tag{12-18}$$

式中，$\eta=\frac{\omega}{\omega_0}$为频率比。式(12-15)表明了电流比$\frac{I}{I_0}$与频率比 $\eta=\frac{\omega}{\omega_0}$和品质因数 Q 的关系。

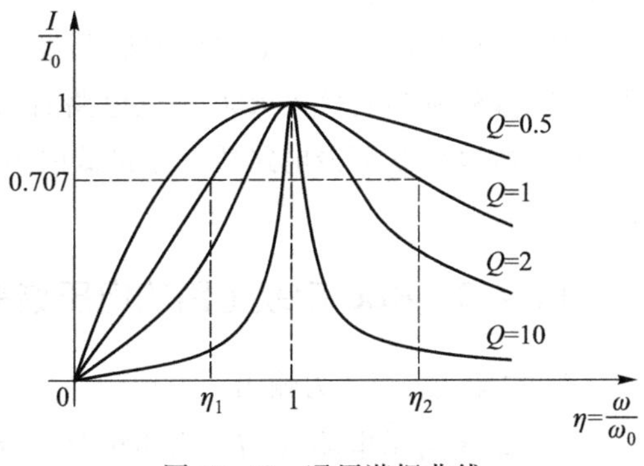

图 12-10 通用谐振曲线

图 12-10 绘出了不同 Q 值时的电流谐振曲线，由于曲线的横坐标与纵坐标都是相对量，故其适用于一切串联谐振电路，因而称之为通用谐振曲线。从通用谐振曲线可见，电路谐振时，

有$\frac{\omega}{\omega_0}=1$且$\frac{I}{I_0}=1$，电流达到最大值，这表明谐振电路对不同频率的信号具有选择性，这一特性在无线电技术中得到了广泛应用。

从谐振曲线图上可以看出，Q 值越高，曲线越尖锐。这说明信号频率 ω 偏离谐振频率 ω_0 时，Q 值越高的电路，电流的降低就越多，所以 Q 值越高，电路的选择性就越好。

$\frac{I}{I_0}=\frac{1}{\sqrt{2}}=0.707$ 所对应的两个频率 $\omega_2=\eta_2\omega_0$ 和 $\omega_1=\eta_1\omega_0$ 决定了谐振电路的通频带。由通用谐振曲线表达式可知，当$\frac{I}{I_0}=\frac{1}{\sqrt{2}}$时，$\frac{\omega}{\omega_0}-\frac{\omega_0}{\omega}=\pm\frac{1}{Q}$。令$\frac{\omega_1}{\omega_0}-\frac{\omega_0}{\omega_1}=-\frac{1}{Q}$，$\frac{\omega_2}{\omega_0}-\frac{\omega_0}{\omega_2}=\frac{1}{Q}$，可解得

$$\begin{cases}\omega_1=\omega_0\left[\sqrt{1+\left(\frac{1}{2Q}\right)^2}-\frac{1}{2Q}\right]\\ \omega_2=\omega_0\left[\sqrt{1+\left(\frac{1}{2Q}\right)^2}+\frac{1}{2Q}\right]\end{cases}\tag{12-19}$$

则带宽为

$$\Delta\omega=\omega_2-\omega_1=\frac{\omega_0}{Q}\tag{12-20}$$

或

$$\eta_2-\eta_1=\frac{1}{Q}\tag{12-21}$$

由上述讨论可见，带宽与电路的品质因数 Q 成反比，即 Q 值越高，通频带越窄，选择性越好。在实际中，谐振电路的通频带并非越窄越好，而是应具有合适的宽度，因为需要通过谐振电路的信号一般不会是单频信号，而会占有一定的带宽（人的语音信号带宽为 3000~4000 Hz），谐振电路必须有一定的通带宽度，才能较完整地接收输入信号，正如宽阔的道路才能通行大车一样。

应该指出的是，以上对串联谐振电路的分析是基于理想电压源做出的。如果信号源的内阻不能忽略，则当它接入 *RLC* 串联电路后，将增大电路的总电阻，从而降低电路的品质因数和选择性，所以串联谐振电路适宜连接低内阻的信号源。对高内阻的信号源，选频时宜采用并联谐振电路。

12.4.2 *RLC* 串联电路的电压谐振曲线

1. 电阻电压 $\dot{U}_R$ 为输出

图 12-8 所示电路，以 $\dot{U}_R$ 为输出时，网络函数为

$$H_R(\mathrm{j}\omega)=\frac{\dot{U}_R}{\dot{U}}=\frac{\dot{I}R}{\dot{I}_0R}=\frac{I}{I_0}\underline{/\varphi_R(\mathrm{j}\omega)}\tag{12-22}$$

可见网络函数的幅度频率特性与图 12-10 所示的通用谐振曲线完全相同。由此可知,以 $\dot{U}_R$ 为输出时,RLC 串联电路为一带通滤波电路。

2. 电容电压 $\dot{U}_C$ 为输出

图 12-8 所示电路中,以 $\dot{U}_C$ 为输出时,网络函数为 $H_C(\mathrm{j}\omega)=\dfrac{\dot{U}_C}{\dot{U}}$。把谐振频率 $\omega_0=\dfrac{1}{\sqrt{LC}}$和品质因数 $Q=\dfrac{\rho}{R}=\dfrac{\omega_0 L}{R}=\dfrac{1}{\omega_0 CR}$代入 $H_C(\mathrm{j}\omega)$ 中,则有

$$H_C(\mathrm{j}\omega)=\frac{\dot{U}_C}{\dot{U}}=\frac{\dfrac{1}{\mathrm{j}\omega C}}{R+\mathrm{j}\left(\omega L-\dfrac{1}{\omega C}\right)}=\frac{1}{(1-\omega^2 LC)+\mathrm{j}\omega CR}=\frac{1}{\left[1-\left(\dfrac{\omega}{\omega_0}\right)^2\right]+\mathrm{j}\dfrac{1}{Q}\left(\dfrac{\omega}{\omega_0}\right)} \tag{12-23}$$

网络函数的幅度频率特性和相位频率特性分别为

$$|H_C(\mathrm{j}\omega)|=\frac{1}{\sqrt{\left[1-\left(\dfrac{\omega}{\omega_0}\right)^2\right]^2+\dfrac{1}{Q^2}\left(\dfrac{\omega}{\omega_0}\right)^2}} \tag{12-24}$$

$$\varphi_C(\mathrm{j}\omega)=-\arctan\frac{1}{Q\left(\dfrac{\omega_0}{\omega}-\dfrac{\omega}{\omega_0}\right)} \tag{12-25}$$

当$\dfrac{\omega}{\omega_0}=0$ 时,$|H_C(\mathrm{j}\omega)|=1$,$\varphi_C(\mathrm{j}\omega)=0$;当$\dfrac{\omega}{\omega_0}=1$ 时,$|H_C(\mathrm{j}\omega)|=Q$,$\varphi_C(\mathrm{j}\omega)=-90°$;当$\dfrac{\omega}{\omega_0}\to\infty$时,$|H_C(\mathrm{j}\omega)|=0$,$\varphi_C(\mathrm{j}\omega)=-180°$,可见,对应电路为一低通电路。设品质因数 Q 分别等于 2、1、0.7,可画出幅度频率特性和相位频率特性曲线如图 12-11 所示。从图中可见,对应不同的 Q 值,$|H_C(\mathrm{j}\omega)|$ 曲线有的有峰值,有的没有峰值。由$\dfrac{\mathrm{d}|H_C(\mathrm{j}\omega)|}{\mathrm{d}\omega}=0$ 可求得 $|H_C(\mathrm{j}\omega)|$ 峰值出现的频率为 $\omega_C=\omega_0\sqrt{1-\dfrac{1}{2Q^2}}$,可见 $Q>\dfrac{1}{\sqrt{2}}$才能有峰值出现,并且峰值出现的频率低于谐振频率。

由图 12-11(a)可见,以 $\dot{U}_C$ 为输出,Q 较小、无峰值出现时,RLC 串联电路为一低通滤波电路;Q 较大、有峰值出现时,RLC 串联电路为具有电压放大作用的选频电路,不可归类为无源放大电路。下面给出一个对应的例子。

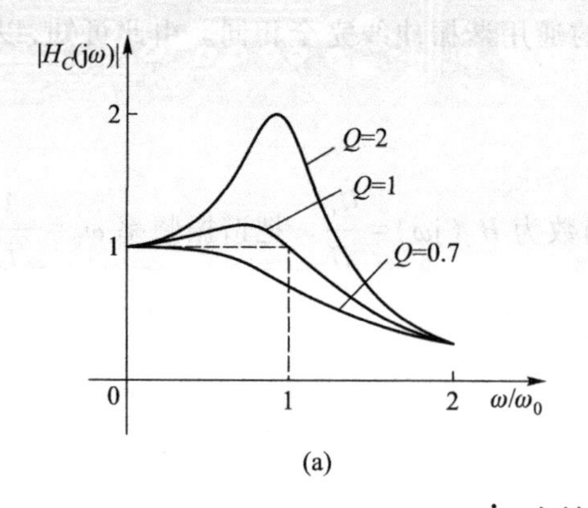

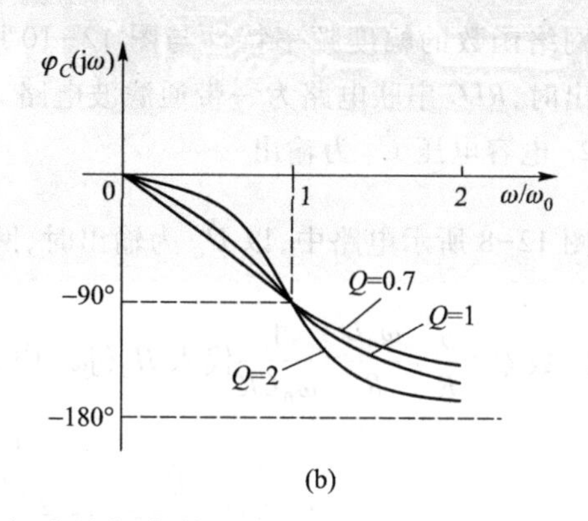

图 12-11 $\dot{U}_C$ 为输出时电路的频率特性

(a) 幅度频率特性曲线 (b) 相位频率特性曲线

例 12-2 图 12-12(a)所示为一调谐电路的示意图,选频回路的等效模型如图 12-12(b)所示,C 为可调电容,$R=2\ \Omega$,$L=5\ \mu H$。欲用该电路接收载波频率为 10 MHz、电压有效值为 $U=0.15$ mV 的信号。(1) 试求可调电容 C 的值、电路的 Q 值和谐振时的电流 I_0。(2) 当激励电压幅度不变而载波频率增加 10%时,电路电流 I 及电容电压 U_C 变为多少?

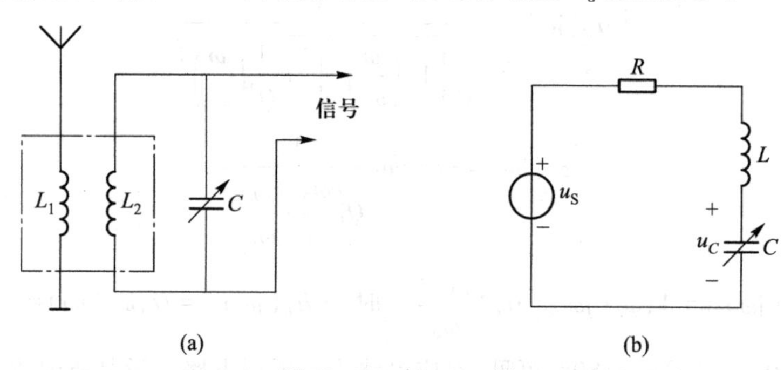

图 12-12 例 12-2 图

(a) 调谐电路的示意图 (b) 选频回路的等效模型

解 (1) 电路对频率为 10 MHz 的信号发生谐振可收到该信号,则可调电容的值应为

$$C_0=\frac{1}{\omega_0^2 L}=\frac{1}{(2\pi\times10\times10^6)^2\times5\times10^{-6}}\ \text{F}=50.7\ \text{pF}$$

电路的 Q 值为

$$Q=\frac{\rho}{R}=\frac{1}{R}\sqrt{\frac{L}{C}}=\frac{1}{2}\sqrt{\frac{5\times10^{-6}}{50.7\times10^{-12}}}=157$$

谐振电流为

$$I_0=\frac{U}{R}=\frac{0.15\times10^{-3}}{2}\ \text{mA}=0.075\ \text{mA}=75\ \mu\text{A}$$

电容电压为

$$U_{oc}=QU=(157\times0.15)\text{ mV}=23.55\text{ mV}$$

(2) 载波频率增加 10%,即 $f=(1+10\%)f_0=(1+10\%)\times10\text{ MHz}=11\text{ MHz}$,则

电容电抗为

$$X_C=\frac{1}{2\pi fC_0}=\frac{1}{2\pi\times11\times10^6\times50.7\times10^{-12}}\ \Omega=285.5\ \Omega$$

电感电抗为

$$X_L=2\pi fL=(2\pi\times11\times10^6\times5\times10^{-6})\ \Omega=345.4\ \Omega$$

RLC 串联阻抗为

$$|Z|=\sqrt{R^2+(X_L-X_C)^2}=\sqrt{2^2+(345.4-285.5)^2}\ \Omega=59.93\ \Omega$$

电流为

$$I=\frac{U}{|Z|}=\frac{0.5\times10^{-3}}{59.93}\text{ A}=2.5\ \mu\text{A}$$

电容电压为

$$U_C=IX_C=(2.5\times10^{-6}\times285.5)\text{ mV}=0.714\text{ mV}$$

谐振时,电容电压对输入电压的放大倍数为 23.55/0.15=157,电路对输入电压能有效放大;频率较谐振频率增加 10%时,电容电压对输入电压的放大倍数为 0.714/0.15=2.86,电路对输入电压放大作用已不明显。这一结果表明,相对于谐振频率而言,较小的频率偏移就会造成电容电压急剧减少,说明该接收电路的选择性较好。品质因数 $Q=157$ 也说明了这一情况。

3. 电感电压 $\dot{U}_L$ 为输出

以 $\dot{U}_L$ 为输出时,具体分析过程可参照以 $\dot{U}_C$ 为输出的过程进行。结果是 Q 较小时,*RLC* 串联电路为一高通滤波电路;Q 较大时,*RLC* 串联电路也为具有电压放大作用的选频电路,也是一种无源放大电路。

12.5 *RLC* 并联谐振电路

图 12-13 所示为典型的 *RLC* 并联谐振电路,其分析方法与 *RLC* 串联谐振电路相似。

对于 *RLC* 并联电路,从端口看其输入导纳为

$$Y=\frac{\dot{I}}{\dot{U}}=G+\text{j}\left(\omega C-\frac{1}{\omega L}\right)=|Y|\angle\varphi \qquad (12-26)$$

当 $\omega C=\frac{1}{\omega L}$时,电路发生谐振,称为并联谐振,谐振角频率为

$$\omega_0=\frac{1}{\sqrt{LC}} \qquad (12-27)$$

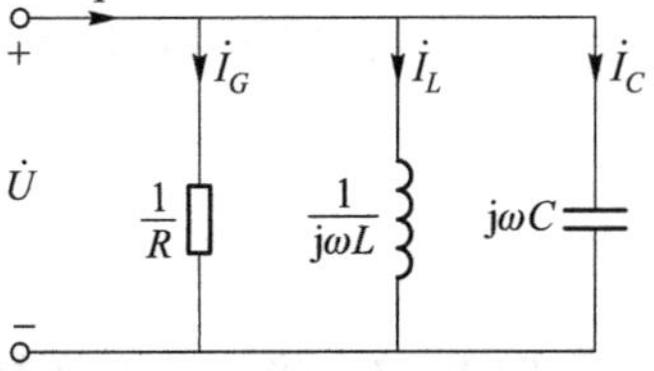

图 12-13 *RLC* 并联谐振电路

RLC 并联电路与 *RLC* 串联电路为对偶电路，通过直接分析或借助对偶性可知，电路发生并联谐振时有以下特点：

（1）谐振时电路呈电阻性，阻抗角 $\varphi=0$，电路 *LC* 并联组合部分相当于开路，电路的输入导纳最小，即 $Y=\dfrac{1}{R}=G$。若电路接电压源，谐振时电路端口电流最小，并等于电阻支路中的电流，即 $I=GU=\dfrac{U}{R}$。

（2）并联谐振电路的品质因数 $Q=\dfrac{1}{G}\sqrt{\dfrac{C}{L}}=\dfrac{1}{\omega_0 LG}=\dfrac{\omega_0 C}{G}$。谐振时，$\dot{I}_L=-\mathrm{j}Q\dot{I}$，$\dot{I}_C=\mathrm{j}Q\dot{I}$，即电容电流和电感电流的大小均为端口电流的 Q 倍。当 Q 值很高时，I_L 和 I_C 将远大于端口电流 I。

（3）谐振时电感电流 $\dot{I}_L$ 与电容电流 $\dot{I}_C$ 大小相等，方向相反，$\dot{I}_L+\dot{I}_C=0$，二者相互抵消，所以并联谐振又称为电流谐振。

（4）谐振时电路的无功功率 $UI\sin\varphi=0$，电感中储存的磁场能与电容中储存的电场能之和为一定值，即 $W=W_L+W_C=\dfrac{1}{2}Li_L^2+\dfrac{1}{2}Ci_C^2=CU^2$。

RLC 并联电路的谐振曲线可根据对偶性由 *RLC* 串联电路的谐振曲线得到。

实际的并联谐振电路通常是由实际电感线圈与电容器并联构成的，不考虑电容耗能，其电路模型如图 12-14 所示。该电路的输入导纳为

$$Y=\frac{1}{R+\mathrm{j}\omega L}+\mathrm{j}\omega C=\frac{R}{R^2+\omega^2L^2}-\mathrm{j}\frac{\omega L}{R^2+\omega^2L^2}+\mathrm{j}\omega C \quad (12-28)$$

电路谐振时，导纳应为纯电导，即 Y 的虚部为零，要求

$$\frac{\omega L}{R^2+\omega^2L^2}-\omega C=0 \quad (12-29)$$

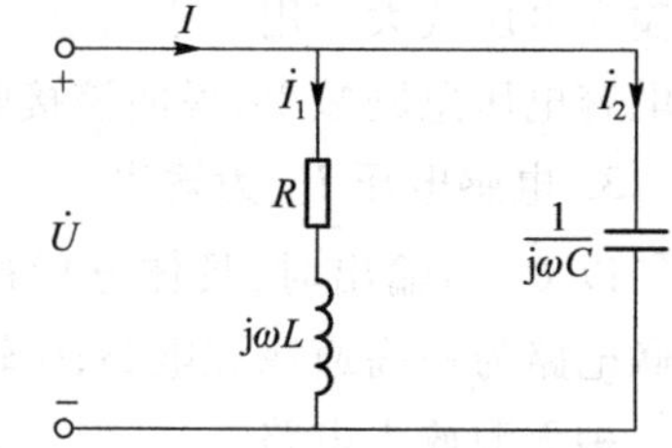

图 12-14　实际并联谐振电路模型

由此解得谐振角频率与电路参数的关系为

$$\omega=\sqrt{\frac{1}{LC}-\frac{R^2}{L^2}}=\frac{1}{\sqrt{LC}}\sqrt{1-\frac{CR^2}{L}} \quad (12-30)$$

若 $1-\dfrac{CR^2}{L}>0$，即 $R<\sqrt{\dfrac{L}{C}}$，ω 为实数，电路可发生谐振。若 $R>\sqrt{\dfrac{L}{C}}$，ω 为虚数，电路不可能发生谐振。

谐振时，图 10-14 所示电路的输入导纳为

$$Y=\frac{R}{R^2+\omega^2L^2}=\frac{R}{R^2+\left(\dfrac{1}{LC}-\dfrac{R^2}{L^2}\right)L^2}=\frac{CR}{L} \quad (12-31)$$

例 12-3　将一个等效参数为 $R=2\ \Omega$、$L=40\ \mu\mathrm{H}$ 的实际电感线圈与电容器并联，电容器的等效参数为 $C=1\ \mathrm{nF}$，求此并联电路的谐振频率及谐振时的输入阻抗。

解 谐振角频率为

$$\omega=\sqrt{\frac{1}{LC}-\frac{R^2}{L^2}}=\frac{1}{\sqrt{LC}}\sqrt{1-\frac{CR^2}{L}}$$

$$=\sqrt{\frac{1}{40\times10^{-6}\times10^{-9}}-\frac{4}{16\times10^{-10}}}\ \text{rad/s}\approx\sqrt{\frac{1}{40\times10^{-15}}}=5\times10^{6}\ \text{rad/s}$$

谐振时的输入导纳为

$$Y=\frac{CR}{L}=\frac{1\times10^{-9}\times2}{40\times10^{-6}}\ \text{S}=5\times10^{-5}\ \text{S}$$

故谐振时的输入阻抗为

$$Z=\frac{1}{Y}=\frac{1}{5\times10^{-5}}\ \Omega=2\times10^{4}\ \Omega=20\ \text{k}\Omega$$

例 12-4 分析图 12-15 所示电路的谐振情况，并求出谐振频率及谐振时的输入阻抗。

解 图示电路的输入阻抗为

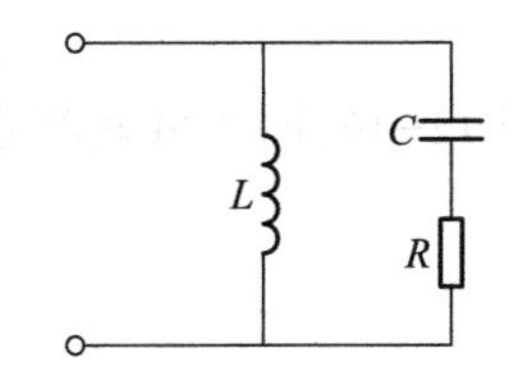

图 12-15 例 12-4 电路

$$Z=\text{j}\omega L//\left(R-\text{j}\frac{1}{\omega C}\right)=\frac{\text{j}\omega L\left(R-\text{j}\frac{1}{\omega C}\right)}{R+\text{j}\left(\omega L-\frac{1}{\omega C}\right)}$$

$$=\frac{R\omega^2L^2}{R^2+\left(\omega L-\frac{1}{\omega C}\right)^2}+\text{j}\frac{\omega R^2L-\frac{\omega L^2}{C}+\frac{L}{\omega C^2}}{R^2+\left(\omega L-\frac{1}{\omega C}\right)^2}$$

上式虚部为零时 $\omega R^2L-\frac{\omega L^2}{C}+\frac{L}{\omega C^2}=0$，可求得谐振角频率为 $\omega=\frac{1}{\sqrt{LC-R^2C^2}}$，此时，电路的输入阻抗为一纯电阻，即

$$Z=\frac{R\omega^2L^2}{R^2+\left(\omega L-\frac{1}{\omega C}\right)^2}=\frac{L}{RC}$$

若 $LC-R^2C^2<0$，即 $L-R^2C<0$，或 $R>\sqrt{\frac{L}{C}}$，该电路不可能有谐振状态出现。

例 12-5 图 12-16(a)所示电路中，已知 $C=0.5\ \mu\text{F}$，$L_1=2\ \text{H}$，$L_2=1\ \text{H}$，$M=0.5\ \text{H}$，$R=1000\ \Omega$，$u_S=150\sqrt{2}\cos(1000t+60°)\ \text{V}$。求电容支路的电流 i_C。

解 耦合电感 L_1 与 L_2 为同名端相接，用消互感方法，将电路化为无互感等效电路，如图 12-16(b)所示。因为

$$\frac{1}{\omega C}=\frac{1}{1000\times0.5\times10^{-6}}\ \Omega=2000\ \Omega$$

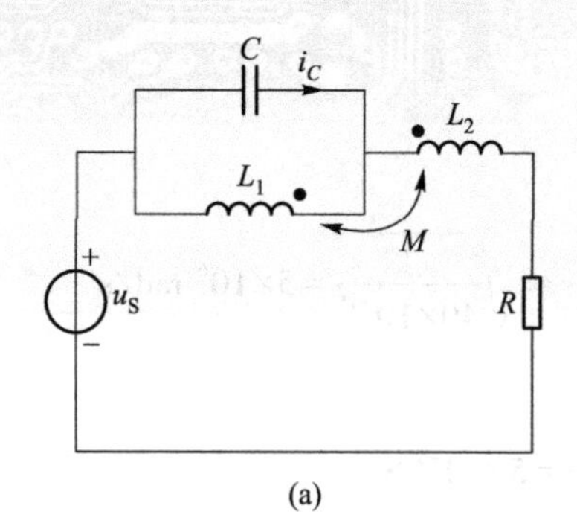

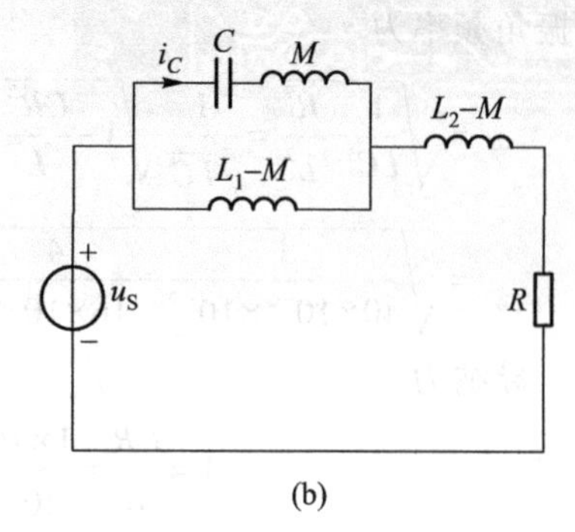

图 12-16　例 12-5 电路

（a）原电路　（b）消互感后电路

$$\omega M = 1000\times0.5\ \Omega = 500\ \Omega$$

$$\omega(L_1-M) = [1000(2-0.5)]\ \Omega = 1500\ \Omega$$

$$\omega(L_2-M) = [1000(1-0.5)]\ \Omega = 500\ \Omega$$

图 12-16(b)中并联部分电路的阻抗为

$$Z = \frac{\left(-\mathrm{j}\dfrac{1}{\omega C}+\mathrm{j}\omega M\right)\mathrm{j}\omega(L_1-M)}{\left(-\mathrm{j}\dfrac{1}{\omega C}+\mathrm{j}\omega M\right)+\mathrm{j}\omega(L_1-M)}$$

$$= \frac{(-\mathrm{j}2000+500)\mathrm{j}1500}{-\mathrm{j}2000+\mathrm{j}500+\mathrm{j}1500}\rightarrow\infty\ (\Omega)$$

$Z\rightarrow\infty$ 说明电路中出现了并联谐振。由分压公式可知，此时电源电压全部加在并联部分的电路上，因此，i_C 所在支路上的电压即为电源电压，因此有

$$\dot{I}_C = \frac{\dot{U}_S}{-\mathrm{j}\dfrac{1}{\omega C}+\mathrm{j}\omega M} = \frac{150\angle 60^\circ}{-\mathrm{j}2000+\mathrm{j}500}\ \mathrm{A} = \frac{150\angle 60^\circ}{-\mathrm{j}1500}\ \mathrm{A}$$

$$= 0.1\angle 150^\circ\ \mathrm{A}$$

所以

$$i_C = 0.1\sqrt{2}\cos(1000t+150^\circ)\ \mathrm{A}$$

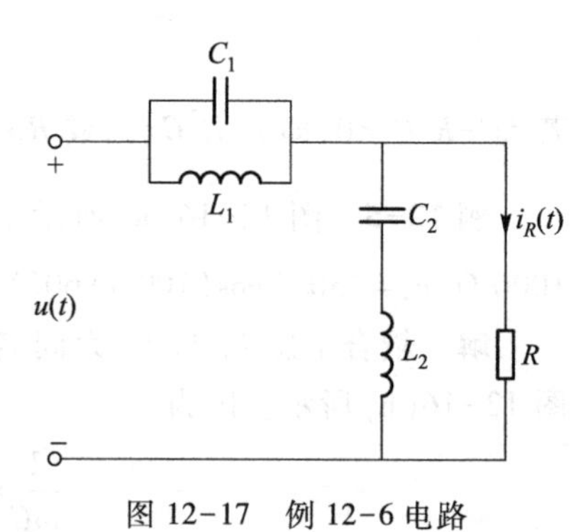

图 12-17　例 12-6 电路

例 12-6　图 12-17 所示电路中，已知 $\omega L_1 = 100\ \Omega$，$\dfrac{1}{\omega C_1} = 400\ \Omega$，$\omega L_2 = 100\ \Omega$，$\dfrac{1}{\omega C_2} = 100\ \Omega$，$R = 60\ \Omega$，外加电压 $u(t) = [60+90\cos(\omega t+90^\circ)+40\cos(2\omega t+90^\circ)]\mathrm{V}$，求电阻 R 中的电流 $i_R(t)$。

解　对这种具有电容和电感串、并联环节的电路，首先应分析电容和电感所组成的串、并联支路是否对各次谐波发生谐振。

因为 $\omega L_2=\dfrac{1}{\omega C_2}=100\ \Omega$，说明由 C_2 和 L_2 组成的串联支路对基波分量发生串联谐振，该支路对基波分量相当于短路；又因为 $2\omega L_1=\dfrac{1}{2\omega C_1}=200\ \Omega$，说明由 L_1 和 C_1 组成的并联支路对 2 次谐波分量发生并联谐振，该支路对 2 次谐波分量相当于开路。基于上述两个因素，$u(t)$ 中的基波分量和 2 次谐波分量均对电阻 R 不起作用，所以

$$i_{R(1)}=0,\quad i_{R(2)}=0$$

$u(t)$ 中的直流分量在电阻 R 中产生的电流为

$$I_R=\frac{U_{(0)}}{R}=\frac{60}{60}\ \text{A}=1\ \text{A}$$

通过本例可以看出，判断出电路发生谐振后，利用电路谐振的特点，可以大大简化计算过程。

12.6 对数频率特性曲线与波特图

电路的频率特性曲线除了可用如图 12-2 所示的形式表示外，还可采用对数坐标绘制，方法是将横轴用 $\lg\omega$ 表示，幅频特性的纵轴用 $20\lg|H(\mathrm{j}\omega)|$ 表示（单位为分贝），相频特性的纵轴不变。由此画出的图形称为对数频率特性曲线。

根据式(12-3)，图 12-1 所示低通电路的对数幅频特性为

$$20\lg|H(\mathrm{j}\omega)|=-20\lg\sqrt{1+(\omega/\omega_0)^2}\tag{12-32}$$

与相频特性式 $\varphi(\mathrm{j}\omega)=-\arctan(\omega/\omega_0)$ 联立可知：① 当 $\omega\leqslant0.1\omega_0$ 时，$20\lg|H(\mathrm{j}\omega)|\approx0$ dB，$\varphi(\mathrm{j}\omega)\approx0°$；② 当 $\omega=\omega_0$ 时，$20\lg|H(\mathrm{j}\omega_0)|=-20\lg\sqrt{2}=-3$ dB，$\varphi(\mathrm{j}\omega_0)=-45°$；③ 当 $\omega\geqslant10\omega_0$ 时，$20\lg|H(\mathrm{j}\omega)|\approx-20\lg(\omega/\omega_0)$ dB，$\varphi(\mathrm{j}\omega)\approx-90°$。由此可画出如图 12-18(a) 中虚线所示的低通电路的对数频率特性曲线，对应电路如图 12-1 所示。采用同样方法，可画出如图 12-18(b) 中虚线所示的高通电路的对数频率特性曲线，对应电路如图 12-4(a) 所示。

若将对数频率特性曲线用分段折线表示，即将对数频率特性曲线在不同频段内的曲线用直线近似代替，使曲线局部线性化，整个曲线折线化，所得即为波特图。波特图是对数频率特性曲线的一种近似表示。

如对图 12-1 和图 12-4(a) 所示的低通和高通电路，采用分段折线法画出的对数频率特性曲线如图 12-18 中实线所示，此即波特图。

用波特图表示电路的频率特性，既简洁又便于绘制，所以获得了广泛的应用。不过，与对数频率特性曲线相比，波特图上的频率特性存在误差，误差主要出现在折线转折点附近区域。如图 12-18 中，幅频特性误差主要发生在 $\omega=\omega_0$ 附近，在 $\omega=\omega_0$ 处的误差达到最大，为 3 dB。

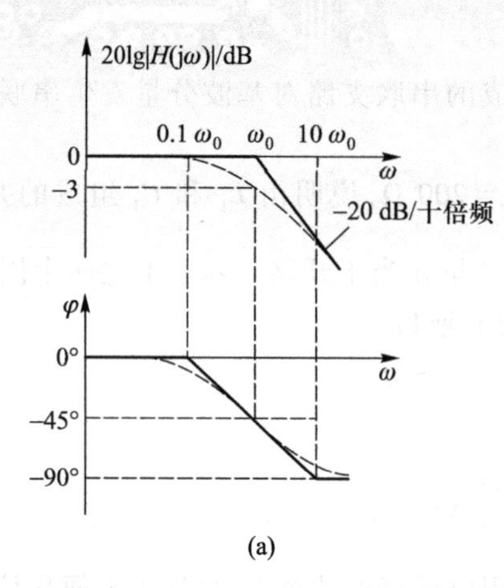

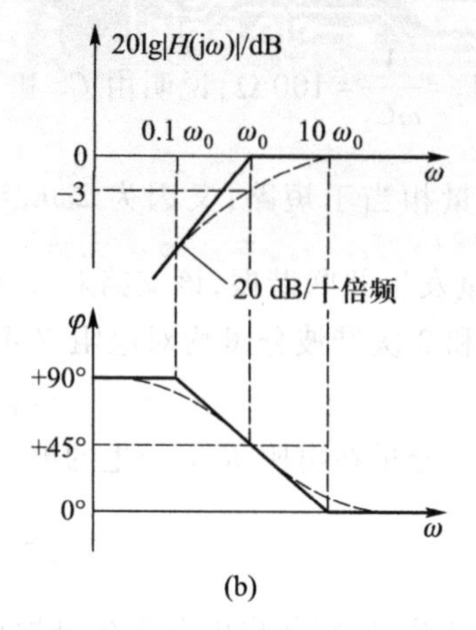

图 12-18 电路的频率特性

（a）低通电路的频率特性 （b）高通电路的频率特性

图 12-18 所示的幅频特性具有阻带内每十倍频衰减 20 dB 的特点，这是巴特沃思型滤波器具有的特点。其他类型的滤波器如契比雪夫型、椭圆型等，阻带内的衰减特性更好，但通带内的特性不如巴特沃思型。实际工作中设计滤波器的过程是先根据需要选定滤波器类型，然后再设计出对应电路。

习题

第 12 章 习题答案

12-1 如题 12-1 图所示电路是由电阻 R 与电感 L 串联组成的。如果以 $\dot{U}_1$ 为输入相量，$\dot{U}_2$ 为输出相量，试求电路的频率特性、截止频率，并判断电路的性质，大致画出幅频特性曲线。

12-2 求题 12-2 图所示电路的网络函数 $H(\mathrm{j}\omega)=\dfrac{\dot{U}_R(\mathrm{j}\omega)}{\dot{U}(\mathrm{j}\omega)}$ 及其截止频率，并指出通带范围。

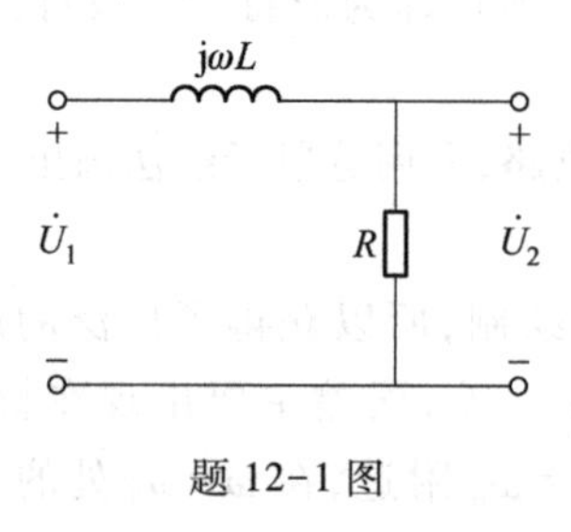

题 12-1 图

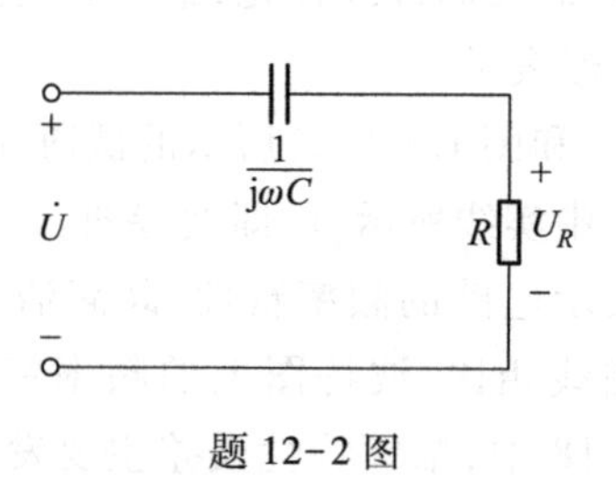

题 12-2 图

12-3　已知电路如题 12-3 图所示，求网络函数 $H(\mathrm{j}\omega)=\dfrac{\dot{U}_2(\mathrm{j}\omega)}{\dot{U}_1(\mathrm{j}\omega)}$，并定性画出幅频特性和相频特性曲线。

12-4　题 12-4 图所示电路，在什么条件下输入阻抗 $Z(\mathrm{j}\omega)$ 为不变的实数(即在任何频率下端口电压与端口电流波形相似)，求出 $Z(\mathrm{j}\omega)$ 的表达式。

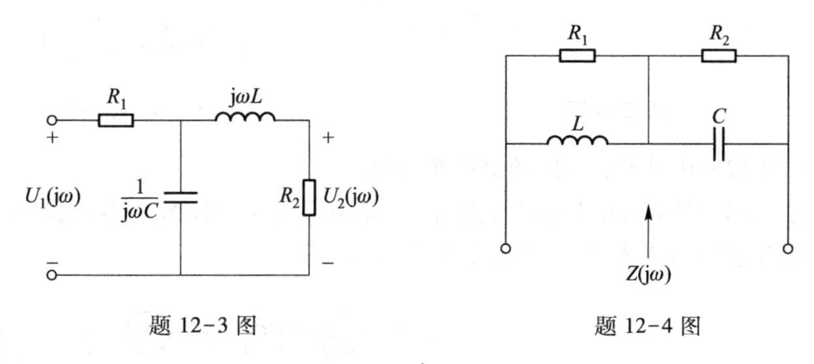

题 12-3 图　　　　题 12-4 图

12-5　求题 12-5 图所示电路的网络函数 $\dfrac{\dot{U}_2(\mathrm{j}\omega)}{\dot{U}_1(\mathrm{j}\omega)}$，该电路具有高通特性还是低通特性？

12-6　求题 12-6 图所示电路的转移电压比 $H(\mathrm{j}\omega)=\dfrac{\dot{U}_2(\mathrm{j}\omega)}{\dot{U}_1(\mathrm{j}\omega)}$，当 $R_1C_1=R_2C_2$ 时，此电路特性如何？

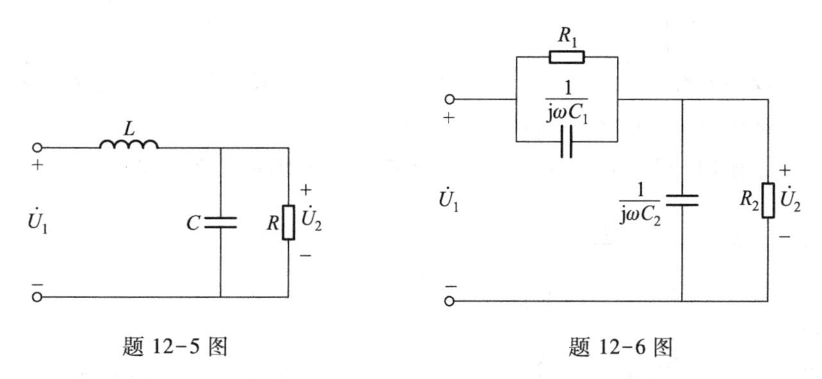

题 12-5 图　　　　题 12-6 图

12-7　RLC 串联电路中，$R=150\ \Omega$，$L=8.78\ \mu\mathrm{H}$，$C=2000\ \mathrm{pF}$，试求电路电流滞后于外加电压 45°的频率。在何种频率时电流超前外加电压 45°？

12-8　题 12-8 图所示电路仅由电感和电容构成，试求谐振角频率，并说明谐振时电路的表现。

12-9　在题 12-9 图所示电路中，$L_1=0.01\ \mathrm{H}$，$L_2=0.02\ \mathrm{H}$，$C=20\ \mu\mathrm{F}$，$R=10\ \Omega$，$M=0.01\ \mathrm{H}$。求两个电感在顺接串联和反接串联时的谐振角频率 ω_0。

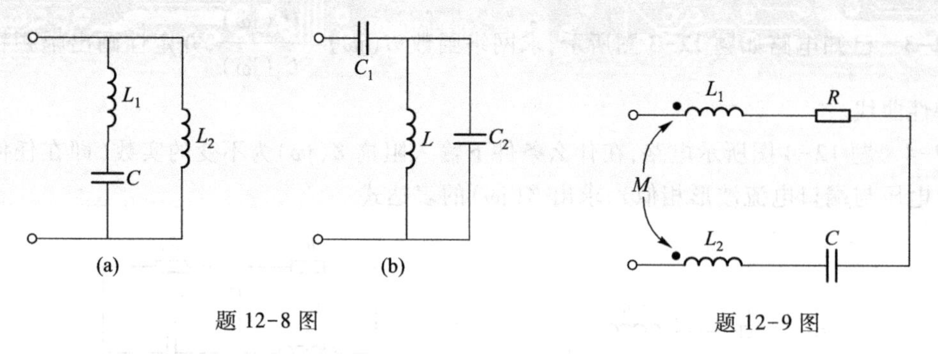

题 12-8 图　　　　题 12-9 图

12-10　求题 12-10 图所示电路的谐振角频率。

12-11　题 12-11 图所示正弦稳态电路中，已知电流表Ⓐ的读数为零，端电压 u 的有效值 $U=200\ \text{V}$。求电流表A_4的读数（电流表读数为有效值）。

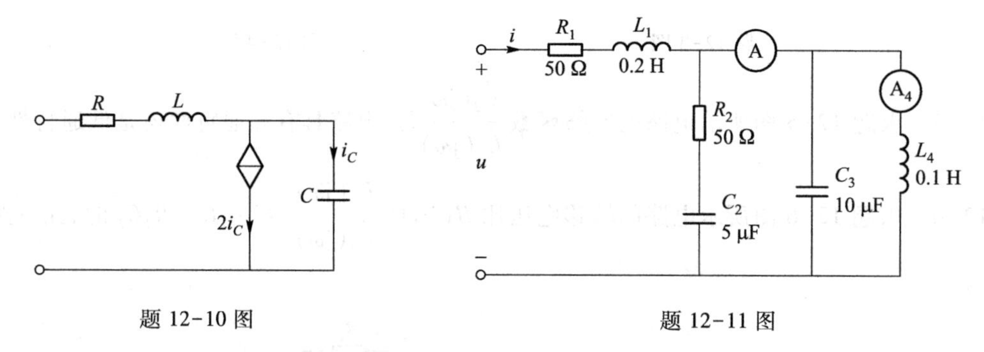

题 12-10 图　　　　题 12-11 图

12-12　题 12-12 图所示电路中，$L=2\ \text{mH}$，$C=7.75\ \mu\text{F}$，$R=10\ \Omega$。求电路谐振时的导纳模 $|Y_0|$ 以及 $\omega_1=8\times10^3\ \text{rad/s}$ 时的导纳模 $|Y_1|$。

12-13　求出题 12-13 图所示电路的串联谐振及并联谐振角频率的表达式。

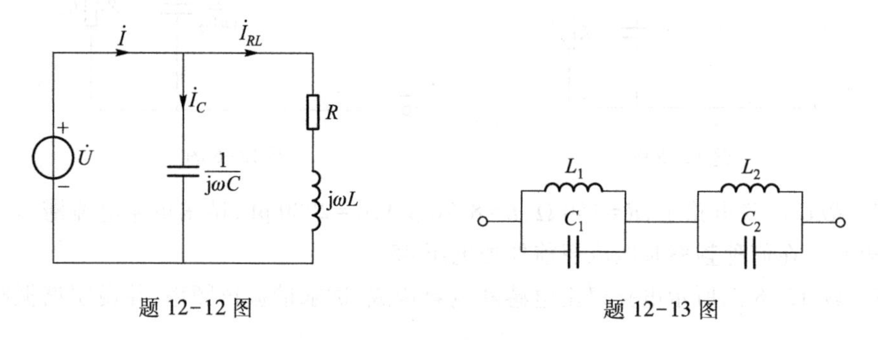

题 12-12 图　　　　题 12-13 图

12-14　题 12-14 图所示为滤波电路，要求负载中不含基波分量，但 $4\omega_1$ 的谐波分量能全部传送至负载。如 $\omega_1=1000\ \text{rad/s}$，$C=1\ \text{uF}$，求 L_1 和 L_2。

12-15　题 12-15 图所示电路中，$u_S(t)$ 为非正弦周期电压，其中含有 $3\omega_1$ 和 $7\omega_1$ 的谐波分量。如果要求在输出电压 $u(t)$ 中不含这两个谐波分量，L 和 C 应为多少？

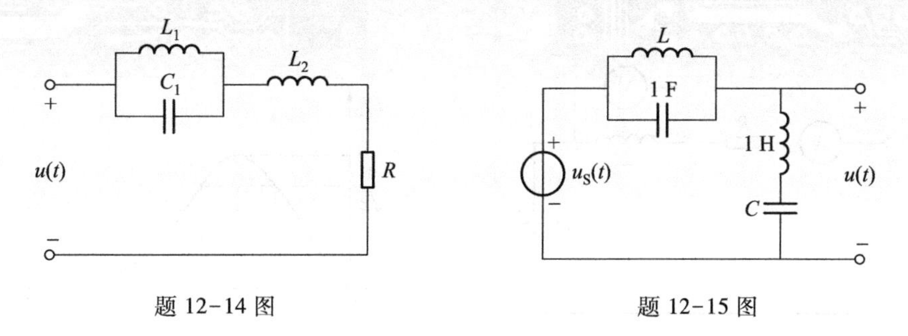

题 12-14 图　　题 12-15 图

12-16　已知题 12-16 图中，$i_S=[30+90\sqrt{2}\cos\omega_1 t+90\sqrt{2}\cos(3\omega_1 t+90°)]\text{mA}$，$R_1=R_2=5\ \Omega$，基波 $X_{L_1}=\dfrac{X_{C_1}}{9}=5\ \Omega$，3 次谐波作用时 $X_{L_2}(3\omega_1)=9X_{C_2}(3\omega_1)=30\ \Omega$，求各表读数。

12-17　RLC 串联电路的端电压 $u=10\sqrt{2}\cos(2500t+10°)\text{ V}$，当 $C=8\ \mu\text{F}$ 时，电路吸收的功率为最大且 $P_{\max}=100\text{ W}$。(1) 试求电感 L 和 Q 值。(2) 作出电路以及电路的相量图。

12-18　RLC 串联电路中，$R=10\ \Omega$，$L=1\text{ H}$，电源频率为 50 Hz 时端电压为 100 V，电流为 10 A。如果把 R、L、C 改成并联接到同一电源上，求各并联支路的电流。

12-19　题 12-19 图所示正弦交流电路中，电流源有效值为 $I_S=1\text{ A}$，初相位为 0。调节电源频率，使电压 u 达到最大值，此时 $R=5\ \Omega$、$L=2\ \mu\text{H}$、$C=5\text{ mF}$。求 i_S、u、i_R、i_L、i_C 及品质因数 Q，并画出相量图。

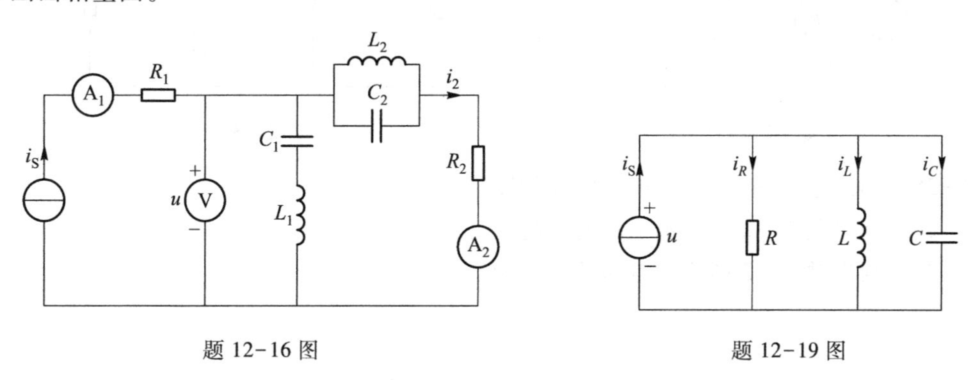

题 12-16 图　　题 12-19 图

12-20　题 12-20 图所示电路中，已知 $u_S(t)=2\sqrt{2}\cos(10^4t+20°)\text{ V}$，调节电容 C，可使得电流达到最大值 $I_{\max}=0.5\text{ A}$，电感两端电压为 200 V。(1) 求 R、L、C 和品质因数 Q。(2) 若使电路的谐振频率调节范围为 6~15 kHz，求可变电容 C 的调节范围。

12-21　RLC 串联电路中，已知电感 $L=320\ \mu\text{H}$，若要求电路的谐振频率覆盖无线电广播中波频率(从 550 Hz 到 1.6 MHz)。试求可变电容 C 的变化范围。

12-22　为了测定某一线圈的参数 R、L 及其品质因数 Q，将线圈与一个 $C=199\text{ pF}$ 的电容串联进行实验，由实验所得的谐振曲线如题 12-22 图所示。其谐振频率 f_0 为 800 kHz，通频带的边界频率分别为 796 kHz 及 804 kHz，试求：(1) 电路的品质因数 Q 值。(2) 线圈的电感及电阻。

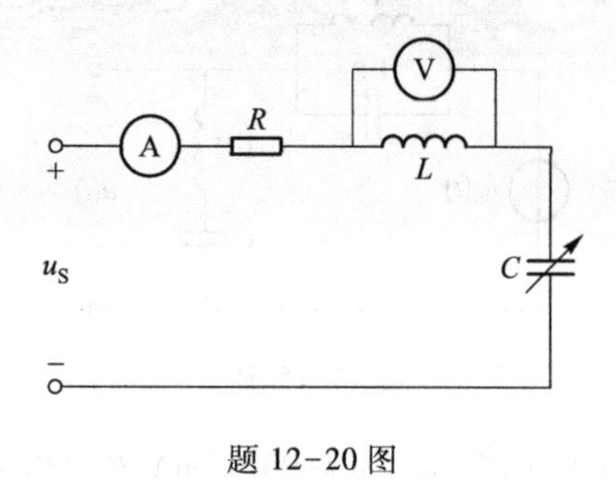

题 12-20 图

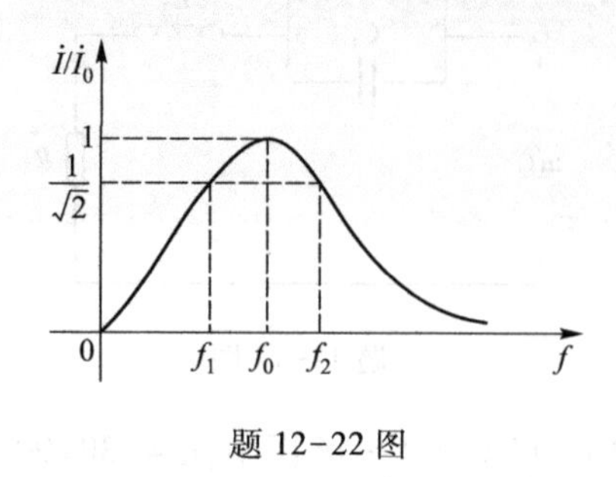

题 12-22 图

12-23　试证明题 12-23 图所示电路的 $H_R(\mathrm{j}\omega)=\dfrac{\dot{I}_R(\mathrm{j}\omega)}{\dot{I}_S(\mathrm{j}\omega)}$ 是一带通函数。若要求其谐振频率 $f_0=1\ \mathrm{MHz}$，带宽 $\Delta f=10\ \mathrm{kHz}$，且 $R=10\ \mathrm{k\Omega}$，试求 L 和 C。

12-24　如题 12-24 图所示谐振电路，已知谐振回路本身的 $Q_0=40$，信号源内阻 $R_i=40\ \mathrm{k\Omega}$，$C=100\ \mathrm{pF}$，$L=100\ \mu\mathrm{H}$。(1) 求谐振频率 f_0 及电路通频带。(2) 当接上负载 $R_L=40\ \mathrm{k\Omega}$ 时，电路通频带有何变化？

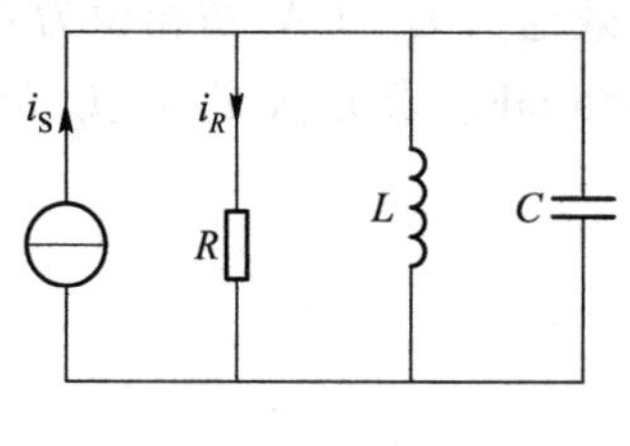

题 12-23 图

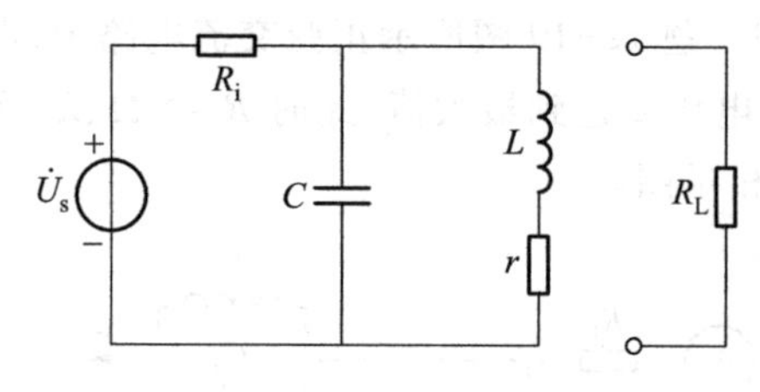

题 12-24 图

12-25　画出题 12-1 图所示电路的波特图。

12-26　画出题 12-2 图所示电路的波特图。

12-27　画出题 12-3 图所示电路的波特图。

第 13 章

一阶电路的时域分析

内容提要 本章介绍一阶动态电路的时域分析方法。具体内容包括:单位冲激函数和换路定理、动态电路的初始条件、*RC* 电路的时域分析、*RL* 电路的时域分析、一阶电路的三要素法、单位阶跃函数和一阶电路的阶跃响应、一阶电路的冲激响应、正弦激励时一阶电路的零状态响应。

13.1 单位冲激函数和换路定理

13.1.1 单位冲激函数

单位冲激函数又称为狄拉克函数,它是一种奇异函数,其定义为

$$\begin{cases}\delta(t)=\begin{cases}0, & t\neq 0\\ \infty, & t=0\end{cases}\\ \int_{-\infty}^{\infty}\delta(t)\,\mathrm{d}t=1\end{cases}\quad 或\quad \begin{cases}\delta(t)=\begin{cases}0, & t\neq 0\\ \infty, & t=0\end{cases}\\ \int_{0_-}^{0_+}\delta(t)\,\mathrm{d}t=1\end{cases}\tag{13-1}$$

单位冲激函数 $\delta(t)$ 可看作是单位矩形脉冲函数 $p_\Delta(t)$ 的极限情况。

单位矩形脉冲函数 $p_\Delta(t)$ 如图 13-1(a)所示。它的高度为$\frac{1}{\Delta}$,宽度为 Δ,面积为 $\Delta\cdot\frac{1}{\Delta}=1$,其数学表达式为

$$p_\Delta(t)=\begin{cases}0, & t<-\frac{\Delta}{2}\\ \frac{1}{\Delta}, & -\frac{\Delta}{2}<t<\frac{\Delta}{2}\\ 0, & \frac{\Delta}{2}<t\end{cases}\tag{13-2}$$

若保持面积为 1 不变而使脉冲宽度变窄,则脉冲高度增大。当脉冲宽度 $\Delta\to 0$ 时,脉冲高度$\frac{1}{\Delta}\to\infty$。在此极限情况下,就可得到宽度趋于零、高度趋于无限大但面积仍为 1 的脉冲,这

就是单位冲激函数 $\delta(t)$ 对应的情况，即

$$\lim_{\Delta\to 0} p_{\Delta}(t)=\delta(t) \tag{13-3}$$

$\delta(t)$ 通常用一个出现在 $t=0$ 处的粗体箭头表示，旁边注明"1"，表明冲激函数的强度(面积)为"1"，如图 13-1(b)所示。若冲激函数强度为 K，则箭头旁边应注明 K，此时冲激函数为 $K\delta(t)$。

$\delta(t-t_0)$ 表示在 $t=t_0$ 处的单位冲激函数，称为延迟单位冲激函数，如图 13-1(c)所示，$K\delta(t-t_0)$ 表示一个强度为 K、发生在 t_0 时刻的冲激函数。

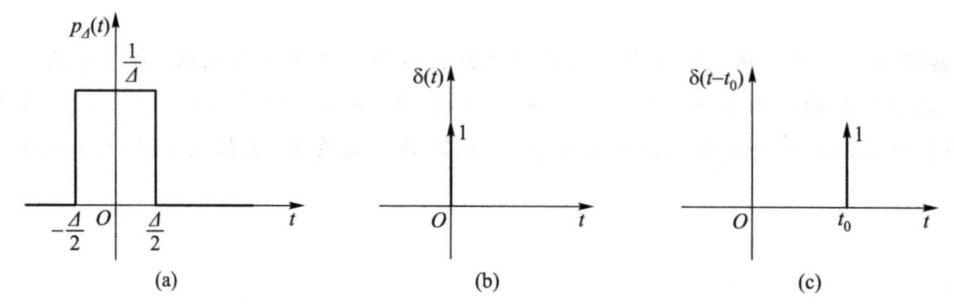

图 13-1 单位矩形脉冲函数和单位冲激函数

(a) 单位矩形脉冲函数 (b) 单位冲激函数 (c) 延迟单位冲激函数

因为 $t\neq t_0$ 时 $\delta(t-t_0)=0$，所以对在 $t=t_0$ 时连续的任意函数 $f(t)$，将有

$$f(t)\delta(t-t_0)=f(t_0)\delta(t-t_0) \tag{13-4}$$

于是

$$\int_{-\infty}^{+\infty} f(t)\delta(t-t_0)\,\mathrm{d}t=f(t_0) \tag{13-5}$$

式(13-4)称为单位冲激函数的"筛分"性质，或称为取样性质。

单位冲激函数的微分称为单位冲激偶，记为 $\delta'(t)$，它由一正一负两个冲激构成，正冲激出现在 $t=0_-$ 时刻，负冲激出现在 $t=0_+$ 时刻。

13.1.2 电容元件的换路定理

描述动态电路的方程是微分方程，求解方程需要待求量的初始值，也称为初始条件，而初始条件的确定需要用到换路定理。

换路是指电路的结构或参数发生改变，通常表现为开关的动作。

电容的换路定理细分为电容电压不变定理、电容电压跳变定理，其内容和证明如下所示。

(1) 电容电压不变定理

若 $t=0$ 换路时电容电流为有限值，则换路前后电容电压保持不变。写成数学公式有

$$u_C(0_+)=u_C(0_-) \tag{13-6}$$

(2) 电容电压跳变定理

若 $t=0$ 换路时电容电流为无穷大，则换路前后电容电压不相等，出现跳变，即

$$u_C(0_+)\neq u_C(0_-) \tag{13-7}$$

若换路时电容电流为冲激函数 $\delta(t)$，其单位为 A，并设电容电压单位为 V，电容单位为 F，则换路前后电容电压的关系为

$$u_C(0_+)=u_C(0_-)+\frac{1}{C} \tag{13-8}$$

（3）电容换路定理的证明

关联方向下电容元件的 VCR 为

$$u_C(t)=u_C(0_-)+\frac{1}{C}\int_{0_-}^{t} i_C(\xi)\mathrm{d}\xi \tag{13-9}$$

设 $t=0$ 换路时电容电流 $i(0)=K$ 为有限值，令 $t=0_+$，则有

$$u_C(0_+)=u_C(0_-)+\frac{1}{C}\int_{0_-}^{0_+} i_C(\xi)\mathrm{d}\xi=u_C(0_-)+\frac{1}{C}\int_{0_-}^{0_+} K\mathrm{d}\xi=u_C(0_-) \tag{13-10}$$

若换路时电容电流为无穷大，设电流为冲激函数 $\delta(t)$，其单位为 A，并设电容电压单位为 V，电容单位为 F，则换路前后电容电压关系为

$$u_C(0_+)=u_C(0_-)+\frac{1}{C}\int_{0_-}^{0_+} i_C(\xi)\mathrm{d}\xi=u_C(0_-)+\frac{1}{C}\int_{0_-}^{0_+} \delta(\xi)\mathrm{d}\xi=u_C(0_-)+\frac{1}{C} \tag{13-11}$$

由此可知

$$u_C(0_+)\neq u_C(0_-) \tag{13-12}$$

动态电路中，因出现冲激电流的情况少见，故一般使用电容电压不变定理。少数情况下若出现了冲激电流，才可能使用电容电压跳变定理。电容电压跳变定理经常逆向应用，即如果出现了电容电压跳变，则可断定电路中有冲激电流出现。

电容电压跳变在实际电路中不会出现，但有些实际现象可近似看成电容电压跳变，如实际电容电压在极短时间间隔内发生快速变化，当把极短时间间隔看成为零时，实际问题就转化为了电容电压跳变问题。

对图 13-2(a)所示电路，开关在 $t=0$ 时动作，可知 $u_C(0_-)=0$。$t>0$ 后电路如图 13-2(b)所示，根据 KVL，可知 $u_C(0_+)=U_S\neq u_C(0_-)$，电容电压出现跳变，说明电路中出现了冲激电流。对此可做如下分析。

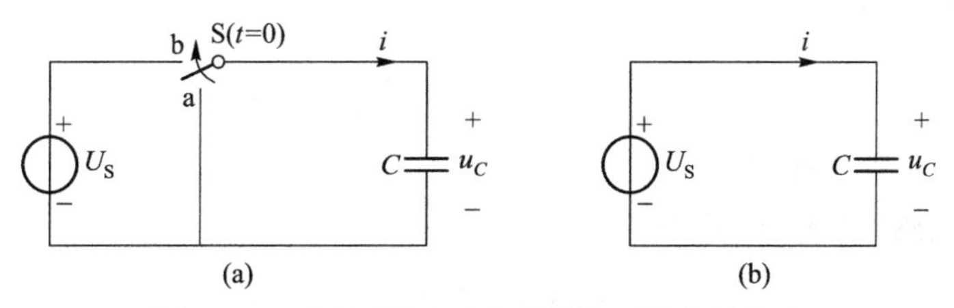

图 13-2　出现冲激电流和电容电压跳变的电路

(a) 原电路　(b) 开关动作后电路

因 $t=0_+$ 时电容储存的电荷为 $q(0_+)=Cu_C(0_+)=CU_S$，所以开关动作时的电流为

$$i(0)=\left.\frac{\mathrm{d}q}{\mathrm{d}t}\right|_{t=0}=\lim_{\Delta t\to 0}\left.\frac{\Delta q}{\Delta t}\right|_{t=0}=\lim_{\Delta t\to 0}\frac{q(0_+)-q(0_-)}{\Delta t}=\lim_{\Delta t\to 0}\frac{CU_S}{\Delta t}=CU_S\delta(t) \tag{13-13}$$

可见换路瞬间电路中确实出现了冲激电流，使得换路前后电容电压发生跳变。

对图 13-3 所示电路，有 $u_C(0_+)=u_C(0_-)$。该电路不会出现电容电压跳变的情况，原因何在？可用反证法说明原因。假设电容电压出现跳变，则电容上会有冲激电流出现，而据 $u_R=Ri$ 可知，电阻上会出现冲激电压，但因电压源电压 U_S 和电容电压 u_C 均为有限值，将导致 KVL 不能满足的情况出现，所以假设错误，故电容电压不会跳变。

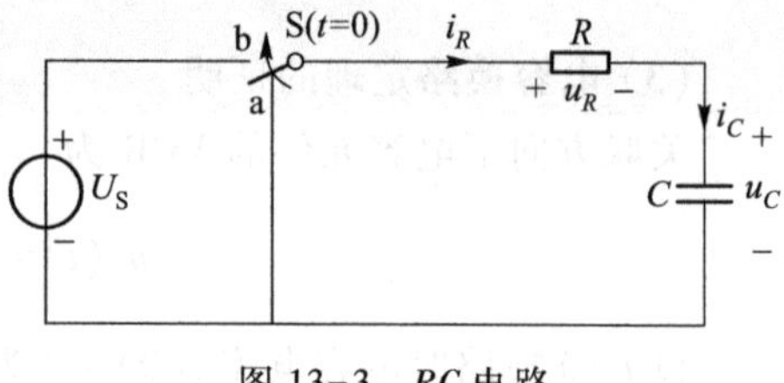

图 13-3　*RC* 电路

一般来讲，若换路后不存在仅由电容（或电容与电压源）构成的回路，则换路前后电容电压不会跳变；但若换路后存在仅由电容（或电容与电压源）构成的回路，则换路前后电容电压有可能跳变。如图 13-2 所示电路，换路导致电路结构中出现了由电容与电压源构成的回路，出现了电容电压跳变现象。

电容电压不变定理在许多文献中被称为电容的换路定则或换路定律。

13.1.3　电感元件的换路定理

电感的换路定理细分为电感电流不变定理、电感电流跳变定理，其内容和证明如下所示。

(1) 电感电流不变定理

若 $t=0$ 换路时电感电压为有限值，则换路前后电感电流保持不变，即

$$i_L(0_+)=i_L(0_-) \tag{13-14}$$

(2) 电感电流跳变定理

若 $t=0$ 换路时电感电压为无穷大，则换路前后电感电流出现跳变，即

$$i_L(0_+)\neq i_L(0_-) \tag{13-15}$$

若换路时电感电压为冲激函数 $\delta(t)$，其单位为 V，并设电感电流单位为 A，电感单位为 H，则换路前后电感电流关系为

$$i_L(0_+)=i_L(0_-)+\frac{1}{L} \tag{13-16}$$

(3) 电感换路定理的证明

关联方向下电感元件的 VCR 为

$$i_L(t)=i_L(0_-)+\frac{1}{L}\int_{0_-}^{t}u_L(\xi)\,\mathrm{d}\xi \tag{13-17}$$

设 $t=0$ 换路时电感电压 $u_L(0)=K$ 为有限值，令 $t=0_+$，则有

$$i_L(0_+)=i_L(0_-)+\frac{1}{L}\int_{0_-}^{0_+}u_L(\xi)\,\mathrm{d}\xi=i_L(0_-)+\frac{1}{L}\int_{0_-}^{0_+}K\mathrm{d}\xi=i_L(0_-) \tag{13-18}$$

若换路时电感电压为无穷大，设电压为冲激函数 $\delta(t)$，其单位为 V，并设电感电流单位为 A，电感单位为 H，则换路前后电感电流关系为

$$i_L(0_+)=i_L(0_-)+\frac{1}{L}\int_{0_-}^{0_+}u_L(\xi)\,\mathrm{d}\xi=i_L(0_-)+\frac{1}{L}\int_{0_-}^{0_+}\delta(\xi)\,\mathrm{d}\xi=i_L(0_-)+\frac{1}{L} \tag{13-19}$$

所以

$$i_L(0_+)\neq i_L(0_-) \tag{13-20}$$

动态电路中，一般使用电感电流不变定理，电感电流跳变定理使用机会不多。电感电流跳变定理经常反过来使用，即若出现了电感电流跳变的情况，则可判断电路中出现了冲激电压。

电感电流跳变在实际电路中不会发生，但有些实际现象可近似看成是电感电流跳变，如实际载流导线突然断开，电流实际是连续变化的，但因为变化时间短，若忽略时间间隔，就可近似认为出现跳变。

一般来讲，若电路换路后不存在仅由电感（或电感与电流源）构成的节点，则电感电流不会跳变；若换路后存在仅由电感（或电感与电流源）构成的节点，则电感电流有可能跳变。这一结论，也可通过对偶原理，从电容元件关联的结论导出。这里的节点还可扩展为割集，割集的概念将在第 17 章中介绍。

电感电流不变定理在许多文献中被称为电感的换路定则或换路定律。

13.2 动态电路的初始条件

动态电路中，电容电压 $u_C(t)$ 和电感电流 $i_L(t)$ 比较特殊，被称为电路的状态变量，它们也是独立的电路变量。知道了 $u_C(t)$ 和 $i_L(t)$ 后，结合激励，就可方便地求出电路中的任何电压和电流。

电路换路后在 $t=0_+$ 时支路或元件上的电压、电流称为电路的初始条件。而 $u_C(t)$、$i_L(t)$ 是电路的状态变量，故 $u_C(0_+)$、$i_L(0_+)$ 被称为电路的初始状态。通过由换路前已达到稳定工作状态的电路或 $t=0_-$ 时的等效电路可确定 $u_C(0_-)$ 和 $i_L(0_-)$。在 $u_C(0_-)$ 和 $i_L(0_-)$ 已知的情况下，电路的初始状态一般可根据电容电压不变定理 $u_C(0_+)=u_C(0_-)$ 和电感电流不变定理 $i_L(0_+)=i_L(0_-)$ 确定。

在理想电路中，可能出现电容电压跳变和电感电流跳变的情况，若已知换路瞬间的电容电流和电感电压，可通过电容和电感的 VCR 求出初始状态 $u_C(0_+)$ 和 $i_L(0_+)$，但很多时候，初始状态须通过电荷守恒原理和磁链守恒原理确定。

所谓电荷守恒，是指在一般情况下若干相互连接的电容组成的局部电路，其在换路前后储存的电荷为一常量；所谓磁链守恒，是指在一般情况下若干相互连接（或发生联系）的电感组成的局部电路其在换路前后储存的磁链为一常量。

对 $u_C(t)$ 和 $i_L(t)$ 以外的其他变量，如电容电流 $i_C(t)$、电阻电压 $u_R(t)$ 等，它们的初始值需通过 $t=0_+$ 时的等值电路确定。构造 $t=0_+$ 时等值电路的方法为：将电容用值为 $u_C(0_+)$ 的电压源表示，电感用值为 $i_L(0_+)$ 的电流源表示，电路的其他部分不变。等值电路仅在 $t=0_+$ 时成立，相当于直流激励下的电阻电路。

例 13-1 图 13-4(a)所示电路在开关动作前已处于稳态，试求开关闭合后电容电压的初始值和各支路电流的初始值。

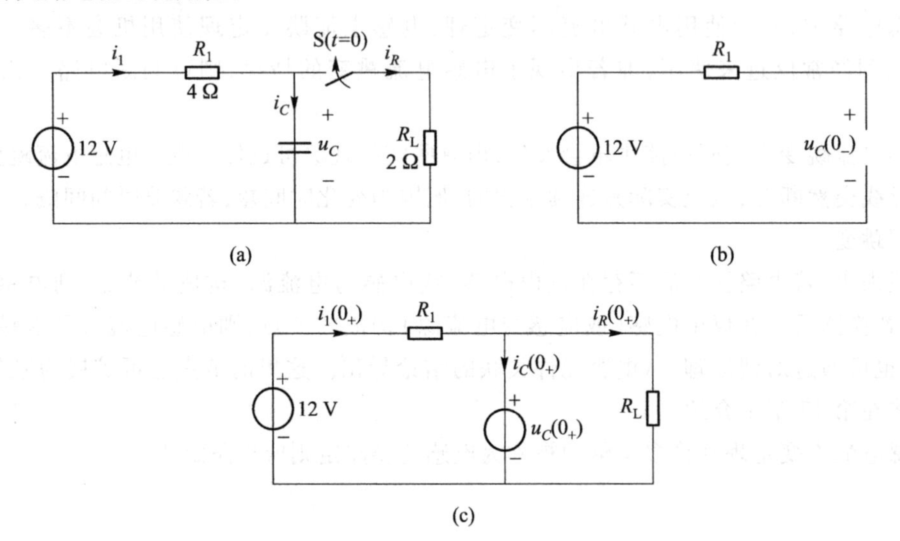

图 13-4 例 13-1 电路

(a) 原电路 (b) $t=0_-$ 时的等效电路 (c) $t=0_+$ 时的等效电路

解 稳态时电容电压不再变化，电容电流为零，电容相当于断开。由此可得 $t=0_-$ 时的等效电路如图 13-4(b)所示，可知

$$u_C(0_-)=12\text{ V}$$

开关闭合后不存在仅由电容(或电容与电压源)构成的回路，故电容电压不应跳变。应用电容电压不变定理可得

$$u_C(0_+)=u_C(0_-)=12\text{ V}$$

换路后 $t=0_+$ 时的等效电路如图 13-4(c)所示，可得

$$i_1(0_+)=\frac{12-u_C(0_+)}{R_1}=\frac{12-12}{4}\text{ A}=0\text{ A}$$

$$i_R(0_+)=\frac{u_C(0_+)}{R_L}=\frac{12}{2}\text{ A}=6\text{ A}$$

$$i_C(0_+)=i_1(0_+)-i_R(0_+)=-6\text{ A}$$

例 13-2 图 13-5(a)所示电路已稳定，其中 $C_1=0.5\text{ F}$，$C_2=C_3=1\text{ F}$。$t=0$ 时开关闭合，求开关闭合后的等效电路，并求各电容电压的初始值。

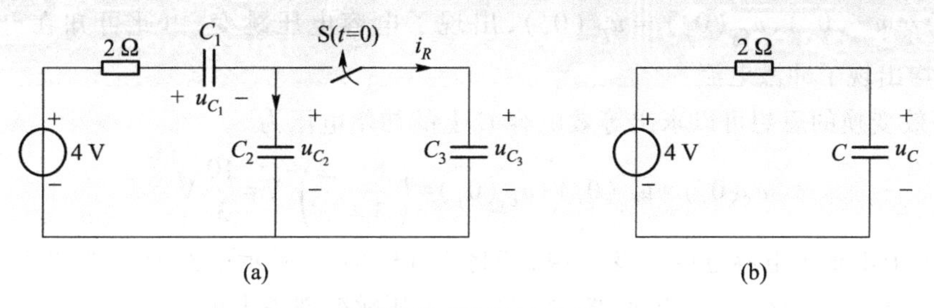

图 13-5　例 13-2 电路
(a) 原电路　(b) 等效电路

解　开关闭合后等效电路如图 13-5(b)所示。等效电容 C 满足

$$\frac{1}{C}=\frac{1}{C_1}+\frac{1}{C_2+C_3}$$

代入数值后可以求得 $C=0.4\ \mathrm{F}$。

开关闭合前有

$$u_{C_1}(0_-)+u_{C_2}(0_-)=4\ \mathrm{V}$$

因电容 C_1 和 C_2 上的电荷相等，故有

$$C_1u_{C_1}(0_-)=C_2u_{C_2}(0_-)$$

即

$$0.5\times u_{C_1}(0_-)=1\times u_{C_2}(0_-)$$

由此解出

$$u_{C_1}(0_-)=\frac{8}{3}\ \mathrm{V},\quad u_{C_2}(0_-)=\frac{4}{3}\ \mathrm{V}$$

$t=0$ 时开关闭合后，因电容 C_1 所在回路中有电阻，由电容电压不变定理可得

$$u_{C_1}(0_+)=u_{C_1}(0_-)=\frac{8}{3}\ \mathrm{V}$$

$t=0$ 时开关闭合后，电容 C_2 和 C_3 构成了纯电容回路，电容电压有可能跳变。由电荷守恒原理可知，开关闭合前后 C_2 和 C_3 储存的电荷之和不变，即有

$$C_2u_{C_2}(0_+)+C_3u_{C_3}(0_+)=C_2u_{C_2}(0_-)+C_3u_{C_3}(0_-)$$

即

$$u_{C_2}(0_+)+u_{C_3}(0_+)=\frac{4}{3}\ \mathrm{V}$$

由 KVL 可知

$$u_{C_2}(0_+)=u_{C_3}(0_+)$$

由此解出

$$u_{C_2}(0_+)=u_{C_3}(0_+)=\frac{2}{3}\ \mathrm{V}$$

$u_{C_2}(0_+)\neq u_{C_2}(0_-)$、$u_{C_3}(0_+)\neq u_{C_3}(0_-)$，出现了电容电压跳变，由此可知在开关闭合时 C_2 和 C_3 中均出现了冲激电流。

根据等效变换的思想可以求出等效电容 C 上的初始电压为

$$u_C(0_+)=u_{C_1}(0_+)+u_{C_2}(0_+)=\left(\frac{8}{3}+\frac{2}{3}\right)\ \mathrm{V}=\frac{10}{3}\ \mathrm{V}$$

例 13-2 中出现了电容电压跳变现象，若将图 13-5(a) 所示电路改为如图 13-6 所示电路，由于开关动作后不存在纯电容回路，故无电容电压跳变现象出现。

例 13-3 如图 13-7 所示电路已处于稳定状态，$t=0$ 时开关动作，求开关打开后电路的初始状态。

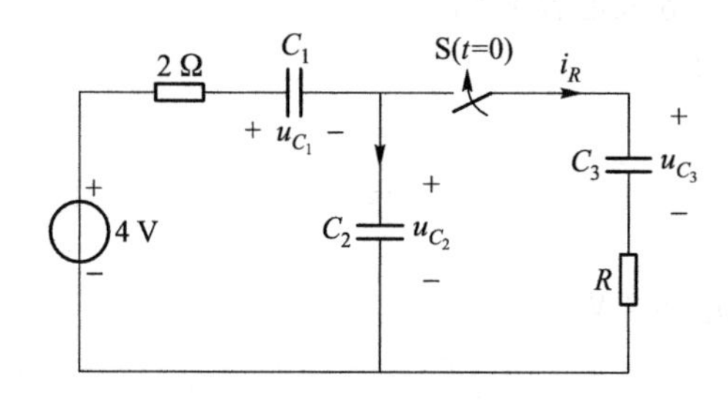

图 13-6 例 13-2 中电路的变化

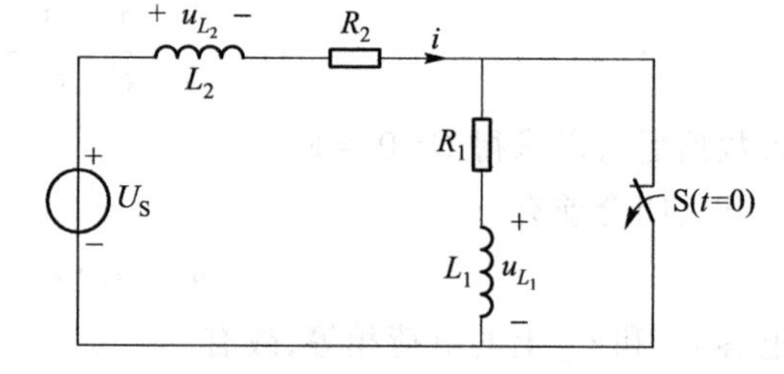

图 13-7 例 13-3 电路

解 电路处于稳定状态时，电感相当于短路，故有

$$i(0_-)=\frac{U_S}{R_2}$$

由磁链守恒原理可知，开关动作前后电感 L_1 和 L_2 的磁链总和保持不变，即有

$$(L_1+L_2)i(0_+)=L_2 i(0_-)$$

所以

$$i(0_+)=\frac{L_2}{(L_1+L_2)}i(0_-)$$

$i_L(0_+)\neq i_L(0_-)$，电感电流出现了跳变，由此可做出判断：在开关动作时电感 L_1 和 L_2 上均出现了冲激电压。分析图 13-7 所示电路可知，开关动作后，电路中出现了仅由电感构成的节点（将 U_S 置零后，L_1 和 L_2 直接相连构成节点），这是电感电流出现跳变的前提条件。

例 13-3 中出现了电感电流跳变现象，若将图 13-7 所示电路改为如图 13-8 所示电路，由于开关动作后不存在纯电感节点，故无电感电流跳变现象出现。

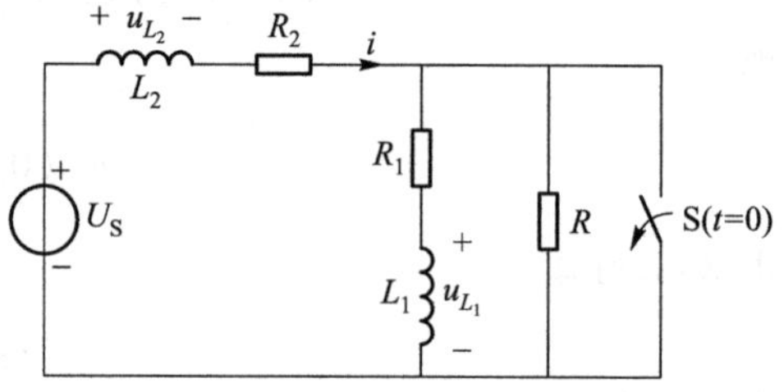

图 13-8 例 13-3 中电路的变化

13.3 RC 电路的时域分析

13.3.1 *RC* 电路的零输入响应

零输入响应是动态电路在没有外加激励(无独立源)时,由电路中储能元件的初始储能释放引起的响应。

图 13-9 所示为 *RC* 元件串联(也可视为并联)构成的电路,$t=0$ 时开关 S 闭合。电容 C 在开关闭合前已被充电,其电压为 $u_C(0_-)=U_0$。开关闭合后,电容 C 储存的电能通过电阻 R 释放出来,下面对放电过程进行分析。

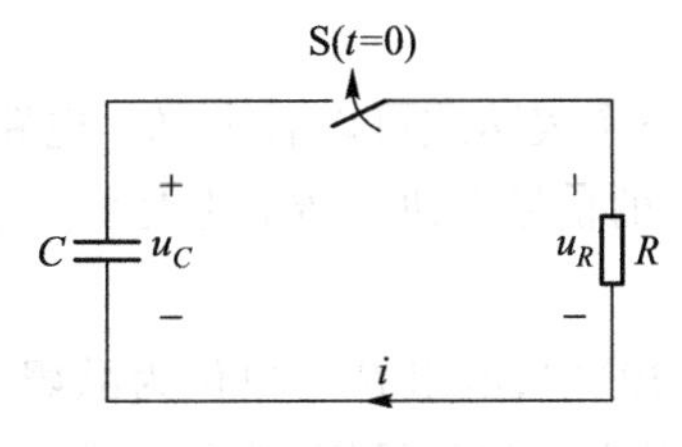

图 13-9　*RC* 电路的零输入响应

$t\geqslant 0_+$时电路的 KVL 方程为

$$u_R-u_R=0 \tag{13-21}$$

元件约束为

$$\begin{cases} u_R=Ri \\ i=-C\dfrac{\mathrm{d}u_C}{\mathrm{d}t} \end{cases} \tag{13-22}$$

以上方程列写时默认电容电流与电阻电流相等,隐含用到了一个 KCL 方程,故方程实质是用 $2b$ 法列出的。式(13-21)与式(13-22)合起来可认为是 $2b$ 法的简化形式。

把式(13-22)表示的元件约束代入式(13-21),可得

$$RC\frac{\mathrm{d}u_C}{\mathrm{d}t}+u_C=0 \tag{13-23}$$

这是一个一阶齐次微分方程,因方程在 $t\geqslant 0_+$时成立,故方程的初始条件应为 $u_C(0_+)$。因不存在纯电容回路,故 $u_C(0_+)=u_C(0_-)=U_0$。令方程的通解为 $u_C=A\mathrm{e}^{pt}$,代入式(13-23)后可得

$$(RCp+1)A\mathrm{e}^{pt}=0 \tag{13-24}$$

相应的特征方程为

$$RCp+1=0 \tag{13-25}$$

特征根为

$$p=-\frac{1}{RC} \tag{13-26}$$

将初始条件 $u_C(0_+)=U_0$ 代入 $u_C=A\mathrm{e}^{pt}$,即可求得 $A=u_C(0_+)=U_0$。于是满足初始条件的微分方程解为

$$u_C = u_C(0_+)\mathrm{e}^{-\frac{1}{RC}t} = U_0\mathrm{e}^{-\frac{1}{RC}t} \quad (t \geqslant 0_+) \tag{13-27}$$

这就是电容放电过程中电压 u_C 的表达式。

电路中的电流 i 为

$$i = -C\frac{\mathrm{d}u_C}{\mathrm{d}t} = \frac{U_0}{R}\mathrm{e}^{-\frac{1}{RC}t} \quad (t \geqslant 0_+) \tag{13-28}$$

电阻上的电压为

$$u_R = u_C = U_0\mathrm{e}^{-\frac{1}{RC}t} \quad (t \geqslant 0_+) \tag{13-29}$$

由上述三个表达式可以看出，RC 电路的零输入响应 u_C、i 及 u_R 都按同样的指数规律随时间衰减，衰减的快慢取决于 RC 的大小。令

$$\tau = RC \tag{13-30}$$

式(13-30)中，电阻 R 的单位为欧姆(Ω)，电容 C 的单位为法拉(F)，乘积 RC 的单位为秒(s)，表明 τ 具有时间的量纲，故称 τ 为一阶电路的时间常数。τ 越大，u_C 和 i 随时间衰减得越慢，过渡过程相对就长。τ 越小，u_C 和 i 随时间衰减得越快，过渡过程相对就短。引入时间常数 τ 后，u_C 和 i 可分别表示为

$$u_C = U_0\mathrm{e}^{-\frac{t}{\tau}} \quad (t \geqslant 0_+) \tag{13-31}$$

$$i = \frac{U_0}{R}\mathrm{e}^{-\frac{t}{\tau}} \quad (t \geqslant 0_+) \tag{13-32}$$

以电容电压为例，计算可得：$t=0_+$ 时，$u_C(0_+) = U_0$；$t=\tau$ 时，$u_C(\tau) = U_0\mathrm{e}^{-1} = 0.368U_0$；$t=3\tau$ 时，$u_C(3\tau) = U_0\mathrm{e}^{-3} = 0.05U_0$；$t=5\tau$ 时，$u_C(5\tau) = U_0\mathrm{e}^{-5} = 0.0067U_0$。

理论上讲，经过无限长的时间，电容电压才会衰减到零，过渡过程才会结束。但由于换路后经过 $3\tau \sim 5\tau$ 时间，电容电压已大大降低，电容的储能已很小，可以忽略，故在工程上，一般认为经过 $3\tau \sim 5\tau$ 时间后过渡过程结束。图 13-10 给出了 u_C 和 i 随时间变化的曲线。

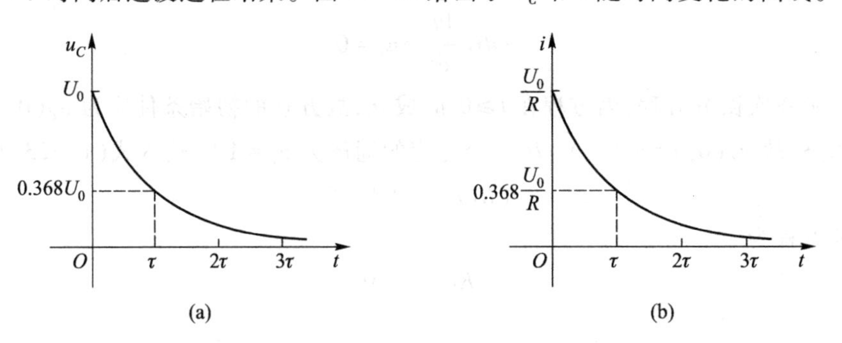

图 13-10 *RC* 电路零输入响应波形
(a) 电容电压随时间变化的曲线 (b) 放电电流随时间变化的曲线

在 RC 电路的放电过程中，电容的储能不断被电阻所消耗。最终，电容储能全部被电阻消耗掉，即

$$W_R=\int_0^{\infty} i^2(t)R\mathrm{d}t=\int_0^{\infty}\left(\frac{U_0}{R}\mathrm{e}^{-\frac{1}{RC}t}\right)^2 R\mathrm{d}t=\frac{U_0^2}{R}\int_0^{\infty}\mathrm{e}^{-\frac{2t}{RC}}\mathrm{d}t=\frac{1}{2}CU_0^2=W_C \tag{13-33}$$

例 13-4 电路如图 13-11(a)所示，开关 S 在 $t=0$ 时闭合。开关闭合前电路已达稳态，试求 $t\geqslant 0_+$时的电流 i。

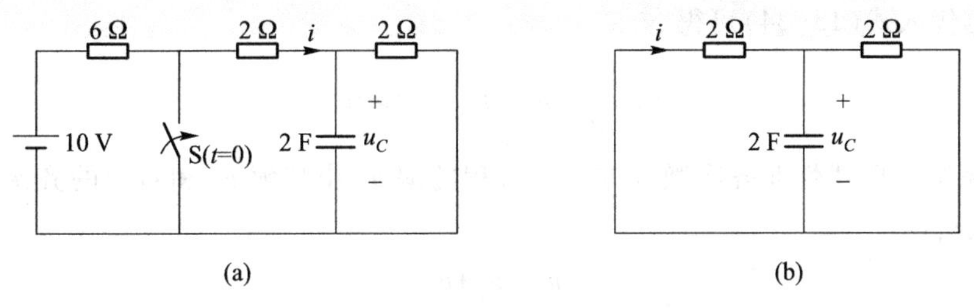

图 13-11 例 13-4 电路

(a) 原电路 (b) $t\geqslant 0_+$时的等效电路

解 开关闭合前电路已达稳态，电容相当于断开。换路前电容电压为

$$u_C(0_-)=\left(\frac{2}{6+2+2}\times 10\right)\ \mathrm{V}=2\ \mathrm{V}$$

求换路后电流 i 的电路如图 13-11(b)所示。由于不存在纯电容回路，故用电容电压不变定理，可得

$$u_C(0_+)=u_C(0_-)=2\ \mathrm{V}$$

电容两端等效电阻 R_{eq} 为两个 2 Ω 电阻的并联，故电路的时间常数为

$$\tau=R_{eq}C=[(2//2)\times 2]\ \mathrm{s}=2\ \mathrm{s}$$

套用式(13-27)可得

$$u_C(t)=u_C(0_+)\mathrm{e}^{-\frac{t}{\tau}}=2\mathrm{e}^{-\frac{t}{2}}\ \mathrm{V}\quad(t\geqslant 0_+)$$

所以

$$i(t)=-\frac{u_C}{2}=-\mathrm{e}^{-\frac{t}{2}}\ \mathrm{A}=-\mathrm{e}^{-0.5t}\ \mathrm{A}\quad(t\geqslant 0_+)$$

13.3.2 *RC* 电路的零状态响应

若电路中储能元件的初始状态为零，仅由外施激励(独立源)引起的响应称为零状态响应。

图 13-12 所示的 *RC* 串联电路中，开关闭合前电路处于零初始状态，即 $u_C(0_-)=0$，在 $t=0$ 时开关闭合，直流电压源接入电路，电路响应为零状态响应。

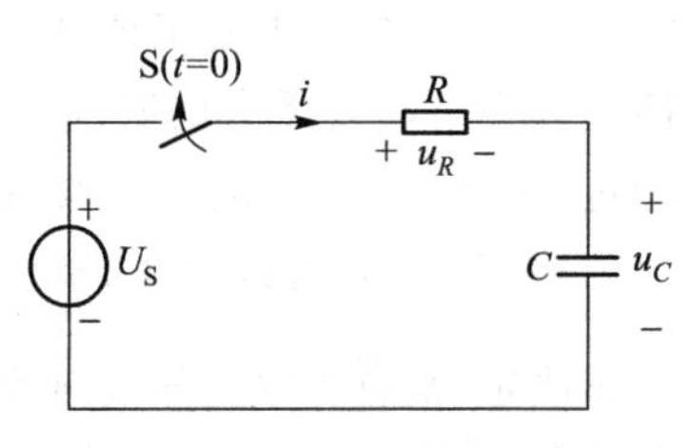

图 13-12 *RC* 电路的零状态响应

对图 13-12 所示电路，由 KVL 可得

$$u_R+u_C=U_S\quad(t\geqslant 0_+) \tag{13-34}$$

由元件约束可得

$$\begin{cases} u_R = Ri \\ i = C\dfrac{\mathrm{d}u_C}{\mathrm{d}t} \end{cases} \tag{13-35}$$

将式(13-35)代入式(13-34)可得

$$RC\frac{\mathrm{d}u_C}{\mathrm{d}t}+u_C=U_\mathrm{S} \quad (t\geqslant 0_+) \tag{13-36}$$

此方程是常系数一阶线性非齐次微分方程。方程的解 u_C 由特解 u_p 和对应的齐次方程的通解 u_h 两部分组成，即

$$u_C=u_\mathrm{p}+u_\mathrm{h} \tag{13-37}$$

式中，u_p、u_h 分别满足以下方程：

$$\begin{cases} RC\dfrac{\mathrm{d}u_\mathrm{p}}{\mathrm{d}t}+u_\mathrm{p}=U_\mathrm{S} \\ RC\dfrac{\mathrm{d}u_\mathrm{h}}{\mathrm{d}t}+u_\mathrm{h}=0 \end{cases} \tag{13-38}$$

可解得 $u_\mathrm{p}=U_\mathrm{S}$，$u_\mathrm{h}=A\mathrm{e}^{-\frac{t}{\tau}}$，其中 $\tau=RC$。因此

$$u_C=U_\mathrm{S}+A\mathrm{e}^{-\frac{t}{\tau}} \quad (t\geqslant 0_+) \tag{13-39}$$

由于不存在纯电容回路，所以 $u_C(0_+)=u_C(0_-)=0$，可以求得

$$A=-U_\mathrm{S} \tag{13-40}$$

将 A 代入微分方程的解式(13-48)中，即得

$$u_C=U_\mathrm{S}-U_\mathrm{S}\mathrm{e}^{-\frac{t}{\tau}}=U_\mathrm{S}(1-\mathrm{e}^{-\frac{t}{\tau}}) \quad (t\geqslant 0_+) \tag{13-41}$$

于是

$$i=C\frac{\mathrm{d}u_C}{\mathrm{d}t}=\frac{U_\mathrm{S}}{R}\mathrm{e}^{-\frac{t}{\tau}} \quad (t\geqslant 0_+) \tag{13-42}$$

u_C 和 i 以及 u_C 的两个分量 u_p、u_h 随时间变化的曲线如图 13-13 所示。从图中可见，u_C 最终趋于稳定值 U_S，i 最终趋于稳定值 0。理论上，换路后电路进入稳态需要无穷的时间，但工程上通常认为经过 $3\tau\sim5\tau$ 时间后电路进入稳态。

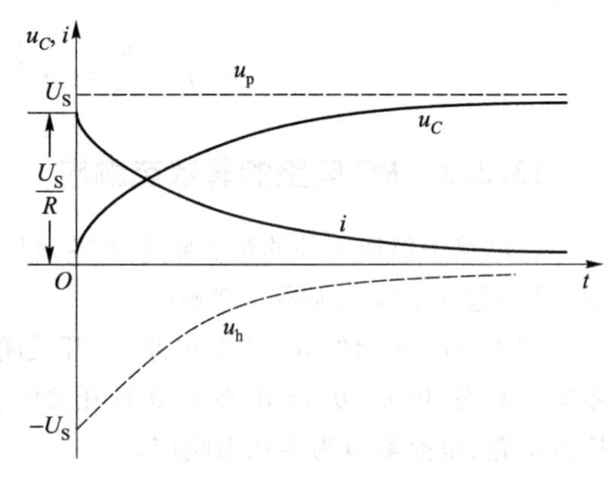

图 13-13　RC 电路零状态响应波形

由式(13-38)可以看出，特解 $u_\mathrm{p}(=U_\mathrm{S})$ 由外加激励决定，故称为强制分量；通解 $u_\mathrm{h}(=A\mathrm{e}^{-\frac{t}{RC}})$ 的变化规律与外加激励无关，仅由电路自身的结构和参数决定，故称为自由分量。因此，可以得到

$$零状态响应=强制分量+自由分量 \tag{13-43}$$

在直流和正弦激励(见 7.2 节)情况下,强制分量按直流或正弦规律变化,变化规律保持不变,也称为稳态分量;自由分量按指数规律衰减,最终趋于零(工程上认为 $3\tau\sim5\tau$ 时间后该分量消失),也称为暂态分量。因此,可以得到

$$零状态响应=稳态分量+暂态分量 \tag{13-44}$$

以上是对电压 u_C 分析得到的结果,对电流 i 有类似结果。

从能量角度看,图 13-12 所示电路中的电容电压被充电到 $u_C=U_S$ 时,其储能为

$$W_C=\frac{1}{2}Cu_C^2=\frac{1}{2}CU_S^2 \tag{13-45}$$

在充电过程中,电阻消耗的总能量为

$$W_R=\int_0^{\infty}Ri^2\mathrm{d}t=\int_0^{\infty}\frac{U_S^2}{R}\mathrm{e}^{-\frac{2t}{RC}}\mathrm{d}t=\frac{U_S^2}{R}\left(-\frac{RC}{2}\right)\mathrm{e}^{-\frac{2t}{RC}}\Bigg|_0^{\infty}=\frac{1}{2}CU_S^2 \tag{13-46}$$

所以,在充电过程中电阻消耗的总能量与电容最终存储的能量相等,电源在充电过程中提供的总能量为

$$W_S=W_C+W_R=CU_S^2 \tag{13-47}$$

以上分析结果说明,用直流电源对电容进行充电,充电效率只有 50%。

13.3.3 *RC* 电路的全响应

初始状态不为零的动态电路在外加激励作用下的响应称为全响应。如图 13-14 所示 *RC* 电路,设电容初始状态为 $u_C(0_-)=U_0\neq0$,$t=0$ 时开关闭合,独立电压源 U_S 接入电路,则 $t\geq0_+$ 时电路的响应为全响应。

对图 13-14 所示电路,保留独立电压源 U_S 不变而将初始状态 $u_C(0_-)$ 置为零,响应为零状态响应;保留电容初始状态 $u_C(0_-)=U_0$ 不变而将独立电压源 U_S 置为零,响应为零输入响应。根据叠加定理可知

$$全响应=零输入响应+零状态响应 \tag{13-48}$$

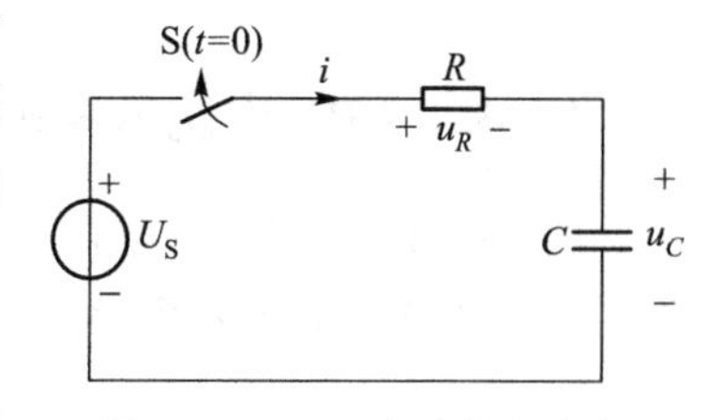

图 13-14 *RC* 电路的全响应

根据前面的分析结果可知,*RC* 电路由 $u_C(0_-)=U_0$ 产生的零输入响应为

$$u_{Czi}(t)=U_0\mathrm{e}^{-\frac{1}{RC}t}\quad(t\geq0_+) \tag{13-49}$$

式中,用下标 zi(zero-input 的首字母)表示零输入响应。

根据前面的分析结果可知,*RC* 电路由 U_S 产生的零状态响应为

$$u_{Czs}(t)=U_S-U_S\mathrm{e}^{-\frac{t}{RC}}=U_S(1-\mathrm{e}^{-\frac{t}{RC}})\quad(t\geq0_+) \tag{13-50}$$

式中,用下标 zs(zero-state 的首字母)表示零状态响应。

根据以上结果可得全响应为

$$u_C(t)=u_{Czi}(t)+u_{Czs}(t)=U_0\mathrm{e}^{-\frac{t}{RC}}+(U_S-U_S\mathrm{e}^{-\frac{t}{RC}})\quad (t\geqslant 0_+) \tag{13-51}$$

以上方程可整理为

$$u_C(t)=U_S+(U_0-U_S)\mathrm{e}^{-\frac{t}{RC}}\quad (t\geqslant 0_+) \tag{13-52}$$

设 $U_0>U_S$，则全响应波形如图 3-15 所示。

式(13-52)也可通过列方程求解的方法得到。由图 13-18 所示电路有

$$\begin{cases} RC\dfrac{\mathrm{d}u_C}{\mathrm{d}t}+u_C=U_S, & t\geqslant 0_+ \\ u_C(0_+)=u_C(0_-)=U_0 \end{cases} \tag{13-53}$$

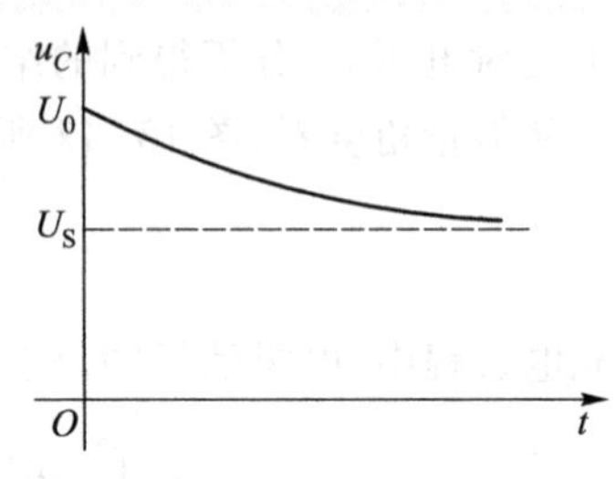

图 13-15　RC 电路全响应波形

求解可得特解 $u_p=U_S$、齐次微分方程的通解 $u_h=(U_0-U_S)\mathrm{e}^{-\frac{t}{RC}}$，将特解与通解相加，结果与式(13-52)一致。

式(13-52)中，等式右边的第一项 U_S 既是强制分量，也是稳态分量；等式右边的第二项 $(U_0-U_S)\mathrm{e}^{-\frac{t}{RC}}$既是自由分量，也是暂态分量。

无论是把全响应分解为零输入响应与零状态响应之和，还是分解为强制分量与自由分量之和，或是分解为稳态分量与暂态分量之和，都是人们为了求解方便或深入分析问题所作的分解，电路中直接显现出来的只能是全响应。

13.4 *RL* 电路的时域分析

13.4.1　*RL* 电路的零输入响应

图 13-16(a)所示电路在开关 S 动作之前已处于稳态，电感电流 $i_L(0_-)=I_0$，$t=0$ 时开关动作，得图 13-16(b)所示电路，在 $t\geqslant 0_+$时电路的响应为零输入响应。

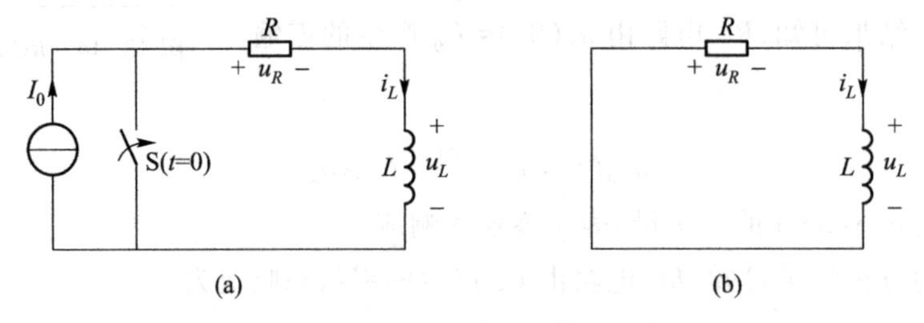

图 13-16　RL 电路的零输入响应
(a) 原电路　(b) $t>0$ 时的等效电路

对图 13-16(b)所示电路，根据拓扑约束和元件约束可得如下方程：

$$\begin{cases} u_R+u_L=0 \\ u_R=Ri_L \\ u_L=L\dfrac{\mathrm{d}i_L}{\mathrm{d}t} \end{cases} \tag{13-54}$$

设 i_L 为待求量，将以上方程中的元件约束代入拓扑约束中可得

$$\frac{L}{R}\frac{\mathrm{d}i_L}{\mathrm{d}t}+i_L=0 \quad (t\geqslant 0_+) \tag{13-55}$$

图 13-16(b)所示电路中无纯电感节点，应用电感电流不变定理可得 $i_L(0_+)=i_L(0_-)=I_0$。令方程的通解为 $i_L=A\mathrm{e}^{pt}$，代入式(13-55)后可得

$$\left(\frac{L}{R}p+1\right)A\mathrm{e}^{pt}=0 \tag{13-56}$$

相应的特征方程为

$$\frac{L}{R}p+1=0 \tag{13-57}$$

特征根为

$$p=-\frac{R}{L} \tag{12-58}$$

将初始条件 $i_L(0_+)=i_L(0_-)=I_0$ 代入 $i_L=A\mathrm{e}^{pt}$ 中，即可求得积分常数 $A=i_L(0_+)=I_0$。于是满足初始条件的微分方程的解为

$$i_L(t)=I_0\mathrm{e}^{-\frac{R}{L}t}=I_0\mathrm{e}^{-\frac{t}{\tau}} \quad (t\geqslant 0_+) \tag{13-59}$$

式中，$\tau=\dfrac{L}{R}=GL$ 为 RL 电路的时间常数。可得电阻和电感上的电压分别为

$$u_R(t)=Ri(t)=RI_0\mathrm{e}^{-\frac{t}{\tau}} \quad (t\geqslant 0_+) \tag{13-60}$$

$$u_L(t)=L\frac{\mathrm{d}i(t)}{\mathrm{d}t}=-RI_0\mathrm{e}^{-\frac{R}{L}t} \quad (t\geqslant 0_+) \tag{13-61}$$

$i_L(t)$、$u_R(t)$、$u_L(t)$ 随时间变化的规律如图 13-17 所示。

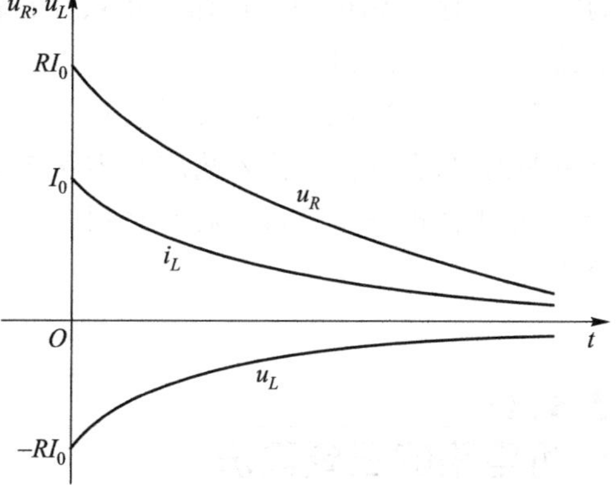

图 13-17 RL 电路的零输入响应波形

13.4.2 *RL* 电路的零状态响应

图 13-18 所示 RL 串联电路中，直流电压源的电压为 U_S，开关 S 闭合前电感 L 中的电流为零，$t=0$ 时开关闭合，则 $t\geqslant 0_+$ 时电路的响应为零状态响应。

以电感电流 i_L 为待求量，对图 13-18 所示电路可列出如下方程：

$$\begin{cases} L\dfrac{\mathrm{d}i_L}{\mathrm{d}t}+Ri_L=U_S, & t\geqslant 0_+ \\ i_L(0_+)=i_L(0_-)=0 \end{cases} \tag{13-62}$$

依微分方程求解理论可得

$$i_L(t)=\frac{U_S}{R}(1-\mathrm{e}^{-\frac{R}{L}t}) \quad (t\geqslant 0_+) \tag{13-63}$$

所以

$$u_L(t)=L\frac{\mathrm{d}i_L}{\mathrm{d}t}=U_S\mathrm{e}^{-\frac{R}{L}t} \quad (t\geqslant 0_+) \tag{13-64}$$

i_L 和 u_L 随时间的变化曲线如图 13-19 所示。

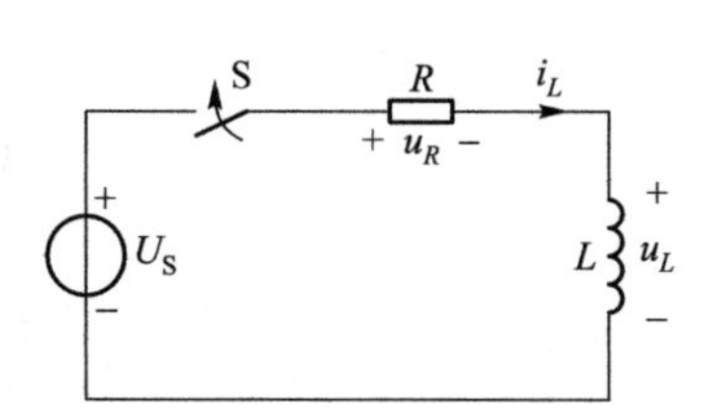

图 13-18 *RL* 电路的零状态响应

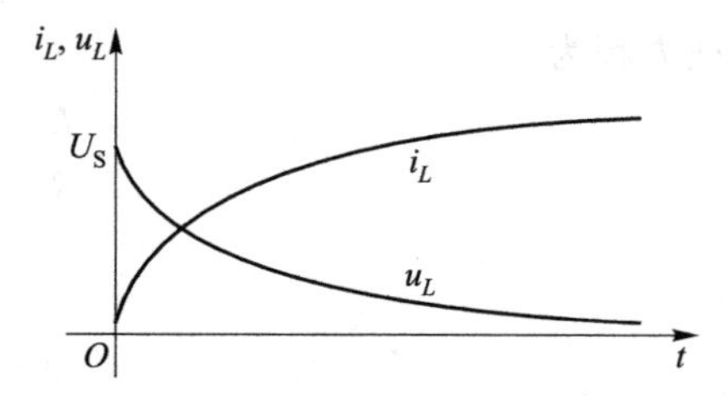

图 13-19 *RL* 电路的零状态响应波形

13.4.3 *RL* 电路的全响应

图 13-20 所示电路中，开关 S 闭合前电感 L 中的电流不为零，$t=0$ 时开关闭合后，电路中依然存在独立源，故 $t\geqslant 0_+$ 时电路中的响应为全响应。

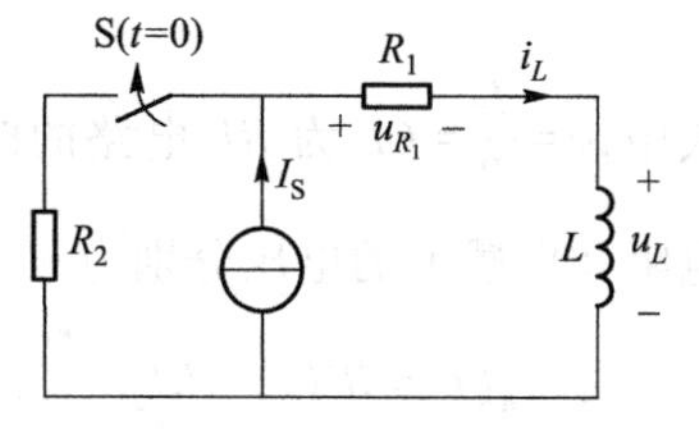

图 13-20 *RL* 电路的全响应

对图 13-20 所示电路，可通过建立方程并求解的方法得到电路的解，也可将零输入响应与零状态响应叠加得到全响应，这里不做进一步分析。后面将用三要素法对该电路进行分析。

13.5 一阶电路的三要素法

13.5.1 三要素法公式的导出

常系数一阶微分方程的解有固定形式，根据这一固定形式直接得到电路解的方法称为一阶电路求解的三要素法。下面以图 13-21 所示电路为例，介绍相关内容。

对图 13-21 所示电路，以 u_C 作为待求量，可得如下方程：

$$RC\frac{\mathrm{d}u_C}{\mathrm{d}t}+u_C=u_S(t)\quad (t\geqslant 0_+) \tag{13-65}$$

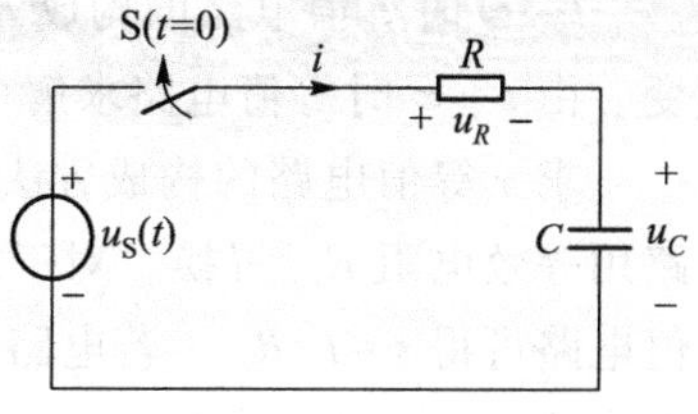

图 13-21　一阶 RC 电路

参照式(13-36)至式(13-39)可知，式(13-65)的解为

$$u_C(t)=u_p(t)+A\mathrm{e}^{-\frac{t}{\tau}}\quad (t\geqslant 0_+) \tag{13-66}$$

其中，$\tau=RC$，$u_p(t)$ 为方程的特解，由 $u_S(t)$ 决定。令 $t=0_+$，有

$$u_C(0_+)=u_p(0_+)+A \tag{13-67}$$

因此 $A=u_C(0_+)-u_p(0_+)$。所以，方程的解为

$$u_C(t)=u_p(t)+[u_C(0_+)-u_p(0_+)]\mathrm{e}^{-\frac{t}{\tau}}\quad (t\geqslant 0_+) \tag{13-68}$$

式(13-68)中，$u_p(t)$、$u_C(0_+)$、τ 为求解电路所需的三个要素。

由式(13-68)可总结出求解一阶电路响应的三要素法通式为

$$f(t)=f_p(t)+[f(0_+)-f_p(0_+)]\mathrm{e}^{-\frac{t}{\tau}} \tag{13-69}$$

这里，$f(t)$ 可以是电路中任意的电压或电流，如图 13-21 所示电路中的 i 和 u_R。

13.5.2　直流激励时的三要素法公式

若图 13-21 所示电路中的激励源为直流，即 $u_S(t)=U_S$，则特解为 $u_p(t)=U_S$，$t=0_+$ 时有 $u_p(0_+)=U_S$，此时式(13-68)转化为

$$u_C(t)=U_S+[u_C(0_+)-U_S]\mathrm{e}^{-\frac{t}{\tau}}\quad (t\geqslant 0_+) \tag{13-70}$$

因 $t\to\infty$ 时有 $u_C(\infty)=U_S$，因此，式(13-70)可转化为

$$u_C(t)=u_C(\infty)+[u_C(0_+)-u_C(\infty)]\mathrm{e}^{-\frac{t}{\tau}}\quad (t\geqslant 0_+) \tag{13-71}$$

式(13-80)中，$u_C(0_+)$、$u_C(\infty)$、$\tau=RC$ 为求解电路所需的三个要素。

图 13-22 所示电路为图 13-21 所示电路的对偶电路，电感电流 i_L 与电容电压 u_C 为对偶量。根据对偶原理，由式(13-71)可得

$$i_L(t)=i_L(\infty)+[i_L(0_+)-i_L(\infty)]\mathrm{e}^{-\frac{t}{\tau}}\quad (t\geqslant 0_+) \tag{13-72}$$

式中，$\tau=GL=L/R$ 也依对偶原理由 $\tau=RC$ 导出。

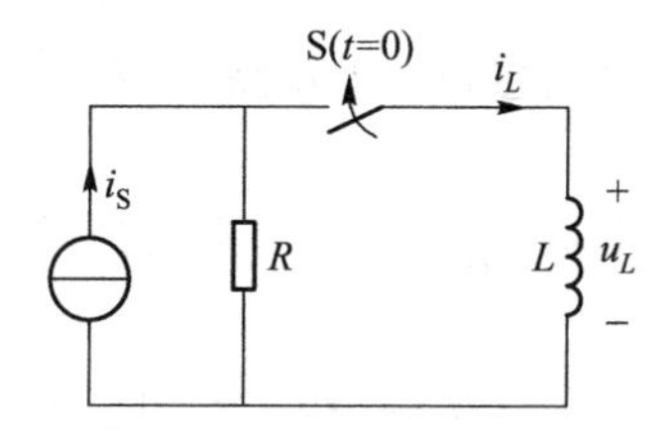

图 13-22　RL 并联电路

直流激励时一阶电路三要素法通式为

$$f(t)=f(\infty)+[f(0_+)-f(\infty)]\mathrm{e}^{-\frac{t}{\tau}}\quad (t\geqslant 0_+) \tag{13-73}$$

式中，$f(0_+)$、$f(\infty)$、τ 为三要素，它们通常均需通过专门构造出的 $t=0_+$ 时、$t\to\infty$ 时和求 τ 的三个等值电路求出。

在 13.2 节中已对 $t=0_+$ 时等值电路的构成方法进行了介绍，即将电容用值为 $u_C(0_+)$ 的电压源表示，电感用值为 $i_L(0_+)$ 的电流源表示，电路的其他部分不变。由 $t=0_+$ 时等值电路求解可得 $f(0_+)$，如例 13-1 所示。

$t \to \infty$ 时等值电路的构成方法是将电容用断路替代，电感用短路替代，电路的其他部分不变。由 $t \to \infty$ 时等值电路求解可得 $f(\infty)$。

求 τ 等值电路的构成方法是将电路中所有独立电源置为零，将电容 C 或电感 L 以外的电路用等效电阻 R_{eq} 置换。对于 RC 电路，由求 τ 等值电路可得 $\tau = R_{eq}C$；对于 RL 电路，由求 τ 等值电路可得 $\tau = L/R_{eq}$。若电路中存在多个电容或电感，多个电容或电感也需等效为一个等效电容 C_{eq} 或等效电感 L_{eq}。求 τ 等值电路是一个 RC 或 RL 串联（也可认为是并联）电路。

当 $f(t)$ 为电容电压 $u_C(t)$ 或电感电流 $i_L(t)$ 时，$u_C(0_+)$，$i_L(0_+)$ 通常可根据电容电压不变定理或电感电流不变定理由 $u_C(0_-)$ 和 $i_L(0_-)$ 直接得到，这样就避免了构造和求解 $t=0_+$ 时的等值电路，较为方便，故一阶电路无论待求量为何，求解一般均从求 $u_C(t)$ 或 $i_L(t)$ 入手，这样，三要素法公式就可明确为式（13-71）、式（13-72）。

三要素法不仅可用于全响应的求解，还可用于零输入响应、零状态响应的求解。下面给出用三要素法求解的若干例题，它们均基于式（13-71）、式（13-72）求解。

例 13-5 用三要素法重新求解例 13-4。

解 这是一个零输入响应求解问题。依例 13-4 中给出的求解过程，可得 $u_C(0_+) = u_C(0_-) = 2\ \text{V}$，$\tau = RC = (1\times 2)\ \text{s} = 2\ \text{s}$。

开关 S 在 $t=0$ 时闭合后，电路如图 13-11（b）所示，经过无穷时间后，电容储能释放完毕，故有 $u_C(\infty) = 0\ \text{V}$。由三要素法公式可得

$$u_C(t) = u_C(\infty) + [u_C(0_+) - u_C(\infty)]\text{e}^{-\frac{t}{RC}} = [0 + (2-0)\text{e}^{-\frac{t}{2}}]\ \text{V} = 2\text{e}^{-\frac{t}{2}}\ \text{V} \quad (t \geqslant 0_+)$$

所以

$$i(t) = -\frac{u_C}{2} = -\text{e}^{-\frac{t}{2}}\ \text{A} = -\text{e}^{-0.5t}\ \text{A} \quad (t \geqslant 0_+)$$

例 13-6 用三要素法求解图 13-18 所示电路中的电感电流 i_L。

解 这是一个零状态响应求解问题。由图 13-18 所示电路可知，$i_L(0_+) = i_L(0_-) = 0\ \text{V}$；$t \to \infty$ 时电感相当于短路，故有 $i_L(\infty) = \dfrac{U_S}{R}$；将电路中电压源置零后，为一 RL 串联（或并联）电路，可得 $\tau = \dfrac{L}{R}$。由三要素法公式可得

$$i_L(t) = i_L(\infty) + [i_L(0_+) - i_L(\infty)]\text{e}^{-\frac{R}{L}t} = \frac{U_S}{R} + \left[0 - \frac{U_S}{R}\right]\text{e}^{-\frac{R}{L}t} = \frac{U_S}{R}(1 - \text{e}^{-\frac{R}{L}t}) \quad (t \geqslant 0_+)$$

例 13-7 图 13-23（a）所示电路中，开关 S 合在“1”时电路已处于稳态。在 $t=0$ 时，开关从“1”接到“2”，试求 $t \geqslant 0_+$ 时的 i_C 和 i_R。

解 这是一个全响应求解问题，可从求 $u_C(t)$ 入手。

（1）求 $u_C(0_+)$。电路在 $t=0_-$ 时已处于稳态，电容相当于开路，电容电压即为电路中右端 $6\ \Omega$ 电阻上的电压，由分压公式可得 $u_C(0_-) = \left(\dfrac{6}{6+4+6}\times 16\right)\ \text{V} = 6\ \text{V}$。由于开关动作后不存在纯

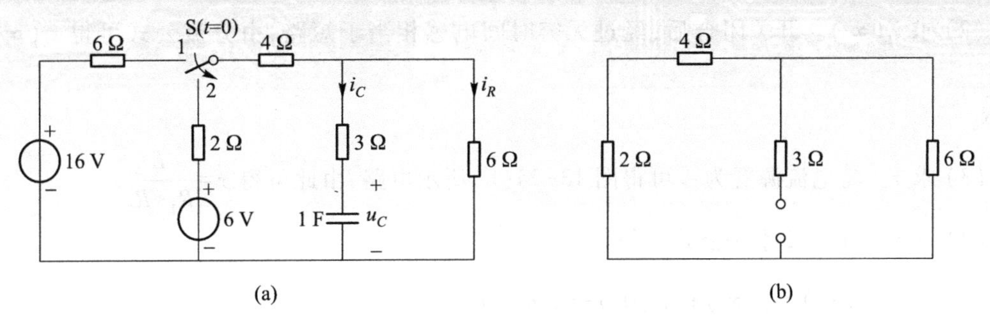

图 13-23　例 13-7 电路
(a) 原电路　(b) 求 τ 等值电路

电容回路，由电容电压不变定理可知 $u_C(0_+)=u_C(0_-)=1\ \text{V}$。

(2) 求 $u_C(\infty)$。电路在 $t\to\infty$ 时已处于稳态，电容相当于开路，电容电压即为电路中右端 6 Ω 电阻上的电压。由分压公式可得 $u_C(\infty)=\left(\dfrac{6}{2+4+6}\times 6\right)\ \text{V}=3\ \text{V}$。

(3) 求 τ。当 $t\geqslant 0_+$时，电容 C 以外部分电路如图 13-23(b)所示。由此可求得等效电阻为 $R_{\text{eq}}=\left[3+\dfrac{(2+4)\times 6}{(2+4)+6}\right]\ \Omega=6\ \Omega$，则时间常数为 $\tau=R_{\text{eq}}C=(6\times 1)\ \text{s}=6\ \text{s}$。

(4) 求 $u_C(t)$。由三要素法公式可得

$$u_C(t)=u_C(\infty)+[u_C(0_+)-u_C(\infty)]\mathrm{e}^{-\frac{t}{RC}}=[3+(6-3)\mathrm{e}^{-\frac{t}{2}}]\ \text{V}=(3+3\mathrm{e}^{-\frac{t}{6}})\text{V}\quad (t\geqslant 0_+)$$

(5) 求 i_C 和 i_R。由 $t\geqslant 0_+$时电路，根据拓扑约束和元件约束可得

$$i_C=C\frac{\mathrm{d}u_C}{\mathrm{d}t}=-\frac{1}{2}\mathrm{e}^{-\frac{t}{6}}\ \text{A}\quad (t\geqslant 0_+)$$

$$i_R=\frac{u_C+3i_C}{6}=\left(\frac{1}{2}+\frac{1}{4}\mathrm{e}^{-\frac{t}{6}}\right)\ \text{A}\quad (t\geqslant 0_+)$$

例 13-8　图 13-20 所示电路重画如图 13-24(a)所示，试求 $t\geqslant 0_+$时的 i_L。

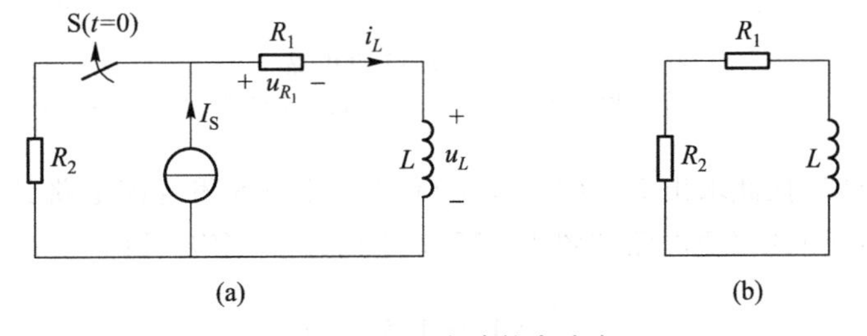

图 13-24　RL 电路的全响应
(a) 原电路　(b) 求 τ 等值电路

解　(1) 求 $i_L(0_+)$。由图 13-24(a)所示电路可知 $i_L(0_-)=I_S$，由于不存在纯电感节点，利用电感电流不变定理可得 $i_L(0_+)=i_L(0_-)=I_S$。

(2) 求 $i_L(\infty)$。开关闭合后,经过无穷时间电感相当于短路,由分流公式可得 $i_L(\infty)=\dfrac{R_2}{R_1+R_2}I_S$。

(3) 求 τ。将电流源置为零可得图 13-24(b)所示电路,由此可得 $\tau=\dfrac{L}{R_1+R_2}$。

(4) 求 i_L。由三要素法公式可得

$$i_L(t)=i_L(\infty)+[i_L(0_+)-i_L(\infty)]e^{-\frac{t}{\tau}}$$
$$=\frac{R_2}{R_1+R_2}I_S+\left[I_S-\frac{R_2}{R_1+R_2}I_S\right]e^{-\frac{R_1+R_2}{L}t}=\frac{R_2I_S}{R_1+R_2}+\frac{R_1I_S}{R_1+R_2}e^{-\frac{R_1+R_2}{L}t}\quad(t\geqslant 0_+)$$

例 13-9 图 13-25(a)所示电路中,开关 S 闭合前电路已达稳态,$t=0$ 时开关闭合,求 $t\geqslant 0_+$时的电容电流 i_C。

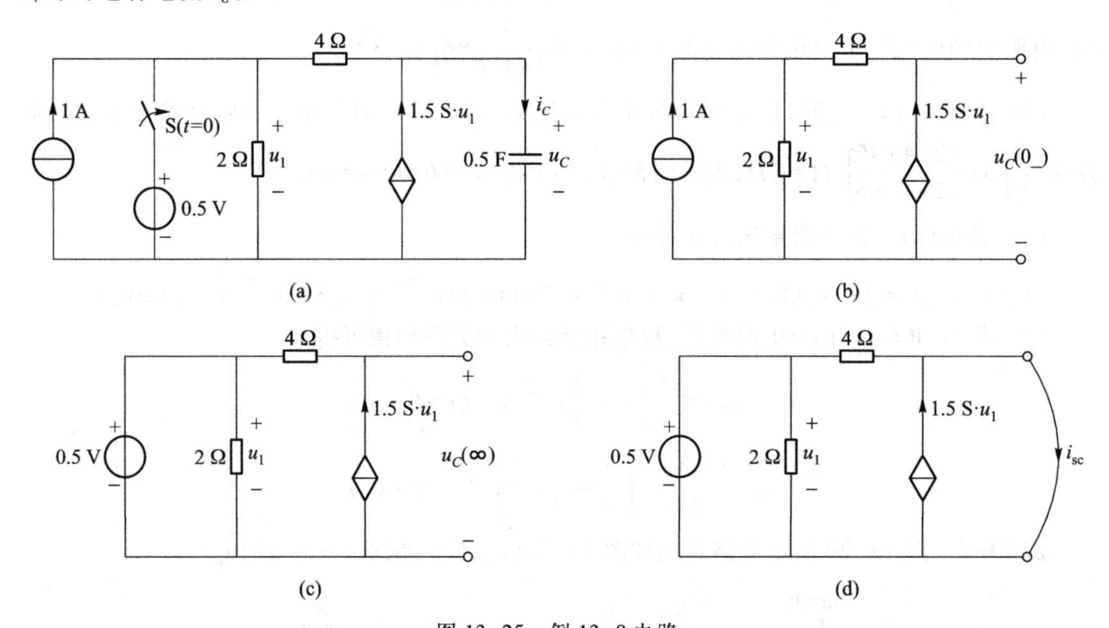

图 13-25 例 13-9 电路

(a) 原电路 (b) 求 $u_C(0_-)$的等值电路 (c) 求 $u_C(\infty)$的等值电路 (d) 电容短路时的等值电路

解 先求 u_C,然后据此求出 i_C。(1) 求 $u_C(0_+)$。开关 S 闭合前电路已达稳态,电容相当于开路,可得求 $u_C(0_-)$的等值电路如图 13-25(b)所示。由 KCL 可得

$$\frac{u_1}{2\ \Omega}=1\ \text{A}+1.5\ \text{S}\cdot u_1$$

解得 $u_1=-1$ V。由 KVL,可得 $u_C(0_-)=4\ \Omega\times1.5\ \text{S}\cdot u_1+u_1=-7$ V,由于不存在纯电容回路,由电容电压不变定理可得 $u_C(0_+)=u_C(0_-)=-7$ V。

(2) 求 $u_C(\infty)$。开关 S 闭合后,经过无穷时间电路达到稳态,电容相当于开路,可得 $t\to\infty$

时的等值电路如图 13-25(c)所示。由图可知 $u_C(\infty)=u_{oc}=0.5\text{ V}+4\ \Omega\times1.5\text{ S}\cdot u_1=(0.5+4\times1.5\times0.5)\text{ V}=3.5\text{ V}$。

(3) 求 τ。将电容所在之处短路,得如图 13-25(d)所示电路,由 KCL 可得 $i_{sc}=1.5\text{ S}\cdot u_1+\dfrac{0.5\text{ V}}{4\ \Omega}=\left(1.5\times0.5+\dfrac{0.5}{4}\right)\text{ V}=0.875\text{ V}$,所以有 $R_{eq}=\dfrac{u_{oc}}{i_{sc}}=\dfrac{3.5}{0.875}\ \Omega=4\ \Omega$,由此得 $\tau=R_{eq}C=(4\times0.5)\text{ s}=2\text{ s}$。

(4) 求 u_C。由三要素法公式可得

$$u_C(t)=u_C(\infty)+[u_C(0_+)-u_C(\infty)]e^{-\frac{t}{\tau}}=[3.5+(-7-3.5)e^{-\frac{t}{2}}]\text{ V}=(3.5-10.5e^{-\frac{t}{2}})\text{ V}\quad(t\geqslant0_+)$$

(5) 求 i_C。由电容的元件约束可得

$$i_C=C\frac{du_C}{dt}=5.25e^{-\frac{t}{2}}\text{ A}\quad(t\geqslant0_+)$$

13.6 单位阶跃函数和一阶电路的阶跃响应

13.6.1 单位阶跃函数

单位阶跃函数是一种奇异函数,其定义为

$$\varepsilon(t)=\begin{cases}0, & t\leqslant0_-\\1, & t\geqslant0_+\end{cases}\tag{13-74}$$

波形如图 13-26(a)所示。函数在 $t=0$ 瞬间发生了跃变,$t=0$ 处为间断点,在该点函数没有定义。

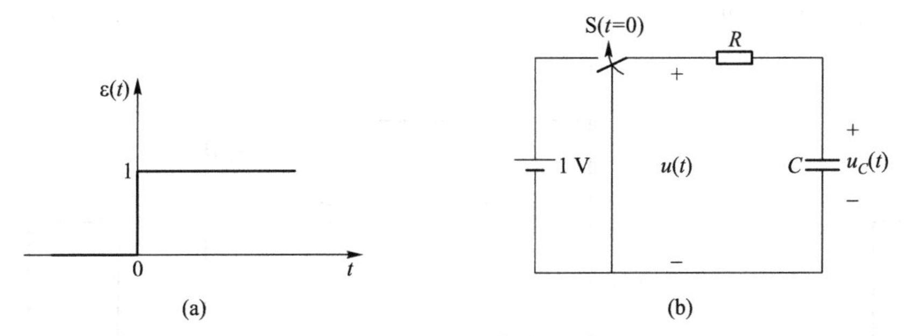

图 13-26 单位阶跃函数及其对应电路实现
(a) 单位阶跃函数 (b) 单位阶跃函数的电路实现

阶跃函数 $\varepsilon(t)$ 可以用来描述图 13-26(b)所示电路中电压 $u(t)$ 的变化规律。$u(t)$ 在 $t=0$ 时发生跳变,是开关动作的结果。可见,阶跃函数可以反映开关动作,所以也称阶跃函数为开关函数。

单位阶跃函数延时 t_0 后称为延时单位阶跃函数，用 $\varepsilon(t-t_0)$ 表示，其定义为

$$\varepsilon(t-t_0)=\begin{cases}0, & t\leqslant t_{0_-}\\ 1, & t\geqslant t_{0_+}\end{cases} \tag{13-75}$$

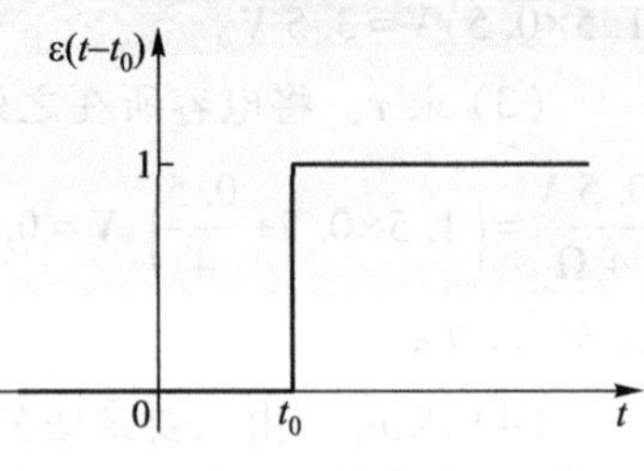

图 13-27 延时单位阶跃函数

延时单位阶跃函数如图 13-27 所示。

单位阶跃函数可用来“起始”一个任意的时间函数 $f(t)$。设 $f(t)$ 对所有的时间 t 都有定义，如图 13-28(a) 所示，如果要在 t_0 时刻“起始”它，可用延时单位阶跃函数与其相乘，即

$$f(t)\varepsilon(t-t_0)=\begin{cases}0, & t\leqslant t_{0_-}\\ f(t), & t\geqslant t_{0_+}\end{cases} \tag{13-76}$$

其波形如图 13-28(b) 所示。

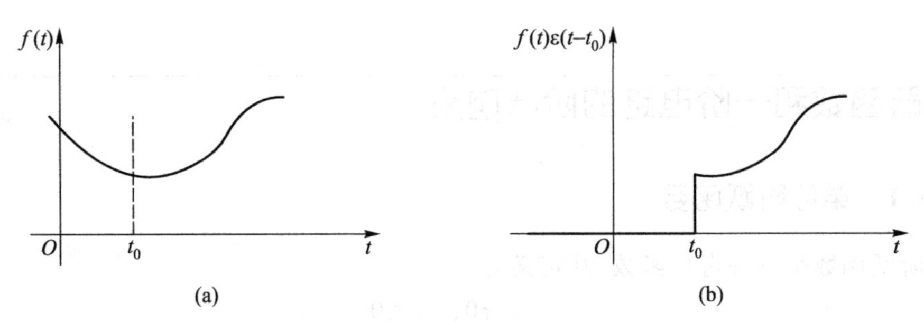

图 13-28 单位阶跃函数的起始作用

(a) 函数 $f(t)$ 的波形 (b) 函数 $f(t)\varepsilon(t-t_0)$ 的波形

对于一个如图 13-29(a) 所示幅度为 1 的矩形脉冲，可以把它看作由两个阶跃函数组合而成，如图 13-29(b) 所示，即

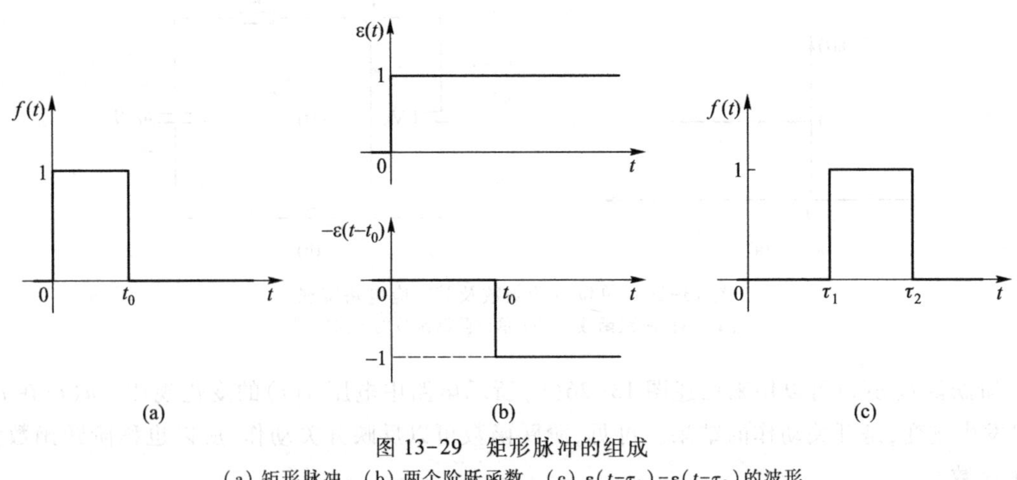

图 13-29 矩形脉冲的组成

(a) 矩形脉冲 (b) 两个阶跃函数 (c) $\varepsilon(t-\tau_1)-\varepsilon(t-\tau_2)$ 的波形

$$f(t)=\varepsilon(t)-\varepsilon(t-t_0) \tag{13-77}$$

同样,对于如图 13-29(c)所示幅度为 1 的矩形脉冲,则可写为

$$f(t)=\varepsilon(t-\tau_1)-\varepsilon(t-\tau_2) \tag{13-78}$$

13.6.2 一阶电路的阶跃响应

单位阶跃信号作用下的响应称为单位阶跃响应。

单位阶跃信号作用于电路,$t<0$ 时 $\varepsilon(t)=0$,电路在 $t=0_-$ 时的初始状态为零;$t>0$ 时 $\varepsilon(t)=1$,电路的响应与直流激励时的零状态响应一致。但应注意不能把阶跃响应与零状态响应混为一谈,因为零状态响应只反映了开关动作后电路的相关情况,而阶跃函数定义于整个时间轴,故阶跃响应反映的是整个时间轴上电路的相关情况。

为简便起见,通常用 $s(t)$ 表示电路的单位阶跃响应。若电路的激励为 $u_S(t)=U_0\varepsilon(t)$[或 $i_S(t)=I_0\varepsilon(t)$],则电路的响应为 $U_0s(t)$[或 $I_0s(t)$]。

对于线性非时变动态电路,若单位阶跃函数 $\varepsilon(t)$ 激励下的响应是 $s(t)$,则延迟单位阶跃函数 $\varepsilon(t-t_0)$ 激励下的响应是 $s(t-t_0)$;延迟阶跃函数 $A\varepsilon(t-t_0)$ 激励下的响应是 $As(t-t_0)$。

对图 13-30(a)所示 RC 电路,其零状态响应为 $u_C(t)=1-\mathrm{e}^{-\frac{t}{RC}}(t\geqslant 0_+)$;若要求的是阶跃响应,电路如图 13-30(b)所示,则应考虑整个时间轴的情况。因 $t\leqslant 0_-$ 时 $u_C(t)=0$,故阶跃响应为

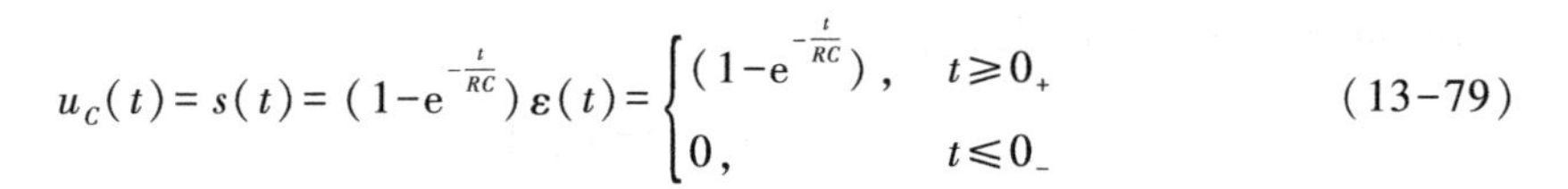

$$u_C(t)=s(t)=(1-\mathrm{e}^{-\frac{t}{RC}})\varepsilon(t)=\begin{cases}(1-\mathrm{e}^{-\frac{t}{RC}}), & t\geqslant 0_+\\ 0, & t\leqslant 0_-\end{cases} \tag{13-79}$$

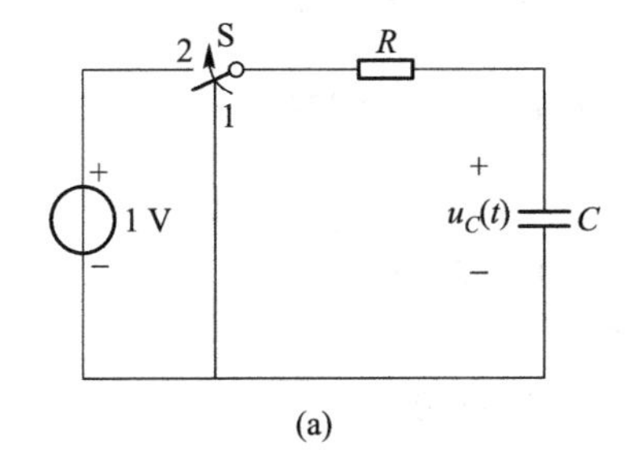

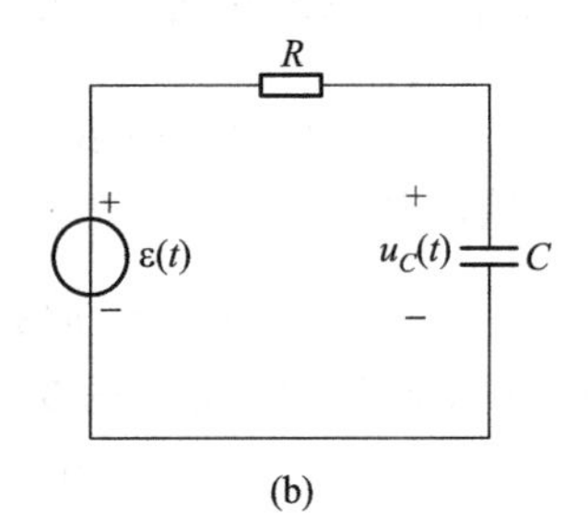

图 13-30 RC 电路

(a) 零状态响应 (b) 阶跃响应

利用阶跃函数,可使某些复杂信号作用下的响应求解过程变得简单。

例 13-10 图 13-31(a)所示的电路中,开关合在"1"时电路已达到稳定状态,$t=0$ 时开关由"1"合向"2",在 $t=\tau=RC$ 时,开关又由"2"合向"1",试求电容电压 $u_C(t)$。

解 可将图 13-31(a)所示电路用图 13-31(b)所示电路表示,图中激励 $u_S(t)$ 如图 13-31(c)所示,可表示为

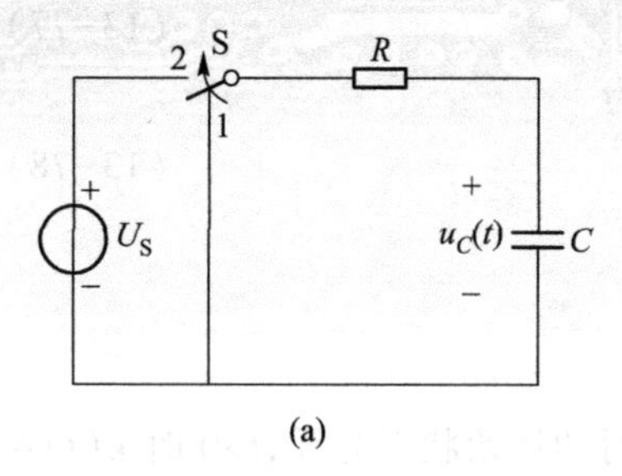

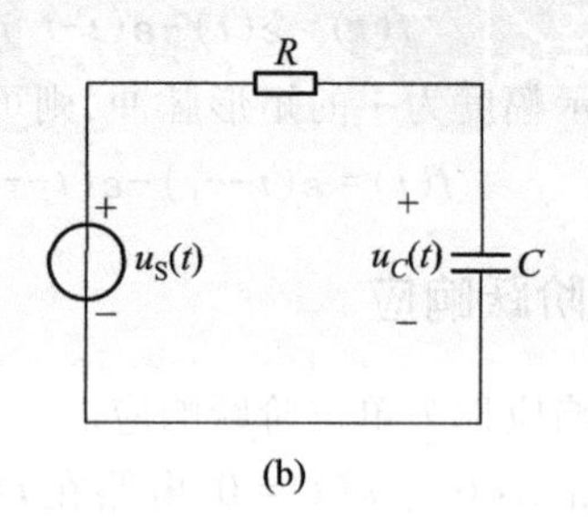

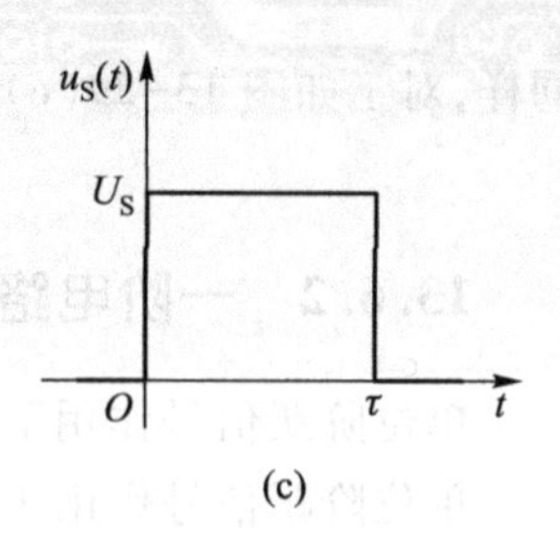

图 13-31　例 13-10 电路

(a) 原电路　(b) 原电路的新形式　(c) 方波

$$u_S(t)=U_S\varepsilon(t)-U_S\varepsilon(t-\tau)$$

因为 RC 电路的单位阶跃响应为

$$s(t)=(1-e^{-\frac{t}{\tau}})\varepsilon(t)$$

根据叠加定理和线性时不变电路的特性,可得

$$u_C(t)=U_Ss(t)-U_Ss(t-\tau)=U_S(1-e^{-\frac{t}{\tau}})\varepsilon(t)-U_S(1-e^{-\frac{t-\tau}{\tau}})\varepsilon(t-\tau)$$

该题也可用分段求解的方法求解,但过程较繁琐。为便于比较,下面给出其求解过程。

(1) 在 $0_+\leqslant t\leqslant\tau_-$ 区间,电路响应属于零状态响应。由电容电压不变定理知

$$u_C(0_+)=u_C(0_-)=0$$

由 RC 电路的零状态响应公式可得

$$u_C(t)=U_S(1-e^{-\frac{t}{\tau}})$$

(2) 在 $t\geqslant\tau_+$ 区间,电路响应属于零输入响应。由电容电压不变定理可知

$$u_C(\tau_+)=u_C(\tau_-)=U_S(1-e^{-\frac{\tau_-}{\tau}})=0.632U_S$$

由 RC 电路零输入响应公式可得

$$u_C(t)=u(\tau_+)e^{-\frac{t-\tau}{\tau}}=0.632U_Se^{-\frac{t-\tau}{\tau}}$$

电容电压 $u_C(t)$ 在整个时间轴上完整的变化规律为

$$u_C(t)=\begin{cases}0, & t\leqslant 0_-\\ U_S(1-e^{-\frac{t}{\tau}}), & 0_+\leqslant t\leqslant\tau_-\\ 0.632U_Se^{-\frac{t-\tau}{\tau}}, & \tau_+\leqslant t\end{cases}$$

把以上分段函数用一个函数式表达,有

$$\begin{aligned}u_C(t)&=U_S(1-e^{-\frac{t}{\tau}})[\varepsilon(t)-\varepsilon(t-\tau)]+0.632U_Se^{-\frac{t-\tau}{\tau}}\varepsilon(t-\tau)\\&=U_S(1-e^{-\frac{t}{\tau}})\varepsilon(t)-U_S(1-e^{-\frac{t-\tau}{\tau}})\varepsilon(t-\tau)\end{aligned}$$

比较以上两种方法的求解过程可知,把激励信号进行分解的方法较为简便。

13.7 一阶电路的冲激响应

单位冲激响应是电路在单位冲激信号作用下的响应。

当冲激信号 $\delta_i(t)$ 或 $\delta_u(t)$ 作用于 *RC* 或 *RL* 电路时，$t=0$ 时电容电压或电感电流会发生跃变。在 $t\geqslant 0_+$ 时，冲激信号已为零，但 $u_C(0_+)$ 或 $i_L(0_+)$ 不为零，使得 $t\geqslant 0_+$ 后响应存在，单位冲激响应在 $t\geqslant 0_+$ 时的形式与零输入响应一致。

13.7.1 *RC* 并联电路的冲激响应

图 13-32(a)所示为在单位冲激电流 $\delta_i(t)$ 作用下的 *RC* 并联电路，其响应可按下述方法求得。

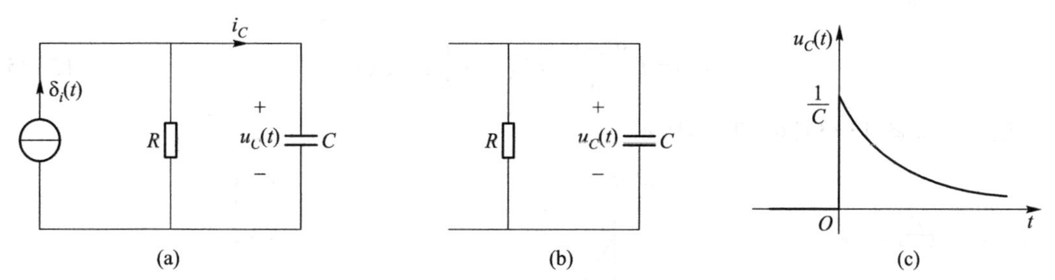

图 13-32 *RC* 并联电路的冲激响应

(a) 原电路 (b) $t\neq 0$ 时的电路 (c) 电容电压的波形曲线

$t\leqslant 0_-$ 时电路如图 13-32(b) 所示，所以 $u_C(0_-)=0$。$t=0$ 时，出现了无穷大电流，但该电流只能全部流过电容 *C*，不可能全部或部分流过电阻 *R*。这是因为 $t=0$ 时若有无穷大电流流过电阻 *R*，电阻两端就会产生无穷大电压，这时图 13-32(b) 所示电路的回路将不满足 KVL，出现矛盾。由此可知

$$u_C(0_+)=u_C(0_-)+\frac{1}{C}\int_{0_-}^{0_+} i(t)\,\mathrm{d}t=0+\frac{1}{C}\int_{0_-}^{0_+}\delta_i(t)\,\mathrm{d}t=\frac{1}{C} \tag{13-80}$$

$t\geqslant 0_+$ 后电路也如图 13-32(b) 所示，则电容电压为

$$u_C(t)=u_C(0_+)\mathrm{e}^{-\frac{t}{\tau}}=\frac{1}{C}\mathrm{e}^{-\frac{t}{\tau}}\quad(t\geqslant 0_+) \tag{13-81}$$

式中，$\tau=RC$ 为时间常数。因 $t\leqslant 0_-$ 时 $u_C(t)=0$，与式(13-81)结合，有

$$u_C(t)=\frac{1}{C}\mathrm{e}^{-\frac{t}{\tau}}\varepsilon(t)=\begin{cases}\frac{1}{C}\mathrm{e}^{-\frac{t}{\tau}}, & t\geqslant 0_+\\ 0, & t\leqslant 0_-\end{cases} \tag{13-82}$$

u_C 的变化波形如图 13-32(c) 所示。电容电流为

$$i_C(t)=C\frac{\mathrm{d}u_C}{\mathrm{d}t}=\frac{\mathrm{d}\mathrm{e}^{-\frac{t}{\tau}}}{\mathrm{d}t}\varepsilon(t)+\mathrm{e}^{-\frac{t}{\tau}}\frac{\mathrm{d}\varepsilon(t)}{\mathrm{d}t}=\delta(t)-\frac{1}{RC}\mathrm{e}^{-\frac{t}{\tau}}\varepsilon(t) \tag{13-83}$$

上式的导出用到了$\dfrac{d\varepsilon(t)}{dt}=\delta(t)$和$f(t)\delta(t)=f(0)\delta(t)$的关系。

冲激响应在$t\geqslant 0_+$后的变化规律与零输入响应相同,但包含了$t\leqslant 0_-$时的情况,不可与零输入响应混为一谈。

13.7.2　*RL* 串联电路的冲激响应

图 13-33(a)所示电路与图 13-32(a)所示电路为对偶电路。列方程求解或利用对偶原理,可求得图 13-33(a)所示 *RL* 串联电路在单位冲激电压激励下的响应为

$$i_L(t)=\frac{1}{L}e^{-\frac{t}{\tau}}\varepsilon(t) \tag{13-84}$$

式中,$\tau=GL=\dfrac{L}{R}$为给定 *RL* 电路的时间常数。电感电压u_L为

$$u_L(t)=L\frac{di_L(t)}{dt}=\delta(t)-\frac{R}{L}e^{-\frac{t}{\tau}}\varepsilon(t) \tag{13-85}$$

i_L、u_L的波形如图 13-33(b)和(c)所示。

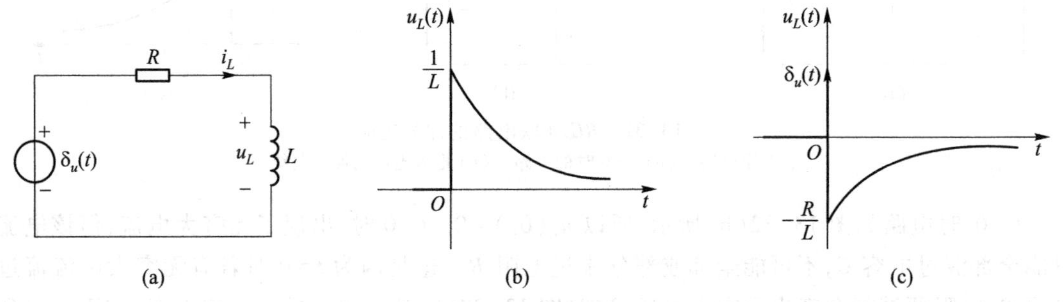

图 13-33　*RL* 串联电路的冲激响应

(a) 电路　(b) 电感电流i_L的波形曲线　(c) 电感电压u_L的波形曲线

13.7.3　冲激响应与阶跃响应的关系

单位冲激函数$\delta(t)$与单位阶跃函数$\varepsilon(t)$之间的关系为:单位冲激函数$\delta(t)$为单位阶跃函数$\varepsilon(t)$对时间的一阶导数,即

$$\delta(t)=\frac{d\varepsilon(t)}{dt} \tag{13-86}$$

因此,单位阶跃函数$\varepsilon(t)$是单位冲激函数$\delta(t)$对时间的一重积分,即

$$\varepsilon(t)=\int_{-\infty}^{t}\delta(\xi)d\xi \tag{13-87}$$

单位冲激响应常记为$h(t)$,单位阶跃响应常记为$s(t)$。可以证明,针对线性时不变电路,其$h(t)$和$s(t)$的关系为$h(t)=\dfrac{ds(t)}{dt}$或$\int_{-\infty}^{t}h(t)d\tau=s(t)$。利用上述关系,可以由一种响应求

出另一种响应。

例 13-11 图 13-34(a)所示电路中，$R_1=6\ \Omega$、$R_2=4\ \Omega$、$L=0.1\ \text{H}$，电压源电压如图中所示。求响应 $i_L(t)$ 和 $u_L(t)$。

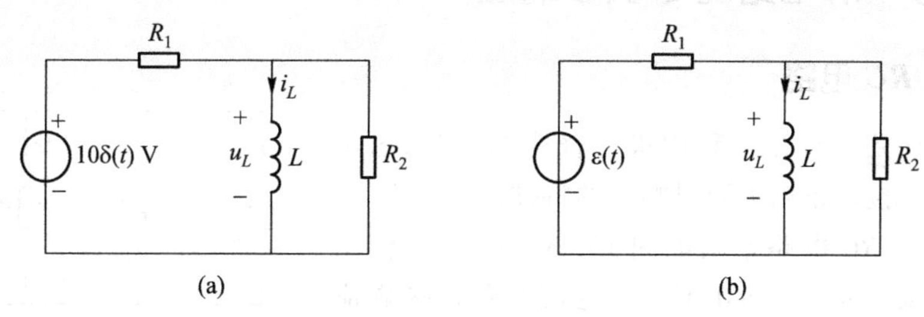

图 13-34 例 13-11 电路

(a) 原电路 (b) 单位阶跃作用下的电路

解 这是一个冲激响应求解问题，可先求电路的阶跃响应，然后对响应进行微分求冲激响应。把图中激励源改为 $\varepsilon(t)$ V，如图 13-34(b)所示，则有

$$i_L(0_+)=i_L(0_-)=0$$

$$i_L(\infty)=\frac{1}{R_1}=\frac{1}{6}\ \text{A}$$

$$\tau=\frac{L}{R_1//R_2}=\frac{0.1}{6//4}\ \text{s}=\frac{1}{24}\ \text{s}$$

$t\geqslant 0_+$ 时，利用三要素法公式有

$$\begin{aligned}i_L(t)&=i_L(\infty)+[i_L(0_+)-i_L(\infty)]\text{e}^{-\frac{t}{\tau}}\\&=\left[\frac{1}{6}+\left(0-\frac{1}{6}\right)\text{e}^{-24t}\right]\ \text{A}=\frac{1}{6}(1-\text{e}^{-24t})\ \text{A}\end{aligned}$$

结合 $t\leqslant 0_-$ 时 $i_L(t)=0$，可得电感电流的阶跃响应为

$$s(t)=\frac{1}{6}(1-\text{e}^{-24t})\varepsilon(t)\ \text{A}$$

则激励为 $\delta(t)$ V 时，电感电流的冲激响应 $h(t)$ 为

$$\begin{aligned}h(t)&=\frac{\text{d}s(t)}{\text{d}t}=\left[4\text{e}^{-24t}\varepsilon(t)+\frac{1}{6}(1-\text{e}^{-24t})\delta(t)\right]\ \text{A}\\&=4\text{e}^{-24t}\varepsilon(t)\ \text{A}\end{aligned}$$

当激励为 $10\delta(t)$ V 时，根据齐性定理，可知电感电流为

$$i_L(t)=10h(t)=40\text{e}^{-24t}\varepsilon(t)\ \text{A}$$

此时的电感电压为

$$u_L(t)=L\frac{\text{d}i_L}{\text{d}t}=[4\delta(t)-96\text{e}^{-24t}\varepsilon(t)]\ \text{V}$$

13.8 正弦激励时一阶电路的零状态响应

13.8.1 RC 电路

电路接通正弦电源是工程中极为普遍的现象，这里讨论一阶电路在接通正弦电源时响应的特殊性。

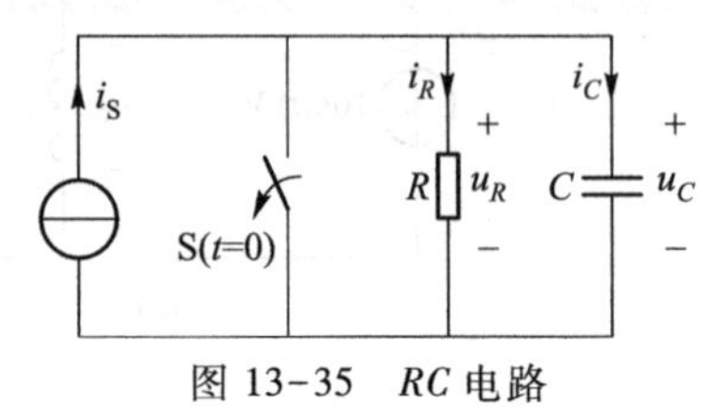

图 13-35　RC 电路

图 7-3 所示 RC 电路重画如图 13-35 所示，电流源 $i_S(t)=I_m\cos(\omega t+\theta_i)$。$t>0$ 时该电路的零状态响应 $u_C(t)$ 在 7.2 节中已给出为

$$u_C(t)=u_p(t)+u_h(t)=U_m\cos(\omega t+\varphi_u)-U_m\cos\varphi_u e^{-\frac{t}{RC}} \tag{13-88}$$

其中，$U_m=\dfrac{I_m}{\sqrt{(\omega C)^2+(1/R)^2}}$，$\varphi_u=\theta_i-\varphi'$，$\varphi'=\arctan(R\omega C)$。

电源 $i_S(t)=I_m\cos(\omega t+\theta_i)$ 中的 θ_i 在工程上常称为合闸角，对 $u_C(t)$ 有较大影响。

（1）当合闸角 $\theta_i=\pm\dfrac{\pi}{2}+\varphi'$ 时，有 $\varphi_u=\theta_i-\varphi'=\pm\dfrac{\pi}{2}$。此时暂态分量 $u_h(t)=-U_m\cos\varphi_u e^{-\frac{t}{RC}}=0$，电路直接进入稳态，电路响应为

$$u_C(t)=u_p(t)=U_m\cos(\omega t+\varphi_u)=U_m\cos\left(\omega t\pm\frac{\pi}{2}\right)=\mp U_m\sin(\omega t) \tag{13-89}$$

（2）当合闸角 $\theta_i=\varphi'$ 时，有 $\varphi_u=\theta_i-\varphi'=0$。此时暂态分量 $u_h(t)=-U_m\cos\varphi_u e^{-\frac{t}{RC}}=-U_m e^{-\frac{t}{RC}}$，电路响应为

$$u_C(t)=U_m\cos(\omega t+\varphi_u)-U_m e^{-\frac{t}{RC}}=U_m\left[\cos(\omega t)-e^{-\frac{t}{RC}}\right] \tag{13-90}$$

如果时间常数 $\tau=RC$ 远大于正弦波周期 T，当 $t=\dfrac{T}{2}$ 时，有 $e^{-\frac{t}{RC}}=e^{-\frac{T}{2RC}}\approx1$，而 $\cos\left(\omega\dfrac{T}{2}\right)=\cos(\pi)=-1$，故 $u_C\left(\dfrac{T}{2}\right)\approx-2U_m$。

（3）当合闸角 $\theta_i=-\pi+\varphi'$ 时，$u_C(t)=U_m\left[-\cos(\omega t)+e^{-\frac{t}{RC}}\right]$，其变化规律如图 13-36 所示。如果 $\tau=RC$ 远大于正弦波周期 T，则有 $u_C\left(\dfrac{T}{2}\right)\approx2U_m$。

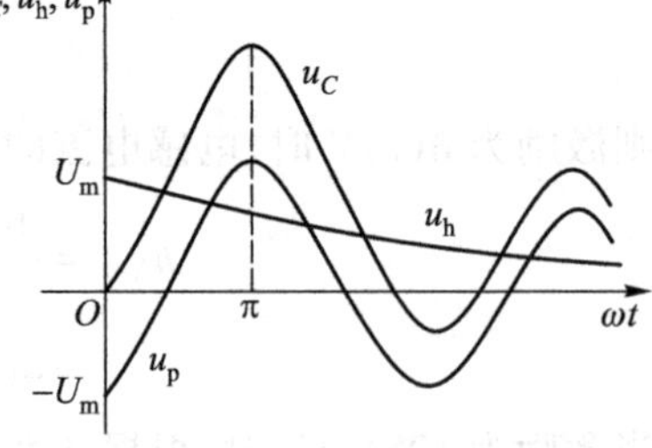

图 13-36　合闸角 $\theta_i=-\pi+\varphi'$ 时 RC 电路的零状态响应

（2）和（3）两种情况说明工作时电容电压的最大值有可能接近稳态工作时最大电压的两倍。在确定电气设备或器件的耐压值时要考虑这一情况。

13.8.2 *RL* 电路

图 13-37 所示 *RL* 电路中，电压源 $u_S(t)=U_m\cos(\omega t+\theta_u)$，该电路是图 13-35 所示 *RC* 电路的对偶电路，θ_u 为合闸角。依对偶原理可知电感电流 $i_L(t)$ 为

$$i(t)=I_m\cos(\omega t+\varphi_i)-I_m\cos(\varphi_i)e^{-\frac{t}{\tau}} \quad (13-91)$$

其中，$I_m=\dfrac{U_m}{\sqrt{(\omega L)^2+R^2}}$，$\varphi_i=\theta_u-\varphi'$，$\varphi'=\arctan\dfrac{\omega L}{R}$，$\tau=\dfrac{L}{R}$。

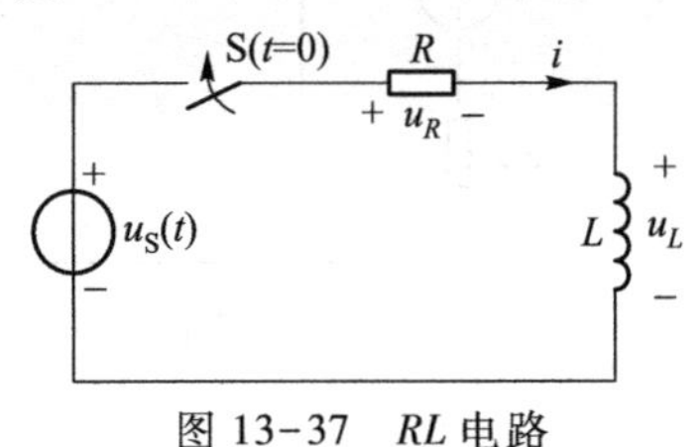

图 13-37 *RL* 电路

（1）当合闸角 $\theta_u=\pm\dfrac{\pi}{2}+\varphi'$ 时，有 $\varphi_i=\theta_u-\varphi'=\pm\dfrac{\pi}{2}$。此时暂态分量为零，电路直接进入稳态，电路响应为

$$i(t)=I_m\cos\left(\omega t\pm\frac{\pi}{2}\right)=\mp I_m\sin\omega t \quad (13-92)$$

（2）当合闸角 $\theta_u=\varphi'$（或 $\theta_u=-\pi+\varphi'$）时，有 $\varphi_i=\theta_u-\varphi'=0$（或 $\varphi_i=-\pi$）。此时暂态分量 $i_h=-I_m\cos(\varphi_i)e^{-\frac{t}{\tau}}=-I_m e^{-\frac{t}{\tau}}$（或 $i_h=I_m e^{-\frac{t}{\tau}}$），则合闸后电路响应为

$$i(t)=I_m\cos(\omega t)-I_m e^{-\frac{t}{\tau}} \quad \left[\text{或 } i(t)=-I_m\cos(\omega t)+I_m e^{-\frac{t}{\tau}}\right] \quad (13-93)$$

若电路的时间常数 $\tau=\dfrac{L}{R}$ 很大，则暂态分量衰减很慢，经过半个周期的时间，电流值约为

$$i\left(\frac{T}{2}\right)=I_m\cos\pi-I_m e^{-\frac{T}{2\tau}}\approx-2I_m \quad \left[\text{或 } i\left(\frac{T}{2}\right)\approx 2I_m\right] \quad (13-94)$$

此时电流的绝对值接近其稳态工作时最大电流的两倍。

习题

13-1　电路如题 13-1 图所示，求出电容电压、电容电流的初始值。

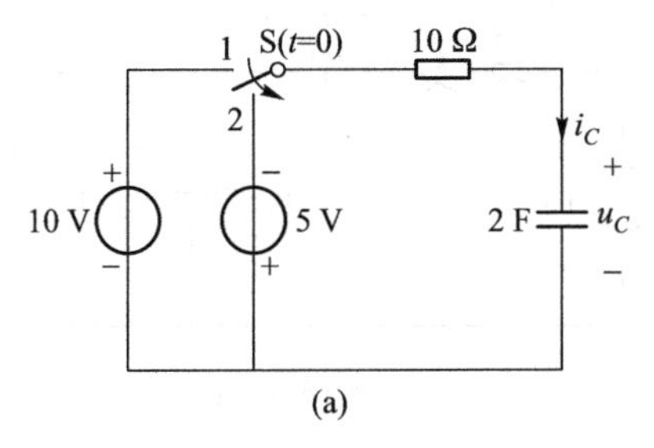

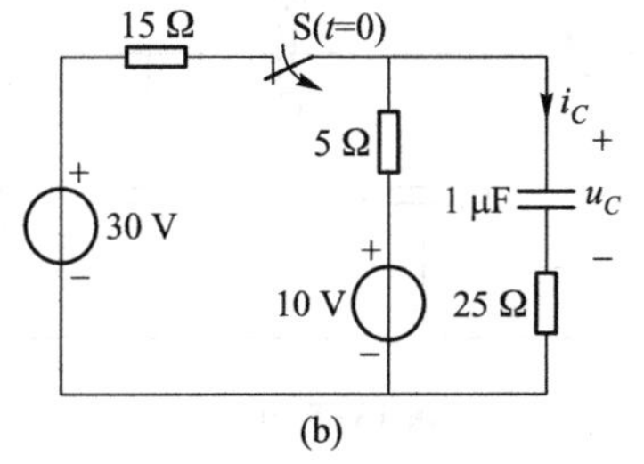

题 13-1 图

13-2　电路如题 13-2 图所示，求出电感电压、电感电流的初始值。

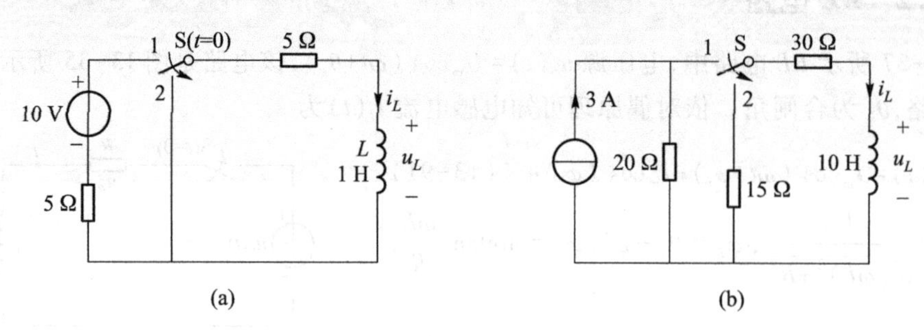

题 13-2 图

13-3　题 13-3 图所示电路在换路前已达稳态。当 $t=0$ 时将开关 S 闭合，求换路后的 $u_C(0_+)$ 和 $i_C(0_+)$。

13-4　题 13-4 图所示电路中，$u_C(0_-)=0$，开关 S 原处于断开状态，电路已达稳态。$t=0$ 时将开关 S 闭合。试求 $i_1(0_+)$、$i_2(0_+)$、$u_L(0_+)$ 和 $\left.\frac{\mathrm{d}u_C}{\mathrm{d}t}\right|_{t=0_+}$。

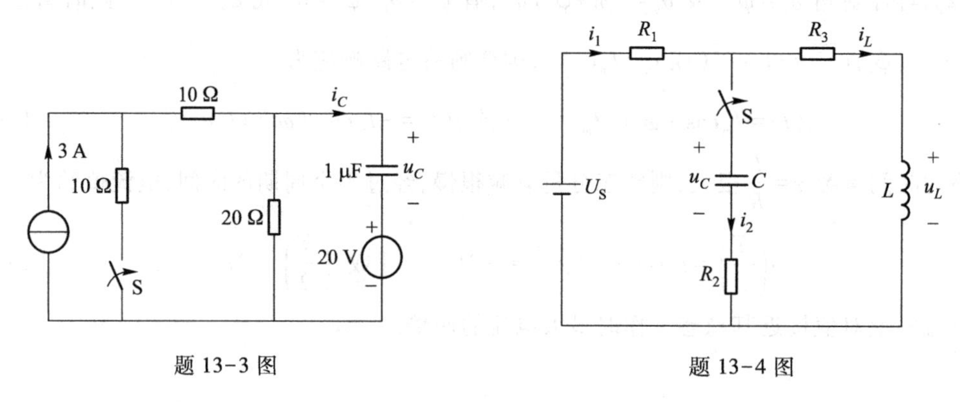

题 13-3 图　　　　题 13-4 图

13-5　题 13-5 图所示电路中，电容初始值均为零，$t=0$ 时开关 S 闭合，求 $t=0_+$ 时各电容电压。

13-6　题 13-6 图所示电路中，$t=0$ 时开关 S 闭合，求 $t=0_+$ 时各电容电压。

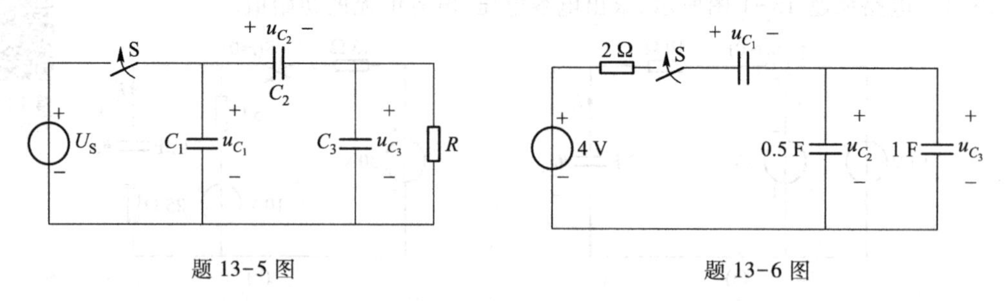

题 13-5 图　　　　题 13-6 图

13-7　题 13-7 图所示电路已达到稳态，$t=0$ 时开关 S 打开，求 $t=0_+$ 时各电感电流。

13-8　题 13-8 图所示电路已处于稳态，$t=0$ 时开关 S 打开，求电感电流 $i_{L_1}(0_+)$ 和 $i_{L_2}(0_+)$。

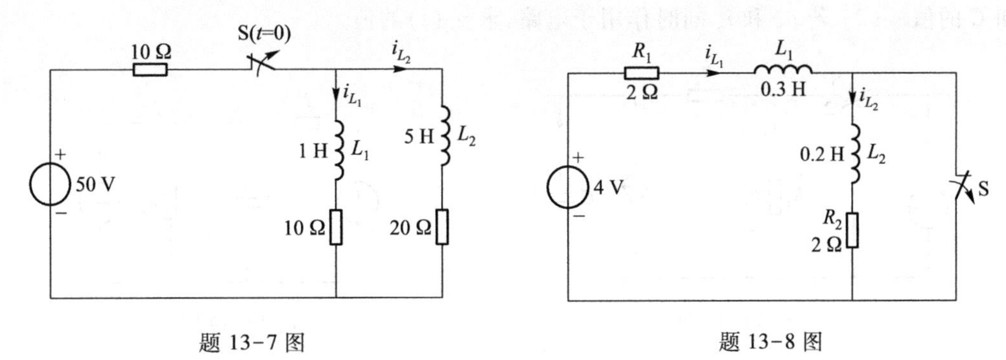

题 13-7 图　　　　题 13-8 图

13-9　题 13-9 图所示电路在 $t=0$ 时开关 S 闭合，求 $t>0$ 时的 $u_C(t)$。

13-10　题 13-10 图所示电路中开关 S 原在位置 1 已久，$t=0$ 时将开关 S 合向位置 2，试求 $t>0$ 时的 $u_C(t)$ 和 $i(t)$。

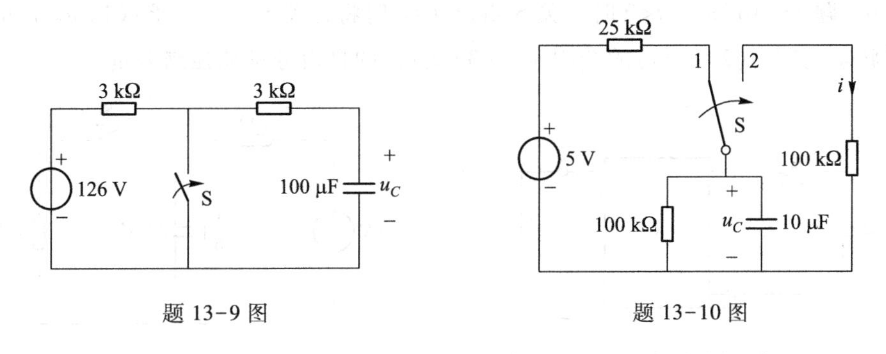

题 13-9 图　　　　题 13-10 图

13-11　题 13-11 图所示电路中，$u_C(0_+)=4$ V，求 $t>0$ 时 $u(t)$ 的表达式。

13-12　题 13-12 图所示电路中，开关 S 闭合之前电容电压 $u_C(0_-)$ 为零。在 $t=0$ 时开关 S 闭合，求 $t>0$ 时的 $u_C(t)$ 和 $i_C(t)$。

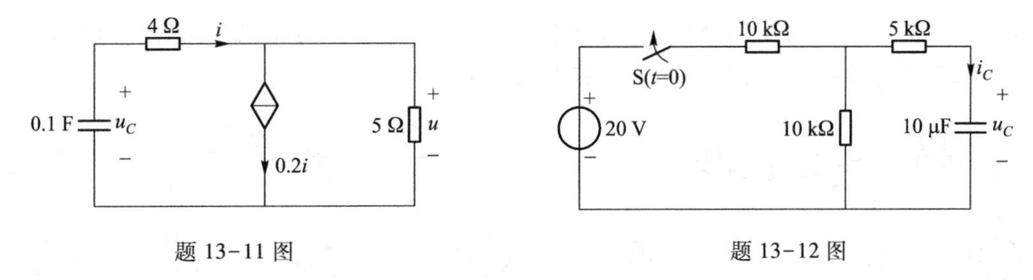

题 13-11 图　　　　题 13-12 图

13-13　题 13-13 图所示电路中，$t=0$ 时开关 S 从“1”接入“2”，已知：$i_S=10$ A，$R_1=1$ Ω，$R_2=2$ Ω，$C=1$ F，$u_C(0_-)=2$ V，$g=0.25$ S。求 $t>0$ 时的全响应 $u_C(t)$、$i_C(t)$、$i_1(t)$。

13-14　题 13-14 图所示电路中，$u_C(0_-)=0$，电源均于 $t=0$ 时作用。当 $u_S=1$ V、$i_S=0$ 时，

$u_C^{(1)}(t)=\frac{1}{2}(1-e^{-2t})\ V(t>0)$；当 $u_S=0\ V$、$i_S=1\ A$ 时，$u_C^{(2)}(t)=2(1-e^{-2t})\ V(t>0)$。(1) 求 R_1、R_2 和 C 的值。(2) 若 u_S 和 i_S 同时作用于电路，求 $u_C(t)$ 的值。

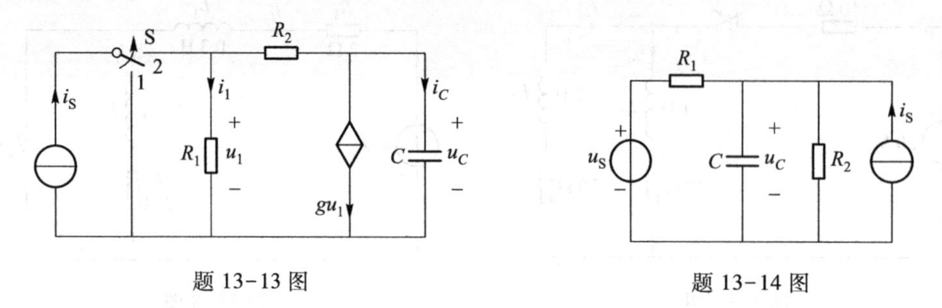

题 13-13 图　　　　题 13-14 图

13-15　电路如题 13-15 图所示，N 为无独立源电阻性网络，已知 1-1′端口电容 $C=2\ F$，开关 S 闭合前 $u_C(0_-)=10\ V$。当 $t=0$ 时，开关 S 闭合，则端口 2-2′短路电流 $i_2(t)=2e^{-0.25t}\ A$。若 2-2′端口接电压源 $U_S=10\ V$，且 $u_C(0_-)=10\ V$ 不变，求 $t=0$ 时开关 S 闭合后的 $u_C(t)$。

13-16　题 13-16 图中，$t<0$ 时开关 S 闭合，$t=0$ 时将开关 S 打开。求：(1) $u_C(t)$ 的零输入响应和零状态响应。(2) $u_C(t)$ 的全响应。(3) $u_C(t)$ 的自由分量和强制分量。

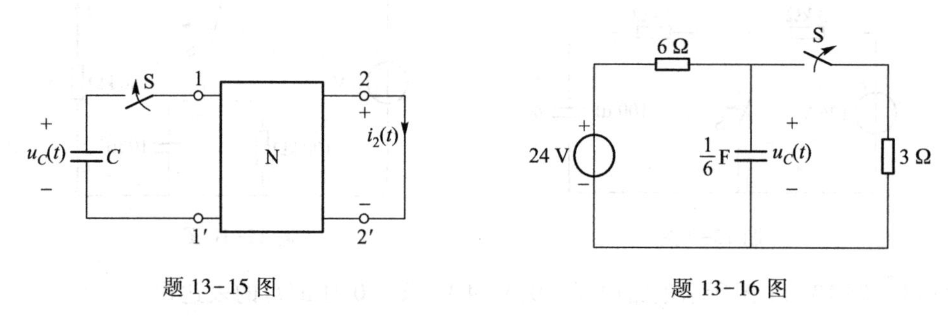

题 13-15 图　　　　题 13-16 图

13-17　题 13-17 图所示电路原已处于稳态，$t=0$ 时开关由位置 1 合向 2，求换路后的 $i(t)$ 和 $u_L(t)$。

13-18　图 13-18 所示电路中，开关 S 合在“1”时电路已处于稳态。在 $t=0$ 时，开关从“1”接到“2”，试求 $t\geq 0_+$ 时的电感电流 i_L 和电感电压 u_L。

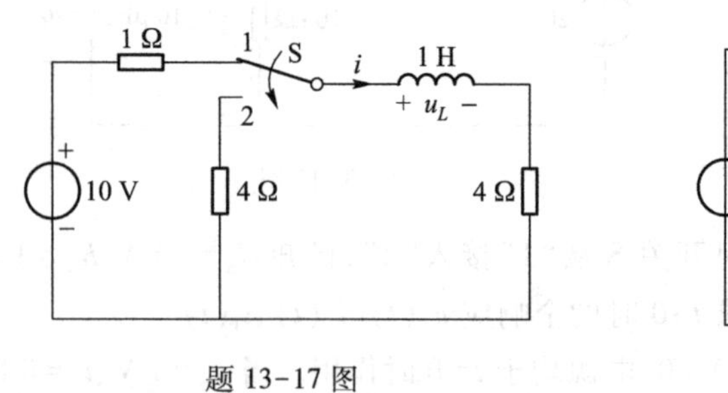

题 13-17 图

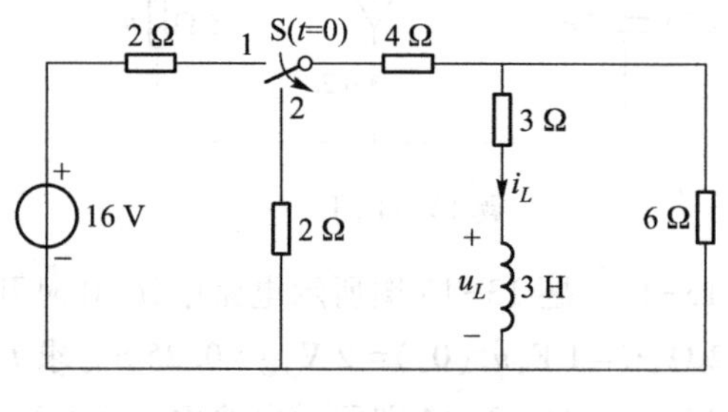

题 13-18 图

13-19　题 13-19 图所示电路中，已知电感电压 $u_L(0_+)=18\text{ V}$，求 $t>0$ 时的 $u_{ab}(t)$。

13-20　题 13-20 图所示电路中，已知 $i_L(0_+)=2\text{ A}$，求 $t>0$ 时的 $u(t)$。

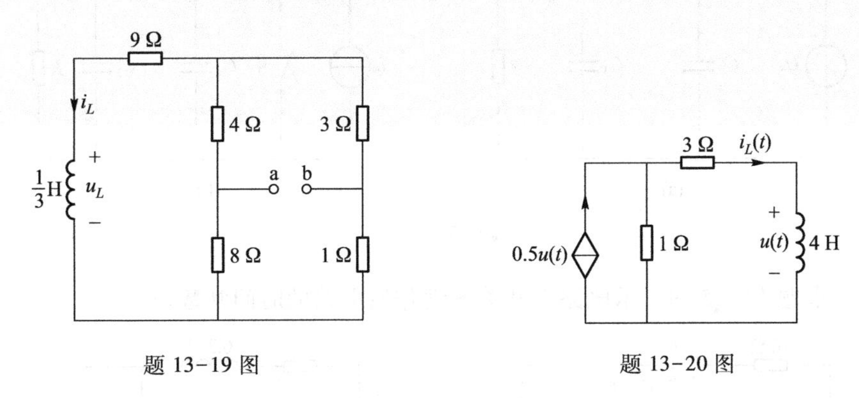

题 13-19 图　　　　题 13-20 图

13-21　题 13-21 图所示电路原已处于稳态，$t=0$ 时开关 S 闭合，求换路后的零状态响应 $i_L(t)$。

13-22　题 13-22 图所示电路，已知 $i_L(0_-)=0$，在 $t=0$ 时开关 S 打开，试求换路后的零状态响应 $i_L(t)$。

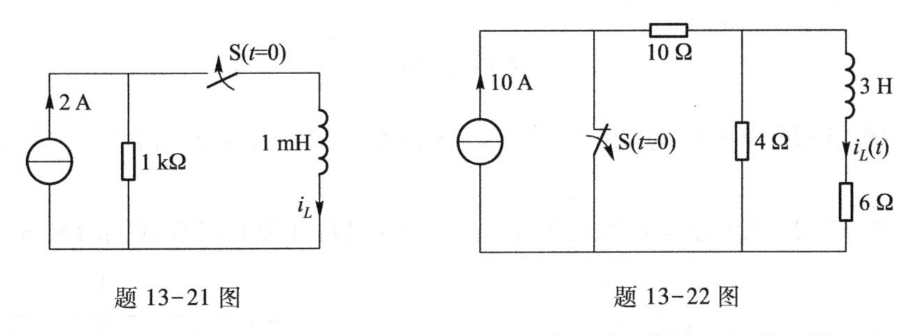

题 13-21 图　　　　题 13-22 图

13-23　求题 13-23 图所示电路中开关 S 动作后电路的时间常数。

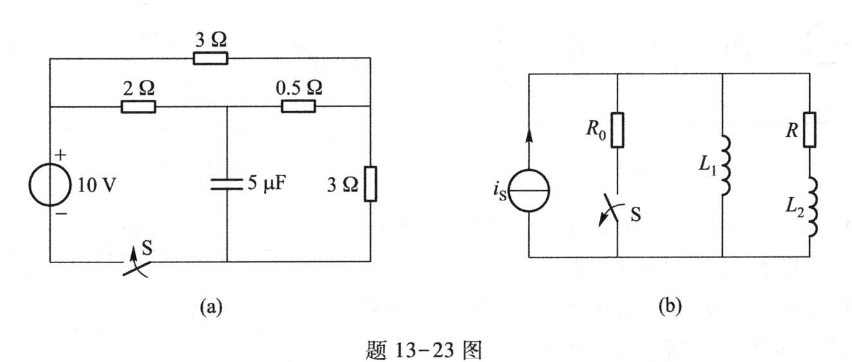

题 13-23 图

13-24　求题 13-24 图所示电路中开关 S 动作后电路的时间常数。

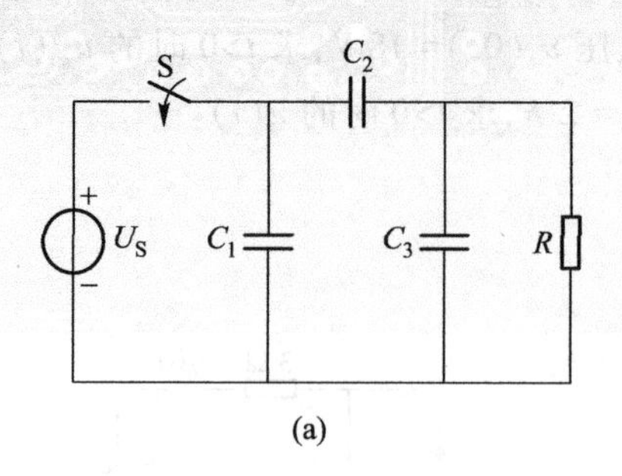

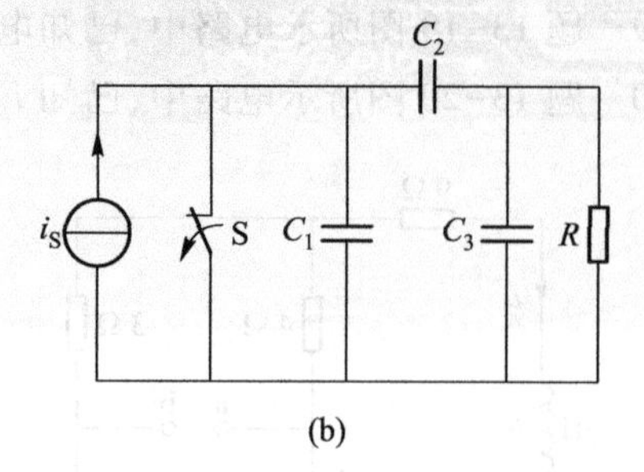

题 13-24 图

13-25　求题 13-25 图所示电路中开关 S 动作后电路的时间常数。

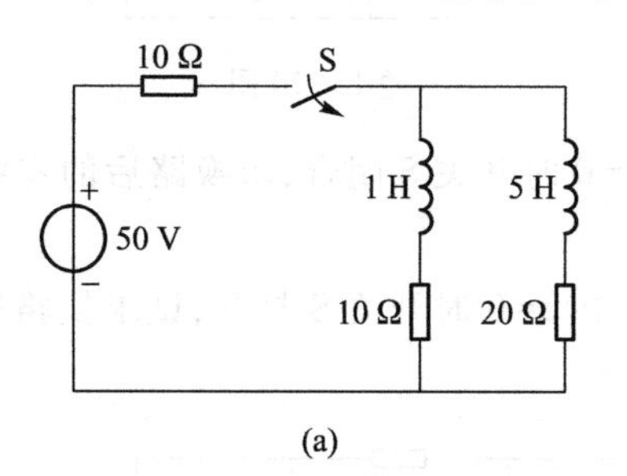

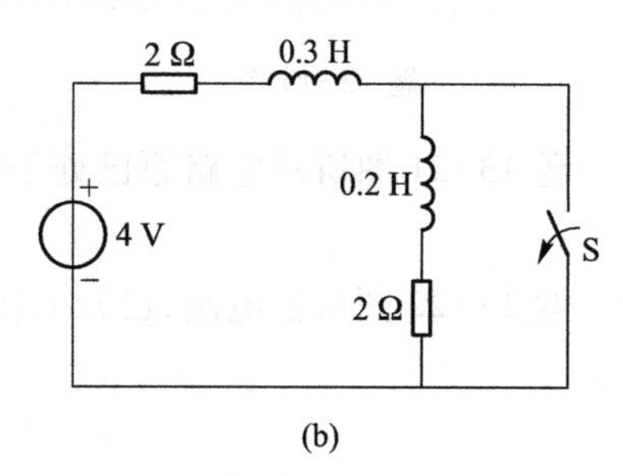

题 13-25 图

13-26　题 13-26 图所示电路在换路前已达稳态。试求开关 S 闭合后开关两端的电压 $u_S(t)$。

13-27　题 13-27 图所示电路原已处于稳态，$t=0$ 时将开关 S 闭合，试求 $t>0$ 时的 $i(t)$。

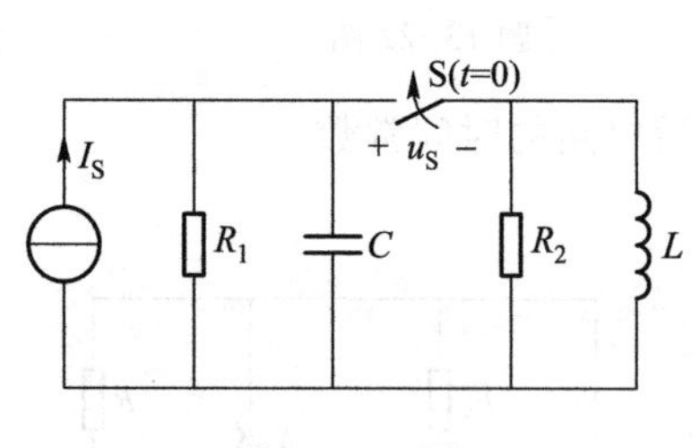

题 13-26 图

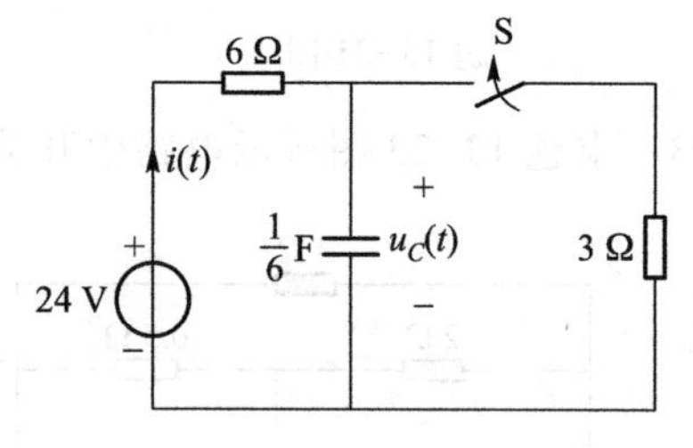

题 13-27 图

13-28　题 13-28 图所示电路原已处于稳态，$t=0$ 时将开关 S 闭合。试求 $t>0$ 时的 $u_C(t)$ 和 $i(t)$。

13-29　题 13-29 图所示电路在换路前已达稳态，$t=0$ 时开关 S 闭合。试求电路响应 $u_C(t)$。

13-30　题 13-30 图所示电路在开关 S 闭合前已达稳态，试求换路后的全响应，并画出它的曲线。

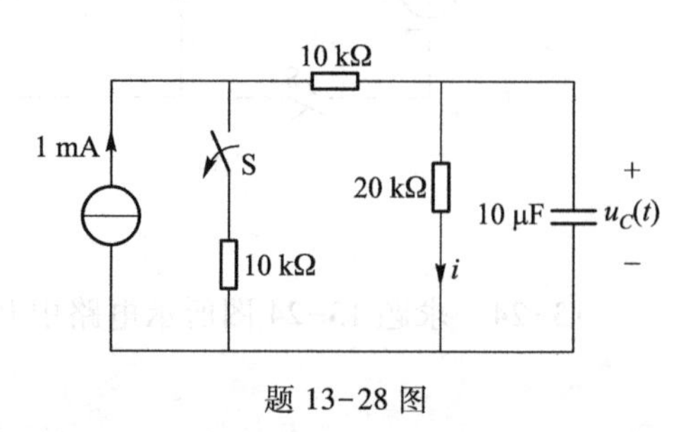

题 13-28 图

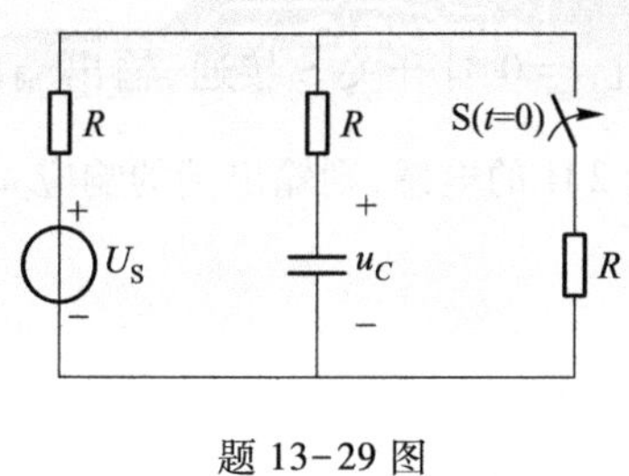

题 13-29 图

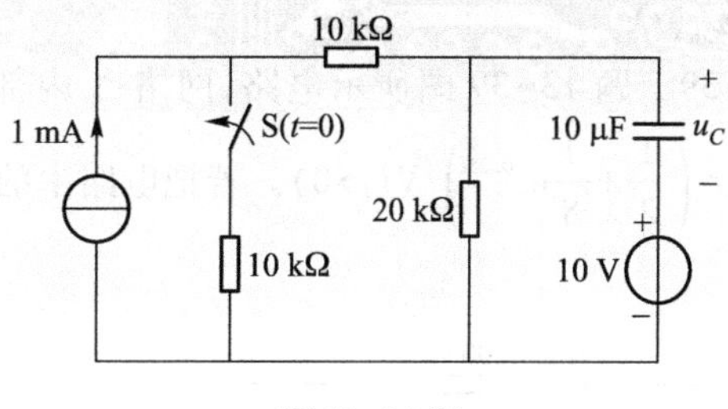

题 13-30 图

13-31　题 13-31 图所示电路在换路前已达稳态，$t=0$ 时开关 S_1 接通、S_2 断开。试求电路响应 $u_C(t)$。

13-32　题 13-32 图所示电路原已处于稳态，U_S 为何值时才能使开关闭合后电路不出现动态过程？若 $U_S=50$ V，求 $u_C(t)$。

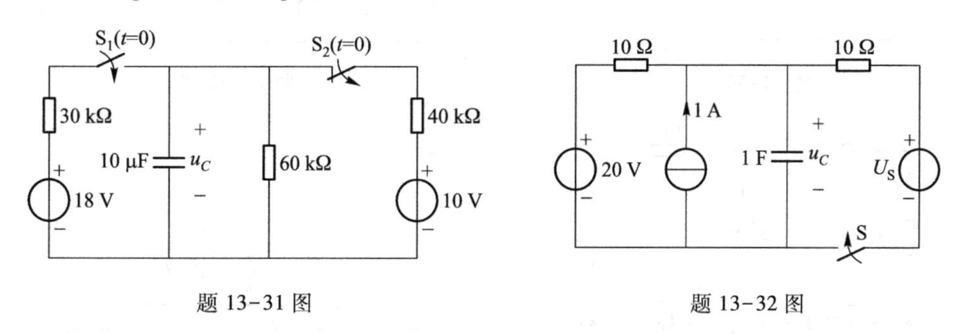

题 13-31 图　　题 13-32 图

13-33　某 RC 一阶电路的全响应为 $u_C(t)=(8-2e^{-5t})$ V。若初始状态不变而输入减小为原来的一半，则全响应 $u_C(t)$ 为多少？

13-34　题 13-34 图所示电路已达稳态，$t=0$ 时合上开关，求换路后的电流 $i_L(t)$。

13-35　题 13-35 图所示电路已达稳态，$t=0$ 时合上开关，求换路后的电流 $i_L(t)$。

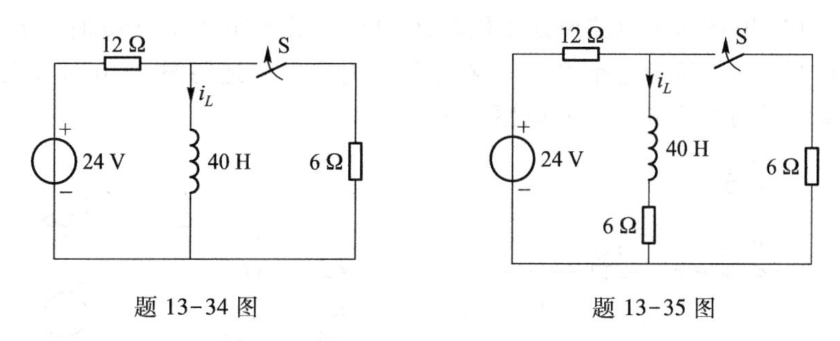

题 13-34 图　　题 13-35 图

13-36　题 13-36 图所示电路原已处于稳态，$t=0$ 时开关 S 打开，求：(1) 全响应 $i_L(t)$、$i_1(t)$、$i_2(t)$。(2) $i_L(t)$ 的零状态响应和零输入响应。(3) $i_L(t)$ 的自由分量和强制分量。

13-37　用三要素法求题 13-37 图所示电路中电压 u 和电流 i 的全响应。

13-38　题 13-38 图中，电路已处于稳态。开关 S 在 $t=0$ 时闭合，求开关闭合后的电压

$u(t)$和$u_{ab}(t)$。

13-39　题13-39图所示电路，网络N内部只有电阻，$t=0$时开关S接通，输出端的响应为$u_O(t)=\left(\frac{1}{2}+\frac{1}{8}e^{-0.25t}\right)$ V$(t>0)$。若把电路中的电容换为2 H的电感，则输出端的响应$u_O(t)$应为多少？

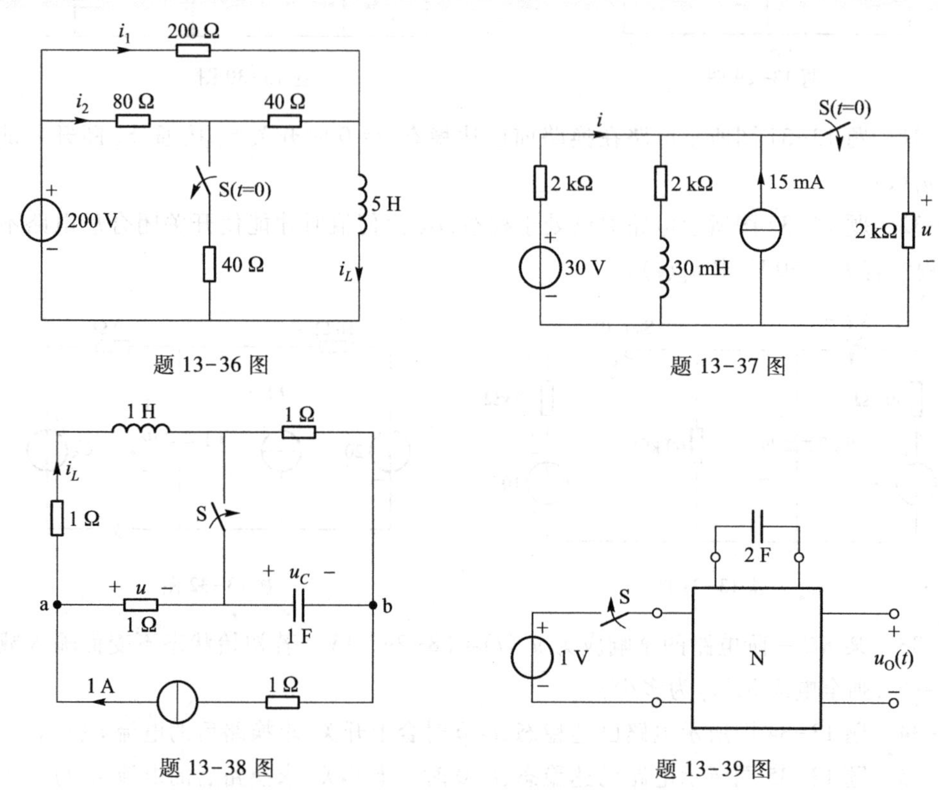

题13-36图　　题13-37图

题13-38图　　题13-39图

13-40　题13-40图所示电路原处于稳态，$t=0$时开关S闭合，求$t>0$时的$i(t)$。

13-41　题13-41图所示电路中，开关在位置1时电路已达稳态，$t=0$时开关从位置1接到位置2，求$t\geqslant 0_+$时的电感电流i_L和电感电压u_L。

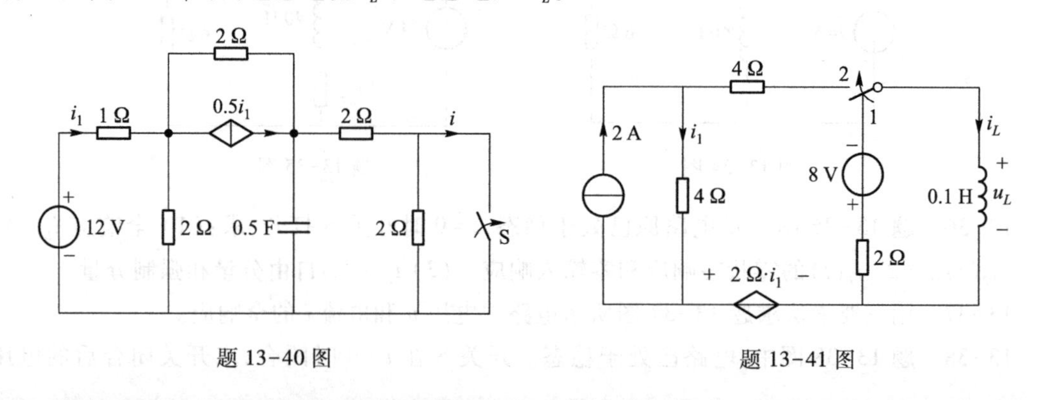

题13-40图　　题13-41图

13-42　题 13-42 图所示电路中,已知 $u_{C_1}(0_-)=90\ \text{V}$,$u_{C_2}(0_-)=0\ \text{V}$,$R=15\ \text{k}\Omega$,$C_1=6\ \mu\text{F}$,$C_2=3\ \mu\text{F}$。$t=0$ 时开关 S 闭合,求 $t>0$ 时的 $u_{C_1}(t)$、$u_{C_2}(t)$。

13-43　题 13-43 图所示电路中,$t<0$ 时开关 S 闭合,$t=0$ 时将开关 S 打开。求 $t>0$ 时的 $i(t)$ 和 $u(t)$。

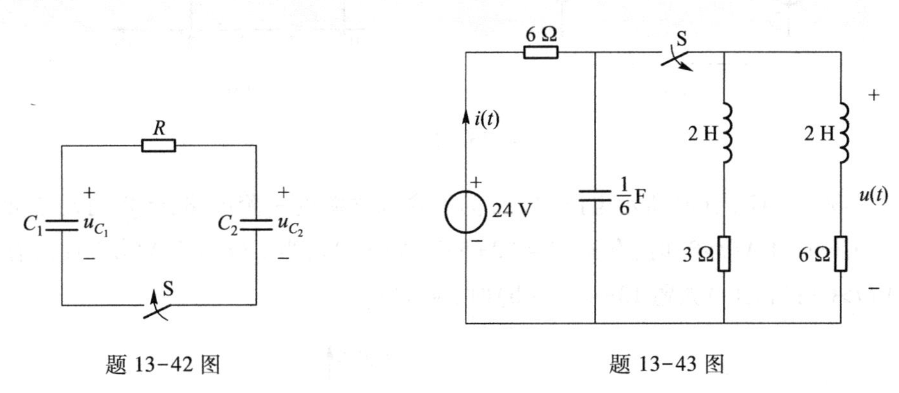

题 13-42 图　　　　题 13-43 图

13-44　题 13-44(a)图所示电路中,外施激励 $u_S(t)$ 如题 13-45(b)图所示,求响应 $u_C(t)$、$i(t)$。

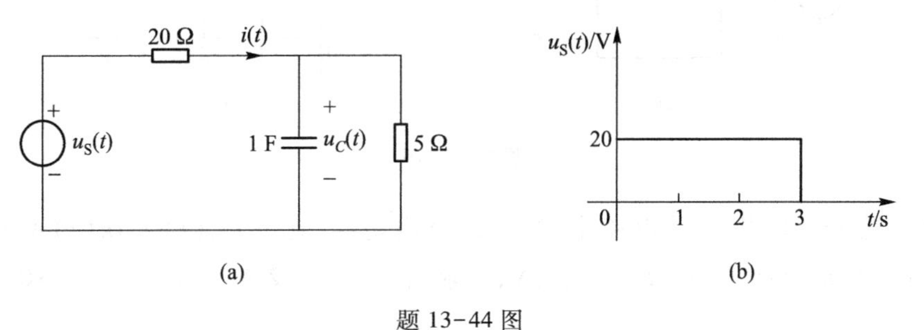

(a)　　　　(b)

题 13-44 图

13-45　题 13-45 图(a)所示电路中,已知 $R=5\ \Omega$,$L=1\ \text{H}$,输入电压波形如题 13-45 图(b)所示,试求电路响应 $i_L(t)$。

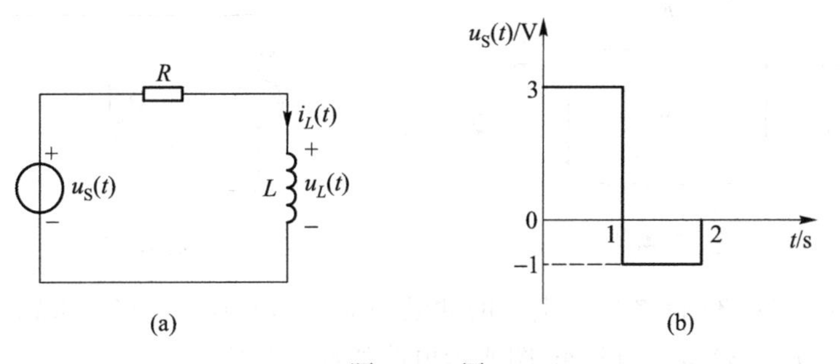

(a)　　　　(b)

题 13-45 图

13-46　题 13-46 图(a)所示电路中,外施激励 $u_S(t)$ 如题 13-46 图(b)所示,求响应 $u_0(t)$。

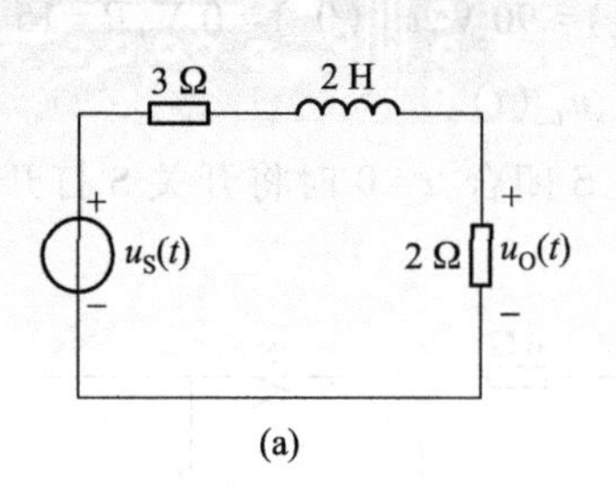

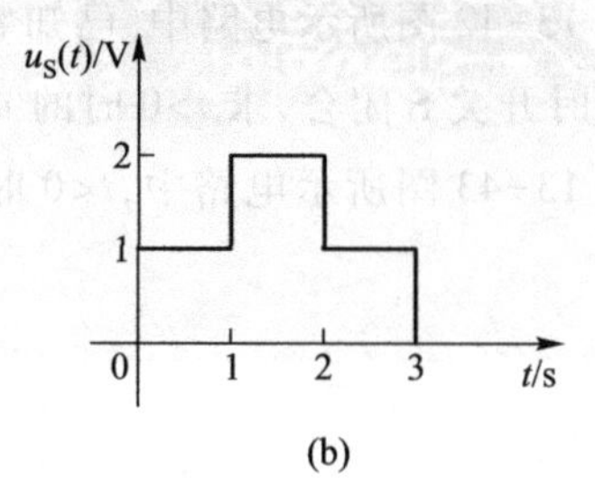

题 13-46 图

13-47　题 13-47 图(a)所示电路中，N_0 为不含独立源的一阶电路，$t=0_-$ 时动态元件有储能。已知当 $i_S(t)=1$ A($t>0$)时，有 $u(t)=(2+5e^{-t})$ V($t>0$)；当 $i_S(t)=2$ A($t>0$)时，有 $u(t)=(4+6e^{-t})$ V($t>0$)；当 $i_S(t)$ 如题 13-47 图(b)时，求 $u(t)$。

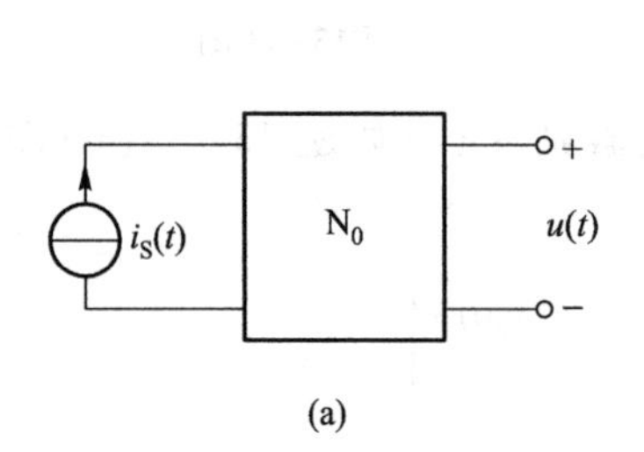

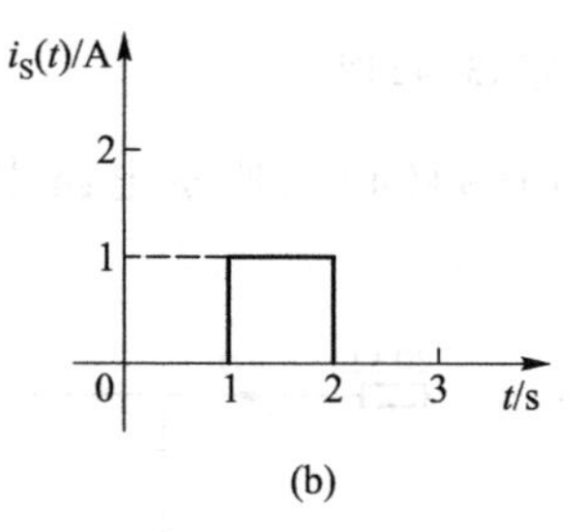

题 13-47 图

13-48　题 13-48 图所示电路中，N 为纯电阻电路，已知：$i_S(t)=4\varepsilon(t)$ A 时，$i_L(t)=2(1-e^{-t})\varepsilon(t)$ A、$u_R(t)=(2-0.5e^{-t})\varepsilon(t)$ V，试求当 $i_L(0_-)=2$ A、$i_S(t)=2$ A($t>0$)时的电压 $u_R(t)$。

13-49　求题 13-49 图所示电路中电感电流 i_L 的阶跃响应 $s(t)$ 和冲激响应 $h(t)$。

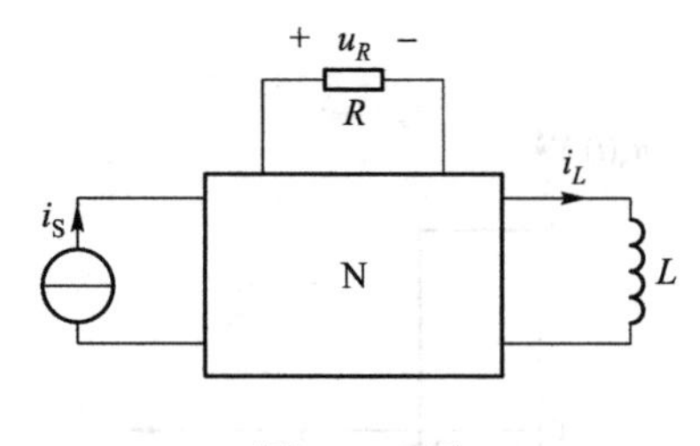

题 13-48 图

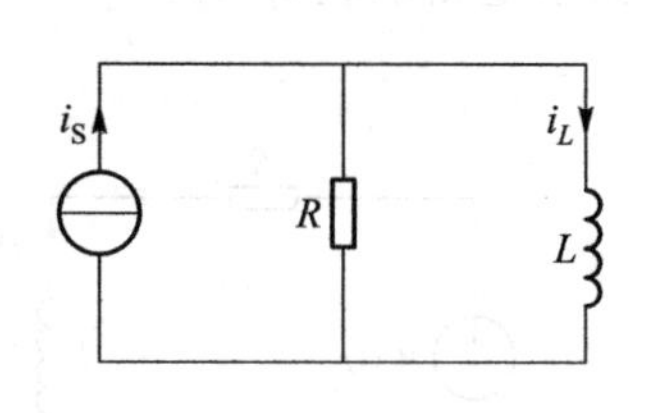

题 13-49 图

13-50　(1) 求题 13-44 图所示电路的冲激响应 $u_C(t)$、$i(t)$。(2) 求题 13-45 图所示电路的冲激响应 $i_L(t)$。(3) 求题 13-46 图所示电路的冲激响应 $u_O(t)$。

13-51　题 13-51 图所示电路中，已知 $u_S(t)=10\cos(314t-45°)$ V，电容无初始储能，开关 S 在 $t=0$ 时闭合，求 $t>0$ 时的电流 $i(t)$。

13-52　题 13-52 图所示电路中，$u_S(t) = 10\sin(4t+\varphi)$ V，电感无初始能，若 $t=0$ 时开关 S 闭合后电路中不产生过渡过程，则电源的初相位 φ 应为多少？

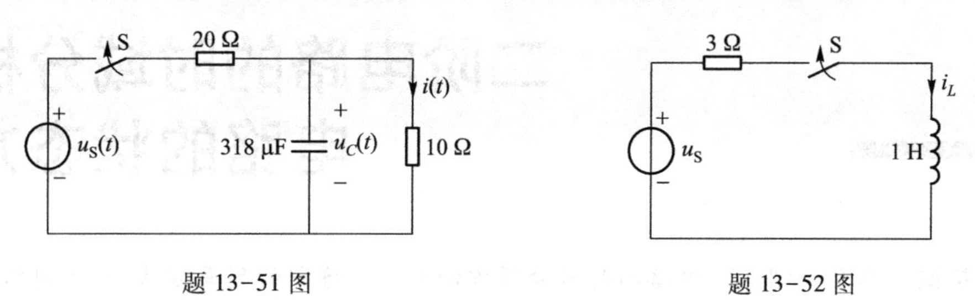

题 13-51 图　　题 13-52 图

第 14 章 二阶电路的时域分析和电路的状态方程

内容提要 本章介绍二阶电路的时域分析方法和状态方程的列写方法，具体内容包括：二阶电路的零输入响应、二阶电路的零状态响应、二阶电路的全响应、电路的状态方程。

14.1 二阶电路的零输入响应

当描述动态电路的方程为二阶微分方程时，相应的电路称为二阶电路。*RLC* 串联电路和 *GLC* 并联电路是两种典型的二阶电路。

下面以图 14-1 所示的 *RLC* 串联电路为例讨论二阶电路的零输入响应。

图 14-1 所示电路中，设电容 C 有初始储能，即 $u_C(0_-)=U_0$；电感初始储能为零，即 $i(0_-)=0$。当 $t=0$ 时开关闭合，电容开始放电，此电路的放电过程即为二阶电路的零输入响应。在图示电压、电流参考方向下，列 KVL 方程可得

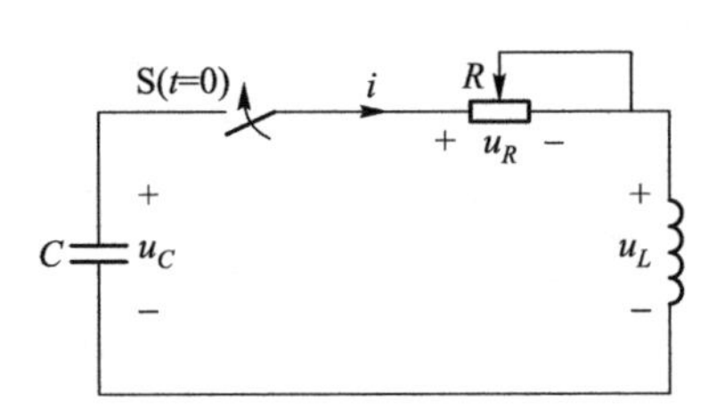

图 14-1　*RLC* 串联电路的零输入响应

$$-u_C+u_R+u_L=0 \tag{14-1}$$

因元件约束为 $i=-C\dfrac{\mathrm{d}u_C}{\mathrm{d}t}$、$u_R=Ri=-RC\dfrac{\mathrm{d}u_C}{\mathrm{d}t}$、$u_L=L\dfrac{\mathrm{d}i}{\mathrm{d}t}=-LC\dfrac{\mathrm{d}^2u_C}{\mathrm{d}t^2}$，把它们代入上式，得

$$LC\frac{\mathrm{d}^2u_C}{\mathrm{d}t^2}+RC\frac{\mathrm{d}u_C}{\mathrm{d}t}+u_C=0 \tag{14-2}$$

即

$$\frac{\mathrm{d}^2u_C}{\mathrm{d}t^2}+\frac{R}{L}\frac{\mathrm{d}u_C}{\mathrm{d}t}+\frac{1}{LC}u_C=0 \tag{14-3}$$

需要说明，式(14-3)实际是用 2*b* 法列出的（默认电阻、电容、电感上电流相同，就隐含使用了两个 KCL 方程）。

式(14-3)是一个以 u_C 为变量的二阶常系数线性齐次微分方程，设其通解为

$$u_C(t)=A\mathrm{e}^{pt} \tag{14-4}$$

式中，A 和 p 均为待定常数。将通解 $u_C(t)=Ae^{pt}$ 代入式(14-3)中，则有

$$\left(p^2+\frac{R}{L}p+\frac{1}{LC}\right)Ae^{pt}=0 \tag{14-5}$$

故得电路的特征方程为

$$\left(p^2+\frac{R}{L}p+\frac{1}{LC}\right)=0 \tag{14-6}$$

解出特征根为

$$\begin{cases} p_1=-\dfrac{R}{2L}+\sqrt{\left(\dfrac{R}{2L}\right)^2-\dfrac{1}{LC}} \\ p_2=-\dfrac{R}{2L}-\sqrt{\left(\dfrac{R}{2L}\right)^2-\dfrac{1}{LC}} \end{cases} \tag{14-7}$$

可以看出特征根 p_1、p_2 是由电路元件 R、L 和 C 的值决定的，称之为电路的固有频率。若令 $\beta=\dfrac{R}{2L}$，$\omega_0=\sqrt{\dfrac{1}{LC}}$，则有

$$\begin{cases} p_1=-\beta+\sqrt{\beta^2-\omega_0^2} \\ p_2=-\beta-\sqrt{\beta^2-\omega_0^2} \end{cases} \tag{14-8}$$

$\beta=\dfrac{R}{2L}$也被称为阻尼系数(或衰减常数)。

二阶电路微分方程的通解可表述为

$$u_C=A_1e^{p_1t}+A_2e^{p_2t} \tag{14-9}$$

式中，A_1 和 A_2 由电路的初始条件解出。

β 和 ω_0 相对大小的变化，使得 p_1、p_2 具有不同的特点，因而零输入响应有不同的表现，共有四种情况。

1. $R>2\sqrt{\dfrac{L}{C}}$，过阻尼，衰减非振荡放电过程

当 $R>2\sqrt{\dfrac{L}{C}}$ 时，有$\left(\dfrac{R}{2L}\right)^2>\dfrac{1}{LC}$，即 $\beta^2>\omega_0^2$，称为过阻尼。由式(14-8)可知，此时特征根 p_1 和 p_2 为两个不相等的负实数，则响应为两个衰减指数函数之和，即

$$u_C(t)=A_1e^{p_1t}+A_2e^{p_2t} \tag{14-10}$$

确定系数 A_1、A_2，需知道初始条件 $u_C(0_+)$、$\left.\dfrac{du_C}{dt}\right|_{t=0_+}$。

由电容电压不变定理可得 $u_C(0_+)=u_C(0_-)=U_0$，由电感电流不变定理可得 $i(0_+)=i(0_-)=0$。因为 $i(0_+)=-C\left.\dfrac{du_C}{dt}\right|_{t=0_+}$，所以$\left.\dfrac{du_C}{dt}\right|_{t=0_+}=-\dfrac{i(0_+)}{C}$，因此有$\left.\dfrac{du_C}{dt}\right|_{t=0_+}=-\dfrac{i(0_+)}{C}=-\dfrac{0}{C}=0$。得到

初始条件后，将其代入式(14-10)，可得

$$\begin{cases} A_1 = \dfrac{p_2}{p_2 - p_1} U_0 \\ A_2 = -\dfrac{p_1}{p_2 - p_1} U_0 \end{cases} \tag{14-11}$$

则电容电压为

$$u_C(t) = \frac{U_0}{p_2 - p_1}(p_2 e^{p_1 t} - p_1 e^{p_2 t}) \quad (t \geq 0_+) \tag{14-12}$$

而电感电流为

$$i(t) = -C\frac{du_C}{dt} = -\frac{CU_0 p_1 p_2}{p_2 - p_1}(e^{p_1 t} - e^{p_2 t}) = -\frac{U_0}{L(p_2 - p_1)}(e^{p_1 t} - e^{p_2 t}) \quad (t \geq 0_+) \tag{14-13}$$

导出式(14-13)的过程中用到了 $p_1 p_2 = \dfrac{1}{LC}$ 关系。电感电压为

$$u_L(t) = L\frac{di_L}{dt} = -\frac{U_0}{p_2 - p_1}(p_1 e^{p_1 t} - p_2 e^{p_2 t}) \quad (t \geq 0_+) \tag{14-14}$$

图 14-2 给出了 u_C、i 和 u_L 随时间变化的规律。从图中可以看出，电容电压 u_C 从 U_0 开始连续下降并趋近于零，电容在整个过程中一直释放所储存的能量，因此该过程被称为衰减非振荡放电过程，也称过阻尼放电过程。因电感 L 的存在，电路中电流 i 不能突变。当 $t=0_+$ 时，$i(0_+)=0$；当 $t \to \infty$ 时，放电过程结束，$i(\infty)=0$。因此在整个放电过程中，电流 i 必定经历从小到大再趋近于零的变化过程。电流 i 达到最大值的时刻 t_m 可由 $\dfrac{di}{dt}=0$ 求极值确定，结果为

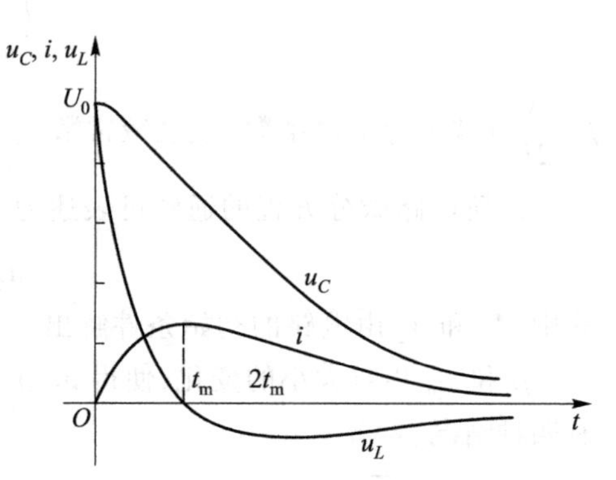

图 14-2　过阻尼放电过程中 u_C、u_L 和 i 随时间变化的曲线

$$t_m = \frac{\ln\left(\dfrac{p_2}{p_1}\right)}{p_1 - p_2} \tag{14-15}$$

过阻尼放电过程可分成两个阶段。

(1) $0<t<t_m$。电感吸收能量，建立磁场，电感电流从零达到最大；电容发出能量；电阻消耗能量。能量传输规律如图 14-3(a)所示。

(2) $t>t_m$。电感释放在 $0<t<t_m$ 时间内吸收的能量，磁场逐渐减弱趋向消失，电感电流从最大趋近于零；电容发出能量；电阻消耗能量。能量传输规律如图 14-3(b)所示。

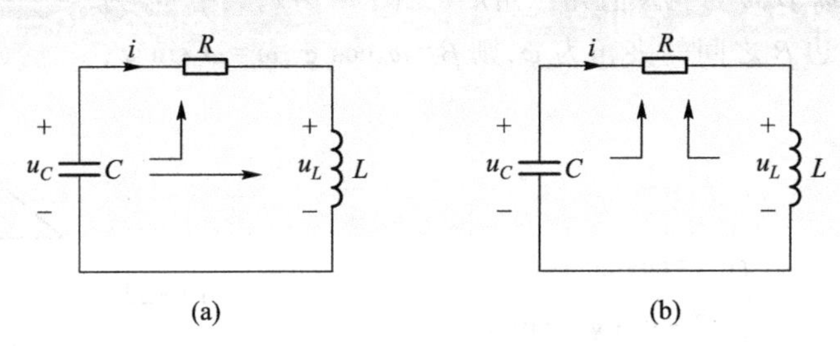

图 14-3 过阻尼放电时的能量传输规律

(a) $0<t<t_m$ 时的能量传输规律 (b) $t>t_m$ 时的能量传输规律

当 $t=t_m$ 时，电感电流最大，电感电压为零，此刻为电感从吸收能量转向发出能量的转折点。

2. $R=2\sqrt{\dfrac{L}{C}}$，临界阻尼，衰减非振荡放电过程

当 $R=2\sqrt{\dfrac{L}{C}}$ 时，有 $\left(\dfrac{R}{2L}\right)^2=\dfrac{1}{LC}$，即 $\beta^2=\omega_0^2$，称为临界阻尼，此时特征根为重根，即

$$p_1=p_2=-\frac{R}{2L}=-\beta \tag{14-16}$$

电路微分方程式(14-3)的解为

$$u_C(t)=(A_1+A_2t)\mathrm{e}^{-\beta t} \tag{14-17}$$

由初始条件确定积分常数，可得 $A_1=U_0$，$A_2=\beta U_0$，故

$$u_C(t)=U_0(1+\beta t)\mathrm{e}^{-\beta t} \tag{14-18}$$

$$i(t)=-C\frac{\mathrm{d}u_C}{\mathrm{d}t}=\frac{U_0}{L}t\mathrm{e}^{-\beta t} \tag{14-19}$$

$$u_L(t)=L\frac{\mathrm{d}i}{\mathrm{d}t}=U_0(1-\beta t)\mathrm{e}^{-\beta t} \tag{14-20}$$

u_C、i、u_L 的变化规律与图 14-2 所示的非振荡过程相似。可见，临界阻尼时，电路仍为衰减非振荡放电过程。

3. $R<2\sqrt{\dfrac{L}{C}}$，欠阻尼，衰减振荡放电过程

当 $R<2\sqrt{\dfrac{L}{C}}$ 时，有 $\left(\dfrac{R}{2L}\right)^2<\dfrac{1}{LC}$，即 $\beta^2<\omega_0^2$，称为欠阻尼。令 $\omega^2=\omega_0^2-\beta^2$，则 $\sqrt{\beta^2-\omega_0^2}=\sqrt{-\omega^2}=\pm\mathrm{j}\omega$，由式(14-8)可知此时特征根 p_1 和 p_2 是一对共轭复根，即

$$\begin{cases}p_1=-\beta+\mathrm{j}\omega\\p_2=-\beta-\mathrm{j}\omega\end{cases} \tag{14-21}$$

因 $\omega_0^2=\beta^2+\omega^2$，可知 ω_0、β、ω 可构成直角三角形（见图 14-4），其中 ω_0 为斜边。设 ω_0 与直角边 β 之间的夹角为 φ，则 $\beta=\omega_0\cos\varphi$，$\omega=\omega_0\sin\varphi$，$\varphi=\arctan\dfrac{\omega}{\beta}$。

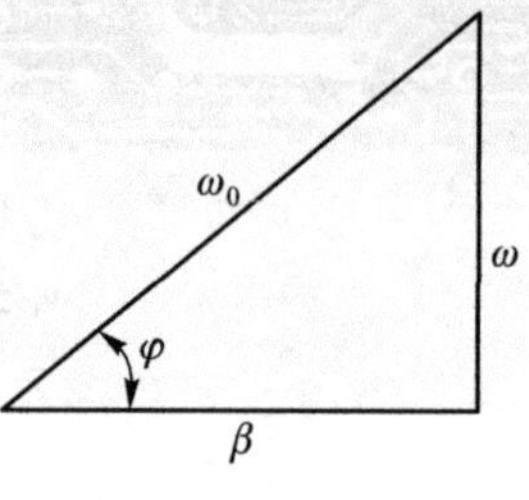

图 14-4　表示 ω_0、ω 和 β 关系的三角形

根据欧拉公式

$$\begin{cases}e^{j\varphi}=\cos\varphi+j\sin\varphi\\ e^{-j\varphi}=\cos\varphi-j\sin\varphi\end{cases}\tag{14-22}$$

由式（14-21）可得

$$\begin{cases}p_1=-\omega_0\left(\dfrac{\beta}{\omega_0}-j\dfrac{\omega}{\omega_0}\right)=-\omega_0(\cos\varphi-j\sin\varphi)=-\omega_0e^{-j\varphi}\\[2ex] p_2=-\omega_0\left(\dfrac{\beta}{\omega_0}+j\dfrac{\omega}{\omega_0}\right)=-\omega_0(\cos\varphi+j\sin\varphi)=-\omega_0e^{j\varphi}\end{cases}\tag{14-23}$$

根据式（14-12）可得电容电压为

$$\begin{aligned}u_C&=\frac{U_0}{p_2-p_1}(p_2e^{p_1t}-p_1e^{p_2t})=\frac{U_0}{-j2\omega}[-\omega_0e^{j\varphi}\cdot e^{(-\beta+j\omega)t}+\omega_0e^{-j\varphi}\cdot e^{(-\beta-j\omega)t}]\\&=\frac{U_0\omega_0}{\omega}e^{-\beta t}\left[\frac{e^{j(\omega t+\varphi)}-e^{-j(\omega t+\varphi)}}{j2}\right]=\frac{U_0\omega_0}{\omega}e^{-\beta t}\sin(\omega t+\varphi)\end{aligned}\tag{14-24}$$

根据式（14-13）可得电感电流为

$$\begin{aligned}i&=-C\frac{du_C}{dt}=-\frac{U_0}{L(p_2-p_1)}(e^{p_1t}-e^{p_2t})\\&=\frac{U_0}{Lj2\omega}[e^{(-\beta+j\omega)t}-e^{(-\beta-j\omega)t}]=\frac{U_0}{\omega L}e^{-\beta t}\sin\omega t\end{aligned}\tag{14-25}$$

根据式（14-14）可得电感电压为

$$\begin{aligned}u_L(t)&=L\frac{di_L}{dt}=-\frac{U_0}{p_2-p_1}(p_1e^{p_1t}-p_2e^{p_2t})\\&=\frac{U_0}{j2\omega}[-\omega_0e^{-j\varphi}\cdot e^{(-\beta+j\omega)t}+\omega_0e^{j\varphi}\cdot e^{(-\beta-j\omega)t}]\\&=-\frac{U_0\omega_0}{\omega}e^{-\beta t}\sin(\omega t-\varphi)\end{aligned}\tag{14-26}$$

图 14-5 给出了 u_C、i 和 u_L 随时间变化的规律。从图中可以看出，u_C、i 和 u_L 周期性地改变方向，各波形均呈衰减振荡的状态，故该过程称为衰减振荡放电过程，也称为欠阻尼放电过程。

欠阻尼放电过程在 $\omega t\in(0,\pi)$ 区间可分成以下三个阶段。

（1）$0<\omega t<\varphi$。电容释放能量，电感吸收能量，电阻消耗能量。能量传输规律如图 14-6（a）所示。

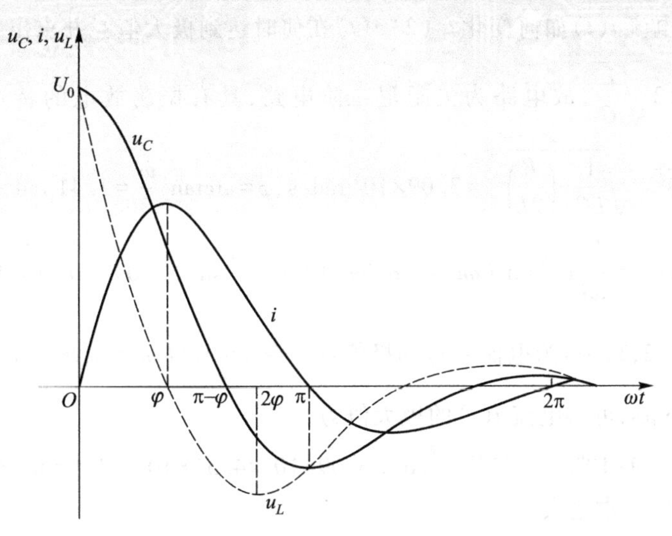

图 14-5　欠阻尼放电过程中 u_C、u_L 和 i 随时间变化的波形

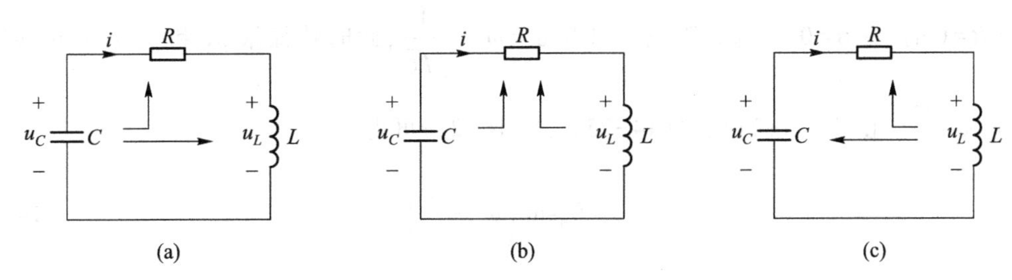

图 14-6　欠阻尼放电时的能量传输规律

(a) $0<\omega t<\varphi$ 时的能量传输规律　(b) $\varphi<\omega t<\pi-\varphi$ 时的能量传输规律

(c) $\pi-\varphi<\omega t<\pi$ 时的能量传输规律

(2) $\varphi<\omega t<\pi-\varphi$。电容释放能量，电感释放能量，电阻消耗能量。能量传输规律如图 14-6(b)所示。

(3) $\pi-\varphi<\omega t<\pi$。电容吸收能量，电感释放能量，电阻消耗能量。能量传输规律如图 14-6(c)所示。

在 $\omega t\in(\pi,2\pi)$ 区间，重复以上三个阶段。由于电路中电阻总是以 $p=i^2R$ 的速度不断消耗电路的能量，故电容、电感中存储的总能量不断减少，当电路中的全部能量被电阻消耗完毕时，衰减振荡放电过程结束。

从 u_C、i 和 u_L 的表达式和图 14-5 中可以看出：当 $\omega t=k\pi(k=1,2,3,\cdots)$ 时为 i 的零点，亦即 u_C 的极值点；当 $\omega t=k\pi+\varphi(k=1,2,3,\cdots)$ 时为 u_L 的零点，亦即 i 的极值点；当 $\omega t=k\pi-\varphi(k=1,2,3,\cdots)$ 时为 u_C 的零点。

例 14-1　工程实践中，有时需要强大的脉冲电流，这种电流可通过图 14-1 所示的 RLC 放电电路产生。若已知 RLC 放电电路的 $R=6\times10^{-4}\ \Omega$，$L=6\times10^{-9}\ \text{H}$，$C=1700\ \mu\text{F}$，$u_C(0_-)=U_0=$

15 kV,试问:(1) 电流 $i(t)$ 如何变化?(2) $i(t)$ 在何时达到极大值?并求出 i_{max}。

解 因为 $R<2\sqrt{\frac{L}{C}}$,故电路为欠阻尼二阶电路,具有振荡放电的特点。因 $\beta=\frac{R}{2L}=5\times 10^4\ s^{-1}$、$\omega=\sqrt{\omega_0^2-\beta^2}=\sqrt{\frac{1}{LC}-\left(\frac{R}{2L}\right)^2}=3.09\times10^5$ rad/s、$\varphi=\arctan\frac{\omega}{\beta}=1.41$ rad,所以,电流 $i(t)$ 为

$$i(t)=\frac{U_0}{\omega L}e^{-\beta t}\sin(\omega t)=[8.09\times10^6 e^{-5\times10^4 t}\sin(3.09\times10^5 t)]\ A$$

因 $\omega t=k\pi+\varphi(k=1,2,3,\cdots)$ 为电流 $i(t)$ 的极值点。令 $k=0$,得 $\omega t=\varphi$,求得 $t=\frac{\varphi}{\omega}=\frac{1.41}{3.09\times105}$ s $=4.56\times10^{-6}$ s $=4.56$ μs,可得电流 $i(t)$ 的极大值为

$$i_{max}=[8.09\times10^6 e^{-5\times10^4\times4.56\times10^{-6}}\sin(3.09\times10^5\times4.56\times10^{-6})]\ A=6.36\times10^6\ A$$

可见,最大电流强度非常之大。

4. $R=0$,无阻尼,等幅振荡过程

当 $R=0$ 时,有 $\beta=0$,称为无阻尼。可知 $\omega=\omega_0=\frac{1}{\sqrt{LC}}$,此时特征根 p_1 和 p_2 是一对共轭虚根,并有 $\varphi=\frac{\pi}{2}$。由式(14-24)、式(14-25)、式(14-26)可得

$$u_C=U_0\sin\left(\omega_0 t+\frac{\pi}{2}\right) \tag{14-27}$$

$$i=\frac{U_0}{\omega_0 L}\sin\omega_0 t \tag{14-28}$$

$$u_L(t)=-U_0\sin\left(\omega_0 t-\frac{\pi}{2}\right) \tag{14-29}$$

这时,u_C、i 和 u_L 都是正弦波,幅度并不衰减,故该过程称为非衰减振荡放电过程,也称为等幅振荡过程。

14.2 二阶电路的零状态响应

若二阶电路的初始储能为零,即电容电压和电感电流都为零,在此情况下,由外施激励产生的响应称为二阶电路的零状态响应。

图 14-7 所示为 *GLC* 并联电路,开关原已闭合,电路处于稳态,$u_C(0_-)=0$,$i_L(0_-)=0$。当 $t=0$ 时,开关断开,电流源 i_S 作用于电路,这时二阶

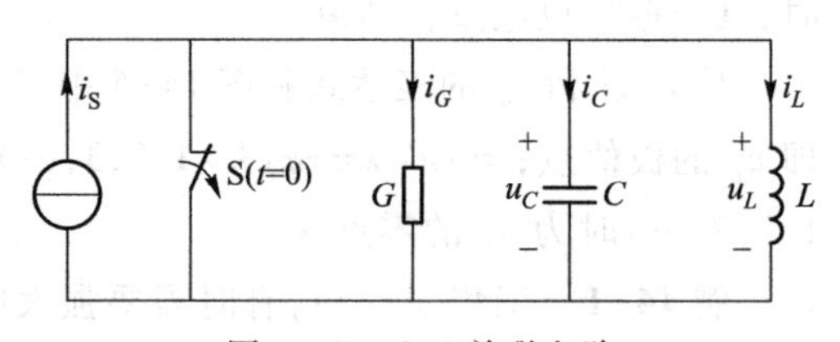

图 14-7 *GLC* 并联电路

电路对应的响应就为零状态响应。

由 KCL 有

$$i_C+i_G+i_L=i_S \tag{14-30}$$

由元件 VCR 可得 $u_L=L\dfrac{\mathrm{d}i_L}{\mathrm{d}t}$、$i_C=C\dfrac{\mathrm{d}u_C}{\mathrm{d}t}=LC\dfrac{\mathrm{d}^2i_L}{\mathrm{d}t^2}$、$i_G=Gu_G=Gu_L=GL\dfrac{\mathrm{d}i_L}{\mathrm{d}t}$，将它们代入式(14-30)有

$$LC\frac{\mathrm{d}^2i_L}{\mathrm{d}t^2}+GL\frac{\mathrm{d}i_L}{\mathrm{d}t}+i_L=i_S \tag{14-31}$$

该方程为非齐次微分方程，其解由特解 i_p 和对应的齐次微分方程的通解 i_h 组成，即

$$i_L=i_p+i_h \tag{14-32}$$

i_p 和 i_h 分别满足以下关系：

$$\begin{cases} LC\dfrac{\mathrm{d}^2i_p}{\mathrm{d}t^2}+GL\dfrac{\mathrm{d}i_{pL}}{\mathrm{d}t}+i_p=i_S \\ LC\dfrac{\mathrm{d}^2i_h}{\mathrm{d}t^2}+GL\dfrac{\mathrm{d}i_h}{\mathrm{d}t}+i_h=0 \end{cases} \tag{14-33}$$

特解 i_p 与外加激励 i_S 形式一致；通解 i_h 与电路零输入响应的形式相同，其中的系数由初始条件确定。这样，就可求出电路的零状态响应。

例 14-2 图 14-7 所示的电路中，已知 $G=2\times10^{-3}$ S，$C=1\times10^{-6}$ F，$L=1$ H，$u_C(0_-)=0$，$i_L(0_-)=0$。$t=0$ 时开关打开，试求电路的零状态响应 i_L、u_C、i_C。

解 $t\geqslant0_+$时，电路方程如式(14-31)所示，其特征方程为

$$\left(p^2+\frac{G}{C}p+\frac{1}{LC}\right)=0$$

代入数据后可求得其特征根为重根，即 $p_1=p_2=p=-10^3$。因 p_1、p_2 是重根，所以电路为临界阻尼情况。微分方程的解为

$$i_L=i_p+i_h$$

根据 i_S 的形式可知特解为

$$i_p=1\ \mathrm{A}$$

根据临界阻尼时齐次微分方程的通解形式，可得

$$i_h=(A_1+A_2t)\mathrm{e}^{pt}=(A_1+A_2t)\mathrm{e}^{-1000t}\ \mathrm{A}$$

可知电感电流为

$$i_L=[1+(A_1+A_2t)\mathrm{e}^{-1000t}]\ \mathrm{A}$$

根据电感电流不变定理和电容电压不变定理可知 $i_L(0_+)=i_L(0_-)=0$ A、$u_C(0_+)=u_C(0_-)=0$ V，所以

$$\left.\frac{\mathrm{d}i_L}{\mathrm{d}t}\right|_{t=0_+}=\frac{u_L(0_+)}{L}=\frac{u_C(0_+)}{L}=\frac{0}{L}=0$$

将上述两初始条件代入电感电流表达式中可得

$$1+A_1=0$$

$$-1000A_1+A_2=0$$

解得 $A_1=-1$、$A_2=-1000$。据此，可求得电路零输入响应 i_L、u_C、i_C 分别为

$$i_L=[1-(1+1000t)e^{-1000t}]\ \text{A}\quad (t\geqslant 0_+)$$

$$u_C=u_L=L\frac{di_L}{dt}=10^6te^{-1000t}\ \text{V}\quad (t\geqslant 0_+)$$

$$i_C=C\frac{du_C}{dt}=(1-1000t)e^{-1000t}\ \text{A}\quad (t\geqslant 0_+)$$

i_L、u_C、i_C 随时间变化的波形如图 14-8 所示。

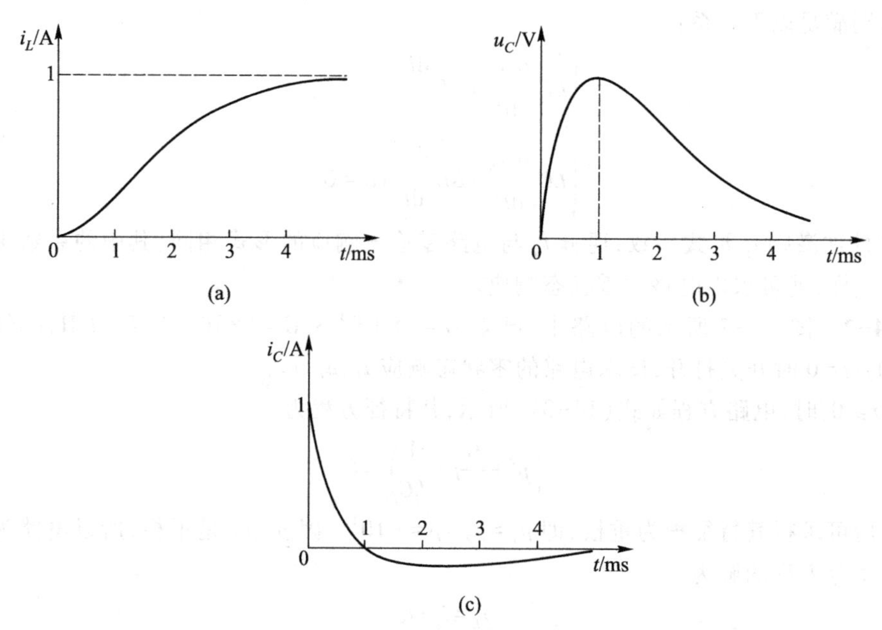

图 14-8　零状态响应波形图

(a) i_L 的波形曲线　(b) u_C 的波形曲线　(c) i_C 的波形曲线

14.3 二阶电路的全响应

如果二阶电路的初始储能不为零，接入外加激励后电路中的响应称为全响应。全响应可用零输入响应加零状态响应的方法求出，也可以通过求解二阶电路方程的方法求出。

用解方程方法求解二阶电路的全响应，其步骤与前面给出的求二阶电路零状态响应的步骤一致，不同之处仅在于求解相关系数时代入的初始条件不同。例如，在例 14-2 中，若$u_C(0_-)\neq 0$ 或

$i_L(0_-)\neq 0$,则电路的响应就为全响应,此时电路的解仍为 $i_L=[1+(A_1+A_2t)e^{-1000t}]$ A,但因为求 A_1、A_2 时代入的初始条件发生变化,所以解出的 A_1、A_2 会有所不同,因而 i_L、u_C、i_C 的表达式也会有所不同。具体过程不做进一步论述。

14.4 电路的状态方程

14.4.1 状态和状态变量

状态是指电路在某一给定时刻所必须具备的最少信息,它们和从该时刻开始的输入一起就足以完全确定电路在以后任何时刻的性状。状态变量就是电路的一组线性无关的变量,它们在任意时刻的值就是电路在该时刻的状态。

线性时不变电路中,独立电容的电压和独立电感的电流为电路的状态变量;而非线性或时变电路中,独立电容的电荷和独立电感的磁链为电路的状态变量。

图 14-9(a)所示为纯电容回路(也包含电容与无伴电压源或无伴受控电压源构成的回路)的情况,由 KVL 可知,纯电容回路中并非所有电容都是独立电容,一定有非独立电容。对偶地,电路中若出现了纯电感割集(也包含电感与无伴电流源或无伴受控电流源构成的割集)的情况,如图 14-9(b)所示,由 KCL 可知,则一定有非独立电感。非独立电容的电压和非独立电感的电流均不能成为状态变量。

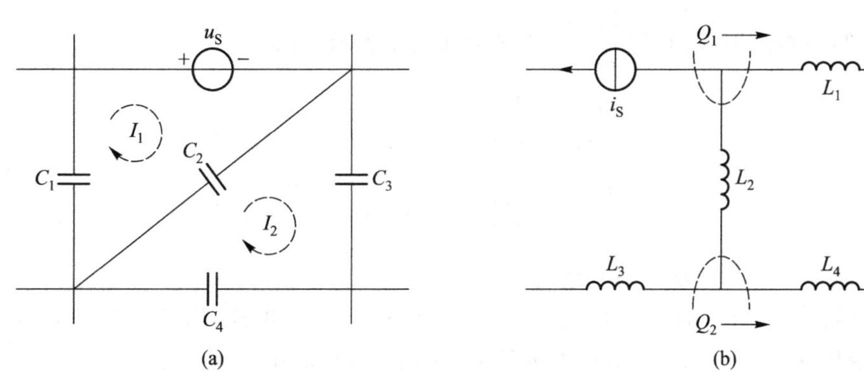

图 14-9 纯电容回路与纯电感割集

(a) 纯电容回路 (b) 纯电感割集

对既无纯电容回路又无纯电感割集的电路,其包含的所有电容和电感均是独立的,这些电容的电压和电感的电流均为状态变量,可见,电路状态变量的数量等于电路中所含有的独立电容和独立电感的数量。

状态变量通常写为 $\boldsymbol{X}(t)=[x_1(t)\quad x_2(t)\quad \cdots\quad x_n(t)]^{\mathrm{T}}$ 的形式,称为状态向量。

14.4.2 状态方程和输出方程的形式

1. 状态方程的形式

状态方程是状态变量满足一定形式的一阶微分方程组。对于图 14-10 所示电路，状态变量为电容电压 u_C 和电感电流 i_L。由拓扑约束和元件约束可得

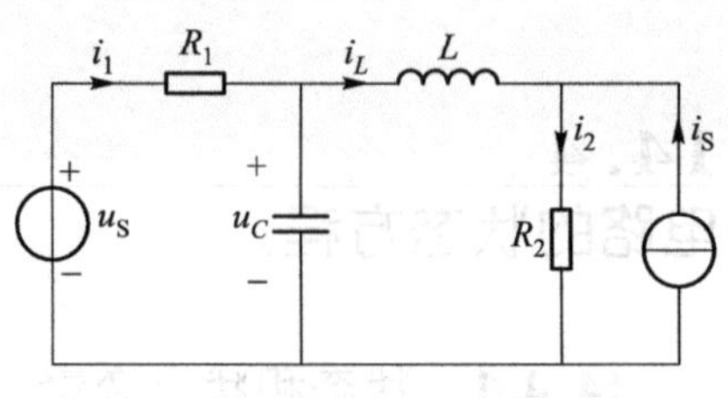

图 14-10 列写状态方程所用电路

$$\begin{cases} C\dfrac{\mathrm{d}u_C}{\mathrm{d}t}=i_1-i_L \\ L\dfrac{\mathrm{d}i_L}{\mathrm{d}t}=u_C-i_2R_2 \end{cases} \tag{14-34}$$

以及

$$\begin{cases} i_1=\dfrac{u_S-u_C}{R_1} \\ i_2=i_L+i_S \end{cases} \tag{14-35}$$

将式(14-35)代入式(14-34)中消去非状态变量 i_1、i_2，整理后可得

$$\begin{cases} \dfrac{\mathrm{d}u_C}{\mathrm{d}t}=-\dfrac{1}{R_1C}u_C-\dfrac{1}{C}i_L+\dfrac{u_S}{R_1C} \\ \dfrac{\mathrm{d}i_L}{\mathrm{d}t}=\dfrac{1}{L}u_C-\dfrac{R_2}{L}i_L-\dfrac{R_2}{L}i_S \end{cases} \tag{14-36}$$

将式(14-36)写成矩阵形式，并将$\dfrac{\mathrm{d}u_C}{\mathrm{d}t}$、$\dfrac{\mathrm{d}i_L}{\mathrm{d}t}$分别用 $\dot{u}_C$、$\dot{i}_L$ 表示，得到

$$\begin{bmatrix} \dot{u}_C \\ \dot{i}_L \end{bmatrix}=\begin{bmatrix} -\dfrac{1}{R_1C} & -\dfrac{1}{C} \\ \dfrac{1}{L} & -\dfrac{R_2}{L} \end{bmatrix}\begin{bmatrix} u_C \\ i_L \end{bmatrix}+\begin{bmatrix} \dfrac{1}{R_1C} & 0 \\ 0 & -\dfrac{R_2}{L} \end{bmatrix}\begin{bmatrix} u_S \\ i_S \end{bmatrix} \tag{14-37}$$

式(14-36)或式(14-37)即为图 14-10 所示电路的状态方程。

推广到一般情况，对于有 n 个状态变量、m 个激励的线性电路，若用 $x_i(t)$ $(i=1,2,\cdots,n)$表示状态变量，$e_j(t)$ $(j=1,2,\cdots,m)$表示激励，则状态方程的矩阵形式为

$$\begin{bmatrix} \dot{x}_1(t) \\ \dot{x}_2(t) \\ \vdots \\ \dot{x}_n(t) \end{bmatrix}=\begin{bmatrix} a_{11} & a_{12} & \cdots & a_{1n} \\ a_{21} & a_{22} & \cdots & a_{2n} \\ \vdots & \vdots & & \vdots \\ a_{n1} & a_{n2} & \cdots & a_{nn} \end{bmatrix}\begin{bmatrix} x_1(t) \\ x_2(t) \\ \vdots \\ x_n(t) \end{bmatrix}+\begin{bmatrix} b_{11} & b_{12} & \cdots & b_{1m} \\ b_{21} & b_{22} & \cdots & b_{2m} \\ \vdots & \vdots & & \vdots \\ b_{n1} & b_{n2} & \cdots & b_{nm} \end{bmatrix}\begin{bmatrix} e_1(t) \\ e_2(t) \\ \vdots \\ e_m(t) \end{bmatrix} \tag{14-38}$$

可记为

$$\dot{\boldsymbol{X}}(t)=\boldsymbol{A}\boldsymbol{X}(t)+\boldsymbol{B}\boldsymbol{E}(t) \tag{14-39}$$

式(14-39)中，$\boldsymbol{X}(t)$为 n 维状态向量，$\dot{\boldsymbol{X}}(t)$为状态向量的一阶导数，$\boldsymbol{E}(t)$为 m 维激励向量，$\boldsymbol{A}$

与 $\boldsymbol{B}$ 均为由电路结构和参数决定的常数矩阵，分别为 $n\times n$ 阶和 $n\times m$ 阶矩阵。式(14-38)或式(14-39)称为状态方程的标准形式。电路中若存在纯电容回路或纯电感割集，状态方程的标准形式有一定变化。

2. 输出方程的形式

通常，电路的状态变量并不是所要求的输出变量（待求量），因此还须建立输出变量与状态变量和激励关系的方程，称为输出方程。图 14-10 中，若 i_1，i_2 是所要求的电路解，即输出变量，由式(14-35)可得

$$\begin{bmatrix} i_1 \\ i_2 \end{bmatrix} = \begin{bmatrix} -\frac{1}{R_1} & 0 \\ 0 & 1 \end{bmatrix} \begin{bmatrix} u_C \\ i_L \end{bmatrix} + \begin{bmatrix} \frac{1}{R_1} & 0 \\ 0 & 1 \end{bmatrix} \begin{bmatrix} u_S \\ i_S \end{bmatrix} \tag{14-40}$$

式(14-40)就是图 14-10 所示电路以 i_1、i_2 为待求量时的输出方程。

一般情况下，对有 n 个状态变量、m 个激励、h 个输出变量的线性时不变电路，输出变量用 $y_j(t)(j=1,2,\cdots,h)$ 表示，则输出方程为

$$\begin{bmatrix} y_1(t) \\ y_2(t) \\ \vdots \\ y_h(t) \end{bmatrix} = \begin{bmatrix} c_{11} & c_{12} & \cdots & c_{1n} \\ c_{21} & c_{22} & \cdots & c_{2n} \\ \vdots & \vdots & & \vdots \\ c_{h1} & c_{h2} & \cdots & c_{hn} \end{bmatrix} \begin{bmatrix} x_1(t) \\ x_2(t) \\ \vdots \\ x_n(t) \end{bmatrix} + \begin{bmatrix} d_{11} & d_{12} & \cdots & d_{1m} \\ d_{21} & d_{22} & \cdots & d_{2m} \\ \vdots & \vdots & & \vdots \\ d_{h1} & d_{h2} & \cdots & d_{hm} \end{bmatrix} \begin{bmatrix} e_1(t) \\ e_2(t) \\ \vdots \\ e_m(t) \end{bmatrix} \tag{14-41}$$

更简洁的形式为

$$\boldsymbol{Y}(t)=\boldsymbol{C}\boldsymbol{X}(t)+\boldsymbol{D}\boldsymbol{E}(t) \tag{14-42}$$

式中，$\boldsymbol{Y}(t)$ 为 h 维的输出向量，系数矩阵 $\boldsymbol{C}$ 与 $\boldsymbol{D}$ 由电路的结构和参数决定，分别为 $h\times n$ 阶与 $h\times m$ 阶矩阵。电路中若存在纯电容回路或纯电感割集，输出方程的标准形式有一定变化。

14.4.3 元件混合变量法

建立状态方程的方法有多种，用元件混合变量法建立状态方程较为方便。

在 3.2 节中已介绍了支路混合变量法，当把每个二端元件视为一条支路时，即支路限定为图 3-1(a)(d)(e)所示的三种形式时，支路变量就为元件变量，此时的支路混合变量法就为元件混合变量法。元件混合变量法是特殊条件下的支路混合变量法。

对含电阻、电压源（含受控电压源）、电流源（含受控电流源）的电路，列元件混合变量法方程的过程是：

(1) 视每个二端元件为一条支路，节点为两个及两个以上元件的连接点。

(2) 以电压源（含受控电压源，下同）的电流、电流源（含受控电流源，下同）的电压、电阻的电压或电流为待求量。若存在受控源应注意将控制量设为待求量，否则，须补充控制量与待求量关系的方程。

(3) 结合元件约束列出 $n-1$ 个独立 KCL 方程和 $b-(n-1)$ 个独立 KVL 方程。

为了减少方程数量，可不把电压源的电流、电流源的电压设为待求量，此时应把电压源两

端的节点合为一个超节点，按电流源断开后的电路确定独立回路。假设有 n_x 个电压源、l_x 个电流源，此时需要列出的 KCL 和 KVL 的方程数分别为 $n-1-n_x$、$b-n+1-l_x$。

例 14-3 列出图 14-11 所示电路的元件混合变量法方程。若受控源参数由 βi_1 变为 gu_{16}（u_{16} 是节点①和节点⑥之间的电压），此时方程应如何变化？

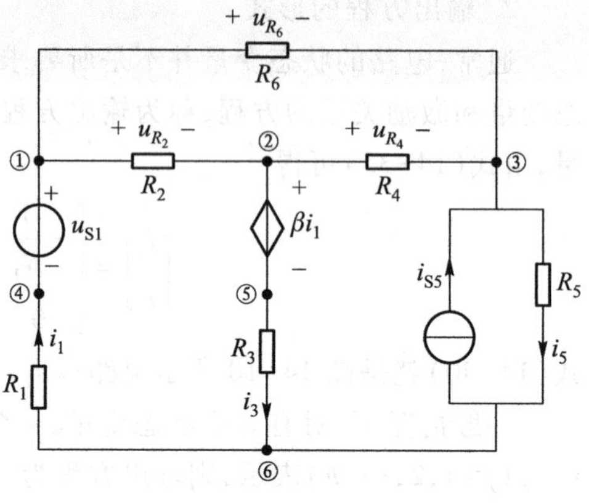

图 14-11　例 14-3 电路

解　电路中的元件共 9 个，其中 3 个为电源，不把电压源的电流、电流源的电压设为待求量，故方程总数为 9 个−3 个 = 6 个。设电阻 R_1、R_3、R_5 上的电流 i_1、i_3、i_5 和电阻 R_2、R_4、R_6 上的电压 u_{R_2}、u_{R_4}、u_{R_6} 为待求量。对节点①与④构成的超节点、节点②与⑤构成的超节点、节点③列 KCL 方程，有

$$-i_1+u_{R_2}/R_2+u_{R_6}/R_6=0$$
$$-u_{R_2}/R_2+i_3+u_{R_4}/R_4=0$$
$$-u_{R_4}/R_4-u_{R_6}/R_6+i_5-i_{S5}=0$$

断开电流源后的独立回路有 3 个，以此时的网孔为独立回路，列 KVL 方程，有

$$R_1i_1-u_{S1}+u_{R_2}+\beta i_1+R_3i_3=0$$
$$-R_3i_3-\beta i_1+u_{R_4}+R_5i_5=0$$
$$-u_{R_2}+u_{R_6}-u_{R_4}=0$$

因受控源的控制量 i_1 已是待求量，故不用补充控制量与待求量关系的方程，以上 6 个方程即为元件混合变量法方程。

若受控源由 βi_1 变为 gu_{16}，应将受控源所在的两个回路 KVL 方程中的 βi_1 变为 gu_{16}，并补充以下方程：

$$u_{16}=u_S-R_1i_1$$

这时方程数量为 7 个。也可消去 u_{16} 得最终方程，方程数量仍为 6 个。

14.4.4　状态方程和输出方程的建立

1. 状态方程的建立

不设电压源电流和电流源电压为待求量，即把电压源两端的节点合为一个超节点，按电流源断开后的电路确定独立回路，基于元件混合变量法建立状态方程的过程为：

（1）将每个二端元件作为一条支路（互感和理想变压器作为二条支路），节点为两条及两条以上支路的连接点。

（2）将电容电压和电感（含互感）电流设为待求量（即为状态变量），以电阻的电压或电流为待求量，理想变压器选一个电压、一个电流为待求量。应注意将受控源的控制量设为待求量，否则，须补充控制量与待求量关系的方程。

(3) 结合元件约束列出独立 KCL 方程和独立 KVL 方程。

(4) 利用列出的部分方程消去非状态变量，将剩余方程整理为标准形式。

2. 输出方程的建立

建立输出方程的过程为：通过拓扑约束和元件约束找出输出量（待求量）与状态变量（电容电压和电感电流）和激励（独立源）的关系方程，并消去方程中除输出量、状态变量和激励以外的变量，整理方程为标准形式。可以看到，输出方程中的有些方程在列状态方程时也会出现。

由于输出方程中不存在状态变量的导数，故应尽可能避免对含电容的节点列 KCL 方程和对含电感的回路列 KVL 方程。

例 14-4 列出图 14-12 所示电路的状态方程。

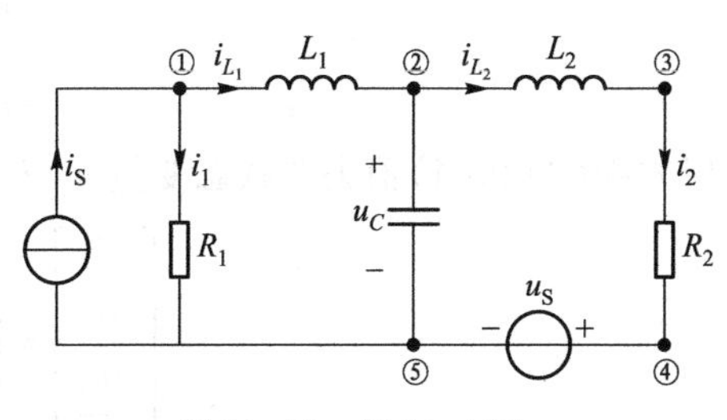

图 14-12 例 14-4 图

解 电路中除电源外的元件共 5 个，故元件混合变量法方程总数为 5 个。元件变量分别选为 i_{L_1}、i_{L_2}、u_C、i_1、i_2，如图中所示。设节点⑤为参考节点，对节点①、②、③列 KCL 方程（节点④与节点⑤合并为超节点，无须对其列方程）；断开电流源后可见有两个网孔，列 KVL 方程，有如下结果：

$$i_{L_1}+i_1-i_S=0 \tag{1}$$

$$C\frac{\mathrm{d}u_C}{\mathrm{d}t}-i_{L_1}+i_{L_2}=0 \tag{2}$$

$$i_{L_2}-i_2=0 \tag{3}$$

$$-R_1i_1+L_1\frac{\mathrm{d}i_{L_1}}{\mathrm{d}t}+u_C=0 \tag{4}$$

$$-u_C+L_2\frac{\mathrm{d}i_{L_2}}{\mathrm{d}t}+R_2i_2+u_S=0 \tag{5}$$

用方程(1)和(3)消去非状态变量 i_1 和 i_2，整理剩余方程为标准形式，有

$$\begin{bmatrix}\dfrac{\mathrm{d}u_C}{\mathrm{d}t}\\ \dfrac{\mathrm{d}i_{L_1}}{\mathrm{d}t}\\ \dfrac{\mathrm{d}i_{L_2}}{\mathrm{d}t}\end{bmatrix}=\begin{bmatrix}0 & \dfrac{1}{C} & -\dfrac{1}{C}\\ -\dfrac{1}{L} & -\dfrac{R_1}{L} & 0\\ \dfrac{1}{L_2} & 0 & \dfrac{R_2}{L_2}\end{bmatrix}\begin{bmatrix}u_C\\ i_{L_1}\\ i_{L_2}\end{bmatrix}+\begin{bmatrix}0 & 0\\ 0 & \dfrac{R_1}{L_1}\\ -\dfrac{1}{L_2} & 0\end{bmatrix}\begin{bmatrix}u_S\\ i_S\end{bmatrix}$$

例 14-5 列出图 14-13 所示电路的状态方程，并以 u_C、u_1 和 i_2 为输出列出输出方程。

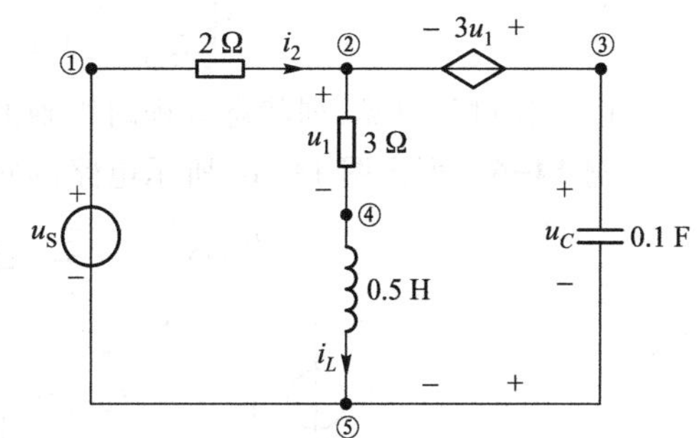

图 14-13 例 14-5 图

解 电路中除电源（含受控源）外的元件共 4 个，元件变量分别选为 i_L、u_C、u_1、i_2，由于受控源的控制量 u_1 已确定为元件变量，所以不用补

充控制量与待求量关系的方程，故元件混合变量法方程总数应为4个。设节点⑤为参考节点，对节点②和③形成的超节点、节点④列 KCL 方程，对左边的网孔和整个电路边缘对应的回路列 KVL 方程，有如下结果：

$$-i_2+\frac{u_1}{3}+0.1\frac{\mathrm{d}u_C}{\mathrm{d}t}=0 \tag{1}$$

$$-\frac{u_1}{3}+i_L=0 \tag{2}$$

$$-u_S+2i_2+u_1+L\frac{\mathrm{d}i_L}{\mathrm{d}t}=0 \tag{3}$$

$$-u_S+2i_2-3u_1+u_C=0 \tag{4}$$

用方程(2)和(4)消去非状态变量 u_1、i_2，整理剩余方程为标准形式，有

$$\begin{bmatrix}\dfrac{\mathrm{d}i_L}{\mathrm{d}t}\\ \dfrac{\mathrm{d}u_C}{\mathrm{d}t}\end{bmatrix}=\begin{bmatrix}-24 & 2\\ 35 & -5\end{bmatrix}\begin{bmatrix}i_L\\ u_C\end{bmatrix}+\begin{bmatrix}0\\ 5\end{bmatrix}u_S$$

若 u_C、u_1 和 i_2 为输出，针对输出量，利用拓扑约束和元件约束有

$$u_C=u_C \tag{5}$$

$$u_1=3i_L \tag{6}$$

$$-u_S+2i_2-3u_1+u_C=0 \tag{7}$$

将方程(7)整理为

$$i_2=-\frac{1}{2}u_C+\frac{9}{2}i_L+\frac{1}{2}u_S \tag{8}$$

由方程(5)(6)(8)可得输出方程为

$$\begin{bmatrix}u_C\\ u_1\\ i_2\end{bmatrix}=\begin{bmatrix}0 & 1\\ 3 & 0\\ 9/2 & -1/2\end{bmatrix}\begin{bmatrix}i_L\\ u_C\end{bmatrix}+\begin{bmatrix}0\\ 0\\ 1/2\end{bmatrix}u_S$$

由上述过程可见，列状态方程时得到的方程(4)与列输出方程时得到的方程(7)相同。

例 14-6 列出图 14-14 所示电路的状态方程，

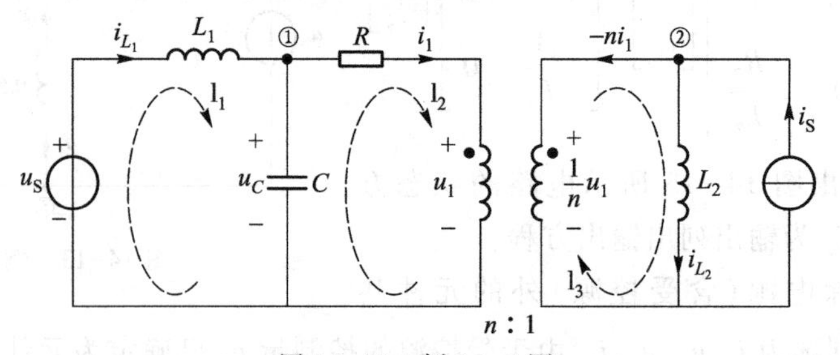

图 14-14 例 14-6 图

解 电阻、电容、电感元件共 4 个,理想变压器 1 个,有 2 条支路,故待求量共 6 个。若将电阻 R 的电流和变压器一次电流设为待求量,由于两者相同,故实际待求量设 5 个即可。图 14-14 中,设 i_{L_1}、i_{L_2}、u_C、i_1、u_1 为待求量,则理想变压器二次电压、电流分别为$\frac{1}{n}u_1$、$-ni_1$。对节点①、②列 KCL 方程,对回路 l_1、l_2、l_3 列 KVL 方程,有

$$C\frac{\mathrm{d}u_C}{\mathrm{d}t}=i_{L_1}-i_1 \tag{1}$$

$$-ni_1+i_{L_2}-i_S=0 \tag{2}$$

$$L_1\frac{\mathrm{d}i_{L_1}}{\mathrm{d}t}=u_S-u_C \tag{3}$$

$$-u_C+Ri_1+u_1=0 \tag{4}$$

$$L_2\frac{\mathrm{d}i_{L_2}}{\mathrm{d}t}=\frac{1}{n}u_1 \tag{5}$$

用方程(2)和(4)中消去非状态变量 u_1、i_1,将剩余方程整理成标准形式,有

$$\begin{bmatrix}\frac{\mathrm{d}u_C}{\mathrm{d}t}\\ \frac{\mathrm{d}i_{L_1}}{\mathrm{d}t}\\ \frac{\mathrm{d}i_{L_2}}{\mathrm{d}t}\end{bmatrix}=\begin{bmatrix}0 & \frac{1}{C} & -\frac{1}{nC}\\ -\frac{1}{L_1} & 0 & 0\\ \frac{1}{nL_2} & 0 & -\frac{R}{n^2L_2}\end{bmatrix}\begin{bmatrix}u_C\\ i_{L_1}\\ i_{L_2}\end{bmatrix}+\begin{bmatrix}0 & \frac{1}{nC}\\ \frac{1}{L_1} & 0\\ 0 & \frac{R}{n^2L_2}\end{bmatrix}\begin{bmatrix}u_S\\ i_S\end{bmatrix}$$

14.4.5 状态方程的解法概述

状态方程是一阶微分方程组,其求解方法有时域法、复频域法(拉普拉斯变换法)和数值法。用时域法和复频域法求解状态方程能得到状态变量的表达式(即解析解),而数值法得到的是状态变量在一些离散时间点上的值(即数值解)。比较而言,复频域法比较方便。但对非线性或时变电路,其状态方程一般只能用数值法求解。具体求解方法的介绍此处略,读者可参考其他文献。

习题

第 14 章
习题答案

14-1 题 14-1 图所示电路中,电容原已充电,且 $u_C(0_-)=U_0=6\ \mathrm{V}$,$R=2.5\ \Omega$,$L=0.25\ \mathrm{H}$,$C=0.25\ \mathrm{F}$。试求:(1) 开关 S 闭合后的 $u_C(t)$ 和 $i(t)$。(2) 欲使电路在临界阻尼下放电,当 L 和 C 不变时,电阻 R 的值。

14-2 题 14-2 图所示为 GLC 并联电路,已知 $u_C(0_+)=1\ \mathrm{V}$,$i_L(0_+)=2\ \mathrm{A}$,试求

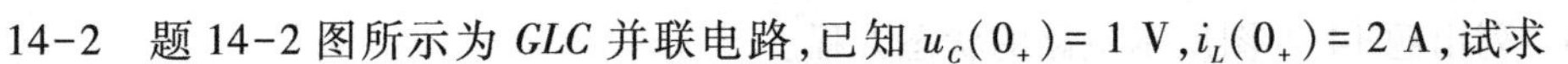

$t>0$ 时的 $i_L(t)$。

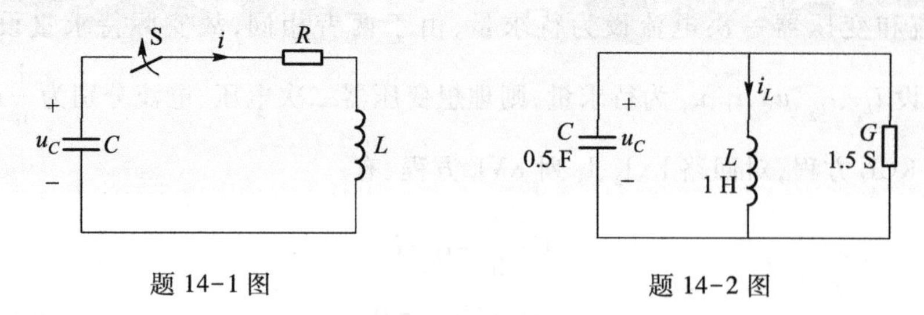

题 14-1 图　　　　题 14-2 图

14-3　电路如题 14-3 图所示，$t=0$ 前电路是稳定的，$t=0$ 时开关打开。试求 $t>0$ 时的电容电压 $u_C(t)$。

14-4　题 14-4 图所示电路中，若 $R=\sqrt{\dfrac{L}{C}}$，当开关 S 闭合时，a、b 右边部分电路处于什么状态？而当开关 S 断开时，整个电路处于什么状态？

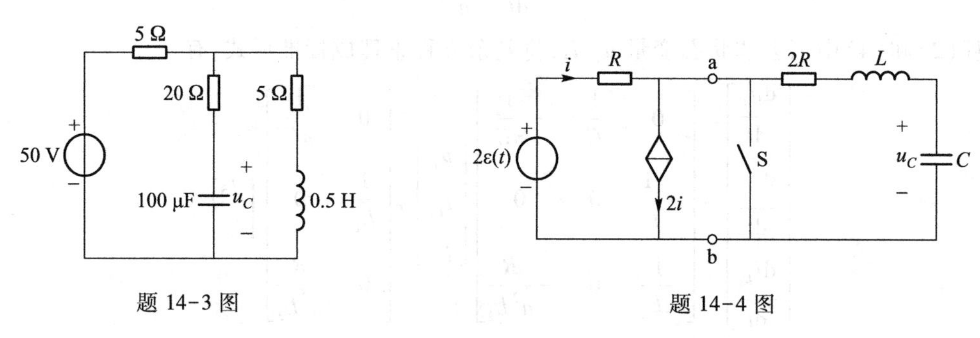

题 14-3 图　　　　题 14-4 图

14-5　题 14-5 图所示的电路，$t=0$ 时开关闭合，设 $u_C(0_-)=0$，$i(0_-)=0$，$L=1\ \text{H}$，$C=1\ \mu\text{F}$，$U=100\ \text{V}$。若电阻：(1) $R=3\ \text{k}\Omega$，(2) $R=2\ \text{k}\Omega$，(3) $R=200\ \Omega$，试分别求在上述电阻值时电路中的电流 i 和电压 u_C。

14-6　题 14-6 图所示电路中，$G=5\ \text{S}$，$L=0.25\ \text{H}$，$C=1\ \text{F}$。试求：(1) $i_S(t)=\varepsilon(t)\ \text{A}$ 时，电路的阶跃响应 $i_L(t)$。(2) $i_S(t)=\delta(t)\ \text{A}$ 时，电路的冲激响应 $u_C(t)$。

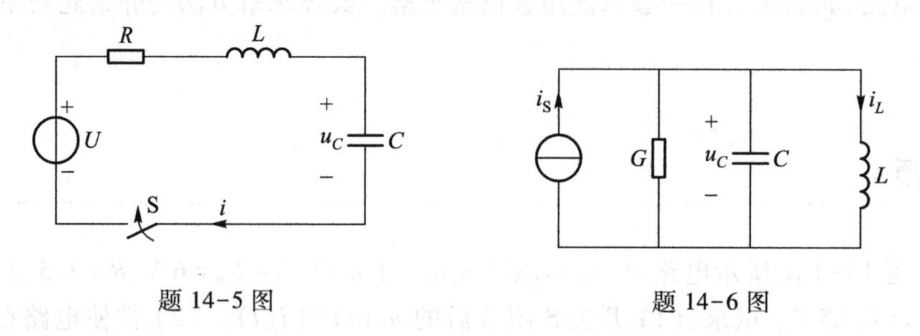

题 14-5 图　　　　题 14-6 图

14-7　题 14-7 图所示电路中，电源为冲激电流源，试求电容电压 $u_C(t)$。

14-8　列出题 14-8 图所示电路的状态方程。

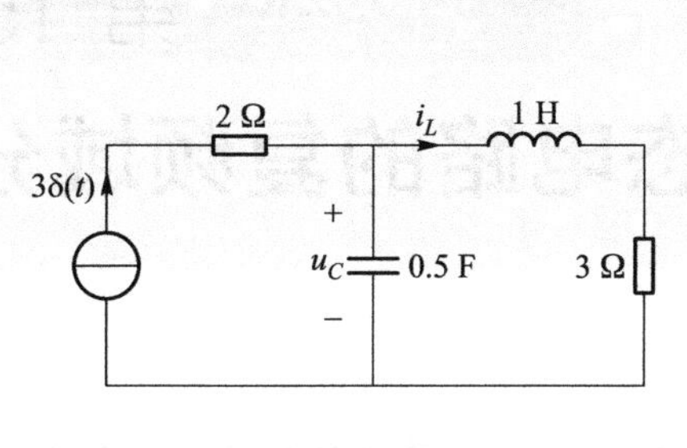

题 14-7 图

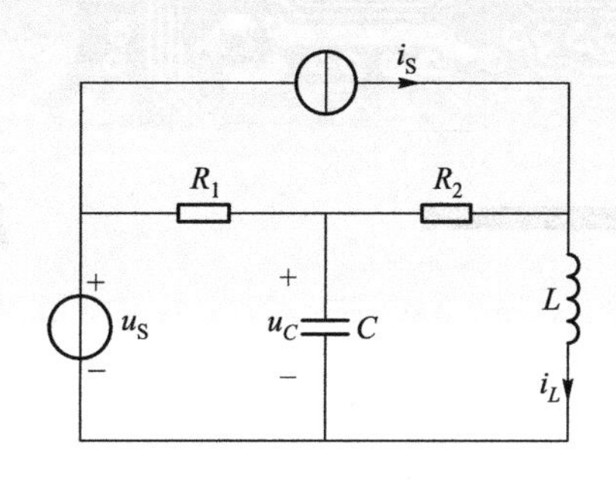

题 14-8 图

14-9　电路如题 14-9 图所示，以 u_{C_1}、u_{C_2}、i_L 为状态变量，列出该电路的状态方程。

14-10　电路如题 14-10 图所示，试写出状态方程。

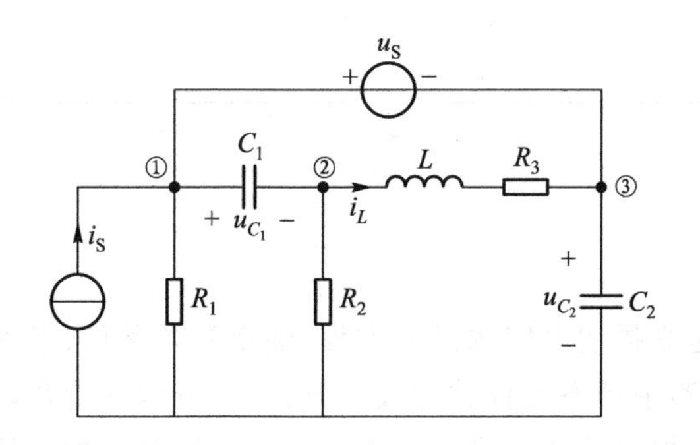

题 14-9 图

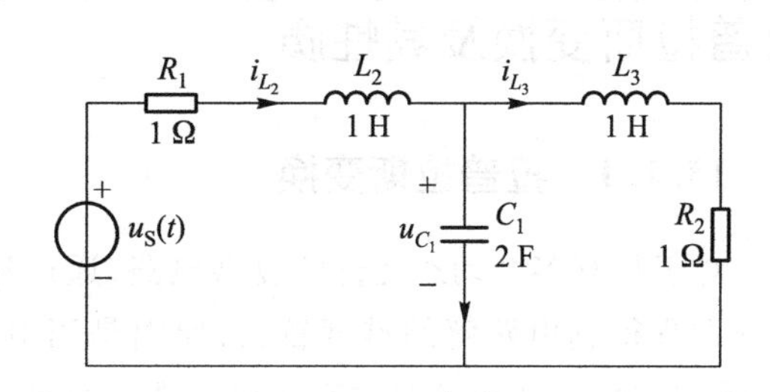

题 14-10 图

14-11　电路如题 14-11 图所示，状态变量为 u_{C_3}、i_{L_4}、i_{L_5}，试写出电路的状态方程。

14-12　列写题 14-12 图所示网络的状态方程以及以 i_L、u_2 为变量的输出方程。

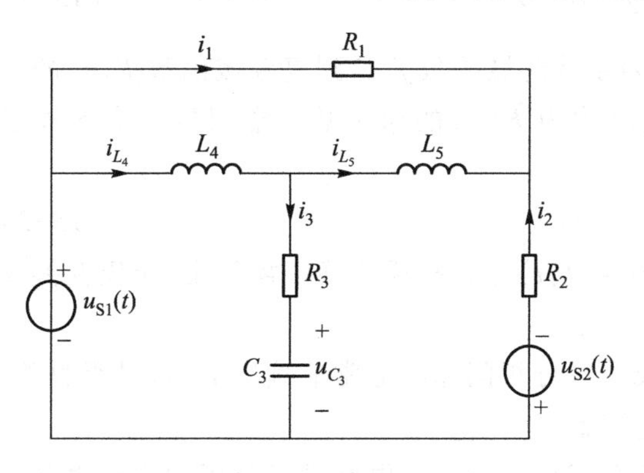

题 14-11 图

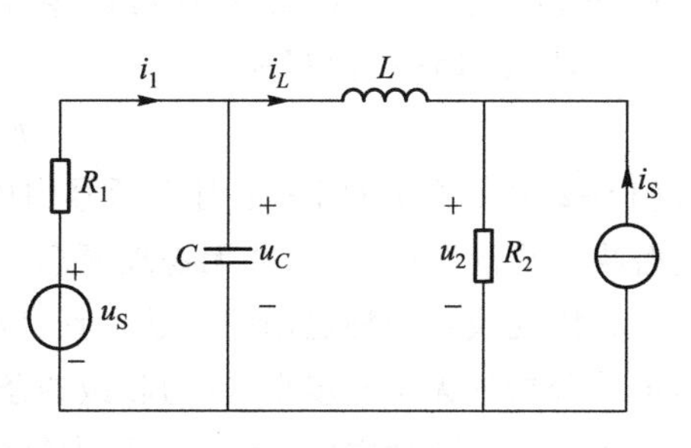

题 14-12 图

第 15 章

动态电路的复频域分析

内容提要 本章介绍动态电路的复频域分析方法,其理论基础是拉普拉斯变换。具体内容为:拉普拉斯变换及其性质、拉普拉斯反变换、元件约束和拓扑约束的复频域形式、运算阻抗与运算导纳、动态电路的复频域分析法、复频域形式的网络函数和相关分析。

15.1 拉普拉斯变换及其性质

15.1.1 拉普拉斯变换

对于具有多个动态元件的复杂电路,通过建立描述电路的微分方程,确定初始条件,求解微分方程得到电路解的难度较大,原因是当电路中动态元件数量较多时,微分方程的阶数较高,确定初始条件和求解方程均很困难。而采用拉普拉斯变换方法求解高阶电路是一种简便的方法。

一个定义在[0,∞)区间的时间函数$f(t)$,其拉普拉斯变换(以下简称为拉氏变换)定义为

$$F(s)=\int_{0_-}^{\infty} f(t)\mathrm{e}^{-st}\mathrm{d}t \tag{15-1}$$

式中,$s=\sigma+\mathrm{j}\omega$为复数,称为复频率。式(15-1)表示从时域函数$f(t)$到复频域函数$F(s)$的一种积分变换关系,$F(s)$称为$f(t)$的象函数,$f(t)$称为$F(s)$的原函数。常用拉氏变换算子$\mathscr{L}[\cdot]$将式(15-1)简写为

$$F(s)=\mathscr{L}[f(t)] \tag{15-2}$$

式(15-2)中,$\mathscr{L}[f(t)]$表示对方括号内的时间函数$f(t)$进行拉氏变换。需指出,拉氏变换仅是解决运算问题的工具,并无物理概念。

拉氏变换是一种通用的数学工具,应用拉氏变换分析问题时通常应确定$F(s)$是否收敛。但电路分析中无须此步骤,因为收敛的条件一定满足。

由于拉氏变换中的$s=\sigma+\mathrm{j}\omega$称为复频率,故利用拉氏变换对电路进行分析的方法也称为复频域分析法。又因为复频域分析法是用于解决动态电路运算问题的方法,所以该方法也称为运算法。

式(15-1)给出的拉氏变换定义式中,积分下限从$t=0_-$开始,可以计及$f(t)$中在$t=0$时出

现的冲激 $\delta(t)$，这样就给含冲激函数的信号作用下的电路求解带来了方便。

由象函数 $F(s)$ 得到对应原函数 $f(t)$ 的运算称为拉普拉斯反变换（简称拉氏反变换），其定义式为

$$f(t)=\frac{1}{2\pi\mathrm{j}}\int_{\sigma-\mathrm{j}\infty}^{\sigma+\mathrm{j}\infty}F(s)\mathrm{e}^{st}\mathrm{d}s \tag{15-3}$$

式中，积分上、下限中的 σ 为正的有限值常数。拉氏反变换也可简记为

$$f(t)=\mathscr{L}^{-1}[F(s)] \tag{15-4}$$

式中，$\mathscr{L}^{-1}[F(s)]$ 表示对方括号内的象函数 $F(s)$ 作拉氏反变换。

例 15-1 求下列函数的拉氏变换。

(1) 单位阶跃函数 $f(t)=\varepsilon(t)$。

(2) 单位冲激函数 $f(t)=\delta(t)$。

(3) 指数函数 $f(t)=\mathrm{e}^{at}$。

解 用拉氏变换定义式(15-1)可以方便地求得各时域函数的象函数。

(1) 单位阶跃函数的象函数为

$$F(s)=\mathscr{L}[\varepsilon(t)]=\int_{0_-}^{\infty}\varepsilon(t)\mathrm{e}^{-st}\mathrm{d}t=\int_{0_-}^{0_+}\varepsilon(t)\mathrm{e}^{-st}\mathrm{d}t+\int_{0_+}^{\infty}1\cdot\mathrm{e}^{-st}\mathrm{d}t=\frac{1}{-s}\mathrm{e}^{-st}\bigg|_{0_-}^{\infty}=\frac{1}{s}$$

(2) 单位冲激函数的象函数为

$$F(s)=\mathscr{L}[\delta(t)]=\int_{0_-}^{\infty}\delta(t)\mathrm{e}^{-st}\mathrm{d}t=\int_{0_-}^{\infty}\delta(t)\mathrm{e}^{s\times0}\mathrm{d}t=\int_{0_-}^{0_+}\delta(t)\mathrm{d}t=1$$

(3) 指数函数的象函数为

$$F(s)=\mathscr{L}[\mathrm{e}^{at}]=\int_{0_-}^{\infty}\mathrm{e}^{at}\mathrm{e}^{-st}\mathrm{d}t=\int_{0_-}^{\infty}\mathrm{e}^{-(s-a)t}\mathrm{d}t=\frac{1}{-(s-a)}\mathrm{e}^{-(s-a)t}\bigg|_{0_-}^{\infty}=\frac{1}{s-a}$$

从(2)的结果可以看出，由于拉氏变换的积分下限从 0_- 开始，变换过程能够计及 $t=0$ 时的冲激函数，故 $\delta(t)$ 的象函数等于 1；若将拉氏变换的积分下限定为 0_+，$\delta(t)$ 的象函数将等于零。实际上，式(15-1)所定义的拉氏变换在数学中被称为 0_- 单边拉氏变换，积分下限定为 0_+ 的拉氏变换在数学中被称为 0_+ 单边拉氏变换。数学中还有双边拉氏变换，积分下限为 $-\infty$，双边拉氏变换在电路分析中一般不用。正是因为电路分析中使用的是单边拉氏变换，所以 $f(t)=\varepsilon(t)$ 和 $f(t)=1$ 的象函数相同，$f(t)=\mathrm{e}^{at}\varepsilon(t)$ 和 $f(t)=\mathrm{e}^{at}$ 的象函数也相同。应注意到 $f(t)=\varepsilon(t)$ 与 $f(t)=1$ 是不同的，$f(t)=\mathrm{e}^{at}\varepsilon(t)$ 与 $f(t)=\mathrm{e}^{at}$ 也是不同的，可见针对单边拉氏变换，不同的原函数可得到相同的象函数。

15.1.2 拉普拉斯变换的基本性质

拉氏变换有许多性质，掌握这些性质能简化相关分析。

1. 线性性质

设 $f_1(t)$ 和 $f_2(t)$ 是两个时间函数，a_1 和 a_2 是两个常数，若 $\mathscr{L}[f_1(t)]=F_1(s)$，$\mathscr{L}[f_2(t)]=$

$F_2(s)$，则 $\mathscr{L}[a_1f_1(t)\pm a_2f_2(t)]=a_1F_1(s)\pm a_2F_2(s)$。

线性性质可证明如下：

$$\begin{aligned}\mathscr{L}[a_1f_1(t)\pm a_2f_2(t)]&=\int_{0_-}^{\infty}[a_1f_1(t)\pm a_2f_2(t)]\mathrm{e}^{-st}\mathrm{d}t\\&=a_1\int_{0_-}^{\infty}f_1(t)\mathrm{e}^{-st}\mathrm{d}t\pm a_2\int_{0_-}^{\infty}f_2(t)\mathrm{e}^{-st}\mathrm{d}t\\&=a_1F_1(s)\pm a_2F_2(s)\end{aligned}$$

线性性质表明，函数线性组合的拉氏变换等于各函数拉氏变换的线性组合。

例 15-2 求下列函数的象函数。

(1) $f(t)=\sin(\omega t)$ 和 $f(t)=\cos(\omega t)$。

(2) $f(t)=k(1-\mathrm{e}^{-at})$，$k$ 为常数。

解 (1) 根据欧拉公式可知

$$\sin(\omega t)=\frac{1}{2\mathrm{j}}(\mathrm{e}^{\mathrm{j}\omega t}-\mathrm{e}^{-\mathrm{j}\omega t})$$

由例 15-1 中已求出的指数函数的象函数，可以求得

$$\mathscr{L}[\sin(\omega t)]=\mathscr{L}\left[\frac{1}{2\mathrm{j}}(\mathrm{e}^{\mathrm{j}\omega t}-\mathrm{e}^{-\mathrm{j}\omega t})\right]=\frac{1}{2\mathrm{j}}\left(\frac{1}{s-\mathrm{j}\omega}-\frac{1}{s+\mathrm{j}\omega}\right)=\frac{\omega}{s^2+\omega^2}$$

同理，可求得 $\cos(\omega t)$ 的象函数为

$$\mathscr{L}[\cos(\omega t)]=\frac{s}{s^2+\omega^2}$$

(2) 由单位阶跃函数和指数函数象函数的表达式可求得

$$\mathscr{L}[k(1-\mathrm{e}^{-at})]=\mathscr{L}[k]-\mathscr{L}[k(\mathrm{e}^{-at})]=\frac{k}{s}-\frac{k}{s+a}=\frac{ka}{s(s+a)}$$

2. 微分性质

对于时间函数 $f(t)$，如果 $\mathscr{L}[f(t)]=F(s)$，则有 $\mathscr{L}[f'(t)]=sF(s)-f(0_-)$。

微分性质可证明如下：

$$\mathscr{L}[f'(t)]=\mathscr{L}\left[\frac{\mathrm{d}}{\mathrm{d}t}f(t)\right]=\int_{0_-}^{\infty}\frac{\mathrm{d}}{\mathrm{d}t}f(t)\mathrm{e}^{-st}\mathrm{d}t=\int_{0_-}^{\infty}\mathrm{e}^{-st}\mathrm{d}[f(t)]$$

令 $u=\mathrm{e}^{-st}$，$v=f(t)$，由分部积分公式 $\int u\mathrm{d}v=uv-\int v\mathrm{d}u$ 可得

$$\begin{aligned}\mathscr{L}\left[\frac{\mathrm{d}}{\mathrm{d}t}f(t)\right]&=\int_{0_-}^{\infty}\mathrm{e}^{-st}\mathrm{d}[f(t)]=\mathrm{e}^{-st}f(t)\Big|_{0_-}^{\infty}+s\int_{0_-}^{\infty}f(t)\mathrm{e}^{-st}\mathrm{d}t\\&=\mathrm{e}^{-s\cdot\infty}f(\infty)-f(0_-)+s\int_{0_-}^{\infty}f(t)\mathrm{e}^{-st}\mathrm{d}t\end{aligned}$$

只要把 s 的实部 σ 取得足够大，当 $t\to\infty$ 时，必有 $\mathrm{e}^{-s\cdot\infty}f(\infty)\to0$，因此 $\mathscr{L}[f'(t)]=sF(s)-f(0_-)$ 得证。

类似地，只要 s 的实部 σ[即 $\mathrm{Re}(s)$]大于条件式 $|f(t)|\leqslant M\mathrm{e}^{s_0 t}$ 中的 s_0，则有

$$\mathscr{L}[f''(t)]=s^2F(s)-sf(0_-)-f^{(1)}(0_-)$$

$$\cdots\cdots\cdots\cdots$$

$$\mathscr{L}[f^{(n)}(t)]=s^nF(s)-s^{n-1}f(0_-)-s^{n-2}f^{(1)}(0_-)-\cdots-f^{(n-1)}(0_-)$$

微分性质可以使关于 $f(t)$ 的微分方程转化为关于 $F(s)$ 的代数方程，给电路分析带来了方便，这就是拉氏变换在动态电路过程分析中得到广泛应用的原因。

例 15-3 用拉氏变换的微分性质求下列函数的象函数。

(1) $f(t)=\delta(t)$。

(2) $f(t)=\cos(\omega t)$。

解 (1) 因为

$$\delta(t)=\frac{\mathrm{d}\varepsilon(t)}{\mathrm{d}t}$$

而

$$\mathscr{L}[\varepsilon(t)]=\frac{1}{s}$$

所以

$$\mathscr{L}[\delta(t)]=\mathscr{L}\left[\frac{\mathrm{d}\varepsilon(t)}{\mathrm{d}t}\right]=s\times\frac{1}{s}-\delta(0_-)=1$$

(2) 因为

$$\cos(\omega t)=\frac{1}{\omega}\frac{\mathrm{d}\sin(\omega t)}{\mathrm{d}t}$$

而

$$\mathscr{L}[\sin(\omega t)]=\frac{\omega}{s^2+\omega^2}$$

所以可求得

$$\mathscr{L}[\cos(\omega t)]=\mathscr{L}\left[\frac{1}{\omega}\frac{\mathrm{d}\sin(\omega t)}{\mathrm{d}t}\right]=\frac{1}{\omega}\left[s\cdot\frac{\omega}{s^2+\omega^2}-\sin(\omega\cdot 0_-)\right]=\frac{s}{s^2+\omega^2}$$

3. 积分性质

对于时间函数 $f(t)$，若存在 $\mathscr{L}[f(t)]=F(s)$，则有 $\mathscr{L}\left[\int_{0_-}^{t}f(t)\mathrm{d}t\right]=\frac{F(s)}{s}$。

积分性质可证明如下：

由拉氏变换的定义和分部积分法，可得

$$\mathscr{L}\left[\int_{0_-}^{t}f(t)\mathrm{d}t\right]=\int_{0_-}^{\infty}\left[\int_{0_-}^{t}f(t)\mathrm{d}t\right]\mathrm{e}^{-st}\mathrm{d}t$$

$$=\frac{\mathrm{e}^{-st}}{-s}\int_{0_-}^{t}f(t)\mathrm{d}t\bigg|_{0_-}^{\infty}-\int_{0_-}^{\infty}f(t)\left(-\frac{1}{s}\right)\mathrm{e}^{-st}\mathrm{d}t$$

只要 s 的实部 σ 足够大，以上等式右边第一项为零，故得

$$\mathscr{L}\int_{0_-}^{t} f(t)\,\mathrm{d}t = 0+\frac{1}{s}\int_{0_-}^{\infty} f(t)\,\mathrm{e}^{-st}\,\mathrm{d}t = \frac{F(s)}{s}$$

定理得证。

例 15-4 应用拉氏变换的积分性质求单位斜坡函数 $f(t)=t$ 的象函数。

解 $f(t)=t$ 可看成常数 1 从时间 0 到 t 的积分，即

$$t=\int_{0}^{t} 1\mathrm{d}\xi$$

而

$$\mathscr{L}[1]=\frac{1}{s}$$

所以

$$\mathscr{L}[t]=\frac{1}{s}\mathscr{L}[1]=\frac{1}{s}\cdot\frac{1}{s}=\frac{1}{s^2}$$

4. 频域平移定理

若 $\mathscr{L}[f(t)]=F(s)$，则 $\mathscr{L}[\mathrm{e}^{-at}f(t)]=F(s+a)$。

频域平移定理可证明如下：

令 $s'=s+a$，则有

$$\mathscr{L}[\mathrm{e}^{-at}f(t)]=\int_{0_-}^{\infty}\mathrm{e}^{-at}f(t)\,\mathrm{e}^{-st}\mathrm{d}t=\int_{0_-}^{\infty}f(t)\,\mathrm{e}^{-(s+a)t}\mathrm{d}t=\int_{0_-}^{\infty}\mathrm{e}^{-at}f(t)\,\mathrm{e}^{-s't}\mathrm{d}t=F(s')$$

把 $s'=s+a$ 代入上式，可得

$$\mathscr{L}[\mathrm{e}^{-at}f(t)]=F(s+a)$$

定理得证。

例 15-5 利用频域平移定理求 $\mathrm{e}^{-at}\sin(\omega t)$ 和 $\mathrm{e}^{-at}\cos(\omega t)$ 的象函数。

解 因为

$$\mathscr{L}[\sin(\omega t)]=\frac{\omega}{s^2+\omega^2}$$

$$\mathscr{L}[\cos(\omega t)]=\frac{s}{s^2+\omega^2}$$

则

$$\mathscr{L}[\mathrm{e}^{-at}\sin(\omega t)]=\frac{\omega}{(s+a)^2+\omega^2}$$

$$\mathscr{L}[\mathrm{e}^{-at}\cos(\omega t)]=\frac{s+a}{(s+a)^2+\omega^2}$$

5. 时域平移定理（延迟定理）

设时间函数 $f(t)\varepsilon(t)$ 的延迟函数为 $f(t-t_0)\varepsilon(t-t_0)$，若 $f(t)\varepsilon(t)$ 的象函数为 $F(s)$，则

$f(t-t_0)\varepsilon(t-t_0)$的象函数为 $\mathrm{e}^{-st_0}F(s)$。

延迟定理可证明如下:

令 $\tau=t-t_0$,则有 $t=\tau+t_0$,当 $t=t_0$ 时,$\tau=0$。所以

$$\mathscr{L}[f(t-t_0)\varepsilon(t-t_0)]=\int_{0_-}^{\infty}f(t-t_0)\varepsilon(t-t_0)\mathrm{e}^{-st}\mathrm{d}t=\int_{t_0}^{\infty}f(t-t_0)\mathrm{e}^{-st}\mathrm{d}t$$

$$=\int_{0_-}^{\infty}f(\tau)\mathrm{e}^{-s(\tau+t_0)}\mathrm{d}\tau=\mathrm{e}^{-st_0}\int_{0_-}^{\infty}f(\tau)\mathrm{e}^{-s\tau}\mathrm{d}\tau=\mathrm{e}^{-st_0}F(s)$$

定理得证。

例 15-6 应用延迟定理求矩形脉冲函数 $f(t)=A\varepsilon(t)-A\varepsilon(t-t_0)$ 的象函数。

解 阶跃函数象函数为

$$\mathscr{L}[\varepsilon(t)]=\frac{1}{s}$$

根据延迟定理有

$$\mathscr{L}[\varepsilon(t-t_0)]=\mathrm{e}^{-st_0}\cdot\frac{1}{s}$$

所以该矩形脉冲函数的象函数为

$$F(s)=A\cdot\frac{1}{s}-A\mathrm{e}^{-st_0}\cdot\frac{1}{s}=\frac{A}{s}(1-\mathrm{e}^{-st_0})$$

一些常用函数的拉氏变换对列于表 15-1 中,以方便查阅。注意,表 15-1 中的各项内容还可借助拉普拉斯变换的基本性质方便推出或记住,表中各项内容的安排顺序考虑了这一需求。

表 15-1 常用函数的拉氏变换对

序号	原函数 $f(t)$	象函数 $F(s)$	序号	原函数 $f(t)$	象函数 $F(s)$
1	$\delta(t)$	1	6	$\mathrm{e}^{-at}\sin(\omega t)$ $\mathrm{e}^{-at}\sin(\omega t)\varepsilon(t)$	$\frac{\omega}{(s+a)^2+\omega^2}$
2	1 $\varepsilon(t)$	$\frac{1}{s}$	7	$\mathrm{e}^{-at}\cos(\omega t)$ $\mathrm{e}^{-at}\cos(\omega t)\varepsilon(t)$	$\frac{s+a}{(s+a)^2+\omega^2}$
3	e^{-at} $\mathrm{e}^{-at}\varepsilon(t)$	$\frac{1}{s+a}$	8	t $t\varepsilon(t)$	$\frac{1}{s^2}$
4	$\sin(\omega t)$ $\sin(\omega t)\varepsilon(t)$	$\frac{\omega}{s^2+\omega^2}$	9	$t\mathrm{e}^{-at}$ $t\mathrm{e}^{-at}\varepsilon(t)$	$\frac{1}{(s+a)^2}$
5	$\cos(\omega t)$ $\cos(\omega t)\varepsilon(t)$	$\frac{s}{s^2+\omega^2}$	10	$\frac{1}{2}t^2,\frac{1}{2}t^2\varepsilon(t)$	$\frac{1}{s^3}$

续表

序号	原函数$f(t)$	象函数$F(s)$	序号	原函数$f(t)$	象函数$F(s)$
11	$\frac{1}{n!}t^n,\frac{1}{n!}t^n\varepsilon(t)$	$\frac{1}{s^{n+1}}$	13	$\sinh(at)$ $\sinh(at)\varepsilon(t)$	$\frac{a}{s^2-a^2}$
12	$\frac{1}{n!}t^n e^{-at},\frac{1}{n!}t^n e^{-at}\varepsilon(t)$	$\frac{1}{(s+a)^{n+1}}$	14	$\cosh(at)$ $\cosh(at)\varepsilon(t)$	$\frac{s}{s^2-a^2}$

借助积分性质由表15-1中的第1项可推出第2项，借助频域平移定理由第2项可推出第3项，借助线性性质和欧拉公式由第3项可推出第4、5项，借助频域平移定理由第4、5项可推出第6、7项，借助积分性质由第2项可推出第8项，借助频域平移定理由第8项可推出第9项，借助积分性质由第8项可推出第10项，后面的第11、12、13和第14项均可借助积分性质、频域平移定理、线性性质由其他各项推出。微分性质的应用与积分性质的应用顺序相反。前面的例15-2、例15-3、例15-4和例15-5中已部分展示了这些内容。

15.2 拉普拉斯反变换

用拉氏变换法求解线性电路的时域响应，需要把响应的象函数$F(s)$通过反变换转变为时间函数$f(t)$，反变换可以通过式(15-3)完成，但计算复杂。实际中多利用拉氏变换表直接给出对应象函数的原函数。当象函数比较复杂时，可以把象函数分解为若干简单的分项，称为部分分式展开。

电路分析中得到的$F(s)$都是s的有理分式，即分子和分母都是s的多项式，其表达式为

$$H(s)=\frac{N(s)}{D(s)}=\frac{a_m s^m+a_{m-1}s^{m-1}+\cdots+a_0}{b_n s^n+b_{n-1}s^{n-1}+\cdots+b_0} \tag{15-5}$$

式中，m和n为正整数，且$n\geqslant m$。

当$n>m$时，$F(s)$为真分式，可直接做部分分式展开。若$n=m$，则需首先将有理分式化为真分式，即

$$F(s)=A+\frac{N_0(s)}{D(s)} \tag{15-6}$$

式中，A是一个常数，其对应的原函数为$A\delta(t)$；剩余项$\frac{N_0(s)}{D(s)}$是真分式。

用部分分式展开有理分式时，需要对其分母多项式作因式分解，求出$D(s)=0$的根。$D(s)=0$的根可以是实数单根、共轭复根和重根。下面针对根的不同情况分别讨论$F(s)$的部

分分式展开。

1. 实数单根

如果 $D(s)=0$ 有 n 个实数单根，分别为 p_1、p_2、…、p_n，则 $F(s)$ 可以展开为

$$F(s)=\frac{K_1}{s-p_1}+\frac{K_2}{s-p_2}+\cdots+\frac{K_n}{s-p_n} \tag{15-7}$$

式中，K_1、K_2、…、K_n 是待定系数。将上式两边乘以 $(s-p_1)$ 得

$$(s-p_1)F(s)=K_1+(s-p_1)\left(\frac{K_2}{s-p_2}+\cdots+\frac{K_n}{s-p_n}\right) \tag{15-8}$$

令 $s=p_1$，则等式右边除第一项外都变为零，这样求得

$$K_1=[(s-p_1)F(s)]_{s=p_1} \tag{15-9}$$

同理可求得 K_2、K_3、…、K_n。由此可得确定式(15-7)中各待定系数的公式为

$$K_i=[(s-p_i)F(s)]_{s=p_i}\quad(i=1,2,\cdots,n) \tag{15-10}$$

确定式(15-7)中各待定系数的另一公式为

$$K_i=\frac{N(p_i)}{D'(p_i)}=\left.\frac{N(s)}{D'(s)}\right|_{s=p_i}\quad(i=1,2,\cdots,n) \tag{15-11}$$

该式是用$\frac{0}{0}$不定式求极限值的方法导出的，过程如下：

$$K_i=[(s-p_i)F(s)]_{s=p_i}=\lim_{s\to p_1}\frac{(s-p_i)N(s)}{D(s)}=\lim_{s\to p_1}\frac{(s-p_i)N'(s)+N(s)}{D'(s)}=\frac{N(p_i)}{D'(p_i)}$$

确定了式(15-7)中的待定系数后，相应的原函数为

$$f(t)=\mathscr{L}^{-1}[F(s)]=\sum_{i=1}^{n}K_i\mathrm{e}^{p_it}=\sum_{i=1}^{n}\frac{N(p_i)}{D'(p_i)}\mathrm{e}^{p_it}\quad(t\geqslant 0_-) \tag{15-12}$$

例 15-7 已知象函数 $F(s)=\frac{2s+1}{s^3+7s^2+10s}$，求其对应的原函数 $f(t)$。

解 由象函数可得

$$F(s)=\frac{2s+1}{s^3+7s^2+10s}=\frac{2s+1}{s(s+2)(s+5)}=\frac{K_1}{s}+\frac{K_2}{s+2}+\frac{K_3}{s+5}$$

可知分母多项式 $D(s)=0$ 的根为

$$p_1=0,\quad p_2=-2,\quad p_3=-5$$

对分母多项式做微分有

$$D'(s)=3s^2+14s+10$$

根据式(15-10)或式(15-11)可确定 K_1 为

$$K_1[(s-p_1)F(s)]_{s=p_1}=\left.\frac{N(s)}{D'(s)}\right|_{s=p_1}=\frac{2s+1}{3s^2+14s+10}=0.1$$

同理求得

$$K_2=0.5,\quad K_3=-0.6$$

故可求得原函数为

$$f(t)=0.1\mathrm{e}^{0t}+0.5\mathrm{e}^{-2t}-0.6\mathrm{e}^{-5t}=0.1+0.5\mathrm{e}^{-2t}-0.6\mathrm{e}^{-5t}\quad(t\geqslant 0_-)$$

2. 共轭复根

设 $D(s)=0$ 具有共轭复根 $p_1=a+\mathrm{j}\omega, p_2=a-\mathrm{j}\omega$。因为复根也属于一种单根,故针对复根也可用式(15-10)或式(15-11)确定系数 K_i,即

$$\begin{cases}K_1=\left[(s-a-\mathrm{j}\omega)F(s)\right]_{s=a+\mathrm{j}\omega}=\left.\dfrac{N(s)}{D'(s)}\right|_{s=a+\mathrm{j}\omega}\\ K_2=\left[(s-a+\mathrm{j}\omega)F(s)\right]_{s=a-\mathrm{j}\omega}=\left.\dfrac{N(s)}{D'(s)}\right|_{s=a+\mathrm{j}\omega}\end{cases}\tag{15-13}$$

由于 $F(s)$ 一定是两个实系数多项式之比(因为多项式中的系数均为电路元件参数的组合),所以 K_1、K_2 必为共轭复数。设 $K_1=|K_1|\mathrm{e}^{\mathrm{j}\theta_1}$,则 $K_2=|K_1|\mathrm{e}^{-\mathrm{j}\theta_1}$,于是在 $F(s)$ 的展开式中,将包含如下两项:

$$\frac{|K_1|\mathrm{e}^{\mathrm{j}\theta_1}}{s-a-\mathrm{j}\omega}+\frac{|K_1|\mathrm{e}^{-\mathrm{j}\theta_1}}{s-a+\mathrm{j}\omega}\tag{15-14}$$

其所对应的原函数为

$$\begin{aligned}K_1\mathrm{e}^{(a+\mathrm{j}\omega)t}+K_2\mathrm{e}^{(a-\mathrm{j}\omega)t}&=|K_1|\mathrm{e}^{\mathrm{j}\theta_1}\mathrm{e}^{(a+\mathrm{j}\omega)t}+|K_1|\mathrm{e}^{-\mathrm{j}\theta_1}\mathrm{e}^{(a-\mathrm{j}\omega)t}\\&=|K_1|\mathrm{e}^{at}\left[\mathrm{e}^{\mathrm{j}(\omega t+\theta_1)}+\mathrm{e}^{-\mathrm{j}(\omega t+\theta_1)}\right]=2|K_1|\mathrm{e}^{at}\cos(\omega t+\theta_1)\end{aligned}\tag{15-15}$$

式中,a 为共轭复根的实部,ω 为共轭复根的虚部(取绝对值),θ 为 K_1 的辐角。

对共轭复根的情况,还可有另外的处理方法。

由式(15-14)可导出

$$\frac{|K_1|\mathrm{e}^{\mathrm{j}\theta_1}}{s-a-\mathrm{j}\omega}+\frac{|K_1|\mathrm{e}^{-\mathrm{j}\theta_1}}{s-a+\mathrm{j}\omega}=\frac{2|K_1|(s-a)\cos\theta_1+2|K_1|\omega\sin\theta_1}{s^2-2as+a^2+\omega^2}=\frac{a_1s+a_2}{s^2+b_1s+b_2}$$

对 $\dfrac{a_1s+a_2}{s^2+b_1s+b_2}$ 可按如下方式展开:

$$\frac{a_1s+a_2}{s^2+b_1s+b_2}=\frac{a_1\left(s+\frac{1}{2}b_1\right)+a_2-\frac{1}{2}a_1b_1}{\left(s+\frac{1}{2}b_1\right)^2+\left(b_2-\frac{1}{4}b_1^2\right)}=\frac{a_1\left(s+\frac{1}{2}b_1\right)}{\left(s+\frac{1}{2}b_1\right)^2+\left(b_2-\frac{1}{4}b_1^2\right)}+\frac{a_2-\frac{1}{2}a_1b_1}{\left(s+\frac{1}{2}b_1\right)^2+\left(b_2-\frac{1}{4}b_1^2\right)}$$

令 $a=\dfrac{1}{2}b_1, \omega=\sqrt{b_2-\dfrac{1}{4}b_1^2}$,则上式变为

$$\frac{a_1s+a_2}{s^2+b_1s+b_2}=\frac{a_1(s+a)}{(s+a)^2+\omega^2}+\frac{a_2-\frac{1}{2}a_1b_1}{(s+a)^2+\omega^2}$$

查表 15-1 可知$\dfrac{a_1 s+a_2}{s^2+b_1 s+b_2}$的反变换为

$$a_1 e^{-at}\cos(\omega t)+\frac{a_2-\frac{1}{2}a_1 b_1}{\omega}e^{-at}\sin(\omega t)$$

以上也是一种求$\dfrac{a_1 s+a_2}{s^2+b_1 s+b_2}$反变换的方法。这种方法可避免复数运算,有其便利之处。

例 15-8 求象函数 $F(s)=\dfrac{s+3}{s^2+2s+5}$的原函数$f(t)$。

解 方法一:$D(s)=0$ 仅含一对共轭复根,即

$$p_1=-1+j2,\quad p_2=-1-j2$$

则

$$K_1=\left.\frac{N(s)}{D'(s)}\right|_{s=p_1}=\left.\frac{s+3}{2s+2}\right|_{s=-1+j2}=0.5-j0.5=0.5\sqrt{2}\,e^{-j\frac{\pi}{4}}$$

$$K_2=|K_1|e^{-j\theta_1}=0.5\sqrt{2}\,e^{j\frac{\pi}{4}}$$

根据式(15-15)且考虑到 $a=-1,\omega=2,\theta_1=-\dfrac{\pi}{4}$,可得

$$f(t)=2|K_1|e^{-t}\cos\left(2t-\frac{\pi}{4}\right)=\sqrt{2}e^{-t}\cos\left(2t-\frac{\pi}{4}\right)\quad(t\geqslant 0_-)$$

方法二:对象函数按如下方式分解:

$$F(s)=\frac{s+3}{s^2+2s+5}=\frac{s+3}{(s+1)^2+2^2}=\frac{s+1}{(s+1)^2+2^2}+\frac{2}{(s+1)^2+2^2}$$

查表 15-1 可得

$$f(t)=e^{-t}\cos 2t+e^{-t}\sin 2t=\sqrt{2}e^{-t}\cos(2t-45^\circ)$$

3. 重根

当 $D(s)=0$ 具有 l 重根时,对应于该根的部分分式将有 l 项。设 p_1 为 $D(s)=0$ 的 l 重根,则 $D(s)$中将含有$(s-p_1)^l$的因式。又设 $D(s)=0$ 中的其他根均为单根,则对 $F(s)$进行分解时,其展开式为

$$F(s)=\frac{K_{11}}{(s-p_1)^l}+\frac{K_{12}}{(s-p_1)^{l-1}}+\cdots+\frac{K_{1l}}{s-p_1}+\sum_{i=2}^{n-l+1}\frac{K_i}{s-p_i}\tag{15-16}$$

式中,$\displaystyle\sum_{i=2}^{n-l+1}\frac{K_i}{s-p_i}$为其余单根对应的部分分式项,各项系数 K_i 仍用式(15-10)或式(15-11)算出。K_{11}、K_{12}、…、K_{1l} 可用下面的方法计算。

若在式(15-16)两边都乘以$(s-p_1)^l$,则可得

$$(s-p_1)^l F(s)=K_{11}+K_{12}(s-p_1)+\cdots+K_{1l}(s-p_1)^{l-1}+(s-p_1)^l\sum_{i=2}^{n-l+1}\frac{K_i}{s-p_i} \tag{15-17}$$

令 $s=p_1$，则方程右边除 K_{11} 外，其他各项均为零，所以有

$$K_{11}=(s-p_1)^l F(s)\Big|_{s=p_1} \tag{15-18}$$

将式(15-17)两边对 s 求导一次，可得

$$\frac{\mathrm{d}}{\mathrm{d}s}[(s-p_1)^l F(s)]=K_{12}+\cdots+(l-1)K_{13}(s-p_1)^{l-2}+\frac{\mathrm{d}}{\mathrm{d}s}\left[(s-p_1)^l\sum_{i=2}^{n-l+1}\frac{K_i}{s-p_i}\right] \tag{15-19}$$

令 $s=p_1$，则方程右边除 K_{12} 外，其他各项均为零，所以有

$$K_{12}=\frac{\mathrm{d}}{\mathrm{d}s}[(s-p_1)^l F(s)]\Big|_{s=p_1} \tag{15-20}$$

继续按以上方法对式(15-17)的两边针对 s 进行求导，可得

$$\begin{cases} K_{13}=\dfrac{1}{2!}\dfrac{\mathrm{d}^2}{\mathrm{d}s^2}[(s-p_1)^l F(s)]\Big|_{s=p_1} \\ \quad\vdots \\ K_{1l}=\dfrac{1}{(l-1)!}\dfrac{\mathrm{d}^{l-1}}{\mathrm{d}s^{l-1}}[(s-p_1)^l F(s)]\Big|_{s=p_1} \end{cases} \tag{15-21}$$

这样，重根对应的部分分式展开式的系数均可求出。

由式(15-20)、式(15-21)可见，有重根时对应系数的求解需用到有理多项式的微分，比较麻烦，可采用待定系数法解决问题，具体过程通过下面的例题给出。

例 15-9 求 $F(s)=\dfrac{s+2}{(s+1)^2(s+3)}$ 的原函数 $f(t)$。

解 $F(s)$ 的分母既包含重根又包含单根。其中 $p_1=-1$ 为二重根，$p_2=-3$ 为单根。此时 $F(s)$ 的展开式为

$$F(s)=\frac{K_{11}}{(s+1)^2}+\frac{K_{12}}{s+1}+\frac{K_2}{s+3}$$

用 $(s+1)^2$ 乘 $F(s)$，得

$$(s+1)^2 F(s)=\frac{s+2}{s+3}$$

由相关公式可得

$$K_{11}=[(s+1)^2F(s)]\Big|_{s=-1}=\frac{s+2}{s+3}\Big|_{s=-1}=\frac{1}{2}=0.5$$

$$K_{12}=\frac{\mathrm{d}}{\mathrm{d}s}[(s+1)^2F(s)]\Big|_{s=-1}=\frac{(s+3)-(s+2)}{(s+3)^2}\Big|_{s=-1}=\frac{1}{4}=0.25$$

$$K_2=[(s-p_2)F(s)]\Big|_{s=p_2}=\left[(s+3)\frac{s+2}{(s+1)^2(s+3)}\right]\Big|_{s=-3}=-\frac{1}{4}=-0.25$$

所以

$$F(s)=\frac{0.5}{(s+1)^2}+\frac{0.25}{s+1}+\frac{-0.25}{s+3}$$

查拉氏变换表 15-1 可得相应的原函数为

$$f(t)=\mathscr{L}^{-1}[F(s)]=0.5te^{-t}+0.25e^{-t}-0.25e^{-3t}\quad(t\geqslant 0_-)$$

部分分式展开式系数的求解还可用待定系数法完成。过程是针对展开式

$$\frac{s+2}{(s+1)^2(s+3)}=\frac{K_{11}}{(s+1)^2}+\frac{K_{12}}{s+1}+\frac{K_2}{s+3}$$

令 s 取三个不同的值，如 $s=-2$、$s=0$、$s=1$，得到如下三个等式：

$$\begin{cases}0=K_{11}-K_{12}+K_2\\ \dfrac{2}{3}=K_{11}+K_{12}+\dfrac{K_2}{3}\\ \dfrac{4}{4\times4}=\dfrac{K_{11}}{4}+\dfrac{K_{12}}{2}+\dfrac{K_2}{4}\end{cases}$$

由此可解出 $K_{11}=0.5$、$K_{12}=0.25$、$K_2=-0.25$。

也可先根据 $K_{11}=[(s+1)^2F(s)]\big|_{s=-1}$ 和 $K_2=[(s-p_2)F(s)]\big|_{s=p_2}$ 求出 $K_{11}=0.5$ 和 $K_2=-0.25$，然后构造下面的等式：

$$\frac{s+2}{(s+1)^2(s+3)}=\frac{0.5}{(s+1)^2}+\frac{K_{12}}{s+1}+\frac{-0.25}{s+3}$$

令 $s=-2$，可得 $0=0.5-K_{12}-0.25$，由此解得 $K_{12}=0.25$。

15.3 元件约束和拓扑约束的复频域形式

15.3.1 元件约束的复频域形式

1. 电阻元件

图 15-1(a)所示为线性电阻元件的时域模型，电阻元件的伏安约束关系为

$$u(t)=Ri(t)\tag{15-22}$$

对上式两边进行拉氏变换，得复频域形式伏安约束关系为

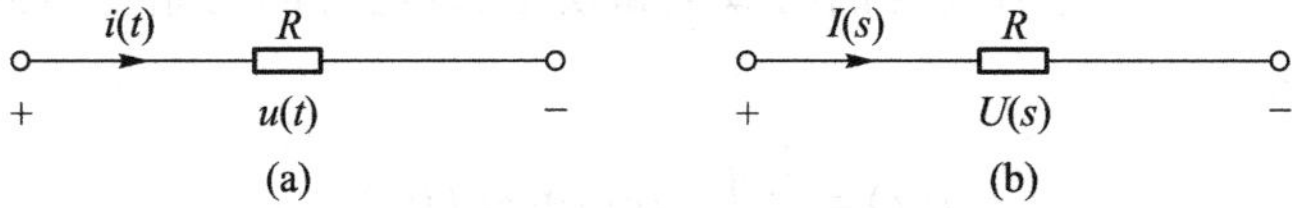

图 15-1 电阻元件的时域和复频域模型
(a) 时域模型 (b) 复频域模型

$$U(s)=RI(s) \tag{15-23}$$

式(15-23)对应的复频域电路模型如图 15-1(b)所示。

2. 电感元件

图 15-2(a)所示为电感元件的时域电路模型,设电感的初始电流为 $i(0_-)$,则其时域形式伏安约束关系为

$$u(t)=L\frac{\mathrm{d}i(t)}{\mathrm{d}t} \tag{15-24}$$

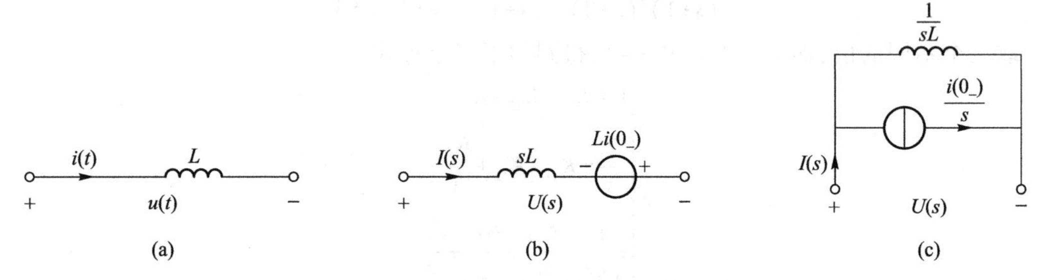

图 15-2 电感元件的时域和复频域模型

(a) 时域模型 (b) 复频域模型一 (c) 复频域模型二

对式(15-24)两边进行拉氏变换,并根据拉氏变换的微分性质,得电感复频域形式伏安约束关系为

$$U(s)=sLI(s)-Li(0_-) \tag{15-25}$$

由式(15-25)可画出相应的复频域模型如图 15-2(b)所示,图中的 $Li(0_-)$ 体现了初始储能的作用,相当于一个电压源,称为附加电压源,它的负极指向正极的方向与初始电流 $i(0_-)$ 的方向一致。

还可以把式(15-25)改写为

$$I(s)=\frac{1}{sL}U(s)+\frac{i(0_-)}{s} \tag{15-26}$$

由此可得出图 15-2(c)所示电感的复频域模型,其中的 $\frac{i(0_-)}{s}$ 表示附加电流源的电流。图 15-2(b)所示的电路与图 15-2(c)所示的电路可相互转化,它们分别是复频域中的戴维南形式电路和诺顿形式电路。

3. 电容元件

对图 15-3(a)所示线性电容元件的时域电路模型,设电容的初始电压为 $u(0_-)$,则其时域形式伏安约束关系为

$$u(t)=\frac{1}{C}\int_{0_-}^{t}i(t)\,\mathrm{d}t+u(0_-) \tag{15-27}$$

对式(15-27)两边进行拉氏变换,并根据拉氏变换的积分性质可得

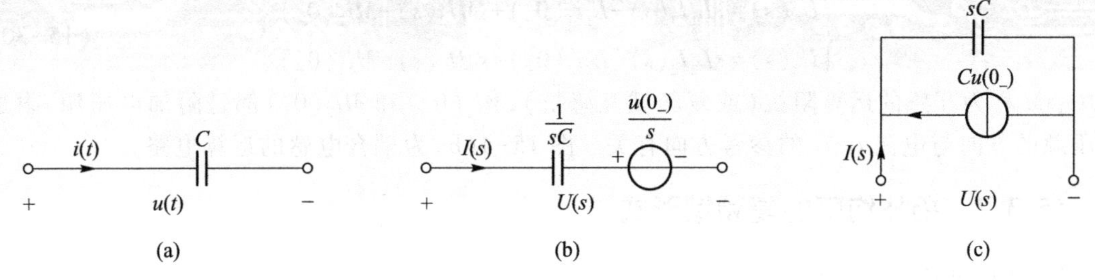

图 15-3　电容元件的时域和复频域模型

(a) 时域模型　(b) 复频域模型一　(c) 复频域模型二

$$U(s)=\frac{1}{sC}I(s)+\frac{u(0_-)}{s} \quad \text{或} \quad I(s)=sCU(s)-Cu(0_-) \tag{15-28}$$

由式(15-28)可以得到图 15-3(b)和图 15-3(c)所示的运算电路,图中$\frac{u(0_-)}{s}$和 $Cu(0_-)$分别为反映电容初始电压的附加电压源和附加电流源。附加电压源的极性与初始电压 $u(0_-)$的极性相同。图 15-3(b)和图 15-3(c)所示的电路可根据戴维南电路和诺顿电路的关系进行相互转换。

4. 耦合电感元件

对耦合电感,运算电路中应包括由互感引起的附加电源。如图 15-4(a)所示电路为耦合电感元件的时域电路,其时域形式伏安约束关系为

$$\begin{cases} u_1(t)=L_1\dfrac{\mathrm{d}i_1(t)}{\mathrm{d}t}+M\dfrac{\mathrm{d}i_2(t)}{\mathrm{d}t} \\ u_2(t)=L_2\dfrac{\mathrm{d}i_2(t)}{\mathrm{d}t}+M\dfrac{\mathrm{d}i_1(t)}{\mathrm{d}t} \end{cases} \tag{15-29}$$

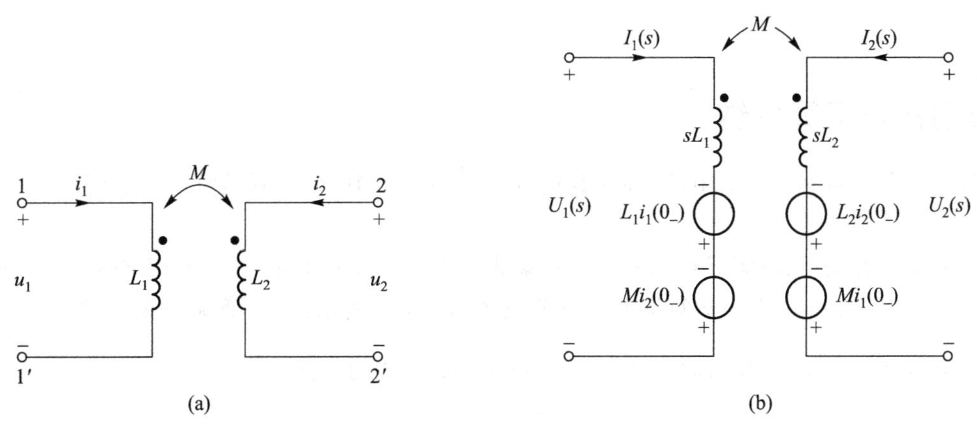

图 15-4　耦合电感元件的时域和复频域模型

(a) 时域模型　(b) 复频域模型

对上式两边进行拉氏变换,并根据拉氏变换的微分性质,得复频域形式伏安约束关系为

$$\begin{cases} U_1(s)=sL_1I_1(s)-L_1i_1(0_-)+sMI_2(s)-Mi_2(0_-) \\ U_2(s)=sL_2I_2(s)-L_2i_2(0_-)+sMI_1(s)-Mi_1(0_-) \end{cases} \tag{15-30}$$

式中,sM 称为互感的运算阻抗(或复频域互感抗),$Mi_1(0_-)$ 和 $Mi_2(0_-)$ 都是附加电压源,附加电压源的方向与电流 i_1、i_2 的参考方向有关。图 15-4(b)为耦合电感的运算电路。

15.3.2 拓扑约束的复频域形式

1. KCL 的复频域形式

对电路中的任一节点,其时域形式基尔霍夫电流定律为

$$\sum_k \pm i_k(t)=0 \tag{15-31}$$

对上式两边进行拉氏变换,得

$$\sum_k \pm I_k(s)=0 \tag{15-32}$$

上式称为复频域形式的基尔霍夫电流定律,也称为运算形式 KCL,它说明电路中任一节点的各支路电流象函数的代数和为零。

2. KVL 的复频域形式

对电路中的任一回路,其时域形式基尔霍夫电压定律为

$$\sum_k \pm u_k(t)=0 \tag{15-33}$$

对上式两边进行拉氏变换,得

$$\sum_k \pm U_k(s)=0 \tag{15-34}$$

上式称为复频域形式的基尔霍夫电压定律,也称为运算形式 KVL,它说明电路中任一回路的各支路电压象函数的代数和为零。

15.4 运算阻抗与运算导纳

复频域电路也称为运算电路,在对其进行分析的过程中,会用到运算阻抗、运算导纳的概念,下面予以讨论。

关联参考方向下,电阻元件的复频域约束式为 $U(s)=RI(s)$,将式中 R 用 $Z(s)$ 表示,则有 $U(s)=Z(s)I(s)$,$Z(s)$ 称为运算阻抗。运算导纳用 $Y(s)$ 表示,与运算阻抗的关系是 $Y(s)=\dfrac{1}{Z(s)}$。$U(s)=Z(s)I(s)$ 或 $I(s)=Y(s)U(s)$ 是复频域形式的元件约束。

电阻元件的运算阻抗为 $Z(s)=R$,运算导纳为 $Y(s)=\dfrac{1}{R}=G$;电感元件的运算阻抗为 $Z(s)=sL$,运算导纳为 $Y(s)=\dfrac{1}{sL}$;电容元件的运算阻抗为 $Z(s)=\dfrac{1}{sC}$,运算导纳为 $Y(s)=sC$。

图 15-5(a)所示为 RLC 串联电路,其中电源电压为 $u(t)$,电感中的初始电流为 $i(0_-)$,电容上的初始电压为 $u_C(0_-)$。将时域电路转化为复频域形式,则可得图 15-5(b)所示的电路,该电路称为运算电路。

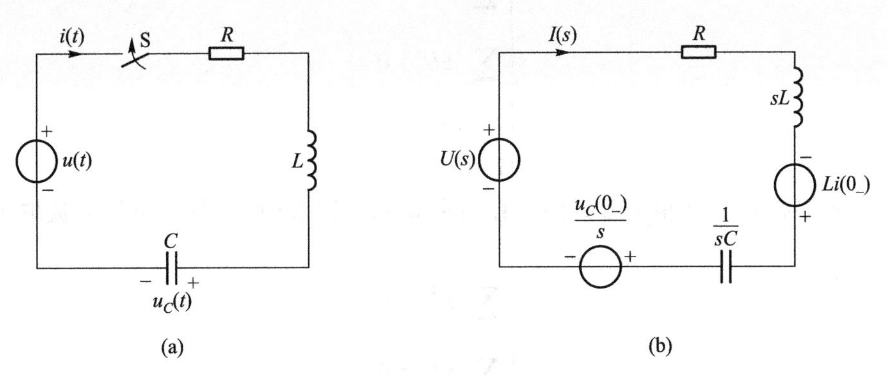

图 15-5　RLC 串联电路的时域和复频域模型

(a) 时域模型　(b) 复频域模型

根据复频域形式的 KVL 和元件约束,由图 15-5(b)所示运算电路可得如下方程:

$$RI(s)+sLI(s)-Li(0_-)+\frac{1}{sC}I(s)+\frac{u_C(0_-)}{s}=U(s)$$

即

$$\left(R+sL+\frac{1}{sC}\right)I(s)=U(s)+Li(0_-)-\frac{u_C(0_-)}{s}$$

当已知 $U(s)$、电路元件的各参数以及初始值 $i(0_-)$ 和 $u_C(0_-)$ 时,由上式可直接求出 $I(s)$,继而通过拉氏反变换由 $I(s)$ 求出 $i(t)$。这样一种求解电流 $i(t)$ 的方法无须针对时域电路列写微分方程,避免了求微分方程初始值和解微分方程的麻烦,是复频域分析法的突出优点。

在动态元件初始值均为零,即电路为零状态时,图 15-5(b)所示复频域电路的方程为

$$\left(R+sL+\frac{1}{sC}\right)I(s)=U(s)$$

可记为

$$Z(s)I(s)=U(s)$$

式中,$Z(s)=R+sL+\dfrac{1}{sC}$,称为 RLC 串联电路的运算阻抗。

15.5 动态电路的复频域分析法

动态电路的复频域分析法与相量分析法的基本思想类似,均是把时域电路的求解过程转

换到变换域中进行，目的是把微分运算转化为代数运算。

对于直流电路，其拓扑约束和元件约束（设元件上电压电流取关联参考方向）为

$$\begin{cases}\sum_k \pm I_k = 0 \\ \sum_k \pm U_k = 0 \\ U = RI \\ I = GU\end{cases} \tag{15-35}$$

对于正弦交流电路，其相量形式的拓扑约束和元件约束（设元件上电压电流取关联参考方向）为

$$\begin{cases}\sum_k \pm \dot{I}_k = 0 \\ \sum_k \pm \dot{U}_k = 0 \\ \dot{U} = Z\dot{I} \\ \dot{I} = Y\dot{U}\end{cases} \tag{15-36}$$

对于动态电路，在动态元件初始值为零的条件下，其复频域形式的拓扑约束和元件约束（设元件上电压电流取关联参考方向）为

$$\begin{cases}\sum_k \pm I_k(s) = 0 \\ \sum_k \pm U_k(s) = 0 \\ U(s) = Z(s)I(s) \\ I(s) = Y(s)U(s)\end{cases} \tag{15-37}$$

由上可见，复频域形式的拓扑约束、元件约束与直流形式和相量形式的拓扑约束、元件约束是类似的，因此，适应于直流电路、正弦稳态电路的方法和定理，如 $2b$ 法、节点法、戴维南定理等均可以应用于复频域电路分析中。

用拉氏变换法计算电路响应的一般步骤如下：

（1）确定动态元件在开关动作前的初始值 $u_C(0_-)$、$i_L(0_-)$，通常需通过构造 0_- 时的等值电路进行求解。若所求是电路的零状态响应，或动态元件初始值已给出，则不存在该步骤。

（2）求出时域电路中独立电压源、独立电流源的象函数，并将时域模型用复频域形式表示，做出运算电路。

（3）对运算电路，利用电路分析的各种方法列出方程，然后求解方程得到响应的象函数。

（4）对响应的象函数进行反变换求出响应的原函数。

例 15-10 图 15-6(a)所示电路原已处于稳态，当 $t=0$ 时开关 S 闭合，试用运算法求解电流 $i_1(t)$。

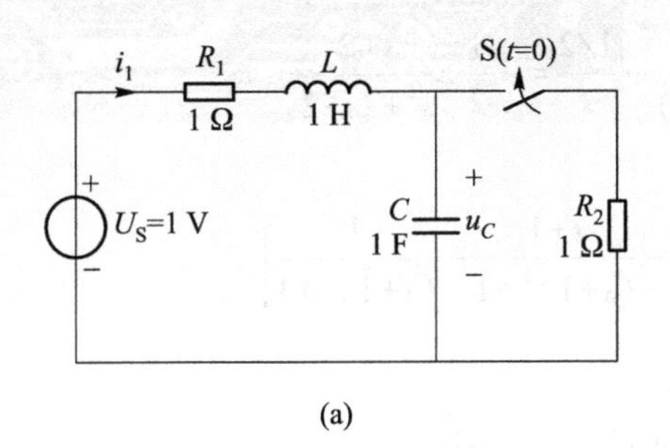

(a)

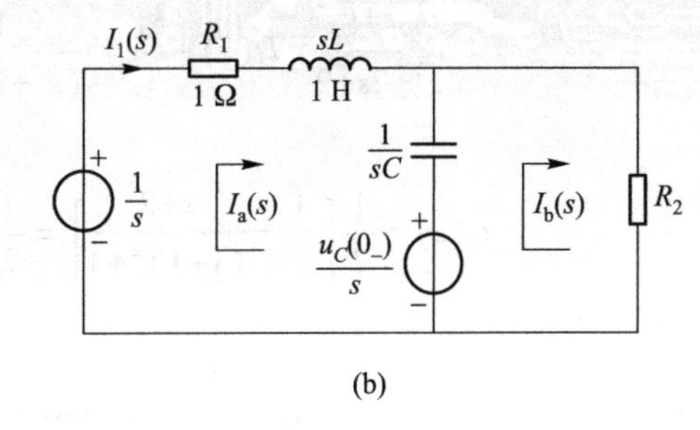

(b)

图 15-6　例 15-10 图

(a) 时域电路　(b) 运算电路

解　因为开关 S 闭合前电路已处于稳态，根据 $t=0_-$时的情况，可得电感电流 $i_1(0_-)=0$，电容电压 $u_C(0_-)=1\ \text{V}$。对激励求象函数得 $\mathscr{L}[U_S]=\mathscr{L}[1]=\dfrac{1}{s}$，由此可得运算电路如图 15-6(b)所示。

应用回路法求解，设回路电流为 $I_a(s)$ 和 $I_b(s)$，方向如图所示，可列写回路电流法方程如下：

$$\left(R_1+sL+\frac{1}{sC}\right)I_a(s)-\frac{1}{sC}I_b(s)=\frac{1}{s}-\frac{u_C(0_-)}{s}$$

$$-\frac{1}{sC}I_a(s)+\left(R_2+\frac{1}{sC}\right)I_b(s)=\frac{u_C(0_-)}{s}$$

代入已知数据得

$$\left(1+s+\frac{1}{s}\right)I_a(s)-\frac{1}{s}I_b(s)=0$$

$$-\frac{1}{s}I_a(s)+\left(1+\frac{1}{s}\right)I_b(s)=\frac{1}{s}$$

求解可得

$$I_1(s)=I_a(s)=\frac{1}{s(s^2+2s+2)}$$

部分分式展开有

$$I_1(s)=\frac{1}{s(s^2+2s+2)}=\frac{k_1}{s}+\frac{k_2s+k_3}{s^2+2s+2}$$

因为

$$k_1=sI_1(s)\Big|_{s=0}=\frac{1}{s^2+2s+2}\Big|_{s=0}=\frac{1}{2}$$

所以

$$\frac{k_2s+k_3}{s^2+2s+2}=I_1(s)-\frac{k_1}{s}=\frac{1}{s(s^2+2s+2)}-\frac{1/2}{s}=-\frac{1}{2}\times\frac{s+2}{s^2+2s+2}$$

故有

$$I_1(s)=\frac{1}{2}\left[\frac{1}{s}-\frac{s+2}{(s+1)^2+1}\right]=\frac{1}{2}\left[\frac{1}{s}-\frac{s+1}{(s+1)^2+1}-\frac{1}{(s+1)^2+1}\right]$$

查表 15-1 可得

$$i_1(t)=\frac{1}{2}(1-e^{-t}\cos t-e^{-t}\sin t)\text{A}\quad(t\geqslant 0_+)$$

例 15-11 图 15-7(a)所示为 RC 并联电路,激励为电流源 $i_S(t)$。试分别求 $i_S(t)=\varepsilon(t)$ A 和 $i_S(t)=\delta(t)$ A 时电路的响应 $u(t)$。

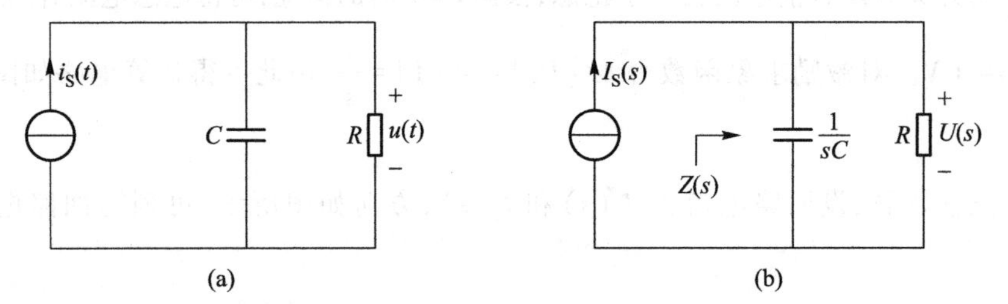

图 15-7 例 15-11 图

(a) 时域电路 (b) 运算电路

解 由题可知电路初始状态为零,故运算电路中无附加电源。可得该电路的运算电路如图 15-7(b)所示。

(1) 当 $i_S(t)=\varepsilon(t)$ A 时,有

$$I_S(s)=\mathscr{L}[i_S(t)]=\mathscr{L}[\varepsilon(t)]=\frac{1}{s}$$

$$U(s)=Z(s)I_S(s)=\frac{R\cdot\frac{1}{sC}}{R+\frac{1}{sC}}\cdot\frac{1}{s}=\frac{1}{sC\left(s+\frac{1}{RC}\right)}=\frac{R}{s}-\frac{1}{s+\frac{1}{RC}}$$

$U(s)$的拉氏反变换为

$$u(t)=\mathscr{L}^{-1}[U(s)]=R(1-e^{-\frac{1}{RC}t})\varepsilon(t)\text{V}$$

(2) 当 $i_S(t)=\delta(t)$ A 时

$$I_S(s)=\mathscr{L}[i_S(t)]=\mathscr{L}[\delta(t)]=1$$

$$U(s)=Z(s)I_S(s)=\frac{R\cdot\frac{1}{sC}}{R+\frac{1}{sC}}=\frac{1}{C\left(s+\frac{1}{RC}\right)}$$

$U(s)$的拉氏反变换为

$$u(t)=\mathscr{L}^{-1}[U(s)]=\frac{1}{C}\mathrm{e}^{-\frac{1}{RC}t}\varepsilon(t)\mathrm{V}$$

上述结果即分别为 RC 并联电路的阶跃响应和冲激响应。通过此例可见，用拉氏变换法求冲激响应比时域法要容易许多，这是因为 $\mathscr{L}[\delta(t)]=1$，并且不必像时域分析法那样要确定 $t=0_+$ 时刻的初始条件。

例 15-12 图 15-8(a)所示的电路中，激励为 $u_S(t)=2\mathrm{e}^{-2t}\varepsilon(t)\mathrm{V}$，求电流 $i(t)$。

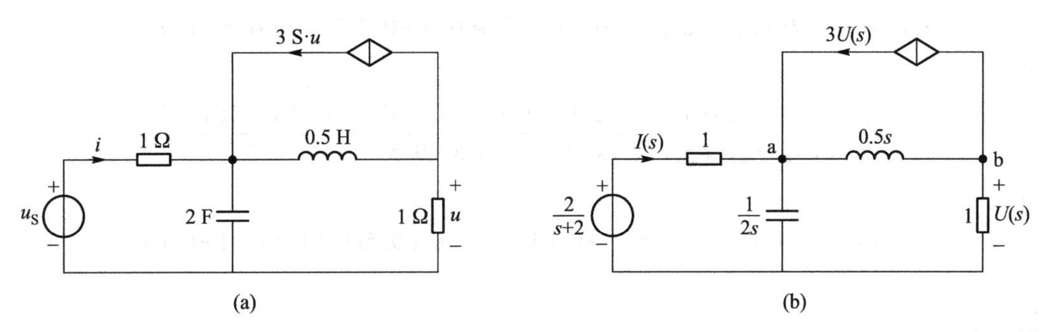

图 15-8 例 15-12 图
(a) 时域电路 (b) 运算电路

解 由题可知，电容、电感的初始值均为 0，且 $\mathscr{L}[u_S(t)]=\mathscr{L}[2\mathrm{e}^{-2t}]=\dfrac{2}{s+2}$，所以可做出如图 15-8(b)所示的运算电路。设电路下端节点为参考节点，用节点法列方程可得

$$\left(\frac{1}{1}+2s+\frac{1}{0.5s}\right)U_a(s)-\frac{1}{0.5s}\times U_b(s)=\frac{\frac{2}{s+2}}{1}+3U(s)$$

$$-\frac{1}{0.5s}\times U_a(s)+\left(\frac{1}{0.5s}+\frac{1}{1}\right)U_b(s)=-3U(s)$$

$$U(s)=U_b(s)$$

消去 $U(s)$后整理可得

$$(s^2+0.5s+1)U_a(s)-(1.5s+1)U_b(s)=\frac{s}{s+2}$$

$$-U_a(s)+(2s+1)U_b(s)=0$$

解得

$$U_a(s)=\frac{\begin{vmatrix}\frac{s}{s+2} & -1.5s-1\\ 0 & 2s+1\end{vmatrix}}{\begin{vmatrix}s^2+0.5s+1 & -1.5s-1\\ -1 & 2s+1\end{vmatrix}}=\frac{2s+1}{(s+2)(2s^2+2s+1)}$$

所以

$$I(s)=\frac{\frac{2}{s+2}-U_a(s)}{1}=\frac{4s^2+2s+1}{(s+2)(2s^2+2s+1)}=\frac{2.6}{s+2}-\frac{1.2s+0.8}{2s^2+2s+1}$$

$$=\frac{2.6}{s+2}-\frac{0.6(s+0.5)}{(s+0.5)^2+0.5^2}-\frac{0.2\times0.5}{(s+0.5)^2+0.5^2}$$

有

$$i(t)=\mathscr{L}^{-1}[I(s)]=[2.6\mathrm{e}^{-2t}-0.6\mathrm{e}^{-0.5t}\cos 0.5t-0.2\mathrm{e}^{-0.5t}\sin 0.5t]\varepsilon(t)\mathrm{A}$$

或者

$$I(s)=\frac{4s^2+2s+1}{(s+2)(2s^2+2s+1)}=\frac{2.6}{s+2}+\frac{0.316\angle 161.57^\circ}{s+0.5-\mathrm{j}0.5}+\frac{0.316\angle -161.57^\circ}{s+0.5+\mathrm{j}0.5}$$

故有

$$i(t)=\mathscr{L}^{-1}[I(s)]=[2.6\mathrm{e}^{-2t}+0.632\mathrm{e}^{-0.5t}\cos(0.5t+161.57^\circ)]\varepsilon(t)\mathrm{A}$$

15.6 复频域形式的网络函数和相关分析

15.6.1 复频域形式的网络函数

复频域形式的网络函数 $H(s)$ 定义为单一激励时零状态响应的拉氏变换 $R(s)$ 与激励的拉氏变换 $E(s)$ 之比，即

$$H(s)=\frac{\text{零状态响应的象函数}}{\text{激励的象函数}}=\frac{R(s)}{E(s)} \tag{15-38}$$

$H(s)$ 可简称为复频域网络函数或网络函数，用以表征电路的故有特性。

由于 $H(s)$ 是针对电路初始状态为零时提出的一个概念，故通过拉氏变换求网络函数时，运算电路中的电感、电容等动态元件的附加电源均应为零。

$H(s)$ 由电路的结构和参数决定，与外施激励无关。因此，当激励发生变化时，虽然零状态响应会随之变化，但 $H(s)$ 不变。

例 15-13 图 15-9(a) 所示电路中，求网络函数 $H(s)=\frac{U_R(s)}{I_S(s)}$。

解 求 $H(s)$ 时附加电源为零，与时域电路对应的运算电路如图 15-9(b) 所示。由于网络函数与激励无关，为求解方便，可令 $I_S(s)=1$，由节点分析法可得

$$\left(\frac{1}{2+s}+4+s\right)U(s)=I_S(s)=1$$

则

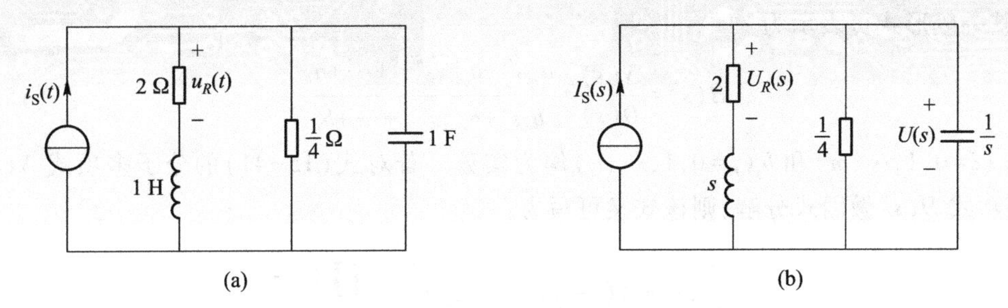

图 15-9　例 15-13 图

(a) 原电路　(b) 运算电路

$$U(s)=\frac{1}{s+4+\frac{1}{s+2}}=\frac{s+2}{s^2+6s+9}$$

又

$$U_R(s)=\frac{2}{2+s}U(s)=\frac{2}{2+s}\times\frac{s+2}{s^2+6s+9}=\frac{2}{s^2+6s+9}$$

所以

$$H(s)=\frac{U_R(s)}{I_S(s)}=\frac{U_R(s)}{1}=\frac{2}{s^2+6s+9}$$

15.6.2　网络函数与冲激响应的关系

由网络函数的定义可知，若 $H(s)$ 已知，便可由给定输入求得零状态响应。方法是对输入作拉氏变换得 $E(s)$ 后，将其与 $H(s)$ 相乘，再求反变换，如下式所示：

$$r(t)=\mathscr{L}^{-1}[R(s)]=\mathscr{L}^{-1}[H(s)E(s)] \tag{15-39}$$

当电路输入为单位冲激函数时，其拉氏变换为 $E(s)=\mathscr{L}[e(t)]=\mathscr{L}[\delta(t)]=1$，响应为

$$r(t)=\mathscr{L}^{-1}[R(s)]=\mathscr{L}^{-1}[H(s)E(s)]=\mathscr{L}^{-1}[H(s)] \tag{15-40}$$

可见，对网络函数求拉氏反变换可得冲激响应，反之，对冲激响应求拉氏变换可得网络函数。因冲激响应通常用 $h(t)$ 表示，故有 $h(t)=\mathscr{L}^{-1}[H(s)]$ 或 $H(s)=\mathscr{L}[h(t)]$。

例 15-14　图 15-9(a) 所示电路中，当 $i_S(s)=\delta(t)$ A 时，求冲激响应 $u_R(t)$。

解　例 15-13 中已求得对应于 $u_R(t)$ 的网络函数为 $H(s)=\frac{2}{s^2+6s+9}$，利用冲激响应与网络函数的关系可知：

$$u_R(t)=h(t)=\mathscr{L}^{-1}[H(s)]=\mathscr{L}^{-1}\left[\frac{2}{s^2+6s+9}\right]=\mathscr{L}^{-1}\left[\frac{2}{(s+3)^2}\right]=2t\mathrm{e}^{-3t}\ \mathrm{V}$$

15.6.3　网络函数的极点、零点

对于线性时不变电路，由于其元件参数均为常数，因此其网络函数必定是 s 的实系数有理

函数，其一般形式可表示为

$$H(s)=\frac{N(s)}{D(s)}=\frac{a_m s^m+a_{m-1}s^{m-1}+\cdots+a_0}{b_n s^n+b_{n-1}s^{n-1}+\cdots+b_0} \tag{15-41}$$

式中，$a_i(i=0,1,\cdots,m)$ 和 $b_j(j=0,1,\cdots,n)$ 均为实数。若对式（15-41）的分子多项式 $N(s)$ 和分母多项式 $D(s)$ 做因式分解，则该式又可写为

$$H(s)=K\frac{(s-z_1)(s-z_2)\cdots(s-z_m)}{(s-p_1)(s-p_2)\cdots(s-p_n)}=K\frac{\prod_{i=1}^{m}(s-z_i)}{\prod_{j=1}^{n}(s-p_j)} \tag{15-42}$$

式中，$K=a_m/b_n$ 为实系数。

在式（15-42）中，当 $s=z_i$ 时，有 $H(z_i)=0$，因此 $z_i(i=1,\cdots,m)$ 称为网络函数的零点。而当 $s=p_j$ 时，有 $|H(p_j)|\to\infty$，因此 $p_j(j=1,\cdots,n)$ 称为网络函数的极点。

网络零状态响应的象函数为 $R(s)=H(s)E(s)$，因此 $H(s)$ 的零点和极点对零状态响应有十分重要的影响。事实上，根据 $H(s)$ 的零点和极点，结合电路激励的特点，就可以掌握电路零状态响应的变化规律。

网络函数的零点和极点可以绘制于 s 复平面上，称为零极点图，图中一般用“o”表示零点，用“×”表示极点。从零极点图上可看出网络函数的零点和极点的分布情况。

例 15-15 已知某一电路的网络函数为 $H(s)=\dfrac{s^2+3s-4}{s^3+6s^2+16s+16}$，求其零点和极点并画出零极点图。

解 将 $H(s)$ 的分子和分母多项式做因式分解，可得

$$H(s)=\frac{(s+4)(s-1)}{(s+2)(s^2+4s+8)}=\frac{(s+4)(s-1)}{(s+2)(s+2-\mathrm{j}2)(s+2+\mathrm{j}2)}$$

可见该网络函数有两个实数零点，分别为 $z_1=1$、$z_2=-4$，一个实数极点和一对共轭复数极点，分别为 $p_1=-2$、$p_2=-2+\mathrm{j}2$、$p_3=-2-\mathrm{j}2$。因此得出零极点图如图 15-10 所示。

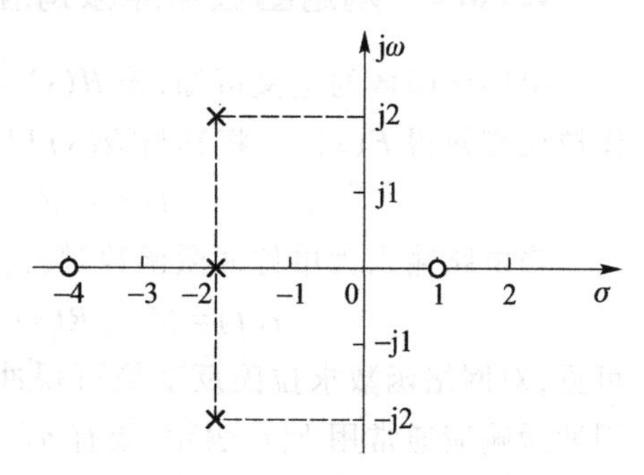

图 15-10 例 15-15 的零极点图

15.6.4 网络函数的极点与网络的稳定性

网络微分方程的特征根由电路的结构和元件值确定，因而也称为网络的自然频率或固有频率。显然，网络自然频率的数量与微分方程的阶数相同（不涉及重根情况）。

网络函数的极点与网络的自然频率关系密切。一般而言，网络函数中不为零的极点就是网络的自然频率，故可由网络函数的极点决定自然频率。但存在对应于某一变量的网络函数其极点数量低于微分方程阶数的情况，这时，还须通过微分方程来获得电路的全部自然频率。

在电路的分析和设计中经常需要考虑电路的稳定性问题，常用的一种判断标准是：若有限能量的激励产生有限能量的响应，则电路稳定，否则不稳定。

冲激激励的能量是有限的，故对电路稳定性的判断可通过考察其冲激响应是否具有有限能量进行。

当网络函数为真分式且分母具有单根时，电路的冲激响应为

$$h(t)=\mathscr{L}^{-1}[H(s)]=\mathscr{L}^{-1}\left[\sum_{i=1}^{n}\frac{K_i}{s-p_i}\right]=\sum_{i=1}^{n}K_i e^{p_i t}$$

可见冲激响应的性质由极点决定。因此可通过对网络函数极点的讨论来确定电路的稳定性。下面以单极点为例，按极点分布的三种情况进行讨论。

1. 极点全部位于 s 平面的左半开平面

左半开平面是指不包括虚轴的左半平面。网络函数的极点位于此区域中时，电路稳定。下面分单极点、不重复的共轭复极点情况进行说明。

(1) 左半开平面中的单极点 $p(p<0)$ 及对应冲激响应的波形如图 15-11(a)和(b)所示。当 $t\to\infty$ 时，冲激响应趋于零，冲激响应具有有限能量。

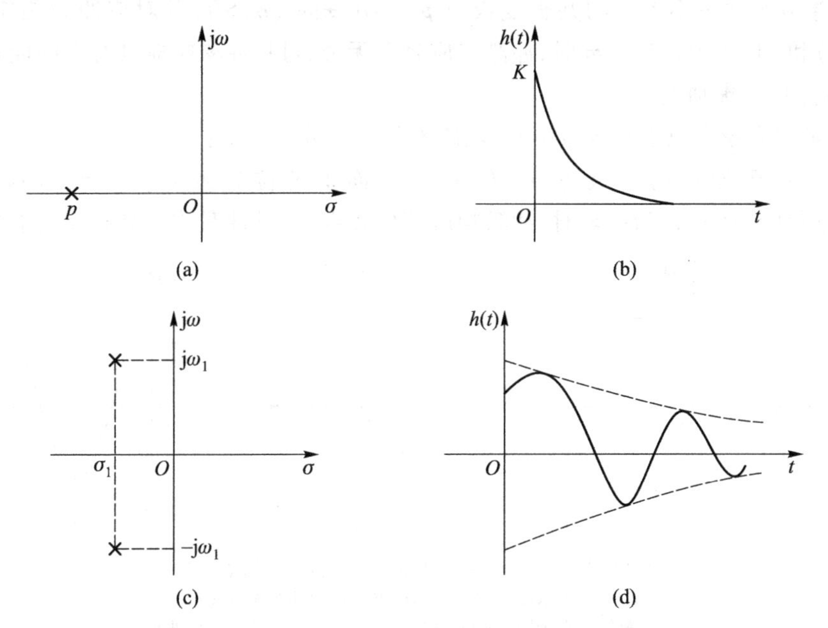

图 15-11 位于 s 平面的左半开平面的极点及冲激响应

(a) 单极点示图 (b) 与单极点对应的冲激响应波形

(c) 共轭复极点示图 (d) 与共轭复极点对应的冲激响应波形

(2) 左半开平面中的不重复共轭复极点 $p_{1,2}=\sigma_1\pm j\omega_1(\sigma_1<0)$ 及对应冲激响应的波形如图 15-11(c)和(d)所示。当 $t\to\infty$ 时，冲激响应趋于零，冲激响应具有有限能量。

2. 有极点位于 s 平面的右半开平面

右半开平面是指不包括虚轴的右半平面。当网络函数有极点位于此区域中时，电路不稳

定。分析如下：

(1) 单极点 $p(p>0)$ 在 s 平面上的位置及对应冲激响应的波形如图 15-12(a)和(b)所示，当 $t\to\infty$ 时，冲激响应趋于无穷，可见冲激响应具有无限能量。

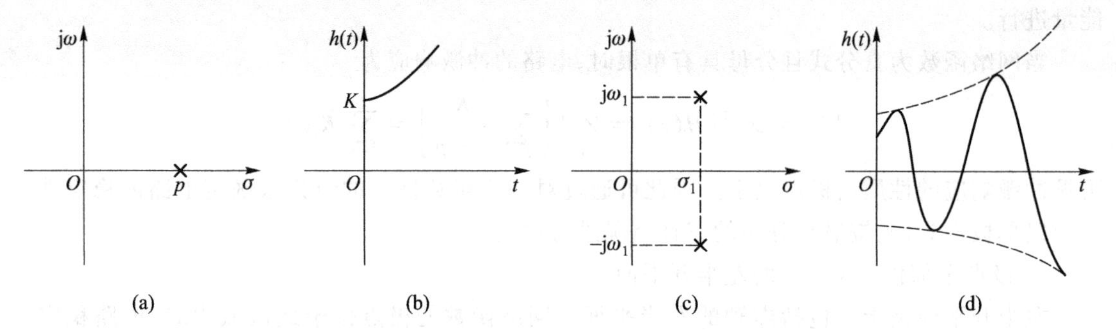

图 15-12　位于 s 平面的右半开平面的极点及冲激响应

(a) 单极点示图　(b) 与单极点对应的冲激响应波形

(c) 共轭复极点示图　(d) 与共轭复极点对应的冲激响应波形

(2) 右半开平面中不重复的共轭复极点 $p_{1,2}=\sigma_1\pm j\omega_1(\sigma_1>0)$ 及对应冲激响应的波形如图 15-12(c)和(d)所示，当 $t\to\infty$ 时，冲激响应趋于无穷，可见冲激响应具有无限能量。

3. 有极点位于虚轴上

当网络函数有极点位于此区域中时，电路不稳定。分析如下：

(1) 对于位于原点的单极点 $p=0$，在 s 平面上的位置及对应冲激响应的波形如图 15-13(a)和(b)所示，当 $t\to\infty$ 时，冲激响应依然存在，可见冲激响应具有无限能量。

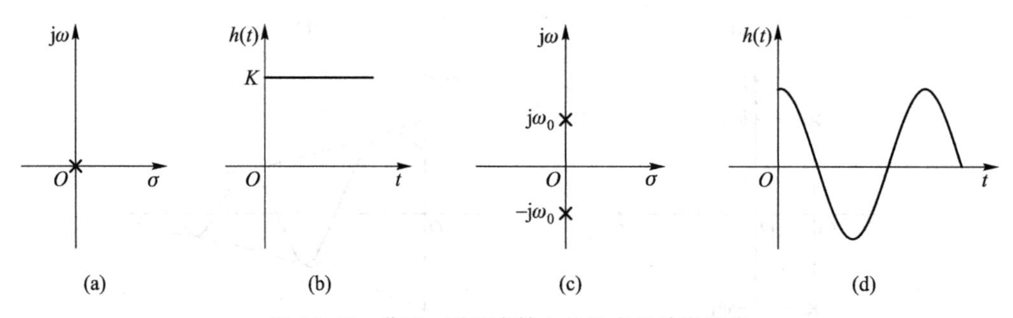

图 15-13　位于 s 平面虚轴上的极点及冲激响应

(a) 单极点示图　(b) 与单极点对应的冲激响应波形

(c) 共轭复极点示图　(d) 与共轭复极点对应的冲激响应波形

(2) 对于位于虚轴上的不重复的共轭复极点，在 s 平面上的位置及对应冲激响应的波形如图 15-13(c)和(d)所示，当 $t\to\infty$ 时，冲激响应依然存在，可见冲激响应具有无限能量。

以上讨论的是单极点和不重复的共轭复极点对应的情况，对于多重极点和重复的共轭复极点，冲激响应具有能量的情况与单极点时类似，故可得出如下结论：当网络函数极点全部位于 s 平面的左半开平面时，电路稳定，否则电路不稳定。

虚轴上的单极点和不重复的共轭复极点对应的冲激响应具有波形稳定不变的特点，如图 15-13 所示，有时称这种情况为临界稳定。

15.6.5 网络函数的极点、零点与频率特性的关系

把 $H(s)$ 中的 s 用 $\mathrm{j}\omega(\omega \geqslant 0)$ 替换便可得到 $H(\mathrm{j}\omega)$，此即频域形式的网络函数，也称为电路的频率特性，可见 $H(\mathrm{j}\omega)$ 是复频域网络函数 $H(s)$ 的特例。下面，分析 s 域中网络函数的极点和零点对频率特性的影响。

$H(s)$ 的分子和分母多项式因式分解后可写为下面的形式：

$$H(s)=K\frac{\prod_{i=1}^{m}(s-z_i)}{\prod_{j=1}^{n}(s-p_j)} \tag{15-43}$$

其中，z_i 和 p_j 分别为零点和极点。令式(15-43)中 $s=\mathrm{j}\omega(\omega \geqslant 0)$，则

$$H(\mathrm{j}\omega)=K\frac{\prod_{i=1}^{m}(\mathrm{j}\omega-z_i)}{\prod_{j=1}^{n}(\mathrm{j}\omega-p_j)} \tag{15-44}$$

式(15-44)中的分子、分母均为复数。针对某一具体频率 ω_1，令 $\mathrm{j}\omega_1-z_i=M_i\mathrm{e}^{\mathrm{j}\varphi_i}$，$\mathrm{j}\omega_1-p_j=N_j\mathrm{e}^{\mathrm{j}\theta_j}$，在零极点图上分别做出相应的矢量如图 15-14 所示，其中 M_i、N_j 分别为零点 z_i 至 $\mathrm{j}\omega_1$ 点、极点 p_j 至 $\mathrm{j}\omega_1$ 点所作矢量的长度，φ_i 和 θ_j 分别为相应矢量与水平轴之间的夹角，且规定逆时针方向为正，反之为负。将上述两类矢量的极坐标表达式代入式(15-44)中，并令其中 ω_1 为任意值 ω，有

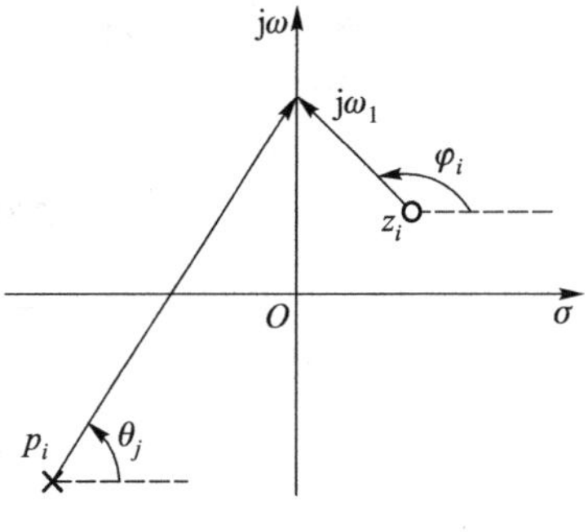

图 15-14　s 平面上的矢量

$$H(\mathrm{j}\omega)=K\frac{\prod_{i=1}^{m}M_i\mathrm{e}^{\mathrm{j}\varphi_i}}{\prod_{j=1}^{n}N_j\mathrm{e}^{\mathrm{j}\theta_j}}=K\frac{\prod_{i=1}^{m}M_i}{\prod_{j=1}^{n}N_j}\mathrm{e}^{\mathrm{j}\left(\sum_{i=1}^{m}\varphi_i-\sum_{j=1}^{n}\theta_j\right)} \tag{15-45}$$

于是，可得到相应的幅频特性为

$$|H(\mathrm{j}\omega)|=K\frac{\prod_{i=1}^{m}M_i}{\prod_{j=1}^{n}N_j} \tag{15-46}$$

相频特性为

$$\varphi(\mathrm{j}\omega)=\sum_{i=1}^{m}\varphi_i-\sum_{j=1}^{n}\theta_j \tag{15-47}$$

由式(15-46)可知,频率特性的模 $|H(\mathrm{j}\omega)|$ 与各零点至 $\mathrm{j}\omega$ 点矢量长度的乘积成正比,与各极点至 $\mathrm{j}\omega$ 点矢量长度的乘积成反比。由式(15-47)可知,频率特性的幅角 $\varphi(\mathrm{j}\omega)$ 等于各零点至 $\mathrm{j}\omega$ 点的矢量幅角的和减去各极点至 $\mathrm{j}\omega$ 点的矢量幅角的和。

例如,对图 15-15 所示电路,其 s 域网络函数(转移电压比)为 $H(s)=\dfrac{U_2(s)}{U_1(s)}=\dfrac{1/(sC)}{R+1/(sC)}=\dfrac{1/(RC)}{s+1/(RC)}$。当 $s=\mathrm{j}\omega_1$ 时,可画出如图 15-16(a)所示图形,并有 $H(\mathrm{j}\omega_1)=\dfrac{1/(RC)}{|\mathrm{j}\omega_1+1/(RC)|\angle\theta}=\dfrac{1/(RC)}{N}\angle-\theta$,所以 $|H(\mathrm{j}\omega_1)|=\dfrac{1/(RC)}{N}$,$\varphi(\mathrm{j}\omega_1)=-\theta$。

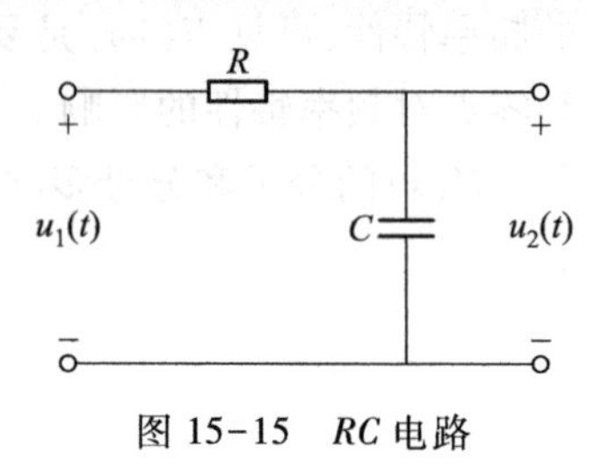

图 15-15　RC 电路

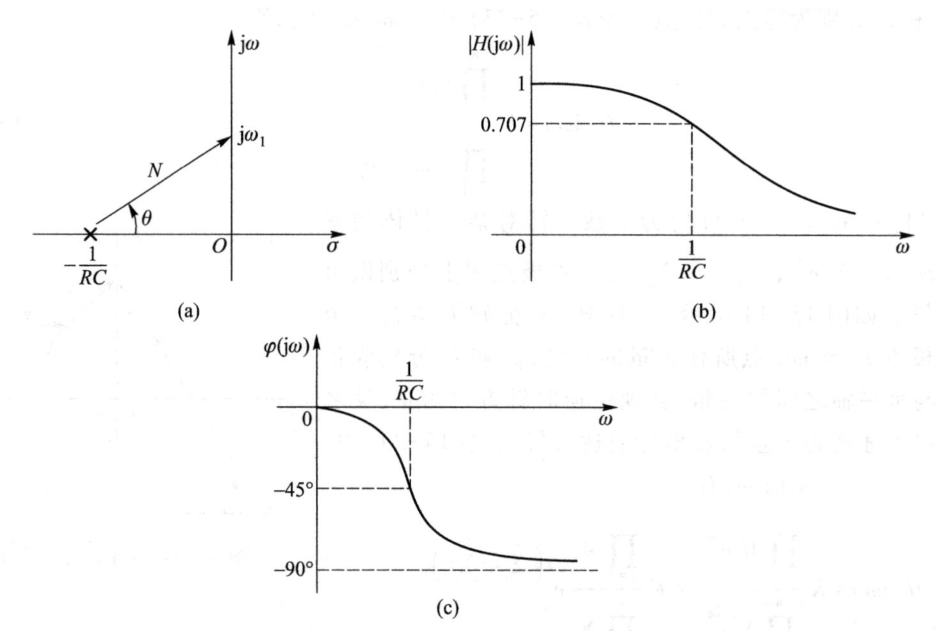

图 15-16　RC 电路的矢量图和频率特性曲线

(a) 由极点至 $\mathrm{j}\omega_1$ 构成的矢量　(b) 幅频特性曲线　(c) 相频特性曲线

当 $\omega_1=0$ 时,$N=1/(RC)$,$\theta=0$,所以 $|H(\mathrm{j}0)|=1$,$\varphi(\mathrm{j}0)=0$;当 $\omega_1=1/(RC)$ 时,$N=\sqrt{(1/(RC))^2+(1/(RC))^2}=\sqrt{2}/(RC)$,$\theta=45°$,所以 $|H(\mathrm{j}\omega_1)|=1/\sqrt{2}=0.707$,$\varphi(\mathrm{j}\omega_1)=-45°$;当 $\omega_1\to\infty$ 时,$N\to\infty$,$\theta\to90°$,所以 $|H(\mathrm{j}\infty)|\to0$,$\varphi(\mathrm{j}\infty)\to-90°$。据此,可画出幅频特性曲线和相频特性曲线如图 15-16(b)和(c)所示。从幅频特性曲线可以看出,随着频率的升高,输出电压会逐渐减小并最终趋于零,故图 15-15 所示电路具有低通滤波特性。

习题

15-1　求下列各函数的象函数。

(1) $f(t)=1-\mathrm{e}^{-at}$。　(2) $f(t)=1+2t+3\mathrm{e}^{-4t}$。

(3) $f(t)=t^2$。　(4) $f(t)=t+2+3\delta(t)$。

第 15 章习题答案

15-2　求下列各函数的象函数。

(1) $f(t)=\mathrm{e}^{-at}(1-at)$。　(2) $f(t)=\mathrm{e}^{\beta t}\sin(\omega t)$。

(3) $f(t)=t\cos(at)$。　(4) $f(t)=\sin(\omega t+\varphi)$。

15-3　求下列各函数的原函数。

(1) $\dfrac{(s+1)(s+3)}{s(s+2)(s+4)}$。　(2) $\dfrac{2s^2+16}{(s^2+5s+6)(s+12)}$。

(3) $\dfrac{2s^2+9s+9}{s^2+3s+2}$。　(4) $\dfrac{s^3}{(s^2+3s+2)s}$。

15-4　求下列各函数的原函数。

(1) $\dfrac{1}{(s+1)(s+2)^2}$。　(2) $\dfrac{s+1}{s^3+2s^2+2s}$。

(3) $\dfrac{s^2+6s+5}{s(s^2+4s+5)}$。　(4) $\dfrac{s}{(s^2+1)^2}$。

(5) $\dfrac{s+2}{s(s+1)^2}$。　(6) $\dfrac{s^2+3s+5}{(s+1)^2(s+2)}$。

(7) $\dfrac{2s^2+2s+3}{s^2+s+1}$。

15-5　试分别求题 15-5 图(a)和(b)所示网络的复频域输入阻抗。

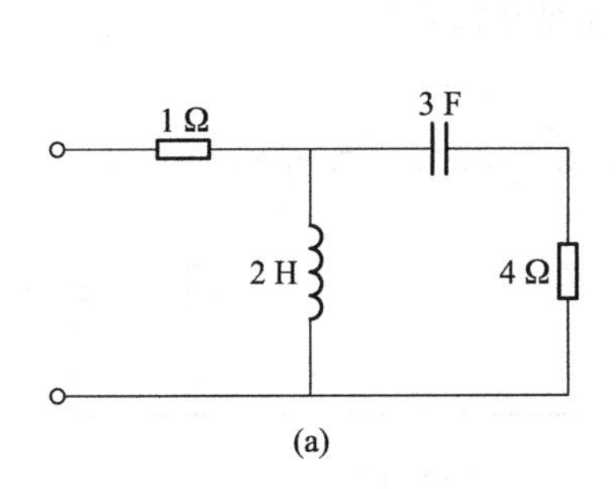

(a)

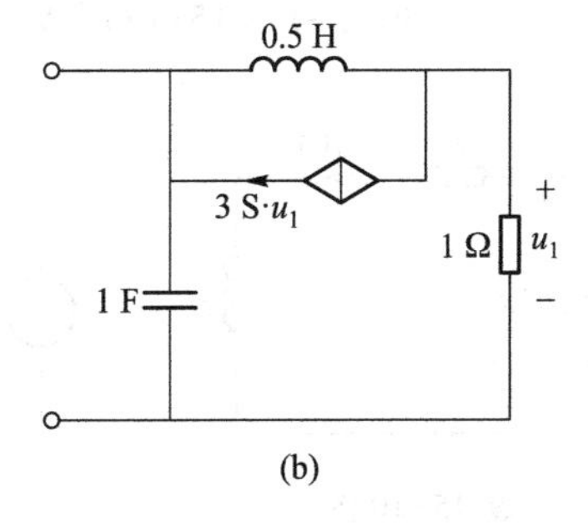

(b)

题 15-5 图

15-6　题 15-6 图所示电路原已达稳态，在 $t=0$ 时把开关闭合。试画出运算电路。

15-7　题 15-7 图所示电路，开关 S 断开时，电路已处于稳定状态。当 $t=0$ 时合上开关 S，试画出其复频域等效电路。

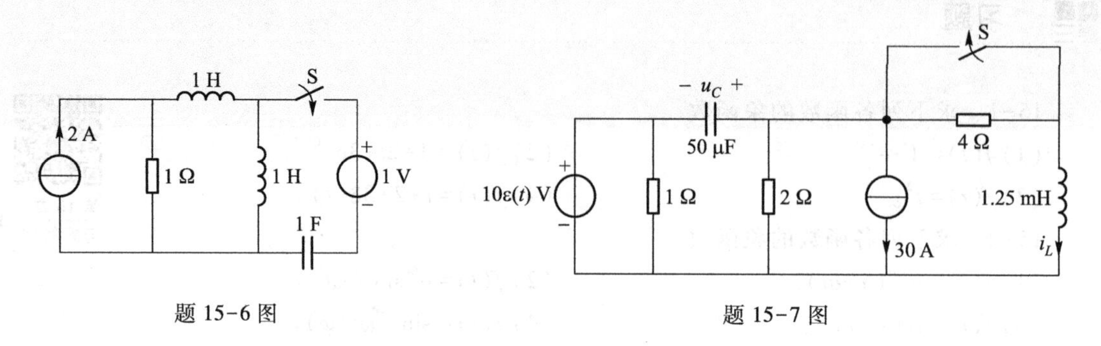

题 15-6 图　　　　题 15-7 图

15-8　题 15-8 图所示电路原处于零状态，在 $t=0$ 时开关 S 闭合，试画出其去耦等效变换后的复频域电路。

15-9　题 15-9 图所示电路原处于零状态，在 $t=0$ 时开关 S 闭合，试求电流 i_L。

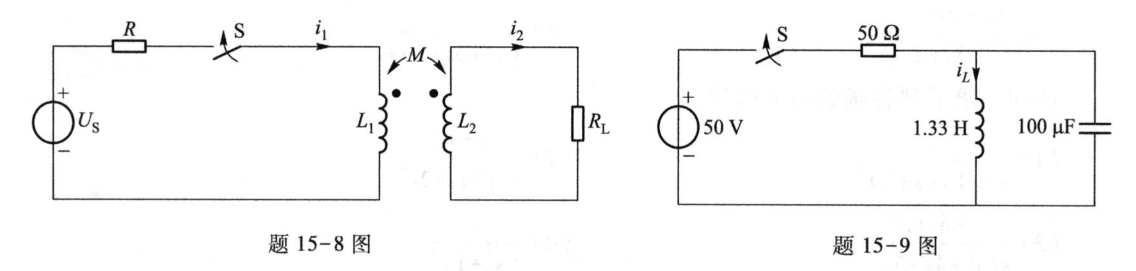

题 15-8 图　　　　题 15-9 图

15-10　题 15-10 图所示电路中，各参数为 $R=2.5\ \Omega$、$L=0.25\ \text{H}$、$C=0.25\ \text{F}$，初始条件为 $u_C(0_-)=6\ \text{V}$，$i_L(0_-)=0$。试用运算法求电路的零输入响应 $u_C(t)$、$i_L(t)$。

15-11　将题 15-10 图中的 R 改为 $1\ \Omega$，初始条件不变，再求电路的零输入响应 $u_C(t)$、$i_L(t)$。

15-12　题 15-12 图所示电路中，已知 $R_1=3\ \Omega$，$R_2=2\ \Omega$，$L_1=0.3\ \text{H}$，$L_2=0.5\ \text{H}$，$M=0.1\ \text{H}$，$C=1\ \text{F}$，$u_S=[30\varepsilon(-t)+15\varepsilon(t)]\ \text{V}$。求 $t>0$ 时的电流 $i(t)$。

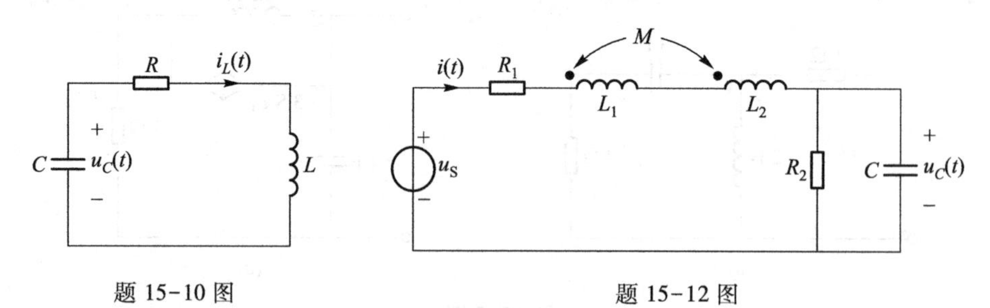

题 15-10 图　　　　题 15-12 图

15-13　电路如题 15-13 图所示，设电容上原有电压 $U_{C0}=100\ \text{V}$，电源电压 $U_S=200\ \text{V}$，$R_1=30\ \Omega$，$R_2=10\ \Omega$，$L=0.1\ \text{H}$，$C=1000\ \mu\text{F}$。求 S 闭合后电感中的电流 $i_L(t)$。

15-14　已知题 15-14 图所示电路，试求 $i_{C_2}(t)$。

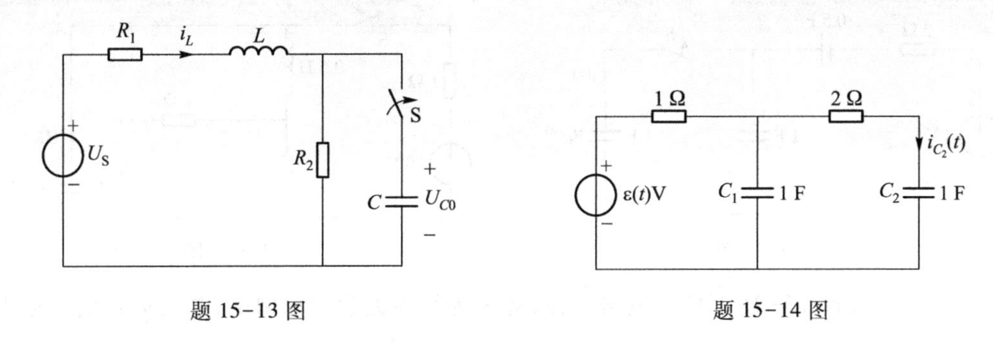

题 15-13 图　　　　题 15-14 图

15-15　题 15-15 图所示电路中，$u_S(t)=[\varepsilon(t)+\varepsilon(t-1)-2\varepsilon(t-2)]$ V，求 $i_L(t)$。

15-16　题 15-16 图所示电路，开关 S 原打开，电路已达稳态。$t=0$ 时开关 S 闭合，求 $t>0$ 时的 $u_L(t)$。

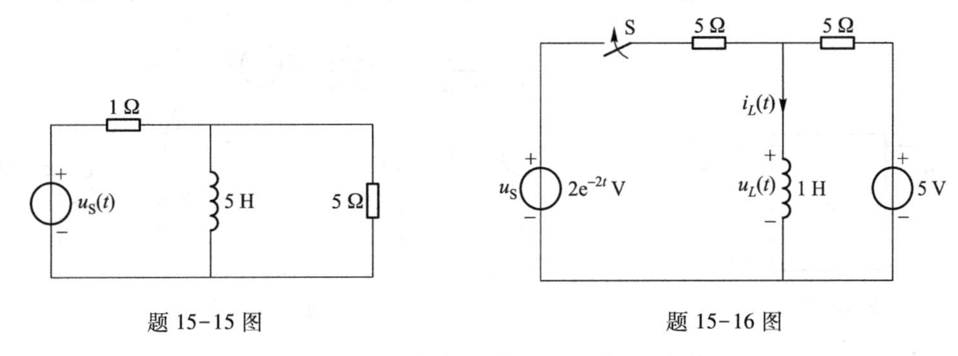

题 15-15 图　　　　题 15-16 图

15-17　题 15-17 图所示电路中 $i_S(t)=e^{-3t}\varepsilon(t)$ A，$C=1$ F，$L=1$ H，$R=0.5$ Ω，试求电阻两端的电压。

15-18　题 15-18 图所示电路中，电压源 U_S 为直流电压源，开关 S 原闭合。若 $t=0$ 时打开开关 S，试求 $t>0$ 时的 $i(t)$。

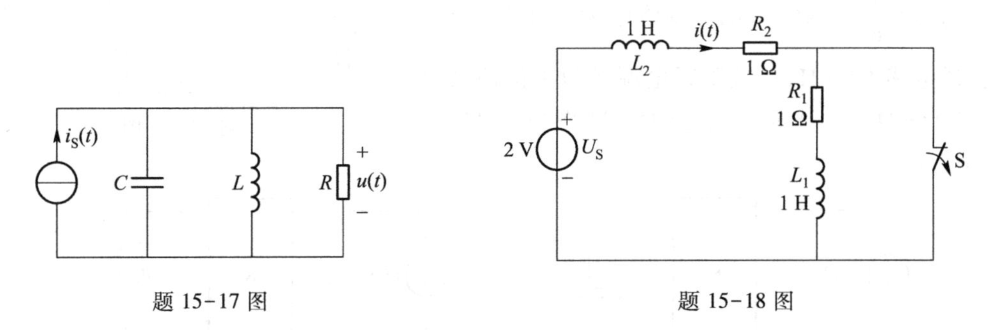

题 15-17 图　　　　题 15-18 图

15-19　题 15-19 图所示电路在 $t=0$ 时合上开关 S，用运算法求 $i(t)$ 及 $u_C(t)$。

15-20　电路如题 15-20 图所示，电路原处于稳态，已知电源为直流，$U_S=10$ V，$t=0$ 时开关 S 打开，试求 $t>0$ 时的 $i(t)$、$u_C(t)$。

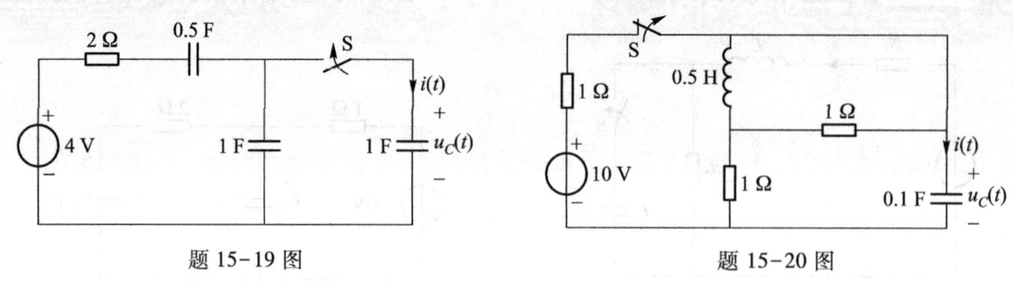

题 15-19 图　　　　题 15-20 图

15-21　已知题 15-21 图所示电路中，网络 N 为线性无独立源网络，电压 $u(t)$ 的零输入响应为 $20e^{-2t}$ V($t>0$)，对应于 $u(t)$ 的网络函数为 $H(s)=\dfrac{4s}{s+2}$。试求：(1) 当 $i_S(t)=5\varepsilon(t)$ A 时；(2) 当 $i_S(t)=5\varepsilon(t-1)$ A 时，电压 $u(t)$ 的全响应。

15-22　题 15-22 图所示电路，开关 S 动作前电路已达稳态。试求开关断开后的电流 $i(t)$。

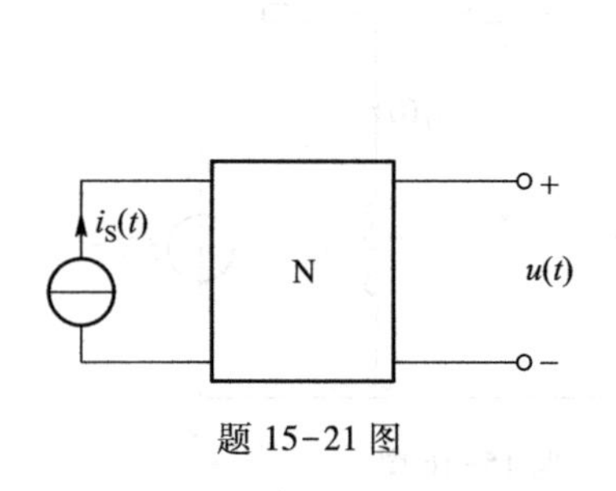

题 15-21 图

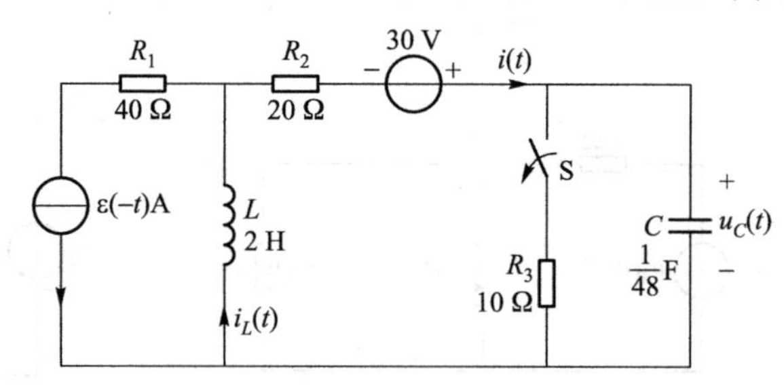

题 15-22 图

15-23　题 15-23 图所示电路已达稳定状态，$t=0$ 时开关 S 闭合，试求开关闭合后流过开关 S 的电流 $i(t)$。

15-24　题 15-24 图所示电路中，网络 N 为无独立源线性电阻网络，题 15-24 图(a)中 $C=10\ \mu$F，零状态响应为 $i_C=\dfrac{1}{6}e^{-25t}\varepsilon(t)$ mA。现将题 15-24 图(a)中电容换成电感 $L=4$ H，单位阶跃电源换为单位冲激电源，如题 15-24 图(b)所示，求题 15-24 图(b)中的零状态响应 u_L。

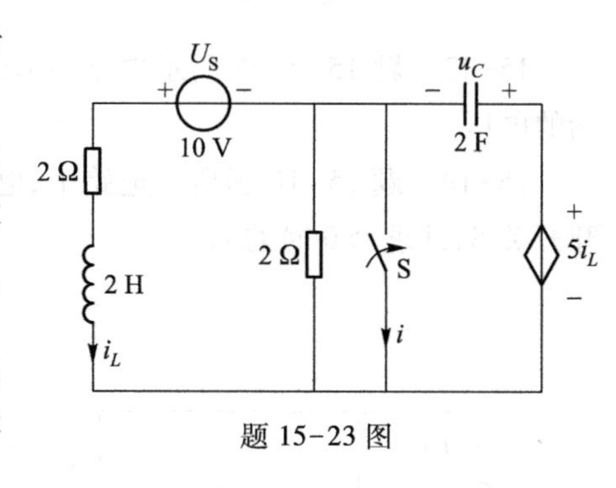

题 15-23 图

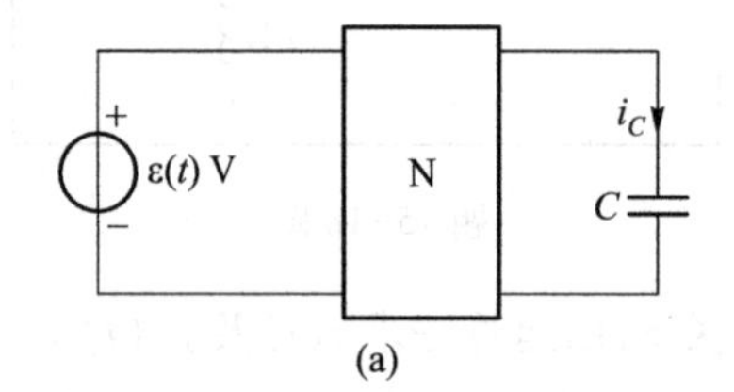

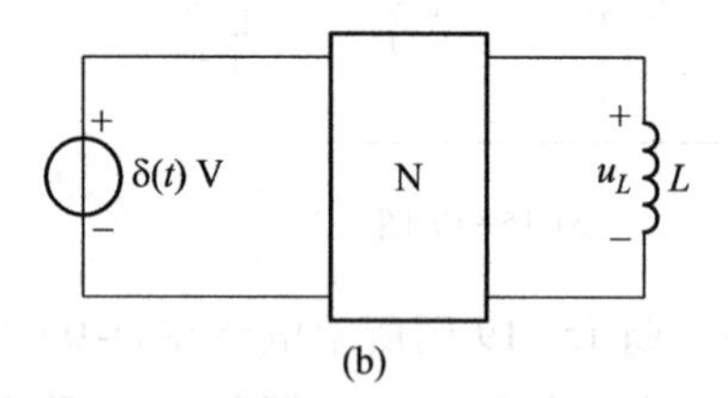

题 15-24 图

15-25　题 15-25 图(a)和(b)所示电路中，$C=0.01\ \mu F$，$R=100\ k\Omega$，找出输出电压 u_o 与输入电压 u_i 之间的关系。

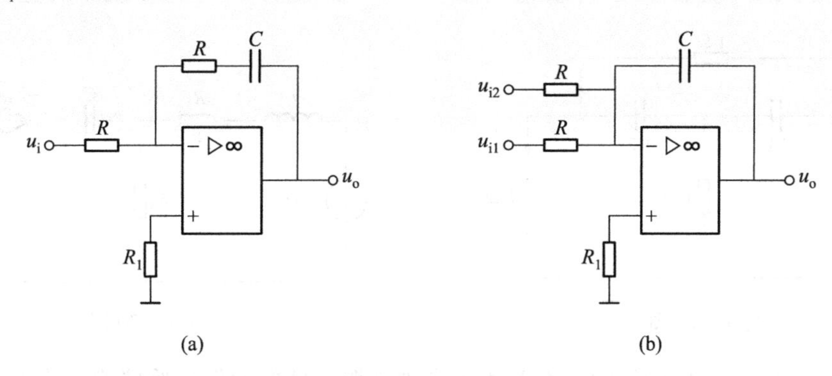

题 15-25 图

15-26　题 15-26 图所示电路，已知运算放大器为理想元件，且 $u_1(t)=20\varepsilon(t)$ V，电容电压初始值为零，求输出电压 $u_2(t)$。

15-27　已知电路的输入 $e(t)=5e^{-2t}$ V 时，零状态响应 $r(t)=(5e^{-t}-e^{-2t})\varepsilon(t)$ V，试求对应的网络函数，并求输入为 $e(t)=2\sin(2t)$ V 时，电路的零状态响应 $r(t)$。

15-28　电路如题 15-28 图所示。(1) 求网络函数$\dfrac{U(s)}{U_S(s)}$。(2) 求单位冲激响应 $h(t)$。

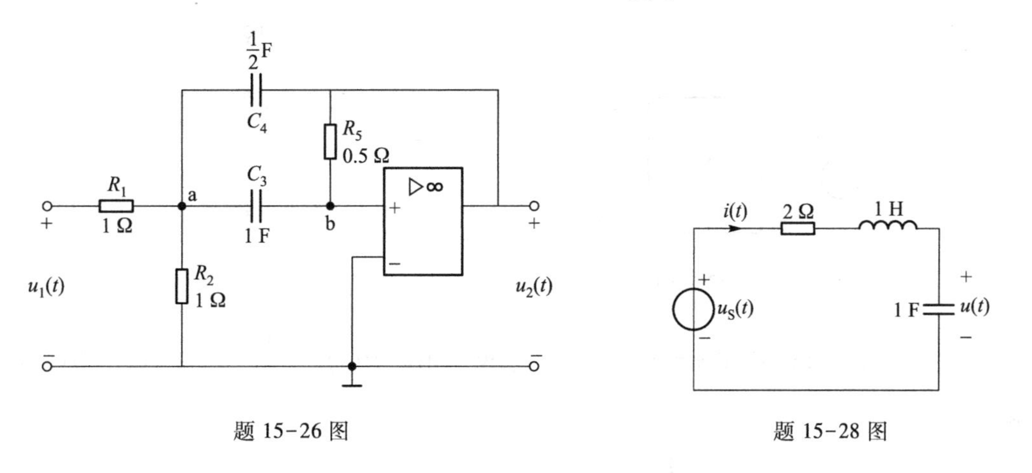

题 15-26 图　　　　题 15-28 图

15-29　电路如题 15-29 图所示，试求：(1) 策动点导纳 $H_1(s)=\dfrac{I_1(s)}{U_1(s)}$。(2) 转移导纳 $H_2(s)=\dfrac{I_2(s)}{U_1(s)}$。

15-30　题 15-30 图所示电路中，$R_1=10\ \Omega$，$R_2=1\ \Omega$，$R_3=3\ \Omega$，$L=1$ H，$C=\dfrac{1}{2}$ F。求网络函

数 $H(s)=\dfrac{I_2(s)}{U_1(s)}$。

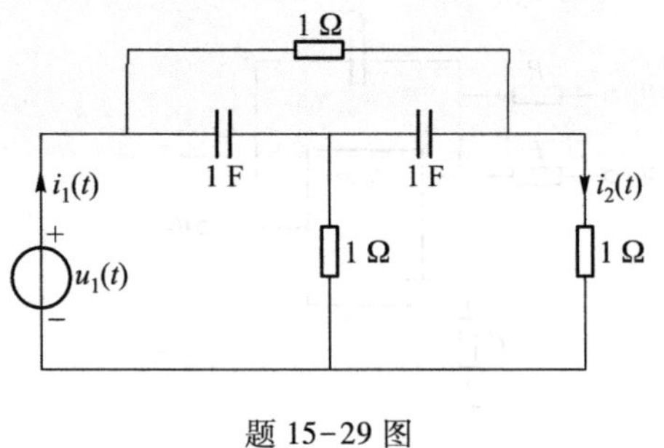

题 15-29 图

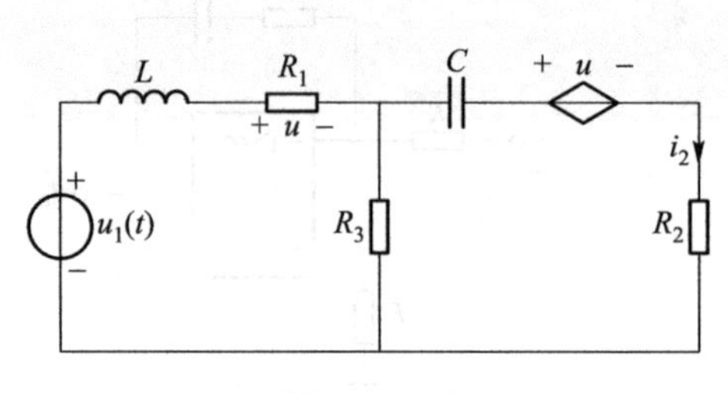

题 15-30 图

15-31　如题 15-31 图所示电路，N 为不含独立源且储能元件初始储能为零的双口网络，已知 $u_o(t)$ 的单位阶跃响应为 $u_o(t)=(2.5-e^{-t}-1.5e^{-2t})\varepsilon(t)$ V，求电路的网络函数，并求当 $i_S(t)=(40\sqrt{2}\sin 2t)\varepsilon(t)$ A 时，$u_o(t)$ 的稳态响应。

15-32　已知零状态网络的转移阻抗 $Z(s)$ 的零极点分布如题 15-32 图所示，求 $Z(s)$ 的表达式。

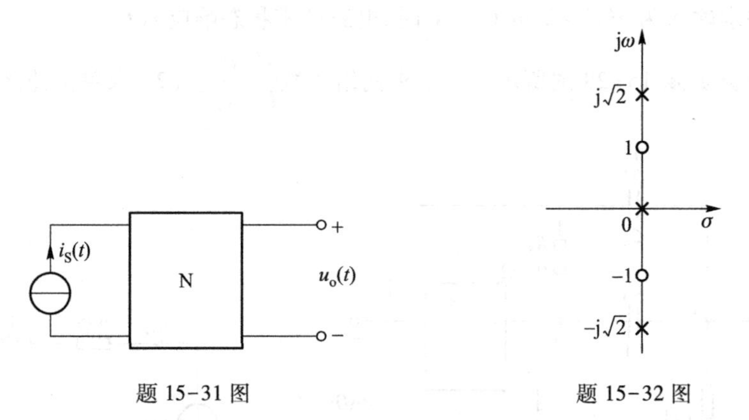

题 15-31 图　　　　题 15-32 图

15-33　已知题 15-33 图所示电路。(1) 求网络函数 $H(s)=\dfrac{U_o(s)}{U_S(s)}$。(2) 绘出 $H(s)$ 的零极点图。

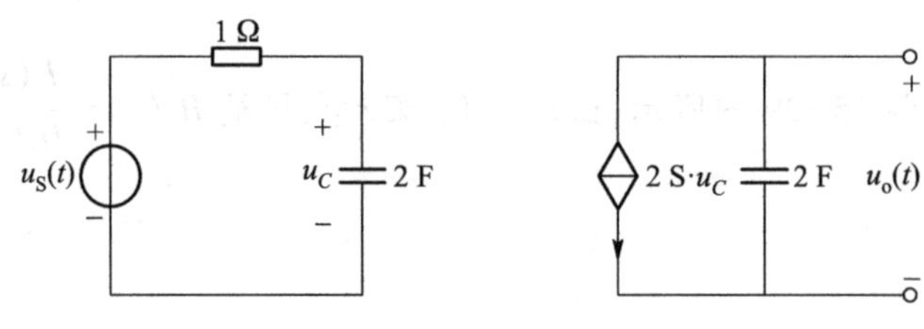

题 15-33 图

15-34　某电路的网络函数 $H(s)=\dfrac{U_2(s)}{U_1(s)}$ 的零极点分布如题 15-34 图所示，且已知 $|H(\mathrm{j}2)|=3.29$，$0°<\arg H(\mathrm{j}\omega)<90°$。求：(1) $H(s)$。(2) 当输入 $u_1(t)=(1+\sin 4t)\mathrm{V}$ 时的稳态响应 $u_2(t)$。

15-35　已知题 15-35 图所示电路中 N 为线性无独立源网络，该网络的网络函数 $H(s)=\dfrac{U_2(s)}{U_1(s)}=\dfrac{1}{(s+2)(s+3)}$，若 $u_2(0_+)=0$，$\left.\dfrac{\mathrm{d}u_2(t)}{\mathrm{d}t}\right|_{t=0_+}=1$，求 $u_1(t)=(1+\sin 2t)\varepsilon(t)\mathrm{V}$ 时的全响应 $u_2(t)$。

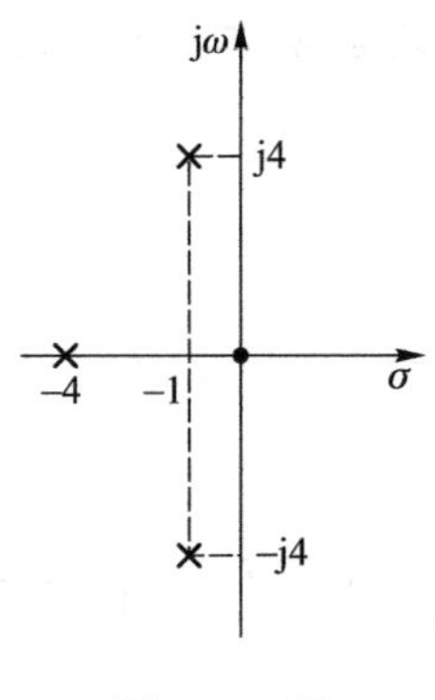

题 15-34 图

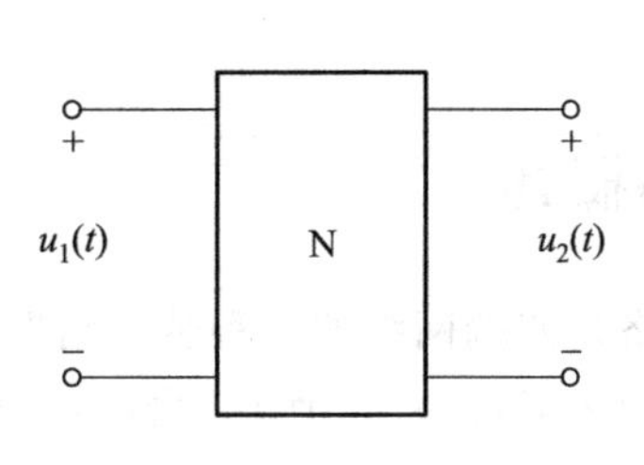

题 15-35 图

第 16 章 二端口网络

内容提要 本章介绍二端口网络的相关内容。具体内容为:二端口网络概述、二端口网络的约束方程、二端口网络参数的相互转换、二端口网络的等效电路、二端口网络的互联、二端口网络的网络函数、回转器和负阻抗变换器。

16.1 二端口网络概述

二端口网络是四端网络的一种特殊情况,图 16-1 所示是二端口网络的图形符号,其中 1-1′为一个端口,2-2′为另一个端口。二端口网络也称为二端口电路、二端口系统,常简称为二端口或双口。需要说明,二端口网络端口处电压和电流的参考方向已统一约定为如图 16-1 所示,不可变更。

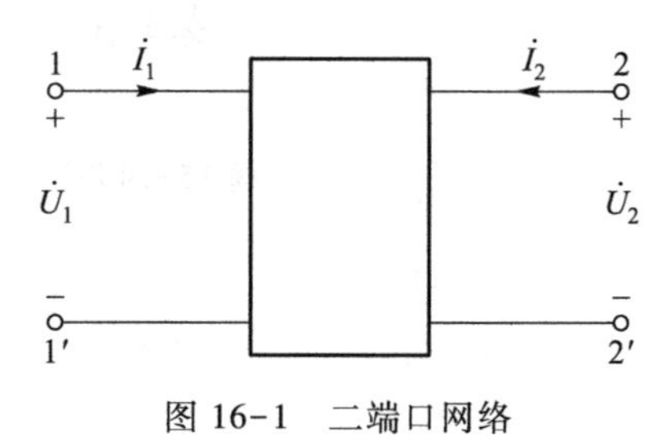

图 16-1 二端口网络

二端口网络在工程中有广泛的应用。例如,许多实际电路器件如晶体管、变压器等,它们的电路模型都可用二端口网络表示。又例如,信号处理中常用的放大器和滤波器,还有电力系统中的输电线,也都是二端口网络。另外,当讨论网络中某一对特定激励与响应的关系时,把激励和响应所在支路移开,剩下的也是一个二端口网络。

本章所讨论的二端口网络限定为由线性电阻、线性电容、线性电感(包括耦合电感)和线性受控源组成,不包含任何独立电源,并且规定用拉氏变换分析问题时附加电源为零,即电容、电感初始状态为零。

二端口网络的端口上共有四个变量,即输入端口变量 $\dot{U}_1$、$\dot{I}_1$ 和输出端口变量 $\dot{U}_2$、$\dot{I}_2$。二端口网络的特性由这四个变量之间的约束关系描述。如果取四个变量中的任意两个为自变量,余下两个为因变量,则有六种不同的组合方式($C_4^2=6$),可形成六种不同的参数方程。本书仅对 $\boldsymbol{Z}$、$\boldsymbol{Y}$、$\boldsymbol{T}$、$\boldsymbol{H}$ 四种参数方程加以讨论,另外两种用处不大,不予讨论。

16.2 二端口网络的约束方程

16.2.1 Z 参数方程

Z 参数方程是以 $\dot{I}_1$、$\dot{I}_2$ 为自变量，$\dot{U}_1$、$\dot{U}_2$ 为因变量定义的方程。其形式为

$$\begin{cases}\dot{U}_1 = Z_{11}\dot{I}_1 + Z_{12}\dot{I}_2 \\ \dot{U}_2 = Z_{21}\dot{I}_1 + Z_{22}\dot{I}_2\end{cases} \quad \text{或} \quad \begin{bmatrix}\dot{U}_1 \\ \dot{U}_2\end{bmatrix} = \begin{bmatrix}Z_{11} & Z_{12} \\ Z_{21} & Z_{22}\end{bmatrix}\begin{bmatrix}\dot{I}_1 \\ \dot{I}_2\end{bmatrix} = \mathbf{Z}\begin{bmatrix}\dot{I}_1 \\ \dot{I}_2\end{bmatrix} \tag{16-1}$$

其中，$\mathbf{Z} = \begin{bmatrix}Z_{11} & Z_{12} \\ Z_{21} & Z_{22}\end{bmatrix}$，称为 **Z** 参数矩阵。

由式(16-1)，可得到 **Z** 参数矩阵各元素的定义及意义(名称)为

$$Z_{11} = \left.\frac{\dot{U}_1}{\dot{I}_1}\right|_{\dot{I}_2=0} \quad \text{(端口 2 开路时端口 1 的输入阻抗或策动点阻抗)}$$

$$Z_{21} = \left.\frac{\dot{U}_2}{\dot{I}_1}\right|_{\dot{I}_2=0} \quad \text{(端口 2 开路时从端口 1 到端口 2 的转移阻抗)}$$

$$Z_{12} = \left.\frac{\dot{U}_1}{\dot{I}_2}\right|_{\dot{I}_1=0} \quad \text{(端口 1 开路时从端口 2 到端口 1 的转移阻抗)}$$

$$Z_{22} = \left.\frac{\dot{U}_2}{\dot{I}_2}\right|_{\dot{I}_1=0} \quad \text{(端口 1 开路时端口 2 的输入阻抗或策动点阻抗)}$$

由于 **Z** 参数矩阵中的四个元素均为阻抗，且定义式都与端口开路有关，故 **Z** 参数矩阵也称为开路阻抗矩阵，式(16-1)也称为开路阻抗参数方程。

若二端口网络中无受控源，则为互易网络。根据 Z_{12}、Z_{21} 的定义和互易定理形式 2 可知 $Z_{12}=Z_{21}$，所以互易二端口网络的 **Z** 参数矩阵的四个(子)参数中，只有三个是独立的，且 **Z** 参数矩阵为对称矩阵。当二端口网络中有受控源时，网络通常不是互易的，这时，**Z** 参数矩阵中的四个(子)参数均独立，**Z** 参数矩阵不是对称矩阵。

若二端口网络有 $Z_{12}=Z_{21}$ 和 $Z_{11}=Z_{22}$ 同时成立，则称其为对称二端口网络，此时 Z_{11}、Z_{12}、Z_{21}、Z_{22} 四个(子)参数中只有两个(子)参数是独立的。

对于给定电路，**Z** 参数的求解一般可根据定义进行，有两个步骤：① 构造 $\dot{I}_2=0$ 电路，求出 Z_{11}、Z_{21}；② 构造 $\dot{I}_1=0$ 电路，求出 Z_{22}、Z_{12}。有时，也可通过直接列方程并整理方程为式(16-1)的形式求得 **Z** 参数方程。

例 16-1 求图 16-2 所示电路的 **Z** 参数矩阵。

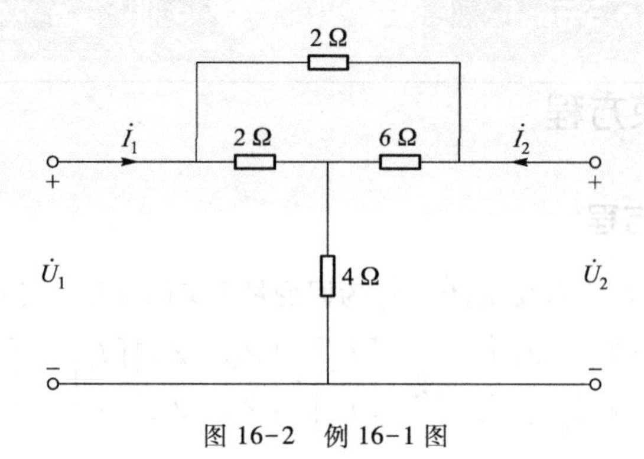

图 16-2　例 16-1 图

解　方法一：根据定义求解。

(1) 构造 $\dot{I}_2=0$ 电路如图 16-3(a)所示。

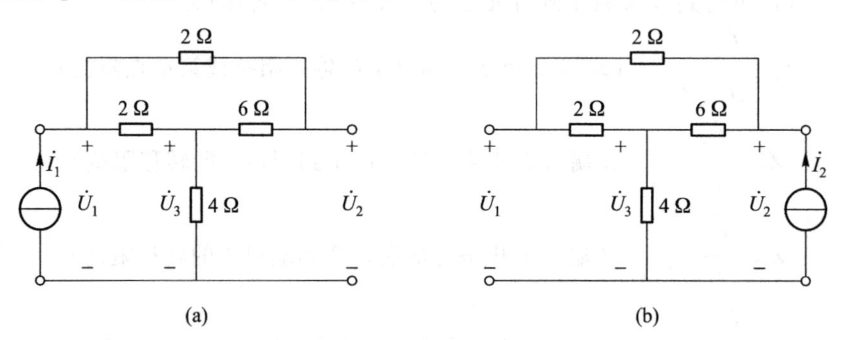

图 16-3　解例 16-1 用图一

(a) 满足 $\dot{I}_2=0$ 条件的电路　(b) 满足 $\dot{I}_1=0$ 条件的电路

对图 16-3(a)所示电路，可列出如下节点电压法方程：

$$\begin{cases}\dfrac{\dot{U}_1-\dot{U}_2}{2}+\dfrac{\dot{U}_1-\dot{U}_3}{2}-\dot{I}_1=0\\\dfrac{\dot{U}_2-\dot{U}_1}{2}+\dfrac{\dot{U}_2-\dot{U}_3}{6}=0\\\dfrac{\dot{U}_3-\dot{U}_1}{2}+\dfrac{\dot{U}_3}{4}+\dfrac{\dot{U}_3-\dot{U}_2}{6}=0\end{cases}\quad\text{或}\quad\begin{cases}\left(\dfrac{1}{2}+\dfrac{1}{2}\right)\dot{U}_1-\dfrac{1}{2}\dot{U}_2-\dfrac{1}{2}\dot{U}_3=\dot{I}_1\\-\dfrac{1}{2}\dot{U}_1+\left(\dfrac{1}{2}+\dfrac{1}{6}\right)\dot{U}_2-\dfrac{1}{6}\dot{U}_3=0\\-\dfrac{1}{2}\dot{U}_1-\dfrac{1}{6}\dot{U}_2+\left(\dfrac{1}{2}+\dfrac{1}{4}+\dfrac{1}{6}\right)\dot{U}_3=0\end{cases}$$

求解可得 $\dot{U}_1=5.6\dot{I}_1$、$\dot{U}_2=5.2\dot{I}_1$，故有

$$Z_{11}=\left.\frac{\dot{U}_1}{\dot{I}_1}\right|_{\dot{I}_2=0}=5.6\ \Omega,\quad Z_{21}=\left.\frac{\dot{U}_2}{\dot{I}_1}\right|_{\dot{I}_2=0}=5.2\ \Omega$$

(2) 构造 $\dot{I}_1=0$ 电路如图 16-3(b) 所示，可列出如下节点电压法方程：

$$\begin{cases}\dfrac{\dot{U}_1-\dot{U}_2}{2}+\dfrac{\dot{U}_1-\dot{U}_3}{2}=0\\ \dfrac{\dot{U}_2-\dot{U}_1}{2}+\dfrac{\dot{U}_2-\dot{U}_3}{6}-\dot{I}_2=0\\ \dfrac{\dot{U}_3-\dot{U}_1}{2}+\dfrac{\dot{U}_3}{4}+\dfrac{\dot{U}_3-\dot{U}_2}{6}=0\end{cases} \quad 或 \quad \begin{cases}\left(\dfrac{1}{2}+\dfrac{1}{2}\right)\dot{U}_1-\dfrac{1}{2}\dot{U}_2-\dfrac{1}{2}\dot{U}_3=0\\ -\dfrac{1}{2}\dot{U}_1+\left(\dfrac{1}{2}+\dfrac{1}{6}\right)\dot{U}_2-\dfrac{1}{6}\dot{U}_3=\dot{I}_2\\ -\dfrac{1}{2}\dot{U}_1-\dfrac{1}{6}\dot{U}_2+\left(\dfrac{1}{2}+\dfrac{1}{4}+\dfrac{1}{6}\right)\dot{U}_3=0\end{cases}$$

求解可得 $\dot{U}_2=6.4\dot{I}_2$、$\dot{U}_1=5.2\dot{I}_2$，故有

$$Z_{22}=\left.\frac{\dot{U}_2}{\dot{I}_2}\right|_{\dot{I}_1=0}=6.4\ \Omega, \quad Z_{12}=\left.\frac{\dot{U}_1}{\dot{I}_2}\right|_{\dot{I}_1=0}=5.2\ \Omega$$

所以，电路的 **Z** 参数矩阵为

$$\boldsymbol{Z}=\begin{bmatrix}Z_{11} & Z_{12}\\ Z_{21} & Z_{22}\end{bmatrix}=\begin{bmatrix}5.6 & 5.2\\ 5.2 & 6.4\end{bmatrix}\ \Omega$$

方法二：直接列方程求解。

构造如图 16-4 所示电路，可列出回路电流法方程如下：

$$\begin{cases}2(\dot{I}_1+\dot{I}_3)+4(\dot{I}_1+\dot{I}_2)-\dot{U}_1=0\\ 6(\dot{I}_2-\dot{I}_3)+4(\dot{I}_1+\dot{I}_2)-\dot{U}_2=0\\ 2\dot{I}_3+2(\dot{I}_3+\dot{I}_1)+6(\dot{I}_3-\dot{I}_2)=0\end{cases} \quad 或 \quad \begin{cases}(2+4)\dot{I}_1+4\dot{I}_2+2\dot{I}_3=\dot{U}_1\\ 4\dot{I}_1+(6+4)\dot{I}_2-6\dot{I}_3=\dot{U}_2\\ 2\dot{I}_1-6\dot{I}_2+(2+2+6)\dot{I}_3=0\end{cases}$$

消去以上方程中的 $\dot{I}_3$，整理后有

$$\begin{cases}\dot{U}_1=5.6\dot{I}_1+5.2\dot{I}_2\\ \dot{U}_2=5.2\dot{I}_1+6.4\dot{I}_2\end{cases}$$

此即 **Z** 参数方程，由此可求得 **Z** 参数矩阵。

本例中电路无受控源，为互易二端口网络，从结果可知 $Z_{12}=Z_{21}$，展示了互易二端口具有的一个特性。

比较以上的两种方法，可见方法二较为简单，但方法一是基本方法，应优先掌握，不可将方法二置于方法一之上。

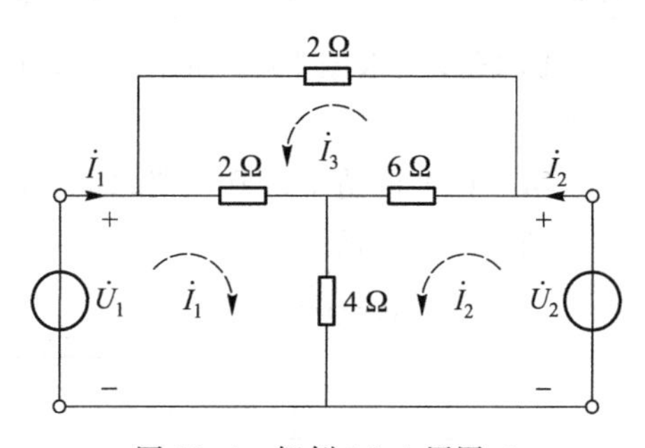

图 16-4　解例 16-1 用图二

16.2.2　*Y* 参数方程

Y 参数方程是以 $\dot{U}_1$、$\dot{U}_2$ 为自变量，$\dot{I}_1$、$\dot{I}_2$ 为因变量定义的方程。其形式为

$$\begin{cases}\dot{I}_1=Y_{11}\dot{U}_1+Y_{12}\dot{U}_2\\ \dot{I}_2=Y_{21}\dot{U}_1+Y_{22}\dot{U}_2\end{cases} \quad 或 \quad \begin{bmatrix}\dot{I}_1\\ \dot{I}_2\end{bmatrix}=\begin{bmatrix}Y_{11} & Y_{12}\\ Y_{21} & Y_{22}\end{bmatrix}\begin{bmatrix}\dot{U}_1\\ \dot{U}_2\end{bmatrix}=\boldsymbol{Y}\begin{bmatrix}\dot{U}_1\\ \dot{U}_2\end{bmatrix} \tag{16-2}$$

其中，$\boldsymbol{Y}=\begin{bmatrix} Y_{11} & Y_{12} \\ Y_{21} & Y_{22} \end{bmatrix}$，称为 $\boldsymbol{Y}$ 参数矩阵。

由式(16-2)，可得到 $\boldsymbol{Y}$ 参数矩阵中各元素的定义及意义(名称)为

$$Y_{11}=\left.\frac{\dot{I}_1}{\dot{U}_1}\right|_{\dot{U}_2=0} \quad \text{(端口 2 短路时端口 1 的输入导纳或策动点导纳)}$$

$$Y_{21}=\left.\frac{\dot{I}_2}{\dot{U}_1}\right|_{\dot{U}_2=0} \quad \text{(端口 2 短路时从端口 1 到端口 2 的转移导纳)}$$

$$Y_{12}=\left.\frac{\dot{I}_1}{\dot{U}_2}\right|_{\dot{U}_1=0} \quad \text{(端口 1 短路时从端口 2 到端口 1 的转移导纳)}$$

$$Y_{22}=\left.\frac{\dot{I}_2}{\dot{U}_2}\right|_{\dot{U}_1=0} \quad \text{(端口 1 短路时端口 2 的输入导纳或策动点导纳)}$$

由于 $\boldsymbol{Y}$ 参数矩阵中的四个元素均为导纳，且定义式都与端口短路有关，故 $\boldsymbol{Y}$ 参数矩阵也称为短路导纳矩阵，式(16-2)也称为短路导纳参数方程。

若二端口网络中无受控源，则电路为互易网络，根据 Y_{12}、Y_{21} 的定义和互易定理形式 1 可知 $Y_{12}=Y_{21}$，故 $\boldsymbol{Y}$ 参数矩阵的四个(子)参数中只有三个是独立的。若有 $Y_{12}=Y_{21}$ 和 $Y_{11}=Y_{22}$ 同时成立，则该二端口网络为对称二端口网络，此时 Y_{11}、Y_{12}、Y_{21}、Y_{22} 四个(子)参数中只有两个(子)参数是独立的。

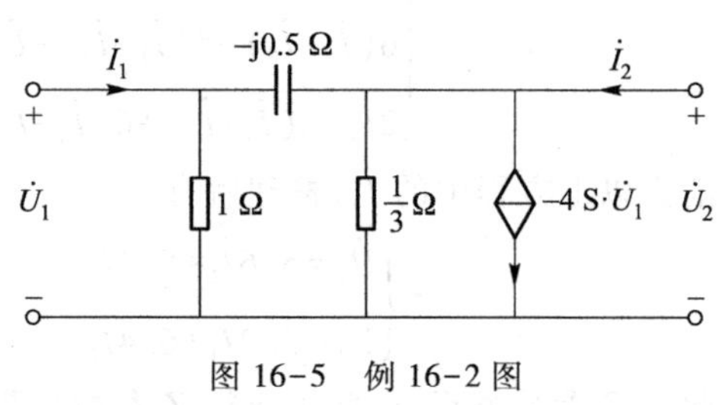

图 16-5　例 16-2 图

例 16-2　求图 16-5 所示二端口网络的 $\boldsymbol{Y}$ 参数矩阵。

解　(1) 构造 $\dot{U}_2=0$ 电路，即将端口 2 短路，电路如图 16-6(a)所示。

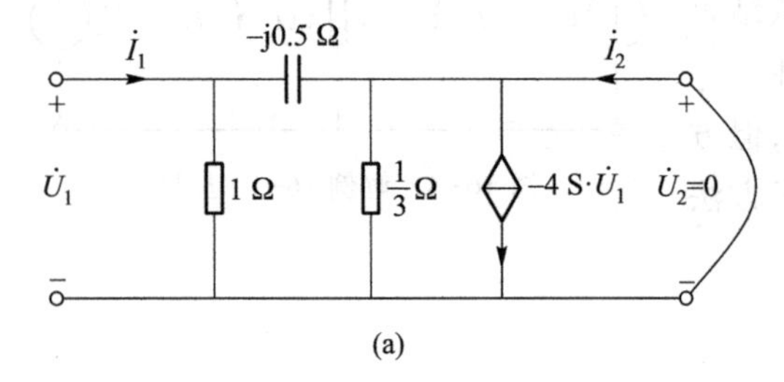

(a)

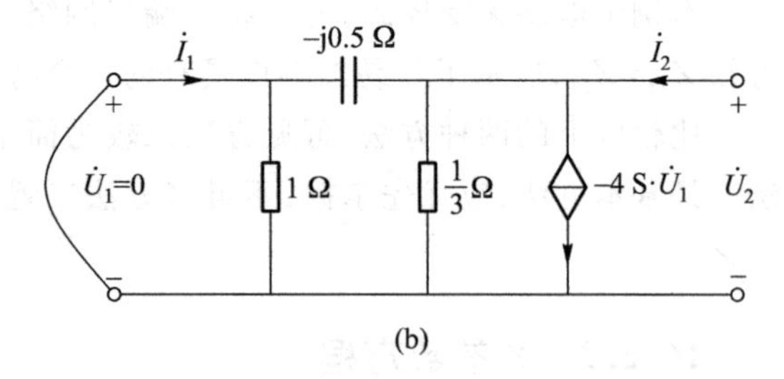

(b)

图 16-6　解例 16-2 用图

(a) 满足 $\dot{U}_2=0$ 条件的电路　(b) 满足 $\dot{U}_1=0$ 条件的电路

对图 16-6(a)所示电路，由 KCL 可得

$$\dot{I}_1=\frac{\dot{U}_1}{1}+\frac{\dot{U}_1}{-\mathrm{j}0.5}=(1+\mathrm{j}2)\dot{U}_1$$

$$\dot{I}_2=-4\dot{U}_1-\frac{\dot{U}_1}{-j0.5}=(-4-j2)\dot{U}_1$$

故

$$Y_{11}=\frac{\dot{I}_1}{\dot{U}_1}\bigg|_{\dot{U}_2=0}=(1+j2)\text{S},\quad Y_{21}=\frac{\dot{I}_2}{\dot{U}_1}\bigg|_{\dot{U}_2=0}=(-4-j2)\text{S}$$

(2) 构造 $\dot{U}_1=0$ 电路,即将端口 1 短路,电路如图 16-8(b)所示。由图可知,受控电流源电流为零,相当于断开,故有

$$\dot{I}_1=-\frac{\dot{U}_2}{-j0.5}=-j2\dot{U}_2$$

$$\dot{I}_2=\frac{\dot{U}_2}{\frac{1}{3}}+\frac{\dot{U}_2}{-j0.5}=(3+j2)\dot{U}_2$$

故

$$Y_{12}=\frac{\dot{I}_1}{\dot{U}_2}\bigg|_{\dot{U}_1=0}=-j2\text{S},\quad Y_{22}=\frac{\dot{I}_2}{\dot{U}_2}\bigg|_{\dot{U}_1=0}=(3+j2)\text{S}$$

可得

$$\boldsymbol{Y}=\begin{bmatrix}1+j2 & -j2\\ -4-j2 & 3+j2\end{bmatrix}\text{S}$$

本例中 $Y_{12}\neq Y_{21}$,原因是电路中含有受控源,不是互易二端口网络。

16.2.3 *T* 参数方程

T 参数方程是以 $\dot{U}_2$、$-\dot{I}_2$ 为自变量,$\dot{U}_1$、$\dot{I}_1$ 为因变量定义的方程。其形式为

$$\begin{cases}\dot{U}_1=A\dot{U}_2+B(-\dot{I}_2)\\ \dot{I}_1=C\dot{U}_2+D(-\dot{I}_2)\end{cases}\quad 或\quad \begin{bmatrix}\dot{U}_1\\ \dot{I}_1\end{bmatrix}=\begin{bmatrix}A & B\\ C & D\end{bmatrix}\begin{bmatrix}\dot{U}_2\\ -\dot{I}_2\end{bmatrix}=\boldsymbol{T}\begin{bmatrix}\dot{U}_2\\ -\dot{I}_2\end{bmatrix}\qquad(16\text{-}3)$$

其中,$\boldsymbol{T}=\begin{bmatrix}A & B\\ C & D\end{bmatrix}$,称为 ***T*** 参数矩阵,也有文献称其为 ***A*** 参数矩阵。注意,式(16-3)中,$\dot{I}_2$ 前面要加"-"号,写成 $-\dot{I}_2$ 形式,这么做是为了后面要讨论的级联应用。

由式(16-3)可得 ***T*** 参数矩阵中各元素的定义及意义(名称)为

$$A=\frac{\dot{U}_1}{\dot{U}_2}\bigg|_{-\dot{I}_2=0}\quad(端口\ 2\ 开路时的电压传输比)$$

$$B=\frac{\dot{U}_1}{-\dot{I}_2}\bigg|_{\dot{U}_2=0}\quad(端口\ 2\ 短路时的转移阻抗)$$

$$C=\frac{\dot{I}_1}{\dot{U}_2}\bigg|_{-\dot{I}_2=0}\quad(端口\ 2\ 开路时的转移导纳)$$

$$D=\frac{\dot{I}_1}{-\dot{I}_2}\bigg|_{\dot{U}_2=0}\quad（端口 2 短路时的电流传输比）$$

由于 $\boldsymbol{T}$ 参数矩阵中四个元素的定义式都为不同端口物理量的比，具有传输的意义，故 $\boldsymbol{T}$ 参数矩阵也称为传输参数矩阵。

对于互易二端口网络，存在 $AD-BC=1$ 的关系，证明如下。

由式(16-2)可得

$$\begin{cases}\dot{U}_1=-\dfrac{Y_{22}}{Y_{21}}\dot{U}_2-\dfrac{1}{Y_{21}}(-\dot{I}_2)\\ \dot{I}_1=\left(Y_{12}-\dfrac{Y_{11}Y_{22}}{Y_{21}}\right)\dot{U}_2-\dfrac{Y_{11}}{Y_{21}}(-\dot{I}_2)\end{cases}\tag{16-4}$$

将式(16-4)与式(16-3)比较可得 $A=-\dfrac{Y_{22}}{Y_{21}}, B=-\dfrac{1}{Y_{21}}, C=Y_{12}-\dfrac{Y_{11}Y_{22}}{Y_{21}}, D=-\dfrac{Y_{11}}{Y_{21}}$。对互易二端口网络有 $Y_{12}=Y_{21}$，所以

$$AD-BC=-\frac{Y_{22}}{Y_{21}}\left(-\frac{Y_{11}}{Y_{21}}\right)-\left(-\frac{1}{Y_{21}}\right)\left(Y_{12}-\frac{Y_{11}Y_{22}}{Y_{21}}\right)=\frac{Y_{12}}{Y_{21}}=1$$

由于互易二端口网络存在 $AD-BC=1$ 的关系，说明 A、B、C、D 四个参数中只有三个参数是独立的。对于对称二端口网络，因为 $Y_{11}=Y_{22}$，可知还存在 $A=D$ 的关系，故对称二端口网络的 A、B、C、D 四个参数中只有两个参数是独立的。

例 16-3 耦合电感元件如图 16-7 所示，试求该电路的 $\boldsymbol{Z}$ 参数矩阵、$\boldsymbol{T}$ 参数矩阵。

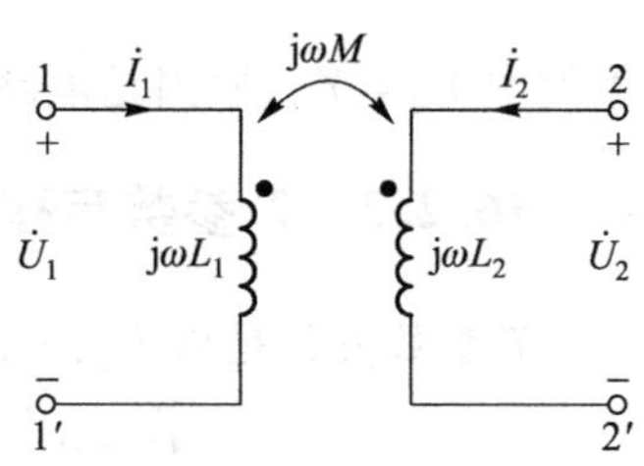

图 16-7 耦合电感电路

解 对图 16-7 所示的电路，根据耦合电感的元件约束有

$$\begin{cases}\dot{U}_1=\mathrm{j}\omega L_1\dot{I}_1+\mathrm{j}\omega M\dot{I}_2=Z_{L_1}\dot{I}_1+Z_M\dot{I}_2\\ \dot{U}_2=\mathrm{j}\omega M\dot{I}_1+\mathrm{j}\omega L_2\dot{I}_2=Z_M\dot{I}_1+Z_{L_2}\dot{I}_2\end{cases}$$

该式即为 $\boldsymbol{Z}$ 参数方程，所以 $\boldsymbol{Z}$ 参数矩阵为

$$\boldsymbol{Z}=\begin{bmatrix}\mathrm{j}\omega L_1 & \mathrm{j}\omega M\\ \mathrm{j}\omega M & \mathrm{j}\omega L_2\end{bmatrix}=\begin{bmatrix}Z_{L_1} & Z_M\\ Z_M & Z_{L_2}\end{bmatrix}$$

将 $\boldsymbol{Z}$ 参数方程变形可得

$$\begin{cases}\dot{U}_1=\dfrac{Z_{L_1}}{Z_M}\dot{U}_2+\dfrac{Z_{L_1}Z_{L_2}-Z_M^2}{Z_M}(-\dot{I}_2)\\ \dot{I}_1=\dfrac{1}{Z_M}\dot{U}_2+\dfrac{Z_{L_2}}{Z_M}(-\dot{I}_2)\end{cases}$$

所以，$\boldsymbol{T}$ 参数矩阵为

$$T=\begin{bmatrix} \dfrac{Z_{L_1}}{Z_M} & \dfrac{Z_{L_1}Z_{L_2}-Z_M^2}{Z_M} \\ \dfrac{1}{Z_M} & \dfrac{Z_{L_2}}{Z_M} \end{bmatrix}$$

因为 $Z_{12}=Z_{21}$ 或 $AD-BC=1$,可知图 16-7 所示电路为互易二端口网络。

16.2.4 *H* 参数方程

H 参数方程是以 $\dot{I}_1$、$\dot{U}_2$ 为自变量,$\dot{U}_1$、$\dot{I}_2$ 为因变量定义的方程。其形式为

$$\begin{cases}\dot{U}_1=H_{11}\dot{I}_1+H_{12}\dot{U}_2 \\ \dot{I}_2=H_{21}\dot{I}_1+H_{22}\dot{U}_2\end{cases} \quad 或 \quad \begin{bmatrix}\dot{U}_1\\ \dot{I}_2\end{bmatrix}=\begin{bmatrix}H_{11} & H_{12}\\ H_{21} & H_{22}\end{bmatrix}\begin{bmatrix}\dot{I}_1\\ \dot{U}_2\end{bmatrix}=\boldsymbol{H}\begin{bmatrix}\dot{I}_1\\ \dot{U}_2\end{bmatrix} \tag{16-5}$$

其中,$\boldsymbol{H}=\begin{bmatrix}H_{11} & H_{12}\\ H_{21} & H_{22}\end{bmatrix}$,称为 ***H*** 参数矩阵。

由式(16-5)可得 ***H*** 参数矩阵中各元素的定义及意义(名称)为

$$H_{11}=\frac{\dot{U}_1}{\dot{I}_1}\bigg|_{\dot{U}_2=0} \quad (端口 2 短路时端口 1 的输入阻抗)$$

$$H_{12}=\frac{\dot{U}_1}{\dot{U}_2}\bigg|_{\dot{I}_1=0} \quad (端口 1 开路时的反向电压传输比)$$

$$H_{21}=\frac{\dot{I}_2}{\dot{I}_1}\bigg|_{\dot{U}_2=0} \quad (端口 2 短路时的正向电流传输比)$$

$$H_{22}=\frac{\dot{I}_2}{\dot{U}_2}\bigg|_{\dot{I}_1=0} \quad (端口 1 开路时端口 2 的输入导纳(策动点导纳))$$

由于矩阵 ***H*** 中的四个元素是阻抗或导纳的混合,且 ***H*** 参数方程中的自变量和因变量均是电压与电流的混合、输入端变量与输出端变量的混合,所以 ***H*** 参数矩阵也称为混合参数矩阵,***H*** 参数方程也称为混合参数方程。

对于互易二端口网络,可以证明存在 $H_{21}=-H_{12}$ 的关系,这说明 ***H*** 参数矩阵的四个(子)参数中只有三个(子)参数是独立的。对于对称二端口网络,还存在 $H_{11}H_{22}-H_{12}H_{21}=1$ 的关系,故对称二端口网络的 H_{11}、H_{12}、H_{21}、H_{22} 四个(子)参数中只有两个(子)参数是独立的。

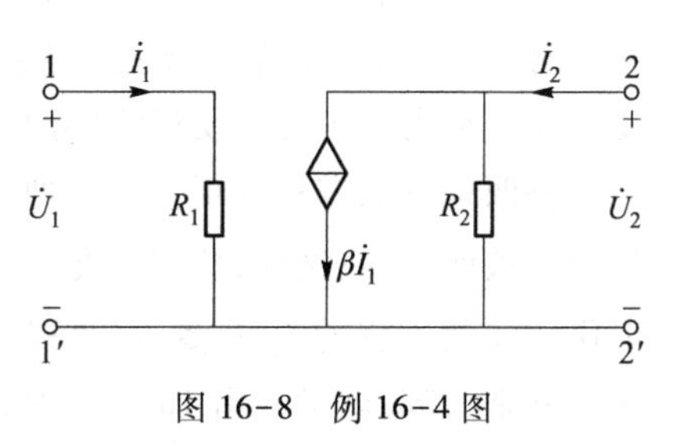

图 16-8　例 16-4 图

例 16-4　图 16-8 所示电路为晶体管的小信号模型,求该电路的混合参数矩阵 ***H***。

解　(1) 构造 $\dot{U}_2=0$ 电路，即将电路端口 2 短路，电路如图 16-9(a)所示。

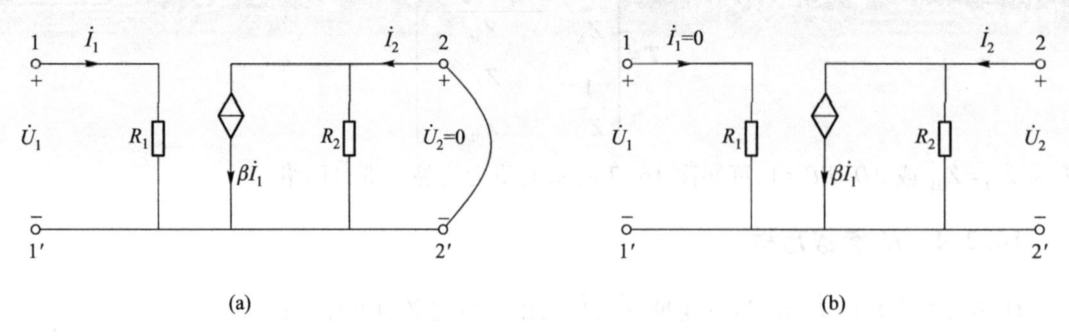

图 16-9　解例 16-4 用图

根据图 16-9(a)，由 $\boldsymbol{H}$ 参数矩阵的定义可求得

$$H_{11}=\left.\frac{\dot{U}_1}{\dot{I}_1}\right|_{\dot{U}_2=0}=\frac{R_1\dot{I}_1}{\dot{I}_1}=R_1$$

$$H_{21}=\left.\frac{\dot{I}_2}{\dot{I}_1}\right|_{\dot{U}_2=0}=\frac{\beta\dot{I}_1}{\dot{I}_1}=\beta$$

(2) 构造 $\dot{I}_1=0$ 电路，即将电路端口 1 开路，电路如图 16-9(b)所示。根据图 16-9(b)，由 $\boldsymbol{H}$ 参数矩阵的定义可求得

$$H_{12}=\left.\frac{\dot{U}_1}{\dot{U}_2}\right|_{\dot{I}_1=0}=\left.\frac{R_1\dot{I}_1}{\dot{U}_2}\right|_{\dot{I}_1=0}=0$$

$$H_{22}=\left.\frac{\dot{I}_2}{\dot{U}_2}\right|_{\dot{I}_1=0}=\frac{\dot{I}_2}{R_2\dot{I}_2}=\frac{1}{R_2}$$

所以，$\boldsymbol{H}$ 参数矩阵为

$$H=\begin{bmatrix} R_1 & 0 \\ \beta & \dfrac{1}{R_2} \end{bmatrix}$$

$H_{12}\neq H_{21}$，说明该电路不是互易二端口网络，原因是电路中存在受控源。

对二端口网络内容的掌握，需要记住四种参数方程及其 16 个子参数的定义式，有一定难度。这里给出一种可方便记住(导出)这些内容的方法。

将四种参数方程以矩阵形式列于表 16-1 中，可见 $\dot{U}_1$、$\dot{I}_1$(或 $\dot{I}_1$、$\dot{U}_1$)不是位于上面一行，就是位于最前一列；这样，$\dot{U}_2$、$\dot{I}_2$(或 $\dot{I}_2$、$\dot{U}_2$)就只能位于下面一行或最后一列。记住这一规律，再记住 T 参数方程的 $\dot{I}_2$ 前多一个“-”号，就容易写出四种参数方程了，然后令方程中的两个自变量分别为零，就可导出 16 个子参数的定义式。

表 16-1　二端口网络矩阵形式的四种参数方程

Z 参数方程	Y 参数方程	T 参数方程	H 参数方程
$\begin{bmatrix}\dot{U}_1\\\dot{U}_2\end{bmatrix}=\begin{bmatrix}Z_{11}&Z_{12}\\Z_{21}&Z_{22}\end{bmatrix}\begin{bmatrix}\dot{I}_1\\\dot{I}_2\end{bmatrix}$	$\begin{bmatrix}\dot{I}_1\\\dot{I}_2\end{bmatrix}=\begin{bmatrix}Y_{11}&Y_{12}\\Y_{21}&Y_{22}\end{bmatrix}\begin{bmatrix}\dot{U}_1\\\dot{U}_2\end{bmatrix}$	$\begin{bmatrix}\dot{U}_1\\\dot{I}_1\end{bmatrix}=\begin{bmatrix}A&B\\C&D\end{bmatrix}\begin{bmatrix}\dot{U}_2\\-\dot{I}_2\end{bmatrix}$	$\begin{bmatrix}\dot{U}_1\\\dot{I}_2\end{bmatrix}=\begin{bmatrix}H_{11}&H_{12}\\H_{21}&H_{22}\end{bmatrix}\begin{bmatrix}\dot{I}_1\\\dot{U}_2\end{bmatrix}$

16.3
二端口网络参数的转换

由前面的讨论可知,同一个二端口网络,可以用不同的参数方程来描述,这些参数之间的换算关系如表 16-2 所示。表中各关系的推导方法是:给出一个二端口方程,可知有两个自变量、两个因变量,改变自变量、因变量的组合,通过方程变形,就可得到表 16-2 中的所有关系。读者不妨一试。

表 16-2　二端口网络四种参数矩阵间的换算关系

参数	Z 参数矩阵	Y 参数矩阵	T 参数矩阵	H 参数矩阵
Z 参数矩阵	$\begin{bmatrix}Z_{11}&Z_{12}\\Z_{21}&Z_{22}\end{bmatrix}$	$\begin{bmatrix}\frac{Z_{22}}{\Delta Z}&-\frac{Z_{12}}{\Delta Z}\\-\frac{Z_{21}}{\Delta Z}&\frac{Z_{11}}{\Delta Z}\end{bmatrix}$	$\begin{bmatrix}\frac{Z_{11}}{Z_{21}}&\frac{\Delta Z}{Z_{21}}\\\frac{1}{Z_{21}}&\frac{Z_{22}}{Z_{21}}\end{bmatrix}$	$\begin{bmatrix}\frac{\Delta Z}{Z_{22}}&\frac{Z_{12}}{Z_{22}}\\-\frac{Z_{21}}{Z_{22}}&\frac{1}{Z_{22}}\end{bmatrix}$
Y 参数矩阵	$\begin{bmatrix}\frac{Y_{22}}{\Delta Y}&-\frac{Y_{12}}{\Delta Y}\\-\frac{Y_{21}}{\Delta Y}&\frac{Y_{11}}{\Delta Y}\end{bmatrix}$	$\begin{bmatrix}Y_{11}&Y_{12}\\Y_{21}&Y_{22}\end{bmatrix}$	$\begin{bmatrix}-\frac{Y_{22}}{Y_{21}}&-\frac{1}{Y_{21}}\\-\frac{\Delta Y}{Y_{21}}&-\frac{Y_{11}}{Y_{21}}\end{bmatrix}$	$\begin{bmatrix}\frac{1}{Y_{11}}&-\frac{Y_{12}}{Y_{11}}\\\frac{Y_{21}}{Y_{11}}&\frac{\Delta Y}{Y_{11}}\end{bmatrix}$
T 参数矩阵	$\begin{bmatrix}\frac{A}{C}&\frac{\Delta T}{C}\\\frac{1}{C}&\frac{D}{C}\end{bmatrix}$	$\begin{bmatrix}\frac{D}{B}&-\frac{\Delta T}{B}\\-\frac{1}{B}&\frac{A}{B}\end{bmatrix}$	$\begin{bmatrix}A&B\\C&D\end{bmatrix}$	$\begin{bmatrix}\frac{B}{D}&\frac{\Delta T}{D}\\-\frac{1}{D}&\frac{C}{D}\end{bmatrix}$
H 参数矩阵	$\begin{bmatrix}\frac{\Delta H}{H_{22}}&\frac{H_{12}}{H_{22}}\\-\frac{H_{21}}{H_{22}}&\frac{1}{H_{22}}\end{bmatrix}$	$\begin{bmatrix}\frac{1}{H_{11}}&-\frac{H_{12}}{H_{11}}\\\frac{H_{21}}{H_{11}}&\frac{\Delta H}{H_{11}}\end{bmatrix}$	$\begin{bmatrix}-\frac{\Delta H}{H_{21}}&-\frac{H_{11}}{H_{21}}\\-\frac{H_{22}}{H_{21}}&-\frac{1}{H_{21}}\end{bmatrix}$	$\begin{bmatrix}H_{11}&H_{12}\\H_{21}&H_{22}\end{bmatrix}$

表中，$\Delta \boldsymbol{Z}=\begin{vmatrix} Z_{11} & Z_{12} \\ Z_{21} & Z_{22} \end{vmatrix}$，$\Delta \boldsymbol{Y}=\begin{vmatrix} Y_{11} & Y_{12} \\ Y_{21} & Y_{22} \end{vmatrix}$，$\Delta \boldsymbol{H}=\begin{vmatrix} H_{11} & H_{12} \\ H_{21} & H_{22} \end{vmatrix}$，$\Delta \boldsymbol{T}=\begin{vmatrix} A & B \\ C & D \end{vmatrix}$。

应当指出，有些二端口网络并不同时存在 $\boldsymbol{Z}$、$\boldsymbol{Y}$、$\boldsymbol{T}$、$\boldsymbol{H}$ 这四种参数矩阵。由表 16-2 可见，网络 $\boldsymbol{T}$ 参数矩阵存在，当 $C=0$ 时，不存在 $\boldsymbol{Z}$ 参数矩阵；当 $B=0$ 时，不存在 $\boldsymbol{Y}$ 参数矩阵；当 $D=0$ 时，不存在 $\boldsymbol{H}$ 参数矩阵。理想变压器的特性方程为 $\begin{cases} \dot{U}_1=n\dot{U}_2 \\ \dot{I}_1=-\dfrac{1}{n}\dot{I}_2 \end{cases}$，其 $\boldsymbol{T}$ 参数矩阵为 $\boldsymbol{T}=\begin{bmatrix} n & 0 \\ 0 & \dfrac{1}{n} \end{bmatrix}$；因 $B=0$、$C=0$，可知其 $\boldsymbol{Z}$ 参数矩阵、$\boldsymbol{Y}$ 参数矩阵均不存在。

16.4 二端口网络的等效电路

16.4.1 互易二端口网络的等效电路

线性一端口网络从外部特性来看，可以用戴维南电路、诺顿电路来替代。同理，对二端口网络也可以找到简单的等效电路来替代。等效条件是：等效电路的端口方程必须与被替代的二端口网络端口方程相同。

对于互易二端口网络，由于表征它的每种参数中只有三个参数是独立的，所以可以用三个阻抗（或导纳）构成的电路等效，等效电路的具体结构有 T 形或 Π 形两种，如图 16-10(a) 和 (b) 所示，可见，它们也相当于 Y 形电路和 Δ 形电路，可以进行相互转换。下面分别予以讨论。

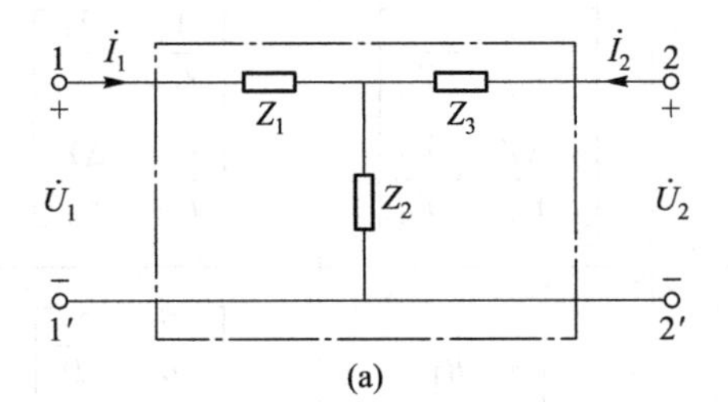

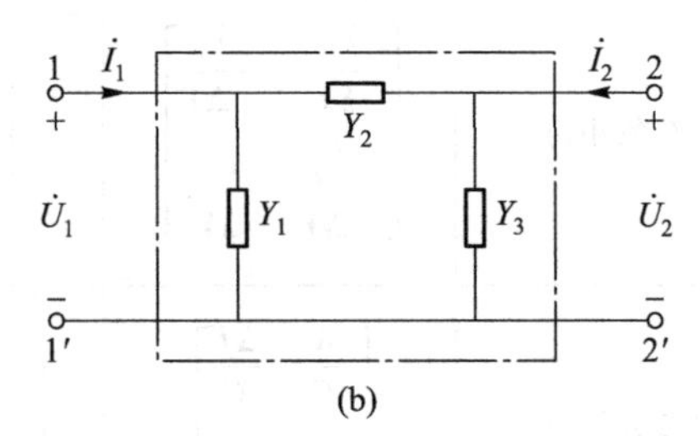

图 16-10　二端口网络的 T 形等效电路和 Π 形等效电路
(a) T 形等效电路　(b) Π 形等效电路

1. T 形等效电路

设某一互易二端口网络的 $\boldsymbol{Z}$ 参数已知，用如图 16-10(a) 所示 T 形电路等效，则有

$$\begin{cases} \dot{U}_1=Z_1\dot{I}_1+Z_2(\dot{I}_1+\dot{I}_2)=(Z_1+Z_2)\dot{I}_1+Z_2\dot{I}_2=Z_{11}\dot{I}_1+Z_{12}\dot{I}_2 \\ \dot{U}_2=Z_2\dot{I}_2+Z_2(\dot{I}_1+\dot{I}_2)=Z_2\dot{I}_1+(Z_2+Z_3)\dot{I}_2=Z_{21}\dot{I}_1+Z_{22}\dot{I}_2 \end{cases} \tag{16-6}$$

所以

$$\begin{cases} Z_{11}=Z_1+Z_2 \\ Z_{12}=Z_{21}=Z_2 \\ Z_{22}=Z_2+Z_3 \end{cases} \tag{16-7}$$

求解可得 T 形等效电路中的元件参数与 **Z** 参数的关系为

$$\begin{cases} Z_1=Z_{11}-Z_{12} \\ Z_2=Z_{12}=Z_{21} \\ Z_3=Z_{22}-Z_{12} \end{cases} \tag{16-8}$$

据此可由 **Z** 参数给出 T 形等效电路。

2. Π 形等效电路

设某一互易二端口网络的 **Y** 参数已知,用如图 16-10(b)所示 Π 形电路等效,则有

$$\begin{cases} \dot{I}_1=Y_1\dot{U}_1+Y_2(\dot{U}_1-\dot{U}_2)=(Y_1+Y_2)\dot{U}_1-Y_2\dot{U}_1=Y_{11}\dot{U}_1+Y_{12}\dot{U}_1 \\ \dot{I}_2=Y_2(\dot{U}_2-\dot{U}_1)+Y_3\dot{U}_2=-Y_2\dot{U}_1+(Y_2+Y_3)\dot{U}_1=Y_{21}\dot{U}_1+Y_{22}\dot{U}_1 \end{cases} \tag{16-9}$$

所以

$$\begin{cases} Y_{11}=Y_1+Y_2 \\ Y_{12}=Y_{21}=-Y_2 \\ Y_{22}=Y_2+Y_3 \end{cases} \tag{16-10}$$

求解可得 Π 形等效电路中的元件参数与 **Y** 参数的关系为

$$\begin{cases} Y_1=Y_{11}+Y_{12} \\ Y_2=-Y_{12}=-Y_{21} \\ Y_3=Y_{22}+Y_{21} \end{cases} \tag{16-11}$$

据此可由 **Y** 参数给出 Π 形等效电路。

如果给定的是其他参数,可把其他参数转换成 **Z** 参数或 **Y** 参数,然后得到 T 形或 Π 形等效电路,也可直接找对应关系确定等效电路中的元件值。下面给出一个例子。

例 16-5 已知某二端口网络的传输参数为 $A=7$、$B=3\ \Omega$、$C=9\ \mathrm{S}$、$D=4$,试给出其等效电路。

解 因为 $AD-BC=1$,故原网络为互易网络,可用三个元件的电路等效,这里选用 T 形电路等效,电路如图 16-10(a)所示。由该电路可得

$$\begin{cases} \dot{U}_1=Z_1\dot{I}_1+Z_2(\dot{I}_1+\dot{I}_2)=(Z_1+Z_2)\dot{I}_1+Z_2\dot{I}_2 \\ \dot{U}_2=Z_2\dot{I}_2+Z_2(\dot{I}_1+\dot{I}_2)=Z_2\dot{I}_1+(Z_2+Z_3)\dot{I}_2 \end{cases}$$

以上方程可转化为

$$\begin{cases} \dot{U}_1=\dfrac{(Z_1+Z_2)}{Z_2}\dot{U}_2+\left(Z_1+Z_3+\dfrac{Z_1Z_3}{Z_2}\right)(-\dot{I}_2)=A\dot{U}_2+B(-\dot{I}_2) \\ \dot{I}_1=\dfrac{1}{Z_2}\dot{U}_2+\dfrac{(Z_2+Z_3)}{Z_2}(-\dot{I}_2)=C\dot{U}_2+D(-\dot{I}_2) \end{cases}$$

可知有 $A=\dfrac{(Z_1+Z_2)}{Z_2}$、$C=\dfrac{1}{Z_2}$、$D=\dfrac{(Z_2+Z_3)}{Z_2}$，求解可得 $Z_1=\dfrac{A-1}{C}$、$Z_2=\dfrac{1}{C}$、$Z_3=\dfrac{D-1}{C}$，代入具体数值，可得 $Z_1=\dfrac{2}{3}\ \Omega$、$Z_2=\dfrac{1}{9}\ \Omega$、$Z_3=\dfrac{1}{3}\ \Omega$，等效电路如图 16-11 所示。

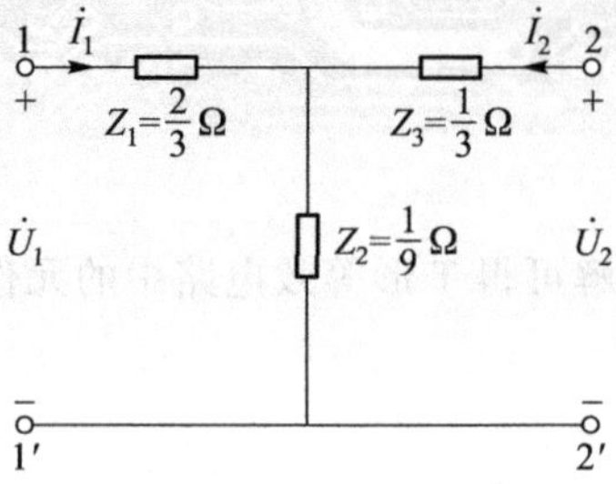

图 16-11　例 16-5 用图

16.4.2　非互易二端口网络的等效电路

对于非互易网络，每种参数中的四个参数彼此相互独立，必须有四个元件才能构成等效电路。若给定二端口网络的 **Z** 参数，那么，可将其参数方程改写成

$$\begin{cases}\dot{U}_1=Z_{11}\dot{I}_1+Z_{12}\dot{I}_2\\ \dot{U}_2=Z_{12}\dot{I}_1+Z_{22}\dot{I}_2+(Z_{21}-Z_{12})\dot{I}_1\end{cases}\tag{16-12}$$

移去方程中的 $(Z_{21}-Z_{12})\dot{I}_1$ 后，剩余部分对应着互易二端口网络，可用 T 形电路等效。接下来再考虑 $(Z_{21}-Z_{12})\dot{I}_1$ 项，该项对应着一个 CCVS，串联在端子 2 所在支路上，由此可得非互易二端口网络的等效电路如图 16-12(a)所示。

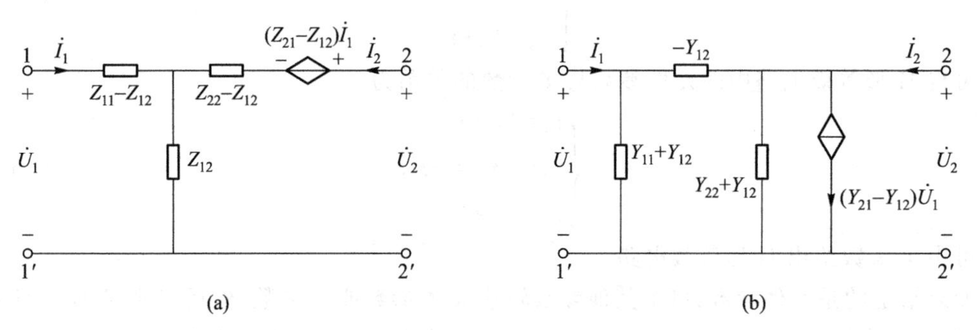

图 16-12　非互易二端口网络的等效电路
(a) 等效电路一　(b) 等效电路二

同理，对于用 Y 参数表示的非互易的二端口网络，可将其参数方程改写成

$$\begin{cases}\dot{I}_1=Y_{11}\dot{U}_1+Y_{12}\dot{U}_2\\ \dot{I}_2=Y_{12}\dot{U}_1+Y_{22}\dot{U}_2+(Y_{21}-Y_{12})\dot{U}_1\end{cases}\tag{16-13}$$

移去方程中的 $(Y_{21}-Y_{12})\dot{U}_1$ 项，剩余部分对应着互易二端口网络，可用 Π 形电路等效。接下来再考虑 $(Y_{21}-Y_{12})\dot{U}_1$ 项，该项对应着一个 VCCS，并联在 2-2′端口上，由此可得非互易二端口网络的等效电路如图 16-12(b)所示。

无论是互易或非互易电路，当 **Z** 参数已知时，由图 16-11(a)可直接得等效电路；当 Y 参数已知时，由图 16-11(b) 可直接得等效电路。还可有其他形式的等效电路。

16.5 二端口网络的互联

在实际工作中，常常需要将一些不同功能的二端口网络连接起来，以实现特定的技术要求；也需要把一个复杂的二端口网络看成由若干个简单的二端口网络组合（连接）而成，以简化分析。因此，我们需要讨论二端口网络的连接问题。二端口网络的连接方式有五种，分别是级联、串联、并联、串并联和并串联，这里仅讨论级联、串联、并联三种。

16.5.1 二端口网络的级联

两个二端口网络 N_1 和 N_2 级联，也称为链联，是指将第一个二端口网络的输出端口直接与第二个二端口网络的输入端口相连，如图 16-13 所示，这样便构成了一个复合二端口网络。

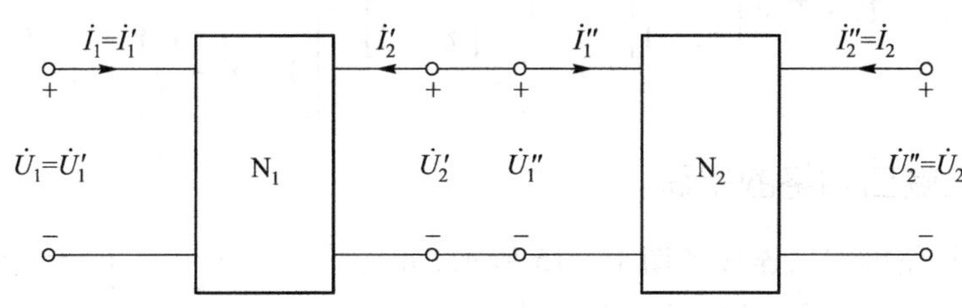

图 16-13　二端口网络的级联（链联）

设二端口网络 N_1 和 N_2 的传输参数分别为

$$\boldsymbol{T}_1=\begin{bmatrix}A' & B'\\ C' & D'\end{bmatrix},\quad \boldsymbol{T}_2=\begin{bmatrix}A'' & B''\\ C'' & D''\end{bmatrix}$$

则两个二端口网络的传输方程分别为

$$\begin{bmatrix}\dot{U}_1'\\ \dot{I}_1'\end{bmatrix}=\boldsymbol{T}_1\begin{bmatrix}\dot{U}_2'\\ -\dot{I}_2'\end{bmatrix},\quad \begin{bmatrix}\dot{U}_1''\\ \dot{I}_1''\end{bmatrix}=\boldsymbol{T}_2\begin{bmatrix}\dot{U}_2''\\ -\dot{I}_2''\end{bmatrix}$$

由于 $\dot{U}_1=\dot{U}_1'$，$\dot{U}_2'=\dot{U}_1''$，$\dot{U}_2''=\dot{U}_2$，$\dot{I}_1=\dot{I}_1'$，$-\dot{I}_2'=\dot{I}_1''$，$\dot{I}_2''=\dot{I}_2$，故得

$$\begin{bmatrix}\dot{U}_1\\ \dot{I}_1\end{bmatrix}=\begin{bmatrix}\dot{U}_1'\\ \dot{I}_1'\end{bmatrix}=\boldsymbol{T}_1\begin{bmatrix}\dot{U}_2'\\ -\dot{I}_2'\end{bmatrix}=\boldsymbol{T}_1\begin{bmatrix}\dot{U}_1''\\ \dot{I}_1''\end{bmatrix}=\boldsymbol{T}_1\boldsymbol{T}_2\begin{bmatrix}\dot{U}_2''\\ -\dot{I}_2''\end{bmatrix}=\boldsymbol{T}_1\boldsymbol{T}_2\begin{bmatrix}\dot{U}_2\\ -\dot{I}_2\end{bmatrix}=\boldsymbol{T}\begin{bmatrix}\dot{U}_2\\ -\dot{I}_2\end{bmatrix}$$

式中，$\boldsymbol{T}$ 为级联复合二端口网络的 $\boldsymbol{T}$ 参数矩阵，它等于组成级联的各二端口网络传输矩阵的乘积，即

$$\boldsymbol{T}=\boldsymbol{T}_1\boldsymbol{T}_2 \tag{16-14}$$

对于 n 个二端口网络的级联连接，总的传输矩阵为

$$T = \prod_{i=1}^{n} T_i \tag{16-15}$$

T 参数方程中 $\dot{I}_2$ 前面要加“-”号，写成 $-\dot{I}_2$ 形式，其原因正是为了能够导出式(16-14)和式(16-15)。

例 16-6 求图 16-14 所示二端口网络的传输参数。

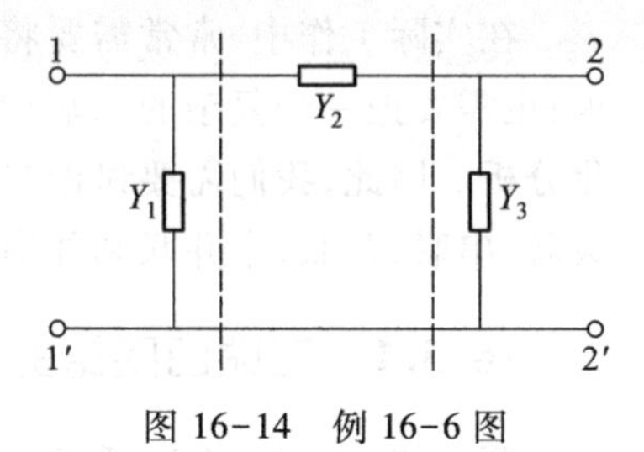

图 16-14 例 16-6 图

解 图 16-14 所示二端口网络可以看作是三个简单二端口网络的级联。各级联二端口网络的传输矩阵分别为

$$T_1 = \begin{bmatrix} 1 & 0 \\ Y_1 & 1 \end{bmatrix}, \quad T_2 = \begin{bmatrix} 1 & \dfrac{1}{Y_2} \\ 0 & 1 \end{bmatrix}, \quad T_3 = \begin{bmatrix} 1 & 0 \\ Y_3 & 1 \end{bmatrix}$$

则所求二端口网络的传输矩阵为

$$T = T_1 \cdot T_2 \cdot T_3 = \begin{bmatrix} 1 & 0 \\ Y_1 & 1 \end{bmatrix} \begin{bmatrix} 1 & \dfrac{1}{Y_2} \\ 0 & 1 \end{bmatrix} \begin{bmatrix} 1 & 0 \\ Y_3 & 1 \end{bmatrix} = \begin{bmatrix} 1 + \dfrac{Y_3}{Y_2} & \dfrac{1}{Y_2} \\ Y_1 + Y_3 + \dfrac{Y_1 Y_3}{Y_2} & 1 + \dfrac{Y_1}{Y_2} \end{bmatrix}$$

16.5.2 二端口网络的串联

两个二端口网络的串联连接如图 16-15 所示，可见两个二端口网络串联连接后组成了一个新的二端口网络，该二端口网络的总端口电压为 $\dot{U}_1 = \dot{U}'_1 + \dot{U}''_1$，$\dot{U}_2 = \dot{U}'_2 + \dot{U}''_2$。

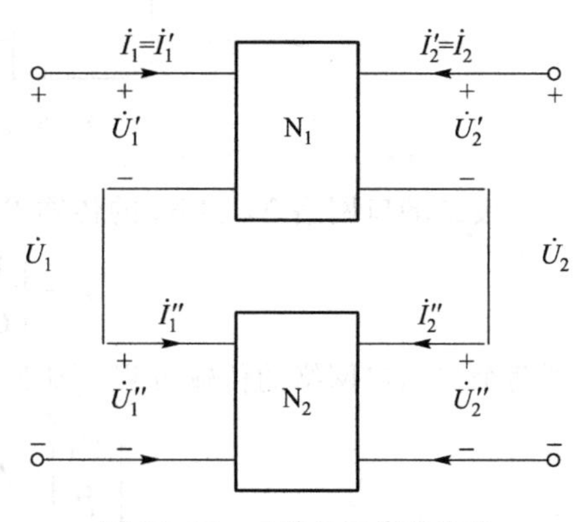

图 16-15 二端口网络的串联

串联有可能使原来二端口网络的端口条件(一个端子流入的电流等于另一个端子流出的电流)遭到破坏，使原来二端口不再成为二端口，仅是一个四端网络而已。如果两个二端口网络串联后，原有的二端口的端口依然满足端口条件，则有 $\dot{I}_1 = \dot{I}'_1 = \dot{I}''_1$，$\dot{I}_2 = \dot{I}'_2 = \dot{I}''_2$。设参与串联的两个二端口网络的 **Z** 参数分别为

$$\mathbf{Z}_1 = \begin{bmatrix} Z'_{11} & Z'_{12} \\ Z'_{21} & Z'_{22} \end{bmatrix}, \quad \mathbf{Z}_2 = \begin{bmatrix} Z''_{11} & Z''_{12} \\ Z''_{21} & Z''_{22} \end{bmatrix}$$

则有

$$\begin{aligned} \begin{bmatrix} \dot{U}_1 \\ \dot{U}_2 \end{bmatrix} &= \begin{bmatrix} \dot{U}'_1 + \dot{U}''_1 \\ \dot{U}'_2 + \dot{U}''_2 \end{bmatrix} = \begin{bmatrix} \dot{U}'_1 \\ \dot{U}'_2 \end{bmatrix} + \begin{bmatrix} \dot{U}''_1 \\ \dot{U}''_2 \end{bmatrix} = \mathbf{Z}_1 \begin{bmatrix} \dot{I}'_1 \\ \dot{I}'_2 \end{bmatrix} + \mathbf{Z}_2 \begin{bmatrix} \dot{I}''_1 \\ \dot{I}''_2 \end{bmatrix} \\ &= \mathbf{Z}_1 \begin{bmatrix} \dot{I}_1 \\ \dot{I}_2 \end{bmatrix} + \mathbf{Z}_2 \begin{bmatrix} \dot{I}_1 \\ \dot{I}_2 \end{bmatrix} = (\mathbf{Z}_1 + \mathbf{Z}_2) \begin{bmatrix} \dot{I}_1 \\ \dot{I}_2 \end{bmatrix} = \mathbf{Z} \begin{bmatrix} \dot{I}_1 \\ \dot{I}_2 \end{bmatrix} \end{aligned}$$

式中，$\boldsymbol{Z}$ 为串联后复合二端口网络的 $\boldsymbol{Z}$ 参数矩阵，它等于组成串联的两个二端口网络的 $\boldsymbol{Z}$ 参数矩阵之和，即

$$\boldsymbol{Z}=\boldsymbol{Z}_1+\boldsymbol{Z}_2 \tag{16-16}$$

如果两个二端口网络串联后原端口的端口条件遭到破坏，式(16-20)就不再成立。例如，将图 16-11(a)和(b)所示电路进行串联，原来的两个二端口网络的端口条件遭到破坏，这时，就不存在 $\boldsymbol{Z}=\boldsymbol{Z}_1+\boldsymbol{Z}_2$ 的关系。不过，如果将图 16-11(b)所示电路进行上下翻转，其 $\boldsymbol{Z}$ 参数不会发生变化，仍为 $\boldsymbol{Z}_2$，这时，将图 16-11(a)所示电路与图 16-11(b)所示电路上下翻转后的电路进行串联，存在 $\boldsymbol{Z}=\boldsymbol{Z}_1+\boldsymbol{Z}_2$ 的关系，原因是参与串联的两个二端口网络的端口仍旧是端口。

任意两个二端口网络串联后，应检查原有各端口是否还满足端口的定义，这种检查称为端口有效性试验。端口有效性试验方法这里不进行介绍，感兴趣的读者可查阅相关资料。

对 n 个二端口网络串联的情况，若串联后原有的每个二端口网络端口均满足端口条件，则复合二端口网络的 $\boldsymbol{Z}$ 参数矩阵为

$$\boldsymbol{Z}=\sum_{i-1}^{n}\boldsymbol{Z}_i \tag{16-17}$$

16.5.3 二端口网络的并联

两个二端口网络 N_1 和 N_2 的并联连接如图 16-16 所示。可以看出连接得到的复合网络仍是一个二端口网络，且有 $\dot{I}_1=\dot{I}_1'+\dot{I}_1''$ 和 $\dot{I}_2=\dot{I}_2'+\dot{I}_2''$。

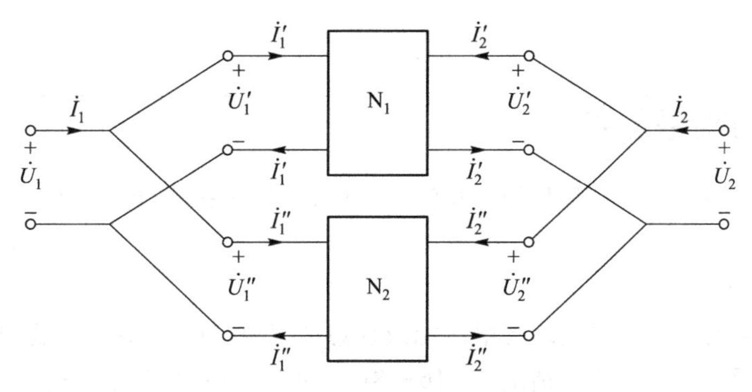

图 16-16　二端口网络的并联

并联有可能造成原来的二端口网络无法通过端口有效性试验，不再是二端口网络，而仅是一个四端网络。如果并联后原有的二端口网络的端口条件仍然成立，通过推导，不难导出并联后复合二端口网络的 $\boldsymbol{Y}$ 参数矩阵与原有的两个二端口网络的 $\boldsymbol{Y}$ 参数矩阵间有以下关系：

$$\boldsymbol{Y}=\boldsymbol{Y}_1+\boldsymbol{Y}_2 \tag{16-18}$$

即并联后复合二端口网络的 $\boldsymbol{Y}$ 参数矩阵等于组成并联的各二端口网络 $\boldsymbol{Y}$ 参数矩阵之和。

如果两个二端口网络并联后，原来的二端口网络的端口条件遭到破坏，不再是二端口网络，只是四端网络，此时式(16-18)不再成立。

对 n 个二端口网络并联的情况，若并联后每个二端口网络依然满足端口条件，则复合二端口网络的 $\boldsymbol{Y}$ 参数矩阵为

$$\boldsymbol{Y}=\sum_{i=1}^{n}\boldsymbol{Y}_i \tag{16-19}$$

工程上为了保证串联和并联后原有二端口网络的端口条件不被破坏，可采用在电路中加装 1∶1 变压器的方法。图 16-17(a)所示是加装 1∶1 变压器的串联结构，图 16-17(b)所示是加装 1∶1 变压器的并联结构。

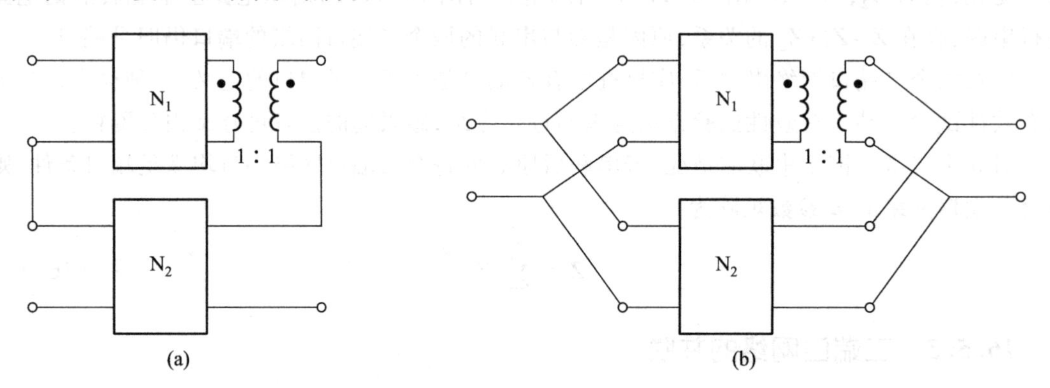

图 16-17　二端口网络加装 1∶1 变压器后的串联和并联

(a) 串联　(b) 并联

16.6 二端口网络的网络函数

此前对二端口网络的讨论都是用相量法进行的，这里用拉氏变换来讨论二端口网络的网络函数。

1. 无端接情况

若二端口网络的输入端口接理想电压源或理想电流源，且输出端口开路或短路，称为无端接二端口网络。无端接对应四种情况，图 16-18(a)和(b)所示是其中的两种。

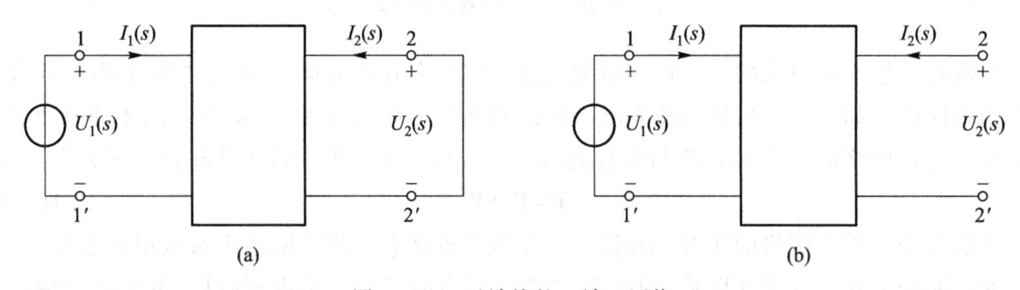

图 16-18　无端接的二端口网络

(a) 无端接二端口网络一　(b) 无端接二端口网络二

设二端口网络的 **Z** 参数已知，对图 16-18(a)所示电路，可列出如下方程：

$$\begin{cases} U_1(s)=Z_{11}(s)I_1(s)+Z_{12}(s)I_2(s) \\ U_2(s)=Z_{21}(s)I_1(s)+Z_{22}(s)I_2(s) \\ U_2(s)=0 \end{cases} \tag{16-20}$$

用式(16-20)给出的三个方程中的两个消去 $U_2(s)$、$I_1(s)$，剩余方程为

$$U_1(s)=Z_{11}(s)\left(-\frac{Z_{22}(s)}{Z_{21}(s)}\right)I_2(s)+Z_{12}(s)I_2(s) \tag{16-21}$$

可得转移导纳(函数)为

$$\frac{I_2(s)}{U_1(s)}=\frac{Z_{21}(s)}{Z_{12}(s)Z_{21}(s)-Z_{11}(s)Z_{22}(s)} \tag{16-22}$$

若用式(16-20)给出的三个方程中的两个消去 $U_2(s)$、$I_2(s)$，剩余方程为

$$U_1(s)=Z_{11}(s)I_1(s)+Z_{12}(s)\left(-\frac{Z_{22}(s)}{Z_{21}(s)}\right)I_1(s) \tag{16-23}$$

可得策动点阻抗(函数)为

$$\frac{U_1(s)}{I_1(s)}=\frac{Z_{11}(s)Z_{21}(s)-Z_{12}(s)Z_{22}(s)}{Z_{21}(s)} \tag{16-24}$$

若二端口网络的其他参数已知，则网络函数也可用其他参数表示。

2. 有端接情况

在实际应用中，二端口网络的输入端口接有实际电源，输出端口接有实际负载。在电路模型中，负载用阻抗 Z_L 表示，实际电源用理想电压源和阻抗 Z_S 的串联组合或理想电流源和阻抗 Z_S 的并联组合表示，此时的二端口网络称为双端接二端口网络，如图 16-19(a)和(b)所示。如果 Z_L 为 0 或为无穷大，或理想电压源串联阻抗 Z_S 为 0(理想电流源并联阻抗 Z_S 为无穷大)，则称二端口网络为单端接二端口网络，图 16-19(c)所示是其中的一种。单端接或双端接二端口网络的网络函数与端接阻抗有关。

对图 16-19(a)所示的双端接二端口网络，若要求出电压转移函数，设二端口网络的 **Z** 参数已知，可列出如下方程：

$$\begin{cases} U_1(s)=Z_{11}(s)I_1(s)+Z_{12}(s)I_2(s) \\ U_2(s)=Z_{21}(s)I_1(s)+Z_{22}(s)I_2(s) \\ U_1(s)=U_S(s)-Z_SI_1(s) \\ U_2(s)=-Z_LI_2(s) \end{cases} \tag{16-25}$$

用以上四个方程中的三个消去 $U_1(s)$、$I_1(s)$、$I_2(s)$，可解得

$$U_2(s)=\frac{-U_S(s)Z_{21}(s)Z_L}{[Z_S+Z_{11}(s)][Z_L+Z_{22}(s)]-Z_{12}(s)Z_{21}(s)} \tag{16-26}$$

所以，电压转移函数为

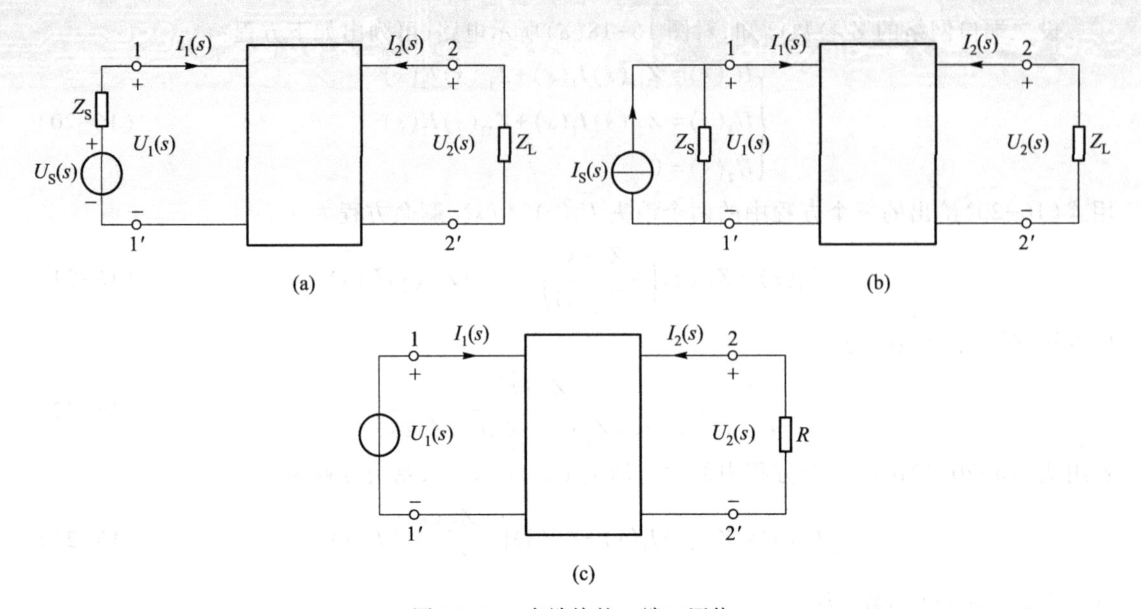

图 16-19　有端接的二端口网络

(a) 双端接二端口网络一　(b) 双端接二端口网络二　(c) 单端接二端口网络的一种结构

$$\frac{U_2(s)}{U_S(s)}=\frac{-Z_{21}(s)Z_L}{[Z_S+Z_{11}(s)][Z_L+Z_{22}(s)]-Z_{12}(s)Z_{21}(s)} \tag{16-27}$$

须说明，式(16-25)实际是用 $2b$ 法列出的，是 $2b$ 法的简化形式。图 16-19(a)中相当于含有 4 条支路，如图 16-20 所示，直接用 $2b$ 法列方程，应有 8 个方程。但是，由于列式(16-25)时采用了 $I_1'(s)=I_1''(s)=I_1(s)$、$I_2'(s)=I_2''(s)=I_2(s)$、$U_1'(s)=U_1''(s)=U_1(s)$、$U_2'(s)=U_2''(s)=U_2(s)$ 的做法，实际上已隐含用掉了两个 KCL 方程和两个 KVL 方程，所以式(16-25)所示的 4 个方程就已满足要求了。式(16-25)的四个方程中，前 2 个方程是二端口网络(元件)的 VCR 方程，第 3、4 个方程分别是二端口网络(元件)输入端口、输出端口所接支路的 VCR 方程。

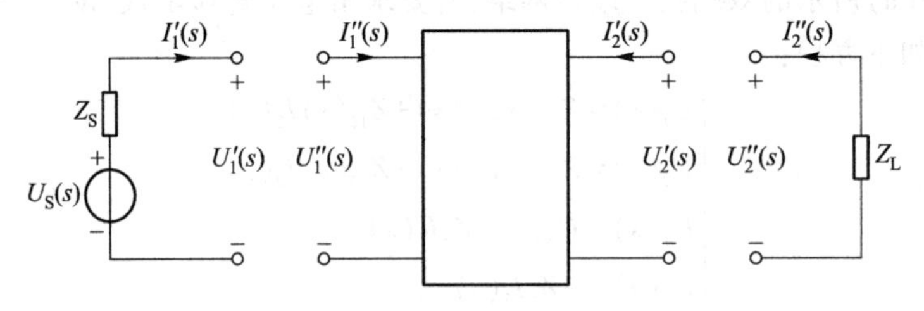

图 16-20　图 16-19(a)构成

实际工作中，二端口网络起某些特定的作用。例如，滤波器能让具有某些频率的信号通过，而对具有另外一些频率的信号加以抑制。这种作用往往通过转移函数描述或指定。可见二端口网络的转移函数是一个很重要的概念。

16.7 回转器和负阻抗变换器

16.7.1 回转器

回转器有理想回转器和实际回转器之分。实际回转器是指一种在物理上可以实现的电路结构;理想回转器是一种理想元件,用于对实际回转器建模。为简单起见,一般将理想回转器简称为回转器

回转器是一种线性非互易的二端口元件,其图形符号如图 16-21 所示,其端口电压、电流满足下列关系式:

$$\begin{cases} u_1=-ri_2 \\ u_2=ri_1 \end{cases} \tag{16-28}$$

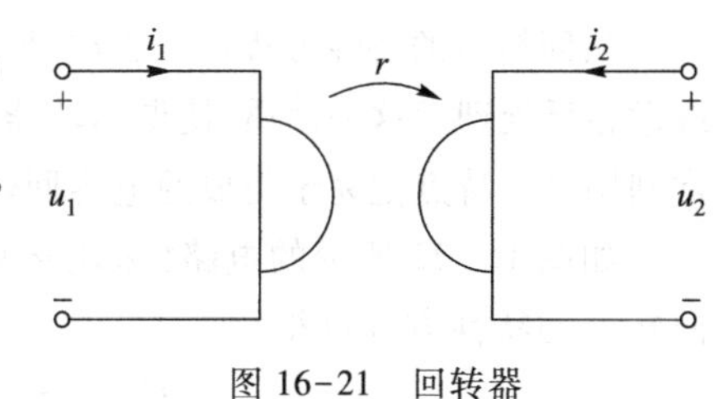

图 16-21 回转器

式中,r 为常数,具有电阻的量纲,称为回转电阻。式(16-28)也可改写为

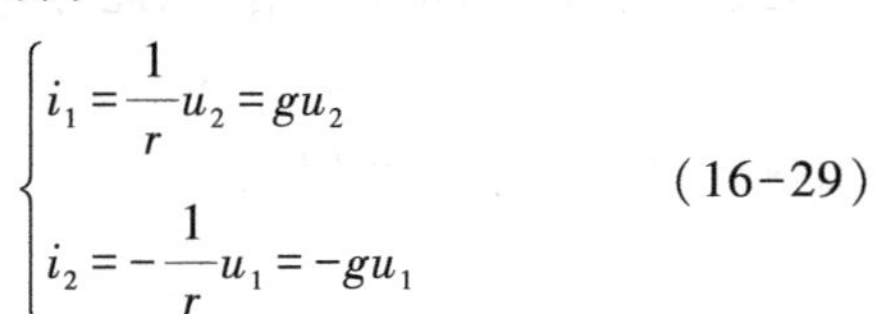

$$\begin{cases} i_1=\dfrac{1}{r}u_2=gu_2 \\ i_2=-\dfrac{1}{r}u_1=-gu_1 \end{cases} \tag{16-29}$$

式中,$g=\dfrac{1}{r}$,具有电导的量纲,称为回转电导。

回转器的特性方程用矩阵形式表示时,有

$$\begin{bmatrix} u_1 \\ u_2 \end{bmatrix}=\begin{bmatrix} 0 & -r \\ r & 0 \end{bmatrix}\begin{bmatrix} i_1 \\ i_2 \end{bmatrix} \quad 或 \quad \begin{bmatrix} i_1 \\ i_2 \end{bmatrix}=\begin{bmatrix} 0 & g \\ -g & 0 \end{bmatrix}\begin{bmatrix} u_1 \\ u_2 \end{bmatrix} \tag{16-30}$$

可见,回转器的 $\boldsymbol{Z}$ 参数矩阵和 $\boldsymbol{Y}$ 参数矩阵分别为

$$\boldsymbol{Z}=\begin{bmatrix} 0 & -r \\ r & 0 \end{bmatrix} \quad 或 \quad \boldsymbol{Y}=\begin{bmatrix} 0 & g \\ -g & 0 \end{bmatrix} \tag{16-31}$$

由回转器的特性方程,可得

$$u_1i_1+u_2i_2=-ri_1i_2+ri_1i_2=0 \tag{16-32}$$

式(16-32)表明回转器既不消耗功率,也不发出功率,是一个无源线性元件。另外,由于回转器 $\boldsymbol{Z}$ 参数中 $Z_{12}\neq Z_{21}$,所以回转器不是互易元件。应该注意的是,实际回转器在工作时是要消耗能量的。

理想变压器也是一个二端口元件,可将回转器与理想变压器做一比较。理想变压器的特性方程为

$$\begin{cases} u_1 = nu_2 \\ i_1 = -\dfrac{1}{n} i_2 \end{cases} \tag{16-33}$$

由理想变压器的特性方程,可得

$$u_1 i_1 + u_2 i_2 = nu_2\left(-\frac{1}{n}\right) i_2 + u_2 i_2 = 0 \tag{16-34}$$

式(16-34)说明理想变压器既不消耗功率,也不发出功率,是一个无源线性元件,这一点与回转器相同。理想变压器无 **Z**、**Y** 参数,其 **T** 参数矩阵为

$$\boldsymbol{T} = \begin{bmatrix} n & 0 \\ 0 & \dfrac{1}{n} \end{bmatrix} \tag{16-35}$$

因为 $AD-BC=1$,所以理想变压器是互易元件,这一点与回转器不同。

从回转器的特性方程可以看出,回转器能够把一端口上的电流"回转"成另一端口上的电压或做相反处理。这一性质,使得回转器能够把一个电容回转成为一个电感。在集成电路制造中,常利用这一特点把易于集成的电容回转成难以集成的电感。下面说明回转器的这一作用。

如图 16-22 所示的电路(采用运算形式),输出端口接有电容,因此有 $I_2(s) = -sCU_2(s)$,由回转器的特性方程可得

$$U_1(s) = -rI_2(s) = rsCU_2(s) = r^2 sCI_1(s) \tag{16-36}$$

则输入端口阻抗为

$$Z_{\text{in}} = \frac{U_1(s)}{I_1(s)} = sr^2 C = s\frac{C}{g^2} = sL_{\text{eq}} \tag{16-37}$$

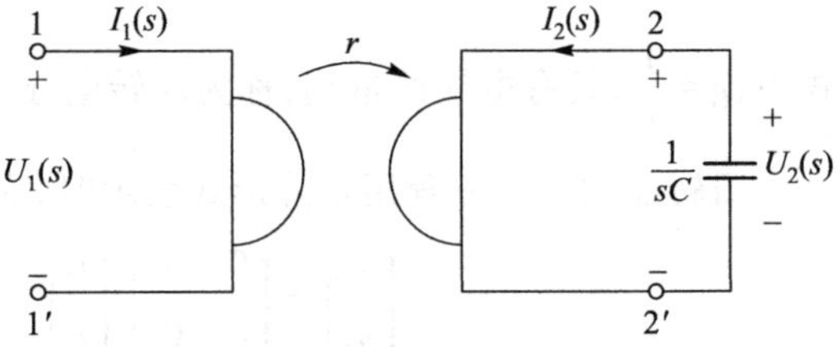

图 16-22 接有电容的回转器

可见,对于图 16-22 所示的电路,从输入端看,相当于一个电感元件,其电感值为 $L_{\text{eq}} = r^2 C = \dfrac{C}{g^2}$。如果 $C=1\ \mu\text{F}$,$r=1\ \text{k}\Omega$,则 $L=1\ \text{H}$,即该回转器可把 $1\ \mu\text{F}$ 的电容回转为 1 H 的电感。

实际回转器可用实际运算放大器和实际电阻实现,实现实际回转器的一种电路模型如图 16-23 所示。因运算放大器可以传输直流,故回转器也可以"回转"直流。

两个回转器的级联如图 16-24 所示,该电路的 **T** 参数矩阵为

$$\boldsymbol{T} = \boldsymbol{T}_1 \cdot \boldsymbol{T}_2 = \begin{bmatrix} 0 & r_1 \\ \dfrac{1}{r_1} & 0 \end{bmatrix}\begin{bmatrix} 0 & r_2 \\ \dfrac{1}{r_2} & 0 \end{bmatrix} = \begin{bmatrix} \dfrac{r_1}{r_2} & 0 \\ 0 & \dfrac{r_2}{r_1} \end{bmatrix} \tag{16-38}$$

若 $\dfrac{r_1}{r_2} = n$,则式(16-38)与理想变压器的 **T** 参数矩阵相同。

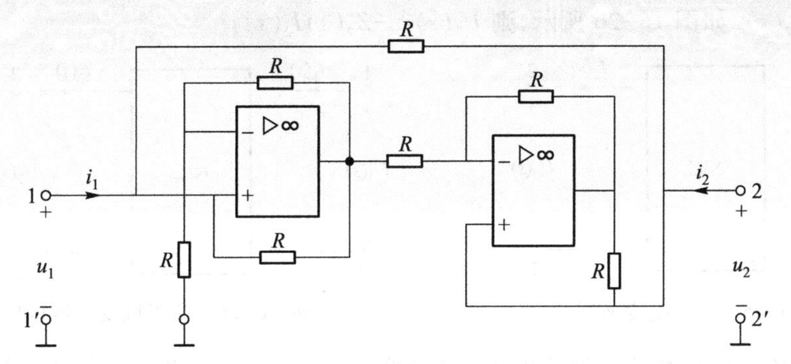

图 16-23　用运算放大器实现回转器的一种电路结构

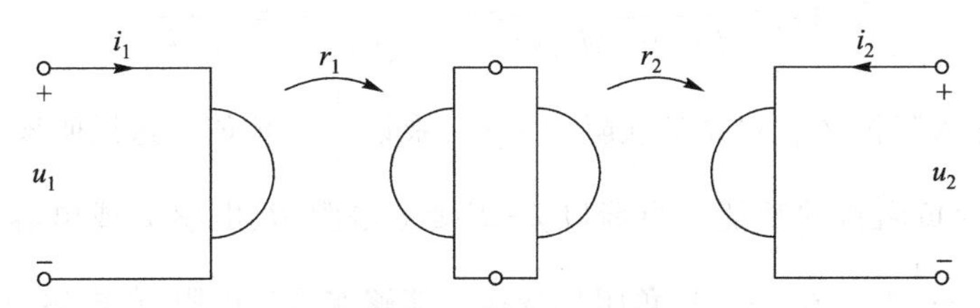

图 16-24　回转器的级联

可见,两个理想回转器级联可构成理想变压器。由此可知两个实际回转器级联可构成与理想变压器对应的实际电路。由于实际回转器可以传递直流,这种方式构成的电子式实际变压器就可以传递直流,该内容已在 9.7 节中作过讨论。

16.7.2　负阻抗变换器

负阻抗变换器有理想负阻抗变换器和实际负阻抗变换器之分。实际负阻抗变换器是指在物理上可以实现的一种电路结构;理想负阻抗变换器是一种定义出来的元件,用于对实际负阻抗变换器建模。为简单起见,省略理想负阻抗变换器中的"理想"二字,将理想负阻抗变换器简称为负阻抗变换器。

负阻抗变换器(英文缩写为 NIC)也是一个二端口元件,其电路符号如图 16-25 所示。负阻抗变换器有两种类型,其特性可用 **T** 参数方程描述,一种类型的负阻抗变换器的 **T** 参数方程为

$$\begin{bmatrix} U_1(s) \\ I_1(s) \end{bmatrix} = \begin{bmatrix} 1 & 0 \\ 0 & -k \end{bmatrix} \begin{bmatrix} U_2(s) \\ -I_2(s) \end{bmatrix} \tag{16-39}$$

式中,k 为常数。

由上述负阻抗变换器的特性方程可以看出,输入电压 $U_1(s)$ 经过传输后没有任何变化,即 $U_2(s)$ 等于 $U_1(s)$,但是电流 $I_1(s)$ 经过传输后变为 $kI_2(s)$,大小和方向均发生了变化。所以这种负阻抗变换器称为电流反向型负阻抗变换器。

下面来说明负阻抗变换器把正阻抗变为负阻抗的特性。设负阻抗变换器的 2-2′端口接

有负载阻抗 $Z_2(s)$，如图 16-26 所示，则 $U_2(s)=-Z_2(s)I_2(s)$。

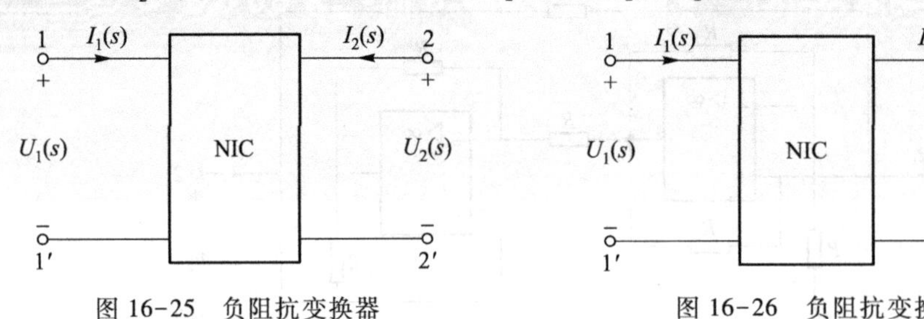

图 16-25　负阻抗变换器　　　　图 16-26　负阻抗变换器接负载

设图 16-26 中负阻抗变换器为电流反向型的，从端口 1-1′看进去的输入阻抗应为

$$Z_{1\text{in}}(s)=\frac{U_1(s)}{I_1(s)}=\frac{U_2(s)}{kI_2(s)}=\frac{-Z_2(s)I_2(s)}{kI_2(s)}=-\frac{Z_2(s)}{k} \tag{16-40}$$

式(16-40)表明输入阻抗 $Z_{1\text{in}}(s)$ 是负载阻抗 $Z_2(s)$ 乘以 $\frac{1}{k}$ 的负值。这说明该二端口网络具有把一个正阻抗变为负阻抗的功能。当端口 2-2′接上电阻 R、电感 L 或电容 C 时，其在端口 1-1′等效为 $-\frac{1}{k}R$、$-\frac{1}{k}L$、$-kC$。可见，负阻抗变换器能够实现负电阻、负电感、负电容。

电压反向型负阻抗变换器的特性方程为

$$\begin{bmatrix} U_1(s) \\ I_1(s) \end{bmatrix}=\begin{bmatrix} -k & 0 \\ 0 & 1 \end{bmatrix}\begin{bmatrix} U_2(s) \\ -I_2(s) \end{bmatrix} \tag{16-41}$$

这种负阻抗变换器能使输入电压 $U_1(s)$ 在传输后变为 $-kU_2(s)$，方向和大小均有所改变，但电流 $I_1(s)$ 经传输后方向和大小没有改变。

实际负阻抗变换器可在实际运算放大器基础上实现，图 6-9 所示电路就是一种实际负抗阻变换器的电路原理结构。

习题

16-1　求题 16-1 图所示电路的 **Z** 参数。

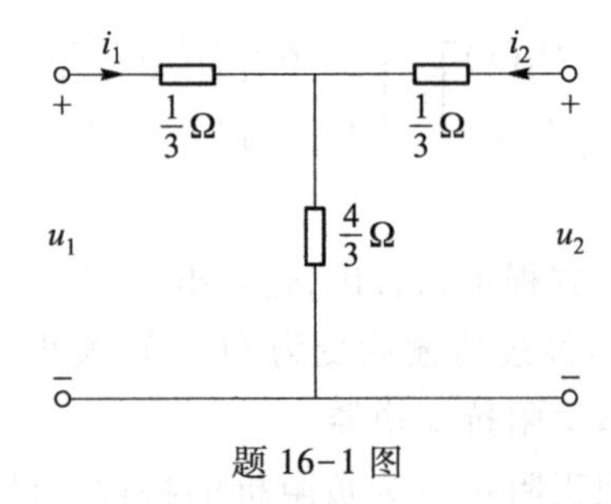

题 16-1 图

16-2　针对题 16-2 图所示二端口网络，求：(1) 阻抗参数矩阵 $\boldsymbol{Z}$。(2) 导纳参数矩阵 $\boldsymbol{Y}$。

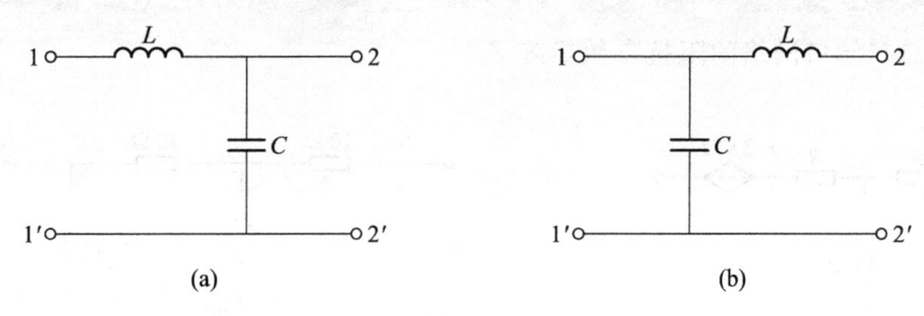

题 16-2 图

16-3　求题 16-3 图所示电路的 $\boldsymbol{Y}$ 参数矩阵。

16-4　针对题 16-4 图所示二端口网络，求：(1) 阻抗参数矩阵 $\boldsymbol{Z}$。(2) 导纳参数矩阵 $\boldsymbol{Y}$。

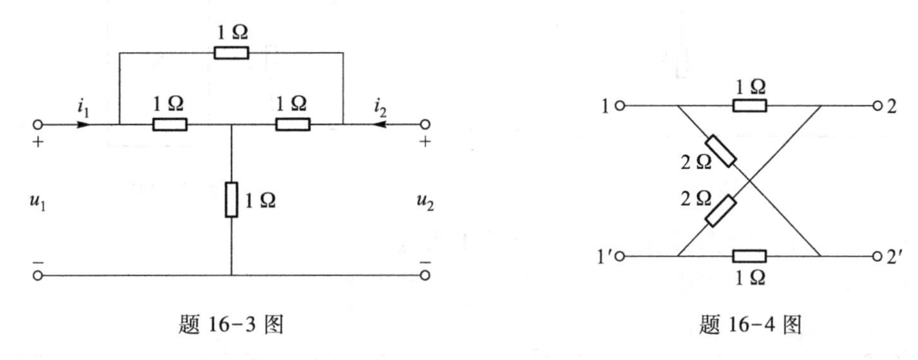

题 16-3 图　　　　题 16-4 图

16-5　求题 16-5 图所示二端口网络的 $\boldsymbol{Z}$ 参数矩阵。

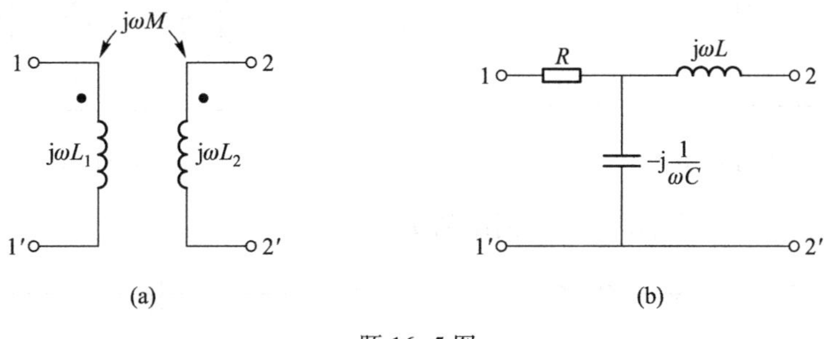

题 16-5 图

16-6　求题 16-6 图所示电路的 $\boldsymbol{Z}$ 参数矩阵。

16-7　求题 16-7 图所示电路的 $\boldsymbol{Z}$ 参数矩阵。

16-8　已知题 16-8 图所示二端口网络的 $\boldsymbol{Z}$ 参数矩阵为 $\boldsymbol{Z}=\begin{bmatrix}10 & 8\\ 5 & 10\end{bmatrix}\ \Omega$，求 R_1、R_2、R_3 和 r 的值。

16-9　题 16-9 图所示电路中，$R=2\ \Omega$，局部二端口网络 N 的阻抗参数矩阵为 $\boldsymbol{Z}'=\begin{pmatrix}3 & 2\\ 2 & 5\end{pmatrix}\ \Omega$，求总二端口网络的阻抗参数矩阵 $\boldsymbol{Z}$。

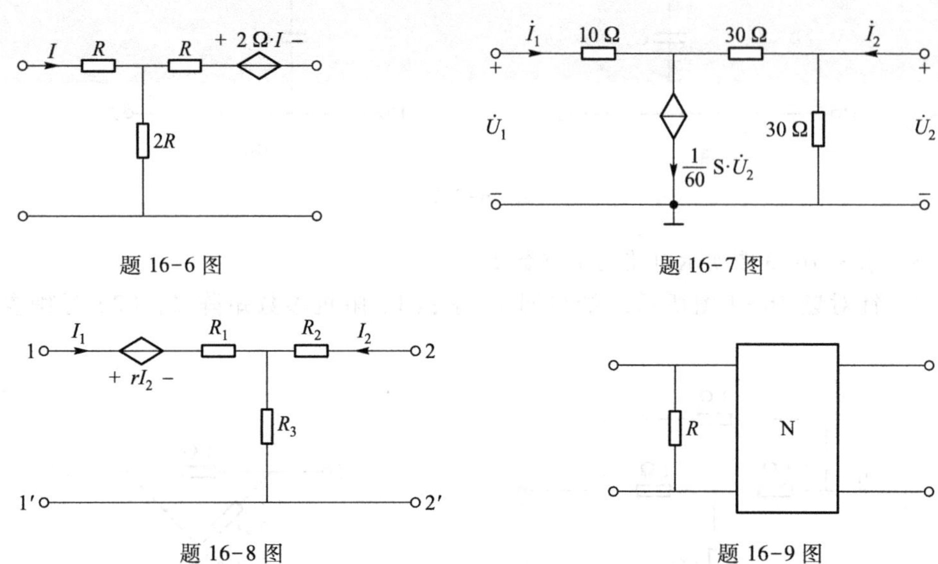

题 16-6 图　　题 16-7 图

题 16-8 图　　题 16-9 图

16-10　求题 16-10 图所示二端口网络的 $\boldsymbol{Y}$ 参数矩阵。

16-11　求题 16-11 图所示二端口网络的 $\boldsymbol{Y}$ 参数矩阵。

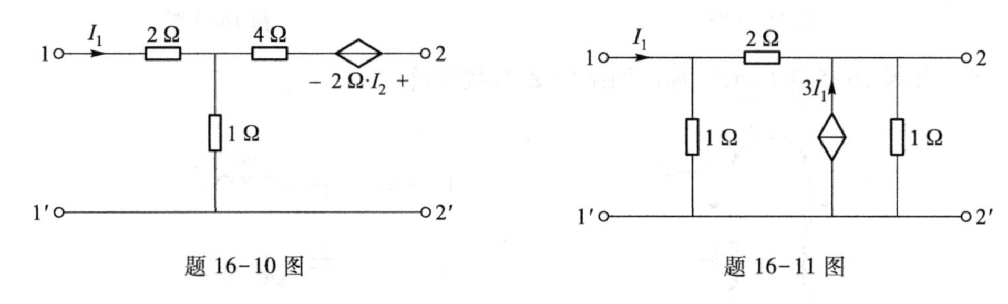

题 16-10 图　　题 16-11 图

16-12　求题 16-12 图所示二端口网络的 $\boldsymbol{T}$ 参数矩阵。

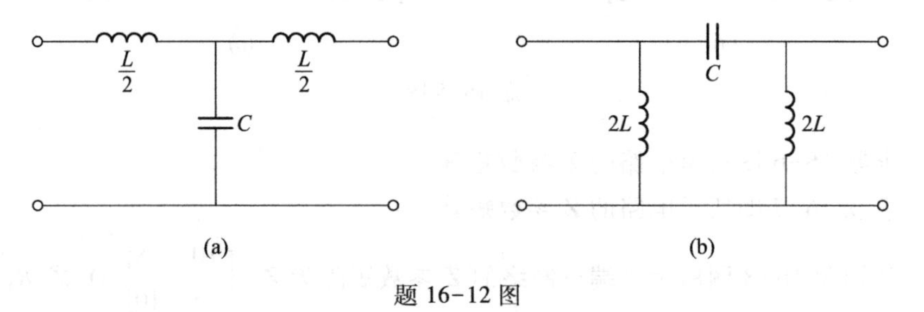

题 16-12 图

16-13　试求题 16-13 图所示电路的 $\boldsymbol{Z}$ 参数矩阵和 $\boldsymbol{T}$ 参数矩阵。它的 $\boldsymbol{Y}$ 参数矩阵是否

存在？

16-14　试求题 16-14 图所示电路的 **Y** 参数矩阵和 **T** 参数矩阵。它的 **Z** 参数矩阵是否存在？

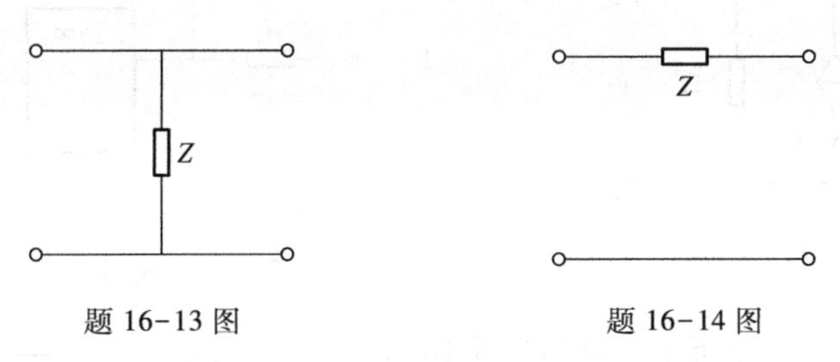

题 16-13 图　　　　题 16-14 图

16-15　求题 16-15 图所示二端口网络的 **T** 参数矩阵。

16-16　题 16-16 图所示二端口网络的 **T** 参数矩阵为 $\boldsymbol{T}=\begin{pmatrix}\dfrac{4}{3} & 4\ \Omega\\ \dfrac{7}{36}\ \mathrm{S} & \dfrac{4}{3}\end{pmatrix}$，负载 R_L 为何值时能从网络获得最大功率？最大功率为多少？

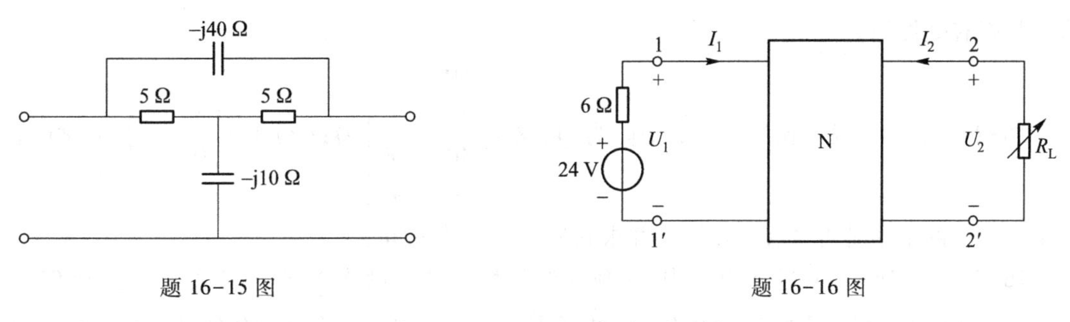

题 16-15 图　　　　题 16-16 图

16-17　试根据 **Z** 参数方程推导出 **H** 参数矩阵与 **Z** 参数矩阵之间的关系。

16-18　求题 16-18 图所示二端口网络的 **H** 参数矩阵。

16-19　求题 16-19 图所示二端口网络的 **H** 参数矩阵。

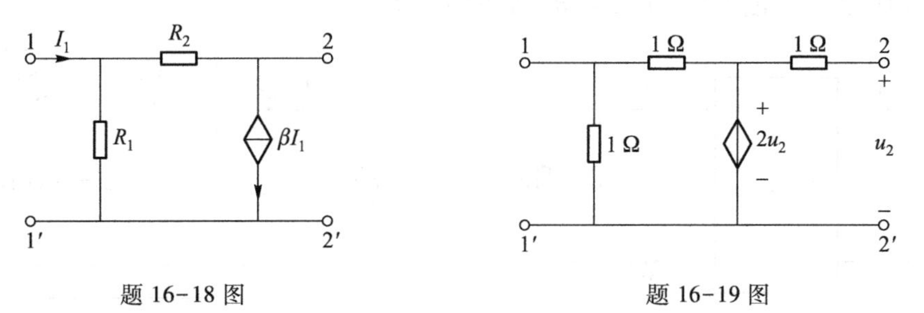

题 16-18 图　　　　题 16-19 图

16-20　求题 16-20 图所示二端口网络的 **H** 参数矩阵。

16-21　求题 16-21 图所示电路的 **Y** 参数矩阵和 **H** 参数矩阵。

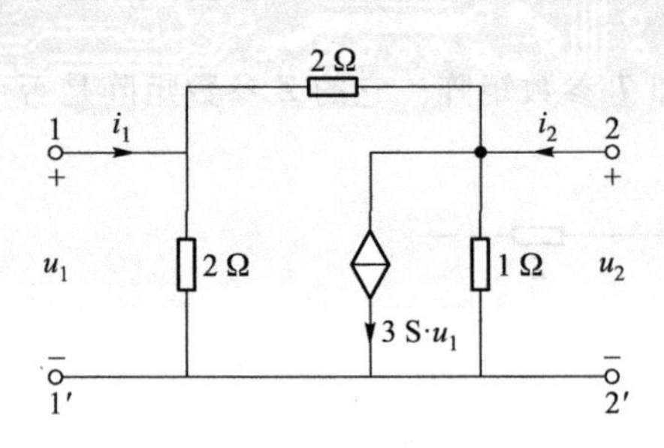

题 16-20 图

题 16-21 图

16-22　在题 16-22 图所示线性电阻电路 N_R 中，已知当 $u_1(t)=30$ V，$u_2(t)=0$ 时，$i_1(t)=5$ A，$i_2(t)=-2$ A。试求当 $u_1(t)=(30t+60)$ V，$u_2(t)=(60t+15)$ V 时的 $i_1(t)$。

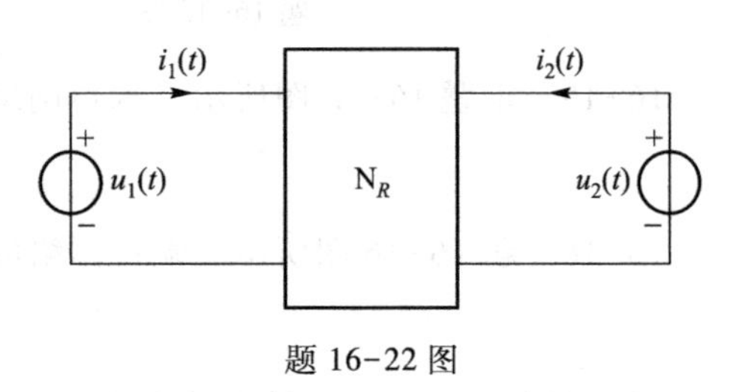

题 16-22 图

16-23　已知二端口网络的 $\boldsymbol{Y}$ 参数矩阵为 $\boldsymbol{Y}=\begin{bmatrix}1.5 & -1.2\\ -1.2 & 1.8\end{bmatrix}$ S，求 $\boldsymbol{H}$ 参数矩阵，并说明二端口网络中是否有受控源。

16-24　已知二端口网络的参数矩阵为(1) $\boldsymbol{Z}=\begin{bmatrix}\frac{60}{9} & \frac{40}{9}\\ \frac{40}{9} & \frac{100}{9}\end{bmatrix}$ Ω；(2) $\boldsymbol{Y}=\begin{bmatrix}5 & -2\\ 0 & 3\end{bmatrix}$ S，试问这两个二端口网络中是否含有受控源？并求它们的 Π 形等效电路。

16-25　题 16-25 图所示电路中，无独立源线性二端口网络 N 的 $\boldsymbol{Y}$ 参数为 $Y_{11}=0.01$ S，$Y_{12}=-0.02$ S，$Y_{21}=0.03$ S，$Y_{22}=0.02$ S，另有 $\dot{U}_S=400\underline{/-30^\circ}$ V，$R_S=100$ Ω，负载阻抗 Z_L 为 $20\underline{/30^\circ}$ Ω。试通过二端口网络的等效电路求 $\dot{U}_2$。

16-26　题 16-26 图所示电路中，已知 $U_S=240$ V，试求：(1) 虚线框所示二端口网络的 $\boldsymbol{Z}$ 参数矩阵和 Π 形等效电路。(2) 负载 R_L 吸收的功率。

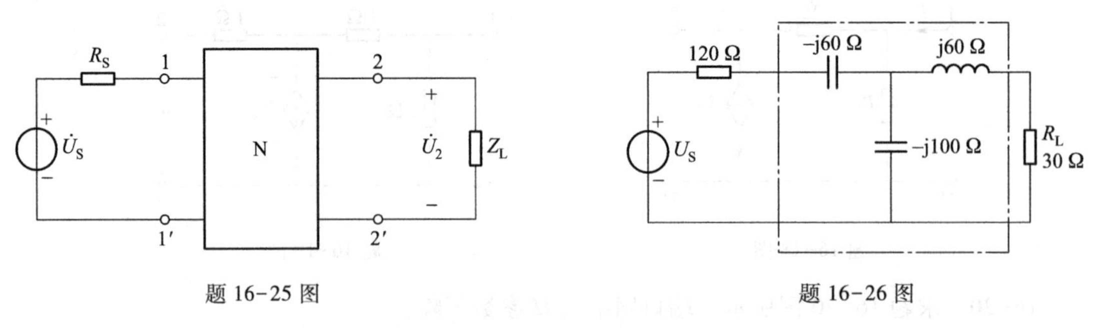

题 16-25 图　　题 16-26 图

16-27　已知二端口网络的 $\boldsymbol{Z}$ 参数为 $Z_{11}=3$ Ω、$Z_{12}=4$ Ω、$Z_{21}=\mathrm{j}2$ Ω、$Z_{22}=\mathrm{j}3$ Ω，求其等效

电路。

16-28　电路如题 16-28 图所示，N 为线性电阻性二端口网络，当 $R_L=\infty$ 时，$U_2=7.5\ \text{V}$；当 $R_L=0$ 时，$I_1=3\ \text{A}$，$I_2=-1\ \text{A}$。(1) 求二端口网络的 $\boldsymbol{Y}$ 参数矩阵。(2) 求二端口网络的 Π 形等效电路。(3) 当 R_L 为何值时，可获得最大功率，并求此最大功率。

16-29　题 16-29 图所示电路中，二端口网络 N 的开路阻抗参数矩阵为 $\boldsymbol{Z}_N=\begin{bmatrix}4 & 2\\ 2 & 4\end{bmatrix}\ \Omega$，求整个二端口网络的开路阻抗参数矩阵 $\boldsymbol{Z}$。

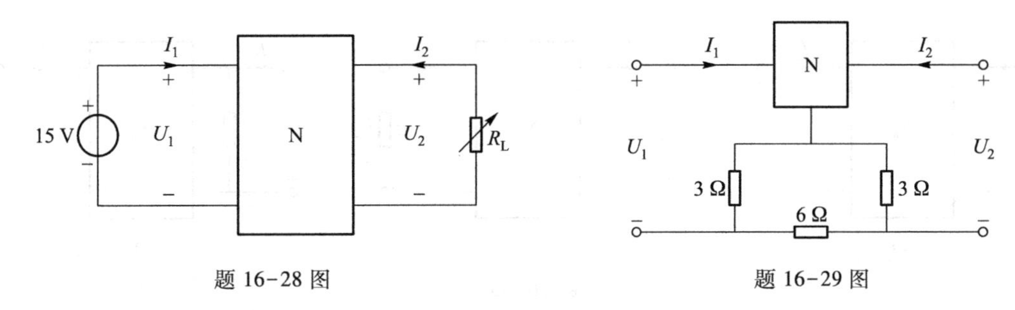

题 16-28 图　　　　题 16-29 图

16-30　题 16-30 图所示电路可看成是两个相同的二端口网络的级联，求单个二端口网络的 $\boldsymbol{T}$ 参数矩阵（角频率为 ω），并求级联后复合二端口网络的 $\boldsymbol{T}$ 参数矩阵。

16-31　题 16-31 图所示的 RLC 网络的短路导纳矩阵为 $\boldsymbol{Y}=\begin{bmatrix}Y_{11} & Y_{12}\\ Y_{21} & Y_{22}\end{bmatrix}$，求网络函数 $H(s)=U_2(s)/U_1(s)$。

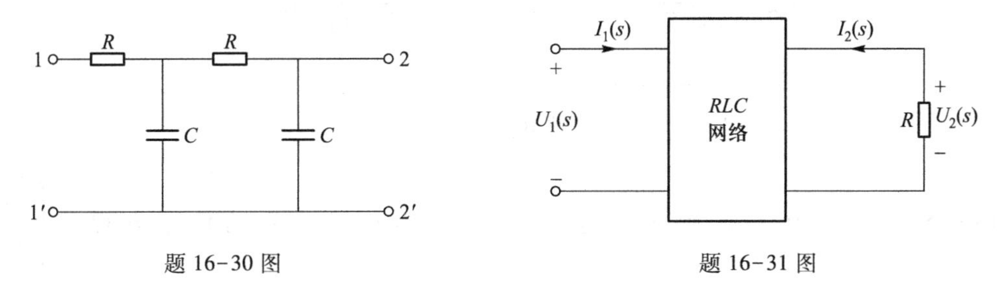

题 16-30 图　　　　题 16-31 图

16-32　电路如题 16-32 图所示，二端口的 $\boldsymbol{H}$ 参数矩阵为 $\boldsymbol{H}=\begin{bmatrix}40\ \Omega & 0.4\\ 10 & 0.1\ \text{S}\end{bmatrix}$，求该二端口的电压转移函数 $U_2(s)/U_S(s)$。

16-33　题 16-33(a) 图所示的互易二端口网络 N_R，其传输方程为 $\begin{cases}U_1=2U_2-30I_2\\ I_1=0.1U_2-2I_2\end{cases}$，$U_1$、$U_2$ 的单位为 V，I_1、I_2 的单位为 A。当某一电阻 R 如题 16-33(b) 图所示接在输出端口时，输入端口的输入电阻为该电阻如题 16-33(c) 图所示接入网络时输入电阻的 6 倍，求电阻 R 的参数值。

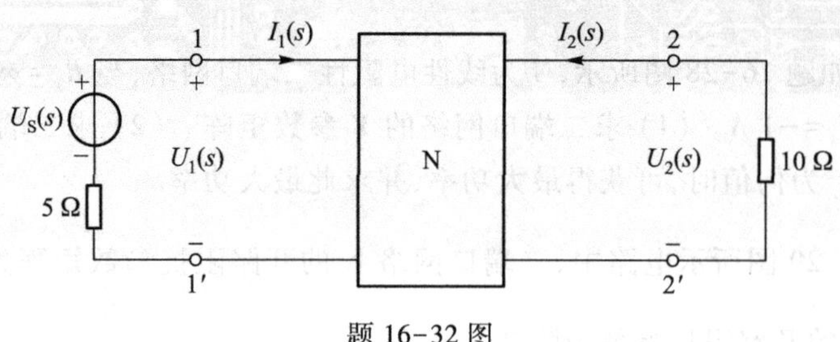

题 16-32 图

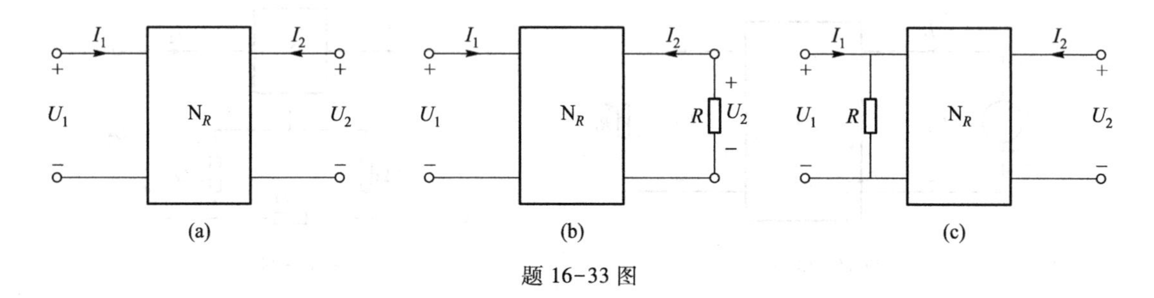

题 16-33 图

16-34　试求题 16-34 图所示电路的输入阻抗 $Z_{in}(s)$。图中 $C_1=C_2=1$ F, $G_1=G_2=1$ S, $g=2$ S。

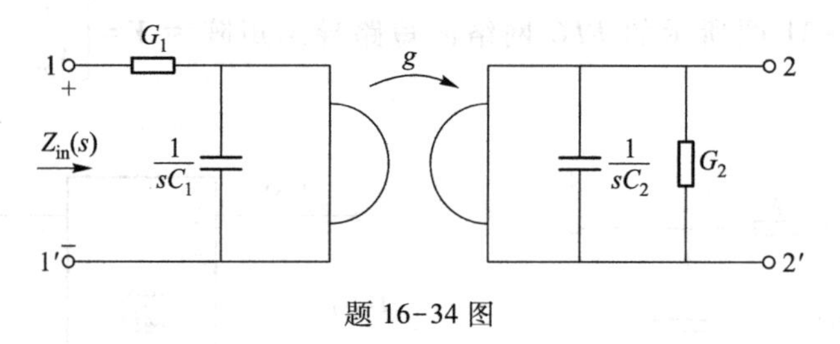

题 16-34 图

16-35　如题 16-35 图所示电路，已知负阻抗变换器的传输方程为 $\begin{bmatrix}\dot{U}_1\\ \dot{I}_1\end{bmatrix}=\begin{bmatrix}1 & 0\\ 0 & -2\end{bmatrix}\begin{bmatrix}\dot{U}_2\\ -\dot{I}_2\end{bmatrix}$，若 $\dot{U}_1=250\angle 0^\circ$ mV，求 $\dot{I}_1$ 和输入阻抗 Z_i。

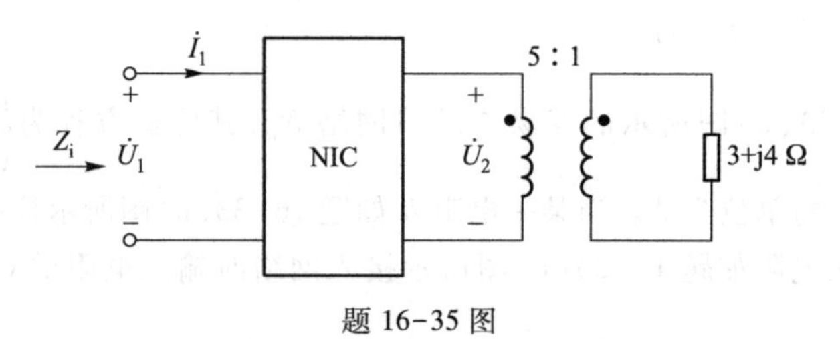

题 16-35 图

第 17 章 电路的计算机辅助分析基础

内容提要 本章介绍借助计算机进行电路分析的基础知识。具体内容为:电路的计算机辅助分析概述、图论的基础知识、关联矩阵、特勒根定理的证明、标准支路的约束关系、电路的矩阵方程、含受控源和互感元件时的支路约束矩阵、借助特有树建立状态方程。

17.1 电路的计算机辅助分析概述

前面介绍的电路分析方法是基于人力进行的,然而,对工程实际中的大规模电路,人工分析显然力不从心,因此,有必要引入借助计算机的分析方法。

用计算机分析电路的过程是:由人工把电路的结构和元件参数输入到计算机中,计算机通过已经编写好的电路分析程序自动列写出电路方程,然后求解得到电路的解。可见,计算机替代了人的一部分工作,但依然无法脱离人而完成电路分析的全过程,故用计算机分析电路称为电路的计算机辅助分析。

17.2 图论的基础知识

17.2.1 拓扑图

电路是由元件互连而成的,如果不考虑元件的特性,只研究电路的互连性质,可构造电路的拓扑图(topological graph),用符号 G 表示。电路的拓扑图由点和线段构成,点对应电路中的节点,线段对应电路中的支路。拓扑图也常简称为图。

电路的拓扑图随支路定义的变化而变。可将电路中每一个二端元件定义为一个支路,也可有其他的定义。如对图 17-1(a)所示电路,若把一个二端元件定义为一个支路,可得图 17-1(b)所示的拓扑图;若按第 3 章中图 3-1 所示的方式定义支路,可得图 17-1(c)所示的拓扑图。

拓扑图中各支路若标明了方向,就称为有向图;反之,则称为无向图。有向图中支路的方向就是电路中对应支路电流(或支路电压)的参考方向。

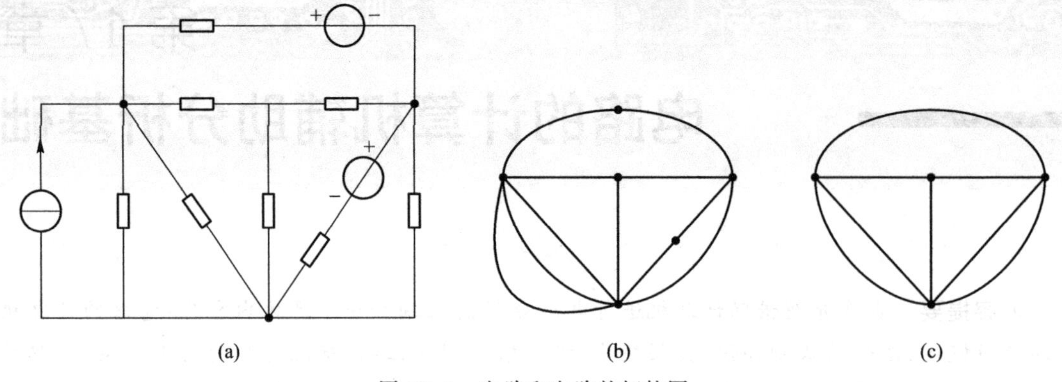

图 17-1 电路和电路的拓扑图
(a) 电路 (b) 电路的拓扑图一 (c) 电路的拓扑图二

如果存在两个拓扑图 G 和 G_1,若 G_1 中所有的支路和节点均是 G 中的支路和节点,则称 G_1 是 G 的子图。

可将拓扑图中的支路移走,但支路两端的节点应保留;如果将拓扑图中的节点移走,与节点相连的支路也要被移走。

移走拓扑图中部分支路后,若出现了分离的子图或孤立的节点,该拓扑图就被称为非连通图。若拓扑图中任意两个节点之间都有支路相连,该拓扑图就被称为连通图。

设有如图 17-2(a)所示的拓扑图,将图中支路 1、3、5、7 移走,可得如图 17-2(b)所示拓扑图。图 17-2(b)是图 17-3(a)的子图,图 17-3(a)是连通图,图 17-3(b)是非连通图。

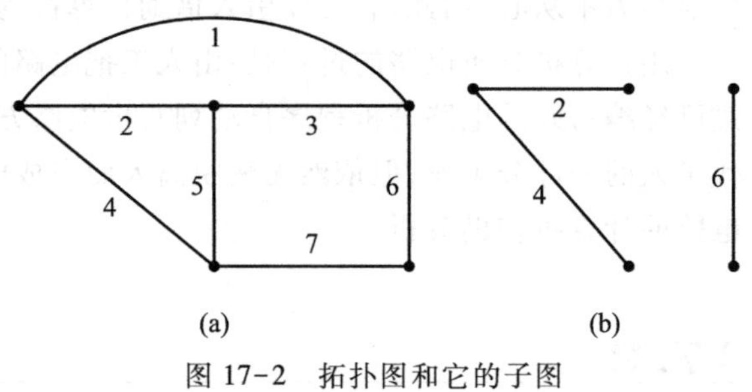

图 17-2 拓扑图和它的子图
(a) 拓扑图 (b) 拓扑图的子图

图论中对回路给出的定义是:回路是拓扑图的一个连通子图,该子图中任意一个节点上都连着两条且仅有两条支路。

17.2.2 树

在图论中,树是一个非常重要的概念。给定一个拓扑图后,可得到多个子图,当子图满足一定条件时,对应的子图就被称为树。

拓扑图的某个子图被称为树,要满足以下条件:① 此子图是连通的;② 包含了原拓扑图中的全部节点;③ 不包含任何回路。

一个拓扑图可有多个树,如针对图 17-3(a)所示的拓扑图,图 17-3(b)(c)(d)所示的子图均是它的树,共计可以找出 16 个树。

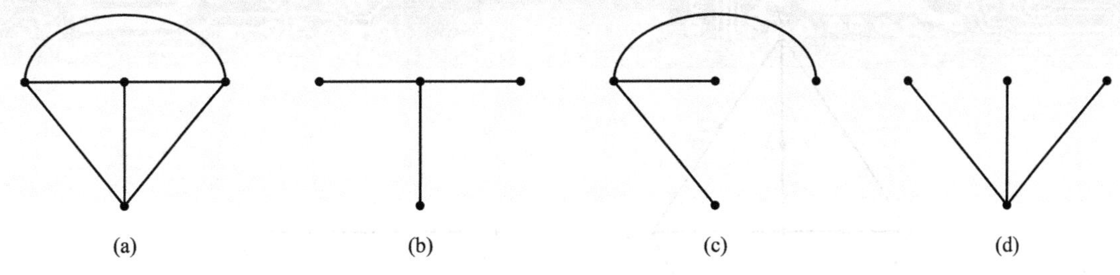

图 17-3　拓扑图和由它的子图构成的树
(a) 拓扑图　(b) 子图一　(c) 子图二　(d) 子图三

对一个拓扑图,确定了树后,树所包含的支路称为树支,其他支路称为连支。针对一个由 n 个节点、b 条支路构成的拓扑图,树支数是 $n-1$,连支数是 $b-(n-1)$。这可说明如下:因为第一条支路可以连接两个节点,以后每增加一条支路就可多连接一个节点,$n-1$ 个支路可将 n 个节点连接完毕。将支路总数 b 减去树枝数 $n-1$,可得连支数为 $b-(n-1)$。

17.2.3　单连支回路

在确定了树以后,每一条连支就对应一个回路。因为该回路中只有一条连支,其他均为树支,所以这样的回路称为单连支回路(唯一连支回路)。$b-(n-1)$条连支可构成 $b-(n-1)$个单连支回路。

单连支回路中的连支只属于该回路,所以该回路独立,所列 KVL 方程独立。可见,独立回路和独立 KVL 方程的数量是 $b-(n-1)$。

针对电路,确定树进而找到对应的单连支回路,就是复杂电路确定独立回路的方法。全部单连支回路构成独立回路组,可列出独立 KVL 方程组。

图 17-3(a)所示的拓扑图中,支路数 $b=7$,节点数 $n=5$。若选支路 1、4、5、7 为树支,则支路 2、3、6 为连支,可得如图 17-4 中实线所示的树,由此可得三个单连支回路分别为:l_1(由支路 1、4、7、6 构成)、l_2(由支路 4、5、2 构成)、l_3(由支路 1、4、5、3 构成)。

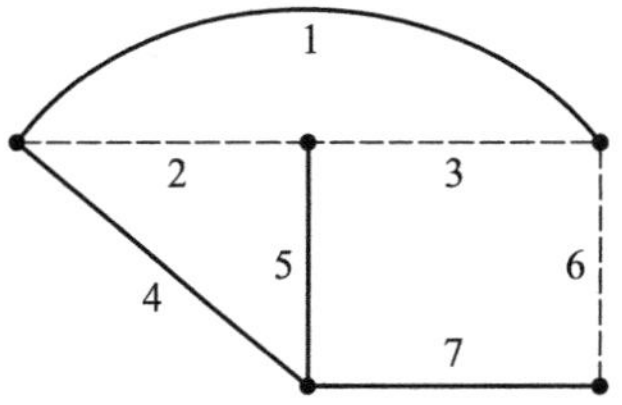

图 17-4　树的示图

17.2.4　割集

所谓割集,是针对连通图的一种支路集合,它满足以下两个条件:① 移去集合中的所有支路,剩下的图是分离的;② 保留集合中任一条支路不移去,剩下的图仍是连通的。

移去 17-5(a)所示连通图 G 的支路 1、2、3,可得到图 17-5(b)所示的子图 G_1。子图 G_1 是分离的两个部分,但只要少移去 1、2、3 支路中的任何一条,图就仍然是连通的,因此支路 1、2、3 的集合就称为割集,用 $C_1(1,2,3)$表示。

如同回路包含网孔一样,割集包含节点。割集与回路、节点与网孔为对偶量。

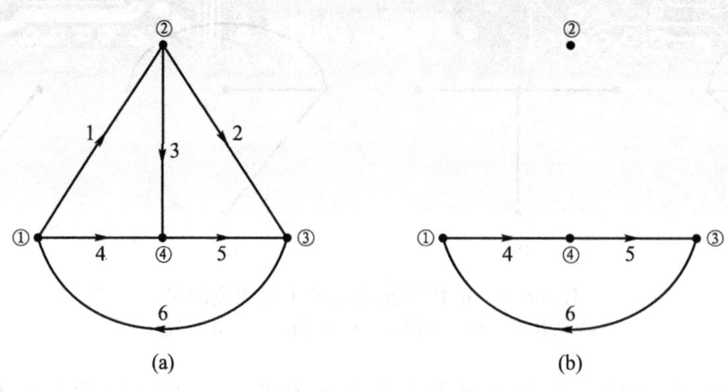

图 17-5　移去支路的含义

(a) 连通图　(b) 子图

确定连通图割集的方法是作封闭面。若一个封闭面所切割的所有支路都移去，连通图被分割成两个部分，则这样的一组支路集合就为一个割集。

根据割集的定义，图 17-6 中虚线所示的支路集合 $C_2(1,4,6)$、$C_3(3,4,5)$、$C_4(2,5,6)$、$C_5(1,2,4,5)$ 均是图 17-5(a)中连通图 G 的割集，而支路集合(1,2,5,6)则不是 G 的割集。

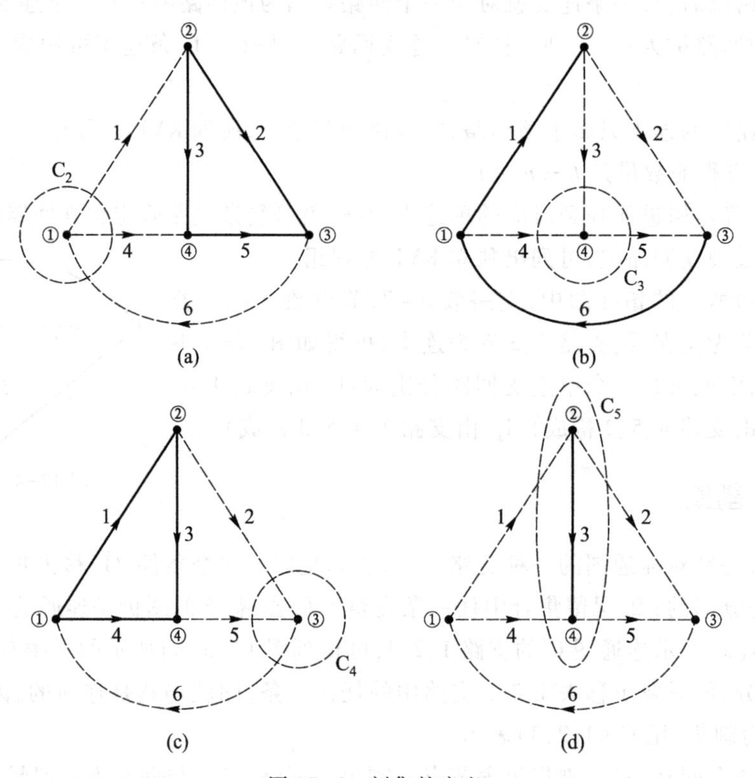

图 17-6　割集的定义

(a) 割集示例一　(b) 割集示例二　(c) 割集示例三　(d) 割集示例四

类似于回路,对割集可规定参考方向。割集的参考方向定为封闭面的外法线方向或内法线方向。

17.3 关联矩阵

17.3.1 节点支路关联矩阵 A

有向图中节点与支路的关系可用节点支路关联矩阵 $\boldsymbol{A}_a$ 表示。令矩阵的行与有向图的节点对应,列与支路对应,对具有 n 个节点和 b 条支路的有向图,该矩阵就为 n 行 b 列,a_{ik} 为在矩阵 i 行 k 列位置上的元素,按下面的约定取值:

$$a_{ik}=\begin{cases}0, & \text{若支路 } k \text{ 与节点 } i \text{ 不关联,即支路 } k \text{ 未与节点 } i \text{ 相连}\\ 1, & \text{若支路 } k \text{ 与节点 } i \text{ 关联,且支路 } k \text{ 的参考方向背离节点 } i\\ -1, & \text{若支路 } k \text{ 与节点 } i \text{ 关联,且支路 } k \text{ 的参考方向指向节点 } i\end{cases}$$

对图 17-7 所示的有向图,根据约定,可列出节点支路关联矩阵为

$$\boldsymbol{A}_a=\begin{matrix} \\ ① \\ ② \\ ③ \\ ④ \end{matrix}\begin{matrix} \begin{matrix} 1 & 2 & 3 & 4 & 5 & 6 \end{matrix} \\ \begin{bmatrix} 1 & 0 & 0 & 1 & 0 & -1 \\ -1 & 1 & 1 & 0 & 0 & 0 \\ 0 & -1 & 0 & 0 & -1 & 1 \\ 0 & 0 & -1 & -1 & 1 & 0 \end{bmatrix}\end{matrix}$$

矩阵 $\boldsymbol{A}_a$ 的每一行对应着一个节点,每一列对应着一条支路。由于一条支路只能连接在两个节点之间,且该支路的参考方向相对其中一个节点是离开时,相对另一个节点必然是指向的,因此每一列中必有两个非零元素,一个为+1,另一个为-1,其余的均为 0。由此可知,当把每一列中的元素相加后结果为零,因此删去 $\boldsymbol{A}_a$ 中的任一行得到的子矩阵仍能完整地表示有向图的节点与支路关系。把 $\boldsymbol{A}_a$ 中删除一行得到的$(n-1)\times b$ 阶矩阵用 $\boldsymbol{A}$ 表示,称为降阶关联矩阵,而删去的那一行所对应的节点,就是电路分析中的参考节点。对图 17-7 所示的有向图,删去节点④所对应的行,所得的降阶关联矩阵为

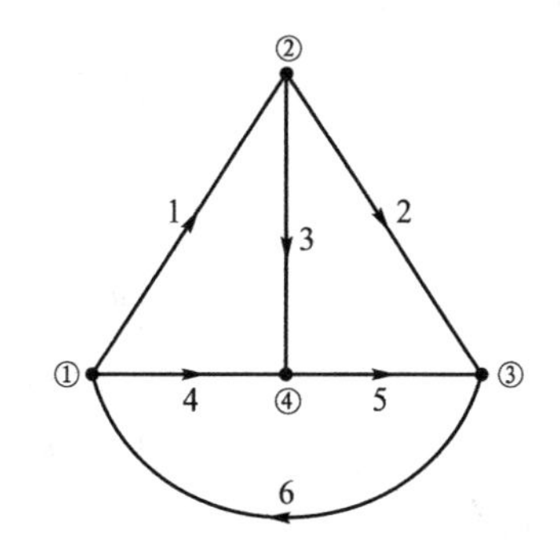

图 17-7　关联矩阵列写方法示例

$$\boldsymbol{A}=\begin{bmatrix} 1 & 0 & 0 & 1 & 0 & -1 \\ -1 & 1 & 1 & 0 & 0 & 0 \\ 0 & -1 & 0 & 0 & -1 & 1 \end{bmatrix}$$

由于电路分析中所用的均是降阶关联矩阵,故将该矩阵简称为关联矩阵。

前面曾谈到，一个拓扑图可有多个树。可以证明，树的数目为 $\det[\boldsymbol{A}\boldsymbol{A}^{\mathrm{T}}]$。

可用关联矩阵 $\boldsymbol{A}$ 表示 KCL。如对图 17-7 所示有向图对应的电路，设支路编号、节点编号和电流参考方向如有向图中所示，则电路节点①、②、③的 KCL 方程为

$$\begin{cases} i_1+i_4-i_6=0 \\ -i_1+i_2+i_3=0 \\ -i_2-i_5+i_6=0 \end{cases} \tag{17-1}$$

将以上方程组表示成矩阵形式，可得

$$\begin{bmatrix} 1 & 0 & 0 & 1 & 0 & -1 \\ -1 & 1 & 1 & 0 & 0 & 0 \\ 0 & -1 & 0 & 0 & -1 & 1 \end{bmatrix} \begin{bmatrix} i_1 \\ i_2 \\ i_3 \\ i_4 \\ i_5 \\ i_6 \end{bmatrix} = \begin{bmatrix} 0 \\ 0 \\ 0 \end{bmatrix} \tag{17-2}$$

即

$$\boldsymbol{A}\boldsymbol{I}_{\mathrm{b}}=0 \tag{17-3}$$

式中，$\boldsymbol{I}_{\mathrm{b}}$ 是电路 b 条支路电流的向量，即 $\boldsymbol{I}_{\mathrm{b}}=[i_1 \quad i_2 \quad i_3 \quad i_4 \quad i_5 \quad i_6]^{\mathrm{T}}$。式(17-3)即为矩阵形式的 KCL 方程。

还可用关联矩阵 $\boldsymbol{A}$ 表示 KVL。如对图 17-7 所示有向图对应的电路，设支路编号、节点编号和电压参考方向如有向图中所示，以节点④为参考节点，由 KVL 可得各支路电压与节点电压的关系为

$$\begin{cases} u_1=u_{\mathrm{n1}}-u_{\mathrm{n2}} \\ u_2=u_{\mathrm{n2}}-u_{\mathrm{n3}} \\ u_3=u_{\mathrm{n2}} \\ u_4=u_{\mathrm{n1}} \\ u_5=u_{\mathrm{n3}} \\ u_6=u_{\mathrm{n3}}-u_{\mathrm{n1}} \end{cases} \quad \text{或} \quad \begin{bmatrix} u_1 \\ u_2 \\ u_3 \\ u_4 \\ u_5 \\ u_6 \end{bmatrix} = \begin{bmatrix} 1 & -1 & 0 \\ 0 & 1 & -1 \\ 0 & 1 & 0 \\ 1 & 0 & 0 \\ 0 & 0 & -1 \\ -1 & 0 & 1 \end{bmatrix} \begin{bmatrix} u_{\mathrm{n1}} \\ u_{\mathrm{n2}} \\ u_{\mathrm{n3}} \end{bmatrix}$$

因此有

$$\boldsymbol{U}_{\mathrm{b}}=\boldsymbol{A}^{\mathrm{T}}\boldsymbol{U}_{\mathrm{n}} \tag{17-4}$$

式中，$\boldsymbol{U}_{\mathrm{b}}$ 为 b 维节点电压列向量，即 $\boldsymbol{U}_{\mathrm{b}}=[u_1 \quad u_2 \quad u_3 \quad u_4 \quad u_5 \quad u_6]^{\mathrm{T}}$；$\boldsymbol{U}_{\mathrm{n}}$ 为 $n-1$ 维节点电压列向量，即 $\boldsymbol{U}_{\mathrm{n}}=[u_{\mathrm{n1}} \quad u_{\mathrm{n2}} \quad u_{\mathrm{n3}}]^{\mathrm{T}}$。式(17-4)即为矩阵形式的 KVL 方程，它也表明节点电压是完备的电路变量。

17.3.2 回路支路关联矩阵 $\boldsymbol{B}$

回路与支路的关系可用回路支路关联矩阵来描述。由于回路是由支路构成的，故针对每

一个回路均可建立其与支路的关系。

独立回路与支路的关系矩阵称为独立回路支路关联矩阵，简称为回路矩阵。

回路矩阵用 $\boldsymbol{B}$ 表示，它的行对应着回路，列对应着支路。对一个独立回路数为 l、支路数为 b 的有向图，$\boldsymbol{B}$ 是一个 $l\times b$ 阶矩阵，其第 i 行第 k 列位置上的元素 b_{ik} 定义为

$$b_{ik}=\begin{cases}1, & \text{支路 } k \text{ 属于回路 } i\text{，且支路 } k \text{ 的参考方向与回路 } i \text{ 的绕行方向一致}\\-1, & \text{支路 } k \text{ 属于回路 } i\text{，且支路 } k \text{ 的参考方向与回路 } i \text{ 的绕行方向不一致}\\0, & \text{支路 } k \text{ 不在回路 } i \text{ 上}\end{cases}$$

如图 17-8 所示的有向图中，网孔 l_1、l_2、l_3 是独立回路，则回路矩阵为

$$\boldsymbol{B}=\begin{matrix}\\ l_1\\ l_2\\ l_3\end{matrix}\begin{matrix}\begin{matrix}1 & 2 & 3 & 4 & 5 & 6\end{matrix}\\ \begin{bmatrix}1 & 0 & 1 & -1 & 0 & 0\\0 & 1 & -1 & 0 & -1 & 0\\0 & 0 & 0 & 1 & 1 & 1\end{bmatrix}\end{matrix}$$

选择独立回路的方法很多，如果对有向图选定一个树后，按先连支后树支顺序编号，并以连支编号作为对应单连支回路的编号，这样形成的独立回路组称为基本回路组。若规定连支方向为回路电流参考方向，在此基础上列出的回路矩阵就称为基本回路矩阵，用 $\boldsymbol{B}_{\mathrm{f}}$ 表示。

图 17-9 所示的有向图中，支路 1、2、3 为连支，4、5、6 为树枝；设单连枝编号为回路编号，连支方向为回路绕行方向，可得基本回路矩阵为

$$\boldsymbol{B}_{\mathrm{f}}=\begin{matrix}\\ l_1\\ l_2\\ l_3\end{matrix}\begin{matrix}\begin{matrix}1 & 2 & 3 & & 4 & 5 & 6\end{matrix}\\ \left[\begin{array}{ccc:ccc}1 & 0 & 0 & 0 & -1 & -1\\0 & 1 & 0 & -1 & -1 & 0\\0 & 0 & 1 & 1 & 1 & 1\end{array}\right]\end{matrix}$$

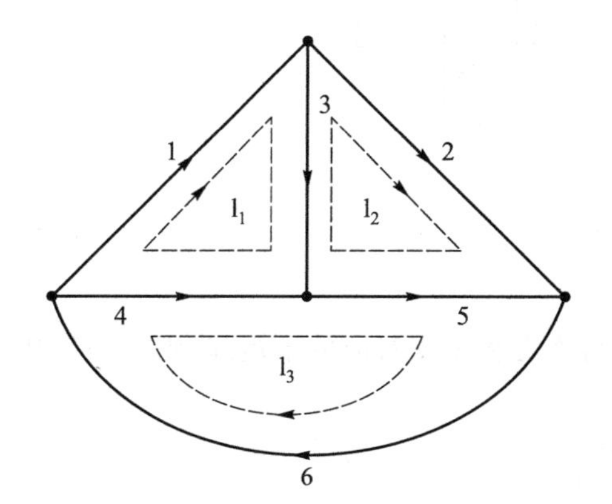

图 17-8　回路矩阵列写方法示例

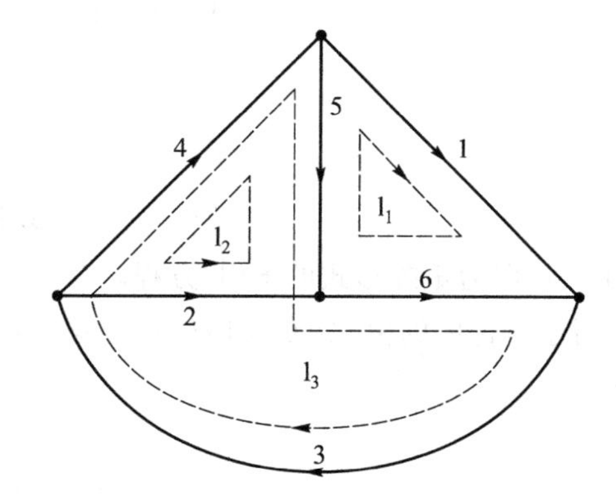

图 17-9　基本回路矩阵列写方法示例

$b-n+1$ 条连支与基本回路关联形成的 $(b-n+1)$ 阶子矩阵是单位矩阵，记为 $\mathbf{1}_l$，因此基本回

路矩阵一般写成

$$\boldsymbol{B}_{\mathrm{f}}=[\boldsymbol{1}_{\mathrm{l}} \vdots \boldsymbol{B}_{\mathrm{t}}] \tag{17-5}$$

式中,$\boldsymbol{B}_{\mathrm{t}}$ 为树支与基本回路关联的子矩阵。

KCL 可以用 $\boldsymbol{B}$ 或 $\boldsymbol{B}_{\mathrm{f}}$ 表示。对如图 17-10 所示的有向图,设想在每个基本回路 l_1、l_2、l_3 中有回路电流 i_{l1}、i_{l2}、i_{l3},则有 $i_1=i_{l1}$、$i_2=i_{l2}$、$i_3=i_{l3}$。由 KCL 可得 $i_4=-i_2+i_3=-i_{l2}+i_{l3}$、$i_5=-i_1+i_4=-i_{l1}-i_{l2}+i_{l3}$、$i_6=-i_1+i_3=-i_{l1}+i_{l3}$,因此,可得到如下形式的支路电流与回路电流的方程式:

$$\begin{bmatrix} i_1 \\ i_2 \\ i_3 \\ i_4 \\ i_5 \\ i_6 \end{bmatrix}=\begin{bmatrix} 1 & 0 & 0 \\ 0 & 1 & 0 \\ 0 & 0 & 1 \\ 0 & -1 & 1 \\ -1 & -1 & 1 \\ -1 & 0 & 1 \end{bmatrix}\begin{bmatrix} i_{l1} \\ i_{l2} \\ i_{l3} \end{bmatrix} \tag{17-6}$$

即

$$\boldsymbol{I}_{\mathrm{b}}=\boldsymbol{B}_{\mathrm{f}}^{\mathrm{T}}\boldsymbol{I}_{\mathrm{l}} \tag{17-7}$$

式(17-7)为矩阵形式的 KCL 方程,它也表明回路电流是完备的电路变量。

KVL 可用回路矩阵 $\boldsymbol{B}$ 或基本回路矩阵 $\boldsymbol{B}_{\mathrm{f}}$ 表示。图 17-9 中,对基本回路 l_1、l_2、l_3 分别列写 KVL 可得 $u_1-u_5-u_6=0$,$u_2-u_4-u_5=0$,$u_3+u_4+u_5+u_6=0$,写成矩阵形式有

$$\begin{bmatrix} 1 & 0 & 0 & \vdots & 0 & -1 & -1 \\ 0 & 1 & 0 & \vdots & -1 & -1 & 0 \\ 0 & 0 & 1 & \vdots & 1 & 1 & 1 \end{bmatrix}\begin{bmatrix} u_1 \\ u_2 \\ u_3 \\ u_4 \\ u_5 \\ u_6 \end{bmatrix}=\begin{bmatrix} 0 \\ 0 \\ 0 \end{bmatrix} \tag{17-8}$$

即

$$\boldsymbol{B}_{\mathrm{f}}\boldsymbol{U}_{\mathrm{b}}=0 \tag{17-9}$$

式(17-9)即为矩阵形式的 KVL 方程。

对于所选取的树,令 $\boldsymbol{U}_{\mathrm{l}}$ 和 $\boldsymbol{U}_{\mathrm{t}}$ 分别表示 $\boldsymbol{U}_{\mathrm{b}}$ 中与连支和树支对应的子矩阵,则式(17-9)可写成

$$[\boldsymbol{1}_{\mathrm{l}} \vdots \boldsymbol{B}_{\mathrm{t}}]\begin{bmatrix} \boldsymbol{U}_{\mathrm{l}} \\ \cdots \\ \boldsymbol{U}_{\mathrm{t}} \end{bmatrix}=0 \tag{17-10}$$

由式(17-10)可得

$$\boldsymbol{U}_{\mathrm{l}}=-\boldsymbol{B}_{\mathrm{t}}\boldsymbol{U}_{\mathrm{t}} \tag{17-11}$$

记 $\mathbf{1}_{n-1}$ 为 $n-1$ 阶方阵,所以

$$\boldsymbol{U}_{\mathrm{b}}=\begin{bmatrix}\boldsymbol{U}_{\mathrm{l}}\\ \cdots \\ \boldsymbol{U}_{\mathrm{t}}\end{bmatrix}=\begin{bmatrix}-\boldsymbol{B}_{\mathrm{t}}\\ \cdots \\ \mathbf{1}_{n-1}\end{bmatrix}\boldsymbol{U}_{\mathrm{t}} \tag{17-12}$$

式(17-12)表明,树支电压是一组完备的电路变量。

17.3.3 割集支路关联矩阵 $\boldsymbol{Q}$

割集由支路组成,对有向图选定一组割集,就可得到割集支路关联矩阵。电路计算机辅助分析中用到的割集,通常为单树枝割集。所谓单树枝割集是指先找一个树,并使每个割集中只包含一条树支。单树枝割集也称为基本割集,全部单树枝割集的集合称为基本割集组。

对一个由 b 条支路、n 个节点构成的有向图,树支数为 $n-1$ 个,基本割集数也为 $n-1$ 个。用矩阵 $\boldsymbol{Q}$ 表示有向图的基本割集与支路的关系,矩阵将是 $n-1$ 行 b 列的矩阵,$\boldsymbol{Q}$ 可简称为割集矩阵。矩阵的第 i 行第 k 列元素 q_{ik} 定义为

$$q_{ik}=\begin{cases}1, & \text{支路 } k \text{ 属于割集 } i\text{,且支路 } k \text{ 的参考方向与割集 } i \text{ 的参考方向一致}\\ -1, & \text{支路 } k \text{ 属于割集 } i\text{,且支路 } k \text{ 的参考方向与割集 } i \text{ 的参考方向相反}\\ 0, & \text{支路 } k \text{ 不属于割集 } i\end{cases}$$

如果约定:① 选树,按“先连支后树支”顺序对支路编号;② 按树支编号从小到大的顺序,将基本割集编号为 1、2、…、$n-1$;③ 树支的参考方向为基本割集的参考方向,则写出的矩阵 $\boldsymbol{Q}$ 称为基本割集矩阵,记为 $\boldsymbol{Q}_{\mathrm{f}}$。

如图 17-10 所示,若选取支路 4、5、6 为树,则 C_1、C_2、C_3 就为对应的基本割集。由此可得基本割集矩阵 $\boldsymbol{Q}_{\mathrm{f}}$ 为

$$\boldsymbol{Q}_{\mathrm{f}}=\begin{matrix} C_1\\ C_2\\ C_3\end{matrix}\overset{\begin{matrix}1 & 2 & 3 & & 4 & 5 & 6\end{matrix}}{\begin{bmatrix}0 & 1 & -1 & \vdots & 1 & 0 & 0\\ 1 & 1 & -1 & \vdots & 0 & 1 & 0\\ 1 & 0 & -1 & \vdots & 0 & 0 & 1\end{bmatrix}} \tag{17-13}$$

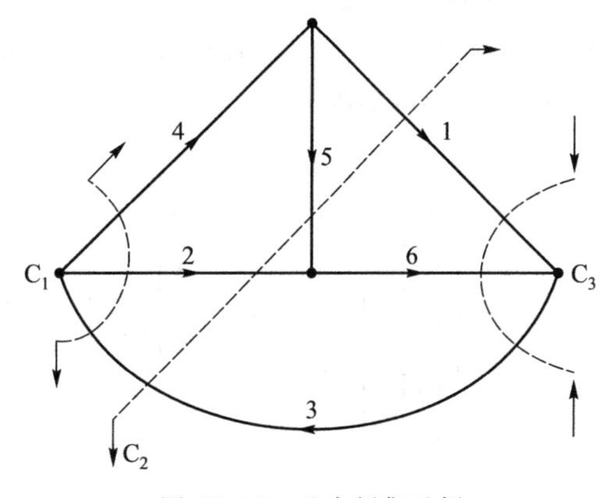

图 17-10 基本割集示例

基本割集矩阵中,$n-1$ 个树支与割集关联的子矩阵是一个 $n-1$ 阶的单位方阵,记为 $\mathbf{1}_{n-1}$,因此基本割集矩阵一般可表示为

$$\boldsymbol{Q}_{\mathrm{f}}=[\boldsymbol{Q}_{\mathrm{l}} \vdots \mathbf{1}_{n-1}] \tag{17-14}$$

式中,$\boldsymbol{Q}_{\mathrm{l}}$ 表示连支与割集关联的子矩阵。

可用 $\boldsymbol{Q}_{\mathrm{f}}$ 表示 KCL。对如图 17-10 所示的有向图，由 KCL 可得 $i_2-i_3+i_4=0, i_1+i_2-i_3+i_5=0, -i_1+i_3-i_6=0$，写成矩阵形式有

$$\begin{bmatrix} 0 & 1 & -1 & \vdots & 1 & 0 & 0 \\ 1 & 1 & -1 & \vdots & 0 & 1 & 0 \\ 1 & 0 & -1 & \vdots & 0 & 0 & 1 \end{bmatrix} \begin{bmatrix} i_1 \\ i_2 \\ i_2 \\ i_4 \\ i_5 \\ i_6 \end{bmatrix} = 0 \tag{17-15}$$

即

$$\boldsymbol{Q}_{\mathrm{f}} \boldsymbol{I}_{\mathrm{b}} = 0 \tag{17-16}$$

式(17-16)即为矩阵形式的 KCL 方程。式(17-16)也可写成分块矩阵的形式，即

$$\left[\boldsymbol{Q}_{1} \ \vdots \ \mathbf{1}_{n-1}\right] \begin{bmatrix} \boldsymbol{I}_{1} \\ \cdots \\ \boldsymbol{I}_{\mathrm{t}} \end{bmatrix} = 0 \tag{17-17}$$

因此有

$$\boldsymbol{I}_{\mathrm{t}} = -\boldsymbol{Q}_{1} \boldsymbol{I}_{1} \tag{17-18}$$

式(17-18)表明，对于任意选取的树，树支电流可以表示为连支电流的线性组合。由于 $n-1$ 个树支电流与 $b-(n-1)$ 个连支电流合起来为 b 个支路电流，而树枝电流可由连支电流求出，故式(17-18)说明连支电流是一组完备的电路变量。

$\boldsymbol{Q}$ 或 $\boldsymbol{Q}_{\mathrm{f}}$ 可以用来表示 KVL。例如，对图 17-11 所示的有向图，选取支路 4、5、6 为树支，构造单连支回路，对单连支回路列 KVL 方程可得 $u_1=u_5+u_6$、$u_2=u_4+u_5$、$u_3=-u_4-u_5-u_6$，结合 $u_4=u_4$、$u_5=u_5$、$u_6=u_6$，可形成矩阵方程，有

$$\begin{bmatrix} u_1 \\ u_2 \\ u_3 \\ u_4 \\ u_5 \\ u_6 \end{bmatrix} = \begin{bmatrix} 0 & 1 & 1 \\ 1 & 1 & 0 \\ -1 & -1 & -1 \\ 1 & 0 & 0 \\ 0 & 1 & 0 \\ 0 & 0 & 1 \end{bmatrix} \begin{bmatrix} u_4 \\ u_5 \\ u_6 \end{bmatrix} \tag{17-19}$$

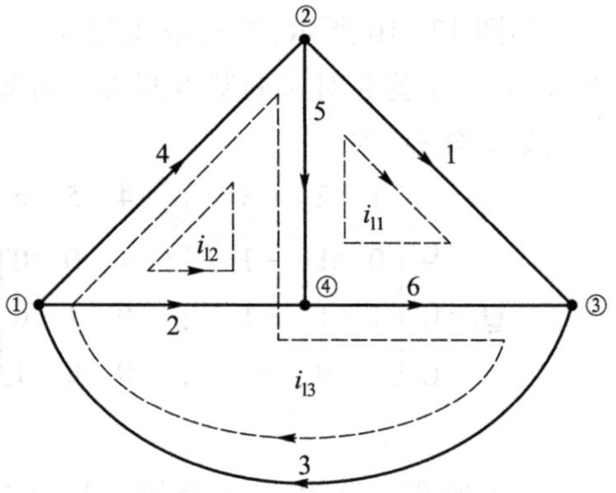

图 17-11　基本回路示例

即

$$\boldsymbol{U}_{\mathrm{b}} = \boldsymbol{Q}_{\mathrm{f}}^{\mathrm{T}} \boldsymbol{U}_{\mathrm{t}} \tag{17-20}$$

式(17-20)即为矩阵形式的 KVL 方程。式(17-20)也说明 $n-1$ 个树支电压是完备的电路变量。

17.4 特勒根定理的证明

1. 特勒根定理 1 的证明

对某一网络 N,用 $\boldsymbol{A}$ 矩阵表示的 KVL 方程为 $\boldsymbol{U}_{\mathrm{b}}=\boldsymbol{A}^{\mathrm{T}}\boldsymbol{U}_{\mathrm{n}}$,式中 $\boldsymbol{U}_{\mathrm{n}}$ 为节点电压列向量,将该式两边同时转置,有 $\boldsymbol{U}_{\mathrm{b}}^{\mathrm{T}}=\boldsymbol{U}_{\mathrm{n}}^{\mathrm{T}}\boldsymbol{A}$,再将该式两边同时右乘 $\boldsymbol{I}_{\mathrm{b}}$,有 $\boldsymbol{U}_{\mathrm{b}}^{\mathrm{T}}\boldsymbol{I}_{\mathrm{b}}=\boldsymbol{U}_{\mathrm{n}}^{\mathrm{T}}\boldsymbol{A}\boldsymbol{I}_{\mathrm{b}}$,因 $\boldsymbol{A}\boldsymbol{I}_{\mathrm{b}}=0$,所以 $\boldsymbol{U}_{\mathrm{b}}^{\mathrm{T}}\boldsymbol{I}_{\mathrm{b}}=0$,特勒根定理 1 得以证明。

2. 特勒根定理 2 的证明

设有两个拓扑结构完全相同的网络 N 和 $\hat{\mathrm{N}}$,它们具有相同的有向图。对网络 N,用 $\boldsymbol{Q}$ 矩阵表示的 KVL 方程为 $\boldsymbol{U}_{\mathrm{b}}=\boldsymbol{Q}_{\mathrm{f}}^{\mathrm{T}}\boldsymbol{U}_{\mathrm{t}}$,式中 $\boldsymbol{U}_{\mathrm{t}}$ 为树枝电压列向量,将该式两边同时转置,有 $\boldsymbol{U}_{\mathrm{b}}^{\mathrm{T}}=\boldsymbol{U}_{\mathrm{t}}^{\mathrm{T}}\boldsymbol{Q}_{\mathrm{f}}$;对网络 $\hat{\mathrm{N}}$,用 $\hat{\boldsymbol{Q}}$ 矩阵表示的 KVL 方程为 $\hat{\boldsymbol{U}}_{\mathrm{b}}=\hat{\boldsymbol{Q}}_{\mathrm{f}}^{\mathrm{T}}\hat{\boldsymbol{U}}_{\mathrm{t}}$,式中 $\hat{\boldsymbol{U}}_{\mathrm{t}}$ 为树枝电压列向量,将该式两边同时转置,有 $\hat{\boldsymbol{U}}_{\mathrm{b}}^{\mathrm{T}}=\hat{\boldsymbol{U}}_{\mathrm{t}}^{\mathrm{T}}\hat{\boldsymbol{Q}}_{\mathrm{f}}$。因 N 和 $\hat{\mathrm{N}}$ 具有相同的有向图,则必有 $\hat{\boldsymbol{Q}}_{\mathrm{f}}=\boldsymbol{Q}_{\mathrm{f}}$,于是 $\boldsymbol{U}_{\mathrm{b}}^{\mathrm{T}}=\boldsymbol{U}_{\mathrm{t}}^{\mathrm{T}}\boldsymbol{Q}_{\mathrm{f}}$ 可写为 $\boldsymbol{U}_{\mathrm{b}}^{\mathrm{T}}=\boldsymbol{U}_{\mathrm{t}}^{\mathrm{T}}\hat{\boldsymbol{Q}}_{\mathrm{f}}$。将 $\boldsymbol{U}_{\mathrm{b}}^{\mathrm{T}}=\boldsymbol{U}_{\mathrm{t}}^{\mathrm{T}}\hat{\boldsymbol{Q}}_{\mathrm{f}}$ 两边同乘以 $\hat{\boldsymbol{I}}_{\mathrm{b}}$,有 $\boldsymbol{U}_{\mathrm{b}}^{\mathrm{T}}\hat{\boldsymbol{I}}_{\mathrm{b}}=\boldsymbol{U}_{\mathrm{t}}^{\mathrm{T}}\hat{\boldsymbol{Q}}_{\mathrm{f}}\hat{\boldsymbol{I}}_{\mathrm{b}}$,又因为 $\hat{\boldsymbol{Q}}_{\mathrm{f}}\hat{\boldsymbol{I}}_{\mathrm{b}}=0$,所以 $\boldsymbol{U}_{\mathrm{b}}^{\mathrm{T}}\hat{\boldsymbol{I}}_{\mathrm{b}}=0$,类似地可证明 $\hat{\boldsymbol{U}}_{\mathrm{b}}^{\mathrm{T}}\boldsymbol{I}_{\mathrm{b}}=0$,特勒根定理 2 得以证明。

17.5 标准支路的约束关系

17.5.1 标准支路

前面已给出了矩阵形式的拓扑约束。直接形式的拓扑约束为 $\boldsymbol{A}\boldsymbol{I}_{\mathrm{b}}=0$(KCL)、$\boldsymbol{B}_{\mathrm{f}}\boldsymbol{U}_{\mathrm{b}}=0$(KVL)、$\boldsymbol{Q}_{\mathrm{f}}\boldsymbol{I}_{\mathrm{b}}=0$(KCL),间接形式的拓扑约束为 $\boldsymbol{U}_{\mathrm{b}}=\boldsymbol{A}^{\mathrm{T}}\boldsymbol{U}_{\mathrm{n}}$(KVL)、$\boldsymbol{I}_{\mathrm{b}}=\boldsymbol{B}_{\mathrm{f}}^{\mathrm{T}}\boldsymbol{I}_{l}$(KCL)、$\boldsymbol{U}_{\mathrm{b}}=\boldsymbol{Q}_{\mathrm{f}}^{\mathrm{T}}\boldsymbol{U}_{\mathrm{t}}$(KVL),这些关系汇总在表 17-1 中。分析电路时,除了依据拓扑约束,还要依据支路(元件)的电压电流约束关系(VCR),即支路方程。

表 17-1 矩阵形式的拓扑约束

拓扑约束	$\boldsymbol{A}$	$\boldsymbol{B}$	$\boldsymbol{Q}$
KCL	$\boldsymbol{A}\boldsymbol{I}_{\mathrm{b}}=0$	$\boldsymbol{I}_{\mathrm{b}}=\boldsymbol{B}_{\mathrm{f}}^{\mathrm{T}}\boldsymbol{I}_{l}$	$\boldsymbol{Q}_{\mathrm{f}}\boldsymbol{I}_{\mathrm{b}}=0$
KVL	$\boldsymbol{U}_{\mathrm{b}}=\boldsymbol{A}^{\mathrm{T}}\boldsymbol{U}_{\mathrm{n}}$	$\boldsymbol{B}_{\mathrm{f}}\boldsymbol{U}_{\mathrm{b}}=0$	$\boldsymbol{U}_{\mathrm{b}}=\boldsymbol{Q}_{\mathrm{f}}^{\mathrm{T}}\boldsymbol{U}_{\mathrm{t}}$

适合用计算机分析电路的一种不含受控源的标准支路(也称为复合支路)如图 17-12 所示,其中,下标 k 表示是第 k 条支路,$\dot{U}_{Sk}$ 和 $\dot{I}_{Sk}$ 分别表示独立电压源电压相量和独立电流源电流相量,$Z_k(Y_k)$ 表示支路 k 的复阻抗(复导纳)。对动态电路,可改用运算模型。

使用图 17-12 所示支路时，电路信息输入计算机的方式可如表 17-2 所示，如果没有电压源，则 $\dot{U}_{Sk}=0$；如果没有电流源，则 $\dot{I}_{Sk}=0$；如果既没有电流源也没有电压源，则该支路就只有阻抗 Z_k。还可用别的方式将电路信息输入计算机，如给出 R、L、C 和频率的信息，而不是直接给出 Z_k 参数值。

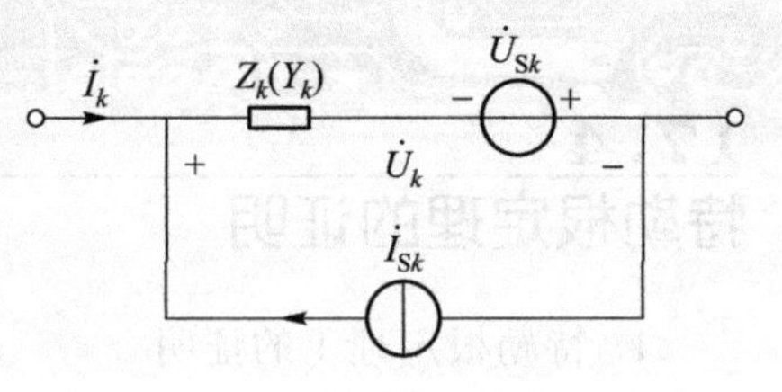

图 17-12　不含受控源的标准支路

表 17-2　电路的拓扑信息和元件信息表

支路号	始节点号	终节点号	Z_k 参数	$\dot{U}_{Sk}$ 参数	$\dot{I}_{Sk}$ 参数
1					
2					
⋮					

17.5.2　标准支路约束关系的矩阵形式

图 17-12 中所示支路的电压电流关系为

$$\dot{U}_k=Z_k(\dot{I}_k+\dot{I}_{Sk})-\dot{U}_{Sk}\quad(k=1,2,\cdots,b)\tag{17-21}$$

或

$$\dot{I}_k=Y_k(\dot{U}_k+\dot{U}_{Sk})-\dot{I}_{Sk}\quad(k=1,2,\cdots,b)\tag{17-22}$$

将式(17-21)写成矩阵形式有

$$\begin{bmatrix}\dot{U}_1\\\dot{U}_2\\\vdots\\\dot{U}_b\end{bmatrix}=\begin{bmatrix}Z_1&0&0&\cdots&0\\0&Z_2&0&\cdots&0\\0&0&\vdots&&\vdots\\0&0&0&\cdots&Z_b\end{bmatrix}\cdot\left\{\begin{bmatrix}\dot{I}_1\\\dot{I}_2\\\vdots\\\dot{I}_b\end{bmatrix}+\begin{bmatrix}\dot{I}_{S1}\\\dot{I}_{S2}\\\vdots\\\dot{I}_{Sb}\end{bmatrix}\right\}-\begin{bmatrix}\dot{U}_{S1}\\\dot{U}_{S2}\\\vdots\\\dot{U}_{Sb}\end{bmatrix}\tag{17-23}$$

令 $\dot{\boldsymbol{I}}_b=[\dot{I}_1\quad\dot{I}_2\quad\cdots\quad\dot{I}_b]^T$ 为支路电流列向量，$\dot{\boldsymbol{U}}_b=[\dot{U}_1\quad\dot{U}_2\quad\cdots\quad\dot{U}_b]^T$ 为支路电压列向量，$\dot{\boldsymbol{I}}_{Sb}=[\dot{I}_{S1}\quad\dot{I}_{S2}\quad\cdots\quad\dot{I}_{Sb}]^T$ 为支路电流源的电流列向量，$\dot{\boldsymbol{U}}_{Sb}=[\dot{U}_{S1}\quad\dot{U}_{S2}\quad\cdots\quad\dot{U}_{Sb}]^T$ 为支路电压源的电压列向量，则可得

$$\dot{\boldsymbol{U}}_b=\boldsymbol{Z}_b(\dot{\boldsymbol{I}}_b+\dot{\boldsymbol{I}}_{Sb})-\dot{\boldsymbol{U}}_{Sb}\tag{17-24}$$

式中，$\boldsymbol{Z}_b$ 是支路阻抗矩阵，它是一对角矩阵，即

$$\boldsymbol{Z}_b=\mathrm{diag}[Z_1\quad Z_2\quad\cdots\quad Z_b]$$

同理，式(17-22)可改写为

$$\dot{\boldsymbol{I}}_b=\boldsymbol{Y}_b(\dot{\boldsymbol{U}}_b+\dot{\boldsymbol{U}}_{Sb})-\dot{\boldsymbol{I}}_{Sb}\tag{17-25}$$

式中，$\boldsymbol{Y}_b=\boldsymbol{Z}_b^{-1}$ 是支路导纳矩阵，它也是一对角矩阵，有

$$\boldsymbol{Y}_b=\mathrm{diag}[Y_1\quad Y_2\quad\cdots\quad Y_b]$$

17.6 电路的矩阵方程

17.6.1 节点电压法方程

由前面的论述可知，线性电路的拓扑约束和支路（元件）约束为

$$\boldsymbol{A}\dot{\boldsymbol{I}}_{\mathrm{b}}=0 \tag{17-26}$$

$$\dot{\boldsymbol{U}}_{\mathrm{b}}=\boldsymbol{A}^{\mathrm{T}}\dot{\boldsymbol{U}}_{\mathrm{n}} \tag{17-27}$$

$$\dot{\boldsymbol{I}}_{\mathrm{b}}=\boldsymbol{Y}_{\mathrm{b}}(\dot{\boldsymbol{U}}_{\mathrm{b}}+\dot{\boldsymbol{U}}_{\mathrm{Sb}})-\dot{\boldsymbol{I}}_{\mathrm{Sb}} \tag{17-28}$$

将式(17-28)代入式(17-26)，有

$$\boldsymbol{A}\boldsymbol{Y}_{\mathrm{b}}\dot{\boldsymbol{U}}_{\mathrm{b}}+\boldsymbol{A}\boldsymbol{Y}_{\mathrm{b}}\dot{\boldsymbol{U}}_{\mathrm{Sb}}-\boldsymbol{A}\dot{\boldsymbol{I}}_{\mathrm{Sb}}=0 \tag{17-29}$$

将式(17-27)代入式(17-29)中并整理有

$$\boldsymbol{A}\boldsymbol{Y}_{\mathrm{b}}\boldsymbol{A}^{\mathrm{T}}\dot{\boldsymbol{U}}_{\mathrm{n}}=\boldsymbol{A}\dot{\boldsymbol{I}}_{\mathrm{Sb}}-\boldsymbol{A}\boldsymbol{Y}_{\mathrm{b}}\dot{\boldsymbol{U}}_{\mathrm{Sb}} \tag{17-30}$$

令节点导纳矩阵 $\boldsymbol{Y}_{\mathrm{n}}=\boldsymbol{A}\boldsymbol{Y}_{\mathrm{b}}\boldsymbol{A}^{\mathrm{T}}$，流入各节点的电流源（包括等效变换得到的电流源）电流矩阵 $\dot{\boldsymbol{I}}_{\mathrm{nS}}=\boldsymbol{A}\dot{\boldsymbol{I}}_{\mathrm{Sb}}-\boldsymbol{A}\boldsymbol{Y}_{\mathrm{b}}\dot{\boldsymbol{U}}_{\mathrm{Sb}}$，则式(17-30)可表示为

$$\boldsymbol{Y}_{\mathrm{n}}\dot{\boldsymbol{U}}_{\mathrm{n}}=\dot{\boldsymbol{I}}_{\mathrm{nS}} \tag{17-31}$$

这就是节点电压法方程，求解得到 $\dot{\boldsymbol{U}}_{\mathrm{n}}$ 后，利用 $\dot{\boldsymbol{U}}_{\mathrm{b}}=\boldsymbol{A}^{\mathrm{T}}\dot{\boldsymbol{U}}_{\mathrm{n}}$、$\dot{\boldsymbol{I}}_{\mathrm{b}}=\boldsymbol{Y}_{\mathrm{b}}(\dot{\boldsymbol{U}}_{\mathrm{b}}+\dot{\boldsymbol{U}}_{\mathrm{Sb}})-\dot{\boldsymbol{I}}_{\mathrm{Sb}}$ 的关系，就可得到电路的全部支路电压和支路电流。

例 17-1 求图 17-13(a)所示正弦稳态电路的节点电压法方程的矩阵形式。

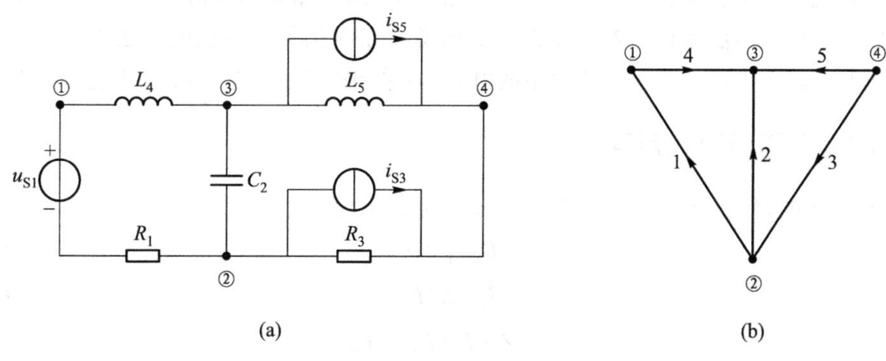

图 17-13 例 17-1 图
(a) 电路 (b) 有向图

解 (1) 做出图 17-13(a)所示电路的有向图，如图 17-13(b)所示。选节点④为参考节点，则关联矩阵为

$$\boldsymbol{A}=\begin{bmatrix}-1 & 0 & 0 & 1 & 0\\ 1 & 1 & -1 & 0 & 0\\ 0 & -1 & 0 & -1 & -1\end{bmatrix}$$

(2) 根据有向图的方向,结合图 17-12 所示的标准支路,可知 $\dot{U}_{S1}$、$\dot{I}_{S3}$、$\dot{I}_{S5}$ 的方向均符合标准支路中的方向,因此 $\dot{U}_{S1}$、$\dot{I}_{S3}$、$\dot{I}_{S5}$ 在表达式中前面均为正号,由此可得电压源列向量和电流源列向量分别为

$$\dot{\boldsymbol{U}}_{Sb}=[\dot{U}_{S1}\quad 0\quad 0\quad 0\quad 0]^{T}$$

$$\dot{\boldsymbol{I}}_{Sb}=[0\quad 0\quad \dot{I}_{S3}\quad 0\quad \dot{I}_{S5}]$$

(3) 支路导纳矩阵为一对角矩阵,即

$$\boldsymbol{Y}_{b}=\mathrm{diag}\left[\frac{1}{R_1}\quad \mathrm{j}\omega C_2\quad \frac{1}{R_3}\quad \frac{1}{\mathrm{j}\omega L_4}\quad \frac{1}{\mathrm{j}\omega L_5}\right]$$

(4) 将上面所得各矩阵代入 $\boldsymbol{A}\boldsymbol{Y}_{b}\boldsymbol{A}^{T}\dot{\boldsymbol{U}}_{n}=\boldsymbol{A}\dot{\boldsymbol{I}}_{Sb}-\boldsymbol{A}\boldsymbol{Y}_{b}\dot{\boldsymbol{U}}_{Sb}$ 中,得节点电压法方程的矩阵形式为

$$\begin{bmatrix}\frac{1}{R_1}+\frac{1}{\mathrm{j}\omega L_4} & -\frac{1}{R_1} & -\frac{1}{\mathrm{j}\omega L_4}\\ -\frac{1}{R_1} & \frac{1}{R_1}+\mathrm{j}\omega C_2+\frac{1}{R_2} & -\mathrm{j}\omega C_2\\ -\frac{1}{\mathrm{j}\omega L_4} & -\mathrm{j}\omega C_2 & \mathrm{j}\omega C_2+\frac{1}{\mathrm{j}\omega L_4}+\frac{1}{\mathrm{j}\omega L_5}\end{bmatrix}\begin{bmatrix}\dot{U}_{n1}\\ \dot{U}_{n2}\\ \dot{U}_{n3}\end{bmatrix}=\begin{bmatrix}\frac{\dot{U}_{S1}}{R_1}\\ -\frac{\dot{U}_{S1}}{R_1}-\dot{I}_{S3}\\ -\dot{I}_{S5}\end{bmatrix}$$

以上方程也可由手工列出,但过程不一样。这里给出的是计算机列方程的过程。

需要注意的是,列写矩阵形式节点电压法方程时,不允许存在无伴电压源支路。如例 17-1 中,如果 $R_1=0$,将电压源 $\dot{U}_{S1}$ 仍然单独作为一条支路看待,则支路导纳矩阵 $\boldsymbol{Y}_b$ 就无法写出,也就无法得出最后的节点电压法方程。若存在无伴电压源支路时仍想用节点电压法方程求解电路,可在无伴电压源支路上串联一个参数非常小的电阻;或采用电源转移法消除无伴电压源支路。

17.6.2 回路电流法方程

对一个线性电路,拓扑约束和元件约束关系可表示为

$$\boldsymbol{B}_{f}\dot{\boldsymbol{U}}_{b}=0 \tag{17-32}$$

$$\dot{\boldsymbol{I}}_{b}=\boldsymbol{B}_{f}^{T}\dot{\boldsymbol{I}}_{l} \tag{17-33}$$

$$\dot{\boldsymbol{U}}_{b}=\boldsymbol{Z}_{b}(\dot{\boldsymbol{I}}_{b}+\dot{\boldsymbol{I}}_{Sb})-\dot{\boldsymbol{U}}_{Sb} \tag{17-34}$$

将式(17-34)代入式(17-32)中,有

$$\boldsymbol{B}_{f}\boldsymbol{Z}_{b}\dot{\boldsymbol{I}}_{b}+\boldsymbol{B}_{f}\boldsymbol{Z}_{b}\dot{\boldsymbol{I}}_{Sb}-\boldsymbol{B}_{f}\dot{\boldsymbol{U}}_{Sb}=0 \tag{17-35}$$

将式(17-33)代入式(17-35)并整理有

$$\boldsymbol{B}_{f}\boldsymbol{Z}_{b}\boldsymbol{B}_{f}^{T}\dot{\boldsymbol{I}}_{l}=\boldsymbol{B}_{f}\dot{\boldsymbol{U}}_{Sb}-\boldsymbol{B}_{f}\boldsymbol{Z}_{b}\dot{\boldsymbol{I}}_{Sb} \tag{17-36}$$

令回路阻抗矩阵 $\boldsymbol{Z}_{l}=\boldsymbol{B}_{f}\boldsymbol{Z}_{b}\boldsymbol{B}_{f}$,令回路中电压源(包括等效变换得到的电压源)电压矩阵 $\dot{\boldsymbol{U}}_{lS}=$

$\boldsymbol{B}_{\mathrm{f}}\boldsymbol{Z}_{\mathrm{b}}\dot{\boldsymbol{I}}_{\mathrm{Sb}}-\boldsymbol{B}_{\mathrm{f}}\dot{\boldsymbol{U}}_{\mathrm{Sb}}$，式(17-36)所示的形式可表示为

$$\dot{\boldsymbol{Z}}_{1}\dot{\boldsymbol{I}}_{1}=\dot{\boldsymbol{U}}_{1\mathrm{S}} \tag{17-37}$$

这就是回路电流法方程，求解得到 $\dot{\boldsymbol{I}}_{1}$ 后，利用 $\dot{\boldsymbol{I}}_{\mathrm{b}}=\boldsymbol{B}^{\mathrm{T}}\dot{\boldsymbol{I}}_{1}$ 可求出各支路电流，再利用 $\dot{\boldsymbol{U}}_{\mathrm{b}}=\boldsymbol{Z}_{\mathrm{b}}(\dot{\boldsymbol{I}}_{\mathrm{b}}+\dot{\boldsymbol{I}}_{\mathrm{Sb}})-\dot{\boldsymbol{U}}_{\mathrm{Sb}}$ 的关系可求出各支路电压。

例 17-2 列出图 17-14(a)所示电路运算形式的回路电流矩阵方程。设电路中动态元件的初始条件为零。

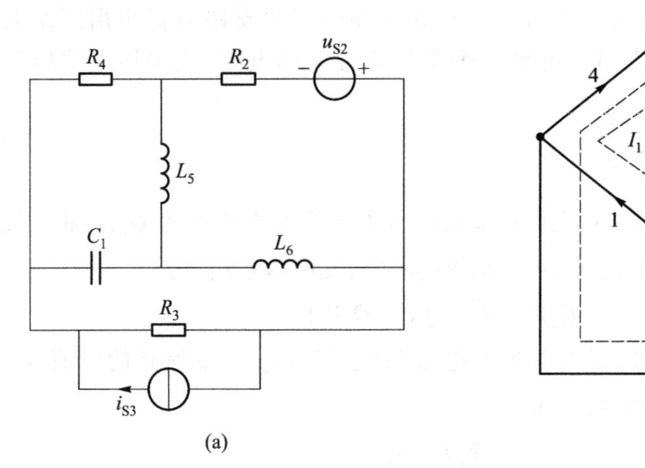

图 17-14 例 17-2 图

(a) 电路 (b) 有向图

解 画出图 17-14(a)所示电路的有向图，如图 17-14(b)所示。选支路 4、5、6 为树支，则三个单连支基本回路如图 17-14(b)所示，令连支电流 $I_{l1}(s)$、$I_{l2}(s)$、$I_{l3}(s)$ 的方向为回路电流方向，则可得基本回路矩阵为

$$\boldsymbol{B}_{\mathrm{f}}=\begin{bmatrix}1&0&0&1&1&0\\0&1&0&0&-1&1\\0&0&1&1&1&-1\end{bmatrix}$$

电压源和电流源列向量分别为

$$\boldsymbol{U}_{\mathrm{Sb}}(s)=[0\quad U_{\mathrm{S2}}(s)\quad 0\quad 0\quad 0\quad 0]^{\mathrm{T}}$$

$$\boldsymbol{I}_{\mathrm{Sb}}(s)=[0\quad 0\quad -I_{\mathrm{S3}}(s)\quad 0\quad 0\quad 0]^{\mathrm{T}}$$

$I_{\mathrm{S3}}(s)$ 前面取负号，是因为 $I_{\mathrm{S3}}(s)$ 与图 17-12 所示的标准支路中的独立电流源方向相反。支路复阻抗矩阵为一对角矩阵，即

$$\boldsymbol{Z}_{\mathrm{b}}(s)=\mathrm{diag}\begin{bmatrix}\dfrac{1}{sC_1}&R_2&R_3&R_4&sL_5&sL_6\end{bmatrix}$$

把上面各式代入运算形式回路电流法方程的矩阵形式中，经过运算可得回路电路方程的矩阵形式为

$$\begin{bmatrix} \frac{1}{sC_1}+R_4+sL_5 & -sL_5 & R_4+sL_5 \\ -sL_5 & R_2+sL_5+sL_6 & -sL_5-sL_6 \\ R_4+sL_5 & -sL_5-sL_6 & R_3+R_4+sL_5+sL_6 \end{bmatrix} \begin{bmatrix} I_{l1}(s) \\ I_{l2}(s) \\ I_{l3}(s) \end{bmatrix} = \begin{bmatrix} 0 \\ U_{S2}(s) \\ R_3 I_{S3}(s) \end{bmatrix}$$

需要注意的是，列写矩阵形式回路电流法方程时，不允许存在无伴电流源支路。如例 17-2 中：若 $R_3=\infty$，将电流源 i_{S3} 仍然单独作为一条支路，则无法写出支路阻抗矩阵 $\boldsymbol{Z}_b(s)$，也就无法得出最后的回路电流法方程。若存在无伴电流源支路时仍想用回路电流法方程求解电路，可在无伴电流源支路上并联一个参数非常大的电阻；或采用电源转移法消除无伴电流源支路。

17.6.3 割集电压方程

割集是节点的扩展，与回路对偶。将节点电压法方程中的 $\boldsymbol{A}$ 换为 $\boldsymbol{Q}_f$，或将回路电流法方程中的 $\boldsymbol{B}_f$ 换为 $\boldsymbol{Q}_f$，并将 $\boldsymbol{Z}_b$ 换为 $\boldsymbol{Y}_b$，可得割集电压（树支电压）方程为

$$\boldsymbol{Q}_f\boldsymbol{Y}_b\boldsymbol{Q}_f^T\dot{\boldsymbol{U}}_t=\boldsymbol{Q}_f\dot{\boldsymbol{I}}_{Sb}-\boldsymbol{Q}_f\boldsymbol{Y}_b\dot{\boldsymbol{U}}_{Sb} \tag{17-38}$$

令割集导纳矩阵 $\boldsymbol{Y}_Q=\boldsymbol{Q}_f\boldsymbol{Y}_b\boldsymbol{Q}_f^T$，流入割集的电流源（包括等效变换得到的电流源）电流矩阵 $\dot{\boldsymbol{I}}_{SQ}=\boldsymbol{Q}_f\dot{\boldsymbol{I}}_{Sb}-\boldsymbol{Q}_f\boldsymbol{Y}_b\dot{\boldsymbol{U}}_{Sb}$，式(17-38)可表示为

$$\boldsymbol{Y}_Q\dot{\boldsymbol{U}}_t=\dot{\boldsymbol{I}}_{SQ} \tag{17-39}$$

例 17-3 列出图 17-14(a)所示电路割集电压方程的矩阵形式，用相量形式表达。

解 图 17-14(a)所示电路的有向图如图 17-15 所示，选支路 4、5、6 为树支，各树支对应的基本割集为 C_1（包含支路 1、3、4）、C_2（包含支路 1、2、3、5）、C_3（包含支路 2、3、6）。

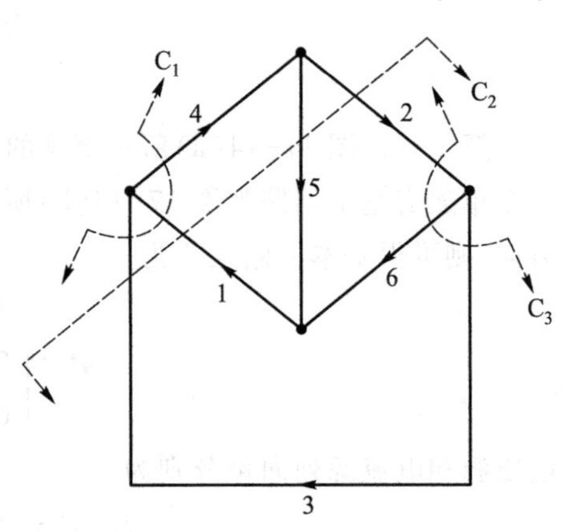

图 17-15 电路的基本割集

选割集方向与树支方向相同，如图 17-15 所示，则基本割集矩阵为

$$\boldsymbol{Q}_f=\begin{matrix} C_1 \\ C_2 \\ C_3 \end{matrix}\begin{bmatrix} -1 & 0 & -1 & 1 & 0 & 0 \\ -1 & 1 & -1 & 0 & 1 & 0 \\ 0 & -1 & 1 & 0 & 0 & 1 \end{bmatrix}$$

支路导纳矩阵为

$$\boldsymbol{Y}_b=\mathrm{diag}\begin{bmatrix} \mathrm{j}\omega C_1 & \frac{1}{R_2} & \frac{1}{R_3} & \frac{1}{R_4} & \frac{1}{\mathrm{j}\omega L_5} & \frac{1}{\mathrm{j}\omega L_6} \end{bmatrix}$$

电压源和电流源列向量分别为

$$\dot{\boldsymbol{U}}_{Sb}=[0 \quad \dot{U}_{S2} \quad 0 \quad 0 \quad 0 \quad 0]^T$$

$$\dot{\boldsymbol{I}}_{Sb}=[0 \quad 0 \quad -\dot{I}_{S3} \quad 0 \quad 0 \quad 0]^T$$

将上述各式代入式(17-38)中，可得割集电压方程矩阵形式为

$$\begin{bmatrix} j\omega C_1+\dfrac{1}{R_3}+\dfrac{1}{R_4} & j\omega C_1+\dfrac{1}{R_3} & -\dfrac{1}{R_3} \\ j\omega C_1+\dfrac{1}{R_3} & \dfrac{1}{R_2}+\dfrac{1}{R_3}+\dfrac{1}{j\omega L_6} & -\dfrac{1}{R_2}-\dfrac{1}{R_3} \\ -\dfrac{1}{R_3} & -\dfrac{1}{R_2}-\dfrac{1}{R_3} & \dfrac{1}{R_2}+\dfrac{1}{R_3}+\dfrac{1}{j\omega L_6} \end{bmatrix}\begin{bmatrix} \dot{U}_4 \\ \dot{U}_5 \\ \dot{U}_6 \end{bmatrix}=\begin{bmatrix} \dot{I}_{s3} \\ \dot{I}_{S3}-\dfrac{\dot{U}_{S2}}{R_2} \\ -\dot{I}_{S3}+\dfrac{\dot{U}_{S2}}{R_2} \end{bmatrix}$$

17.7 含受控源和互感元件时的支路约束矩阵

17.7.1 含受控源的标准支路

电路中含有受控源和互感时，电路方程的矩阵形式与无受控源和互感时一样，差别仅在于矩阵形式的支路约束中支路阻抗矩阵或支路导纳矩阵的元素有所变化。

对电路中仅含有受控电流源的情况，可定义如图 17-16(a)所示的标准支路；对仅含有受控电压源的情况，可定义如图 17-16(b)所示的标准支路；同时含有受控电压源和受控电流源时定义的标准支路如图 17-16(c)所示。实际上，图 17-12、图 17-16(a)、图 17-16(b)所示的标准支路均是图 17-16(c)所示标准支路的特例。

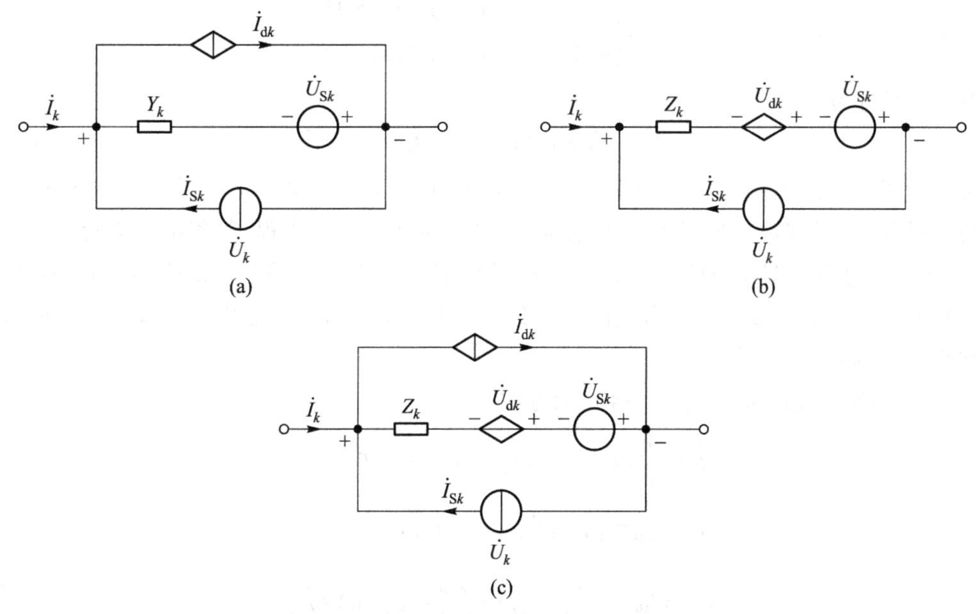

图 17-16 含受控源的标准支路

(a) 标准支路一 (b) 标准支路二 (c) 标准支路三

17.7.2 含受控电流源时的支路约束矩阵

设某一支路 k 如图 17-16(a)所示含有受控电流源，控制量来源于第 j 条支路中无源元件 Y_j 上的电压 $\dot{U}_{lj}$ 或电流 $\dot{I}_{lj}$，则其支路约束为

$$\dot{I}_k=Y_k(\dot{U}_k+\dot{U}_{Sk})+\dot{I}_{dk}-\dot{I}_{Sk} \tag{17-40}$$

若受控电流源是 VCCS，则 $\dot{I}_{dk}=g_{kj}\dot{U}_{lj}=g_{kj}(\dot{U}_j+\dot{U}_{Sj})$；若受控电流源为 CCCS，则 $\dot{I}_{dk}=\beta_{kj}\dot{I}_{lj}=\beta_{kj}Y_j(\dot{U}_j+\dot{U}_{Sj})$。对一个具有 b 条支路的电路，若仅在第 k 条支路上有受控源，且控制量来源于第 j 条支路，对第 k 条支路按式(17-40)列出方程，对其他支路按式(17-22)列出方程，整理方程成矩阵形式，可有

$$\begin{bmatrix}\dot{I}_1\\\dot{I}_2\\\vdots\\\dot{I}_j\\\vdots\\\dot{I}_k\\\vdots\\\dot{I}_b\end{bmatrix}=\begin{bmatrix}Y_1&0&\cdots&0&\cdots&0&\cdots&0\\0&Y_2&\cdots&0&\cdots&0&\cdots&0\\\vdots&\vdots&&\vdots&&\vdots&&\vdots\\0&0&\cdots&Y_j&\cdots&0&\cdots&0\\\vdots&\vdots&&\vdots&&\vdots&&\vdots\\0&0&\cdots&Y_{kj}&\cdots&Y_k&\cdots&0\\\vdots&\vdots&&\vdots&&\vdots&&\vdots\\0&0&\cdots&0&\cdots&0&\cdots&Y_b\end{bmatrix}\begin{bmatrix}\dot{U}_1+\dot{U}_{S1}\\\dot{U}_2+\dot{U}_{S2}\\\vdots\\\dot{U}_j+\dot{U}_{Sj}\\\vdots\\\dot{U}_k+\dot{U}_{Sk}\\\vdots\\\dot{U}_b+\dot{U}_{Sb}\end{bmatrix}-\begin{bmatrix}\dot{I}_{S1}\\\dot{I}_{S2}\\\vdots\\\dot{I}_{Sj}\\\vdots\\\dot{I}_{Sk}\\\vdots\\\dot{I}_{Sb}\end{bmatrix} \tag{17-41}$$

式(17-41)中

$$Y_{kj}=\begin{cases}g_{kj}, & \text{当 } I_{dk} \text{ 为 VCCS 时}\\\beta_{kj}Y_j, & \text{当 } I_{dk} \text{ 为 CCCS 时}\end{cases}$$

式(17-41)可写为

$$\dot{\boldsymbol{I}}=\boldsymbol{Y}_b(\dot{\boldsymbol{U}}+\dot{\boldsymbol{U}}_S)-\dot{\boldsymbol{I}}_S \tag{17-42}$$

由此可得到 $\boldsymbol{Y}_b$ 矩阵，利用 $\boldsymbol{Z}_b=\boldsymbol{Y}_b^{-1}$ 的关系可得到 $\boldsymbol{Z}_b$ 矩阵。得到 $\boldsymbol{Z}_b$ 和 $\boldsymbol{Y}_b$ 后，结合 17.6 节中的方程列写过程，可得到矩阵形式的节点电压法方程、回路电流法方程、割集电压方程。

例 17-4 电路如图 17-17(a)所示，图中元件下标代表支路编号，图 17-17(b)为其有向图。已知 $i_{d2}=g_{21}u_1$，$i_{d4}=\beta_{46}i_6$，写出电路支路约束方程的矩阵形式，用相量形式表达，并给出支路导纳矩阵、支路阻抗矩阵。

解 对支路 2、支路 4 按式(17-40)列方程有

$$\dot{I}_2=\frac{1}{R_2}(\dot{U}_2-\dot{U}_{S2})-g_{21}(\dot{U}_1+0)-0$$

$$\begin{aligned}\dot{I}_4&=j\omega C_3(\dot{U}_4+\dot{U}_{S4})+\beta_{46}\dot{I}_6+\dot{I}_{S4}\\&=j\omega C_3(\dot{U}_4+\dot{U}_{S4})+\frac{\beta_{46}}{j\omega L_6}(\dot{U}_6+0)+\dot{I}_{S4}\end{aligned}$$

对支路 1、支路 3、支路 5、支路 6 按式(17-22)列方程有

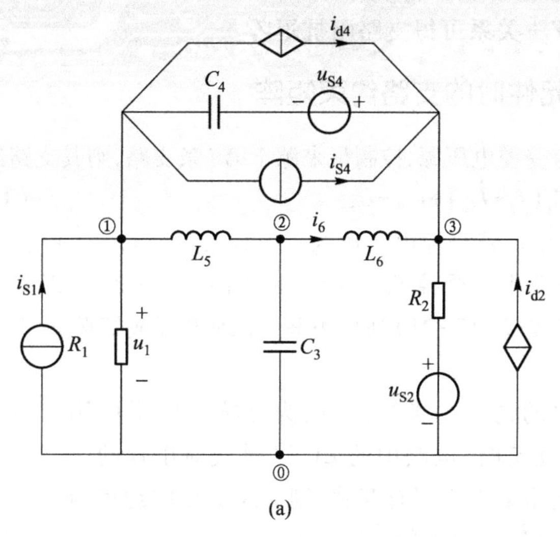

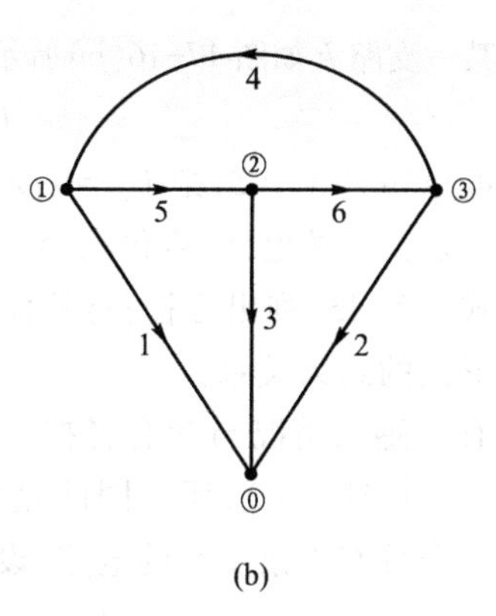

图 17-17　例 17-4 电路及有向图
(a) 电路 (b) 有向图

$$\dot{I}_1=\frac{1}{R_1}(\dot{U}_1+0)-\dot{I}_{S1}$$

$$\dot{I}_3=j\omega C_3(\dot{U}_3+0)-0$$

$$\dot{I}_5=\frac{1}{j\omega L_5}(\dot{U}_5+0)-0$$

$$\dot{I}_6=\frac{1}{j\omega L_6}(\dot{U}_6+0)-0$$

把以上各式写成矩阵形式有

$$\begin{bmatrix}\dot{I}_1\\\dot{I}_2\\\dot{I}_3\\\dot{I}_4\\\dot{I}_5\\\dot{I}_6\end{bmatrix}=\begin{bmatrix}\frac{1}{R_1}&0&0&0&0&0\\-g_{21}&\frac{1}{R_2}&0&0&0&0\\0&0&j\omega C_3&0&0&0\\0&0&0&j\omega C_4&0&\frac{\beta_{46}}{j\omega L_6}\\0&0&0&0&\frac{1}{j\omega L_5}&0\\0&0&0&0&0&\frac{1}{j\omega L_6}\end{bmatrix}\begin{bmatrix}\dot{U}_1+0\\\dot{U}_2-\dot{U}_{S2}\\\dot{U}_3+0\\\dot{U}_4+\dot{U}_{S4}\\\dot{U}_5+0\\\dot{U}_6+0\end{bmatrix}-\begin{bmatrix}\dot{I}_{S1}\\0\\0\\-\dot{I}_{S4}\\0\\0\end{bmatrix}$$

即

$$\dot{\boldsymbol{I}}=\boldsymbol{Y}_b(\dot{\boldsymbol{U}}+\dot{\boldsymbol{U}}_S)-\dot{\boldsymbol{I}}_S$$

由此可得到支路导纳矩阵 $\boldsymbol{Y}_\mathrm{b}$，利用 $\boldsymbol{Z}_\mathrm{b}=\boldsymbol{Y}_\mathrm{b}^{-1}$ 关系可得支路阻抗矩阵。

17.7.3 含受控电压源或互感元件时的支路约束矩阵

设某一支路 k 如图 17-16(b)所示含有受控电压源，控制量来源于第 j 条支路，则其支路约束为

$$\dot{U}_k=Z_k(\dot{I}_k+\dot{I}_{\mathrm{S}k})+\dot{U}_{\mathrm{d}k}-\dot{U}_{\mathrm{S}k} \tag{17-43}$$

若受控电压源是 VCVS，则 $\dot{U}_{\mathrm{d}k}=\mu_{kj}Z_j(\dot{I}_j+\dot{I}_{\mathrm{S}j})$；若受控电压源为 CCVS，则 $\dot{U}_{\mathrm{d}k}=r_{kj}(\dot{I}_j+\dot{I}_{\mathrm{S}j})$。对一个具有 b 条支路的电路，若仅在第 k 条支路上有受控源，且控制量来源于第 j 条支路，对第 k 条支路按式(17-43)列出方程，对其他支路按式(17-21)列出方程，整理方程成矩阵形式可得支路矩阵形式的约束关系。

含有互感的情况与含有受控电压源的情况是类似的，因为互感的作用可用 CCVS 表示(见 9.3 节中图 9-6)，所不同的是出现互感时，电路中的 CCVS 是成对出现的。

对一个具有 b 条支路的电路，设在支路 g、k 之间有互感，则 g、k 支路的约束为

$$\dot{U}_g=\mathrm{j}\omega L_g(\dot{I}_g+\dot{I}_{\mathrm{S}g})\pm\mathrm{j}\omega M(\dot{I}_k+\dot{I}_{\mathrm{S}k})-\dot{U}_{\mathrm{S}g} \tag{17-44}$$

$$\dot{U}_k=\mathrm{j}\omega L_k(\dot{I}_k+\dot{I}_{\mathrm{S}k})\pm\mathrm{j}\omega M(\dot{I}_g+\dot{I}_{\mathrm{S}g})-\dot{U}_{\mathrm{S}k} \tag{17-45}$$

其他支路的约束如式(17-21)所示，写出全部支路的约束后，整理方程成矩阵形式，有

$$\begin{bmatrix}\dot{U}_1\\ \vdots\\ \dot{U}_g\\ \vdots\\ \dot{U}_k\\ \vdots\\ \dot{U}_b\end{bmatrix}=\begin{bmatrix}Z_1 & \cdots & 0 & \cdots & 0 & \cdots & 0\\ \vdots & & \vdots & & \vdots & & \vdots\\ 0 & \cdots & \mathrm{j}\omega L_g & \cdots & \pm\mathrm{j}\omega M & \cdots & 0\\ \vdots & & \vdots & & \vdots & & \vdots\\ 0 & \cdots & \pm\mathrm{j}\omega M & \cdots & \mathrm{j}\omega L_k & \cdots & 0\\ \vdots & & \vdots & & \vdots & & \vdots\\ 0 & \cdots & 0 & \cdots & 0 & \cdots & Z_b\end{bmatrix}\begin{bmatrix}\dot{I}_1+\dot{I}_{\mathrm{S}1}\\ \vdots\\ \dot{I}_g+\dot{I}_{\mathrm{S}g}\\ \vdots\\ \dot{I}_k+\dot{I}_{\mathrm{S}k}\\ \vdots\\ \dot{I}_b+\dot{I}_{\mathrm{s}b}\end{bmatrix}-\begin{bmatrix}\dot{U}_{\mathrm{S}1}\\ \vdots\\ \dot{U}_{\mathrm{S}g}\\ \vdots\\ \dot{U}_{\mathrm{S}k}\\ \vdots\\ \dot{U}_{\mathrm{S}b}\end{bmatrix} \tag{17-46}$$

由此可得到支路阻抗矩阵 $\boldsymbol{Z}_\mathrm{b}$，利用 $\boldsymbol{Y}_\mathrm{b}=\boldsymbol{Z}_\mathrm{b}^{-1}$ 的关系可得到支路导纳矩阵 $\boldsymbol{Y}_\mathrm{b}$。得到 $\boldsymbol{Z}_\mathrm{b}$ 和 $\boldsymbol{Y}_\mathrm{b}$ 后，结合 17.6 节中的方程列写过程，可得到矩阵形式的节点电压法方程、回路电流法方程、割集电压方程。

图 17-18(a)所示电路是图 17-14 电路中两电感元件之间存在耦合的情景，图 17-18(b)是该电路的有向图，按式(17-21)、式(17-44)、式(17-45)分别列出每条支路的约束式，整理方程成矩阵形式，可得阻抗矩阵为

$$\boldsymbol{Z}_\mathrm{b}=\begin{bmatrix}\dfrac{1}{\mathrm{j}\omega C_1} & 0 & 0 & 0 & 0 & 0\\ 0 & R_2 & 0 & 0 & 0 & 0\\ 0 & 0 & R_3 & 0 & 0 & 0\\ 0 & 0 & 0 & R_4 & 0 & 0\\ 0 & 0 & 0 & 0 & \mathrm{j}\omega L_5 & \mathrm{j}\omega M\\ 0 & 0 & 0 & 0 & \mathrm{j}\omega M & \mathrm{j}\omega L_6\end{bmatrix}$$

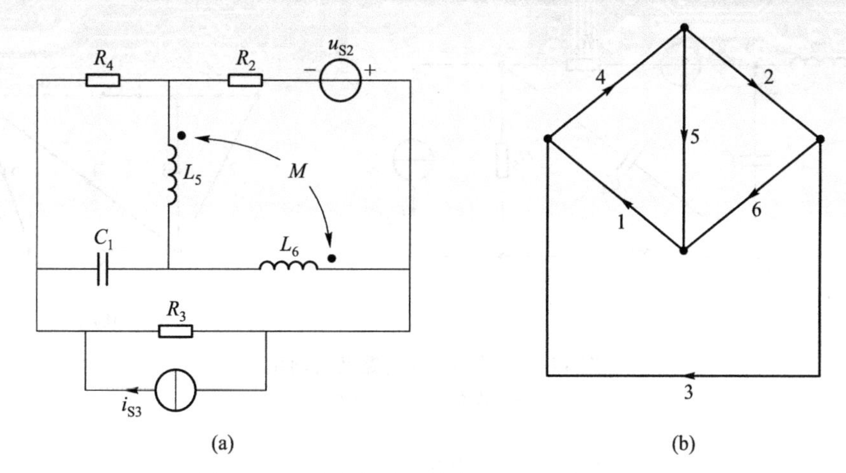

图 17-18　含有耦合电感的电路和它的有向图

(a) 电路　(b) 有向图

当电路中同时含有受控电流源和受控电压源时,支路阻抗 $\boldsymbol{Z}_{\mathrm{b}}$ 和支路导纳矩阵 $\boldsymbol{Y}_{\mathrm{b}}$ 的推导过程比较繁琐,这里不做进一步介绍,感兴趣的读者可参考有关书籍。

17.8 借助特有树建立状态方程

建立状态方程的关键是对独立节点和独立回路列写 KCL 和 KVL 方程。独立节点的选择非常容易,但当电路规模较大时,独立回路的选择就很困难,借助特有树,可方便解决这一问题。

特有树的构成:将电路中的每个元件均视为一个支路,树由电路中全部的电容、(受控)电压源和部分电阻支路构成,连支由电路中全部的电感、(受控)电流源和部分电阻支路构成。当电路中没有纯电容回路[也包含电容与(受控)电压源构成的回路]和纯电感割集[也包含电感与(受控)电流源构成的割集]时,这样的特有树一定存在。

借助特有树用元件混合变量法建立状态方程的方法与直接用元件混合变量法建立状态方程的方法基本一致,不同之处是独立回路用特有树确定,KCL 方程不是针对节点而是针对单树支割集列写的。列方程时,电流源对应的单连支回路的 KVL、电压源对应的单树支割集的 KCL 不必列出。

例 17-5　列出图 17-19(a)所示电路的状态方程,并以节点 1、2、3、4 的电压作为输出列输出方程。

解　不包括电源,电阻、电容、电感元件共有 7 个。各元件的变量设为 u_{C2}、u_{C3}、u_{C4}、i_{R5}、i_{R6}、i_{L7}、i_{L8},各变量的方向如有向图 17-19(b)所示,实线所示支路 1、2、3、4、5 构成特有树,对单树支割集[不包括电压源所在树支(支路 1)对应的单树支割集]列写 KCL 方程,有

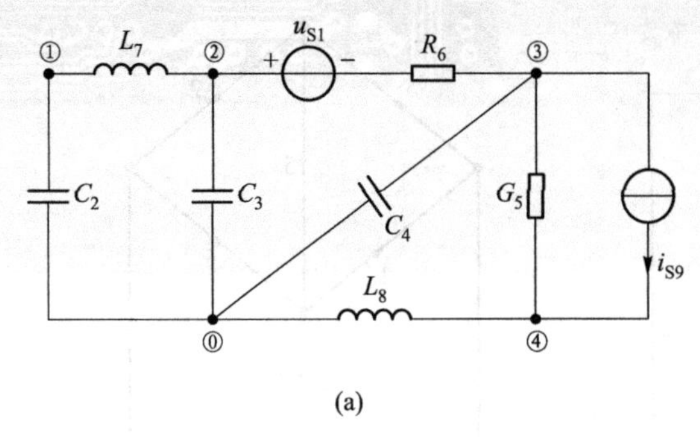

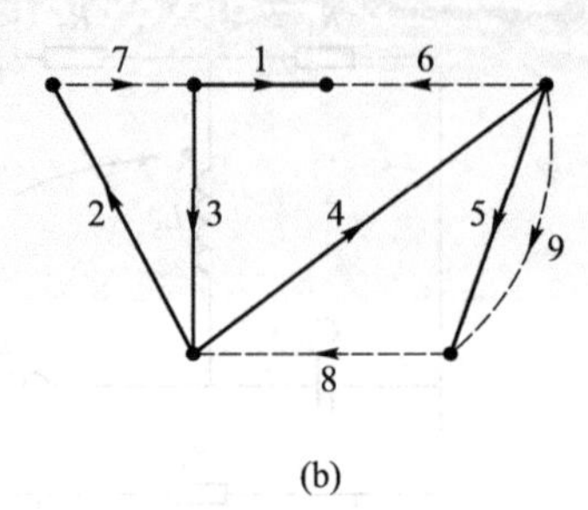

图 17-19　例 17-5 电路及有向图

(a) 电路　(b) 有向图

$$C_2\frac{\mathrm{d}u_{C2}}{\mathrm{d}t}=i_{L7} \tag{1}$$

$$C_3\frac{\mathrm{d}u_{C3}}{\mathrm{d}t}=i_{R6}+i_{L7} \tag{2}$$

$$C_4\frac{\mathrm{d}u_{C4}}{\mathrm{d}t}=i_{R6}+i_{L8} \tag{3}$$

$$i_{R5}=i_{L8}-i_{S9} \tag{4}$$

对单连支回路[不包括电流源所在连支(支路 9)对应的单连支回路]列写 KVL 方程,有

$$L_7\frac{\mathrm{d}i_{L7}}{\mathrm{d}t}=-u_{C2}-u_{C3} \tag{5}$$

$$L_8\frac{\mathrm{d}i_{L8}}{\mathrm{d}t}=-u_{C4}-R_5 i_5 \tag{6}$$

$$R_6 i_{R6}=u_{S1}-u_{C3}-u_{C4} \tag{7}$$

将式(4)和式(7)带入其他式中消去非状态变量 i_5、i_6,并把方程整理成矩阵形式,有

$$\begin{bmatrix}\dfrac{\mathrm{d}u_{C2}}{\mathrm{d}t}\\ \dfrac{\mathrm{d}u_{C3}}{\mathrm{d}t}\\ \dfrac{\mathrm{d}u_{C4}}{\mathrm{d}t}\\ \dfrac{\mathrm{d}i_{L7}}{\mathrm{d}t}\\ \dfrac{\mathrm{d}i_{L8}}{\mathrm{d}t}\end{bmatrix}=\begin{bmatrix}0 & 0 & 0 & \dfrac{1}{C_2} & 0\\ 0 & -\dfrac{1}{R_6C_3} & -\dfrac{1}{R_6C_3} & \dfrac{1}{C_3} & 0\\ 0 & -\dfrac{1}{R_6C_4} & -\dfrac{1}{R_6C_4} & 0 & \dfrac{1}{C_4}\\ -\dfrac{1}{L_7} & -\dfrac{1}{L_7} & 0 & 0 & 0\\ 0 & 0 & -\dfrac{1}{L_8} & 0 & -\dfrac{1}{G_5L_8}\end{bmatrix}\begin{bmatrix}u_{C2}\\ u_{C3}\\ u_{C4}\\ i_{L7}\\ i_{L8}\end{bmatrix}+\begin{bmatrix}0 & 0\\ \dfrac{1}{R_6C_3} & 0\\ \dfrac{1}{R_6C_4} & 0\\ 0 & 0\\ 0 & -\dfrac{1}{G_5L_8}\end{bmatrix}\begin{bmatrix}u_{S1}\\ i_{S9}\end{bmatrix}$$

由 KCL、KVL 可列出以下方程

$$u_{n1}=-u_{C2} \tag{8}$$

$$u_{n2}=u_{C3} \tag{9}$$

$$u_{n3}=-u_{C4} \tag{10}$$

$$u_{n4}=-u_{C4}-\frac{i_{R5}}{G_5} \tag{11}$$

$$i_{R5}=i_{L8}-i_{S9} \tag{12}$$

将式(12)带入式(11)中消去非状态变量 i_{R5}，并把方程整理成矩阵形式，可得输出方程为

$$\begin{bmatrix} u_{n1} \\ u_{n2} \\ u_{n3} \\ u_{n4} \end{bmatrix}=\begin{bmatrix} -1 & 0 & 0 & 0 & 0 \\ 0 & 1 & 0 & 0 & 0 \\ 0 & 0 & -1 & 0 & 0 \\ 0 & 0 & -1 & 0 & -\frac{1}{G_5} \end{bmatrix}\begin{bmatrix} u_{C2} \\ u_{C3} \\ u_{C4} \\ i_{L7} \\ i_{L8} \end{bmatrix}+\begin{bmatrix} 0 & 0 \\ 0 & 0 \\ 0 & 0 \\ 0 & \frac{1}{G_5} \end{bmatrix}\begin{bmatrix} u_{S1} \\ i_{S9} \end{bmatrix}$$

习题

17-1　分别画出题 17-1 图所示电路在以下两种情况下的图，并说明其节点数和支路数：(1) 每个元件看作一条支路。(2) 电压源（独立或受控）和电阻的串联组合看作一条支路，电流源和电阻的并联组合看作一条支路。

17-2　画出题 17-2 图所示电路的有向图，该图有多少个树？若以支路 4、5、6 为树支，确定对应的全部单连支回路。

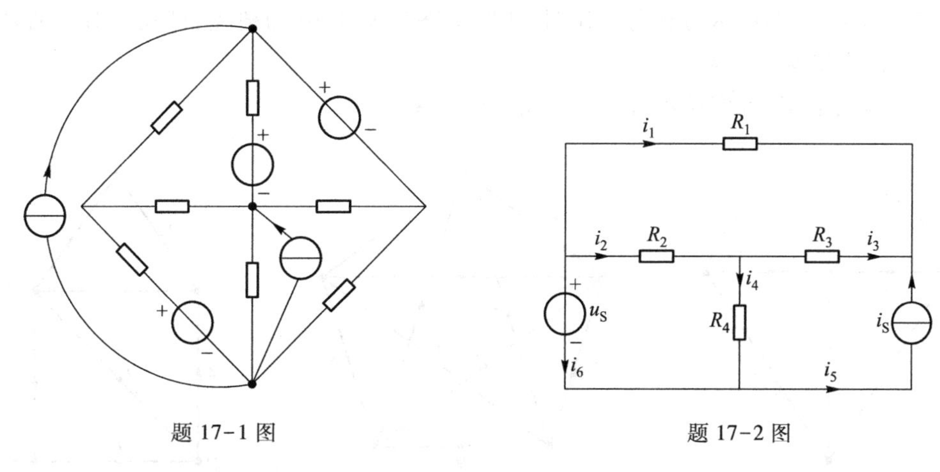

题 17-1 图　　　　题 17-2 图

17-3　电路的有向图如题 17-3 图所示，确定其独立节点数和独立回路数，并以 5、6 支路为树支，给出对应的全部基本回路。

17-4　题 17-4 图所示为非平面图，试以支路 5、6、7、8、9 为树支，给出对应的全部基本回路。

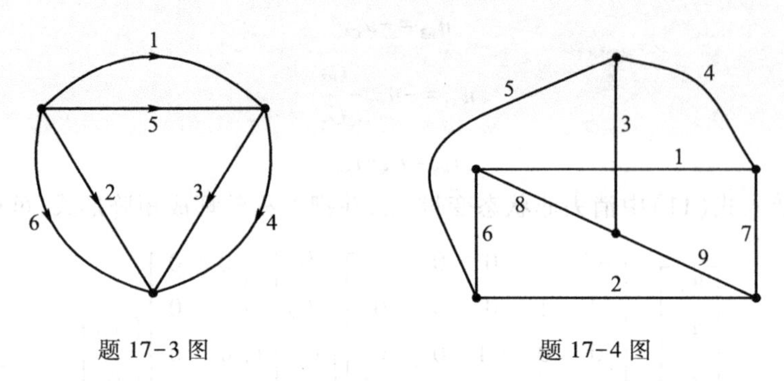

题 17-3 图　　　　题 17-4 图

17-5　下面给出了题 17-5 图所示拓扑图的四组支路集合，试确定哪些集合是割集，并说明理由。

(1) {3,4,7,8,9}。(2) {1,3,5,6}。(3) {1,2,5,7}。(4) {3,4,9}。

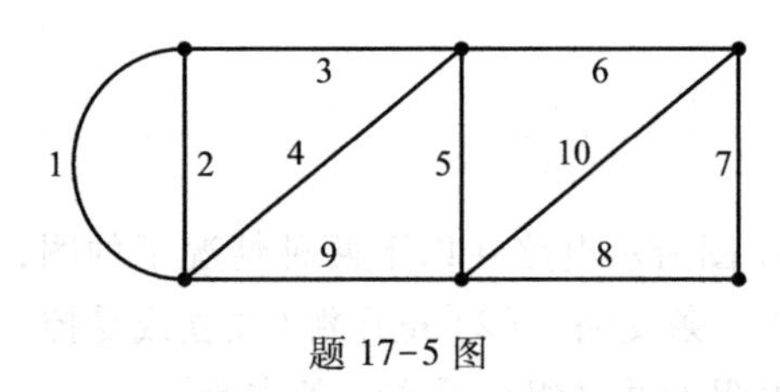

题 17-5 图

17-6　在题 17-6 图所示的拓扑图中，选支路 1、2、3 为树，确定全部的基本回路的支路集合和全部的基本割集的支路集合。

17-7　题 17-7 图所示为有向拓扑图，选取支路 7、8、9、10 为树支，试找出对应的基本回路组和基本割集组所含的支路。

17-8　写出题 17-8 图所示有向图的关联矩阵 $\boldsymbol{A}$。

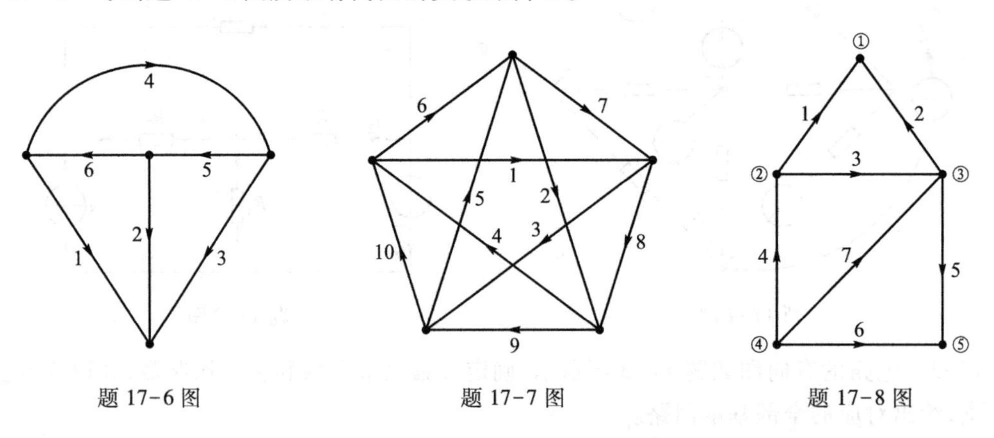

题 17-6 图　　　　题 17-7 图　　　　题 17-8 图

17-9　已知有向图的关联矩阵 $\boldsymbol{A}$ 为 $\boldsymbol{A}=\begin{array}{c} \\ 1 \\ 2 \\ 3 \\ 4 \end{array}\begin{array}{c}\begin{matrix}1 & 2 & 3 & 4 & 5 & 6 & 7 & 8\end{matrix}\\ \begin{bmatrix}1 & 0 & 0 & 0 & -1 & 1 & 0 & 0\\ 0 & 0 & -1 & 0 & 0 & -1 & 1 & 0\\ 0 & 0 & 0 & 1 & 1 & 0 & -1 & 1\\ 0 & 1 & 0 & 0 & 0 & 0 & 0 & -1\end{bmatrix}\end{array}$，试根据关联矩阵 $\boldsymbol{A}$ 画出对应的有向图。

17-10　题 17-10 图所示有向图中，选支路 1、2、3、4 为树支，列出对应的回路矩阵和割集矩阵。

17-11　题 17-11 图所示有向图中，(1) 选支路 5、6、7、8 为树支，按支路 1、2、3、4 的顺序选取基本回路，写出基本回路矩阵。(2) 针对所选的树，按支路 5、6、7、8 的顺序选取基本割集，写出基本割集矩阵。

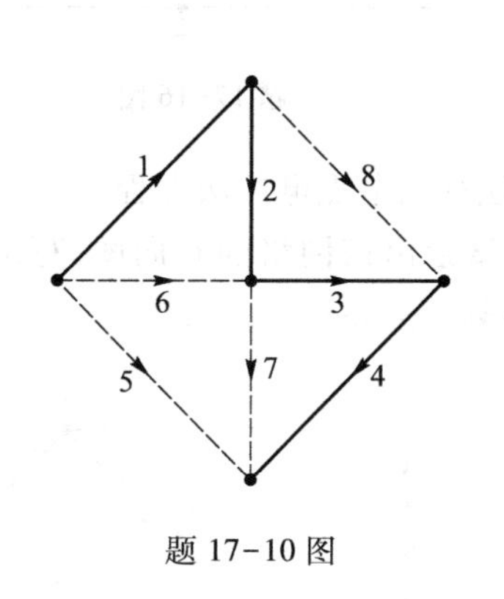

题 17-10 图

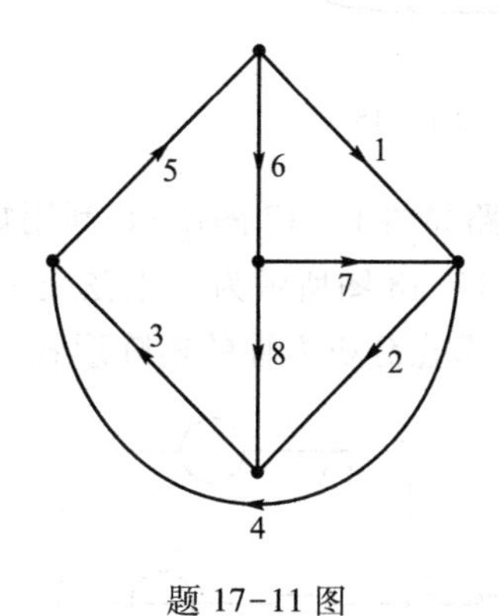

题 17-11 图

17-12　设某网络有向图的基本回路矩阵为 $\boldsymbol{B}=\begin{bmatrix}0 & -1 & 1 & 1 & 0 & 0\\ 1 & -1 & 1 & 0 & 1 & 0\\ 0 & 0 & 1 & 0 & 0 & 1\end{bmatrix}$，试画出对应的有向图。

17-13　已知某有向图的关联矩阵为 $\boldsymbol{A}=\begin{bmatrix}1 & 1 & -1 & 1 & 0 & 0 & 0\\ -1 & -1 & 0 & 0 & -1 & 0 & 1\\ 0 & 0 & 1 & 0 & 0 & -1 & -1\end{bmatrix}$，(1) 画出此连通图。(2) 取 2、4、6 支路为树支，写出回路矩阵和割集矩阵。

17-14　已知某网络有向图的基本回路矩阵为 $\boldsymbol{B}=\begin{bmatrix}1 & 0 & 0 & 0 & 0 & -1 & -1 & 0\\ 0 & 1 & 0 & 0 & 0 & 0 & 1 & 1\\ 0 & 0 & 1 & 0 & 1 & 1 & 1 & 1\\ 0 & 0 & 0 & 1 & -1 & -1 & 0 & 1\end{bmatrix}$，试写出此网络的基本割集矩阵 $\boldsymbol{Q}_{\mathrm{f}}$。

17-15　对题 17-15 图所示的有向图，以节点⑤为参考节点，选支路 1、2、3、4 为树，按支路 5、6、7、8、1、2、3、4 的顺序，写出关联矩阵、基本回路矩阵和基本割集矩阵，并验证 $\boldsymbol{B}_{t}^{T}=-\boldsymbol{A}_{t}^{-1}\boldsymbol{A}_{l}$ 和 $\boldsymbol{Q}_{l}=-\boldsymbol{B}_{t}^{T}$。

17-16　题 17-16 图所示是一直流网络，试写出该网络支路方程的矩阵形式。

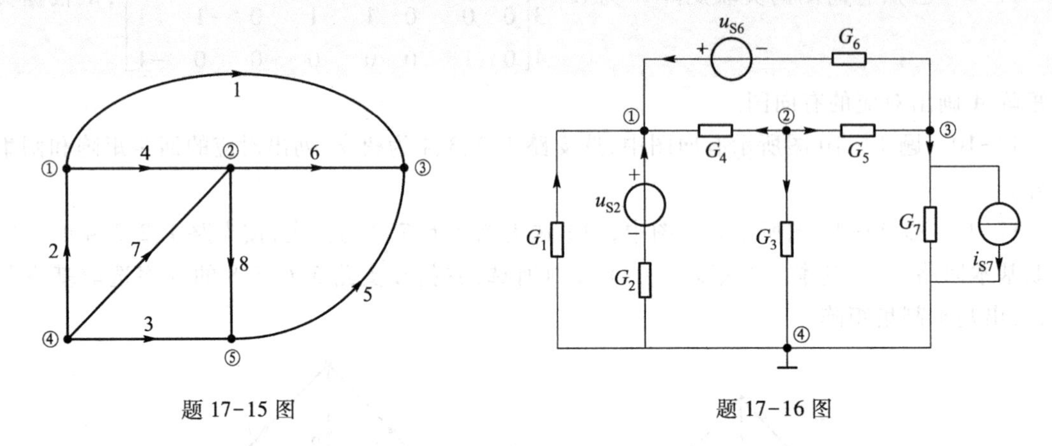

题 17-15 图　　　　题 17-16 图

17-17　电路如题 17-17 图所示，利用矩阵方法列出节点电压法方程。

17-18　题 17-18 图所示为一正弦交流网络，试绘出该网络的有向图，写出关联矩阵 $\boldsymbol{A}$，并用系统法写出节点分析方程的矩阵形式（电源角频率为 ω）。

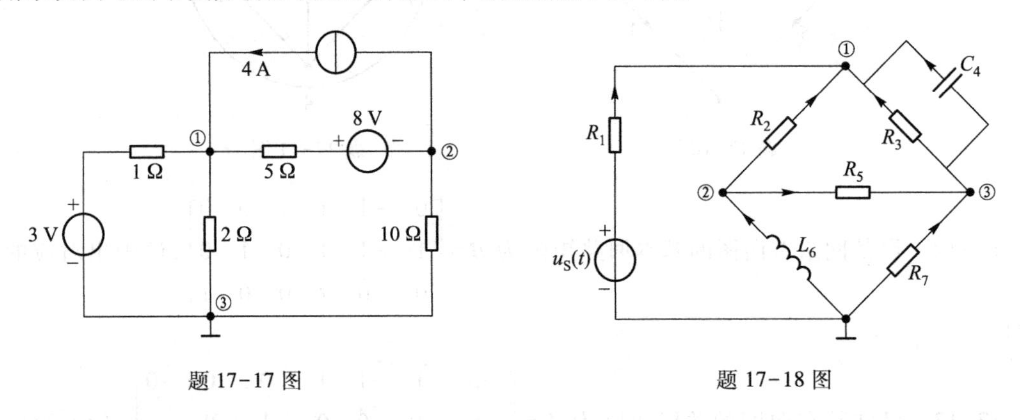

题 17-17 图　　　　题 17-18 图

17-19　题 17-19 图（a）所示电路，其有向图如题 17-19 图（b）所示。选支路 1、2、4、7 为树，用系统法列写其回路电流法方程。

17-20　电路如题 17-20 图（a）所示，其有向图如题 17-20 图（b）图所示。选支路 1、2、6、7 为树，写出矩阵形式的割集电压方程。

17-21　电路如图题 17-21 图所示。试写出：（1）关联矩阵 $\boldsymbol{A}$。（2）支路导纳矩阵 $\boldsymbol{Y}$。（3）节点电压的矩阵形式。

17-22　题 17-22 图（a）所示为正弦稳态电路，其有向图如题 17-22 图（b）所示。设支路 1、2、6 为树支，试写出基本割集矩阵、支路导纳矩阵和割集导纳矩阵。

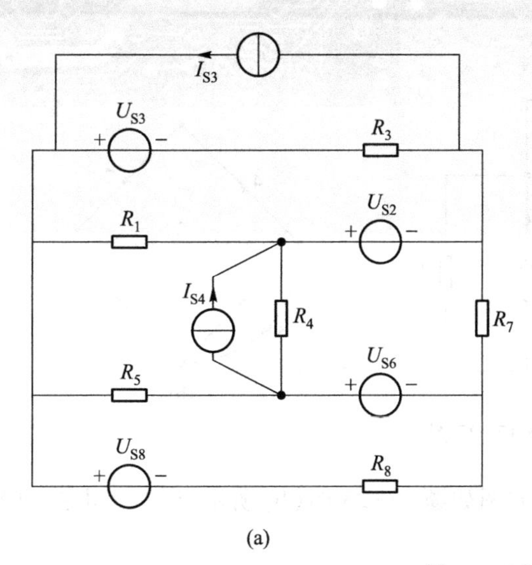

(a)

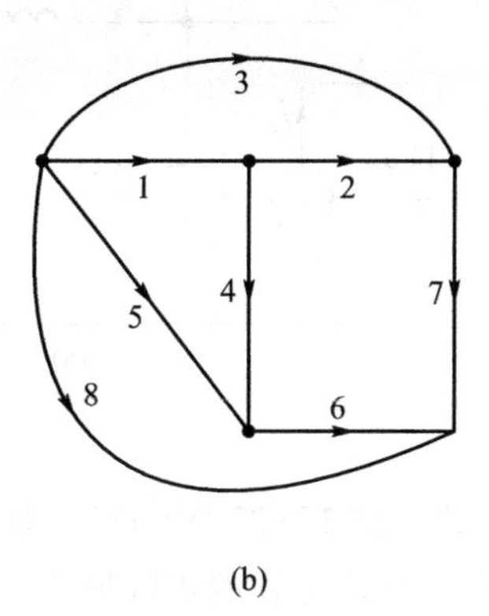

(b)

题 17-19 图

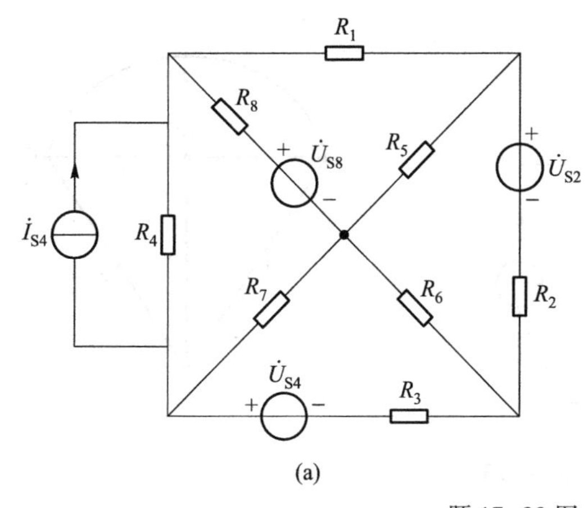

(a)

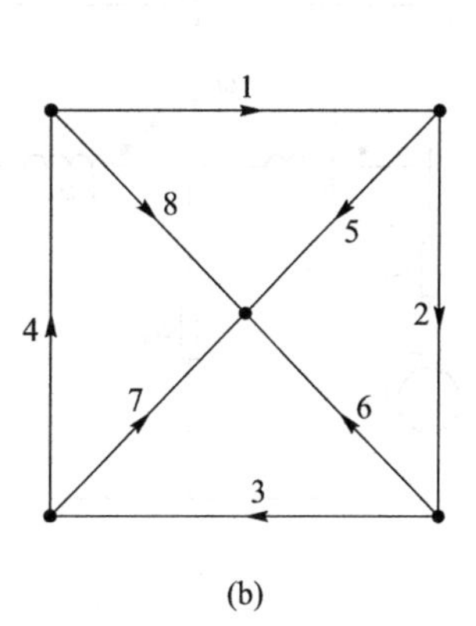

(b)

题 17-20 图

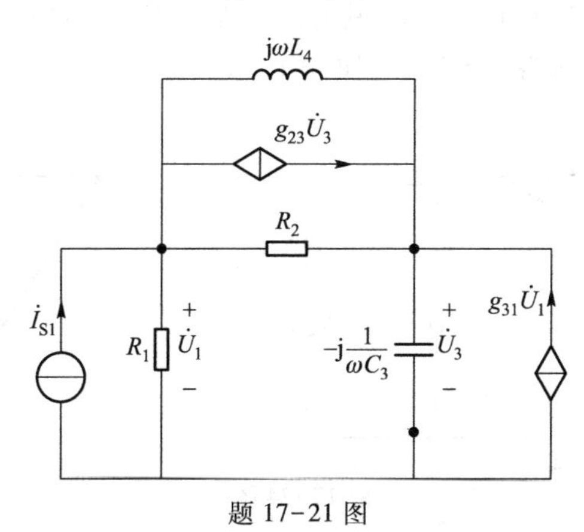

题 17-21 图

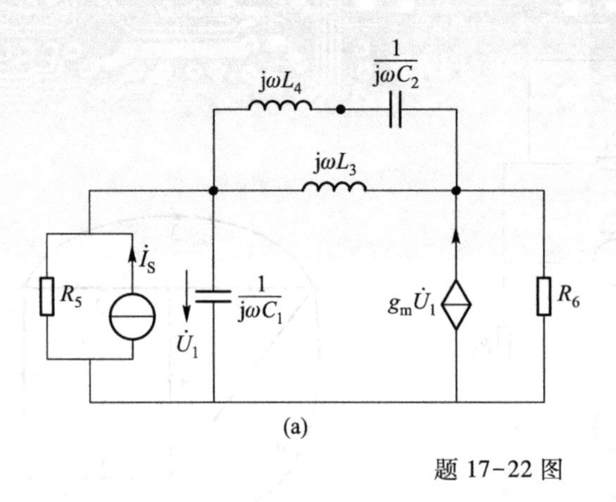

(a)

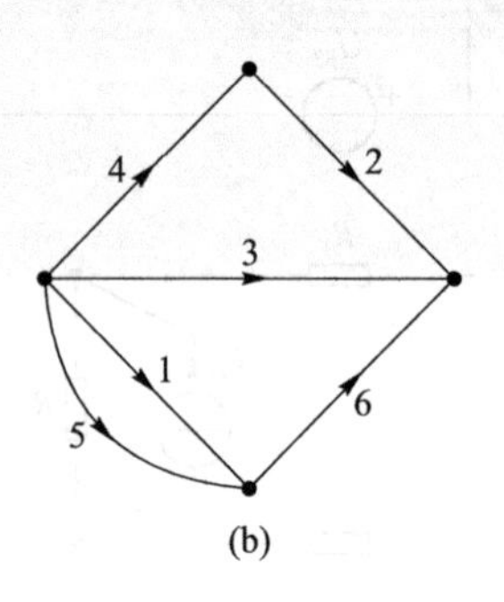

(b)

题 17-22 图

17-23　题 17-23 图(a)所示电路的有向图如题 17-23 图(b)所示,试写出电路的关联矩阵和节点电压法方程的矩阵形式。

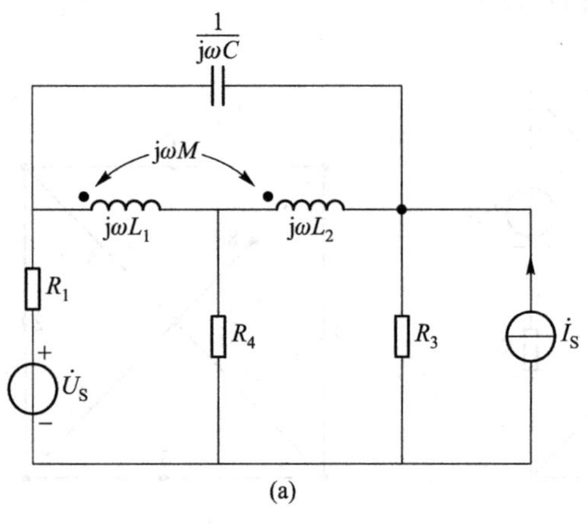

(a)

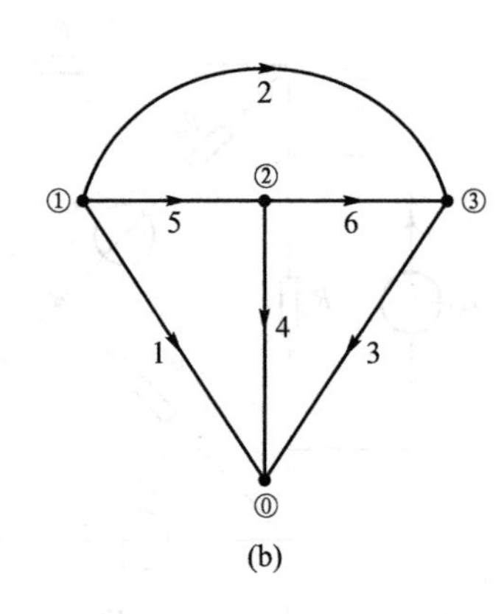

(b)

题 17-23 图

17-24　电路如题 17-24 图(a)所示,其有向图如题 17-24 图(b)所示。以支路 3、4、5 为树支,写出基本回路矩阵和回路电流法方程的矩阵形式。

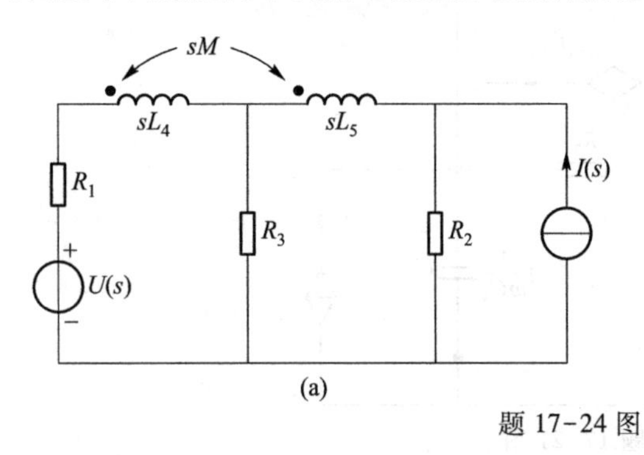

(a)

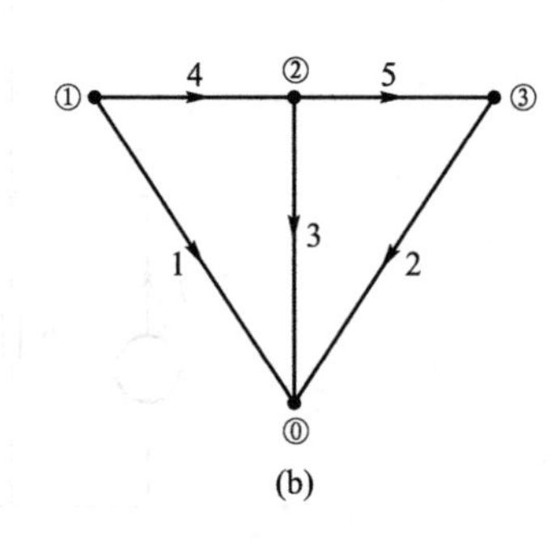

(b)

题 17-24 图

17-25　选择特有树，列出题 17-25 图所示电路的状态方程。

17-26　选择特有树，列出题 17-26 图所示电路的状态方程。

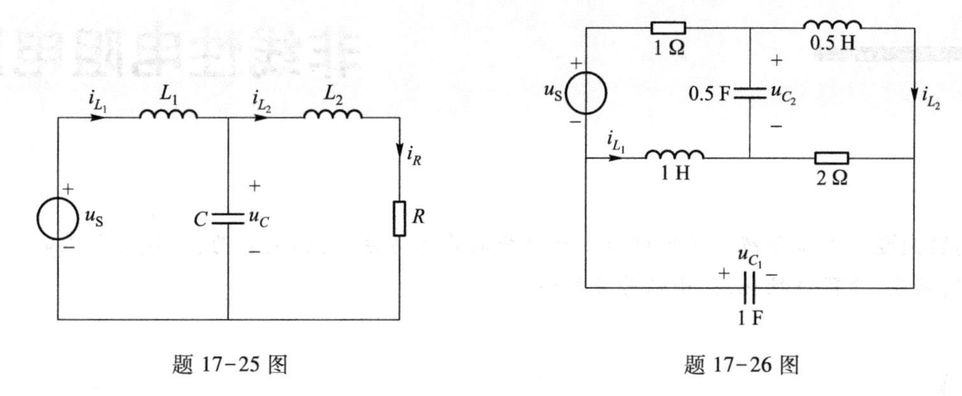

题 17-25 图　　　　题 17-26 图

17-27　选择特有树，列出题 17-27 图所示电路的状态方程，并以 u_{R7} 和 u_{R9} 作为输出，列出输出方程。

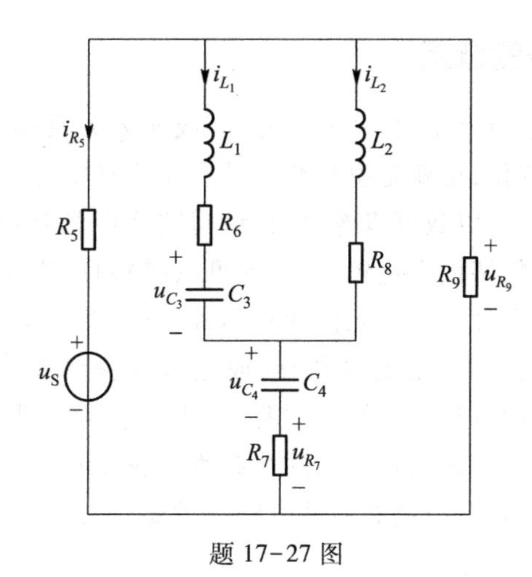

题 17-27 图

第 18 章 非线性电阻电路

内容提要　本章介绍非线性电阻电路分析的基本方法，具体内容为：非线性电阻电路及其方程、图解法、分段线性化法、小信号分析法。

18.1 非线性电阻电路及其方程

18.1.1　非线性电路的概念

任何一个实际器件，从本质上来说，其 $u-i$ 关系（或 $u-q$ 关系、$\psi-i$ 关系、$\psi-q$ 关系）都是非线性的，并且都随时间发生变化，也就是说其特性是非线性时变的。当在我们关心的特性范围内实际元件的非线性程度较轻，以致可以忽略时，就可将实际器件用线性元件建模；当在我们关心的时间范围内实际器件的特性变化较小，以致可以忽略时，就可将实际器件用时不变元件建模。线性时不变元件是一类理想电路元件的总称，广泛用于描述实际电路。

如果电路元件的参数与其端电压或端电流（或磁链、电荷）有关，就为非线性元件。若对某一电路列写出的描述电路的方程为非线性方程，该电路就称为非线性电路。含有非线性元件的电路一般是非线性电路。许多实际电路的非线性特征不容忽略，这时就需按非线性电路分析的方法对电路做分析。因此，研究非线性电路有重要意义。

18.1.2　非线性电阻元件

线性电阻元件其特性是 $u-i$ 平面上过原点的一条直线，但对非线性电阻元件来说，其电压与电流对应的特性曲线一般不是一条直线。

图 18-1(a)所示为非线性电阻元件的符号，其电压电流关系可表示为

$$u=f(i) \tag{18-1}$$

或

$$i=g(u) \tag{18-2}$$

若某一非线性电阻元件特性只能用式(18-1)表示，说明该元件的电压是电流的单值函数，而同一电压值可能对应着多个电流值，这种类型的非线性电阻称为电流控制型非线性电阻。充气二极管是电流控制型非线性电阻，其伏安特性曲线如图 18-1(b)所示。

若某一非线性电阻元件特性只能用式(18-2)表示,说明该元件的电流是电压的单值函数,而同一电流值可能对应着多个电压值,这种类型的非线性电阻称为电压控制型非线性电阻。隧道二极管是电压控制型非线性电阻,其伏安特性曲线如图 18-1(c)所示。

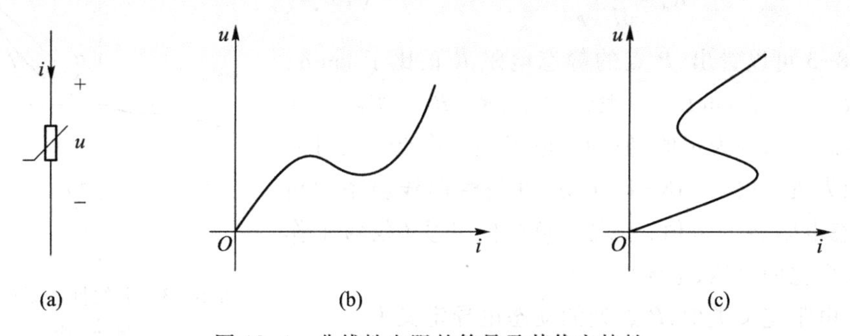

图 18-1 非线性电阻的符号及其伏安特性

(a) 电路符号 (b) 充气二极管伏安特性曲线 (c) 隧道二极管伏安特性曲线

从图 18-1(b)和(c)中可以看出,这两种电阻元件的伏安特性都有一段斜率为负,在斜率为负的范围内,电压(或电流)随电流(或电压)的增大而减小。

若某一非线性电阻元件特性既能用式(18-1)表示,也能用式(18-2)表示,说明该元件的伏安特性是严格单调变化的。这种元件既属于电流控制型,也属于电压控制型,半导体二极管就属于这种类型。图 18-2(a)所示为二极管符号,其伏安特性如图 18-2(b)所示。

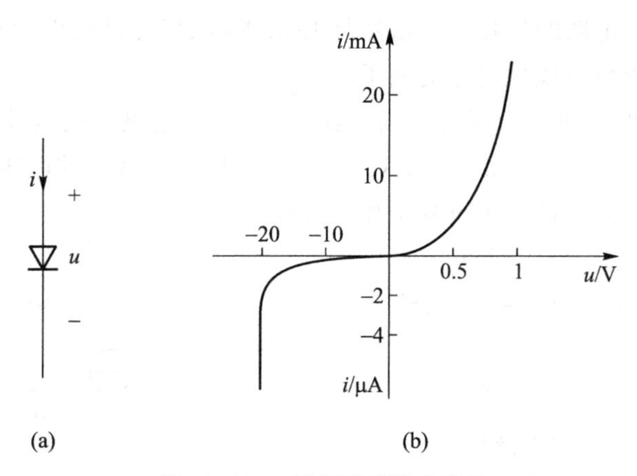

图 18-2 二极管及其伏安特性

(a) 二极管电路符号 (b) 二极管伏安特性曲线

非线性元件需用静态参数和动态参数描述。静态参数是对应于不变的电压、电流提出的概念,动态参数是对应于变化的电压、电流提出的概念。非线性元件的静态参数和动态参数随工作点的不同而不同。对非线性电阻元件而言,在特性曲线上某一点 P 处的静态电阻 R 和动态电阻 R_d 分别定义为

$$R=\frac{u}{i}\bigg|_P \tag{18-3}$$

$$R_d=\frac{du}{di}\bigg|_P \tag{18-4}$$

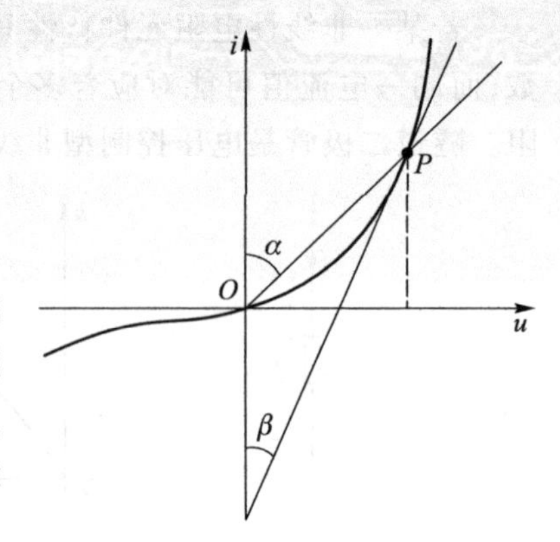

图 18-3 非线性电阻的静态电阻与动态电阻

由图 18-3 可以看出,P 点的静态电阻 R 正比于 $\tan\alpha$,动态电阻 R_d 正比于 $\tan\beta$。一般情况下,$R\neq R_d$。实际非线性电阻的静态电阻均为正值,但动态电阻随工作点不同可能为正也可能为负。由式(18-4)可见,在特性曲线斜率为负的区域,动态电阻将为负值,表现为负电阻性质(仅对工作点处小范围变化的电压、电流而言)。

与动态电阻定义类似,P 点处的动态电导定义为

$$G_d=\frac{di}{du}\bigg|_P \tag{18-5}$$

18.1.3 非线性电阻电路的方程

分析非线性电路的方法比较多,除了解析法,还常用其他一些方法。

用解析法对非线性电路做分析首先需要建立描述电路的方程,方程建立的依据是拓扑约束和元件约束。非线性电路的拓扑约束依然是 KCL、KVL,但元件约束中有非线性的关系。下面给出一个用解析法求解非线性电路的例子。

例 18-1 如图 18-4 所示非线性电阻电路中,非线性电阻是电流控制型的,特性方程为 $u_3=f(i_3)=2i_3^2+1$,$R_1=2\ \Omega$,$R_2=6\ \Omega$,$i_S=2\ \text{A}$,$u_S=7\ \text{V}$。试求 R_1 两端的电压 u_1。

解 根据拓扑约束和元件约束可列出如下方程:

$$i_3=i_S-i_1=2-i_1$$
$$u_1=u_2+u_3+u_S=u_2+u_3+7$$
$$u_1=R_1i_1=2i_1$$
$$u_2=R_2i_2=6i_3$$
$$u_3=2i_3^2+1$$

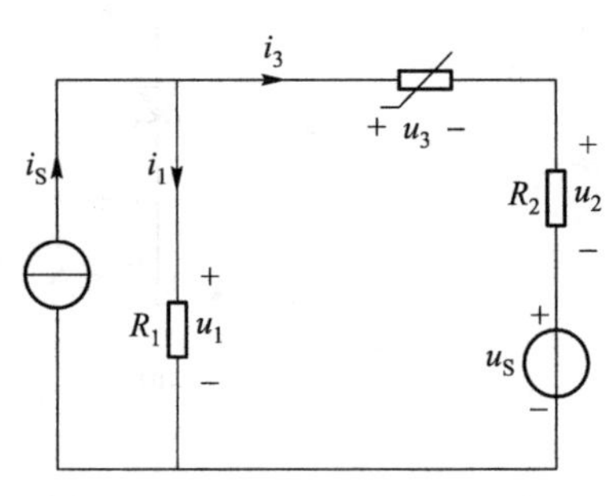

图 18-4 例 18-1 电路

以上方程实际是用 $2b$ 法列出的,但隐含使用了一个 KCL 方程。将以上方程化简可得

$$u_1^2-16u_1+56=0$$

由此解得

$$u_1=10.828\ \text{V}\quad 或\quad u_1=5.172\ \text{V}$$

可见,非线性电路的解有时不是唯一的。

18.2 图解法

图解法是通过在 u-i 平面上画出元件或局部电路的特性曲线，并在此基础上对电路进行求解的一种方法。该方法通常只适用于简单电路的分析。

1. 图解法确定非线性元件工作点

如图 18-5(a)所示的非线性电阻电路中，U_S 为直流电压源，R_S 为线性电阻。U_S 与 R_S 串联构成的二端电路，其端口的特性方程为 $u=U_S-R_Si$，如图 18-5(b)中的直线所示，非线性电阻 R 的特性如图 18-5(b)中的曲线所示。由于直线与曲线的交点 Q 既满足直线约束又满足曲线约束，因此该交点的坐标即为电路的解。这种作图求解电路的方法也称为曲线相交法。

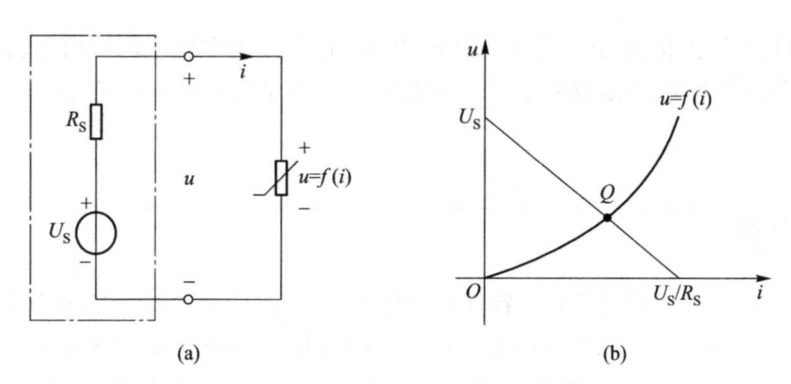

图 18-5　非线性电阻电路曲线相交法求解示意图
(a) 非线性电阻电路　(b) 求解非线性电路的图解法

图 18-5(b)中的交点 Q 是在电源为直流情况下得到的，交点不会发生变化，故称其为静态工作点。在某些情况下，电路的静态工作点可能有多个，如当图 18-5(b)中的非线性电阻不是单调型时，就可能会有多个静态工作点，图 18-6 所示是一种情况。实际电路在某一具体时间其静态工作点只能是一个，若用曲线相交法得出多个静态工作点时，须根据实际电路开始的工作情况开展分析，才可明确具体的工作点。

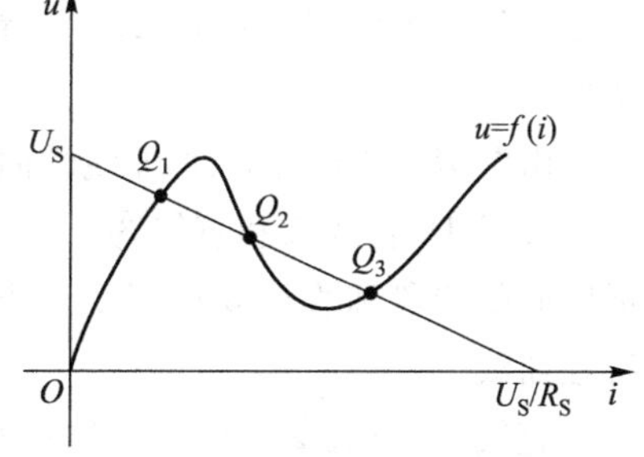

图 18-6　多个静态工作点的情况

2. 图解法确定非线性电路端口特性

图 18-7(a)所示为两个非线性电阻串联的单口网络，两个非线性电阻的特性方程分别为 $u_1=f_1(i)$ 和 $u_2=f_2(i)$，特性曲线如图 18-7(b)所示。因两个电阻为串联连接，电流值相同，可以利用图解法求出该单口网络的电压电流关系，做法是在同一电流值下将两个电压相加，得到对应的端口电压，不断

改变电流值继续进行。端口的特性曲线 $u=f(i)$ 示于图 18-7(b) 中。如果是多个电阻串联连接，可用同样的方法求得端口特性。

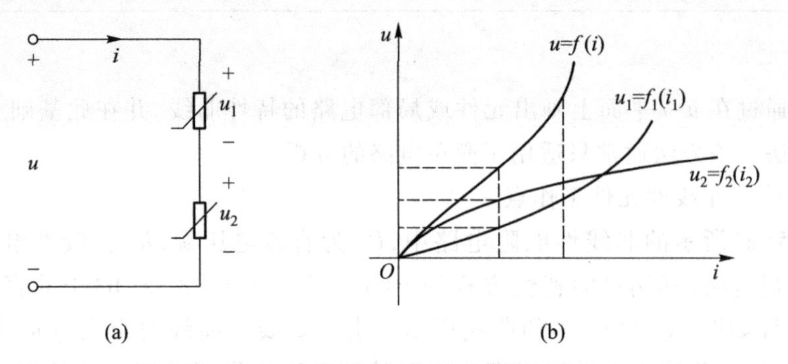

图 18-7 非线性电阻串联及其特性曲线
(a) 非线性电阻串联 (b) 串联非线性电阻的特性曲线

如果电阻是并联连接的，并且有 $i_1=f_1(u)$ 和 $i_2=f_2(u)$，则在同一电压值下将电流进行相加，即可得到端口的电流，不断改变电压值继续进行，可得端口的电压电流关系。

18.3 分段线性化法

分段线性化法是把非线性元件的特性近似分为几个直线段（类似于 12.6 节中画波特图的做法），将每个直线段用等效的线性电路表示（表现为理想电压源与电阻的串联或理想电流源与电阻的并联，其中的电阻有可能为负电阻），这样，含有非线性元件的原电路就可转变为几个不同的线性电路，可分别列方程加以求解，合起来即为电路的解。由于分段线性化使得原来的连续曲线变成了几段相连折线，所以这种方法又称为折线法。

对图 18-8 中所示非线性电阻的特性曲线，可以先将其进行分段线性化，分别得到对应线性段的等效电路，然后利用线性电路的分析方法进行求解。图 18-8(a) 所示为线性化后得到图形。

由图 18-8(a) 可见，原非线性曲线被分为 3 个直线段，这三个直线段分别处在图 18-8(b) 所示的直线①、直线②和直线③上。直线①在 $(0,I_1)$ 横坐标区间的线段、直线②在 (I_1,I_2) 横坐标区间的线段和直线③在 (I_2,∞) 横坐标区间的线段合起来就为非线性元件分段线性化后的特性曲线。

直线①、直线②、直线③对应的方程分别为 $u=R_1i$、$u=U_{S2}+R_2i$、$u=U_{S3}+R_3i$，三个方程分别对应三个二端电路，由此可将图 18-5(a) 所示的电路转化为图 18-9(a)(b)(c) 所示的三个电路。图 18-9(a) 中 $R_1>0$；图 18-9(b) 中 $R_2<0$，$U_{S2}>0$；图 18-9(c) 中 $R_3>0$，$U_{S3}<0$。对图 18-9 所示的三个电路可分别建立线性方程，求解方程可得到三个静态工作点。

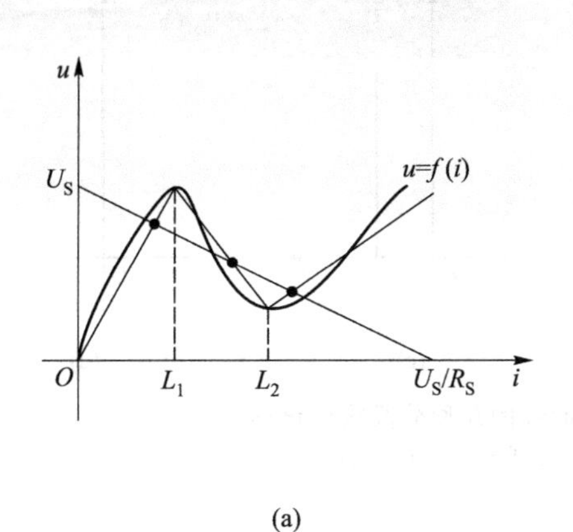

(a)

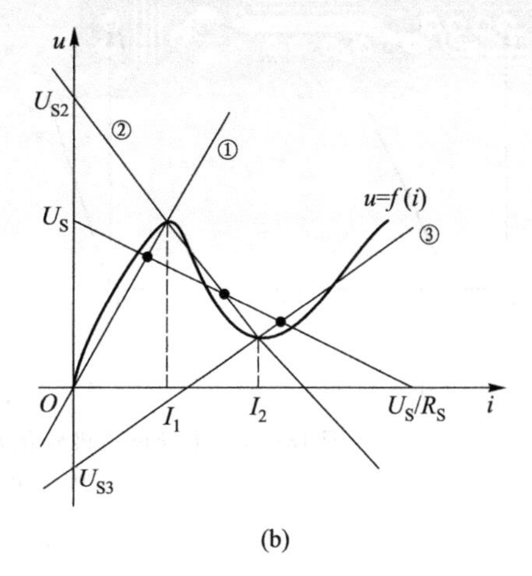

(b)

图 18-8 分段线性化法

（a）分段线性化示例 （b）分段线性化后的直线示例

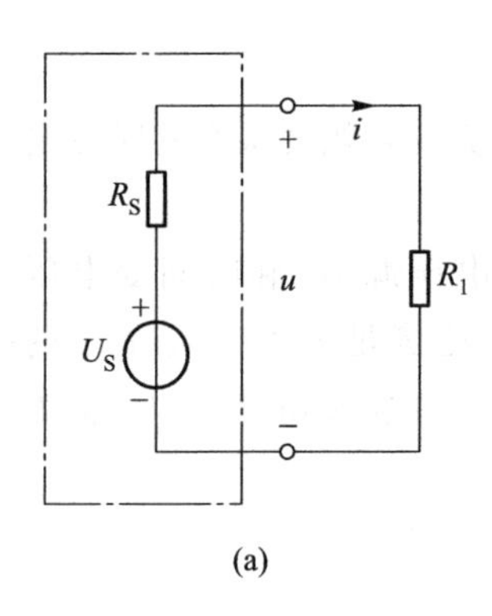

(a)

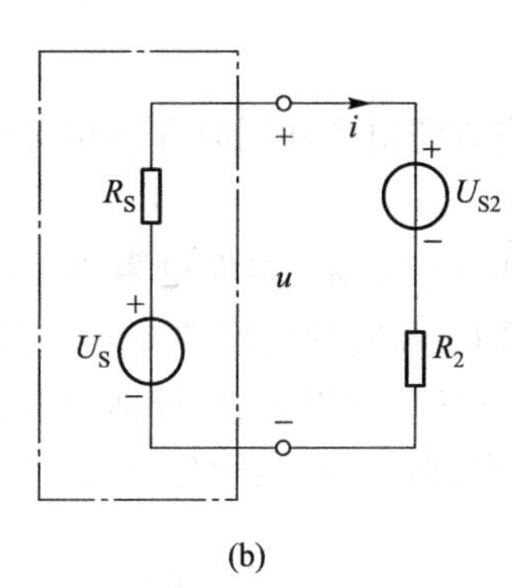

(b)

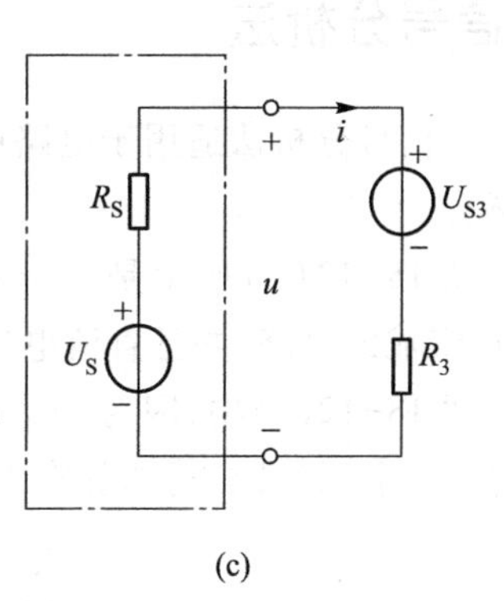

(c)

图 18-9 分段线性化法后的等效电路

（a）等效电路一 （b）等效电路二 （c）等效电路三

应用分段线性化法时要注意一种情况，当通过解方程的方法得到的静态工作点不在非线性元件的分段折线上时，该点就不是工作点。对此情况，可用图 18-10 加以说明。

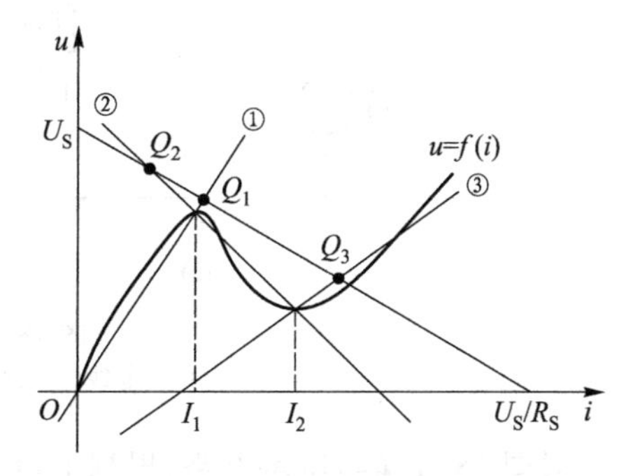

图 18-10 电压 U_S 增大后图 18-8 的变化

图 18-10 是图 18-8 中电源电压 U_S 增大后对应的情况，U_S 增大使得 U_S 与 R_S 串联电路对应端口的特性曲线向上平移，导致其与直线①和直线②的交点 Q_1 和 Q_2 均不在非线性元件的分段折线上，此种情况下，只有 Q_3 才是真正的工作点。

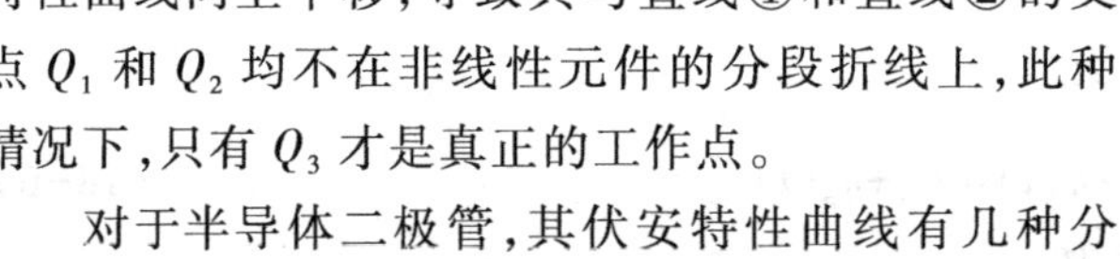

对于半导体二极管，其伏安特性曲线有几种分段线性化形式，如图 18-11 所示。其中，图 18-11(d)是理想半导体二极管的伏安特性曲线。

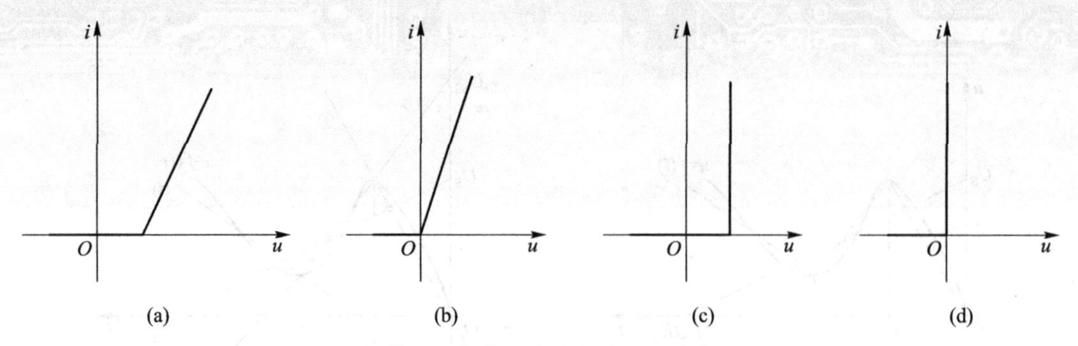

图 18-11　半导体二极管伏安特性曲线的几种分段线性化形式
(a) 形式一　(b) 形式二　(c) 形式三　(d) 形式四

18.4 小信号分析法

小信号分析法适用于电路中有直流电源并同时存在相对于直流而言幅度很小的时变电源的场合。

图 18-12(a) 所示是一个由非线性电阻、线性电阻 R_S、直流电压源 U_S 和时间变电压源 $u_S(t)$ 组成的电路，并且直流电压源 U_S 和时变电压源 $u_S(t)$ 之间始终满足 $U_S \gg |u_S(t)|$ 的关系。图 18-12(a) 中，因为 $|u_S(t)| \ll U_S$，所以 $u_S(t)$ 被称为小信号。在实际电路中，U_S 称为偏置电压，用于设置合适的静态工作点，而 $u_S(t)$ 实际是有用的信号。

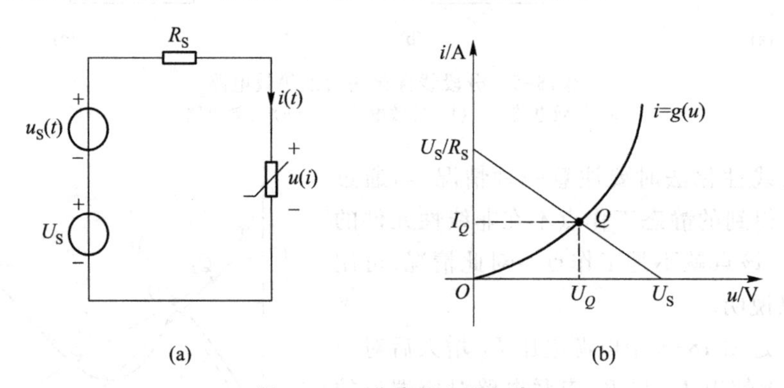

图 18-12　非线性电阻电路
(a) 非线性电路　(b) 非线性电路的静态工作点

对图 18-12(a) 所示电路，根据 KVL 可得

$$R_S i(t)+u(t)=U_S+u_S(t) \tag{18-6}$$

当小信号源 $u_S(t)=0$ 时，式(18-6)变为

$$R_{S}i(t)+u(t)=U_{S} \tag{18-7}$$

假设非线性电阻的 VCR 可表示为

$$i=g(u) \tag{18-8}$$

将式(18-8)代入式(18-7)中,可解出电压 $u=U_Q$,再将 u 代入式(18-8)中,即可求得电流 $i=I_Q$。也可以利用图解法求出这一结果,如图 18-12(b)所示,其中的 Q 点就是电路的静态工作点。Q 的坐标(U_Q,I_Q)既满足式(18-7),也满足式(18-8),即

$$R_{S}I_{Q}+U_{Q}=U_{S} \tag{18-9}$$

$$I_{Q}=g(U_{Q}) \tag{18-10}$$

当 $u_S(t)\neq 0$ 时,可设

$$u(t)=U_{Q}+u'(t) \tag{18-11}$$

$$i(t)=I_{Q}+i'(t) \tag{18-12}$$

式(18-11)、式(18-12)中,$u'(t)$ 和 $i'(t)$ 是由小信号引起的变化量。由于 $|u_S(t)|\ll U_S$,所以在任何时刻,$u'(t)$、$i'(t)$ 相对于 U_Q 和 I_Q 来说都是很小的量,因此非线性电阻上的电压和电流一定会在静态工作点附近变化,不会偏离太多。

根据非线性电阻的 VCR 方程 $i=g(u)$,有

$$I_{Q}+i'(t)=g[U_{Q}+u'(t)] \tag{18-13}$$

因为 $u'(t)$ 相对于 U_Q 很小,可将其看成在 U_Q 基础上的增量,因此,可对上式右边进行泰勒级数展开,即

$$I_{Q}+i'(t)=g(U_{Q})+\left.\frac{\mathrm{d}g}{\mathrm{d}u}\right|_{U_{Q}}u'(t)+\frac{1}{2!}\left.\frac{\mathrm{d}^{2}g}{\mathrm{d}^{2}u}\right|_{U_{Q}}[u'(t)]^{2}+\cdots \tag{18-14}$$

由于 $u'(t)$ 很小,可略去 $u'(t)$ 的二次方及更高次方项,只保留级数的前两项,由此可得

$$I_{Q}+i'(t)=g(U_{Q})+\left.\frac{\mathrm{d}g}{\mathrm{d}u}\right|_{U_{Q}}u'(t) \tag{18-15}$$

由于 $I_Q=g(U_Q)$,由式(18-15)可导出

$$i'(t)=\left.\frac{\mathrm{d}g}{\mathrm{d}u}\right|_{U_{Q}}u'(t) \tag{18-16}$$

根据动态电导的定义,可知 $\left.\frac{\mathrm{d}g}{\mathrm{d}u}\right|_{U_{Q}}=G_{\mathrm{d}}=\frac{1}{R_{\mathrm{d}}}$ 是非线性电阻在工作点 $Q(U_Q,I_Q)$ 处的动态电导。这样,上式就可以写为

$$i'(t)=G_{\mathrm{d}}u'(t) \tag{18-17}$$

或

$$u'(t)=R_{\mathrm{d}}i'(t) \tag{18-18}$$

由于某点处的动态电阻或动态电导是一个常数,所以由式(18-17)或式(18-18)可知,由小信号产生的电压 $u'(t)$ 和电流 $i'(t)$ 之间满足线性关系。

将式(18-11)、式(18-12)代入式(18-6)中,可得

$$R_{S}[I_{Q}+i'(t)]+U_{Q}+u'(t)=U_{S}+u_{S}(t) \tag{18-19}$$

因为 $R_S I_Q + U_Q = U_S$，所以

$$R_S i'(t) + u'(t) = u_S(t) \tag{18-20}$$

将式(18-18)代入式(18-20)得

$$R_S i'(t) + R_d i'(t) = u_S(t) \tag{18-21}$$

式(18-21)是一个线性代数方程，据此可以画出如图 18-13 所示的电路，该电路为非线性电路在工作点 $Q(U_Q, I_Q)$ 处的小信号等效电路，是一个线性电路。

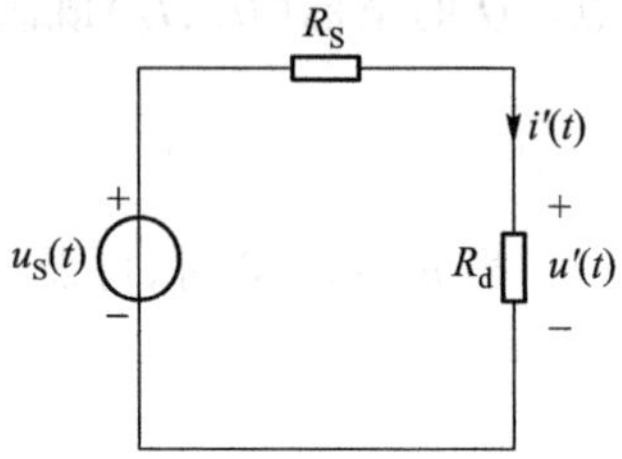

由图 18-13 所示电路可得

$$i'(t) = \frac{u_S(t)}{R_S + R_d} \tag{18-22}$$

$$u'(t) = R_d i'(t) = \frac{R_d u_S(t)}{R_S + R_d} \tag{18-23}$$

图 18-13　小信号等效电路

将小信号产生的变化量与静态工作点处的电压、电流相加，可得非线性电路在直流电源与小信号共同作用下的响应为

$$u(t) = U_Q + u'(t) \tag{18-24}$$

$$i(t) = I_Q + i'(t) \tag{18-25}$$

由式(18-24)、式(18-25)可知，用小信号分析法分析非线性电路时，电路中各元件上的电压和电流均表现为静态值与小信号产生的变化量的叠加。

不过要注意，式(18-24)、式(18-25)均是近似公式，它们是在忽略了式(18-14)中 $u'(t)$ 的高次项后导出的结果，故这里的叠加不能视为叠加定理的应用。叠加定理是线性电路的一个定理，不能用于非线性电路。

例 18-2　已知图 18-14(a)所示电路中的非线性电阻为电压控制型的，其电压和电流的关系为

$$i = g(u) = \begin{cases} u^2, & u \geqslant 0 \\ 0, & u < 0 \end{cases}$$

直流电流源 $I_S = 10\ \text{A}$，$R_S = \frac{1}{3}\ \Omega$，小信号电流源 $i_S(t) = 0.5\cos t\ \text{A}$。试求非线性电阻上的电压和电流。

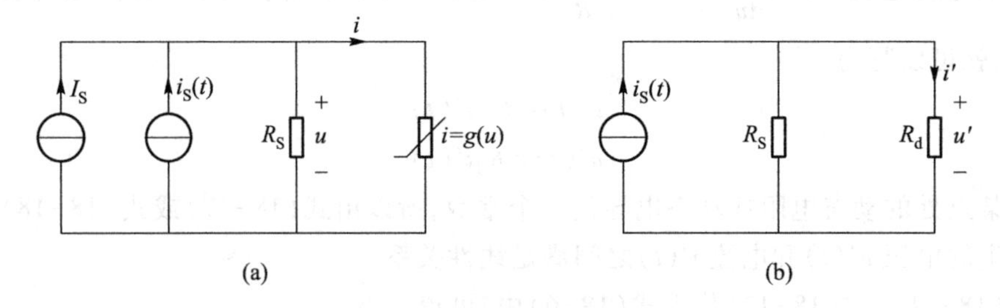

图 18-14　例 18-2 电路

(a) 非线性电路　(b) 小信号等效电路

解 本题 $i_S(t)=0.5\cos t$ A，$I_S=10$ A，满足 $|i_S(t)| \ll I_S$ 的关系，可用小信号分析法分析电路。根据 KCL 有

$$\frac{1}{R_S}u+i=I_S+i_S$$

令 $i_S=0$，由上式可得

$$\frac{1}{R_S}u+i=I_S$$

当 $u\geqslant 0$ 时，有

$$3u+u^2=10$$

解方程可得 $u=2$ V 或 $u=-5$ V。由于 $u=-5$ V 不符合 $u\geqslant 0$ 的前提条件，因此不是方程的解，所以方程的解为

$$U_Q=u=2\ \text{V}$$

由非线性电阻的 VCR 又可得

$$I_Q=U_Q^2=4\ \text{A}$$

所以，电路的静态工作点为 $Q(2\ \text{V},4\ \text{A})$。非线性电阻在 Q 点处的动态电导为

$$G_d=\left.\frac{\mathrm{d}(u^2)}{\mathrm{d}u}\right|_{U_Q}=2u\,\Big|_{u=2}=4\ \text{S}$$

则动态电阻为

$$R_d=\frac{1}{G_d}=\frac{1}{4}\ \Omega$$

由此可画出小信号等效电路，如图 18-14(b)所示。由此电路可求得由小信号产生的电压和电流的变化量为

$$u'(t)=\frac{R_SR_d}{R_S+R_d}i_S(t)=\frac{1}{14}\cos t\ \text{V}=0.0714\cos t\ \text{V}$$

$$i'(t)=\frac{R_S}{R_S+R_d}i_S(t)=\frac{2}{7}\cos t\ \text{A}=0.286\cos t\ \text{A}$$

在静态工作点基础上加上小信号产生的电压和电流的变化量，可得非线性电阻上最终的电压和电流为

$$u(t)=U_Q+u'(t)=(2+0.714\cos t)\ \text{V}$$

$$i(t)=I_R+i'(t)=(4+0.286\cos t)\ \text{A}$$

例 18-3 如图 18-15(a)所示电路中，已知 $U_S=10$ V，$R=10\ \Omega$，$u_S(t)=0.5\sin t$ V，两个非线性电阻的电压电流关系分别为 $u_1=5i_1^{1/2}$，$u_2=10i_2^{1/2}+i_2$，两个电阻均为电流控制型。求 u_1、u_2 和 i。

解 (1) 令 $u_S(t)=0$，求解静态工作点 $Q(U_Q,I_Q)$。因为两个非线性电阻为串联，所以有 $i_1=i_2=i$。根据 KVL 有

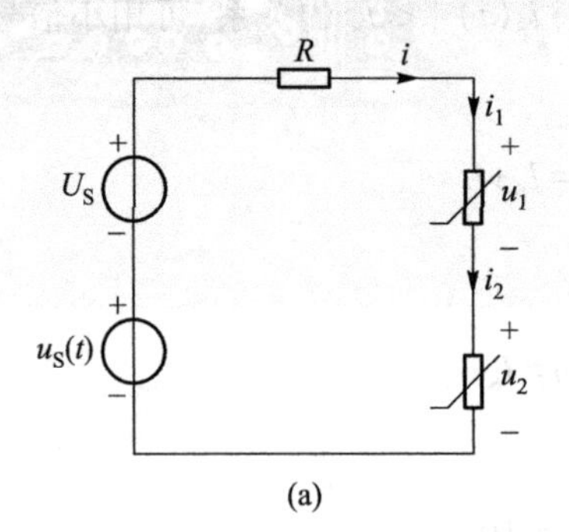

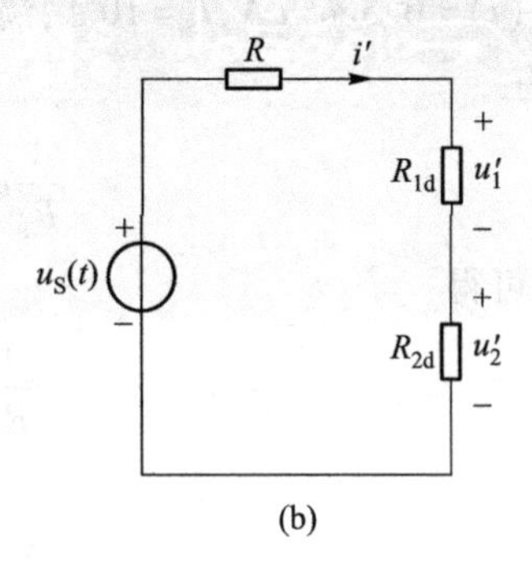

图 18−15　例 18−3 电路
(a) 非线性电路　(b) 小信号等效电路

$$RI_Q+U_{1Q}+U_{2Q}=U_S$$

将已知数据和非线性电阻的电压电流关系代入上式并整理得

$$11I_Q+15I_Q^{1/2}-10=0$$

求解可得 $I_{Q_2}^{1/2}=0.49\ \text{A}$、$I_{Q_2}^{1/2}=-1.85\ \text{A}$。$I_{Q_2}^{1/2}=-1.85\ \text{A}$ 与电路的情况明显不符，不是电路的解，所以电路的解为 $I_{Q_2}^{1/2}=0.49\ \text{A}$。因此静态工作点电流为 $I_{Q_1}=0.24\ \text{A}$，由此可得

$$U_{1Q_1}=5I_{1Q_1}^{1/2}=5\times0.24^{1/2}=2.45(\text{V})$$

$$U_{2Q_1}=10I_{2Q_1}^{1/2}+I_{2Q_1}=10\times0.24^{1/2}+0.24=5.14(\text{V})$$

两个非线性电阻在工作点 Q_1 处的动态电阻分别为

$$R_{1d}=\left.\frac{\mathrm{d}u_1}{\mathrm{d}i_1}\right|_{I_{Q_1}}=5\times\frac{1}{2}\times i^{-\frac{1}{2}}\Big|_{I_{Q_1}}=5.1(\Omega)$$

$$R_{2d}=\left.\frac{\mathrm{d}u_2}{\mathrm{d}i_2}\right|_{I_{Q_1}}=(5i+1)\Big|_{I_{Q_1}}=2.2(\Omega)$$

(2) 画出小信号等效电路，如图 18−15(b)所示。则

$$i'(t)=\frac{u_S(t)}{R+R_{1d}+R_{2d}}=\frac{0.5\sin t}{10+5.1+2.2}\ \text{A}=0.029\sin t\ \text{A}$$

$$u_1'(t)=R_{1d}i'(t)=(5.1\times0.029\sin t)\ \text{V}=0.148\sin t\ \text{V}$$

$$u_2'(t)=R_{2d}i'(t)=(2.2\times0.029\sin t)\ \text{V}=0.064\sin t\ \text{V}$$

(3) 将小信号引起的变化量与静态工作点的电压及电流叠加，可得所要求的电压和电流分别为

$$u_1(t)=U_{1Q_1}+u_1'(t)=(2.45+0.148\sin t)\ \text{V}$$

$$u_2(t)=U_{2Q_1}+u_2'(t)=(5.14+0.064\sin t)\ \text{V}$$

$$i(t)=I_{Q_1}+i'(t)=(0.24+0.029\sin t)\ \text{A}$$

习题

18-1　试确定题 18-1 图所示电路中非线性电阻的静态工作点。

18-2　某一非线性电阻的伏安特性为 $i=u^2+3u$，若通过该电阻的电流为 -2 A，求对应的静态电阻值和动态电阻值。

18-3　题 18-3 图所示电路，已知 $U=I^2+2I$，试求电压 U。

18-4　题 18-4 图所示电路中，非线性电阻的伏安特性为 $U=\begin{cases}0, & I\leqslant 0\\ I^2+1, & I>0\end{cases}$，求 I 和 U。

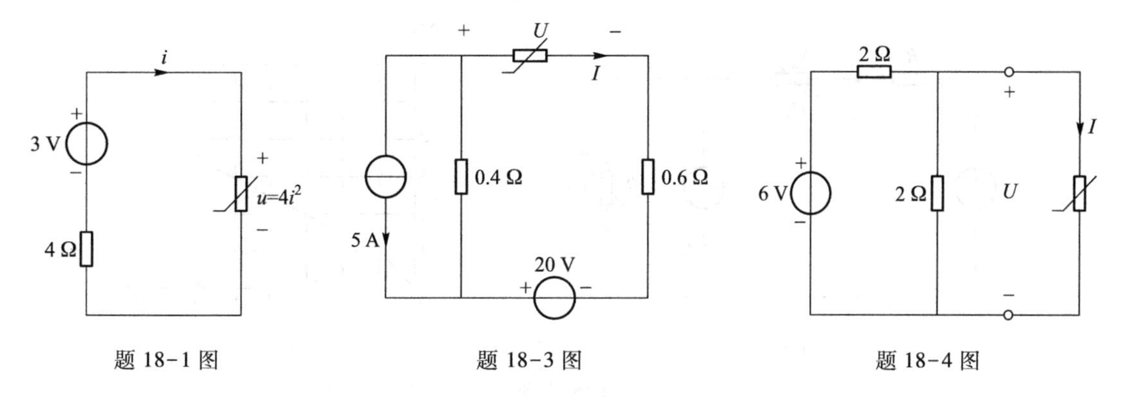

题 18-1 图　　　　题 18-3 图　　　　题 18-4 图

18-5　题 18-5 图(a)所示电路中非线性电阻的伏安特性曲线如题 18-5 图(b)所示，试用曲线相交法和分段线性化法求电路中的 i 和 u。

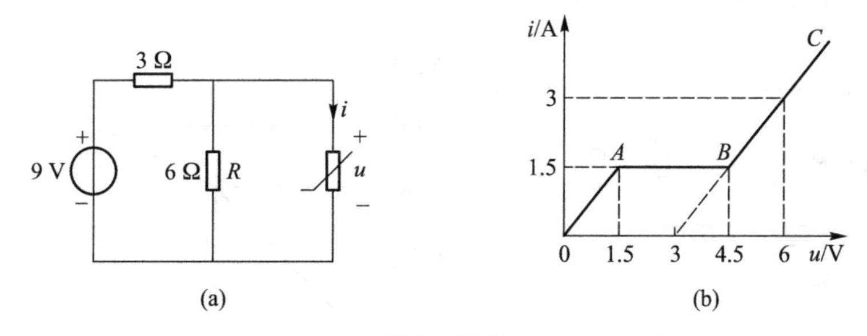

题 18-5 图

18-6　电路如题 18-6 图(a)所示，其中 $U_S=16$ V，$R_1=R_2=2\ \Omega$，$R_3=1\ \Omega$，非线性电阻的伏安特性如题 18-6 图(b)所示，求各支路的电压、电流。

18-7　题 18-7 图(a)所示电路中，已知 $U_S=6$ V，$I_S=2$ A，$R_1=1\ \Omega$，R_2、R_3 为非线性电阻，其伏安特性如题 18-7 图(b)曲线所示，求电流 I_2、I_3。

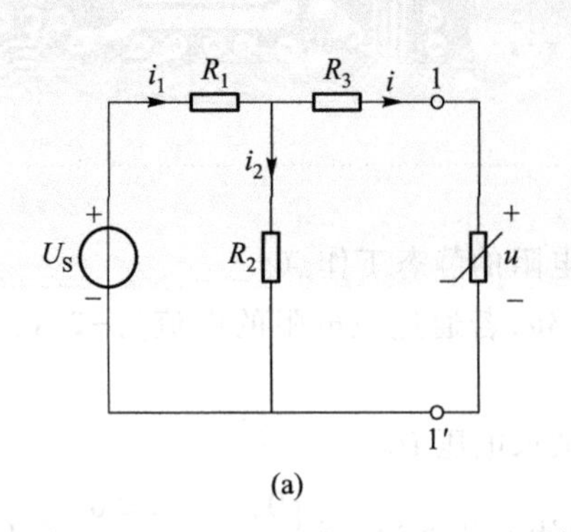

(a)

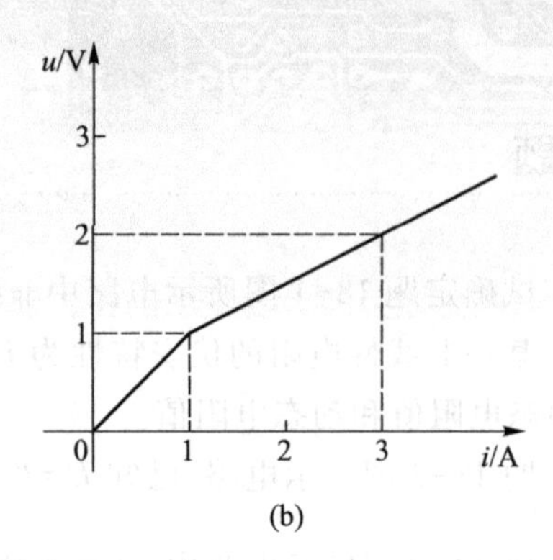

(b)

题 18-6 图

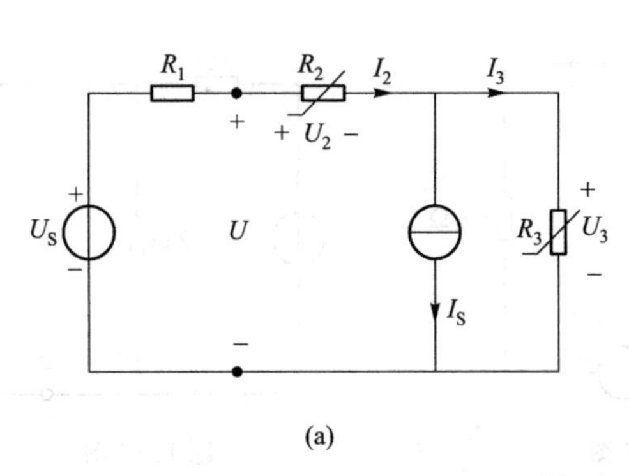

(a)

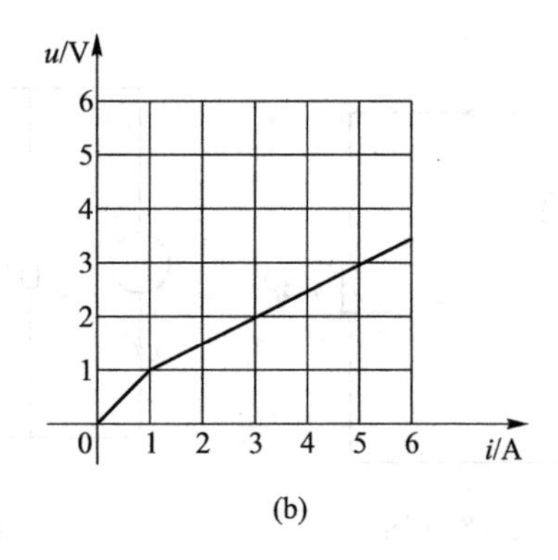

(b)

题 18-7 图

18-8　在题 18-8 图(a)所示电路中,非线性电阻的伏安特性如题 18-8 图(b)所示,用图解法求解非线性电阻的端电压 U 和电流 I。

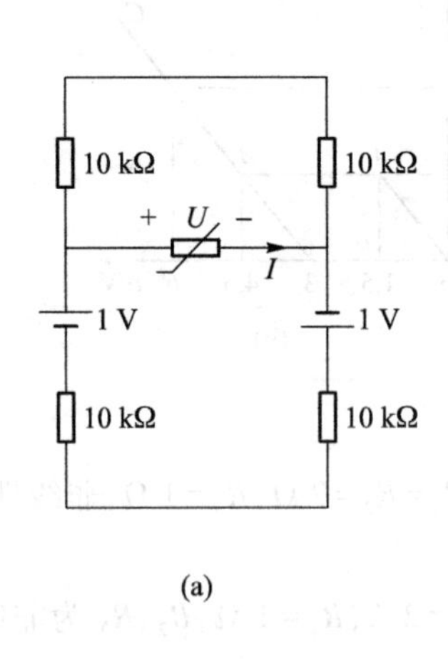

(a)

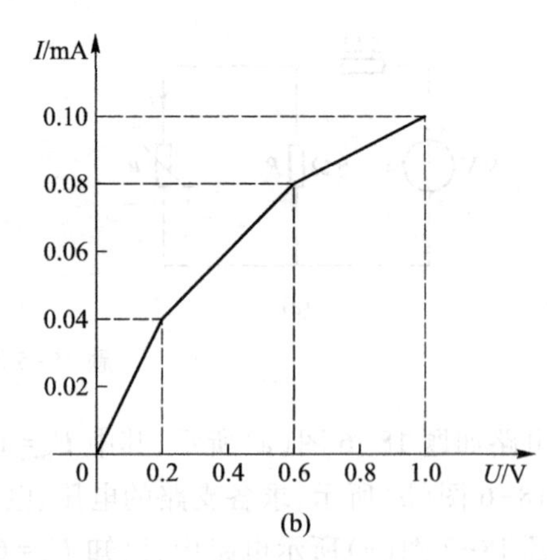

(b)

题 18-8 图

18-9　题 18-9 图所示电路,非线性电阻为电流控制型,其伏安特性为 $u=f(i)$,试写出电路的节点电压法方程。

18-10　题 18-10 图所示电路中，已知 $U_S=20\ \text{V}$、$\alpha=3$、$U_{S1}=12\ \text{V}$、$R=10\ \Omega$，非线性电阻 R_1 的伏安特性为 $U_1=10I_1^2$，试分别求开关 S 在位置 1 和位置 2 情况下的电压 U。

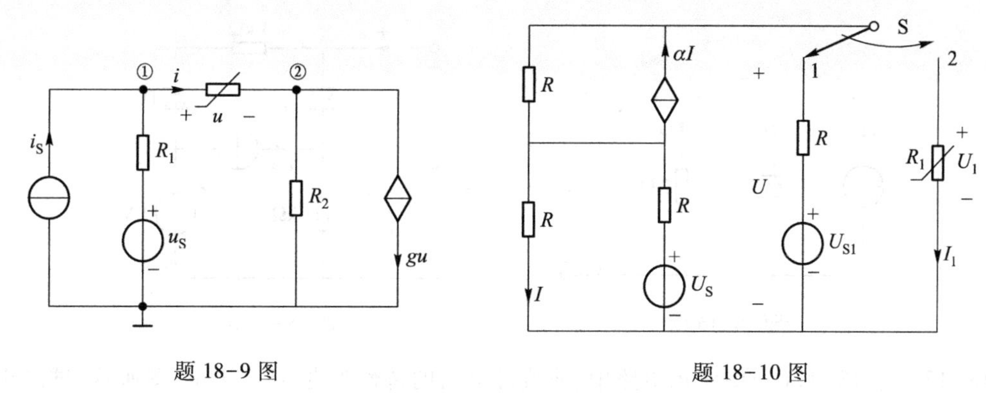

题 18-9 图　　　　题 18-10 图

18-11　题 18-11 图所示电路中的非线性电阻的伏安关系为 $u=\begin{cases}3i^2, & i>0\\ 0, & i<0\end{cases}$，试求电流 i。

18-12　题 18-12 图所示电路中，D 为理想二极管，试用分段线性化法确定 U_2 与 U_1 的关系。

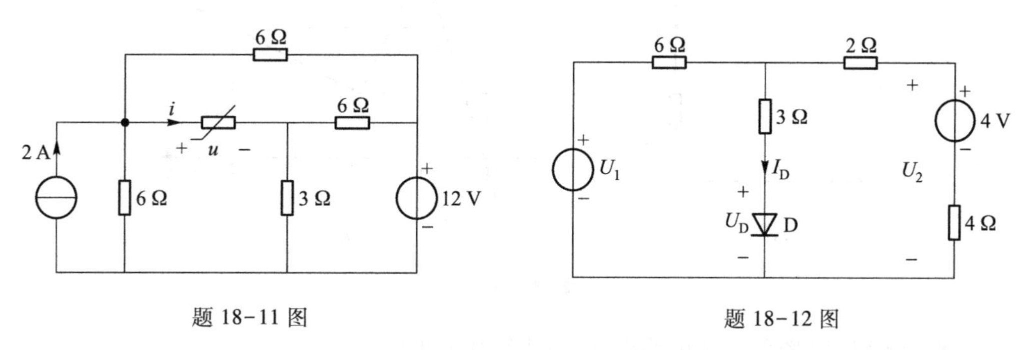

题 18-11 图　　　　题 18-12 图

18-13　含理想二极管的电路如题 18-13 图所示，试画出 1-1′端的伏安特性曲线。

18-14　试确定题 18-14 图所示电路的端口特性。图中 $R>0$，$E>0$，D 为理想二极管。

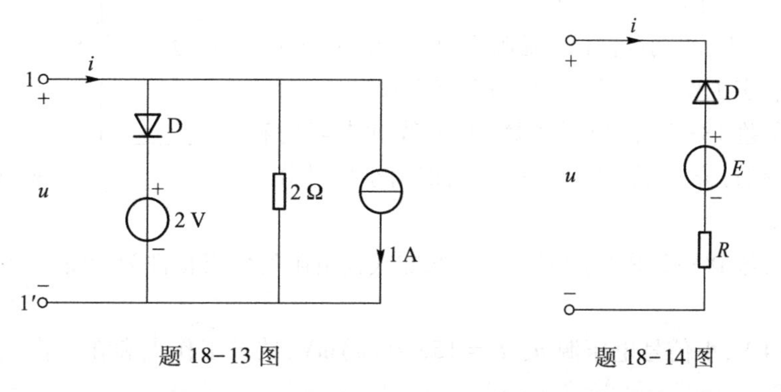

题 18-13 图　　　　题 18-14 图

18-15　题 18-15 图所示非线性电路中，D 是理想二极管，画出该单口电路的伏安特性曲线。

18-16　求题 18-16 图所示电路的端口特性。图中 D_1、D_2 为理想二极管。

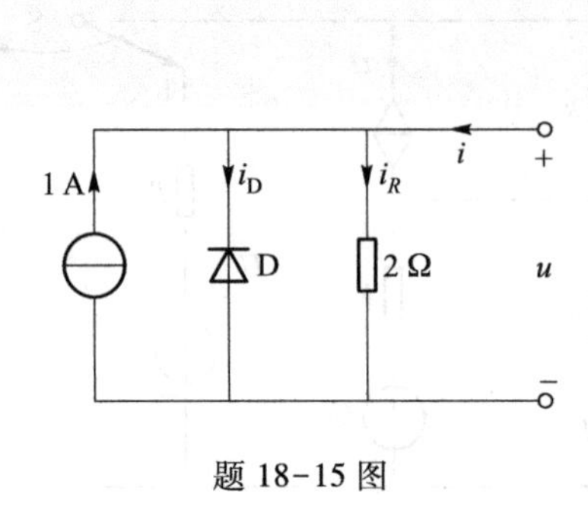

题 18-15 图

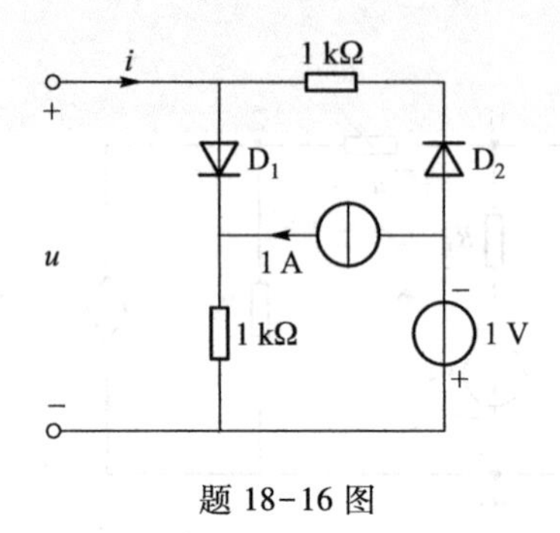

题 18-16 图

18-17　题 18-17(a)图所示电路中，非线性电阻的特性如题 18-17(b)图所示，试画出此电路的端口特性。

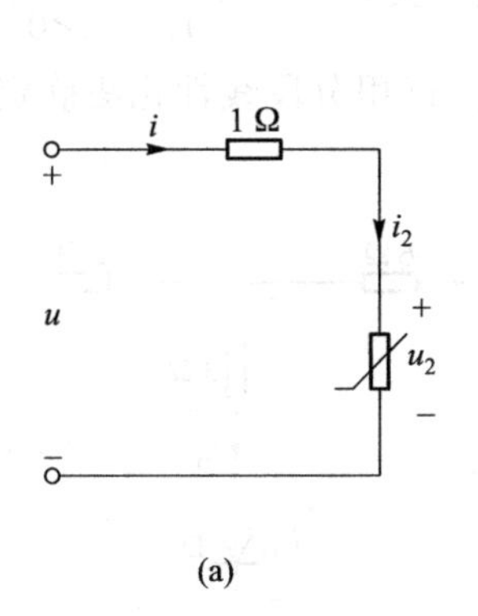

(a)

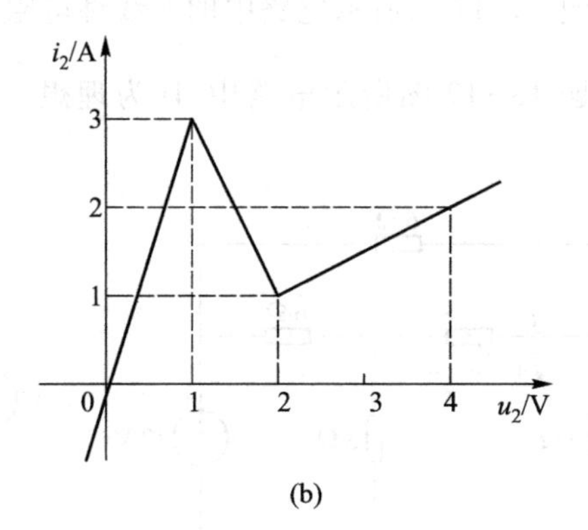

(b)

题 18-17 图

18-18　题 18-18 图所示的电路中，已知非线性电阻的伏安特性表示为 $u=\begin{cases} i^2+2i, & i\geqslant 0 \\ 0, & i<0 \end{cases}$，$R_1=0.4\ \Omega$，$R_2=0.6\ \Omega$，直流电压源 $U_S=18$ V，小信号电流源 $i_S(t)=4.5\sin(\omega t+30°)$ A。试求静态工作点、电压 $u(t)$ 和电流 $i(t)$。

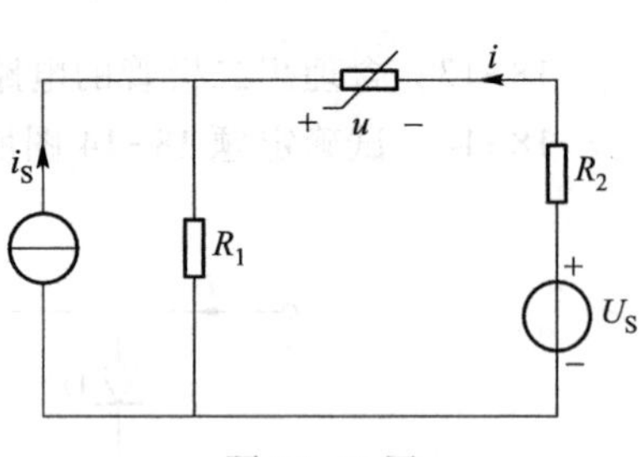

题 18-18 图

18-19　在题 18-19 图所示电路中，非线性电阻的特性方程为 $u=i^3+2i$，若 $i_S(t)=0.35\sin 2t$ A，试用小信号分析法求电流 $i(t)$。

18-20　在题 18-20 图所示电路中，已知非线性电阻的伏安特性为 $i=g(u)=\begin{cases} \frac{1}{50}u^2, & u>0 \\ 0, & u<0 \end{cases}$，直流电源 $U_S=4$ V，小信号电压源 $u_S(t)=15\cos(\omega t)$ mV，试求工作点和在工作点处由小信号电

压源产生的电压和电流。

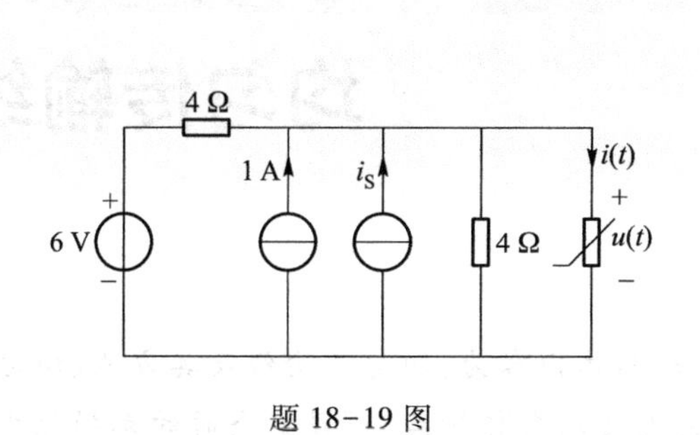

题 18-19 图

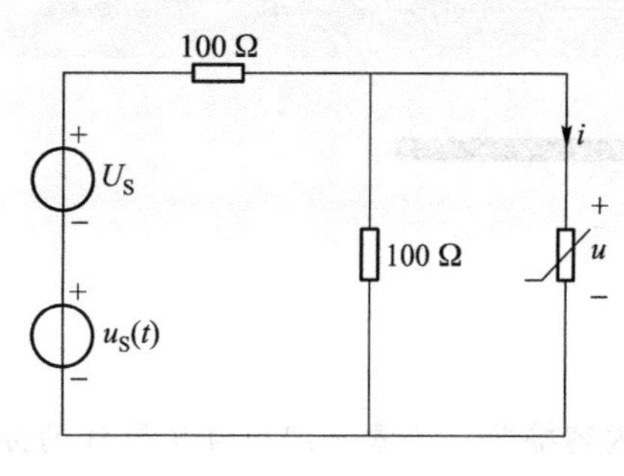

题 18-20 图

18-21　题 18-21 图所示电路中，非线性电阻的特性方程为 $u=i^2+2i(i>0)$，试确定非线性电阻的静态工作点。若 $u_S=0.6\sin(\omega t)$ V，试用小信号分析法确定电流 i。

18-22　题 18-22 图所示电路中，已知 $U_S=12$ V，$R_1=R_2=20$ Ω，$R_3=10$ Ω，$u_S(t)=\cos t$ V，非线性电阻的伏安特性为 $u=\frac{1}{2}i^2+i$。求非线性电阻上的电压 u 和电流 i。

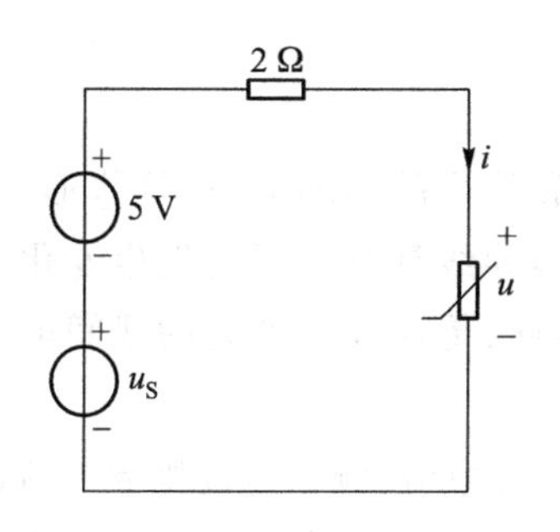

题 18-21 图

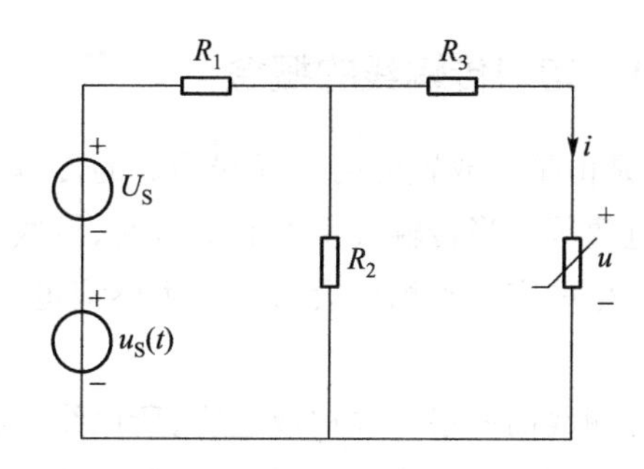

题 18-22 图

第19章

均匀传输线

内容提要 本章介绍均匀传输线的分析方法，具体内容为：均匀传输线及其方程、均匀传输线的正弦稳态响应、均匀传输线的频率特性、无畸变均匀传输线、正弦稳态时的无损耗均匀传输线、无损耗均匀传输线的暂态过程。

19.1 均匀传输线及其方程

19.1.1 均匀传输线的概念

传输线是由平行放置的两根导线构成的传输能量和信号的实际电路，具体形式有两线架空线、两芯电缆等。当传输线中通有电流时，沿线电压因导线具有电阻会发生变化；若电流是交变的，则产生的交变磁场还会沿线产生感应电压。因此，传输线上各处的线间电压不同，并沿线连续改变。

此外，传输线的两根导线构成电容，所以线间存在电容电流，频率越高则此电流越大；线间还存在漏电导，产生漏电流，电压越高则漏电流越大。因此，传输线各处的电流也不同，并沿线连续改变。

当传输线具有较大长度时，由于各处的电压、电流变化较大，不适合将整条导线用集中参数来表示。如果按长度 dx 对传输线进行分割，并认为长度 dx 的两线上具有电阻和电感，长度 dx 的两线间具有电导和电容，当 $dx \to 0$ 时，就可建立传输线的分布参数电路模型。

若传输线的各种参数沿线是均匀分布的，这种传输线就称为均匀传输线。实际传输线不是均匀传输线，但在一定条件下，可把实际传输线近似为均匀传输线。

均匀传输线的电路模型有明显特点，依然可利用拓扑约束、元件约束对其建立方程进行分析。

19.1.2 均匀传输线的分布参数电路模型和方程

均匀传输线有四种原始参数，简称原参数，分别为：R_0—单位长度的两根导线上具有的电阻，与电流产生的压降对应，单位为 Ω/m 或 Ω/km；L_0—单位长度的两根导线上具有的电感，与磁场产生的感应电压对应，单位为 H/m 或 H/km；G_0—单位长度的两根导线间具有的电导，与导线间的漏电流对应，单位为 S/m 或 S/km；C_0—单位长度的两根导线间具有的电容，与导线间的电容电流对应，单位为 F/m 或 F/km。

如果已知均匀传输线的四种原参数，则传输线的微小长度单元 dx 的电阻为 $\mathrm{d}R=R_0\mathrm{d}x$，电感为 $\mathrm{d}L=L_0\mathrm{d}x$，电导为 $\mathrm{d}G=G_0\mathrm{d}x$，电容为 $\mathrm{d}C=C_0\mathrm{d}x$。因此，便可建立如图 1-26 所示的分布参数电路模型，重新给出该模型如图 19-1 所示。

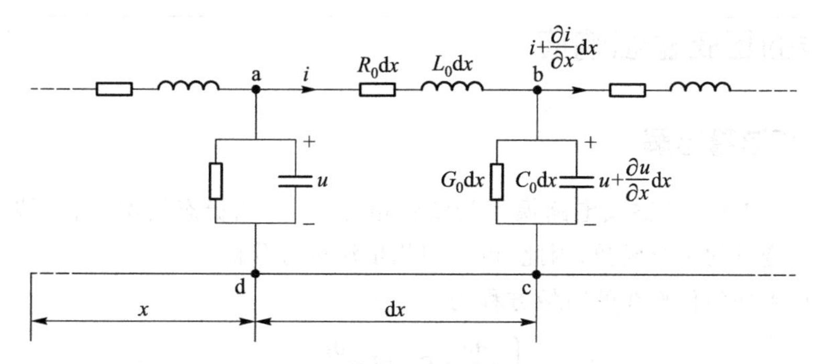

图 19-1　均匀传输线的分布参数电路模型

对以电阻、电容、电感元件表示的分布参数电路，依然可用两类约束建立方程。对图 19-1 所示电路中的回路列写 KVL 方程，可得

$$u-\left(u+\frac{\partial u}{\partial x}\mathrm{d}x\right)=R_0\mathrm{d}x\cdot i+L_0\mathrm{d}x\frac{\partial i}{\partial t} \tag{19-1}$$

整理式(19-1)，并约去公因子 dx，可得

$$-\frac{\partial u}{\partial x}=R_0 i+L_0\frac{\partial i}{\partial t} \tag{19-2}$$

对图 19-1 所示电路中的节点 b 列写 KCL 方程得

$$i-\left(i+\frac{\partial i}{\partial x}\mathrm{d}x\right)=G_0\mathrm{d}x\left(u+\frac{\partial u}{\partial x}\mathrm{d}x\right)+C_0\mathrm{d}x\frac{\partial}{\partial t}\left(u+\frac{\partial u}{\partial x}\mathrm{d}x\right) \tag{19-3}$$

整理式(19-3)有

$$-\frac{\partial i}{\partial x}\mathrm{d}x=G_0\left[u\mathrm{d}x+\frac{\partial u}{\partial x}(\mathrm{d}x)^2\right]+C_0\frac{\partial}{\partial t}\left[u\mathrm{d}x+\frac{\partial u}{\partial x}(\mathrm{d}x)^2\right] \tag{19-4}$$

略去上式中二阶无穷小量$(\mathrm{d}x)^2$所在项，有

$$-\frac{\partial i}{\partial x}\mathrm{d}x=G_0 u\mathrm{d}x+C_0\frac{\partial}{\partial t}u\mathrm{d}x \tag{19-5}$$

约去式(19-5)中的公因子 dx，可得

$$-\frac{\partial i}{\partial x}=G_0 u+C_0\frac{\partial u}{\partial t} \tag{19-6}$$

式(19-2)和式(19-6)构成了描述均匀传输线的偏微分方程组。

根据边界条件(即始端和终端的情况)和初始条件(即计时起点的情况)求出式(19-2)和式(19-6)的解,就可以得到沿线的电压 $u=u(x,t)$ 和沿线的电流 $i=i(x,t)$,它们是距离 x 和时间 t 的函数。电压和电流不仅随时间变化,也随距离变化,这是分布参数电路与集中参数电路的一个显著区别。

19.2 均匀传输线的正弦稳态响应

19.2.1 正弦稳态解

图 19-1 所示的均匀传输线电路模型为线性电路,在正弦稳态情况下,沿线的电压、电流均是以时间为自变量的正弦函数,因此,可以用相量法进行分析。

前面已经得到均匀传输线的时域方程为

$$\begin{cases}-\dfrac{\partial u}{\partial x}=R_0 i+L_0\dfrac{\partial i}{\partial t}\\[2ex]-\dfrac{\partial i}{\partial x}=G_0 u+C_0\dfrac{\partial u}{\partial t}\end{cases}\tag{19-7}$$

在正弦稳态情况下,传输线上在距离始端 x 处的电压和电流通式为

$$\begin{cases}u(x,t)=\sqrt{2}U(x)\cos[\omega t+\varphi_u(x)]\\ i(x,t)=\sqrt{2}I(x)\cos[\omega t+\varphi_i(x)]\end{cases}\tag{19-8}$$

为了反映正弦量的频率 ω 这一因素,可将式(19-8)写为

$$\begin{cases}u(x,t)=\sqrt{2}U(x,\omega)\cos[\omega t+\varphi_u(x,\omega)]\\ i(x,t)=\sqrt{2}I(x,\omega)\cos[\omega t+\varphi_i(x,\omega)]\end{cases}\tag{19-9}$$

则电压和电流的相量可写为

$$\begin{cases}\dot{U}(x,\omega)=U(x,\omega)\underline{/\varphi_u(x,\omega)}\\ \dot{I}(x,\omega)=I(x,\omega)\underline{/\varphi_i(x,\omega)}\end{cases}\tag{19-10}$$

对正弦量频率 ω 固定的情况,电压和电流相量可简写为

$$\begin{cases}\dot{U}(x)=U(x)\underline{/\varphi_u(x)}\\ \dot{I}(x)=I(x)\underline{/\varphi_i(x)}\end{cases}\tag{19-11}$$

于是有

$$\begin{cases}u(x,t)=\mathrm{Re}[\sqrt{2}\dot{U}(x)\mathrm{e}^{\mathrm{j}\omega t}]\\ i(x,t)=\mathrm{Re}[\sqrt{2}\dot{I}(x)\mathrm{e}^{\mathrm{j}\omega t}]\end{cases}\tag{19-12}$$

可将 $\dot{U}(x)$ 和 $\dot{I}(x)$ 进一步简写为 $\dot{U}$ 和 $\dot{I}$,因而由式(19-7)可得到对应的相量方程为

$$
\begin{cases}
-\dfrac{\mathrm{d}\dot{U}}{\mathrm{d}x}=(R_0+\mathrm{j}\omega L_0)\dot{I}=Z_0\dot{I} \\
-\dfrac{\mathrm{d}\dot{I}}{\mathrm{d}x}=(G_0+\mathrm{j}\omega C_0)\dot{U}=Y_0\dot{U}
\end{cases}
\tag{19-13}
$$

式中，$Z_0=R_0+\mathrm{j}\omega L_0$ 和 $Y_0=G_0+\mathrm{j}\omega C_0$ 分别为单位长度阻抗和单位长度导纳。式(19-7)中的偏导数符号在式(19-13)中变为了全导数符号，原因为 $\dot{U}$ 和 $\dot{I}$ 仅是 x 的函数，与时间 t 无关。将式(19-13)对 x 求导，得

$$
\begin{cases}
-\dfrac{\mathrm{d}^2\dot{U}}{\mathrm{d}x^2}=Z_0\dfrac{\mathrm{d}\dot{I}}{\mathrm{d}x} \\
-\dfrac{\mathrm{d}^2\dot{I}}{\mathrm{d}x^2}=Y_0\dfrac{\mathrm{d}\dot{U}}{\mathrm{d}x}
\end{cases}
\tag{19-14}
$$

将式(19-13)代入式(19-14)可得

$$
\begin{cases}
\dfrac{\mathrm{d}^2\dot{U}}{\mathrm{d}x^2}=Y_0Z_0\dot{U} \\
\dfrac{\mathrm{d}^2\dot{I}}{\mathrm{d}x^2}=Y_0Z_0\dot{I}
\end{cases}
\tag{19-15}
$$

式(19-15)即为均匀传输线的正弦稳态方程。令 $\gamma=\sqrt{Y_0Z_0}=\alpha+\mathrm{j}\beta$，$\gamma$ 称为传播常数，是均匀传输线的一种副参数，则式(19-15)可改写为

$$
\begin{cases}
\dfrac{\mathrm{d}^2\dot{U}}{\mathrm{d}x^2}-\gamma^2\dot{U}=0 \\
\dfrac{\mathrm{d}^2\dot{I}}{\mathrm{d}x^2}-\gamma^2\dot{I}=0
\end{cases}
\tag{19-16}
$$

这是一个常系数的二阶线性微分方程组，该方程组的通解具有下列形式：

$$
\begin{cases}
\dot{U}=A_1\mathrm{e}^{-\gamma x}+A_2\mathrm{e}^{\gamma x} \\
\dot{I}=B_1\mathrm{e}^{-\gamma x}+B_2\mathrm{e}^{\gamma x}
\end{cases}
\tag{19-17}
$$

式中，A_1、A_2、B_1、B_2 为积分常数。将式(19-17)对 x 微分，可得

$$
\begin{cases}
\dfrac{\mathrm{d}\dot{U}}{\mathrm{d}x}=-\gamma A_1\mathrm{e}^{-\gamma x}+\gamma A_2\mathrm{e}^{\gamma x} \\
\dfrac{\mathrm{d}\dot{I}}{\mathrm{d}x}=-\gamma B_1\mathrm{e}^{-\gamma x}+\gamma B_2\mathrm{e}^{\gamma x}
\end{cases}
\tag{19-18}
$$

将式(19-13)代入式(19-18)，可得

$$
\begin{cases}
-Z_0\dot{I}=-\gamma A_1\mathrm{e}^{-\gamma x}+\gamma A_2\mathrm{e}^{\gamma x} \\
-Y_0\dot{U}=-\gamma B_1\mathrm{e}^{-\gamma x}+\gamma B_2\mathrm{e}^{\gamma x}
\end{cases}
\tag{19-19}
$$

比较式(19-17)与式(19-19)，可以得到

$$\begin{cases} A_1=\dfrac{\gamma B_1}{Y_0}=B_1\sqrt{\dfrac{Z_0}{Y_0}}=B_1 Z_c \\ A_2=-\dfrac{\gamma B_2}{Y_0}=-B_2\sqrt{\dfrac{Z_0}{Y_0}}=-B_2 Z_c \end{cases} \tag{19-20}$$

式中，$Z_c=\sqrt{Z_0/Y_0}$，称为特性阻抗或波阻抗，也是均匀传输线的副参数，则正弦稳态通解式(19-17)可表示为

$$\begin{cases} \dot{U}=A_1 e^{-\gamma x}+A_2 e^{\gamma x} \\ \dot{I}=\dfrac{A_1}{Z_c}e^{-\gamma x}-\dfrac{A_2}{Z_c}e^{\gamma x} \end{cases} \tag{19-21}$$

利用边界条件可以求出积分常数 A_1,A_2。下面分两种情况加以讨论。

1. 始端电压和电流为边界条件

设传输线的始端电压和电流已知，分别为 $\dot{U}=\dot{U}_1,\dot{I}=\dot{I}_1$。在始端即 $x=0$ 处，由式(19-21)可以得到

$$\begin{cases} \dot{U}_1=A_1+A_2 \\ \dot{I}_1=\dfrac{A_1}{Z_c}-\dfrac{A_2}{Z_c} \end{cases} \tag{19-22}$$

因此求得 A_1,A_2 为

$$\begin{cases} A_1=\dfrac{1}{2}(\dot{U}_1+Z_c\dot{I}_1) \\ A_2=\dfrac{1}{2}(\dot{U}_1-Z_c\dot{I}_1) \end{cases} \tag{19-23}$$

由此得到传输线上距始端 x 处的电压和电流为

$$\begin{cases} \dot{U}=\dfrac{1}{2}(\dot{U}_1+Z_c\dot{I}_1)e^{-\gamma x}+\dfrac{1}{2}(\dot{U}_1-Z_c\dot{I}_1)e^{\gamma x} \\ \dot{I}=\dfrac{1}{2}\left(\dot{I}_1+\dfrac{\dot{U}_1}{Z_c}\right)e^{-\gamma x}+\dfrac{1}{2}\left(\dot{I}_1-\dfrac{\dot{U}_1}{Z_c}\right)e^{\gamma x} \end{cases} \tag{19-24}$$

利用双曲线函数

$$\begin{cases} \dfrac{1}{2}(e^{\gamma x}+e^{-\gamma x})=\cosh(\gamma x) \\ \dfrac{1}{2}(e^{\gamma x}-e^{-\gamma x})=\sinh(\gamma x) \end{cases} \tag{19-25}$$

式(19-25)可写为

$$\begin{cases} \dot{U}=\dot{U}_1\cosh(\gamma x)-Z_c\dot{I}_1\sinh(\gamma x) \\ \dot{I}=\dot{I}_1\cosh(\gamma x)-\dfrac{\dot{U}_1}{Z_c}\sinh(\gamma x) \end{cases} \tag{19-26}$$

2. 终端电压和电流为边界条件

设传输线的终端电压和电流为已知，分别为 $\dot{U}=\dot{U}_2$，$\dot{I}=\dot{I}_2$。假设传输线的长度为 l，则由式(19-21)可得

$$\begin{cases}\dot{U}_2=A_1\mathrm{e}^{-\gamma l}+A_2\mathrm{e}^{\gamma l}\\ \dot{I}_2=\dfrac{A_1}{Z_c}\mathrm{e}^{-\gamma l}-\dfrac{A_2}{Z_c}\mathrm{e}^{\gamma l}\end{cases}\tag{19-27}$$

由此求得 A_1，A_2 为

$$\begin{cases}A_1=\dfrac{1}{2}(\dot{U}_2+Z_c\dot{I}_2)\mathrm{e}^{\gamma l}\\ A_2=\dfrac{1}{2}(\dot{U}_2-Z_c\dot{I}_2)\mathrm{e}^{-\gamma l}\end{cases}\tag{19-28}$$

于是得到传输线上距始端 x 处的电压和电流为

$$\begin{cases}\dot{U}=\dfrac{1}{2}(\dot{U}_2+Z_c\dot{I}_2)\mathrm{e}^{\gamma(l-x)}+\dfrac{1}{2}(\dot{U}_2-Z_c\dot{I}_2)\mathrm{e}^{-\gamma(l-x)}\\ \dot{I}=\dfrac{1}{2}\left(\dot{I}_2+\dfrac{\dot{U}_2}{Z_c}\right)\mathrm{e}^{\gamma(l-x)}+\dfrac{1}{2}\left(\dot{I}_2-\dfrac{\dot{U}_2}{Z_c}\right)\mathrm{e}^{-\gamma(l-x)}\end{cases}\tag{19-29}$$

式中，x 为距线路始端的距离，若令 $y=l-x$，则 y 为距线路终端的距离。将 $y=l-x$ 代入式(19-29)，得

$$\begin{cases}\dot{U}=\dfrac{1}{2}(\dot{U}_2+Z_c\dot{I}_2)\mathrm{e}^{\gamma y}+\dfrac{1}{2}(\dot{U}_2-Z_c\dot{I}_2)\mathrm{e}^{-\gamma y}\\ \dot{I}=\dfrac{1}{2}\left(\dot{I}_2+\dfrac{\dot{U}_2}{Z_c}\right)\mathrm{e}^{\gamma y}+\dfrac{1}{2}\left(\dot{I}_2-\dfrac{\dot{U}_2}{Z_c}\right)\mathrm{e}^{-\gamma y}\end{cases}\tag{19-30}$$

借助双曲线函数，可将式(19-30)表示为

$$\begin{cases}\dot{U}=\dot{U}_2\cosh(\gamma y)+Z_c\dot{I}_2\sinh(\gamma y)\\ \dot{I}=\dot{I}_2\cosh(\gamma y)+\dfrac{\dot{U}_2}{Z_c}\sinh(\gamma y)\end{cases}\tag{19-31}$$

由于均匀传输线的电路模型结构固定，因而其解的形式也固定。在始端或终端电压和电流已知的条件下，均匀传输线的正弦稳态解均可直接套用式(19-24)或式(19-30)求得。

例 19-1 某一均匀传输线原参数为 $R_0=0.08\ \Omega/\mathrm{km}$、$\omega L_0=0.2\ \Omega/\mathrm{km}$、$\omega C_0=2.2\times10^{-6}\ \mathrm{S/km}$，$G_0$ 忽略不计。已知始端电压相量为 $\dot{U}_1=92.38\underline{/0^\circ}\ \mathrm{kV}$，始端电流相量为 $\dot{I}_1=733\underline{/-10.2^\circ}\ \mathrm{A}$，试求沿线的电压 $u(x,t)$ 和电流 $i(x,t)$。

解 由已知条件，可求得

$$Z_0=R_0+\mathrm{j}\omega L_0=(0.08+\mathrm{j}0.2)\ \Omega/\mathrm{km}=0.2154\underline{/68.2^\circ}\ \Omega/\mathrm{km}$$

$$Y_0=G_0+\mathrm{j}\omega C_0=(0+\mathrm{j}2.2)\ \mathrm{S/km}=2.2\times10^{-6}\underline{/90^\circ}\ \mathrm{S/km}$$

特性阻抗为

$$Z_c=\sqrt{\frac{Z_0}{Y_0}}=\sqrt{\frac{0.2154\angle 68.2^\circ}{2.2\times10^{-6}\angle 90^\circ}}\ \Omega=312.9\angle -10.9^\circ\ \Omega$$

式(19-24)中指数项前的各系数分别为

$$\begin{cases}A_1=\frac{1}{2}(\dot{U}_1+Z_c\dot{I}_1)=\frac{1}{2}(92.38+312.91\angle -10.9^\circ\times0.733\angle -10.2^\circ)\times10^3\\ \quad =158.65\times10^3\angle -15.08^\circ=|A_1|\angle \varphi_1\\ A_2=\frac{1}{2}(\dot{U}_1-Z_c\dot{I}_1)=\frac{1}{2}(92.38-312.91\angle -10.9^\circ\times0.733\angle -10.2^\circ)\times10^3\\ \quad =73.49\times10^3\angle 145.82^\circ=|A_2|\angle \varphi_2\\ B_1=\frac{A_1}{Z_c}=\frac{1}{2}\left(\dot{I}_1+\frac{\dot{U}_1}{Z_c}\right)=\frac{158.65\times10^3\angle -15.08^\circ}{Z_c}=\frac{158.65\times10^3\angle -15.08^\circ}{312.91\angle -10.9^\circ}\\ \quad =0.507\times10^3\angle -4.18^\circ=|B_1|\angle \varphi_3\\ B_2=-\frac{A_2}{Z_c}=\frac{1}{2}\left(\dot{I}_1-\frac{\dot{U}_1}{Z_c}\right)=\frac{-73.49\times10^3\angle 145.82^\circ}{Z_c}=\frac{-73.49\times10^3\angle 145.82^\circ}{312.91\angle -10.9^\circ}\\ \quad =0.235\times10^3\angle -23.28^\circ=|B_2|\angle \varphi_4\end{cases}$$

传输常数为

$$\begin{aligned}\gamma&=\sqrt{Z_0Y_0}=\sqrt{0.2154\angle 68.2^\circ\times2.2\times10^{-6}\angle 90^\circ}=0.688\times10^{-3}\angle 79.1^\circ\ \text{km}^{-1}\\&=\alpha+\text{j}\beta=(0.1301\times10^{-3}+\text{j}0.6756\times10^{-3})\ \text{km}^{-1}\end{aligned}$$

所以,电压、电流的相量表达式为

$$\begin{cases}\dot{U}=A_1\text{e}^{-\gamma x}+A_2\text{e}^{\gamma x}=|A_1|\text{e}^{\text{j}\varphi_1}\text{e}^{-(\alpha+\text{j}\beta)x}+|A_2|\text{e}^{\text{j}\varphi_2}\text{e}^{(\alpha+\text{j}\beta)x}\\ \quad =|A_1|\text{e}^{-\alpha x}\text{e}^{-\text{j}(\beta x-\varphi_1)}+|A_2|\text{e}^{\alpha x}\text{e}^{\text{j}(\beta x+\varphi_2)}\\ \dot{I}=B_1\text{e}^{-\gamma x}+B_2\text{e}^{\gamma x}=|B_1|\text{e}^{\text{j}\varphi_3}\text{e}^{-(\alpha+\text{j}\beta)x}+|B_2|\text{e}^{\text{j}\varphi_4}\text{e}^{(\alpha+\text{j}\beta)x}\\ \quad =|B_1|\text{e}^{-\alpha x}\text{e}^{-\text{j}(\beta x-\varphi_3)}+|B_2|\text{e}^{\alpha x}\text{e}^{\text{j}(\beta x+\varphi_4)}\end{cases}$$

电压、电流时域形式的表达式为

$$\begin{cases}u(x,t)=\sqrt{2}|A_1|\text{e}^{-\alpha x}\cos[\omega t-(\beta x-\varphi_1)]+\sqrt{2}|A_2|\text{e}^{\alpha x}\cos[\omega t+(\beta x+\varphi_2)]\\ i(x,t)=\sqrt{2}|B_1|\text{e}^{-\alpha x}\cos[\omega t-(\beta x-\varphi_3)]+\sqrt{2}|B_2|\text{e}^{\alpha x}\cos[\omega t+(\beta x+\varphi_4)]\end{cases}$$

把具体数据代入,最终结果为

$$\begin{cases}u(x,t)=[\sqrt{2}\times158.65\text{e}^{-\alpha x}\cos(\omega t-\beta x-15.08^\circ)+\\ \qquad \sqrt{2}\times73.48\text{e}^{\alpha x}\cos(\omega t+\beta x+145.82^\circ)]\ \text{kV}\\ i(x,t)=[\sqrt{2}\times0.507\text{e}^{-\alpha x}\cos(\omega t-\beta x-4.18^\circ)+\\ \qquad \sqrt{2}\times0.235\text{e}^{\alpha x}\cos(\omega t+\beta x-23.28^\circ)]\ \text{kA}\end{cases}$$

从以上结果可以看出，随传播距离 x 的变化，α 影响正弦项的振幅，β 影响正弦项的相位，α 和 β 均影响波的传播，这就是为何将 $\gamma=\alpha+\mathrm{j}\beta$ 称为传播常数的原因。传播常数的实部 α 称为衰减常数，虚部 β 称为相位常数。

19.2.2 入射波与反射波

在前面的例 19-1 中已看到均匀传输线在正弦稳态情况下的电压和电流的变化规律，下面对此作进一步研究。为便于讨论，将式(19-24)中的第 1 式改写为

$$\dot{U}=\dot{U}^{+}+\dot{U}^{-} \tag{19-32}$$

式(19-32)说明 $\dot{U}^{+}$ 和 $\dot{U}^{-}$ 与 $\dot{U}$ 的参考方向相同，均为从上指向下。$\dot{U}^{+}$ 和 $\dot{U}^{-}$ 分别为

$$\begin{cases}\dot{U}^{+}=\dfrac{1}{2}(\dot{U}_1+Z_c\dot{I}_1)\mathrm{e}^{-\gamma x}=U_0^{+}\mathrm{e}^{\mathrm{j}\varphi_+}\mathrm{e}^{-\gamma x}=U_0^{+}\mathrm{e}^{-\alpha x}\mathrm{e}^{-\mathrm{j}(\beta x-\varphi_+)}\\ \dot{U}^{-}=\dfrac{1}{2}(\dot{U}_1-Z_c\dot{I}_1)\mathrm{e}^{\gamma x}=U_0^{-}\mathrm{e}^{\mathrm{j}\varphi_-}\mathrm{e}^{\gamma x}=U_0^{-}\mathrm{e}^{\alpha x}\mathrm{e}^{\mathrm{j}(\beta x+\varphi_-)}\end{cases} \tag{19-33}$$

由此可得沿线电压的时域表达式为

$$u=u^{+}+u^{-}=\sqrt{2}\,U_0^{+}\mathrm{e}^{-\alpha x}\cos(\omega t-\beta x+\varphi_+)+\sqrt{2}\,U_0^{-}\mathrm{e}^{\alpha x}\cos(\omega t+\beta x+\varphi_-) \tag{19-34}$$

式(19-34)表明，可以将 u 看作是两个电压分量 u^{+} 和 u^{-} 合成的结果。现在分别研究 u^{+} 和 u^{-} 这两个分量具有的含义。第一个分量 u^{+} 为

$$u^{+}=u^{+}(x,t)=\sqrt{2}\,U_0^{+}\mathrm{e}^{-\alpha x}\cos(\omega t-\beta x+\varphi_+) \tag{19-35}$$

它既是时间 t 的函数，又是空间位置 x 的函数。假设在传输线的某一固定点 $x=x_1$ 处观察 u^{+}，它是随时间 t 变化的正弦波。假想在某一固定瞬间 $t=t_1$ 观察 u^{+}，则 u^{+} 表现为随距离 x 按指数衰减的正弦波。为了便于理解 u^{+} 的性质，在图 19-2 中绘出了 t_1 和 $t_1+\Delta t$ 这两个不同瞬间 u^{+} 沿线的分布情况（λ 为波长）。可见，可以把 u^{+} 看作一个随时间流逝而向 x 增加方向（即从传输线的始端向终端的方向）运动的衰减波，经过 Δt 时间移动了 Δx 距离。通常将这种波称为电压入射波或正向行波。

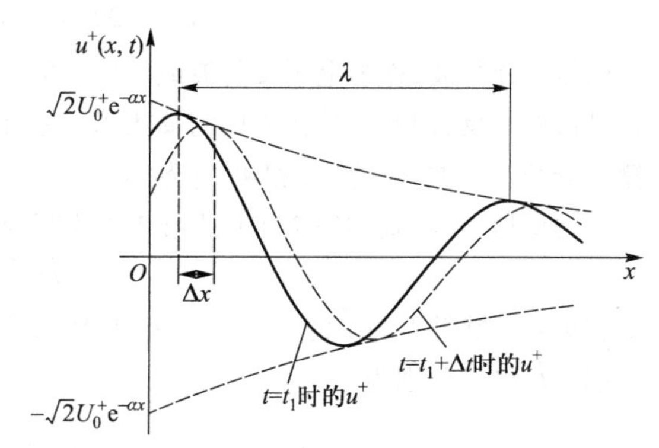

图 19-2 均匀传输线上的电压入射波

为了确定正向行波 u^{+} 的运动或传播速度，假设 $\alpha=0$，此时

$$u^{+}=\sqrt{2}\,U_0^{+}\cos(\omega t-\beta x+\varphi_+) \tag{19-36}$$

即把 u^{+} 看作一个不衰减的正弦波。现在分析这一正弦波任意一个具有固定相位的点的运动速度。对于两个不同的时刻 t_1 和 $t_1+\Delta t$，如果相位保持不变，由于时间增加了 Δt，所以距离 x 必须相应增加 Δx，即

$$\omega t_1-\beta x+\varphi_+=\omega(t_1+\Delta t)-\beta(x+\Delta x)+\varphi_+ \tag{19-37}$$

由此得到

$$\omega\Delta t=\beta\Delta x \tag{19-38}$$

进而可得

$$\frac{\Delta x}{\Delta t}=\frac{\omega}{\beta} \tag{19-39}$$

所研究的点沿传输线从始端向终端传播的速度为

$$v_\varphi=\lim_{\Delta t\to 0}\frac{\Delta x}{\Delta t}=\frac{\omega}{\beta} \tag{19-40}$$

这就是电压入射波的传播速度。由于这可看作是某一相位点的运动速度,因此也称其为相位速度,简称相速。

在波的传播方向上,相位相差 2π 的相邻两点间的距离称为波长,以 λ 表示。波速(或相速)与频率和波长的关系为

$$v_\varphi=f\lambda \tag{19-41}$$

将式(19-40)代入式(19-41)可得

$$\lambda=\frac{2\pi}{\beta} \tag{19-42}$$

用同样的方法研究式(19-34)右端的第二项

$$u^-=\sqrt{2}\,U_0^-\mathrm{e}^{\alpha x}\cos(\omega t+\beta x+\varphi_-) \tag{19-43}$$

u^-也是一种行波,称为电压反射波或反向行波。它与 u^+不同之处在于表达式中 αx、βx 前面的符号恰好相反,因此其传播方向与 u^+相反,为沿 x 减少的方向(即由终端沿传输线向始端)传播的衰减正弦波,波速(或相速)依然为 v_φ。

类似地,可将式(19-24)中的第 2 式改写为

$$\dot I=\dot I^+-\dot I^- \tag{19-44}$$

式(19-44)说明 $\dot I^+$与 $\dot I$ 的参考方向相同,从始端指向终端;$\dot I^-$与 $\dot I$ 的参考方向相反,从终端指向始端。$\dot I^+$和 $\dot I^-$分别为

$$\begin{cases}\dot I^+=\dfrac{1}{2}\left(\dot I_1+\dfrac{\dot U_1}{Z_\mathrm{c}}\right)\mathrm{e}^{-\gamma x}=\dfrac{\dot U^+}{Z_\mathrm{c}}=\dfrac{U_0^+\mathrm{e}^{\mathrm{j}\varphi_+}\mathrm{e}^{-\gamma x}}{|Z_\mathrm{c}|\mathrm{e}^{\mathrm{j}\theta}}=\dfrac{U_0^+}{|Z_\mathrm{c}|}\mathrm{e}^{-\alpha x}\mathrm{e}^{-\mathrm{j}(\beta x-\varphi_++\theta)}\\ \dot I^-=-\dfrac{1}{2}\left(\dot I_1-\dfrac{\dot U_1}{Z_\mathrm{c}}\right)\mathrm{e}^{\gamma x}=\dfrac{\dot U^-}{Z_\mathrm{c}}=\dfrac{U_0^-\mathrm{e}^{\mathrm{j}\varphi_-}\mathrm{e}^{\gamma x}}{|Z_\mathrm{c}|\mathrm{e}^{\mathrm{j}\theta}}=\dfrac{U_0^-}{|Z_\mathrm{c}|}\mathrm{e}^{\alpha x}\mathrm{e}^{\mathrm{j}(\beta x+\varphi_--\theta)}\end{cases} \tag{19-45}$$

式中,$|Z_\mathrm{c}|$ 和 θ 分别为特性阻抗 Z_c 的模和相角。由此可得沿线电流的时域表达式为

$$i=i^+-i^-=\frac{\sqrt{2}\,U_0^+}{|Z_\mathrm{c}|}\mathrm{e}^{-\alpha x}\cos(\omega t-\beta x+\varphi_+-\theta)-\frac{\sqrt{2}\,U_0^-}{|Z_\mathrm{c}|}\mathrm{e}^{\alpha x}\cos(\omega t+\beta x+\varphi_--\theta) \tag{19-46}$$

由式(19-46)可知,也可将电流 i 看作是两个具有相同波速(或相速)、但以相反方向传播的衰

减正弦波的合成，即电流 i 是入射波电流 i^+ 减去反射波电流 i^- 的结果。

从上面的分析可以看出，正弦稳态情况下，传输线上的电压和电流在不同时间随 x 的变化规律是非常复杂的，均可看成是入射波和反射波合成的结果，而入射波和反射波均表现为沿行进方向衰减的正弦波。

例 19-2 假设一均匀传输线线路长度为 300 km，工作频率为 $f=50$ Hz，传播常数为 $\gamma=\alpha+\mathrm{j}\beta=(9.779\times10^{-3}+\mathrm{j}1.055\times10^{-3})\ \mathrm{km}^{-1}$，特性阻抗为 $Z_c=(398.29-\mathrm{j}36.95)\ \Omega$。若始端电压相量为 $\dot{U}_1=120\angle 0°$ kV，始端电流相量为 $\dot{I}_1=30\angle -10°$ A，试求：(1) 行波的波速（或相速）。(2) 距始端 $x=50$ km 处电压、电流入射波和反射波的时域表达式。(3) 距始端 $x=50$ km 处电压的时域表达式。

解 (1) 根据波速（或相速）计算公式得

$$v_\varphi=\frac{\omega}{\beta}=\frac{2\pi\times50}{1.055\times10^{-3}}\ \mathrm{km/s}=2.98\times10^5\ \mathrm{km/s}$$

(2) 根据相量形式电压入射波和反射波的计算公式可得

$$\begin{cases}\dot{U}_0^+=\dfrac{1}{2}(\dot{U}_1+Z_c\dot{I}_1)=65.806\angle -1.381°\ \mathrm{kV}\\[2ex]\dot{U}_0^-=\dfrac{1}{2}(\dot{U}_1-Z_c\dot{I}_1)=54.224\angle 1.673°\ \mathrm{kV}\end{cases}$$

由此得时域形式电压入射波和反射波为

$$\begin{cases}u^+=\sqrt{2}\times65.806\mathrm{e}^{-9.779\times10^{-3}x}\cos(314t-1.055\times10^{-3}x-1.381°)\ \mathrm{kV}\\ u^-=\sqrt{2}\times54.224\mathrm{e}^{9.779\times10^{-3}x}\cos(314t+1.055\times10^{-3}x+1.673°)\ \mathrm{kV}\end{cases}$$

在 $x=50$ km 处，电压入射波和反射波的时域表达式分别为

$$\begin{cases}u^+=\sqrt{2}\times65.486\cos(314t-4.405°)\ \mathrm{kV}\\ u^-=\sqrt{2}\times54.502\cos(314t+4.697°)\ \mathrm{kV}\end{cases}$$

(3) 在 $x=50$ km 处，由电压入射波和反射波叠加得到的电压为

$$u=u^++u^-=[\sqrt{2}\times65.486\cos(314t-4.405°)+\sqrt{2}\times54.502\cos(314t+4.697°)]\ \mathrm{kV}$$

利用相量运算结果 $65.486\angle -4.405°+54.502\angle 4.697°=119.613\angle -0.2715°$，可得在 $x=50$ km 处电压的时域表达式为

$$u=\sqrt{2}\times119.61\cos(314t-0.2715°)\ \mathrm{kV}$$

19.2.3 反射系数

传输线上距终端 y 处的反射系数定义为该处反射波与入射波电压相量或电流相量之比，结合式(19-33)和式(19-45)，可得

$$n=\frac{\dot{U}^-}{\dot{U}^+}=\frac{\dot{I}^-}{\dot{I}^+}=\frac{(\dot{U}_2-Z_c\dot{I}_2)}{(\dot{U}_2+Z_c\dot{I}_2)}\mathrm{e}^{-2\gamma y}=\frac{Z_L-Z_c}{Z_L+Z_c}\mathrm{e}^{-2\gamma y}\tag{19-47}$$

式中，$Z_L=\dot{U}_2/\dot{I}_2$ 为传输线终端的负载阻抗。

反射系数 n 是一个复数，这说明反射波与入射波在幅值和相位上存在差异。从式(19-47)可以看出，当终端负载 $Z_L=Z_c$ 时，在传输线的任何位置上均有 $n=0$，即不存在反射波，这时称终端阻抗和传输线特性阻抗"匹配"。工程上，在信号传输的过程中，通常要求线路中不存在反射波，即出现"匹配"，这需要终端阻抗与传输线特性阻抗相等。不过要注意，这里的"匹配"与最大功率传输时的最佳匹配或共轭匹配意义不一样，但与电路的谐振有相似之处，均意味着能量的单向传输，不存在能量反射现象。

在终端，即 $y=0$ 处，由式(19-47)可得传输线的反射系数为

$$n=\frac{Z_L-Z_c}{Z_L+Z_c} \tag{19-48}$$

若终端开路，即 $Z_L=\infty$，则 $n=1$；若终端短路，即 $Z_L=0$，则 $n=-1$。$|n|=1$ 称为全反射。故终端开路和终端短路两种情况下都会出现全反射，但两种情况下反射波和入射波的相位关系不同。

19.2.4 自然功率

当传输线工作于"匹配"状态，即终端负载 $Z_L=Z_c$ 时，由式(19-30)得

$$\begin{cases}\dot{U}=\dot{U}_2\mathrm{e}^{\gamma y}\\ \dot{I}=\dot{I}_2\mathrm{e}^{\gamma y}\end{cases} \tag{19-49}$$

这里 y 为距离终端的距离。传输线上任一点向终端看进去的输入阻抗为

$$Z_{in}(x)=\frac{\dot{U}}{\dot{I}}=\frac{\dot{U}_2}{\dot{I}_2}=\frac{\dot{U}_1}{\dot{I}_1}=Z_c \tag{19-50}$$

匹配状态下均匀传输线传输到终端的有功功率称为自然功率，计算公式为

$$P_2=\mathrm{Re}[\dot{U}_2\dot{I}_2^*]=U_2I_2\cos\theta \tag{19-51}$$

式中，θ 为特性阻抗 Z_c 的幅角。

由式(19-51)得线路始端电源发出的有功功率为(此时 $y=l$)

$$P_1=\mathrm{Re}[\dot{U}_1\dot{I}_1^*]=\mathrm{Re}[\dot{U}_2\mathrm{e}^{(\alpha+\mathrm{j}\beta)l}\dot{I}_2^*\mathrm{e}^{(\alpha-\mathrm{j}\beta)l}]=U_2I_2\cos\theta\mathrm{e}^{2\alpha l} \tag{19-52}$$

于是传输效率为

$$\eta=\frac{P_2}{P_1}=\mathrm{e}^{-2\alpha l} \tag{19-53}$$

显然，负载与特性阻抗匹配时，由于反射波不存在，通过入射波传输到终端的功率全部被负载吸收。但是当负载不匹配时，入射波的一部分功率将被反射波带回给始端电源，因此负载得到的功率将比匹配时的小，传输效率也就较低。

19.3 均匀传输线的频率特性

19.3.1 传播常数的频率特性

传播常数的定义式为

$$\gamma=\alpha+\mathrm{j}\beta=\sqrt{Y_0Z_0}=\sqrt{(G_0+\mathrm{j}\omega C_0)(R_0+\mathrm{j}\omega L_0)} \tag{19-54}$$

由此可得到

$$|\gamma|^2=\alpha^2+\beta^2=\sqrt{[G_0^2+(\omega C_0)^2][(R_0^2+(\omega L_0)^2]} \tag{19-55}$$

而

$$\gamma^2=\alpha^2-\beta^2+\mathrm{j}2\alpha\beta=R_0G_0-\omega^2L_0C_0+\mathrm{j}\omega(G_0L_0+R_0C_0) \tag{19-56}$$

求解可得

$$\begin{cases}\alpha=\sqrt{\dfrac{1}{2}\left[\sqrt{(R_0^2+\omega^2L_0^2)(G_0^2+\omega^2C_0^2)}+(R_0G_0-\omega^2L_0C_0)\right]}\\ \beta=\sqrt{\dfrac{1}{2}\left[\sqrt{(R_0^2+\omega^2L_0^2)(G_0^2+\omega^2C_0^2)}-(R_0G_0-\omega^2L_0C_0)\right]}\end{cases} \tag{19-57}$$

由式(19-57)可知，衰减常数 α 和相位常数 β 均与频率 ω 有关。当频率 $\omega=0$ 时，$\alpha=\sqrt{R_0G_0}$，$\beta=0$；当 ω 很大时，可以求得

$$\sqrt{(R_0^2+\omega^2L_0^2)(G_0^2+\omega^2C_0^2)}\approx\omega^2L_0C_0+\frac{1}{2}\left(\frac{L_0G_0^2}{C_0}+\frac{C_0R_0^2}{L_0}\right)$$

此时有

$$\alpha\approx\frac{R_0}{2}\sqrt{\frac{L_0}{C_0}}+\frac{G_0}{2}\sqrt{\frac{C_0}{L_0}}$$

$$\beta\approx\sqrt{\omega^2L_0C_0+\frac{1}{2}\left(\frac{L_0G_0^2}{C_0}+\frac{C_0R_0^2}{L_0}\right)-R_0G_0}$$

当 $\omega\to\infty$ 时，有

$$\alpha=\frac{R_0}{2}\sqrt{\frac{L_0}{C_0}}+\frac{G_0}{2}\sqrt{\frac{C_0}{L_0}}$$

$$\beta=\omega\sqrt{L_0C_0}$$

α 和 β 随 ω 变化的规律如图 19-3 所示。

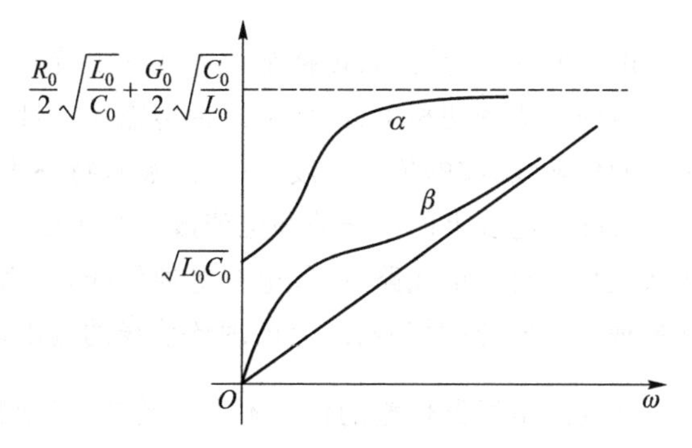

图 19-3 α 和 β 的频率特性

19.3.2 特性阻抗的频率特性

特性阻抗为

$$Z_c=\sqrt{\frac{Z_0}{Y_0}}=\sqrt{\frac{R_0+j\omega L_0}{G_0+j\omega C_0}}=|Z_c|e^{j\varphi} \tag{19-58}$$

式中，$|Z_c|$和φ为

$$\begin{cases}|Z_c|=\left(\dfrac{R_0^2+\omega^2L_0^2}{G_0^2+\omega^2C_0^2}\right)^{1/4}\\ \varphi=\dfrac{1}{2}\left[\arctan\left(\dfrac{\omega L_0}{R_0}\right)-\arctan\left(\dfrac{\omega C_0}{G_0}\right)\right]=\dfrac{1}{2}\arctan\dfrac{\omega(L_0G_0-C_0R_0)}{R_0G_0+\omega^2L_0C_0}\end{cases} \tag{19-59}$$

对于一般的架空线路和同轴电缆，G_0很小，有$L_0G_0<C_0R_0$，因而$\varphi<0$。当频率$\omega=0$时，$|Z_c|=\sqrt{\dfrac{R_0}{G_0}}$，$\varphi=0$，此时，特性阻抗具有纯电阻特性；当$\omega\to\infty$时，$|Z_c|=\sqrt{\dfrac{L_0}{C_0}}$，$\varphi=0$，特性阻抗也为纯电阻性质。$|Z_c|$和$\varphi$随$\omega$变化的规律如图19-4所示。

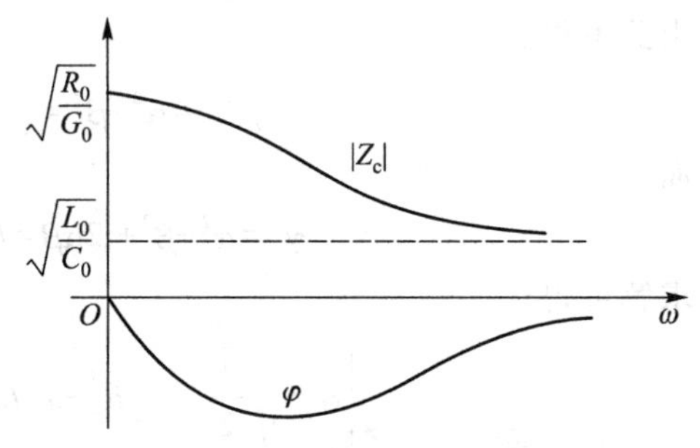

图19-4　$|Z_c|$和φ的频率特性

一般架空线的特性阻抗$|Z_c|$为400~600 Ω，而电力电缆约为50 Ω，这是因为电力电缆的L_0与C_0的比值比架空线要小很多。通信线路中使用的同轴电缆的$|Z_c|$一般为40~100 Ω，常用的有50 Ω和75 Ω两种。

19.4 无畸变均匀传输线

由前面的讨论可知，传播常数和特性阻抗均与工作频率相关，而传播常数和特性阻抗又与传输线的性能密切相关，因此可以说传输线的性能也由其工作频率决定。不同频率的波通过相同的传输线，波的传播速度不一样，衰减特性不一样。

实际输电线上的电压波和电流波均与正弦波非常接近，故通过输电线传输后的波形没有什么变化。对电话线路、有线电视等通信线路，由于其上传输的信号不是单频正弦波，而是含有各种频率成分的信号，故会出现传输线的输出端信号与输入端信号不一致的现象。

为使通信线路传输的信号不发生畸变，应使特性阻抗Z_c、衰减常数α、波速（相速）$v_\varphi=\dfrac{\omega}{\beta}$与频率无关，这就意味着相位常数$\beta$正比于频率。

若$\dfrac{R_0}{L_0}=\dfrac{G_0}{C_0}$，则特性阻抗$Z_c$、衰减常数$\alpha$、相速度$v_\varphi$与频率无关，相位常数$\beta$正比于频率。验证过程如下：

$$\gamma=\sqrt{(G_0+j\omega C_0)(R_0+j\omega L_0)}=\sqrt{L_0C_0}\sqrt{\left(\frac{R_0}{L_0}+j\omega\right)\left(\frac{G_0}{C_0}+j\omega\right)}$$

$$=\sqrt{L_0C_0}\left(\frac{R_0}{L_0}+j\omega\right)=\sqrt{R_0G_0}+j\omega\sqrt{L_0C_0}=\alpha+j\beta \tag{19-60}$$

$$Z_c=\sqrt{\frac{L_0}{C_0}}\sqrt{\frac{\frac{R_0}{L_0}+j\omega}{\frac{G_0}{C_0}+j\omega}}=\sqrt{\frac{L_0}{C_0}} \tag{19-61}$$

根据电磁场理论,利用 L_0 和 C_0 的计算公式,可以得到波速(相速)的另一种表达式 $v_\varphi=\frac{1}{\sqrt{L_0C_0}}\approx\frac{c}{\sqrt{\varepsilon_r\mu_r}}$,其中 c 为真空中的光速,ε_r 和 μ_r 分别为传输线周围介质的相对介电常数和相对磁导率。对于架空传输线,其周围介质为空气,有 $\varepsilon_r\approx1$ 和 $\mu_r\approx1$,所以波速(相速)v_φ 较大,接近真空中的光速;对于电缆,因绝缘介质的相对介电常数 ε_r 为 4~5,故波速(相速)v_φ 较真空中的光速要小很多,为一半左右或更小。

一般的传输线中存在$\frac{R_0}{L_0}>\frac{G_0}{C_0}$的关系,原因是传输线周围的绝缘体的漏电导 G_0 比较小。为了实现$\frac{R_0}{L_0}=\frac{G_0}{C_0}$而提高漏电导 G_0 是不适宜的,降低 R_0 和 C_0 在实践上也不可行,因此只能人为地提高 L_0 以实现$\frac{R_0}{L_0}=\frac{G_0}{C_0}$。通常采用的方法是在传输线中经过一定距离接入特殊的电感线圈,或用高磁导率材料做成的薄带缠绕在导电芯线周围。因为无畸变传输线的衰减系数 $\alpha>0$,所以信号在传输过程中会衰减。

为了实现信号无畸变传输,除了要采用无畸变传输线外,还要求负载阻抗等于传输线的特性阻抗。如果不满足这一条件,需在传输线与负载间接入匹配装置。此外,为实现信号的有效传输,还应使信号源与传输线始端之间实现匹配。

19.5 正弦稳态时的无损耗均匀传输线

如果均匀传输线的电阻 R_0 和线间漏电导 G_0 等于零,则传输线为无损耗均匀传输线,简称为无损耗线。

实际中并不存在严格意义的无损耗线,但在无线电工程中,由于工作频率较高,存在 $\omega L_0\gg R_0$ 和 $\omega C_0\gg G_0$ 的现象,因而可忽略损耗,即令 $R_0=0$ 和 $G_0=0$,这样就得到了近似意义下的实际无损耗线。

无损耗线的传播常数为

$$\gamma=\sqrt{Z_0Y_0}=\mathrm{j}\omega\sqrt{L_0C_0} \tag{19-62}$$

即

$$\begin{cases}\alpha=0\\ \beta=\omega\sqrt{L_0C_0}\end{cases} \tag{19-63}$$

特性阻抗为

$$Z_c=\sqrt{\frac{Z_0}{Y_0}}=\sqrt{\frac{L_0}{C_0}} \tag{19-64}$$

可见无损耗线的特性阻抗是一个纯电阻,并且不随频率发生改变。

无损耗线自然满足$\frac{R_0}{L_0}=\frac{G_0}{C_0}$的关系,$\beta=\omega\sqrt{L_0C_0}$,是无畸变传输线;并且 $\alpha=0$,对信号不产生衰减。

如果 y 为距终端的距离,因为 $\gamma=\mathrm{j}\beta$,由式(19-31)可知,无损耗线的正弦稳态解为

$$\begin{cases}\dot{U}=\cos(\beta y)\dot{U}_2+\mathrm{j}Z_c\sin(\beta y)\dot{I}_2\\ \dot{I}=\mathrm{j}\dfrac{1}{Z_c}\sin(\beta y)\dot{U}_2+\cos(\beta y)\dot{I}_2\end{cases} \tag{19-65}$$

由式(19-65)可知,当无损耗线终端接任意阻抗 Z_L 时,线路上任一点向终端看去的输入阻抗为

$$Z_{in}=\frac{\dot{U}}{\dot{I}}=\frac{\cos(\beta y)\dot{U}_2+\mathrm{j}Z_c\sin(\beta y)\dot{I}_2}{\mathrm{j}\dfrac{1}{Z_c}\sin(\beta y)\dot{U}_2+\cos(\beta y)\dot{I}_2}=Z_c\frac{Z_L+\mathrm{j}Z_c\tan(\beta y)}{\mathrm{j}Z_L\tan(\beta y)+Z_c} \tag{19-66}$$

下面分几种情况对无损耗线进行讨论。

1. 终端开路的无损耗线

当无损耗线终端开路,即 $Z_L\to\infty$ 时,$y=0$ 处有 $\dot{I}_2=0$,由式(19-65)可知,线上距离终端 y 处的电压和电流为

$$\begin{cases}\dot{U}=\dot{U}_2\cos(\beta y)\\ \dot{I}=\mathrm{j}\dot{U}_2\dfrac{1}{Z_c}\sin(\beta y)\end{cases} \tag{19-67}$$

如设终端电压为 $u_2=\sqrt{2}U_2\sin(\omega t)$,此时终端电流为 $i_2=0$,则沿线电压、电流分布的瞬时值表达式为

$$\begin{cases}u=\sqrt{2}U_2\cos(\beta y)\sin(\omega t)\\ i=\dfrac{\sqrt{2}}{Z_c}U_2\sin(\beta y)\cos(\omega t)\end{cases} \tag{19-68}$$

从式(19-68)可以看出,此时电压 u 的幅值$\sqrt{2}U_2\cos(\beta y)$沿线随 y 按余弦函数规律变化,

电流 i 的幅值 $\frac{\sqrt{2}}{Z_c}U_2\sin(\beta y)$ 沿线随 y 按正弦函数规律变化，沿线各点的电压和电流则分别随时间按正弦函数和余弦函数规律变化。在 $y=\lambda/4$、$3\lambda/4$、$\cdots$ 处，$\cos(\beta y)=0$，因而电压总是为零，而 $\sin(\beta y)=1$，因而电流随时间在最大值和最小值之间变化；反之，在 $y=0$、$\lambda/2$、λ、$\cdots$ 处，$\sin(\beta y)=0$，电流总是为零，而 $\cos(\beta y)=1$，电压随时间在最大值和最小值之间变化。这种波称为驻波，电压、电流值固定为零的位置称为波节，最大值与最小值的位置则称为波腹。出现驻波时，因波节处功率始终为零，故传输线不传递能量。出现这一情况的原因是无损耗传输线本身不消耗能量，而终端开路时又无负载消耗能量。无损耗线端终端开路时沿线各处电压、电流有效值的变化规律如图 19-5 所示。

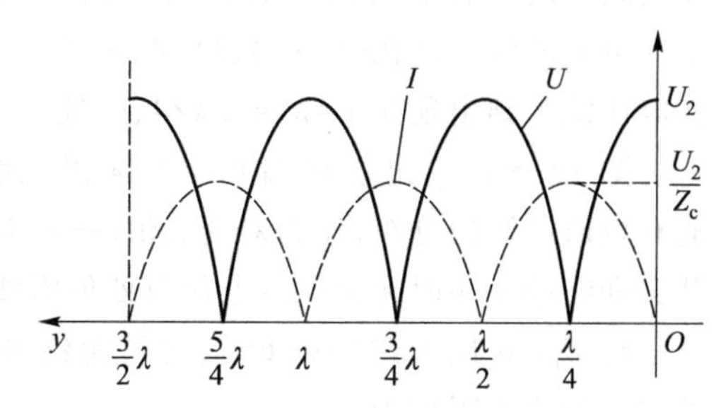

图 19-5　无损耗线终端开路时沿线各处电压、电流有效值的变化规律

将 $Z_L\to\infty$ 代入式(19-66)，可得距终端 y 处向终端看去的输入阻抗为

$$Z_{in}=-jZ_c\cot(\beta y) \tag{19-69}$$

由此可见 Z_{in} 为一纯电抗，其大小和性质与传输线的长度有关。

终端开路的无损耗线长度 l 取不同值时，Z_{in} 有不同性质，无损耗线有不同用途。无损耗线长度 l 小于 $\frac{1}{4}\lambda$ 时，Z_{in} 为容性，可作为电容使用；无损耗线 $l=\frac{1}{4}\lambda$ 时，$Z_{in}=0$，相当于短路；无损耗线 $\frac{1}{4}\lambda<l<\frac{1}{2}\lambda$ 时，Z_{in} 为感性，可作为电感使用；无损耗线 $l=\frac{1}{2}\lambda$ 时，$Z_{in}\to\infty$，相当于开路。

例 19-3　0.3λ 长度的无损耗线终端开路，其特性阻抗为 75 Ω，工作频率为 100 kHz，试求该传输线在输入端的阻抗及其等效电容或电感。

解　$Z_L\to\infty$，由式(19-69)可知，传输线输入端阻抗为

$$Z_{in}=-jZ_c\cot(\beta y)=-j75\cot\left(\frac{2\pi}{\lambda}\times 0.3\lambda\right)=j24.369\ \Omega$$

该传输线相当于电感，等效电感为

$$L=\frac{Z_{in}}{j\omega}=\frac{j24.369}{j2\pi\times 100\times 10^3}\ \text{H}=38\ \mu\text{H}$$

2. 终端短路的无损耗线

当无损耗线终端短路，即 $Z_L=0$ 时，$y=0$ 处 $\dot{U}_2=0$。由式(19-65)可知，线上距离终端 y 处的电压和电流为

$$\begin{cases}\dot{U}=jZ_c\dot{I}_2\sin(\beta y)\\ \dot{I}=\dot{I}_2\cos(\beta y)\end{cases} \tag{19-70}$$

设终端电流为 $i_2=\sqrt{2}I_2\sin(\omega t)$，此时终端电压为 $u_2=0$，则沿线电压、电流分布的瞬时值

表达式可写为

$$\begin{cases} u=\sqrt{2}Z_cI_2\sin(\beta y)\cos(\omega t) \\ i=\sqrt{2}I_2\cos(\beta y)\sin(\omega t) \end{cases} \tag{19-71}$$

从式(19-71)可以看出，u 与 i 也为驻波，但波节和波腹出现的位置与终端开路时不同。此时电压波节和电流波腹出现在 $y=\lambda/4$、$3\lambda/4$、…处，而电流波节和电压波腹则出现在 $y=\lambda/4$、$3\lambda/4$、…处。

图 19-5 已给出了终端开路时无损耗线电压、电流有效值沿线的分布，作为对比，图 19-6 给出了终端开路和终端短路时无损耗线电压有效值沿线的分布。

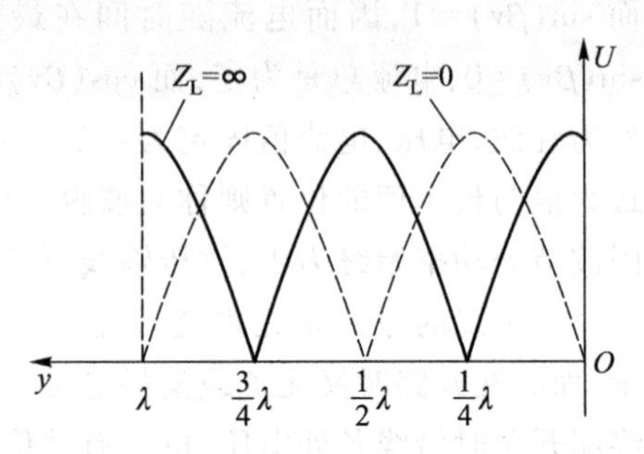

图 19-6　终端开路和终端短路时无损耗线电压有效值沿线的分布

将 $Z_L=0$ 代入式(19-66)，可得距终端 y 处向终端看去的输入阻抗为

$$Z_{in}=jZ_c\tan(\beta y) \tag{19-72}$$

由此可见 Z_{in} 亦为一纯电抗，其大小和性质与线长有关。

终端短路的无损耗线长度 l 取不同值时，Z_{in} 有不同性质，无损耗线有不同用途。无损耗线长度 $l<\frac{1}{4}\lambda$ 时，Z_{in} 为感性，可作为电感使用；无损耗线 $l=\frac{1}{4}\lambda$ 时，$Z_{in}\to\infty$，相当于开路；无损耗线 $\frac{1}{4}\lambda<l<\frac{1}{2}\lambda$ 时，Z_{in} 为容性，可作为电容使用；无损耗线 $l=\frac{1}{2}\lambda$ 时，$Z_{in}=0$，相当于短路。

3. 长度为 $\frac{1}{4}\lambda$ 的无损耗线

长度为 $\frac{1}{4}\lambda$ 的无损耗线可起阻抗变换器的作用。设一无损耗线的特性阻抗为 Z_{c1}，所接负载的阻抗与其特性阻抗不匹配，即 $Z_L\neq Z_{c1}$，信号不能有效地传递。为解决这一问题，实现阻抗匹配，可按图 19-7 所示的做法，在无损耗线和负载之间接入长度为 $\lambda/4$、特性阻抗为 $Z_{c2}=\sqrt{Z_{c1}Z_L}$ 的另一种无损耗线。

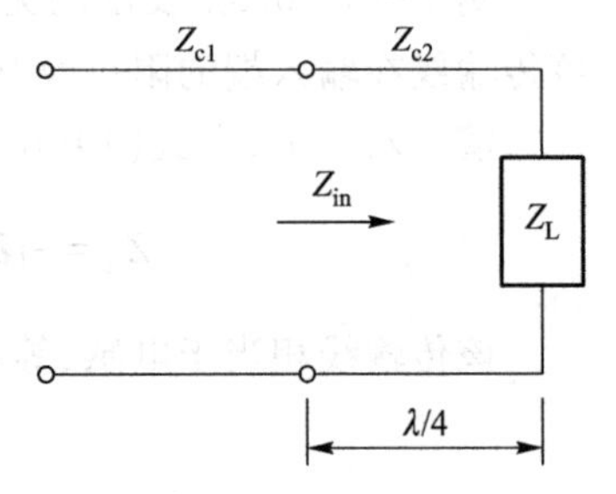

图 19-7　无损耗线起阻抗变换器的作用

$Z_{c2}=\sqrt{Z_{c1}Z_L}$ 的导出过程为：设长度为 $\lambda/4$、特性阻抗为 Z_{c2} 的无损耗线接入原无损耗线和负载之间，要实现阻抗匹配，其输入端阻抗 Z_{in} 应与原无损耗线的特性阻抗 Z_{c1} 相等。由式(19-66)可知，应有

$$Z_{in}=Z_{c2}\frac{Z_L+jZ_{c2}\tan\left(\frac{2\pi}{\lambda}\frac{\lambda}{4}\right)}{jZ_L\tan\left(\frac{2\pi}{\lambda}\frac{\lambda}{4}\right)+Z_{c2}}=\frac{Z_{c2}^2}{Z_L}=Z_{c1}$$

可得

$$Z_{c2}=\sqrt{Z_{c1}Z_L}$$

19.6 无损耗均匀传输线的暂态过程

19.6.1 无损耗均匀传输线方程的通解

前面分析了均匀传输线在正弦稳态情况下的特性，下面对均匀传输线的暂态过程进行简要分析。为分析方便，仅讨论无损耗均匀传输线的情况。

由式(19-2)和式(19-6)可知，当 $R_0=0, G_0=0$ 时，无损耗线的基本方程为

$$\begin{cases} -\dfrac{\partial i}{\partial x}=C_0\dfrac{\partial u}{\partial t} \\ -\dfrac{\partial u}{\partial x}=L_0\dfrac{\partial i}{\partial t} \end{cases} \tag{19-73}$$

式(19-73)的通解具有如下形式：

$$\begin{cases} u(x,t)=f^+\left(t-\dfrac{x}{v}\right)+f^-\left(t-\dfrac{x}{v}\right)=u^+(x,t)+u^-(x,t)=u^++u^- \\ i(x,t)=\dfrac{1}{Z_c}\left[f^+\left(t-\dfrac{x}{v}\right)-f^-\left(t-\dfrac{x}{v}\right)\right]=i^+(x,t)-i^-(x,t)=i^+-i^- \end{cases} \tag{19-74}$$

式中，$v=\dfrac{1}{\sqrt{L_0C_0}}$为波速；$Z_c=\sqrt{\dfrac{L_0}{C_0}}$为无损耗线的特性阻抗，为纯电阻，与正弦稳态时无损耗线的特性阻抗相同。函数 $f^+\left(t-\dfrac{x}{v}\right)$ 和 $f^-\left(t-\dfrac{x}{v}\right)$ 需要根据具体的边界条件和初始条件来确定。

从式(19-74)可以看出，对于电压分量 u^+，t_0 时刻在传输线 x 处的电压值为 $u^+\left(t-\dfrac{x}{v}\right)$，$t_0+\Delta t$ 时刻在传输线 $x+v\Delta t$ 处的电压值为 $u^+\left(t_0+\Delta t-\dfrac{x+v\Delta t}{v}\right)$。由于是无损耗线，波在传播过程中没有损耗，电压值不会变化，故应有 $u^+\left(t-\dfrac{x}{v}\right)=u^+\left(t_0+\Delta t-\dfrac{x+v\Delta t}{v}\right)$，因此经过时间 Δt 后，电压波 u^+将在线上移动 $\Delta x=v\Delta t$ 距离，如图 19-8(a)所示。这样一来，可以将电压波 u^+看作前向(从始端向终端)运动的行波分量，即入射波，也称为正向行波，其波速为 v。电流波 i^+的传输规律与 u^+相同。为便于描述行波的传播过程，将行波的前端定义为波前，如图 19-8(a)所示。引入波前的概念有助于说明波的传播过程。

不难看出，电压分量 u^-是一个与 u^+的传播方向相反、以波速 v 传播的行波，即反射波，也称为反向行波，其传播规律如图 19-8(b)所示。类似地，也可将电流看作正向行波电流与反向

行波电流之差。

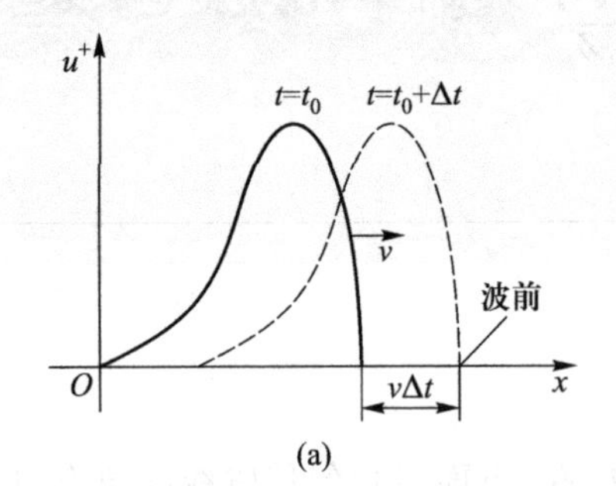

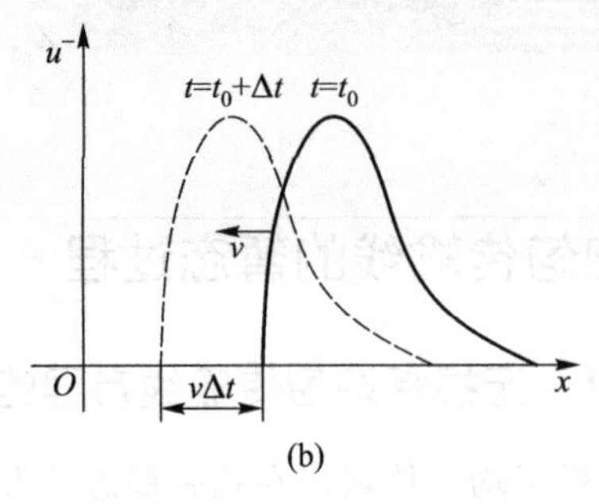

图 19-8　u^+与 u^-的传播规律

(a) 正向行波　(b) 反向行波

19.6.2　无损耗均匀传输线在始端电压激励下的波过程

本节主要对工作于匹配状态或无限长的无损耗线进行分析，此时传输线上无反射波，即有 $u^-(x,t)=0, i^-(x,t)=0$。此种情况下，传输线上的电压、电流均仅含入射波，即

$$\begin{cases}u(x,t)=u^+(x,t)=f^+\left(t-\dfrac{x}{v}\right)\\ i(x,t)=i^+(x,t)=\dfrac{1}{Z_c}f^+\left(t-\dfrac{x}{v}\right)\end{cases} \tag{19-75}$$

设无损耗线原为零状态，$t=0$ 时在始端接通一个大小为 U_0 的直流电压源（或者说有一阶跃电压 $U_0\varepsilon(t)$ 作用在始端位置），如图 19-9 所示。令始端处 $x=0$，则始端边界条件为 $u(0,t)=U_0\varepsilon(t)$，所以始端 $x=0$ 处电压的入射波 $f^+\left(t-\dfrac{0}{v}\right)$ 的函数形式为

$$f^+\left(t-\frac{0}{v}\right)=u(0,t)=U_0\varepsilon(t)=U_0\varepsilon\left(t-\frac{0}{v}\right) \tag{19-76}$$

S(t=0)　+　$u(0,t)$　Z_c　U_0　−

图 19-9　始端接通直流电压源

因此，电压、电流的入射波表达式为

$$\begin{cases}u(x,t)=f^+\left(t-\dfrac{x}{v}\right)=U_0\varepsilon\left(t-\dfrac{x}{v}\right)\\ i(x,t)=\dfrac{1}{Z_c}f^+\left(t-\dfrac{x}{v}\right)=\dfrac{U_0}{Z_c}\varepsilon\left(t-\dfrac{x}{v}\right)=I_0\varepsilon\left(t-\dfrac{x}{v}\right)\end{cases} \tag{19-77}$$

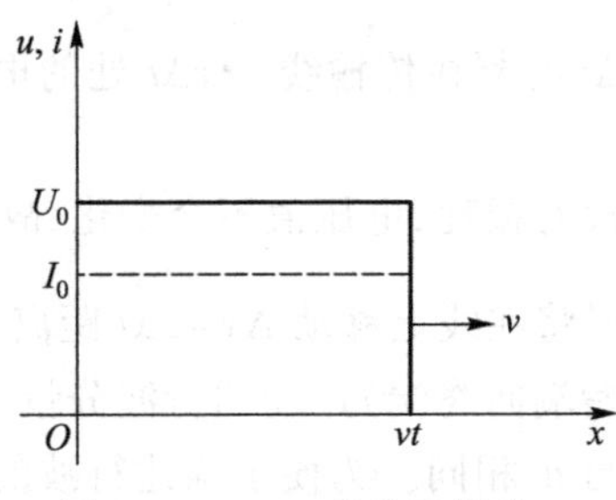

图 19-10　u、i 的传播规律

$u(x,t)$、$i(x,t)$ 的传播规律如图 19-10 所示。

由图 19-10 可见，在 $x<vt$ 处，$u(x,t)=U_0$，$i(x,t)=I_0$；在 $x>vt$ 处，$u(x,t)=0$，$i(x,t)=0$。这表明，电压、电流入射波在线路始端 $x=0$ 处且在 $t=0_+$时刻分别由零跃变到 U_0 和 I_0，即有 $u(0,$

$0_+)=U_0$，$i(0,0_+)=I_0$，随即电压入射波、电流入射波以波速 v 向 x 的正方向行进，经过时间 t 后传播的距离为 $x=vt$（此位置坐标点为波前）。这时，线路上在入射波所经过的区域（$0<x\leqslant vt$）内，电压均为 $u(x,t)=U_0$，电流均为 $i(x,t)=I_0$；而入射波还未到达的区域（$x>vt$）处，电压和电流均为零。因此，无限长或匹配工作状态下的零状态无损耗线在直流电压源接入后，在线上所形成的是一个以 vt 为波前的矩形正向行波，并以波速 v 由线路始端向终端传播。由此可见，在无损耗线上距始端 x 处的电压、电流的变化规律均与线路始端处电压、电流的变化规律相同，只是行波传播到该处延迟了时间 $t=\dfrac{x}{v}$ 而已。

接下来讨论电压、电流正向行波在传播时所发生的电磁过程。在已给定电压 U_0 极性的条件下，随着波的行进，线路上方导线的各微元相继获得一定数量的正电荷，而下方导线对应的各微元则失去等量的正电荷（即获得同样数量的负电荷），于是，沿着波（前）所经过的区域，正、负电荷在导线之间形成了电场，线路的电压和电流由零跃升至 U_0 和 I_0。随着正向电压和电流行波的传播，经过时间 $\mathrm{d}t$，无损耗线上新增的电场能量 $\mathrm{d}w_C$、新增的磁场能量 $\mathrm{d}w_L$ 和新增的总能量 $\mathrm{d}w$ 分别为

$$\begin{cases}\mathrm{d}w_C=\dfrac{1}{2}C_0\mathrm{d}xU_0^2\\[2ex]\mathrm{d}w_L=\dfrac{1}{2}L_0\mathrm{d}xI_0^2=\dfrac{1}{2}L_0\mathrm{d}x\left(\dfrac{U_0}{Z_\mathrm{c}}\right)^2\\[2ex]\qquad=\dfrac{1}{2}L_0\mathrm{d}x\left(\dfrac{U_0}{\sqrt{L_0/C_0}}\right)^2=\dfrac{1}{2}C_0U_0^2\mathrm{d}x=\mathrm{d}w_C\\[2ex]\mathrm{d}w=\mathrm{d}w_C+\mathrm{d}w_L=C_0U_0^2\mathrm{d}x=L_0I_0^2\mathrm{d}x\end{cases}\tag{19-78}$$

由于新增能量与传输线的位置无关，所以电磁场能量在无损耗线上均匀分布，并且电场能量等于磁场能量。

波传播过程中无损耗线吸收能量的速率为

$$p=\frac{\mathrm{d}w}{\mathrm{d}t}=C_0U_0^2\frac{\mathrm{d}x}{\mathrm{d}t}=C_0U_0^2v=C_0U_0^2\frac{1}{\sqrt{L_0C_0}}=\frac{U_\mathrm{S}^2}{Z_\mathrm{c}}\tag{19-79}$$

此速率就是在线路始端的电压源发出来的功率（无损耗线 $Z_\mathrm{c}=\sqrt{\dfrac{L_0}{C_0}}$ 为纯电阻）。电压源发出来的能量一半用于建立电场，一半用于建立磁场。

以上讨论的是始端接通一个大小为 U_0 的直流电压源的情景，若始端接入一个任意的电压源 $u_\mathrm{S}(t)$，同样可以得出线上任意位置处电压、电流的函数形式，即

$$\begin{cases}u(x,t)=u^+(x,t)=u_\mathrm{S}\left(t-\dfrac{x}{v}\right)\varepsilon\left(t-\dfrac{x}{v}\right)\\[2ex]i(x,t)=\dfrac{1}{Z_\mathrm{c}}u^+(x,t)=\dfrac{1}{Z_\mathrm{c}}u_\mathrm{S}\left(t-\dfrac{x}{v}\right)\varepsilon\left(t-\dfrac{x}{v}\right)\end{cases}\tag{19-80}$$

通过以上讨论可得出如下结论：

(1) 零状态无损耗线的始端与电压源接通后，激励源就发出一个以有限速度 v 从始端向终端移动的正向电压行波。

(2) 凡正向电压行波所到之处，同时在线上建立起正向电流行波，电流的大小为电压行波除以波阻抗，所以沿同一方向以相同速度前进的正向电流行波和电压行波的波形相同。

(3) 激励源发出的正向电压行波和电流行波沿线推进时，激励源所供给的能量，一半用于建立电场，一半用于建立磁场。

(4) 传输线上任意一处电压、电流随时间变化的规律均与线路始端电压、电流的变化规律相同，但有一定的时间延迟。

以上分析是针对工作在匹配状态或无限长的传输线进行的。实际上，这种分析及其结论对于有限长的零状态无损耗线也适用，但时间限定在 $0<t<\frac{l}{v}$ 范围内（l 为传输线长度），此时有限长线上由始端发出的行波尚未到达终端，故传输线上仅有正向行波，无损耗线对电源来说相当于一个纯电阻负载，其电阻值为线路的波阻抗 Z_c。

无损耗线与理想直流电压源接通后，在 $0<t<\frac{l}{v}$ 时间范围内所产生的过渡过程是一种最简单的情况，但却具有实际意义。因为在电源是 50 Hz（$\lambda=6000$ km）正弦电压源的情况下，当波传输的距离不超过几百千米时（所需时间仅为毫秒级），可以近似认为其电压与电源是一样的。

如果无损耗线没有工作于匹配状态，也不是无限长的，当入射波到达终端时，会形成反射，而反射波传播到线路始端时，又可能形成新的入射波。无损耗线上波的多次入射、反射及沿线电压和电流的分布可根据始端和终端的边界条件加以分析，这里不具体展开。

如果计及 R_0 和 G_0，即有损耗线，分析要困难得多。感兴趣读者可参考其他文献。

习题

第 19 章
习题答案

19-1　一同轴电缆的参数为：$R=7\ \Omega/\text{km}$，$L=0.3\ \text{MH/km}$，$C=0.2\ \mu\text{F}$，$G=0.5\times10^{-6}\ \text{S/km}$。试计算当工作频率为 800Hz 时，此电缆的特性阻抗 Z_c、传播常数 ν 和波长 λ。

19-2　某架空通信线路全长为 100 km，工作频率为 800 Hz，$Z_c=585e^{j6.1°}\ \Omega$，若线路终端电压 $\dot{U}_2=10\underline{/0°}$ V，电流 $\dot{I}_2=\sqrt{2}\times10^{-2}\underline{/30°}$ A，求线路始端电压、电流的瞬时值表达式。

19-3　某传输线长 50 km，终端接匹配负载。若已测出始端电压、始端电流相量分别为 $\dot{U}_1=10\underline{/0°}$ V、$\dot{I}_1=0.2\underline{/7.5°}$ A，终端电压为 $\dot{U}_2=6\underline{/-150°}$ V，试求传输线的特性阻抗和传播系数。

19-4　某一传输线长度为 70.8 km，线路参数为 $R_0=1\ \Omega/\mathrm{km}$、$\omega C_0=4\times10^{-4}\ \mathrm{S/km}$、$L_0=0$、$G_0=0$。若终端负载 $Z_2=Z_c$，终端电压 $\dot{U}_2=3\angle 0^\circ\ \mathrm{V}$，求该传输线始端电压和电流相量。

19-5　某一均匀传输线在传输角频率为 10^4 rad/s 的正弦信号时，传播系数为 $\gamma=0.044\angle 78^\circ\ \mathrm{km}^{-1}$，特性阻抗为 $Z_c=500\angle -12^\circ\ \Omega$。设传输线始端输入电压为 $u_1(t)=10\cos(10^4 t)\mathrm{V}$，终端接匹配负载，求传输线上的稳态电压 $u(x,t)$ 和电流 $i(x,t)$。

19-6　某三相输电线全长 240 km，线路参数为 $R_0=0.08\ \Omega/\mathrm{km}$，$\omega L_0=0.4\ \Omega/\mathrm{km}$，$\omega C_0=2.8\ \mu\mathrm{S/km}$，$G_0=0$。终端线电压为 195 kV，终端负载为星形联结，复功率为(160+j16) MV · A，试计算：(1) 始端的线电压、线电流的有效值。(2) 始端的复功率及线路的自然功率。(3) 若负载突然切断，始端电压维持不变时，终端的线电压。

19-7　在题 19-7 图中，两段均匀传输线长度均为 l，在正弦稳态情况下特性阻抗均为 Z_c，传播系数均为 γ。已知 $Z_2=Z_3=Z_c$，求 1-1′端输入阻抗 Z_1。

19-8　如题 19-8 图所示电路为无损耗均匀传输线，特性阻抗为 $Z_c=600\ \Omega$，线长 $l=\lambda/3$[λ 为信号源 $u_S(t)$ 的波长]，$u_S(t)=24\sqrt{2}\sin(\omega t-30^\circ)\ \mathrm{V}$，$R=300\ \Omega$，$Z_2=600\ \Omega$。试求终端负载 Z_2 上的 $u_2(t)$ 和 $i_2(t)$。

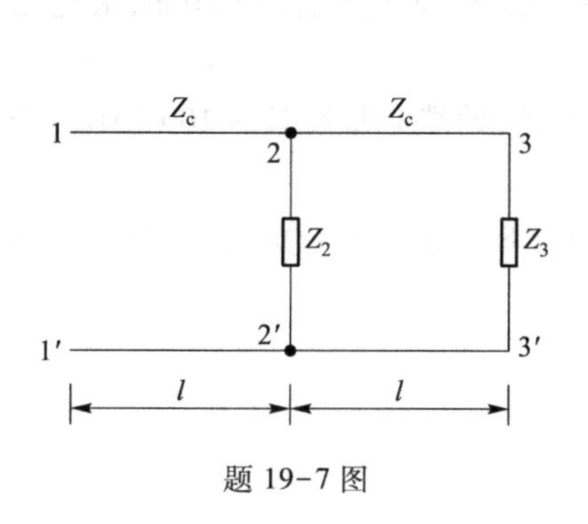

题 19-7 图

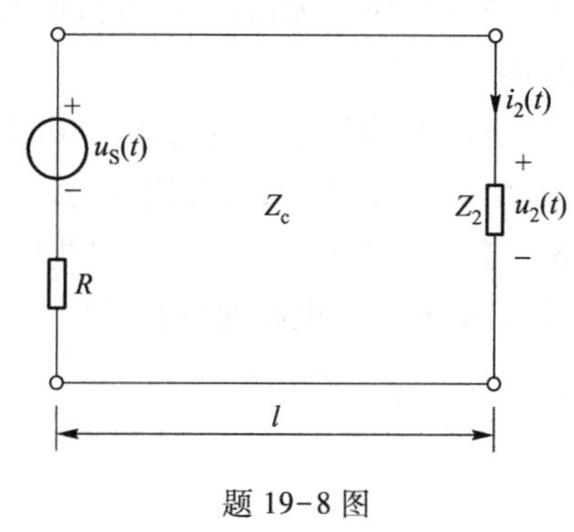

题 19-8 图

19-9　长为 190 km 的无损耗传输线的波阻抗 $Z_c=865\ \Omega$，由 $\dot{U}_1=50\ \mathrm{V}$ 的正弦电压送电，电源频率 $f=1000$ Hz。设传输线的相速为光速，求终端开路、短路和接匹配负载时，传输线上的电压及电流的有效值分布。

19-10　某无损耗线的长度为 60 m，工作频率为 10^6 Hz，$Z_c=100\ \Omega$。若使线路始端的输入阻抗为零，则终端负载为何值？

19-11　无损耗均匀传输线长 41 m，$L_0=1.68\ \mu\mathrm{H/m}$，$C_0=6.68\ \mathrm{pF/m}$，电源频率 $f=60$ MHZ。求终端开路、短路、接 $C=4$ pF 三种情况时始端的输入阻抗 Z_{in}。

19-12　信号源通过波阻抗为 50 Ω 的无损耗线向 75 Ω 负载电阻馈电。为实现匹配，在波阻抗为 50 Ω 的无损耗线与负载间插入一段 $\lambda/4$ 的无损耗线，求该线的波阻抗。

19-13　将两段无损耗传输线连接起来，如题 19-13 图所示。若使这两段线上均没有反射波，试求应接的阻抗 Z_1 和 Z_2。

19-14　将两段无损耗线连接，如题 19-14 图所示，已知 $Z_{c1}=75\ \Omega$，$Z_{c2}=50\ \Omega$，终端负载

$Z_2=(50+\mathrm{j}50)\,\Omega$，试求输入阻抗 Z_{in}。

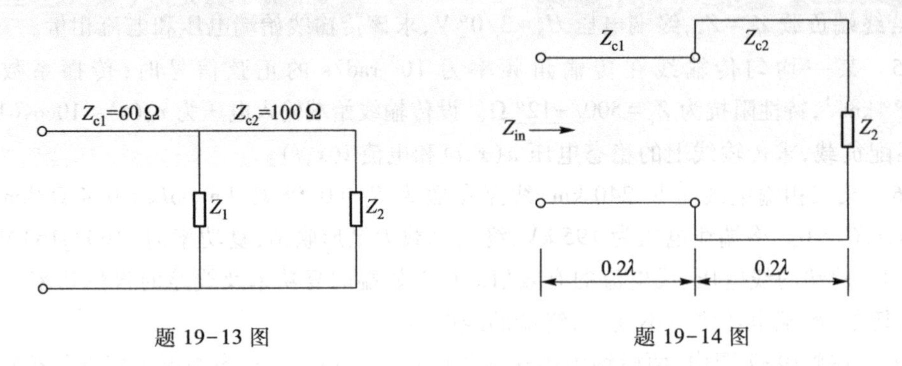

题 19-13 图　　　　题 19-14 图

19-15　某无损耗线的特性阻抗 $Z_c=100\,\Omega$，欲接入的负载 $Z_2=(150+\mathrm{j}150)\,\Omega$，由于线路特性阻抗与负责不匹配，故负载与线路直接相连会产生反射波。为使得线路上不产生反射波，需在终端与负载之间连接一段无损耗线，如题 19-15 图所示，求该段线路的特性阻抗 Z_{c1} 和长度 l。

19-16　终端短路的无损耗线，其波阻抗 $Z_c=505\,\Omega$，线长 35 m，波长 50 m，求此无损耗线的等效电感值。

19-17　无损耗均匀架空线的 $Z_c=400\,\Omega$，终端开路，始端电源频率 $f=100$ MHz。若要使始端相当于 $C=100$ pF 的电容，求传输线的最小长度。

19-18　题 19-18 图所示为一延迟线电路，共包含 8 个电容、9 个电感，已知 L、C 和电源的角频率 ω，试求此延迟线电路的特性阻抗。

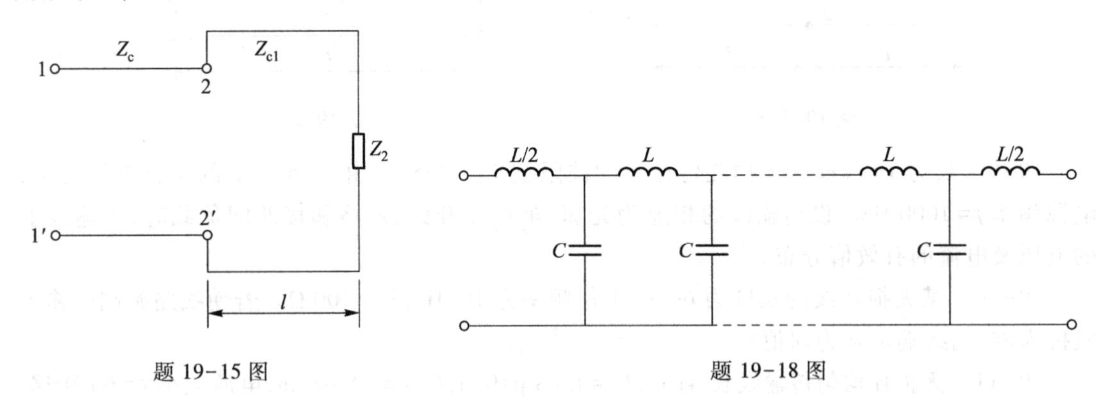

题 19-15 图　　　　题 19-18 图

19-19　有一长度为 500 km 的直流输电线路，其原始参数为 $R_0=0.1\,\Omega/\mathrm{km}$、$G_0=0.025\,\mu\mathrm{S/km}$，线路始端的额定电压为 400 kV，终端接特性阻抗。求线路始端输入的功率，线路终端的电压、电流以及线路的传输效率。

19-20　某电缆的损耗为零，以空气为介质，其特性阻抗为 60 Ω，负载阻抗 $Z_2=12\,\Omega$。电缆始端接正弦电源 $u_S=\sin(150\pi\times10^6 t)$ V，电源内阻为 300 Ω。当电缆长为 2 m 时，求终端负载的电压和功率。

英文-中文名词对照表

参考文献

[1] 邱关源,罗先觉. 电路[M]. 6 版. 北京:高等教育出版社,2022.
[2] 李瀚荪. 简明电路分析基础[M]. 北京:高等教育出版社,2002.
[3] 王志功,沈永朝,赵鑫泰. 电路与电子线路基础(电路部分)[M]. 2 版. 北京:高等教育出版社,2015.
[4] 陈洪亮,张峰,田社平. 电路基础[M]. 2 版. 北京:高等教育出版社,2014.
[5] 胡钋,樊亚东. 电路原理[M]. 北京:高等教育出版社,2011.
[6] 陈希有. 电路理论基础[M]. 3 版. 北京:高等教育出版社,2004.
[7] 傅恩锡,杨四秧,孙静. 电路分析简明教程[M]. 3 版. 北京:高等教育出版社,2020.
[8] 林争辉. 电路理论:第一卷[M]. 北京:高等教育出版社,1988.
[9] C A 狄苏尔,葛守仁. 电路基本理论[M]. 林争辉,译. 北京:人民教育出版社,1979.
[10] 马世豪. 电路原理[M]. 北京:科学出版社,2006.
[11] 组云霄,李巍海,侯宾,等. 电路分析基础[M]. 3 版. 北京:电子工业出版社,2020.
[12] 颜秋容,谭丹. 电路原理[M]. 北京:电子工业出版社,2008.
[13] 于歆杰,朱桂萍,陆文娟. 电路原理[M]. 北京:清华大学出版社,2007.
[14] 汪建. 电路原理[M]. 北京:清华大学出版社,2007.
[15] Ernst Guillemin. Introductory Circuit Theory[M]. New York:John Wiley and Sons,1953.
[16] James W Nilsson, Susan A Riedel. Electric Circuits[M]. 8th ed. 北京:电子工业出版社,2009.
[17] Charles K Alexander, Matthew N O Sadiku. Fundamentals of Electric Circuits[M]. 5th ed. 北京:机械工业出版社,2013.
[18] 罗玮,袁堃,杨帮华. 出现频率最高的 100 种典型题型精解精练——电路[M]. 北京:清华大学出版社,2008.
[19] 陈燕,刘补生,罗先觉,等. 电路考研精要与典型题解析[M]. 西安:西安交通大学出版社,2002.
[20] 于舒娟,史学军. 电路分析典型题解与分析[M]. 北京:人民邮电出版社,2004.
[21] 曾令琴. 电路分析基础学习辅导与习题解析[M]. 北京:人民邮电出版社,2004.

[22] 郑君里,应启珩,杨为理.信号与系统[M].3版.北京:高等教育出版社,2011.
[23] 管致中,夏恭恪,孟桥.信号与线性系统[M].6版.北京:高等教育出版社,2015.
[24] 康华光,陈大钦,张林.电子技术基础(模拟部分)[M].6版.北京:高等教育出版社,2013.
[25] 冯慈璋,马西奎.工程电磁场导论[M].北京:高等教育出版社,2000.
[26] 谢宝昌.电磁能量[M].北京:机械工业出版社,2016.
[27] 吉培荣.简明电路分析[M].北京:中国水利水电出版社,2013.
[28] 吉培荣,佘小莉.电路原理[M].北京:中国电力出版社,2016.
[29] 吉培荣,陈江艳,郑业爽,等.电路原理学习与考研指导[M].北京:中国电力出版社,2021.
[30] 吉培荣.电工测量与实验技术[M].武汉:华中科技大学出版社,2012.
[31] 吉培荣,程杉,吉博文.电工测量与电路电子实验[M].武汉:华中科技大学出版社,2022.
[32] 吉培荣.电工学[M].北京:中国电力出版社,2012.
[33] 吉培荣,粟世玮,程杉,等.电工技术(电工学Ⅰ)[M].北京:科学出版社,2019.
[34] 吉培荣,李海军,魏业文.电子技术(电工学Ⅱ)[M].北京:科学出版社,2021.
[35] 吉培荣,李海军,邹红波.信号分析与处理[M].北京:机械工业出版社,2015.
[36] 吉培荣,李海军,邹红波.现代信号处理基础(信号与系统)[M].北京:科学出版社,2018.
[37] 吉培荣.互易定理介绍方法的商榷[J].电工教学,1996,18(4):53-54.
[38] 吉培荣.导出星形电路与三角形电路等效变换公式的简便方法[J].电工技术,1997,(7):55-56.
[39] 吉培荣,向小民,曾菊玲.对《电路》三版教材若干问题的商榷[J].电气电子教学学报,1998,20(4):110-112.
[40] 吉培荣,曾菊玲,向小民.对《电路》三版教材中几处问题的商榷[J].电气电子教学学报,1999,21(2):119-120.
[41] 吉培荣,粟世玮,邹红波.有源电路和无源电路术语的讨论[J].电气电子教学学报,2013,35(4):24-26.
[42] 吉培荣,陈成,邹红波,等.对《电路》(第五版)教材中几处问题的商榷[J].电气电子教学学报,2016,38(5):151-153.
[43] 吉培荣,陈成,吉博文,等.理想运算放大器"虚短虚断"描述问题分析[J].南京:电气电子教学学报,2017,39(1):106-108.
[44] 吉培荣.评"也谈理想运放的虚短虚断概念"一文[J].电气电子教学学报,2020,42(2):81-83.
[45] 吉培荣.对《电路理论教程》及相关文献中问题的讨论[J].电气电子教学学报,2022,44(2):10-12.
[46] 吉培荣,邹红波,粟世玮.电子电气课程报告论坛论文集(2012):理想运算放大器"假短真断(虚短实断)"特性与理想变压器传递直流特性分析[C].北京:高等教育出版社/高

等教育电子音像出版社,2014.
[47] 吉培荣.高校电子电气课程报告论坛论文集(2018):再谈理想运算放大器“虚短虚断”描述存在的问题[C].北京:高等教育出版社/高等教育电子音像出版社,2019.
[48] 吉培荣.2019新时代高校电子电气教学改革与创新研讨会论文集:基尔霍夫定律完备的数学形式[C].北京:高等教育出版社/高等教育电子音像出版社,2020.
[49] 吉培荣.2020新时代高校电子电气教学改革与创新研讨会论文集:用“零电压零电流特性”描述理想运放特性的思考[C].北京:高等教育出版社/高等教育电子音像出版社,2021.
[50] 吉培荣,程杉,佘小莉.2021新时代高校电子电气教学改革与创新研讨会论文集:对基尔霍夫定律表述方法的研究[C].北京:高等教育出版社/高等教育电子音像出版社,2022.
[51] 吉培荣,程杉,佘小莉.2022高等学校电路和信号系统、电磁场教学与教材研究会第十三届年会论文集:集中参数概念和基尔霍夫定律的表述[C].北京:高等教育出版社/高等教育电子音像出版社,2023.
[52] 吉培荣.2022高等学校电路和信号系统、电磁场教学与教材研究会第十三届年会论文集:从信号的时域分解看卷积公式[C].北京:高等教育出版社/高等教育电子音像出版社,2023.
[53] 吉培荣,程杉,佘小莉.2022新时代高校电子电气教学改革与创新研讨会论文集:电路理论中2b法的价值和地位[C].北京:高等教育出版社/高等教育电子音像出版社,2023.